表面科学与技术

（第一卷）

主 编　林　安　刘　敏
　　　　张世宏　程学群

主 审　邵天敏

科学出版社

北　京

内 容 简 介

本书结合表面科学的基本原理，介绍工程上广泛采用的表面技术，内容包括金属转化膜、工业防护涂料与涂装、热浸镀技术、电镀技术、缓蚀剂，重点介绍其基本方法、发展沿革、工艺技术特点及装备、应用和展望。全书内容编排力求条理明晰、深入浅出，既涵盖所涉及的表面科学的基础知识，也体现已有理论的研究成果和实际工程经验的总结。

本书适合作为高等学校表面科学与技术专业的教材和参考用书，也可为相关行业科技人员的研究提供有价值的帮助。

图书在版编目(CIP)数据

表面科学与技术. 第一卷/林安等主编. —北京：科学出版社，2023.6
ISBN 978-7-03-075751-7

Ⅰ.①表… Ⅱ.①林… Ⅲ.①金属表面处理 Ⅳ.①TG17

中国国家版本馆 CIP 数据核字（2023）第 102047 号

责任编辑：杨 昕 戴 薇 / 责任校对：王万红
责任印制：吕春珉 / 封面设计：东方人华平面设计部

科 学 出 版 社 出版
北京东黄城根北街 16 号
邮政编码：100717
http://www.sciencep.com
北京中科印刷有限公司 印刷
科学出版社发行 各地新华书店经销
*
2023 年 6 月第 一 版 开本：889×1194 1/16
2023 年 6 月第一次印刷 印张：32
字数：940 000
定价：350.00 元
（如有印装质量问题，我社负责调换〈中科〉）
销售部电话 010-62136230 编辑部电话 010-62135397-2032

本书编委会

顾　问：徐滨士　柯　伟　侯保荣　沈烈初　宋天虎　李晓刚　韩恩厚　陈建敏

　　　　甘复兴　吴勇　胡如南　李金贵　邵天敏　刘国杰　雷鸣凯　朱祖芳

主　任：周克崧　马　捷

副主任（以姓名笔画为序）：

　　　　占　剑　朱　胜　刘宪文　安茂忠　杜　楠　吴朝军　余圣甫　张启富

　　　　张　杰　郝雪龙　胡　捷　姚建华　钱洲亥　高玉魁

编　委（以姓名笔画为序）：

王全胜	王启民	毛旭辉	方达经	方鹏飞	尹华意	占　剑	代　伟
邢汶平	朱　华	伍廉奎	刘万青	刘宪文	刘　敏	刘　静	江　莉
安茂忠	孙明先	李保松	李海庆	杨　阳	杨丽霞	杨　英	杨　淼
肖　巍	吴正涛	吴　浩	吴朝军	汪的华	张世宏	张启富	张　林
张　杰	张　弦	张腾飞	陈志量	陈　波	陈默涵	邵天敏	林　安
林海涛	欧忠文	郑　军	郝　龙	郝雪龙	胡　捷	柳　森	姚建华
钱洲亥	徐　军	徐凌云	高玉魁	程学群	蔡　飞	潘春旭	

表面科学是研究发生在材料表面的物理和化学现象及其发生机理的学科。表面技术包括表面分析和表征、表面处理和改性、表面性质和性能检测及评价等。表面工程是表面科学与技术在工程实践中的应用，通常是指通过表面改性、沉积、涂覆等物理方法和化学方法改变材料表面的几何形貌、化学组成、组织结构，以获得所需材料性能的系统工程。表面工程的特点是通过在表面制备优于本体材料性能的异质材料或结构，赋予基体材料所不具备的性质或难以达到的性能，是一项"事半功倍"的节能、节材技术。

表面技术始于春秋晚期青铜器时代，越王勾践剑，因剑身被镀上了一层金属铬而千年不锈，花纹处硫含量高，硫化铜也可防锈。鎏金工艺是我国一项传统的工艺技术，在青铜上鎏金的技术至今已有两千多年的历史了。

1840 年，英国的乔治·埃尔金顿和亨利·埃尔金顿发明了电镀金并获得第一个电镀发明专利授权。此后，电镀这一表面技术逐渐传播到世界各地。

1889~1890 年英国的莱克获得了多种金属光亮热处理的发明专利授权。1901~1925 年，在工业生产中应用转筒炉进行气体渗碳。20 世纪 60 年代，热处理技术运用等离子场的作用，发展了离子渗氮、渗碳工艺及激光、电子束技术的应用。表面热处理和化学热处理方法得到了更大发展。

1984 年英国伯明翰大学汤姆·贝尔教授在总结电镀、真空镀膜、热喷涂、激光熔覆等技术的基础上，提出了"表面工程"概念。此后，表面科学与技术才正式作为一门独立的学科得到发展。

表面科学与技术涉及的学科范围和学科门类很广，既包括物理、化学、材料等基础学科，也涉及机械、电子、电工、控制、自动化等工程学科。

表面科学与技术的发展趋势如下：

（1）更加重视表/界面结构对表面特性影响机制和规律的研究。

（2）表面工艺向精细化、规模化、智能化发展。

（3）对涂层的功能化要求越来越高，如耐磨性、耐蚀性、装饰性等。

（4）对环保的要求越来越迫切，要求表面工程在选材、制备、工艺方法等方面对环境越来越友好。

表面科学与技术的应用非常广泛，从一般工业装备到航空、航天、海洋等国防装备，从传统的机械制造到以电子制造、智能制造为代表的高端制造领域，表面工程技术都发挥着不可或缺的作用。可以说，表面工程技术的发展水平在很大程度上也反映一个国家制造业的技术水平。近几十年来，表面科学与技术的基础研究和应用研究在世界范围内越来越受到重视，相关领域的研究人员和生产从业人员的数量持续增长。同时，越来越多的高等学校针对高年级本科生和研究生开设了表面科学与技术方面的专业课程。

为了满足普通高等学校教学需求，以及表面科学与技术相关领域科技人员的研究需求，为高校设置的表面科学与技术相关课程提供教材和参考书，同时也为相关行业科技人员的研究提供有价值的帮助，本书编委会会同中国表面工程协会、中国腐蚀与防护学会等学术组织邀请了一批从事表面工程研究和教学工作、学术造诣深厚、行业影响较大的专家学者共同编写本书。

本书书名虽然为《表面科学与技术》，但是没有安排单独章节介绍表面科学，这样可以更好地适应更广泛的读者群体，将所涉及的表面科学基础知识贯穿于各个章节，在介绍表面技术的同时，对相关技术涉及的表面科学原理分别予以介绍。本书内容不仅针对性强，而且理论与技术密切结合，既兼顾表面技术的实用性，又兼顾表面科学的理论性，这也是本书的一个特色。

本套书分为两卷。第一卷共5章，包括金属转化膜、工业防护涂料与涂装、热浸镀技术、电镀技术、缓蚀剂；第二卷共5章，包括物理气相沉积、化学气相沉积、热喷涂、表面形变强化技术、激光表面改性技术。

第一卷第1章由郝雪龙编写，参编人员有张弦、杨淼、李保松，主要介绍金属转化膜的定义、特点、分类、发展趋势等，同时结合国家标准和国际标准介绍转化膜质量评价方法；第2章由刘宪文、林安编写，参编人员有刘敏、郝龙、朱华、刘万青、方鹏飞，主要介绍涂料的概念、基本组成、功能、命名与分类、成膜机理，环保型涂料，涂装方法等；第3章由张杰、张启富编写，参编人员有徐凌云、尹华意、伍廉奎，主要介绍热浸镀的基本概念、镀层结合原理、镀层结构与性能的影响因素、生产工艺方法、生产关键工艺、性能与应用等；第4章由安茂忠编写，参编人员有程学群、柳森、钱洲亥，主要介绍电镀的基本概念、基本原理、电镀层分类及用途、电镀液组成、电沉积工艺及设备等；第5章由胡捷编写，参编人员有汪的华、江莉、毛旭辉、陈志量，主要对金属腐蚀防护的一类方法——缓蚀剂进行介绍，重点介绍缓蚀机理、缓蚀剂分类、应用等。

第二卷第1章由张世宏、王启民编写，参编人员有张林、蔡飞、郑军、杨英、陈默涵、杨阳，主要介绍真空镀膜技术基础、物理气相沉积（PVD）薄膜生长原理，蒸发镀、溅射沉积和离子镀膜等各种PVD技术与应用、涂层性能评价方法等；第2章由张世宏、王启民编写，参编人员有张腾飞、杨阳、代伟、吴正涛、郑军、李海庆，主要介绍化学气相沉积（CVD）技术的原理、方法，包括热CVD技术、等离子增强CVD技术、反应活化扩散CVD技术和其他新型CVD技术的技术原理和特点，并对CVD技术的应用进行归纳总结；第3章由吴朝军、王全胜编写，介绍热喷涂技术的基本原理、方法、设备、工艺、应用、涂层质量及性能检测等；第4章由高玉魁、占剑编写，介绍喷丸处理、激光冲击、超声冲击、滚压强化与孔挤压强化等表面强化工艺的特点与质量控制，残余应力场特征与强化机制，工程应用与效果评价等；第5章由姚建华编写，介绍激光表面改性技术的基本原理、技术、工艺方法、装备和工业应用，包括激光相变硬化、激光熔凝、激光合金化、激光熔覆、激光抛光、激光清洗、激光表面织构技术等。

本书在编写过程中得到了多位业内专家的指导和帮助，指出了书中存在的问题，并提出了很多有价值的建议，同时也得到了多位同行专家和同事的大力帮助，在此表示由衷的感谢！

限于编者的知识水平和对表面科学与技术的认知深度，书中所写内容难免有不当之处，敬请读者批评指正。

编　者

第 1 章

金属转化膜

1.1 金属转化膜概念

金属转化膜是在材料保护技术中，金属材料表面经化学或电化学处理所产生的金属化合物薄膜。在机械制造中应用较多的金属转化膜是铝及铝合金的阳极氧化膜，钢铁材料表面的磷酸盐膜，铝、锌、镉表面的铬酸盐膜和钢铁表面的发蓝膜等。此外，普通钢表面的草酸盐膜可作为涂装时的前处理膜层，能够有效地保护基体不受亚硫酸的腐蚀；在金属冷变形加工（拉管、拉丝、挤压）过程中，不锈钢和其他含镍、铬等元素的高合金钢表面的转化膜有助于提高拉速、增加断面收缩率、降低工具的磨损。另外利用转化膜对镁制品进行保护的方法也有很多。

利用现代技术改变金属材料表面、亚表面的成分、结构和性能的处理技术称为表面转化技术。金属表面转化技术主要包括化学转化和电化学转化两大类（图 1.1）。

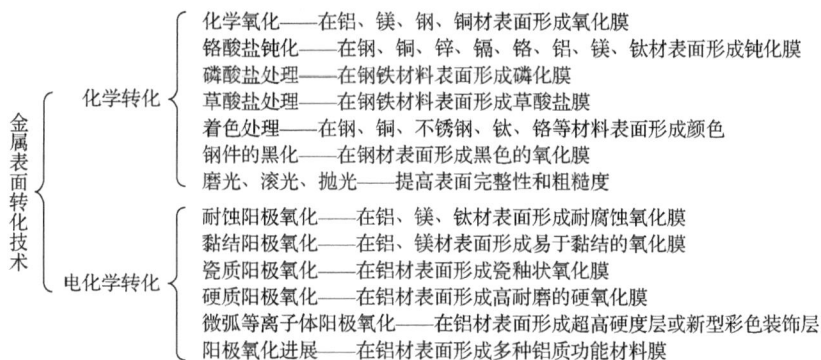

图 1.1　金属表面转化技术分类

1. 化学转化

化学转化是将金属零件放入一定的溶液介质中处理，使其表面形成钝性（惰性）化合物膜层，从而起到提高其表面性能的作用。这种经过化学处理形成的膜层称为化学转化膜。通过化学转化，可以在金属表面形成不同的化学转化膜[1-10]。例如，铬酸盐钝化，形成铬酸盐钝化膜；磷酸盐磷化，形成磷酸盐磷化膜；氧化，在钢铁材料表面形成发黑或发蓝氧化膜等。表面粗糙度的提高（磨光、抛光、滚光等）及表面着色等形成的膜层也属于这一类。

2. 电化学转化

电化学转化是一种在电解质溶液中，在外加电流的作用下，在工件或制品表面形成氧化膜的技术，如阳极氧化（又称阳极化）。经过这种电化学处理形成的膜层称为电化学转化膜。镁、铝、钛及其合金容易形成这类阳极氧化膜。该膜层是一种包含显微空隙（微孔）结构的膜层，具有较高的硬度，同时也具有一定的保护作用。为了进一步提高膜层的耐蚀性，需要用热水、封孔剂或缓蚀剂填充封闭微孔，或者加涂漆膜。近年来，有学者还进行了填充润滑油或磁性微粒材料的研究，希望在润滑剂性能和记忆存储方面有新的进展。其中，等离子体微弧阳极氧化技术是近几年来兴起的一项表面改性技术，极大地提高了金属表面硬度（800～2500HV），或将形成新型彩色装饰膜层，有望用于摩擦、磨损行业或新型建筑行业。

1.2 化学转化膜

1.2.1 磷化处理

磷化处理工艺应用于工业已有近百年历史[11-12]。磷化工艺过程是一种化学与电化学反应形成磷酸盐化学转化膜的过程。磷化处理过程所形成的磷酸盐转化膜称为磷化膜。这层不溶性的化学转化膜通常是由金属与稀磷酸或酸性磷酸盐溶液反应形成的[1-8]。磷化的主要目的是：①给基体金属提供保护，在一定程度上防止金属被腐蚀；②用于涂漆前打底，可提高漆膜的附着力与防腐蚀能力；③在金属冷加工工艺中，磷化膜可起到减摩润滑作用。

1. 磷化的基本概念

磷化是指金属表面与含磷酸二氢盐的酸性溶液接触并发生化学反应，在金属表面生成稳定的、不溶性的无机化合物膜层的一种表面化学处理方法[5-8]。它的成膜机理如下（以锌系为例）。

1) 金属的溶解过程

当金属浸入磷化液时，先与磷化液中的磷酸作用生成一代磷酸铁，并有大量氢气析出。其化学反应式为

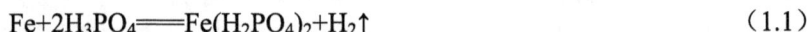

$$Fe+2H_3PO_4 =\!=\!= Fe(H_2PO_4)_2+H_2\uparrow \tag{1.1}$$

式（1.1）表明，磷化开始时仅有金属溶解而无膜生成。

2) 促进剂的加速

上步反应释放出的氢气吸附在金属工件表面，进而阻止磷化膜的形成。加入氧化促进剂可以去除氢气，其化学反应式为

$$3Zn(H_2PO_4)_2+Fe+2NaNO_2 =\!=\!= Zn_3(PO_4)_2+2FePO_4+N_2\uparrow+2NaH_2PO_4+4H_2O \tag{1.2}$$

式（1.2）是以亚硝酸钠为促进剂的作用机理。

3) 水解反应与磷酸的三级离解

磷化槽液的基本成分是一种或多种重金属的酸式磷酸盐，其分子式为 $Me(H_2PO_4)_2$，这些酸式磷酸盐溶于水，在一定浓度及 pH 值下发生水解产生游离磷酸，其化学反应式为

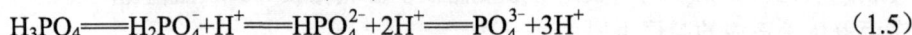

$$Me(H_2PO_4)_2 =\!=\!= MeHPO_4+H_3PO_4 \tag{1.3}$$

$$3MeHPO_4 =\!=\!= Me_3(PO_4)_2+H_3PO_4 \tag{1.4}$$

$$H_3PO_4 =\!=\!= H_2PO_4^-+H^+ =\!=\!= HPO_4^{2-}+2H^+ =\!=\!= PO_4^{3-}+3H^+ \tag{1.5}$$

式（1.3）～式（1.5）表明，金属工件表面的氢离子浓度急剧下降，导致磷酸根各级离解平衡向右移动，最终成为磷酸根。

4）磷化膜的形成

当金属表面离解出的三价磷酸根与磷化槽液中的（工件表面）金属离子（锌离子、钙离子、锰离子、二价铁离子等）达到饱和时，即结晶沉积在金属工件表面，晶粒持续增长，直至在金属工件表面生成连续的不溶于水的黏结牢固的磷化膜。

金属工件溶解出的二价铁离子的一部分作为磷化膜的组成部分被消耗掉，而残留在磷化槽液中的二价铁离子则氧化成三价铁离子，发生式（1.2）的化学反应，形成的磷化沉渣主要成分是磷酸亚铁，也有少量的 $Me_3(PO_4)_2$。

2. 磷化的分类

磷化的分类方法很多，一般是按照磷化成膜体系、组成磷化液的磷酸盐、磷化处理温度、磷化施工方法、磷化膜的单位面积成膜质量及磷化促进剂类型进行分类[4-9]。

（1）按照磷化成膜体系分类，主要分为锌系、锌钙系、锌锰系、锰系、铁系、非晶相铁系六大类。

（2）根据组成磷化液的磷酸盐分类，可分为磷酸锌系、磷酸锰系、磷酸铁系。此外，还有在磷酸锌中加钙的锌钙系，在磷酸锌中加镍、加锰的"三元体系"磷化等。

（3）根据磷化处理温度分类，可分为高温（80℃以上）磷化、中温（50~70℃）磷化、低温（40℃以下）磷化、常温磷化四类。常温磷化是指无须加温的磷化工艺。温度划分法本身并不严格。

（4）按照磷化施工方法分类，可分为喷淋式磷化、浸渍式磷化、喷浸结合式磷化、涂刷式磷化。

（5）按照磷化膜的单位面积成膜质量（膜重）分类，可分为重量型（单位面积成膜质量在 7.5g/m² 以上）、中量型（4.3~7.5g/m²）、轻量型（1.1~4.3g/m²）和特轻量型（0.3~1.1g/m²）。

铁盐磷化膜最薄，其膜重为 0.3~1.1g/m²，属于特轻量型。锌盐磷化膜视配方而定，其膜重范围在 1.0~5.0g/m² 之间，可分为轻量型、中量型或重量型磷化膜。磷化成膜原理可用过饱和理论来解释，即当构成磷化膜的离子积达到该种不溶性磷酸盐的溶度积时，就在金属表面沉积形成磷化膜。磷化处理的材料主要成分为酸式磷酸盐，其分子式为 $Me(H_2PO_4)_2$。金属离子 Me 通常为锌、锰、铁等。这些酸式磷酸盐均能溶解于水。在含有氧化剂及各种添加剂的酸性磷化液中，磷酸二氢盐发生离解，产生金属离子 Me 和磷酸根离子，但此时离子积未达到不溶性磷酸盐的溶度积，并不产生膜的电沉积。

在适当的温度下，使磷化液与被处理的金属表面接触，发生金属的溶解反应 $Fe+2H^+ \longrightarrow Fe^{2+}+H_2\uparrow$。

上述反应中，铁与磷化液界面处 H^+ 不断被消耗，引起 pH 值上升，这又促使三步离解反应。于是，界面处 Me^{2+} 浓度与 PO_4^{3-} 浓度不断上升，当 $[Me^{2+}][PO_4^{3-}]>Me_3(PO_4)_2$ 的溶度积时就产生不溶性磷酸盐 $Me_3(PO_4)_2$ 沉积，覆盖在金属表面构成磷化膜。

然而，上式生成的氢气吸附在金属表面造成阴极极化，使磷化反应进程受到阻碍。因此，要添加一定量的氧化剂作为阴极去极化剂以保证磷化反应在规定的时间内完成。氢气被氧化剂氧化成水除掉，产生的 Fe^{2+} 除了部分参与成膜形成 $Zn_2Fe(PO_4)_2$ 外，剩余部分被氧化成 Fe^{3+}，Fe^{3+} 与 PO_4^{3-} 结合形成溶度积很小的 $FePO_4$，成为淤渣沉淀出来。

（6）按照磷化促进剂类型分类，可分为硝酸盐型、亚硝酸盐型、氯酸盐型、有机氮化物型、钼酸盐型等。按照促进剂的类型分类有助于对槽液的了解。大体可根据促进剂的类型决定磷化处理温度，如 NO_3^- 促进剂主要是中温磷化。促进剂主要分为硝酸盐型、亚硝酸盐型、氯酸盐型、有机氮化物型、钼酸盐型等类型。每一个促进剂类型又可与其他促进剂配套使用，形成许多分支系列。硝酸盐型包括 NO_3^- 型、NO_3^-/NO_3^-（自生型）。氯酸盐型包括 ClO_3^-、ClO_3^-/NO_3^-、ClO_3^-/NO_3^-。亚硝酸盐型包括硝基胍 $R-NO_2^-/ClO_3^-$。钼酸盐型包括 MoO_4^-、MoO_4^-/ClO_3^-、MoO_4^-/NO_3^-。同时，促进剂的类型决定磷化处理温度，如 NO_3^- 促进剂主要是中温磷化。

3. 常用磷化工艺

1）防锈磷化处理工艺

磷化处理工艺早期用于防锈。钢铁件经磷化处理形成一层磷化膜，起到防锈作用。经过磷化防锈处理的工件防锈期可达几个月甚至几年（对涂油工件而言），广泛用于工序间防锈，以及运输、包装贮存及使用过程中的防锈[4]。防锈磷化主要有铁系磷化、锌系磷化、锰系磷化三大品种。

铁系磷化槽液的主体成分是磷酸亚铁溶液，其不含氧化促进剂，且游离酸度高。这种铁系磷化处理温度高于 95℃，处理时间长于 30min，磷化膜重大于 $10g/m^2$，并且具有除锈和磷化双重功能。由于磷化速度太慢，这种高温铁系磷化现在应用很少。锰系磷化用作防锈磷化具有最佳性能，磷化膜微观结构呈颗粒紧密堆集状，是应用较广泛的防锈磷化。锰系磷化加与不加促进剂均可，若加入硝酸盐或硝基胍促进剂，则可加快磷化成膜速度。其通常处理温度为 80～100℃，处理时间为 10～20min，磷化膜重大于 $7.5g/m^2$。锌系磷化也是一种应用广泛的防锈磷化，通常采用硝酸盐作为促进剂，处理温度为 80～90℃，处理时间为 10～15min，磷化膜重大于 $7.5g/m^2$，磷化膜微观结构一般是针片紧密堆集型。

防锈磷化处理的一般工艺流程为除油除锈→水清洗→表面调整活化→磷化→水清洗→铬酸盐处理→烘干→涂油脂或染色处理。

强碱强酸处理过的工件会导致磷化膜粗化，需要对其进行表面调整。表面调整的目的是促使形成晶粒细致密实的磷化膜，提高磷化速度。表面调整剂主要有两类，一类是酸性表面调整剂，如草酸；另一类是胶体钛。两者的应用都非常普遍，其中前者还兼具除轻锈（工件在运行过程中形成的"水锈"及"风锈"）的作用。在磷化前处理工艺中，是否选用表面调整工序和选用哪一种表面调整剂，都是由工艺与磷化膜的要求决定的。一般原则是：涂漆前打底磷化、快速低温磷化需要表面调整。若工件在进入磷化槽时已经二次生锈，则最好采用酸性表面调整，但酸性表面调整只适用于≥50℃的中温磷化。一般中温锌钙系磷化可以不进行表面调整。锌系磷化可采用草酸、胶体钛进行表面调整。锰系磷化可采用不溶性磷酸锰悬浮液活化。铁系磷化一般不需要调整活化处理。磷化后的工件经铬酸盐封闭可以大幅提高防锈性能，如磷化后的工件经涂装油漆或染色处理可将其防锈性能提高几倍甚至几十倍。

2）减摩磷化处理工艺

对于发动机活塞环、齿轮、制冷压缩机这类工件，不仅承受一次载荷，还存在摩擦运动，因此要求工件能够减摩、耐磨。锰系磷化膜具有较高的硬度和热稳定性，能够耐磨损，并且具有较好的减摩润滑作用，因此广泛应用于活塞环、轴承支座、压缩机等零部件。这类耐磨、减摩磷化的处理温度为 70～100℃，处理时间为 10～20min，磷化膜重大于 $7.5g/m^2$。

在冷加工行业的拉管、拉丝、挤压、深拉延等工序中，要求磷化膜提供减摩润滑性能。一般采用锌系磷化，其原因是：①锌系磷化膜皂化后形成润滑性很好的硬脂酸锌层；②锌系磷化操作温度较低，可分别在 40℃、60℃或 90℃条件下进行磷化处理，一般磷化时间为 4～10min，有时甚至几十秒钟，磷化膜重≥$3g/m^2$。

3）磷化预处理工艺

涂装底漆前的磷化处理，其主要目的是提高漆膜与基体金属的附着力，提高整个涂层系统的耐腐蚀能力，以及提供工序间的保护以免造成二次生锈。因此，漆前磷化的首要问题是磷化膜必须与底漆有良好的配套性，而磷化膜本身的防锈性是次要的，磷化膜薄而细致密实。当磷化膜粗厚时，会对漆膜的综合性能产生负效应。磷化体系与工艺的选定主要由工件材质、油锈程度、几何形状、磷化与涂漆的时间间隔、底漆品种和施工方式及相关场地设备条件决定。一般来说，低碳钢比高碳钢容易进行磷化处理，其磷化成膜性能也更好一些。有锈（氧化皮）工件必须经过酸洗工序，但酸洗后的工件将给磷化带来很多麻烦。例如，工序间生锈泛黄、残留酸液的清除、磷化膜出现粗化等。酸洗后的工件在进行锌系磷化、锌锰系磷化前一般要进行表面调整处理。在间歇式生产中，由于受条件限制，磷化工件必须存放一段时间后才能涂装，因此要求磷化膜本身具有较好的防锈性。如果工件存放期在 10 天以上，那么一般应采用中温磷化，如中温锌系磷化、中温锌锰系磷化、中温锌钙系磷化等，磷化膜重在 2.0～4.5g/m² 之间最佳。磷化后的工件应当立即烘干，不宜自然晾干，以免在夹缝处、焊接处形成锈蚀。若工件存放期只有 3～5 天，则可用低温锌系磷化、轻铁系磷化，其烘干效果会好于自然晾干。

4. 磷化膜质量评定方法

磷化后的工件根据其用途进行质量控制指标分项检验，主要包括磷化膜的外观、膜厚或膜重、磷化处理后的耐蚀性三大共性指标。根据磷化用途，有时还要检测磷化与漆膜的配套性、磷化膜硬度、摩擦系数、抗擦伤性等指标。关于磷化的三大共性指标，可参照如下标准及方法。

磷化膜外观：采用目测法，依照相关标准《金属及其他无机覆盖层　金属的磷化膜》（GB/T 11376—2020）和《钢铁工件涂装前磷化处理技术条件》（GB/T 6807—2001）。

膜厚或膜重：膜厚测量可采用显微镜，依照《金属和氧化物覆盖层　厚度测量　显微镜法》（GB/T 6462—2005）进行测量；也可采用测厚仪，依照《磁性基体上非磁性覆盖层　覆盖层厚度测量　磁性法》（GB/T 4956—2003）或《非磁性基体金属上非导电覆盖层　覆盖层厚度测量　涡流法》（GB/T 4957—2003）进行测量。膜重测量采用重量法，可依照《钢铁工件涂装前磷化处理技术条件》（GB/T 6807—2001）或《金属材料上的转化膜　单位面积膜质量的测定　重量法》（GB/T 9792—2003）。

耐蚀性：检测磷化膜本身的耐蚀性，可采用硫酸铜点滴法、氯化钠盐水浸泡法和盐雾试验法。点滴法和盐水浸泡法可依照《钢铁工件涂装前磷化处理技术条件》（GB/T 6807—2001）进行试验。一般对经过后处理（涂油、涂蜡、涂漆等）的磷化膜进行盐雾试验，盐雾试验可依照《色漆和清漆　耐中性盐雾性能的测定》（GB/T 1771—2007）进行。

涂装前的磷化处理，其主要目的是提高漆膜的附着力和涂层系统的耐蚀性，因此重点在于磷化膜与漆膜的配套性[4-6]。一般磷化质量检测指标包括磷化膜的外观、膜厚和磷化膜与漆膜的配套性。对于轻铁系磷化，其磷化膜外观应为均匀细密完整的红蓝彩色膜。磷化膜不宜过厚，膜重一般应小于 7.5g/m²，最佳膜重为 1.5～3.0g/m²。对于轻铁系磷化，膜重以 0.5～1.0g/m² 为宜，过厚和粗糙的磷化膜是不利于涂漆的。耐蚀性指标包括磷化膜本身的耐蚀性和涂漆前不应出现泛黄生锈现象。磷化与涂漆配合后的耐蚀性是最重要的，它体现了磷化膜与漆膜配套后的整体耐蚀能力。磷化与涂漆配合后，除检测耐蚀性外，一般还需要测定其漆膜的物理力学性能，如附着力、冲击强度、抗弯能力（柔韧性）等。

涂漆前磷化预处理的质量指标及检测方法一般应参照《钢铁工件涂装前磷化处理技术条件》（GB/T 6807—2001），该标准对磷化膜的各项质量指标及检测评价方法都作出了较为详细的规定，其主要内容如下。

（1）磷化膜外观应为结晶致密、连续均匀的浅灰色至深灰色膜，对于轻铁系磷化，应为连续彩色膜。允许出现轻微水迹、铬酸盐痕迹、轻微挂灰现象，以及热处理焊接及加工等表面状态不同造成的磷化膜缺陷。不允许出现磷化膜泛黄生锈、膜层疏松、磷化露底、局部无膜及严重挂灰现象。

（2）磷化膜单位面积膜重应小于 7.5g/m²。

（3）磷化膜的耐蚀性检测，采用盐水浸泡法，即将磷化工件浸入质量分数为 3%NaCl 溶液中，该工件在 15～25℃温度下浸泡 1h 不应出现锈蚀。磷化与涂漆配合后的耐蚀性检测是将磷化工件表面涂覆 25～35μm 的 A04-9 白色氨基漆，在漆膜表面留下划痕后进行盐雾试验［依据《色漆和清漆　耐中性盐雾性能的测定》（GB/T 1771—2007）］，经 24h 盐雾试验（铁系磷化是 8h 盐雾试验），该漆膜无起泡、生锈、脱落现象。

《钢铁工件涂装前磷化处理技术条件》（GB/T 6807—2001）没有将硫酸铜点滴法作为必须检测的项目，只是将其作为工序间磷化质量的快速检验方法，而将磷化与涂漆配合后的耐蚀性作为必检项目。漆前磷化的检验指标及方法也可参照《金属及其他无机覆盖层 金属的磷化膜》（GB/T 11376—2020）。因此，从标准规定的检验项目看，漆前打底用磷化应是致密、均匀、薄层磷化膜，应着重检验磷化膜与油漆配套后的耐蚀性及物理机械性能。

对于防锈、耐蚀这类磷化，其主要目的是耐蚀防护，其中耐蚀性是最重要的指标。一般质量检测指标包括：硫酸铜点滴时间大于 1min，耐盐水时间大于 2.0h，盐雾试验时间大于 1.5h。对于涂油或涂蜡后的耐蚀性检测，最好采用盐雾试验，具体应达到的耐盐雾时间可由供需双方商定。

起润滑作用的磷化主要用在冷加工方面，一般是指锌系磷化。对于起润滑作用的磷化，主要检验磷化膜外观、膜重、耐蚀性及皂化后的润滑性，有时还要测定摩擦系数。磷化膜外观要求均匀完整，膜重一般大于 $5g/m^2$，以保证磷化膜达到一定厚度，皂化后，可明显降低摩擦力，减少工件损伤，减少工件冷加工开裂。

耐磨、减摩磷化用于承受载荷且存在摩擦运动的工件，常规采用锰系磷化，其磷化膜外观应为均匀完整的深灰色或黑色膜。对于配合间隙小的零部件，其膜重应在 $1\sim3g/m^2$ 之间；对于动配合间隙大的工件，其膜重应大于 $5g/m^2$。要求这类磷化具有较高的硬度和抗擦伤性能，具体指标可由供需双方商定。同时，耐磨、减摩磷化应有较好的耐蚀性，通常耐盐雾时间应大于 1.5h。润滑、耐磨、减摩磷化同样可参照 GB/T 11376—2020。

其他用途的磷化。磷化除了用于上述三个领域，还可用于电绝缘和装饰性方面。其常规质量检测指标为外观、膜重和耐蚀性。对于电绝缘磷化，需要检测表面电阻。对于装饰性磷化，需要根据不同要求进行染色处理，要求磷化膜具有不同的颜色色度和耐蚀性，这些指标的控制范围和检测方法一般由供需双方商定。

对于磷化质量指标的控制和检测，根据其不同的用途而有不同的要求，具体如下。除常规的外观、膜重检测及某些磷化的耐蚀性检测有标准可循外，大部分指标及检测方法由供需双方商定。

1）外观目视法

磷化膜外观均匀完整细密、无金属亮点、无白灰。锌系磷化膜为灰色膜，铁系磷化膜为彩虹色膜。铝及铝合金为无色或彩色膜。

2）微观结构显微镜法

利用金相显微镜或电子显微镜将磷化膜放大 100～1000 倍，观察其结晶形状、结晶尺寸大小及排布情况。结晶形状以柱状为好。结晶尺寸越小越好，一般控制在几十微米以下，排布越均匀，孔隙率越小。

3）厚度测定法（重量法）

测定钢板磷化膜厚度的方法是将磷化钢板浸在 75℃铬酸溶液中 10～15min 以去除磷化膜，然后计算去除磷化膜层前后钢板的重量差，求得膜重。

4）腐蚀性能测定法

常用的耐蚀性测定方法是硫酸铜点滴试验法。常在下道工序后根据用户要求进行盐雾试验、耐湿热试验或循环周期试验等。

5）抗冲击试验

通常是在磷化膜涂装后进行抗冲击性能测定。当冲击后样板的反面冲击点不产生放射性裂纹时，即可确定该磷化膜质量较好。

6）二次附着力测定

磷化膜涂装后测定的附着力为一次附着力。在一定条件下进行耐温水试验后再测定的附着力称为二次附着力。一般是在耐水试验后的样板上用划格法测定附着力，在胶带剥离后观察涂膜脱落的等级，一般均为平行比较试验。

7）磷化膜孔隙率的测定

取质量分数为 14.0%的 NaCl 溶液和质量分数为 3.0%的铁氰化钾溶液，以及表面活性剂（质量分数为 0.1%的蒸馏水溶液），保存在褐色瓶中 24h，用滤纸过滤。使用时将滤纸切成长、宽均为 2.5cm 的纸片，用塑料镊子将纸片浸入上述溶液中，提出滴净多余试液，将它覆盖在待测磷化膜表面，经过一段时间（1min）后将试纸拿掉，观察膜层表面，蓝色斑点处表示有孔隙部分。

8）磷化膜的耐碱性

在 25℃时，比较磷化膜在浸入碱液（0.1mol/L 的氢氧化钠溶液）中 5min 前后的质量差，可以得到磷化膜在碱液中的溶解量。

9）磷化膜的耐酸性

通过比较磷化膜在 pH 值为 2 的酸液中的溶解量评价磷化膜的耐酸性。

10）磷化膜 P 比

P 比最初定义为 P/（P+H），其中 P 为磷酸二锌铁，H 为磷酸锌，因此磷化膜 P 比的高低表示磷化膜中磷酸二锌铁所占比率的高低。对于 P 比高的磷化膜，其结晶水合物不易失水也不易复水，其耐蚀性比 P 比低的磷化膜好。

5. 影响因素

影响磷化的因素有很多，当磷化膜出现质量问题时，可从磷化工艺参数、促进剂、被处理钢材表面状态、磷化前表面调整处理、磷化工艺（含设备）管理等几个方面考虑。

1）磷化工艺参数的影响

（1）总酸度。总酸度是反映磷化液浓度的一项指标，若总酸度过低，则磷化必受影响。控制总酸度的意义在于使磷化液中成膜离子浓度保持在一定范围内。

（2）游离酸度。游离酸度过高或过低均会产生不良影响。若游离酸度过高，则不能成膜，易出现黄锈；若游离酸度过低，则磷化液的稳定性受到影响，生成额外的残渣。游离酸度反映磷化液中游离 H^+ 的浓度。控制游离酸度的意义在于控制磷化液中磷酸二氢盐的离解度，把成膜离子浓度控制在一定范围内。磷化液在使用过程中游离酸度会缓慢升高，这时要用碱液来中和调整，注意碱液要缓慢加入并充分搅拌，否则局部碱液过浓会产生不必要的残渣，出现越加碱液游离酸度越高的现象。因此，单看游离酸度和总酸度是没有实际意义的，必须两者一起考虑。

（3）酸比。酸比是指总酸度与游离酸度的比值。一般酸比在 5~30 范围内。酸比较小的配方，游离酸度高，成膜速度慢，磷化时间长，所需温度高；酸比较大的配方，成膜速度快，磷化时间短，所需温度低。因此，必须控制好酸比。

（4）温度。与酸比一样，磷化温度也是成膜的关键因素[10]。不同配方的磷化液都有各自不同的磷化温度范围。实际上，它控制着磷化液中成膜离子浓度。温度越高，磷酸二氢盐的离解度越大，成膜离子浓度相应地越高，因此在降低磷化温度的同时提高酸比，同样可达到成膜效果。磷化温度与酸比的关系见表 1.1。

表 1.1 磷化温度与酸比的关系

磷化温度/℃	70	60	50	40	30	20
酸比	1/5	1/7	1/10	1/15	1/20	1/25

生产单位一旦确定了某一配方，就应严格控制好温度。温度过低，成膜离子浓度总达不到溶度积，不能生成完整磷化膜。温度过高，磷化液中可溶性磷酸盐的离解度加大，成膜离子浓度大幅提高，产生不必要的沉渣，白白浪费了磷化液中的有效成分，使原有的平衡被破坏，形成一个新的温度下的平衡。

例如，低温磷化液在温度失控而升高时，$H_3PO_4 \longrightarrow 3H^+ + PO_4^{3-}$ 的离解反应向右进行，使磷酸根浓度升高产生磷酸锌沉淀，从而使磷化液的酸比自动升高。当磷化液恢复到原来温度时，原有的平衡并不能恢复。因此在实际中，当磷化液超过一定温度再降低到原来温度时，如果不进行调整，就有可能不能磷化。从减少沉渣、稳定槽液、保证质量的角度来看，磷化液的温度变化越小越好。

（5）时间。每个配方都有规定的工艺时间。若时间过短，则成膜量不足，不能形成致密的磷化膜。若时间过长，则结晶在已形成的膜上继续生长，可能产生有疏松表面的粗厚膜。

2）促进剂的影响

促进剂是磷化液中必不可少的成分，如果没有它们，磷化就将失去意义。磷化液中的促进剂主要是指某些氧化剂。氧化剂是作为阴极去极化剂而在磷化配方中采用的一种化学反应型的加速剂。它的主要作用是加快氢离子在阴极的放电速度，促使磷化第一阶段的酸蚀速度加快，因此可作为金属腐蚀的催化剂。当金属表面接触到磷化液时，首先发生以下反应：

$$Fe + 2H^+ \longrightarrow Fe^{2+} + H_2\uparrow$$

上述反应能够消耗大量的氢离子，使固液界面 pH 值上升，进而促使磷化液中磷酸二氢盐的三级离解平衡右移，最终使锌离子浓度和磷酸根浓度在界面处达到溶度积而成膜。如果不添加一些有效物质，那么阴极析出的氢气就会滞留造成阴极极化，使反应不能继续进行，磷酸盐膜也不能连续沉积。因此，凡是能够加速这个反应的物质，必定能够加速磷化。正是由于氧化剂起着阴极去极化作用，才加速反应。

常用的氧化剂有硝酸盐、亚硝酸盐、双氧水、溴酸盐、碘酸盐、钼酸盐、有机硝基化合物、有机过氧化物等。常用的氧化剂主要是硝酸盐、氯酸盐、亚硝酸盐。

当单独使用硝酸盐作为氧化剂时，不能将二价铁完全氧化成三价铁，使得溶液中二价铁离子持续积累浓度升高，从而影响磷化膜的生长速度。因此，不能单独使用硝酸盐作为氧化剂，而是将其与亚硝酸盐或氯酸盐等配合使用。但亚硝酸根、氯酸根的氧化性太强，如果用量过多，就会使钢铁材料表面发生钝化，进而阻碍磷化反应的进行。因此，必须加入适量的亚硝酸盐或氯酸盐。

亚硝酸盐在酸性磷化液中不稳定，容易分解，需要不断补充，否则磷化膜极易发黄。此外，它分解产生的酸性气体易使未磷化的湿工件生锈。

氯酸盐虽然不能产生酸性气体，且在酸液中也稳定，但它会还原成氯离子。氯离子在槽液中不断积累，若随后的水洗不充分，则使氯离子留在工件上，会带来很大的后患。具体表现在两个方面：①污染磷化槽溶液。②留在膜层下会加快腐蚀速度。

过氧化氢有其独特的优点，它是工业开发中最强的氧化剂，它的还原产物是水。其使用时浓度很低，在 0.01～0.10g/L 之间。但它在酸中更不稳定，控制要求很高。

此外，还有有机氧化还原剂，如蒽醌类衍生物。从原理上看，这是一种不消耗地循环使用的加速剂，只起氧化载体作用，利用醌的氧化性先与磷化第一阶段产生的氢气作用，自身被还原成酚，再用强制方法使磷化液与氧气接触发生还原反应，又恢复成醌，同时给予磷化反应必要的氧化电势。目前工业生产中常用的磷化促进剂是硝酸盐、亚硝酸盐、氯酸盐、有机硝基化合物、双氧水的不同组合。其中，硝酸盐、氯酸盐、有机硝基化合物等在磷化液中都较为稳定，除定期抽查外，一般不进行日常检测；亚硝酸盐需要随时检测，当其浓度不够时，磷化膜外观立即泛黄生锈，因此必须重视。

各种磷化加速剂性能如下：

① 硝酸盐。其加速性高，稳定性好。

② 硝酸盐+亚硝酸盐。其加速性高，稳定性好。

③ 氯酸盐。其加速性高，稳定性好，但能还原出氯离子。

④ 氯酸盐+亚硝酸盐。其加速性高，稳定性低，有氯离子还原。

⑤ 高氮有机化合物。其用量少，稳定性高，但还原物累积的深色泽影响测定。

⑥ 氯酸盐+有机含氮化合物。其加速性高，还原物的色泽影响测定。

⑦ 过氧化氢。其加速性高，稳定性低。

⑧ 氯酸盐+亚硝酸盐+硝酸盐。其加速性高，稳定性低。

3）被处理钢材表面状态的影响

近年来的研究表明，作为磷化膜基材的金属材料，其表面状态对磷化质量影响很大。现归纳如下。

（1）表面碳污染。钢铁材料表面碳污染对磷化处理非常不利，磷化膜质量差。表面碳浓度大的钢板耐蚀性差。碳浓度高的部位，磷酸锌结晶不能析出，造成磷化膜缺陷，在盐雾试验中会过早起泡和剥落。因此，在选材时就应注意这一点。

（2）钢铁材料表面氧化膜。钢铁材料表面氧化膜的厚度直接影响磷化及其效果。若氧化膜过厚，则其耐蚀性差，当出现蓝色的氧化膜时，通常不能磷化。

（3）钢板材料表面的结晶方位。在改变热处理温度等钢板制造条件时，钢板表面有不同的结晶方位，结晶方位的不同又影响磷化性能。

（4）冷轧钢板组成元素在表面浓化对磷化的影响。热力学和金属物理学方面的原因使冷轧钢板组成元素在表面浓化，即在不同的热处理条件下将出现的锰或磷的表面浓化。一方面，当锰浓化高时，磷化反应良好。另一方面，磷的浓化将延迟晶核的形成和生长，劣化反应性，浓化的磷的氧化物推迟了铁的溶解，使磷化性能降低。冷轧钢板表面的锡、铝、钛、铬、铅等元素会使磷化结晶粗大，造成耐蚀性降低。

（5）镀锌板钝化与采用不同镀锌方式的镀锌板。镀锌板是否经过钝化对磷化效果有着很大的影响。经过钝化处理的镀锌板磷化性能差，生成的结晶杂乱粗大。热浸镀锌板与电镀锌板相比，前者的磷化性能差，后者的磷化性能好。各种合金镀锌板的磷化性能差别也很大。

综上所述，在进行磷化处理前，应该先对所处理的材质进行详细了解，只有这样才能选择合适的工艺及配方。

4）磷化前表面调整处理的影响

磷化前表面调整处理是指采用表面调整剂使需要磷化的金属表面改变微观状态，促使磷化过程中形成结晶细小、均匀致密的磷化膜。

磷化前零件的表面调整处理对磷化膜质量影响极大，尤其是酸洗或高温强碱清洗对薄层磷化的影响最为显著。研究结果表明，冷轧钢板表面存在着一层 Fe_3O_4 和 Fe_2O_3 的完整氧化层，磷酸盐结晶就在此基础上生成，从而得到完整致密的磷化膜。

若经过酸洗，则只剩下三氧化二铁氧化层，过薄且不完整，因此很难得到良好均匀的磷化膜。此外，酸洗表面产生析碳现象，这也影响磷化膜的形成。对于高温或强碱清洗，钢板表面的活性点转变成氧化物或氢氧化物，使构成磷化膜的结晶晶核减少，因而促使稀疏粗大的结晶生成，影响磷化质量。尤其是低温薄层里边化及低锌磷化对预处理特别敏感，如果不进行表面调整处理，就难以形成磷化膜。

最初采用质量分数为 3%～5% 的草酸水溶液作为磷化表面调整剂，现在采用效果更好的磷酸钛胶体溶液进行表面调整处理。由于胶粒表面能很高，对物体表面有极强的吸附作用，胶体微粒吸附在零件表面形成均匀的吸附层，磷化时，这层极薄的吸附层就是一层分布均匀且数量极多的磷酸盐结晶的晶核，因而促进结晶均匀快速形成，并限制大晶体的生长，促使磷化膜的细化和致密化，提高成膜性，缩短磷化时间，降低膜层厚度，同时也能消除钢铁表面状态差异对磷化质量的影响。在工业生产中，表面调整剂的用量约为 $0.5g/m^2$。在生产中，应注意保持槽液良好，避免沉淀。另外，应防止碱、酸及磷化液进入表面调整工作液，避免工作液因污染而失效。

5）磷化工艺（含设备）管理方面的影响

除了磷化处理剂及被处理钢材的影响，很多影响因素存在于磷化工艺及管理中。

（1）磷化工艺的设计应当合理。磷化工艺包括脱脂、除锈、表面调整、磷化、钝化及各工序间的水洗，有的还包括水洗后的烘干。一般不将除锈工序安排在前处理生产线上，否则会造成很大弊端。酸雾对生产线环境的污染容易造成零件再度生锈，并且零件焊缝处很难洗净，造成零件耐蚀性大幅下降，因此要加强防锈，让冷轧板不过酸洗，必须酸洗的钢材在成型前先进行酸洗。

（2）前处理的结构是否满足工艺与材料的要求。在生产实践中，窜水、加热系统、除渣系统、加料系统等因素造成了许多磷化质量问题，因此必须对设备结构进行管理并提出要求。

（3）工艺管理。工艺管理是必不可少的环节，必须严格控制各道工序的工艺参数。在生产中，每天都要对工艺参数加以检测。磷化工艺控制项目见表1.2。

表 1.2　磷化工艺控制项目

工序	控制项目	检测频率
脱脂	碱度、温度、喷射压力、浸渍搅拌压力、喷嘴情况及温度、喷嘴喷射情况	每班两次
水洗	碱度、喷射压力或浸渍搅拌压力、喷嘴情况	
表调	Ti 浓度、pH 值或总碱度、喷射搅拌压力、喷嘴情况	每班数次
磷化	总酸度、游离酸度、温度、喷射或浸渍搅拌压力、促进剂浓度、磷化膜外观（目测）、喷嘴情况、换热器进出口压力	每班数次
水洗	总酸度（污染度）、喷嘴情况、喷射或浸渍搅拌压力	每班两次
钝化	Cr^{6+}浓度、Cr^{3+}浓度、pH 值、喷射压力、喷嘴工作情况	
去离子水洗	电导率（含滴水电导率）、喷射压力、喷嘴工作情况	
烘干	温度、抽风机情况	

上述所有控制项目对磷化都有不同程度影响。此外，还要每周检测一次槽液含渣量，每月检测一次脱脂液含油量（要求含油量小于 4g/L）。

设备维护同样也很重要，要求做到及时换槽。除磷化液外，槽液更换期一般均不超过三个月。磷化换热器应当定期用硝酸清洗一次，保证管道畅通。喷嘴、喷管也要及时进行疏通以保证畅通。

（4）材料间配套及其他相关项目的影响。磷化剂与其前后处理材料之间具有一定相关性。例如，酸洗及高碱度脱脂处理后，钢材表面发生变化，不利于磷化，只有配合表面调整剂才能进行低锌薄膜磷化。磷化配槽工业用水的水质也有较大影响。例如，某些地区的水质很硬，电导率高达 800μS/cm，用其配制磷化液会出现沉渣异常多的情况，若用它来配制表面调整剂，则可使某些表面调整剂失效，导致不能磷化或磷化质量极差。

磷化膜表面产生缺陷的主要原因及预防措施见表 1.3。

表 1.3　磷化膜表面产生缺陷的主要原因及预防措施

项目	影响因素大小	要求注意事项，原因说明及预防措施
原材料		
钢铁厂	○	采取临时性措施或提高磷化条件
防锈油	▲	长期不干结、抛光研磨的表面活性很高，如果不立即涂上防锈油就会在空气中氧化，妨碍磷化；在存货期长或天气不好时，需要注意加强防锈
抛光研磨	▲	最好没有抛光研磨。采用细抛光材料，若太粗，则在研磨时表面温度升高，容易产生表面硬化，形成的磷化膜粗糙，抛光后立即涂防锈油
生锈	○	应该无锈。加强库存管理及工序间管理，加强防锈
酸洗	▲	最好没有酸洗，尽可能采用机械方法除锈。在不得已的情况下，用磷酸酸洗后立即水洗、中和、表面调整、磷化

续表

项目	影响因素大小	要求注意事项，原因说明及预防措施
脱脂		
浓度、温度、压力	▲	脱脂不彻底，有无磷化膜区域，这也是产生黄锈的原因。此外，碱度高的脱脂及浓度、温度过高均对磷化不利
喷嘴方向	▲	注意调整喷嘴方向，使溶液有效地喷到被处理体表面
喷雾量	▲	使用大口径 V 形喷嘴
喷嘴堵塞	▲	最好无喷嘴堵塞，定期检查、清扫、更换设备，喷嘴要取下来清洗干净，每天换 1/3
油的积蓄	△	油的积蓄量最大为 0.4%，除去悬浮油，定期更换新液
水洗温度	○	最高达 40℃，降到不影响脱脂后的清洗温度，若温度过高，则会产生黄锈
污染度	▲	微碱性或中性，防止下道工序的酸洗液超位喷雾（调整喷嘴），增加溢流量，使其呈中性
表面调整		
pH 值	▲	pH 值在 8.0~9.5 之间，若磷化液窜入，则会使 pH 值降低，表面调整失效
Ti 含量	○	规定 Ti 含量，若过低，则表面调整效果差
喷嘴堵塞	▲	无喷嘴堵塞。若有阻塞，则会使表面处理不完整，影响磷化均匀致密
磷化		
磷化液超位喷雾（窜水）	▲	最好无空窜水，把磷化入口端第一环喷嘴做成 V 形，方向朝内侧
磷化总酸度	▲	总酸度以偏上限为好（四个项目均如此）
酸比	▲	若酸化过大，则沉淀量增加，材料消耗增多
加速剂	▲	
温度	▲	
药品补充	▲	药品补充应当连续定量，否则总酸度和游离酸度波动太大，质量不稳定
压力	△	压力在 0.07~0.10MPa 之间，喷雾量大，压力低较好
运输链停动	▲	刚进入磷化区的零件将可能锈蚀
喷嘴方向	▲	无超位喷射方向
喷雾量	▲	最少在 80cm² 内有充足的喷雾量均匀喷在被处理体表面
喷嘴堵塞	○	无喷嘴堵塞，定期检查、清洗、更换
磷化后水洗		
污染度	△	污染度 0.3 以下，消除磷化液超位喷雾（窜水），此工序在水洗过程中喷嘴最易堵塞，要注意充分增加溢流量
温度	△	常温

注：▲——影响大；○——影响较小；△——影响最小。

6）磷化后的钝化处理

磷化后的钝化处理是指对磷化膜采用含铬的酸性水溶液进行补充处理。这进一步提高了磷化膜的耐蚀性。

钝化处理的作用包括以下两方面：①使在磷化膜空隙中暴露的金属进一步氧化或生成铬化层，填补磷化膜的孔隙，使其能在大气中稳定存在，以便提高磷化膜单层的防锈能力，也称为封闭处理。②通过含铬酸性处理液的处理，可以去掉磷化膜表层疏松结构及包含其中的各种水溶性残留物，降低磷化膜在电泳时的溶解量，提高膜层的耐蚀性。

7）磷化膜的干燥

磷化膜水洗后烘干有两个目的：①去除表面水分，为后面溶剂型涂料施工做准备。②进一步提高涂装后膜的耐蚀性。作为提高性能的方法，磷化后的烘烤温度应在 130～150℃之间，否则只能起到去除水分、表面干燥的作用。

8）磷化方式的影响

最先采用浸渍法，由于该方法处理时间较长，后来采用喷射法，同时对磷化液进行了改良，使处理时间缩短至 3min 以内。但有些时候，工件的复杂性决定必须采用浸渍法，若采用喷射法，则会使工件有些部位不能磷化。此外，采用浸渍法处理后得到的磷化膜性能比喷射法好得多，故浸渍法现在仍然广泛应用于生产实践中。

不同磷化处理方式对磷化膜特性的影响见表 1.4。

表 1.4　不同磷化处理方式对磷化膜特性的影响

项目	影响状况	
	喷射式	浸渍式
P/（P+H）/%	50～70	90～100
m（磷化膜重）/（g/m²）	1～2	2～3
d（结晶尺寸）/μm	10～30	≤10
结晶形状	针状、粒状	棒状
重金属质量分数/%	20～15	10～50
耐碱性	△～O	▲
耐水二次附着性	×～△	O～▲
耐疤形	×～△	
腐蚀性	△～O	O～▲
物性（屈曲性）	O	
镀锌板适应性	×～△	O～▲

注：优——▲；良——△；中——O；劣——×。

1.2.2　铬酸盐处理

铬酸盐处理是指使金属表面转化成以铬酸盐为主要组成膜的一种工艺方法[13]。实现这种转化所用的介质，一般是以铬酸、碱金属的铬酸盐或重铬酸盐为基本成分的溶液。对于工业上常用的大多数金属或金属镀层，都可使其表面转化成铬酸盐膜。

1. 铬酸盐处理的目的

钢铁材料表面经过铬酸盐化学转化处理可以显著提高其抗蚀能力，同时该转化膜对膜层具有良好的附着力，加之成本低廉，因而在汽车、机械、家用电器、建筑材料等领域得到了广泛应用。铬酸盐处理除具有适用性广的特点外，还具有工艺方法简便、处理时间较短，以及所得转化膜在防护性能上比磷酸盐膜好等优点。对金属进行铬酸盐处理的目的如下。

① 提高金属或金属镀层的耐蚀性。

② 提高金属同漆层或其他有机涂料的黏附能力。

③ 避免金属表面污染。

④ 获得带色的装饰外观。

2. 铬化膜的形成

金属在含有能起活化作用的添加物的铬酸盐溶液中形成铬酸盐转化膜的过程，大致分为以下四个步骤。

① 金属表面被氧化，并以离子形式进入溶液，同时有氢气在金属表面析出。

② 所析出的氢气促使一定数量的六价铬还原成三价铬。

③ 金属溶液界面区 pH 值升高，三价铬以氢氧化铬胶体形式沉淀。

④ 氢氧化铬胶体自溶液中吸附和结合一定数量的六价铬，构成具有某种组成的转化膜。

虽然各种金属在铬酸盐溶液中形成铬酸盐转化膜的过程大致相同，但是过程涉及的细节，特别是中间产物的形态，受转化的金属而异。即使是同一种金属，也因不同的研究条件而有着不完全相同的反应机理。一般来说，铬酸盐膜层可分为两种类型，黄色铬酸盐膜层与绿色铬酸盐膜层。由于两者色相的组成不同，在处理液中反应机理也不同。虽然铬酸盐可在镉、铁、铜、镁、锡、银等金属表面析出，但是主要用于铝材及锌材表面成膜。

3. 铬化膜的性质

一般地说，铬酸盐膜的主要组分是六价铬与三价铬的化合物及基材金属铬酸盐，至于各组分的比例及是否含有其他化合物，将取决于成膜条件。对于钢铁表面所形成的铬酸盐膜而言，根据不同研究者的观察可知，其组成与结构也不完全一样。在含有氟化物及其他添加剂的铬酸溶液中，膜的组成除三价铬和铁的含水氧化物外，还含有六价铬的化合物。

各种金属表面的铬酸盐膜大都具有某种色泽特征，其深浅由处理金属的种类、成膜工艺条件和后处理的方法等多种因素决定，膜重一般在 $0.3 \sim 30.0 \mathrm{mg/dm^2}$ 之间。铬酸盐膜的最大优点是电阻率非常低，特别适合在电子电气工业中应用。铬酸盐膜的孔隙率通常较低。薄的铬酸盐膜对色料具有较好的吸收能力，容易进行着色。铬酸盐膜对空气干燥型的漆料（硝基漆橡胶）和其他黏结剂都有较好的黏附能力。此外，铬酸盐膜对金属腐蚀具有缓蚀作用，金属一旦被腐蚀，介质就透过漆膜、钝化膜进行自我修复，仍可延缓基材金属出现锈蚀，从而使漆膜保持完好。铬酸盐膜与基底金属的结合力通常良好，当受压缩或成型加工时具有足够的韧性，但耐磨性非常差，其硬度在很大程度上取决于成膜条件。薄的铬酸盐膜对焊接无明显影响，但厚的铬酸盐膜会给焊接带来困难。

铬酸盐膜的防护特性是指经铬酸盐处理的金属，其耐蚀性随金属本身及成膜工艺条件不同而不同，但在一定程度上都有所提高。其防护作用通常有两点：①膜的致密性保证金属与腐蚀介质隔开。②三价铬起到缓蚀作用。在各种不同介质中金属的耐蚀性是不一样的，铬酸盐膜对基底金属在各种不同介质中的耐蚀性的影响，要视基底金属的种类、成膜的工艺条件和环境条件等诸多因素而定。因此，这方面的试验数据只有在符合特定试验条件下才有参考价值。加热对铬酸盐膜防护性能有着重要影响。铬酸盐膜在加热时超过某一特定温度，其防护作用将下降，这是由于膜的组成和结构在加热时发生了变化。因此，在使用时要特别注意。

1.2.3 无铬化学转化处理

由于铝、镁等金属材料的电极电位较负，在使用过程中容易发生腐蚀，须经表面处理才能使用。现今我国通用的处理方法是采用铬酸盐处理工艺，由于其中含有六价铬，铬酸盐的使用受到越来越严格的限制。近年来，随着环保要求的不断提高，环境友好型无铬化学转化表面处理技术越来越受到人们的关注。

1. 锆钛系无铬化学转化

锆钛系无铬化学转化从 20 世纪 80 年代开始发展，是目前为数不多的得到工业化应用的工艺之一。它最早用于易拉罐表面处理，后来逐渐扩展到汽车、电子、航空、建筑型材等行业。这种工艺的处理液主要由含锆、钛的金属盐、氟化物、硝酸盐和有机添加剂组成，通过浸渍或喷射的方式形成转化膜。膜层主要是由锆（钛）盐、铝的氧化物、铝的氟化物及锆（钛）的配合物等组成的混合夹杂物。其优点在于工艺操作简单，所获得的膜层与有机聚合物的结合力强。

日本派克（Parker）公司研制的一个典型配方如下：磷酸盐 0.04g/L、钛 0.05g/L、氟离子 0.4g/L、单宁酸 0.2g/L、pH 值为 4.9，在 30～60℃温度下喷射或浸渍 5～6s，即可获得转化膜。钛酸盐转化膜具有许多与铬酸盐转化膜相同的性质，如稳定、牢固、自愈性良好，以及能够有效防止铝合金的腐蚀等。钛酸盐膜能够起到保护作用，这是基于它抑制了铝合金表面阳极反应的发生并提高了点蚀电位。汉高公司早在 20 世纪 70 年代就已经开发了无铬化学转化处理技术，当时以氟锆酸、硝酸和硼酸为基础配方；在 20 世纪 80 年代又开发了磷酸锆和磷酸钛配方，广泛应用于易拉罐表面钝化。其无铬钝化产品阿洛丁（Alodine）5200 的处理时间为 5～120s，温度在 20～30℃之间，处理液的 pH 值为 3.0～3.6，所获得的膜层由 30%～40% 的锆（钛）盐、25%～35% 的铝的氧化物、5%～15% 的铝的氟化物和 2%～30% 的有机聚合物组成（均为质量分数）。其特点是：无重金属，降低了污水处理成本，减少了重金属对环境的污染，改善了操作工人的作业环境；基于锆盐、钛盐及聚合物等的膜层取代了重金属钝化膜；同时在室温下进行处理，也节约了能源；钝化时间短，提高了生产效率；既可用于喷射，也可用于浸渍；为有机涂层提供了极好的基底。目前，锆钛系无铬化学转化技术已在铝罐、室内散热器和铝轮毂防腐蚀等方面得到了广泛应用，但其耐蚀性仍低于铬酸盐膜，而且经此工艺处理的转化膜没有颜色，给工业生产带来了一定困难，因而在高耐候性和高耐蚀性的产品及军工产品上较少应用。

2. 硅烷系无铬化学转化

硅烷表面处理是近年来发展起来的一项新技术，目前国外已经申请了很多专利。硅烷系无铬化学转化被认为是一种很有希望替代铬酸盐的工艺。在硅烷分子中同时存在亲有机和亲无机两种官能团，可以通过硅烷偶联剂把有机材料和无机材料这两种性质差异很大的材料牢固地结合在一起。对于铝合金而言，硅烷可与基底铝合金形成极强的 Al—O—Si 键，同时硅烷的有机部分又可与表面涂层形成化学键合。因此，硅烷处理可以大幅提高表面涂层与基体铝合金的结合力，从而提高铝合金的耐蚀性。曾有学者研究采用电化学技术在 LY12 铝合金表面制备了十二烷基三甲氧基硅烷（dodecyl trimethoxysilane，DTMS）膜，主要机理是通过 DTMS 硅烷试剂与铝合金基体发生化学键合作用，生成 Si—O—Al 键而实现成膜。膜层的电化学阻抗谱（electrochemical impedance spectroscopy，EISEIS）测试表明，与开路电位相比，采用阴极电沉积法得到的硅烷膜，其耐蚀性有明显提高且存在一个最佳"临界电位"，在此电位下电沉积得到的硅烷膜具有最佳的耐蚀性。除硅烷外，目前硅倍半氧烷（silsesquioxane，SSO）也可在金属表面形成致密保护膜。SSO 是一类结构简式为（RSiO1.5）n 的有机/无机杂化物，这类化合物是由带有三个官能团的有机基取代烷氧基硅烷水解缩合而成，它不仅可在金属表面形成致密保护膜，还可与金属表面以 Si—O—M 化学键相结合，极大地增强了膜的附着能力和耐蚀性。

3. 稀土系无铬化学转化

稀土转化膜工艺是一种开发较早的无铬化处理工艺[2]。在 1994 年的亚洲太平洋精饰会议上，稀土转化膜被众多专家认为是最具希望替代铬且有着良好发展前景的转化膜之一。它最初由欣顿（Hinton）等提出，当时采用的方法是最简单的浸渍法。经过多年发展，稀土转化膜的成膜方法除浸渍法外，还有熔盐浸渍法、阴极电解沉积法等。下面介绍几种常用的稀土转化膜工艺。

1）浸渍工艺

浸渍工艺是将铝合金长期浸渍在铈盐溶液中。当铝合金在含有质量分数为 0.1% $CeCl_3$ 的 0.1mol/L NaCl 溶液中浸渍 168h 后，在其表面形成铈氧化物膜。处理溶液的 pH 值为 6.5，处理温度为 25℃。这是早期使用的方法，因其耗时过长而不适用于工业化生产。

2）碱性两步成膜工艺

碱性两步成膜工艺是将铝合金分别在四价碱性铈溶液和三价碱性铈溶液中浸泡 30min 和 25min。经过该工艺处理的 5A06 铝合金试样可承受 504h 以上的中性盐雾腐蚀试验。

3）稀土波美处理工艺

稀土波美处理工艺是先将铝合金用热水处理，在其表面形成波美层，然后将其浸入稀土盐溶液中，形成稀土转化膜。其特点是在成膜液中不需要使用强氧化剂。

4）铈盐酸性成膜工艺

王成等[3]在室温下将 2A12 铝合金置于含有 10g/L $CeCl_3 \cdot 7H_2O$ 和体积分数为 40mL/L 的 H_2O_2 溶液（pH 值为 3）中处理 6~10min，在 2A12 铝合金表面形成一种与表面结合良好的、金黄色的化学转化膜。该膜对铝合金点蚀具有较好的抑制作用。

5）稀土盐强氧化剂成膜工艺

此类工艺的成膜溶液通常由稀土金属盐、强氧化剂、成膜促进剂和辅助添加剂组成，其特点是引入强氧化剂（H_2O_2、$KMnO_4$、$(NH_4)_2S_2O_8$ 等）和成膜促进剂（HF、$SrCl_2$、NH_4VO_3、$(NH_4)_2ZrF_6$ 等），使成膜速率显著提高，成膜时间缩短，处理温度降低。有些配方中还含有铝的有机螯合物。例如，葡萄糖酸及其盐类，或者庚糖酸及其盐类等。

6）双层稀土转化膜成膜工艺

这是指在有波美层的铝合金表面，以 $Ce(NO_3)_3$ 处理液体系所得转化膜为底层，以 $Ce(CO_3)_2$ 处理液体系所得转化膜为外层的表面处理工艺。底层和外层的处理液 pH 值均为 4，在室温下操作，底层的处理时间为 120min，外层的处理时间为 100min。这种双层稀土转化膜的耐蚀性能明显优于阿洛丁（Alodine）转化膜。

7）阴极电解稀土转化膜工艺

Hinton 等在不同阴极电流密度下将 7075 铝合金作为阴极，在 1.0g/L $CeCl_3$ 溶液中进行阴极极化，得到黄色的稀土转化膜。这种处理方法大幅缩短了成膜时间，但所得转化膜的耐蚀性和稳定性较差。

8）Ce-Mo 转化膜工艺

Ce-Mo 转化膜工艺是 20 世纪 90 年代由美国南加利福尼亚大学的曼斯费尔德（Mansfeld）首先提出的，它结合了高温浸渍和电化学方法。虽然该工艺获得的转化膜耐蚀性很好，但是处理温度过高、步骤烦琐，而且需要将溶液维持在沸腾状态，因而难以应用于实际生产。郝雪龙、张凯等提出了改进的 Ce-Mo 转化膜工艺，即将 6061 铝合金置于由 4.50g/L $CeCl_3 5 \cdot H_2O$、0.20g/L $NaNO_3$、0.50g/L $KMnO_4$ 和 0.15g/L NH_4HF_2 组成的溶液中，在室温下处理 5~20min，可获得耐蚀性优异的转化膜。

4. 无铬化学转化表面处理技术研究进展

1）高锰酸盐转化膜

虽然以高锰酸盐作为强氧化剂能够加速铝及铝合金腐蚀，但是若经过适当处理则可形成性能良好的转化膜。例如，在高锰酸钾溶液中生成黑色无铬转化膜，其处理工艺配方为 $KMnO_4$ 6g/L、$ZnSO_4 \cdot 7H_2O$ 1.5g/L、$Co(NO_3)_2 \cdot 6H_2O_2$ 0g/L、$AlCl_3$ 1g/L、H_2SO_4 1mL/L、十二烷基硫酸钠 0.1g/L；一次黑化温度为 55℃，时间为 20min；二次黑化温度为 40℃，时间为 8min。此工艺可用于铸铝 YL113（日本牌号 ADC12）的表面处理，其膜层主要由三氧化二铝和锰的各种氧化物组成。另外，加入适量的钴可提高膜的黑度。此膜可以抑制基体表面腐蚀微电池的阳极和阴极反应，提高铝合金的耐蚀性。

2）钴盐转化膜

谢伟杰[5]通过正交设计确定了一种钴盐转化膜工艺，其配方为乙酸钴 10.00～17.00g/L、乙酸钠 40.00～80.00g/L、氟化钙 3.00～5.00g/L、稀土添加剂 0.25～1.00g/L、润湿剂 0.50～2.00g/L，处理温度为 60～65℃，处理时间为 20～30min。该工艺所制备的膜层具有良好的外观和耐蚀性，但与油漆的结合力中等。其成膜过程先后经历了润湿剂吸附、铝的非稳态溶解和膜的稳态生长三个阶段。

3）锂盐转化膜

将 5A03 防锈铝、1050A 工业纯铝、高纯铝等浸入含 7.4g/L Li$_2$CO$_3$、4.9g/L LiOH 的溶液中（锂离子可促进铝在碱性碳酸盐溶液中钝化），在室温下处理 20min 可获得锂盐转化膜。该转化膜是由 Al^{3+}、Li$^+$、OH$^-$ 和 CO$_3^{2-}$ 等组成的复合盐。该膜层在致密性和耐蚀性方面明显优于自然氧化膜，且与铬酸盐转化膜相当，兼具阴极、阳极阻滞作用。锂盐转化处理的应用范围较小，铝合金的成分、热处理状态等都对成膜效果有较大影响。

4）有机酸转化膜

有机酸转化膜是指在金属基体表面形成的难溶性配合物薄膜，具有耐腐蚀、抗氧化的作用，目前主要是指含植酸和单宁酸的转化膜。单宁酸是一种属于多元苯酚的复杂化合物，水解后呈酸性，若与氟钛化合物等配合使用，则可形成无毒的单宁酸转化膜，通常用于饮食行业铝材的表面处理。植酸是一种少见的金属多齿螯合剂，当其在金属表面与金属发生配位反应时，能够形成致密、坚固的膜层，并且能够有效地阻止氧气等进入金属表面。另外，经植酸处理的金属表面具有与有机涂料相近的化学性质，因此这类膜层与大多数涂料之间，都有良好的匹配且附着力良好，可用作涂装的底层。欧洲专利 EP 0078866 提供了一种植酸转化膜的配方：H$_3$PO$_4$ 2.0g/L、3-甲基-5-羟基吡唑 1.2g/L、植酸 1g/L、H$_2$ZrF$_6$ 0.7g/L、Na$_2$SO$_4$ 0.5g/L、NaF 0.5g/L。盐雾试验和耐湿热试验证明，使用该配方处理后的铝及铝合金具有极强的耐蚀性。

国内外针对铬酸盐处理替代工艺做了大量工作，也取得了一定成果，如锆钛体系、硅烷处理等已经在工业上投入使用，但其性能与铬酸盐相比还存在一定差距，更多研究还只限于试验室阶段，因而缺乏经济性好、适用性广、容许范围大、实际可操作的工艺。国内在建筑铝型材的无铬化学转化处理方面取得了较大的成果，制定并发布了《铝及铝合金无铬化学预处理膜》（YS/T 1189—2017）的行业标准，推动了无铬化学转化技术在该领域的应用。此外，对各种工艺的成膜机理及耐蚀机理方面的研究有待进一步加强。

1.2.4 金属表面化学转化处理的检测标准

1. 除油效果的检测

可用多种方法判断除油效果的好坏，最常用且较简便的方法是水膜中断法，即工件在彻底水洗后，观察水能否在工件表面完全润湿。如果除油彻底，那么水洗后工件表面就能形成连续的水膜，否则除油不彻底。此外，还有荧光染料法、喷雾器法、放射性同位素法等。

2. 转化膜质量评定方法

1）外观目测法

目测法是指用肉眼观察转化膜表面颜色、结晶粗细、膜层的连续性及缺陷的方法。好的转化膜外观均匀完整细密，无金属亮点，无白灰。例如，锌系磷化膜为灰色膜，铁系磷化膜为彩虹色膜。

2）厚度测定（重量法）

可直接采用磁性测厚仪测定转化膜厚度，使用方便快捷。当转化膜厚度小于 3μm 时，测厚仪精度有限，有时误差较大，此时采用重量法测定较为准确。采用重量法测定钢板表面转化膜的具体做法是：将磷化板浸泡在 75℃、质量分数为 5% 的铬酸溶液中 10～15min 以除去转化膜，然后根据除去膜层前后的重量差求得膜重，一般计量单位以 g/m² 表示。

3）腐蚀性测定

最简便的腐蚀性测定方法是点滴法，点滴测试液的组成如表 1.5 所示

表 1.5　点滴测试液的组成

测试液组成	工艺
五水硫酸铜/(g/L)	41
氯化钠/(g/L)	35
0.1mol/L 盐酸/(mL/L)	13

先用脱脂棉蘸冰乙酸或汽油去除转化膜表面的油污，然后在其表面滴一滴测试液，当试液的颜色由天蓝色变成土红色时即为滴定终点，记录所需时间。对于薄膜磷化，应将磷化与其后序涂层复合并进行盐雾试验和耐湿热试验。

4）脱脂剂总碱度及游离碱度的测定

所需试剂及仪器：酚酞指示剂、甲基橙指示剂、0.1mol/L HCl；滴定管、移液管、250mL 锥形瓶。操作步骤如下：先用移液管吸取 10mL 脱脂工作液并将其注入锥形瓶中，再向锥形瓶中加入 10mL 蒸馏水并滴入 3 滴酚酞指示剂，然后用 0.1mol/L HCl 滴至溶液颜色由粉红色变成无色，此时即为滴定终点，以所消耗的 HCl 毫升数为游离酸度的点数；滴入 3 滴甲基橙指示剂，用 0.1mol/L HCl 继续滴至溶液颜色由橙色变为红色，此时即为滴定终点，所耗用的 HCl 毫升数即为总碱度点数。

5）比色法测定表面调整剂含量

所需试剂及仪器：质量分数为 98% H_2SO_4、H_2O_2；比色管 50mL 规格，移液管。操作步骤：①准确配制质量分数为 0.1% 的表面调整剂水溶液，取 25mL 表面调整剂水溶液置于 50mL 比色管中，向比色管中加入 5mL 质量分数为 98% 的 H_2SO_4 并摇匀，再加入 5mL H_2O_2，若摇匀即显出黄色，则为质量分数为 0.1% 的表面调整剂标准溶液颜色。②按照上述方法分别配制质量分数为 0.15% 和 0.3% 的标准溶液，并观察其颜色。③取 25mL 工作液，按照上述方法加入 H_2SO_4 和 H_2O_2 配制出工作液颜色。④将工作液颜色与表面调整剂标准溶液颜色进行目视比色，确定工作液的浓度范围。另外，在生产线上使用表面调整剂时，也可用 pH 值、碱度来控制槽液浓度，具体采用哪一种方法，可与供应商协商确定。

6）总酸度（total acidity，TA）的测定

取 10mL 处理液，用酚酞作为指示剂，以 0.1mol/L NaOH 标准溶液滴定，当溶液变为粉红色时（pH 值为 8.5）所耗用的 NaOH 标准溶液毫升数称为总酸度，用"点"来表示。例如，有的磷化总酸度控制范围为 18～24 点。

7）游离酸度的测定

取 10mL 处理液，用溴酚蓝作为指示剂，以 0.1mol/L NaOH 标准溶液滴定至溶液变蓝，此时即为滴定终点，即所耗用的 NaOH 毫升数即为游离酸度的"点"数。

以上滴定方法属于中和滴定法，通常根据指示剂颜色变化判断滴定终点，因此难免因操作者不同而产生某些误差。例如，当要求结果更为精确时，可采用 pH 值为 3.8 的溴酚蓝标准比色液来确定滴定终点，或采用 pH 值为 3.8 作为滴定终点的 pH 值滴定法。上述中和滴定法也可用甲基橙作为指示剂。

8）促进剂的点数

用发酵管装满槽液，把空气排出，加入 2～3g 固体氨基苯磺酸，放置数秒钟后，从发酵管刻度上读出的发气量毫升数即是促进剂的点数。

1.2.5　其他金属的表面处理

1. 锌及锌合金的表面预处理

锌及锌合金在正常条件下不易腐蚀，但在有酸、碱或电解盐存在的条件下会很快腐蚀，因此在锌及锌合金表面用涂装方法进行保护是非常必要的。锌及锌合金表面平滑，涂膜不易附着，但经过表面处理可使工件表面粗糙，并形成能够防止与涂料反应的保护膜，可使涂膜与工件表面结合牢固。目前常用的表面处理方法有以下几种。

1）表面脱脂

与其他金属制品一样，锌及锌合金在加工和贮运过程中会粘上油污，在涂装前必须进行表面预处理（磷化处理等），即必须先进行脱脂清洗，否则会影响涂膜的附着力，容易起泡脱落。其脱脂方法和操作步骤与黑色金属基本相同，区别在于锌及锌合金不像黑色金属那样能耐强碱浸蚀，因此不能采用强碱配制的清洗剂清洗，一般宜采用有机溶剂脱脂法、表面活性剂脱脂法，或采用由碳酸钠、磷酸钠和硅酸钠等配制的弱碱性清洗剂脱脂。

2）磷化处理

磷化处理是利用磷酸或含磷酸盐的溶液对工件进行处理，使其基底金属表面生成一层不溶性磷酸盐膜的过程。例如，当锌及锌合金与磷化溶液反应时，就在其表面生成一种不溶性的 $Zn_3(PO_4)_2 \cdot 4H_2O$ 膜，从而起到保护作用。

3）铬酸盐处理

将锌及锌合金在含铬的酸性溶液中处理 1min 左右，生成无机铬酸盐膜。该膜层的结构可表示为 $XZnCrO_4 \cdot 3Zn(OH)_2 \cdot 3ZnX$（X 是某种阴离子，如硫酸根离子）。

根据实际使用的不同处理液配方，膜层可呈无色、黄色或橄榄绿色，膜层厚度及耐蚀性也依次增加。采用稀酸或稀碱对有色膜进行脱色处理，可获得无色膜层。

无色膜层的耐蚀性有限，主要用于工件存放和处理过程中暂时性保护。这种处理通常是在电镀锌和热浸镀锌完成后立即进行。

黄色膜层具有良好的耐蚀性，也可作为一般涂装和粉末涂装的良好基底。

橄榄绿色膜层专门用作耐腐蚀保护层。

2. 铝及铝合金的表面预处理

铝是一种较为活泼的金属，纯铝在常温下或干燥空气中较为稳定。这是因为铝在空气中与氧气发生作用，在铝表面生成一层薄而致密的氧化膜，其厚度为 0.010～0.015μm，能够起到保护作用。在铝中加入 Mg、Cu、Zn 等元素制成铝合金后，虽然其机械强度提高了，但是耐蚀性却下降了。这就需要根据使用环境的要求，经过一定的表面处理，再涂装所需涂料加以保护。

铝及铝合金表面光滑，涂膜附着不牢固，经过化学转化膜处理，可以提高基体与涂膜间的结合力。在进行化学转化膜处理之前，铝及铝合金也要进行清洗，去除油污和杂物，其清洗方法与锌及锌合金的表面脱脂方法相同。下面介绍涂装前铝及铝合金的表面预处理方法。

1）化学氧化膜法（碱性溶液氧化法）

将铝及铝合金置于含碳酸钠、铬酸盐等碱性溶液中，在高温下处理 5～20min，使表面生成一层氧化膜。对氧化后的工件要进行钝化处理，其目的是使氧化膜稳定，并中和残留在工件表面的碱性溶液，进一步提高耐腐蚀能力。钝化溶液为含铬酐 20g/L 的水溶液，处理时间为 5～15s，将工件冲洗干净后再放进 50℃烘箱中烘干，然后即可涂装。

2）磷酸铬酸盐膜（绿膜铬酸盐法）

处理液的主要成分是磷酸、铬酸，内含作为腐蚀剂的氟化物或其复合盐，溶液 pH 值为 1.5～3.0。与磷酸盐不同，被还原的氢氧化铬与磷酸反应生成难溶的磷酸铬（三价铬）析出，化学反应如下。

（1）氢氟酸引起铝腐蚀的化学反应如下：

$$2Al+6HF \longrightarrow 2AlF_3+3H_2\uparrow \tag{1.6}$$

在阳极：

$$2Al+6H^+ \longrightarrow 2Al^{3+}+3H_2\uparrow \tag{1.6-a}$$

在阴极：

$$6H^++6e \longrightarrow 3H_2\uparrow \tag{1.6-b}$$

铝表面附近的溶液因 H^+ 减少而使 pH 值上升。

（2）$HCr_2O_7^-$ 离解，在阴极上发生 Cr^{6+} 的化学反应如下：

$$HCr_2O_7^-+H_2O \longrightarrow 2CrO_4^{2-}+3H^+ \text{（离解）} \tag{1.7}$$

$$3H_2+HCr_2O_7^- \longrightarrow 2Cr(OH)_3+OH^- \text{（还原）} \tag{1.8}$$

（3）在某一 pH 值下，三价铬和磷酸发生化学反应，析出磷酸铬：

$$2Cr(OH)_3+2H_3PO_4 \longrightarrow 2CrPO_4\downarrow+6H_2O \tag{1.9}$$

$$2Al^{3+}+2H_3PO_4 \longrightarrow 2AlPO_4\downarrow+6H^+ \tag{1.10}$$

（4）铝氧化物析出的化学反应如下：

$$2Al^{3+}+6OH^- \longrightarrow 2Al(OH)_3\rightarrow Al_2O_3+2H_2O \tag{1.11}$$

生成非晶质膜，其组成为 $Al_2O_3\cdot 2CrPO_4\cdot 8H_2O$。

薄的处理膜（膜重小于 $1g/m^2$）适用于涂膜底层。厚的处理膜具有良好的耐蚀性，并且适于装饰性的应用。新鲜的处理液可以形成色泽鲜艳的绿膜，但随着槽液中 Al^{3+} 含量的增加，其色泽会逐渐变淡。为了防止色泽变化，必须控制槽液中铝离子的含量。因此，可添加碱金属氟盐，使铝离子作为配位氟化物沉淀析出。铝合金典型的铬酸、磷酸处理溶液组成及工艺条件见表 1.6。

表 1.6 铝合金典型的铬酸、磷酸处理溶液组成及工艺条件

溶液组成及工艺条件	工艺 1	工艺 2
铬酐/（g/L）	12	7
磷酸（纯）/（g/L）	67	58
氟化钠/（g/L）	4～5	3～5
温度/℃	50	25
时间/min	2（浸渍法）	10（浸渍法）
	0.5（喷射法）	3.0～5.0（喷射法）

3）铬酸盐膜（黄膜铬酸盐法）

处理液的主要成分为铬酸，内含作为浸湿剂的氟化物及其复合盐，溶液的 pH 值为 1.8～3.0。另外，在处理液中也可加入钨化物、硒、铁氰化钾等成膜促进剂。这种生成膜的化学反应如下。

（1）氢氟酸引起铝腐蚀的化学反应如下：

$$2Al+6HF \longrightarrow 2AlF_3+3H_2\uparrow \tag{1.12}$$

在阳极：

$$2Al \longrightarrow 2Al^{3+}+6e$$

在阴极：

$$6H^++6e \longrightarrow 3H_2\uparrow$$

铝工件表面附近的溶液中 H^+ 减少，溶液 pH 值上升。

（2）$HCr_2O_7^-$ 离解，在阴极上发生 Cr^{6+} 还原为 Cr^{3+} 的化学反应如下：

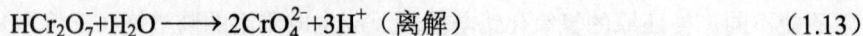

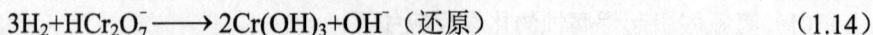

$$HCr_2O_7^-+H_2O \longrightarrow 2CrO_4^{2-}+3H^+ （离解） \tag{1.13}$$

$$3H_2+HCr_2O_7^- \longrightarrow 2Cr(OH)_3+OH^- （还原） \tag{1.14}$$

（3）在某一 pH 值下，发生析出 Cr^{6+} 和 Cr^{3+} 的氢氧化物化学反应如下：

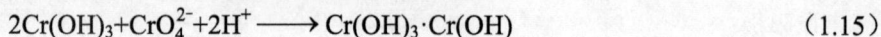

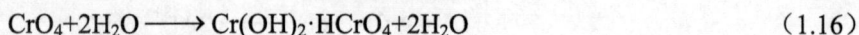

$$2Cr(OH)_3+CrO_4^{2-}+2H^+ \longrightarrow Cr(OH)_3 \cdot Cr(OH) \tag{1.15}$$

$$CrO_4+2H_2O \longrightarrow Cr(OH)_2 \cdot HCrO_4+2H_2O \tag{1.16}$$

（4）铝氧化物析出的化学反应如下：

$$2Al^{3+}+6OH^- \longrightarrow 2Al(OH)_3 \downarrow \longrightarrow Al_2O_3 \downarrow +3H_2O \tag{1.17}$$

生成非晶质膜，其组成如下。

非促进型处理液（Cr^{6+}，F^-，无机酸）：$Cr(OH)_2 \cdot HCrO_4 \cdot Al(OH)_3 \cdot 2H_2O$。

促进型处理液（Cr^{6+}，F^-，铁氰酸盐）：$CrFe(CN)_6 \cdot 6Cr(OH)_3 \cdot H_2CrO_4 \cdot 4Al(OH)_3 \cdot 8H_2O$。

铝合金涂装底层的铬酸盐溶液组成及工艺条件如表 1.7 所示。

表 1.7　铬酸盐溶液组成及工艺条件

溶液组成	工艺
铬酸/（g/L）	3.5～4.0
重铬酸钠/（g/L）	3.0～3.5
氟化钠/（g/L）	0.8
pH 值	1.5
温度/℃	30
时间/min	3

4）电化学氧化法

铝及铝合金的电化学氧化法即阳极氧化法，一般简称阳极化法[13-16]。该方法是将铝合金工件挂在电解槽中的阳极上，阴极是不溶性铝板，当接通电流后，电极的电化学反应使铝工件表面生成氧化膜。

阳极化法的特点在于氧化成膜包括两个同时进行的过程：①工件表面三氧化二铝氧化膜的生成过程。②在氧化膜生成的同时，伴随着氧化膜的溶解过程。只有当膜的生成速度大于膜的溶解速度时，才能获得所需氧化膜。其成膜机理如下。

阳极化时，槽液中的水首先被电解，其化学反应式为

$$H_2O \Longrightarrow H^+ + OH^- \tag{1.18}$$

在阳极上生成化学活泼性很强的初生态氧：

$$2OH^- \xrightarrow{\text{在阳极放电}} H_2O + 2e + [O] \tag{1.19}$$

氧原子本身很活泼，易与铝工件表面发生化学反应，生成三氧化二铝膜层：

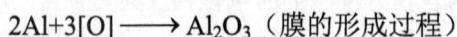

$$2Al+3[O] \longrightarrow Al_2O_3 （膜的形成过程）$$

在膜形成的同时，还伴随着膜的溶解过程。阳极化法所用电解液主要有硫酸、铬酸和草酸三种溶液。当电解液为硫酸时，其化学反应如下：

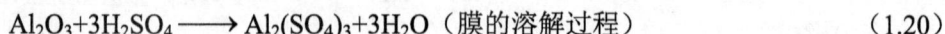

$$Al_2O_3+3H_2SO_4 \longrightarrow Al_2(SO_4)_3+3H_2O （膜的溶解过程） \tag{1.20}$$

实际上，铝及铝合金经阳极化法处理得到的膜分为内外两层。其中，内层由 Al_2O_3 组成；外层由 $Al_2O_3 \cdot H_2O$ 组成。

1.3 电化学转化处理

1.3.1 铝合金材料概况

铝是有色金属中使用量最大、应用最广的金属，而且其应用范围还在不断扩大。铝合金材料具有一系列优良的物理、化学、力学和加工性能，可以满足从生活用具到尖端科技、从建筑装潢到交通运输及航空航天等各行各业对铝合金材料的不同使用要求。

铝及其合金材料由于具有较高的强度/重量比，易加工成型，且物理、化学性能优良，成为目前工业中使用量仅次于钢铁的第二大类金属材料，但其某些性能并不理想。例如，铝合金材料硬度低、耐磨性差，经常发生磨蚀破损。铝合金表面处理技术正好弥补了这个缺陷，通过对铝合金阳极氧化膜或表面涂层的改善，铝合金材料的应用范围扩大、使用寿命变长。

因此，铝合金在使用前表面需要经相应处理，满足其环境适应性和安全性，减少磨蚀，延长使用寿命。在工业上越来越广泛地采用阳极氧化法，在铝表面形成厚而致密的氧化膜层以显著改变铝合金的耐蚀性，提高铝合金的表面硬度、耐磨性和装饰性。

1.3.2 铝合金表面处理的目的

铝合金在自然环境中使用时表面有一层自然钝化膜，该膜层容易损伤产生腐蚀，其外观也不美观，无法满足需求，需要经表面处理以达到使用要求。通常铝合金表面处理具有以下目的。

1. 提高表面性能

从表面性能来说，如果铝合金不经表面处理，其应用范围就会大幅缩小。例如，铝合金材料表面硬度不够，容易变形，用其制造出来的用具、器皿、器械、零件等的使用寿命很短。另外，未经处理的铝合金耐磨性和耐候性都较差，即使在平常的使用环境中也容易发生各种磨损（甚至断裂）、腐蚀，因而根本无法在特种环境条件下得到应用。

2. 提高装饰性能

从装饰性能来说，没有经过表面处理的铝合金，其表面只有一层薄薄的自然氧化膜，颜色呈灰白色，暗淡无光，色泽单一，不能满足人们对颜色和光泽的需求，若将其染色或电解着色，则不仅可形成各种或柔和或亮丽或鲜艳的颜色，如香槟色、古铜色、褐色、黑色、浅红色、亮绿色、钛金色、银灰色、仿不锈钢色等，还可形成亚光表面、金属色泽表面等有着特殊要求的表面。

1.3.3 铝合金阳极氧化种类

按照国家标准定义，铝合金阳极氧化是一种电解氧化过程，在该过程中铝或铝合金表面通常转化为一层氧化膜，这层膜具有防护性、装饰性及其他一些功能特性。

铝及其合金表面经普通阳极氧化处理形成一层 Al_2O_3 膜，使用不同的阳极氧化液得到的 Al_2O_3 膜结构不同。在阳极氧化时，铝表面氧化膜的成长包含两个过程：膜的电化学生成过程和化学溶解过程。只有当氧化膜的成长速度大于其溶解速度时，氧化膜才能成长、增厚。

1. 普通阳极氧化

普通阳极氧化主要有硫酸阳极氧化、铬酸阳极氧化、草酸阳极氧化和磷酸阳极氧化等[13-16]。下面介绍一些普通阳极氧化新工艺。

1）宽温快速阳极氧化

硫酸阳极氧化电解液的温度一般要求在 23℃以下，当溶液的温度高于 25℃时，氧化膜就变得疏松、厚度薄、硬度低、耐磨性差，因此要在原硫酸溶液中加入氧化添加剂对原工艺进行改进。改进后的硫酸阳极氧化电解液组成如表 1.8 所示。

表 1.8　改进后的硫酸阳极氧化电解液组成

电解液组成	工艺
硫酸（ρ=1.84g/cm³）/（g/L）	150～200（最佳值为 160）
CK-LY 氧化添加剂/（g/L）	20～35（最佳值为 30）
铝离子/（g/L）	0.5～20.0（最佳值为 5）

其中，CK-LY 氧化添加剂包括特定的有机酸和导电盐，前者能够提高电解液的工作温度，抑制阳极氧化膜的化学溶解，在较高温度下对抑制氧化膜疏松有良好作用；后者能够增强电解液的导电性，提高电流密度，加快成膜速度。该添加剂溶于硫酸电解液，对电解液中的金属离子有络合作用，使溶液中铝离子的容忍量提高，使氧化液的使用寿命延长，其操作温度可达 30℃，若采用普通硫酸氧化工艺，则当操作温度超过 21℃时就必须打开冷水机；使用添加剂还可减少氧化时间，并可获得高质量氧化膜。

2）硼酸-硫酸阳极氧化

硼酸-硫酸阳极氧化是取代铬酸阳极氧化的一种薄层阳极氧化新工艺。硼酸-硫酸阳极氧化溶液的组成如表 1.9 所示

表 1.9　硼酸-硫酸阳极氧化溶液的组成

溶液组成	工艺
硫酸/（g/L）	45
硼酸/（g/L）	8

3）其他酸阳极氧化

巩运兰等[13]对铝在铬酸中高电压阳极氧化进行了研究。试验结果表明，铬酸体系高电压阳极氧化得到的氧化膜多孔，膜孔径极不规整，呈树枝状，浓度对膜孔径和膜厚度都有影响。

在磷酸中采用直流恒压电解法对铝试样进行阳极氧化处理。试验结果表明，随着电解电压的升高，阻挡层厚度、多孔层胞径和孔径均呈线性增加，其原因与离子迁移等密切相关。此项技术源于 20 世纪 30 年代，由于磷酸氧化膜具有很强的黏合力，是电镀、涂漆的良好底层，因此得到越来越广泛的应用。

2. 硬质阳极氧化

铝及铝合金经硬质阳极氧化处理，可在其表面生成厚度为几十微米到几百微米不等的阳极氧化膜。由于这层氧化膜具有极高的硬度（铝合金表面可达 600N/mm，纯铝材表面可达 150N/mm），优良的耐磨性、耐热性（氧化膜熔点可达 2050℃）和绝缘性，大幅提高了材质本身的物理、化学和机械性能，在国防制造领域得到了广泛应用[14-16]。

1）硫酸硬质阳极氧化

硫酸法成分简单稳定，容易操作，低温氧化（一般阳极氧化温度为-5～5℃之间）可获得数十微米至

数百微米不等的硬质膜。硫酸硬质阳极氧化的主要缺陷是：一般要在低温下进行，而且受铝合金组成影响很大。

2）混合酸常温硬质阳极氧化

混合酸常温硬质阳极氧化是指以硫酸为主，加入少量草酸等二元酸，可获得较厚的氧化膜，同时扩大使用温度的上限，可允许将阳极氧化温度提高到 10～20℃之间，所获得氧化膜的特征与硫酸阳极氧化膜较为相似。在 10～20℃温度下电解，能够获得耐磨性好的氧化膜和高着色率；若实现混合酸的高电流密度电解，则可防止氧化膜溶解。可在较高温度下实施，降低生产成本，使膜层更加平滑、光洁、细密，厚度更大，硬度更高。

3）脉冲硬质阳极氧化

脉冲硬质阳极氧化采用间断电流或交替的高低电流进行氧化，成功避免了烧焦和粉末，在室温下，所获得的氧化膜在硬度、耐蚀性、柔性、电阻和厚度均匀性等方面均优于一般的直流氧化所获得的氧化膜，并且生产效率提高 3 倍。

4）铸造铝合金硬质阳极氧化

当合金中含有较多的硅（质量分数超过 7%）时，将很难在硫酸体系中进行阳极氧化。ZL102 合金含硅量高达 13%（质量分数），高含量硅的存在容易造成硅的晶向偏析，导致成膜困难，膜层均匀性差。

欧阳新平等[14]通过试验研制出适合高硅铝合金硬质阳极氧化的工艺配方，使直流电源在 ZL102 合金表面成功地获得了性能良好的硬质氧化膜。该试验采用恒电流法，附加空气搅拌，得出最佳溶液组成及工艺条件如表 1.10 所示。

表 1.10　高硅铝合金硬质阳极氧化溶液组成及工艺条件

溶液组成及工艺条件	工艺
硫酸（ρ=1.84g/cm³）/（g/L）	15～40
磺基水杨酸/（g/L）	20
添加剂 MY/（g/L）	215～510
电流密度/（A/dm²）	3～6
时间/min	60
温度/℃	0

其中，MY 是一种阴离子表面活性剂，同时也是铝的配位剂。它能够优先吸附在高电流密度处并放电使电场分布均匀，同时也能起到缓冲作用，抑制氧化膜的溶解，从而获得均匀平整的氧化膜。

周建军等[15]以直流叠加脉冲电源对含铜高硅铸造铝合金进行硬质阳极氧化，研究电源脉冲幅度对膜层性能的影响。试验的最佳溶液组成及工艺条件如表 1.11 所示。

表 1.11　含铜高硅铸造铝合金硬质阳极氧化溶液组成及工艺条件

溶液组成及工艺条件	工艺
硫酸（ρ=1.84g/cm³）/（g/L）	120～160
添加剂/（g/L）	7～8
脉冲比	1.0：1.3
电流密度/（A/dm²）	2.5～3.5
温度/℃	0
时间/min	50
搅拌	压缩空气

试验结果表明，氧化时提高电源脉冲幅度能够明显提高膜层性能。利用直流叠加脉冲电源进行硬质阳极氧化，能够在难以氧化的含铜高硅铸造铝合金表面生成性能较好的氧化膜。

5）低压硬质阳极氧化

绝大多数铝合金硬质阳极氧化零件，特别是零件的密封面和滑动配合部位，不仅要求膜层具有较高的硬度和厚度，还要求具有低表面粗糙度（在 0.08～0.16 之间）。雷宁[16]通过对氧化过程中零件表面状态的分析及膜层增长速率的测定，找出了氧化膜质量及表面粗糙度的主要影响因素，提出低压硬质阳极氧化溶液组成及工艺条件如表 1.12 所示。

表 1.12　低压硬质阳极氧化溶液组成及工艺条件

溶液组成及工艺条件	工艺
硫酸（ρ=1.84g/cm³）/（g/L）	220～240
温度/℃	−2～2
时间/min	180
电流密度/（A/dm²）	0.8～1.0
最终电压/V	≤40

给电方式：在初始 20min 内电流密度升至 0.8～1.0A/dm²，并始终保持该电流密度至氧化结束。试验结果表明，可在交流叠加电源所产生的高电流密度下得到质量较好的铝合金阳极氧化膜。

3. 微弧阳极氧化

微弧阳极氧化又称微等离子体氧化或阳极火花沉淀，是由阳极氧化技术发展而来的。微弧阳极氧化电压比普通阳极氧化电压高。微弧阳极氧化突破传统阳极氧化的限制，将 Al、Ti、Mg 等金属或其合金置于电解液中，利用电化学方法使该材料表面微孔中产生火花放电斑点，在热化学、等离子体化学和电化学共同作用下生成陶瓷膜层的阳极氧化方法。在放电过程中，每平方厘米铝阳极表面约有 10 个火花存在，放电瞬间温度可达 7727℃，生成一种性能类似于烧结碳化物的陶瓷膜。此氧化膜硬度非常高，耐磨，绝缘电阻高。若在特殊电解液中氧化，则可在铝表面形成不同色调花纹的瓷釉质，既可用作高等装饰材料，又可用作功能膜，如汽车活塞环、电子器件绝缘层等。微弧阳极氧化技术采用高电压、大电流的工作方式，在制备多功能保护涂层方面得到越来越广泛的应用，在航天、航空、机械、电子、纺织等工业领域有着广阔的应用前景。

卢立红等[17]、沈德久等[18]采用脉冲电源对发动机活塞用铝合金（ZL108）基体进行了微弧氧化处理。工艺流程为除油→去离子水漂洗→微弧氧化→自来水冲洗→自然干燥。电解液的主要成分为柠檬酸三钠和磷酸钠。微弧氧化电压：工作电压可调，起始击穿电压为 80V，最高工作电压为 230V。试验结果表明，微弧氧化膜层的表面粗糙度高于一般电镀层和阳极氧化层，但远低于各种喷涂层。随着电流密度及强化时间的增加，膜层的表面粗糙度增大。最初随着电流密度的增加，所获得膜的硬度也增加，在电流密度超过 8A/dm² 以后，膜层硬度趋于稳定。经微弧氧化，耐磨性提高了 3～4 倍。

目前，改进型的微弧阳极氧化技术主要包括以下两个方面。

1）微弧氧化自润滑陶瓷涂层

陶瓷层的缺点是摩擦系数高，容易加剧对磨件的磨损。采用电化学一步法进行微弧氧化陶瓷层摩擦学改性研究。采用自制专用脉冲电源，基体材料为 ZL108，以碱性微弧氧化电解液为基础，溶入适量硫代钼酸铵及相应添加剂。试验结果表明，采用微弧氧化技术可在铝合金表面生成自润滑陶瓷涂层，其摩擦系数由一般的微弧氧化涂层的 0.8～1.2 降至 0.2～0.5，用此工艺制备的涂层摩擦性能显著改善，使用寿命得到延长。

2）微弧氧化陶瓷层石墨相

在微弧氧化过程中，采用同步沉积石墨相的方法可提高陶瓷层的减摩性能，对其进行磨损试验。基体材料为 ZL108，所用电解液为 NaOH 溶液，向电解液中加入的减摩粒子为石墨，同时电解温度不超过40℃，搅拌使石墨粒子悬浮。试验结果表明，采用在电解液中加入石墨的方法对 ZL108 进行微弧氧化时，在陶瓷层中同步沉积了石墨相，实现了对铝合金微弧氧化陶瓷层减摩改性的目的。

1.3.4　阳极氧化膜生成机理

在铝合金阳极氧化[19-20]时，理论上外加电流 i 应是氧化物生成电流 i_{ox}、氧化膜溶解电流 i_d 和电子电流 i_e 三部分之和，即

$$i = i_{ox} + i_d + i_e \tag{1.21}$$

一般情况下，阳极氧化膜的生长以离子导电为主，电子导电能力很低，因此电子电流 i_e 在铝合金阳极氧化时可以忽略不计。但在一些特殊情况下不能忽略电子电流。例如，阳极氧化烧损或者阳极氧化发光都是电子电流引起的，此时应采用半导体能带理论讨论其导电机理。当生成壁垒型氧化膜时，对氧化物的溶解作用非常小，此时氧化膜溶解电流 i_d 可以忽略不计。只有在生成多孔型氧化膜时，氧化膜溶解电流 i_d 才会占据相当比例，此时，必须考虑氧化膜溶解电流 i_d。

1. 壁垒型氧化膜

在生成壁垒型氧化膜时，总电流 i 只包括氧化物生成电流 i_{ox}，该电流是 Al^{3+} 和 O^{2-} 在壁垒型膜（阻挡层相同）中反方向运动产生的。新生氧化物在壁垒型膜/金属铝界面与壁垒型膜/电解溶液界面生成，通过铝离子溶解/氧化物沉淀机理，电解溶液中的负离子可能同时掺入氧化膜中。

2. 多孔型氧化膜

生成多孔型氧化膜的外加电流包括氧化物生成电流 i_{ox} 和氧化膜溶解电流 i_d 两部分。多孔型氧化膜是在阻挡层基础上形成的，多孔层生长过程大致可分为两个阶段，即阻挡层微孔的萌生阶段和发展阶段。但这两个阶段并不是可以截然分开的独立过程，只是为了方便人们理解。

1）微孔的萌生阶段

人们已经通过大量直接试验观测证明微孔的萌生过程，但对微孔萌生的原因和位置仍然不是很清楚。一般认为，随着阻挡层的增厚，外加在阻挡层上的阳极电场减小，使得质子进入阻挡层表面局部区域，它们的分布可能是无规律的，也可能处于薄弱位置，如晶界或缺陷等。因此，微孔的萌生是局部"电场抑制"或"质子抑制"溶解作用的结果。

2）微孔的发展阶段

在电场作用下，阻挡层由均匀溶解转变为局部溶解，这种局部溶解是在相对电场方向的电化学作用下形成的，加在阻挡层的阳极电压使得 Al^{3+} 穿过阻挡层向孔底移动，这一过程，也可看成是孔底的氧化膜不断溶解，使得微孔向纵深方向发展。此时，若维持阻挡层厚度不变，则多孔层厚度不断增长。同时，O^{2-} 在阻挡层中反向移动，即从孔底向氧化膜/金属铝界面移动，并在界面与 Al^{3+} 反应生成新的氧化物。因此，阻挡层中的离子迁移在多孔层的生长过程中仍然起着重要作用。

1.3.5　铝合金电解着色机理

对阳极氧化后的铝材进行电解着色[21-22]，可以提高其装饰性和商品价值。阳极氧化膜的厚度、均匀性及结构与电解着色速度和色差有直接关系。电解着色反应一般是在金属盐电解液中进行，电解时金属离子得到电子后发生如下反应：

$$M^{n+} + ne = M \tag{1.22}$$

金属离子被还原后[23-25]沉积在阳极氧化膜的微孔底部而着色，当光线射到金属粒子时发生漫射而使阳极氧化膜呈现出特定颜色。对应于不同的金属离子沉淀，阳极氧化膜呈现不同的颜色。阳极氧化和电解着色的条件因所采用的金属盐不同而异。

电解着色时，金属离子是在阳极氧化膜微孔底部的阻挡层上还原沉积的。金属粒子因光的散射作用而显色。若在阻挡层上沉积金属，则其关键在于活化阻挡层，因此要利用交流电极性的变化来提高其化学反应活性。此外，阻挡层还具有整流作用，可将交流电变成直流电，故铝一侧电流为负，进入膜孔内的金属离子被还原析出。

1. 着色种类机理

白光实际上是由各种不同波长的光等比例组合而成的。当它照射在某一物体上时，如果该物体对白光中任一波长的光均不吸收而全部反射出来（反射率为 100%），那么这时人们看到的物体颜色为白色；若全部吸收，则物体颜色为黑色；若按等比例部分吸收，则物体颜色为灰色。物体的色彩是物体吸收了白光中该波长对应颜色的互补色的光而形成的[26-31]。

可见光的波长与颜色关系如图 1.2 所示，黄色与蓝色是互补色。如果物体只吸收白光中的黄色光，那么人们所看到的颜色（反射光的颜色）为黄色光的互补色（蓝色）。

2. 着色深浅机理

当阳极氧化膜微孔中沉积的金属或其氧化物颗粒较少时，颗粒间多重散射造成的光损失量越少，阳极氧化膜的颜色就越浅，如图 1.3（a）所示；当阳极氧化膜微孔中沉积的金属或其氧化物颗粒较多时，颗粒间多重散射造成的光损失量越多，阳极氧化膜的颜色就越深，如图 1.3（b）所示。由于阳极氧化膜微孔孔径较小，当沉积的金属颗粒较多时，微孔中沉积的金属颗粒的高度就较高，处于微孔下部的颗粒对光的多重反射作用要弱于其上部的颗粒，因此随着阳极氧化膜微孔中沉积的金属颗粒增多，加之单位重量的沉积颗粒所造成的色差ΔE减少幅度逐渐变小，阳极氧化膜颜色加深的速度也逐渐变慢。

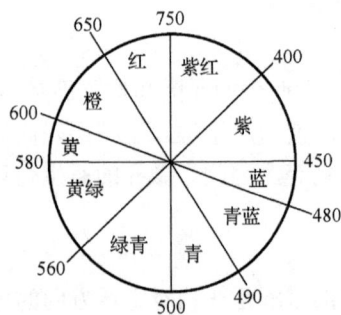

图 1.2　可见光的波长与颜色关系（单位：nm）

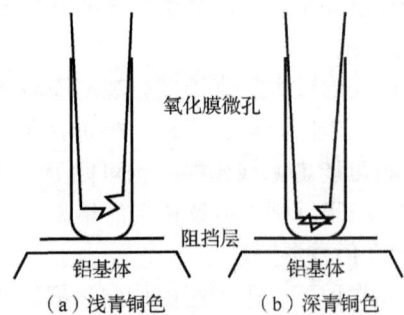

图 1.3　电解着色膜显色模型

1.3.6　铝合金电解着色工艺

1. 机械预处理

铝及铝合金制品的外观和适用性在很大程度上取决于精饰前的表面预处理。机械预处理是表面预处理的主要方法之一，在很多时候起着无可替代的作用。机械预处理一般包括抛光（含磨光、抛光、精抛或者镜面抛光）、喷砂（丸）、刷光、滚光等方法。究竟使用哪一种机械预处理方法，要根据铝制品的类型、生产方法、表面初始状态及所要求的精饰水平而定。铝件经过表面机械预处理，可以达到以下目的。

① 提供良好的表观条件，提高表面精饰质量。

② 提高产品等级。

③ 减少焊接的影响。

④ 产生装饰效果。

⑤ 获得干净表面。

磨光是借助粘有磨料的特制磨光轮的旋转，使工件与磨轮接触时磨削工件表面的机械处理方法。其目的在于去除毛刺、划痕、腐蚀斑点、砂眼、气孔等工件表面缺陷。磨光分粗磨、中磨、细磨三道工序。

喷砂（丸）是用净化的压缩空气将干砂流或其他磨料喷到铝制品表面，从而去除工件表面缺陷，使之呈现出均匀一致无光砂面的一种操作方法。

刷光操作类似于磨光操作，只不过要采用特制刷光轮。

滚光是将工件放入盛有磨料和化学溶液的滚筒中，借助滚筒的旋转使工件与磨料之间、工件与工件之间相互摩擦，以达到清理工件表面污垢并抛光的目的。

2. 脱脂

脱脂又称除油，其目的是去除铝及铝合金制品表面的工艺润滑油、防锈油、手汗及与油脂粘在一起的污物，保障碱洗时表面能够均匀地腐蚀，并保持碱洗槽的清洁。若油脂未除净，则碱洗不均匀，氧化着色后存在暗花纹、表面不均匀等瑕疵，这也是碱洗时发生过腐蚀的原因之一。我国大都采用无润滑挤压技术，表面油脂和尘埃等污物少，一般采用化学脱脂法。化学脱脂可采用碱性、中性或酸性脱脂液。

1）碱性脱脂

碱性化学脱脂具有成本低、不污染碱洗液、效果好的优点而应用广泛。碱性化学脱脂的实质是皂化和乳化双重作用的结果。碱性脱脂液中除含有苛性钠外，还包括助洗剂磷酸盐、缓冲剂碳酸盐及水玻璃、OP 等乳化剂。一般碱性化学脱脂大多采用阴离子表面活性剂和非离子表面活性剂；酸性脱脂剂选用阳离子表面活性剂。

常用的碱性脱脂液组成及工艺条件如表 1.13 所示。

表 1.13　碱性脱脂液组成及工艺条件

脱脂液组成及工艺条件	工艺
NaOH/（g/L）	10～20
Na_3PO_4/（g/L）	30～50
Na_2CO_3/（g/L）	10～20
Na_2SiO_3/（g/L）	10～20
表面活性剂/（g/L）	1
温度/℃	60～70
时间/min	1～3

市场上销售的常温快速除油剂大多为中性的或弱碱性的。其中，前者大多是由多种性能不同的低泡高效表面活性剂复配而成的，后者是由助洗剂和表面活性剂复配而成的。无论哪一种除油剂，只要是在 20℃以下使用，脱脂时间就必须大于 10min，其在 35～45℃温度下使用效果最好。

2）酸性脱脂

酸性脱脂只适用于 6063 等几种铝合金。现在酸性脱脂法的应用比碱性脱脂法多一些，其原因是酸性脱脂法可以充分利用在铝合金阳极氧化工艺产生的废酸和中和工艺的废酸，做到了物尽其用，降低了成本。常用的酸性脱脂法的工艺条件如下。

① 硫酸法：H_2SO_4 的质量分数为 10%～15%，温度为 50～60℃，时间为 2～4min。

② 硝酸法：HNO_3 的质量分数为 15%～20%，室温，时间为 2～4min。

③ 混合酸：HNO_3 的质量分数为 10%，H_2SO_4 质量分数为 10%，室温，时间为 1～3min。

有时在酸性脱脂剂中加入少量阳离子表面活性剂或两性表面活性剂以提高效率。

3. 碱洗

将铝及铝合金制品在以氢氧化钠为基的碱性溶液中进行浸蚀是普遍采用的均匀腐蚀方法，它不仅能使铝及铝合金制品宏观上均匀地减薄，还能使其表面产生均匀散射的浸蚀表面，即通常所说的亚光表面。铝及铝合金制品表面对光线的散射程度通常与其碱洗的程度相关，碱洗的程度越深，铝表面的镜面反射程度越低，越不光亮，其表面散射程度越高。根据需要，经过碱洗，可以获得半散射表面乃至漫散射程度很高的白色表面。对铝及铝合金制品进行碱洗能够彻底去除其表面在空气中形成的氧化膜，使之形成均匀的活化表面，为以后获得色泽均匀的表面创造条件。此外，它还能去除铝材表面的轻微粗糙痕迹，如模具痕迹及擦伤、划伤等痕迹，使铝材表面趋于平整均匀。

碱洗质量在很大程度上决定了铝及铝合金制品的表面质量，后面的氧化、着色、封孔等工序都不会明显改善表面质量。如果碱洗不良，就会出现长条形坑纹、斑点，色泽上有暗花纹、光泽不均匀，光亮度低，呈暗灰色，尤其当铝中杂质超标时就更严重。碱洗的目的如下。

① 去除自然氧化膜及脱脂工序腐蚀铝基体的残留物。

② 去除渗入铝基表面层的油脂等污物。

③ 去除型材表面的变质合金层。

④ 消除挤压痕、模具痕、划伤及其他表面缺陷，调整和整平基体表面，使其均匀一致。

⑤ 通过适度腐蚀以获得亚光面、细砂面、麻面等特殊效果，提高产品的装饰性。

4. 中和

中和也称除灰或出光。碱洗后，中和的目的是去除残留于铝及铝合金制品上的挂灰或附着物，即去除在碱液中不溶的锰、铜、铁、硅等合金元素或杂质以获得较为光亮的金属表面，同时中和铝及铝合金制品表面残留的碱。若挂灰没有除净，则将导致氧化膜疏松，着色后光泽暗淡。

中和质量以铝溶蚀量、溶蚀速度及表面状态为标准。一般溶蚀量约为 $1.2mg/dm^2$，溶蚀速度为 $0.4mg/(dm^2·min)$，并以表面光泽均匀明亮且不造成交叉污染为好。我国铝型材生产厂在很长一段时间内使用单一硫酸中和，其效果与早期的硝酸中和相似。化学成分合格、杂质少的铝材使用单一硫酸中和不仅可以达到质量要求，还可以利用氧化废酸并避免交叉污染，且成本低，其优点是显而易见的。对于一些使用废铝较多的企业，其生产的铝材中铁、铜、锰等元素严重超标，碱洗后铝材表面有一层厚厚的黑褐色挂灰，这时使用硫酸中和已经无能为力，只能使用硝酸或硝酸与硫酸的混合酸。

研究表明使用质量分数为 20% 的硫酸中和，铝材的溶蚀速度较快，在刚开始的 5min 内溶蚀速度为 $0.8mg/(dm^2·min)$，中和效果较差；使用 10%（质量分数）的硝酸中和，铝材的溶蚀速度为 $0.3mg/(dm^2·min)$，中和效果好。由于硝酸对铝有钝化作用，故铝溶蚀量较低。若使用 20%（质量分数）的硫酸和 3% 的硝酸混合中和，则铝材的溶蚀速度为 $0.4mg/(dm^2·min)$，中和效果居于前两者之间。中和可以根据铝材质量情况进行选择：①质量分数为 15%～20% 的硫酸溶液。②质量分数为 10%～15% 的硝酸溶液。③质量分数为 15%～20% 的硫酸与质量分数为 3%～5% 的硝酸相混合。使用扫描电镜观察采用以上三种方法中和后的铝材表面状态发现，这些方法在不同程度上都有整平基体表面的作用，其中混合酸中和后的铝材表面更为平整细致。

5. 阳极氧化

阳极氧化是我国目前最基本和最通用的铝及铝合金表面处理方法。阳极氧化可分为普通阳极氧化和硬质阳极氧化。然而，阳极氧化膜具有很高的孔隙率和吸附能力，容易被污染和受到腐蚀介质的浸蚀，必须进行封孔处理以提高其耐蚀性、抗污染能力和固定色素体。铝及铝合金阳极氧化后，其表面会出现大量肉眼无法看到的细孔（又称微孔），图1.4和图1.5所示为铝合金阳极氧化后断面的扫描电镜分析图。

图 1.4　电流密度为 1.5A/dm^2

图 1.5　电流密度为 2.5A/dm^2

6. 电解着色

铝及铝合金经阳极氧化处理后，在其表面形成一层多孔的阳极氧化膜，经着色、封闭及其他处理可以获得各种不同的颜色，所获得的着色膜具有良好的耐磨性、耐晒性、耐热性和耐蚀性，广泛用于现代建筑铝型材的装饰与防蚀[28]。近十年来，我国的铝及铝合金电解着色工艺取得了迅速发展，铝及铝合金材料已经成为一种独具特色的防蚀装饰材料。铝及铝合金氧化膜的着色方法一般有多种，其中工业化技术着色的氧化膜大体可分为以下三类。

1）整体着色膜

整体着色膜又称自然发色膜或一次电解发色膜。这里又细分为自然发色膜和电解发色膜。

① 自然发色膜。它是通过改变铝合金的合金成分（在铝合金中添加 Si、Fe、Mn 等）和热处理条件，在阳极氧化的同时使阳极氧化膜着色。例如，Al-Si 合金的硫酸阳极氧化膜。

② 电解发色膜。电解发色膜是指由电解液组成及电解条件的变化而引起的阳极氧化膜着色的变化。例如，在添加有机酸或无机盐的电解液中阳极氧化，着色范围窄，操作工艺严格复杂，膜层颜色受材料成分、加工方法等因素影响很大，因此在应用上受到一定限制。其代表性技术有 Kalcolor 法（硫酸+磺基水杨酸）及 Duranodic 法（硫酸+邻苯二甲水杨酸）。

整体着色膜的微观结构如图1.6所示。

2）染色膜

染色膜是以硫酸一次电解的透明阳极氧化膜为基础，用有机染料进行染色的阳极氧化膜。该化学染色法具有工艺流程短、设备简单、投资少等优点。按其着色机理和着色工艺，主要分为有机染料着色法、无机染料着色法、色浆印色法、套色染色法和消色染色法[20]。这种染色法主要是物理吸附作用。

最适宜染色的阳极氧化膜是硫酸阳极氧化膜，它无色透明、孔隙多、吸附性强、容易染色；草酸阳极氧化膜本身有颜色，只能染较深的颜色；铬酸阳极氧化膜孔隙少且膜本身也有颜色，很难染色；瓷质阳极氧化膜也能染上各种颜色，得到美观的表面。

阳极氧化膜化学染色必须具备以下条件。

① 阳极氧化膜必须具有足够厚度。具体厚度取决于要染的色调，如深暗色要求较厚的膜层，浅色要求较薄的膜层。

② 阳极氧化膜必须具有足够的孔隙和吸附能力。

③ 阳极氧化膜应当均匀，膜层本身的颜色适于进行着色处理。

有机染料着色，色泽鲜艳，颜色广泛，但耐晒性差；无机染料着色，色调不鲜艳，与基体结合力差，但耐晒性较好；色浆印色法可用于印饰多种色彩，不需要消色和涂漆，降低了生产成本；采用套色染色法能够在阳极氧化膜上获得两种或两种以上彩色图案；采用消色染色法能够染出抽象的、无规则的、五彩缤纷的图案；若在瓷质阳极氧化膜上进行消色染色，则可使无光氧化膜表面似彩瓷或古瓷。

颜料染色着色膜的微观结构如图 1.7 所示。

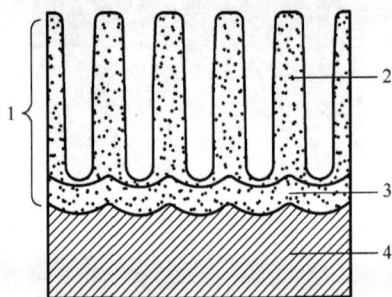

1—阳极氧化膜；2—着色氧化膜；3—阻挡层；4—铝基体。

图 1.6　整体着色膜的微观结构示意图

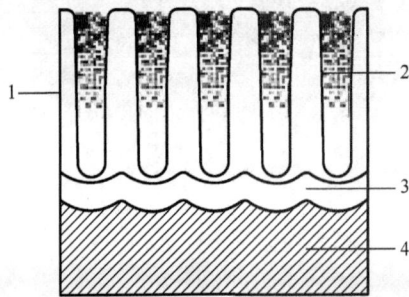

1—阳极氧化膜；2—吸附的颜料；3—阻挡层；4—铝基体。

图 1.7　颜料染色着色膜的微观结构示意图

3）二次电解着色膜

电解着色膜是以硫酸一次电解的透明阳极氧化膜为基础，在含金属盐的溶液中用直流电或交流电进行电解着色的氧化膜。电解着色膜也称二次电解膜[30]，即阳极氧化为一次电解，电解着色为二次电解。二次电解着色法是将经硫酸阳极氧化的铝合金浸在含有金属盐的溶液中进行电解处理，在电场作用下，金属离子在氧化膜的底部还原沉积，从而使氧化膜着色。该方法按照电源输出波形分类，可分为直流电解法和交流电解法；按照着色溶液分类，可分为单一金属盐着色法、多种金属盐着色法。具有代表性的电解着色工业化技术是浅田法（Ni 盐交流着色法）、阿诺洛克（Anolok）法和萨洛克斯（Sallox）法（两者都是 Sn 盐交流着色法）、住化法和尤尼可尔法（Ni 盐"直流"着色和"直流"脉冲着色法）等。

由于交流电解着色具有良好的防护性和装饰性，因此在国内外得到广泛应用，特别是在建筑铝型材表面处理工艺中的应用最为普遍。该技术早在 1936 年由意大利人卡博尼（Caboni）发明，其后德国人朗本（Langbein）也提出类似专利，但都未实现工业化应用。直到 1963 年，日本人浅田经过研究才将此技术应用于工业生产，即著名的浅田法。此工艺一般采用单镍盐、单锡盐或镍-锡混合盐等重金属盐配成着色液，通以正弦交流电进行处理，产品颜色为青铜系，并且许多工艺条件对着色效果存在影响。实践证明，这种工艺的优点是操作简单、投资较小、成本低廉；存在的主要问题是色差较大，校色操作和补色操作难度大，产品颜色单一。

目前，国内许多专业人士在持续改进传统工艺的同时，不断开发新工艺，并取得了一系列的研究成果。有学者研究了以含有适量添加剂的高锰酸钾盐为主体盐，通过控制适当的工艺条件得到金黄色的铝合金阳极氧化膜。还有研究者以 2A50 铝合金为原料，采用含有硫酸铵的铜-镁混合盐及含有硫酸铵和硼酸的硫酸镍主体盐，通过控制适当的工艺条件得到红褐色系列、蓝色系列产品。另有学者采用银盐及含有酒石酸、稳定剂的镍-锡盐为主体盐，先经交流电处理呈纹氧化再电解着色，分别得到金黄色条纹和黑色条纹。学者们对硼酸混合电解液体系的二次电解白化工艺进行了研究，并且初步探讨了这种白化工艺的形成机理。

电解着色膜的微观结构如图 1.8 所示。

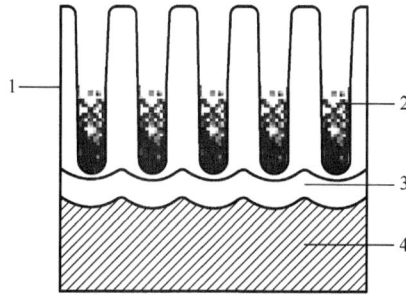

1—阳极氧化膜；2—沉积的金属；3—阻挡层；4—铝基体。

图 1.8　电解着色膜的微观结构示意图

4）三次电解着色膜

三次多色电解着色法是当前最先进的电解着色技术。它是在二次电解着色工艺基础上开发的利用光干涉原理改变被处理材料表面颜色的一种技术[31-32]，是在电解着色处理前增加一道磷酸阳极氧化扩孔工序，改变氧化膜的结构和几何尺寸，进而改变光的反射路径，从而使铝合金表面颜色由青铜色系列色调变为黄色、金黄色、橙色、红褐色等多种鲜艳色调的电解着色法。该项技术已研究多年，但一直难以实现工业化。近年来，日本和意大利设厂，稳定生产出蓝色或灰色铝型材，并已在建筑物的门窗和幕墙上使用，装饰效果很好。三次多色电解着色法对材质和阳极氧化工艺的要求十分严格，目前我国还未实现工业化生产。

7. 封孔处理

为了提高阳极氧化膜耐蚀、抗污染、电绝缘和耐磨等性能，铝及铝合金在阳极氧化和着色后都要进行封孔处理，其方法较多。对不着色的阳极氧化膜，可进行热水、蒸汽、重铬酸盐和有机物封孔；对着色的阳极氧化膜，可用热水、蒸汽及含有无机盐和有机物的溶液等封孔。

1）沸水封孔和蒸汽封孔

沸水封孔工艺是在接近沸点的纯水中，通过氧化铝的水合反应，将非晶态氧化铝转化生成称为“勃姆体”的水合氧化铝，即 $Al_2O_3 \cdot H_2O(AlOOH)$。由于水合氧化铝分子的体积比原阳极氧化膜分子的体积增大约 30%，体积膨胀使得阳极氧化膜的微孔被填充封闭，阳极氧化膜的抗污染性和耐蚀性随之提高。同时，随着导纳值降低（阻抗增加），阳极氧化膜的介电常数也随之变大。

采用蒸汽封孔法可以有效地封闭所有孔隙。若在封孔前将氧化后的工件进行真空处理一段时间，则封孔效果更加明显。蒸汽封孔的特点是不发生颜色渗透和颜色扩散现象，因此不宜出现“流色”。但蒸汽封孔法所用设备及其成本比沸水法高，因此除非有特殊要求，都应尽可能使用沸水法封孔。当采用蒸汽封孔时，温度应当控制在 100～110℃ 范围内，时间为 30min。由于温度过高，氧化膜的硬度和耐磨性严重下降，因此蒸汽温度不可过高。

2）重铬酸盐封孔

重铬酸盐封孔法适用于封闭硫酸溶液中的阳极氧化膜层及化学氧化膜层，用该方法处理后的氧化膜呈黄色，耐蚀性高，但不适用于装饰。这种方法的实质是在较高的温度下使氧化膜和重铬酸盐发生化学反应，生成碱式铬酸铝及重铬酸铝并沉淀于膜孔中，同时热沉淀使氧化膜层表面产生水化，加强了封闭作用，故可认为其是填充及水化双重封闭作用。通常使用的封孔溶液为 5%～10%（质量分数）的重铬酸钾水溶液，操作温度为 90～95℃，封孔时间为 30min，沉淀中不得有氯化物或硫酸盐。

3）常温封孔

常温封孔具有节能、封孔时间短、操作简单、原料来源方便及封孔效果好等优点，已经得到了广泛的认可和接受。常温封孔液组成及工艺条件如表 1.14 所示。

表 1.14　常温封孔液组成及工艺条件

封孔液组成及工艺条件	工艺
乙酸镍/（g/L）	5.0～8.0
氟化钠/（g/L）	1.0～1.5
表面活性剂/（g/L）	0.3～0.5
添加剂 A/（g/L）	3.0
pH 值	5.5～6.5
温度/℃	25～60
时间/min	10～15

采用常温封孔工艺所获得的封孔膜具有紧密的结构及优良的耐蚀性。常温封孔时间越长，其性能越好。

4）水解盐封孔

水解盐封孔法又称钝化处理方法。目前该方法在国内的应用较为广泛，主要用于染色后膜的封孔。其封孔机理是：易水解的钴盐与镍盐被氧化膜吸附后，在阳极氧化膜微孔内发生水解，产生的氢氧化物沉淀将微孔封闭。水解盐封孔液组成及工艺条件如表 1.15 所示。

表 1.15　水解盐封孔液组成及工艺条件

封孔液组成及工艺条件	工艺
$NiSO_4 \cdot 7H_2O$/（g/L）	4.0～5.0
$CoSO_4 \cdot 7H_2O$/（g/L）	0.5～0.8
H_3BO_3/（g/L）	4.0～5.0
$NaAc \cdot 3H_2O$/（g/L）	4.0～6.0
pH 值	4～6
温度/℃	80～85
时间/min	15～20

水解盐封闭法克服了沸水封闭法耗时较长、耗能较多等缺点，而且封孔质量达到了国家标准。

1.3.7　各参数对电解着色工艺的影响

铝合金在电解着色之前，其表面通常都要经过各种处理，如抛光、脱脂、碱洗、中和、阳极氧化等。在随后的着色过程中，电流密度、电源输出波形、溶液温度、着色电压、着色时间和 pH 值等都是影响电解着色质量的重要因素。

1. 电源波形

大多数电解液采用正弦交流电压进行电解着色，其频率为 50～60Hz。但考虑铝合金阳极氧化膜具有整流特性，为提高着色效率和着色均匀性，也可采用正弦波（交流电）、锯齿波、脉冲波、交流直流混合波、连续直流波、断续直流波等各种复杂的电源波形。例如，现在人们常常使用周期换向波（PR 波）等电源波形。

另外，也可采用直流电源进行电解着色，但直流电源输出波形必须改变。用于电解着色的典型电源输出波形如图 1.9 所示，实际使用的进口电源的波形可能还要复杂一些，电源生产厂家在介绍各种系列的电源设备时，电源参数和性能特点较为详细，方便工艺选择使用。

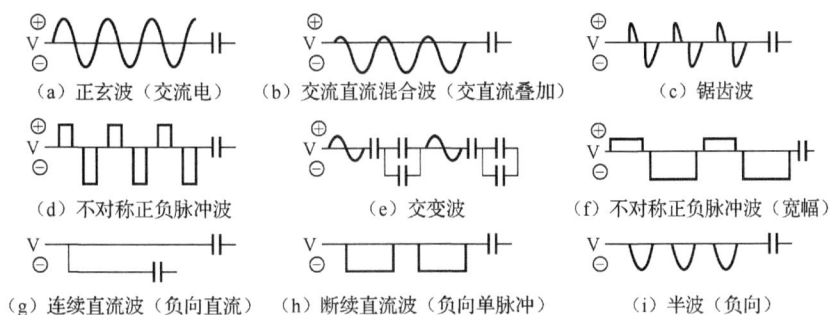

（a）正玄波（交流电）　　（b）交流直流混合波（交直流叠加）　　（c）锯齿波

（d）不对称正负脉冲波　　（e）交变波　　（f）不对称正负脉冲波（宽幅）

（g）连续直流波（负向直流）　　（h）断续直流波（负向单脉冲）　　（i）半波（负向）

图 1.9　用于电解着色的典型电源输出波形

直流电源进行电解着色一般在微酸性溶液（pH 值为 3～4）中进行。直流电解法具有着色速度快的特点，但其最大缺点是抗杂质能力差，容易发生氧化膜剥落。

2. 电解液 pH 值

电解着色槽液的 pH 值与着色速度关系很大。若 pH 值在 0.5～1.0 范围内，则电解着色速度较快，并且在此范围内着色速度基本不变。若 pH 值继续降低，则析氢反应剧烈，抑制 Sn^{2+} 还原沉积。在 pH 值大于 1.2 之后，随着 pH 值升高，着色速度和着色均匀性都下降。

3. 槽液硫酸锡的浓度

随着 $SnSO_4$ 浓度的增加，电解着色速度逐渐加快，直到 $SnSO_4$ 浓度达到 14g/L；当 $SnSO_4$ 浓度在 14～16g/L 之间时，着色变化速度开始减慢；当 $SnSO_4$ 浓度大于 18g/L 后，着色速度基本保持不变。这个数值也与着色体系有关。对于某些国产添加剂，为了控制最小色差，应将 $SnSO_4$ 浓度控制在 16g/L 以上，此时颜色不会随着 $SnSO_4$ 浓度的变化而大幅变化，这对工业生产控制较为有利。对于加入不同添加剂的槽液来说，这个临界值可根据着色体系实际测量得到。在大多数试验中，$SnSO_4$ 浓度控制在 18g/L 左右。

4. 对电极

在电解着色槽中，对电极可以是电解反应的惰性物质（石墨、不锈钢等），也可以是电负性比铝更大的惰性金属（Pb 等），还可以是与电解液中所含金属离子相同的金属（Ni、Sn 或 Cu 等）。对电极的形状有板状、棒状或圆筒状，不管是什么形状的对电极，为使着色均匀性达到要求，对电极与着色工件的表面积之比必须大于 1.5∶1。在大多数试验中所使用的对电极是不锈钢电极，其与试样（铝片）的表面积之比约为 2∶1。

5．电解液温度

随着电解槽内温度的升高，电解着色溶液的电导率增大，同时 Sn^{2+} 的还原反应速度加快，因此电解着色速度有所加快。但随着电解着色温度升高，色差 ΔE 也会逐渐变大，即着色均匀性下降。另外，温度升高对槽液的稳定性也有不利影响，因此在工艺参数的选择上不必考虑通过升高着色溶液的温度来提高电解着色速度。在大多数试验中，电解着色温度应控制在 23～25℃ 范围内。

1.3.8 铝合金表面处理添加剂

在铝及铝合金制品表面处理的整个工艺过程中，大部分过程都要使用添加剂，尤其是在电解着色这一步工序中，添加剂的优劣起到决定性作用。铝合金表面处理过程中用到的添加剂门类众多，几乎涉及从铝材预处理到成品的全过程。对于市场提供的各种添加剂，它的配方属于生产厂家，其内容并不公开，因而对这方面的研究成果很少公开报道，一度显得相当神秘。

1．润湿剂

润湿剂通常也称表面活性剂。添加表面活性剂主要是为了降低水溶液的表面张力。在铝的化学清洗剂中，非离子型表面活性剂用得最多。如果需要去除的主要污染物是油脂，那么阳离子型表面活性剂具有优良的润湿性能，可以促进化学清洗的效果。如果将两种表面活性剂一起使用，那么其效果往往要比单独使用更好，这就是协同增强效应。

2．缓蚀剂

为了控制铝合金化学清洗过程中腐蚀反应的进程，需要向槽液中加入缓蚀剂。以前曾经使用硅酸钠作为缓蚀剂，其缺点是：当配制的碱性化学清洗槽液和清洗用水的硬度很高时，可能产生不溶性的硅酸钙沉淀。现在常用硼酸盐作为缓蚀剂，其有助于防止硬水形成不溶性沉淀物。

实用的缓蚀剂是由含有 N、O、S、P 等容易提供孤对电子的原子或不饱和键的活性基团分子构成的化合物。硫脲（thiourea，TU）及其衍生物主要用于金属酸性缓蚀剂，这里研究的硫脲衍生物主要是指 N 原子上的取代衍生物，如甲基硫脲（methyl thiourea，MTU）、二甲基硫脲（dimethyl thiourea，DMTU）、四甲基硫脲（tetramethyl thiourea，TMTU）、乙基硫脲（ethyl thiourea，ETU）、二乙基硫脲（diethyl thiourea，DETU）、正丙基硫脲（N-propyl thiourea，PTU）、二异丙基硫脲（diisopropyl thiourea，DPTU）、烯丙基硫脲（allyl thiourea，ATU）、苯基硫脲（phenyl thiourea，PHTU）、甲苯基硫脲（toluene thiourea，TTU）和氯苯基硫脲（chlorophenyl thiourea，CPTU）。另外，还有 C 原子上的取代衍生物，如硫代乙酰胺等。

缓蚀剂种类繁多。缓蚀剂根据其化学组成、使用的介质、作用机理等的不同而拥有不同的分类方法，通常分为有机缓蚀剂和无机缓蚀剂两大类。

3．长寿碱洗剂

在碱洗这一步工序中，常常会用到使用寿命长的碱洗剂，即长寿碱洗剂。特别是在工业化生产过程中，长寿碱洗剂更是碱洗槽中必不可少的一种添加剂。碱洗时，铝和碱洗液发生如下化学反应：

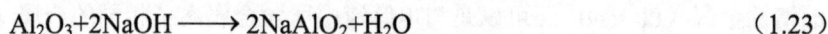

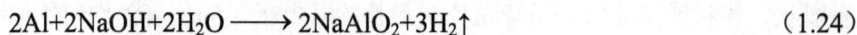

$$Al_2O_3+2NaOH \longrightarrow 2NaAlO_2+H_2O \qquad (1.23)$$

$$2Al+2NaOH+2H_2O \longrightarrow 2NaAlO_2+3H_2\uparrow \qquad (1.24)$$

$$2NaAlO_2+4H_2O \longrightarrow 2Al(OH)_3\downarrow+2NaOH \qquad (1.25)$$

反应式（1.23）去除了自然氧化膜，反应式（1.24）是苛性钠对铝基体的腐蚀溶解，反应式（1.25）是偏铝酸钠水解生成 $Al(OH)_3$ 沉淀。当碱洗槽中的溶存铝浓度达到 35g/L 且未加入长寿碱洗剂时，就会发生上述化学反应。生成的 Al(OH)$_3$ 固体粒子又是激发偏铝酸钠水解的活性中心，此反应不可逆，而且 Al(OH)$_3$ 在一定温度下逐渐脱水变成 Al$_2$O$_3$，它在槽底、槽壁、加热管上沉积固结成坚硬的石块，称为硬铝石。以往每月都要停产清除硬铝石，既影响生产，又清除困难，也不安全。加入长寿碱洗剂可使偏铝酸钠保持高度稳定。不会产生硬铝石，当溶存铝浓度达到 110～120g/L 时，铝材溶解的铝与带出的铝离子达到动态平衡，因而溶液可以长期使用。

为了解决结垢问题和延长槽液的使用期限，往往需要在碱洗槽液中加入一些添加剂。例如，早期专利中论及并广泛使用多年的葡萄糖酸钠等配位剂，可以有效地延长槽液的使用期限。就其功能而言，这些络合剂有时也称阻垢剂。葡萄糖酸钠-硼酸盐混合物及葡萄糖酸钠-庚酸盐混合物有时也用作添加剂。

近年来，很多化学药品供应商开始采用多功能醇类有机物（山梨醇等）来取代葡萄糖酸钠等。这些成分对高溶铝量的碱洗槽液更为有效。此外，高强度航空铝合金采用氢氧化钠浸蚀槽液进行化学抛光，加入这种配位剂有利于消除或显著降低金属间化合物的择优浸蚀。

据报道，在氢氧化钠碱洗槽液中加入三乙醇胺或其他化合物添加剂，也可达到同样的目的。研究报告表明，在氢氧化钠碱洗槽液中添加一些金属盐（钴盐等），可以显著提高碱洗反应速度。

这类碱洗添加剂是在葡萄糖酸钠络合剂等的基础上开发成功的。为了防止择优碱洗，该添加剂除了可能含有聚硫化物或二硫盐酸外，还可含有铬酸盐或其他氧化剂。例如，过硫酸盐、氯酸盐或过氧化物也能得到同样效果。采用该添加剂不需要经常清理槽子，一般一年清理一次或更长时间清理一次。该碱洗添加剂通常还含有其他一些成分，如多功能团的醇类、胺类等有机物。此外，还有少量表面活性剂，有助于槽液从工作表面流淌下来。

我国研制的长寿碱洗添加剂在性能上已达到或超过进口同类产品水平，并具有以下特点。

① 允许溶存铝浓度达到 100～120g/L 而不水解结块，当温度降低时偶有水解也不结块，易于清理。

② 由于允许溶存铝量高，碱洗具有缓和整平铝表面的作用，是碱洗成亚光面、细砂面的必备条件。

③ 碱洗添加剂可使铝腐蚀率控制在 2%左右（指一般氧化着色材），每吨铝的损失可减少约 10kg，苛性钠用量减少，综合经济效益好。

另外，为了获得较快的碱洗反应速率，通常推荐采用以下槽液添加剂。

① 以氢氧化钠为基的碱洗槽液中添加硝酸钠或亚硝酸钠，再加入葡萄糖酸钠等。加入硝酸盐可以降低铝材的择优碱洗。该类型碱洗添加剂的缺点是：存在多种化学反应，副反应不能得到有效遏制，使生产和控制更为复杂。其优点是：可以得到较为细致的散射、反射浸蚀表面，产生气体和碱性雾滴较少。

② 碱洗槽液中含有氢氧化钠和氟化物。这类碱洗工艺倾向于使铝材获得更白的散射浸蚀表面，但含氟的碱洗工艺要比含葡萄糖酸钠的工艺控制难度高。

4. 中和添加剂

多年来，对经过碱洗工艺处理的铝合金及其制品，大多数生产线采用传统的硝酸中和工艺。若不能满足要求，则采用含氟中和工艺。为了避免中和过程中硝酸分解释放出的氮氧化物和酸雾滴的危害，一些商品化的中和配方中采用了多种硝酸盐联合组成的添加剂，其中还含有过硫酸盐和硫酸氢盐。

在部分铝合金建筑型材（6063 铝合金）表面处理生产线中使用非氧化性的硫酸中和。另外，一些商品化的中和添加剂以硫酸为基，添加一种或多种添加剂。除了其中有氧化剂存在产生钝化膜外，这些添加剂还可能产生水锈斑痕或局部晶粒边界浸蚀倾向。此外，还有一种中和工艺可用，其组成是体积分数为 10%的硫酸，添加 10～20g/L 高锰酸钾。

铬酸中和。使用铬酸处理的铝合金具有耐腐蚀特性，因而很多工厂用铬酸来处理铝材。尤其是在航天航空工业领域，铬酸中和工艺得到广泛应用。除铬酸外，槽液中一般还添加一定量的硫酸或磷酸。铬酸盐因其毒性及环保、健康安全等方面的因素，已被限制使用。

硫酸-氟化物组合中和及磷酸-氟化物组合中和。这类组合包括硫酸-氟化钠、硫酸-氟化钾、硫酸-氢氟酸、正磷酸-氢氟酸等。常常会在这些组合中添加氟化氢铵，用来替代氟化物中的等量氟。

5. 锡盐体系添加剂

锡盐及锡-镍混合盐槽液都需要添加稳定剂，其成分大同小异。这两种着色工艺的关键环节是槽液控制和添加稳定剂，其目的在于提高槽液的使用寿命，阻止亚锡离子被氧化成锡离子，并同时改善着色均匀性。也就是说，槽液成分和锡盐着色稳定剂的质量在很大程度上是锡盐着色工艺水平的标志。

1）锡盐体系添加剂作用机理

在铝及铝合金的硫酸阳极氧化交流电解着色工艺中，Sn^{2+}对杂质容忍性好，被经常采用。但Sn^{2+}容易被氧化为Sn^{4+}，并水解生成$Sn(OH)_4$沉淀，从而使原料利用率下降。大量的$Sn(OH)_4$白色沉淀附着于铝件表面而影响着色效果，因此选择合适的稳定剂就成为解决这一难题的关键。锡盐电解着色稳定剂主要是含酚羟基的有机物。文献中提及的能够有效抑制氧化的有机物有邻苯二酚、邻酚磺酸、酒石酸等。

因为酒石酸和邻酚磺酸能够络合 Sn^{2+}，所以对着色液起着稳定作用。抗氧剂邻苯二酚的加入，促使它们与 Sn^{2+}协同反应形成一个配位化合物，如图 1.10 所示。

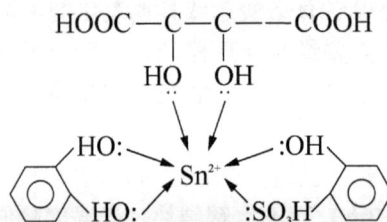

图 1.10　Sn^{2+}与有机酸形成的配位化合物

该配位化合物实际上是有机酸与 Sn^{2+}形成的配位数为 6 的 3 个五元环的稳定结构。从动力学方面分析，此种结构能够最有效地阻挡 O_2 的进攻，效果较为突出。从电镀的一般规律来看，由于形成了 Sn^{2+}配位化合物，增大了 Sn^{2+}沉积的阴极极化，提高了分散能力，沉积层更为均匀，因此此种着色液色差小、着色效果好。

2）锡盐体系添加剂分类

锡盐电解槽液添加剂一般有以下六种类型。

（1）槽液 pH 值调节剂。根据需要在锡盐（含锡-镍混合盐）槽液中加入酸，使槽液 pH 值控制在 0.90～1.05 之间。硫酸是提高酸性最经济和最有效的无机酸，其他常用无机酸（硝酸和盐酸等）对电解着色是有害的。酒石酸、酚磺酸、柠檬酸、磺化邻苯二甲酸等有机酸都可以加入槽液中，但其价格较高。在着色槽液中加入有机酸，与其说是为了提高酸度，不如说是为了利用它们的络合作用。

（2）液面覆盖掩蔽剂。为了减少槽液与空气接触从而降低亚锡离子被氧化的风险，通常在槽液中加入液面覆盖掩蔽剂。尤其是对于长期停工放置的槽液，液面覆盖掩蔽不失为一种可行的方法。

（3）抗氧化剂（还原剂）。在槽液中加入抗氧化剂降低亚锡离子被氧化的风险是一种十分有效的方法。在现有的添加剂中，有机还原剂是不可缺少的成分。有机还原剂（邻苯二酚、萘酚等酚类有机物）虽然具有抗氧化作用，但是往往会对环境水质造成严重污染，应该谨慎使用。另外，由于亚铁离子或锌粉本身与氧反应，因此也有保护亚锡离子不被氧化的作用。

（4）配位剂。使用配位剂而不是单纯加入还原剂，达到稳定亚锡离子与防止水解的目的，这是添加剂开发中的一大进步。配位剂不仅具有稳定槽液从而延长着色溶液使用期的作用，还有着色均匀、色调偏红和掩蔽杂质离子有害作用的优点。在现代添加剂的研制和开发中，较为注重配位剂与还原剂的协同作用，尤其注重配位剂的选择。

（5）导电剂。这种添加剂是一种导电盐，它能够降低电解着色溶液的电阻，提高其分布能力。在镍盐电解着色过程中，常用的导电剂有硫酸铵和硫酸镁等。硫酸镁有时比硫酸铵的效果更好，它不仅提高着色溶液的电导率，还有利于调节溶液的 pH 值和抑制有害杂质的影响，防止阳极氧化膜在着色过程中散裂脱落。

（6）铝离子抑制剂。为了防止着色液中铝离子浓度过高引起的表面白点等缺陷，常常提高溶液的 pH 值，这样就有利于降低铝的溶解度，使铝离子及时从槽液中沉淀分离出来。另外，在开槽时有意加入一些硫酸铝，保证上述机理在开槽时就起作用。为了降低着色液中铝离子浓度，也可加入氨基酸或羟酸来络合铝离子，或者加入少量有机胺、重金属碳酸盐、氧化物、氢氧化物或羟基碳酸盐。

6. 封孔添加剂

一般来说，热封孔（沸水封孔和蒸汽封孔）工艺过程不需要添加剂，冷封孔和中温封孔工艺过程需要一定量的添加剂。

1）冷封孔工艺添加剂

在以氟化镍为主要成分的冷封孔技术中，溶液因素是前提。早期，冷封孔添加剂问题曾经制约了我国冷封孔工艺的发展。一般而言，只要在冷封孔溶液中加入 5～6g/L 四水合氟化镍就可以满足溶液基础成分的要求，但冷封孔添加剂中，不可能只有氟化镍。冷封孔添加剂不仅要满足对镍与氟的浓度及其比例要求，还要考虑操作溶液中 pH 值的稳定性和对杂质的掩蔽作用等工艺因素，延长冷封孔溶液的使用寿命及拓宽工艺范围。

有人研究了表面活性剂对冷封孔的影响，发现表面活性剂有助于冷封孔时氧化膜对镍的吸收。也就是说，只有氧化膜中吸收足够量的镍，才能达到封孔目的。研究还进一步发现非离子表面活性剂的效果最佳，其次是一些特殊的阴离子表面活性剂。另外，以某些醇类作为添加剂成分也有助于镍在膜孔中的沉积，如 2-丁醇和异戊醇等。

2）中温封孔工艺添加剂

无镍中温封孔工艺采用碱金属、碱土金属或其他二价金属、三价金属的乙酸盐，再加上表面活性剂的抑灰剂构成无镍体系[33]。抑灰剂是分子尺寸相当的高分子聚合物，它可以吸附在阳极氧化膜的表面而不进入微孔内，不影响封孔过程。

不仅是镍，其他重金属离子往往对环境是有害的。因此，从环保角度出发，无重金属中温封孔工艺更受关注。有人采用轻金属盐开发无重金属离子的封孔工艺。例如，选用锂或镁的盐溶液，向其中加入少量氟化物、抑灰剂及表面活性剂，其中表面活性剂如十二烷基硫酸锂，抑灰剂如聚膦基羧酸和环己烷-六羧酸等。

7. 制造添加剂必须考虑的因素

有人对公开发表的各种化合物的稳定性及分散性试验进行了综合分析。由于这些试验所用的各种化合物只是提供了制造添加剂的一种思路，基本上没有作为添加剂的直接价值，因此这些内容只有参考意义。

对添加剂成分的稳定性及其分散能力的测定和筛选只是最基本的考虑，推出商品添加剂显然还有更多考虑。例如，添加剂在使用过程中的变化及反应产物对槽液的影响，添加剂对电解着色参数的影响，添加剂各成分在溶液中的稳定性，添加剂在使用过程中的变化对着色环境的影响，以及添加剂对减轻积累杂质的负面作用等。

1）稳定性

一般采用通电和加氧两种试验方法考察电解着色溶液的稳定性。

（1）通电试验。对十多种稳定剂[34]（有机化合物）进行通电试验。试验结果表明，大部分苯酚或萘酚的衍生物具有较好的稳定作用，但在甲氧基苯酚中对位衍生物不如正位衍生物和邻位衍生物稳定。上述有机物在空气中容易挥发，有气味，对皮肤有刺激性，故宜改用分子量大的同类有机物，如 2-羟基苯丁基磺酸钠醚。另外，主链置换的苯酚与甲氧基苯酚作用接近，但毒性较低。1-萘酚-3,6 二磺酸试验结果较好，而且与浓度关系不大。与此同时，2-萘酚的衍生物并不理想。邻苯二酚也较为有效，但对环境有不良影响。

（2）加氧试验。加氧试验结果表明，稳定剂[34]（有机化合物）丁基对苯二酚、4-羟基苯甲醚和甲基对苯二酚的稳定效果最佳，2-羟基苯丁基磺酸钠醚的效果次之。

综合分析加氧和通电两项试验结果可知，4-羟基苯甲醚、甲基对苯二酚和 2-羟基苯丁基磺酸钠醚在稳定性方面最佳。大量的筛选试验表明，酚磺酸、甲酚磺酸和萘酚磺酸等对抑制亚锡离子氧化都有一定的作用，但单独使用很难完全阻止浑浊和沉淀的形成。

2）分散性

电解着色溶液分布能力是添加剂的另一个重要性能，涉及电解着色产品颜色的均匀性。电解着色溶液分布能力试验结果表明，芳香族衍生物中的磺酸及其盐类效果最佳，如乙烯基二胺四乙酸二钠、萘-1,2 二磺酸-二钠、磺基丁二酸和 2-磺基苯丙酸。一般情况下，浓度越高，效果越好。

8. 添加剂的开发现状

添加剂的使用是 Sn 盐着色工艺得以工业化的关键，因此添加剂的成分曾经是保密内容。我国从 20 世纪 80 年代开始开发应用电解着色添加剂，目前，Sn 盐电解着色生产所需的所有化学品都可依赖国内生产供应。为了进一步提高产品质量和降低生产成本，商品化的添加剂配方也在不断地变化、发展和改进。

早期的添加剂主要是指有机还原剂，如硫酸联氨、氨基磺酸、酚磺酸或甲酚磺酸等。虽然其性能不是完全令人满意的，但是至少可以降低亚锡离子的氧化损失，起到稳定槽液的作用。不过这类还原剂大多有毒，对环境污染严重。为了进一步改善锡盐着色性能，添加剂的发展方向是：在考虑槽液稳定性的同时改进槽液的分布能力，此外还必须有环境方面的考虑。

9. 添加剂的筛选方案

我国的科研机构、高等学校和工厂全面合作，不仅迅速完成了各种添加剂的国产化进程，而且成本不断降低，技术不断提高，生产经验逐渐丰富，现在国产添加剂基本替代了进口化学品。本试验的目的在于筛选出经济实用的有机物作为添加剂的成分。

1）锡盐体系电解着色的问题

锡盐体系电解着色与镍盐、铜盐、钴盐体系相比具有较大的优越性，但也有它的缺点，即不稳定性，因此合适的稳定剂[34]是影响电解着色的关键因素。由于 Sn^{2+} 在水中很不稳定且易被氧化，因此必须寻找在溶液中可以被优先氧化的物质（抗氧剂）。一般电解着色溶液的 pH 值都在 1 左右，酸性较大，锡盐最容易被这样的酸性溶液中的溶解氧所氧化。

另外，Sn^{2+} 在水中氧化后生成极易水解的 Sn^{4+}，并生成 $Sn(OH)_4$ 白色沉淀，造成溶液浑浊。虽然这种浑浊溶液中还含有大量的 Sn^{2+}（相对 Sn^{4+} 来说），但已无法使用，沉淀影响了铝合金的电解着色。

2）锡盐体系电解着色的对策

（1）加入抗氧剂。电极反应：$Sn^{4+} + 2e \longrightarrow Sn^{2+}$。其中，电极电势为 0.154V。从理论上来说，凡标准电位小于 0.154V 的物质都可作为抗氧剂，借助于抗氧剂的还原能力，可以降低溶液中溶解氧的浓度，从而保护 Sn^{2+} 不被氧化。

（2）加入配位剂或螯合剂。该配位剂或螯合剂只能与 Sn^{2+} 生成稳定的配合物，不能与 Sn^{4+} 生成配合物，或生成的配合物不稳定。如果将 Sn^{4+}/Sn^{2+} 电对的电极电势提高到等于或略大于溶液中溶解氧的电极电势，同时又不影响着色，那么 Sn^{2+} 的抗氧化能力就得到了提高。

3）添加剂筛选实例

在磨光、脱脂、碱洗、中和、阳极氧化完成之后，电解着色试验分别选择了六种有机物作为添加剂以判断其优劣。这六种有机物包括对苯二酚、氨基磺酸、酒石酸、柠檬酸、磺基水杨酸、乳酸。注意蒸馏水不加入添加剂。

试验电解着色槽液成分见表 1.16。在槽液中不仅加入了 $SnSO_4$，还加入了 H_2SO_4 和 $NiSO_4·6H_2O$，其目的是使槽液成分尽量接近真正电解着色过程中的着色液，使试验结果更具有参考价值。

表 1.16　电解着色槽液成分

试剂	$SnSO_4$	H_2SO_4	$NiSO_4·6H_2O$	添加剂
$\rho/$（g/L）	8	17	20	10

试验操作共分七次进行。除最后一次外，前六次每次只加入一种添加剂，质量密度为 10g/L，电解槽不通电且只进行剧烈搅拌，这样电解槽液中的溶解氧浓度就会增大，Sn^{2+} 更容易被槽液中的溶解氧所氧化。在加入了添加剂之后，通过检测 Sn^{2+} 被氧化的程度，可以清楚地看出各种添加剂的抗氧效果。试验通过检测槽液中 Sn^{4+} 的浓度定量地判断添加剂的优劣。为了使试验效果更加明显，可将温度设定在一个较高区域，这样 Sn^{2+} 的氧化水解作用就会得到加强。通常将温度控制在 29～31℃范围内。在试验过程中，每隔一个小时在槽液中取样一次，测定其中 Sn^{4+} 浓度。

电解槽液中 Sn^{4+} 浓度与搅拌时间的关系如图 1.11 所示。由图可知，在含有对苯二酚或酒石酸的电解着色槽液中，Sn^{4+} 浓度基本与剧烈搅拌时间长短无关；氨基磺酸和磺基水杨酸与剧烈搅拌时间长短关系并不大，但随着剧烈搅拌时间继续延长，会有少量的 Sn^{2+} 被氧化水解成了 Sn^{4+}；乳酸和柠檬酸也有一定的络合作用和抗氧化作用，但其效果并不理想，会有一定量的 Sn^{2+} 被氧化水解成了 Sn^{4+}；在不加入任何添加剂时，一开始就有大量的 Sn^{2+} 被氧化水解成了 Sn^{4+}，电解槽内溶液因而变得非常浑浊。

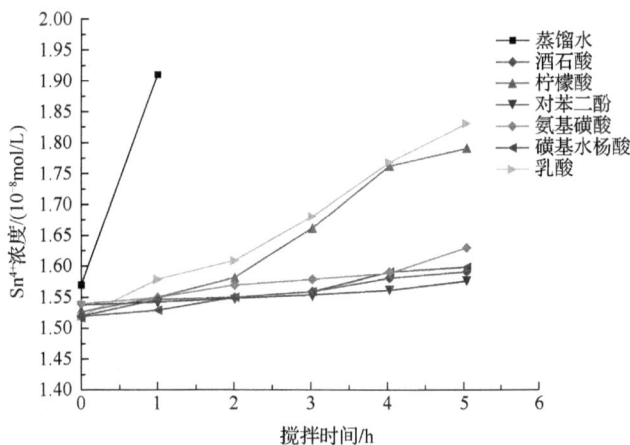

图 1.11　电解槽液中 Sn^{4+} 浓度与搅拌时间的关系

通过试验发现，配位剂和抗氧剂的加入可以大幅提高电解着色液抗空气氧化的能力，即可以提高着色液的稳定性。在这六种有机物中，对苯二酚和酒石酸的配位性能和抗氧化性能较好，而且经济实用，效果令人满意。另外，氨基磺酸和磺基水杨酸的配位性能和抗氧化性能也可达到要求，可以作为补充成分适量加入。

若在电解槽液中加入此类抗氧剂或配位剂的混合物，则效果会更好。市场上出售的添加剂都不是某种单一成分，而是多种抗氧剂或配位剂按照一定比例混合而成的复合添加剂。采用复合添加剂可以解决锡盐体系电解着色不稳定的问题。

1.3.9 铝合金表面膜层性能评价方法[35]

铝及铝合金产品具有一系列优良的化学、物理、力学、加工性能特征，这使铝及铝合金制造工业得以迅猛发展，铝及铝合金产品在国民经济各部门中大量使用。表面处理技术能使铝及铝合金获得新的和更好的表面性能，不仅能够改善和提高铝及铝合金表面的物理和化学性能（耐蚀性、耐化学稳定性、耐磨性、电绝缘性和表面硬度等），还可以赋予铝及铝合金表面各种颜色甚至木纹状图案，大幅提高了铝的装饰性。经过长期的研究和发展，目前国内外表面处理方法种类繁多，可以满足不同的需要。

铝合金表面膜层的性能评价主要从膜层厚度（即膜厚）、外观（颜色和色差）、加速腐蚀性能、耐磨性、封孔度等方面开展测试评价，以下根据相关国际标准、国家标准和行业标准进行简单归纳总结，具体试验方法在相应标准中都作了详细描述，本文不再逐一叙述。

1. 膜层厚度

膜层厚度是指膜层表面到金属基体界面之间的最小距离，是铝及铝合金膜层产品的一项重要的常用性能指标，如铝合金阳极氧化膜的膜层厚度。它不仅对产品的耐蚀性有着重要影响，还对产品的装饰性及耐冲击性等具有一定影响。另外，它还是铝合金产品生产成本的主要决定因素。

在铝合金表面处理工业生产中，要想在产品的多个处理面上得到完全一致的膜厚是不可能的，即使是在同一处理面上也很难得到完全相同的膜厚。因此，在工业生产中及产品标准中，通常采用"平均膜厚"、"最小局部膜厚"和"最大局部膜厚"对铝合金表面处理膜进行描述和控制。

在测量膜厚时，必须选择具有代表性的部位进行测量。需要注意的是，距离阳极接触点不足 5mm 处及边角处都不适合作为厚度的测量部位。

1）显微镜测量横截面厚度

试验采用金相显微镜对铝及铝合金基体横截面上氧化膜的厚度进行测量，它是一种有损测量方法，所测量的氧化膜厚度是局部厚度。试验采用金相显微镜直接观察试样横截面的厚度，因此要求试样能够清晰、真实地显现出氧化膜。这对试样的制备提出了很高的要求，需要对试样进行适当的研磨、抛光和浸蚀处理。

本试验有很多影响测量精度的因素。例如，比较表面粗糙度、横截面斜度、覆盖层变形及机械加工不良等都会导致测量结果偏差。对于待测试样，其横截面必须垂直于待测处理膜，当垂直度偏差 10°时，测量值就比真实厚度大 1.5%。另外，显微镜选择和操作不当也会影响测量精度。载物台测微计在使用前必须标定，仪器放大倍数也必须合理。对于待测膜厚，其测量误差一般随放大倍数的减小而增大，一般选择的放大倍数应使视场为膜厚的 1.5～3.0 倍。

2）分光束显微镜测量透明阳极氧化膜厚度

试验采用分光束显微镜对铝及铝合金基体上氧化膜的厚度进行测量，它是一种无损测量方法，仅限于测量透明膜的厚度。在一般工业条件下，可用于测量 10μm 以上的氧化膜。当表面平滑时，也可用于测量 5μm 以上的氧化膜。特殊处理膜（深色阳极氧化膜等）、试样基体粗糙的膜不适用本试验方法。

3）质量损失法测量氧化膜厚度

通过计算试样质量损失测量铝及铝合金基体上氧化膜的厚度。该方法适用于除铜含量大于 6%（质量分数）外的绝大部分铝合金制品，适用于铸造铝合金或变形铝合金阳极氧化生成的所有氧化膜。这是一种有损测量方法。由于试验中所涉及的密度为近似值，因此本试验结果只能得出一个近似的平均厚度值。当氧化膜厚度不大于 10μm 时，所估算出的氧化膜平均厚度较为精确。

试验操作步骤如下：首先计算出氧化膜试样待测表面的面积，并称重试样质量（精确至 0.1mg），接着将试样置于 100℃的 35mL/L 磷酸和 20g/L 三氧化铬的混合溶液中浸泡 10min，然后取出试样用蒸馏水清洗干净，待其干燥后再称量。如此重复浸泡和称量试样，直到没有质量损失，然后记录其质量并计算它的质量损失。这一质量损失即为氧化膜表面密度（单位面积上的质量）。

氧化膜重量法：溶解氧化膜，用溶解前后的质量差换算出氧化膜的厚度，表达式如下：

$$\delta = \frac{10^{-4}(W_{\mathrm{i}} - W_{\mathrm{s}})}{A \cdot \mathrm{Da}} \tag{1.26}$$

式中，δ 为氧化膜的厚度（μm）；W_{i} 为试验前试片质量（g）；W_{s} 为剥离氧化膜后试片质量（g）；Da 为氧化膜的密度，也称表观密度（g/cm³）；A 为待测位置阳极氧化膜的表面积（cm²）。

4）涡流法测量阳极氧化膜厚度

采用涡流测厚仪对铝及铝合金基体上阳极氧化膜的厚度进行测量。它具有快速、方便、非破坏性测量的特点，特别适用于在生产现场、销售现场或施工现场对产品膜厚进行快速无损测量，是当前生产线质量控制方面应用最广的方法。然而，由于涡流测厚仪存在固有误差，因此一般不适用于测量较薄的氧化膜或转化膜。

2. 颜色和色差

对于具有表面装饰性能的氧化着色膜，色差是一个重要的检测项目，颜色不均匀将破坏其装饰性。颜色和色差的检测方法大致可归为两种，即目视比色法和仪器检测法。

1）目视比色法

该方法规定使用自然散射光或 CIE 标准光源 D_{65} 对氧化着色膜产品进行目视比色检查，判断产品的颜色与标准色板的差异程度。当采用本方法进行比色操作时，要求试验人员拥有正常视力或者经过矫正的视力不低于 1.2，并且要求无色盲和色弱等影响颜色分辨能力的眼科疾病；所采用的光源必须是自然散射光或比色箱中的人造标准光源 D_{65}，并在垂直于试样和色板表面或者与试样和色板表面呈 45°斜角处进行观察。对于装饰用阳极氧化着色膜，其观察距离为 0.5m；对于建筑用阳极氧化着色膜，其观察距离为 2.0m。

2）仪器检测法

人们对颜色的观察受外界因素影响很大，如物体的大小、环境的颜色和亮度等；同时也受人为因素影响，包括人的性别、年龄、疲劳程度及人的情绪等。因此，人们对颜色的感觉有一定的主观性，感觉的颜色或色差重复性较差。为了解决这一问题，人们开始研究采用测色仪器进行检测。这类测色仪器一般使用国际标准规定的颜色系统，能对物体的颜色及其色差给出一个客观的评价。

色差仪是基于对波长为 400～700nm 的可见光谱的反射光的测量，仪器所采用的标准照明体一般为 CIE 标准照明体 D_{65}，其相关色温是 6231K 时相昼光；有些仪器也采用标准照明体 A，它限定用于特殊同色异谱指数的色度测定，其代表的是钨灯灯丝发出的光，光谱分布相当于 2583K 时相状态的全辐射体试样表面的粗糙度会影响测量结果，因此测量时应该选择清洁的、没有划痕的表面，并且试样表面必须完全覆盖仪器的测量孔。

仪器检测法就是通过色差仪测量试样与参照色板之间颜色差异的方法。本方法只适用于测定反射光的颜色，即用正常视觉检查，能够显示一种均匀颜色（单色）的阳极氧化膜。本方法不适用于测定发光涂膜或反光涂膜的颜色。由于金属光泽的影响，因此在对阳极氧化膜测定时还存在一些问题。

3. 加速腐蚀试验

本试验主要考察铝合金表面膜层的耐蚀性。对于铝及铝合金产品来说，其表面处理的目的通常是获得很好的防护性能和装饰性能，因此耐蚀性是铝合金膜层产品的一项重要性能指标。一般来说，铝及铝合金阳极氧化产品具有良好的防护性能，特别是铝合金高聚物涂覆产品可以在许多恶劣环境条件下使用，其防护性能更佳。

户外暴露腐蚀试验是一种接近真实使用环境的、较为可靠的腐蚀试验方法，试验结果也接近真实使用情况。但其试验周期长，尤其对于设计寿命为几十年的重要结构件来说，为了得到全面的腐蚀数据，可能需要数年或更长时间。随着使用年限的延长，绝大多数金属设备（设施）都会因腐蚀而影响其性能，出于安全性、经济性等方面的考虑，腐蚀寿命的预测和评估已逐渐成为人们研究的重点。实物试验和现场试验存在周期长、费用高、重现性差等方面的问题，其应用性受到很大限制。几十年来，工程设计界和腐蚀防护界都在期望通过室内试验获取的短期加速腐蚀试验结果推测户外长期暴露腐蚀试验结果，并为此提出了许多加速试验方法。目前常用的加速腐蚀试验方法有盐雾腐蚀试验、循环盐雾加速腐蚀试验、滴碱腐蚀试验方法。

1）盐雾腐蚀试验

盐雾腐蚀试验是众多腐蚀试验中的一种常用检验方法。由于产品腐蚀的影响因素有很多，单一的抗盐雾性不能替代其他介质的性能，因此本试验结果不能作为被试产品在所有使用环境中抗腐蚀性能的直接使用。

（1）中性盐雾试验（neutral salt spray test，NASS）。本试验在专门设计的盐雾箱中进行，在33～37℃范围内，通过压缩空气将中性的氯化钠溶液雾化，氯化钠溶液的浓度为45～55g/L，然后沉降在试样表面。

（2）乙酸盐雾试验（cetic acid salt spray test，AASS）。为了加速腐蚀，以求在较短时间内考核产品耐蚀性，可以采用乙酸盐雾腐蚀试验方法对铝及铝合金阳极氧化产品进行检测。

（3）铜加速乙酸盐雾腐蚀试验（copper accelerated acetic acid salt spray test，CASS）。铜加速乙酸盐雾腐蚀试验起初用来检验镍-铬电镀层的耐蚀性，本试验是铝及铝合金阳极氧化产品加速腐蚀试验中最快的，适用于工厂生产检验。

2）循环盐雾加速腐蚀试验

在酸性盐雾环境中对铝及铝合金阳极氧化产品进行加速腐蚀试验，这是试验室常用的方法之一。从腐蚀机理、腐蚀产物结构、试样外观表现及腐蚀动力学规律等方面，分析试验室加速方法与真实大气腐蚀试验之间的差异可知，试验室加速方法对铝合金真实户外腐蚀试验具有一定的再现性。真实的使用环境是复杂多变的，如降雨、凝露、光照、大风等多样的天气及温度、湿度、气压等的变化。此外，真实环境中还存在电磁环境因素和生物环境因素的影响。采用能够模拟实际运行环境的循环盐雾加速腐蚀试验方法能够更好的模拟实际工况，得到接近真实环境的数据。

（1）连续盐雾腐蚀试验。使用pH值为3.0、质量分数为5%的酸性NaCl溶液（使用冰乙酸调节pH值）作为腐蚀加速溶液，对铝及铝合金阳极氧化产品进行连续盐雾腐蚀试验。这种加速腐蚀试验对大气腐蚀试验有较好的加速性和模拟性。此外，这种试验还可根据腐蚀试验后的铝及铝合金产品的力学性能测试结果，从腐蚀损伤的角度对材料进行研究。

（2）间歇性盐雾腐蚀试验。使用pH值为3.0的质量分数为5%的NaCl溶液和质量分数为0.5%的$(NH)_2SO_4$溶液（使用冰乙酸调节pH值）作为加速剂。间歇性盐雾腐蚀试验对真实大气腐蚀有较好的加速性和模拟性。

3）滴碱腐蚀试验

滴碱试验法：把阳极氧化膜试样放在49～51℃恒温箱中，以质量分数为10%的NaOH溶液每隔5min滴下一滴（0.2mL），并测定从开始滴定至腐蚀祛除氧化膜的时间，该方法常用于铝及铝合金阳极氧化膜的碱腐蚀性能评价。

4. 耐磨性

耐磨性试验是评价两个物体接触并发生滑动时的磨耗特性的试验方法。常用的耐磨性试验方法主要有以下几种。

1）平面往复耐磨试验

平面往复耐磨试验是把碳化硅砂纸围绕在研磨轮的外缘上，然后在一定的载荷下使试片与研磨轮之间做往复运动，通过测量阳极氧化膜厚度或质量随时间的减少量评价其耐磨性。从标准规定的试验条件来看，该方法一般用于评价阳极氧化膜表层部位的耐磨性。

该试验的磨耗是试片和研磨轮之间通过电机的旋转运动变换成直线往复运动的磨耗。磨耗速度在一次往返行程的两端为零，在一次往返行程的中间最大。为了使研磨轮在每次往复行程中都有新砂纸与试片接触，在速度为零时，研磨轮在试片上旋转 0.9°。此外，为了使试片和研磨轮之间尽量不存在阳极氧化膜和磨料的碎屑，需要考虑试验机的结构。

2）喷磨试验

喷磨试验是使用压缩空气把碳化硅磨料加速喷射到试片表面，根据阳极氧化膜喷磨露出铝及铝合金基体的时间来评价耐磨性的方法。以阳极氧化膜下铝及铝合金基体裸露出来的时间作为试验终点，评价从阳极氧化膜的表层到基体的平均耐磨性。

该试验的磨耗是使磨料直接冲击在试片表面的冲击磨耗。

3）平板旋转耐磨试验

平板旋转耐磨试验采用绿色碳化硅磨料和黏结材料混合成型的研磨轮，在研磨轮与试片之间施加一定载荷让试片做旋转运动，在规定旋转次数后测量阳极氧化膜质量损失，进而评价其耐磨性，这种试验方法也称为泰伯（Taber）磨耗试验。此试验特别适用于硬质阳极氧化膜的耐磨性的测定，大多用于评价阳极氧化膜最表层部位的耐磨性。在该试验中，试片的磨耗是由试片旋转引起研磨轮滑动旋转而产生的。

4）落砂试验

落砂试验是使碳化硅磨料从 1m 高处自然下落到试片表面，根据阳极氧化膜磨损露出铝及铝合金基体的时间来评价耐磨性的方法。该试验与喷磨试验相同，以阳极氧化膜的铝及铝合金基体裸露出来的时间作为试验终点，评价从阳极氧化膜的表层到基体的平均耐磨性。落砂试验的磨耗和喷磨试验的磨耗相同，都是冲击磨耗。

例如，对于着色的试片，使用 PMJ-1 型平面磨耗仪，在 6N 负荷下将其往复摩擦 400 次，然后采用金相显微镜测定摩擦前后的厚度变化表示耐磨性（单位：次/μm），测定 3 次取平均值。数值越大，说明着色膜的耐磨性能越优良。

5. 封孔度试验

检验封孔技术是否达到某种较高水平，最简便的方法是用油性笔或水性笔在阳极氧化膜表面做一个印迹，然后用酒精等擦拭该印迹，通过观察印迹是否消失判断封孔度。为了客观评价封孔度或判断封孔是否符合标准，需要通过规定的试验方法进行试验评价。日本工业标准中规定了染斑试验[*Anodizing of aluminium and its alloys — Estimation of loss of absorptive power of anodic oxidation coatings after sealing — Part 1: Dye-spot test with prior acid treatment*（JIS H 8683-1: 2013）]、磷铬酸溶液浸泡试验[*Anodizing of aluminium and its alloys — Assessment of quality of sealed anodic oxidation coatings — Part 2: Measurement of the loss of mass after immersion in phosphoric acid/chromic acid solution*（JIS H 8683-2:2013）]和导纳试验[*Anodizing of aluminium and its alloys — Assessment of quality of sealed anodic oxidation coatings — Part 3: Measurement of admittance*（JIS H 8683-3:2013）]三种试验方法，针对不同的阳极氧化膜特性进行试验并

评价封孔度。因此，在封孔不充分的状态下，封孔度即使能够满足某种试验方法的规定值，也不一定能够满足其他试验方法的规定值，需要根据封孔特性选择适合的试验方法。由于这些试验方法并不适用于所有种类的阳极氧化膜，或使用不同封孔方法处理的阳极氧化膜，因此在试验时必须注意这一点。

6. 中外质量标准对比

欧盟、美国、日本的表面膜层质量标准各有特色，质量内容差异较大，其中还存在一些不适宜的检测方法和质量规定。为促进出口和避免质量纠纷，我国铝型材生产企业需要认真研究这些国外标准，并针对其质量规定有组织地开展全国性产品质量试验验证和分析工作，确立适宜的中国检测方法，建立科学的中国质量标准，争取实现"凡经中国标准检测合格的产品，其质量即可通过国外标准检验"的理想目标。《铝及铝合金阳极氧化膜与有机聚合物膜　第1部分：阳极氧化膜》（GB/T 8013.1—2018）是在消化吸收美国、德国及国际新型标准的基础上制定的，该标准全面规定了铝合金阳极氧化膜相关的性能评价要求及测试方法，具有较高质量水平。同时，《铝及铝合金无铬化学预处理膜》（YS/T 1189—2017）全面规定了无铬化学转化预处理膜的分类、要求及测试方法，目前国际上尚无相关标准，属于国际领先。该标准的英文版本已经直接被贸易合同采用，尤其是在东南亚地区及中东地区，随着"一带一路"倡议的快速发展，中国标准的国际影响力也会逐渐增强。

此外，我国还专门制定了采用表面电泳涂漆、有机聚合物膜、聚酯粉喷涂、氟碳漆喷涂等处理方式的铝合金建筑型材质量标准《铝合金建筑型材》（GB/T 5237—2017全套），国际标准没有有关电泳涂漆或有机聚合物喷涂表面膜层的质量规范。

有关表面性能试验方法的国际标准，在国际贸易中通过欧、美等国贸易标准的引用而流行。中国根据需要转化（等同采用或修改采用或非等效采用）了很大一部分表面性能试验方法国际标准。

1.3.10 铝合金表面处理技术展望

1. 氧化技术的展望

铝及铝合金阳极氧化技术以提高氧化速度和氧化硬度为发展方向。为提高氧化速度和综合性能，建议采用带有脉冲波的脉冲电源，其输出电压和输出电流中脉冲成分丰富，相当于每秒有300个小脉冲波叠加在直流波上，成膜速度快。对于厚膜氧化，可采用频率为3~13.3Hz的"快脉冲"电源，充分发挥节电及提高速度和硬度的优势，但这种电源在氧化膜厚度小于12μm时优点不明显。

复合阳极氧化作为一种新型阳极氧化技术，分别在硫酸、草酸和磷酸三钠电解液中添加Fe_3O_4、CrO_2、TiO_2等磁性粉体，Al_2O_3、SiC、SiN等超硬粉体和石墨等导电性粉体（微米级），使其悬浮于电解液中进行阳极氧化。该工艺具有操作容易、设备简单、成本低等优点，与常规阳极氧化相比，其氧化速度、操作温度上限和膜层性能都有显著提高。日本研究者首先进行了这方面的研究，其结果表明，有的粉体可提高膜层硬度，有的粉体可降低氧化槽压，有的粉体可增加膜层厚度。最新研究结果表明，Al_2O_3粉体可使铝在H_3PO_4溶液中的氧化膜的硬度和耐蚀性提高1倍以上，因而具有广阔的研究前景。

目前添加剂研究十分活跃。添加剂品种繁多，作用机理也不尽相同，它的有效作用使其具有巨大的市场潜力。总的来说，虽然铝及铝合金阳极氧化出现了许多新工艺，但是也受到各种表面处理方法的挑战，预计在未来10年内，阳极氧化技术仍是主要的表面处理方法。

2. 电解着色电源创新

开发新电源是开拓电解着色新工艺的重要手段。通过改变电源波形和施电方式提高阳极氧化膜的综合性能和开拓电解着色新工艺，这是研究的新热点。已商品化的电源有脉冲电源、电流反向（换相）电源和直流脉冲电源等。微弧氧化电源兼容氧化和着色功能，以提高氧化速度、氧化膜层厚度均匀性、硬度、孔隙率分布和改善微孔结构形态为目的。研究新电源可以克服化学方法和电化学方法中的缺陷和局限。

3. 铝合金电解着色的发展趋势

铝及铝合金广泛应用于工业、建筑业等各个领域,它以优良的性能越来越受到重视。常见的铝合金表面呈银白色,色调单一。现在人们已不再满足于单调颜色的铝材。根据电解原理处理铝合金表面,形成彩色的表面氧化膜,不仅可以增加铝合金的外观美观度,改变单一的色调,同时还可使铝合金表面性能增强,适用于建材、交通、仪器仪表、家电和日用品等的保护与装饰,扩大了铝合金的应用范围。

装饰材料的需求提高了铝材的多色化要求,电解着色新技术、新色种应运而生。以往铝型材大都是青铜色系着色,以单锡盐或镍锡混盐为主。铝合金表面碱洗成亚光面、细砂面的不着色的铝型材也很畅销。近年来,电解着古铜色逐渐被钛金色、金黄色、仿不锈钢色、浅红色、香槟色、银灰色等多种浅色调所替代。钛金色鲜活而不妖艳,黄中透红,令人赏心悦目,并且具有着色成本较低、增值较高的优点,它作为浅色调中的主色调已十分明显。以银盐和锰盐为主盐的金黄色产品在香港市场和越南市场行情良好。其中,锰盐着金黄色逼真,成本较低,但槽液不稳定,不宜连续生产;银盐着色可获得金黄色、绿金色、黄绿色和金土色等多种色调,槽液十分稳定,潜在经济效益好,可以开发应用。

另外,最新颜色已用在宾馆、写字楼、住宅和家庭的内部装饰上。两槽法着钛金色技术已在国内投产十几条生产线。目前上述颜色的型材主要在广东地区生产,北方地区和西北地区还较少。截至目前,我国铝型材尤其是建筑铝合金阳极氧化型材中仍以电解着色为主导,常用的青铜色系着色已降至 20%以下,目前流行以钛金色为主的浅色调。浅色铝合金阳极氧化型材加电泳涂漆、涂装具有优异的耐腐蚀性能,也是高档型材的标志。另外,纯黑型材与环境的对比度强,也很畅销。

参 考 文 献

[1] 王成, 江峰. LY12 铝合金铈化学转化膜的结构及耐蚀性研究[J]. 材料保护, 2002, 35(4): 23-25.

[2] XUE L H, WEN M, CHU L, et al. Characteristics of Ce-Mn film on 6061 alloys and its improved[J]. Rare Metals, 2019, 38(10): 971-978.

[3] 谢伟杰. 铝合金无铬转化膜研究[J]. 新技术新工艺, 1998(1): 36-37.

[4] 上海市化学化工学会. 涂装前处理[M]. 北京: 机械工业出版社, 1991.

[5] 周谟银, 方肖露. 金属磷化技术[M]. 北京: 中国标准出版社, 1999.

[6] 雷作针, 胡梦珍. 金属的磷化处理[M]. 北京: 机械工业出版社, 1992.

[7] 胡传炘. 实用表面前处理手册[M]. 北京: 化学工业出版社, 2003.

[8] 李新立, 李安忠. 磷化(V): 涂装前处理工艺设计的一般原则[J]. 材料保护, 1994(10): 37-40.

[9] 王锡春, 高宏伟. 磷化膜与阴极电泳涂膜的配套性研究[J]. 材料保护, 1994(12): 7-10.

[10] 暨调和, 黄季煌. 常(低温)加速磷化过程的 Φ-t 曲线的研究[J]. 电镀与环保, 1994(4): 11-14.

[11] FREEMAN D B. Phosphating and metal pre-treatment: a guide to modern processes and practice[M]. New York: Industrial Press Inc, 1986.

[12] HINTON B R W, WILSON L.The corrosion inhibition of zinc with cerous chlorides[J]. Corrosion Science, 1989, 29(8): 967-975.

[13] 巩运兰, 董向红, 高俊丽, 等. 铝在铬酸中高电压阳极氧化的研究[J]. 电镀与精饰, 1999(1): 7-9.

[14] 欧阳新平, 张振邦, 叶斌. 铸铝合金硬质阳极氧化[J]. 材料保护, 1996 (5): 13-15.

[15] 周建军, 蒋忠锦, 施冬娥, 等. 铸造铝合金硬质阳极氧化工艺研究[J]. 材料保护, 1998(9): 18-20.

[16] 雷宁. 铝合金低压硬质阳极氧化[J]. 电镀与环保, 2000 (5): 28-30.

[17] 卢立红, 沈德久, 王玉林. 微弧氧化陶瓷膜层的性能及其应用[J]. 材料保护, 2001 (1): 17-18, 61.

[18] 沈德久, 王玉林, 卢立红. 铝合金表面微弧氧化自润滑陶瓷覆层[J]. 材料保护, 2000 (5): 51-52.

[19] 暨调和. 脱脂、碱洗、中和对铝型材氧化质量的影响[J]. 电镀与精饰, 1999 (5): 27-30.

[20] 林春华, 葛祥荣, 王大智. 简明表面处理工手册[M]. 北京: 机械工业出版社, 1999.

[21] 郭忠诚. 铝和铝合金的碱性抛光及着色工艺研究[J]. 电镀与涂饰, 1994 (9): 34-37.

[22] 程兴. 铝合金氧化膜染色液 pH 的控制研究[J]. 表面技术, 1994 (5): 240-241.

[23] FRANK P, STILLE R. Coloring anodized aluminum[J]. Metal Finishing, 1987, 85(1): 449-455.

[24] 李珍芳. 铝及其合金染色氧化膜的封闭技术[J]. 材料保护, 1999 (9): 17-18.

[25] 陈磊, 龚竹青, 黄志杰, 等. 电沉积镍-铬合金的研究[J]. 电镀与精饰, 1998 (4): 4-6.

[26] 张志强. 电解着金黄色工艺的研究[J]. 材料保护, 1999 (4): 20-21.

[27] 李秋荣, 王艳芝, 陈闽子. 6063 铝合金在高锰酸钾中电解着金黄色工艺[J]. 电镀与精饰, 1998 (1): 18-19.

[28] 钱应平, 李尧, 陈洪. LD5 铝合金电解着色工艺条件对着色性能的影响[J]. 表面技术, 1999 (5): 19-20.

[29] 何畏, 王雪琳, 杨秋霞. 铝合金彩色花纹着色的研究[J]. 腐蚀与防护, 1999, 20(1): 26-28.

[30] 张延松, 郑国渠, 张九渊. 铝表面二次电解白色化工艺研究[J]. 材料保护, 2000, 33(5): 29-31.

[31] STRAZZI E, YINCENZI F, BELLEI S. Multicolour electrolytic colours[J]. Aluminium Finishing, 1997, 17(1): 20.

[32] 毕琳. 建筑铝型材电解着色均匀化和多色化处理工艺技术[J]. 腐蚀与防护, 2000 (1): 19-22, 26.

[33] HAO X L, ZHAO N, H H, et al.Nickel-free sealing technology for anodic oxidation film of aluminum alloy at room temperature[J].Rare Metals, 2021,40(4), 968-974

[34] 方景礼. 铝合金电解着色稳定剂的试验研究[J]. 电镀与精饰, 1984, 6(3): 231.

[35] (日)表面技术协会轻金属表面技术分会. 铝表面处理百题新编[M]. 郝雪龙, 朱祖芳, 胥红敏, 译. 北京: 化学工业出版社, 2019.

第2章

工业防护涂料与涂装

2.1 简论工业涂料防护的基础

工业涂料应用的主要目的是对被施涂构件进行腐蚀防护，延长工业构件安全运行寿命。通常来说，腐蚀是指周围介质的电化学及化学作用导致材料发生破坏或损耗的过程。根据作用原理不同，腐蚀可分为电化学腐蚀和化学腐蚀。

2.1.1 电化学腐蚀

在由金属及其周围电介质溶液（海水、酸、碱、盐溶液、潮湿大气等）组成的系统中，伴随着在金属和电解质两相之间的电荷转移，在两相界面上发生电化学反应而引起金属腐蚀，叫作电化学腐蚀。大气腐蚀、海水腐蚀、土壤腐蚀等都属于电化学腐蚀。

伴随着在两相之间的电荷转移，在两相界面上不可避免地同时发生物质变化，即由一种物质变为另一种物质，也就是化学变化。这个过程是某种物质得到或者失去价电子的过程，这也正是化学变化的基本特征。

在这个过程中，若失去电子的物质与原来的状态相比处于氧化状态，则称这个反应是按照阳极反应方向进行的，或称这个反应是阳极反应；反之，若得到电子的物质与原来的状态相比处于还原状态，则称这个反应是按照阴极反应方向进行的，或称这个反应是阴极反应。相应地，从金属电极表面流向溶液的电流叫作阳极电流，单位面积金属电极上的阳极电流称为阳极电流密度；从溶液流向金属电极表面的电流叫作阴极电流，单位面积金属电极上的阴极电流称为阴极电流密度。任何电化学腐蚀反应当至少包含一个阳极反应和一个阴极反应，并以流过金属内部的电子流和介质中的离子流形成回路。电化学腐蚀过程可分为两个相对独立并且同时进行的过程。由于在腐蚀的金属表面存在着在空间上分开的阳极区和阴极区，在腐蚀过程中，电子的传递可通过金属从阳极区流向阴极区，其结果必有电流产生。综上所述，电化学腐蚀的必要条件是阳极、阴极、电介质、电流回路。除去或改变其中任何一个条件，即可阻止或减缓腐蚀进程。

2.1.2 化学腐蚀

金属材料与干燥气体介质或非电解质液体介质（酒精、石油等）直接发生化学反应而引起的金属材料破坏，称为化学腐蚀。其特点是：金属表面的原子与非电解质中的氧化剂直接发生氧化还原反应而形成腐蚀物。在腐蚀过程中，电子的传递在金属和氧化剂之间直接进行，没有电流产生。钢铁材料在高温气体环境中发生的腐蚀通常属于化学腐蚀。在石油化工生产中，很多机器、设备是在高温下操作的，如氨合成塔、硫酸氧化炉、石油裂解炉等。在生产实际中，经常遇到以下典型的化学腐蚀：钢铁的高温氧化，钢的脱碳、氢脆、高温硫化，铸铁的肿胀，以及化工厂里氯气与铁反应生成氯化亚铁等。

在生产和生活中，化学腐蚀并不普遍，只在特殊条件下发生。防止或减缓化学腐蚀的方法有钝化、电镀、刷隔离层三种。其中：钝化，如用铝罐运输冷浓硝酸；电镀，如电镀锌；刷隔离层，如钢表面刷涂料。

电化学腐蚀与化学腐蚀的区别是：当电化学腐蚀发生时，金属表面存在局部阴极区与阳极区，在两极之间有微小电流存在，单纯的化学腐蚀不形成微电池。过去认为，高温气体腐蚀（高温氧化等）属于化学腐蚀，但近代概念指出，在高温腐蚀中也存在隔离的阳极区和阴极区，也有电子和离子的流动。据此，出现了另一种分类：干腐蚀和湿腐蚀。其中，湿腐蚀是指金属在水溶液中的腐蚀，是典型的电化学腐蚀；干腐蚀是指在干气体（通常是在高温条件下）或非水溶液中的腐蚀。

2.1.3　腐蚀基本形态（全面腐蚀、局部腐蚀）

若腐蚀是在整个金属表面进行的，则称其为全面腐蚀；若腐蚀只集中在金属表面局部或特定部位进行，其余部分几乎不腐蚀，则称为局部腐蚀。

全面腐蚀和局部腐蚀具有不同的特征。一般而言，全面腐蚀分布在整个金属表面，阴极面积和阳极面积大致相等，而且无法辨别阴极区和阳极区；局部腐蚀主要集中在一定区域，阴极区和阳极区微观可辨，而且阳极面积通常小于阴极面积。

常见的局部腐蚀类型包括以下七种。

（1）点蚀。点蚀又称坑蚀和小孔腐蚀。点蚀有大有小。一般情况下，点蚀的深度要比其直径大得多。点蚀经常发生在有钝化膜或保护膜的金属表面。

（2）缝隙腐蚀。在电解液中，金属与金属表面之间或金属与非金属表面之间构成狭窄的缝隙，缝隙内有关物质的移动受到了阻滞，形成浓差电池，从而产生局部腐蚀，这种腐蚀称为缝隙腐蚀。

（3）应力腐蚀。材料在特定的腐蚀介质中和在静拉伸应力（含外加载荷、热应力、冷加工、热加工、焊接等所引起的残余应力，以及裂缝锈蚀产物的楔入应力等）下，所出现的低于强度极限的脆性开裂现象，称为应力腐蚀开裂。

（4）晶间腐蚀。晶间腐蚀是指金属材料在特定的腐蚀介质中，沿着材料的晶粒间界受到腐蚀，使晶粒之间丧失结合力的一种局部腐蚀破坏现象。

（5）电偶腐蚀。电偶腐蚀也称异种金属腐蚀或接触腐蚀，是指两种不同电化学性质的材料在与周围环境介质构成回路时，电位较正的金属腐蚀速率减缓，电位较负的金属腐蚀速率加速的现象。

（6）选择性腐蚀。选择性腐蚀是指合金的某些特定部位有选择地进行腐蚀的现象。选择性腐蚀一般发生在二元或多元固溶体合金中，其主要腐蚀形态有两种类型：均匀层状和局部塞状。

（7）微生物腐蚀。微生物腐蚀是指材料与微生物体（含周围环境）之间发生复杂的相互反应。当微生物体的活性加速了金属的阳极或阴极反应时，这一过程称为微生物诱导腐蚀。

2.1.4　金属在自然环境中的腐蚀分级

对于金属材料而言，自然环境是最常见也是最重要的腐蚀环境。这里的自然环境通常包括大气环境、土壤环境及水环境。金属材料在自然环境中的腐蚀分为大气腐蚀、土壤腐蚀及水环境腐蚀。

1. 大气腐蚀

大气腐蚀是指金属在服役过程中与大气环境发生化学或电化学反应而失效的过程。与其他类型的环境腐蚀相比，大气腐蚀是一种更加普遍的现象，无论在室内或室外，金属都会发生大气腐蚀。影响大气腐蚀的环境因素主要包括温度、湿度、降雨量和大气成分等。

在大气腐蚀环境中，环境因子的不同导致大气腐蚀差异巨大。为了评价材料的腐蚀性能，必须对大气腐蚀环境进行分类。分类方法有三种：①根据环境状况分类，如工业大气、海洋大气、乡村大气、城市大气、海岸工业大气等，这种分类方法的不足之处是不能提供预测大气腐蚀性的定量方法。②根据金属标准试件的腐蚀速率进行分级，即将钢、锌、铜、铝的标准试片在某自然环境中暴晒 1 年后，根据其失重的不同确定大气腐蚀性的分级。③根据大气环境中 SO_2 浓度、Cl^-沉降量和试件表面的润湿时间，形成一个推测性的腐蚀性分级。国际标准化组织依据后两种分类方法颁布了 *Corrosion of metals and alloys — Corrosivity of atmospheres*（ISO 9223—2012～ISO 9226—2012 全套）标准，我国也颁布了相应的标准《金属和合金的腐蚀 大气腐蚀性》（GB/T 19292—2018 全套）。对应于每个腐蚀性等级标准金属（碳钢、锌、铜、铝）暴晒第一年的腐蚀速率值如表 2.1 所示

表 2.1 不同腐蚀性等级标准金属暴晒第一年的腐蚀速率 r_{corr}

腐蚀类型	金属腐蚀速率 v 及深度 h				
	参数	碳钢	锌	铜	铝
C1（很低）	v/[g/(m²·a)]	$r_{corr} \leq 10$	$r_{corr} \leq 0.7$	$r_{corr} \leq 0.9$	微量
	h/(μm/a)	$r_{corr} \leq 1.3$	$r_{corr} \leq 0.1$	$r_{corr} \leq 0.2$	
C2（低）	v/[g/(m²·a)]	$10 < r_{corr} \leq 200$	$0.7 < r_{corr} \leq 5.0$	$0.9 < r_{corr} \leq 5.0$	$r_{corr} \leq 0.6$
	h/(μm/a)	$1.3 < r_{corr} \leq 25$	$0.1 < r_{corr} \leq 0.7$	$0.1 < r_{corr} \leq 0.6$	
C3（中）	v/[g/(m²·a)]	$200 < r_{corr} \leq 400$	$5.0 < r_{corr} \leq 15.0$	$5.0 < r_{corr} \leq 12.0$	$0.6 < r_{corr} \leq 2$
	h/(μm/a)	$25 < r_{corr} \leq 50$	$0.7 < r_{corr} \leq 2.1$	$0.6 < r_{corr} \leq 1.3$	
C4（高）	v/[g/(m²·a)]	$400 < r_{corr} \leq 650$	$15.0 < r_{corr} \leq 30.0$	$12.0 < r_{corr} \leq 25.0$	$2 < r_{corr} \leq 5$
	h/(μm/a)	$50 < r_{corr} \leq 80$	$2.1 < r_{corr} \leq 4.2$	$1.3 < r_{corr} \leq 2.8$	
C5（很高）	v/[g/(m²·a)]	$650 < r_{corr} \leq 1500$	$30.0 < r_{corr} \leq 60.0$	$25.0 < r_{corr} \leq 50.0$	$5 < r_{corr} \leq 10$
	h/(μm/a)	$80 < r_{corr} \leq 200$	$4.2 < r_{corr} \leq 8.4$	$2.8 < r_{corr} \leq 5.6$	
CX（极高）	v/[g/(m²·a)]	**$1500 < r_{corr} \leq 5500$**	**$60 < r_{corr} \leq 180$**	**$50 < r_{corr} \leq 90$**	**$r_{corr} > 10$**
	h/(μm/a)	**$200 < r_{corr} \leq 700$**	**$8.4 < r_{corr} \leq 25$**	**$5.6 < r_{corr} \leq 10$**	

2. 土壤腐蚀

土壤是由各种颗粒状矿物质、水分、气体及微生物等组成的多相并具有生物活性和离子导电性的多孔的毛细管胶体体系，因此土壤腐蚀机理非常复杂。影响土壤腐蚀的环境因素主要包括土壤本身的参量，以及外界环境的一些干扰因素，如杂散电流等。目前已经确定了九个影响土壤腐蚀速率的重要变量：空隙率（空隙度）（透气性）、土壤温度、含水量、pH 值、电阻率、可溶性离子（盐）、氧化还原电位、微生物和杂散电流等。

评价土壤腐蚀性最基本的方法是测量典型金属在土壤中的腐蚀失重（失重法）和最大点蚀深度。例如，全国土壤腐蚀试验网站根据碳钢在土壤中的腐蚀情况制定了碳钢土壤腐蚀性分级标准，按照每年每平方分米的腐蚀失重或年平均腐蚀深度划分为 5 级，见表 2.2。

表 2.2 碳钢土壤腐蚀性分级标准

腐蚀等级	I（优）	II（良）	III（中）	IV（可）	V（劣）
腐蚀速率 v/[g/(dm²·a)]	<1	1～3	3～5	5～7	>7
最大腐蚀深度 h/[g/(mm/a)]	<0.1	0.1～0.3	0.3～0.6	0.6～0.9	>0.9

土壤腐蚀分级参照《土壤侵蚀分类分级标准》（SL 190—2007）、《金属和合金的腐蚀　土壤环境腐蚀性分类》（GB/T 39637—2020）值得指出的是，由于不同材料在土壤中的腐蚀机理不同，不同金属材料的腐蚀程度也有较大差异，因此用碳钢标定的土壤腐蚀性对其他材料也是不完全相同的。

3. 水环境腐蚀

水环境腐蚀是材料自然环境腐蚀的重要类型。水环境腐蚀一般包括淡水腐蚀、盐湖水腐蚀和海水腐蚀。其中，金属的腐蚀在海水环境中更为严重。影响海水环境腐蚀的环境因素主要包括温度、含氧量、盐度、pH 值、流速、海生物、碳酸盐饱和度等。评价海水环境腐蚀的主要方法包括海水飞溅区、潮差区和全浸区的实海挂片腐蚀试验和人工环境试验室内的模拟腐蚀试验。

2.1.5 腐蚀的危害性

总体而言，金属腐蚀的危害主要体现在以下四个方面：①巨大的经济损失，包括停产损失、产品损失与污染、效率损失、过度设计等。2016 年全球腐蚀调查报告表明，世界平均腐蚀损失约占全球国民生产总值（Gross National Product，GNP）的 3.4%，其中我国的腐蚀总成本约占当年 GDP 的 3.34%。据休斯顿 G2MT 试验室调查报道，2016 年美国的腐蚀总损失约为 1.1×10^4 亿美元，占美国当年 GDP 的 6.2%。②灾难性重大事故。腐蚀造成的桥梁坍塌、化工装置泄露与爆炸、地下管道破裂与着火等灾难性事故与人员伤亡不胜枚举。③资源与能源的巨大浪费。估计全世界每年因腐蚀报废的钢铁设备约等于年产量的 30%，其中约 10% 的钢铁因腐蚀而无法再生，回炉再生的钢铁也要消耗大量的能源来重新生产。④阻碍科技进步，延缓生产发展。美国阿波罗登月飞船贮存 N_2O_4 的高压容器曾经发生应力腐蚀破裂，经研究分析，在加入了质量分数为 0.6% 的 NO 之后问题才得到解决。美国著名的腐蚀学家方坦纳认为，如果找不到这个解决办法，登月计划就会推迟若干年。对于著名的杭州湾跨海大桥和港珠澳大桥，建筑与施工问题其实并不难解决，关键技术问题是建成通车服役过程中的腐蚀问题。可见，腐蚀问题将严重影响当地的生产与经济发展。

2.2 金属表面涂料基本概念

2.2.1 涂料的定义、作用、组成

1. 涂料的定义

涂料（coating）是涂于物体表面并能形成具有保护、装饰或特殊性能（绝缘、防腐、标志等）的连续的固态薄膜的一类液体或固体材料的总称。我国涂料源于大漆，大多以植物油为主要原料，故称"油漆"。现代合成树脂涂料在涂料品种中占大部分或绝大部分，故又称"涂料"。在物体表面形成的连续的固态薄膜，又称漆膜、涂膜或涂层。按照涂料中主成膜物的性质，现代涂料产品分为由有机物组成的有机涂料和由无机物组成的无机涂料两大类。目前商业上仅有少数无机涂料主要是由无机硅酸盐（酯）树脂制备的，其余绝大多数涂料是有机涂料。本章主要讨论有机涂料。

2. 涂料的作用

涂料是国民经济、国防工业和高科技产业重要的配套工程材料，高科技发展对材料的要求越来越高。涂料是对基材进行改性和保护的最简便和最经济的工程材料，它能够提高各种材料的质量，增加其附加

值，延长其使用寿命。例如，卫星穿过大气层时的隔热降温、海上舰艇的防污与保护、飞机和武器的隐身、海上平台的防腐蚀、桥梁和运输车辆的保护与装饰等。甚至食品、药品的保鲜、保质与包装也与涂料关系密切。因此，涂料科学对人类社会发展具有不可替代的作用[1]。

1）传统作用

（1）装饰作用。最早的油漆主要用于装饰，且常与油画等艺术品相联系。现代涂料更是将这种作用发挥得淋漓尽致。涂料能够帮助人们美化生活，美化环境。例如，让汽车等家庭耐用消费品变得色彩艳丽，更有光泽。

（2）防护作用。涂料可以保护材料不受或少受各种损害和侵蚀。尤其可以保护各种贵重金属设备在严酷恶劣环境下正常工作，为金属表面提供一个抗腐蚀环境，对抗化学降解、机械冲击力和自然紫外线辐射，以及防止微生物等对金属材料的侵蚀。

（3）标识作用。特别是在道路交通设施方面，可以利用涂料醒目的颜色进行马路划线和交通标志设置。在工厂，各种输料管道、设备、容器常用不同颜色涂料以区分其作用和所装物料的性质。电子工业中也常用各色涂料标示各种器件以辨识其功能等。有些涂料可对外界条件变化作出响应，如温致变色涂料、光致变色涂料、电致变色涂料等可用来示温或起警示作用。

2）特殊作用

除了传统作用，某些涂料还具有光、热、电磁、生化等特殊性能，如各种隐身涂料、导电涂料、导磁涂料、隔热涂料、防霉抗菌涂料等。这些涂料主要用于航天、航空、海洋开发等重大工程防护和能源、跨海大桥、高速铁路防护，以及建筑物隔热保温等。

3. 涂料的组成

大多数涂料由四部分组成[2]，分别是树脂（主成膜物）、颜料（次成膜物）、溶剂及助剂（辅助成膜物）。有的涂料中可以不含颜料、溶剂或助剂，只由两个或三个部分组成，但其中必须都有树脂，如清漆（树脂+溶剂+助剂）、无溶剂涂料和粉末涂料（树脂+颜料+助剂）。

1）树脂

树脂也称黏结剂或基料，它是涂料中的连续相，是主要成膜物质，还是决定涂料环境友好性、干燥特性和涂层的化学物理性能的核心物质，相当于计算机中的芯片。树脂对涂料性能起主要影响作用，如外观（颜色、透明度）、干燥速率、干燥形式（自干、烘干、辐射固化）、相容性（与溶剂相溶性，与其他树脂、半成品、成品混溶性）、力学性能（附着力、柔韧性、耐冲击性、耐磨性、硬度等）、化学抗性（耐水性、耐溶剂性、耐酸碱性、耐化学品性）、耐盐雾性、耐候性（保光性、保色性、户外耐久性）、贮存稳定性和其他一些特殊性能（耐高低温性、电绝缘性、导电与抗静电性、耐辐照性等）。

2）颜料

颜料一般是指 $0.2 \sim 10.0 \mu m$ 的无机粉末或有机粉末。颜料是涂料中的非连续相，本身不能单独成膜。涂料制备时借助各种分散手段将颜料分散于成膜物中，在涂料固化成膜后，颜料（含体质颜料）留在涂膜中，是涂料的次要成膜物质。

颜料对于涂料的装饰与防护具有重要作用。颜料的主要作用是着色，能够赋予涂料各种色彩，使涂膜五彩纷呈，对物体起装饰作用，美化环境，美化生活。颜料还对涂膜的防锈性、耐晒性、耐水性、耐化学药品性、耐热性及其他性能起帮助作用。一些透明的几乎没有遮盖力的体质颜料称为填料，有时也称作增量剂或惰性颜料。虽然填料对涂料的着色不起主要作用，但是可改善涂料的某些性能（触变性、改变涂层光泽和增加涂层强度等），还可降低涂料成本。各类颜料的作用与功能见表2.3。

表 2.3　各类颜料的作用与功能

颜料类别	作用与功能
着色颜料	着色，赋予涂膜众多色彩与鲜艳度——装饰性或标志需要 颜色的耐久性（耐光性、耐候性、耐酸性、耐碱性、耐溶剂性、耐热性等）
防锈颜料	防腐蚀（含物理防锈与化学防锈），耐盐雾性等
特殊功能颜料	隐身，隔热，导电、导磁，表面效果（珠光颜料、金属颜料），防霉、耐水及耐温等（纳米颜料）安全警示（示温颜料、夜光颜料、荧光颜料、变色颜料等）
填料（体质颜料）	提高涂料固体含量，减少树脂、溶剂、着色颜料用量，降低成本；赋予涂料与涂膜一些性能：好的流动性（触变性）、力学性能和化学抗性等

3）溶剂

溶剂包括有机溶剂和水。溶剂的主要作用是溶解或分散成膜物，使之形成黏稠液体，调整体系黏度。有机溶剂可降低基料表面张力，改善对颜料的润湿性，促进颜料在基料中分散。涂料在施涂于表面后，溶剂应当完全挥发。因此，作为辅助成膜物，溶剂除了影响涂料的分散状态、流动性及施工性，使涂料适合贮存和施工应用外，对最终涂层的性质并没有持续重要影响。但涂料在施工和成膜后，有机溶剂挥发至大气中产生挥发性有机化合物（volatile organic compound，VOC），造成了大气污染。世界卫生组织（World Health Organization，WHO）、国际标准化组织（International Standards Organization，ISO）、欧洲联盟（European Union，EU）、美国国家环境保护局（U.S. Environmental Protection Agency，USEPA）等组织对 VOC 都有具体定义。目前我国涂料行业采用的《木器涂料中有害物质限量》（GB 18581—2020），《建筑用墙面涂料中有害物质限量》（GB 18582—2020）等对 VOC 定义如下：在 101.3kPa 标准大气压下，任何初沸点低于或等于 250℃的有机化合物。

4）助剂

助剂的作用类似于溶剂。按照使用在何种涂料中划分，助剂主要有溶剂型涂料用助剂、水性涂料用助剂、粉末涂料用助剂等。这是最常用的分类方法，同时也是粗略的分类方法。较为精细的分类方法是按照功能进行分类。具体如下。

① 改善涂料加工性能类，如润湿剂、分散剂、消泡剂、防结皮剂等。

② 改善涂料贮存性能类，如防沉剂、防腐剂、增稠剂、冻融稳定剂、润湿剂、分散剂、防结皮剂等。

③ 改善涂料施工性能类，如增稠剂、触变剂等。

④ 改善涂料固化成膜性能类，如催干剂、固化促进剂、光敏引发剂、成膜助剂、交联剂等。

⑤ 改善涂膜性能类，如附着力促进剂、流平剂、防浮色发花剂、光稳定剂、防黏连剂等。

⑥ 赋予涂料特殊功能类，如阻燃剂、防霉剂、防污剂、抗静电剂、疏水剂、光催化剂等。

从以上分类可知，有些助剂只具有一种功能，而另一些助剂却具有多种功能。

2.2.2　涂料的命名和分类

涂料产品的命名一般遵循以下原则：

涂料产品的全名=颜料或颜色名称+主成膜物质名称+基本名称

涂料的分类方法有很多，可根据成膜物、成膜机理、颜色、状态、施工方法、施工顺序、作用及功能等，从不同角度进行分类。

按照成膜物干燥过程中的反应性质分类，涂料可分为两大类：①转化型涂料或反应型涂料。②非转化型涂料或非反应型涂料。转化型涂料在成膜过程中发生化学交联反应，通常形成网状结构转化型涂料，一般又称为热固性涂料，包括常温或低温固化涂料（气干醇酸涂料、双组分聚氨酯涂料、双组分环氧涂料等)、高温固化涂料（氨基漆等）和辐照固化涂料。非转化型涂料在成膜过程中不发生化学交联反应，只通过溶剂的挥发而产生固化，一般不形成网络结构。因此，非转化型涂料通常称为热塑性涂料（单组分丙烯酸涂料、其他聚烯烃类涂料等）。

按照是否含有着色颜料，可分为清漆、色漆等。

按照含有溶剂多少，可分为溶剂型涂料、粉末涂料、水性涂料、高固体分涂料、无溶剂涂料等。

按照涂料施工方法不同，可分为喷漆、浸漆、电泳漆等。

按照功能性，可分为绝缘涂料、防锈涂料、防污涂料、示温涂料、隐形涂料、夜光涂料等。

按照施工工序，可分为底漆、腻子或填孔剂、二道漆、中间漆、面漆、罩光漆等。

按照包装形式，可分为单包装涂料、双包装涂料、多包装涂料等。

从环保角度，可分为环境友好型涂料、绿色涂料等。环境友好型涂料是世界各国涂料发展的主要方向，主要包括高固体分涂料、辐射固化涂料、粉末涂料、水性涂料等。

前述分类方法各有侧重，但大多不能完整准确地反映涂料产品的内涵和发展趋势。我国通常采用以下两种较为系统的方法进行涂料分类。

（1）按照成膜物分类，可将涂料品种分为十七大类，详见表2.4。

表2.4 涂料按照成膜物分类

序号	成膜物质类别	主要成膜物质
1	油性漆类	天然动植物油、清油（熟油）、合成油
2	天然树脂漆类	松香及其衍生物、虫胶、乳酪素、动物胶、大漆等
3	酚醛树脂漆类	改性酚醛树脂、纯酚醛树脂、二甲苯树脂
4	沥青漆类	天然沥青、石油沥青、煤焦油沥青、硬脂酸沥青
5	醇酸树脂漆类	各种醇酸树脂
6	氨基树脂漆类	脲醛树脂、三聚氰胺甲醛树脂
7	硝基漆类	硝基纤维素、改性硝基纤维素
8	纤维素漆类	乙基纤维素等
9	过氯乙烯漆类	过氯乙烯树脂、改性过氯乙烯树脂
10	乙烯漆类	氯乙烯共聚树脂、聚乙酸乙烯及其共聚物、含氟树脂
11	丙烯酸漆类	丙烯酸酯树脂、丙烯酸共聚物及其改性树脂
12	聚酯漆类	饱和聚酯树脂、不饱和聚酯树脂
13	环氧树脂漆类	环氧树脂、改性环氧树脂
14	聚氨酯漆类	聚氨基甲酸酯
15	元素有机漆类	有机硅、有机钛、有机铝等元素有机聚合物
16	橡胶漆类	天然橡胶及其衍生物，合成橡胶及其衍生物
17	其他漆类	以上所列未包括的其他成膜物质，如无机高分子材料、聚酰亚胺树脂等

（2）以成膜物为主的分类方法沿用了三十多年，随着涂料科技的发展，所采用的成膜物越来越丰富，特别是包含两种以上成膜物的涂料产品越来越多，以成膜物命名的方法凸显局限性。目前，按照涂料用途分类的方法逐渐得到人们的重视。按照用途不同，涂料可分为工业涂料、建筑涂料、通用涂料三大类，详见表2.5。

表 2.5　涂料按照用途分类

类别	应用领域	作用与用途	主要成膜物质
工业涂料	汽车涂料（含摩托车涂料）	汽车底漆（电泳漆）、中涂、面漆、罩光漆、修补漆、专用漆	丙烯酸酯类、聚酯、聚氨酯、醇酸、环氧、氨基、硝基、聚氯乙烯（PVC）等树脂
	木器涂料	溶剂型、水性、光固化及其他木器涂料	聚氨酯、丙烯酸酯类、醇酸、硝基、氨基、酚醛、虫胶等树脂
	铁路、公路涂料	铁路车辆、道路标志涂料，其他铁路、公路设施涂料	丙烯酸酯类、聚氨酯、环氧、醇酸、乙烯类等树脂
	轻工涂料	自行车、家用电器、仪器与仪表、塑料、纸张等涂料及其他轻工专用涂料	聚氨酯、聚酯、醇酸、丙烯酸酯类、环氧、酚醛、氨基、乙烯类等树脂
	船舶涂料	船壳及上层建筑物、船底防锈、防污、水线、甲板等涂料及其他船舶漆	聚氨酯、醇酸、丙烯酸酯类、环氧、乙烯类、酚醛、氯化橡胶、沥青等树脂
	防腐涂料	桥梁、集装箱、专用埋地管道及设施、耐高温等涂料及其他防腐涂料	聚氨酯、丙烯酸酯类、环氧、醇酸、酚醛、氯化橡胶、乙烯类、沥青、有机硅、氟碳等树脂
	其他专用涂料	卷材、绝缘、机床、农机、工程机械等涂料；航空、航天、军用器械涂料；电子元器件涂料；其他专用涂料	聚酯、聚氨酯、环氧、丙烯酸酯类、醇酸、乙烯类、氨基、有机硅、氟碳、酚醛、硝基等树脂
建筑涂料	墙面涂料	合成树脂乳液内墙涂料 合成树脂乳液外墙涂料 溶剂型外墙涂料 其他墙面涂料	丙烯酸酯类及其改性共聚乳液；乙酸乙烯及其改性共聚乳液；聚氨酯、氟碳等树脂；无机黏合剂等
	防水涂料	溶剂型树脂防水涂料 聚合物乳液防水涂料 其他防水涂料	乙烯-乙酸乙烯脂共聚物（EVA），丙烯酸酯类乳液；聚氨酯、沥青、PVC泥或油膏、聚丁二烯等树脂
	地坪涂料	水泥基等非木质地面用涂料	聚氨酯、环氧等树脂
	功能性建筑涂料	防火涂料 防霉（藻）涂料 保温隔热涂料 其他功能性建筑涂料	聚氨酯、环氧、丙烯酸酯类、乙烯类、氟碳等树脂
通用涂料	调合漆、清漆、磁漆、底漆、腻子、其他通用涂料	以上未涵盖的无明确应用的	油脂；天然树脂、酚醛、沥青、醇酸等树脂

2.2.3　金属表面涂料

金属表面涂料是涂于金属基材表面形成具有保护、装饰或特殊性能的连续薄膜的一类液体或固体材料的总称。金属表面涂料广泛应用于车辆、卷材、家用电器、建筑钢构等工业工程领域，用量大且性能要求高。尤其是对于不同的使用要求，涂料的出厂性能、施工性能和涂层性能都各不相同，在涂料配方设计时要充分考虑用户的个性化需求，因此涂料品种非常多，选择难度较大。尽管如此，按照单个涂膜在整个涂层体系中的基本作用，金属表面涂料主要分为底漆、中间漆和面漆。此外，还有封闭漆和腻子。

1. 底漆

底漆是直接涂布在表面处理后的工件表面的第一道漆，它是基材向涂层体系过渡的关键基础涂层，属于高颜料/基料质量比（P/B 为 2.0～4.0）漆。普通金属表面涂装常用的底漆主要是溶剂型底漆，以环氧酯漆、环氧聚酰胺漆、环氧聚氨酯漆为主。此外，有的也用无机富锌底漆。无机富锌底漆分为醇溶性和水性两种底漆。其中，前者是采用正硅酸乙酯水解后制备的溶剂型涂料，附着力强，快干，耐高温，耐化学介质腐蚀，施工简便，是钢结构底漆的最佳选择；后者是以碱金属硅酸盐为主要成膜物的水性漆，水性无机富锌底漆对金属基材处理要求非常高。汽车定牌生产（original equipment manufacturing，OEM）100%采用阴极电泳底漆。尤其要重点关注底漆的防腐蚀性、耐盐雾性、耐湿热性，以及对基材的润湿性和湿附着力等。

2. 中间漆

中间漆是介于底漆和面漆之间的涂层所用的漆，P/B 为 1～2，介于底漆和面漆之间，涂层一般为半光。中间漆一般由醇酸、环氧聚酰胺、环氧聚氨酯、聚酯聚氨酯、丙烯酸聚氨酯，醇酸氨基、聚酯氨基或混合物组成主要成膜物。环氧云铁中间漆是一种钢结构常用的中间漆，在这种漆中可以定量添加飘浮型铝粉浆，在成膜时，云铁和铝粉比重的差异使铝粉向膜表面漂浮，云铁沉积到膜的下层，因此起到双层封闭作用，增强了"迷宫效应"。此外，铝粉浮在膜表面降低了云铁的色度，在其上喷涂面漆不会发生色差现象，确保施工质量。汽车 OEM 常用的中间漆一般是以聚酯树脂、氨基树脂和封闭异氰酸酯为成膜物的涂料，若再加入封闭异氰酸酯替代部分氨基树脂，则可明显提高中间涂层的耐石击性和耐化学介质性。

3. 面漆

面漆是多道复合涂层中最后涂装的一层漆。面漆直接和使用环境相连，它直接影响产品的外观装饰性、耐候性、保光保色性、耐化学品性、耐沾污性和耐磨性等。面漆是低 P/B（0.25～0.90）涂料，主要有丙烯酸面漆、各类聚氨酯面漆、各类氨基面漆，在面漆中应当使用耐候性较好的颜料。在室内，也可使用环氧涂料作为面漆。在汽车涂装中，面漆包括本色漆和"底色漆+清漆"。

4. 封闭漆

由于底漆的 P/B 比一般较高，成膜后涂层孔隙多，为了防止中间漆或面漆下渗，必要时应采用封闭漆进行封闭。

5. 腻子

腻子是一种专用于填平底漆表面的含颜料、填料较多的辅助涂料，P/B≥4，一般是在中涂之前使用。腻子能够提高涂层表面平整度，但腻子施工时容易出现卷边、开裂甚至脱落，成膜后内部孔隙较多，容易造成中间漆或面漆下渗，导致面漆失光、丰满度变差。常见的腻子品种是不饱和聚酯腻子，俗称原子灰。

2.3 涂料成膜

涂料施涂于基材表面形成一层附着牢固、坚韧的干燥涂膜，只有这样才能起到防护、装饰或其他特殊作用。在施工时，通常需要将涂料稀释或加热到一定黏度以适应常用的施工方法。涂料施工后转化为"干"的连续薄膜，即固体涂层。这样的涂膜在使用过程中不会发生明显的流动。在常温常压下，涂膜达到表干不流动所需最低黏度约为 10^3Pa·s，在 137.29kPa 的压强下，涂膜达到 2s 不黏连的黏度必须大于 10^7Pa·s。涂料成膜方式主要有两种，物理成膜和化学成膜[3]。

2.3.1 物理成膜

物理成膜方式主要适用于热塑性涂料。液态涂料依靠涂料内的溶剂挥发或聚合物粒子聚结获得涂膜；固态（粉末）涂料受热熔融，流平后冷却成固体涂膜，在整个成膜过程中没有发生聚合反应。

1. 溶剂挥发成膜

热塑性液体涂膜体系是大分子聚合物溶解或悬浮在有机溶剂中，或分散在水中乳化，形成合适浓度和黏度的配位化合物，然后制成涂料施涂在基材上，并使溶剂蒸发。

在干燥过程中，溶剂化的聚合物分子链缠绕结合在一起。通过氢键形成的弱键合，单个分子收缩并排列形成空间结构以获得必要的黏结，从而形成一个连续的具有一定机械强度的涂膜。不难看出，涂料的干燥成膜过程实际上是一个成膜物黏度不断升高和玻璃化温度不断变化的过程。溶剂在蒸发后黏度增加，根据上述机理形成薄膜，整个物理干燥过程没有分子量的变化。

物理干燥前期过程中基料的黏度变化可用式（2.1）描述。该经验公式表明黏度的对数与固体含量和数均分子量的平方根成正比。

$$\lg \eta = kC\sqrt{M_n} \tag{2.1}$$

式中，η 表示黏度；C 为固体含量（%）；M_n 表示数均分子量；k 为常数，取决于基料种类、溶剂和温度。

通过 WLF 方程（williams-landel-ferry equation），可以大致估算出物理干燥后期涂膜在一定环境温度下不再流动时所需基料的玻璃化温度 T_g：

$$\ln \eta = 27.6 - \frac{42.2(T - T_g)}{51.6 + (T - T_g)} \tag{2.2}$$

式中，T 为环境温度（℃）；T_g 为基料的玻璃化温度（℃）；η 为基料黏度。

根据上式计算，在环境温度为 40℃时，计算表干和在 137.29kPa 的压强下 2s 不黏连基料的 T_g 分别是 14℃和 20℃。由 WLF 方程可知，若涂料必须通过较高温度考验，则基料 T_g 必须较高，聚合物自由体积与温度的依存关系表现为 $(T - T_g)$。

涂料施涂于基材表面，开始时涂料中溶剂的挥发速率与聚合物特性基本无关，这时溶剂的挥发速率主要取决于溶剂自身的性能，涂料的表面积比或体积比，以及涂料表面空气的流动情况。但随着溶剂的进一步蒸发，涂膜体系的黏度增加，基料的 T_g 增加，自由体积减少，这时溶剂的逃逸速率与溶剂分子快速地扩散到涂膜表面密切相关。溶剂分子必须不断地从涂膜底部向表面迁移，直至挥发。随着 T_g 增加，溶剂逃逸变得更难，当 $T - T_g = 0$ 时，自由体积达到最低，溶剂只能缓慢地离开涂膜。因此，即使涂膜是硬的"干"膜，在未来几年甚至更长的时间里仍残存大约 3% 的溶剂。为了得到无溶剂涂膜，必须经过较高的温度烘烤。

2. 热熔成膜

这类成膜方式主要适用于热塑性粉末涂料。先将粉末涂料用静电方法或加热办法施涂到基材上，再进一步升温使粉末涂料熔融流平，最后冷却成膜。热塑性粉末涂料的固化过程主要表现为基料的 T_g 不断地变化，且 T_g 和黏度 η 之间的关系遵循式（2.2）揭示的规律。当对热塑性涂膜进行加热时，基料的 T_g 下降，涂膜会软化甚至再次变成液体。

3. 分散体成膜

与溶剂挥发的物理成膜过程不同，聚合物粒子分散体待挥发性成分挥发后，粒子凝聚形成一个连续的涂层。除少数性能低下的水溶性涂料外，大部分水性金属表面涂料都是水分散体类型。以乳胶为基料的涂料是这类涂料的典型代表。

乳胶是高分子聚合物粒子在水中的分散体。乳胶涂布后，首先水和水溶性溶剂的蒸发使乳胶粒子形成密积层，然后粒子外壳发生形变形成局部连续但软弱的膜，最后聚合物分子相互扩散，跨越粒子边界并缠绕增强，粒子经过一个较慢的凝结过程聚结成连续的固体涂膜。使分散的聚合物粒子容易流动需要一个合适的黏度，黏度与温度关系密切。涂料化学把发生足够聚结形成连续涂膜的最低温度叫作最低成膜温度（minimum filming temperature，MFT）。在这个温度下，涂料黏度越低，越容易成膜。从利于成膜的角度，希望涂料的 MFT 越低越好。必要时，可以加入亲水性的有机共溶剂（醇醚类溶剂等）使 MFT 降低。或者让聚合物的分子量下降，也可以降低 MFT，从而软化分散体。然而，从涂层性能考虑，虽然 MFT 低的涂料便于成膜，但是牺牲了薄膜的部分物理性能和化学性能，如耐磨性、耐热性等。因此，在涂料设计时要综合平衡考虑。

乳胶的成膜过程较为复杂，至今仍有许多涂料研究者试图对其进行解释，但看法各不相同。有人利用电子显微镜证明，表面自由能降低导致的毛细管力，或分散粒子与六边形密堆积的十二面体层之间的吸引力，是成膜的主要驱动力。这一解释被大多数涂料人所接受。

乳胶的稳定性取决于双电层电荷排斥作用和体系熵变，为了成膜必须克服这种稳定作用。随着水的蒸发，乳胶粒子相互靠近。粒子之间相互靠近形成曲率半径很小的充满水的空隙，类似毛细管，起到了毛细管力作用。粒子两侧压强差与粒子表面张力系数及曲面曲率半径之间的关系可用拉普拉斯（Laplace）方程表示如下：

$$\Delta p = \gamma \left(\frac{1}{r_1} + \frac{1}{r_2} \right) \tag{2.3}$$

式中，Δp 为粒子两侧压强差；γ 为界面张力系数；r_1 和 r_2 分别为受 Δp 作用的粒子曲面上某个点的任意两个正交曲率的半径。研究表明，乳胶粒子接触处的压强高达 3.5MPa。

涂层形成过程中，个体分散粒子的总表面积减少，最终形成的没有间隙的连续薄膜的表面积仅占粒子总表面积的一小部分，体系熵变使体系能量由高级向低级转变。因此，可认为毛细管力和涂料体系熵变共同克服了稳定斥力，使成膜过程顺利进行。

虽然毛细管力和体系熵变推动了乳胶粒子成膜，但是在这些驱动力的作用下能否成膜首先取决于乳胶粒子自身性质。在众多与成膜相关的因素中，乳胶粒子的 T_g 是影响粒子形变和聚结的重要因素。理论上，只要分子相互扩散到另一个分子回转半径的距离，就能形成最高的膜强度。这个距离比典型的乳胶粒子的直径小得多。相互扩散速率和 T_g 直接相关，MFT 的高低主要和粒子里聚合物的 T_g 相关，因此聚合物自由体积的大小受扩散控制。自由体积的影响因素是成膜温度 T 和 T_g 的差。较低 T_g 的粒子有较低模量，因此更易产生形变。虽然在温度高于 MFT 时乳胶迅速成膜，但受（$T-T_g$）的影响，涂膜可能从未成为均匀的膜。

乳胶中一般含有相对分子量较高的聚合物粒子，这些粒子也相对较硬，为了能够正常成膜，必须添加共溶剂使之软化。在配方中添加醇醚类或醇酯类物质溶解于分散体中，可以起到软化增塑作用，能够降低其 T_g 和 MFT。大多数水性漆含有醇醚溶剂或醇酯溶剂，它们也称作成膜助剂，既能促进形变，又能促进聚结。成膜助剂必须可溶聚合物，具有低蒸发速率，容易逃逸。

乳液粒子的 MFT 能被水影响，水起增塑剂的作用，可以大幅降低亲水性聚合物的 T_g，这是一般水性涂料成膜后硬度不能持续提高的重要原因。表面活性剂不仅能够增加吸水性，对聚合物也具有增塑作用。此外，表面活性剂的结构和用量还会显著影响 MFT。

施工时，气候能够影响乳胶漆包括 MFT 在内的涂膜性能。例如，在多风低湿度天气条件下进行室外施工不利于聚结，水的蒸发速度加快，提高了乳胶漆中乳液的 MFT。如前所述，高温天气和低温天气都不利于分散体成膜。

共溶剂有助于降低 MFT，但现在越来越严格的环境规定限制挥发性有机化合物（VOC）排放。除了利用共溶剂外，使用梯度聚合乳胶、核-壳乳胶来降低 MFT，或用低 T_g 聚合物和等体积含量的颜料混合，都可成功制得优质涂膜。使用低 T_g 热固性乳液制备双组分涂料是减少共溶剂的另一个方法。低 T_g 允许在室温条件下成膜，不需要成膜助剂。施工后交联提供耐黏连性要求的高模量。这种涂料的施工性能和涂层性能都接近溶剂型涂料。

当水性分散体与无机化合物溶液混合时，活性无机物（铬酸盐等）与粒子表面发生反应形成连接键。例如，酸性聚酯树脂与碳酸锆酸铵相互作用产生化学固化。

2.3.2 化学固化

1. 热（常温和高温）交联

根据加成、缩合或聚合反应机理，发生聚合物的扩链反应。为了获得具有较高化学性能和机械强度的涂层，必须使成膜物形成高密度的分子网络结构。对于热交联型涂料，通常先将单体预反应得到分子量相对较低的聚合物，然后添加少量溶剂调节黏度。在施涂后，低溶剂含量的聚合物通过链末端或侧链活性基团自身或与其他基团反应，形成进一步聚合和交联，从而将所有小分子连接成更大的单元或网络，使聚合物分子质量以数量级增加，最终形成具有良好性能的涂膜。热交联固化是溶剂蒸发后利用化学反应交联固化成膜。

由某些天然植物油制成的聚合物，如单组分气干型醇酸涂料，在碱金属盐存在时，其分子链上的—C≡C—双键与大气中的氧气相互作用形成交联。这种反应是一个非常缓慢的过程，一般为获得厚度为 20μm 的干膜至少需要进行 24h 干燥。这对于许多应用需求来说太慢了。在过去的 50 年里，涂料化学家们几乎研究了每一种已知的化学反应，检验其中是否有可用于涂料制备的交联反应。有些涂料要在室温下施工成膜，因此需要用到两种组分，并且这两种组分在使用前必须分开保存，一旦混合，就必须很快用完，否则其混合物在容器里会产生交联，这是指双组分涂料。其他反应活性低的涂料需要进行加热或辐射，这时通常也需要用到两种组分，这两者可以混合贮存，只有在烘烤后才会相互反应。例如，烘烤型氨基涂料和热固型粉末涂料。

涂膜的各种耐受性能不仅取决于交联强度，还取决于单位体积内的交联数量，即交联密度。如果交联密度很大，那么涂层不仅具有很高的耐受性，还非常坚硬，变得很脆，不耐冲击。因此，必须使设计材料既具有可接受的耐化学性，又具有可接受的力学特性。

聚氨酯涂料在涂料体系中是占比较大的主要品种，它可以通过含羟基（—OH）和异氰酸酯基团（—NCO）的多个比例反应，得到交联密度由低到高、由软到硬等各种性能要求的产品。同时，它既能室温固化，也能加热快速固化。因此，聚氨脂涂料受到涂料制造者和使用者的广泛青睐。

聚氨酯通过—NCO 和—OH 进行加成反应链接。异氰酸酯是活性物质，可与许多不同的基团（氨基、硫醇、羧酸盐、乙醚等）发生反应，而且对水敏感，因此它们通常被封闭以获得稳定。内酯或内酰胺（环酯或羧酸酰胺）可作为异氰酸酯的热可逆封闭剂，如己内酰胺。所有含—OH 活性基团的聚合物，包括聚酯和化学性质相似的醇酸、含羟基的丙烯酸树脂、环氧树脂等，都可以通过—OH 基团与聚异氰酸酯或封闭异氰酸酯、三聚氰胺等树脂发生交联反应。与异氰酸酯反应生成聚氨酯树脂，聚氨酯具有高耐久性和耐温变性及耐化学介质性强等典型特征。

当聚合物的生长方式主要是线性生长时，所产生的涂层将表现为热塑性，即随着温度的升高而软化并最终液化。它们的特点是：在 T_g 附近会发生突然软化和弹性增加，但涂层保留了残余的机械硬度。

交联涂料一般都有一个合适的温度/时间"固化窗口"，在这个窗口期固化可以得到理想涂层。在窗口期之外，过度固化通常导致脆性，黏附性差，甚至导致涂膜变色（黄变），出现因热降解而开裂等现象；欠固化通常导致涂层附着力不良，硬度不够，机械强度差，耐化学介质性差等问题。合适的固化温度是由基料的交联反应类型确定的。对于使用封闭异氰酸酯作为交联剂的涂料，要根据解封闭温度来确定固化温度。固化时间通常在 10～30min 之间。在快速卷材涂装线上，典型的固化温度高达 240℃，反应时间约为 30s，以便完成溶剂或水蒸发及均匀交联成膜。

2. 辐射固化

辐射固化是公认的低 VOC 环保涂料。近年来，大量研究都集中在辐射固化系统上。这一技术允许使用较短的涂装装置，加工时间短。由于具有低温、节能、高效等特点，紫外线（ultraviolet，UV）或电子束（electron beam，EB）固化方式已被大量用于木材涂装和保存、纸张和箔纸印刷或柔性包装等领域。与传统的热固化相比，辐射固化可节省高达 90%的能源，并使对温度敏感基材进行涂漆有了可能。

UV 固化涂料作为溶剂或水性体系，其固含量高达 85%以上。可以利用活性稀释剂控制黏度，制得100%固含量的紫外固化涂料。在固化之前，水或溶剂必须经过闪干或加热，以从稀释系统中彻底蒸发。

辐射固化技术涉及光化学，利用光化学反应在基材表面将单体或低聚物前驱体原位形成交联聚合物薄膜。辐射固化聚合物成膜要避免以下问题：①在快速聚合过程中发生的体积收缩问题。②交联过于密集造成的脆性问题。③缺乏合适的锚基，无法使涂膜牢固黏附在金属表面的问题。然而，辐射固化也提供了无可争辩的好处。特别是对于卷材涂装工艺而言，它满足了在很短的时间内在扁平的基材表面涂漆和固化的要求，如紫外线技术已成功应用于卷材涂层生产线。辐射固化工艺的经济效率和环境效率一直是开发和优化 UV 和 EB 固化卷材涂料配方的驱动因素。

UV 是电磁波谱的一部分，其能量比可见光更强。UV 辐射波长为 200～400nm，UV 触发的聚合物可以通过自由基或阳离子机制产生。

1）UV 自由基固化机制

该过程包括采用合适能量（$E=hv$）的 UV 辐射光敏引发剂，光敏引发剂分子通过激发态分解为活性自由基，从而产生足够浓度的活性自由基，活性自由基进一步攻击含有—C≡C—双键的不饱和有机化合物（丙烯酸及其衍生物等）进行聚合。

UV 固化涂料体系与传统的热固化体系之间有着本质区别，见表 2.6。与热固化聚合物体系相比，UV固化涂料成膜物是由单一有机分子（单体或预聚合物）和光引发剂分子的混合物组成的。

表 2.6 热（常温、高温）固化体系和 UV 固化体系的差异

热（常温、高温）固化	UV 固化
聚合物分散体为成膜物	可反应单体和低聚物的混合物为成膜物
溶剂蒸发和宏观分子粒子的凝聚	光引发自由基聚合
热解封闭并交联	原位形成高分子网络

常用的光敏引发剂是二苯酮类、安息香类化合物，它们很容易在 UV 照射下发生诺里什（Norrish）Ⅰ型反应而分解。其他典型的光敏引发剂还有酰基膦氧化物，在波长超过 370nm 的紫外线辐射下，羰基和膦基发生分裂。此外，苯甲酰氯甲烷等也可用作光敏引发剂。光敏引发剂生成的自由基添加到预聚物—C≡C—双键的末端，由此产生延伸的自由基，再进一步与预聚物反应，形成聚合物链或聚合物网络。终止聚合物的生长，最可能的途径是：将聚合物网络中的活性自由基末端结合在一起，形成一个共价键。在 UV 固化过程中，常伴随其他不良反应。例如，氧气会在自由基反应中干扰或阻止正常反应，起到阻聚作用。因此，UV 辐射固化一般应采用惰性气体（氮气等）保护。

UV 固化聚合最常见的预聚物是丙烯酸酯类或甲基丙烯酸酯类。它们是多功能醇、氨基醇及其乙氧基化或丙氧基化衍生物，允许在其他末端功能基团上继续反应。末端基团因其酸性性质而使金属黏附，如磷酸和磷酸酯。

多功能丙烯酸酯允许在两个或三个维度中交叉连接，从而增强涂膜的阻隔效应。常用的预聚物是三甲基醇丙烷三丙烯酸酯及其乙氧基衍生物。原则上，丙烯酸酯基团可与任何合适的分子（含聚氨酯、聚酯和环氧化物）结合，所产生的聚合物的化学特性与预聚物的性能相对应。具有四个甚至六个末端丙烯

酸酯基团的单体和聚合物材料可用于商业用途。随着交联密度的提高，薄膜也会逐渐失去弹性。UV 固化涂层必须根据具体需要精心调整，平衡涂膜的化学特性和力学特性。为此，各种具有不同主链化学成分的丙烯酸酯预聚物非常具有商业价值。

2）UV 阳离子固化机制

该机制是通过释放质子（H^+）对具有富电子结构的—C═C—基团（乙烯，所有酯类）或环醚（环氧化物，氧烷）进行攻击的。与自由基体系相比，阳离子过程既有优点也有缺点。它们通常不易出现脱皮和脆性，对氧气不敏感。在辐射停止后，引发酸仍然活跃。然而，阳离子过程对水分敏感，反应速度较低。

使用携带两种活性基团的预聚物将两种反应途径结合在一起，可以形成双固化体系。常用的预聚物有环氧丁烷丙烯酸酯或甲基丙烯酸缩水甘油酯。UV 自由基和 UV 阳离子涂层技术的特点见表 2.7。

表 2.7　UV 两种机制优缺点比较

项目	UV 自由基机制	UV 阳离子机制
基料	聚酯、聚氨酯、环氧骨架和丙烯酸酯官能团预聚物	乙烯基醚、环氧化物、氧烷
紫外线光敏引发剂	烷基苯基和 a-羟基苯基；膦酸和膦酸酯；硫醇	芳基碘铵和碘铵盐
优点	反应快	反应完成时不受辐射影响；羟基的形成支持金属黏附
缺点	收缩，高交联密度（脆）	反应慢
	适用于清漆和淡色漆	对水分敏感
	光敏引发剂解包产品通常不安全	

3）EB 固化机制

EB 固化是由能够直接攻击—C═C—双键的高能加速电子（90～250kV 或更高）引起的，从而引发自由基聚合[4]。由于残余自由基活性非常低，因此几乎没有不受控制的副反应。尤其是 EB 固化体系不仅适用于清漆，还适用于色漆。EB 固化技术在金属表面涂装领域的应用是近期涂料工业发展的重点。

辐射固化涂料在金属表面涂装领域应用潜力巨大，目前已广泛应用于卷材生产线。采用辐射固化涂料的卷材涂装线比采用普通溶剂型热固化涂料的卷材涂装线更短，特别适用于地面空间非常稀缺的情况。在卷材镀锌线的出口区，不需要对溶剂废气进行燃烧处理。

将 UV 固化技术应用在混合底漆预处理产品上，可以得到 2～3μm 厚度的附着力强且交联的薄膜，这些薄膜不仅完全满足所需的性能要求，而且耐蚀性好。

UV 固化还用于涂装家用设备不锈钢卷材和薄板（铁和奥氏体合金）的保护层，所形成的涂层是透明的，其膜厚小于 2μm 且不会掩盖金属外观。它能够长期暴露在阳光或高温下而不褪色，抗刮伤性能突出，耐清洗剂腐蚀性能好，对芥末和柠檬汁等食品防污染性好。

以上成膜机理都是基于主要成膜物而不是涂料所进行的研究。实际上，涂料的其他组分（颜料、颜料分散剂等助剂），也会对 MFT、成膜速度和涂层性能（耐黏附性、耐化学介质性、防腐蚀性和机械强度等）产生一定程度影响。

2.4　有机涂层的保护机理及关键因素

随着现代科技的发展，出现了许多高性能材料，其中包括高性能复合材料等。尽管如此，目前大多数消费品仍是由金属材料制成的。最重要的金属材料是铁、铝、锌、镁及其合金[5]。

金属材料处于热力学不稳定状态，它们在自然界一般以氧化物、氢氧化物、碳酸盐或其他稳定化合物的形式存在。为了防止金属材料恢复原始自然状态，需要对其采取相应的表面保护措施。目前，人们认为最简单实用的办法是施加保护涂层。

纯金属的氧化过程往往产生多孔或封闭的氧化层。例如，锌和铝在一定 pH 值范围内形成稳定、封闭的氧化皮，并因发生钝化而受到保护，不受氧原子的进一步影响。但当铁被氧化时会出现多孔层铁锈，由于氧气和水具有渗透性，这样的铁锈对金属没有任何保护作用。金属在自然界中一般以氧化物或盐的形式存在，因此必须经人工加工制成金属材料。金属的耐蚀性各不相同，这取决于它们的标准电位和纯度。

金属表面特性对涂装工艺和涂层表面质量有很大影响[6]。例如，工件轧制或铸造以不同的化学方式或机械方式影响材料表面粗糙度等性能。金属表面即使只有少量腐蚀物，也会严重损害涂层的保护作用。因此，从涂层中完全去除所有腐蚀物（铁锈、各种氧化皮等）是绝对必要的，这是实现有效防腐的唯一途径。金属在所有的有机溶剂中完全不溶解且熔点高，这一特性给金属表面处理提供了较大方便。涂层材料的烘烤温度不受金属材料的限制。某些合金，如软焊锡，其熔点约为 180℃，在一般工业涂料的烘烤干燥温度范围内。但有些铝合金对较高的烘烤温度较为敏感。不同金属的熔点各不相同。例如，铁的熔点为 1530℃，铜的熔点为 1083℃，铝的熔点为 658℃，镁的熔点为 650℃，锌的熔点为 419℃，锡的熔点为 232℃。

使用涂料进行金属腐蚀保护，不仅能够保持材料的使用价值，同时也能保护资源、节约能源，从而保护环境[7]。在这个意义上，涂料就是环境友好型材料。金属腐蚀是指材料与环境因素的反应和随后材料性质的变化而对材料的破坏。"腐蚀"一词源于拉丁语的 corrosion，它既与腐蚀过程有关，也与腐蚀造成的损害有关。

腐蚀的原因是：材料中电荷分布不均匀形成电化学电位[8]。这可能是形成局部原电池的物质本身不均匀或氧气的外部作用产生的表面状态不同所致，这就产生了阴极区和阳极区。当金属元素释放的电子被氧气吸收时，这些阴极区和阳极区在水和氧气的作用下产生腐蚀物。这个电位的大小在阳极区和阴极区之间不同，可用能斯特（Nernst）方程量化[9]。能斯特方程定量描述了金属电极电位与溶液中阳离子活性之间的相关性：

$$\Phi = \varphi_{0+} \frac{RT}{nF} \cdot \ln a \qquad (2.4)$$

式中，Φ 为金属电极电位；F 为法拉第常数；φ_0 为标准电极电位；R 为气体常数且 $R=8.314\text{J}/(\text{mol}\cdot\text{K})$；$T$ 为热力学温度（K）；n 为电极反应中得失的电子数；a 表示在电极反应中，氧化态一边各物质浓度幂次方的乘积与还原态一边各物质浓度幂次方的乘积之比。

当腐蚀过程有水参与时，电位是由水中溶解氧的不同浓度定义的。当低氧区的铁进入阳极溶液时，OH^{-1} 是从 H_2O、氧和铁释放的电子中产生的。这些物质最初在水中形成不溶性的氢氧化铁，然后溶解在水中的氧气将水合铁（Ⅱ）氧化为水合铁（Ⅲ）氧化物，最后使其脱水成为稳定的赤铁矿。

随着腐蚀物以这种方式在整个金属表面形成，大气中的氧气越来越难以通过，导致腐蚀速率下降。引起腐蚀的临界相对湿度约为 60%，这意味着腐蚀物在较低的相对湿度下或无水状态下无法形成。例如，在干旱地区（沙漠地区等），腐蚀几乎不可能发生。此外，空气污染物和环境 pH 值等因素也起着决定性作用。例如，海洋空气或酸性沉积物也能促进局部原电池的形成，从而产生腐蚀作用。在酸性范围内，氧化分解尤其迅速，并且腐蚀速率随着 pH 值的增加而减慢，当 pH 值超过 10.5 时，腐蚀停止。在没有局部电池的情况下，如果产品是特别纯净的，就没有形成腐蚀产品的倾向。

铝和锌这两种两性元素的情况与铁元素不同。由于铝和锌的表面形成封闭的氧化层，它们在 pH 值中性的范围被钝化，但在酸性或碱性范围内氧化保护层溶解，因而易于腐蚀。因为这些金属材料受钝化层保护，所以应用非常广泛，其中锌主要作为钢铁镀层材料，铝作为多种合金材料。

与铁相比，锌具有更低的电位，电子从锌转移到铁上，防止铁离子的形成，从而对铁起到保护作用。锌牺牲自身保护钢铁不受腐蚀，直到它完全消耗。保护钢材所必需的锌镀层可以通过各种工艺形成。其主要工艺包括热浸镀锌，即将物体或卷材浸在450℃的锌浴中。这个过程的缺点是产生的镀层非常厚，在冷却过程中会产生锌花。热浸镀锌工艺比喷镀锌或电镀锌工艺更受欢迎。喷镀锌工艺包括火焰法喷镀锌和将锌熔化并用压缩空气喷镀到钢材表面形成 $2\sim10\mu m$ 的镀层。

渗锌是一种有效的小部件镀锌方法。先用酸清洗物体，然后使其在旋转的桶中与锌和沙子接触，保持在400℃温度下进行上述操作。

喷涂富锌涂料是实现锌粉对钢材表面的阴极保护作用的最便捷有效的方法。将高纯度锌粉分布于有机或无机成膜物溶液或分散体中，锌粉在被保护的基板上涂布后相互接触，然后干燥成膜。然而，富锌涂层提供的保护作用不如封闭锌镀层，因此富锌涂料只能作为底漆，与中间漆和面漆配套使用，形成防护涂层。

铝是常用的另一种金属。铝对大气中的氧气具有很强的耐受性。尽管如此，铝的氧化层在酸性环境和碱性环境中并不稳定，也不提供抗氯离子保护，会被溶解形成氯化物。因此，铝的稳定性在很大程度上取决于自身纯度。为了提高铝的稳定性，用电化学氧化方法使铝材表面产生阳极氧化膜，氧化膜厚度约为 $0.005\mu m$。多孔氧化膜会影响电导率和损害涂层附着力，因此必须在涂装前去除。铝的密度为 $2.70g/cm^3$，具有优异的物理性能，是一种价值很高的材料，但很少作为纯金属使用。铝一般与镁、硅、铜、锌等元素进行合金化，提高其尺寸稳定性和硬度。铝镁合金提高强度和抗腐蚀能力，铝硅合金降低热膨胀系数和密度，铝铜和铝锌等其他铝合金提高强度。

近年来，特别是在汽车工程应用中，含镁材料日益受到重视。镁的自钝化方式与铝相似，在低 pH 值和高 pH 值，以及在受到氯化物和类似氧离子的影响时，镁也不稳定。虽然它具有优良的变形性能，但是硬度不够，往往不能满足作为一种材料的所有要求。像铝一样，它必须与其他金属形成合金。与密度仅为钢材密度的 1/3 的铝相比，只要能够达到与钢材相同的强度，镁就是一种更好的轻质材料。

各种金属的特殊性质决定了在实际应用中经常将几种不同材料组合在一起形成综合优势。但当不同金属之间建立了导电连接时，就会形成局部电池，从而加速腐蚀。在金属加工业中，镀锌部件往往与铝钢部件结合在一起，当不同金属由非导体相互分离时，只有采用这种混合结构才能实现持久的防腐保护。绝不能用铝螺钉固定钢板。由于腐蚀电流密度取决于接触部件的相对尺寸，因此在不可避免接触的情况下，与阴极区相比，碱性阳极区应尽可能小。

对于金属基材而言，有机涂层主要通过三个途径对材料进行保护，即屏蔽作用、缓蚀作用和电化学作用。保证这些作用生效的前提是：有机涂层必须紧密黏附在基材上，有着很好的附着力和致密程度，并具有合适的厚度，能够阻止腐蚀性物质等有害物质的渗透，能耐老化和化学降解。

2.4.1 附着力及其影响因素

因为任何黏附不牢的涂层都不会对基材起有效防护作用，所以附着力是有机涂层最重要的性能[10]。一般认为，涂层附着力由三部分形成，即化学键、次级（极性）键和机械结合力（锚定力）。最好是通过化学键黏附，这种作用力很强劲。但实际上，通过化学键与金属基材结合的有机涂层很少，只有聚合物分子链上带有磷酸基或硅氧烷基的涂料才可与钢铁表面形成化学键。大多数涂层的附着力主要源于次级键（氢键、范德华力）或机械结合力。

在工件制造和使用过程中，金属表面涂层通常会经受钻孔、焊接、螺钉紧固，以及拉伸、压缩、冲击和扭转产生的动态载荷。因此，要求有机涂层在任何变形情况下都能保持原位附着不脱落。

良好的附着力也是涂层产品在腐蚀环境中长期正常使用的一个前提条件。尤其是对于卷材涂层而言，工件（电气设备外壳等）成型过程中金属板的变形对涂层的附着力和弹性要求非常高。如果涂层的附着力和弹性不足，那么即使没有立即发生涂层剥离，也可能出现裂纹而导致腐蚀。此外，由水热应力或金属表面生锈引起的体积变化而产生的机械应力也可能严重破坏涂层附着力。

机械结合力是产生涂层附着力的一个重要因素。机械结合力通常被简单描述为涂层在粗糙基底表面空腔中的机械联锁产生"锚固"效果所致。对于完全惰性基材表面，附着力主要依靠机械结合力，涂层在粗糙表面的附着力比在光滑表面更好。然而，即使洁净的钢材表面也不完全是中性的，在其表面仍会形成局部极薄的氧化物而具有极性。虽然表面粗糙度确实对附着力有帮助，但是如果金属表面经过预处理形成了化学转化膜，那么附着力更多是受涂层的基体和分子间范德华力或氢键的作用，而这些力只在纳米范围内才有显著作用，其先决条件是涂膜应当充分地润湿基材表面以允许分子间接触。因此，清洁和预处理表面对于涂层附着力至关重要。范德华力结合能为 5～25kJ/mol，涂层聚合物分子官能团（羧基、羟基、巯基、胺基）和金属表面之间形成的氢键能约为 50kJ/mol。金属与氧气等形成的化学键强度更高，达到几百 kJ/mol。金属有机涂层中的几种化学键强度见表 2.8。

表 2.8 选择的化学键强度

化学键	键能/（kJ/mol）
Al—O	512.1
C—O	1076.5
Fe—O	408.8
P—O	596.6
Zn—O	284.1

涂装后的金属暴露于高湿环境中或浸泡在水溶液介质中，都会使附着力降低，这种情况有时非常严重。这是水渗入涂层/金属界面引起附着力降低。从化学角度来讲，水分子进入涂层破坏了涂层/金属界面上相互作用的化学键、氢键或极性键；从物理角度来讲，水一旦进入涂层/金属界面，产生的机械力就将它们分离。总之，对于环境，特别是对于水的稳定性，需要认真对待涂层/金属界面。

2.4.2 干膜厚度

有机涂层厚度决定了涂层的表面光洁度、屏蔽性能和机械性能。高厚度涂层有利于屏蔽性能，尤其是水扩散障碍和气体扩散障碍，但通常会对硬度产生不利影响。由于受基材形状或表面平整度的影响，涂层在表面张力的作用下从边缘收缩，导致局部厚度不均，有厚有薄。因此，为了实现涂层足够覆盖，应确保涂层最小平均厚度。

测定干膜厚度的重要性在于保证涂层涂覆达到规定的厚度，避免厚度不适当导致涂层提前失效。干膜厚度的测量必须在涂膜充分干燥后进行，并采用干膜测厚仪进行测定。测定点的选择要注重其代表性和均匀性，一般应遵循 90/10 规则，即所有测定点的（3 次）平均值不应低于规定的涂层最小平均厚度的 90%。

测定干膜厚度的方法分为破坏性测量方法和非破坏性（无损）测量方法。破坏性测量方法通常是通过侵入性方法进行测量的。例如，通过切割楔形刻痕或在涂层上钻一个锥形孔，或通过制备横截面样品，直接在显微镜下测量厚度。使用电子显微镜或聚焦离子束技术测量微米或更小的刻度，并通过多次测量取平均值的方法得到可靠的统计结果。此外，另一种破坏性测量方法是用强溶剂浸泡单位面积涂层使其从基材上剥离，在脱漆前后对涂层样品进行称重，计算得出膜厚。

非破坏性测量干膜的方法依靠侵入性试验进行校准。

非破坏性测量干膜主要采用磁性测厚仪或涡流测厚仪进行。测厚仪是基于磁流受非磁性涂层或材料厚度的影响导致感应电压降低的原理，测量非磁性涂层或材料的厚度。测厚仪因其突出的方便性而被广泛使用。例如，碳钢等铁磁性金属基体上的涂层厚度可通过磁性测厚仪检测，非磁性金属基体（铜、铝、锡、锌等）上的有机涂层厚度可采用涡流测厚仪进行检测。

2.4.3 有机涂层渗透性

影响涂层渗透性的主要因素是颜料与基料的质量比（P/B）或颜料体积浓度（pigment volume concentration，PVC）、颜料的类型或颗粒形状、涂层的交联密度和厚度。

颜料的类型及其表面性能、形状和含量对涂层渗透性影响较大。片状颜料在涂层中可起到迷宫作用，从而拖延渗透时间，与球状颜料相比，它更有利于阻隔渗透。当 P/B 较高或 PVC 高于临界颜料体积浓度（critica pigment volume concentration，CPVC）时，涂层的渗透性很强；当 P/B 较低或 PVC 低于 CPVC 时，涂层的渗透性很弱。这是因为与高 P/B 的涂层相比，低 P/B 的涂层中空隙更少，低 P/B 的涂层是一个更加连续的致密薄膜。

有机涂层对水和湿气或其他化学物质起着屏蔽和阻隔作用。高交联密度的涂层意味着涂层中自由空间更少，不利于水与低分子物质渗透，如丙烯酸聚氨酯涂料的抗渗透性比丙烯酸涂料强。此外，增加涂层厚度也可提高涂层的阻隔能力。

水会渗透或穿透涂层，它是电解质和腐蚀性气体透过涂层的载体。吸水率对聚合物薄膜的塑性和黏附性都有显著影响。吸水率受环境湿度影响较大，在高湿度（RH=97%）条件下，涂层吸水率几乎是低湿度（RH=82%）条件下观察值的 2 倍。这与涂层附着力的损失一致，在低湿度和高湿度条件下，涂层剥离结果降低了 3 倍。吸水率通常取决于聚合物主链的化学性质。例如，聚氯乙烯漆表现出很低的吸水率，丙烯酸卷材涂料表现出中等的吸水率，丙烯酸三聚氰胺汽车清漆系统表现出较高的吸水率。

2.4.4 表面预处理

表面预处理是获得良好附着力的关键因素（表面处理的基础知识参见第 1 章）。预处理不仅影响涂层的黏结强度，还会影响基材的表面张力，使基材润湿性发生变化。

在卷材涂层中，钛锆氟化物基预处理药剂的无铬预处理技术已有十多年的应用历史，它能为后续涂层提供足够的防腐蚀保护和附着力。在各种加速腐蚀试验和室外试验中，无铬预处理和铬酸盐预处理之间具有很强的性能可比性。无铬预处理系统在包括德国汽车工业协会（Verband der Automobilindustrie，VDA）循环试验和 Prohesion 试验在内的循环腐蚀试验中得到认可。此外，无铬预处理在蠕变和 T 形弯曲等性能方面表现良好。

2.4.5 活性颜料

多种活性颜料被用于金属表面尤其是钢铁表面的防腐蚀涂层。活性颜料通过与基材反应在金属表面生成极薄的钝化膜而产生物理屏障，或通过降低金属表面阴极和阳极之间的电位差而构成电化学屏障，从而达到缓蚀的目的。因此，这类颜料也称缓蚀颜料。

作为缓蚀颜料，必须能够微溶于水，以便与基材发生反应形成钝化膜。钝化是指产生金属离子的速率很低，而不是完全阻止腐蚀。磷酸锌、羟基磷酸锌、多聚磷酸铝、铬酸盐、钼酸盐等都有缓蚀作用。铬酸盐实际上具有非常好的钝化作用，由于环保要求，含铬、铅等重金属的颜料被限制使用，人们正在积极寻找它们的替代品，因此磷酸盐类缓蚀颜料得到广泛应用。

人们采用电位法和电化学阻抗法（electrochemical impedance spectroscopy，EIS）分别研究了在盐雾试验中和在氯化钠溶液中浸泡后，非铬酸盐活性颜料对环氧树脂涂层耐蚀性的影响。根据铬酸锌的溶解度和浸出性，试验前后涂层性能差异随试验时间的延长而减小。磷酸锌，特别是磷钼酸锌和锌钙磷钼酸盐被证明是可行的无毒替代品，涂膜的透水性与铬酸盐颜料及其替代颜料的关系无明显差异。

锌粉是一种比铁更具反应活性的金属粉末，锌的标准电位比铁更低，当铁和锌处于水、氧气和电解质同时存在的环境中时，就构成了以锌作为阳极、以铁作为阴极的原电池，由此形成了牺牲锌而保护铁的电化学条件。不仅如此，产生的白色氧化锌还能迅速在钢铁表面形成防护膜，从而起到屏蔽作用。为了形成原电池，锌粉之间、锌粉与钢铁之间必须充分接触，以便电子能够顺利流动。涂层中锌粉的含量应达到 60%（质量分数）以上，并且必须超过临界颜料体积浓度（CPVC）。

2.4.6 降解和老化

1. 耐候老化性

涂层使用寿命受多种随机老化因素影响。例如，阳光的紫外光谱部分与氧气结合会引起光化学反应；温度变化和各种形式的沉淀通过膨胀和收缩甚至水解或热分解导致机械应力破坏；除冰盐、酸雨（二氧化硫、氯化氢）、挥发物、溶剂或可燃物等化学物质，或树胶或霉菌等天然物质，都会对涂层产生有害影响。所有这些气候条件与机械负荷（动力变形等）相结合，最终导致涂层失效。

在有氧气存在的情况下，紫外线辐射降解、水解降解和热降解遵循不同的途径。所有这些反应基本上都会导致分子量减小，从而损害涂层的机械性能和防护性能。首先是光泽降低、裂缝和粉化，然后是腐蚀，最后是整个涂层剥落。对有机涂层先后进行 QUV-A 试验和盐雾试验，从中发现气候老化降解和腐蚀敏感性之间存在相互依赖关系。

一般来说，紫外线辐射下的氧化（光氧化）涉及氢过氧化物的形成，氢过氧化物进一步分解，分子链断裂，生成较短的羰基化合物和其他副产物。通过这种方式，醚和酯在碳原子上形成氢过氧化物，碳原子上带有 C—O 键。氢过氧化物进一步分解生成分子量较低的羰基化合物，羰基化合物再进一步氧化，最终释放二氧化碳。丙烯酸涂料的辐射裂解可能发生在聚合物的主链中或内部分支中。在聚氯乙烯中，C—Cl 键在紫外线辐射下均匀地分解断裂，最终导致链长减小，产生二氧化碳和氯化氢。

聚丙烯酸多元醇比聚酯聚氨酯体系更容易发生光氧化变性。六亚甲基二异氰酸酯（hexamethylene diisocyanate，HDI）本身是有效的聚酯交联剂；对于丙烯酸体系，HDI 与异佛尔酮二异氰酸酯（isophorone diisocyanate，IPDI）混合使用耐候性更佳。受阻胺光稳定剂（hindered amine light stabilizer，HALS）可以减缓降解，帮助改善涂层抗紫外线性能，但对丙烯酸聚氨酯的降解作用影响不大。

水热应力也会导致机械损伤。交联密度对降解速率也有影响。例如，在聚酯聚氨酯体系和环氧聚酰胺体系中，聚酯聚氨酯的交联密度比环氧聚酰胺降低了 50%以上，从而聚酯聚氨酯的降解速率约为环氧聚酰胺的 2 倍，玻璃化温度（T_g）也明显降低。然而，当温度与湿度结合时，环氧树脂的降解增强。酯类还可通过皂化作用降解。聚氨酯的热水解会导致醇和 N-取代氨基甲酸的形成，其中 N-取代氨基甲酸在释放二氧化碳后进一步降解为较低分子量的有机胺。

在完成 25℃、50%相对湿度和 50℃、95%相对湿度的 4 周的干湿循环试验后，电化学阻抗谱（electrochemical impedance spectroscopy，EIS）研究证明了卷涂有机涂层对镀锌钢板起泡的敏感性。在暴露于湿气后，肉眼可观察到聚氨酯涂料表面出现明显的粗化和局部电位下降（100～120mV）。EIS 显示低频端的电阻率降低了 90%。一般认为，这种电阻率的下降是涂层中水分子在金属表面移动所致。

水热老化后，随着持续暴露，涂层孔隙阻力降低。这种现象与涂层中存在较高残余应力有关。因此，应力增加的因素是两种不同性质的涂层形成的。老化导致涂层的不可逆膨胀，从而产生更多的空隙，这使涂层在浸入时更容易吸水。

2. 电化学降解

1）阴极剥离：氧还原

阴极剥离也叫阴极去黏接。除机械力外，有机涂层在金属基材表面的分层主要是通过两个不同途径发生的，具体如下：

（1）部分成膜聚合物发生吸水、膨胀和位移，或被水置换，从而使涂层从金属基材表面剥离。

（2）金属/聚合物价键通过化学反应（水解、皂化）或电化学反应（腐蚀）溶解，涂层发生解聚和内聚力破坏，使涂层本身的化学结构和物理结构发生变化，破坏了涂层与基材的结合。

后一种相互作用将导致有机涂层通过水解（金属皂的溶解等）或腐蚀反应在金属/聚合物界面上分离。电化学脱层过程通常发生在聚合物与金属之间的化学键因溶胀和电解质水解而减弱之前（图 2.1）。

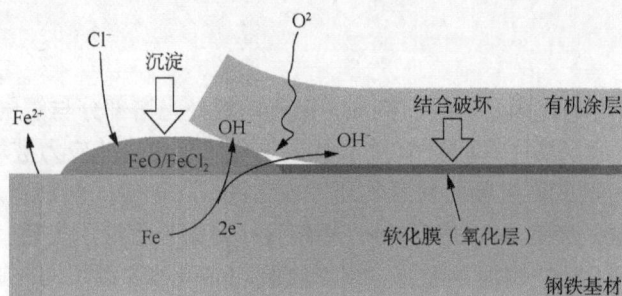

图 2.1　在铁/聚合物界面上发生的导致分层反应和渗漏反应的示意图

电子传递的难易程度取决于被薄层氧化物覆盖的金属表面的导电性能。若该氧化物是绝缘体（SiO_2、Al_2O_3、MgO 等），则电子转移将减速。此外，氧还原反应导致阴离子生成。在氧气存在的条件下，涂层剥离过程的阴极反应如下：

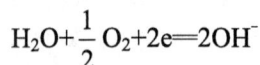

$$H_2O+\frac{1}{2}O_2+2e=2OH^-$$

这些阴离子可能会攻击涂层和金属表面之间的氧化物（溶解锌，或铝氧化物形成锌酸盐或铝酸盐等），以及金属与聚合物之间的皂化键。

在导电表面（钢等），阴极剥离优先。在剥离前沿，电位从一个较低的阴极水平跃升到完整涂层区域的阳极值。在这里，反应由氧化铁层的导电性控制，并且氧化铁层的导电性随着铁从二价态到三价态的转化而减弱。从缺陷处进入氧化层的离子将会恢复导电性，并再次加速腐蚀。实际上，剥离前沿电位随着离子沿界面的扩散而传播，并与代表活性氧还原的 pH 值梯度相关。当断键反应缓慢时，最终的分层可能会在动力学上延迟。同时，氧在还原过程中可能会引起聚合物膜本身的降解。

2）阳极分解：丝状腐蚀

在对氧气渗透和水分渗透具有高阻隔效果的涂膜下，观察到一个腐蚀过程，即丝状腐蚀（filiform corrosion，FFC）的发展过程。在这种腐蚀反应中，附着力破坏是由阳极驱动的。虽然它主要发生在有绝缘氧化膜的铝表面或镁表面，但是也适用于镀锌钢板。FFC 不会出现在结露温度下，结露温度即露点。在相对湿度约为 80%时，FFC 发生的可能性和腐蚀速率最大。腐蚀丝的尾部发生氧还原反应，其前部发生金属阳极活性溶解。阳极分解与预处理之间有直接关系，当采用阳极膜作为预处理时，FFC 程度随阳极膜厚的增加而呈指数下降。这种处理增加了表面粗糙度，从而改善了树脂和阳极膜的机械连接。

2.5　金属表面涂层体系及表面涂装技术

涂装技术是指涂料转化为涂层必需的所有工程工艺。它包括预处理阶段及施工、干燥或固化各阶段的各项要求与操作，涉及空气、能源和材料供应系统，输送设备和加工系统及其周边设备，或废漆、废气、废渣回收处理系统等。

材料表面的化学性质和形态，以及受保护物体的设计、连接方法和构造，这些都是影响涂装质量的重要因素。被涂布的金属材料必须经过适当的预处理，方能涂漆。预处理工艺之后，依次为涂料施工、干燥和固化工艺过程。

涂装技术的核心是涂装工艺[11]，涂装工艺的基本要素包括传质、传热、计量、物料混合、粉碎、物料分离、热力学过程等。因此，大量不同的涂装系统均是各个模块以不同方式连接的结果。在制定涂装工艺时，正确地选择涂装方法对于涂层质量和涂装效率是至关重要的。

涂装技术发展很快，大致经过了以下发展阶段：施工涂装→机械涂装→静电涂装→机器人涂装。随着涂料新产品的出现，人们对涂层要求不断提高，从而使涂装技术发展朝着自动化、更高效、更节能、更环保的方向迈进。

2.5.1 有机涂层系统的设计

金属表面有机涂层系统设计的主要内容一般包括以下三个方面[12]。

（1）涂层配套体系的设计。

（2）涂层外观色彩的设计。主要起装饰和标志两方面作用，并应满足工艺美学、环境和谐、涂膜性能三者相协调的要求。

（3）涂装工艺设计，主要包括涂装前表面预处理、涂装工艺流程、涂装工具与设备、涂装施工工艺规程、涂装现场质量（涂料和涂装质量）管理和安全生产与防火等。

涂层设计需要重点考虑以下五个方面因素。

（1）腐蚀环境分析。根据被涂件所处环境的特点，判断环境的腐蚀类别。

（2）防护寿命。根据业主的要求和被涂金属、涂料的性能，设计者确定涂层体系的防护寿命。它实际上仅是一个维修涂装的参考时间。

（3）工况条件。工况条件是指涂装后被涂金属在运行过程中的环境温度、相对湿度、压力、介质等。

（4）相关标准。相关标准包括相关通用标准和专业标准，并要求分清其是国标、行标还是企标，是推荐性标准还是强制性标准。

（5）性价比。应当遵循寿命周期费用分析（life cycle cost analysis，LCCA）的设计思想，追求最佳性能价格比。

涂料有很多品种，如何选择合适的涂料品种是涂料用户面临的一大困难。目前，选用涂料的方法包括参阅相关标准，查看涂料生产商的产品说明书，借鉴以往的涂装经验，查阅涂装工艺指南等[13]。选择金属表面涂料，可参考的标准包括 *Paints and varnishes—Corrosion protection of steel structures by protective paint systems*（ISO 12944—2019 全套）；《车辆涂料中有害物质限量》（GB 24409—2020）；《工业防护涂料中有害物质限量》（GB 30981—2020）；《大气环境腐蚀性分类》（GB/T 15957—1995）；《涂装钢材表面锈蚀等级和防锈等级》（GB/T 8923—1998）；《金属和合金的腐蚀 大气腐蚀性 分类》（GB/T 19292.1—2003）；《公路桥梁钢结构防腐涂装技术条件》（JT/T 722—2008）；《混凝土桥梁结构表面涂层防腐技术条件》（JT/T 695—2007）；《涂装作业安全规程 涂漆工艺安全及其通风净化》（GB 6514—2008）；《铁路钢桥保护涂装标准》（TB/T 1527—2004）。此外，还包括石油石化等相关行业标准。这些标准对大气环境进行了分类，明确了不同大气环境下不同防腐蚀年限要求的钢铁材料推荐使用的涂料系统。这些标准有使用范围，但没有覆盖涂装防护的所有领域[14]。以 ISO 12944 系列标准为例，它涉及的涂装基材为低碳钢或低合金钢，适用环境为各类底漆环境、水环境及土壤环境，适用涂料体系为在自然环境条件下能够干燥或固化的涂料。使用铝材等其他基材、需要耐化学介质及耐高温的环境、使用烘干型涂料等涂装条件均不在该标准涵盖范围内，这些领域的涂装仍需进行相关的涂层验证试验，并借鉴相似的涂装经验。

1. 涂层的扩散屏障特性

交联反应使涂层在宏观上形成完好无损且具有所需机械特性和化学特性的隐形网络。但是由于扩散和迁移，任何聚合物膜都会在某种程度上被气体分子和电解质分子穿透。增加膜厚度是改善这种情况的一种可行措施。例如，在卷材涂料中通常使用 5μm 干膜厚度的底漆。对于高防腐要求，如某些设备和海洋建筑应用，卷涂底漆的膜厚常常高达 30μm。

如前所述，吸水性或吸湿性是有机涂层的一个重要特征，它与聚合物膜的密度和介电性能变化有关。对水分子的吸收和结合将导致涂层物理膨胀（体积膨胀），并使涂层表面软化。此外，由于水是电解质载体，与溶解离子穿透涂层难易有关，它们可能在涂层中积聚，最终导致聚合物膜降解和金属基体腐蚀。

吸水率受涂层的化学性质和物理性质的影响，因此它是由聚合物的分子特性决定的。典型的涂层树脂在潮湿的空气中表现出适度的吸水率，如环氧树脂或聚氨酯。然而，当接近露点时，聚合物中水渗透速度会大幅加快。一般地，极性（亲水性）聚合物具有更好的润湿性，因此也具有更高的吸水率。

此外，聚合物部分具有相对流动性，使涂层的弹性在分子通过聚合物膜间隙扩散迁移中起作用。这种性质随温度变化，表现为涂层从刚性状态转变为在玻璃化转变温度（T_g）下的弹性状态。当薄膜被内含的水塑化时，涂层的弹性也会受影响。

给腐蚀介质制造扩散屏障的另一种策略是使用纳米颗粒（二氧化钛等），或天然矿物颜料或合成矿物颜料（黏土和水滑石等）。其中，后两种是含有纳米晶片的团块，纳米晶片可从团块中分离出来，并分布在整体涂层中。如图 2.2 所示，这些片状纳米颗粒可以延长任何腐蚀性离子或介质通过涂层的扩散路径，从而对渗透介质浸入形成屏障。

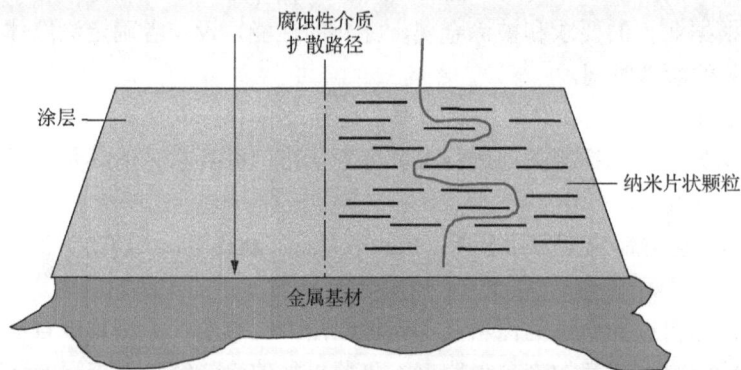

图 2.2　片状纳米颗粒填充涂层腐蚀介质扩散路径示意图

2. 活性颜料的应用

为了获得更高的防腐蚀性能，可在涂料中添加一些活性颜料，也可将活性颜料与具有屏障性质的片状颜料结合使用。铬酸盐是常用的一类活性防锈颜料，特别是铬酸锶和重铬酸盐，由于对它们的毒性和污染控制有要求，因而正在被无六价铬（铬酸盐）或完全无铬（磷酸锌等）的替代者所取代。

将天然矿物或合成矿物的颜料颗粒用作载体，如水滑石或分子筛，以承载钼酸盐或钒酸盐等活性防腐物质。这种载体能够延迟或以适当的速率释放活性化合物，从而可使颜料长时间保持活性，而不是让活性物质从涂层中迅速渗出而失去性能。此外，释放过程还受周围介质等条件的控制，如 pH 值、温度或（腐蚀性）反离子的存在等会对活性化合物的释放产生影响。

其他防腐添加剂包括离子交换颜料。例如，钙改性硅酸盐在酸存在下释放钙离子（Ca^{2+}），从而降低电解质的腐蚀性，并沉淀氯化物或硫酸盐等腐蚀性离子。像聚苯胺（polyaniline，PANI）这样的导电聚合物已经存在很多年了，PANI 质子化形成的盐使其具有导电性。PANI 通过使基材的电化学势增加（升高）而阻碍了氧还原，脱层反应中电位降低触发了相反的脱质子过程。

3. 各涂层的功能

金属表面有机涂层系统由单层涂料或多层涂料组成。多涂层体系比单涂层更具有良好的附着力、各种耐性、抗老化性和装饰性。多涂层体系由不同特性的单个涂层组成，如"底漆+面漆"或"底漆+中间漆+面漆"。为了简化涂装工艺和节约费用，也有采用"底面合一"的单一涂层体系，但其综合性能不如多涂层体系。在多数情况下，金属防腐涂装常用"底漆+中间漆+面漆"的三涂层体系。为了得到更好的表面平整度和丰满度，除了采用"底漆+中间漆+面漆+清漆"的四涂层体系外，还可使用腻子（用于消除涂漆前较小表面缺陷的厚浆状涂料）和罩光清漆。例如，在汽车制造过程中使用的多涂层系统：先涂一层电泳底漆，然后涂一层中间漆，再涂一层彩色底漆，最后涂一层透明罩光清漆。

典型的多层涂料体系和各涂层的功能，如图 2.3 所示。

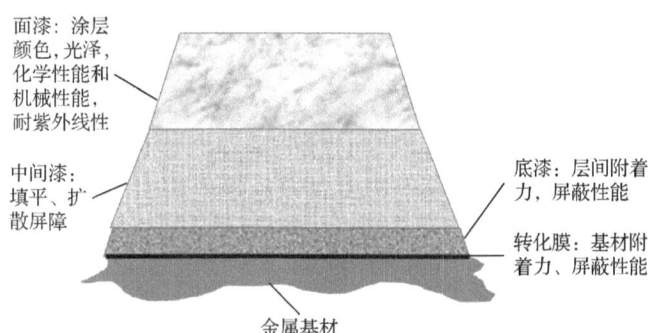

图 2.3　典型的多层涂料体系和各涂层的功能示意图

金属表面有机涂层系统的特性可概括如下。

（1）底漆：直接涂在基材或转化膜表面的涂料。底漆与基材有较好的附着力，优良的防腐蚀性，为后续涂层提供好的基础。

（2）中间漆（二道底漆或二道浆）：介于底漆和面漆之间。它的作用是修整不平整表面，阻缓水分和腐蚀性介质渗透，具有一定的"迷宫效应"；涂层提供一定的阻尼振动力学作用；帮助面涂层表现出更好的装饰效果。

（3）面漆：涂于最上层的色漆或清漆。面漆保光保色，抗老化性好；外观装饰性好。

转化膜可帮助涂层获得与基材的初黏性和足够的电子防腐蚀屏障。

通常，底漆主要为复合涂层提供耐蚀性和柔韧性，面漆用于提供美好的外观、耐老化性和化学抗性。因此，底漆形成物理屏障，防止水分、电解质和活性气体（氧气等）进入金属表面。这主要是通过选择树脂实现的。底漆常用的树脂包括环氧树脂、丙烯酸酯、聚酯和聚氨酯。聚酯通常与基体有良好的黏附性，并具有良好的耐机械磨损性能，对热应力的敏感性较低，尤其适合在低温环境中使用。耐化学介质腐蚀性是由聚合物链的交联产生的，交联密度越高，涂层的抗化学介质性就越好。耐化学介质腐蚀性也可通过调整涂料配方的 P/B 或颜料体积浓度（PVC），或添加合适的阻隔性片状颜料等方法实现。中间涂层用于增加薄膜厚度，并调节机械应力的分布，它们通常含有片状颜料以延长浸入的腐蚀性物质的扩散路径，如云母氧化铁。在特别苛刻的腐蚀性环境中应用时，在面漆中可能需要添加片状颜料，这种颜料可能会限制获得的颜色和光泽水平。当然，不透明的面漆对耐紫外线辐射有利。

2.5.2　常用涂装方法

1. 金属表面涂装前处理

清除金属工件表面的所有污物（油污、铁锈、氧化皮、灰尘、砂子、焊渣、盐碱斑等），以及用化学方法生成一层有利于提高工件防腐蚀性能的非金属转化膜的处理过程，统称为金属表面处理。涂装前表面处理的目的在于清除被涂物表面的油脂、油污、腐蚀物、残留杂质物等，以提供一个清洁的涂装表面，并赋予表面一定的化学物理特性，增强涂层附着力，提高保护涂层的防腐蚀能力和装饰性。

金属表面本身并不是多孔的，任何金属表面氧化层都可能与涂料体系发生反应。涂层下的锈蚀或氧化层会持续扩展并发生有害腐蚀。这显然会影响涂层的结合力，或产生鼓泡使涂膜剥离。

黑色金属都是以铁为基础的，除了不锈钢，它们都很容易生锈。这种锈既多孔又具有反应活性，并且不同厚度的锈蚀层与金属结合力差。除铁锈和氧化皮外，待涂装的金属表面还会附着防锈油和其他机械杂质，在涂装之前应尽可能将其完全除去。待处理金属表面常见污染物状况如下。

① 铸铁。铸铁本身生锈速度不快，但其表面粗糙多孔，主要污染物包括沙粒及从模具上带下来的脱模剂。

② 锻铁。锻铁通常是不容易生锈的，但其表面经常覆盖黑色致密氧化层。如果这种氧化层是连续且结合良好的，就可以直接进行涂装，但最好还是在涂装前将其除去。

③ 碳钢。碳钢本身很少生锈，其表面的主要污染物是油脂，还可能包括手指印和氧化皮。

④ 不锈钢。不锈钢表面基本不存在污染物。

⑤ 马口铁。钢板镀锡后，很快在马口铁表面涂覆清漆。除了油脂、灰尘和手指印，其表面基本上不存在其他污染物。

⑥ 铝。铝几乎不会生锈，其表面会自然形成一层稳定透明的氧化物薄膜。

⑦ 镁。镁表面形成透明或白色的氧化层。

⑧ 锌。锌表面是否需要立刻喷漆，取决于它们的最终用途。锌可与一些涂层发生反应。

⑨ 紫铜、黄铜及其他有色金属。通常这类材料不需要进行预处理。

大部分金属在涂装之前都要进行一系列表面处理。金属表面处理方法主要包括两大类：机械法（手工方法、动力工具、火焰法、喷砂、抛丸）和化学法（除油、除锈、表面调整、磷化、钝化）。其中，化学法通常可采用以下两种典型前处理工序。

① 对于钢铁等化学活性较稳定的工件，其表面处理常用工序为除油、脱脂、除锈、中和、表面调整、磷化、钝化。

② 对于铝及铝合金等化学活性较活泼的工件，其表面处理常用工序为化学除油、化学氧化、钝化、脱水干燥。

金属表面前处理的相关知识详见第 1 章，在此不再赘述。

2. 涂装方法

归纳而言，涂装方法主要有四大类：刮涂（用刷子、辊子、搓涂或漆刀等）、喷涂（空气喷涂、无气喷涂、热喷涂、静电喷涂等）、流涂（浸涂、幕式淋涂、辊涂、逆向辊涂等）和电沉积。常用涂装方法的基本操作、特点、适用范围及操作注意事项见表 2.9。

表 2.9　常用涂装方法的基本操作、特点、适用范围及操作注意事项

涂装方法	基本操作	主要特点	适用范围	操作注意事项
刷涂	用不同规格刷子蘸上一定黏度的漆料后，按照一定手法来回刷动	省漆料，操作简便，易于掌握，灵活性大，适应性广，涂膜外观欠佳	不宜采用快干挥发性涂料，如硝基漆、过氯乙烯、热塑性丙烯酸等	漆料黏度要适中，太稀易流挂，太稠拉不开刷子
辊涂	用羊毛或其他多孔性吸附材料制成辊筒，蘸上漆液涂布于物面	可在高固体分、高黏度下施工，溶剂用量小，污染少，施工速度快	辊涂适用于大面积（卷材、墙壁、船舶等）的涂装	注意控制漆料黏度和滚动速度等
浸涂	将工件浸没在漆液中，随即取出，让多余的漆自行滴落或甩落	施工方便，可实现自动流水作业，溶剂损失较大，涂膜往往上薄下厚，容易流挂等	适用于外形简单的机械零件的单色成批涂装，不适于挥发性漆和快干性漆的施工	工件上不应有积漆的凹面
淋涂	以压力或重力喷嘴将漆液形成细小液滴喷淋于物体上	节省涂料，效率高，可实现自动流水作业，劳动强度低，密封操作，溶剂挥发少	适用于清漆或单色漆的施工，也适用于采用浸涂或喷涂不能满足要求的结构复杂的木型构件的施工	注意控制漆料黏度及淋涂速度，以免出现断淋或推漆等
空气喷涂	利用压缩空气在喷枪嘴产生的负压将漆料带出，并将其分散为雾状，均匀地涂覆在物面	施工方便，效率高，但漆料损失大，一道漆往往太薄，需要喷多次	几乎适用于一切漆类，一般工业产品涂装均可采用，但不适用于微小异形产品	控制好压力和喷距
高压无空气喷涂	先利用压缩空气驱动高压泵，将涂料增压到 9.81～14.7MPa，然后涂料通过一个特殊喷嘴喷出，当高压漆液离开喷嘴到达大气后立即剧烈膨胀，雾化成极细的漆粒喷落到工件表面，形成均匀的涂层	施工方便，效率高，一次成膜厚	适合喷涂高固体分涂料、高黏漆料，适用于大面积（桥梁、船舶、车辆、飞机、储罐等）的涂装。常配合使用双口喷枪，用于双组分聚氨酯等涂料的施工	高压泵、储压器、调压阀、过滤器、高压软管、喷枪等。采用双口喷枪时，应注意调配好两组分的比例
静电喷涂	使用高频（20kHz）高压（10×10⁴V）静电发生器产生高压直流电源，两级分别与喷枪头和地（含待涂工件）连接，从而两者之间形成一个高压电场，使喷枪喷出的漆雾化和带电，并通过静电引力沉积在带电荷的工作表面，形成均匀的涂层	雾化好，漆料利用率可达 80%～90%，与空气喷涂相比，可节约漆料 40% 以上，涂膜质量好，环境污染少，可实现连续化生产，但喷涂技术要求较高，对漆料、设备、溶剂等均有一定要求	各种合成树脂涂料均可采用。用于各种金属结构和机械的涂装	注意喷枪和供电系统的位置，以及电压高低、工件距离、喷杯转速等
电沉积涂装	把作为电极的被涂物和另一电极放入盛满低浓度电沉积漆的电沉积槽内，并通以直流电，在被涂表面形成一层均匀的涂膜	可实现连续施工，效率高，以水为溶剂，涂膜均匀，并能对异形工件涂装，漆料利用率高达 95%	常用于涂装汽车及其他机电产品。但目前仅限用作底漆和一次面漆	影响电沉积涂装涂膜质量的因素有很多，必须严格控制其电压、酸值、固体分、温度、水质和电沉积时间等
粉末流化床涂装	将粉末涂料加热、硫化，再把预热到高于粉末玻璃化温度的工件浸入流化的粉末中上漆，然后加热固化成膜	节省涂料，涂覆效率高，要求预热工件，耗能多。采用先进的静电流化床涂装和静电粉末涂装，可以不预热工件	主要用于环氧树脂粉末涂料和聚酯粉末涂料的施工，用以涂装电气设备、玩具等	各种专用设备，如高温流化床、静电流化床、高压发生器等

具体采用何种涂装方法主要取决于涂料特性、被涂物形状、对涂层的质量要求、构件所处的环境和经济条件等。

用刷子或手持辊筒刷涂通常是施涂装饰性涂料、建筑涂料和维护钢结构建筑的主要方法。虽然在建造船舶时可以使用其他方法（无空气喷涂等），但是它对于船舶维修也很重要。

喷涂施工是普遍使用的方法。喷涂施工不仅可用于汽车涂装及事故损伤后的修补，也可用于家具涂装和通用工业涂料涂装。

粉末流化床涂装方法基本上限于平面被涂物，如卷材（铝或钢的卷材）。

作为汽车底漆的主要施工方法，电沉积涂装法已经得到广泛应用。汽车涂装全过程包括脱脂、生成转化膜、电沉积底漆、喷涂中间漆与面漆。这个过程在很大程度上提高了涂层的耐蚀性和外观装饰性。阴极电沉积可以提供比阳极电沉积更好的防腐性，因此目前几乎全部汽车及其零部件涂装线都采用了阴极电沉积技术。

OEM 汽车中间漆、面漆涂装及粉末涂料等通常采用静电喷涂，这是因为它的喷涂损失最小，不含挥发性有机化合物。出于对环境保护的考虑，人们对粉末涂料、辐射固化涂料、高固体涂料和水性涂料等环保型涂料用于金属表面涂装的前景十分看好。

1）手工涂装

手工涂装是以油基涂料施工为基础发展起来的，以刷涂为代表。手工涂装包括刷涂、辊涂、刮涂和擦涂。

辊刷涂主要用于建筑工程混凝土施工，其效率比刷涂约高 1 倍，劳动强度比刷涂低一些；刮涂用于腻子、厚浆涂料施工；擦涂一般用于木器施工。

刷涂是最古老的一种涂装方法。对形状复杂的小构件的涂装，采用刷涂施工较为便利。其优点是：涂料利用率高，不受被涂工件形状和涂料类型的限制，但劳动强度大，涂装效率是每人每天 $150\sim200\text{m}^2$，效率较低。

2）机械化涂装

（1）喷涂。喷涂法是机械化涂装方法的代表。空气喷涂的涂装效率为 $150\sim200\text{m}^2/\text{h}$，是刷涂法涂装效率的 $8\sim10$ 倍，劳动强度大幅降低，适合于大多数涂料涂装，但涂料损失大，最高损失率达到 60%以上。

一般性的工业涂装采用有气喷涂方法，这是机械化与手工相结合的涂装方法。对于厚浆或黏度较大且一次喷涂厚度较高的涂料，宜采用无气喷涂方法，其涂料利用率和涂装效率与有气喷涂相比均有较大提高，广泛用于金属防腐蚀涂装，但涂层的表面流平效果不及有气喷涂。

新建的水性涂料和高固体分涂料车辆涂装线普遍采用全机器人外板喷涂和内板喷涂工艺。除用于汽车涂装外，自动喷涂、机器人喷涂施工也大量用于家电等的涂装。

（2）浸涂（手工-机械涂装技术）。浸涂是手工和机械相结合的涂装方法，属于传统涂装法，设备简单，操作便利。较小工件可用手工浸涂，较大工件可用机械浸涂。此外，还可用于运行速度不太快的连续生产线的涂装。但不适合混合使用期较短的涂料，如双组分聚氨酯涂料和气干性醇酸涂料等。

（3）抽涂。抽涂主要用于金属导线和石油钢管等的涂装。其操作原理是：工件通过漆槽下部内装涂料的三通型抽涂孔，工件出口处有一个橡胶垫圈制成的捋具，利用此捋具可将多余的涂料清除掉，从而得到厚薄均匀的涂膜。

（4）幕帘淋涂。幕帘淋涂常用于钢板等平板状材料或带状材料的涂装，适用于大批量流水线生产方式，是一种较为经济高效的涂装方法。涂料利用率高，涂装速度快。此外，还可用于双组分涂装。自动幕帘淋涂法的原理是：将涂料储存于高位槽中，当工件通过传送带自幕帘中穿过时，涂料从槽下喷嘴细缝中呈幕帘状不断淋在被涂工件上，形成均匀的涂膜，多余的涂料流回容器，通过泵送到高位槽循环使用（图 2.4）。

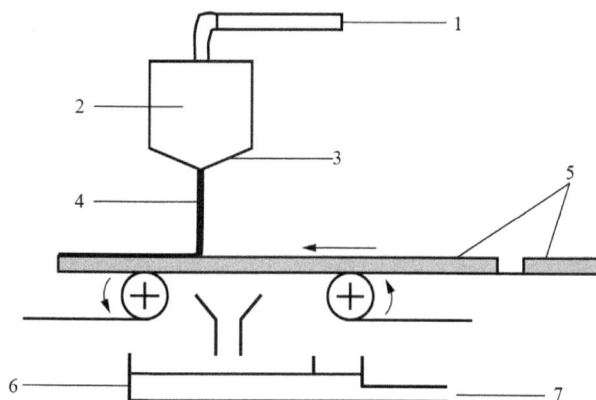

1—涂料入口；2—涂料储罐；3—喷嘴；4—涂料流；5—被涂物；6—滴漆槽；7—循环泵。

图 2.4　幕帘淋涂原理图

（5）辊涂。辊涂主要用于卷材涂料的涂装，也是 UV 涂料的主要涂装方法之一。其原理是：转辊在涂料槽中转动，黏附一定的涂料，在转辊表面形成一定厚度的湿膜，然后在转动过程中借助转辊与被涂物接触，将涂料涂敷在被涂物表面，形成连续的涂膜。辊涂特别适用于烘烤型涂料，要求涂料具有良好的流平性、润湿性和附着力，最好能够在短时间内烘烤固化成膜。辊涂有利于实现连续化生产作业，涂装速度快，生产效率高，用途逐渐扩大。

3）静电喷涂

静电喷涂是利用静电荷吸附涂料微粒并将其涂布到被涂物表面的方法。工作时，静电喷涂的喷枪接负极，被涂工件接正极并接地，在高电压作用下，在喷枪端部与工件之间形成一个静电场，经喷嘴喷出的涂料雾化后带电，在静电场作用下飞向带有异种电荷的工件表面，并沉积在工件表面形成均匀的涂膜。依靠静电作用，带电涂料粒子被吸附在工件表面，飞散和反弹明显减少，涂料利用率大幅提高。同时，带电涂料粒子受电场作用产生"环抱效应"，在形状不规则或突出部位都能形成均匀平整的涂膜，并且装饰性明显提高。静电喷涂装置分为手动涂装用和自动涂装用两种。静电涂装施工被限制在密闭的喷涂室内，这可使涂装环境大为改善，环境污染少。采用这种方法，不仅涂料利用率高，涂层均匀度和涂装效率也得到提高，应用范围越来越广，国内工业涂装中采用静电喷涂法较为普遍。

旋杯式静电喷涂机是目前国内外广泛应用的静电喷涂设备之一。它由高压电源、静电喷枪、供漆系统和运输系统组成。将高压施加于喷杯，涂料在经过喷杯时被雾化带电，沿着电力线方向吸附，并沉积在被涂工件表面形成涂膜。

4）阴极电沉积涂装技术

电沉积涂装也称电泳涂装。电沉积是涂装金属工件最有效的方法之一。电沉积涂装是将具有导电性的工件作为阳极或阴极浸渍在装满加水稀释的浓度较低的电沉积涂料槽中，在槽中另外设置与其对应的阴极或阳极，在两极间接通直流电，一段时间后，在工件表面沉积出均匀细密、不被水溶解的涂膜的一种特殊涂装方法。将被涂工件作为阳极称为阳极电沉积（anodic electro-deposition，AED）涂装，将被涂工件作为阴极称为阴极电沉积（cathode electro-deposition，CED）涂装，其对应的涂料分别称为阳极电泳涂料和阴极电泳涂料。

电沉积涂装被广泛应用于汽车、摩托车、拖拉机及其他高防腐要求的工业产品。与传统的施工体系相比，它具有涂料利用率高、涂膜均一性好、环境污染程度低、产量大及节省涂装费用等优点。电泳涂装和电镀不同，主要表现在电沉积物质的导电性方面。电镀时，电沉积后，极间导电性并不发生变化。当对水性涂料进行电泳涂装时，由于有机涂层具有绝缘性，随着电泳的进行，极间电阻发生显著变化。

电泳涂料的电沉积是一系列电化学反应（图 2.5）的结果，整个过程都伴随着树脂溶解、水电解、树脂析出和涂料沉积[15]。

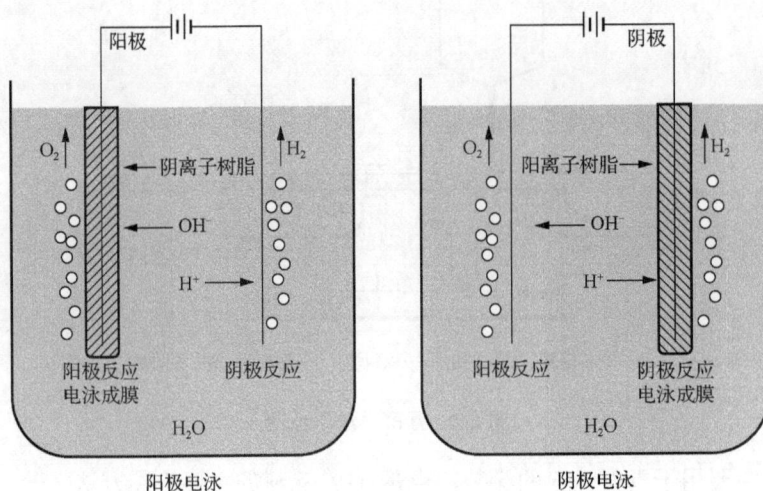

图 2.5　电极反应示意图

由于阴极电沉积涂层比阳极电沉积涂层具有更好的防腐蚀性能，前者几乎完全取代了后者。电泳涂装过程中存在着电极对水的分解（电解）、涂料粒子向与其电荷极性相反的电极移动（电泳）、涂料粒子被中和析出（电沉积）和涂料粒子紧密吸附于工件之上（电渗析）四种化学物理变化。随着涂层厚度的增加，涂覆工件变成电绝缘，电沉积自动停止。阴极电沉积过程中，作为成膜物质的阳离子树脂在电场作用下向作为被涂工件的阴极运动，并在其表面沉积。

（1）电解（electrolysis）。任何一种导电液体在通电时产生分解的现象都称为电解。电介质（盐类溶液等）在电流的作用下分解，从而在电极附近产生离子。在电泳过程中，最先发生的电化学反应是水的电解，产生 OH^- 和 H^+，在阳极周围呈现很强的酸性，在阴极周围呈现较强的碱性。

通电时的反应：

$$2H_2O \xrightarrow{\text{通电}} \underset{(\text{阴极})}{2H_2} + \underset{(\text{阳极})}{O_2}$$

阳极反应：

$$H_2O \longrightarrow \frac{1}{2}O_2 + 2H^+ + 2e$$

阴极反应：

$$2H_2O \longrightarrow H_2\uparrow + 2OH^- - 2e$$

（2）电泳（electro phoresis）。在电场作用下，带电荷的胶体粒子会向反电荷电极泳动，这一现象称为电泳。当阴极电泳时，带正电荷的涂料离子受电场作用向阴极工件表面移动。

（3）电沉积（electro-deposition）。在电泳涂装时，带电荷的粒子（树脂和颜填料）在电场作用下到达带相反电荷的电极，被 H^+（阳极电泳）或 OH^-（阴极电泳）所中和，变成难溶于水的涂膜，这层涂膜很稳定且致密均一，这一过程称为电沉积。例如，$PR_2NH^+ + OH^- \longrightarrow PR_2N + H_2O$（阴极电泳反应）。在电沉积过程中，电场力是形成致密均一涂膜的主要因素。

（4）电渗（electroosmosis）。电渗是电泳的逆过程。如果电沉积颗粒附着在工件某一位置上，它们就不再随电场作用而发生移动，分散介质在不致密的松散颗粒中做与其移动方向相反的移动。这个电化学过程引起溶剂渗析，从而使电沉积膜的机械结合更加紧密。

在电泳过程中，更深层的电化学现象是泳透力。泳透力实质上是在工作电极和被涂工件之间，涂料粒子沿着电场的电力线移动并最终沉积的能力。简单地说，泳透力是电沉积在工件背面或内壁区域获得涂膜的能力。当电场穿过工件内部时，其电场力降低，而且电场线有转向最近一点的自然倾向（福特盒效果），电场可以穿透的最大高度约与凹处开口的直径相等，然而在电泳沉积过程中，由于电泳涂料具有绝缘效果，在开口邻近处电场强度会明显下降。

一般金属表面的电泳涂装工艺流程为预清理→上线→除油→水洗→除锈→水洗→中和→水洗→磷化→水洗→钝化→电泳涂装→槽上清洗→超滤水洗→烘烤成膜→下线。

被涂物（基材）及前处理对电泳涂膜质量的影响非常大。黑色金属工件在电泳前必须进行磷化或硅烷化等转化膜处理，否则涂膜的耐蚀性较差。在磷化处理时，一般选用锌盐磷化膜。其中，轻量级磷化膜（$1.1\sim4.2g/m^2$）适用于电泳底漆；特轻量级磷化膜（$0.3\sim1.1g/m^2$）适用于较高装饰性的复合涂层的底层，要求磷化膜结晶细而均匀。为了得到优质均匀的转化膜，除认真按照工艺操作外，还应特别注意各步水洗工艺，对进入电泳槽前的最后水洗工艺，应当使用去离子水，尽量减少有害杂质进入电泳槽，减少对电泳漆液稳定性和涂膜质量的影响。

为了减少电泳涂料工作液中夹带的各种杂质颗粒对电泳涂层的影响，应经常对工作液进行过滤，通常包括粗滤和细滤，可以滤出机械杂质和絮凝颗粒。过滤器一般具有自清洗能力。在过滤系统中，一般采用一级过滤，过滤器为网袋式结构，孔径为$50\sim75\mu m$。电泳涂料通过立式泵输送到过滤器进行过滤。从综合更换周期和涂膜质量等因素考虑，孔径为$50\mu m$的过滤袋最佳。电泳涂装循环系统的循环量大小，直接影响槽液稳定性和涂膜质量。加大循环量，可使槽液沉淀和槽液气泡减少，但槽液老化加快，能源消耗增加，槽液稳定性变差。槽液应当每小时循环过滤不少于一次，将槽液的循环次数控制在$6\sim8$次/h范围内较为理想，不但可以保证涂膜质量，还能确保槽液稳定运行。由于常有润滑油、机油等各种油性杂质会带入电泳槽中造成不良影响，因此至少应有一个吸油过滤袋装于循环过滤系统中，这种过滤袋也可用于过滤操作过程的任何冲洗阶段。

随着生产时间的延长，阳极隔膜的阻抗增加，有效工作电压下降。因此，生产中应根据电压损失情况逐步调高电源工作电压，补偿阳极隔膜的电压降。阳极罩封闭着阳极，它与作为阴极的被涂物通常用半透膜分开，半透膜只允许酸通过且不返回槽液中，其主要目的是控制漆液的pH值与电导率。阳极液电导率通常在$300\sim1200\mu s/cm$之间（一般预置为$600\mu s/cm$），pH值在$2\sim5$之间。

超滤装置是电泳涂装的主要辅助装置，它将提供足够的超滤液，供涂装后工件的后冲洗之用。同时，也能选择性地排放超滤液，调节槽液中杂质离子的浓度，保证涂装质量。此系统一经运行就应连续运行，严禁间断运行以防超滤膜干枯。干枯后的树脂和颜料附着在超滤膜上，无法彻底清洗，将严重影响超滤膜的透水率和使用寿命。超滤膜的出水率随运行时间呈下降趋势，连续工作1个月应当清洗1次，保证超滤浸洗和冲洗所需的超滤水。电泳槽液的更新周期应在$3\sim6$个月之间。

对槽液进行科学管理极为重要。应当定期对槽液的各种参数进行检测，并根据检测结果对槽液进行调整和更换。按照槽液管理规定，应按一定频次取样测量电泳系统的参数。每天应对槽液的固体分、pH值、电导率、P/B，超滤液、冲洗液和阳极液的pH值、电导率，冲洗液的固体分进行检测。每周应当检测槽液的溶剂含量、电压/膜厚关系变化及超滤液的溶剂含量和固体分。

应当经常检查涂膜的均一性和膜厚，膜外观不应有针孔、流挂、橘皮、皱纹等现象，定期检查涂膜的附着力、耐蚀性等物理化学指标。一般每个批次都需检测。

每天都应对各项工艺参数进行认真检查，其主要工作内容包括：槽液状况（槽温、涂装电压、最大电流、浸入时间、通电时间、输送链速度、去离子水消耗量），循环冲洗液的液面高度，密封液的液面位置，被涂工件的表面质量、涂层膜厚，超滤液流量，补加涂料分散状况，阳极液体系流量，去离子水补充量及烘道条件是否正常等。

5）辐射固化涂装

辐射固化包括电子束（electron beam，EB）固化和紫外线（UV）固化。目前涂装行业应用较多的是UV固化，其原理是：紫外线照射在"湿涂膜"上，涂膜中的光敏引发剂吸收紫外线能量并引发光敏树脂反应（自由基或阳离子聚合反应），从而完成涂膜由液相到固相的转变。

辐射固化涂料的涂装效率高，VOC低，属于环境友好型涂料。但辐射固化涂料涂装对工件形状有选择性。此外，UV固化涂料还对涂膜的透明性有要求。

除固化方式不同外，UV固化涂料的施涂方式（含刷涂、刮涂、辊涂、浸涂、淋涂、喷涂和静电喷涂）与其他涂料一样。液态UV涂料通常采用辊涂、淋涂和喷涂等涂装工艺，UV固化粉末涂料大多采用粉末静电喷涂工艺。对于工业UV涂装线的运行，要特别重视辐射防护措施。在没有惰性气体的环境下工作时，废气必须在厂房外排放，以免室内臭氧自行分解。

6）粉末涂料涂装

粉末涂料的固体分含量为100%，在粉末涂料生产和施工过程中不使用有机溶剂和水。由于粉末涂料自身的物理状态与传统的液态涂料不同，其在涂装方法方面也完全不同。粉末涂装采用专用的涂装设备，涂装方法包括空气喷涂、流化床浸涂、粉末静电喷涂、静电流化床浸涂、真空吸涂、火焰喷涂、电场云涂装等。其中，粉末静电喷涂应用最广泛，其次是流化床浸涂，其他方法较少应用。近年来，还出现了粉末电泳法。

用静电喷涂法可以形成50～200μm膜厚的完整涂层，而且涂层外观质量较好，生产效率高，是粉末涂装中应用最广的一种方法。这里重点介绍粉末涂料静电喷涂法。现在的粉末静电喷涂设备设置了一套自动粉末清扫装置，因此换色也较方便。

粉末静电喷涂工艺流程如下：被涂物的表面预处理→静电粉末涂装→熔融流平和交联固化→卸载，其原理如图2.6所示[16]。在空气流作用下，带负电的涂料粉末受静电场静电引力的作用定向飞到接地带正电的工件上，由于正负电荷之间的吸引作用而使涂料牢牢地吸附在工件上。一般只需几分钟，涂层便可达到50～150μm，之后由于静电排斥，粉末不再吸附到工件上，因此得到均匀的膜厚。喷涂后的工件在固化炉中加热，改善涂层流平性，形成均匀涂层。

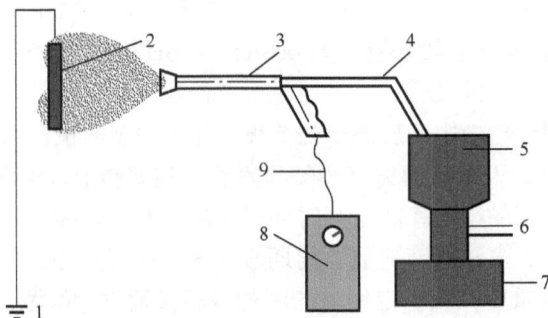

1—接地装置；2—工件；3—粉末静电喷枪；4—输送管；5—供粉器；6—压缩空气；7—振动器；8—高频高压静电发生器；9—高压电缆。

图2.6 粉末静电喷涂原理

在静电粉末涂装中，只要提高粉末涂料的带电能力，就可以提高上粉率。粉末涂料的带电能力与其颗粒的带电量有关。根据库伦定律，在一定时间内，粉末涂料颗粒的带电量可用下式表示：

$$Q_s = 3\pi\varepsilon_0 \times \frac{\varepsilon-1}{\varepsilon+2} \times d^2 E \tag{2.5}$$

式中，Q_s为粉末涂料颗粒的带电量；ε_0为绝对带电常数；ε为粉末涂料颗粒的介电常数；d为粉末涂料颗粒的粒径；E为外加电场强度。

由上式可知，增大粉末涂料颗粒的粒径、选择介电常数高的粉末涂料都可增加粉末涂料带电量。提高粉末涂装的静电电压，不仅可以提高电场强度，也可以提高粉末涂料带电量。这些增加粉末涂料带电量的措施，有利于提高粉末涂料静电涂装的上粉率。

粉末静电喷涂的基本设备由供粉器、高频高压静电发生器和粉末静电喷枪等组成。

粉末涂料静电喷涂有两大特点：①冷工件上的涂层不掉粉，不会得到任意厚度的涂膜，保证涂膜均匀。②工件不需加热直接涂装，附着在被涂物表面的粉末涂层的阻抗值一般都较高，电荷不易被中和，无论是在 30～60min 之间，还是在后期熔融流平固化时，都不会产生涂层掉粉的问题。当附着在被涂物表面的粉末涂层达到一定厚度后，涂膜达到电气饱和状态，再增加粉末也无法附着，不会得到任意厚度的涂膜。如果想要通过静电涂装法得到很厚的涂膜，就可先将被涂物预热至 50～80℃，降低最初附着在工件上的粉末的阻抗值，从而通过减小对后续到达粉末的排斥力达到厚涂的目的。但想要用粉末静电喷涂方法得到较薄的粉末涂层，难度较大。

流化床法是将工件预热到高出粉末熔融温度 20℃ 的温度，然后将工件浸在沸腾床中使粉末局部熔融并黏附在工件表面，经加热熔合形成完整涂层。流化床法只适合厚壁型热容量大的小工件，不适合热容量小的薄板件。工件预热温度越高，涂层越厚，一般都在 100～300μm 之间。如果形成 100μm 以下的薄涂层，就不宜采用流化床法。另外，在用流化床法进行涂装时，由于树脂受热，温度高，时间长，往往需要在烘烤之后用水强制冷却，减少热分解作用。

静电流化床涂装法是将冷工件置于流化床中，使其通过静电吸附粉末，因此工件无须预热即能形成完整的薄涂层，但这种方法只适合小件的涂装。

粉末电泳法是将树脂粉末分散于电泳漆中，并按电泳涂装方法附着在工件表面，烘烤时树脂粉末和电泳漆基料融为一体形成涂层。它具有电泳涂装的优点。例如，电沉积时间短，生产效率高，膜厚均匀且容易通过电压调整厚度。此外，还可避免粉末涂装普遍存在的粉尘问题。该方法存在的缺陷是：在水分的作用下，烘烤时涂层会产生气孔，并且烘烤温度较高。另外，粉末涂层要比普通电泳漆厚，一般为 40～100μm。这是由粉末涂料自身特点决定的，因而限制了原材料的选择范围。

2.5.3 涂装工艺要点

表面处理是决定钢结构涂层寿命的主要因素。表面处理不仅要形成一个清洁的表面，还要使该表面有适当的粗糙度，增加涂层对金属基材表面的附着力。

除了严格的表面处理和合理的涂装设计外，还必须在整个涂装施工过程中确保每一个环节的质量。任何一个环节的失误都有可能对涂层的最终质量造成严重损害。因此，要特别注意规范涂装操作，坚持文明作业，避免造成涂层失效和对人身安全及环境的危害。

1. 涂装前的准备

涂装前，操作人员应当做好充分的准备工作，做到"三熟悉"和"三检查"。

（1）"三熟悉"。生产作业前，操作人员必须熟悉被涂工件结构图样及相关技术要求，特别是涂料的品种、规格型号、颜色、涂装厚度等；必须仔细阅读每个涂料品种的使用说明书，熟悉其性能、配比、注意事项等，并且只有在公司技术人员的现场指导下才能试用新厂家、新品种的油漆；必须熟悉涂装设备，仔细阅读设备说明书，了解其性能与注意事项等。

（2）"三检查"。检查领用的涂料与稀释剂（品种、规格型号、颜色等）是否与计划相符，当不相符或有疑问时，必须汇报；检查涂装设备，包括仔细检查并及时更换过滤网（一般使用 60～120 目不锈钢过滤网），检查压力表、气压表及压缩空气过滤器，并给压力缓冲罐和管道排水；检查待涂工件的质量是否达到该道工序涂装前的要求，如果有可见瑕疵，就自行或请前道工序人员处理，待合格后方能进行本道工序的涂装。

2. 涂料配制

将涂料各组分进行充分搅拌，使其成为均匀的浆体。根据施工现场的环境温度，用与之相配套的稀释剂将涂料稀释到规定的施工黏度。有的涂料在配制好后需要放置（熟化）5～30min，然后才能使用，这要视不同涂料类型的实际要求而定。

3. 涂装工艺

根据涂料、基材及涂层质量要求，选择合适的涂装方法。在正式涂装前，可先对各种涂料进行试涂以确定与涂装方法及涂装设备相适应的黏度等。

对于一般金属涂装，每道涂料涂装都应留有一定的涂装间隔时间，通常为24h。如果因故没按规定时间涂覆下道涂料且间隔时间较长，就应先进行打磨处理，然后再进行下道涂装。在涂装下道漆前，要测定前道漆的干膜厚度，如果达不到要求，就要进行补涂，并且必须对上一道涂膜进行除尘或除油污处理，保证涂料涂装质量。

4. 涂装的环境条件

通常涂装的适宜温度为10～20℃，相对湿度≤75%，被涂钢板表面温度应高于露点3℃以上。当相对湿度≥75%且钢板表面温度接近露点时，涂料在基材表面容易结露，从而影响涂膜与基材的结合。对于环氧类型涂料，当低于10℃时，其固化反应很慢，因此冬天应当使用冬用型环氧涂料。基材处理和涂装应有良好的光线条件，如果自然光线照度不够，就应采用其他补充照明方式，以便对基材处理情况和涂膜状况进行检查。所有降水天气（下雨、下雪、下雾等天气）都不能进行涂装和基材处理作业。

5. 涂层的修补

（1）涂层缺陷的修补。在涂料施工过程中，由于环境或施工方法等问题会产生流挂、气泡、针孔等缺陷，必须对此进行修补。具体方法是：对涂层缺陷处进行打磨处理，除掉缺陷，并清除表面灰尘和污物，经有机溶剂脱脂再涂覆相应的涂料，直至达到规定的厚度。

（2）涂层损伤的修补。在安装和运输过程中，需要对已涂装完毕的涂层造成的损伤进行修补。若没有损伤基材（底漆完好），则可用砂纸打磨，并将破损边缘处打磨成坡口，经表面除尘、溶剂脱脂，然后涂上相应的涂料，直至达到规定的厚度。若已损伤基材，即底漆涂层已破损并产生铁锈，则对该部位用机械打磨方法使其达到St3级，并在破损边缘处打磨出坡度，除尘脱脂后按照所给出的涂装配套方案逐道进行补涂。

（3）焊接部位的修补。在钢结构现场安装焊接时，焊接部位的涂层遭到破坏。首先对焊接部位进行机械打磨，除掉氧化皮、焊渣、焊药及烧蚀的漆皮等，然后用真空吸尘器或压缩空气将其吹扫干净，再经有机溶剂脱脂，按照上述涂层损伤修补程序进行修补。

6. 涂层的检测

（1）涂层外观检查。用肉眼观察涂膜表面有无针孔、气泡、裂纹、脱落、流挂、漏涂等缺陷。若发现上述缺陷，则须重新修整或补涂。涂层表面允许出现少量的气泡和流挂，但在大面积平面涂层上不允许出现气泡和流挂。

（2）涂层厚度的测定。为使配套涂层总厚度达到设计规定的厚度，在涂覆每道涂料时，以及在每道涂层完全固化后，均需用干膜测厚仪测定干涂层厚度。在进行干涂层厚度测定时，要遵循"双90"原则，即90%的测量值应当达到规定的涂层厚度，其余10%的测定值不得低于规定涂层厚度的90%。

涂层厚度对涂层防护寿命影响很大。为保证涂层厚度，测定时可参考采用美国 SSPC-PA2 关于涂层厚度的测量原则：①每 10m² 测量 5 个点。②5 个点测量值的平均值必须符合规定的涂层范围。③每一个点的测量，在一个很小的面积内测量 3 个点的平均值。④单一测量点不能低于规定涂层厚度的 80%。

（3）附着力测定。底漆附着力大小直接影响配套涂层的防护寿命，通常采用划格法进行测试，划格间距为 3mm。切割划线后，用软刷轻刷表面，除去松散粒子，然后用胶带粘住测试部位，按 60° 角轻轻拉起，如达到 1 级（交叉处有小块的剥离，影响面积为 5%）即为合格。

（4）漏点的测试。采用湿海绵针测试仪进行测试，在按照配套体系完成所有涂层的涂装后进行这种漏点测定，若发现针孔，则需用涂料（一般用面漆）进行补涂。由于钢结构涂装面积很大，不可能对所有表面进行测试，可选择每 10m² 测量 5 个点，如不漏电即为合格。

2.5.4 金属表面涂层常见缺陷分析与防治

涂料涂装技术是一门实用性很强的技术，它要求人们必须像医生给患者问诊那样，对涂层出现的任何问题，都能准确辨析缺陷类别，熟知其产生原因及防治方法。常见的涂层缺陷及预防措施和解决办法归纳如下。

（1）缩孔。涂料涂装后，涂膜表面产生收缩而露出被涂面，或涂层坑洼不平，这些现象称为缩孔。若已出现缩孔，则可去除受影响的涂层，重新喷涂。缩孔产生原因及预防措施和解决办法见表 2.10。

表 2.10　缩孔产生原因及预防措施和解决办法

产生原因	预防措施和解决办法
被涂物表面受水、蜡、油污、金属皂类或清洁剂、表面处理剂的污染	涂装前应当彻底清除被涂物表面的所有污染，保持被涂物表面清洁
喷涂设备中混有油污或水	保证喷涂设备清洁
溶剂选用不当，挥发速度太快，涂层来不及流平	合理使用稀释剂，注意溶剂沸点高低的搭配，根据季节选用稀释剂
湿涂层在晾置过程中被污染	确保涂装环境清洁，空气中无油雾、漆雾等污染，涂装工作人员衣服、手套等工具无油污等

（2）起皱。起皱是指在涂层干燥过程中，由于里层和表层存在干燥速度的差异，涂层表面急剧收缩向上收拢而出现的凹凸现象。若已出现起皱，则应将起皱部位的涂层铲除干净，再重新进行喷涂。起皱产生原因及预防措施和解决办法见表 2.11。

表 2.11　起皱产生原因及预防措施和解决办法

产生原因	预防措施和解决办法
涂层喷涂过厚，造成涂层表干里不干	增加喷涂次数，保证涂层厚度
各涂层间干燥时间不足，或高温加速烘烤干燥，或在烈日下暴晒	按照各种涂层干燥技术条件，制定涂层干燥工艺规程

（3）流挂。流挂是指涂料在涂装和干燥过程中，在垂直被涂物面上的涂层形成由上向下或下边缘增厚的现象。若已产生流挂，则应待涂层干后打磨再重新喷涂，或在涂层湿时用软刷刷平再喷涂。流挂产生原因及预防措施和解决办法见表 2.12。

表 2.12　流挂产生原因及预防措施和解决办法

产生原因	预防措施和解决办法
喷枪距离与被涂物表面太近，走枪速度太慢，一次喷涂过厚	控制大小工件的喷涂距离和走枪速度，采用多次喷涂以达到规定的涂层标准

产生原因	预防措施和解决办法
涂料本身黏度低或稀释剂不配套或稀释剂加入量太多，导致喷涂黏度太低	严格控制涂料的施工黏度，采用配套稀释剂调整黏度
冬季施工环境温度低，涂料干燥时间较慢	提高喷漆室的温度
采用"湿碰湿"喷涂，间隔时间太短	严守施工工艺，保证有足够的晾干时间
在光滑的被涂物表面喷漆	将高光泽的被涂物表面打磨后再喷涂

（4）刷痕。刷涂后，在干涂层上留下一条条脊状条纹的现象称为刷痕。对有装饰性要求的面漆涂装，需用细砂纸打磨平整，然后再涂刷一道面漆。刷痕产生原因及预防措施和解决办法见表 2.13。

表 2.13　刷痕产生原因及预防措施和解决办法

产生原因	预防措施和解决办法
高温情况下，溶剂挥发过快，涂料刷不开或者刷上后来不及流平即干燥	避免高温下施工，考虑使用挥发速度慢的溶剂和稀释剂
涂刷方式不当，来回刷涂或辊涂次数过多	尽量选用喷涂方式；若选用刷涂或辊涂，则一次蘸漆不要过多，来回刷涂或辊涂次数不要过多
工具选择不当，漆刷毛太硬或不齐	漆刷和滚筒一定要干净，避免杂物和碎屑混入，选用软质漆刷
基材吸收性过强，涂刷后即被吸干	基材要经过严格处理，对吸收性强的基材要先刷一道底漆

（5）针孔。漆层干燥过程中或形成涂层后，在其表面出现圆形小圈，状如针刺的细孔或皮革毛孔，这类缺陷称为针孔。若已出现针孔，则可去除受影响的涂层，重新喷涂。沥青漆可用喷灯微温涂层表面来消除针孔。针孔产生原因及预防措施和解决办法见表 2.14。

表 2.14　针孔产生原因及预防措施和解决办法

产生原因	预防措施和解决办法
长时间激烈搅拌混入空气，形成无数气泡	搅拌后，待气泡基本消失再涂装，双组分涂料要有一定活化期，一般不少于 15min
施工湿度过高，喷涂设备油水分离失灵混入水分，刷涂时用力过大，辊涂时速度太快，气泡无法逸出	当湿度大于 85% 时，禁止施工。压缩空气应当过滤，保证无油。刷涂不蘸漆过多，有气泡时需用刷子来回赶几下以挤出气泡，辊涂时可以来回滚动，但速度不能太快
较高温度下施工，溶剂挥发太快。涂膜本来不及补足空白，形成针孔	在较高温度下，可加入慢干溶剂，使溶剂挥发平衡
基材处理不当，有油污。腻子或底漆未干透，涂层太厚，溶剂无法及时挥发	基材处理要达到要求，腻子要控制厚度，并且要留有一定涂装间隔时间

（6）咬底。不同类型涂料在干涂层上施工时，干涂层会发生软化、隆起或从基材上脱落的现象，称为咬底。对发生"咬底"缺陷的涂层，除了应当铲除咬底部位的涂层，还应补涂并改进配套，待底漆完全干透后再涂面漆。咬底产生原因及预防措施和解决办法见表 2.15。

表 2.15　咬底产生原因及预防措施和解决办法

产生原因	预防措施和解决办法
涂层配套性不好，底漆面漆不配套	要严格按照配套原则进行涂装
涂层未干透就涂装下一道涂料	涂料要干透，并按照最佳涂装间隔执行，要求必须达到最短涂装间隔（特殊涂料品种可采用"湿碰湿"涂装工艺）
第一道漆涂装太厚，延长干燥时间	第一道漆应该薄涂，待彻底干燥后再涂第二道漆
对于双组分涂料，可能是底漆的固化剂未加够	严格按照固化剂配比

（7）渗色。渗色是指来自下层（基材或涂膜）的有机物质透过并进入上层涂层扩散，使涂层呈现不希望有的着色和变色。"渗色"现象影响外观装饰性，但一般不影响防腐效果。对于装饰性要求高的涂装，可对渗色部位进行补涂并改进配套，如用细砂纸打磨均匀，补涂相应的面漆。渗色产生原因及预防措施和解决办法见表2.16。

表2.16　渗色产生原因及预防措施和解决办法

产生原因	预防措施和解决办法
底漆未干透，或涂装具有强溶剂的面漆使底层溶解	涂料要干透，并按照最佳涂装间隔执行，要求必须达到最短涂装间隔。在涂装不同颜色的强溶剂涂料时，适当减少稀释剂的用量。涂层宜薄涂
底漆中使用了干燥极慢的材料，如沥青类	最好不要用沥青涂料打底，要等干透或者加涂添加片状颜料（铝粉等）的中间层。采用对底层溶解能力小的溶剂
未清除基材上的油污、润滑脂等，在其表面易出现渗色现象	涂装底漆前，一定要彻底清除油污、润滑脂等

（8）发白。涂料干燥成膜后，涂层呈现云雾状白色，产生无光、发浑、半透明状、严重失光的现象，称为发白。通常在单组分溶剂挥发干燥型清漆的涂装场所容易产生这种现象，如硝基、过氯乙烯涂料。对出现"发白"现象的涂层，可用升温方法缓慢加热被涂物，也可在涂层表面薄喷一层防潮剂，或两种方法结合使用。对严重发白的涂膜，需用细砂纸将痕迹磨平，去除尘屑，并在适合的环境下重新涂装。发白产生原因及预防措施和解决办法见表2.17。

表2.17　发白产生原因及预防措施和解决办法

产生原因	预防措施和解决办法
在低温和潮湿的环境下，低于露点温度，空气中的水气凝结渗入涂层产生乳化	相对湿度应低于80%，环境温度应高于露点温度3℃以上，满足上述条件方可施工。若遇到阴雨天或在冬季，则应选用专用涂料，或可将涂料预热后涂装
涂料生产中溶剂和颜填料含水，施工时稀释剂含水。或者稀释剂挥发太快，导致表层温度急剧下降，引起湿气凝结	严格禁止生产中混入水分，采用高沸点稀释剂，同时还可加入防潮剂
喷涂施工中，净化装置的油水分离器失效，水分混入	喷涂设备中的凝聚水必须清除干净，检查油水分离器的可靠性

（9）失光粉化。涂层受气候环境等的影响导致表面光泽降低，这种现象称为失光。严重失光后，涂层表面由于一种或多种漆基的降解及颜料的分解而呈现出疏松附着细粉的现象，称为粉化。对出现失光而未粉化的涂层，在轻微打磨后，即可涂装新的外用面漆。对出现粉化的涂层，需用刷子等将粉层除去，直到露出硬涂层，并将硬面打磨干净，在除去尘屑后重新涂装面漆。失光粉化产生原因及预防措施和解决办法见表2.18。

表2.18　失光粉化产生原因及预防措施和解决办法

产生原因	预防措施和解决办法
将耐候性差的涂料用于室外，如醇酸涂料、双酚A型环氧涂料等；或者颜填料选择不当	选择户外耐久性好的涂料品种，如丙烯酸、丙烯酸聚氨酯。氟碳涂料等。选用耐候性好的颜填料（金红石钛白粉、云母粉、铝粉等），采用紫外线吸收剂和抗氧化剂等
涂层未干透时受到日晒等侵蚀	涂膜应有足够的保养时间，一般为两个星期以上，在此期间应当避免雨、雾、霜、露的侵蚀
施工时面漆黏度过低，厚度不够	黏度要适中，一般室内要涂装两道，室外要涂装三道

2.5.5　关于涂装现场管理和安全文明作业

要加强涂装现场管理，包括人员培训、工艺和工艺纪律管理、消防安全知识培训、质量控制、材料定额管理、吊装和运输管理、工具与装备的正确使用等。同时，要按照国家"涂装作业安全规程"的相关规定对涂装环境进行严格控制。

一般涂料中均含有机溶剂或其他可燃性物质，在配漆和涂装过程中，有机溶剂会挥发，当其在空气中的含量达到其爆炸下限时，如果有火花产生就会引起爆炸。因此，涂装施工现场及涂料储存区不允许有明火、香烟、火柴或其他可燃源存在。此外，还应小心避免电器或金属间接触所引起的火花。一旦涂料起火，就不能用水灭火，而应使用干粉、泡沫或二氧化碳灭火器。施工现场应当加强通风，防止可燃气体聚积，如果涂料洒在地面上，就用砂土掩埋，并注意及时清理。涂料应当存放在阴凉干燥处，避免太阳直接照射。

现场施工人员应当穿戴好合适的人身安全防护装备。例如，穿上合适的工作服，尽可能遮住全身，戴上手套和防护眼镜等。若涂料或稀释剂不慎溅入眼中，则应立即用清水冲洗，严重者必须及时去医院治疗。若涂料喷溅到皮肤上，则应用肥皂和水清洗，切忌使用有机溶剂清洗。在高空施工作业时，必须配备必要的防护措施，如安全带、脚手架、防护网等。若在施工过程中出现头晕、头痛、醉酒等症状，则说明施工人员已受溶剂挥发物质的影响，应当立即转移到新鲜空气处。

2.6　有机涂层性能试验

有机涂层性能测试的内容包括表面外观（颜色、光泽）、机械性能、耐紫外线和耐蚀性。在进行测试前，涂层都必须经过适当的固化干燥，并且良好地附着在被涂基材表面。

对于复合涂层测试，后续涂层必须牢固黏附在已有涂层表面。部分国内外常用涂料、涂层试验方法见表 2.19。

表 2.19　部分国内外常用涂料、涂层试验方法

名称	国标	ISO 国际标准
色漆、清漆和色漆与清漆用原材料　取样	GB/T 3186—2006	ISO 15528：2020
漆膜一般制备法	GB/T 1727—2021	
涂料黏度测定法	GB/T 1723—1993	
涂料黏度的测定　斯托默黏度计法	GB/T 9269—2009	
色漆和清漆　密度的测定　比重瓶法	GB/T 6750—2007	ISO 2811-1：2016
色漆和清漆　抗流挂性评定	GB/T 9264—2012	ISO 16862：2003
色漆和清漆标准试板	GB/T 9271—2008	ISO 1514：2016
色漆、清漆和印刷油墨　研磨细度的测定	GB/T 1724—2019	
涂料遮盖力测定法	GB/T 1726—1979	
色漆和清漆　漆膜厚度的测定	GB/T 13452.2—2008	ISO 2808：2019
色漆和清漆　铅笔法测定漆膜硬度	GB/T 6739—2006	ISO 15184：2020
色漆、清漆和印刷油墨　研磨细度的测定	GB/T 1724—2019	ISO 1522：2006
涂层耐冲击测定法	GB/T 1732—2020	

续表

名称	国标	ISO 国际标准
涂层附着力测定法	GB 1720—1979	
色漆和清漆 划格试验	GB/T 9286—2021	ISO 2409：2020
色漆和清漆 拉开法附着力试验	GB/T 5210—2006	ISO 4624：2016
漆膜、腻子膜柔韧性测定法	GB/T 1731—2020	
色漆和清漆 弯曲试验（圆柱轴）	GB/T 6742—2007	ISO 1519：2011
色漆和清漆 弯曲试验（锥形轴）	GB/T 11185—2009	ISO 6860：2006
色漆与清漆 杯突试验	GB/T 9753—2007	ISO 1520：2006
涂层耐冲击测定法	GB/T 1732—2020	ISO 1519：2011
色漆和清漆 耐划痕性的测定 第1部分：负荷恒定法 色漆和清漆 耐划痕性的测定 第2部分：负荷改变法	GB/T 9279.1—2015 GB/T 9279.2—2015	ISO 1518-1：2019 ISO 1518-2：2019
涂料耐磨性测定 落砂法	GB/T 23988—2009	
涂料表面干燥试验 小玻璃球法	GB 6753.2—1986	ISO 9117-3：2010
漆膜、腻子膜干燥时间测定法	GB/T 1728—2020	
涂料试样状态调节和试验的温湿度	GB/T 9278—2008	ISO 3270：1984
色漆和清漆 耐磨性的测定 旋转橡胶砂轮法	GB/T 1768—2006	ISO 7784-2：2016
色漆和清漆耐水性的测定 浸水法	GB/T 5209—1985	ISO 16482：2013
人造气氛腐蚀试验 盐雾试验	GB/T 10125—2021	ISO 9227：2017
色漆和清漆 钢铁表面上涂膜的耐丝状腐蚀试验	GB/T 13452.4—2008	ISO 4623-1：2018
色漆和清漆 耐湿性的测定 连续冷凝法	GB/T 13893—2008	ISO 6270-1：2017
色漆和清漆"可溶性"金属含量的测定 第一部分：铅含量的测定 火焰原子吸收光谱法和双硫腙分光光度法	GB/T 9758.1—1988	ISO 3856-1：1984
色漆和清漆 总铅含量的测定 火焰原子吸收光谱法	GB/T 13452.1—1992	ISO 6503：1984
色漆和清漆 耐中性盐雾性能的测定	GB/T 1771—2007	ISO 11997-1：2017
色漆和清漆 人工气候老化和人工辐射曝露 滤过的氙弧辐射	GB/T 1865—2009	ISO 15110：2017
色漆和清漆 挥发性有机化合物（VOC）含量的测定 差值法	GB/T 23985—2009	ISO 11890-1：2007
色漆和清漆 挥发性有机化合物（VOC）含量的测定 气相色谱法	GB/T 23986—2009	ISO 11890-2：2020

2.6.1 有机涂层物理力学性能测试

涂层的物理力学性能对于保护基材和维持涂层的装饰作用至关重要。涂层在其使用寿命期内，不仅要承受各种应力和应变，其自身力学性能也会发生变化。除了外观性能和硬度，在运动的或伸缩的基材上，涂层应当具有非常好的附着力、柔韧性及合适的厚度，否则都会导致金属腐蚀。因此，测试涂层的物理力学性能对于防止腐蚀具有非常重要的实际意义。

一般而言，人们将对涂层采用的无损伤测试定义为涂层物理性能测试，将对涂层采用的力学测试定义为涂层机械性能测试。有机涂层主要物理力学性能试验的目的及常用仪器设备见表2.20。

表 2.20 有机涂层主要物理力学性能试验的目的及常用仪器设备

物理力学性能	试验目的	试验仪器和设备
涂层厚度	测试涂层厚度	涂层测厚仪
颜色	测试涂层表面颜色差异	色差仪

续表

物理力学性能	试验目的	试验仪器和设备
光泽	测试涂层表面光泽度	光泽度仪、雾影仪、桔皮仪、鲜映性仪
防静电性	测试涂层的防静电性能	防静电工程测量套件
附着力	测试涂层与基材的附着力	涂层划格器 拉开法附着力测试仪
硬度	测试固化后的涂层硬度	铅笔硬度计 摆杆硬度计 自动划痕仪 巴克霍尔兹压痕硬度试验仪
柔韧性	测试涂层在其所依附的基材发生形变时的延展性能	涂层柔韧性测试仪 圆柱弯曲试验仪， 圆锥弯曲试验仪
抗冲击性能	测试涂层抗外界瞬间应力破坏的能力	涂层冲击器，弹性冲击器 重型冲击器，杜邦冲击器 杯突试验仪
耐磨性能	测试涂层耐某些特殊材料的磨损能力	涂层磨耗仪 涂层耐溶剂擦洗仪 落砂耐磨试验仪

2.6.2 加速腐蚀试验

1. 概述

涂层使用寿命与其所处环境密切相关，除物理力学性能测试外，还要对涂层进行一系列耐久性测试以评估涂层的防护性能。这些测试必须在工件进入市场之前完成。全世界有许多不同的气候类型，涂层的实际应用环境各不相同（高温、高湿、海洋气候等）。为了准确预测涂膜的实际使用寿命，利用模拟涂层实际应用环境的仪器加速腐蚀试验被认为是目前最快捷和最可靠的一种测试手段。典型的加速腐蚀试验包括盐雾试验、湿热试验及恒定条件和循环条件试验，所有这些试验的结果都受温度、湿度、额外化学或辐射负荷等条件影响。耐候性试验包括湿度和辐照组合试验（可见光和紫外线辐射），用于评估涂层对光化学降解（粉化、变色、光泽降低）的抵抗力。对于一些特殊工业领域，还会根据产品用途进行其他性能测试。例如，对用于家用电器的涂层，除了对涂层进行家用清洁剂、食品、染料和着色剂的耐性测试外，还应对涂层进行耐水性和耐洗涤剂性能测试。又如，对用于饮料罐和食品容器的涂层，通常还要测试其多孔性、无菌性或可蒸煮性。本节重点介绍以下几种加速防腐试验方法。

2. 恒定条件试验

1）盐雾试验

盐雾试验提供了一般涂层工件的耐蚀性数据。采用盐雾试验箱，控制一定的温度、盐水浓度（50g/L±5g/L 氯化钠）和时间，对涂膜进行盐水喷雾试验，并以试板外观的破坏程度来评定等级及衡量涂膜的耐盐雾能力。

钢基板通常在中性盐雾中进行测试，铝在用乙酸酸化的大气中进行测试 [pH 值为 3.1～3.3，乙酸盐雾试验（AASS 试验）]。在某些情况下，甚至在 AASS 基础上再添加氯化铜 [铜加速乙酸盐雾试验（CASS 试验），无水氯化铜质量的浓度为 0.205g/L±0.015g/L]来加速试验，如汽车车轮。通常盐雾试验温度为 35℃。在到达约定的试验完成时间后，将试样从试验室中取出，检查试样从划线切割边缘处开始的起泡和黏附损失（蠕变）。通常，钢基板（含镀锌钢）需要达到 336～1008h 的盐雾试验要求，并且只允许出现很小缺陷。要求最严格的是飞机铝板，即其在 3000h 的 AASS 后，仅可接受离划线 1.25mm 的最大单边扩蚀。

2）冷凝试验

冷凝试验用于评定涂层在高湿和恒温条件下的耐湿性能。先将试样在 100%相对湿度和 40℃下储存，然后检查涂层是否有破坏（起泡、沾污、软化、起皱、脆化）和其他明显的外观变化。

3）丝状腐蚀

丝状腐蚀试验主要在铝件上进行。它关注在含氯化物、湿度较高的腐蚀环境中可能出现的丝状腐蚀行为。先将标记划线的工件保存在发烟盐酸（HCI，质量分数为 36%）中活化一段时间，然后在恒定湿度和温度（80%相对湿度，40℃）的大气中进行测试，检查试样的丝状腐蚀程度。飞机工业要求铝的丝状腐蚀性能达到 1000h 试验后丝状腐蚀细丝的最大长度不超过 2mm。钢基材料先在氯化钠溶液中培养，然后再对其进行丝状腐蚀测试。

4）耐水试验

耐水试验通常是将试样浸泡在 40℃去离子水中，或加热一段时间至水沸腾。通常通过弯曲或拔罐对板材施加变形，检查试样是否有气泡和其他视觉变化，并测试变形区域涂层的附着力。测试时间从 15 分钟到几个小时不等。

3. 循环条件试验

1）循环湿度条件试验

温湿度循环试验是测试涂层在环境温度和 40℃之间的循环性能（热带测试），或测试涂层在低温和环境温度之间的循环性能（冷冻试验），或测试涂层在模拟酸雨大气环境中的循环性能，通过测试评估涂层性能的老化程度。

2）Prohesion 干湿交替混合盐雾试验

Prohesion 干湿交替混合盐雾试验是为了解决镀锌钢板涂层中性盐雾试验的结果与实际情况不相符的问题。该试验使用质量分数为 0.35%的硫酸铵和质量分数为 0.05%的氯化钠的混合溶液，在特定温度下进行喷雾、干燥和周期循环试验。虽然它最初用于钢基板，但也可用于铝基材料表面有机涂层耐蚀性的评价，如飞机工业用铝材料的测试时间超过 2016h。

3）VDA 循环试验

VDA 循环试验是 VDA 制定的德国汽车工业质量标准。VDA 循环试验包括盐雾试验、湿度试验和露天储存试验。一个完整的循环通常持续一周，但其中各个循环试验的顺序、周期及持续时间不同，以具体标准为准。尽管戴姆勒、福特、通用、雷诺、大众和沃尔沃等汽车制造商也有自己的内部规范，但是 VDA 标准仍被普遍接受并广泛采用。通常规定阴极电泳底漆涂层试验持续的时间至少在 10 个周期（10 周）以上，整个复合涂层必须能够承受更长时间。

4）耐紫外线性能试验

紫外线照射主要用于评估涂层系统的光化学抗性，当其与湿度结合试验时，也可以很好地预测整个涂层对自然老化的整体抗性。加速试验用的照射光源通常是指氙气灯或特殊紫外线灯。后者提供较小的光谱段，即模拟太阳光短波辐射（340nm，UV-A）或更适合模拟极端日光化的气候（313nm，UV-B）。一般脂肪族丙烯酸聚氨酯、氟碳和聚硅氧烷涂料的紫外线耐候性加速试验可长达 2000h 或更长时间。

2.6.3 户外暴露试验

尽管上述加速试验能够帮助人们快速测试涂层的耐腐蚀、耐老化性能，但是它们只是在试验室条件下对自然环境进行有限的模拟。对于复杂的实际情况来说，它们存在一定的局限性。涂层户外暴露试验涉及不同的气候条件，包括过度暴晒、气温和湿度，或者在人口稠密地区和工业化地区出现高盐雾和大气污染（大气中 SO_2 含量高）等极端情况。世界上知名的户外暴晒场分别介绍如下。

我国海南涂层自然暴晒试验场位于东经 $110°28'$，北纬 $19°15'$，海拔为 23.5m。当地气象条件稳定，各年间的气象因素变化规律很相似，有季节性的暴风雨及高温、高湿和降雨量充沛等气候特点。

美国的暴晒试验场位于佛罗里达州，在该暴晒场涂层将承受高热、高湿、高盐雾和高紫外线辐射。国外试验场还有荷兰 geleen（大陆/工业，C2）、法国 Brest（海洋，C5/C3）、荷兰 Hook of Holland（海洋/工业，C3/C2）、葡萄牙里斯本（紫外线高暴露度，C2/C2）等。

户外暴露可与盐污染相结合。假设每周将 NaCl 溶液喷洒到试样上，则腐蚀加速系数通常为自然环境（腐蚀的）3~4 倍，即腐蚀结果可能是在 6 个月内而不是在几年内得到。汽车工业经常使用综合测试程序，其中包括湿度、盐雾及实际驾驶暴露测试等。

2.6.4 电化学试验

除了可以通过加速和室外暴露试验获得金属表面涂层腐蚀性能结果外，现代腐蚀科学还开发了许多电化学技术以供快速测试涂层的耐蚀性。虽然目前还远未达到精准预测的要求，但是对理解腐蚀及涂层失效机制极有帮助。由于腐蚀主要是电化学现象，因此电化学测试在这些研究中起着重要作用。科学家们联用分析方法，包括光学（红外光谱和拉曼光谱，特别是全反射表面增强红外光谱法）、电子光学和原子力等方法，以此来补充电化学试验的不足，从而获得更实时、更真实的测试结果。

1. 基于电化学电位测试金属耐蚀性（循环伏安法）

在电桥电路中未观察到电流时测得的电压（恒电流法）被定义为电化学电位。它是相对标准的对电极，最常见的是标准氢电极，其电位设置为 0V，用这种方式表示的电化学电位称为标准电位。电化学电位适用于任何涉及电子自由流动的化学反应，因此与电流有关，这种化学反应通常称为氧化还原反应。金属越容易被氧化，其电化学电位越低（越负）；反之，其电化学电位就越高（越正），越能抵抗（大气）腐蚀。

通过在电化学反应预期范围内上下扫描电压（E），并监测响应电流（I），可以动态研究氧化还原系统。负电流表示还原过程，正电流表示氧化过程。重复电压扫描会产生一组回路曲线。这种方法通常称为循环伏安法。循环伏安法是一种很有用的电化学研究方法，可用于电极反应性质、机理和电极过程中动力学参数的研究。

2. 电化学阻抗谱法

电化学阻抗谱（EIS）可用于监测任何发生在涂层/基材界面上的电化学活性。有机涂层是典型的电介质，它的介电特性随水和氯化物的侵入而发生明显变化。涂层介电特性的变化也会引起涂膜电阻、电容的变化，因此当金属与涂层的结合发生腐蚀或降解时，可以使用电化学阻抗谱（EIS）对涂层的防腐性能进行评价。

电化学交流阻抗测试采用经典的三电极体系，该方法是通过控制电化学系统中的电流或系统电位在小幅度条件下随时间按正弦规律变化，同时测量相应的系统电位或电流随时间的变化，进而分析电化学系统的反应机理，计算系统相关参数的一种电化学测量方法。EIS 的特点是：可在 $1×10^3$ kHz 到 $1×10^{-3}$ Hz 这一宽广的频率范围内对试样进行测定。利用 EIS 方法能够得到金属/有机涂层体系的完整信息，包括试样电极的阻抗实部、阻抗虚部、阻抗模值和相角等，测量结果可用奈奎斯特（Nyquist）图（阻抗实部与阻抗虚部的关系图谱）或波特（Bode）图（阻抗模值或相角随测量频率的变化）来表示。

3. 高空间分辨率电化学技术

1）扫描振动电极

利用扫描振动电极技术（scanning vibrating electrode technology，SVET）可以检测金属/电解质边界处的局部腐蚀电流，并进行高空间分辨率（微米以上尺度）扫描绘图。这项技术能够在没有浸入的情况下进行原位研究。其原理是：测量在局部腐蚀反应过程中各种物质离子的迁移所产生的电流。阳极和阴极的位置可用这种方法清晰分开。横向分辨率为 $10\mu m$，电流密度小于 $5\mu A/cm^2$。

2）高度调节扫描

（1）高分辨率的扫描开尔文探针（high resolution scanning Kelvin probe，HR-SKP）系统。HR-SKP 可以精确测量有机涂层下金属表面局部电势分布。因此，这项技术可用于检测氧化物结构变化和离子浸入。通过重复测量，还有可能了解腐蚀和分层是如何随时间发展的。此外，利用 HR-SKP 可以区分水分（湿分层）导致的结构弱化和氧化还原（腐蚀）反应引起的结构弱化。

（2）起泡试验。研究腐蚀分层机制的另一项试验是将 HR-SKP 与一种装置结合起来使用，这种装置允许将有机涂层同时置于电化学和机械应变作用下。将涂层试件从底面钻一个小孔，当电解液被泵入时，一旦电解液施加在薄膜上的液压超过黏附力，就会发生分层，形成一个水泡，同时用 HR-SKP 对水泡进行监测，给出水泡生长过程的形貌信息和电化学信息。该试验称为扫描开尔文探针起泡试验（HR-SPK-BT），如图 2.7 所示。

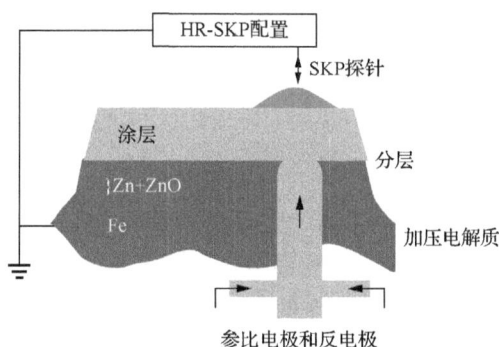

图 2.7　HR-SKP-BT 起泡试验示意图

利用此项技术可以研究在大气湿度、电解质压力和极化条件下的阴极分层过程。结合剥离力测试和衰减全反射红外光谱（attenuated total reflection infrared spectroscopy，ATR-IR）法测定的吸水率数据，可提供有关涂层和界面水的渗入及其他有用信息。因此，可以区分氧化还原反应分层和化学分层，这是受膨胀（涂层塑化）、水分子水解和置换吸附有机涂层影响的。

2.7　几种先进涂装工艺

汽车产业是国民经济重要的支柱产业。基于汽车工业产量大、品种多、涂层性能要求高、大量流水生产等特点，汽车涂装工艺是工业涂装的典型代表[17]。汽车涂层需要具有极其优良的耐蚀性、耐候性，能够适应各种汽车使用环境和世界各地的气候条件，同时还需具有优良的装饰性来满足客户需求和顺应时代潮流。涂装工艺还可赋予车身一些特殊的功能需求，如车身的隔音减振、军车涂覆的防雷达波伪装材料等。

涂装工艺设计与涂料的特性密不可分。涂装生产涉及的涂装材料有几十种，如前处理材料、电泳涂料、水性中面涂涂料、溶剂型中面涂涂料、粉末涂料、抗石击涂料、防声涂料、消音涂料及密封涂料等。

汽车车身涂装属于多层涂装，一般由电泳层、中涂层、面漆层组成。目前汽车产品涂装工艺的类型较多，乘用车一般采用 3C2B 工艺或紧凑型工艺，其工艺流程图如图 2.8 所示。其中，电泳工艺、中涂工艺为主要工艺过程，现对其主要工艺进行介绍。

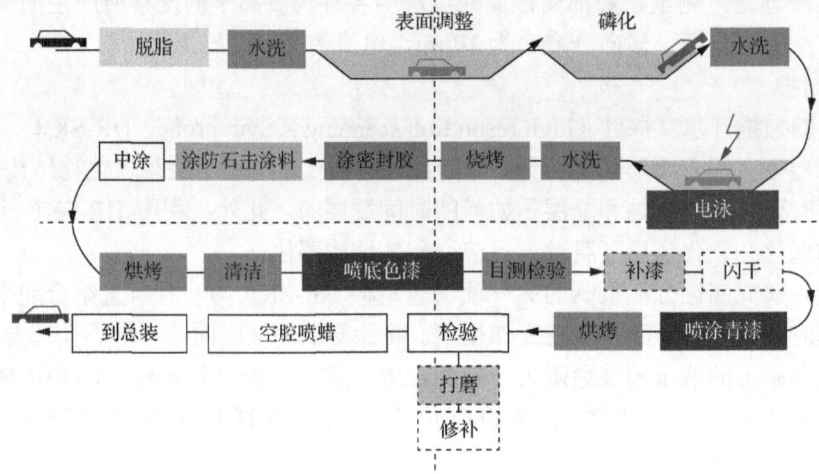

图 2.8　3C2B 涂装工艺流程图

2.7.1　汽车电泳涂装工艺

1. 概述

电泳涂装是近 70 年来发展起来的涂装技术，是以离子型水溶性聚合物为成膜基料，采用电泳方法将其转化成涂膜，用于汽车整车及零配件等金属导电基材涂装生产，并为其提供优异的防腐蚀性能。

1957 年，福特汽车公司在乔治·布鲁尔（George Brewer）博士的带领下着手研究电泳涂装，利用电泳涂装技术开发出一种能够改善车身难涂部位防腐蚀性的方法。1961 年，福特公司首条车轮阳极电泳涂装线投入使用。1976 年，美国 PPG 公司研制出第一代阴极电泳涂料，并将其成功应用于美国通用汽车公司汽车部件涂装生产。进入 20 世纪 80 年代，在全球范围内，汽车车身涂装广泛使用的阳极电泳涂装线几乎已经完全转换为阴极电泳工艺[18]。

这一转换产生的原因在于阴极电泳工艺具有三大优点：①车身钢材不发生阳极溶解，使涂膜与基材的附着力和防腐蚀性能得到极大提高。②涂料树脂中含防止基材腐蚀的基团（含氮基团等），其耐蚀性和泳透力优良，可使汽车内腔泳涂更好。③为双组分加料预分散技术提供更可靠的施工工艺。

汽车涂装电泳涂料一般根据泳透力效果来进行分类。电泳涂料的泳透力是指在电泳涂装过程中使背离电极（阳极或阴极）的被涂物表面上漆的能力[19]。泳透力的大小决定了被涂工件内腔的整体防腐能力，一般采用四面盒法进行检测。

作为汽车涂装底漆，电泳涂料起到隔离涂层防止金属腐蚀的作用。电泳涂料一般与中面涂涂料配套使用，可以实现汽车 10 年以上不生锈。即使对内腔、夹缝等一些形状复杂的隐蔽部位的工件，也能很好地实现膜厚的均匀性和膜的完整性等，极大地提高了工件整体防腐蚀性能。因此，阴极电泳工艺已成为汽车涂装行业的必然选择。

2. 工艺介绍

电泳涂装的基本物理原理是带电荷的涂料粒子与它所带电荷相反的电极相吸。以阴极电泳为例，在电泳槽两侧设置阳极,将金属工件作为阴极浸于电泳漆液中,在两极间通直流电,阳离子涂料粒子向阴极工件移动,阴离子涂料粒子向阳极工件移动,离子型聚合物的水溶性会随着 pH 值的变化而变化,继而沉积在工件上,在工件表面形成均匀连续的涂膜。当涂膜达到一定厚度(湿膜电阻大到一定程度),形成一个动态平衡,平衡后继续延长电泳时间,会对外观产生较大影响,直至电泳涂装过程结束。如前所述,整个电泳涂装过程可以概括为电解、电泳、电沉积和电渗四个步骤。

脱水后湿膜牢牢黏附在基材上,通常的清洗不能洗脱。电泳过程首先发生在电场强度较大的区域,随着电泳湿膜厚度的增加和电渗效果的增强,涂膜电阻越来越大,电场分布也随之变化,涂膜的沉积随电场分布逐渐延展到电场薄弱处,即电泳成膜从车身外表面延展到内腔,完成涂膜湿膜涂装过程。

汽车电泳涂装线一般由表面前处理工序、电泳工序、电泳烘烤工序组成。其中,前处理工序又包括脱脂、水洗、转化膜(磷化或薄膜处理)、水洗、钝化、纯水洗等工序。脱脂起到清洁工件表面作用,提高电泳涂膜的附着力。转化膜是基体金属直接参与反应形成的一个连续性结构,与基体表面形成一个整体作为电泳涂膜的底层,可以显著提高涂膜的耐蚀性。同时,通过物理抛锚效应或/和化学键结合效应提高涂膜与基体的附着力,进而增加对被涂物的保护,其工艺流程图如图 2.9 所示。

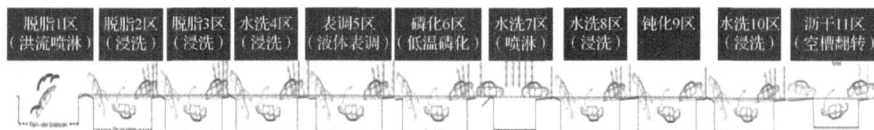

图 2.9 前处理工艺流程图

电泳工序包含了电泳、超滤清洗、纯水洗、沥水等工序,其工艺流程图如图 2.10 所示。

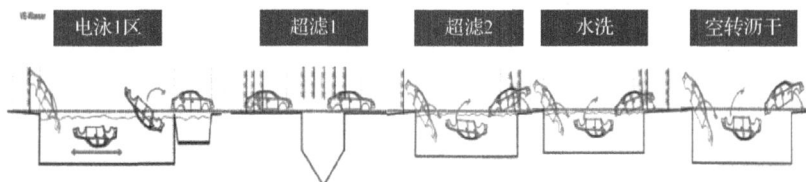

图 2.10 电泳工艺流程图

在电泳 1 区完成车身电泳成膜工作。为确保涂膜烘干后的质量,对泳涂后的工件应当及时予以冲洗以去除表面浮漆。为实现无排放、无污染,后冲洗系统可先用超滤液冲洗,再用去离子水冲洗,其包含的工序有超滤 1、超滤 2 及水洗等。用超滤液清洗掉黏附在涂层表面的浮漆,清洗后的超滤液逐级逆向回收到电泳槽中,可以提高电泳漆利用率,消除浮漆及其对涂层再溶造成的电泳花斑及流痕等质量缺陷,实现电泳槽液的封闭循环,最后一道工序,采用新鲜去离子水清洗,确保车身的清洁度和涂膜外观。

经过清洗的涂膜在进入电泳烘干炉之前,一般需要设置沥水工位(沥水时间为 10min)以沥干被涂工件的积水、挂水等,电泳烘干炉设置热风对流系统,保证工件烘干温度,实现电泳涂膜交联固化,其烘烤曲线应有一定的梯度以确保取得良好的涂膜外观效果。

电泳工序的主要工艺设备,如图 2.11 所示。

电泳系统一般由电泳槽、整流电源、循环系统组成,其中循环系统又分为槽液循环过滤系统(主副槽循环)、热交换循环系统、阳极液循环系统和超滤循环系统。

(1)电泳槽。电泳槽是涂装线上的主要装置,其容量大小应当根据被涂工件的大小、处理量、生产方式及电泳槽液的更新期而定。电泳槽一般由低碳钢板双面焊接构成,涂敷玻璃纤维以加强改性环氧树脂衬里,而且衬里需要在 2000V 电压下进行火花试验,确保其完全绝缘。

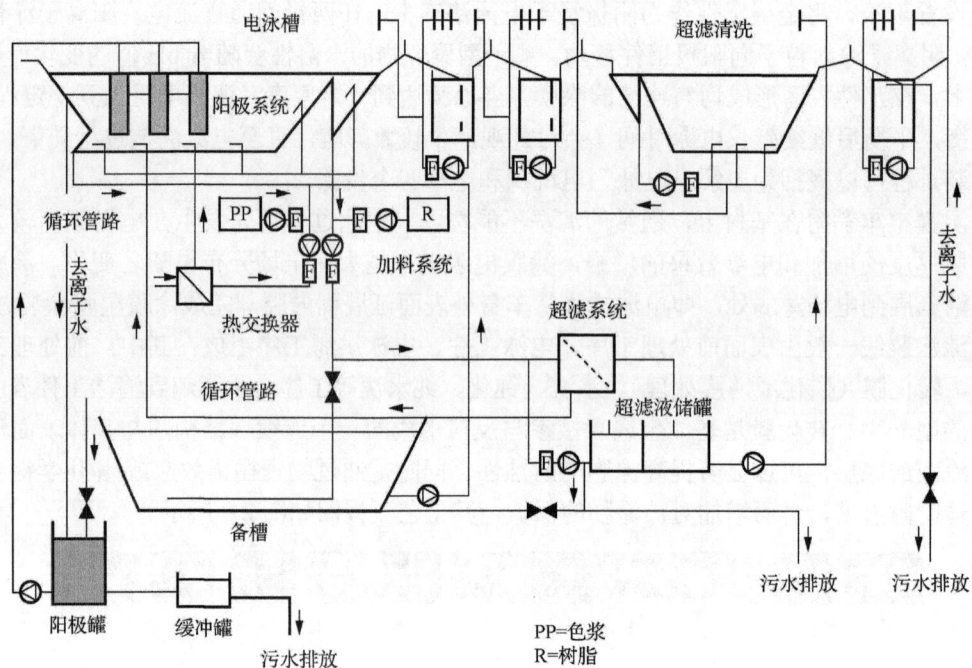

图 2.11　电泳系统设备图

（2）循环过滤系统。主副槽循环过滤系统的主要作用是：①防止槽液中的色料沉降；②去除电泳过程中产生的焦耳热和被涂物表面产生的气体；③保证电泳槽液温度稳定。

（3）超滤系统。超滤系统是电泳涂装的主要辅助装置，电泳槽液通过超滤膜分离出去离子水、溶剂等低相对分子质量液体而成为超滤液，用于工件电泳涂装后的冲洗，提高涂料利用率。

（4）阳极装置。阳极板为耐酸不锈钢材质，将其置于装有阳极液和阳极隔膜的阳极箱中。阳极箱分布于电泳槽两侧，在正常工作时，阳极与阴极（指工件）的面积比约为 1∶4。

（5）直流电源动力装置。直流电源是电沉积的动力装置。

3. 工艺管控要点

电泳涂装通过涂层将金属与外部环境的腐蚀因子隔离，从而实现金属材料防腐蚀保护。为防止涂层在汽车行驶过程中遭到破坏而导致隔离防护失效，电泳涂层的附着力、抗石击性能就显得尤为重要。同时，电泳涂层的表面平整度和外观对后道工序影响较大，可能会导致面漆后涂膜的外观不良。因此，在电泳工艺过程中需要重点关注前处理脱脂状态、磷化结晶形态、电泳槽液的参数控制、清洗、沥水及烘干炉温等工艺参数。

1）源头管控

车身脱脂状态会直接影响电泳涂层的附着力，为确保车身脱脂干净，需要开展以下工作。

（1）对车身在涂装前加工过程中所用化学品（拉延油、防锈油、防焊渣黏结剂、焊缝胶等）进行脱脂清洗测试，确保脱脂工序可将工件清洗干净。

（2）涂装设备及工序所用的辅助材料（管道密封圈、胶黏剂等）都不能含有酯酮，需要对其进行电泳缩孔性能检测。

（3）保持涂装环境洁净度，通过设置接油盘防止传送链、吊具上的润滑油滴落，并定期对传送链和吊具进行清洗。

车身金属表面磷化质量也会影响电泳涂层的粗糙度，因此需要重点管控表调、磷化槽液工艺参数，确保磷化结晶均匀致密，推荐粒径尺寸控制在 2~5μm 之间，避免出现二次结晶等现象。

2）电泳槽液工艺管理

（1）定期检测电泳槽液工艺参数，如固含量、溶剂含量、pH 值、灰分、电导率、槽液温度、电压、电泳电流等参数，确保其处于最佳工艺范围。

（2）周期性检测电泳槽液中各种离子浓度，若超过工艺规定值，则应排放 UF 液和补加纯水以降低杂质离子含量，并根据槽液的工艺参数调整电泳电压。

（3）定期维护设备，如检查电泳电源电压波动、过滤器压力、喷嘴流量或压力、输送速度、主副槽液面落差等。检查电泳辅助设施，如阳极系统、超滤系统等。确保设备运行良好，若出现阳极分电流情况，则及时更换腐蚀的阳极板，检查阳极液及细菌生长情况，及时灭菌等。

（4）关注槽液长菌情况，若槽液出现 pH 值异常升高，沉淀量增加，槽液过滤困难，过滤袋堵塞，槽液表面形成大量泡沫等问题，则需采用液体杀菌剂进行杀菌，并经检测细菌含量降为 0，在槽液参数恢复后，方可进行正常涂装生产。

3）电泳后水洗及沥水

电泳槽上设置新鲜超滤液冲洗工序，保证在润湿状态下及时洗净车身表面电泳浮漆，避免其干结影响涂膜外观质量，冲洗时间以 15~25s 为宜，若冲洗时间过长，则会使涂层溶解，影响涂装质量。经多道清洗后，在进入烘道前，干净的车身可通过变换输送角度沥水，避免腔体部位因积水而产生涂膜水痕和涂膜固化不完全等缺陷，确保车身涂层外观平整、光滑，无"花脸"、二次流痕等瑕疵。

4）电泳漆烘干

阴极电泳涂料属于热固化涂料，其烘干温度、烘干时间对于电泳涂膜固化十分重要。若温度过低或烘干时间不足，则会涂层固化不良，严重影响涂膜的物理性能和使用寿命；若温度过高或时间过长，则会产生过烘烤，影响中面漆与电泳底漆之间的附着力，严重时会造成涂层变脆甚至脱落。为取得较为优良的外观，建议电泳烘干前段设置为（90~100℃）×10min 预烘段，除了确保漆层中的水和溶剂充分溢出，还可避免升温过快引起涂层中的水和溶剂剧烈汽化，导致涂层产生大量针孔、缩孔。需要定期清洁、维护电泳烘干室，使其保持清洁、温度均匀。准确度控制和烘干时间等满足工艺要求，避免车身表面涂层产生色差，上下温差<5℃。

4. 涂层常见缺陷及防治

1）涂膜粗糙

电泳涂层粗糙主要是指烘干后的涂层表面润滑度不匀、光泽低及涂层外观不饱满等。一般采用手持式粗糙度仪进行测量，用 Ra 值表达，测量步长为 2.5mm。涂层粗糙产生原因及对策见表 2.21。

表 2.21　涂层粗糙产生原因及对策

分类	产生原因	对策
基材	工件自身外表粗糙，如白车身打磨等	①挑选粒径更小的砂纸打磨工件表面 ②控制板材来料表面粗糙度
前道工序	前处理磷化膜粗糙	调整表面调整液、磷化液参数，控制在工艺范围内，保证磷化膜均匀完整致密
电泳槽液	①电泳槽液 P/B 高，灰分高 ②槽液溶解不良或者老化，颜填料絮凝成较小颗粒，槽液 L 效应差 ③电泳成膜速度过快 ④槽液长菌	①降低色浆的补加量或加大乳液的补加量，降低槽液的 P/B ②调节槽液参数，并更换更密过滤袋以加强槽液过滤，减少槽液中的颗粒 ③采取降低电泳电压等措施，控制电泳成膜速度 ④定期检测槽液中的细菌含量

2）颗粒

颗粒是涂膜表面产生的凸起物缺陷，主要表现为涂装后湿膜表面有异物凸起，经过烘烤固化于涂层表面，不仅影响涂层性能，也增加了现场打磨工作量。造成涂层表面颗粒的因素有很多，一般通过对颗粒进行取样、观察和解析，找出颗粒来源。只有采取有针对性的措施，才能达到理想效果。涂层颗粒产生原因及对策如表 2.22 所示。

表 2.22　涂层颗粒产生原因及对策

分类	产生原因	对策
作业环境	工件在电泳前、电泳后受到粉尘颗粒的污染	①保持前处理、电泳涂装环境清洁，检查并消除空气中的尘埃源 ②加强前处理槽液的过滤，降低磷化液残渣含量，严格控制磷化后冲洗水的水质及浮在工件表面的磷化残渣 ③定时清洗挂具上的疏松污垢 ④定期清扫烘干室体及更换热过滤介质
槽液	①槽液杂质离子带入过多，使部分树脂颜料老化絮凝 ②槽液 pH 值偏高、溶剂含量低，树脂因溶解不良而有颗粒	①加强电泳槽液的过滤，定期清洗、更换过滤器材 ②严格控制槽液 pH 值及 MEQ 值，防止电泳树脂析出 ③加快槽液更新速度，多加乳液，降低 P/B

3）缩孔

电泳涂层缩孔表现为火山口状凹陷，如图 2.12 所示。涂层中通常混入油污、含油颗粒等，在涂层干燥过程中杂质和涂层的表面张力梯度不一致，导致涂层流平能力不平衡，从而产生缩孔。电泳涂层缩孔产生原因及对策如表 2.23 所示。

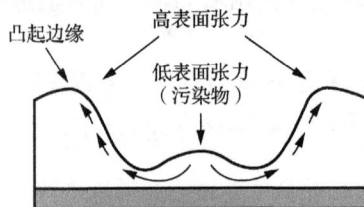

图 2.12　电泳涂层缩孔

表 2.23　电泳涂层缩孔产生原因及对策

分类	产生原因	对策
源头控制	被板材防锈油、冲压油、输送系统链条油、烘房高温润滑油等污染	①检测前道工序油品是否引起缩孔 ②降低车身表面涂油量
前道工序	①脱脂不净 ②后冲洗不净，导致工件表面存在油污 ③电泳前洁净区的送风洁净度不足	①加强脱脂工序管理，确保除油效果 ②加强后冲洗液水质的检测，定期采用除油过滤袋以确保后冲洗水过滤质量 ③定期检测空气洁净度
电泳工序	①电泳槽液被油污污染 ②槽液抗缩孔性能差	①在槽液循环系统中安装除油过滤袋 ②调整槽液的 P/B
烘干工序	①工件夹缝残存的油污在烘干过程中飞溅引发缩孔 ②烘干循环热风中存在油污或污染物引发缩孔	①电泳后烘干前吹水：把夹缝内残存的液体吹扫出来，并充分沥水 ②调整电泳烘房温度：降低电泳烘房第一段炉温，使夹缝内的残存液体缓慢挥发，避免烘干过快产生暴沸 ③烘房系统定期保洁，检查烘房使用的循环风是否含有油分和污染物，及时清扫烘道及更换热空气过滤器

4）针孔

针孔是指电泳涂层表面出现的针尖状凹坑，而且中间无异物，四周无凸起。当针孔严重时，会导致后续电泳涂层打磨工序的工作量增加。电泳涂层针孔产生原因及对策如表2.24所示。

表2.24　电泳涂层针孔产生原因及对策

分类	产生原因	对策
基材	①钢材表面有锈点或浮锈 ②镀锌钢材表面残存电镀助剂	①控制锈蚀，对锈蚀部位重点清除 ②对电镀工件进行匹配试验，控制电镀工件质量
电泳槽液	①槽液中杂质离子含量过高，施工电压偏高，电解反应加剧，被涂工件表面产生气体等 ②槽液温度偏低或搅拌不充分，助溶剂含量偏低，造成涂层薄、流平差 ③整流器电压波动	①加强控制槽液中杂质离子的浓度 ②槽液温度控制在工艺规定范围内，加强槽液搅拌 ③排查整流器输出电压，各段电压无明显波动情况，电压值正常
工艺控制	①电泳涂装后被涂工件出槽清洗不及时，湿涂层产生再溶解现象 ②工件带电入槽、槽液液面流速低、有气泡堆积，泡沫随着被涂工件在表面上形成针孔	①被涂工件离开槽液后应当立即用超滤液或纯水进行冲洗。冲洗时间≤1min ②为消除带电入槽易产生针孔的隐患，一定要控制槽液表面流速在0.20~0.25m/s之间，同时降低工件入槽电压

5）花斑条痕、水迹印

电泳涂层表面虽然平整但呈现线状或流痕状的连续斑纹缺陷，称为花斑条痕。电泳涂层烘干后局部被涂面上有凹凸不平的水滴斑状缺陷，称为水迹印或水渍印。涂层花斑条痕产生原因及对策如表2.25所示。

表2.25　涂层花斑条痕产生原因及对策

分类	产生原因	对策
前道工序	①工件表面磷化膜不均匀 ②磷化后水洗不充分，前处理化学药剂残留	①调整前处理工艺参数，保证磷化膜均匀 ②加强对磷化后冲洗设备的检查，如是否堵塞等，确保喷嘴压力在工艺范围内
工艺控制	①工件湿膜带电入槽，由电解作用引起气泡增多 ②湿电泳涂层电渗性差，表面疏水性不均匀，水滴局部残留 ③出电泳槽后冲洗不及时，导致浮漆干燥形成花斑 ④烘干前沥干时间不足，工件残液积存	①加快槽液循环以消除气泡 ②调节pH值、溶剂含量等参数，改善电泳漆涂层表面张力和疏水均匀性 ③调节电泳槽上新鲜超滤液喷淋头的方向和压力，确保冲洗效果，检查超滤液冲洗水量是否充足 ④采用开工艺孔和吹积水的方法解决工件后冲洗积水问题

2.7.2　水性紧凑型汽车涂装工艺

1. 概述

汽车涂装属于多涂层体系，在汽车百年发展史中，出现了很多涂装工艺流程。近年来，随着涂装工艺技术的发展，在环保和成本双重压力下，大多数汽车企业都在不断尝试更加绿色、环保的涂装工艺技术，并经历了从取消中涂大烘干到取消中涂工序的发展过程。目前，国内外主流汽车企业已由传统的水性3C2B涂装工艺发展为水性紧凑型涂装工艺（水性免中涂工艺），采用面漆B1取代原中间漆，取消了独立的中涂及中涂烘干工序。水性紧凑型涂装工艺演变历程如图2.13所示。

传统的3C2B水性漆涂装工艺有较长的应用历史，技术较为成熟，涂膜对基材的遮盖能力较强。它的缺点是：涂装生产线长，是以高运行成本为代价来实现工艺可靠性和满足涂装质量要求的。

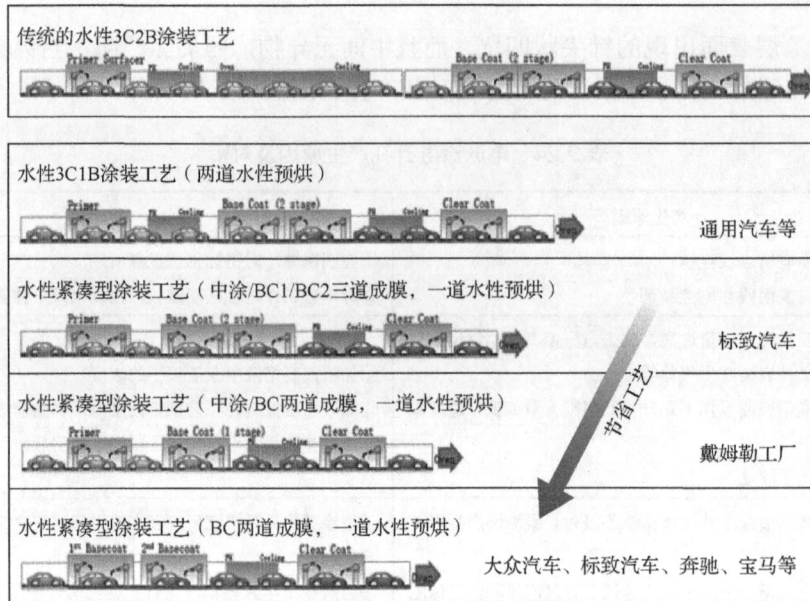

图 2.13　水性紧凑型涂装工艺演变历程

水性紧凑型工艺的主要特点是：取消中涂喷涂、烘干及打磨等工序，采用具有中涂功能的 B1 涂层和具有色漆功能的 B2 涂层分别替代原中面漆和色漆，大大减少了涂料用量和能源消耗。通过在面漆的第一道涂层（简称 BC1）中加入 UV 防护颜料、界面稳定剂等成分，实现了中涂的阻挡紫外线穿透功能、抗石击性能和增加涂层附着力的功能。BC1 涂料为功能性涂料，主要具备中涂的全部功能及色漆的部分功能，体现在抗石击、抗 UV（可见光）、填充性能及部分预着色功能。BC2 涂料为装饰性涂料，主要赋予面漆绚丽的色彩和耐久性效果。BC2 可以根据颜色实现的难度及车身外观需求，采用一站喷涂模式或两站喷涂模式。

2. 工艺介绍

水性紧凑型工艺在不同的企业命名不同，其中较有代表性的名称有：IP 集成工艺（BMW 公司/BASF 公司）；B1B2 工艺（PPG 公司）；Process2010/Process2010V（大众公司）；3-wet（通用汽车公司）等[20]。

水性紧凑型涂装工艺流程为：前处理→阴极电泳漆→烘干→电泳打磨→焊缝密封胶→胶烘干（120℃，15min）→B1 外表面喷涂（室温闪干 4～6min）→B2 内表面喷涂→B2 外表面喷涂→预烘干（60～80℃，6～8min）→清漆（2K，室温闪干 5～10min）→烘干（140℃，20min），如图 2.14 所示。

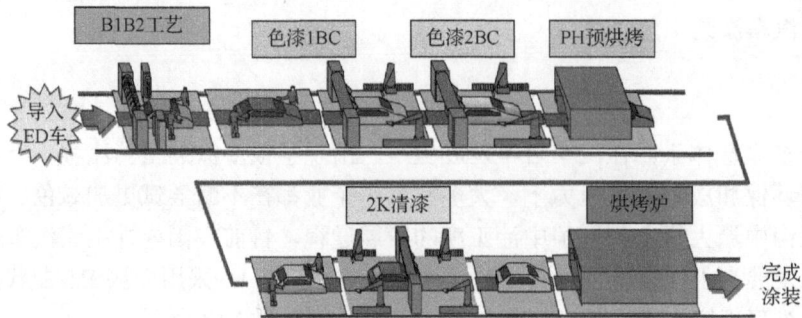

图 2.14　水性紧凑型面漆工艺流程图

水性紧凑型工艺在保证涂层性能达到传统的水性 3C2B 工艺相同水平的情况下,两者的涂层厚度有较大差异,见表 2.26。由于不同颜色的遮盖力不同,B1/B2 的涂层也存在一定的差异。

表 2.26 两种涂装工艺涂层厚度对比

涂层	σ(水性 3C2B 工艺)/μm	σ(水性紧凑型工艺)/μm
清漆	30~45	40~55
色漆/B2	10~15	10~20
中涂/B1	30~40	12~20
电泳	20	20
镀锌＋预处理	8~10	8~10
总膜厚	98~130	90~125

水性紧凑型工艺与传统的水性 3C2B 工艺相比,具有减少 VOCs 排放、降低设备投资费用及运行费用等显著优点,见表 2.27。

表 2.27 水性紧凑型工艺费用降低一览表

分项	具体内容
先期设备	减掉中涂机器人和输漆系统 减掉中涂喷漆房、闪干区和烘房 减掉中涂的打磨间和擦净区 减掉中涂占用的场地和位置
能耗	减掉中涂工段喷漆间的全部水,压缩空气和能源消耗(空调送排风等) 减掉中涂工段烘房的能源消耗
人力及运营	减掉中涂工段的人工费用,即减掉中涂内表面喷涂工人及中涂后打磨擦净工人 减掉中涂工段的消耗品(中涂涂料、过滤、砂纸、黏性擦布、手套等) 减掉中涂车间的清洁维护费用 减掉中涂线(机器人、烘干炉、喷漆室、机械化输送系统等)的维修费用

3. 工艺管控要点

1)白车身及电泳质量管控

相对于原中涂涂层,水性紧凑型工艺 B1 涂层的膜厚度更薄,而且无中涂层打磨工序等表面处理工序,因此对车身电泳涂层外观质量要求较高。为取得较好的涂装外观效果,要求电泳涂层粗糙度 Ra 值≤0.3(2.5 步长)[21]。同时,如果电泳涂层上的缺陷未及时消除,就需到面漆涂装后的精修工位处理或进行大返修处理,从而降低了涂装生产线的一次下线合格率。

电泳涂层外观质量取决于白车身板材的粗糙度、前处理磷化结晶质量、电泳槽液、电泳后清洗、电泳沥水、烘干及设备运行状态等因素,因此采用紧凑型工艺需要重点关注这些影响因素,确保这些工艺参数处于最佳控制范围。

2)色漆涂层厚度管控

在太阳辐射光谱中,紫外线的波长为 295~400nm,虽然其能量仅占太阳光总能量的 10%左右,但是其对高分子材料造成的老化后果极其严重。尤其对于阴极电泳涂层而言,紫外线对其环氧树脂体系造成不可逆的化学断键[22],从而导致涂膜粉化脱落。因此,要求汽车的中面涂在具有良好耐候性的同时,还具有良好的紫外线阻隔功能。原 3C2B 工艺中依靠中涂层来实现紫外线阻隔功能,对于水性紧凑型工艺而言，需要色漆层（尤其是 B1 涂层）具备良好的紫外线阻隔能力，可通过正确选择树脂、颜料、紫外线吸收剂和稳定剂实现。

不同的颜色紫外线阻隔能力差异较大，因此在涂料开发及产品开发过程中需要进行紫外线阻隔能力检测，确定涂料满足紫外线阻隔要求的最低涂层厚度。不同汽车厂商对色漆紫外线阻隔能力的要求也存在差异，如图 2.15 所示，在 BC2 涂层相同的情况下，BC1 膜厚度为 8μm 即可满足紫外线阻隔要求。大多数汽车企业都会严格控制色漆涂层厚度，通常为最低膜厚的 1.2～1.3 倍，如大众汽车在采用水性紧凑型工艺时，增加了湿涂层膜厚在线检测，重点管控色漆层膜厚。

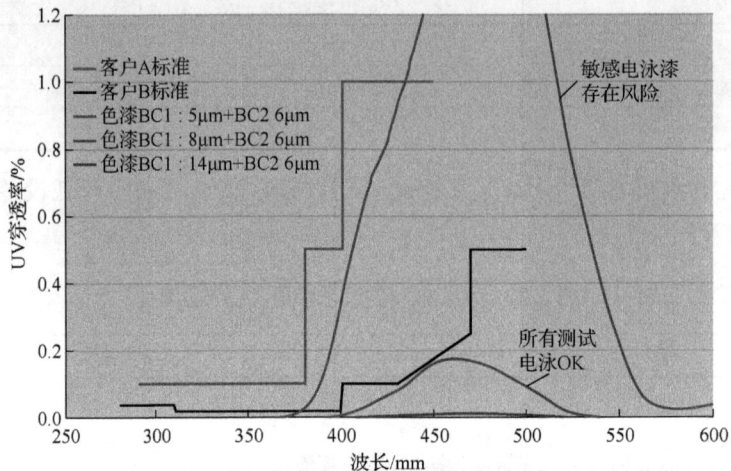

图 2.15 涂层紫外线穿透率控制标准

3）涂层脱水率管控

水性紧凑型工艺的面漆 BC1 与面漆 BC2 之间为"湿碰湿"施工，其湿涂层厚度比传统的水性 3C2B 工艺增加了 10～15μm，因此在水分预烘干过程中需要重点管控脱水速率和涂层脱水率，防止出现针孔、气泡等质量缺陷。一般而言，水分预烘干过程脱水烘干条件为 60～80℃、6～8min，同时加大排水汽风机的风量，控制烘干炉循环风的相对湿度，在生产过程中需要定期检测车身涂膜的脱水率，确保最终的涂膜质量。

4）清漆选择

因为缺少中涂的填充及抗石击功能，所以为了实现同样的功能及外观效果，水性紧凑型工艺需要喷涂具备良好柔韧性及丰满度的罩光清漆。对于水性紧凑型工艺而言，一般需要配套双组分清漆以提高涂层的饱满度及性能。双组分罩光清漆一般由两个组分构成，其中组分一提供涂层基本性能保证，一般由提供羟基基团的热固性丙烯酸树脂等组成；组分二选择多异氰酸酯作为交联固化剂。该类涂料在耐候性、保光性、耐化学品性、耐酸雨性、耐擦伤性及力学性能等方面都具有非常好的表现。此外，因为在固化过程中没有小分子物质产生，涂层收缩率很小，所以使用清漆容易得到极高丰满度的涂层外观。

4. 涂层常见缺陷及防治

1）橘皮

橘皮是涂层表面的一种波浪式纹路，一般表现为橘皮状凹凸不平。当光线聚集在涂层表面时，目视可见光亮区和非光亮区的反差，涂层表面出现大小凹凸不平的亮暗波纹，如图 2.16 所示。根据波长范围不同，橘皮波纹分为长波（long wave，LW）和短波（short wave，SW）两种。其中，长波橘皮的波长为 1.2～12.0mm，短波橘皮的波长为 0.3～1.2mm。

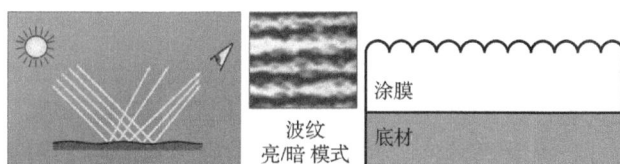

涂膜
底材

波纹
亮/暗 模式

图 2.16　橘皮

　　橘皮是汽车涂装外观参数中重要的一项控制指标，是主机厂日常监控项目。橘皮控制指标对于不同的厂家会有一定的差异，一旦指标出现异常，就要及时采取措施加以解决。橘皮产生原因及对策见表 2.28。

表 2.28　橘皮产生原因及对策

分类	产生原因	对策
基材	①车身钢板粗糙度大、平整度差 ②车身钣金凹凸面大 ③电泳涂层粗糙度大	①控制车身钢板粗糙度 ②控制电泳涂层缺陷及粗糙度
涂料	①稀释剂溶解性差、挥发速率快 ②清漆流平差及触变性过大 ③涂料施工黏度高，流平性差	①降低涂料稀释剂的挥发速度，或添加流平剂，改善涂料的流动性 ②降低涂料黏度
环境因素	①喷漆室环境：温度高、湿度低、风速强 ②烘炉升温速率快 ③烘炉循环风量及风速大	①调整喷涂环境温度、风速 ②减慢溶剂挥发速度
工艺参数	①车体温度高 ②色漆、清漆流平时间短 ③膜厚薄、膜厚分布不均 ④涂料雾化状态不佳（流量、转速、整形），走枪速度过快	①降低车身温度 ②增加一次喷涂层厚度，改善流平性 ③控制涂层厚度及均匀性 ④选择合适的压缩空气压力及出漆量和雾化性能良好的喷涂工具

　　2）发花或色差
　　发花是指由涂装不当或涂料组分变质引起局部涂层颜色不均匀，出现斑印、条纹和色相杂乱等现象。发花大多出现在金属漆中，这是因为效应颜料没有平行于涂层表面排列，光线在这些颜料上发生了漫反射，在某个特定光线和角度下，可见车身某部位漆面存在明显的明暗交错现象或呈现云雾状图影。发花产生原因及对策见表 2.29。

表 2.29　发花产生原因及对策

分类	产生原因	对策
涂料	①涂料的触变性设计不合理 ②稀释剂挥发过快、过慢均会引起发花 ③涂料中某种树脂过于慢干 ④稀释剂的设计不合理 ⑤定向助剂搭配不合理（黏度恢复快/慢）	①对涂料自身的抗发花性进行改良控制 ②调整稀释剂的挥发速度，使漆雾融合良好 ③色漆湿涂层固体分，一般推荐喷涂 3min 后色漆湿涂层固体分在 68%～72%之间
工艺参数	①喷涂重合率达不到要求 ②涂料施工黏度不符合要求或喷涂量分配不合理 ③色漆涂层厚度分布不均匀（个别部位未达到遮盖涂层厚度） ④喷漆室风向、风速设计不合理，漆雾干扰严重 ⑤喷涂设备雾化不良，吐出量不稳定	①提高喷涂重合率，一般要求在 2/3 以上 ②调整金属漆的干湿状态，如色漆 1 站和色漆 2 站的喷涂比例等 ③定期清理旋杯、空气帽，检查整形空气环上的小孔是否堵塞等 ④检查雾化空气压力、涂料压力、流量是否稳定

3）循环变色

循环变色是指涂料在循环系统中长期循环（10～30 天）而没有更新的状态下出现颜色变化。它一般发生在金属铝粉含量较高的涂料中，主要表现为 L 值：15°、25° 明度降低，45°、75°、110° 明度升高；其他主色相也会出现变化，尤其以蓝色较为明显。高铝粉涂料容易出现循环变色。

在生产过程中需要关注长时间（10 天以上）不生产的涂料，并需将系统中的这种涂料打出。对短时间（10 天以下）不生产的涂料，注意降低搅拌速度，降低循环系统中的涂料流速，系统背压维持在 2～3kg，两天检查一次过滤袋。若涂料长时间没有更新或者使用，则需在生产前对颜色进行确认。循环变色产生原因及对策见表 2.30。

表 2.30　循环变色产生原因及对策

分类	产生原因	对策
涂料	①金属颜料在循环系统中由于剪切作用而产生变形 ②颜料絮凝 ③金属颜料发生了沉降（各明度均下降）	①降低输调漆搅拌及管路循环系统的剪切力，如降低搅拌速度等 ②选择合适的活性剂及助剂，保持涂料分散稳定
工艺参数	过滤袋选择不合理，将金属颜料、色浆等过滤掉了（色相、明度均产生明显变化）	选择合适的过滤袋。一般铝粉颜料选用 125～150μm 的过滤袋，珠光颜料需用 180～200μm 的过滤袋

2.7.3　粉末涂装工艺

粉末涂料行业是涂料行业的子行业。粉末涂料是一种以微细粉末状态存在的固体涂料，可以转移到被涂物上，经烘烤熔融，固化成膜。粉末涂装工艺是一种环境友好型涂料涂装技术，具有以下四个特点。

（1）施工过程中不挥发任何有机溶剂，无须设置废气治理系统。

（2）可以直接回收并用于工件的第一道喷涂。

（3）没有废渣，在生产过程中产生的超细粉可由涂料公司回收。

（4）喷涂环境无须使用溶剂清洗，只需使用吸尘器清洁即可。

目前为止，还没有其他技术可以在主机厂涂装工艺流程中实现涂料直接回收和"零排放"[23]。随着国家对 VOCs 管控越来越严格，应用"漆转粉"技术或直接新建粉末涂装线已成为各个行业的首选。

1. 概述

粉末涂层较厚且交联密度高，具有良好的力学性能和耐蚀性，能够实现各种纹理或金属效果，其光泽范围为 5%～95%（用 60° 测量）。粉末涂料按照树脂体系可分为四大类：①环氧树脂体系。环氧树脂体系具有优异的力学性能、化学性能和耐蚀性，其主要缺点是环氧树脂对紫外线的抵抗力非常差。②环氧-聚酯混合体系。环氧-聚酯混合体系具有较好的流平性，其耐蚀性没有环氧树脂体系高，抗紫外线性能一般，通常用作底粉涂层。③聚酯体系。聚酯体系具有较好的防腐蚀性能和耐候性，通过不同混合比例的耐候等级树脂体系，最高可以满足五年佛罗里达暴晒试验。④丙烯酸体系。丙烯酸体系具有优异的耐候性、耐化学性、流动性和流平性，并能实现低温固化，但其力学性能不如聚酯体系。因此，通过配方技术，丙烯酸/聚酯混合型可以同时具备聚酯优良的力学性能和丙烯酸优异的耐候性。

国外较早开始对粉末涂装在汽车行业应用的研究。早在 20 世纪 90 年代，法国汉巴赫工厂生产的精灵车型，其车身骨架采用了全粉末涂装工艺，前处理电泳后粉末中涂高温烘干，喷涂粉末色漆（三种颜色中含银色）和粉末清漆以保证涂层的光泽和耐候性，其他外饰件（门板或翼子板等）采用带色塑料和液体清漆，在下级供应商处生产。由于粉末涂料固化温度高、换色时间长、较难实现薄膜化、装饰性差，因此难以在汽车色漆喷涂环节推广应用，其在汽车涂装上的应用尝试主要集中在中涂环节和清漆环节。

1996 年，北美三大汽车制造商：通用、克莱斯勒和福特率先采用粉末涂料作为中涂替代原有的液体中涂。到 2007 年，全球已有 19 家汽车公司的车身采用粉末中涂，五条粉末清漆涂装线[24]。

目前，粉末涂料在国内汽车行业的应用还集中在汽车零部件领域。早期是由于欧美整车厂的指定要求，粉末涂料主要用于涂装出口汽车零部件和外资品牌汽车部件，随着国家环保政策和相关法规要求越来越严格，以及行业对粉末涂料的深入了解，粉末涂料被越来越多的中国车企所选用。截至 2019 年，粉末涂料在中国量产汽车零部件中的应用及质量要求，见表 2.31。

表 2.31　粉末涂料在汽车零部件中的应用及质量要求

种类	零部件名称	质量要求
外饰件	行李架、顶部饰条、玻璃导轨、刮水器、ABC 柱、金属保险杠、制动踏板等	外饰件涂层要求抗紫外线性能及耐候性能优良，通常选用丙烯酸粉末涂料或超耐候聚酯型粉末涂料
外板件	厢式车、货车车厢等	外板件涂层要求抗紫外线性能及耐候性能优良，通常选用丙烯酸粉末涂料或超耐候聚酯粉末涂料制备面涂层
底盘件	车架、车桥、拖钩、制动钳、制动片、储气瓶、制动气阀、发动机、油箱、滤清器、油管、排气管、散热器、空调、部件支架、弹簧、稳定杆、传动轴、电池盒等	底盘件侧重于防腐性能，因其长期处于高油、高腐蚀环境中，通常选用环氧型粉末涂料；对于阳光会照射到的部件（牵引车车架等），需要选用耐候型粉末涂料制备面涂层
轮毂	铝轮毂、钢圈	根据功能分为底漆、色漆、清漆三大类粉末涂料
车内部件	汽车座椅、天窗导轨、玻璃升降器、电机壳、喇叭网等	不同部件位置决定其对粉末涂料的要求不同：喇叭网等处于阳光照射区域，需要选用耐候型哑光粉末涂料；座椅支架等阳光照射不到的部件，通常选用装饰型粉末涂料，更侧重选用耐机械油品

2. 工艺介绍

粉末涂料的雾化与液体涂料不同。粉末涂料是在空气中扩散而不是像液体涂料那样雾化成液滴状，因此粉末涂料在生产时需要将粉末颗粒大小控制在最佳粒径范围内。粉末涂料必须可以流化，即空气和粉末可以在流化桶里混合并以流体状态输送至粉末喷枪进行喷涂，喷涂后通过大旋风回收系统回收过喷粉末，回收的粉末再进入供粉系统用于工件喷涂，其中超细粉等需要经过二级过滤系统回收。整个喷粉设备主要由供粉系统、喷粉房、喷粉枪、大旋风回收系统及二级回收系统组成，如图 2.17 所示。其中，喷粉枪又可分为静电旋杯和静电喷粉枪两类，由粉末涂料特点决定了机器人或往复机的运行速度要低于液态涂料的运行速度，其基本参数见表 2.32。

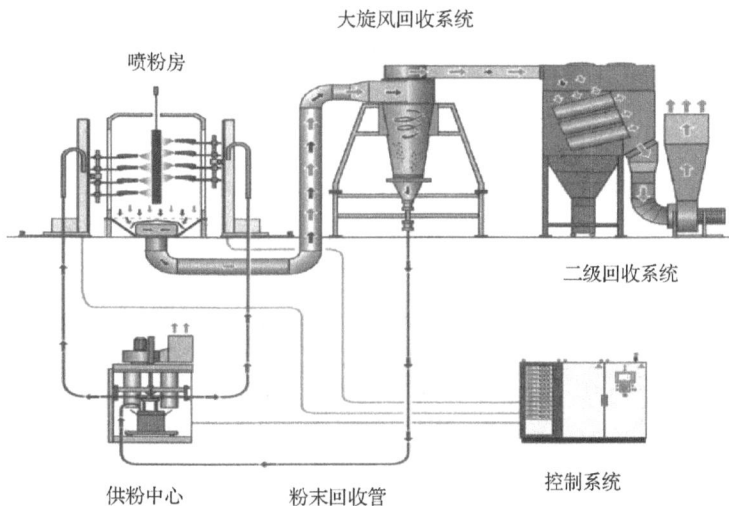

图 2.17　喷粉工艺设备系统

表 2.32 喷涂参数参考值

喷涂类型	喷涂间距（L）/mm	喷幅（h）/mm	吐出量（m）/（g/min）	喷涂电压（V）/kV	成膜厚度（σ）/μm
粉末旋杯	200～300	200～350	150～500	60～80	50～150
喷粉枪	200～300		150～200	60～80	50～120

1）外饰件粉末涂装工艺

外饰件的粉末涂装工艺根据材质不同，采用的工艺方式也有所不同。铝合金材质部件防腐蚀性能较好，通常采用粉末单涂层工艺，在无铬化学前处理的基材上喷涂粉末面漆涂层，可以满足 5～10 年自然老化的要求。铁基部件通常采用粉末复合涂层工艺，在化学前处理后使用电泳或电镀制备防腐蚀层，再喷涂粉末涂料制备面涂层，粉末涂料的喷涂通常采用"往复机+自动枪"方式，涂层总厚度为 80～120μm。粉末涂料烘烤条件如下：工件温度为 180℃，烘烤时间为 15min。

2）外板件粉末涂装工艺

厢式车、货车车厢、搅拌罐等工件的涂层需要考虑防腐蚀性能及耐候性要求，根据产品种类及要求的不同，可以选择两种不同的工艺。由于产品对涂装质量要求高，因此对有腔体结构的工件，一般会选择采用前处理电泳后涂焊缝密封胶，再喷涂聚酯类或丙烯酸类粉末面漆，最后高温烘干［（160～180℃），20min］的粉末涂装工艺流程[25]。若工件结构简单且对防腐蚀性能要求不高，则可采用前处理（薄层）后直接喷涂粉末涂料的工艺。粉末涂料具有一定的防腐蚀性能和耐候性。

3）底盘件粉末涂料与涂装

底盘件使用的粉末涂料侧重于防腐蚀性能。例如，对于阳光会照射到的"二类车"车架等部件，需要使用耐候型粉末涂料制备面涂层。由于底盘部件材质和需求不同，粉末涂装工艺也具有多样性。较有代表性的工艺如下。

（1）卡车车架一般有两种工艺路线：①散件喷涂工艺在对纵梁、横梁等部件进行化学前处理后直接喷涂底面合一的单层粉末涂料制备保护涂层。②整体喷涂工艺在对铆接后的车架进行化学前处理电泳涂装后，喷涂聚酯粉末涂料制备面涂层。粉末涂装工艺可以采用固定枪或往复机配合静电喷粉枪进行喷涂，粉末烘干可以选择传统的热风循环或红外固化、高频固化等技术。

（2）滤清器等部件在化学前处理后直接喷涂单层粉末涂料，主要采用固定枪喷涂，烘烤以红外固化为主。

（3）铸铁发动机缸体等在喷砂后采用固定枪直接喷涂单层环氧粉末涂料，通常使用"红外+热风"烘烤方式，确保厚工件快速固化。

（4）弹簧等工件在喷砂后经过化学前处理再喷涂单层粉末涂料。对于高防腐蚀要求的弹簧，一般会采用双涂层粉末工艺，即先喷涂防腐蚀性底涂粉末，待烘烤半固化后喷涂面粉，再充分固化。

4）轮毂粉末涂装工艺

铝合金轮毂是使用粉末涂料最多的汽车零部件，因其使用铸造工艺，表面较粗糙，电泳涂层很难填充其表面凹坑，粉末涂料具备单层厚高（≥100μm）和填充强的特点，不仅可以充分遮盖铸件表面的凹坑，而且抗石击性能良好，成为轮毂底涂的首选。粉末色漆实现铝轮毂的颜色需求，粉末清漆一般为丙烯酸涂料或聚酯型涂料，其膜厚通常在 60～120μm 之间，具有优良的耐候性和外观饱满度。

铝轮毂涂装工艺分为全涂装工艺和精车车轮涂装工艺。全涂装工艺流程是：前处理→喷涂底粉→喷涂色漆→喷涂透明粉→铝轮毂成品。精车车轮涂装工艺流程是：前处理→喷涂底粉→喷涂色漆→精车工艺→前处理→喷涂透明粉[26]。在对质量要求不高的情况下，针对部分素色和金属含量低的金属色，可采用粉末色漆喷涂膜厚至 80～120μm，这不仅可以满足工件表面填充及颜色需求，还能减少清漆工序，提高涂装效率。

5）车内部件

车内部件处于车体内部，因而对其防腐蚀性能要求不高。车内部件大多为铁基材，其涂装工艺一般为化学前处理后使用粉末涂料单涂层涂装。粉末涂料喷涂工艺通常采用"往复机+自动枪"的方式，涂层总厚度为 80～120μm。

3. 涂层常见缺陷及防治

1）力学性能差

粉末涂料不含溶剂，以"全固含"状态直接烘烤成膜。相对于液体涂料，粉末涂料成膜过程中液态润湿时间短且烘烤温度更高，涂层更厚，干膜内聚力更大[27]，从而导致涂层的力学性能差。粉末涂层力学性能差包括附着力差、柔韧性差、抗冲击强度差等，其主要原因及对策见表 2.33。

表 2.33　粉末涂层力学性能变差的主要原因及对策

分类	主要原因	对策
前道工序	①前处理不干净，表面存在油、尘等 ②磷化结晶粗大不致密 ③电泳涂层干燥不足或过烘	①控制脱脂质量，确保工件清洁干净 ②控制磷化结晶粒径为 5～10μm ③监控电泳烘干炉温曲线
涂料	粉末涂料与电泳涂层配合不良	选择合适的粉末涂料
烘干工序	①粉末涂层过厚 ②粉末涂层干燥不足或过烘	①控制粉末涂层厚度在工艺范围内 ②监控粉末烘干曲线，确保在最佳施工窗口

2）缩孔

粉末喷涂过程中产生表面缩孔使涂层外观平整性不连续，严重影响装饰效果，同时缩孔部位相对而言是表面能量较高的活性部位，导致此处防护能力显著下降[28]。缩孔是粉末涂装常见缺陷之一。涂层表面出现缩孔一般是涂层有杂质或被污染，其主要原因及对策见表 2.34。

表 2.34　粉末涂层缩孔产生原因及对策

分类	产生原因	对策
前道工序	①前处理不干净，表面存在油、尘等 ②过程环境洁净度差 ③工件表面被污染	①控制脱脂质量，确保工件清洁干净 ②持续做好过程环境保洁 ③检查喷粉前的工件表面洁净度
喷涂工序	①粉末在回收过程中被污染或混入其他粉末 ②粉末烘干炉存在杂质或油污	①注意清洁粉末回收系统及供粉系统 ②注意换粉顺序，防止粉末表面张力不同导致缩孔 ③清洁烘干炉道及更换过滤器材等

2.7.4　多板材混合车身的涂装工艺

随着新能源汽车技术的发展，新能源汽车产业成为国家战略性新兴产业。有关统计表明[29]，纯电动汽车每行驶 1km 需要 1kg 重量电池，若该汽车实现续航 500km，则电池重量需要达到 500kg。新能源汽车的续航能力是其产业化关键技术，由于提升锂电池单体比能量的空间有限，更有效的方法是采用轻量化技术降低车身重量以提升汽车续航里程。据相关数据显示，若整车重量降低 10kg，则续航里程可以增加 2.5km，因此降低整车重量成为新能源汽车亟待解决的问题。汽车车身重量占整车重量的 1/4～1/3，采用各类轻量化材料来降低车身重量成为各大新能源汽车公司的首要任务。根据资料显示，未来的轻量化车身将是高强钢、铝合金、碳纤维及塑料件等多种板材的复合结构形式[30]，如奥迪 A8 从 1994 年开始采用的全铝车身演变为现在的第五代车型（D5）的车身，该车身板材结构是普通高强度钢、先进高强度钢、热成型钢、铝合金、镁合金等金属板材和碳纤维增强塑料后围板的组合。车身材料的多样化导致涂装工艺的多样化，现对几种有代表性的汽车用板材工艺技术进行介绍。

1. 碳纤维复合材料涂装工艺

宝马汽车将铝合金、碳纤维两大新型材料用于车身，并采用模块化车身结构全面颠覆了传统的汽车车身制造工艺。由于各种模块所采用的材料差异较大，而且其所处部位也决定了涂装要求不同，因此极大地推动了模块化涂装技术的发展。

宝马 i3 将车身分为生活模块和驱动模块，其中生活模块采用碳纤维骨架壳结构，驱动模块以铝合金材料为主。生活模块由顶盖、乘员舱骨架及外覆盖件组成，大量使用了非金属材料，如碳纤维复合材料、热塑性塑料、热塑性弹性体、胶黏剂和其他轻质材料。车身共有 34 个碳纤维复合材料零件，其中包括 13 个树脂传递模型（resin transfer mdding，RTM）整体件（48 个预成型件），2 个剖面有泡沫支撑核的 RTM 件，19 个整体纤维增强模压件。各种材料的质量在整车质量中占比情况如下：碳纤维复合材料约占 50%，热塑性塑料和热塑性弹性体约占 10%，胶黏剂和泡沫约占 15%。宝马 i3 白车身用材比例如图 2.18 所示。

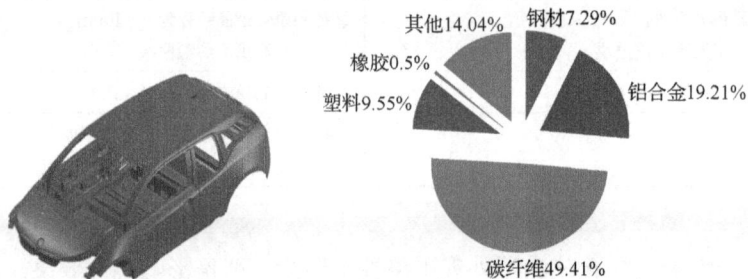

图 2.18　宝马 i3 白车身用材比例

这种生活-驱动模块化车身结构制造工艺与传统的车身制造工艺差异很大，不再需要冲压工艺和涂装工艺，焊接变成了以黏接为主、以铆接为辅的工艺过程，涂装变成离线模块化生产。

生活模块由碳纤维复合材料、外饰塑料件组成，驱动模块以铝合金材料为主，采用分模块涂装方式，涂装工艺方案如下。

（1）生活模块的顶盖材料为碳纤维复合材料，耐温 85℃，采用外露碳纤维花纹的透明涂装方案。涂装工艺流程为（透明腻子→烘干）→罩光漆→烘干。根据碳纤维复合材料外观的致密程度，仅可涂清漆。

（2）生活模块的乘员舱骨架材料为碳纤维复合材料，耐温 85℃，结构件无涂装。

（3）生活模块的外饰塑料件材料为热塑性材料。例如，发动机罩、前后车门外板、前翼子板和后防护板均采用 PP/EPDM TV30（用于汽车行业的塑胶原料，新型的乙丙胶改性 PP 料）；车顶纵梁材料是 ABS/PC，耐温 85℃。涂装工艺流程为：底漆→烘干（80℃，30min）→基色漆→闪干→罩光漆→烘干（80℃，30min）。基色漆涂料以水性涂料为主，塑料件供应商交付的是涂装后的零部件。

（4）驱动模块骨架是铝合金材料，采用阴极电泳工艺进行防护，并在铝合金底板生产厂家完成。

对于碳纤维外覆盖件，考虑碳纤维增强复合材料涂装后的装饰性和耐久性，其外观装饰件适宜采用低温漆涂装，烘烤温度不宜超过 120℃。传统的用于钢板和塑料件的专用底漆不适用于碳纤维复合材料[31]。此外，碳纤维和树脂的收缩系数不同，因而要采用较为温和的低温烘烤体系，否则经过高温烘烤涂层表面会出现波纹。不同材料的烘干温度差异较大，如图 2.19 所示。

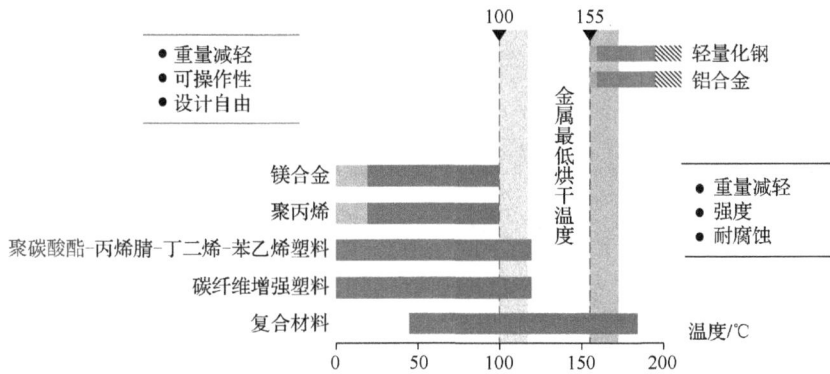

图 2.19 不同车身材料的烘干温度

2. 塑料件涂装工艺

一些新能源汽车车身骨架采用铝合金型材，焊接时采用弧焊方法，外覆盖件使用 PP+LGF（长玻璃纤维增强聚丙烯）塑料等。车身外饰件塑料化是新能源汽车车身特征之一，主要采用热塑性塑料、玻璃纤维增强塑料（俗称玻璃钢，fiberous glass reinforced plastic）及碳纤维复合材料等非金属材料。由于传统金属车身和非金属件的涂装材料和涂装工艺差异很大，一般两者都是分开涂装的，即非金属件离线（offline）涂装后到总装车间装配到车身上。保证不同材质零件涂层色差一致性是离线涂装的技术难点，为解决此问题，汽车主机厂推出了非金属材料件在线（online 或 inline）涂装概念（图 2.20）。

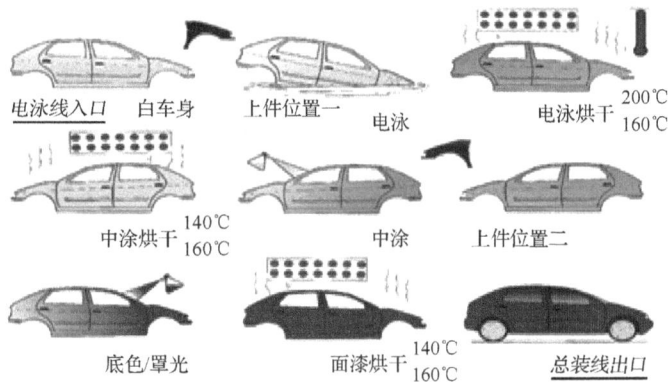

图 2.20 非金属件与金属车身在线涂装工艺流程

目前常见的汽车车身塑料件有保险杠、翼子板、油箱口盖及后尾门等。现以翼子板为例，介绍塑料件与车身的共线涂装工艺流程。将翼子板安装到车身上这一环节可放在电泳前（涂装入口处安装翼子板，称为离线涂装）或中涂前（擦净工位安装翼子板，称为在线涂装），混合材料车身的中涂面漆一体喷涂完成。

为实现非金属件与金属车身多种材质的共线涂装，可采用低温（120℃或 80~90℃）固化中涂面漆。新能源汽车用复合材料涂装生产效率低，产品一致性差，无法满足规模化生产的要求。

3. 套色工艺

随着汽车的不断普及，新生消费群体对汽车产品的时尚感的要求越来越高，双色车身已成为一种常用的汽车设计元素，一般是将顶盖或其他部位设计成与车身不同的颜色，赋予汽车独特的个性和时尚感。多色车身涂装普遍采用主色涂装后再进行"遮蔽→面漆喷涂→预烘干→清漆喷涂→烘干→去遮蔽"的工艺流程，导致涂装工序多、能耗高、效率低。传统套色涂装工艺流程图如图 2.21 所示。

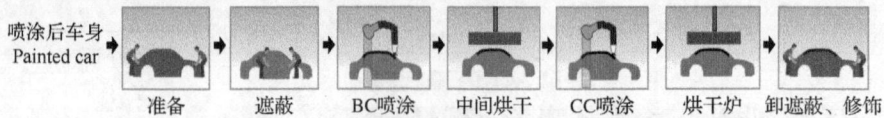

图 2.21　传统套色涂装工艺流程图

1）转移膜技术

德国奥迪公司开发应用了多色涂装转移涂层工艺，既不用遮蔽，也不需要线上喷漆，一次通过面漆线实现多色涂装。该工艺流程如下：转移膜上喷涂基色漆→烘干→切割→分离→涂层粘贴在车身底漆涂层→喷涂清漆。其技术关键点是可转移涂层制造和转移施工。将基色漆涂到转移膜上，烘干后，在使用前进行绘制（切割），与无用涂层分离，如图 2.22 所示。在车身完成基色中间烘干后，采用一个辅助装置将可转移涂层定位于车身指定位置，去除转移膜，最后一起喷涂清漆、烘干。应用转移涂层工艺，不仅节省了二次过线遮蔽、喷漆及烘干工序，又满足了人们选择更多颜色及样式的需求[32]。

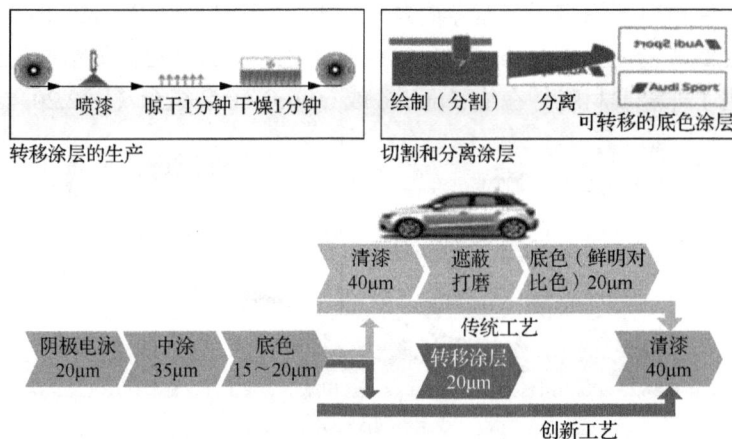

图 2.22　新型工艺与传统多色涂装工艺比较示意图

2）零过喷技术

最新报告显示，零过喷技术（EcoPaintJet）是通过精密加工的喷嘴（该喷嘴由约 50 个直径为 100μm 的小孔组成，每个小孔都可以单独控制开关，喷嘴尺寸仅为几平方厘米，与车身表面保持 30mm 距离）进行平行喷射完成喷漆工作的技术。该技术类似于数字打印，可以实现极高的喷涂精度，有效防止漆雾过喷及飞溅。该系统配合喷漆机器人及带传感器的测量系统，对喷涂区域进行三维测量，并将数据发送到控制软件，计算出喷涂系统的最佳行走路径、移动速度及喷涂量等，并控制喷涂系统工作，从而实现喷涂区域边缘整齐，其他区域无漆雾污染。

该技术的研发及应用是朝着高效套色喷漆方向迈出的重要一步，其成功地将套色工艺流程优化为车身喷主体颜色→预烘干→喷顶部颜色→顶部预烘干→整体喷涂清漆，无须再为套色车进行二次遮蔽和上面漆线喷涂，生产效率得到极大提高。目前，该技术已在德国部分汽车工厂进行试生产。随着该技术的不断成熟，很有希望实现客户定制图案的在线喷涂，从而让汽车更加具有运动感及时尚感。

2.8 金属表面防腐蚀涂料技术进展与展望[4]、[33-39]

全世界每年由金属腐蚀造成的直接经济损失为 7000 亿～10000 亿美元。其中，美国年腐蚀损失高达 3000 多亿美元，占其 GDP 的 4.2%。2014 年，中国的腐蚀损失为 2 万多亿元人民币，占当年 GDP 的 3%。腐蚀的危害不言而喻。除了经济损失，腐蚀对社会及生命安全造成的损害更是无法估量的。因此，对防腐蚀涂料的要求也越来越高。例如，汽车工业和航空航天工业需要越来越复杂的环保涂料以提高材料本身的性能，对涂料的自修复功能和耐用性提出了很高的要求。纳米技术的最新进展为满足这些要求带来了希望[33]。

迄今为止，普通防腐蚀涂层技术主要是通过涂层的屏蔽作用防止腐蚀性物质与金属间相互作用，因而使用这种技术往往需要更厚的涂层。未来先进技术的保护涂层应该更薄（减少二氧化碳排放）和更轻，不仅具有很好的保护与装饰性能，同时还被赋予许多特殊的表面性能。新型涂层不仅可以自我修复刮擦（损坏）区域，还能适应外部条件或内部条件的变化，如对 pH 值、湿度的变化或涂层扭曲等作出反应，或具有其他功能特性，如受控反射、自清洁、防滑、抗菌防霉等。

2.8.1 薄涂膜材料

镀锌涂料涂层是众所周知且广泛使用的防腐蚀涂层，这是最传统的防腐蚀方法。目前，各种类型的有机涂层被用于金属表面防腐蚀。例如，自组装单层涂层在 20 世纪 90 年代开发成功，导电聚合物曾经得到广泛关注，生物聚合物作为潜在的导电基质或同时具有生物相容性保护涂层，从而引起防腐蚀研究人士的高度兴趣。单独使用这些技术进行腐蚀保护，以及采用纳米材料组合形成较薄的纳米复合涂层，这是当今防腐蚀应用中的一个增长领域。

近年来的相关报道主要涉及将纳米颗粒和聚合物微胶囊结合到涂层中。基质的金属涂层结构难以确保嵌入涂层中的微容器（微胶囊）的机械完整性，以及将它们掺入涂层中而不会结块。

对于大多数金属，在特定环境中存在自发形成薄氧化物层（钝化膜）的可能性。例如，铝表面一般覆盖着 3～7nm 厚的自然氧化膜。虽然该氧化膜可将腐蚀反应速度减慢多个数量级，但不足以防止腐蚀介质侵蚀，并且不会对后续涂层产生良好的黏附性。因此，在使用前，大多数金属表面都要经过预处理，以便在金属表面产生多孔氧化物层，有助于锚定附着有机涂层以防止腐蚀。

1. 自组装单层膜

分子自组装技术是近年来材料制备与改性研究的一大热点。分子或者纳米颗粒自发、连续地吸附到基材表面，形成自组装单层薄膜。若分子或纳米颗粒能在一定驱动力的作用下层层吸附，则形成自组装多层薄膜。自组装薄膜具有独特的物理性能、化学性能、光学性能和电子传输性质，并且结构稳定、制备简便，因而在可湿性控制、润滑、吸附、防腐、催化、分子生物学、传感器、平板印刷术、电化学及微电子工业等领域展现出广阔的应用前景[34]。

20 世纪 80 年代，人们对自组装单层膜（self-assembled monolayer membrane，SAMs）的兴趣日益增长。这些单层膜是长链表面活性剂分子通过化学吸附作用，从溶液中吸附到固体表面自发形成的一种有序分子膜。SAMs 是研究有机表面基本过程的理想模型，如润湿、吸附、黏附、化学反应和腐蚀稳定性结果。

在过去的几十年中，人们广泛研究了玻璃电极和金属电极等基板上的自组装单层薄膜。自组装单层薄膜在铝、铝合金、钢等金属和金属合金基板上的应用仍然十分广泛。这种自组装单层膜通常由具有两亲性的碳氢化合物分子构成，可以起到屏障作用，防止水和电解质等腐蚀促进剂渗入金属基体，从而提高基体材料的耐蚀性。对于一些较为典型的 SAMs 体系（金属表面组装长链巯醇、硅或玻璃表面组装长链有机硅烷分子等），其基体耐蚀性都可通过溶液吸附方便实现，高度有序和高度填充的单分子聚合物可以防止溶液转移到金属表面，从而有效地保护金属不被腐蚀。目前，人们仍在努力寻找一些新的自组装分子和基底材料的搭配，以便拓展 SAMs 的应用范围。根据湿度测试发现，在所研究的分子中磷酸根单层膜的防腐效果最好。

层层自组装（layer-by-layer self-assembly，LBL）技术是 20 世纪 90 年代迅速发展起来的一种简易多功能表面修饰方法。近年来，LBL 在基础研究方面取得了巨大进展。LBL 是利用带电基板在带相反电荷中以纳米级交替沉积来制备聚电解质自组装多层膜（polyelectrolyte self-assembled mulilayers）。涂层性能可通过沉积循环次数和所用聚电解质的类型控制。聚电解质对基材表面具有非常好的黏附性，并且能够密封表面缺陷。聚电解质的构象主要取决于它们的性质和吸附条件，并且更少地依赖基材和基材表面的电荷密度。聚电解质涂层可以覆盖多种表面，包括非离子表面和极性基材表面。聚电解质多层膜在非线性光学、光发射、传感、分离、生物黏附、生物催化活性、药物递送及基于表面改性的特定生物领域得到广泛的应用。

在过去的几年中，聚电解质多层膜引起了人们对腐蚀防护的极大兴趣。腐蚀过程伴随着许多反应，改变了金属表面和局部相邻环境的组成和性质。例如，氧化物的形成，金属阳离子扩散到涂层基质中，导致局部 pH 值和电化学势发生变化。防止腐蚀在金属表面传播的一种方法是抑制腐蚀过程伴随的物理化学反应。聚电解质是带有相对大量的官能团的大分子，其所携官能团带电或可在合适的条件下带电。因为聚电解质的解离度受局部 pH 值的影响，所以聚电解质具有缓冲活性，聚电解质膜能够随 pH 值的变化而改变其化学组成，可以稳定腐蚀性介质中金属表面的 pH 值。在这样的体系中，一种聚合物带弱电荷，另一种聚合物带强电荷，通过这种方式可使一种聚合物比另一种聚合物更富集。作为聚电解质纳米网络的组分，或作为掺杂剂电沉积的活性物质，可以按需释放。聚电解质膜对其周围介质的各种物理化学条件（pH 值的变化或机械冲击等）的敏感性，提供了调节释放困在多层膜中的抑制剂物种的能力。抑制剂只有在腐蚀过程开始后才能从聚电解质多层膜中释放出来，并直接进入生锈区域防止腐蚀传播。

2. 导电聚合物

1977 年，白川莫树（H.Shirakawa）、黑格（A.J.Heeger）和麦克迪尔米德（A.G.MacDiarmid）共同合作并取得"用碘掺杂的聚乙炔具有导电性"这一研究成果。此后，聚噻吩、聚吡咯、聚苯胺等导电聚合物纷纷成为科学家研究的热点。由于导电聚合物可以促使金属和聚合物的界面形成钝化层，以此减缓腐蚀、保护金属，因此成功应用于防腐蚀领域。它也可用于智能防腐蚀涂料中。当腐蚀发生时，腐蚀触发机制使涂层产生或者释放缓蚀剂以防止进一步的腐蚀。导电聚合物涂层可与常规涂层（非导电聚合物，涂料）一起使用，或作为底漆涂层使用[35]。

聚苯胺是一种典型的具有优异性能的导电聚合物。近年来，聚苯胺在金属腐蚀防护领域成为研究热点。张春等[36]首先制备了磷酸掺杂的导电聚苯胺，然后采用物理共混法将该聚苯胺加到水性环氧树脂中，最后制备出聚苯胺水性防腐涂料，并对其防腐蚀性能进行了研究。研究结果表明，聚苯胺能够显著提高涂层的防腐蚀性能。邢翠娟等[37]制备了具有超疏水性的微纳米聚苯胺，并且研究了该聚苯胺的疏水性对涂层防腐蚀性能的影响。研究结果表明，随着超疏水性的增强，聚苯胺对钢铁的防护作用增强。刘永超等[38]制备了新型的防锈水性涂料，该涂料中含有一些导电聚合物纳米颗粒（聚甲氧基苯胺、聚甲苯胺及其共聚物），并对新型防腐蚀涂料的性能进行了评估。研究结果表明，用细乳液聚合法合成的导电聚合物纳米颗粒和导电共聚物纳米颗粒，明显地增强了涂层的耐候性、耐洗刷性和耐蚀性。

3. 生物聚合物

生物聚合物可以提供合成导电聚合物所不具备的一些功能。碳水化合物聚合物（多糖）在自然界中普遍存在。其中，淀粉、纤维素等是地球上资源最丰富的天然聚合物。生物聚合物是可再生资源，具有广泛的用途。在未来，以农业为基础的生物聚合物可能比基于石油产品的合成导电聚合物更具有经济优势。

淀粉由线性多糖和支化多糖的混合物组成。淀粉是天然绝缘体，质子迁移率低。

纤维素是 β（1,4）-连接的 D-葡聚糖。纤维素可作为涂覆初始导电聚合物的柔性基材。

虽然目前大多数生物聚合物尚未达到某些合成导电聚合物的电导水平，但是在抗腐蚀技术等应用中使用天然多糖生物基导电聚合物只是时间问题。电活性生物聚合物具有更好的生物相容性，并且它们比合成导电聚合物更环保。可通过利用植物或微生物合成生物导电聚合物实现可持续性。使用可再生资源生产非传统的生物基产品，这将减小全球对石油基原料及产品的依赖。

2.8.2 纳米材料

现代技术需要新材料。在过去的 10 年中，开发了许多基于纳米结构材料的新型防腐蚀方法，涵盖了不同纳米复合材料的合成及其单独使用，或者与导电聚合物、纳米晶沉积物、纳米线、纳米管、聚电解质或聚合物纳米层的组合使用。即使是将纳米材料少量添加到常规涂层中，也能明显改善涂层的性能。更重要的是，这使得这些涂层具有多功能性，从而提高了它们的耐久性。尽管纳米复合涂层已经应用于海事、汽车工业和航空航天工业，但主要缺点仍是纳米材料的成本过高，特别是在涂层中的分散问题。

近年来，纳米材料的出现大大增加了生产智能涂料的可能性。智能涂料的机理是：利用环境的改变使涂料或者基材产生响应，进而改变涂层或基材的性能，最终达到防腐蚀的目的。将包含具有纳米功能的成分（修复剂和催化剂）的微胶囊加入聚合物中，当涂层磨损或者受到机械冲击时，微胶囊就会破裂释放其中的纳米成分，在这些纳米成分迁移到受损区域后，修复剂与引发剂反应并引发聚合，受损区域就会被修复，从而达到防腐蚀的目的。

1. 纳米复合材料

阴离子黏土（层状双氢氧化物等）和阳离子黏土（蒙脱石等）的层状材料已被广泛作为有机防腐蚀涂层中的添加剂，或作为聚合物-黏土纳米复合材料耐腐蚀涂层。

2. 溶胶-凝胶衍生陶瓷和混合涂层

可能取代铬酸盐预处理的是溶胶-凝胶衍生涂层。溶胶-凝胶涂层对金属基材和有机面漆具有良好的黏合性。利用溶胶-凝胶技术可以制备具有不同性质的由无机组分和有机组分组成的功能性涂层。其中，无机组分赋予涂层力学性能，有机组分导致涂层柔韧性增加并增强其与有机涂料体系功能的兼容性。可以利用有机介质或水性介质中的水解过程或非水解过程制备溶胶-凝胶涂层。溶胶-凝胶材料的制备过程可以通过改变工艺参数控制，进而控制最终涂层的性能。与传统的陶瓷加工技术相比，溶胶-凝胶法是一种允许在接近室温的温度下电沉积氧化薄膜的方法。

溶胶-凝胶法主要基于金属醇酯[M(OR)n]的水解和缩合反应。根据溶胶或凝胶每种形成反应和随后的干燥和加工速率，所得氧化物材料的结构呈现从纳米颗粒溶胶到连续聚合物凝胶的变化。

目前已经开发了许多水基稳定的溶胶凝胶系统。有机聚合物树脂可以通过氨基、环氧基、乙烯基和烯丙基等官能团结合到溶胶-凝胶网络中。与传统的有机聚合物基涂料相比，无机/有机杂化涂料的使用寿命更长。此外，还增加了涂层的机械强度（耐磨性等）。在这种情况下，可以更好地掺入无机盐腐蚀抑制剂和填料。

从长远来看，溶胶-凝胶衍生陶瓷和杂化涂料具有巨大的发展潜力。无机溶胶-凝胶衍生涂层在金属和有机涂料之间具有良好的附着力。但由于它们很容易形成裂纹，不能提供足够的防腐蚀保护。在无机溶胶-凝胶体系中引入有机组分，不仅可以形成更厚、更柔韧和功能化的涂膜，还能增强与不同有机面漆的相容性。在混合溶胶-凝胶体系中掺入纳米颗粒，由于具有较低的孔隙率和开裂倾向及力学性能的增强，膜层的防腐蚀性能增强。此外，加入无机纳米粒子是一种抑制腐蚀的方法，可以制备具有控释性质的"自修复"防腐蚀涂层。

2.8.3 自修复涂层

防腐蚀涂层的主要功能是保护金属基材免受环境的腐蚀或侵蚀，它通过涂层本身修复机理阻碍涂层缺陷中金属基材的腐蚀行为，因而被认为是具有自修复功能的。自修复涂层不仅能对外部冲击作出充分反应，还能对其内部结构变化作出反应，以及预防损伤和对损伤进行修复。多级自我修复是指涂层对环境条件逐步主动反馈。开发一种具有主动愈合机制的长效防腐蚀聚合物涂料，已成为各行业应用面临的迫切问题。

防腐蚀涂料的自修复机理有很多。例如，在聚合物基体中引入含有愈合剂或引发剂的微胶囊，当原有裂缝扩展时，嵌在其中的微胶囊被撕裂，愈合剂通过毛细管作用被释放到被损区域，此时一旦遇到催化剂，就会引发聚合反应，然后形成一层新的聚合物薄膜，覆盖受损区域并修补涂层，防止裂缝扩展。

1. 自修复聚合物涂层

开发具有刺激响应特性的新材料是一个迅速发展的研究领域。在这一领域中，值得注意的最新进展是自修复聚合物，其在响应外部刺激（受热或压力等）或断裂时可以自动恢复原始聚合物的物理性质。自修复聚合物混合物可以通过热可逆共价交联反应和非共价相互作用（氢键）进行自修复。近年来，利用"微胶囊"技术制备自修复防腐蚀涂料成为热门研究领域。例如，有学者在使用有机微纳米容器制备复合结构保护性涂层方面取得了重大进展，首次展示了自修复聚合物涂层的工作原理，并提出自修复涂层中包含以聚脲醛为壳体包裹的用修复剂——双环戊二烯单体填充的微胶囊（50～200mm）。将这些微胶囊与环氧树脂和催化剂混合，可以制备自修复环氧涂料试样。在毛细管力作用下，正在形成的裂缝使嵌入的微胶囊破裂，从而将修复剂释放到裂缝中。研究结果表明，当胶囊体积分数为1.5%时，其断裂韧性提高了59%。

2. 活性材料控制释放技术

为了保持防腐蚀涂层的长效防腐蚀能力，利用不同类型的微纳米容器（微胶囊）对活性物质进行包封、控释已越来越受到人们的重视。这些微纳米容器可由无机、有机或复合材料制备，其最重要的特性是具有控制释放活性材料（缓蚀剂等）的能力。通常情况下，受控释放能力取决于外壳材料与容器周围环境之间的相互作用，容器的外壳应对外部影响或局部环境变化具有敏感性。触发容器"打开/关闭"的主要因素包括：pH值变化、湿度、温度、电磁辐射、机械压力（含超声波处理）、电化学电位、离子强度及溶剂的介电常数和渗透性等。它仅对改变其渗透性的一个或两个触发因素作出选择性反应，其他触发因素保持外壳的完整性。

2.8.4 石墨烯涂层

近年来，石墨烯防腐蚀研究备受重视。截至2018年12月，国际期刊发表的以石墨烯有机防腐蚀涂层为主要研究内容的参考文献不可胜数。虽然一些文献综述使用了石墨烯涂层（graphene coating）一词，但并非是指有机涂层，而是指通过 CVD、电化学沉积等方法在金属表面制备的单层或多层石墨烯膜。

国内针对石墨烯有机防腐蚀涂层的研究浪潮越来越高。这些研究主要是将石墨烯、修饰石墨烯或石墨烯复合材料应用到有机防腐蚀涂层中，提高涂层屏蔽性（分散分布、定向排列）、功能集成协调（增强催化、钝化，或缓蚀、吸附、自修复）和涂层阴极保护作用（导电性）等[39]。

石墨烯是巨大的多芳环平台，其开放式结构适用于电化学反应。兼具高比表面积和高导电率的石墨烯适合作为多功能基团改性负载平台。最大限度地发挥石墨烯负载平台功能，实现石墨烯分散和涂层高屏蔽性能，提高涂层结合强度，改善涂层自修复能力，这是高性能长效智能防腐涂层发展的可行思路。

2.8.5　展望

防腐蚀涂料在国民生产生活中的作用至关重要。未来的防腐蚀涂料主要向着"绿色化"方向发展，力求实现从原材料的合成到最后施工整体过程无公害化。此外，未来的防腐蚀涂料还将朝着更高层次的智能化方向发展。例如，活性材料（腐蚀抑制剂等）的释放仅发生在环境（腐蚀）过程或涂层完整性缺陷被触发时，防止涂层渗漏活性材料。将纳米复合材料掺入涂层中制备具有活性功能（抗菌、抗腐蚀和抗静电等功能）的防腐蚀涂料，将是未来涂层创新的热门研究课题。

参 考 文 献

[1] 洪啸吟, 冯汉保, 申亮. 涂料化学[M]. 3 版. 北京: 科学出版社, 2019.

[2] (英)兰伯恩, (英)斯特里维. 涂料与表面涂层技术[M]. 苏聚汉, 等译. 北京: 中国纺织出版社, 2009.

[3] (美)威克斯, 琼斯, 柏巴斯. 有机涂料科学与技术[M]. 经桦良, 等译. 北京: 化学工业出版社, 2002.

[4] JÖRG SANDER et al. Anticorrosive Coatings[M]. Hanover: Vincentz Network, Germany, 2010.

[5] 黎完模, 宋玉苏, 邓淑珍. 涂装金属的腐蚀[M]. 长沙: 国防科技大学出版社, 2003.

[6] 钱苗根. 现代表面技术[M]. 2 版. 北京: 机械工业出版社, 2016.

[7] 丁莉峰, 宋政伟, 牛宇岚. 金属表面防护处理及试验[M]. 北京: 科学技术文献出版社, 2018.

[8] (美)德怀特 G. 韦尔登. 涂层失效分析[M]. 杨智, 等译. 北京: 化学工业出版社, 2011.

[9] 刘道新. 材料的腐蚀与防护[M]. 西安: 西北大学出版社, 2006.

[10] ARTUR GOLDSCHIMIDT, HANS-JOACHIM STREITBERGER. Basics of coating technology [M]. Hanover, Vincentz Network GmbH & Co. KG, 2007.

[11] 苗景国. 金属表面处理技术[M]. 北京: 机械工业出版社, 2018.

[12] 李荣俊. 重防腐涂料与涂装[M]. 北京: 化学工业出版社, 2014.

[13] 倪玉德, 等. 涂料制造技术[M]. 北京: 化学工业出版社, 2004.

[14] 马春庆, 等. 涂装设备设计应用手册[M]. 北京: 化学工业出版社, 2019.

[15] 南仁植. 粉末涂料与涂装技术[M]. 3 版. 北京: 化学工业出版社, 2014.

[16] 刘宪文. 电泳涂料与涂装[M]. 北京: 化学工业出版社, 2007.

[17] 王锡春, 吴涛. 涂装车间设计手册[M]. 北京: 化学工业出版社, 2019.

[18] HANS-JOACHIM STREITBERGER, KARL-FRIEDRICH DÖSSEL. Automotive paints and coatings[M]. 2th. Weinheim: Wiley-VCH Verlag GmbH & Co. KGaA, 2008.

[19] 王锡春, 吴涛. 涂装车间设计手册[M]. 3 版. 北京: 化学工业出版社, 2019.

[20] 邢汶平, 葛菲, 邱昌胜. 水性免中涂涂装工艺研究[J]. 电镀与涂饰, 2012. 31(6): 62-65.

[21] 常锦龙. 电泳粗糙度对水性紧凑型工艺的影响分析[J]. 现代涂料与涂装, 2016, 19(9): 52-55.

[22] 王纳新, 周胜蓝, 王亚军, 等. 透射光谱法测试汽车车身涂层的 UV 隔离性能[J]. 汽车工艺与材料, 2008 (9): 19-21.

[23] (德)汉斯-约阿希姆·斯特奈特贝格, 卡尔-弗里德里希·德佐赛尔. 汽车涂料与涂装[M]. 张亮, 等译. 北京: 化学工业出版社, 2019.

[24] 汪道彰. 汽车 OEM 粉末清漆进展[J]. 上海涂料, 2007 (11): 20-24.

[25] 皮沁, 邢汶平. 粉末涂料在汽车车厢上的应用研究[J]. 涂料技术与文摘, 2014, 35(5): 34-38.

[26] 马焕明, 高庆福, 李光, 等. 汽车轮毂罩光用亚光透明粉末涂料的研究与应用[J]. 涂料工业, 2018, 48(5): 38-45.

[27] 张富家, 皮沁, 刑汶平. 影响汽车车厢粉末涂层附着力的因素[J]. 电镀与涂饰, 2016, 35(6): 310-314, 339.

[28] 陈卓颖, 张永平, 刑阳, 等. 粉末喷涂缩孔问题常见原因分析及解决方法[J]. 福建冶金 2019, 48(1): 45-46.

[29] 唐见茂. 新能源汽车轻量化材料[J]. 新型工业化, 2016, 6(1): 1-14.

[30] 吕奉阳, 罗培锋, 陈东. 基于 ECB 的车身轻量化材料应用趋势[J]. 汽车实用技术, 2019(19): 179-183.

[31] 《中国航空材料手册》编辑委员会. 中国航空材料手册: 第6卷　复合材料　胶粘剂[M]. 北京: 中国标准出版社, 2002.

[32] 吴涛. 汽车车身涂装工艺发展趋势前瞻[J]. 汽车工艺与材料, 2015 (10): 1-4.

[33] 刘国杰. 特种功能性涂料[M]. 北京: 化学工业出版社, 2002.

[34] SHIRAKAWA H, LOUIS E J, MACDIARMID A G, et al. Synthesis of electrically conducting organic polymers: halogen derivatives of polyacetylene(CH) [J]. Journal of the Chemical Society Chemical Communicaions, 1977, 16(16): 161-163.

[35] 张金勇, 李季, 王献红, 等. 聚苯胺在防腐领域的应用[J]. 功能高分子学报, 1999(3): 350-356.

[36] 张春, 张红明, 李应平, 等. 聚苯胺水性涂料的制备及其防腐性能[J]. 应用化学, 2012, 29(5): 504-509.

[37] 邢翠娟, 于良民, 张志明. 超疏水性聚苯胺微/纳米结构的合成及防腐蚀性能[J]. 高等学校化学学报, 2013, 34(8): 1999-2004.

[38] 刘永超, 赵雄燕, 王鑫, 等. 防腐涂料的研究进展[J]. 化工新型材料, 2016, 44(4): 38-40.

[39] 丁锐, 陈思, 吕静, 等. 石墨烯在有机防腐涂层中的分散性、定向化、功能化和导电性研究与现实问题[J]. 涂料工业, 2019, 49(9): 66-80.

第3章

热浸镀技术

3.1 热浸镀概述

3.1.1 热浸镀简介

热浸镀是将被镀金属材料浸于熔点较低的其他液态金属或合金中形成镀层的方法。其基本特征是在基体金属与镀层金属之间有互相扩散形成的合金层。被镀金属材料一般为钢、铸铁及不锈钢等，用于热浸镀的低熔点金属有锌、铝、铅、锡及其合金等。

16世纪，欧洲出现了用简单方法生产的镀锡钢板，用于制造食品罐头；1742年，热浸镀锌出现于法国，并在1836年开始工业生产；19世纪30年代，美国开始生产镀铅钢板；20世纪30年代，热浸镀铝出现于美国。尽管热浸镀铝出现较晚，但是在20世纪50年代随着汽车工业的发展而得到较快发展。

截至2020年，全世界热浸镀锌生产线总计超过1000条，产量超过1亿吨。在美国、日本等钢材生产国，热浸镀锌钢板在钢材中所占比例高达15%，广泛应用于建筑业、汽车工业和家电工业。

热浸镀锡薄钢板俗称"马口铁"，主要用于食品罐头的包装。由于锡资源短缺，以及热浸镀锡用锡量大且很难获得薄而均匀的镀层，因此热浸镀锡逐步被电镀锡替代。由于铅蒸汽和含铅化合物有毒，因此热浸镀铅也很少用于生产。本章重点介绍热浸镀锌和热浸镀铝的原理、生产工艺、性能及应用。

3.1.2 热浸镀工艺方法

按照热浸镀锌生产工艺特点，热浸镀工艺可分为溶剂法和氢气还原法[1]，见表3.1。

表3.1 热浸镀工艺分类

溶剂法	氢气还原法
湿法、干法	森吉米尔法（Sendzimir）
	改良森吉米尔法
	美国钢铁公司法（美钢联法）
	赛拉斯（Selas）法
	莎伦（Sharon）法

溶剂法又可分为湿法和干法。湿法主要用于单张钢板热浸镀锌；干法除了用于单张钢板热浸镀锌和零部件批量热浸镀锌外，其中的惠林法和里赛特法还可用于钢带连续热浸镀锌。

氢气还原法包括森吉米尔法、改良森吉米尔法、美国钢铁公司法（美钢联法）、赛拉斯法和莎伦法，这些方法均可用于钢带连续热浸镀锌。在氢气还原法连续热浸镀锌生产线上的工艺段设有连续退火炉装置，它可将冷轧钢带直接送入热浸镀锌生产线进行在线退火，同时进行钢带表面还原处理，这就使钢带退火与钢带表面还原两道工序在同一个退火炉中完成，不仅简化了工艺流程，还大幅降低了镀锌成本。

1. 溶剂法

采用溶剂浸渍法进行预处理，这是热浸镀工艺最常用的方法，大多用于钢丝、钢管和钢结构件。其工艺流程为：钢件→脱脂→水洗→酸洗→水洗→溶剂处理→烘干→热浸镀→后处理→检验→成品。

为获得适合热浸镀锌的洁净且具有活性的钢板表面，必须对其进行充分脱脂，除掉表面油污。钢板表面的油膜不仅能够阻止酸洗时对氧化铁膜的清除，同时也严重影响水溶剂膜的均匀涂覆，是镀锌层连续性变坏的重要原因。

钢板脱脂以前采用高温碱液，现在大多改用高效金属清洗剂，其除油效果好，用量少，并可在常温下对钢板表面进行脱脂处理。

钢板表面的氧化皮和氧化膜大多使用 H_2SO_4 或 HCl 10%～20%（体积分数）进行清除，若向其中加入少量缓蚀剂、抑雾剂，则更有利于酸洗。硫酸价廉、浓度高，但硫酸酸化须在较高温度（55～60℃）下进行，而且其酸洗产物黏附于钢板表面，水洗时难以除尽，必须再用稀盐酸漂洗。用盐酸酸洗，钢板表面酸洗质量好，外观呈灰白色。酸洗时应当注意掌握酸洗程度，避免过酸洗与欠酸洗。若欠酸洗，则钢板表面的氧化膜去除不尽，钢板表面不能完全活化，对以后的溶剂处理造成困难；若酸洗过度，则钢板发生局部过腐蚀，钢板表面出现麻坑和气泡，不利于获得好的镀锌层质量（镀锌层出现白色道痕）。酸洗程度与酸液浓度、Fe 离子的浓度、温度、时间及钢板表面状况和化学成分有关，需要操作者凭借其操作经验加以控制。

溶剂处理是将脱脂除锈后的钢件浸入熔融溶剂或者水溶剂中，使钢件表面黏附一层溶剂膜。溶剂处理的作用是彻底清除钢件表面残留的铁盐和新产生的氧化物；降低熔融金属表面张力，增大其对钢件表面的浸润性；去除熔融金属的氧化物残渣，防止其黏附于钢件表面。

溶剂处理按照溶剂的性质分为湿法和干法。其中，湿法是钢件在热浸镀前先穿过覆盖在金属浴表面的溶剂层进行溶剂处理，随后浸入金属浴中热浸镀，这种工艺也称一浴法；干法是将水溶剂与金属浴分开放置，钢材在净化后先浸入水溶剂中，其表面黏附一层溶剂膜，经烘干再浸入金属浴中热浸镀，这种工艺又称二浴法。热浸镀常用的溶剂配方及工艺见表 3.2。

表 3.2　几种热浸镀法常用的溶剂配方及工艺（质量分数）

镀层金属	溶剂配方及工艺	
	湿法	干法
锌	①NH_4Cl ②$ZnCl_2$-3NH_4Cl 复盐 350～450℃熔盐状态	①10% $ZnCl_2$-3NH_4Cl 水溶液 ②600g/L $ZnCl_2$ +80g/L NH_4Cl，70～80℃浸 1～2min
铝	①40%$NaCl$ +40%KCl +12% $NaAlF_6$ +8%AlF_3 ②35%$NaCl$ + 35%KCl +20% $ZnCl_2$ +10%$NaAlF_6$ 6600～7000℃熔盐状态	①K_2ZrO_6 的饱和水溶液 ②5%$Na_2B_4O_7$ + 1%NH_4Cl 水溶液，80～90℃浸 23min

对浸涂水溶剂的过程，湿法热浸镀锌要求并不严格，但干法热浸镀锌要求十分严格。采用干法热浸镀锌工艺，首先要求酸洗后的残余铁盐（$Fe_2(SO_4)_3$ 或 $FeCl_2$）等充分水洗去除，通常是在稀盐酸处理后用高压水喷射冲洗和热水冲洗；其次，所涂溶剂层在钢板表面要达到完全连续，无溶剂斑痕，厚度适当且均匀，溶剂中不含尘土等杂质污物。为此，水溶剂应当保持一定的密度。涂覆溶剂的双辊表面状态及钢带表面光洁度是决定溶剂层厚度和均匀性的关键。对表面光滑的冷轧板涂溶剂时，涂溶剂的辊子表面必须粗化，即生成细纹（纹的宽度及深度视所需溶剂层的厚度而定）。由于此溶剂层不易直接测量，一般凭借经验调节，以均匀不产生流淌为宜。

溶剂层的烘干是溶剂法钢板热浸镀锌获得良好镀锌层至关重要的环节。$ZnCl_2$ 含结晶水（$ZnCl_2 \cdot H_2O$），当烘干时，若烘干温度过低（板温低于 150℃），则此结晶水难以排除造成溶剂不干，在出锌锅时容易出现黏辊现象，使纯锌层粗糙不光滑；若烘干温度过高（板温超过 220℃），则溶剂挥发引起钢板表面氧化，从而造成局部大面积漏镀。为将溶剂彻底烘干，烘干炉内必须及时排除产生的水蒸气。因此，改善烘干炉内的通风条件也是十分重要的。

在钢板烘干后进入锌锅前，应当及时扒除锌液表面的浮渣，特别要注意扒除导向杆根部的浮渣，否则钢板前端容易黏附此浮渣而影响镀锌层外观质量。

此外，保持镀锌辊表面均匀包覆一层锌液，不黏附浮渣、溶剂渣等杂质污物，这也是获得良好的镀锌层外观质量的重要环节。若有上述不洁物黏附，则应及时清除。

1）湿法溶剂法

湿法溶剂法是涂覆在钢材表面的水溶剂不经烘干而直接浸入熔融锌锅进行热浸镀。在湿法热浸镀锌工艺中，为防止湿的钢表面浸入锌锅时发生爆溅，同时进一步提高溶剂作用以获得连续的镀锌层，必须在熔融锌液表面覆盖一层熔融的溶剂层。制备此溶剂层有多种方法。例如，用氯化铵直接撒放在锌液表面，或者用氯化铵和氯化锌混合物撒放在锌液表面，随即发生反应形成氯化锌铵，并有氯化氢和氨气放出。为防止此溶剂层过快老化和消耗，通常在熔融溶剂中加入少量甘油（质量分数为 1%～2%）或其他有机物，它们可使溶剂呈泡沫状，因而具有隔热保温作用，使溶剂能够维持 300～350℃ 的最佳温度。

湿法热浸镀锌工艺存在许多严重缺点。例如，产生的锌渣较多，形成的镀锌层较厚且附着性差，表面质量差，成本较高等。这种方法早在 20 世纪 60 年代就基本上被淘汰了。

2）干法溶剂法

与湿法溶剂法相反，干法溶剂法是钢板涂覆水溶剂后，经烘干除去溶剂层中的水分，再浸入锌锅中进行热浸镀锌。干法热浸镀锌工艺是先将钢板（钢件）除油、酸洗，并在净化后的钢板表面涂以水溶性溶剂，然后在烘干炉内加热到 200℃ 左右以除去钢板表面溶剂层中的水分，此时钢板预热温度为 180～200℃，浸入锌液中进行热浸镀锌。

干法热浸镀锌时，可在锌液中添加少量铝以控制合金镀层生长，并提高镀层附着性。

干法热浸镀锌采用的水溶剂大多是密度为 1.40～1.42g/cm³ 的 $ZnCl_2$-NH_4Cl 水溶剂，其中 $ZnCl_2$-NH_4Cl 的比例大多采用二元共晶比例，但也可选取分子比为 1：3 的成分，水溶剂温度控制在 70～75℃ 之间，热热浸镀时间约为 1min。

热浸镀锌的温度为 445～465℃，热浸镀铝的温度为 700～720℃，保温时间根据镀件的材质和尺寸等因素确定。热浸镀层的厚度取决于热浸镀温度、时间和镀件提取速度等。镀后处理工艺是采用离心法、擦拭法或喷吹法除掉镀件表面多余的金属镀液，镀件须经冷却、钝化处理等。

2. 氢气还原法

1）森吉米尔法

森吉米尔法是将冷轧钢带光亮退火炉与锌锅结合起来构成的生产线，用于钢带连续热浸镀锌生产。

通过森吉米尔法钢带连续热浸镀锌工艺与溶剂法钢带连续热浸镀锌工艺的比较可以看出，森吉米尔法具有无可比拟的优点。例如，钢带在镀锌前由过去预先进行罩式退火改为在线退火，既简化了工序，又节约能耗及相应的运输设备；钢带进入锌锅时的温度比锌液温度高 20～40℃，大幅降低了锌锅热负荷，延长了锅体使用寿命，并对提高镀层质量有利；由于没有溶剂作用，锌锅表面形成的锌灰及锅底部的锌渣量大幅减少，从而降低了锌的消耗量；由于不需涂敷溶剂，锌液中铝含量的控制较为容易，有利于提高镀层附着性。更重要的是，森吉米尔法取消了钢带碱洗除油及酸洗除锈等工序，消除了这些工序对环境的污染，并减少了钢带的酸洗损失。

森吉米尔法连续热浸镀锌生产装置（图 3.1）的在线退火是在还原退火炉内进行的。冷轧钢带首先进入氧化炉，然后直接被炉内燃烧的煤气火焰加热到 450℃左右，将钢带表面的轧制油烧掉。

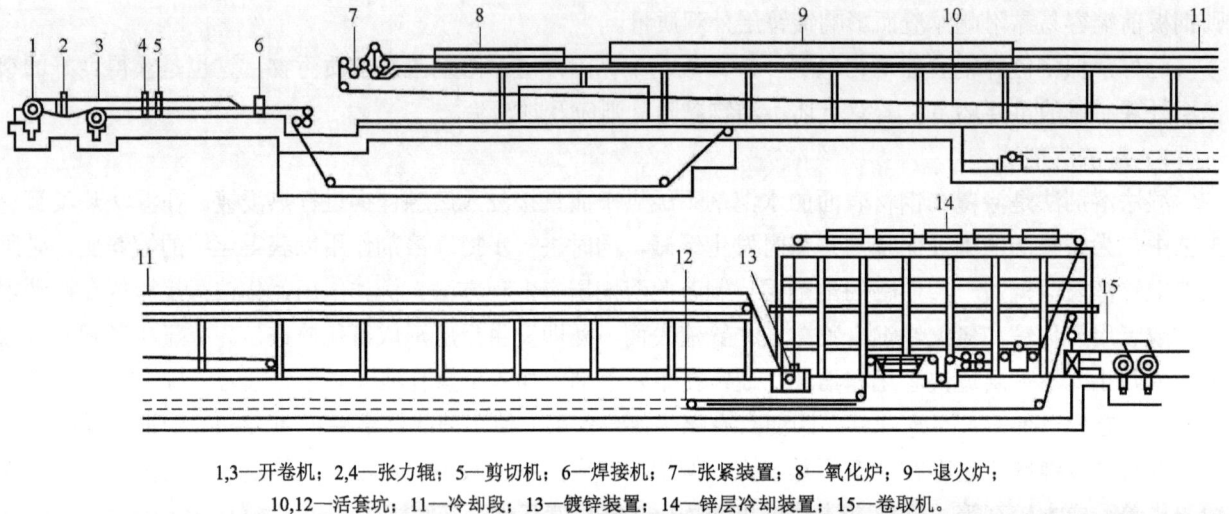

1,3—开卷机；2,4—张力辊；5—剪切机；6—焊接机；7—张紧装置；8—氧化炉；9—退火炉；
10,12—活套坑；11—冷却段；13—镀锌装置；14—锌层冷却装置；15—卷取机。

图 3.1　森吉米尔法连续热浸镀锌生产装置

同时，在钢带表面氧化生成一层蓝色的氧化铁薄膜。钢带从氧化炉出来后又进入紧靠着氧化炉的还原退火炉，在此炉内通入 N_2 和 H_2 混合气体（H_2 占 75%、N_2 占 25%，体积分数），将钢带表面的氧化铁膜还原形成多孔性海绵态纯铁，同时在炉膛温度达到 900℃左右时将运行中的钢带加热到再结晶退火温度（720~800℃），经过很短时间就可完成再结晶过程，然后进入冷却段将钢带温度降到 470~480℃，最后通过密封的炉鼻进入锌锅。锌液下部的沉没辊反向垂直引出锌液，锌液表面的镀锌辊挤去多余的锌液。在冷风冷却后卷取钢带。由于最初的连续热浸镀锌生产线采用镀锌辊控制镀层厚度，机组速度很低，故镀锌层厚度控制范围很小。

由于森吉米尔法钢带连续热浸镀锌工艺具有产量高、镀层质量好、无污染的特点，在当时受到普遍欢迎，从而得到较快发展，世界各国相继建设了许多此类生产线。

2）美钢联法

美钢联法生产线类似于森吉米尔法生产线，原料钢带冷轧后直接进入镀锌机组。首先钢带在线电解脱脂后水洗，再经热风吹干进入退火炉内，然后同样加热到再结晶退火，以及在保护气体中完成退火还原过程，最后在冷却段冷却到热浸镀锌温度，进入锌锅中热浸镀锌。其他过程与森吉米尔法生产线相同。美钢联法钢带热浸镀锌生产装置如图 3.2 所示。

美钢联法钢带表面未被高温氧化，其表面的氧化铁薄膜容易还原，在通入的保护气体中 H_2 浓度可以降低许多，有利于保证炉子的安全操作。

美钢联法生产线入炉钢带温度很低，需要利用较长还原炉将钢带加热到再结晶温度，或者提高退火炉温度，但这会短缩退火炉的使用寿命。因此，美钢联法在最初未能被人们广泛接受与推广应用。

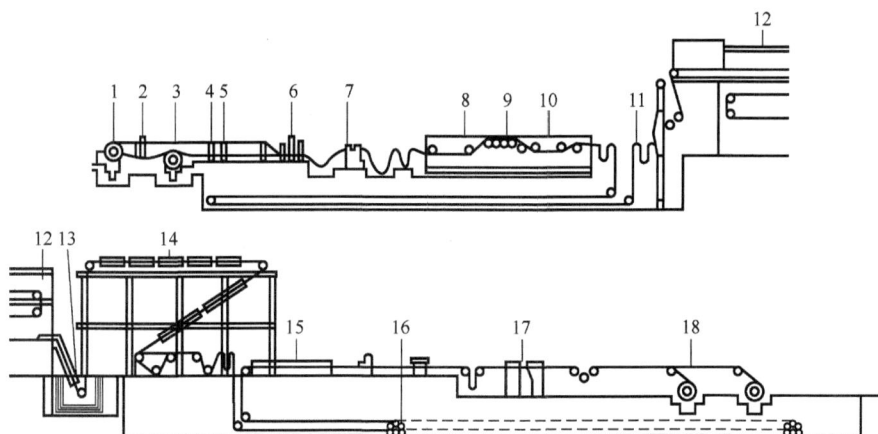

1,3—开卷机；2,4—拉紧辊；5—剪切机；6—焊接机；7—剪边机；8—电解除油；9—冲洗和刷洗；10—热水喷洗；11—张紧装置；
12—还原炉；13—镀锌装置；14—冷却装置；15—化学处理；16—活套坑；17—拉伸矫直机；18—卷取机。

图3.2　美钢联法钢带热浸镀锌生产装置

3）赛拉斯法

赛拉斯法的原料钢带既可以是经过罩式退火炉退火处理的钢带，也可以直接采用冷轧钢带。

钢带的前处理方法与惠林法相同，即先经脱脂酸洗，再经烘干预热，然后进入立式退火炉。与其他连续热浸镀锌的退火炉不同，立式退火炉采用煤气直接燃烧的火焰加热钢带。为使燃烧产物具有一定的还原性，严格控制炉内气氛（煤气和空气混合比例），使煤气不能充分燃烧。燃烧废气成分呈现还原性，可将钢带表面稀薄的氧化膜还原，同时在高达1250℃的炉膛温度下进行再结晶退火，最后在H_2浓度低（体积分数约15%）的冷却段内冷却到热浸镀锌温度，通过炉鼻进入锌锅中热浸镀锌。赛拉斯法退火炉及冷却段剖面示意图，如图3.3所示。

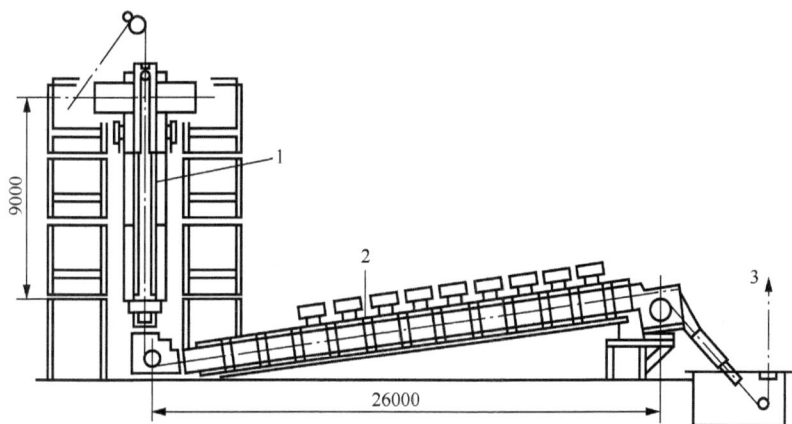

1—退火炉；2—冷却段；3—镀锌装置。

图3.3　赛拉斯法退火炉及冷却段剖面示意图

若采用已退火的钢带作为原料，则钢带在还原炉内加热到500～520℃，不必加热到再结晶温度。

虽然赛拉斯法具有产量较高、机组短小简洁、设备紧凑、投资费用低的优点，但是其工艺过程复杂，容易造成污染，而且当机组停止运行时必须将钢带移出炉外，否则钢带易被高温退火炉烧断。由于赛拉斯法存在上述一系列缺点，未能得到广泛应用。

4）莎伦法

莎伦法利用潮湿的氯化氢气体对钢带表面氧化铁膜的熔解作用，在钢带退火炉内喷吹氯化氢气体，同时在炉内高温作用下将钢带表面的轧制油等全部蒸发掉，钢带被加热到720～750℃，完成再结晶退火。

在退火炉内高温下，喷吹进炉膛内的氯化氢与钢带表面氧化铁膜迅速发生如下反应：

$$Fe_2O_3+6HCl = 2FeCl_3+3H_2O \tag{3.1}$$

$$2FeO+6HCl = 2FeCl_3+H_2+2H_2O \tag{3.2}$$

将氧化铁还原为纯铁，生成的水和氯化铁在300℃以上升华为气体，随着炉气流出。然后钢带通过冷却段和炉鼻并在密闭条件下进入锌锅中热浸镀锌。

此法钢带表面因被氯化氢腐蚀而变得粗糙，有利于提高镀锌层的附着性，但在高温下氯化氢对设备及炉体腐蚀严重且维护困难，未能得到应用。

5）改良森吉米尔法

在森吉米尔法钢带连续热浸镀锌生产过程中尚存在一些明显的缺点。例如，钢带在氧化炉内形成的氧化膜过厚，增加了还原炉的负担，钢带表面的氧化膜往往得不到完全还原，从而降低了镀锌层质量；钢带在氧化炉内预热温度较低（450℃以下），也增加了还原炉的热负荷；还原炉内保护气体 H_2 浓度过高（体积分数最高可达 75%），这使得还原炉的安全操作成为突出问题；此外，机组运行速度也较低。为了消除上述缺点，20 世纪 60 年代中期，美国阿姆斯公司对其作出重大改进，将氧化炉改为还原性无氧化性气氛炉，称为无氧化预热炉，并提高炉膛加热温度，将钢带快速加热到较高温度（550～650℃）。为此，在设备改进方面将原来的氧化炉与还原炉用一个狭窄通道连接，使之成为一个整体。这样一来，经无氧化预热炉处理的高温钢带可在密闭条件下进入还原退火炉而不致在空气中被氧化和冷却，从而能以较高温度进入还原炉，但燃烧的废气不能进入还原炉。

改良后的森吉米尔法在产品产量、质量、能耗、设备损耗等方面与传统的森吉米尔法相比均有较大进步。森吉米尔法改良前后的比较[2]见表 3.3。

表 3.3　森吉米尔法改良前后的比较

项目	森吉米尔法	改良森吉米尔法	说明
预热炉长度/m	8～10	16～19	预热炉加长可以降低炉膛温度，延长炉体使用寿命
预热炉内气氛	氧化性	还原性和弱氧化性	
钢带出预热炉温度/℃	350～450	550～650	
钢带出预热炉表面氧化膜	氧化膜层厚	氧化膜层薄	氧化膜层过厚，在还原炉内不易彻底还原，影响镀层质量
钢带运行速率（m/min）	90	180	
镀锌层附着性	较差	好	改良后钢带表面氧化层彻底还原
保护气体 H_2（体积分数）/%	75	15	H_2 含量较低，炉子操作较为安全

改良森吉米尔法具有明显的优越性，20 世纪 70 年代以后新建的钢带连续热浸镀锌生产线大都采用此法，原有的森吉米尔法生产线也被陆续改造为改良型森吉米尔法生产线。改良森吉米尔法钢带连续热浸镀锌生产线流程示意图，如图 3.4 所示。

冷轧钢带板卷经过开卷机、矫直机、双层剪切机、夹送辊、焊机后通过张力辊进入水平活套，再通过 1 号跑偏控制器、2 号张力辊和跳动辊调节张力后进入预热炉，在清除掉表面上的轧制油后被预热到550℃以上并穿过通道进入还原炉继续加热到720～800℃，此时发生再结晶退火并被通入的保护气体还原为纯铁（海绵态），然后进入冷却段冷却直到钢带温度比锌锅温度高20～40℃，最后通过炉鼻进入锌锅镀锌。钢带绕过锌锅中的沉没辊转向并垂直上升，通过稳定辊出锅后，经气刀吹拭控制镀锌层厚度，并经锌花控制机及垂直冷却风箱和 2 号跑偏控制器、水平冷却风箱、转向辊、3 号张力辊、光整机、拉伸弯曲矫直机及多辊矫直机进入铬酸盐钝化槽，在此镀锌层被钝化后经挤干辊和热风吹干装置吹干，再经出口活套、4号张力辊、分卷剪切机、涂油装置进入卷取机卷取成钢卷。也可在热浸镀锌后经风冷和水冷进入出口水平活套，再经拉伸弯曲矫直、钝化或涂油卷取成钢卷。或者在冷却后先经拉伸矫直再进入水平活套，然后经钝化或涂油卷取成钢卷。

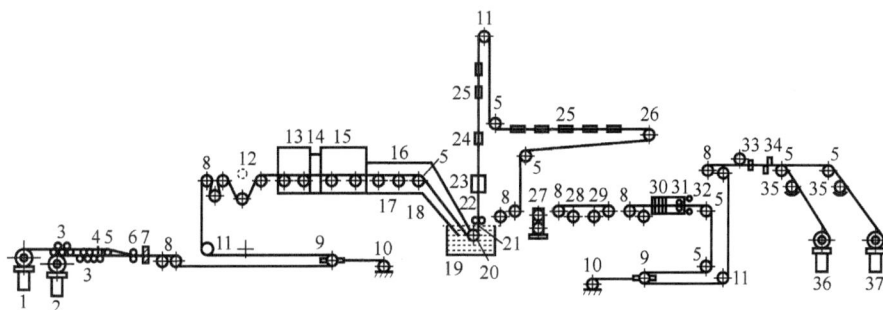

1—1号开卷机；2—2号开卷机；3—五辊初矫机；4—双层剪切机；5—转向辊；6—夹送辊；7—搭接电阻焊机；8—张力辊组；
9—活套小车；10—卷扬机；11—跑偏控制器；12—跳动辊；13—预热炉；14—过道；15—还原炉；16—冷却段；17—炉底辊；
18—炉鼻；19—锌锅；20—沉没辊；21—稳定辊；22—气刀；23—热浸镀锌合金化炉；24—锌花控制机；25—冷却风箱；26—水冷槽矫直机；
27—光整机；28—拉伸弯曲矫直机；29—多辊矫直机；30—铬酸盐钝化槽；31—挤干辊；32—热风吹干装置；
33—计数器；34—分卷剪切机；35—涂油装置；36—1号卷取机；37—2号卷取机。

图3.4 改良森吉米尔法钢带连续热浸镀锌生产线流程示意图

注：2号跑偏控制器和2号、3号、4号张力辊，未在图上标注。

3.2 热浸镀原理

3.2.1 热浸镀锌原理

在钢板热浸镀锌过程中，当钢板与锌液接触时，发生锌液对钢板表面的浸润、钢板表面的铁原子溶解、铁与锌液的反应及铁原子与锌原子的相互扩散等一系列复杂的物理化学过程。为形成完整且连续性良好的镀锌层，必须先在钢基体表面形成完整且连续的铁-锌合金层或铁-铝合金层。

合金层形成机制与钢基体化学成分、表面状态、锌液成分、热浸镀锌前处理及热浸镀工艺条件等一系列因素有关，其中尤以钢基体化学成分的影响最重要。

对于一般用途的热浸镀锌钢板，通常采用的原料钢板为一般沸腾钢、硅镇静钢及铝镇静钢等低碳钢。对拉延性能要求很高的汽车用镀锌钢板，大多采用以钛或铌为稳定化元素的超低碳钢为原料。

1. 锌液对钢基体的浸润性[1]

在钢板连续热浸镀锌过程中，为使钢板与锌液发生反应形成合金层，首先要实现锌液对钢基体表面的良好浸润。锌液对钢板表面的浸润性受钢基体的化学成分、表面状态及工艺条件的影响。

1）沸腾钢的浸润性

（1）钢板退火条件的影响。钢板的退火条件即温度和时间，是影响锌液浸润性的重要因素。退火条件不同主要表现在钢板的硬度变化方面。钢板表面硬度越高，锌液的浸润性越好。钢板退火条件、表面硬度与锌液浸润性之间的关系，分别如图3.5和图3.6所示。

锌液对钢板的平衡浸润力最高达到0.69N/m，其平衡浸润时间随钢板表面硬度的提高而在很短时间内达到。这种倾向在维氏硬度达到 200HV 以上时最明显。

退火不足的钢板表面具有较大的塑性变形量，从而提高了钢板表面活性，促进了合金层生长速度，这与实际生产的全硬型热浸镀锌钢板合金层厚度比完全退火的钢板合金层厚度大的结果是一致的。

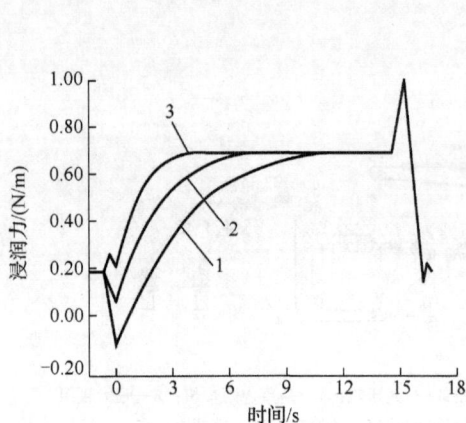

1—730℃,20s(104 HV)；2—600℃,20s(133 HV)；3—500℃,20s(212 HV)

图 3.5　钢板退火条件对浸润性的影响

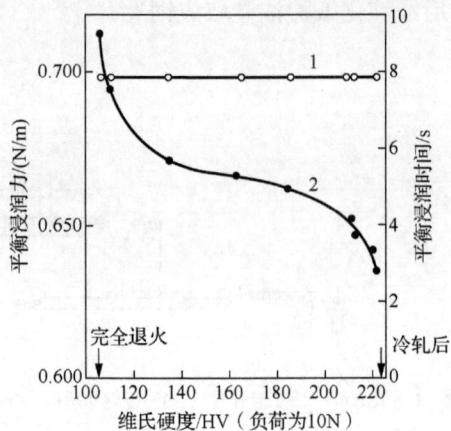

1—平衡浸润力；2—平衡浸润时间。

图 3.6　钢板表面硬度对浸润性的影响

（还原加热条件：480～730℃，20s）

（2）钢板表面粗糙度的影响。钢板表面粗糙度越大，锌液的浸润性越强；在相同粗糙度条件下，保护气氛露点越高，浸润性越差（图 3.7）。

（3）浸锌前钢板入锅温度的影响。钢板入锅前温度对锌液浸润性有较大影响（图 3.8）。钢板温度在 400～630℃范围内，随着钢板温度的升高，锌液浸润性急剧增大（浸润性在 550℃时比 480℃时增大约 2.2 倍）。在被氢气充分还原的洁净钢板表面，锌液的浸润速率很大。因此，对于钢板连续高速热浸镀锌过程来说，还原活化质量及提高热浸镀前钢板温度，对提高热浸镀初期锌液的浸润速率非常有效。

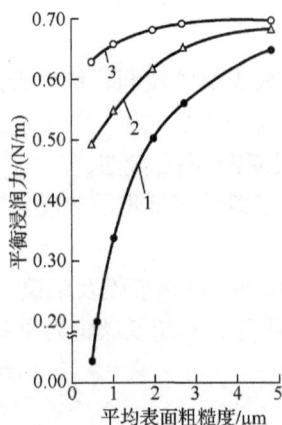

1—30℃；2—45℃；3—60℃。

图 3.7　钢板表面粗糙度和保护气氛露点对浸润性的影响

（还原加热条件：700℃，30s）

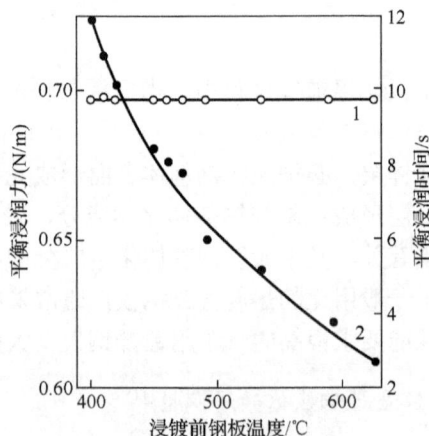

1—平衡浸润力；2—平衡浸润时间。

图 3.8　热浸镀锌前钢板温度与锌液浸润性的关系

（还原加热条件：700℃，30s）

（4）还原加热条件和锌液浸润性的关系。还原加热温度对锌液浸润性有较大影响。钢板还原加热温度对锌液浸润性的影响如图 3.9 所示。还原加热温度在 400～500℃下，经 10s 退火时，锌液浸润性很低，随着还原温度的升高，浸润性逐渐增大。当还原温度超过 550℃时，平衡浸润力达到 0.69N/m。此时，浸润速率达到最大值。

（5）H_2-N_2 保护气氛露点和锌液浸润性的关系（图 3.10）。

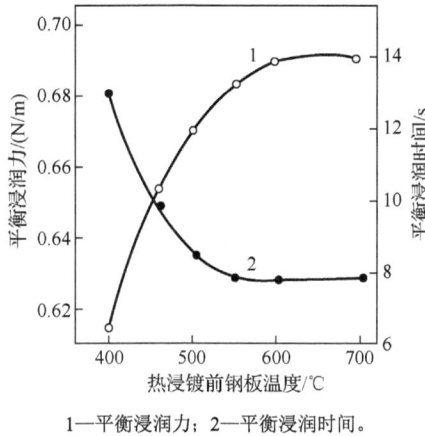

1—平衡浸润力；2—平衡浸润时间。

图 3.9　钢板还原加热温度对锌液浸润性的影响
（还原加热时间：10s）

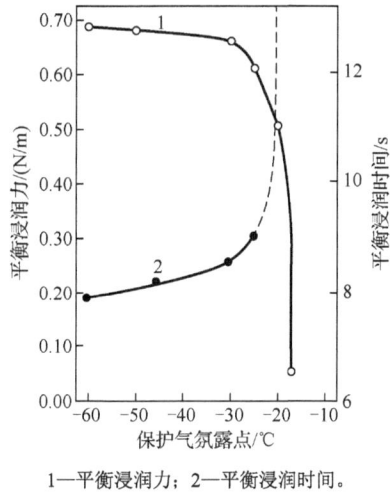

1—平衡浸润力；2—平衡浸润时间。

图 3.10　保护气氛（75% H_2-N_2）露点和锌液浸润性的关系
（还原加热条件：700℃，30s）

保护气氛露点在 -60～-30℃ 之间，锌液浸润性几乎无明显变化。当保护气氛露点高于 -30℃ 时，平衡浸润力及浸润速率均急剧下降。这是在较高露点下（-17℃ 等），钢板表层的氧固溶于铁形成 FeO 及 Fe_3O_4 等氧化铁膜所致。

然而，在体积分数为 75% H_2-N_2 保护气氛中，从涉及 Fe-FeO 平衡关系的温度和湿度的关系来看，上述氧化铁是不稳定的，即不可能形成氧化铁膜。这是因为在规定的试验条件下钢板表面气氛的成分和水汽分压与平衡值不同，结果生成了氧化铁膜。但在实际的连续热浸镀锌生产线上，钢板表面的保护气氛被严重搅动，不可能生成氧化铁膜。

2）铝镇静钢的浸润性

（1）钢板溶解铝量对锌液浸润性的影响。热浸镀锌前，钢板在 700℃ 下还原加热 30s，随着钢板中溶解铝浓度的增加，锌液对钢板的浸润力逐渐降低；同时，浸润速度也随着钢板中溶解铝浓度的增加而减慢（图 3.11）。这是在 700℃ 的高温下长时间（30s）加热时，钢中的铝元素在钢表面富积形成氧化铝膜，阻碍了锌液对钢板表面的浸润。

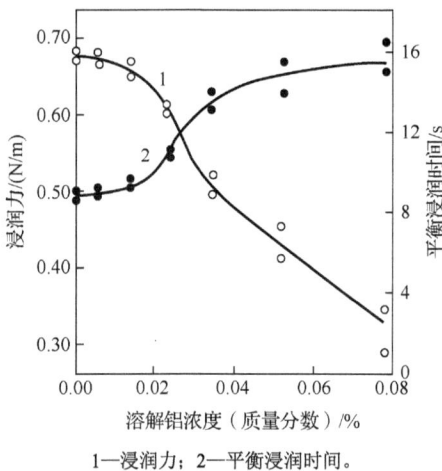

1—浸润力；2—平衡浸润时间。

图 3.11　钢板中铝浓度对还原加热后锌液浸润性的影响
（还原加热条件：700℃，30s）

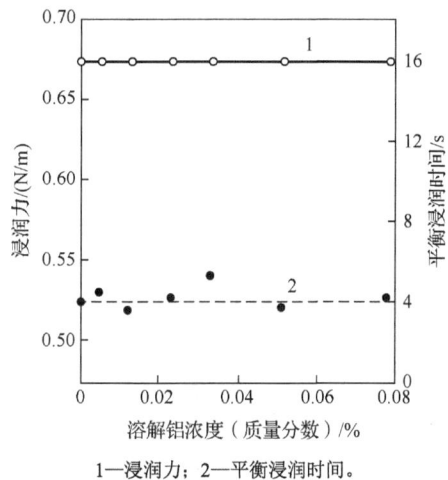

1—浸润力；2—平衡浸润时间。

图 3.12　钢板中铝浓度对还原加热后锌液浸润性的影响
（还原加热条件：530℃，10s）

　　钢板在530℃的较低温度下还原加热10s，钢中铝浓度对锌液的浸润性几乎无影响，并且锌液具有良好的浸润性，还原加热约4s就可达到平衡状态（图3.12）。这是在较低的还原加热温度下，钢板塑性变形未完全消除而使锌液浸润速度增大所致。

　　（2）钢板表面结构对锌液浸润性的影响。钢板在700℃下还原加热30s时，其表面各种元素富积。其中，以铝元素的富积程度最严重，钢中硅、锰等元素的富积量较少。

　　在850℃的温度下还原加热，铝元素在钢板表面的富积程度比其在700℃下还原加热的富积程度增大15倍以上（图3.13）。但在850℃下还原加热时，锌液对钢表面的浸润性却很好（图3.14），此时在钢板表面形成了$Al(Fe_{1/3}Al_{5/3})O_4$的氧化物。

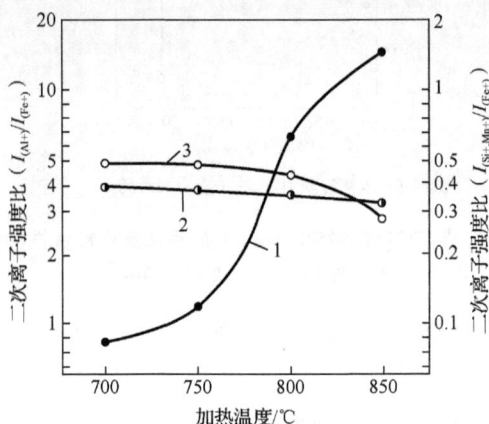

1—Al；2—Si；3—Mn。

图3.13　还原加热温度对铝浓度为0.078%（质量分数）铝的钢板表面铝富积程度的影响（保持时间：30s）

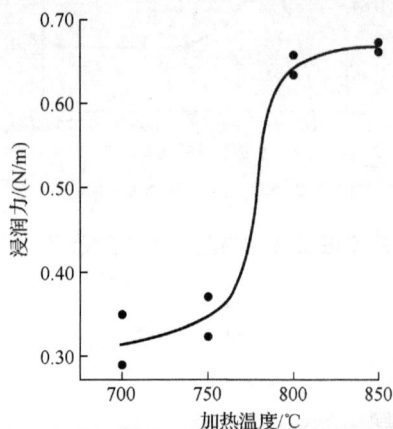

图3.14　还原加热温度对铝浓度为0.078%（质量分数）铝钢板浸润性的影响（保持时间：30s）

　　在700～750℃的较低温度下还原加热时，钢板表面铝元素的富积程度较低而硅元素的富积程度相对较高，并形成稳定性好的铝硅酸盐氧化物，使锌液的浸润性显著下降。但在800～850℃的高温下还原加热时，铝元素的富积程度高于硅元素和锰元素，并生成尖晶石型$\gamma\text{-}Al_2O_3$，此$\gamma\text{-}Al_2O_3$具有较高的化学活性，在其孔隙部位有少量铁渗入而形成$Al(Fe_{1/3}Al_{5/3})O_4$氧化物，这种氧化物具有改善锌液浸润性的作用。

　　（3）钢中氮化铝（AlN）析出率对锌液浸润性的影响。钢中的溶解铝包括固溶原子状态的铝和化合状态AlN中的铝两部分。在还原加热后，钢板表面铝元素的富积程度决定于钢中的铝浓度及固溶-析出AlN浓度。若钢中溶解的铝为固溶状态，则在还原加热时富积在钢板表层的铝元素以氧化物状态存在。若钢中的铝以化合状态（AlN）存在，则可抑制铝元素在钢板表面富积，从而改善锌液的浸润性（图3.15）。

　　3）硅镇静钢的浸润性

　　随着连续铸钢技术的发展，钢板热浸镀锌大量采用铝镇静钢、硅镇静钢及硅含量高的高强度钢板作为原板。然而，钢中含有铝、硅等易氧化元素，若这种钢板热浸镀锌时采用以往的沸腾钢或半镇静钢热浸镀锌工艺条件，则其镀层附着性会变差，而且在加工时易发生剥落，甚至在镀层中产生漏铁点。

　　（1）还原加热条件的影响。在$H_2\text{-}N_2$保护气氛中，对于不同硅含量的钢板，还原加热温度越低，钢中硅含量对锌液浸润性的影响越小。对于硅浓度在0.2%（质量分数）以下的钢板，还原加热温度在460～550℃之间，时间在30s以下，锌液对钢板的浸润力基本相同。之后，随着钢中硅浓度的提高，锌液对钢板的浸润力逐渐下降。当还原加热温度达到700℃时，即使钢中硅浓度较低，锌液对钢板的浸润力也迅速下降到零。

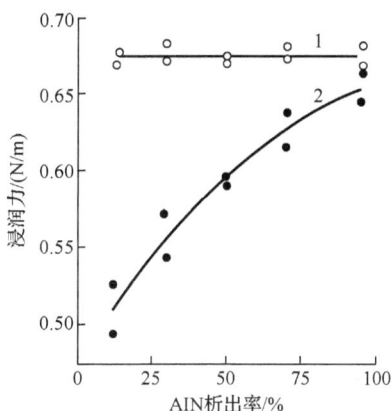

图 3.15 钢中 AlN 析出率对锌液浸润性的影响（钢中铝的质量分数为 0.034%）

（2）钢板表面状态对锌液浸润性的影响。如图 3.16 和图 3.17 所示，硅浓度为 0.02%（质量分数）钢板的浸润性与空燃比大小无关，在 700℃、30s 条件下还原加热后，两种空燃比条件下均有良好的浸润性。特别是在空燃比为 1.05 或 1.2 的条件下对钢进行弱氧化处理并还原加热，这时钢板表面形成了多孔状物质，其初期的浸润速度与空燃比为 0.85 时经砂纸研磨的钢板表面相比均有增大。硅浓度为 0.83%（质量分数）的钢板经砂纸研磨仍保持与其原来相同的表面状态，在空燃比为 0.85 的条件下进行弱氧化处理，并经 700℃、30s 还原加热，其初期的浸润速度是硅浓度为 0.02%（质量分数）钢板的 1/10，浸润力仅为 -0.45N/m，与硅浓度为 0.02%（质量分数）钢板的浸润力相比显著下降。与此同时，对硅浓度为 0.83%（质量分数）的钢板在空燃比为 1.05 或 1.20 的条件下进行弱氧化处理，经 700℃、30s 还原加热，锌液的浸润速度显著增大，其浸润力超过 0.60N/m，与硅浓度为 0.02%（质量分数）的钢板相同。

然而，在弱氧化处理及还原加热后，虽然硅浓度为 0.83%（质量分数）钢板的表面形成了多孔状物质，使其具有良好的浸润性，但是还原加热时间不能过长，否则其浸润性仍然下降。

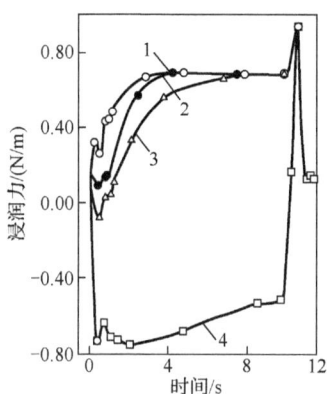

1—0.02% Si，空燃比=1.2；2—0.02% Si，空燃比=1.05；
3—0.02% Si，空燃比=0.85；4—0.83%Si，空燃比=0.85。

图 3.16 还原加热前的氧化条件对浸润性的影响
（还原加热条件：700℃，30s）

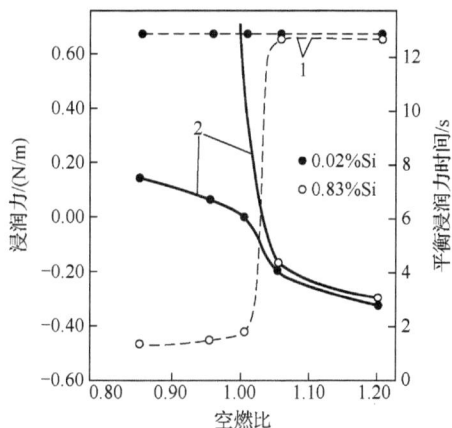

1—浸润力；2—平衡浸润时间。

图 3.17 氧化条件对浸润性的影响
（还原加热条件：700℃，30s）

2. 钢板表面铁的溶解

在钢板连续热浸镀锌过程中，钢板经还原退火并在冷却到一定温度后进入锌锅。由于钢板温度已达到反应温度，立即发生铁向锌液中的溶解，并随即在钢表面发生 Fe-Al 反应和 Fe-Zn 反应。通过上述过程形成合金层。

在锌锅中铁的溶解量及形成合金层的铁浓度与下列因素有关。

1）锌液中铁浓度的影响

锌液中原有的铁浓度对钢板镀锌时铁的溶解量有较大影响（图 3.18）。铁的溶解量随锌液中铁浓度的升高而急剧下降，但当锌液中铁的质量分数达到 0.025% 时趋于稳定（约为 0.47g/m²）。与此相反，合金层中铁浓度不受锌液中铁浓度的影响，始终稳定在 0.65g/m²。

2）锌液中铝浓度的影响

当钢板入锅温度控制在 500℃ 下、热浸镀时间为 30s 时，其在锌液中不同铝浓度下的试验结果如图 3.19 所示，当锌液中铝的质量分数<0.12% 时，铁溶解量随着铝浓度的升高而急速降低；当锌液中铝的质量分数>0.12% 时，铁溶解量随着铝浓度的升高，其降低速度趋缓。同样，合金层中铁浓度也有相同的趋势。

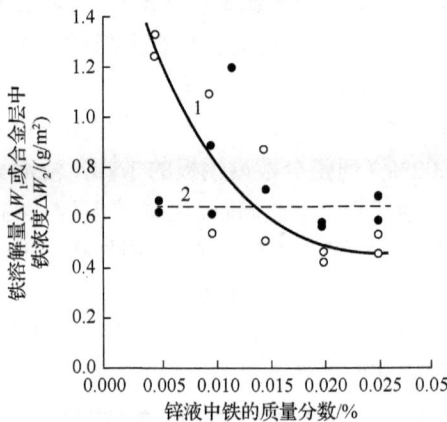

1—铁溶解量 ΔW_1；2—合金层中的铁浓度 ΔW_2。

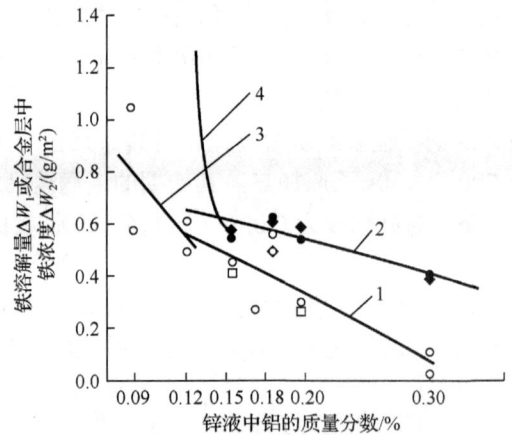

ΔW_1—铁溶解量/（g/m²）；ΔW_2—合金层中铁含量/（g/m²）；
y—锌液中铝浓度/%。
1—ΔW_2=0.899-2.742y；2—ΔW_2=0.817-1.313y；3—ΔW_1=1.580-8.5y；
4—ΔW_1=24.55-352y+1103y^2。

图 3.18　锌液中铁浓度对铁的溶解量的影响（锌液中铝的质量分数：0.15%；锌液温度：465℃；热浸镀时间：30s）

图 3.19　铁饱和锌液中铝浓度对铁溶解量及合金层中铁浓度的影响（锌液温度：465℃；热浸镀时间：30s）

3）热浸镀时间的影响

实际上，当钢板连续热浸镀锌时，热浸镀时间仅有 2～3s。假设为了推算如此短时间内的反应量，把双对数坐标图上的回归直线向短时间方向外推，并将由此得到的数值在普通坐标图上表示（图 3.20），则在 1～4s 热浸镀时间内可以得到直线关系，并对其求回归直线方程，计算结果如下：

锌液中铝的质量分数为 0.12% 时，有

$$\Delta W_1 = 0.299 + 0.048t \tag{3.3}$$

$$\Delta W_2 = 0.132 + 0.075t \tag{3.4}$$

锌液中铝的质量分数为 0.18% 时，有

$$\Delta W_1 = 0.194 + 0.026t \tag{3.5}$$

$$\Delta W_2 = 0.245 + 0.026t \tag{3.6}$$

式中，ΔW_1 为铁溶解量（g/m²）；ΔW_2 为合金层中的铁浓度（g/m²）；t 为热浸镀时间（s）。

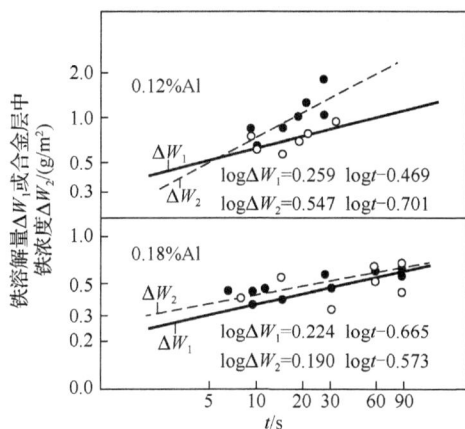

图 3.20　热浸镀时间对铁溶解量及合金层中铁浓度的影响
（锌液温度：465℃，铁饱和；钢板入锅温度：500℃）

4）钢板入锅温度的影响

如图 3.21 所示，钢板温度不同引起的铁反应量的变化斜率也不同。当锌液中铝的质量分数为 0.12% 时，斜率为正值；当锌液中铝的质量分数为 0.18% 时，斜率为负值。其原因与所形成的合金层中的原始相层有关。当锌液中铝的质量分数为 0.12% 时，最初形成的相层可能以 δ 相为主。当锌液中铝的质量分数为 0.18% 时，形成了 Fe_2Al_5 相层，阻碍了铁的溶解。

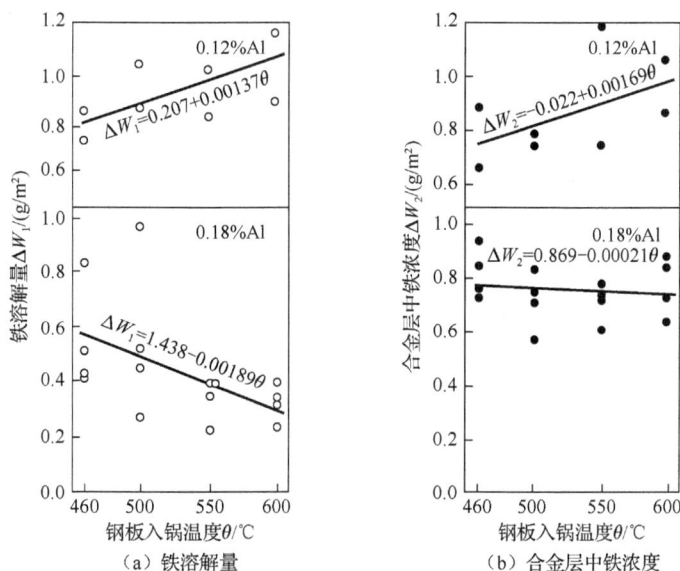

（a）铁溶解量　　　　　　　　　（b）合金层中铁浓度

图 3.21　钢板入锅温度对铁溶解量及合金层中铁浓度的影响
（锌液温度：465℃；热浸镀时间：30s；锌液中铁的质量分数：0.01%）

3. 合金层的形成与生长

1）热浸镀纯锌过程

（1）Fe-Zn 二元状态图及各相的形成。当钢材在不含铝的纯锌液中热浸镀锌时，其表面形成的合金层从钢基体开始依次为 Γ 相（Fe_3Zn_{10}）、δ_1 相（$FeZn_7$）及 ζ 相（$FeZn_{13}$）三个金属间化合物相。这种组织与Fe-Zn 二元状态图中铁与锌反应的顺序相同（图 3.22）。

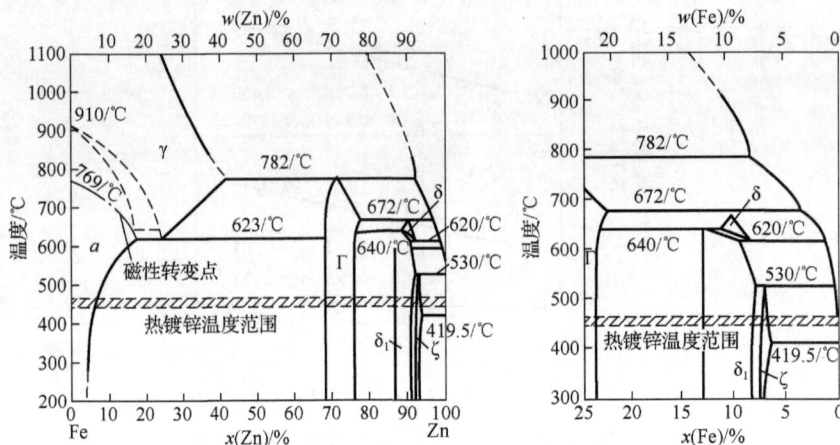

图 3.22　Fe-Zn 二元系平衡状态图

随着钢材在 450℃ 的纯锌液中热浸镀时间的变化，合金层中各相的形成也不断变化。在 430℃ 下热浸镀 5~17s 时，在钢基体表面和锌液之间首先形成 ζ 相，在其靠近钢基体的一侧出现极薄的 δ_1 相，在此外二相间呈锯齿状分布，其中 ζ 相呈现针状或柱状结晶组织，在较短时间内热浸镀形成的 δ_1 相不是连续的层状结构。

当热浸镀时间达到 17s 时，δ_1 相晶体组织变得连续（厚度约为 1μm），ζ 相层厚度快速长大（约为 10μm）。当热浸镀时间达到 1.5min 时，在 δ_1 相层和钢基体之间的界面上出现厚度约为 0.6μm 的连续层，即 Γ 相层。此时，δ_1 相层更加连续，界面变得平整，厚度约为 1.5μm，ζ 相层厚度进一步生长，约为 20μm。热浸镀时间进一步延长，当达到 5min 时，Γ 相层有所增长，δ_1 相层开始快速长大，但并不均衡，因而在 δ_1 相层与 ζ 相层的界面上形成两个相的交叉（呈相互钳状）结构。当热浸镀时间延长到 10min 时，Γ 相层无明显变化，δ_1 相层厚度增大到约 18μm 且 δ_1 相层与 ζ 相层之间形成平整清晰的界面。此时，δ_1 相层出现垂直裂纹，称为栅状组织，ζ 相层厚度无大的变化。当热浸镀时间延长到 80min 时，Γ 相层变得模糊，在其与 ζ 相层的界面处似乎出现了一个新相层，称为 Γ_1 相层，此处的双 Γ 相层厚度很薄，不超过 3μm。在栅状 δ_1 相层靠近钢基体的一侧出现组织致密的相层，称为致密 δ_1 相层，其厚度与栅状 δ_1 相层的厚度接近，约为 20.0μm，因此 δ_1 相层的总厚度超过 40μm。ζ 相层针状晶体组织的厚度约为 40μm。各相间界面均呈现平滑状态。这样经过长时间热浸镀得到的合金层从钢基体开始分别为双 Γ 相层、致密 δ_1 相层、栅状 δ_1 相层和针状晶体结构的 ζ 相层，在其外部是纯锌层（η 相）（图 3.23 和图 3.24）。

（2）Fe-Zn 合金层的生长。在两种金属间发生反应时，至少形成一种金属间化合物相的扩散，称为反应扩散。钢材热浸镀锌过程就属于反应扩散过程。在反应扩散过程中形成的相层厚度 W 和热浸镀时间 t 的关系遵循以下表达式：

$$W = Kt^n \tag{3.7}$$

式中，K 为系数。

当指数 $n=0.5$ 时，合金层的生长遵循抛物线规律，但对热浸镀锌反应过程中生成的各相层的厚度及合金层总厚度，各位研究者所得研究结果均有一定误差。n 值测定结果见表 3.4。

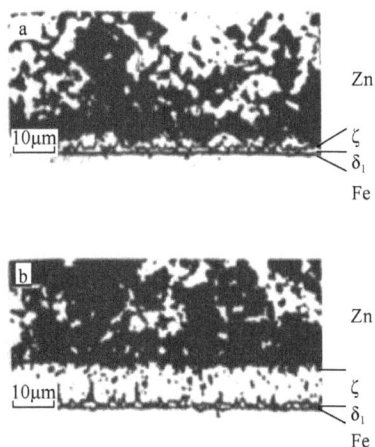

图 3.23 430℃的锌液中热浸镀时间极短时形成的
合金层金相照片

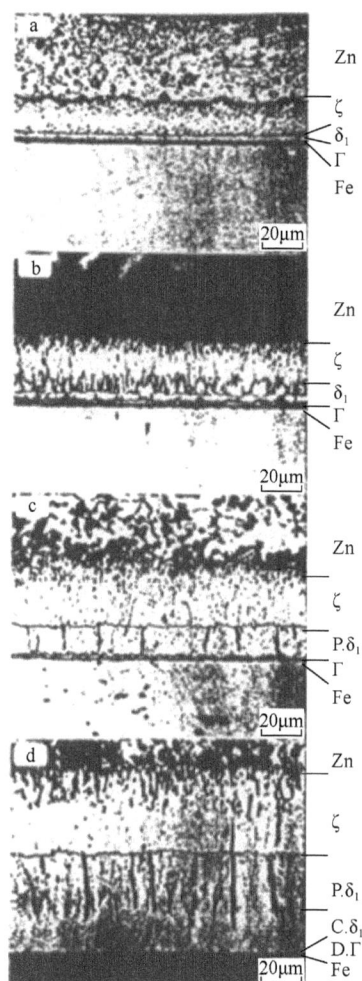

图 3.24 430℃的锌液中不同热浸镀时间下形成的
合金层金相照片

表 3.4 ζ相、总δ₁相、双Γ相及合金层总厚度的指数 n 值

来源	n				热浸镀锌条件	
	合金层	双Γ相	总δ₁相	ζ相	温度/℃	时间
若松良德	0.45	0.25	0.63	0.21	460	5.0～14.2s
罗兰（Rowland）		0.13	0.53	0.31	450	1min～2h
布利克伟德（Blickwede）		0.099	0.60	0.156	448	1s～6h
		0.109	0.63	0.28	466	1s～6h
		0.216	0.64		482	1s～6h
霍尔特曼（Horstmann）		0.5	0.5		430～490	15min～60h
布利克伟德（Blickwede）		0.5			450	<1min
			0.5	0.5	450	<6min
艾伦（Allen）和马科维亚克（Mackowiak）	0.5				431～489	1～17h
斯特里克（Stricker）和霍尔特曼（Horstmann）	0.5				433～467	2.5～20min

来源	n				热浸镀锌条件	
	合金层	双 Γ 相	总 δ_1 相	ζ 相	温度/℃	时间
霍尔特曼（Horstmann）		0.22	0.64		459	10s～48h
Sjoukes		0.23		0.26	459	10s～32imn
			0.58	—	459	1min～2h
格拉德曼（Gladman）等	0.40				430	10s～2min
	0.27				445	10s～2min
	0.28				460	10s～2min

在热浸镀锌过程中，随着热浸镀时间的延长，当有新的合金相形成时，原有相的生长速度发生复杂变化。例如，当 Γ 相和致密 δ_1 相出现时，原有的栅状 δ_1 相经历了两次生长速度急剧增大的过程（图 3.25）。

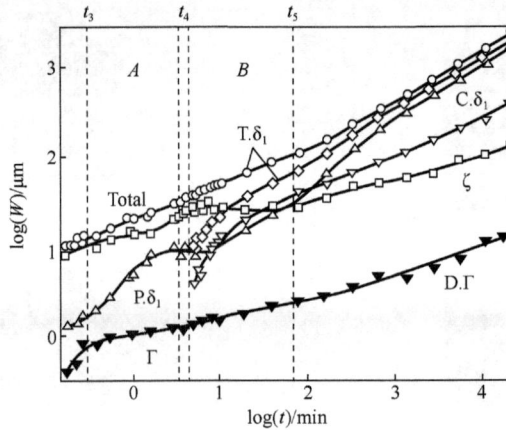

图 3.25　460℃热浸镀温度下各相层厚度随热浸镀时间的变化

图中，D.Γ 代表双 Γ 相层，P.δ_1 代表栅状 δ_1 相层，C.δ_1 代表致密 δ_1 相层，T.δ_1 代表 δ_1 相层总厚度，Total 代表合金层总厚度。

显然，各金属化合物相的生长并不遵循简单的指数关系。若松良德等测定的指数 n 值分别是：合金层总厚度 $n=0.4～0.5$，双 Γ 相 $n=0.2～0.25$，δ_1 相 $n=0.58～0.64$，ζ 相 $n=0.2～0.3$。

2）热浸镀锌-铝过程

在现代的钢板连续热浸镀锌生产线中，其锌锅中通常添加少量铝以提高镀层的附着性及光泽性。一般在锌液中加入的铝量很少，浓度为 0.1%～0.2%（质量分数），但少量铝的加入却对 Fe-Zn 反应起着显著作用，使形成的合金层结构发生很大变化，从而影响镀层的使用性能。

（1）铝对合金层结构变化的影响。前人的研究成果表明，在 Fe-Al-Zn 三元状态图中不存在 Fe-Al-Zn 三元化合物，但锌在各种 Fe-Al 化合物中的固溶度很大（图 3.26）。

从理论上说，当钢板在含铝锌液中热浸镀锌时，其所形成的合金层组织应该是由该锌液组成（主要是铝）点与铁角顶点连接线上存在的各个相构成的。在这个合金层中，这些相的排列顺序从铁角开始，到该锌液组成相应的点为止，形成相互重叠排列的层状结构。当锌液中铝的质量分数在 0.3% 以下时，在锌液和铁的界面上形成合金层，从铁的一侧开始按照 Γ 相、δ_1 相、ζ 相的顺序排列。但多数研究者得出的试验结论是：只有在铝的质量分数很低（<0.03%）或者热浸镀时间很长的情况下，才能形成这种合金层结构；在热浸镀时间很短时，仅存在 Fe$_2$Al$_5$ 相或者 δ_1 相。可从 Fe-Al-Zn 三元平衡状态图中得出对此现象的解释。

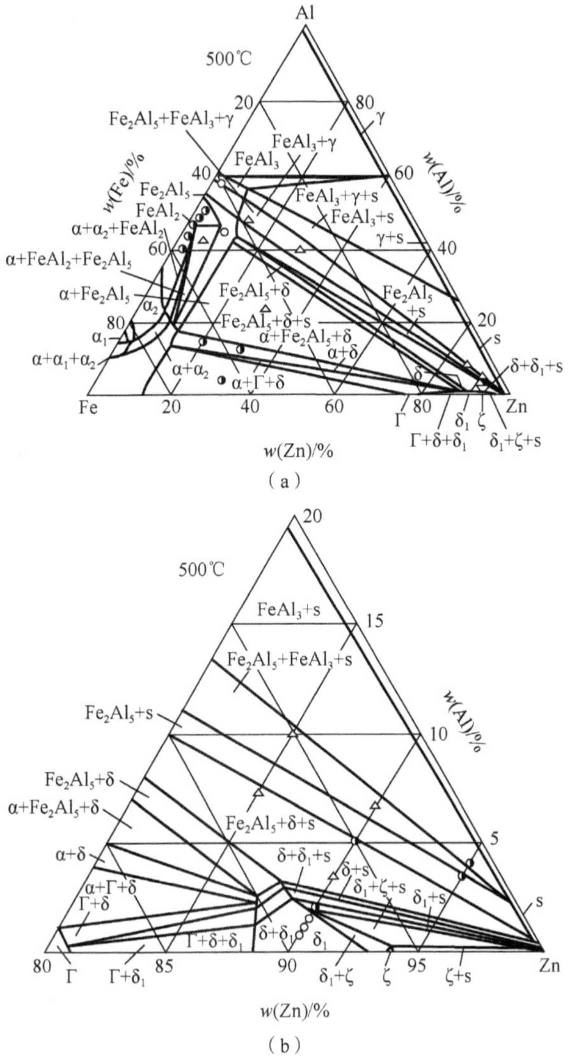

图 3.26　Fe-Al-Zn 三元状态图 500℃下的等温面

如图 3.26 所示，在与锌液（s）连接的相区，随着铝浓度的变化，从浓度高的一侧开始有（Fe₂Al₅+s）、（Fe₂Al₅+δ+s）、（δ+s）、（δ+δ₁+s）、（δ₁+s）、（δ₁+ζ+s）和（ζ+s）等七种相区变化。这是当固体铁和液态锌相互接触时，朝着平衡状态方向进行扩散十分容易，在这种情况下，从锌液一侧开始，顺序形成各种相区的理想情况。但当钢板在锌液中热浸镀时间很短时，随着锌液中铝浓度的变化，可以认为在锌液和铁的界面上最初形成的合金相就是其合金层。这样就可根据三元状态图中相区的变化来预测热浸镀时间延长时合金层中相的变化。也就是说，随着热浸镀时间的延长，构成合金层的相由 Fe₂Al₅ 相开始向δ相方向进而向（δ₁+ζ）相方向变化。尽管以上所述是基于平衡状态图推测的，但是这一推测与试验结果完全相符（图 3.27）。

由图可知，当热浸镀时间较短时，若锌液中的铝浓度在 0.15%（质量分数）以上，则所得合金层全部为 Fe₂Al₅ 相（图 3.28）。若热浸镀时间进一步延长或铝浓度<0.15%（质量分数），则合金层中会出现δ相甚至ζ相（图 3.29）。

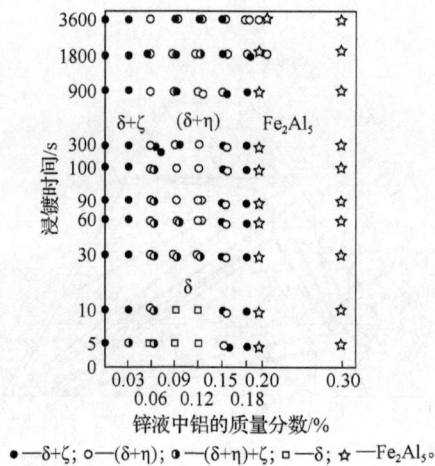

图 3.27　钢板热浸镀锌时锌液中铝含量及热浸镀时间与合金层中相的变化关系（锌液温度：465℃）

●—δ+ζ；○—(δ+η)；◑—(δ+η)+ζ；□—δ；☆—Fe₂Al₅。

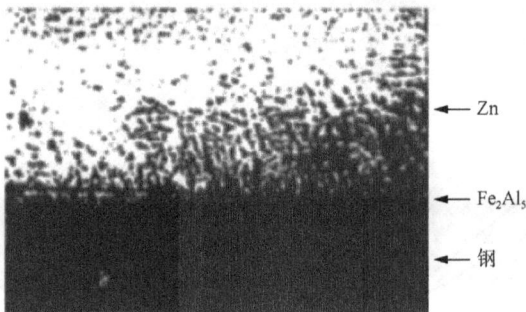

图 3.28　在铝浓度为 0.15%（质量分数）的锌液中 465℃下浸镀 30s 的金相照片（合金层的相：Fe₂Al₅相）1000×

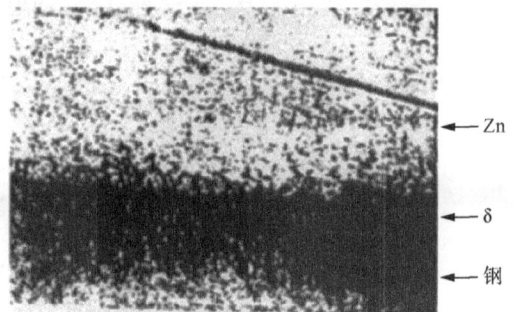

图 3.29　在铝浓度为 0.12%（质量分数）的锌液中 465℃下浸镀 30s 的金相照片（合金层的相：δ相）1000×

（2）合金层的形成与生长。

① 抑制层的形成和抑制期。当钢在含铝锌液中热浸镀时，由于锌液中铝浓度和热浸镀时间的不同，形成的合金层具有各种各样的显微组织。在铁与锌液反应时，最初形成的合金相是 Fe_2Al_5 相。这是因为从热力学观点来看，Fe-Al 化合物的生成自由能均比 Fe-Zn 化合物的生成自由能小，即其吉布斯（Gibbs）能量的生成比 Fe-Zn 化合物生成的自由能更小。尽管铝对铁的化学亲和力比锌对铁的化学亲和力大得多，但是只有在铝浓度超过必要数值时，才能形成完整的 Fe_2Al_5 合金相层。

在 Fe_2Al_5 合金相层形成后，它将铁与锌液隔离开来，使 Fe-Zn 反应难以进行，故此层称为抑制层。然而，Fe_2Al_5 层对 Fe-Zn 反应的抑制作用是有时间性的，由于锌及铁原子不断扩散，此抑制层在达到一定时间后开始破坏，从而使锌液与铁直接接触而发生剧烈反应。这一段时间称为抑制期或潜伏期。

一些研究者对抑制期进行测定，其结果基本相同。例如，霍尔特曼（Horstmann）在 450℃下热浸镀锌，当铝的质量分数为 0.1%时镀锌时间为 0.5min，当铝的质量分数为 0.2%时镀锌时间为 4min；霍顿（Haughton）在 450℃下热浸镀锌，当铝的质量分数为 0.11%时镀锌时间为 1min，当铝的质量分数为 0.19%时镀锌时间为 5min。这说明当锌液中铝的质量分数超过 0.1%时，存在可以抑制 Fe-Zn 反应的抑制期。

② 合金层的形成。当钢在含铝锌液中热浸镀时，按照铝浓度及热浸镀时间的不同，可以形成相组成和相结构各不相同的显微组织。至于这些不同相结构的组织是如何形成与变化的，迄今尚不能充分解释。然而，若应用 Fe-Al-Zn 三元状态图中的扩散途径来说明合金层中各相的形成和变化，则可对这一问题有

较深入的理解。

因为热浸镀锌过程是一个多相之间相互扩散反应的过程，通常在各相界面上建立局部平衡关系。这样就可利用三元状态图来进行说明。为此，应该首先确定扩散途径最初形成结晶核的起点。由试验可知，在一定的铝浓度下，Fe_2Al_5结晶是最初生成的相。在 Fe-Al-Zn 三元状态图中，以 Fe_2Al_5 相区为扩散途径的起点，并由此点出发，通过不同的相区到达锌液。这样就可以找出 12 条扩散途径，从而形成 12 种类型的合金层组织（图 3.30）。

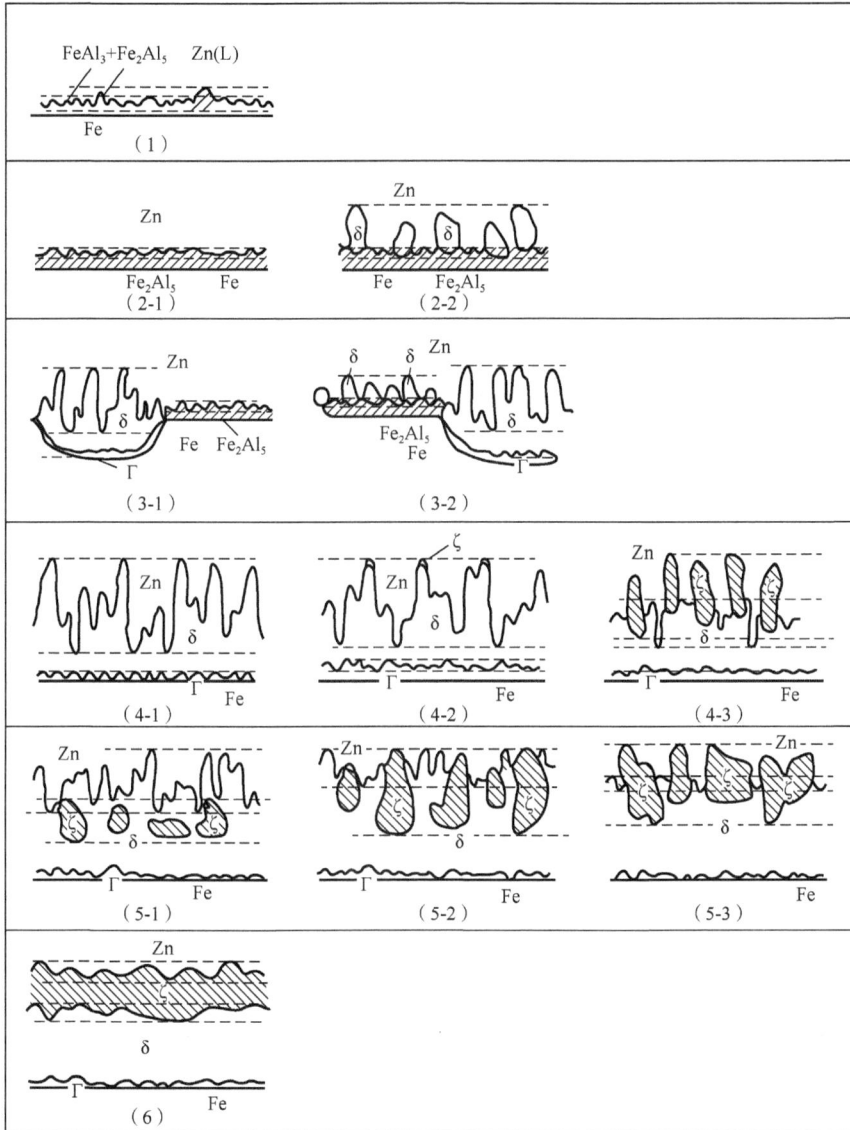

图 3.30　根据扩散途径估计的合金层组织

实际上，对不同条件（铝浓度、热浸镀锌时间）下镀锌层断面的金相分析表明，确实存在上述 12 种合金层组织。

随着热浸镀时间的延长，合金层组织发生变化。根据铝浓度的不同，其变化情况可归纳为以下四种。

第一种情况：质量分数为 0.18%的铝（包括质量分数为 0.3%～0.15%的铝）。此时最初形成的合金层由 Fe_2Al_5 和 $FeAl_3$ 两个薄层构成，它们均匀地覆盖于钢板表面。当延长热浸镀时间超过其抑制期时，Fe_2Al_5

层被破坏，锌液直接与钢板表面接触，发生剧烈的 Fe-Zn 反应，从而使其合金层相组织发生变化，变化顺序为（1）→（2-1）→（3-1）→（4-1）→（5-1）。在固-液相界面上，向铝浓度减小的方向变化。也就是说，伴随反应的进行，固-液相界面上锌液中的铝浓度下降。分析表明，这时相界面上的铝的质量分数在 0.12%以下，开始出现 δ 相晶核，并引起合金层从 Fe-Al 系向 Fe-Zn 系变化的自催化反应。

第二种情况：质量分数为 0.12%的铝（包括质量分数为 0.15%～0.09%的铝）。随着热浸镀时间的变化，合金层组织按照（2-2）→（3-2）→（4-2）→（5-1）→（5-2）的顺序变化。这时固-液相界面上的铝浓度进一步下降，质量分数约在 0.10%以下，在与液相接触的固相中形成 Fe_2Al_5 层。但不久以后，随着固-液相界面上铝浓度的下降，在此 Fe_2Al_5 层中形成 δ 相晶核。

第三种情况：质量分数为 0.06%的铝（包括质量分数为 0.06%～0.03%的铝）。合金层组织按照（4-2）→（4-3）→（5-1）→（5-2）→（5-3）的顺序变化。此时铝浓度过低，不可能形成 Fe_2Al_5 晶核。固-液相界面上液态锌中的铝的质量分数约为 0.07%，此处形成 ζ 相，故界面上铝浓度有增大的倾向。但从整体上看，因为形成了比液相中的铝浓度高的合金层，所以相界面上铝浓度有下降趋势，固相中发生由 δ 相向（δ+ζ）相的混合组织方向变化。

第四种情况：不加铝。合金层及扩散途径为（6），无变化。合金层组织按照 Fe-Zn 二元状态图构成，即按照 Γ 相、$δ_1$ 相、ζ 相的顺序排列，各相层界面分明。其表面是纯锌层。

③ 合金层的生长。根据日本学者的研究，可用合金层中铁浓度的多少表示合金层厚度大小。因此，合金层的生长可用铁浓度与热浸镀时间的变化来表示（图 3.31）。

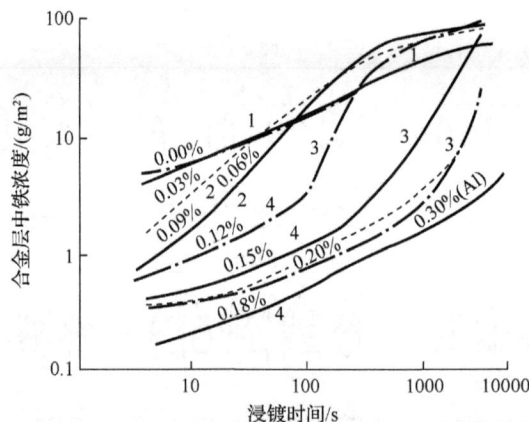

1—抛物线规律；2—直线规律；3—自催化反应规律；4—逆对数规律。

图 3.31 钢板在铝浓度不同的锌液中浸镀时合金层中铁浓度和热浸镀时间的关系

由图可知，在不同铝浓度的锌液中，合金层的生长反应机制并不完全是抛物线关系或直线关系。参照金属氧化膜形成反应的不均匀体系中提出的种种反应机制，将合金层的生长归纳为四种反应速度规律，分述如下。

第一种：逆对数规律（保护膜形成反应）。

通常金属表面在室温下形成保护膜的反应速度服从逆对数规律，其形成的膜层极薄且致密，并且在达到一定厚度后停止生长。其反应速度公式为

$$\frac{1}{\varepsilon} = A - B\ln t \tag{3.8}$$

式中，ε 为保护膜厚度（相当于合金层厚度）（μm）；A、B 为常数；t 为时间（相当于热浸镀时间）（s）。

如图 3.31 所示，铝的质量分数在 0.09%以上，热浸镀时间较短的一侧（<100s）各曲线段所代表的合金层生长服从逆对数规律。

在满足此范围要求的条件下，将合金层中铁浓度（ΔW_2）的值与热浸镀时间 t 用单对数坐标表示，如图 3.32 所示。

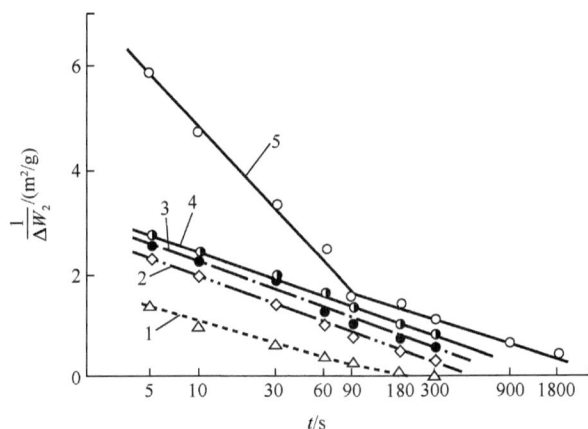

1—0.12%；2—0.15%；3—0.18%；4—0.20%；5—0.30%（Al）。

图 3.32　不同铝浓度下合金层中铁浓度的倒数与热浸镀时间的对数的关系

显然，铝的质量分数大于 0.12% 的各曲线段的短时间热浸镀的一侧斜率较小，且均呈直线，当锌液中铝的质量分数为 0.3%、热浸镀时间为 90s 时，则变成两条直线。这说明，铝对短时间热浸镀下形成合金层的 Fe-Zn 反应更具有抑制作用。

图 3.30 中的合金层类型（1）、（2-1）及（3-2）就相当于此种逆对数生长规律。

第二种：抛物线规律（扩散反应）。

若合金层的生长源于浓度梯度的扩散过程，则受扩散反应控制。一般情况下，其厚度随着时间的延长而按抛物线规律增大。

如图 3.31 所示，当锌液中的铝的质量分数在 0～0.03% 之间，或者铝的质量分数大于 0.12% 时长时间浸镀属于此种情况。这相当于图 3.30 中的（5-1）、（5-2）、（5-3）及（6）等类型的合金层组织。这些合金层靠近铁基体的一侧都出现了较厚的致密 δ_1 相层。

第三种：直线规律（界面反应）。

一般来说，若合金层中的 δ 相层受到破坏而存在很多裂纹和空隙，则会导致锌液浸入合金层内部与钢基体表面直接接触而发生 Fe-Zn 间的剧烈反应。因此，合金层的生长受界面反应控制，服从直线生长规律。当锌液中铝的质量分数为 0.06% 或 0.09% 时，短时间热浸镀的一侧属于此种情况（图 3.31）。这相当于图 3.30 所示的（4-1）、（4-2）及（4-3）等类型的合金层组织。

第四种：自催化反应规律（S 形曲线）。

金属固态相变大多属于此种情况，其反应率与反应时间的关系呈 S 形曲线。这是由于反应是在发生相变的相和相变前的相之间的界面上进行的，随着生成相的数量增加而发生快速反应，因此称为自催化反应。这样的合金层组织正好相当于图 3.30 中的（3-1）和（3-2）型合金的相结构，即 Fe_2Al_5 相层局部破裂形成 δ 相或（$\delta+L$）相的暴发型组织，此组织逐渐扩大，使 Fe_2Al_5 相层逐渐消失，并最终全部转变为（$\delta+L$）型结构，此过程即自催化反应过程。

对于这种不均匀的相变过程，用数学方法处理是很复杂的，必须借助试验数据来解决。金属相变的恒温相变速度由相变率 X 的试验式确定。在实际使用时，大多利用以 K 及 n 为常数推导出的如下约翰逊-梅尔（Johnson-Mehl）公式计算：

$$\frac{dx}{dt} = K \cdot t^{n-1}(1-x) \tag{3.9}$$

$$x = 1 - \exp(-Kt^n) \tag{3.10}$$

在 Fe_2Al_5 相层被破坏而出现 δ 相的暴发型组织后，该组织在相界面上迅速扩展的反应过程为自催化反应。通过金相显微镜观察，可以分别求出各种热浸镀时间 t 及不同铝浓度下的暴发型组织在整个相界面上所占的比例（反应变化率 x），并在反应变化率 x 与 t 的对数坐标图中画出曲线。这些表示不同铝浓度的曲线均呈 S 形。

由上述关于合金层生长的理论可知，开始形成的 Fe_2Al_5 抑制层按照逆对数规律生长，但此抑制层的破坏是按自催化反应规律进行的。锌液浸入具有暴发型组织的 δ 相层中的裂纹，由此形成的（δ+L）组织合金层按照直线规律生长，具有较厚的致密 δ 相层的合金层按照抛物线规律生长。

4. 锌液温度和热浸镀时间对热浸镀锌的影响

1）锌液温度的影响

在热浸镀锌过程中，锌液温度是影响镀锌层特性的重要因素。在分析影响镀锌层特性的因素时应当引入"铁损"这一概念。铁损是指热浸镀锌过程中钢材的重量损失，它包括合金层中的铁和锌渣中铁的总和。通常以热浸镀锌时的铁损作为 Fe-Zn 反应程度的参数。

钢在热浸镀锌时，锌液温度一般保持在 450～460℃ 之间。锌液温度对铁损的影响是热浸镀锌过程中的典型问题。当锌液温度达到 480℃ 时，合金层的生长速度急剧加快，并有部分合金层剥落于锌液中形成锌渣。工业纯铁热浸镀锌时锌液温度与铁损的关系[3]如图 3.33 所示。

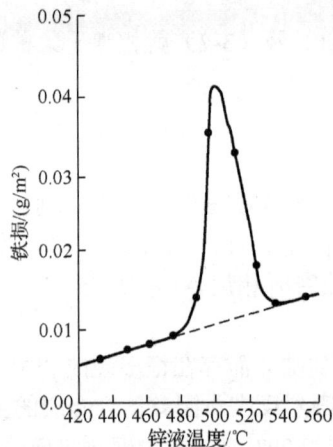

图 3.33　工业纯铁热浸镀锌时锌液温度与铁损的关系

由图 3.33 可知，在热浸镀时间不变的情况下，当锌液温度上升到 480℃ 时，铁损随着温度的升高而迅速增大；当锌液温度达到 500℃ 时，铁损达到最大值。之后，随着温度的继续升高，铁损又开始快速下降；当锌液温度超过 530℃ 时，铁损又恢复到 480℃ 以下的状态，并随着温度的升高而缓慢增大。

当锌液中不添加抑制合金层生长的元素时，合金层的厚度取决于锌液温度和热浸镀时间，与钢材从锌液中移出速度无关。合金层表面黏附的纯锌层厚度主要决定于移出速度，若移出速度快，则表面附着的纯锌层厚。锌液温度较高时，锌液流动性大，也会影响表面纯锌层厚度，使其厚度减小。

锌液温度的不同导致钢基体与锌液之间发生的物理化学反应过程有较大的变化。因而必然影响合金层中各种相的形成和生长。根据资料以及工业纯铁和锌液（铁饱和）之间的反应，将铁损与热浸镀时间的关系分为以下三种温度范围。

（1）低温抛物线范围（430～490℃）。在此温度范围内，随着热浸镀时间 t 的延长，铁损 ΔW 按照抛物线规律变化，即

$$\Delta W = At^n \tag{3.11}$$

式中，A 为常数，与锌液温度有关；t 为热浸镀时间（s）；一般取指数 $n=0.5$。

关于 n 值的确定，许多研究者的研究结果各有不同。在此温度范围内形成的合金相是稳定的，其合金层结构致密而连续。它包含了 Fe-Zn 二元相图在热浸镀锌温度下形成的各种相（Γ 相、δ_1 相和 ζ 相）的相层厚度总和。这些相均正常而缓慢地生长（相当于图 3.34 中的曲线 1）。

（2）直线范围（490～530℃）。在此温度范围内，Fe-Zn 间反应剧烈。随着热浸镀时间的延长，铁损按照直线规律变化。这时的铁损可用直线方程表示如下：

$$\Delta W = Bt \tag{3.12}$$

式中，B 为取决于温度的常数，它随着温度的升高而急剧增大（相当于图 3.34 中的曲线 3）。人们对在此温度范围内铁损快速增大的原因进行了大量研究，从对其合金层显微结构的分析可知，在此温度范围内的合金层中，ζ 相呈粗大疏松的柱状结构。在 ζ 相各粗大柱状晶体之间存在大量缝隙，锌液可以通过这些缝隙到达 ζ 相层下部的 δ_1 相层，并与 δ_1 相发生包晶反应：液态 η+固态 $\delta_1 \rightarrow$ 固态 ζ，从而使 ζ 相晶粒迅速长大，并引起合金层中 ζ 相层过厚甚至发生剥落。同时，在此温度下，靠近钢基体表面的 Γ 相层也将迅速长大，其锌的来源主要依靠消耗 δ_1 相。Γ 相的出现会引起镀锌层脆化。

（3）高温抛物线范围（530℃以上）。当锌液温度达到 530℃时，随着时间的变化，铁损又重新按照抛物线规律变化（相当于图 3.34 中的曲线 2），但其方程式中的 A 值变大。

应当指出，不同研究者对高温抛物线范围的温度起点有不同的研究结果（图 3.35）。

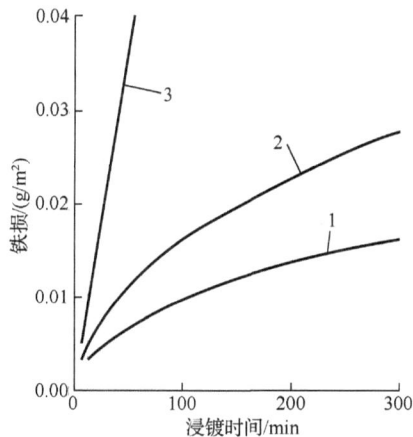

1—450℃；2—540℃；3—500℃。

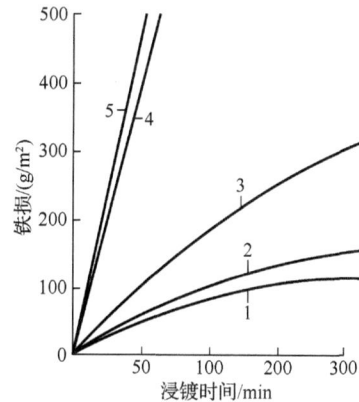

图 3.34　铁损与锌液温度和热浸镀时间的关系

1—440℃；2—470℃；3—495℃；4—500℃；5—540℃。

图 3.35　不同温度锌液中的铁损

2）热浸镀时间的影响

在各种碳钢热浸镀锌时，合金层厚度均随热浸镀时间的延长而增大，但其合金层中各个相的生长速度却不相同。简单地说，Γ 相的生长速度缓慢，ζ 相的生长速度最快。δ_1 相在其形成时的生长速度较为缓慢，但之后其生长速度逐渐加快。图 3.36 所示为低碳钢表面（质量分数分别为 0.08%C、0.40%Mn、0.006%Si、0.021%P 和 0.02%Cu）热浸镀纯锌时所得合金层中各相层厚度与热浸镀时间的关系。

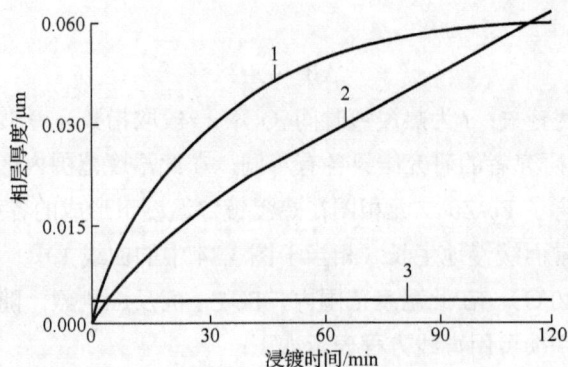

1—ζ相；2—δ₁相；3—Γ相。

图3.36　低碳钢热浸镀纯锌时合金层中各相层厚度与热浸镀时间的关系（锌液温度：450℃）

由图3.36可知，Γ相和ζ相在形成后就可以快速生长，Γ相的形成时间不超过1min，并且在达到一定厚度（约为0.004mm）后基本上就不再生长；ζ相的生长速度最快，远远超过δ₁相的生长速度。然而，随着热浸镀时间的延长，ζ相的生长速度逐渐减缓，当热浸镀时间达到100min左右时，其生长速度接近于δ₁相的生长速度。这表明，铁原子通过Γ相层和δ₁相层的扩散速度比锌原子通过ζ相层的扩散速度快。随着ζ相层的生长与变厚，锌原子向合金层内部扩散的距离加大，从而使ζ相的生长因生长速度减慢而落后于δ₁相的生长。因此，一般在热浸镀时间较短的情况下，所得合金层中总是ζ相层最厚。

众所周知，ζ相为单斜晶格，其脆性较大。因此，如果ζ相层过厚就会导致镀锌层变脆，在加工变形时镀层容易开裂甚至剥落。

对于现代钢板连续热浸镀锌生产线，由于钢板热浸镀时间很短（<10s）且在锌液中添加了抑制合金层生长的铝元素，因此所得合金层结构简单且很薄，基本上不会产生上述现象。

5. 钢基体中各元素对热浸镀锌的影响

一般用途（建筑、各类容器等）的热浸镀锌钢板大多以沸腾钢、半镇静钢及镇静钢等低碳钢板为原料，其碳的质量分数在0.05%～0.15%之间。这种钢种的热浸镀锌反应过程及所得合金层特征与工业纯铁的热浸镀锌层大体相同。对于特殊用途的热浸镀锌板（汽车用合金化钢板、高强度镀锌钢板等），由于钢基体的化学成分与普通低碳钢相比有较大差异，对其热浸镀锌过程及所得合金层特性影响较大。

1）碳的影响

（1）碳含量的影响。钢中碳含量对热浸镀锌过程及所得镀锌合金层特性有显著影响。通常，钢中碳含量越高，Fe-Zn反应就越剧烈，因而钢板的铁损越大，Fe-Zn合金层也越厚，合金层中ζ相的生长速度就越快，导致合金层变脆、塑性下降，从而使镀锌层的附着性降低，加工变形时容易剥落。图3.37所示为钢板中碳含量对钢基体热浸镀锌时铁损的影响。

钢板中碳含量对热浸镀锌所得合金层结构也有较大影响。图3.38所示为不同碳含量的钢板在热浸镀锌工业生产线上热浸镀锌时所得合金层断面金相组织。热浸镀锌工业生产线的热浸镀锌条件见表3.5。

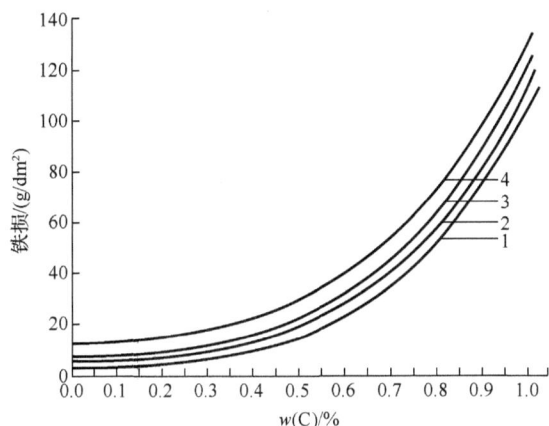

锌液温度：1—520℃；2—500℃；3—480℃；4—460℃。

图 3.37 钢板中碳含量对钢基体热浸镀锌时铁损的影响

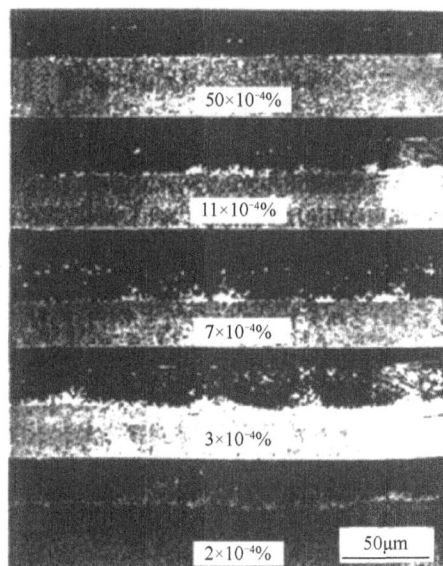

图 3.38 钢板中碳含量对 Fe-Zn 合金层结构的影响

表 3.5 热浸镀锌工艺条件

参数	工艺条件
还原温度/℃	800
线速度/（m/min）	60
锌液温度/℃	470
锌液化学成分（质量分数）/%	Fe：0.06 Al：0.16 Pb：0.24 Cd：0.007

由图可知，当钢中碳的质量分数为 0.05% 时，合金层很薄。在钢基体与镀层的界面上出现少量块状的合金相，碳的质量分数为 0.011%～0.002% 的钢基体与镀层的界面上出现较多的 Fe-Zn 合金相暴发型组织，并夹杂一定量的块状组织。显然，随着钢板中碳含量的增加，合金层中暴发型组织减少。也就是说，碳可以抑制 Fe-Zn 反应的剧烈程度以免形成暴发型组织。这是因为钢在热处理后的冷却过程中，钢基体中的固溶碳倾向于在晶界处富积而使晶界的稳定性提高，从而抑制了 Fe-Zn 化合物暴发型组织的形成和长大。相反地，当钢中碳含量很低时，晶界纯净且敏感性高，容易在该处形成 Fe-Zn 化合物暴发型组织。

（2）碳在钢中存在状态的影响。由于热处理工艺不同，钢中碳的存在状态也不同。通常钢中的碳以 Fe-C 化合物（Fe_3C）状态存在。钢中碳的存在状态对热浸镀锌的影响见表 3.6。

表 3.6 钢中碳的存在状态对热浸镀锌的影响（钢中碳含量：0.78%）

碳的存在状态	热处理工艺	铁损 g/m²	
		在 440℃锌液中	在 180g/L H_2SO_4 中（室温）
粒状珠光体	730℃球化退火 4h	680	87
层状珠光体	690℃退火 10h，缓冷	740	87

续表

碳的存在状态	热处理工艺	铁损 g/m²	
		在440℃锌液中	在180g/L H₂SO₄中（室温）
索氏体	780℃保温15min，空冷	130	5.8
屈氏体	760℃保温15min，油冷	86	8.2
马氏体	740℃保温15min，水冷	118	49.0
回火索氏体	740℃保温15min，水冷 450℃保温30min，空冷	110	19.2

由表可知，当钢中的碳以粒状珠光体状态或层状珠光体状态存在时，其在锌液中的铁损均为最大值；当碳以索氏体状态存在时，其在锌液中的铁损最小。这种趋势与它们在硫酸中的溶解量相似。对于碳含量相同的钢，其中的碳并不以粒状珠光体状态或层状珠光体状态存在，而是以弥散均匀的索氏体状态或屈氏体状态存在，因此其铁损就小得多。另外，试验还证明，在相同条件下热浸镀锌，阿姆柯纯铁的铁损为 70g/m²，当钢中碳的质量分数为 0.8% 且碳以粒状珠光体状态存在时，铁损可达 700g/m²，几乎是阿姆柯纯铁的 10 倍。

此外，钢板在轧制后退火时，如果退火温度过高，就会在钢板表面形成晶间渗碳体。它能使钢板表面张力增大，降低锌液对钢板表面的浸润性，使锌液在钢板表面不能均匀地流动，容易产生锌瘤等缺陷。

2）硅的影响

长久以来，人们认为硅含量较高的镇静钢不能用于热浸镀锌，因而采用硅的质量分数较低（≤0.06%）的沸腾钢作为热浸镀锌原板。

近年来，由于钢材生产大多采用连铸法，硅镇静钢和铝镇静钢逐步取代沸腾钢作为热浸镀锌原板。此外，含硅量较高的高强度钢板也可用作热浸镀锌原板。

钢中的硅对热浸镀锌合金层结构影响很大，它能使 Fe-Zn 合金层中的 ζ 相层增厚且晶粒粗大疏松，使镀层的附着性大幅降低且易于形成无纯锌层的灰色外观。因此，了解钢中的硅对热浸镀锌的影响，有助于控制和提高镀锌层质量。

（1）硅对铁损的影响。铁在锌液中的失重（溶解量）通常随着硅含量的增加而增大，图 3.39 所示为钢中硅含量对钢在不同温度锌液中铁损的影响。显然，随着锌液温度的升高，硅含量越大，铁损就越大，且呈直线上升；当硅含量较低（<0.2%）时，其对铁损的影响较小。

此外，钢中硅含量对铁损的影响与热浸镀时间有关。钢中硅含量越高，热浸镀时间越长，铁损就越大（图 3.40）。当钢中硅含量较高时（质量分数为 0.29%Si 的 20 钢和质量分数为 0.25%Si 的 45 钢等），随着热浸镀时间的延长，铁损呈直线上升。对于硅含量低的 08F（质量分数为 0.01%Si），其铁损在达到一定数量后便不再增大。以上现象说明，钢中的硅能够促进热浸镀锌时钢板表面铁在锌液中的溶解。

（2）硅对热浸镀锌合金层厚度的影响。在热浸镀锌时，钢中硅含量对镀锌合金层厚度的影响呈一条不规则波浪线。早在 1940 年此现象即被圣德林（Sandelin）发现，因而称为"圣德林效应"。在不同锌液温度下，热浸镀锌合金层厚度随着钢中硅含量的提高而变化的典型曲线，如图 3.41 所示。

由图可知，当钢中硅的质量分数在 0.1% 或 0.4% 左右时，合金层厚度最大；当硅的质量分数在 0.03% 以下或 0.2% 左右时，合金层厚度正常。

同时可知，圣德林曲线的峰值与锌液温度有关。锌液温度在 460～490℃ 最明显，当锌液温度大于 520℃ 时，圣德林曲线趋于平缓。

对于上述数据，不同研究者的试验结果存在一定差异，但其基本规律是一致的。

Horstmann 试验指出，钢中硅含量对镀锌层重量的影响与锌液温度及热浸镀时间有关[4]（图 3.42）。

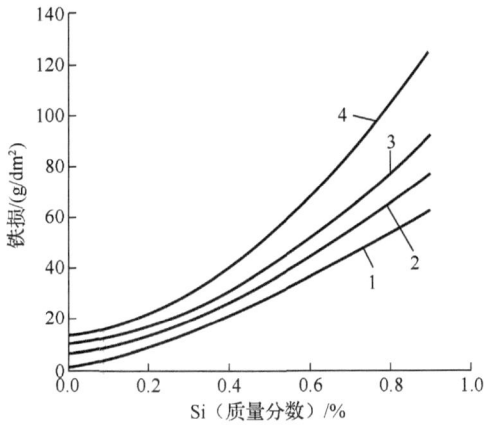

1—460℃；2—480℃；3—500℃；4—520℃。

图 3.39　钢中硅含量对钢在不同温度锌液中铁损的影响

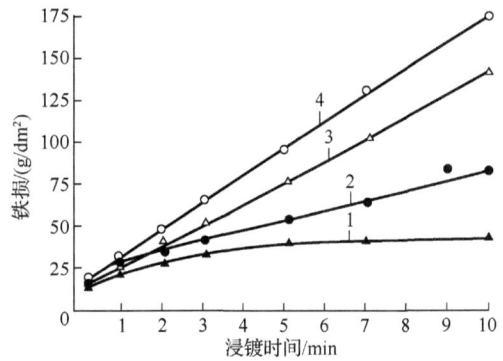

1—08F（0.01%Si）；2—10 钢（0.2%Si）；3—20 钢（0.2%C，0.29%Si）；
4—45 钢（0.45%C，0.25%Si）。

图 3.40　几种硅含量不同的钢在纯锌液中的热浸镀时间对
钢基体铁损的影响

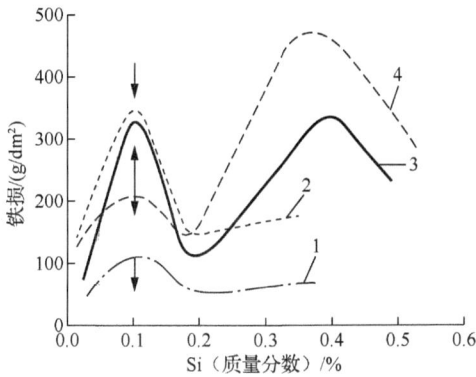

1—550℃；2—520℃；3—460℃；4—490℃。

图 3.41　不同温度下钢中硅含量与合金层厚度的关系
（浸镀时间 15min）

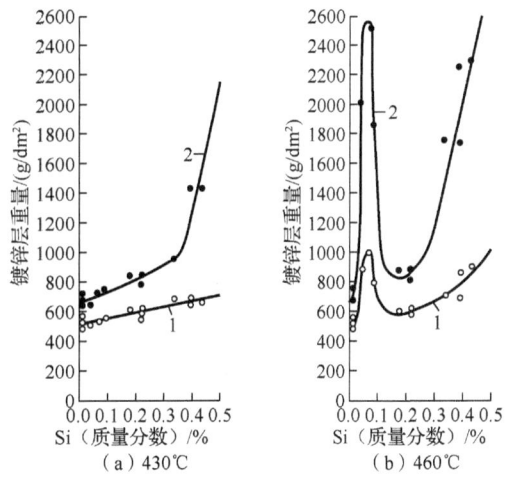

热浸镀时间：1—3min；2—9min

图 3.42　钢中硅含量对镀锌层重量的影响

　　当锌液温度为 430℃短时间（3min）热浸镀时，其合金层厚度随着硅含量的提高而缓慢增大且两者呈直线关系。当热浸镀时间延长（9min）时，其合金层厚度在硅的质量分数为 0.35%时急剧增大。当锌液温度提高到 460℃时，即使硅含量较低，热浸镀时间较短，其镀锌合金层厚度也急剧增大，并且在硅的质量分数为 0.06%～0.08%时达到顶峰，之后随着硅含量的提高而急剧减小，在硅的质量分数为 0.12%～0.25%时恢复正常。当硅的质量分数大于 0.25%时，镀锌合金层厚度又开始急剧增大。

　　（3）硅对镀锌合金层结构的影响。由于钢中的硅能够加速钢基体表面铁原子在锌液中的溶解及 Fe-Zn 反应过程，因此含硅钢称为活性钢或反应性钢。硅的这种加速作用使镀锌层结构发生了巨大变化。

　　Horstmann 对含硅钢的热浸镀锌合金层结构进行研究，并得出以下结论。

　　① 硅的质量分数小于 0.03%的钢。这种钢在热浸镀锌时所得合金层结构与纯铁热浸镀锌有着相同的规律，即在 490℃以下热浸镀锌形成连续致密的结构；在 495～530℃温度范围内热浸镀锌形成的镀锌合金层中ζ相晶粒粗大疏松；在 530℃以上时ζ相消失，此时合金层主要由δ_1相和 Γ 相构成，组织致密。

② 硅的质量分数为 0.03%～0.12%的钢。在温度为 430～465℃的锌液中热浸镀时，形成由许多细小的ζ相晶粒构成的合金层，组织疏松，在晶粒间的缝隙中渗入 η 相。当温度高于 485℃时，ζ相晶粒的成核受到阻碍，晶粒长大，形成以粗大疏松的ζ相为主的合金层。当温度高于 520℃时，又形成了由δ₁相和 Γ 相构成的致密合金层。

③ 硅的质量分数为 0.12%～0.25%的钢。在温度低于 470℃锌液中浸镀时，ζ相晶粒成核及生长的速度缓慢，形成较为致密的合金层。但当温度高于 470℃时，形成由细碎的δ₁相和柱状的ζ相构成的合金层，结构疏松。当温度达到 520℃以上时，又形成致密的δ₁相层和 Γ 相层。

④ 硅的质量分数为 0.25%～0.45%的钢。在锌液温度低于 465℃时，形成以ζ相为主的疏松合金层。当温度高于 520℃时，又形成由δ₁相和 Γ 相构成的致密合金层。

另外，弗克特（Foct）等在锌液温度为 450℃，热浸镀时间为 5s～10min 不等条件下分别对硅的质量分数为 0.04%、0.056%、0.108%、0.167%、0.367%等五种钢进行了试验，深入地研究了钢中硅含量对合金层结构的影响，并提出了各种硅含量的钢热浸镀锌合金层结构及其形成过程模型示意图（图 3.43）。

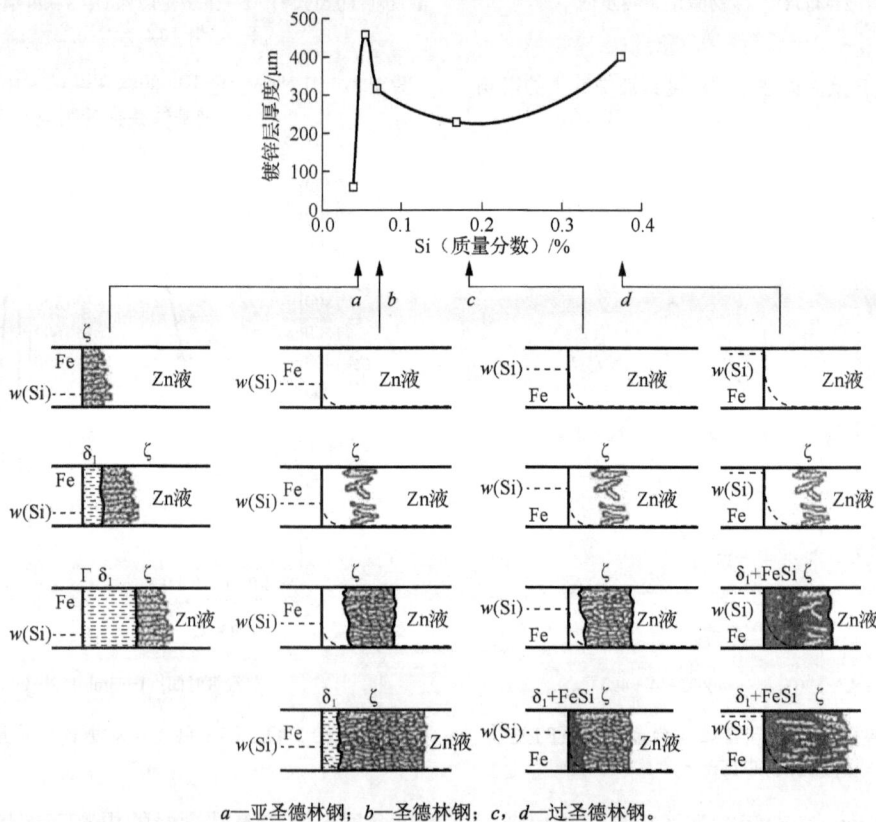

a—亚圣德林钢；b—圣德林钢；c，d—过圣德林钢。

图 3.43 含硅钢热浸镀锌合金层结构及其形成过程模型示意图

① 硅的质量分数小于 0.04%的钢（亚圣德林钢）。热浸镀初期，在靠近钢基体表面首先形成ζ相层，随着ζ相层与钢基体界面上铁离子浓度的增大而出现δ₁相晶核，并形成δ₁相薄层。之后，在δ₁相层和α相层之间出现很薄的 Γ 相层，但此时 Γ 相层厚度并不增大（其分解速度与形成速度相等）。

② 硅的质量分数接近 0.07%的钢（圣德林钢）。硅能够促进铁的溶解，在靠近钢基体表面的锌液中形成不连续的ζ相晶体碎片。由于锌液与钢基体表面直接接触，加速了ζ相晶体的成核和长大，从而形成厚且疏松的ζ相层。之后锌的扩散受阻，在ζ相层内侧开始出现δ₁相层，使ζ相的生长速度放缓。随着δ₁相晶体的生长，钢中的硅开始溶入δ₁相中。

③ 硅的质量分数在 0.1%～0.25%的钢（过圣德林钢）。热浸镀开始阶段与圣德林钢相同，即在靠近

钢基体表面的锌液中首先形成不连续的ζ相晶体碎片。之后，ζ相晶体不断形成与长大。由于钢中大量的铁溶入锌液中，在ζ相层内侧很快形成了FeSi合金晶体和δ_1晶体的混合相层，从而阻碍了ζ相晶体的生长，使ζ相层不能继续增厚。

④ 硅的质量分数大于0.25%的钢（过圣德林钢）。热浸镀的开始阶段与圣德林钢相同，即在靠近钢基体表面的锌液中首先形成不连续的ζ相碎片，并很快生长为厚且不连续的ζ相层。由于靠近钢基体的锌液中含有大量的硅，很快形成了以FeSi合金晶体为主的FeSi相与δ_1相的混合相层。由于形成的ζ相层疏松，在ζ相的晶粒界面上也被FeSi合金晶体包围。之后，ζ相晶体发生不均匀生长，使合金层厚度快速增大。

从上述钢中硅含量对合金层结构影响模型可知，对于含硅钢基体的热浸镀锌，由于硅能够促进钢基体表面铁原子在锌液中溶解，ζ相晶体不是在钢基体表面而是在靠近钢基体表面的锌液中形成。由于锌原子供应充分，ζ相晶体形成和生长的速度加快，从而使形成的ζ相晶体粗大疏松。另外，硅溶解于锌液中并形成FeSi合金晶体，使ζ相层内侧形成FeSi合金相和δ_1相的混合相层。这种合金层结构与工业纯铁及硅含量小于0.03%（质量分数）的钢热浸镀锌合金层结构有极大的差别。

应当指出的是，上述硅对热浸镀锌合金层结构的影响发生在热浸镀时间较长（>3min）的情况下，现代化的钢板连续热浸镀锌生产线的热浸镀时间很短（5s左右），不存在上述"圣德林效应"问题。但实践证明，硅含量较高的钢板在进行连续热浸镀锌时，采用一般的热浸镀锌工艺流程是不行的，所得镀层的附着性差，甚至镀不上锌。

（4）硅对镀锌层附着性的影响。含硅钢热浸镀锌时，影响镀层附着性的原因是：钢中硅还原加热时在钢表面富积并形成（FeO)$_2$SiO$_2$和SiO化合物，降低了锌液对钢板表面的浸润力，从而影响镀层的附着性。对此问题，也有研究者根据还原反应平衡常数值的不同，认为其主要原因是钢中的硅在钢基体表面富积并被氧化成SiO$_2$，它在还原炉内比氧化铁更难以被氢气还原（表3.7）。

表3.7　Fe$_3$O$_4$和SiO$_2$还原反应平衡常数（K_p）比较

还原温度/℃	500	550	600	650	700
Fe$_3$O$_4$+4H$_2$ $\rightleftharpoons$ 3Fe+4H$_2$O　$K_p = p_{H_2O} / p_{H_2}$	2.37×10^{-1}	3.07×10^{-1}	3.65×10^{-1}	4.08×10^{-1}	4.49×10^{-1}
SiO$_2$+2H$_2$ $\rightleftharpoons$ Si+2H$_2$O　$K_p = p_{H_2O} / p_{H_2}$	7.39×10^{-13}	3.23×10^{-12}	2.94×10^{-11}	1.36×10^{-10}	3.36×10^{-10}
还原温度/℃	750	800	850	900	950
Fe$_3$O$_4$+4H$_2$ $\rightleftharpoons$ 3Fe+4H$_2$O　$K_p = p_{H_2O} / p_{H_2}$	4.93×10^{-1}	3.4×10^{-1}	3.87×10^{-1}	6.36×10^{-1}	6.83×10^{-1}
SiO$_2$+2H$_2$ $\rightleftharpoons$ Si+2H$_2$O　$K_p = p_{H_2O} / p_{H_2}$	1.84×10^{-9}	1.84×10^{-9}	1.54×10^{-8}	3.89×10^{-8}	9.07×10^{-8}

注：p_{H_2O}和p_{H_2}分别表示H$_2$O和H$_2$的平衡分压。

由表可知，硅镇静钢热浸镀锌时必须适当提高还原温度及延长还原时间。图3.44所示为沸腾钢和硅镇静钢在不同还原温度和还原时间下的还原程度对比（还原程度分为5级，级数越高，还原程度越大）。

同时，镀锌层的附着性随着还原温度的提高及还原时间的延长也有大幅提高。图3.45所示为镀锌层附着性与还原温度、还原时间及钢板入锅温度的关系（附着性评定值级数越高，镀锌层附着性越好）。

3）铜的影响

含铜（质量分数大于0.3%）钢热轧时在钢板表面容易出现的网状裂纹，称为网纹。当含铜钢热轧后温度降低时，铜在晶界上偏析并富积在晶界处。由于铜与铁的强度及延伸率不同，轧制过程中在钢板表面上产生网纹。经测定，此网状裂纹中的主要成分为氧化铁和铜，其中铜的质量分数高达2.5%。热轧后进行酸洗时，此网纹加重。之后，在冷轧时此网纹并不消失，仍然可以清晰看出。此种钢板热浸镀锌后，沿轧制方向会出现条形疤痕，类似于钢板表面外观划伤。因此，一般应规定热浸镀锌用原板铜的质量分数在0.15%以下。

然而，与普通热浸镀锌板相比，铜的质量分数在0.2%～0.3%的含铜钢的热浸镀锌板具有较高的耐大气腐蚀性。

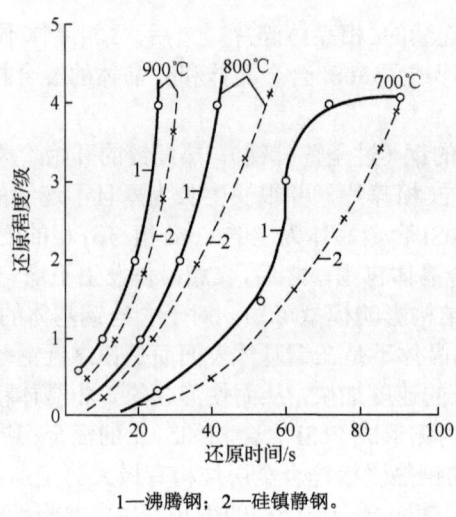

1—沸腾钢；2—硅镇静钢。

图 3.44 沸腾钢和硅镇静钢的还原程度曲线

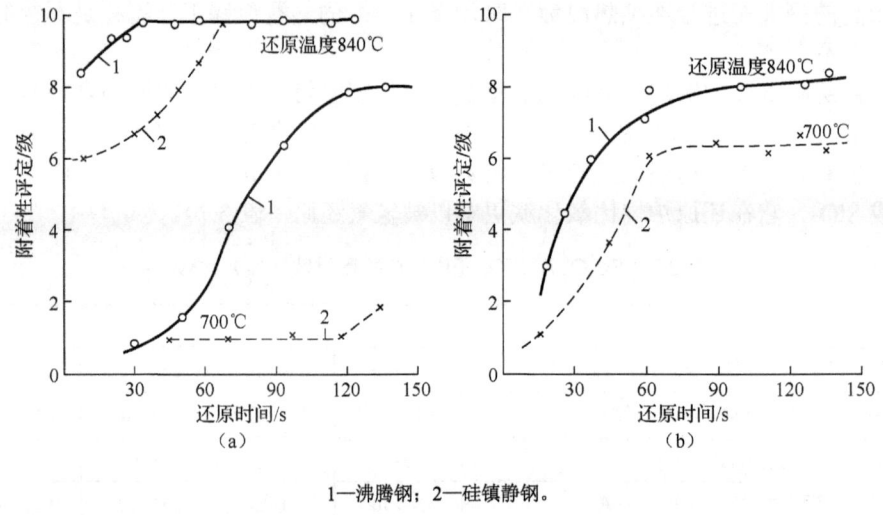

（a）　　　　　　　　　　　　（b）

1—沸腾钢；2—硅镇静钢。

图 3.45 还原温度和还原时间对镀锌层附着性的影响

4）锰、磷、硫的影响

一般低碳钢中锰、磷、硫的含量很低，在正常含量下，它们不会对热浸镀锌层结构产生大的影响。但若钢中的磷含量偏高，则对热浸镀锌有较明显的影响。磷在热浸镀锌过程中的作用与硅相似，能使合金层中的 ζ 相和 δ_1 相快速生长，形成厚而疏松的合金层，导致镀锌层的附着性变差，引起镀锌层表面纯锌层在凝固前继续反应和扩散，使纯锌层变薄甚至消失，在镀锌层表面出现无光泽的灰斑。

对于超低碳无间隙原子钢（又称 IF 钢），钢中的磷与碳相似，易在钢板表面晶界处富积，可以抑制暴发型 Fe-Zn 合金相的形成。

5）铝的影响

在低碳钢中铝含量很少，不会对热浸镀锌产生影响。但对于铝镇静钢来说，铝对热浸镀锌有较大影响。在钢板连续热浸镀锌生产线的还原加热过程中，钢中的铝最容易在钢板表面富积并氧化形成铝硅酸盐膜层，该膜层会阻碍锌液对钢板表面的良好浸润，从而导致镀锌层附着性下降。

6）镍、铬的影响

一般低碳钢中不含有镍元素和铬元素，不会对热浸镀锌产生影响。但对于含有镍、铬两种元素的不锈钢的热浸镀锌来说，它们有较大的影响。

钢中的镍对热浸镀锌合金层中 ζ 相的生长具有一定的抑制作用。例如，当含 5%（质量分数）镍的钢板在 460℃下热浸镀锌时，锌液对含镍钢的浸蚀比对普通低碳钢降低 30%；当含 8%（质量分数）镍的钢板热浸镀锌时，钢中的镍可以减薄合金层厚度[5]。

与镍的作用相反，钢中的铬能够促进锌液对钢的浸蚀。例如，锌液对含铬 0.6%（质量分数）的钢的浸蚀速度比对一般碳钢增大 1 倍。但锌液对含铬 4%～9%（质量分数）范围内的钢的浸蚀速度下降，当钢中的铬的质量分数达到 13%～18%时，就能使合金层中的 ζ 相快速生长，形成粗大疏松的合金组织，易于剥落并漂移于锌液中。因此，含铬的不锈钢并不耐锌液的浸蚀。

7）钛的影响

钢中的钛对钢基体性能的影响很大，它能与钢中游离的碳原子和氮原子结合形成 TiC 和 TiN 而将其固定，从而可以改善碳、氮引起的钢基体时效现象。另外，钢中的钛可将酸洗或氢还原时吸入钢基体中的氢气"固定"，使之在热浸镀锌时不逸出，从而可以预防氢气对镀锌层的不利影响，避免氢气析出而引起镀锌层表面粗糙。

6. 锌液中各元素对热浸镀锌的影响

这里是指除铝外其他元素的影响。它们有些是原料锌锭中带入的微量元素，对热浸镀锌层的特性无大的影响，如 Pb、Sb、Sn、Cd 等；有些元素是为了使镀锌层获得某种性能而添加的；还有些元素在热浸镀锌过程中溶于锌液中。

1）铁的影响

锌液中的铁源于热浸镀锌过程中钢板表面铁原子的溶解。在正常热浸镀锌温度（450～460℃）下，锌液中铁的溶解度为 0.025%～0.03%，若铁含量超过此浓度，则与锌液反应形成 $FeZn_7$ 化合物沉于锌锅底部成为底渣。同时，也有部分铁与锌液中外加的铝反应形成 Fe_2Al_5 浮于锌液表面成为面渣，从而导致外加铝的损失。

此外，锌液中的铁能够提高锌液的黏度和表面张力，从而不利于锌液对钢板表面的浸润。浸润性试验提出，当钢板插入铁含量不同的锌液中时，在浸润力作用下锌液在钢板表面附着高度（Δh）不同，锌液中铁含量越高，此高度值越小，表明其浸润性下降，如图 3.46 所示。锌液中铁含量对锌液附着高度的影响见表 3.8。

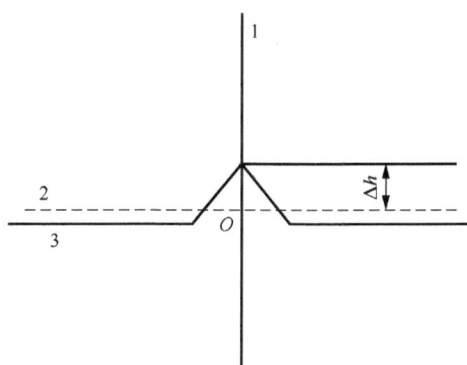

1—钢板；2—原始锌液面；3—钢板插入锌液后的液面。

图 3.46　锌液对钢板表面浸润性变化示意图

表 3.8　锌液中铁含量对锌液附着高度的影响

锌液中铁的质量分数/%	0.002	0.005	0.010	0.025	0.050
锌液在钢板表面附着高度/mm	3.00	3.00	2.75	2.40	2.85

锌液中铁的存在对热浸镀锌是有害的，它使 η 相层变厚、变硬、变脆且光泽性下降，并影响镀层的耐蚀性。

2）铅的影响

因为一般的锌矿均为铅锌共生矿，所以锌液中的铅往往是由原料锌锭中带入的。在冶炼锌时，虽然经过多次精馏，但是仍有少量铅残留于锌锭中。另外，由于铅可以降低锌液熔点及延长锌液凝固时间，在锌液中人为加入少量铅便可获得具有大晶粒"锌花"外观的热浸镀锌钢板。一般在锌液中加入质量分数为 0.2%～0.25% 的铅可以获得大锌花镀锌层。

在 450～455℃ 的锌液中，铅的溶解度为 1.2%～1.5%，过多的铅会析出并沉积于锌锅底部。当使用铁锅时，往往在铁锅底部保留厚度为 100～150mm 的熔融铅层。这样可使底渣浮在比重大的铅层表面以便于捞出，同时还可避免锌液浸蚀锅底钢板，减少锌渣的形成。

电子探针分析表明，铅在纯镀层和合金层中呈小球状杂乱弥散在镀层内，它对合金层的形成并无影响。

铅的存在可以降低锌液的黏度和表面张力，提高锌液对钢板的浸润性。将钢板插入不同铅含量的锌液中，观察锌液对钢板表面浸润性的变化，并用锌液在钢板表面的附着高度 Δh 表示。不同铅含量的锌液对钢板浸润性的影响见表 3.9。

表 3.9 不同铅含量的锌液对钢板浸润性的影响

锌液中铅含量/%	0.005	0.260	0.540	1.220	1.350
锌液在钢板表面附着高度/mm	2.79	3.67	3.89	3.89	4.10

锌液中加铅对热浸镀锌也有不利影响。例如，铅易使镀层的 η 相层变暗，光泽性变坏，当锌液中铅含量超过 1.0% 时，所得镀锌层易产生晶间腐蚀，从而降低了镀层的耐大气腐蚀性。

3）锡的影响

与铅相同，在锌液中加入少量锡（质量分数为 0.5% 以下）便可获得大锌花镀层外观，但锌液中的锡会引起合金层变厚，导致镀层的附着性下降。如图 3.47 所示，当锌液中锡的质量分数超过 0.001% 时，镀层的附着性开始急剧下降，此种影响作用远比镉和铅显著。在锡的质量分数达到 0.0015% 时，就可使 Fe-Zn 合金层厚度增大（由 $0.5\mu m$ 增大到 $1.5\mu m$）。

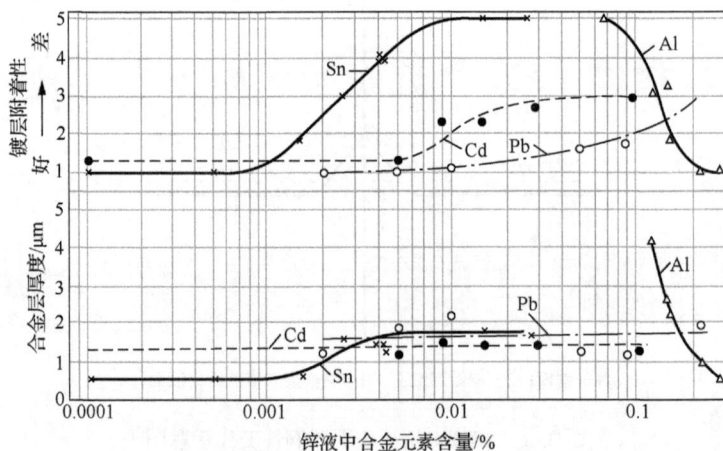

镀层方法：改良森吉米尔法；锌液温度：450℃；镀层重量：300g/m²；板厚：0.8mm。

Sn、Cd、Pb 的影响是指锌液中铝的质量分数为 0.18%～0.2% 时的影响。

镀层附着性由球冲试验测定：1—无变化；2—镀层龟裂；3—镀层少量剥落；4—镀层大量剥落；5—镀层全部剥落。

图 3.47 锌液中 Sn、Pb、Cd、Al 对合金层厚度及镀层附着性的影响

有研究者认为，当锌液中锡的质量分数超过 0.002%时，镀层的附着性显著下降；当锡的质量分数达到 0.5%时，Fe-Zn 合金层平均增厚 38%，从而大幅抵消了加铝减薄合金层的作用。据测定，质量分数为 1%的锡可以抵消质量分数为 0.05%铝的作用。但当锌液中锡的质量分数大于 1%时，又会减薄 Fe-Zn 合金层厚度。例如，当锡的质量分数为 5%时，Fe-Zn 合金层厚度可以降低到原来的 6%。

此外，当锡的质量分数大于 0.002%时，会使锌液黏度增大，镀层塑性下降。当锡含量过高时，还会引起镀层的耐蚀性下降。例如，当锌液中锡的质量分数超过 0.3%时，锡会富集在锌晶粒的边界形成 Zn-Sn 共晶，从而增大了镀层的腐蚀速率，并出现凹坑（图 3.48）。

4）锑的影响

锌液中的锑是为了取代铅的作用而加入的，用以形成大锌花镀锌层，因为锑不会引起镀层晶间腐蚀，而铅容易引起晶间腐蚀。例如，在锌液中加入 0.3%的锑便可使锌层表面产生大的锌花，其加入量与铅的加入量相近。然而，在锌中加锑也有许多不利影响。锑与锡相同，均会引起 Fe-Zn 合金层增厚，并使镀层变脆，塑性下降；锑还能增大铁在锌液中的溶解度。例如，在 450℃不含锑的纯锌中铁的溶解度约为 0.03%，若在锌液中加入质量分数为 0.2%的锑，则可使铁的溶解度增大到 0.2%左右。这样就会降低锌液的浸润性，使前述的锌液附着高度 Δh 迅速下降，从而增加了热浸镀锌的时滞现象，不仅增大了铁损和锌耗，还使镀锌层的外观变暗。

此外，与锡相同，锑也会引起镀锌层耐蚀性下降（图 3.48）。

当使用铁锅镀锌时，若出现局部过热现象，则锌液中的锑会加速锌液对锅壁的浸蚀。

一般情况下，当锌液中作为杂质的锑的质量分数为 0.01%～0.02%时，不会对热浸镀锌产生明显不良影响，但当其质量分数超过 0.05%时，不良影响将十分明显。

5）铜的影响

当铜作为锌液中的杂质存在时，其质量分数一般为 0.001%～0.005%。这样微量的铜对热浸镀锌无明显影响。

当锌液中铜的质量分数为 0.8%～1.0%时，便可显著提高镀锌层的耐大气腐蚀性（图 3.49）。

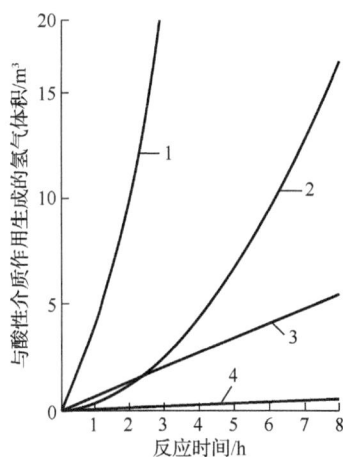

1—锑的质量分数为 1%；2—锡的质量分数 1%；3—纯锌；4—镁的质量分数 1%。

图 3.48 锌液中的锡和锑对镀锌层在酸性介质中溶解速度的影响

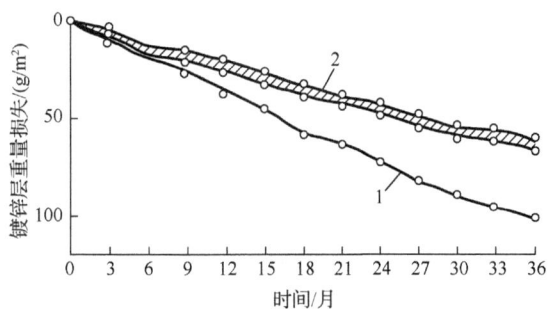

1—纯锌镀层；2—锌液中铜的质量分数为 0.8%～1.0%的镀层。

图 3.49 锌液中铜含量对镀锌层耐大气腐蚀性的影响

然而，在锌液中加入铜时，锌液熔点提高，从而使热浸镀锌温度也相应提高（图 3.50）。其结果是 Fe-Zn 合金层变厚（图 3.51），镀锌层的附着性和塑性均随之下降。

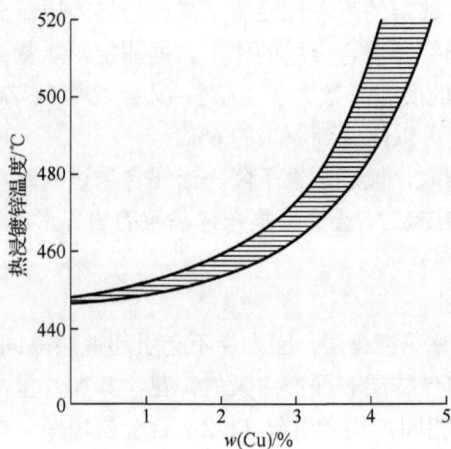

图 3.50　锌液中铜含量对热浸镀锌温度的影响

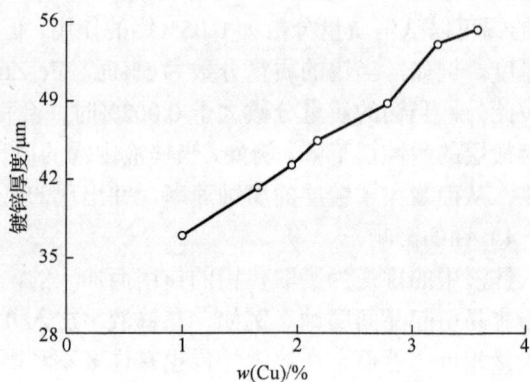

（锌液温度：450℃；热浸镀时间：15s）

图 3.51　锌液中铜含量对镀锌层厚度的影响

6）镉的影响

在锌锭中作为杂质的镉的质量分数一般在 0.001%～0.070%范围内。即使是如此微量的杂质，也对热浸镀锌时铁的溶解和合金层厚度有较大的影响（图 3.52）。

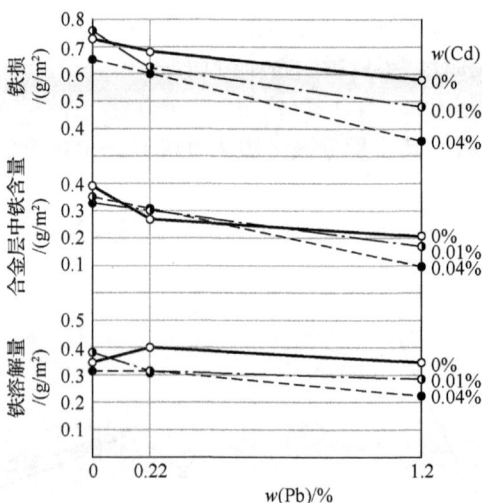

（锌液中铝的质量分数为 0.18%；热浸镀时间：10s）

图 3.52　锌液中镉和铅的含量对热浸镀锌的影响

由图可知，当锌液中镉的质量分数为 0.01%时，便可加速铁的溶解，铁溶解量由纯锌液的 $0.33g/m^2$ 增大到 $0.38g/m^2$；但当将镉的质量分数进一步提高到 0.04%时，所得结果相反，即又出现阻碍铁溶解的趋势。同样可知，锌液中的镉可以减薄 Fe-Zn 合金层厚度（合金层中的铁含量代表合金层厚度），当镉的质量分数由 0.01%增大到 0.04%时，合金层中铁的溶解量由 $0.4g/m^2$ 下降到 $0.33g/m^2$。当锌液中同时含有铅和镉时，上述作用更为显著。

有研究发现，当锌液中镉的质量分数增加到 0.1%～0.5%时，可使锌花增大。当镉的质量分数为 0.5%时，能使 Fe-Zn 合金层厚度增大，从而降低镀锌层的塑性。另外，热浸镀锌时增大锌液中镉含量还会引起铁损的增加，当镉的质量分数为 2.5%～2.8%时，铁损急剧增大并达到最大值。之后，铁损又随镉含量的增大而急剧降低（图 3.53）。

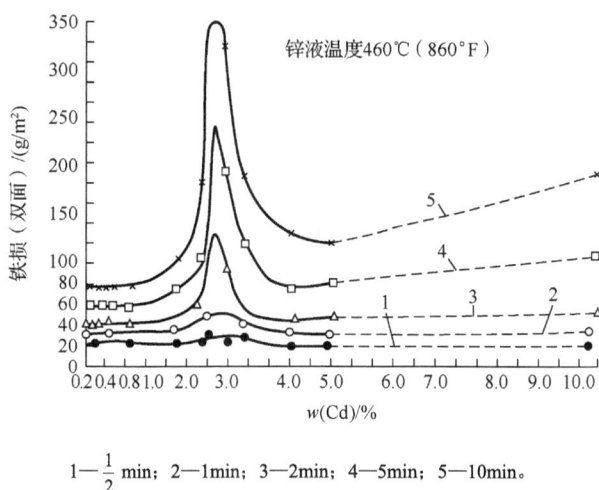

1—$\frac{1}{2}$min；2—1min；3—2min；4—5min；5—10min。

图 3.53　锌液中镉含量对铁损的影响

若继续提高锌液中镉含量，则铁损量不断增大直到镉的质量分数达到 12%，此时铁损又达到第 2 个峰值，之后随着镉含量的提高，铁损又出现下降趋势（表 3.10）。对于低温钢板，此影响更大。

表 3.10　不同的钢板温度和锌液中镉含量对铁损的影响　　　　　　　　单位：g/m²

钢板温度/℃	锌液中镉的质量分数/%							
	1.0	5.0	12.5	25.0	50.0	60.0	83.0	100.0
420	50	68	311	134	23			
450	70	465	266	200	23	16	10	
500	250	156	119	79	39	2		

由表可知，当锌液中镉的质量分数达到 50%时，铁损量很低；在纯镉液中，铁损几乎为零。

7）镁的影响

在锌液中加入镁时，可以明显提高镀锌层的耐蚀性。在纯锌液中或在 Zn-0.2%Al 合金液中添加镁均可提高镀锌层的耐蚀性[5]，并且随着镁含量的增加，镀锌层的耐蚀性不断增大，直到镁的质量分数达到0.5%时不再提高（图 3.54）。

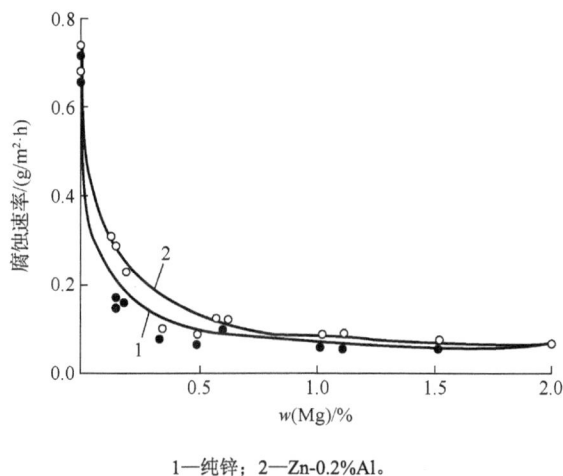

1—纯锌；2—Zn-0.2%Al。

图 3.54　锌液中镁加量与镀锌层腐蚀速率的关系（SST）

日本新日铁公司将开发的 Zn-0.5%Mg 合金用于钢板连续热浸镀锌生产，该产品的商品名为 DYMAZINC。大气暴晒试验结果指出，Zn-0.5%Mg 合金镀层的耐大气腐蚀性是普通镀锌层钢板的 1.5～2 倍（图 3.55）。

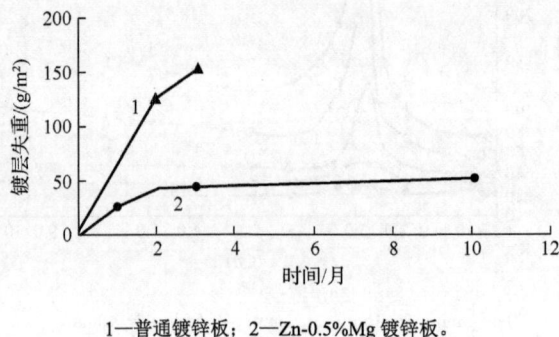

1—普通镀锌板；2—Zn-0.5%Mg 镀锌板。

图 3.55　两种镀锌板的大气暴晒腐蚀试验比较

此外，Zn-0.5%Mg 合金镀层硬度（HV=100）比普通镀锌层硬度（HV=65）高，有利于提高其抗划伤性能。

含镁镀锌层耐蚀性提高的原因是其表面生成的腐蚀产物为致密的 $ZnCl_2$-$4Zn(OH)_2$ 层，它对 Zn-Mg 阳极反应的抑制作用比腐蚀产物以疏松的 ZnO 为主的普通镀锌层更强。

早期资料表明，虽然锌液中加镁可以增大镀锌层的耐蚀性，但其提高幅度并不是很大（图 3.56），并认为镁能使镀层脆化且附着性下降。

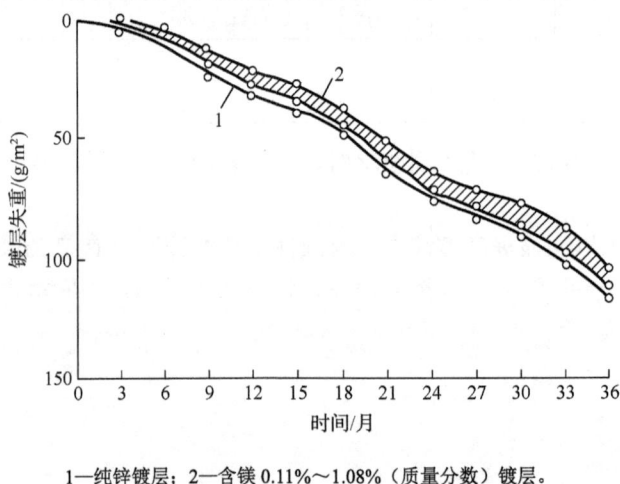

1—纯锌镀层；2—含镁 0.11%～1.08%（质量分数）镀层。

图 3.56　锌液中镁对镀锌层耐蚀性的影响

当锌液中镁的质量分数为 0.024%～0.084%时，镀层的耐蚀性最好。但若锌液中镁含量过高，则对热浸镀锌产生不良影响。例如，当锌液中镁的质量分数为 0.3%～0.5%时，镀锌层表面变得粗糙，合金层变厚，硬度增大，镀层的附着性下降，其外观呈乳白色。

8）铋的影响

在锌液中加入铋，不仅可以降低表面张力，还能提高锌液的浸润性和流动性[6]，这对防止镀锌层产生锌瘤有利。对两种纯度的镀锌液（SHG：Zn 的纯度约为 99.99%～99.995%；PWG：含铅量在 1%左右，含锌量在 98.8%以上，均为质量分数）及向其分别加入质量分数为 0.1%铋后锌液的表面张力进行测定，结果表明，加铋锌液的表面张力有一定程度下降（图 3.57）。锌液中最佳铋含量为 0.1%（质量分数）。

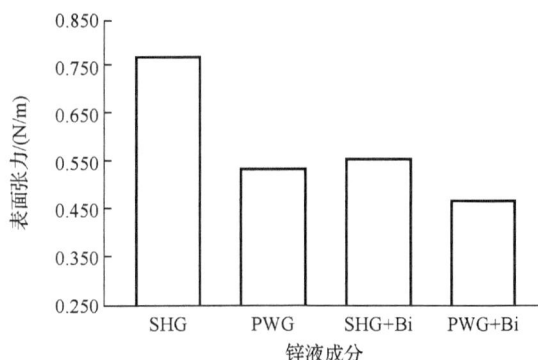

图 3.57 锌液中加铋与不加铋表面张力比较

另外，锌液中加铋对锌锅锅壁具有保护作用，可以延长锌锅的使用寿命。

热浸镀锌时，若在 Zn-0.025%～0.05%Al 液中添加质量分数为 0.1%的铋，则可获得均匀镀层，并可降低锌耗及减少锌灰和锌渣生成量[7]。此外，锌液中加铋还可获得光泽性更好的镀锌层。

9）稀土金属的影响

在锌液中添加稀土元素，不仅可以提高锌液流动性，还能降低锌液表面张力，从而提高锌液对钢表面的浸润能力。流动性测定结果表明，在 460℃和 480℃时，锌液的流动性分别从 120mm 和 133mm 提高到 146mm 和 188mm（表 3.11）。

表 3.11 锌及锌铝合金中添加稀土的流动性比较　　　　单位：mm

锌液温度	Zn	Zn-RE	Zn-Al	Zn-Al-RE	Zn-Al-RE-Mg
460℃	120	146	115	136	138
480℃	133	188	122	138	162

在不同温度下，稀土对锌及锌铝合金浸润角的影响见表 3.12。

表 3.12 稀土对锌及锌铝合金浸润角的影响　　　　单位：（°）

镀层种类	410℃	420℃	440℃	460℃	480℃	500℃	520℃
Zn		24.0	23.0	20.5	17.0	10.5	10.0
Zn-Al		33.0	28.0	24.5	20.0	14.0	7.50
Zn-Al-RE	15	14.5	14.0	12.0	10.0	3.5	4.50

由表可知，稀土对降低锌-铝合金镀层浸润角的作用更大。这表明稀土可以改善锌液和锌铝合金液对钢板表面的浸润性。

稀土含量对锌铝合金表面张力的影响（480℃），见表 3.13。

表 3.13 稀土含量对锌铝合金表面张力的影响（480℃）

稀土含量/%	0.00	0.02	0.03	0.04	0.06	0.08	0.09
表面张力/（N/m）	0.818	0.730	0.725	0.721	0.715	0.713	0.710

此外，稀土元素还可提高镀层的表面光洁度和附着性。

有研究表明，在锌中添加稀土，可以提高镀锌层的耐蚀性。特别是对于锌-铝合金镀层效果尤为显著。不同合金镀层的盐雾试验结果比较，如图 3.58 所示。不同合金镀层的湿热试验和盐雾试验结果见表 3.14。

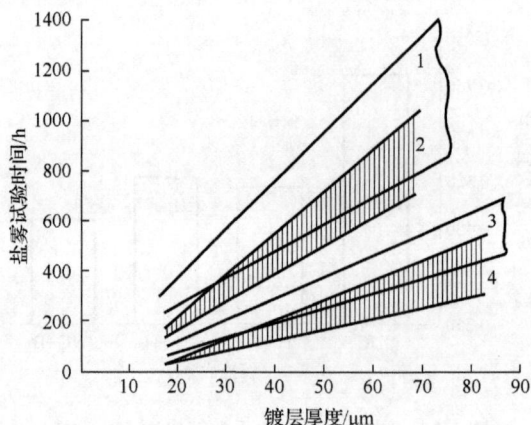

1—Zn-Al-RE；2—Zn-Al；3—Zn-RE；4—Zn（红锈达到5%）。

图3.58　不同合金镀层的盐雾试验结果比较

表3.14　不同合金镀层的湿热试验和盐雾试验结果

镀层种类	湿热试验 开始出现白锈时间/h	湿热试验 腐蚀速率/[g/（m²·h）]	盐雾试验 腐蚀速率/[g/（m²·h）]
Zn	24	0.023	0.024
Zn-5%Al	>28	0.005	0.011
Zn-5%Al-RE	>96	0.003	0.009

除轻稀土元素 La 和 Ce 外，在 Zn-Al（铝的质量分数<1%）合金镀层中添加重稀土元素 Y，可以进一步提高锌液流动性和降低锌液表面张力，但其在提高合金镀层耐蚀性方面较 La 和 Ce 稍差（表 3.15 和表 3.16）。

表3.15　稀土元素对锌及锌基合金镀层的盐水腐蚀性比较

镀层种类	镀层失重/（g/m²）		
	720h	1440h	2160h
Zn	64.3		
Zn-Al-RE$_{Ce}$	54.3	73.2	130.5
Zn-Al-RE$_{La}$	49.5	71.7	120.7
Zn-Al-RE$_{Y}$	53.0	93.6	133.3

表3.16　稀土元素对锌及锌基合金镀层的土壤腐蚀性比较

镀层种类	镀层重量/（g/m²）	腐蚀失重/（g/m²）	相对纯锌镀层降低/%
Zn	301.1	42.3	
Zn-Al-RE$_{Ce}$	236.7	37.8	10.6
Zn-Al-RE$_{La}$	232.8	33.1	21.7
Zn-Al-RE$_{Y}$	223.2	36.5	13.7

10）镍的影响

在锌液中加入少量镍，可以抑制 Fe-Zn 合金层中ζ相的快速生长，使合金镀层变薄。特别是对于硅镇静钢热浸镀锌，在锌液中加入质量分数为 0.05% 镍时，即可消除圣德林效应引起的镀层过厚（ζ 相层生长过快）的问题，提高了镀锌层的附着性和外观质量（颜色均匀）。图 3.59 所示为锌液中不同镍含量对消除含硅钢镀锌层过厚问题的影响作用[8]。

国内学者的研究结果表明[9]，在锌液中添加镍所得镀锌层的耐蚀性也有一定提高。图 3.60 所示为热浸镀纯锌和热浸镀 Zn-0.1%Ni 试样的盐雾腐蚀试验结果。

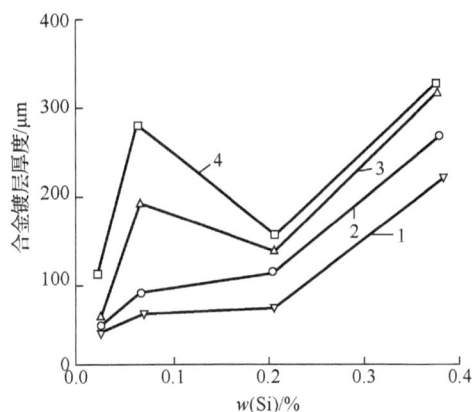

1—0.50%Ni；2—0.10%Ni；3—0.02%Ni；4—0.00%Ni。

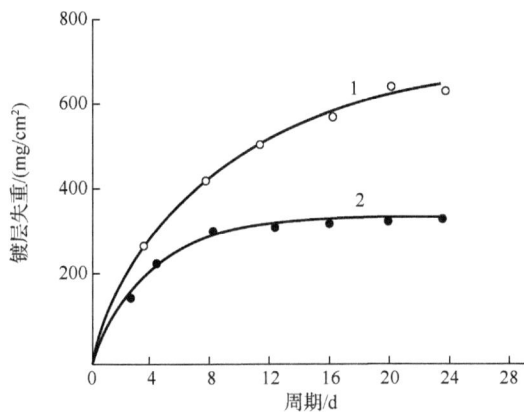

1—热浸镀纯锌；2—热浸镀 Zn-0.1%Ni。

图 3.59　锌液中镍含量对含硅钢镀锌层厚度的影响　　图 3.60　热浸镀纯锌和热浸镀 Zn-0.1%Ni 试样的盐雾试验结果

由图可知，盐雾试验 24 天后，Zn-0.1%Ni 镀层的腐蚀失重仅为纯锌镀层的 1/2。

另外，在锌液中加入镍，不仅可以减少锌液表面的氧化，还能使锌锅生成的锌灰（面渣）量大幅减少。按照实际生产估算，锌灰量可比普通镀锌减少 10%～20%（质量分数），但生成的锌渣量变化不大。此外，对所使用的铁锅来说，在锌液中加入镍，可以减轻锌液对锅壁的腐蚀。08F 钢板腐蚀试验得出，在 450℃ 时，Zn-0.1%Ni 的镀层失重，比纯镀层小 15%～20%（图 3.61）。

关于在锌液中加入镍可以抑制由 ζ 相层生长引起的镀锌层过厚的机理，虽然目前有种种解释，但均不够充分，还需进一步探讨。

利用上述镍的作用解决硅镇静钢热浸镀锌时合金层过厚问题的工艺称为 Technigalva。该工艺于 1960 年由加拿大人研究发明，并在 20 世纪 80 年代开始工业化应用。目前，世界上大多数国家的分批式或间歇式热浸镀锌厂广泛采用此工艺。

11）锰的影响

1979 年，马科维亚克（Mackowiak）等[10]首先研究锌液加锰解决含硅钢镀锌层过厚的问题。研究发现，在锌液中添加质量分数为 0.5% 锰后，可以降低 ζ 相的生长速度，获得低硅（质量分数小于 0.03%）钢热浸镀锌合金层结构，并使镀锌层的耐蚀性和附着性均有提高。

有研究表明，当锌液中锰的质量分数为 0.5%～1% 时，便可完全消除圣德林钢热浸镀锌层过厚的问题（图 3.62）。

在锌液中加入锰，可以降低 Fe-Zn 合金的包晶温度。根据 Fe-Zn 二元状态图可知，（δ_1+Γ）相→ζ 相包晶反应温度为 530℃，即当温度高于此包晶温度时，ζ 相消失并转变为δ_1 相。当降低此包晶温度时，就可在较低的合金化温度下消除镀锌层中的ζ相，从而降低合金化温度和合金化时间。

此外，在生产彩色镀锌层时，锰也是必须添加的重要元素。例如，钢板在 Zn-0.05%Mn-0.2%～0.5%Ti

的溶液中热浸镀后，在不同热处理温度下可以获得不同颜色的彩色镀锌层。

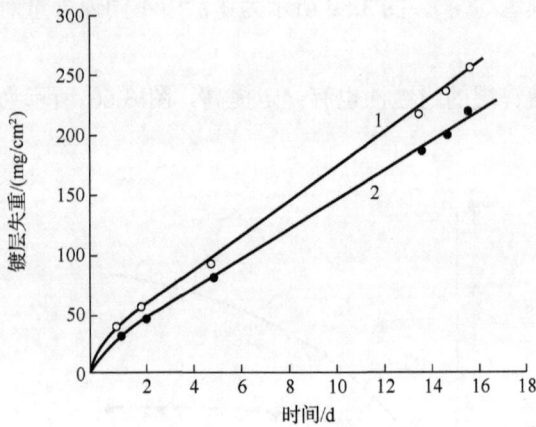

1—锌液；2—Zn-0.1%Ni 热浸镀液。

图 3.61　08F 钢板在两种热浸镀液中的腐蚀试验比较

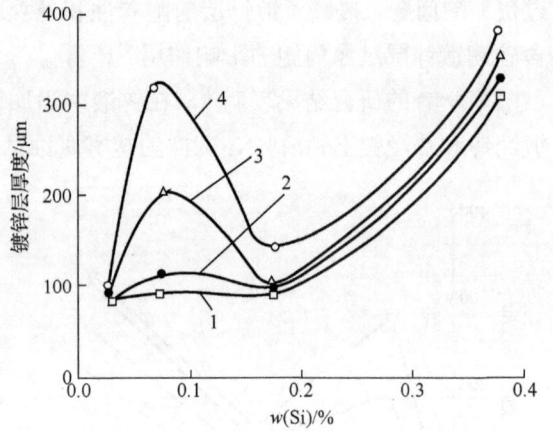

1—Zn-1%Mn；2—Zn-0.10%Ni；3—Zn-0.04%Al；4—纯锌。

图 3.62　锌液中加 Mn 或 Ni 对镀锌层厚度的影响
（450℃，9min）

12）钛的影响

锌液中的钛大多数是为了获得彩色镀锌层而添加的。例如，钢板在添加质量分数为 0.3%钛的锌液中热浸镀（500～550℃）后，再空冷 40～50s，然后浸入冷水中冷却至室温，即可获得紫色镀锌层。若改变后处理条件，则可获得黄色、红色及绿色等多种颜色。

有资料显示，在锌液中添加质量分数为 0.5%钛，可有效抑制 Fe-Zn 合金层的快速生长。在合金层中 ζ 相的外部边缘及锌液中，钛以 Fe-Zn-Ti 三元化合物形式聚集，它们构成了锌液与 ζ 相层之间的屏障，阻挡了 ζ 相层与锌液接触，从而可以控制 ζ 相的快速生长。在锌液中加入质量分数为 0.1%的钒也有此作用。

7. 钢板表面状态对热浸镀的影响

钢板表面状态对钢板连续热浸镀锌有一定影响。钢板表面状态主要是指钢板表面粗糙度，轧制乳化液中油脂在钢板表面残留状况及热轧板酸洗状况等。

1）钢板表面粗糙度的影响

生产实践表明，镀锌用原板表面粗糙度越高，镀层厚度越大，镀层附着性也越好。当钢板用表面光滑轧辊轧制时，其表面粗糙度的算术平均值 Ra=0.15～1.00μm，最大深度 Rt=4.30μm。当钢板用喷砂处理过的表面粗糙轧辊轧制时，其表面粗糙度的算术平均值 Ra=0.40～1.50μm，最大深度 Rt=6.50μm。这两种钢板热浸镀锌的结果表明，表面粗糙的钢板镀锌层附着性更好一些。这是因为表面粗糙度越大，钢板的实际表面积就越大。镀层与粗糙的钢板表面相互咬合，使镀锌层与钢基体表面结合更牢固。

此外，钢基体表面粗糙也会提高锌液对钢板表面的浸润力，使形成的镀锌层均匀连续，无漏铁点。

对于表面粗糙的钢板，在其表面会产生稠密的凹坑和凸起点。在凹坑处生成的合金层结构与在凸起部位生成的合金层结构不同。在凹坑处生成致密的 δ_1 相层，其上部有较薄的 ζ 相层；在凸起部位生成开裂状的 δ_1 相层，其上部是粗大疏松的 ζ 相结晶体。在钢板离开锌液时，这种不规则粗糙的合金层表面会附着较多的锌液，从而使 η 相层增厚。

有研究表明，在表面粗糙的钢基体热浸镀锌后，对镀锌层表面凸起部位进行金相观察的结果表明，其镀锌层表面凸起物是 η 相中镶嵌着 ζ 相颗粒。在钢表面的凹坑处，其对应的镀锌层不仅不会凹陷，反而产生凸起。在凹坑处出现较厚的δ₁相和松散凌乱的ζ相。此ζ相的晶体碎片杂乱无章地深入钢基体表面的η相层中，从而使凹坑处上部的镀锌层局部凸起并形成麻点状鼓包。研究者认为，产生这种现象的原因是镀锌过程中ζ相和δ₁相生长速度不同。在开始热浸镀时，ζ相生长速度比δ₁相快，在达到一定热浸镀时间后，δ₁相生长速度加快。因而，在凹坑处最初形成的较厚的ζ相层被后来快速生长的δ₁相层挤压，使ζ相层破碎并被挤出凹坑上部，从而在钢基体表面形成凸起的麻点状鼓包。

2）钢板轧制所用乳化液的影响

钢板连续热浸镀锌的工业性试验指出，冷轧钢板所用轧制乳化液中油含量对镀锌层附着性有较大影响。乳化液中含油量的质量分数为 1%～4% 的冷轧试验结果表明，若轧制乳化液中含油量高，则镀锌层附着性变坏。这是由于冷轧钢板在使用含油量高的乳化液轧制后钢板表面残留较多油脂，它们在连续热浸镀锌生产线上的预热炉内难以除尽，仍附着在钢板表面，破坏了锌液与钢基体表面之间的接触，影响了正常合金层的形成，从而降低了镀锌层的附着性。

对于此种情况，如果采用美钢联法热浸镀锌，其对镀锌层的影响会小得多。这是因为美钢联法的前处理过程中有电解除油工序，可以有效地除掉钢板表面的一切油污。

除了含油量，乳化液清洁度对热浸镀锌基本上没有不良影响。

3）酸洗状况的影响

酸洗程度对冷轧钢板热浸镀锌无明显影响。当采用热轧钢板作为镀锌原板时，酸洗程度将会对热浸镀锌产生较大影响。当过酸洗时，钢板表面会产生酸洗道痕（晶界），形成粗糙表面，因而必然会出现前述情况，使镀锌层表面平滑性下降。同理，当发生欠酸洗时，钢板表面的轧制氧化皮不能完全清除，也会破坏镀锌层的附着性及外观质量。

3.2.2 热浸镀铝原理

1. 铝液对钢基体的浸润性[11]

1）铝液对钢基体的浸润过程

钢材表面热浸镀铝是复杂的表面物理化学过程。在此过程中，发生铝液与钢板的相互吸附、浸润、溶解，以及不同元素之间的物理扩散和化学作用等现象。有学者采用长焦距镜头摄像技术，在专门的真空装置中及 700～900℃下，对铝液在钢材表面的浸润过程进行观察，并在对钢板与铝液接触部位的直径和浸润角的测定中发现（图 3.63），Fe-Al 系金属间具有令人满意的浸润性，当其浸润角小于 90° 时，铝液漫流速度较大，同时铝液对钢基体还有较强的黏附性。

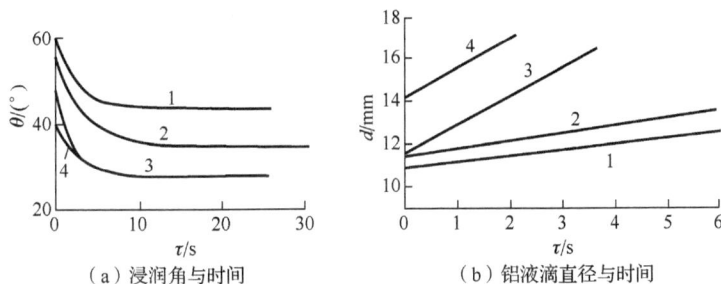

（a）浸润角与时间   （b）铝液滴直径与时间

1—700℃；2—750℃；3—800℃；4—900℃。

图 3.63 不同温度下浸润角与铝液滴直径与时间的关系

铝液滴在钢表面漫流的同时，形成圆形斑痕。当把热浸镀时间提高到 10～30s 时，在铝液滴周围形成薄膜状晕轮。当热浸镀时间延长到 0.5～3.0min 时，漫流停止，铝液滴失去其球缺形而变成圆柱形（图 3.64）。

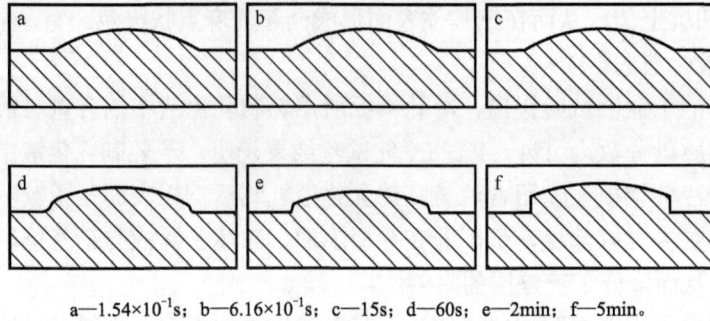

a—1.54×10⁻¹s；b—6.16×10⁻¹s；c—15s；d—60s；e—2min；f—5min。

图 3.64　钢表面铝液滴的形状变化（900℃）

液滴斑痕尺寸的变化规律服从抛物线关系：

$$d^2 = k\tau \tag{3.13}$$

式中，k 为常值，表示等容条件下的漫流速率；d 为液滴斑痕直径（mm）；τ 为接触时间（s）。

漫流速度随着温度的升高而增大，两者在 $\log k$-$1/T$ 坐标系中呈直线关系，直线斜率表示铝液滴在钢表面漫流的表面活化能值。表面活化能一般在 52.36～94.36J/mol 之间。

铝液对钢板表面的黏附功可用下式计算：

$$W = \sigma_{\text{液、气}} \left(1 + \cos\theta\right) \tag{3.14}$$

式中，W 为铝液滴对钢板表面的黏附功（J/m²）；$\sigma_{\text{液、气}}$ 为铝液的表面张力（N/m）；θ 为铝液对钢表面的浸润角（°）。

计算结果表明，此黏附功值很大，在 700～900℃下为 [（1.3×10⁻⁴）～（1.5×10⁻⁴）] J/cm²。对黏附功的计算，只限于接触时间极短的情况，此时铁在铝液中的溶解量尚不足以改变铝液的表面张力。

随着接触时间的延长，铝液滴漫流停止，并形成柱状外形。金相观察表明，这是在界面上形成了垂直生长的合金相所致。X 射线结构分析指出，该合金相仅由 η 相构成。

根据上述铝液在钢板表面漫流机理，可以提出以下结论：当温度为 700～750℃时，在铝液滴周围形成沿钢板表面扩散的膜，然后铝液滴沿此膜漫流；当温度升高时，此过程加速进行，扩散膜的扩展速度与铝液滴的漫流速度逐渐趋于同步；在 800～900℃时，铝液滴周围已无晕轮。在铝液滴漫流的同时，铝向钢基体中扩散并形成合金相。与此同时，铁在铝液中溶解，使铝液的性质发生变化，从而使铝液滴漫流停止，其形状也急剧变化。

还可利用同样的方法研究铝液滴在 Fe-Al 系中各种金属间化合物表面的浸润角与接触时间的关系，以及漫流的动力学特点。在不同温度下，铝液滴对各种金属间化合物浸润角与接触时间的关系如图 3.65 所示。由图可知，在铝液滴与钢基体开始接触的瞬间，铝对任何 Fe-Al 合金均不浸润，其浸润角 θ 均大于 90°。这表明，当铝与铁作用形成 Fe-Al 合金后，该合金会阻碍铝对铁的浸润和漫流。此外，铝液对不同的 Fe-Al 化合物的浸润状况有很大差异。对于 FeAl₃ 相，不论其接触时间多长也完全不浸润。各金属间化合物的浸润角按照 FeAl₃、Fe₂Al₅、Fe₃Al 的顺序减小，同时也随温度的升高而减小，但其黏附功增大。

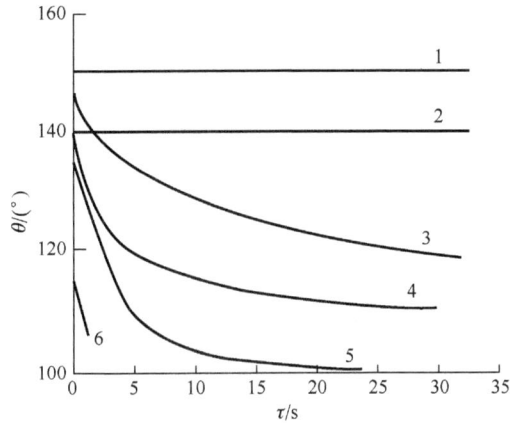

1—FeAl₃（800℃）；2—FeAl₃（900℃）；3—Fe₂Al₅（800℃）；4—Fe₂Al₅（900℃）；5—Fe₃Al（800℃）；6—Fe₃Al（900℃）。

图 3.65　铝液滴与各种金属间化合物浸润角和接触时间的关系

在生产中，为了提高镀铝层的加工性能，通常在镀铝时向铝液中加入一定量的硅。因此，研究 Al-Si 液滴对钢基体浸润和漫流的机理是有意义的。按照上述方法研究 Al-Si 液滴对钢基体漫流的动力学特点，所得结果如图 3.66 所示。由图可知，Al-Si 液滴能够很好地浸润钢板表面，根据液滴直径计算出的浸润角 θ 小于 90°。当硅的质量分数小于 4% 时，Al-Si 液滴斑痕直径与时间的关系近似平方关系。在 700℃ 和 900℃ 下，当硅的质量分数为 6%～9% 时，漫流过程很快完成（<0.05×10⁻³～0.1×10⁻³s），因而未能测出其漫流面积随时间变化的关系。

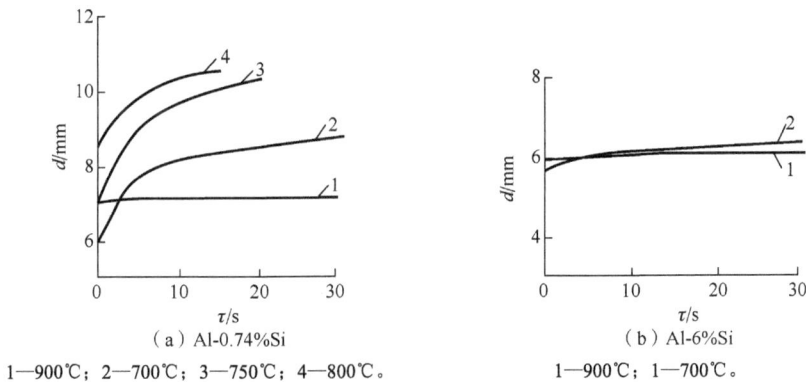

1—900℃；2—700℃；3—750℃；4—800℃。　　　　　1—900℃；1—700℃。

图 3.66　在 700℃ 和 900℃ 下 Al-Si 液滴斑痕直径与时间的关系

2）增大铝液对钢基体浸润性的方法

提高铝液对钢基体的浸润性，这对获得质量良好的镀铝层具有重要意义。在生产实践中，提高铝液对钢基体表面浸润性的方法有以下几种。

（1）在钢基体表面预镀一层易溶于铝液的电镀层。例如，锌、银、锡等单一电镀层，或者 Zn-Cu、Zn-Ni 等复合电镀层。然而，在实际中，由于此类电镀层对铝液造成污染且工艺更复杂，因而不常使用。

（2）在铝液中添加合金元素，降低铝液的表面张力并改善其浸润性。研究表明，合金化添加剂对铝液在钢基体表面漫流的影响与其对铝液表面张力的影响密切相关。凡是能够提高铝液表面张力的合金元素，都能使铝液对钢的浸润性变坏。能够降低铝液表面张力的合金元素，也能改善其漫流情况。例如，在铝液中添加硅、锰、铜、锌等能够提高其表面张力，而添加镁、铅、铋、锂等可以大幅降低其表面张力（图 3.67）。

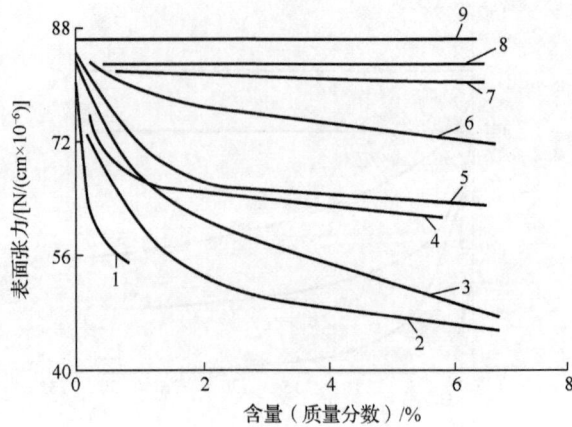

1—Al-Li；2—Al-Bi；3—Al-Pb；4—Al-Mg；5—Al-Sb；6—Al-Sn；7—Al-Zn；8—Al-Si；9—Al-Cu。

图 3.67　各种合金元素对铝液表面张力的影响

合金添加剂对铝液表面张力的影响取决于添加元素原子体积与铝原子体积之比。添加元素原子体积越大，金属与溶剂之间的表面张力下降越大。若加入少量表面活性元素，则可使熔融物的表面张力急剧下降。在铝液中加入镁、钠、钾等还原剂时，可以改善铝液对钢表面的漫流，这是因为它们可将氧化膜还原。

（3）在热浸镀铝时，用盐类溶剂涂覆钢基体表面，可以显著改善铝液对钢基体的浸润性。可采用以下简单盐类作为溶剂：KCl、KF、LiCl、$MgCl_2$、$SnCl_2$、$ZnCl_2$、NaCl、NaF 等。

当采用 K_2ZrF_6 和 Na_2BeF_4 作为溶剂时，可以形成冶金结合界面的完全浸润。其方法是将钢基体浸入加热到 90℃ 的过饱和水溶液中 1～2min。研究表明，K_2ZrF_6 与 Fe_2O_3 及 Al_2O_3 形成熔点为 670℃ 的低共熔物。这时，在 K_2ZrF_6 中溶解了质量分数 0.25% 的 Al_2O_3 和 Fe_2O_3。

此外，还应指出，熔融铝对钢基体的漫流情况不仅取决于其浸润性及液-气界面表面张力，也与其他因素有关。例如，熔融铝的黏度、流动性及其表面的氧化膜，以及钢基体表面的油污、氧化膜及表面粗糙度等。

2. 铁在铝液中的溶解

固体铁在熔融铝中的溶解动力学特点主要是这两种金属相互作用形成的。钢材在热浸镀铝过程中，其表面合金层的生长速度取决于以下两个界面的移动状况：合金层-钢基体界面向前移动、合金层-熔融铝界面向后移动。其中，前者是反应扩散过程，后者是溶解过程。也就是说，合金层厚度取决于熔融铝与钢基体间的反应扩散速度和钢基体在熔融铝中的溶解速度。

反应扩散速度的大小与金属扩散过程的温度和基体金属的性质有关。溶解速度取决于液态金属的表面积和体积的关系，以及两种金属的混合方式。由此可见，可以对钢材热浸镀铝过程中形成的金属间化合物合金层的生长速度进行人为控制，这对钢材热浸镀铝实际生产具有实用意义。

有学者对钢基体表面热浸镀铝时钢基体溶解的机理进行了详细研究。考虑在钢基体溶解的同时金属表面形成合金层，因而把试样做成可以旋转的圆柱体，使试样与熔融铝均匀接触。在不同温度（700～850℃）和不同旋转速度（63～615r/min）条件下，研究了工业纯铁在熔融铝中溶解的规律。

在 750℃ 下，试样在不同旋转速度下的溶解试验结果如图 3.68 所示。试验结果表明，在 750℃ 温度下，铁在铝液中的溶解速度并不遵循涅斯特-舒卡列夫方程式。

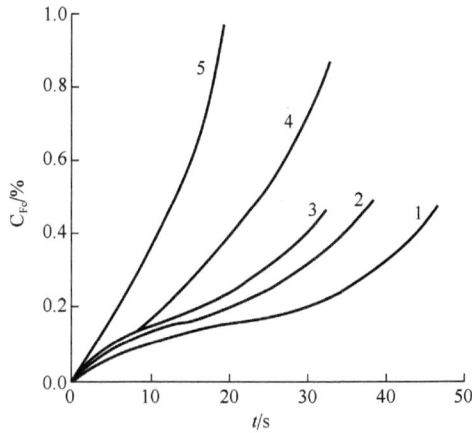

1—63.1r/min；2—159.3r/min；3—239r/min；4—351.6r/min；5—613.4r/min。

图 3.68　750℃下铝液中铁的浓度与溶解时间的关系

这一情况表明，溶解度常数 K_1 与溶解时间的长短有关。根据温度在 700～750℃、转速在 63.1～239.0r/min 下的试验数据计算 K_1，其计算结果如图 3.69 所示。由图可知，K_1 值在溶解开始的 10s 内先急剧减小到最低点，之后又急剧增大。在所有图中，K_1 均出现了最低点（最小值），试样旋转速度越大，其最小值出现时间越短。

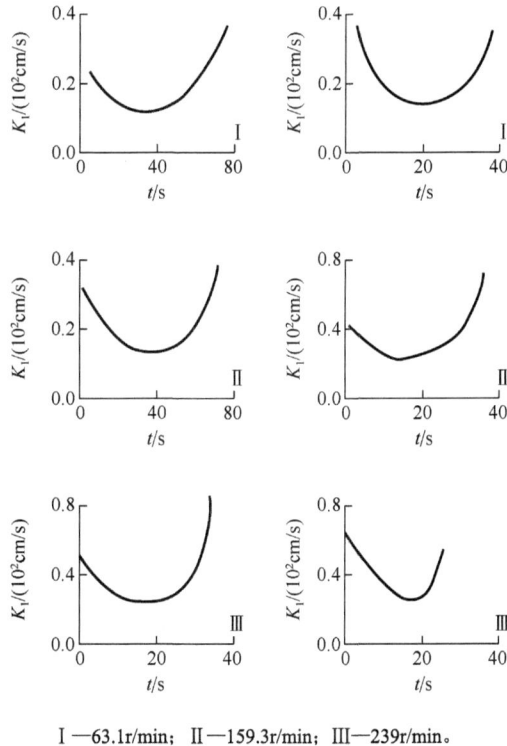

Ⅰ—63.1r/min；Ⅱ—159.3r/min；Ⅲ—239r/min。

图 3.69　溶解度常数 K_1 与溶解时间的关系

显然，涅斯特-舒卡列夫方程式中 K_1 的变化与固态铁和铝液界面上生成的金属间化合物相层的生长特征及生长的顺序有关。在纯铁表面热浸镀铝时，界面上仅发现两种金属间化合物，即 $FeAl_3$ 和 Fe_2Al_5。由于 $FeAl_3$ 相的生成热略高于 Fe_2Al_5 相，故认为热浸镀铝时界面上最先形成的是 $FeAl_3$ 相。随着铝原子的不断扩散，FeAl$_3$相层（θ相）的厚度不断增大，从而导致常数K_1减小。同时，随着θ相层的长大，又会发生θ相层的溶解。因此，与图 3.69 所示的常数K_1最小值对应的铝液中铁的浓度是θ相层溶解与基体中铁原子穿过此相层向外扩散共同作用的结果。同时可知，试样的旋转速度越大，K_1达到最小值的时间越短，而且铁在θ相中的扩散速度与试样旋转速度无关。因此，K_1随溶解时间变化的关系是 FeAl$_3$相的溶解速度随试样旋转速度而变的结果。这表明，θ相层的溶解是按照扩散机制进行的。

当θ相层达到某一临界厚度时，铁的扩散量减少到了试样的溶解速度等于 FeAl$_3$相层的溶解速度。与此同时，从相反方向向 Fe-FeAl$_3$界面扩散的铝量减少，从而导致较贫铝的 Fe$_2$Al$_5$相（η 相）急剧增多，但这并不排除在溶解开始阶段（K_1随着溶解时间延长而减小的阶段）铁通过θ相层扩散而形成 η 相的可能性。

在溶解过程中形成的 Fe$_2$Al$_5$相因其自身的晶格特征而具有很多孔隙。正是由于这一原因，Fe$_2$Al$_5$相的结晶碎片有可能进入铝液并溶解于其中。这样一来，其溶解速度值就会比涅斯特-舒卡列夫方程式的计算值大。

另外，有学者研究了在温度为 700℃、旋转速度为 159.3r/min 的条件下，工业纯铁在熔融铝及熔融 Al-3%Si 合金中的溶解速度常数K_1与溶解时间的关系，如图 3.70 所示。由图可知，在溶解开始阶段，两种情况下的K_1值和溶解时间的曲线关系基本相同。之后，随着溶解时间的延长，对于 Al-3%Si 合金来说，当θ相层达到某一临界厚度时，常数K_1不再随时间而变。这说明实际上θ相层的生长速度和溶解速度达到平衡，这时K_1约为 0.0015cm/s。

因此，当铁溶解于铝液时，涅斯特-舒卡列夫方程式中的系数K_1与溶解时间之间的所有关系如图 3.71 所示。图中的 a 线对应满足涅斯特-舒卡列夫方程式的情况，如铁溶解于含硅的铝液中，θ相层的生长速度与溶解速度相等的情况；图中的 b 线对应出现阻碍溶解的"屏障层"的情况；c 线对应以超过溶解度极限的扩散量的铁的溶解速度进行溶解的情况。

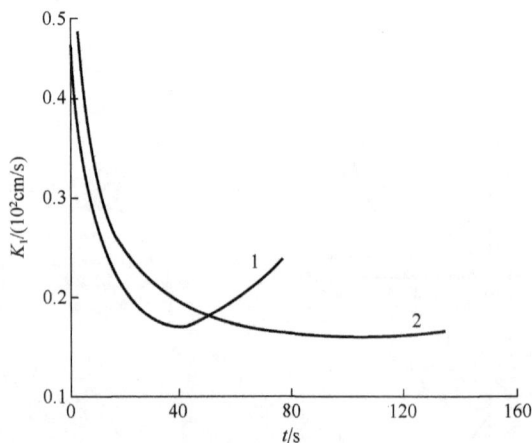

1—纯铝；2—Al-3%Si 合金。

图 3.70 铁在纯铝和 Al-3%Si 合金中溶解时 K_1 与溶解时间的关系

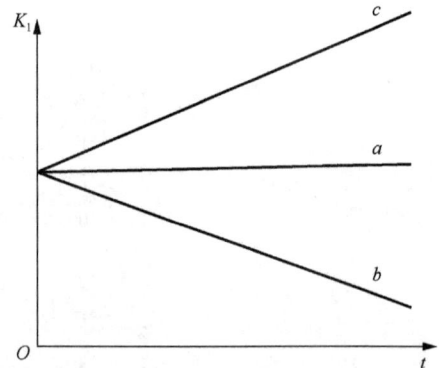

图 3.71 涅斯特-舒卡列夫方程式中 K_1 与溶解时间的关系

涅斯特-舒卡列夫方程式是物质转移的标准公式，其中K_1、固体铁的表面积和铝液的体积可认为是常数，故溶解速度主要取决于铁在铝液中的溶解度极限 C_s 溶解后铁在铝液中的浓度 C_t 之差（C_s-C_t）这一因素。当铝液中铁含量提高时，按照涅斯特-舒卡列夫方程式，铁的溶解速度将下降。由实际热浸镀铝过程所获经验得知，在更换热浸镀铝锅中的沉没辊时，在未被铁饱和的铝液中，新沉没辊在开始工作的短时间内就被铝液腐蚀，之后其腐蚀速率大幅减慢。基于这一情况，通常采用高铁含量的铝液来进行热浸镀铝。然而，这又引起另一个问题，即溶解度极限是温度的函数，一旦铝液温度波动（降温）时，就会有大量 Fe-Al 合金（主要是 FeAl₃）渣子沉淀下来。因为 FeAl₃ 的密度比熔融铝大，所以沉积在锅的底部。当这些 Fe-Al 合金渣子受到搅动或用感应加热时，便悬浮在铝液中，因而使镀层表面变得粗糙。

另外，涅斯特-舒卡列夫方程式还可解释铁在 Al-Si 合金熔融体中的溶解速度比其在纯铝中的溶解速度大的原因。根据 Fe-Al 系相图，铁在 700℃的熔融铝中的溶解度为 2.5%（重量比）。根据 Fe-Al-Si 三元系相图，铁在 700℃的 Al-11%Si 的熔融体中的溶解度至少为 4%（重量）。这是因为涅斯特-舒卡列夫方程式中的 (C_s-C_t) 较大，所以使铁的溶解速度加快。

此外，对各种钢在熔融纯铝和加硅的铝液中的腐蚀速率进行评价时发现，含硅的铝液能够加速钢的溶解（腐蚀）。因为溶解速度取决于溶解度，所以可根据铁的溶解度来测算其溶解速度。例如，在 800℃下的熔融铝中，当硅的质量分数为 0%、1%、3%、5% 和 10% 时，铁的溶解度分别为 3.3%、7.3%、7.8%、8.7% 和 12%。显然据此可以推算出与其溶解度成正比的铁的溶解速度，如铁在 Al-Si 熔融体中的溶解速度要比其在纯铝液中的溶解速度快得多。

为获得准确数据，分别在温度为 700℃、750℃、800℃，试样旋转速度为 299r/min 的条件下，将工业纯铁置于 Al-Si 合金熔融体中进行溶解试验，并在试验后对试样进行显微 X 射线光谱分析、显微金相分析和显微硬度分析。分析结果表明，在纯铝液中溶解时，试样表面形成的合金层是由具有特征性的 Fe₂Al₅ 相的柱状晶构成的。当温度从 700℃提高到 800℃时，这些柱状晶的长度进一步长大，添加质量分数为 1%Si 的合金层厚度大幅减小。分析表明，无论是在纯铝中或是在 Al-1%Si 中溶解，合金层主要由 FeAl₃ 晶体构成。当在添加质量分数为 3%Si 的铝液中溶解时，Fe₂Al₅ 相层的厚度比在添加质量分数为 1%Si 的铝液中还小，并在铝侧出现明显的新相层，这个新相层主要是 FeAl₃ 相，此相的生长比 Fe₂Al₅ 相缓慢得多。当在铝液中添加质量分数为 5%Si 时，在铁侧继续保留 Fe₂Al₅ 相层，但与铝毗邻的相在 700℃和 800℃下已经不同于 FeAl₃ 相。此外，在添加质量分数为 10%Si 时形成的合金层也不同于 Fe₂Al₅ 相和 FeAl₃ 相。图 3.72 所示为 800℃下铁在硅的质量分数分别为 0%、1%、3%、5% 的铝液中溶解时所得合金层中铁的分布特征。由图可知，在 800℃下，铁在这四种成分的铝液中溶解时，其合金层中都存在二元相 Fe₂Al₅ 和 FeAl₃。在 700℃和 750℃下添加质量分数为 5%Si 时，曲线上没有与 40%Fe 对应的位置。

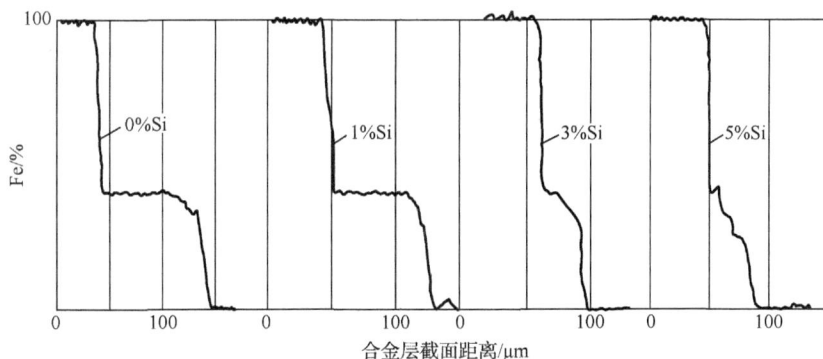

图 3.72　800℃下溶解时铁在合金层中的分布特征

分析可知，在 Fe₂Al₅ 相层和 FeAl₃ 相层中都含有质量分数小于 2.5% 的硅，但与 Fe-Al-Si 三元状态图不符。另外，在温度为 700℃和 800℃下，铁在 Al-5%Si 熔融体中溶解时，在所形成的合金层中铁的质量分数为 26.6%，这与 Al-Fe-Si 三元系β相中的铁含量相符，但其硅的质量分数仅为 4.3%～4.5%，约相当于β相中硅含量（质量分数为 13.82%～14.93%）的 1/3。铁在 700℃下的 Al-3%Si 熔融体中溶解时，其合金层中铁含量也有类似情况。

在各温度下研究所得的合金层硬度相当于二元相 Fe₂Al₅ 和 FeAl₃ 的硬度。在纯铝中和在 Al-1%Si 中溶解时，所得合金层的硬度相当于 Fe₂Al₅ 相的硬度。在 Al-3%Si 中溶解时，在其合金层中发现两个硬度不同的相，即 Fe_2Al_5 相和 $FeAl_3$ 相。根据资料，Fe-Al-Si 三元系的α相和 $FeAl_4Si_2$ 相的显微硬度分别为 10790MPa 和 11470MPa，但由里亚博夫测定的合金层显微硬度最大值仅为 9100MPa，它比上述硬度值小 2000~2500MPa。由此可知，在上述条件下形成的合金层中不可能有大量的三元相。因此，当铁与熔融的 Al-Si 合金相互作用时，硅不仅参与形成金属间化合物层，而且在此层中硅含量比文献中报告的硅在 $FeAl_3$ 中的溶解度大。

3. 热浸镀铝时 Fe-Al 反应扩散动力学

扩散是金属镀层反应过程中最简单且最重要的概念。钢基体表面热浸镀铝时，随着铁基体在熔融铝中的溶解，同时开始了铝原子向铁基体中反应扩散及形成金属间化合物的过程。这一过程可分为两个阶段：第 1 阶段发生铁与铝原子的化学反应，形成热力学稳定的 $FeAl_3$ 相或 Fe_2Al_5 相；第 2 阶段发生铝与铁两种原子的扩散，它们穿过第 1 阶段形成的很薄的相层进行扩散并发生固相反应，从而使此相层增厚。由于这种反应扩散过程，铁与铝的浓度及其浓度梯度不断变化，因而这个过程属于非稳态扩散。

此扩散过程是速率控制过程。镀层增厚的速率遵循抛物线规律，且与其厚度成反比。由此可得经验公式如下：

$$X = Kt^n \tag{3.15}$$

式中，X 为镀层厚度；t 为热浸镀时间；K 为合金层厚度的生长速度常数。

对于纯扩散控制的反应动力学而言，指数 n 值等于 0.5。由此可知，对于扩散过程，即使延长时间也不能增大镀层的厚度。

1953 年，哈尼柯（Hanin）和波捷赫尔德（Boegehold）采用低碳钢和低合金钢热浸镀铝，并在 710℃ 下保持不同时间，测出了合金层厚度与热浸镀时间的关系（图 3.73）。

经过计算和作图，求得式（3.16）中的 n 值。对于低碳钢，$n=0.6$；对于低合金钢，$n=0.7$：

$$K = 2K_1\frac{C_s}{d} \tag{3.16}$$

当合金层的形成速度等于其溶解速度时，即合金层厚度保持恒定时，可利用上式计算合金层厚度的生长速度常数。

里亚博夫等研究了在 800℃ 下，当试样在铝液中的旋转速度分别为 159.3r/min 和 613.4r/min 时 Fe_2Al_5 相层厚度的生长速度。假设试样的表面积为 1cm^2，熔融铝的体积为 5cm^3，则比值 S/V 等于 0.2cm。相层的厚度是按照它从 Al/Fe_2Al_5 分界面位移前方的平均距离计算的（金相法）。为了显现金属间化合物的结构，使用了络合物腐蚀剂：1mL 浓氢氟酸、1.5mL 密度为 1.19 的盐酸、2.5mL 密度为 1.84 的硫酸和 95mL 水的混合溶液。图 3.74 所示为 800℃ 下，试样在静态和动态（转速分别为 159.3r/min 和 613.4r/min）条件下溶解时 η 相层厚度和热浸镀时间的关系。由图可知，在开始瞬间金属间化合物层的厚度与溶解持续的时间无关；在静态条件下，时间间隔约为 30s；在动态（159.3r/min、613.4r/min）条件下，时间间隔增加到 10min。

应当指出的是，相层厚度-时间曲线的这种情况偏离了金属间化合物层厚度生长的抛物线规律。显然这一现象与开始瞬间金属间化合物层的快速溶解有关。值得注意的是，它相当于开始瞬间快速溶解时 η 相层的厚度（约等于 0.1mm）。

4. 热浸镀铝时金属间化合物的形成

铁基体的表面被熔融铝良好浸润是固态铁与液态铝接触时形成合金层的基本条件。在铝与铁开始相互作用的瞬间发生铁的溶解，同时在其表面发生铝原子的化学吸附，从而为之后金属间化合物层（合金层）的形成创造了条件。因此，铝对铁基体的溶解能力越大，形成金属间化合物层所需时间越短，而且形成的相层也较为均匀。

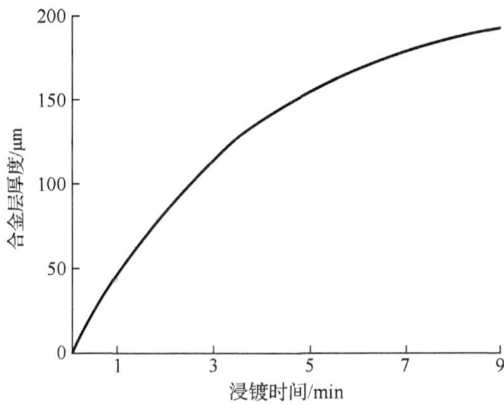

图 3.73 合金层厚度与热浸镀时间的关系
（软钢浸镀于纯铝中）

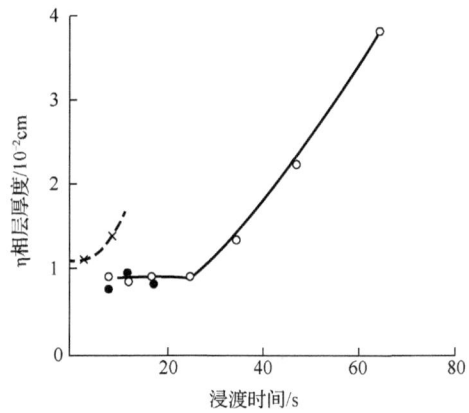

图 3.74 800℃下η相层厚度与热浸镀时间的关系

×—静态；○—159.3r/min；●—613.4r/min。

在铁与熔融铝开始进行反应的瞬间，最先可能形成的金属间化合物是 $FeAl_3$ 相，这是因为它在 Fe-Al 系各种金属间化合物中的生成热最低，约为 28kJ/mol。一旦在铁基体表面形成一层这种化合物，就阻碍了铝与铁直接接触。因此，要想让这层合金层进一步生长，就必须在铝原子穿过此铁铝化合物层的条件下进行。这时，铁原子的扩散占据次要地位。之后，随着合金层的继续生长，可能形成铝含量较低的金属间化合物，如 Fe_2Al_5、$FeAl_2$ 和 FeAl 等，甚至形成铝在铁中的固溶体。铁原子的反向扩散会更加促进这些低含铝量金属间化合物的形成。

然而，沿着扩散层（合金层）的厚度方向存在着铝的浓度梯度，这导致铝原子或 $FeAl_3$ 分子穿过扩散层向铁基体方向扩散，因此生成的金属间化合物是富铝相。合金层的相组成取决于铝原子或 $FeAl_3$ 分子的扩散速度。当此扩散速度很快时，在合金层中形成的化合物主要为 $FeAl_3$ 和 Fe_2Al_5 两种富铝相。

由上述可知，扩散层厚度的增长主要是由铝原子或 $FeAl_3$ 分子的不断扩散引起的。其扩散方式是铝原子穿过 Fe-Al 系金属间化合物层做连续转移。合金层的生长是在合金层与铁基体的界面上进行的。随着时间的延长，铝原子不断扩散，造成合金层的厚度不断增长，从而妨碍铝原子的扩散。这样就会导致合金层厚度的生长速度与时间的关系按抛物线形式逐渐减弱。

上述合金层的生长机理不是完善的。

里亚博夫等对钢基体表面热浸镀铝时合金层柱状晶的形成和生长过程进行了较详尽的研究。采用工业纯铁的圆形试样（Φ10mm×30mm），表面磨光，Ra 值在 2.5～3.0μm 之间，在1L99 纯铝中进行热浸镀铝试验。铝液的温度分别为 665～670℃、690～700℃、740～750℃，所得试验结果如图 3.75 所示。由图可知，在三条曲线中出现两种特征区段：第 1 个区段在热浸镀铝开始的 15s～2min 内，合金层的生长速度很快，之后逐渐变慢；第 2 个区段（2min 后）合金层的生长趋于稳定。试验表明，合金层的生长机理随着热浸镀时间的延长而有所不同。

试样在浸镀 5s 后，其表面合金层尚未形成，但在靠近试样表面的熔融铝层中发现金属间化合物 $FeAl_3$ 的晶体颗粒。这一现象表明，试样表面的铁原子在熔融铝中的溶解是在合金层生长过程开始之前发生的。

图 3.76 所示为该试样表面在热浸镀铝前和热浸镀铝 5s 后的射线照相光度测量结果。曲线的左侧相当于试样表面的铝侧，曲线的右侧相当于试样表面的铁侧。由图可知，在曲线的左侧出现了明显的峰值，这表示铁基体表面在熔融铝中溶解。峰值直接对应曲线的最大值，这说明溶解的铁原子主要集中在相的分界面上，也就是被熔融铝吸附。

众所周知，当在某一体系内存在若干个相时，表面自由能 U_s 等于表面积 S 乘以表面张力 σ，即

$$U_s = S\sigma \tag{3.17}$$

如图 3.76（b）所示，在该曲线的右侧出现一个不大的峰值。这表明，随着试样表面铁原子的溶解，同时还进行铁的自扩散过程，但由于铁基体表面空位弹性能量低，这个过程很微弱。铁表面空位的存在能够促使铁对铝原子的吸附。此外，随着靠近铁基体表面铁晶体点阵周期的增大，也会促使铝原子的吸附。当固体铁与固体铝相互作用时，即使铁不溶解，上述各种因素也能促使铝原子在铁基体表面吸附，因此可以认为铁的溶解和铝原子在铁基体表面的吸附是同时进行的。显然，在铁试样与熔融铝相互作用的最初瞬间所进行的基本物理化学过程的本质也在于此。

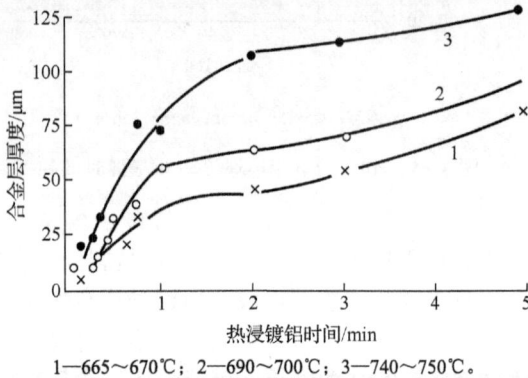

1—665～670℃；2—690～700℃；3—740～750℃。

图 3.75　合金层厚度与热浸镀铝时间的关系

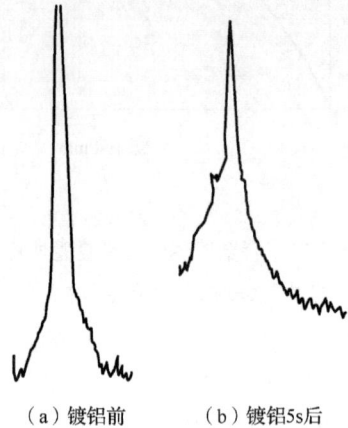

（a）镀铝前　　　（b）镀铝5s后

图 3.76　钢试样表面的射线照相光度测量结果

在 690～700℃，热浸镀时间分别为 10s、20s 和 45s 的条件下热浸镀铝时，所得镀层断面的金相照片表明，在图 3.75 所示的各曲线的开始区段（5s～1min）内，合金层厚度与热浸镀时间的关系如下：首先，合金层是在固态铁中形成的。在最初瞬间，合金层的形成始于铁基体表面的凸起部位，这些部位的结晶格产生较大的畸变，并且具有很高的自由表面能，因此形成的合金层是不连续的层。其次，在形成合金层的部位，铁基体表面产生强烈的挤压破碎现象。这种现象与铁基体表面层上进行的再结晶行为有关。许多研究者的研究表明，若固态金属（铁）与熔融金属（铝）能够形成一系列金属间化合物，则在熔融金属吸附作用影响下，不会发生固态金属表面的挤压破碎现象。这是由于试样在机械加工时产生表面加工硬化，试样表面的再结晶趋势显著增大。铁基体的再结晶过程在很大程度上发生在合金层形成的区段，其原因在于试样表面的这些部位都有较大程度的加工硬化，并且受到被吸附的铝原子的影响。众所周知，铝可使铁的再结晶初始温度降低，即铝能使铁的再结晶速度加快。

铁基体表面层的再结晶能够促进新相晶体的快速形成及其随后的长大。这个瞬间相当于曲线的开始区段（图 3.75）。可以认为在反应扩散的最初瞬间，首先形成热力学最稳定的θ相（$FeAl_3$ 相）的晶核。但在此之后，由于 $FeAl_3$ 相的结晶学特性，这种晶核不能很快长大，因而形成的合金层区段实际上仅由热力学稍欠稳定但却具有快速生长能力的 Fe_2Al_5 相晶体构成。

当把热浸镀时间延长至 20s 时，Fe_2Al_5 相晶体主要沿着试样表面生长。同时，由于已经形成的化合物晶体具有催化作用，铝原子能以较快的速度从熔融铝中迁移到反应面，因而又进一步促进了这个过程。

在这种条件下，形成的 Fe_2Al_5 相的晶核可能有若干种不同的取向，这将会影响以后合金层晶体的生长，即沿着试样表面形成合金层，同时也会进一步增大合金层的厚度。

当合金层沿着整个试样表面形成以后，该层的生长仅朝着试样中心线方向进行，从而使该层厚度增长更为明显，图 3.75 所示的曲线形状也证明了这一点。与此同时，在试样表面产生合金层的锯齿状组织。显然，Fe_2Al_5 相的晶核对反应扩散、整个表面取向度及取向准确的晶核快速生长等特性，均会促进这种组织的长大。

在试样表面再结晶层形成之后，合金层的生长立即明显减慢。与此同时，合金层在熔融铝中的溶解速度也相应增大，因此合金层的厚度也有些减薄。这也说明了图 3.75 所示曲线弯曲的原因。随着热浸镀时间的延长，合金层的厚度又逐渐增大，因此在图 3.75 所示曲线上出现了第 2 个区段。根据合金层厚度与热浸镀时间的抛物线关系，可以推断在此期间内合金层的生长遵循反应扩散规律，也可据此计算反应扩散过程的活化能值。

研究者根据 Fe-Al 反应扩散的试验结果及有关资料进行分析。例如，霍伊曼和迪特里希在其著作中对合金层形成的动力学机制给出了较为详尽的说明，并对合金层的生长过程提出了以下推断（图 3.77）。

当固态铁与熔融铝接触时，在铁基体表面发生铁原子和铝原子的相互扩散，同时在两种金属中形成扩散层 [图 3.77（a）]。当铝层中铁浓度增大时，便形成铁含量最低的金属间化合物 $FeAl_3$。这与 Fe-Al 状态图相符合。因此，在热浸浸镀初期，在靠近铁基体的局部位置温度发生短时间下降，这将导致已形成的金属间化合物不再向熔融铝内部生长，并在某种程度上停滞在铁基体表面。与此同时，在铁基体表面形成 Fe-Al 固溶体 [图 3.77（b）]。

随着两种金属原子的相互扩散，合金层的厚度逐渐增大，在其达到一定厚度时，便出现化合物 Fe_2Al_5 相 [图 3.77（c）]。这时，$FeAl_3$ 相和 Fe_2Al_5 相的晶体取向并非都是无序的。但由于 Fe_2Al_5 相晶体结构的特殊性，其晶体在生成之后便开始以很快的速度沿 c 轴生长，并形成柱状结晶区域。因此，扩散方式有两种：①FeAl 柱状晶向铁基体一侧快速生长。②铁原子穿过与其相邻的 $FeAl_3$ 层进行扩散，并同时向铝中渗透。当铝原子进一步扩散时，Fe_2Al_5 相又转变为 $FeAl_3$ 相 [图 3.77（d）]。随着 Fe_2Al_5 相的生长及铁向铝中扩散速度的加快，铝在铁基体中的固溶区消失 [图 3.77（e）]。在最后形成的整个合金层（扩散层）中几乎无其他 FeAl 相存在，只有 Fe_2Al_5 相的柱状晶 [图 3.77（f）]。

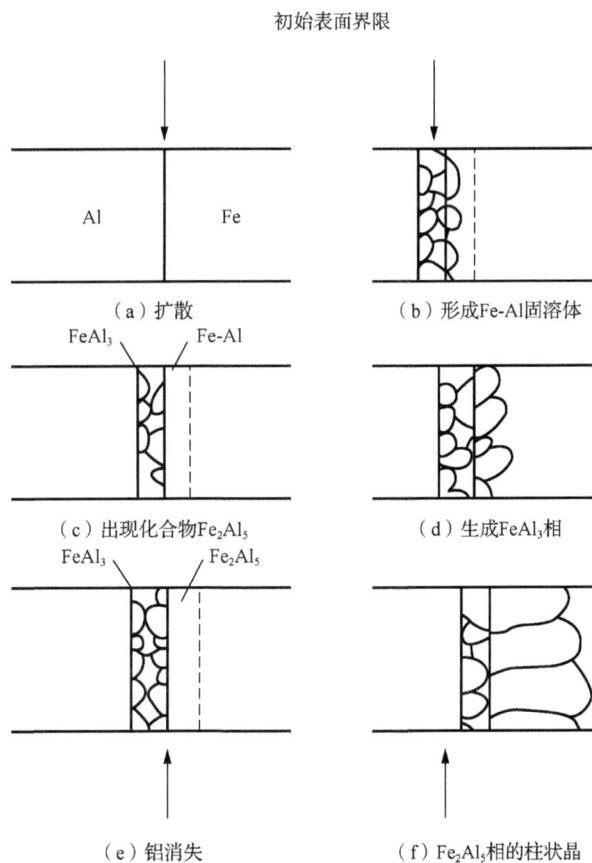

图 3.77　熔融铝与铁相互作用的图解

由以上分析可知，铝向铁基体中的扩散过程几乎完全取决于 η 相（Fe₂Al₅相）的扩散行为。当 Fe-Al 两种金属相互作用时，η 相是单独形成的，并无其他 Fe-Al 相伴随出现且达到可以觉察的程度。实际上，在测量合金层显微硬度时，仅能借助显微硬度仪上的锥尖压痕，在 Fe₂Al₅ 相柱状晶组织的个别柱状晶的前端，偶然能够发现很狭窄的其他 Fe-Al 合金相的痕迹。根据其性能特征，这个相属于铝在铁中的α固溶体。

关于金属间化合物相存在结晶学各向异性的原因，舒伯特在研究相的结晶构造时给出了相应的解释。根据研究结果，Fe₂Al₅ 相具有斜方晶体结构。它的单位晶格中有两个垂直向上并相叠的 c 轴，沿 c 轴方向的晶格结点仅由铝原子占据，其他铝原子和全部铁原子分布于单位晶格的内部或晶格的侧边上。它们在 c/2 的距离上以环形方式围绕着由原子沿 c 轴方向构成的独立结构链。图 3.78 所示为 η 相三个单位晶格的叠落模型。

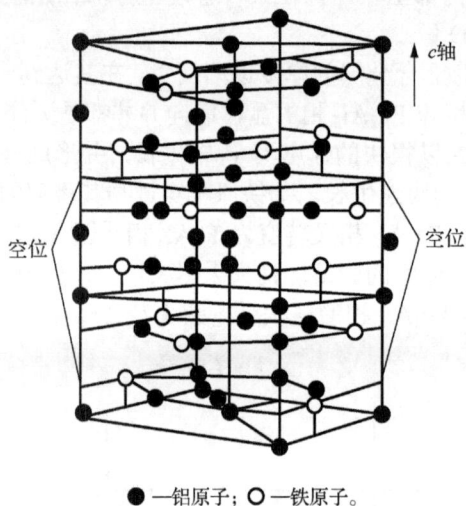

●—铝原子；○—铁原子。

图 3.78 η 相三个单位晶格的叠落模型

据此可以推测，在此种结构单位中，在被铝原子和铁原子准环形包围的区域内，沿 c 轴方向的原子具有较高的变形性和流动性。X 射线衍射结果表明，在上述晶格的链状结构单位中，原子占据的密度达到整体密度的 70%。在相互平行的独立链状结构单位中，如果有这样高的"空位浓度"，就充分说明铝原子沿特定的最佳结晶方向具有较大的选择流动性。其结晶格的底面与 η 相柱状晶的基面相符合，c 轴与其柱状单晶体的纵轴一致。因此，在钢基体表面热浸镀铝时，η 相的这些热力学特征是促进 Fe₂Al₅ 晶体迅速长大并成为合金层主要成分的基本因素。

5. 钢基体中各元素对热浸镀铝的影响

在钢材热浸镀铝时，钢的化学成分和显微结构是决定其合金镀层形成速度、结构和性能的最重要因素。

1）碳的影响

碳对热浸镀铝合金层的厚度影响不大。在 750℃和 850℃两种温度下热浸镀铝时，随着钢基体中碳的质量分数从 0.2%提高到 0.56%，其热浸镀铝合金层的厚度分别从 110μm 和 90μm 增大到 125μm 和 110μm。在 850℃下热浸镀铝时，其合金镀层厚度较小，这是因为在高温下碳的溶解度增大。通过观察热浸镀铝合金层截面的金相组织可知，其合金层的组织形貌呈不均匀的锯齿状。

因为铝能使碳在铁中的溶解度下降，所以在形成合金层时，碳从它与铁的固溶体中析出。由于碳不同于铝和铁，它不能穿过金属间化合物层，因此在铝扩散方向的前部形成富碳区。在铝向前扩散时，钢基体中的碳含量对其热浸镀铝合金层硬度的影响也不明显，但 850℃下的热浸镀铝合金层硬度稍高于 750℃下的热浸镀铝合金层硬度（约高 100MPa）。随着钢基体中碳含量的提高，其合金层组织结构变得更加均匀，这一特征是钢基体由铁素体变成珠光体所致。另外，钢基体中的部分碳可能与铝结合而形成铝碳化合物，如 Al_4C_3、AC_3 和 Fe_3AlC_x 等。

瓦申科等对含碳量不同的三种钢（牌号：05、20、50）和两种工具钢（牌号：T8A、T12A）在 715～725℃和不同热浸镀时间下进行热浸镀铝，并测定其合金层厚度和显微硬度。研究结果表明，在研究的所有铁碳合金中，工业纯铁（05）的热浸镀铝性能最好；钢（20、50）的热浸镀铝性能也很好，但比工业纯铁稍差一些，工具钢（T8A、T12A）的热浸镀铝性能最差。因此，这些材料热浸镀铝后所得合金层的厚度也不相同。显然，在后者中含有析出的石墨，其中所含的夹杂物也大大超过钢。随着铁碳合金中碳的质量分数从 0.05%提高到 1.2%，在相同热浸镀铝条件下，其合金层的厚度明显降低。当碳的质量分数小于 0.8%时，碳对热浸镀铝合金层厚度的影响最强烈。

合金层显微硬度与钢基体中碳含量的关系不甚明显。但 05 钢的合金层显微硬度比 50 钢的合金层显微硬度稍高一些（约高 100MPa）。其原因显然是在 05 钢的合金层中，除 Fe-Al 系化合物外，同时还存在 Al_4C_3 和 Fe_3AlC_x 型化合物。当钢中碳的质量分数超过 0.5%时，碳对合金层的显微硬度不产生影响。

球状石墨铸铁和团絮状石墨铸铁的热浸镀铝性能要比片状石墨铸铁好得多，这是因为片状石墨会构成阻碍铝向铸铁基体内部扩散的屏障。

应当指出的是，热浸镀铝后钢基体本身的硬度变化不大。这是因为热浸镀铝是在较低温度下进行的，并且热浸镀铝时间也很短。但经过热处理的钢在热浸镀铝之后，其硬度会发生很大变化。例如，淬火和回火的 45 钢在 700～720℃的纯铝中热浸镀铝后，热浸镀铝 3min 时钢基体的硬度从 31～35HRC 下降到 20～22HRC；热浸镀铝 9min 时其硬度进一步下降到 10～12HRC。

2）镍和铬的影响

镍是可与铁形成连续固溶体的少数元素之一。在铁中加入镍可以扩大γ相区范围。镍对钢基体表面热浸镀铝时形成的合金层影响较大。当钢中镍的质量分数从 1.92%提高到 12%时，不论是在 750℃或是在 850℃下热浸镀铝，其合金层的厚度均发生很大变化，如从 70～100μm（质量分数为 1.92%Ni）降到 10～14μm（质量分数为 8.5%Ni）。当镍的质量分数提高到 12%时，合金层的厚度又稍有增大，同时合金层中的锯齿状组织已不复存在，使合金层的厚度变得更加均匀。

铬是能够缩小γ相区范围的合金化元素。从 Fe-Cr 二元状态图可知，合金中的少量铬在热浸镀铝温度下不会引起相变，因此可以认为热浸镀铝时形成的合金层厚度只受铝液中铬含量、热浸镀铝温度和热浸镀时间的影响。试验表明，合金层厚度与热浸镀铝温度的关系不大，但随着铝液中铬含量的增加而降低（从 120～140μm 降到 40～50μm）。

图 3.79 所示为碳含量、镍含量和铬含量不同的钢基体表面热浸镀铝后，其合金层的厚度和显微硬度与热浸镀铝温度的关系。由图可知，在 750℃下热浸镀铝时，随着钢基体中镍含量的提高，合金层（过渡层）的显微硬度下降。随着钢中铬含量的增大（质量分数分别从 2.2%、7.2%、12.4%到 20%不等），其合金层的显微硬度也同样下降（从 6500MPa 降到 3500MPa）。

在镍及铬含量不同的合金化钢基体表面热浸镀铝后，对其进行 X 射线衍射分析。分析结果表明，在其金相照片上除了有铁和铝的谱线，还发现了二元化合物 $FeAl_3$ 和 Fe_2Al_5 的谱线。这一事实说明，镍及铬这两种合金化元素可与铁形成固溶体（以铁为基体）。另外，当提高合金中镍含量或铬含量时，合金层中 Fe_2Al_5 的数量减少，其厚度也下降。但铬对合金层的这种影响远比镍小。

3）锰的影响

锰也是能够扩大γ相区范围的合金化元素。固态下的 Fe-Mn 系不能形成连续固溶体。锰在α铁中和γ铁中的扩散远比碳的扩散难。

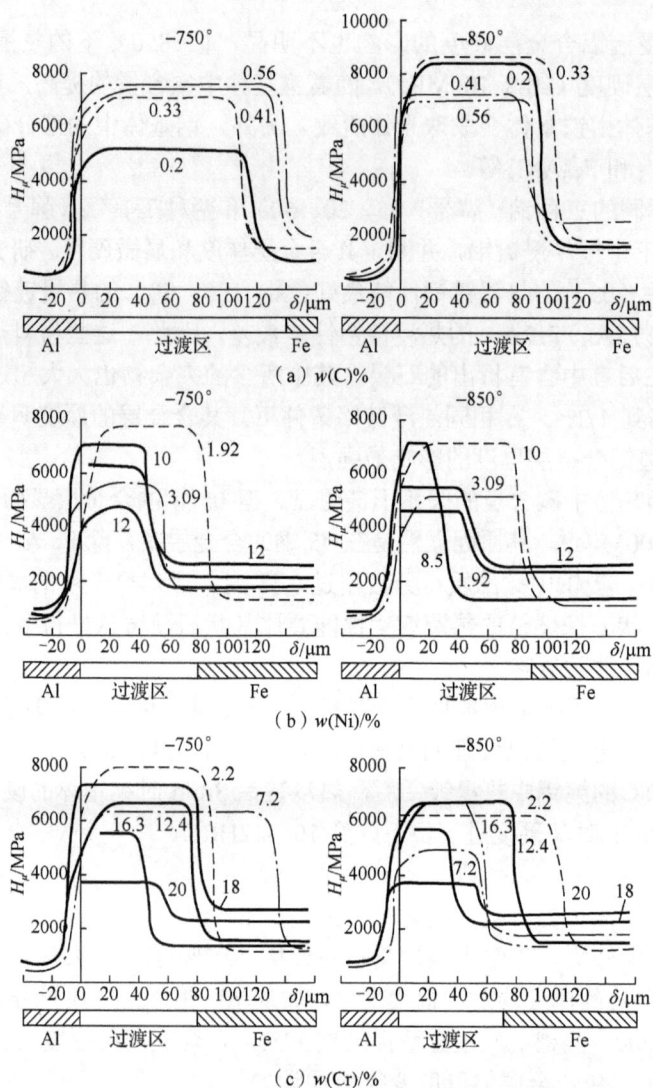

（a）$w(C)/\%$

（b）$w(Ni)/\%$

（c）$w(Cr)/\%$

图 3.79　钢中添加元素对合金层厚度和显微硬度的影响

　　图 3.80 所示为钢中锰含量与在钢基体表面热浸镀铝时形成的合金层厚度的关系。由图可知，随着钢基体中锰含量的增大，热浸镀铝合金层的厚度和硬度均减小。

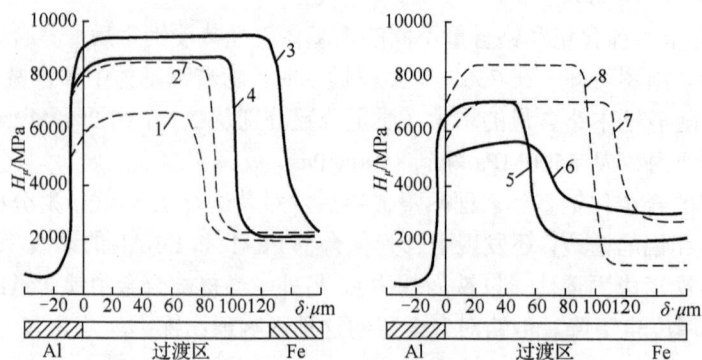

1—750℃，1%Mo；2—850℃，1%Mo；3—750℃，2.8%Mo；4—850℃，2.8%Mo；
5—750℃，7%Mn；6—850℃，7%Mn；7—750℃，2%Mn；8—850℃，2%Mn。

图 3.80　含锰钢及锰铝铁合金层厚度与硬度的关系

4）硅、钛和钒的影响

从 Fe-Si 二元状态图可知，硅是能够缩小γ相区范围的合金化元素。在热浸镀铝温度下，在试验选定的硅含量范围内，仅出现合金区域，在热浸镀铝时此铁硅合金内部不发生任何相变。因此可以认为，热浸镀铝时形成的合金层的厚度和特征取决于硅含量、热浸镀铝温度及热浸镀时间。

从 Fe-Ti 二元状态图可知，只有在 900℃以上高温才能发生相变。钢中添加钛可以急剧收缩γ相区范围。

钒和钼也能大大限制γ相区范围。从 Fe-V 二元状态图和 Fe-Mo 二元状态图可知，在试验用的 Fe-V 合金中钒含量范围内和 Fe-Mo 合金中钼含量范围内，热浸镀铝温度在 700～730℃下，此二元合金中不发生任何相变。

综上所述可知，在铁与合金化元素的二元相图中，凡能增大合金层厚度的合金化元素，均可缩小γ相区范围；凡能减少合金层厚度的合金化元素，均能扩大γ相区范围。这种规律显然是由以下原因所致：在具有体心立方晶格的α相中，各种合金化元素的扩散速度比在具有更致密的原子堆垛体的面心立方晶格的γ相中大。

应当指出的是，在热浸镀铝温度下，当铝浓度较低时，缩小γ相区的合金化元素能够促进铁的γ相向α相的转变，从而提高了总的扩散深度。这种相变效应表现为合金化元素可使铝在α铁中的溶解度改变。但同时这些合金化元素又对铝在铁的每个相中的扩散速度产生影响，使铝在铁中的溶解度发生变化。这些因素的综合作用会掩盖这种相变效应，从而也会制约合金层的厚度与其合金化元素含量的关系。

日本研究人员分别在 700℃和 750℃下对纯铁、软钢、硅钢、铬钢和锰钢制件热浸镀铝，并研究了钢中碳含量、硅含量，以及锰钢、铬钢和纯铁对合金层的厚度及硬度的影响，所得结果分别如图 3.81～图 3.83 所示。

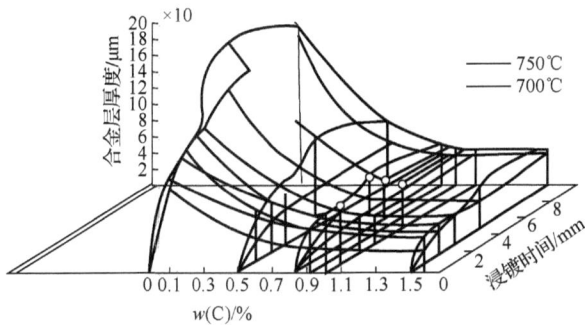

图 3.81　钢中碳含量及热浸镀时间与合金层厚度的关系　　图 3.82　钢中硅含量及热浸镀时间与合金层厚度的关系

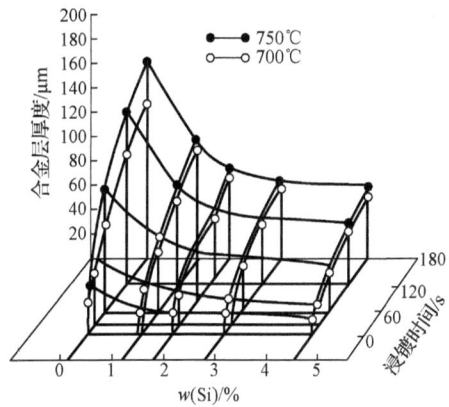

如图 3.81 所示，碳含量不同的钢在 700℃下热浸镀铝时，合金层厚度与热浸镀时间的关系基本上遵循抛物线规律，但在 750℃下热浸镀铝时，在浸镀 4～6s 之间曲线上出现一个转折。这一现象说明，在高温下热浸镀铝时，合金层厚度与热浸镀时间的关系无明显规律。如图 3.82 所示，合金层厚度与热浸镀时间之间也呈抛物线关系，但钢基体中硅含量的变化不论是在高温下或是在低温下热浸镀铝时均呈相似规律。钢基体中的铬和锰对合金层厚度的影响与硅相似，但没有硅的作用大且效果明显，其中铬的作用比锰的作用更大一些。

硅含量不同的钢制件热浸镀铝后所得合金层的硬度与硅含量的关系如图 3.84 所示。由图可知，合金层硬度随着钢中硅含量的提高而下降，但当硅的质量分数达到 2%~3%时，合金层硬度基本保持恒定，并且与热浸镀铝温度关系不大。

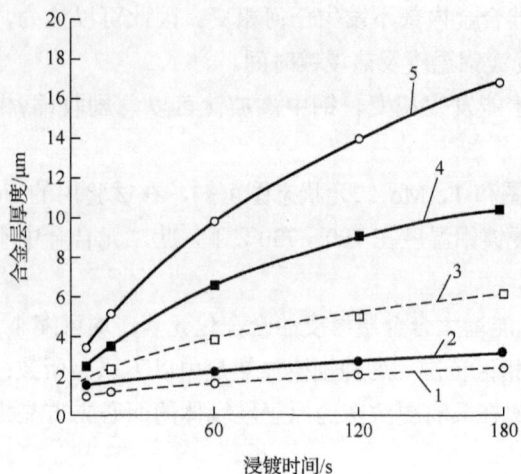

1—18Cr；2—13Cr；3—高 Mn；4—低 Mn；5—纯铁。

图 3.83　铬钢、锰钢及纯铁在 750℃下镀铝时合金层厚度与热浸镀时间的关系

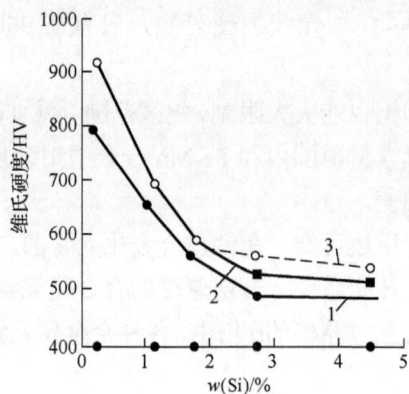

1—700℃；2—800℃；3—750℃。

图 3.84　钢中硅含量与合金层硬度的关系

6. 铝液中各元素对热浸镀铝的影响

当钢制件热浸镀铝时，铝液中的添加元素对其合金层的厚度及性能影响较大。加入铝液中的各种元素对其镀层性能的影响不同。例如，一部分元素可以改善镀层性能，一部分元素能使镀层性能变坏，还有一部分元素对镀层性能无明显影响。

1）硅的影响

在添加硅的铝液中热浸镀铝，这是 1934 年由勒里格（Rohrig）完成的初期研究阶段工作。用硅抑制铁铝反应是奥加诺夫斯基的研究成果，并取得美国专利。但吉廷斯等最早较系统地研究了在铝液中添加硅对钢制件热浸镀铝合金层厚度的影响，他们将钢试样在 675℃添加硅的铝液中热浸镀 20s，观察并测定了合金层厚度的变化，并用合金层增大或减小的分数来表示这种变化（图 3.85）。由图可知，在铝液中添加硅可使合金层厚度急剧下降，直至铝液中硅的质量分数达到 6%，若之后再增加硅量，则合金层厚度下降趋势减缓。

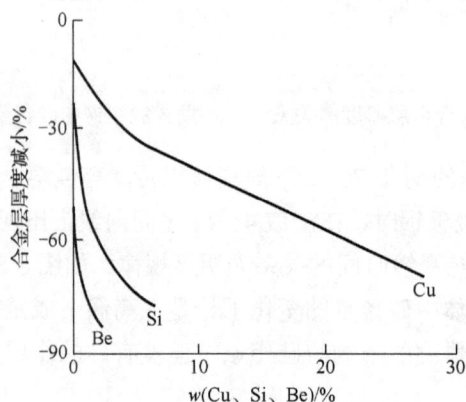

图 3.85　在铝液中添加硅、铍元素

　　在工业生产中，不仅要考虑热浸镀铝合金层的厚度，还应考虑其加工性和脆性。为了获得良好的产品加工性，硅的最佳添加量为 9.5%～10.5%（质量分数）。在铝液中添加硅后，所得镀层中金属间化合物与基体界面的外观也有很大变化。例如，在商业纯铝中热浸镀铝时形成锯齿状界面，在添加硅的铝液中热浸镀铝时得到平坦界面。

　　此外，在铝液中加入硅也会影响合金层的结构。对合金层进行 X 射线结构分析，其结果表明，在含有质量分数为 6%Si 的铝液中热浸镀铝时，发现其合金层中有 $FeAl_3$ 相、Fe_2Al 相和 $FeSi$ 相存在，但在商业纯铝中热浸镀铝时所得合金层主要为 Fe_2Al_5 相。

　　试验表明，在铝液中加入硅还可提高铝液的流动性，从而降低热浸镀铝温度。但当硅的添加量小于 2%（质量分数）时，反而会降低铝液的流动性。当硅的添加量在 6%～8%（质量分数）时，在 710℃下其流动性增大很快，并对镀层厚度影响很大。图 3.86 所示为热浸镀铝温度、热浸镀时间及铝液中硅含量对镀层总厚度和合金层厚度的影响。

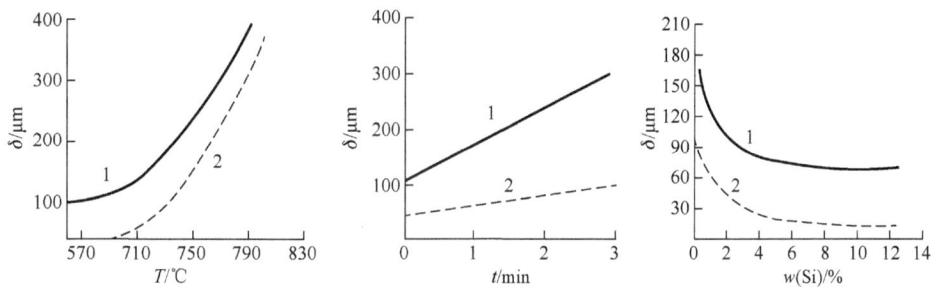

1—镀层总厚度；2—合金层厚度。

图 3.86　热浸镀铝温度、热浸镀时间和硅含量对镀层总厚度和合金层厚度的影响

　　在铝中加入硅能够明显阻碍铝向钢基体中扩散，以致将钢试件在温度低于 670℃的含硅铝液中镀铝 6～8min，在钢基体表面也不能形成镀铝层。另外，硅不仅能够阻碍铝向铁中扩散，也能使钢基体表面的铁原子在铝液中难以溶解。显然，在铝液中添加硅后，合金层的生长速度急剧下降（从 15～48μm/h 下降到 0～15μm/h），这是硅与铁形成固溶体或化合物，使铝的扩散系数减小所致。当熔融铝中硅的溶解量为 0.25%（原子分数）时，Fe-Si 固溶体的生成热为 83.7J/mol，Fe-Al 固溶体的生成热为 62.8J/mol。这表明在热浸镀 Al-Si 合金时首先形成 Fe-Si 固溶体的可能性。这种 Fe-Si 合金会对铝向铁基体中的扩散造成障碍。

　　对于热浸镀铝合金层，其显微硬度随着铝液中硅含量的增大而下降。这显然是合金层中除 Fe_2Al_5 相外尚有其他相存在所致。热浸镀铝合金层的抗拉强度为 20～35MPa，这与热浸镀纯铝合金层的抗拉强度处于同一数量级。

　　2）铜的影响

　　在铝液中加入少量铜时，可以降低其合金层厚度。实际上，铜是降低热浸镀铝合金层厚度的三个最主要元素之一（图 3.85）。在商业生产中，必须注意铜的添加量不能超过 3%（质量分数），否则过多的铜会损害镀层的耐蚀性。

　　另有资料认为，当铝液中铜的质量分数为 2%～5%时，合金层厚度可从镀纯铝时的 32～45μm 下降到 22～27μm，即合金层厚度降低 30%～40%。当铝液中铜含量进一步提高时，合金层厚度不仅不再降低，反而又增大到 33～40μm，即与热浸镀纯铝时的合金层厚度相近。当铝液中铜的加入量为 15%～18%（质量分数）时，合金层厚度又降到 30～35μm。

　　在 Al-Cu 合金中热浸镀时，热浸镀时间对合金层厚度的影响与热浸镀纯铝的情况相似，但其表现相对弱一些。当合金液中铜的质量分数大于 10%时，合金镀层的破裂强度极限稍高于纯铝镀层。在铜铝焊接时，若在焊条中加入少量铜，则可使合金层厚度从 23～30μm 下降至 10～12μm。

3）锌的影响

锌是钢制件热浸镀铝时常用的重要合金化元素之一。它不仅可以降低热浸镀铝温度和缩短热浸镀铝时间，而且所得镀层的附着性良好。

许多研究者对不同成分的Al-Zn合金镀层进行了系统研究，包括锌的质量分数从0逐渐提高到100%，热浸镀温度从720℃逐步下降到450℃，热浸镀时间从2min延长到12min。他们采用灰口铸铁进行试验，得出的试验结果如图3.87所示。由图可知，合金层厚度随着热浸镀时间的延长而增大。当锌的质量分数增加到30%时，这种关系变得不甚明显。当锌的质量分数在10%～29%范围内且热浸镀时间从2min延长到12min时，合金层厚度增大15～20μm。当锌的质量分数超过30%时，合金层厚度为5～10μm。在低于600℃的温度下热浸镀时，合金层厚度变化很小。这是因为在低温下，铝和锌的扩散速度大幅减慢。另外，当提高锌含量时，合金层厚度也随着时间的变化而变化，由开始时很小而急剧变大，在达到一定厚度后随即又变小，并出现一个峰值。这是因为铝与锌构成的合金对铁具有很强的反应能力，合金层内的金属间化合物可以急剧溶解于热浸镀铝合金中，并在一定条件下使合金层的溶解速度与其生成速度相等，从而使合金层厚度保持不变。当进一步延长热浸镀时间时，合金层的溶解速度超过其生成速度，这时合金层厚度开始急剧变小。

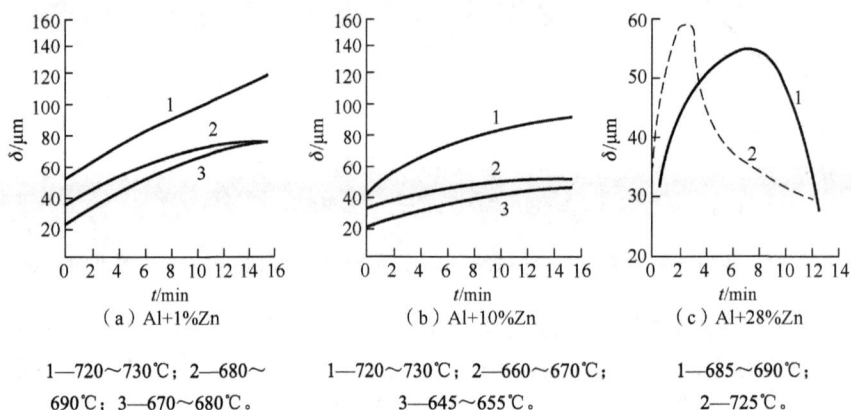

1—720～730℃；2—680～   1—720～730℃；2—660～670℃；   1—685～690℃；
690℃；3—670～680℃。   3—645～655℃。   2—725℃。

图3.87 在Al-Zn合金中热浸镀时合金层厚度与浸镀时间的关系

对锌的质量分数在0～12%范围内的合金层厚度变化进行研究，发现锌含量对合金层厚度无明显影响。其他研究发现，Al-Zn合金液能够急剧提高钢与此合金的反应速率，并且其形成的合金层为多孔的，因而能够具有较高的反应速率并形成较厚的合金层。

4）锰和镍的影响

研究表明，铝液中锰含量过高（质量分数大于3%）会使合金的熔点显著提高，以致在720～730℃下不能热浸镀铝。在720～730℃下热浸镀铝时，若铝液中锰的质量分数小于1%，则不会影响合金层厚度；当铝液中锰质量分数增大到3%时，其合金层厚度明显增大。

当铝液中锰的质量分数小于1%时，无论是在720～730℃下或是在770～780℃下热浸镀铝，均不会改变其结合强度。当铝液中锰的质量分数提高到3%时，其结合强度有一定的降低，这是合金层质量变差，在层中出现裂纹、气孔及其他缺陷造成的。

镀层显微硬度与铝液中锰含量无关，其值为8000～8900MPa。

铝液中镍含量对其热浸镀铝合金层厚度的影响具有明显的特征，即当铝液中镍的质量分数小于0.5%时，合金层厚度急剧增大，即从20～30μm增大到35～50μm（在720～730℃下热浸镀铝时）。当进一步提高铝液中镍含量时，其合金层厚度基本保持不变。

当铝液中镍的质量分数小于0.5%时，其强度下降5～10MPa。当铝液中镍的质量分数达到2%时，其强度又提高30～55MPa。若再进一步提高铝液中镍含量，则其强度基本不变。镀层显微硬度均在7500～

9400MPa 范围内。

5）铁的影响

在钢制件热浸镀铝时，钢基体及铁锅壁上的铁不可避免地溶解于铝液中，并形成 Fe-Al 合金。当铝液制铁含量达到该温度下的饱和溶解度时，便会形成 Fe-Al 合金渣子。大部分 Fe-Al 合金渣子沉积于锅的底部。

铁对镀层的结构、强度和硬度影响不大。但铁含量过高会提高液相线的温度，因而只有提高热浸镀铝温度才能进行热浸镀铝作业。另外，铁能使铝液的黏度增大，使热浸镀铝时表面铝层增厚。铝液中铁含量对其黏度影响的数据见表 3.17。

表 3.17　铁含量与铝黏度的关系

温度/℃	不同铁含量（质量分数）的铝液黏度/（MPa·s）			温度/℃	不同铁含量（质量分数）的铝液黏度/（MPa·s）		
	0.19%	0.61%	1.10%		0.19%	0.61%	1.10%
656～658	1.18	1.22	1.28	800	1.01	1.04	1.10
700	1.13	1.17	1.22	900	0.91	0.94	1.00

有学者研究铁含量在热浸镀 Al-Zn 合金时的影响。在锌的质量分数为 28%的 Al-Zn 合金液中热浸镀，当铁的质量分数达到 2.9%时，合金层厚度从 40～45μm 下降到 32～36μm。当铁的质量分数进一步提高到 8.14%时，合金层厚度实际上不再变化。这时，合金层显微硬度变小，但其强度稍有提高，从质量分数为 0.3%～0.5%Fe 时的 130MPa 增大到质量分数为 8.14%Fe 时的 140MPa。

在钢制件表面热浸镀铝时，铝液中的铁含量不能过高。例如，在 710～730℃铝液中，铁含量不应超过 2.5%。过多的铁不仅会引起镀层表面粗糙，也会影响铝层的耐蚀性。

6）镁的影响

研究表明，在 720～730℃下热浸镀铝时，只要在铝液中添加质量分数为 0.5%的镁，就可使其合金层厚度从热浸镀纯铝时的 25～321μm 下降到 15～25μm。另外，镁可以提高合金层强度，但对合金层显微硬度无明显影响，其显微硬度为 8000～9000MPa。关于镁含量与其合金层厚度及强度的关系如图 3.88 所示。在 720～730℃下热浸镀铝时，铝液中镁的添加量应当小于 1.5%。

7）铍的影响

大量研究表明，铍可以显著降低热浸镀铝合金层的厚度和显微硬度。铍降低合金层厚度的效果大于硅，更远大于铜。只要在铝液中加入质量分数为 1%Be，就可使合金层厚度降低 80%～90%。另外，铍对合金层强度也有较大影响。如图 3.88 所示，在 720～730℃热浸镀铝时，若铍的质量分数为 0.5%，则可使合金层强度提高 40～50MPa，若再进一步提高其含量，则合金层强度又急剧下降，这显然是合金层质量变坏所致。

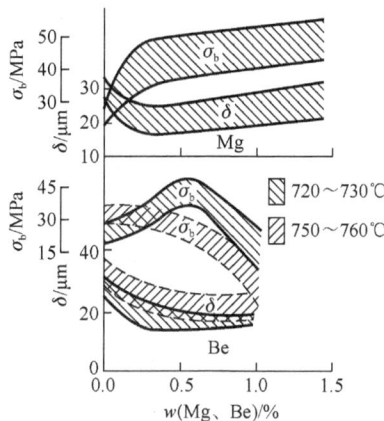

图 3.88　镁、铍含量对合金层厚度及强度的影响

8）稀土金属的影响

研究表明，在铝液中添加稀土元素时，所得镀层晶粒被细化，从而可以改善镀层的塑性和耐蚀性。一家美国公司曾经在铝液中添加质量分数为 4%~6%的稀土金属，结果大幅提高了镀层的耐蚀性。国内研究资料表明，通过在铝中加入少量混合稀土金属制得铝合金，然后将其在食盐水中和人造海水中连续浸泡三年，该试验结果如下：在铝中加入少量稀土金属时，可以提高其耐蚀性，其在食盐水中和人造海水中的耐蚀性分别比在纯铝中的耐蚀性提高24%和32%，最适宜的稀土添加量的质量分数为0.1%~0.5%。目前关于稀土金属的作用机理及效果的研究不多，仍需进一步探索。

综上所述，关于在铝中添加元素对合金层厚度的影响，许多文献是相互矛盾的，但对铍、硅两种元素的看法是一致的。各种添加元素对热浸镀铝合金层厚度的影响如下：钛、锑可以抑制合金层生长，铬、镁、铋次之，镍等几乎无影响；钙、锡等对合金层厚度有较大影响，其中钙、铅、钒等可使合金层厚度急剧增大。

另外，各种元素对热浸镀铝合金层硬度的影响如下：铍、硅、铜等能使合金层硬度下降，其他元素对合金层硬度的影响不明显。

7. 热浸镀铝工艺对热浸镀铝的影响

由前述可知，在钢制件表面热浸镀铝时形成的镀层是由靠近钢基体的铁铝合金层和在该合金层表面黏附的纯铝层构成的。由于此合金层是由具有脆性的金属间化合物构成的，当钢制件变形时，其镀层便会沿着此脆性合金层破裂与剥落，因此对于热浸镀铝后变形的钢制件（主要是指钢板和钢丝），要求其合金层厚度尽可能小。例如，在实际工业生产中的 I 型热浸镀铝钢板，其合金层厚度为 4~6μm。

在钢制件表面热浸镀铝时，过程工艺参数（主要是指热浸镀铝温度和热浸镀时间）对其合金层厚度的影响很大。在一般情况下，合金层厚度随着热浸镀铝温度的升高和热浸镀时间的延长而增大。低碳钢制件热浸镀铝温度和热浸镀时间对其合金层厚度的影响如下：随着热浸镀时间的延长，合金层厚度变化遵循抛物线规律，合金层厚度与热浸镀铝温度基本呈直线关系；对于添加硅的合金层厚度比纯铝镀层薄得多。

图 3.89 所示为热浸镀铝温度对低碳钢和铸铁的合金层厚度的影响。由此可见，为了获得加工性能良好的制件镀铝钢制件，必须尽量降低热浸镀铝温度和缩短热浸镀时间。

应当指出的是，热浸镀铝温度对合金层厚度的影响比热浸镀时间对合金层厚度的影响更为明显。随着热浸镀铝温度从 665℃提高到 800℃，合金层厚度急剧增大。显然，这是温度升高使铝和铁的扩散速度加快所致。但之后继续升高温度，合金层厚度又明显下降。在 950℃下，合金层厚度已经很小了（约为 10μm）。如图 3.89 所示，在热浸镀铝温度与合金层厚度的关系曲线上出现了最大值。对此现象，有些研究者认为这是铁在熔融铝中溶解（实际上是 Fe-Al 合金溶解）及钢基体在此温度下从α铁向γ铁相变引起的。由于铝原子在γ铁中的扩散速度比其在α铁中的扩散速度小得多，即合金层的形成速度小于其溶解速度，因此在高温下热浸镀铝时，不仅所得合金层厚度变小，还引起钢基体表面严重腐蚀，并且在靠近钢基体表面的地方有大量 Fe-Al 化合物颗粒聚积。

准确测量合金层强度与热浸镀铝温度和热浸镀时间的关系是很困难的，这是由测得数据非常分散所致。低碳钢在纯铝中热浸镀铝时所得合金层的破裂强度在 15~32MPa 范围内。铝与钢的结合强度随着合金层厚度的增大而有少许下降。镀铝合金层的冲击功一般在 0.063~0.08J 范围内，由此可见合金层是很脆的。合金层的显微硬度在 7500~12000MPa 范围内，但个别部位高达 13000~15000MPa。随着合金层厚度的增大，其显微硬度平均值有少许提高。

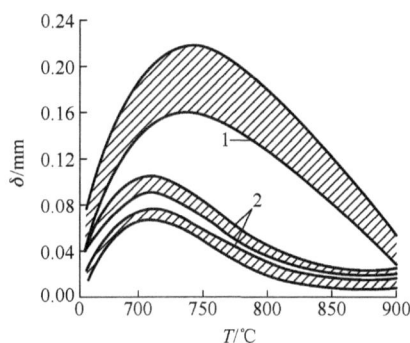

1—低碳钢；2—铸铁。

图 3.89　热浸镀铝温度对低碳钢和铸铁的合金层厚度的影响

3.3　热浸镀工艺与生产

3.3.1　热浸镀锌工艺与生产

1. 钢带连续热浸镀锌工艺与生产

钢带连续热浸镀锌是指冷轧（热轧）钢带（卷）在连续生产线上进行热浸镀锌，钢带（卷）一般通过开卷、剪切、焊接、碱或电解清洗、入口活套存料、加热退火和还原、热浸镀锌、气刀控厚、镀层的锌花或合金化处理、冷却、光整和拉矫、钝化、出口活套存料、涂油、卷取或剪切等一系列工序，生产出热浸镀锌钢带（卷）。当热浸镀锌钢带（卷）作为产品应用时，称为热浸镀锌钢板。图 3.90 所示为典型美国钢铁公司法（美钢联法）钢带连续热浸镀锌生产线工艺布置简图。

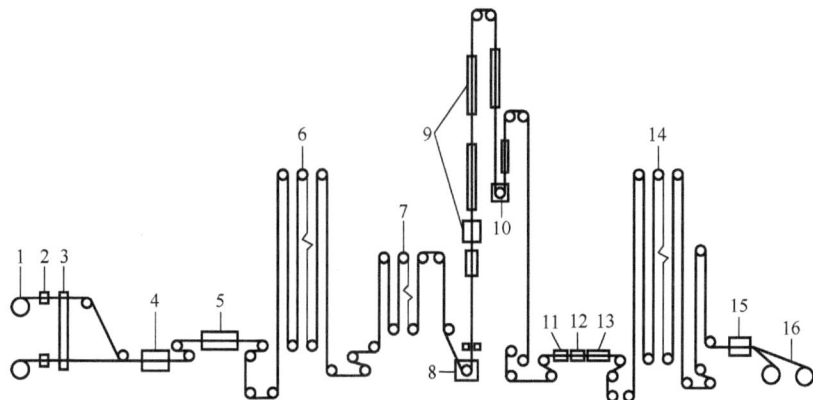

1—开卷机；2—测厚仪；3—双刃剪；4—焊接机；5—清洗段；6—入口活套；7—退火炉；8—锌锅；
9—合金化炉；10—淬火槽；11—平整机；12—矫直机；13—钝化；14—出口活套；15—静电涂油；16—卷取机。

图 3.90　典型美国钢铁公司法（美钢联法）钢带连续热浸镀锌生产线工艺布置简图

1）热浸镀锌钢带的生产工艺

钢带连续热浸镀锌生产工艺包括森吉米尔法、改良森吉米尔法、美钢联法、赛拉斯法及莎伦法五种。各种工艺的特点如前所述，本节不再赘述。

2）钢带连续热浸镀锌生产线的工艺参数

（1）热浸镀锌基板的清洗。轧制后的冷轧钢带表面附有轧制油、机油、铁粉和灰尘等许多污物，这些杂质会影响钢板热浸镀锌质量。改良森吉米尔法生产工艺是指利用燃烧火焰直接快速加热钢带，钢带在退火炉中直接由火焰加热至高温，可以把钢带表面残留的大部分轧制油烧掉，但无法清除钢带表面残留的铁粉等污物。这些铁粉是产生炉辊结瘤，进而在钢带表面产生压印及划伤，影响钢带表面质量的主要原因，同时也造成热浸镀锌后的钢带表面镀层不均，使钢带的耐蚀性变坏。另外，钢带表面残留的碳化物等也会使镀层附着力变差，无法生产高质量的热浸镀锌产品。美钢联法工艺是指采用全辐射管间接加热，无火焰燃烧油脂的功能，对热浸镀锌基板的要求更高。同时，随着国民经济的发展，市场对热浸镀锌产品的要求越来越高。例如，汽车板，除要求其具有良好的深冲性、涂装性、耐蚀性外，还要具有良好的涂漆外观和涂层结合力。对于轧制后的钢带表面上所附着的轧制油、机油、铁粉和灰尘等污物，只有通过清洗段才能彻底清除，因此热浸镀锌生产线的清洗段对提高产品质量和市场竞争力具有十分重要的意义。

一般而言，冷轧钢带表面残存的污染类型主要包括金属粉末，润滑油和脂类，硬水盐及具有各种性能的污物。例如，抗氧化剂、乳化剂，等等。其中，有机成分通常是污物总量的2/3。图3.91所示为连续热浸镀锌生产线上钢带表面污物的组成。

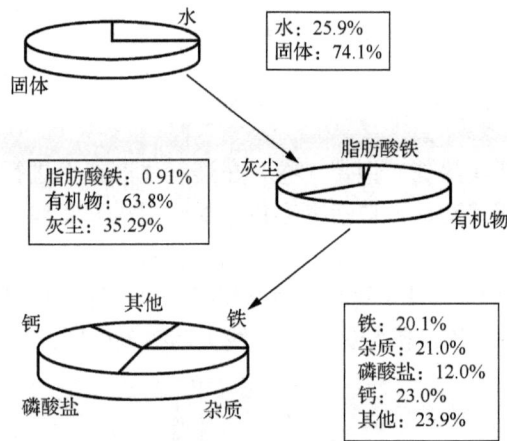

水：25.9%
固体：74.1%

脂肪酸铁：0.91%
有机物：63.8%
灰尘：35.29%

铁：20.1%
杂质：21.0%
磷酸盐：12.0%
钙：23.0%
其他：23.9%

图 3.91　污物的组成

污物在钢带表面存在的形态如下：①污物依靠重力作用而沉降堆积，其表面附着力很弱，容易被清洗掉，如钢带上的灰尘、矿粒。②污物与钢带表面依靠分子间作用力相结合，即污物依靠范德华力、氢键、共价键吸附于钢带表面，这类污物较难清除。③污物依靠静电吸引力吸附于钢带表面，通常带有与钢带表面相反电荷，如水的介电常数大，可以削弱污物与钢带表面的静电引力，这类污物容易清洗。④污物在钢带表面形成变质层，如钢带表面存在的氧化膜，这类污物可用化学方法或力学方法清洗。⑤坚硬污物嵌入钢带表面，这是偶然轧制嵌入物，可用化学方法清洗。

对热浸镀锌生产线上钢带的清洗，国内外各钢铁厂家所采用的清洗剂有较大区别，但其主要成分大体相似。

① 溶剂。水是清洗过程中使用最广泛且用量最大的溶剂，具有很强的溶解和分散能力，特别是对无机盐和有机盐这些电解质具有极强的溶解能力。水对一些有机物（碳水化合物、蛋白质、低碳脂肪酸和醇类等）有很强的溶解和分散能力。水可与被溶解物质发生某些反应，在形成水溶液后，可使物质反应增强。水有一定的冰点、沸点和水蒸气压，很容易控制其温度变化。水具有较大的比热容和很高的汽化热，但在清洗过程中，水是冷却物体或贮存、传导热量的优良载体介质。此外，水具有不燃性且无臭、无味、无毒。

有机溶剂分为亲水性溶剂、亲油性溶剂和醇溶性溶剂三大类。其中，易溶于水的有机溶剂称为亲水性溶剂；易溶于乙醚的有机溶剂称为亲油性溶剂；易溶于乙醇的有机溶剂称为醇溶性溶剂。

通常可用于清洗的有机溶剂如下：烃类溶剂，如低沸点石油溶剂、芳香烃溶剂、高沸点石油溶剂、松香类溶剂；卤代烃合成溶剂，如二氯甲烷、1,1,1-三氯乙烷、三氯乙烯、四氯乙烯、三氯三氟乙烯等；醇类溶剂，如水溶性一元醇溶剂、低水溶性一元醇溶剂、多元醇溶剂；其他有机溶剂，如酮类溶剂、酯类溶剂等。

有机溶剂具有毒性、易燃、易爆等缺点，也是有严格环保要求的溶剂。

② 碱剂。清洗过程中使用的碱剂主要包括碱和水解呈碱性的盐。常用碱剂见表 3.18。

表 3.18　清洗过程中常用的碱剂

类别	名称	化学结构式	质量分数为 1%时 水溶液 pH 值（24℃）
氢氧化物	氢氧化钠	NaOH	13.1
	氢氧化铵	NH_4OH	11.5
碳酸盐	碳酸钠	Na_2CO_3	11.2
	碳酸氢钠	$NaHCO_3$	8.4
磷酸盐	磷酸钠	Na_3PO_4	12.0
	磷酸氢二钠	Na_2HPO_4	9.4
聚合磷酸盐	焦磷酸钠	$Na_4P_2O_7$	10.2
	三聚磷酸钠	$Na_5P_3O_{10}$	9.7
	四聚磷酸钠	$Na_6P_4O_{13}$	8.4
硅酸盐	正硅酸钠	$2Na_2O \cdot SiO_2 \cdot 5H_2O$	12.8
	偏硅酸钠	$Na_2O \cdot SiO_2 \cdot 5H_2O$	12.4

③ 表面活性剂[12]。对清洗用表面活性剂的要求如下：a. 具有良好的清洗和去污作用。b. 具有合适的泡沫性能。c. 具有良好的电介质相容性，尤其是在电解质溶液中特别好溶解。d. 对酸、碱和氧化剂具有化学稳定性。e. 乳化能力尽可能低的乳化油脂不利于清洗剂的有效去污。f. 易于吸附在钢带表面，有利于去除油膜和污物，冲洗时易于实现表面解吸。

表面活性剂的作用与性质：界面吸附、定向排列。表面活性剂的亲水基和亲油基两种结构决定了其既难溶于水又难溶于油，使其在界面上定向吸附。

④ 缓蚀剂。在金属清洗剂中常常添加缓蚀剂以防止金属在清洗过程中生锈。缓蚀剂分为溶于水中的水溶性缓蚀剂和溶于油脂中的油溶性缓蚀剂两大类型。

常用的水溶性缓蚀剂包括重铬酸钾、三乙醇胺、单乙醇胺、油酸三乙醇胺、磷酸三钠、三聚磷酸钠、亚硝酸钠、苯甲酸钠、苯甲酸胺、六次甲基四胺、苯并三氮唑等。

有些缓蚀剂具有表面活性，如烷基苯甲酸盐、油酸盐等；有些缓蚀剂没有表面活性，如亚硝酸钠等。缓蚀剂通过与金属生成不溶且致密的氧化物薄膜，或者生成难溶的盐类或铬合物，防止金属生锈。

（2）热浸镀钢带的清洗方式。

① 有机溶剂清洗。有机溶剂清洗是利用有机溶剂能够溶解油脂的特点，将油污除去。常用的有机溶剂包括汽油、煤油、三氯乙烯、四氯化碳、酒精等。对于钢带清洗作业线，大多使用三氯乙烯。

三氯乙烯可用于浸渍清洗。三氯乙烯在光、热、氧和水的共同作用下，特别是在铅、镁等金属的强烈催化下，容易分解出剧毒的光气和强腐蚀性的氯化氢。因此，在使用操作中，应当避免将水带入槽内，避免白光直射，同时还要及时捞出落入槽内的铅、镁等催化剂，槽壁应涂富锌漆等防腐涂层，槽侧需要安装抽风装置。此外，在生产时控制钢板进槽和出槽的速度，防止钢板把水蒸气排出或钢板表面的溶剂来不及挥发而被带出。

三氯乙烯还可用于蒸气脱脂清洗。蒸气脱脂清洗是利用三氯乙烯蒸气来清除钢带表面油污。在此过程中，三氯乙烯主要起载体作用，油膜被三氯乙烯包住脱离钢带并溶入三氯乙烯溶液中，再通过卤化器将油污与三氯乙烯分离，分离出来的三氯乙烯可以重新使用。

纯净的三氯乙烯的沸点为87℃。若三氯乙烯的纯度降低，则三氯乙烯-油混合溶液的沸点升高，降低了机组的去油污效果，从而使效率降低。

采用三氯乙烯清洗剂无法达到对钢带质量的严格要求。在早期建设的酸洗机组上，一般不采用热浸镀锌机组的清洗段。

② 化学清洗。化学清洗是利用化学药品的化学作用，将油脂从钢带表面除去。

a. 皂化作用。皂化油（动植物油）在碱液中分解，生成易溶于水的肥皂和甘油，从而除去油污。例如，硬脂酸甘油脂与氢氧化钠反应，生成硬脂酸钠（肥皂）和丙三醇（甘油），化学反应式如下：

$$(C_{17}H_{35}COO)_3C_3H_5+3NaOH=\!=\!=3C_{17}H_{35}COONa+C_3H_5(OH)_3 \tag{3.18}$$

b. 乳化作用。非皂化油可以通过乳化作用将其除去。当油膜浸入碱液时，油膜层发生机械破裂而成为不连续的油滴，并黏附在钢带表面。溶液中的乳化剂起到降低油水界面张力的作用。

碱性溶液能够除去矿物油，是因为两种互不相溶的物质（两种液体、液体与固体、液体与气体、固体与气体）相互接触时形成界面张力。界面张力越大，两者间接触面积越小。反之，若能降低它们的界面张力，则两者间接触面积就会增大。当黏附油膜的钢带浸入碱性溶液时，出现两个接触界面：油与钢带的接触界面；油膜与碱性溶液的接触界面。在两个界面上都有一定的界面张力存在，但此时的界面张力与钢带停留在大气中时的界面张力不同。在大气中，气与油间的界面张力使油滴变成较平展的油膜附于钢带表面（图3.92）。当它浸入碱性清洗溶液中时，由于溶液中离子和极性分子的作用力比空气中气体分子对油分子的作用力强，油与溶液间的界面张力下降，它们的接触面积增大（图3.93）。

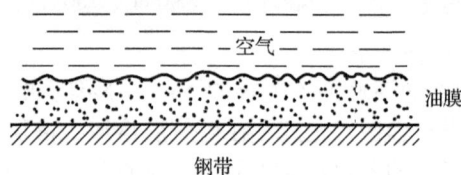

图3.92　油膜在空气中的状态示意图

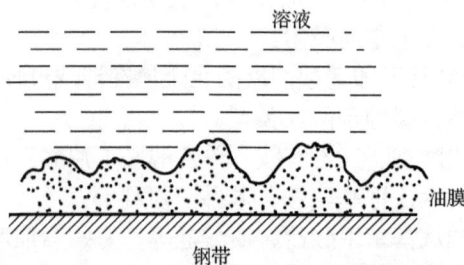

图3.93　油膜在溶液中的状态示意图

通过清洗溶液的渗透作用和分散作用，油膜破裂并形成很多小油珠。由于机组钢带的高速运行产生剧烈的液体摩擦，加快了黏附油膜的撕裂和脱离。在溶液对流作用的机械撞击下，撕裂和脱离的油珠离开钢带表面。同时，乳化剂在油滴入溶液时吸附在油质小滴表面，不使油滴重新聚集再黏污钢板。

化学清洗溶液成分含量的允许变化范围较宽，一般无严格要求。在实际工作中，通常采用多种碱与适合的表面活性剂及其他化学药品的组合来获得最有效的混合型金属清洗剂。可作为化学清洗剂的物质有以下几种。

a. 氢氧化钠（NaOH）。氢氧化钠又称苛性钠。对于金属清洗工艺来说，氢氧化钠是最重要的碱。氢氧化钠具有如下性质：皂化脂肪和油形成水溶性皂；与两性金属及其氧化物反应形成可溶性盐；可分解、破坏有机物，并且能够进行剧烈的化学反应。在所有碱中，它的电导率最高，但润湿性和乳化作用均较差，对铝、锌、锡、铅等金属具有较强的腐蚀作用，对铜及其合金也有一定的氧化腐蚀作用。清洗时所生成的肥皂，在氢氧化钠溶液中难以溶解。因此，清洗溶液中的氢氧化钠质量浓度一般不超过 $100kg/m^3$，而且往往配合其他碱性物质一起使用。

b. 碳酸钠（Na_2CO_3）。碳酸钠溶液具有一定的碱性，对铅、锌、锡、铝等两性金属没有明显的腐蚀作用。在吸收了空气中的二氧化碳后，碳酸钠能够部分转变为碳酸氢钠，这对溶液的 pH 值有着良好的缓冲作用。

c. 磷酸三钠（$Na_3PO_4 \cdot 12H_2O$）。磷酸三钠除具有碳酸钠的优点外，其磷酸根还具有一定的乳化能力。磷酸三钠水洗性极好，容易从钢带表面洗净。

d. 焦磷酸钠（$Na_4P_2O_4 \cdot 10H_2O$）。焦磷酸钠除具有与磷酸三钠清洗剂相似的特点外，焦磷酸根能够络合许多金属离子，使钢带表面容易被水洗净。

e. 原硅酸钠（Na_4SiO_4）$_7$。原硅酸钠是极好的缓冲剂。当原硅酸钠与表面活性剂配合时，它是所有强碱中性能最佳的湿润剂、乳化剂和抗絮凝剂，并且具有高 pH 值和高电导率。原硅酸钠广泛用于钢铁清洗。但残留在钢带表面的原硅酸钠较难洗净，在酸液中浸蚀后变成不溶性的硅胶，对之后钢带与镀层的结合不利，因此应当认真冲洗。

f. 乳化剂。洗净剂及三乙醇胺油酸皂等都是乳化剂（表面活性剂），这类物质分子具有亲水基团和憎水（亲油）基团。在清洗过程中，乳化剂分子的憎水基团吸附在油与溶液的界面上，其亲水基团与水分子相结合，在乳化剂分子定向排列的作用下，油-溶液界面的表面张力大幅降低，在溶液对流和搅拌作用下，油污可以脱离钢带表面，以微小油珠状态分散在溶液中。这时，表面活性剂分子包裹住小油珠，防止小油珠重新黏附在钢带表面。

洗净剂清洗效果好，但不易用水把它从钢带表面洗净。如果清洗不净，就会降低之后镀层和钢带的结合力。因此，对经过洗净剂溶液清洗的钢带，必须加强清洗，并且洗净剂浓度不宜过高。

三乙醇胺油酸皂具有较强的乳化能力，清洗较为容易，但也容易被水中的钙离子、镁离子沉淀出来。

③ 电解清洗[13]。虽然钢带经过碱性化学清洗，但是由于皂化作用和乳化作用有限，因而不可能获得洁净的钢带表面。许多油污粒子和铁粉、氧化铁等粒子附着在钢带表面的空隙里，非常不容易彻底清除。因此，钢带还要进行电解清洗。

电流通入电解质溶液而发生化学变化的过程称为电解。电解是自发电池反应的逆反应。电解电压不得小于自发电池电动势。在电解时，总是存在阻碍电解反应的作用，即电动势的作用。

使电解质溶液发生电解所需的最小电压，称为该电解质的分解电压。分解电压可从电压电流曲线上求得。当刚开始加上电压时，电流极小，电压对电解质的影响不大，这时在电极上观察不到电解现象。随着电压的增加，电极产物（氢和氧）饱和度加大，电流也有少许增加。最后，当电极产物浓度达到最大值而变成气泡逸出时，电解开始发生（这时的电压就是分解电压）。之后，如果再增加电压，电流就直线上升。

电解时，负极发生还原反应，正极发生氧化反应。电极反应的性质与电解质种类、溶剂种类、电极材料、离子浓度和温度等条件有关。

电解清洗过程如下。

把欲清洗的钢带置入碱性溶液中，在通以直流电的情况下，使钢带作为阳极或阴极，并以此进行清洗。电解清洗速度通常比化学清洗速度高好几倍，而且油污清除得更干净。

电化学清洗时，不论钢带是作为阴极还是作为阳极，其表面都有大量气体析出，这个过程的实质是电解水：

$$2H_2O \Longrightarrow 2H_2 + O_2 \uparrow \tag{3.19}$$

当钢带作为阴极时，其表面进行还原反应，并析出氢气：

$$4H_2O + 4e \Longrightarrow 2H_2 \uparrow + 4OH^- \tag{3.20}$$

当钢带作为阳极时，其表面进行氧化反应，并析出氧气：

$$4OH^- - 4e \Longrightarrow O_2 \uparrow + 2H_2O \tag{3.21}$$

电极表面析出大量气体，对油膜产生强大的乳化作用。

当黏附油膜的钢带浸入碱性电解液时，由于油与碱液间的界面张力减小，油膜产生了裂纹。与此同时，电极因通电而极化。虽然电极极化对非离子型油类没有多大作用，但它却能使钢带与碱液间的界面张力大幅降低，因此快速加大了两者间的接触面积，碱液对钢带的润湿性加大，从而排挤附着在钢带表面的油污，使油膜进一步破裂成小油珠。由于电流的作用，在电极表面生成了小气泡（氢气或氧气），这些小气泡很容易滞留在油珠上。随着新的气体不断产生，气泡逐渐变大。在气泡升力的影响下，油珠离开钢带表面的趋势增大。当气泡升力足够大时，油珠就会脱离钢带表面并浮在溶液面上，如图 3.94 所示。

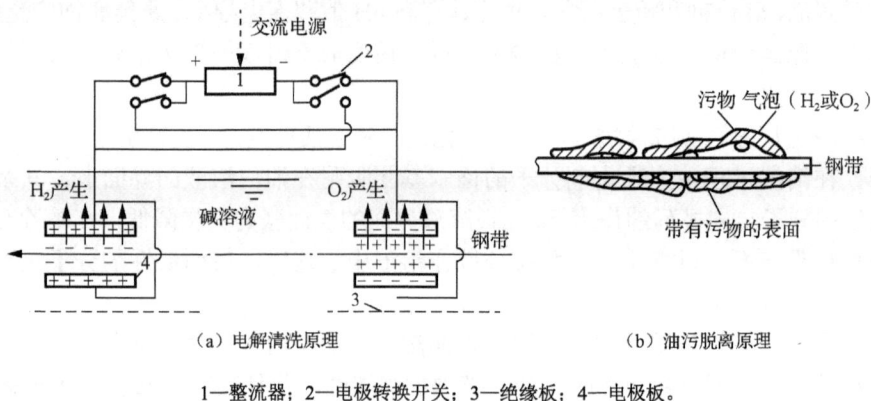

1—整流器；2—电极转换开关；3—绝缘板；4—电极板。

图 3.94 电解清洗示意图

由此可见，碱性溶液中的电解清洗过程是电极极化和气体对油膜机械撕裂作用的综合。这种乳化作用要比添加剂的作用强烈得多，因此加速了脱脂过程。

电解清洗在阴极和阳极上都可进行，但阴极清洗与阳极清洗的特点各不相同。

阴极清洗的特点是：析出的气体为氢气，气泡小，数量多，面积大，乳化能力强。另外，由于 H 放电，阴极表面液层的 pH 值升高，因而清洗效率高，不腐蚀钢带。但阴极清洗容易渗氢，从阴极上析出的氢气容易渗入钢基体，从而可能引起基体氢脆；或者渗氢的钢带在热浸镀时，其镀层容易起小泡。

阳极清洗效率不及阴极效率高，其原因如下：阳极附近碱度降低，减弱了皂化反应；阳极析出氧气少，减弱了气体对溶液的搅拌作用；由于氧气气泡较大且其滞留于表面的能力差，因此氧气气泡将油滴带出的能力弱。

另外，在阳极清洗过程中，当溶液碱度低、温度低或电流密度高时，特别是当电化学清洗中含有氯离子时，钢带可能受到点状腐蚀。

阳极清洗的优点是：基体没有发生氢脆的危险；能够去除钢带表面的浸蚀残渣。

鉴于阴极清洗和阳极清洗各有优点，在进行清洗时采用这两个过程的组合形式，称为联合电化学清洗。

目前在清洗工序中，使用最多的清洗方法是碱性溶液化学清洗加电解清洗。采用这种清洗方法，虽然清洗时间要比使用有机溶剂清洗长一些，但无毒和不燃是它的两大优点。另外，采用这种方法清洗钢带所需的生产设备简单，也较为经济。

（3）冷轧钢带清洗的主要方式。热浸镀基板用冷轧钢带的清洗方式主要有化学清洗、电解清洗、物理清洗和超声波清洗等，为了适应现代化热浸镀锌生产线高速生产的需要，往往将上述几种方式进行最佳组合。在组合的各个单元中，污物清洗的重点对象各有差别，各单元完成清洗污物总量的一部分。图 3.95 所示为一种清洗工序中各个清洗单元完成清洗污物的情况。

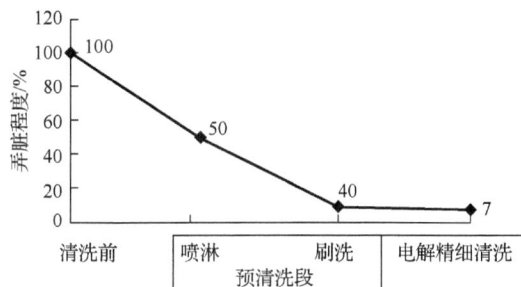

图 3.95　钢带连续热浸镀锌生产线清洗工序各单元清洗情况

热浸镀冷轧钢带清洗机组主要有以下四种形式。

① 化学清洗＋电解清洗＋物理清洗。这种形式的清洗机组如图 3.96 所示。

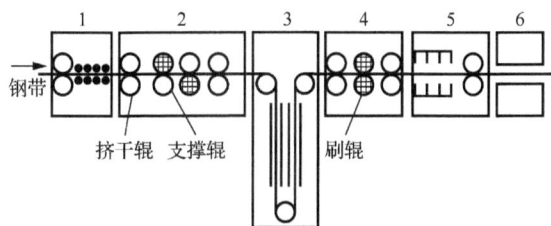

1—碱液喷洗槽；2—碱液刷洗槽；3—电解清洗槽；4—热水刷洗槽；5—热水清洗槽；6—干燥器。

图 3.96　"化学清洗+电解清洗+物理清洗"清洗机组示意图

电解清洗槽根据其形状分为立式槽和卧式槽，具有清洗速度快、清洗质量高等特点。清洗后，钢带表面质量完全可以满足汽车面板质量要求。对于采用美钢联法热浸镀锌工艺全辐射管加热炉的生产线，清洗机组一般采用以上形式。我国引进的一些生产线大多采用此工艺，如宝钢 1550mm 连续热浸镀锌机组就是采用这种形式。另外，由我国钢铁研究总院设计承包的济钢 1#热浸镀锌生产线上的清洗机组也采用这种形式。

② 化学清洗+物理清洗。这种形式的清洗机组如图 3.97 所示。

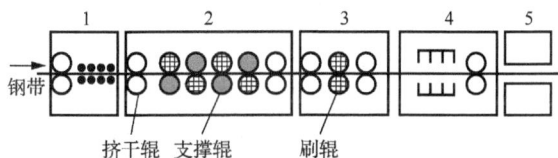

1—碱液喷洗槽；2—碱液刷洗槽；3—热水刷洗槽；4—热水清洗槽；5—干燥器。

图 3.97　"化学清洗+物理清洗"清洗机组示意图

这种形式的清洗机组投资省，清洗效果好，但很难清洗掉钢带表面的二氧化铁或铁粉。例如，攀钢的冷轧连续热浸镀锌生产线上的清洗机组就采用这种形式。钢带在进入清洗段前，如果表面油污量为50～150mg/m²（单面），表面铁污量为65～110mg/m²（单面），那么当其在作业线上以170m/min的速度运行时，设计清洗率可达90%以上。

③ 物理清洗。这种形式的清洗机组如图3.98所示。

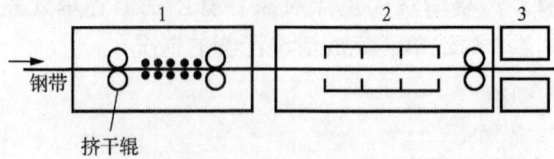

1—热水高压喷洗槽；2—热水高压清洗槽；3—干燥器。

图3.98 物理清洗机组示意图

由于其作业线短，虽然可以清洗掉钢带表面的部分污物，但清洗率仅为60%～70%，因而清洗效果不十分理想。

④ 高电流密度电解清洗。电流密度是保证电解清洗快速高效的一个重要条件。电流密度的选择应能保证析出足够量的气泡，这些气泡既能使油珠机械撕离，又能搅拌电解溶液。当钢带表面油污一定时，电流密度越大，清洗速度越快。但电流密度不能无限提高，电流密度与清洗速度并不永远成正比关系，在电流密度达到一定程度后，清洗速度不再明显增加；相反却造成清洗槽电压过高，使电流消耗加大，因此设计时必须选择合适的高电流密度。

想要提高电流密度，就必须提高电路中的电流量和电流效率，或减少通电面积。在实际生产中，能源消耗是一个重要经济指标。如果单纯依靠提高整流器的电容量来增加电流密度，不考虑电流效率，就会造成能源浪费及产品成本增加。电流效率主要由电路中的电压降引起，电压降除了小部分在整流器内部和钢带中产生外，绝大部分在电解质中产生。这是因为在一个闭合电解反应的整流直流回路中，极板与钢带之间的电解质（碱液等）具有弱导电性（与金属导体相比较），两者间距的大小影响电路的阻抗值。间距越小，电荷运动阻力越小，有效能量越大；反之，电荷运动阻力越大，无效能耗越大。

试验证明，钢带与极板间距和电解质的电压降有如下关系：

$$E_j = \frac{D \times H}{Q \times 10^{-3} \times 10^2} \tag{3.22}$$

式中，E_j为电压降（V）；D为电流密度（A/dm²）；H为钢带与极板间距（dm）；Q为电解质电导率（μΩ/cm²）。

在相同电解质条件下，间距为10mm的电压降仅为间距为80mm时的1/8。高电流密度型电解区域小，钢带容易产生大张力，间距一般在8～12mm，因此具有很高的电流利用效率。普通型电解清洗装置一般极板较长或数量较多，钢带难以形成大张力，如果钢带与极板间距太小，那么钢带垂度或板形不好、高速运行波动等因素就容易造成钢带与极板直接接触，产生电弧击穿钢带现象。因此，间距一般设定在51～125mm，电流密度一般设定在3.4～21.6A/dm²，这就使得普通型电解清洗装置的电流利用效率较低。

国际上通常把电解清洗装置分为两种类型：电流密度在100A/dm²以上的称为高电流密度；电流密度在50A/dm²以下的称为普通电流密度。高电流密度电解清洗装置的主要形式有卧式极板液垫形、喷嘴/极板兼容形和辊子缠绕形等。

3）钢带的连续退火

用于冷轧薄板连续热浸镀锌机组的退火炉是机组的关键设备，又称工艺段，它完成钢带热浸镀前的退火工艺，对钢带热浸镀锌后的性能起到至关重要的作用。热浸镀锌原板通常为冷轧钢带。冷轧钢带通过退火完成以下功能：①在退火炉内消除钢带轧制应力，改善钢带力学性能，并使钢带加热到一定温度。

例如，先在预热段中把钢带加热到再结晶温度，然后在退火炉还原段把钢带加热到再结晶温度以上并进行保温均热，最后钢带进入冷却段被冷却到入锌锅温度，钢带在卧式连续退火炉中的加热曲线如图 3.99 所示。②清洁钢带表面。钢带表面的轧制油等污物在加热过程中挥发或燃烧去除，使钢带具有一个清洁的无氧化物存在的活性表面，并使钢带密封地进入锌锅中进行热浸镀锌。③在 N_2/H_2 保护气氛中完成退火过程的同时，钢带表面的一层薄氧化膜被还原成薄纯铁层，为热浸镀锌准备好附着力极强的表面状态。④完成退火和还原的钢带在退火炉中通过缓冷和快冷准确控制其进入锌锅时的温度，使钢带在最佳热浸镀锌温度下完成镀层工艺。⑤保持或改善热浸镀锌钢带板形。

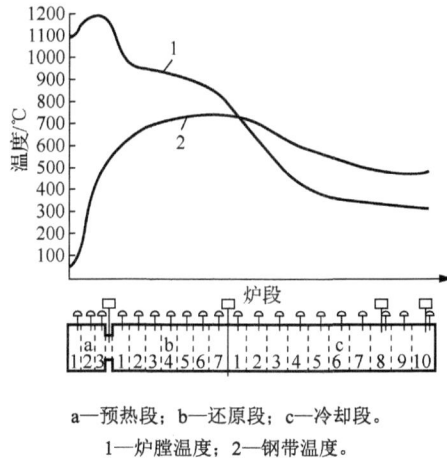

a—预热段；b—还原段；c—冷却段。
1—炉膛温度；2—钢带温度。

图 3.99　钢带在卧式连续退火炉中的加热曲线

退火炉内充满处于正压的 H_2/N_2 混合气体，钢带表面氧化皮在退火炉还原段被氢气还原，同时会有水蒸气产生。为避免水蒸气再度氧化钢带，必须不断更新炉内保护气氛以排除过多的水蒸气。

对于钢带连续热浸镀锌生产线上的退火炉，不论是立式炉还是卧式炉，其功能决定必须由以下基本炉段组成：入口段；预热段；无氧化加热段；加热和还原段；快速冷却段；缓冷段；转向出口段。卧式退火炉和立式退火炉是用于连续热浸镀锌的两种基本炉型。早期热浸镀锌机组退火炉大都为卧式，随着热浸镀锌产量的增加和机组速度的加快，出现了立式（塔式）退火炉。20 世纪 90 年代以来，热浸镀锌塔式退火炉成为主流炉型。

连续热浸镀锌机组用的原板是冷轧机组轧制的产品。冷轧钢带在连续退火炉中完成再结晶退火。

冷轧之前的热轧板为等轴晶粒，其晶格排列较为规整。在冷轧过程中，由于晶体中原子产生刃型位错，因此晶格沿着一定的滑移面和滑移方向（轧制方向）进行双滑移或多系滑移，钢带在轧制力作用下出现塑性形变。冷轧之后的钢带发生了晶粒拉长、晶格扭曲或晶粒破碎。位错密度增加，形变抗力增大，塑性变差，产生加工硬化。据测定，经过冷轧的薄钢带，它的抗拉强度（σ_b）可达 90MPa，洛氏硬度超过 90HRB。这种产品不适宜加工成型，为了恢复它的塑性，必须经过再结晶退火。

薄钢带的再结晶退火在 Ac_1 点（723℃）以下进行，不发生金属相变。当再结晶退火时，随着温度升高，原子活动能力增强，原本不稳定的状态可以通过原子间的相对移动而进行重新排列。在晶体中形成新的晶核并长大成为平衡态晶粒，消除了内应力，使钢带的塑性得到恢复。

（1）热浸镀锌退火工艺[14]。汽车用热浸镀锌冷轧钢带分为深冲软钢和高强度钢。其中深冲软钢又可分为普通冲压（CQ 级）、深冲（DQ 级）、特深冲（DDQ 级）及超特深冲（EDDQ 级）等；高强度钢又可分为固溶强化、析出强化、烘烤硬化及相变强化等。

根据各种钢的特点及其强度级别，它们采用的退火工艺各不相同，其性能也不同。几种热浸镀锌生产工艺及其典型的力学性能见表 3.19。

表 3.19　几种热浸镀锌生产工艺及其典型的力学性能

参数		CQ	DQ		DDQ					EDDQ	高强度钢		
											析出强化	固溶强化	烘烤硬化
钢种		LC	LC-Al	IF	LC-Al	LC-Al	LC-Al	LC-Al	IF	IF	LC	IF	IF
热轧卷取温度		低	高	低	高	高	高	高	低	高			
热镀锌机组	再结晶退火	○	○	○	○	○	○	○	○	○	○	○	○
	冷却	○	○	○	○	○	○	○	○	○	○	○	○
	前过时效						○						
	热浸镀锌	○	○	○	○	○	○	○	○	○	○	○	○
	后过时效									○			
线外前退火 线外后退火					○	○							
典型力学性能	屈服强度/MPa	270	220	195	176	179	196		175	160	320	305	215
	抗拉强度/MPa	350	340	295	314	327	323		295	290	450	445	350
	δ/%	41	42	47	45	43	43		48	48	34	34	41
	γ	1.0	1.2	1.5	1.6	1.6	1.6		1.6	1.6		1.3	1.7
	时效值/Pa		45	0	0	0	>39		0	0		0	
	烘烤硬化值/Pa												40

注：○—表示采用的工艺。

图 3.100 所示为汽车用热浸镀锌原板代表性品种的典型退火工艺。图 3.101 所示为若干钢种的典型退火曲线。

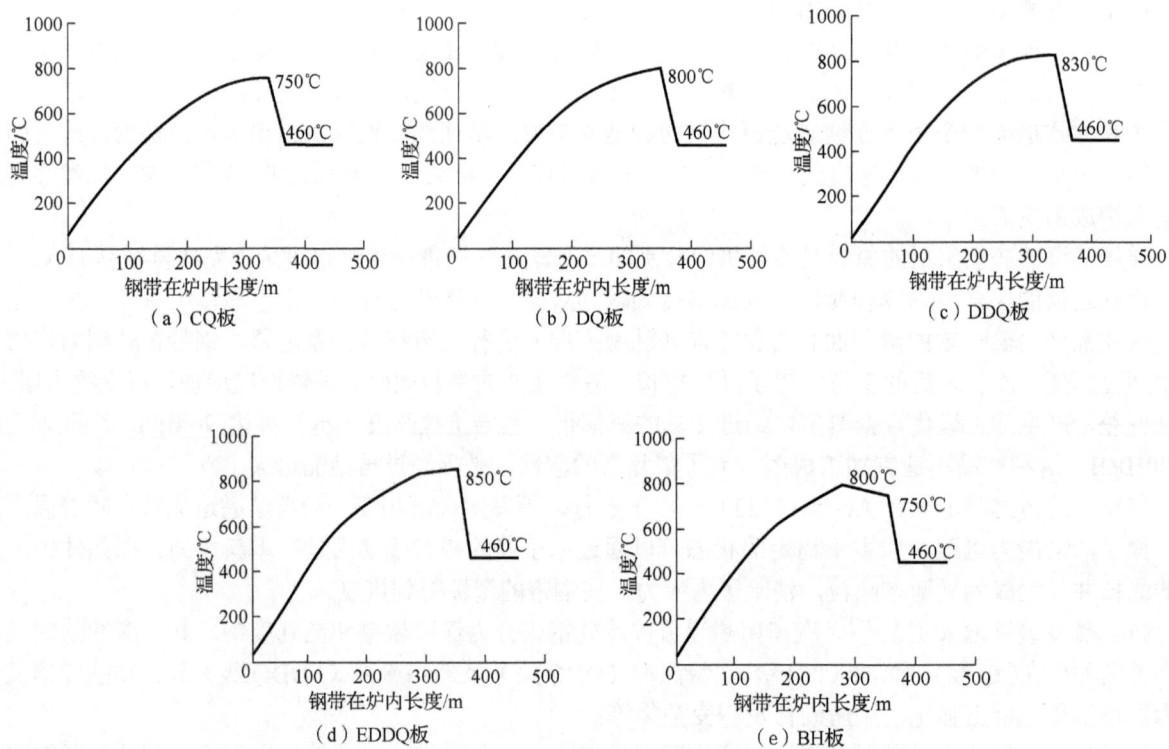

（a）CQ板　（b）DQ板　（c）DDQ板　（d）EDDQ板　（e）BH板

图 3.100　汽车用热浸镀锌原板代表性品种的典型退火工艺

	加热段	均热段	冷却段	锌锅	锌层退火炉加热段	锌层退火炉保温段	锌层退火炉冷却段

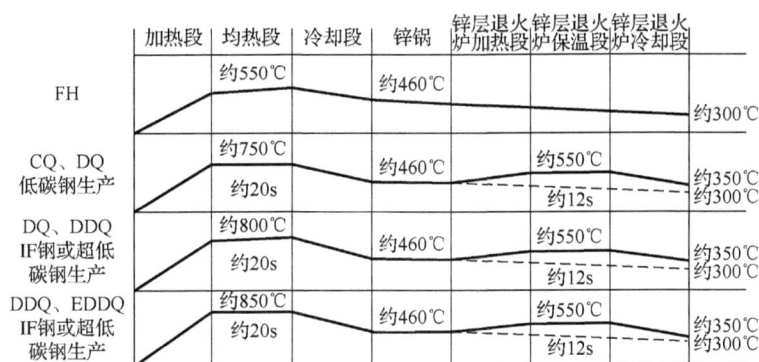

图 3.101　各种产品典型退火曲线

注：虚线表示不需要进行锌层退火的产品热浸镀后冷却曲线。

（2）热浸镀锌机组主要热处理加热方式。热浸镀锌钢带要在连续退火炉中完成指定温度的加热，一定时间恒定温度下的均热保温，以及快速冷却等热处理工艺过程。热浸镀锌连续退火热处理加热方式是不同的，主要热处理加热方式有森吉米尔法（直接加热法）、改良森吉米尔法（直接加热法）、美钢联法（间接加热法）和赛拉斯法（直接加热法）。

现代大型机组主要采用改良森吉米尔法和美钢联法进行热处理，这是因为该机组连续性强、速度快、产量大。此外，赛拉斯法也应用于许多热浸镀锌机组，传统的森吉米尔法已不再适用。

森吉米尔法（直接加热法）将炉子分为氧化炉（加热段）和还原炉（均热段）两个独立的炉段。钢带在加热段（氧化炉）用火焰加热，消除钢带表面轧制油并产生微氧化，在均热段（还原炉）采用辐射管间接加热，用氢气进行还原。因此，氧化-还原反应是它的基本特点。

改良森吉米尔法（直接加热法）将氧化炉和还原炉用通道连在一起，它的主要特点是：①用高温火焰直接快速加热钢带，加热速度超过 40℃/s。②利用高温火焰直接挥发和烧掉钢带表面的轧制油，在退火炉前可以不设置清洗段或设置简单的清洗段（视原板的油污量和铁粉量而定）。③钢带在加热段产生微氧化，在均热段用氢气进行还原，氧化-还原反应是它的特点，保护气氛含氢量不低于 15%（体积分数）。④钢带在均热段采用辐射管间接加热。

美钢联法是一种间接加热法。加热段采用辐射管间接加热钢带，燃烧火焰不接触钢带表面，没有消除钢带表面轧制油的功能，因此钢带入炉前必须清洗干净，使轧制油和铁粉的含量（单面）小于 10mg/m²，通常采用化学清洗和电解清洗。实践表明，全辐射管间接加热突出的优点是：①不受火焰直接喷吹，钢带表面质量好。②炉温较低，钢带不产生氧化，可以生产更薄的钢带，最薄可达 0.18mm。③保护气氛中氢气含量大幅降低，约为 5%（体积分数），降低了成本且安全性高。④停炉后可以快速直接再次升温加热。

直接加热法与间接加热法的比较见表 3.20。

赛拉斯法也是一种直接加热法，类似于改良森吉米尔法。其主要特点如下：①用高温火焰直接快速加热钢带，加热速度超过 40℃/s。②利用高温火焰直接挥发和烧掉钢带表面的轧制油，可以不设置清洗段或设置简单的清洗段。③钢带在加热段的前段产生微氧化或不氧化，在加热段的后段为还原气氛，在均热段用氢气进行光亮退火，退火消耗的氢气也较少，保护气氛含氢量为 5%（体积分数）。④通常将预热段和加热段（火焰直接加热）竖立布置，若将均热段和其后部分水平布置，则称为赛拉斯 L 形炉；若将均热段和其后部分竖立布置，则称为赛拉斯立式炉。⑤在竖立布置的加热段内，特殊设计的赛拉斯辐射烧嘴面向钢带布置，强制烧掉钢带表面的轧制油，即使不设置清洗段，钢带表面清洁度也很好。这种带有特殊设计的赛拉斯辐射烧嘴的竖立布置的直接火焰加热炉称为 DDF，这是赛拉斯法的最大特征。

表 3.20　直接加热法与间接加热法的比较

项目		清洗+直接加热法	清洗+间接加热法
产品用途		不设置清洗段，可以经济地生产建筑行业、金属包装容器行业和家电行业用钢板	其产品大多用作汽车板，更可用于建筑行业、金属包装容器行业和家电行业
		设置清洗段，其产品也可用作汽车板	
钢带规格		炉内温度高达 1300℃，易烧断钢带，因而钢带厚度应在 0.4mm 以上	可以处理非常薄的钢带，由于钢带在连续退火炉内产生热瓢曲现象，其厚度必须大于 0.2mm
钢带表面质量	氧化	燃烧产物与钢带直接接触，易氧化	燃烧产物不与钢带接触，不易氧化
	麻点	炉内温度高，其内衬大多为重质砖，长期使用内衬表面易剥落，砖颗粒散落在钢带表面，易产生麻点	炉温不高于 950℃，其内衬大多为陶瓷纤维并用不锈钢敷面，内衬寿命长，不会因剥落而使钢带产生麻点
	烧穿	炉内温度高，操作不当会烧穿钢带，造成断带	没有烧穿断带的危险
	热瓢曲	当加热速度达到 40℃/s 时，可将钢带迅速加热到 500～600℃，炉辊少，产生热瓢曲的可能性小	当加热速度小于 10℃/s 时，炉辊多，易产生热瓢曲，但可通过预热钢带或采用炉辊热凸度加以控制
对保护气氛及煤气的要求	氢含量	各炉段采用 H_2 含量高（体积分数为 15%～30%）的保护气氛，减少热浸镀锌前钢带表面的氧化物	炉内保护气氛 H_2 含量低，一般体积分数在 5%以下
	消耗量	炉内燃烧产物和保护气氛一起通过排烟系统排出，直接加热炉和其他炉段之间又难以密封，保护气氛通过直接加热炉排掉，因而耗量大；炉温高，N_2 安全吹扫耗量大	炉子入口处易密封，各炉段保护气氛相对独立，连续排放更新，因而耗量小；炉温低，N_2 安全吹扫耗量相对较小
	煤气	直接加热的燃烧产物与钢带直接接触，且空燃比控制严格，因而对煤气质量及其热值要求高；煤气需经精脱硫、脱萘及净化处理；种类为焦炉煤气或天燃气，低发热值≥10.5MJ/m³（标准状况）的高焦混合煤气	间接加热的燃烧产物不与钢带接触，因而对煤气质量及其热值的要求比直接加热稍低
操作维护	操作	直接加热速度快，对变品种、变规格的炉温调节非常灵活。但其控制要求高，尤其对空燃比控制非常严格，空燃比扰动会影响炉况的稳定性	间接加热速度慢，对变品种、变规格的炉温调节灵活性差。辐射管和炉辊热惯性大，温度等控制稳定
	维护	炉辊、辐射管数量少，维护及维修量相对减少。直接加热时，耐材剥落，氧化物积聚，定期维修量大	炉辊、辐射管数量大，维护及维修量大
投资		不设置清洗段，且炉子长度较短，投资相对较小。因而用该方法生产表面质量要求不苛刻的产品最为经济，如生产建筑业用钢板	与设置清洗段的直接加热相比，投资差别不大。该方法大多用于生产优质汽车板、家电用钢板和高级建筑用钢板
		设置清洗段，与间接加热相比，投资差别不大。该方法也可用于生产优质汽车钢板	

（3）连续热浸镀锌用保护气氛。钢带连续热浸镀锌生产线上的退火炉大多采用氨分解或电解水的方法制得保护气体。一般而言，由森吉米尔法热浸镀锌机组改造而成的改良森吉米尔法机组大多采用氨分解法制得保护气体；新建的现代化改良森吉米尔法热浸镀锌机组大都采用电解水法制得氢气，再由制氧厂供给氮气，然后进行混合配制，供应保护气氛。

森吉米尔法热浸镀锌机组要求使用高含氢量保护气氛，氨分解制得体积分数为 75%氢气和体积分数为 25%氮气的保护气氛正好满足工艺要求，不用调整。此外，氨分解制得的氢氧混合气体本身的水含量和氧含量都很低，无须对其进行特殊净化，即可满足工艺要求。早期投产的热浸镀锌机组大都采用氨分解法供给保护气氛，但该方法也有其不足之处：①若不采用化工厂副产品而以合成氨分解产物作为氨气的来源，则其不仅成本很高，同时还要与农业争氮肥。②改良森吉米尔法热浸镀锌机组退火炉的保护气氛含氢量只要求 15%（体积分数）左右，在采用氨分解法时，还必须建设保护气氛站。③氨的腐蚀性很强，导致设备严重损坏。④液态氨的储存和运输都较困难，因此采用氨分解法制备保护气氛不是发展方向。

采用电解水法制氢，氢气纯度较低，需要采取脱水、脱氧等复杂的净化措施，耗电量大，生产成本较高。早期投产的热浸镀锌机组一般不采用电解水法制氢。

随着电解水技术的发展，各种高效脱水剂、脱氧剂相继面世，这更有利于降低电解水制氢成本和提高制氢纯度。特别是在具备大型制氧机时，或有充足氮气资源的地方，应该首选电解水法供应保护气氛。

热浸镀锌机组退火炉中使用的保护气氛由氢气和氮气按照一定比例混合而成。其中，氢气具有很强的还原能力，可在高温下从铁的氧化物中夺取氧，使之还原为纯铁。另外，氢气的还原能力随着温度的升高而显著增强。

氮气性质很稳定，不自燃也不助燃，通常也不与其他元素化合，属于中性气体。氮气作为保护气氛，实际上起到加速氢气与氧化物反应的运载工具的作用。

保护气氛中氢气和氮气的比例因不同机组而异，见表 3.21。

表 3.21　保护气氛中氢气和氮气的比例比较表

作业线	月产量/t	最大生产率/（t/h）	炉子容积/m³	保护气氛总量/（m³/h）	氢气总量/（m³/h）	氢气百分数/%
A	18000	35	250	305	46	15
B	30000	55	500	500	75	15
C	18000	33	160	40	15	37.5
D	20000	38	400	330	50	15
E	25000	45	500	400	60	15
F	25000	55	350	280	60	21
G	24000	45	200	150	38	25

由表可知，在炉内保护气体中氢气的绝对含量高而百分数低和氢气的绝对含量低而百分数高两种情况下，都能生产出用户满意的热浸镀锌钢带。

这是因为当保护气体总量小时，氮气含量也少，但氢气百分数高，氢分子有更多机会运动到钢带表面与氧化铁反应，达到还原氧化铁的目的；当保护气体总量大时，虽然氢气百分数较低，但氮气含量高，氢分子仍然有更多机会被氮分子碰撞到钢带表面与氧化铁发生还原反应，达到还原目的。

既然保护气体总量大、氢气百分数低和保护气体总量小、氢气百分数高均能获得同样的还原效果，那么为了降低成本，应当选择气体总量小、氮气百分数高的保护气体。

此外，机组退火炉的容积和密封性也极大地影响了保护气体的总通入量，一旦炉子漏气，就要及时增加保护气体通入量，这要求相关作业人员随时检测退火炉的密封性。

新退火炉投产前一般需要通过试验获得该机组炉子所需保护气体通入量的下限值，以便控制热浸镀锌生产时的保护气体通入量，从而保证生产正常进行所需保护气体总量的 80% 以上从退火炉尾部通入炉内，一般都设有数个通孔。在还原炉中还设有 3 个通孔，保护气体通入量约占总通入量的 15%。

保护气体进入炉内后逆着钢带运行方向前进，在与钢带表面不断进行还原反应后，保护气体中的氢气含量会逐渐下降。当其运行到还原炉与预热炉的交界处时，氢气含量降至最低值。

每条热浸镀锌生产线都应在过道处设置一个氢气含量监测点，随时监测炉内氢气含量变化，以便判断退火炉的生产情况。

4）锌锅工艺参数控制

钢带热浸镀锌层在锌锅中完成，因此锌锅的操作工艺对所得热浸镀锌产品的质量产生直接影响。一般地说，钢带的前处理（还原与退火过程）主要对钢带自身性能（力学性能及热浸镀锌性能）产生影响，锌锅决定热浸镀锌层的质量和性能。这两部分共同决定热浸镀锌钢带的最终性能。热浸镀锌层的质量和性能主要是指合金层的特性及其表面附着镀锌层的厚度和均匀性。

在锌锅操作中，对镀层的质量和性能产生影响的主要因素包括钢带入锅温度和锌液温度；钢带运行速度（浸锌时间）；锌锅中铝含量；钢带表面质量等。

（1）钢带入锅温度、锌液温度和锌液中铝含量控制。在保持锌液中铝的质量分数为 0.1%～0.11%的情况下，钢带入锅温度和锌液温度对热浸镀锌合金层厚度的影响如图 3.102 所示。

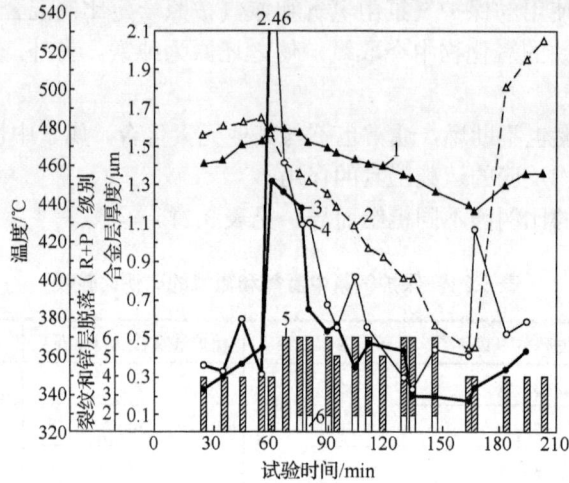

1—锌液温度；2—钢带温度；3—合金层厚度（下面）；4—合金层厚度（上面）；5—镀层弯曲试验裂纹；6—镀层弯曲试验剥落。

图 3.102　钢带入锅温度和锌液温度对热浸镀锌合金层厚度的影响

由图可知，钢带入锅温度对合金层厚度的影响没有锌液温度对合金层厚度的影响大，只有当两者温度相近并处于较高水平时，合金层厚度才急剧增大。因此，为减小合金层厚度及提高镀层的附着性，严格控制锌液温度十分重要。

对于使用铁锅的连续热浸镀锌生产线，通常将钢带入锅温度控制在较高水平以便加热锌液。钢带提供给锌液的热量与钢带运行速度有关，也就是与钢带和锌液之间接触的表面积大小有关，与钢带厚度无关。这可能是钢带在锌液中停留时间短、钢带内部热量传递较慢所致。各种规格钢带入锅温度在 450～500℃的钢带表面积大小与锌液温度升高程度的关系见表 3.22。

表 3.22　各种规格钢带对锌液加热时锌液的升温情况

钢带规格/mm	钢带速度/（m/min）	钢带表面积（单面）/（m²/min）	钢带总表面积（单面）/m²	锌液温度/℃	锌液升高温度/℃
1200×0.75	100	120	6600	440～460	20
1000×1.00	80	88	3326	432～447	15
1250×1.25	63	75	1575	437～445	8
1054×1.50	65	68	1501	450～458	8
1085×2.00	45	48	1070	445～452	7

锌液温度控制在 450～455℃范围内是最理想的。如果锌液温度波动范围过大，就会大大影响镀层厚度，从而影响热浸镀锌钢带的性能。

经验表明，钢带入锅温度和锌液中铝含量对 Fe_2Al_5 合金层的形成具有重要影响，从而对镀层附着性产生很大的影响。因此，如果锌液中铝含量较低，就可通过提高钢带入锅温度增大 Fe_2Al_5 层的生成量，从而提高镀层附着性。

另据经验，当钢带入锅温度和锌锅温度相近时，应将锌液中铝含量维持在 0.15%（质量分数）以上（图 3.103）。

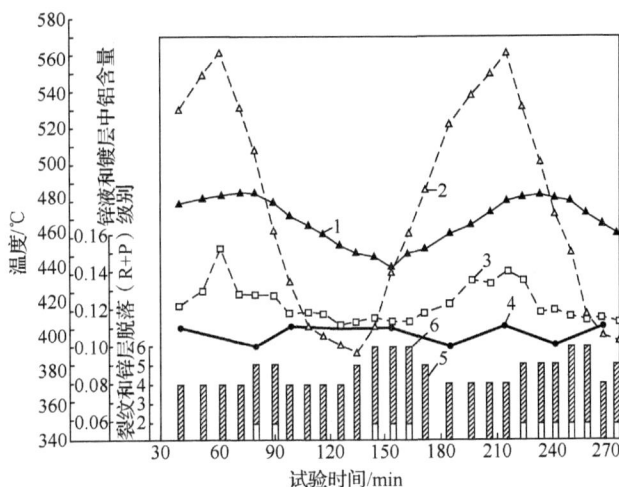

1—锌液温度；2—钢带温度；3—镀层中铝含量；4—锌液中铝含量；5—裂纹；6—锌层剥落。

图 3.103　钢带入锅温度对镀锌层附着性的影响

钢带入锅温度及锌液中铝含量对镀层中铝含量的影响见表 3.23。

表 3.23　钢带入锅温度及锌液中铝含量对镀层中铝含量的影响

钢带规格/mm	钢带入锅温度/℃	锌液中铝的质量分数/%	镀层中铝含量		镀层平均重量（双面）/（g/m²）
			%（质量分数）	mg/cm²	
0.75×1200	550	0.11	0.155	0.056	340
	452	0.11	0.128	0.033	297
	395	0.11	0.115	0.037	290
	386	0.11	0.112	0.036	310
0.75×1200	575	0.14	0.211	0.066	312
	521	0.16	0.175	0.056	320
	400	0.15	0.117	0.039	334
1.30×1219	565	0.12	0.202	0.061	304
	550	0.14	0.189	0.055	292
	480	0.13	0.145	0.045	294
	412	0.16	0.125	0.041	306
1.50×1090	475	0.10	0.167	0.053	316
	462	0.10	0.159	0.051	320
	364	0.10	0.118	0.041	346
1.50×1000	495	0.15	0.254	0.079	317
	455	0.15	0.231	0.074	310
	420	0.15	0.208	0.066	310
	398	0.15	0.186	0.064	330

　　如图 3.104 所示，实际操作时，及时对钢带入锅温度、锌液温度和锌液中铝含量进行调节，便可控制镀层附着性，从而获得具有良好附着性的热浸镀锌钢带。

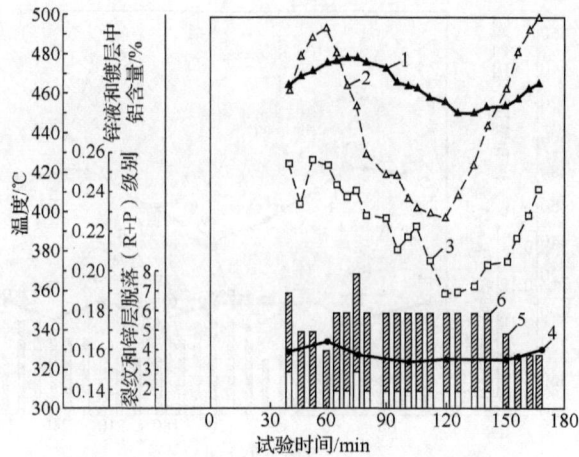

1—锌液温度；2—钢带温度；3—镀层中铝含量；4—锌液中铝含量；5—裂纹；6—锌层剥落。

图 3.104　钢带入锅温度、锌液温度及锌液中铝含量对镀锌层附着性的影响

（2）钢带运行速度控制。钢带运行速度决定退火时间和浸锌时间，后两者对镀层附着性有着重要影响。钢带运行速度过快，退火时间会缩短，可能引起钢带温度和表面氧化物还原程度不足，造成镀层附着性变坏。同样，浸锌时间不足也会引起镀层附着性下降。然而，钢带运行速度过慢，延长了浸锌时间，使钢带与锌液反应时间过长，也会造成镀层附着性下降。因此，在改变钢带运行速度的同时，其他工艺参数也应进行相应的调整，这样才能获得良好的镀层附着性。此外，还必须考虑降低钢带运行速度会降低生产率的问题。应按预先设定的生产率及退火工艺曲线确定钢带速度。

当变换钢带品种和钢带尺寸时，应按由薄到厚或由厚到薄的顺序安排生产。如果钢带规格不同，钢带运行速度就要加以改变，其他工艺参数也必须随之作出相应的改变。在调整工艺参数时，必须注意生产过程的连续性。退火炉的升温和降温存在一个时间滞后的问题，即有一个时间过程。因此，在进行工艺操作时，不仅要注重本卷钢带的质量，还应为下一卷钢带创造良好的生产条件。

5）气刀控厚

为了调节镀层厚度，最初的热浸镀锌机组对单张钢板热浸镀锌使用镀辊进行控制。其做法是：当钢带从锌锅引出时，调节设置在锌锅出口锌液面处的两个辊子的压力并使其夹紧，将钢带表面多余的锌液挤回锌锅。因此，可以通过调节对辊的高度和挤压力控制镀层厚度。

然而，镀辊擦拭法只适用于机组运行速度低的热浸镀锌生产线。当钢带运行速度提高时，如果镀辊中间锌液供应不足而镀辊两端锌液供应较多，就会形成中间薄两端厚的镀层，同时，在镀辊中间形成凹陷的镀液面。为克服此缺点，有研究者曾把镀辊表面车成螺纹，以便通过螺纹增加镀辊中间的锌液，但这不能从根本上解决问题，钢带运行速度仍然较低（80m/min 以下）。

另外，采用镀辊擦拭法控制镀层厚度很不精确，且操作和维修均烦琐。例如，镀辊上经常黏附氧化锌等，经常需要用刮铲刮除，若换辊时间长则必须停炉，使连续热浸镀锌作业受到限制。

由于镀辊擦拭法已不适用于连续运行的现代化大型高速机组，气体冲击方法应运而生。

最初的气体冲击方法模仿钢管热浸镀锌所采用的高压蒸汽喷吹方法，使用气体将钢管表面多余的锌液吹掉。对于钢带，通常采用横贯整个钢带宽度的窄缝形喷嘴。由于其喷出气流的截面积窄小，犹如刀的外形，故称为"气刀"。喷出气流为压缩空气。

气刀擦拭法对镀层厚度的影响因素主要包括喷嘴吹气压力、喷嘴到钢带表面的距离、喷嘴到锌液面的距离、喷嘴缝隙、喷嘴角度及钢带运行速度等。此外，镀层厚度还与钢带的温度、厚度、宽度、板形

及表面状态（粗糙度），以及锌液温度和锌液成分等因素有关。其中，主要的影响因素是喷嘴各参数及钢带运行速度。

（1）吹气压力的影响。吹气压力越大，镀层厚度越小。压力每增大 $1N/cm^2$，镀层厚度减薄 $40 \sim 60g/m^2$（单面）。然而，在钢带运行速度很低时（30m/min），吹气压力增大，镀层厚度也增大。这是喷吹压缩空气的冷却作用造成的。在低的吹气压力下，喷吹气体量少，冷却作用小，尚可吹掉锌液，但当吹气压力增大到 $3N/cm^2$ 时，吹气冷却速度增大，超过其吹锌速度，锌液在钢带表面凝固。

（2）钢带运行速度的影响。在不同吹气压力下，钢带运行速度增大，镀层厚度也增大。吹气压力越低，钢带厚度增大越多。

（3）喷嘴距离的影响。钢带处于前后气刀喷嘴的中间。因此，喷嘴与钢带的距离为喷嘴距离的一半（忽略钢带厚度）。喷嘴至钢带的距离对镀层厚度影响的结果显示，喷嘴至钢带的距离越大，镀层厚度越大。在吹气压力较小的情况下尤为明显。一般在正常操作条件下，喷嘴至钢带的距离控制在 15～30mm 范围内。距离越近，吹气压力越大。但喷嘴至钢带的距离并不是越近越好，如果钢带引力较小或钢带板形差，就必须加大这一距离，否则钢带与喷嘴就可能发生碰撞，造成喷嘴损坏。在钢带板形好且张力大的情况下，可将喷嘴至钢带的距离调整到 10～15mm，通常取气刀开口缝隙的 8 倍。值得注意的是，若增大喷嘴至钢带的距离，则会引起钢带的边部镀层过厚。

（4）喷嘴高度的影响。实际上，喷嘴高度对镀层厚度并无影响，其前提是喷吹后钢带表面的锌液仍为液态，且黏度无明显增大。否则，如果喷嘴高度过高，钢带至喷嘴前降温过大，就会增大锌液黏度，这时镀层厚度就会增大。经验表明，喷嘴高度宜在 70～360mm 范围内。

喷嘴高度决定于钢带运行速度和吹气压力。当钢带运行速度高且吹气压力大时，应将喷嘴高度增大，避免气流过大而引起锌液飞溅，甚至堵塞喷嘴。通常为了节能而将喷嘴高度降至最低限度（50mm）。

（5）喷嘴角度的影响。喷嘴角度是指喷嘴的吹气气流与钢带的垂直线的夹角。喷吹的气流只能向下方倾斜，故该角度取负号。

从总的趋势看，在一定的角度内，喷嘴角度越大，所得镀层厚度越小。在实际生产过程中，喷嘴角度在 0°～-10°范围内调整。

此外，若对钢带两侧气刀喷嘴角度进行调整时，一般不应使两侧喷嘴角度相等。这是因为喷吹的气流在钢带的两端相遇时会产生大的涡流，从而产生不均匀的厚边缺陷（边沿结瘤）。为避免发生这种情况，可使两侧喷嘴角度相差 1°～2°，使气流不在钢带的两端相遇，从而消除气流旋涡。但这个差值不能过大，否则会引起钢带两面镀层厚度不同。

6）钢带热浸镀锌后处理

钢带热浸镀锌后处理通常包括热浸镀锌后冷却、机械光整、拉弯矫直处理及涂装前化学转化处理等。

（1）热浸镀锌钢带的冷却。钢带从锌锅引出，经气刀调节镀层厚度进入冷却系统，将钢带温度快速降至 40℃以下，以便进行后续工序。热浸镀锌后快速冷却的目的如下。

① 尽快停止铁-锌合金层的生长。钢带从锌锅中引出后，其温度仍然较高（一般在 430℃以上），在此温度下仍能进行 Fe-Zn 扩散反应，如果不尽快停止在含铝锌液中的反应，就有可能超过 Fe_2Al_5 合金层的抑制期（孕育期），引起 Fe_2Al_5 阻挡层的破坏，致使发生 Fe-Zn 反应而形成厚的合金层，从而影响镀层的塑性。一般地说，当钢带温度降至 300℃以下时，基本上可以消除上述扩散反应。

② 防止镀层在光整和拉弯矫直过程中产生拉伸裂纹。热浸镀锌后的钢带通常会产生翘曲和"镰刀弯"等缺陷，因而要对其进行光整和拉弯矫直处理。如果钢带温度过高，就容易将镀层拉出横向裂纹。因此，要求钢带在进入光整机和拉弯矫直机之前，钢带温度必须控制在 40℃以下。

③ 避免化学转化处理液升温。钢带在进入化学转化槽或进行转化液涂覆时，如果钢带温度过高，就会影响转化膜形成条件，使转化膜质量失控，同时还易使转化液温度升高而挥发。若用铬酸盐钝化处理，则挥发的蒸汽中含有六价铬等有毒物质，使环境变坏。

有资料表明，热浸镀锌钢带表面黏附的锌液层的凝固速度与钢带入锌锅前的温度无关，主要是由锌液温度决定的。例如，当锌液温度为 470℃且钢带入锌锅前温度为 400℃时，钢带从锌液中引出后运行 15～20m 镀层方可完全凝固。但当锌液温度低至 435℃时，即使钢带入锌锅前温度高达 550℃，钢带出锌锅后运行仅约 2m，镀层也凝固了。由此可见，镀层凝固速度的快慢主要决定于锌液温度的高低。这是锌液导热性好，高温钢带进入锌液后快速与锌液进行热交换，钢带受到锌液的均匀冷却作用所致。

在连续热浸镀锌生产线上，实现热浸镀锌后钢带冷却通常经过自然冷却、风冷及水冷等过程。

钢带从锌锅引出后在气刀上部的垂直段到第一转向辊之前的冷却段称为预冷段。这一段的下部设有冷风喷嘴，其上部到第一转向辊安装两组冷却风箱。当钢带厚度较厚（>1mm）时，可以开动此垂直段（预冷段）的风箱进行冷却。薄钢带（<1mm）一般不使用预冷段，依靠自然冷却即可在到达第一转向辊前实现镀层完全凝固。这是因为薄钢带受到冷风气流的冲击容易产生振动，对气刀控制镀层厚度不利，形成厚薄不均的镀层。

钢带在第一转向辊后进入水平冷却段。水平冷却段通常设有 4～5 组风箱，每组风箱均为单独供风系统，而且均由 20kW 电机带动。在风箱前的送风管上安装灰尘过滤板及控制风量的阀门。

钢带从水平冷却段各组上下风箱的中间通过。为使钢带不被下部喷嘴擦伤，在各组风箱的出入口处均设有托辊。

对于运行速度较慢（<80m/min）的传统的森吉米尔机组，经过上述的自然风冷却便可实现要求的冷却效果。然而，随着钢带运行速度的提高（改良的森吉米尔机组的运行速度可达 180m/min），其冷却时间大幅缩短，原有的冷却系统已不适用，因而在这种新的机组上均安装水冷系统。实际上，水冷系统就是一个水冷槽和挤干设施。有的水冷系统在挤干辊后设有热风吹干装置。

水冷槽一般设置在地面上，也有的设置在水平冷却段后部，这样就可大幅提高钢带的冷却效率。水冷槽内设有喷水嘴向钢带两侧喷射冷水，冷水流入槽底后泵出进入凉水塔散热后返回，循环使用。

（2）热浸镀锌钢带的光整。现代化大型热浸镀锌机组通常在线增设光整机，以便对一些特殊用途的热浸镀锌板产品进行表面光整处理。光整机一般设置在热浸镀锌生产线冷却段后部。

热浸镀锌钢带光整处理的目的如下。

① 提高热浸镀锌钢带表面平滑度。钢带表面镀层并不平滑，这是锌液在凝固时结晶锌花引起的凹凸不平及气刀控制过程可能造成的镀层不均匀所致。通过光整，对钢带表面施以少许的压下量，从而可以提高其平滑度。

特别是用作涂装的热浸镀锌钢带，即使采用小锌花热浸镀锌钢带，其表面仍不能达到要求的平滑度，在涂装后，仍会显露出板面上的小锌花。因此，这种用途的小锌花热浸镀锌钢带也需要进行光整处理，方可消除热浸镀锌钢带上的锌花。

② 消除深冲加工及拉伸加工时可能形成的滑移线。在深冲加工或拉伸加工时，应力分布是不均匀的，而且钢带自身具有各向异性，因此在加工过程中不会同时达到屈服强度。众所周知，钢带在外力作用下达到屈服强度后存在一个屈服平台。

显然，当钢带冲压时先达到屈服强度的部位因为有屈服平台的存在，即使不提高拉应力，此部位也会继续伸长，但此时未达到屈服强度的部位不会伸长。这样一来，钢带的不同部位就会出现不均匀变形（伸长），从而在钢带表面出现条纹，这些条纹与拉伸方向垂直或成一定角度（45°～60°）。当进一步提高拉应力时，这些条纹会转向拉伸方向，并向宽度方向扩展，在钢带表面形成光亮程度不同的条带状区域，此种条纹通常称为滑移线。滑移线会严重影响镀层外观，并导致表面粗糙。

热浸镀锌钢带可以通过光整处理消除上述屈服平台。经验表明，以 0.5%平整度进行光整处理，可以基本消除此屈服平台；以 1%平整度进行光整处理，可以完全消除此平台现象，从而消除深冲及拉伸时形成滑移线的可能性。

然而，光整处理消除屈服平台并不能持久。因为钢带长期放置会产生时效现象，所以光整后已经消除的屈服平台又会重新出现。这样就会重复未光整处理时的情况，即在拉延加工或拉伸加工时出现滑移线。

一般的硅镇静钢及沸腾钢有产生时效的倾向，铝镇静钢不易产生时效。这是因为钢中的氮在高温下溶解于α-Fe中形成固溶体，在温度降至室温下时氮的溶解度下降，并形成氮化物在α-Fe晶界上沉淀，使α-Fe晶粒间的结合力下降，这使钢带在应力作用下在弹性变形后产生塑性变形并形成屈服平台。通过对钢带的光整处理，可将晶界上的氮化物颗粒破碎，从而恢复α-Fe晶粒间的结合力，也就消除了屈服平台。对于铝镇静钢来说，钢中含有铝，铝与氮极易化合形成氮化铝（AlN），将溶解的氮加以固定，无氮化物在α-Fe晶粒边界上沉淀，从而可以防止其产生时效。

③ 光整可使钢带屈服强度σ_S下降。众所周知，降低钢带屈服强度可使钢带成形后的形状稳定，不发生翘曲现象。经过光整处理可使钢带屈服强度有一定程度降低。一般情况下，经过光整处理（平整度在0.3%左右），钢带屈服强度下降2.0~3.0N/mm^2。

④ 光整可使钢带的断裂伸长率下降。实际上，光整过程就是钢带的轻度轧制过程，因此不可避免地发生硬化（强化），进而影响其断裂伸长率的变化。一般情况下，钢带断裂伸长率的下降与其光整处理时的平整度有关，平整度越大，钢带断裂伸长率下降的幅度越大。

⑤ 提高钢带的表面粗糙度。为了提高涂装的附着性，需要钢板表面具有一定的粗糙度。为此，将光整辊进行喷砂处理，使轧后的钢带表面变得粗糙，从而有利于涂装。此外，粗糙表面还可起到储存润滑油的作用，从而有利于钢带的拉延加工。

（3）热浸镀锌钢带的拉伸矫直。冷轧钢带在热浸镀锌时，连续退火炉加热不均匀及机械传动等因素会引起钢带板形变化。一般情况下，当钢带边部延伸比中部大时，则会产生"浪边"；反之，则会产生"瓢曲"缺陷。因此，为了消除这些缺陷，必须对钢带进行矫直与矫平。

虽然光整机与拉伸弯曲矫直机均可消除屈服平台，但是在时效后，经拉伸弯曲的钢带重新产生屈服平台的时间要比经光整的钢带长得多，这是拉伸弯曲矫直机可在整个钢带截面的纵向、横向及垂直方向产生全面变形而光整机仅使钢带表面变形所致。

此外，可以通过拉伸弯曲矫直改善钢板的各向异性。低碳钢板的纵向屈服强度和其横向屈服强度不同，在冲压加工时所得冲压件各部位的厚度就不均匀，从而容易产生裙状缺陷。钢带在拉伸弯曲矫直后就可消除其各向异性，使其纵向和横向的屈服强度相同。

（4）热浸镀锌钢带的化学转化处理。

① 涂油。表面涂防锈油是一种古老而有效的防护方法。热浸镀锌钢带从生产到使用有一定的时间间隔，在此期间，在潮湿环境下，热浸镀锌钢带镀层表面受到溶解氧和其他酸性物质（SO$_2$、CO$_2$等水膜）的腐蚀而产生白锈。白锈是质地非常疏松的氧化锌、氢氧化锌和碱性碳酸锌等的混合物，对其下部的镀层无保护作用。为了延长白锈形成的时间，最原始的方法是在热浸镀锌钢带表面薄涂一层防锈油。此外，涂油在热浸镀锌钢带冲压成型时可起润滑作用，减少模具与钢带之间的摩擦阻力，从而可以减少其在冲压过程中破裂的可能性。

为此，对防锈油有严格要求，除要求其防锈性好外，还必须具备好的脱脂性。在许多情况下必须预先去除油膜。例如，钢带成型后进行涂漆时，或进行磷酸盐处理时。另外，还要求在碱洗去油膜时不破坏镀层。典型的热浸镀锌钢带防锈油技术参数见表3.24。

热浸镀锌钢带涂油方法通常有两种类型，辊式涂油和静电涂油。

辊式涂油是将油喷射到毛毡辊上，通过毛毡辊涂油转移到热浸镀锌钢带表面。虽然辊式涂油应用较广，但却具有明显缺点：钢带表面涂油层很厚，可达13g/m^2，油耗很大；生产环境油污染较重；涂油量不易控制，涂油质量无法得到保证；涂油辊检修较为频繁，检修费用大。

与辊式涂油相比，静电涂油有着突出优点：涂油质量好；节油效果显著；工作可靠，降低检修费用；改善生产环境。

表 3.24　热浸镀锌钢带防锈油技术参数

项目		单位	数值
密度		g/mL	0.909
运动黏度	（20℃）	mm²/s	91
	（50℃）		21
闪点		℃	>180
中和值（KOH）		mg/g	8.6
皂化值（KOH）		mg/g	110
水分		%	<0.05
凝固点		℃	+14
表面张力		Pa/cm²	3.22

②　铬酸盐钝化处理。铬酸盐钝化处理曾被广泛用于热浸镀锌钢材，在其储存及运输时抑制产生"白锈"腐蚀。这种铬酸盐膜层不仅可对镀锌层提供良好的保护性，而且成本低廉、工艺简单。这是由于铬酸盐膜层本身不仅对镀锌层有物理隔离外界环境的作用，而且膜中所含六价铬对钢基体腐蚀有抑制作用。当有湿气存在时，六价铬可以缓慢地释放出，从而提供了"自愈性"。

膜层性质的影响因素包括镀层表面特征、溶液成分、溶液的 pH 值、三价铬、操作条件。

按照处理方式的不同，金属表面铬酸盐钝化处理类型大体上可分为反应型、电解型和涂布型三种。

反应型铬酸盐处理是一种广泛采用的传统的提高镀层耐蚀性的方法。关于此种膜层的结构、形成机理、处理液的组成及膜层面的耐蚀性等，目前已有大量研究。

电解型铬酸盐处理一般用于热浸镀锡板，很少用于热浸镀锌层。

涂布型铬酸盐处理又称无漂洗法，因其无铬酸盐的废水处理问题而受到重视。此外，此法还具有其他一系列优点，从而基本上取代了上述传统方法。

无铬钝化处理。如前所述，铬酸盐处理是抑制镀锌层产生白锈的廉价而有效的方法，因而曾被广泛用于热浸镀锌制品上。然而，由于六价铬易溶于水，因而铬酸盐溶液中含有毒性的六价铬化合物。在生产过程中使用的清洗处理液和产生的含铬废水及其钝化制品均对环境造成污染。

对此，欧洲各国环保组织于 2000 年 6 月发表"关于废弃电器设备回收指令"的提案，规定在 2007年以前对新制造的电器设备禁止使用含铅、汞、镉、六价铬及溴类的物质。与此同时，其他各国也均有这方面的环保要求。在此背景下，各国研究者近几年来着力研究并开发出可以取代铬酸盐的新的钝化处理方法。这些钝化处理方法分类及其特征见表 3.25。

表 3.25　钝化处理方法分类及其特征

项目	铬酸盐	无六价铬的转化膜层			
钝化膜类型	三价铬的隔离作用 六价铬的自愈作用	钝化作用（氧化还原反应）	螯合作用（与锌螯合）	无机聚合物	有机复合涂膜
		钼酸盐处理	单宁酸	硅酸盐 磷酸盐	聚丙树脂 丙烯树脂 磷抑制剂
钝化膜的特性	耐蚀性良好 导电性良好 点焊性良好	耐蚀性差	外观质量差	耐蚀性差	电阻大 点焊性差

对锌表面无铬转化膜的研究已经进行 30 余年。在 20 世纪 60 年代末，人们在认识到六价铬的毒性问题之后进行了大量研究，出现了许多新的取代方法的专利。20 世纪 90 年代以来，随着人们环保意识的增

强，对无六价铬膜层的研究更加活跃。

由表 3.25 可知，钼酸盐钝化膜、钨酸盐钝化膜可以取代铬酸盐钝化膜，这类方法利用类似 Cr^{6+}/Cr^{3+} 的氧化还原反应。Mo（MoO_4^{2-}）或 W（WO_4^{2-}）就是这类钝化膜层的典型例子。通过研究钼酸盐化学处理及钼酸盐/磷酸盐化学处理可知，其钝化膜层的耐蚀性在酸性环境下高于铬酸盐膜层，但在盐雾试验下其耐蚀性较差。

利用螯合作用抑制锌腐蚀的膜层使用单宁酸（鞣酸）处理方法。戈洛坦宁（Gollotannin）含有许多氢氧基（—OH），它可与表面金属锌或溶解的锌离子结合形成螯合物，从而提高其耐蚀性，但这种膜层外观质量较差。

曾经有人试图利用磷酸盐和硅酸盐等无机化合物的聚合作用形成网络结构膜层，但因其耐蚀性差而放弃。

近年来，在有机树脂-硅酸盐复合膜层研究开发取得了较大进展，如丙烯-硅酸盐复合膜层和环氧-硅酸盐复合膜层。此外，还开发了含有特殊抑制剂的有机树脂膜层，如含有聚烯树脂（polyolefin resin）、丙烯树脂和磷酸盐型抑制剂的膜层。

2. 批量热浸镀锌工艺与生产[15]

按照助镀溶剂（助镀液）处理方法的不同，批量热浸镀锌分为干法（烘干溶剂法）热浸镀锌和湿法（熔融溶剂法）热浸镀锌。

干法是将钢铁工件先浸入助镀液中，再经烘干，然后进行浸锌。干法热浸镀锌"爆锌"少，镀层厚，产生锌渣较少，获得的镀层具有较好的黏附性，因此目前大多采用干法进行批量热浸镀锌。

湿法是将钢铁工件先通过锌液表面的助镀液复盐盐膜层，然后浸入锌液中进行热浸镀。

1）批量热浸镀锌生产线工艺布置方案

批量热浸镀锌生产线工艺布置顺序示意图如图 3.105 所示。批量热浸镀锌生产工序布置示意图如图 3.106 所示。

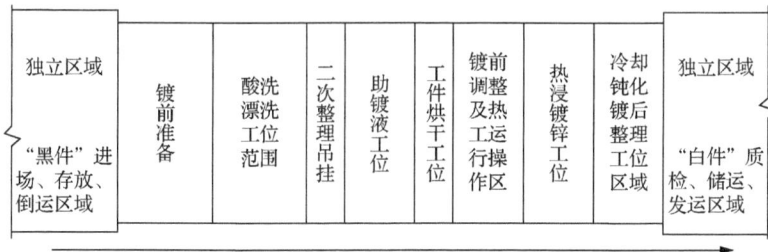

图 3.105　批量热浸镀锌生产线工艺布置顺序示意图

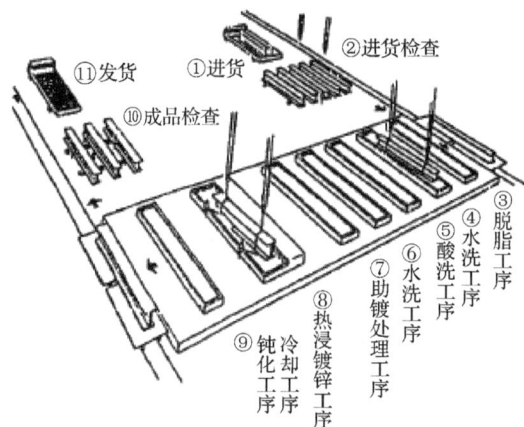

图 3.106　批量热浸镀锌生产工序布置示意图

2）批量热浸镀锌工艺过程

批量热浸镀锌工艺是将加工后的钢铁工件以单件或批量的方式浸入锌液中进行热浸镀。其主要工艺流程包括：碱洗脱脂→水洗→酸洗除锈→水洗→浸助镀液→热浸镀锌（浸锌）→水冷→钝化。

热浸镀锌的基本工艺过程，可以分为"镀前处理"、"热浸镀锌"和"镀后处理"三个基本工艺阶段。在热浸镀锌工艺中，各工序间衔接紧凑，基本上没有停顿和间断，从而保持生产的连续性。

因此，为了获得质量优良的热浸镀锌层，必须严格遵循热浸镀锌工艺过程的操作规范，把握好每一工序的时间和工艺配方，选择控制要求的锌液温度，以及掌握熟练灵活的作业技巧。

（1）镀前处理。在热浸镀锌的钢铁工件中，除了机加工成型的零件，不论是锻压成型、焊接成型还是铸造成型的零部件，都要对其进行表面处理或表面清理。其中，除了铸造工件必须进行喷丸处理或抛丸清理，其他钢铁工件均要进行脱脂去油处理和酸洗除锈处理。

镀前处理的目的是去除钢铁工件表面残留的型砂、微尘、氧化皮及油垢等，使工件铁基体在洁净状态下进行热浸镀锌以保证热浸镀锌层质量。

（2）热浸镀锌。经过镀前处理、等待浸锌的钢铁工件通过专用吊具进行有效吊挂，采用移动行车（在手工方式下，采用人工操作"挑件"）将吊具上吊挂的工件以一定的速度、方向及角度浸入锌液中，完成工件铁基体与锌的合金反应，形成致密的热浸镀锌层。

（3）镀后处理。在一般情况下，热浸镀锌钢铁工件在镀后不做其他涂装处理。如果是为了提高装饰性或增强防腐蚀能力，就要将热浸镀锌工件再次钝化，然后加涂一层有机膜。

此外，镀后处理也包括对不良热浸镀锌层的补救、整修和返工（重新镀锌）工作，还包括对锌液中"锌灰""锌渣"的清理工作。

3）批量热浸镀锌工艺特点

批量热浸镀锌具有以下工艺特点。

（1）批量热浸镀锌工艺可对大小不同、结构各异的钢铁工件进行热浸镀锌操作。

从很小的零部件（螺钉、螺母等）到大型钢结构工件，均可进行批量热浸镀锌操作，但钢铁工件尺寸大小受锌锅尺寸和吊具吊挂能力的限制。

（2）批量热浸镀锌工艺可对形状（结构）复杂的钢铁工件进行热浸镀锌操作。

无论是何种形状或结构的工件，只要其具有合理的排气孔和泄（排）锌孔，能够顺利地放入锌锅并浸入锌液中，锌液就可以完全浸入工件的每个部位，从而形成均匀的热浸镀锌层。

（3）批量热浸镀锌工艺可以获得较厚的热浸镀锌层。

热浸镀锌层厚度与工件材料的厚度、大小、材质等有关。一般来说，工件材料的厚度越厚，得到的热浸镀锌层也越厚。为了获得较厚的热浸镀锌层，还可适当延长热浸镀锌时间。此外，喷丸处理后的工件也可得到相对较厚的镀层。对于大多数钢材，在批量热浸镀锌时，其工艺条件的正常波动对热浸镀锌层厚度的变化并不敏感。

3. 钢管与钢丝热浸镀锌工艺与生产

1）钢管连续热浸镀锌工艺

钢管连续热浸镀锌工艺分为溶剂法钢管连续热浸镀锌工艺和氢还原法钢管连续热浸镀锌工艺两种。其工艺流程分别简述如下。

（1）溶剂法钢管连续热浸镀锌工艺：碱洗→水洗→酸洗→水洗→溶剂处理→烘干→热浸镀锌→冷却。

（2）氢还原法钢管连续热浸镀锌工艺：微氧化预热→还原→冷却至正常锌液温度→热浸镀锌→冷却。

上述两种工艺的区别在于前处理阶段不同。前者与单张钢带溶剂法热浸镀锌基本相同，后者与Sendzihar法钢带热浸镀锌相同。

经过前处理的钢管进入连续式机组，通过辊道输送至锌锅。钢管落入锌锅内，一端倾斜浸入锌液并从另一端排出钢管内的空气，钢管在锌液内被缓慢转动的星形齿轮拨到另一端，再被一个转动的轴轮倾斜抬离锌液表面，并立即被其上部的磁力辊吸住。钢管随着此磁力辊的转动而向斜上方移动，并通过外吹气环，由此环孔喷出的高压空气可将钢管表面多余的锌液吹回锌锅。

当钢管移至其上部的内吹装置时，高压蒸气管通入钢管内进行内吹。吹落的锌液及锌粒通过旋风分离器回收，镀锌后的钢管，经导链送入清洗槽中冷却。

2）钢丝连续热浸镀锌工艺

钢丝连续热浸镀锌工艺分为低碳钢丝连续热浸镀锌工艺和中高碳钢丝连续热浸镀锌工艺。其工艺流程分别简述如下。

（1）低碳钢丝连续热浸镀锌工艺：退火→水洗—酸洗—水洗→溶剂处理→烘干→热浸镀锌→后处理→收线→成品。

（2）中高碳钢丝连续热浸镀锌工艺：脱脂→水洗→酸洗→水洗→溶剂处理→烘干→热浸镀锌→后处理→收线→成品。

一般用途的低碳钢丝和特殊用途的中高碳钢丝在进行热浸镀锌时，前处理阶段稍有不同：低碳钢丝在酸洗前，先经再结晶退火消除拉拔时产生的加工应力，以便保持其良好的弯曲性能和延展性能及较低的电阻系数，再通过退火达到去除拉拔时残留油污的目的；中高碳钢丝为保持其高强度，不采用退火脱脂热处理方法。

钢丝热浸镀锌层厚度与钢丝从锌液中引出方式有关。

（1）当垂直引出时，热浸镀锌层厚度取决于锌液在钢丝表面的附着力和重力的大小。

（2）当引出速度较高时，附着力大于重力，可以获得较厚且均匀的镀层，并且镀层重量可达 $300g/m^2$。

（3）当倾斜引出时，钢丝与锌液面约呈 35°，可以获得重量小于 $200g/m^2$ 的较薄镀层，但其均匀性较差。

（4）钢丝在热浸镀锌后，其表面形成 Zn-Fe 合金相层，使热浸镀锌钢丝的缠绕性能下降。

（5）低碳热浸镀锌钢丝的力学性能与其退火方式有关，中高碳热浸镀锌钢丝的力学性能与热浸镀锌时的锌液温度有关。锌液温度对钢丝力学性能的影响见表 3.26。

表 3.26　锌液温度对钢丝力学性能的影响

表面形态	抗拉强度δ_b=0.04N/mm^2	扭转值
光面钢丝	212	160
在 450～460℃下热浸镀锌后	190	112
在 470～490℃下热浸镀锌后	182	118

注：试样采用Φ4.0mm 钢丝。

3.3.2　热浸镀铝工艺与生产

热浸镀铝工艺可用于生产钢板、钢丝、钢管等产品。热浸镀铝工艺是在铝处于熔融状态的较高温度下进行的，在镀层与钢基体间存在较厚的脆性合金层，它能使镀层的塑性变坏，因而其应用范围受到一定限制。此外，热浸镀铝钢丝镀层容易出现针孔漏镀。目前，热浸镀铝工艺主要用于连续生产热浸镀铝钢板。

早期的热浸镀铝钢板采用溶剂法生产，质量差，产量低。直到 1939 年美国阿姆柯钢铁公司采用森吉米尔法连续生产线生产热浸镀铝钢带，才实现热浸镀铝钢板的大规模生产。它对森吉米尔法钢带连续热浸镀锌生产线进行适当改造，并增设热浸镀铝锅用于生产热浸镀铝钢板。其时，为了降低熔融铝的温度，增加流动性，在铝液中添加质量分数为 7%～9%的硅，由此所得的镀层中含有硅。为了适应建筑业的需求，该公司于 1955 年生产出纯铝镀层钢板。由此，该公司命名前者为 I 型热浸镀铝钢板，后者为 II 型热浸镀铝钢板。1958 年，随着汽车工业的高速发展，热浸镀铝钢板被大量用于汽车排气系统用材（排气管和消音器），进一步促进了热浸镀铝钢板的生产。1959 年，美国钢铁公司、美国内陆钢铁公司也相继开始生产热浸镀铝钢板。到 20 世纪 50 年代末和 20 世纪 60 年代初，日本及欧洲一些国家也都开始生产热浸镀铝钢板。总之，这时期是热浸镀铝钢板发展最迅速的时期。

最初的热浸镀铝钢带生产线，钢带运行速度低，一般约为数十米。在 20 世纪 70 年代，出现了大型高速热浸镀铝生产线。例如，1972 年美国阿姆柯公司米德尔敦厂 4#热浸镀铝生产线投产，其机组运行速度最高可达 137m/min，年产量为 25×10^4t。比利时菲尼克斯厂 3#热浸镀铝生产线于 1983 年投产，其机组运行速度高达 150m/min，年产量高达 30×10^4t。该机组采用微机控制的气刀擦拭装置来控制镀层厚度，热浸镀铝锅采用感应加热的陶瓷锅，大幅延长了锅体寿命，并改善了镀层质量。退火炉用立式炉替代卧式炉，改善了钢板板形和镀层质量。

近年来，为了满足汽车对热浸镀铝钢板性能的更高要求，开发出一种含钛热浸镀铝钢板，其耐热性可以提高到 800℃。然而，作为汽车排气系统用材，除要求热浸镀铝钢板具有足够高的耐热性外，还需具有在高温下抗外力作用和机械振动的高强度。在此背景下，为了改善含钛热浸镀铝钢板的高温强度，又研究开发了高强度、高耐热浸镀铝钢板，即在含钛钢中添加硅、锰、铬等元素，钢板强度达到 440MPa。另外，正在开发的不锈钢热浸镀铝板将成为未来汽车用材的新动向。

1. 热浸镀铝钢板的生产工艺[11]

与热浸镀锌钢板生产线类似，热浸镀铝钢板的生产工艺主要包括森吉米尔法、美钢联法、英国涂层金属公司法、美国夏伦公司法、改良森吉米尔法等。

2. 钢带连续热浸镀铝生产线的工艺参数

1）退火炉

在传统热浸镀铝生产线（英国涂层金属公司最初的热浸镀铝生产线）上，钢带在进入还原炉前的净化处理是采用钢带在氧化炉中氧化后再经酸洗的方法来实现的。其氧化炉温度为 450～500℃，在此温度下钢带表面的任何油污或润滑油均可挥发或被烧掉，同时钢带表面被氧化。钢带出氧化炉后先用空气和水进行冷却，随即在稀盐酸和稀硫酸中酸洗以去除其氧化膜。由于酸洗后钢带表面被活化，在吹干过程中仍将被轻微氧化，并在还原炉内变成海绵铁。在钢带浸入铝液时，这些海绵铁溶解于铝液中，甚至形成铁铝合金渣子，并可能黏附在镀层表面而形成外观粗糙的镀层。此种钢带的净化处理方法存在以下缺点：①进入还原炉内的是冷的钢带，需要很长的还原炉来加热钢带以达到最佳的还原温度。②减少了有效还原时间，并限制了钢带的运行速度。③氧化炉内的工艺条件不易控制，其结果是钢带的边缘部位往往过度氧化，而且钢带边缘部位的氧化铁在酸洗时未能被除掉，只有降低钢带的运行速度才能全部还原。④采用酸洗势必造成多余的消耗及设备腐蚀的问题。为了克服这些缺点，英国涂层金属公司于 1978 年建立了快速加热无氧化预热炉，用于钢带净化处理。该预热炉采用燃烧天然气的直接火焰加热，可将钢带快速加热至工艺要求的温度。使天然气和空气（在 90%的燃烧率下）缺氧不完全燃烧，达到加热和净化钢带的目的。其废气中含有 CO_2、H_2O、CO、H_2、CH_4 和 N_2 等。含此种成分的废气理论上属于还原性气体。预热炉内上下两侧的十二个燃烧器分成两个加热区，火焰直接进入燃烧室使炉膛温度保持在 1150～1200℃。

经验表明，提高预热炉温度可以明显减弱炉内的氧化气氛。因此，这种无氧化预热炉的温度已逐渐提高到 1100～1300℃，同时促进了钢带快速升温。钢带出预热炉进还原炉时的温度通常保持在 650～700℃。钢带温度通过设置在预热炉到还原炉通道处的温度传感器控制，并由它控制两个炉区的热量分配。

如前所述,具有类似炉温条件的有美国阿姆柯公司热浸镀铝专用线的立式无氧化炉,其炉膛温度为1250℃,钢带在还原炉进口处的温度可达730℃。此外,还有德国蒂森公司热浸镀锌、镀铝两用线的卧式无氧化炉,其炉膛温度同样为1250℃,但钢带出口温度偏低,约为550℃。

钢带从预热炉进入还原炉。还原炉主要有两个作用:①将钢带表面氧化膜还原为活性纯铁层。一般情况下,当钢带温度达到850℃时,经60s其表面氧化铁膜便可全部还原;当钢带温度为900℃时,经30s即可完成还原。②继续加热钢带,完成其再结晶退火过程。

在还原炉内,由煤气或天然气加热的辐射管将炉膛温度提高到950℃以上,钢带温度最高可达900℃。另外,通入还原炉内的含 H_2 和 N_2 的保护气体在高温下与钢带表面氧化铁膜快速发生反应,将其还原为纯铁。这样一来,在还原炉内同时完成了钢带的再结晶退火过程和表面氧化膜的还原过程,钢带表面实现了完全净化,为在其上形成镀层创造了条件。

不同钢种的再结晶退火温度不同。钢带再结晶温度越高,其要求预热炉温度也越高。为使钢带尽早达到再结晶退火温度,还原炉前段应当供应足够的热量,以使其后段处于保温均热状态,促进晶粒恢复和加速钢带表面 FeO 的还原过程。实践证明,对还原炉实行这样的热量分配是合理的,它可以提高钢带机械强度和镀层附着性。图 3.107 所示为蒂森公司热浸镀锌、镀铝两用生产线退火炉各段温度及钢带温度分布曲线。

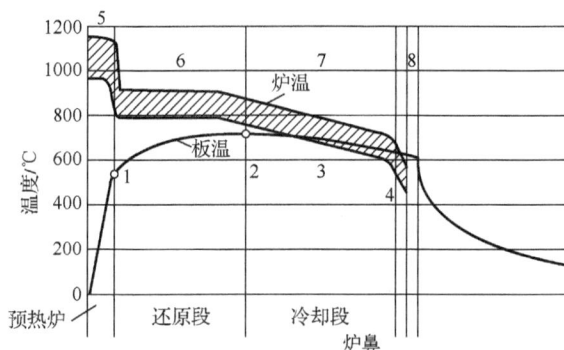

图 3.107　退火炉各段温度及钢带温度分布曲线

钢带在还原炉中完成氧化膜还原和再结晶退火后进入冷却段。在此设有强制通风的喷射器,利用冷风或循环空气对钢带进行间接缓慢冷却,钢带从 800~850℃冷却至稍高于铝锅温度(10~20℃),进入铝锅。实践证明,在冷却段冷却速度过快容易引起钢带不规则变形,导致钢带产生浪边、浪形、瓢曲等缺陷。如果钢带进入铝锅时温度太低,那么不仅要耗费铝液的热量,还会在铝液中产生大量的铁铝合金渣子。若入锅温度太高,则会促进合金层长大。然而,对于热浸镀铝硅合金,可以采取较高的入锅温度,其合金层不会明显长大,而且有利于消除镀层的针孔漏镀缺陷。

2)保护气体

钢带连续热浸镀铝退火炉的保护气体由 H_2 和 N_2 按照一定比例混合而成。其中的 H_2 源于水电解或氨分解,N_2 源于空气分离或制氮机。在高温下,H_2 具有很强的还原能力,可将 FeO 还原为纯铁。

实践证明,钢带在还原炉中的还原度与通入炉内的保护气体中 H_2 的绝对含量有关,与保护气体总量无明显关系。通入炉中的保护气体量较低而 H_2 的浓度较高,或者保护气体总量较大而 H_2 的浓度较低,均可满足钢带表面氧化膜还原的需要。一般情况下,为了保证炉内有足够的压力而采取后一种方式,对于钢带热浸镀铝而言,保护气体中 H_2 含量比热浸镀锌高一些,体积分数为35%~40%。

一般情况下,保护气体向退火炉各段的通入量可按以下比例分配:冷却段入口处占总通入量的40%~50%,其余通入量可以均匀分配到冷却段出口处和还原炉进口处。

需要指出的是，保护气体中的 O_2 含量和露点对镀层的连续性影响极大。众所周知，钢带热浸镀铝层的连续性是评价热浸镀铝层质量的基本指标。因此，了解热浸镀铝层针孔漏镀产生的原因并掌握其解决方法是获得优质热浸镀铝层的关键。

对于钢带连续热浸镀铝生产线的热浸镀铝层产生针孔漏镀的原因，众说纷纭。有研究者认为，通入炉鼻处的保护气体露点较高，致使在还原炉中已经还原好的钢带表面在冷却段的出口处和进入铝液之前又被重新氧化而镀不上铝。还有研究者认为，保护气体中的 N_2、O_2、H_2O 和 H_2 等气体在炉鼻处与熔融铝反应形成氮化物、氧化物和氢化物等物质，它们漂浮在该处铝液表面，当钢带进入铝锅时，这些漂浮物的颗粒就黏附在钢带表面，在铝液中阻碍铝与钢带接触，妨碍铝与铁的反应和扩散，从而镀不上铝。为了消除这些漂浮物的有害影响，有学者曾提出以下三种措施。

（1）防止漂浮物生成的措施。尽量降低保护气体特别是通入炉鼻处保护气体中的 O_2 含量和露点，将 O_2 的体积分数降至 1×10^{-6} 以下，将露点降至-60℃以下。虽然这样做有一定效果，但是增加了保护气体净化处理的负荷。另外，也有人提出在炉鼻口和铝液面之间放置熔融铅或熔融铋以吸收保护气体中的 O_2 和 H_2O。此种措施虽然能解决一定问题，但是它会影响镀层的耐蚀性和耐热性，因而尚未用于工业生产。

（2）改变漂浮物的性质。向炉鼻处通入金属钠蒸气，使保护气体中的 O_2 和 H_2O 与铝反应生成偏铝酸钠（$AlNaO_2$），这种物质不易黏附于钢带表面，从而可以避免热浸镀铝层产生针孔漏镀。此法对于露点在-20℃以上的保护气体效果明显，但不能完全消除针孔漏镀。当露点在-40℃以下时，保护气体效果不明显。另外，钠蒸气对镀层附着性有不良影响，镀层在严苛加工时容易产生剥落。

（3）机械排除的措施。在钢带从炉鼻进入铝液处，用机械方法对钢带进行擦拭，将钢带表面黏附的漂浮物擦掉。虽然此法效果明显，但是钢带表面易被划伤，使镀层产生道痕。此外，还使铝锅中的结构件更加复杂化。因而，此种措施在工业生产中不宜采用。

最新研究指出，在 O_2 含量和露点一定的保护气体中，热浸镀铝层产生针孔漏镀的原因是保护气体中 H_2 含量过高。当在炉鼻处通入的保护气体中 H_2 的含量过高时，铝液对钢带的表面张力明显增大，致使铝液对钢带的浸润性下降，从而导致镀层中出现针孔漏镀缺陷。保护气体中 H_2 的含量与铝液对钢带的浸润性之间的关系如下：保护气体中 H_2 的含量对熔融铝与钢带的浸润张力有很大影响。当 H_2 的含量在 10×10^{-6} 以下时，铝液对钢带的浸润性最好；当 H_2 的含量超过体积分数 1000×10^{-6} 时，其浸润性急剧下降。因此，为了消除镀层中的针孔漏镀，提高镀层的连续性，在工业热浸镀铝生产线上，对通入炉鼻处的保护气体，除控制其 O_2 的体积分数小于 1×10^{-6} 及露点在-40℃以下外，还应控制 H_2 的体积分数在 1000×10^{-6} 以下。

为此对于工业生产线而言，常在其炉鼻处通入高纯氮气或高纯氩气而不通入净化后的保护气体或纯氮气。这是因为在净化处理时，通常要通入一定量的氢气。

3）热浸镀铝锅和镀层控制

钢带从炉鼻中出来后进入铝锅。铝液温度对镀层质量影响较大。铝液温度过高会加速铝向钢基体扩散形成厚的合金层，这种情况在热浸镀纯铝时尤为严重。由此可见，铝液温度应以确保有效控制镀层厚度的铝液能够保持流动性的最低温度为宜。对于热浸镀铝硅合金，这个温度在 650～680℃ 之间，视合金中硅含量而定；对于热浸镀纯铝，这个温度为 710～720℃。热浸镀时间即钢带与铝液的接触时间，应以最短（浅浸或高速）为宜。

另外，铝液中所含杂质对镀层质量也有较大影响。这个杂质主要是指铁。在热浸镀铝过程中，钢带上的铁将不可避免地溶于铝液中。如果使用铁锅，那么铁锅上的铁也会溶入铝液中。根据涅斯特-舒卡列夫方程式，假定式中的 K、S 和 V 均可接近常数，则该方程式表示物质的溶解速率主要取决于（C_s-C_t）。当铝液中铁含量增大时，则铁的溶解速率下降。这已被钢材热浸镀铝实践所证实。例如，在实际热浸镀铝生产过程中更换沉没辊时可以发现，在投产初始阶段，轴承腐蚀程度比之后各阶段更严重。针对这一现象，有学者在热浸镀铝时从一开始就采用含铁量较高的铝锭作为原料，但这样做又出现另一问题，铁在铝中的溶解饱和极限是温度的函数，当锅中的铝液在一定温度下被铁饱和后，只要铝液温度有一点点下降，就会从铝液中普遍或者局部析出金属间化合物 $FeAl_3$ 渣子，它的比重大于铝液而沉积在锅底。在采用感应加热的铝锅中，铝液会产生很大的搅动力，使这些固体颗粒以悬浮状存在于铝液中，因而也会分散在镀层内成为层中夹杂物，从而使镀层变得粗糙，并对其耐蚀性产生不利影响。

根据涅斯特-舒卡列夫方程式可知，铁在 Al-Si 合金镀液中的溶解速率比其在纯铝液中更大。由 Fe-Al 系二元状态图可知，铁在 700℃ 的熔融铝中的溶解度为 2.5%；由 Fe-Al-Si 三元状态图可知，在 700℃ 下的 Al-11%Si 合金中至少能够溶解 4% 的铁。这是方程式中的（C_s–C_t）较大所致。若其他因素与 Fe-Al 二元系的情况相同，则铁的溶解速率增大。

铝液中的铁除源于钢带自身外，浸在铝液中的其他铁制构件都是铁的来源。例如，炉鼻出口浸在铝液中的部位、沉没辊、控制钢带颤动的防颤辊及浸入铝液中的各种支架。在这些铁制构件中，最关键的构件是沉没辊。在新建的热浸镀铝生产线中，铝液中铁含量很少，沉没辊及轴承需要勤更换，最初 8h 更换一次，然后 24h 更换一次，最后 3 天更换一次。除了腐蚀或者带渣，换辊往往是轴承磨损使沉没辊转动不良并使钢带颤动所致。

在实际操作中，为了降低铝液中的铁含量，通常先将铝液降温，使溶于铝液中的铁析出并形成铁铝合金渣子，在静置一定时间后，铁铝合金渣子便沉积于锅底。然后，用漏勺或其他工具将沉渣捞出。需要指出的是，降温幅度不能过大，以防铝液黏稠甚至凝固。捞渣频次视锅底渣生成量而定，一般每周进行一次。如果不定期捞渣，沉积的渣子就变得固实，以后再捞时不仅费力，甚至捞不动。

铝液表面与空气接触形成白色的氧化铝面渣，对此面渣可任其形成无须处理。当其达到一定厚度时，对铝液具有保护作用，可以阻碍铝的进一步氧化，并有隔热作用，可使铝液面散热减少。在传统生产线上，当使用镀辊控制镀层厚度时，此氧化铝面渣还起到净化镀辊表面的作用，使镀辊呈光滑镜面，有利于提高钢带表面镀层质量。

当钢带离开铝液时，其表面除已形成的合金层外，还黏附一层熔融铝或熔融铝硅合金。其厚度和均匀性主要采用机械方法控制。最初的热浸镀铝生产线常采用镀辊控制镀层的厚度，即钢带从铝液中引出后，穿过一对半浸于铝液中的辊子之间的缝隙，此镀辊的作用是控制钢带表面纯铝层或 Al-Si 合金层的厚度，排除铝液表面的浮渣以避免其黏附于镀层表面。

在用镀辊控制镀层厚度时，钢带运行速度对镀层厚度具有很大影响。在实际生产过程中，铝液对镀辊的腐蚀及钢带对它的磨损，使得镀辊的上述作用往往不能实现。镀辊表面变得粗糙，使镀层表面质量变坏，因此必须定期取下镀辊进行磨光。另外，镀辊本身调节镀层厚度的作用很有限，并且在很大程度上限制了钢带运行速度。

目前，大型现代化生产线对镀层的控制均采用气刀系统。气刀安装在引出铝液的钢带两侧且距铝液面不高处。一般情况下，气刀采用的气体为空气，但也有气刀采用氮气和高压蒸汽。当采用空气或氮气时，需要对其进行预热，预热温度越高越好，至少应达到 250℃，特别是当钢带运行速度较慢时尤为需要。空气预热器通常采用煤气或重油加热的多管式燃烧器。高温气体进入气刀的气室中并通过窄缝（喷嘴）吹向钢带表面的熔融铝层，将过量的铝液吹回铝锅中。通过对气刀的调节，可在不同线速度、不同钢带规格、不同宽度及不同的铝液温度下提供需要的镀层厚度和镀层均匀性。

现代化镀铝生产线广泛使用的气刀系统是科勒公司开发的。这种气刀采用低气压大体积的气流，其气流角度可调，喷嘴呈弓形。这种设计可以克服钢带边缘部位镀层过厚的问题。

近年来，随着钢带运行速度的不断提高，采用手动方式调整气刀来控制镀层厚度已经不能满足生产的需要，因而开始采用计算机在线控制。这样可以快速测定和自动调整镀层厚度。当钢带经过在线γ射线镀层测厚仪时，测厚仪测出由镀层发射的二次 X 射线的衰减，再通过计算机计算出其厚度，并快速调整气刀喷射气体量及气刀速度，从而实现镀层厚度的自动调整。

4）热浸镀铝钢带的冷却与精整

热浸镀铝钢带从铝锅引出经镀辊或气刀调整镀层厚度，即进入冷却阶段。热浸镀铝钢带冷却速度对热浸镀铝钢板的外观及其力学性能有着重要影响。在传统生产线上，只采用简单的风冷系统向钢带两侧喷吹冷风，促使钢带快速冷却以避免其合金层继续长大，并可缩短垂直冷却段的高度。新的热浸镀铝生产线通过冷却工艺规程改善镀层钢带的力学性能。例如，有的生产线在钢带出锅后到 475℃ 之间尽可能减慢冷却速度，避免热浸镀铝钢带受淬火时效的影响而损害其加工性。但这样的冷却速度与镀层要求相矛盾，后者要求热浸镀铝钢带快速冷却至 400℃ 以下以抑制合金层生长。最新研究指出，热浸镀铝钢带出锅后无论是采用自然冷却或是采用风冷，其冷却速度都不会超过 20℃/s。在此种冷却速度下，钢基体中的固溶碳会析出，从而使过饱和的固溶碳量减少。这样一来，为了改善热浸镀铝钢带的力学性能（延伸率），就必须进行长时间的过时效退火处理。为此，有关专家提出分两段冷却和进行短时间过时效处理的方法，即在钢带从铝锅引出后到其凝固点（约为 580℃）之间进行急冷以控制金属晶体生长，形成细小晶粒，然后再以 30～100℃/s 的速度冷却至 450℃ 以控制钢基体中碳的析出，最后在 350～450℃ 之间进行短时间的过时效退火处理。这样可以改善镀层外观及钢板力学性能，特别是钢板的延伸率。

为了在实践中达到此目的，钢带从铝锅中引出并在气刀调整镀层厚度后进入冷却器，在冷却器内先以少量水进行喷雾冷却，待铝层凝固后再用水喷淋，以 30～100℃/s 的速度进行冷却，然后在 350～450℃ 之间进行过时效退火处理 2～3min，最后进入光整机对其表面加以光整。

此外，在一些较为大型的热浸镀铝生产线中，还设有对钢带进行轻度变形处理和表面保护处理的设备。在钢带进入出口活套贮存器之前，采用拉弯矫直机对钢带板形进行矫平和矫直，并改善镀层的表面光滑度。对拉延加工用的热浸镀铝钢板不应进行此种处理，因为这会对其加工性产生不利影响。此外，热浸镀铝钢带机械变形会对其耐蚀性产生不利影响。例如，简单的钢材表面平整处理会引起合金镀层产生细微裂纹，当水渗入此细微裂纹进入合金层中甚至到达钢基体时，镀层表面就会生锈，从而失去其商品价值。若采用拉弯矫直机代替平整机，则可减少这种细微裂纹的形成。

近年来，为了提高热浸镀铝钢板在贮存和运输过程中的耐蚀性，防止产生白锈，还设置了在线表面处理设备。通常采用化学钝化法处理热浸镀铝钢带，其钝化液为铬酸盐处理液。例如，蒂森公司的热浸镀铝生产线先喷射铬酸和去离子水混合的钝化液且钝化液温度为 70℃，然后用橡胶辊挤去多余的钝化液，最后用热风吹干。在其他大型生产线上也有类似的钝化处理工艺。

3.3.3　热浸镀 Zn-5%Al 镀层的工艺与生产

Zn-5%Al 镀层钢板是指国际铅锌协会组织比利时金属研究中心开发的 Zn-5%Al-RE 镀层钢板（商品名为 Galfan）。

Zn-5%Al-RE 镀层钢板用合金锭原料按照 *Standard Specification for GALFAN (Zinc-5% Aluminum-Mischmetal) Alloy in Ingot Form for Hot-Dip Coating*（ASTM B750-22）标准炼制，该合金锭中的 Pb、Sn、Cd 等杂质含量应当严格控制在标准规定含量以下。Zn-5%Al-RE 合金锭的化学成分见表 3.27。

表 3.27　Zn-5%Al-RE 合金锭的化学成分

元素	含量（质量分数）/%	元素	含量（质量分数）/%
铝	4.7～6.2	镉	<0.005
镧铈混合稀土	0.03～0.1	锡	<0.002
铁	<0.075	其他稀土元素	<0.020
硅	<0.015	其他金属元素	<0.040
铅	<0.005	锌	余量

Zn-5%Al-RE 合金镀层钢板的生产工艺与钢带连续热浸镀锌工艺相同，采用改良森吉米尔法或美钢联法生产线。主要区别是其镀液温度稍低于热浸镀锌液温度，一般为 430~450℃。在浸镀时稀土元素容易氧化，锅中的稀土金属含量逐渐降低，特别是在锌液上部尤为显著。但在连续生产过程中，向锌液中不断添加此合金锭，可使锌液中的稀土金属含量维持在一定水平，质量分数通常为 0.01%~0.03%。

钢带入锅温度控制在 450℃左右，应比镀液温度稍高 10~15℃，热浸镀时间为 3~5s。钢带先经沉没辊转向出锅并通过气刀控制镀层厚度，然后经风冷强制快速冷却，最后水冷至室温。

20 世纪 90 年代，Zn-5%Al-RE 镀层已用于钢丝及钢结构件上，其工艺均为溶剂法。由于常规的热浸镀锌用溶剂与镀液中的铝发生反应形成 AlCl₃ 而失去其溶剂作用，镀层表面出现漏镀和鼓包，因此开发出双镀工艺，即先用常规溶剂法热浸镀锌，经严格擦拭除去表面纯锌层再浸入 Zn-5%Al-RE 锅中热浸镀此合金。实际上，这是在 Fe-Zn 合金层表面附着一层 Zn-5%Al-RE 合金镀液。

3.3.4 热浸镀 55%Al-Zn 镀层的工艺与生产

55%Al-Zn 合金镀层钢板由美国伯利恒钢铁公司于 1962 年开始研制，历经十年，于 1972 年正式投入商业生产，其商品名为 Galvalume。其后不久，澳大利亚 BHP 钢铁公司引进其镀层配方并于 1976 年开始生产，其商品名为 Zinclume。瑞典 SSAB 钢铁公司紧随其后，也引进其配方并进行商业生产，其商品名为 Aluzink[16]。由于此种镀层具有比热浸镀锌层好得多的抗大气腐蚀性，因而获得快速发展，目前在世界上许多国家均有生产。

55%Al-Zn 合金镀层钢板的生产工艺和过程与钢带连续热浸镀锌相似，通常采用改良森吉米尔法或美钢联法连续热浸镀生产线进行生产。

热浸镀液由按理论成分为 55%Al-43.4%Zn-1.4%Si 预先熔炼的合金锭熔融而成。镀液温度保持在 590~610℃，钢带经退火炉和冷却段入锅前的温度为 610~630℃。因为镀液中铝含量较高，所以要求退火炉中保护气体露点更低（-40℃），氧气的体积分数在 1×10^{-6} 以下。

热浸镀锅锅体为感应加热的陶瓷锅。为了保证热浸镀液成分均匀，在装入镀锅前，先在小型铁锅中预熔化合金锭，然后再倒入镀锅。

镀层重量（厚度）由气刀控制。标准中规定的镀层重量有多种，可以根据用途不同进行选择。55%Al-Zn 镀层合金的密度仅为 3.69g/cm³。在镀层重量相同的情况下，它的厚度是热浸镀锌层厚度的两倍。

钢带热浸镀后经镀锅上部的气刀擦拭，之后需要进行强制快速冷却，使钢带从 600℃降至 370℃的冷却速度大于 11℃/s。快速冷却可使镀层形成以 α-Al 相为主体的含有少量树枝状晶富锌相的镀层结构，从而达到最高耐蚀性。

近年来，将此种镀层用于钢管和钢结构件上取得了成功。由于钢管和钢结构件中不能连续进行热浸镀，因而采用溶剂法生产。采用的溶剂由 LiCl、KCl、KF 和 ZnCl₂ 构成。此溶剂的溶点约为 450℃，热浸镀温度为 620~650℃。将此镀层镀于 Φ10~16mm 钢管上以取代热浸镀锌管，可以大幅提高其耐热水腐蚀性，并可避免铅污染。

3.4 热浸镀钢材的性能与应用

3.4.1 热浸镀锌钢材的性能与应用

1. 热浸镀锌层的组织

1) 纯锌镀层
早期的钢板热浸镀锌大多在纯锌（含有少量铅）热浸镀液中进行。将低碳钢板浸入 450℃的纯锌热浸镀液中，经过不同时间的热浸镀，生成的合金相结构不断变化。当热浸镀时间足够长时，形成的各个相层将保持固定的顺序：从钢基体起依次为 Γ 相（Fe_3Zn_{10}）、栅状δ_1相（($FeZn_7$）和 ζ 相（$FeZn_{13}$）三种金属间化合物相层。当浸锌时间过长时，除此三种合金相层外，在栅状δ_1相层和 Γ 相层之间还出现致密δ_1相层和 Γ_1（Fe_5Zn_{21}）相层。由此可见，在长时间浸镀时，形成的合金层中包含 Γ 相，Γ_1 相，致密δ_1相、栅状δ_1相和ζ相五个相层。

最初的钢板热浸镀锌为单张钢板热浸镀锌，采用湿法（溶剂法）热浸镀锌工艺。采用此种工艺，钢板入锅温度低，在锌液中停留时间长，而且锌液中不加铝，Fe-Zn 反应剧烈，易于形成多相共存的较厚的合金层。现代化钢板热浸镀锌均采用氢还原法的钢板连续热浸镀锌工艺，钢板入锌锅温度高（480～520℃），在锌锅中停留时间短（5s 左右），而且加入抑制合金层生长的铝元素（质量分数为 0.1%～0.2%），一般不会形成上述多种合金相。

钢材热浸镀纯锌时形成的各种合金相的结晶学数据和物理特性见表 3.28。

表 3.28　Fe-Zn 系各种合金相的结晶数据和物理特性

相层符号		Γ	δ_1	ζ	η
名称		黏附层	栅状层	漂走层	纯锌层
铁含量	at%	23.2～31.3	8.1～13.2	7.2～7.4	
	w%	20.5～28	7～11.5	6～6.2	0.003
分子式		Fe_3Zn_{10}	$FeZn_7$	$FeZn_{13}$	Zn
晶体结构		体心立方	六方	单斜	密排六方
每一晶胞下的原子数		52	550±8	28	2
晶胞常数/nm		0.8956～0.8999	a=1.286 c=5.76	a=1.365，c=0.306 b=0.761，β=128°44′	a=0.266，c=0.49379 c/a=1.8563
显微硬度(0.2N 负荷)/MPa		>515	454	270	37
密度/（g/cm³）		7.5	7.25±0.05	7.8	7.14
熔点/℃		782	640	530	419.4
性质		脆性	塑性	脆性	塑性

注：表内尚应补入 Γ_1 相（Fe_5Zn_{21}，面心立方晶格）和致密δ_1相（$FeZn_7$，六方晶系）。

在溶剂法单张钢板热浸镀锌工艺中，钢板在锌液中运行时间较长（15～20s），但尚不致形成过厚的合金层，一般不会形成 Γ 相层，而是形成δ_1相层和 ζ 相层。长时间热浸镀形成的合金层在靠近钢基体表面为 Γ 相和Γ_1相，通常称为黏附层。此层因起黏附合金层的作用而得名。

在 Γ 相层外部并与之相邻的是致密δ_1相层和栅状δ_1相层。致密δ_1相层晶体的形成速度大于其生长速度，其结晶颗粒多而致密。栅状δ_1相层晶体的生长速度大于其形成速度，其晶体颗粒的致密性较差且呈栅栏状。由 Fe-Zn 二元系状态图可知，δ_1相在 640℃以下稳定存在。在栅状δ_1相层的外部与其靠近的是 ζ 相层，此相层由粗大的柱状晶体构成，比栅状δ_1相层更疏松。尤其是在 490～510℃之间，在各柱状 ζ 相层晶体之间存在着很多缝隙，因而外部锌液可以通过此缝隙渗入ζ 相层内部，并在与δ_1相层接触时发生反应。ζ 相层进一步增厚并易于脱落。脱落的 ζ 相层进入锌液中，称为漂走层。脱落的 ζ 相颗粒与锌液反应形成δ_1相晶体颗粒沉入锌锅底部，称为底渣。由 Fe-Zn 二元状态图可知，当锌液温度在 530℃以上时，不能形成 ζ 相层。

当镀件从锌液中引出时，在其合金层表面附着一层锌液，锌液冷却凝固后成为镀层的表层，它是含有少量铁的纯锌层。

2）锌-铝合金镀层

薄钢板的纯锌镀层（不加铝）较厚且脆，使热浸镀锌钢板的加工性变差，在其弯曲变形时容易发生锌层剥落，因而希望减薄纯锌镀层的厚度。在现代钢板连续热浸镀锌生产线上，为了抑制合金层的生长，在锌液中添加少量铝（质量分数为 0～0.2%）。由于铝对铁的化学亲和性高于锌对铁的化学亲和性，因此在钢表面发生选择性反应，形成薄的铁铝化合物层，从而可以抑制锌的扩散。

关于钢板连续热浸镀锌时在锌液中添加铝以抑制合金层生长的研究还有很多。

Bablik 首先提出在锌液中添加铝以抑制铁锌反应。他认为，锌液中的铝与钢板反应形成 $FeAl_3$，它存在于铁锌界面上，阻碍铁锌之间的相互扩散（该观点被称为 $FeAl_3$ 屏壁学说）。直到现在，这种屏壁学说仍用于解释锌中加铝的抑制作用。关于作为屏壁的铁铝金属间化合物的说法还有很多。例如，Hughs 认为此屏壁是含有质量分数为 16%～17%Zn 的 $FeAl_3$ 化合物；Haughton、Horstmann 和 Borzillo 认为此屏壁是 Fe_2Al_5 化合物层，并认为当 Fe_2Al_5 分解为 FeAl 和 Fe-Al-Zn 三元化合物时，此 Fe_2Al_5 抑制层便失去其抑制作用。实际上，此 Fe-Al-Zn 三元相是含锌的 $FeAl_7$ 相。

根据 Ghuman 等的研究成果，在热浸镀锌初期生成薄而致密的一次抑制相，此相层的组成为质量分数为 10%～14%的 Al、22%～25%的 Fe 和 60%～65%的 Zn。由于铝对铁的化学亲和性强，随着热浸镀时间的延长，此相层中铁和铝的含量增长多，其组成为质量分数为 24%～30%的 Al、33%～36%的 Fe 和 34%～40%的 Zn，称为二次抑制相。随着热浸镀时间的进一步延长，二次抑制相变成稳定性好的 $Fe_2(AlZn)_5$ 化合物。例如，在 450℃含铝质量分数为 0.25%的锌液中热浸镀 10s 时，生成一次抑制相；当热浸镀时间延长至 30s 时，局部生成二次抑制相；当热浸镀时间长达 120s 时，钢表面全部被二次抑制相覆盖，并有一部分转变为 $Fe_2(AlZn)_5$ 化合物；当二次抑制相继续生长并全部转变为 $Fe_2(AlZn)_5$ 化合物时，此合金层的抑制作用完全消失。

在加铝的锌液中热浸镀时，合金层结构随锌液中铝含量的不同而发生很大变化（图 3.108）。由图可知，当锌液中不加铝时，形成的铁锌合金层以规则的层状结构排列；当加铝量达到 0.07%（质量分数）时，各相层仍以层状方式形成和生长，但在局部合金层出现破碎的层状组织；当加铝量达到 0.12%（质量分数）时，合金层变薄，局部出现草丛状结构；当加铝量超过 0.15%（质量分数）时，合金层呈现出很薄且均匀的层状结构，合金层厚度在 0.01～0.10μm 之间。金属间化合物 $FeAl_3$ 和 Fe_2Al_5 的物理特性见表 3.29。

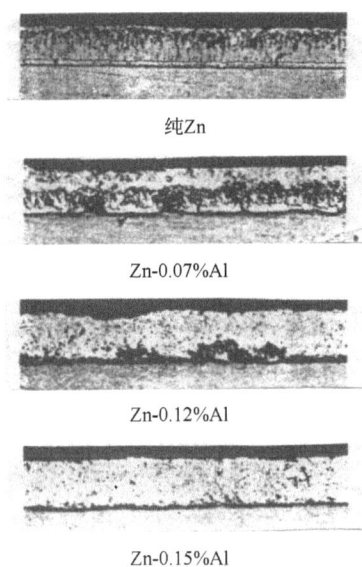

纯Zn

Zn-0.07%Al

Zn-0.12%Al

Zn-0.15%Al

图 3.108　钢板在含铝量不同的锌液中热浸镀时合金层厚度和合金层结构的变化

（锌液温度：450～460℃；热浸镀时间：5s）

表 3.29　Fe$_2$Al$_5$相和 FeAl$_3$相的物理特性

相层符号	名称	铝含量（质量分数）/%	分子式	晶体结构	显微硬度/MPa	熔点/℃	性质
η	抑制相	69.5~72.9	Fe$_2$Al$_5$	菱形	11500	1173	脆性
θ	抑制相	74.3~77.2	FeAl$_3$	单斜	7600	1160	脆性

2. 热浸镀锌钢材的耐蚀性能

热浸镀锌层的电化学电位较钢铁材料电位更负，这使镀层具有优良的电化学保护性能。镀层较厚且致密，与钢基体之间的结合力强、耐久性好，热浸镀锌量为 600g/m^2 的热浸镀锌钢材使用年限可达 30 年以上。钢材热浸镀锌层在使用过程中无须维修，维修费用为零。热浸镀工艺简单，对钢材的形状尺寸适应性强，除板带钢材外，热浸镀工艺还广泛用于钢管、钢丝及结构零部件，而且生产率高。与其他防护涂层相比，热浸镀锌层在经济上具有很强的竞争力，特别是对于长期使用的零部件，其热浸镀锌层成本远低于油漆涂层。

1）锌的大气腐蚀[4]

钢材表面热浸镀锌层腐蚀相当于纯锌腐蚀。因此，研究镀锌层对钢铁材料腐蚀的防护作用，就必须了解锌的耐大气腐蚀性能。

（1）城市大气腐蚀。锌在城市大气中的腐蚀主要由汽车尾气中的 NO$_x$、CO 及 SO$_2$ 的含量决定，其腐蚀速率在 2~7μm/a。对于一般热浸镀锌层而言，这样低的腐蚀速率可有 50 年以上的使用寿命。实践证明，锌在城市大气中具有良好的耐蚀性。几个国家城市大气中锌的大气暴晒腐蚀速率见表 3.30。

表 3.30　几个国家城市大气中锌的大气暴晒腐蚀速率

国家	地方	锌的平均腐蚀速率/（μm/a）
德国	柏林（Berlin）	3.3~6.8
	柏林-达雷姆(Berlin-Dahlem)	2.4~3.1
	汉堡-埃普多夫（Hamburg-Eppendrof）	2.5~3.1
	黑森州（Hessen）	4
	罗斯托克（Rostock）	4.3
	辛德芬根（Sindlfingen）	2
	斯图加特（Stullgart）	1.6~3.6
英国	巴金（Barking）	4.8
	剑桥（Cambridge）	4.5
	霍恩彻奇（Hornchurch）	1.6~3.2
	哈德斯菲尔德（Huddersfield）	3.4
	莱彻斯特（Leicester）	2.8
	伦敦（London）	3.6~6.6
奥地利	延巴赫（Jenbach）	4.4
美国	纽约（New York）	3.5~3.8
	卡尼（Kearny, NJ）	3.8
	贝永（Bayonne, NJ）	4.3

（2）工业大气腐蚀。由于工业大气中的 SO_2 含量很高，尤其在以燃煤发电和重工业为主的地区，大气中的 SO_2 的体积分数超过 0.015%。这对锌的腐蚀特别严重，其腐蚀速率最高可达 20μm/a。几个国家工业大气中锌的大气暴晒腐蚀速率见表 3.31。由表可知，其腐蚀速率一般在 10μm/a 以上。

表 3.31 几个国家工业大气中锌的大气暴晒腐蚀速率

国家	地方	锌的平均腐蚀速率/（μm/a）
德国	柏林（Berlin）	7.7～8.2
	比特费尔德（Bifterfeld）	18.6
	埃森（Essen）	7.6
	汉堡（Hamburg）	4.8～6.2
	汉诺威-林登（Hanover-Linden）	6.3
	米尔海姆（Mulheim，Ruhr）	4
	斯图加特（Stuttgarr）	11
英国	白金汉（Billingham）	10.6
	德比（Derby）	7.6
	尤斯顿（Euston）	10.3
	谢菲尔德大学	7.7～9.2
	谢菲尔德工业区	10.9～19.7
美国	Altoona（Pa）	6.8～7.8

（3）农村大气腐蚀。农村大气中污染物含量甚少，锌的腐蚀速率甚微，约为 1μm/a。但在降雨量多和潮湿的地区，锌的腐蚀程度也会加重，甚至可达 2μm/a。几个国家农村大气中锌的大气暴晒腐蚀速率见表 3.32。

表 3.32 几个国家农村大气中锌的大气暴晒腐蚀速率

国家	地方	锌的平均腐蚀速率/（μm/a）
德国	柏林-格鲁纽瓦尔德（Berlin，Grunewald）	0.83～1.5
	威斯特伐利亚（Westphalia）	1
英国	戈德尔明（Godalming）	1.1
	柴郡（Cheshire）	2.4
瑞典	阿比斯库（Abisko）	0.4～0.9
美国	州立学院（State College，Pa）	0.80～1.1

（4）海洋大气腐蚀。海洋大气中 NaCl 颗粒及 Cl⁻含量较高，会加速锌的腐蚀，其腐蚀速率最高可达 15μm/a。一般情况下，锌的腐蚀速率在 5～10μm/a，这与工业大气中锌的腐蚀速率相近，但在靠近海岸并有海水浪花飞溅的地区，锌的腐蚀特别严重。几个国家海洋大气中锌的大气暴晒腐蚀速率见表 3.33。

表 3.33 几个国家海洋大气中锌的大气暴晒腐蚀速率

国家	地方	锌的平均腐蚀速率/（μm/a）
德国	不来梅哈芬（Bremerhaven）	3.5
	迪特马尔申（Dithmarschen） 距海：0.6m	3.9
	距海：11m	6.5
	叙尔特（Sylt）：距海 90 海里	13.1

续表

国家	地方	锌的平均腐蚀速率/（μm/a）
英国	布里克瑟姆（Brixham）	1.1～2.4
美国	基韦斯特（Keywest, Fla） 拉乔拉（Lajolla, Calif） 库尔海滩（Kure Beach, NC）{ 距海 25海里 距海 270海里 }	0.55～0.66 1.7～1.8 9.9 1.8

此外，在热带地区（北纬 30°到南纬 30°之间的地区），由于气候条件变化大，锌的腐蚀程度也有较大差别。一般将热带大气条件分为三种类型，即干燥的热带沙漠大气、潮湿的热带雨林大气和热带海洋大气。上述三种类型热带大气中锌的大气暴晒腐蚀速率见表 3.34。

表 3.34　三种类型热带大气中锌的大气暴晒腐蚀速率

大气类型	地方和国家	锌的平均腐蚀速率/（μm/a）
干燥的热带沙漠	巴士拉，伊拉克（Basra, Irag）	0.4～1.7
	埃及（Kharlour, Egypt）	0.2～0.7
	凤凰城（Phoenix, USA）	0.19～0.2
潮湿的热带雨林	孟买（Bombay）	4.2
	Aro, Nigeria	0.46～2.3
	德里（Delhi, India）	0.15
	Nkpoku, Nigeria（丛林地带）	
	潮湿季节	2.8
	干燥季节	1.8
	全年	0.8
热带海洋	德班（Durban, Africa）	3.8～3.6
	Apapa, Nigeria	0.84～1.4
	Lagos, Nigeria	1～9.7
	Harcourt, Nigeria { 潮湿季节 干燥季节 全年 }	1.8 2.5 0.5
	机车车库	7
	曼达帕姆（Mandapam, South India）	6.8
	新加坡，马来西亚（Singapora, Malaya）	0.81～1.6

另有研究表明，在相同大气条件下，锌与碳钢的大气暴晒对比试验结果表明，锌的腐蚀失重远低于钢的腐蚀失重（表 3.35）。

表 3.35　在相同大气条件下锌与碳钢的腐蚀失重比较

大气类型	锌腐蚀失重/[g/（m²·a）]	碳钢（铜的质量分数<0.05%）/[g/（m²·a）]	腐蚀失重比例 锌：钢
工业大气	82	1300	1：13.7
城市大气	43	600	1：14.0
农村大气	15	430	1：28.4

2）热浸镀锌钢板耐蚀性能[17]

在中性或弱酸性（pH>3.2）的大气环境下，钢板热浸镀锌层经腐蚀形成的产物为非溶性化合物（氢氧化锌、氧化锌和碳酸锌），这些腐蚀产物以沉淀形式析出，并形成致密的薄层，其厚度一般可达 8μm。这种薄膜既有一定的厚度又不易溶解于水，且附着性极强，因此能够在大气和热浸镀锌钢板之间起到隔离屏障的作用，防止腐蚀进一步发展。

在热浸镀锌保护层遭到破坏时，部分钢铁表面暴露于大气环境中。此时锌与铁形成微电池，若锌的电位明显低于铁的电位，则锌作为阳极对钢铁基板起到牺牲该极的保护作用，防止钢板发生腐蚀，如图 3.109 所示。

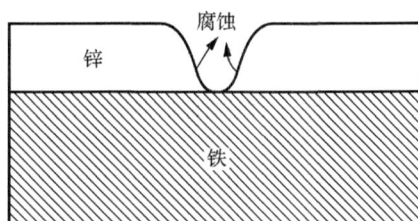

图 3.109　锌阳极对铁的保护作用

在热浸镀锌中，直接与铁接触的镀层组织不是纯锌而是含铁较高（质量分数约为 20%）的 γ 相。它和含铁质量分数为 10% 的 δ_1 相一样具有比铁低的电位，当它与铁组成微电池时，仍起到阳极保护作用。

热浸镀锌钢板在制成零部件时，其切面没有热浸镀锌层。但钢铁新切面暴露于大气中通常不发生腐蚀，其原因是切面两侧的热浸镀锌层起到牺牲阳极的保护作用。

当钢铁表面暴露太大以致电解液无法笼罩被损伤的表面时，铁将很快被腐蚀。

当热浸镀锌层表面没有自身腐蚀产物形成的保护膜时，起着阳极保护作用的镀层将会很快被溶解，这样的镀层耐蚀寿命不会很长。

热浸镀锌层的腐蚀产物随大气中的腐蚀介质的不同而不同。在清洁空气中，腐蚀产物为 ZnO 或 $Zn(OH)_2$；若在海洋气氛下，则出现 $ZnCl_2$；当工业污染大气中含有 H_2S 和 SO_2 时，腐蚀生成 ZnS 和 $ZnSO_4$；若大气环境中 CO_2 增多，则腐蚀生成 $ZnCO_3$。这些腐蚀产物统称为白锈。

热浸镀锌钢板使用寿命长短和它所处的环境有关，大量的大气腐蚀试验证明了这点（表 3.36）。由表可知，热浸镀锌钢板在不同的环境气氛中腐蚀速率不同。

表 3.36　热浸镀锌钢板的大气腐蚀状况

腐蚀环境气氛	腐蚀速率/（μm/a）	15 年的腐蚀损失（双面）		50μm 厚（350g/m²）时的腐蚀年限
		厚度/μm	质量/（g/m³）	
距海岸 100m 的岛内	15	225	3150	3 年 4 个月
距海岸 17km 的岛内	6	90	1260	8 年 4 个月
工业城市	3	120	1680	6 年 3 个月
一般城市	3	45	630	16 年 8 个月
农村	1	15	210	50 年

热浸镀锌钢板在大气中受到化学腐蚀和电化学腐蚀的双重作用，其腐蚀过程相当复杂，热浸镀锌层的保护作用主要取决于镀层厚度和环境气氛。研究表明，热浸镀锌层微观组织结构对其耐蚀性能也有一定的影响，如纯锌层中的杂质可以加快热浸镀锌层腐蚀。不同镀层结构和锌层失重见表 3.37。

表 3.37　不同镀层结构和锌层失重

热浸镀锌层结构	锌层失重/（mg/dm²）			
	130 天	230 天	310 天	380 天
纯锌层	6.69	30.53	47.58	49.91
纯锌+1.78%Fe	7.20	32.08	46.50	53.63
纯锌+1.95%Pb	4.80	27.43	40.92	49.91
纯锌+0.98%Cd	3.37	34.10	43.88	53.80
纯锌+0.88%Sb	11.70	36.73	51.92	56.73

图 3.110 所示为热浸镀锌钢板在不同环境中的使用寿命和热浸镀锌层厚度之间的关系。由图可知，热浸镀锌钢板的使用寿命与镀层厚度成正比。换句话说，若希望延长热浸镀锌钢板的使用寿命，则可通过增加镀层厚度实现，通常采用热浸镀锌工艺。电镀锌工艺镀层较薄，一般最大厚度约为 90g/m²，适用范围受限。这就是热浸镀锌钢板大多用于户外建筑而电镀锌钢板大多用于户内电器的主要原因。

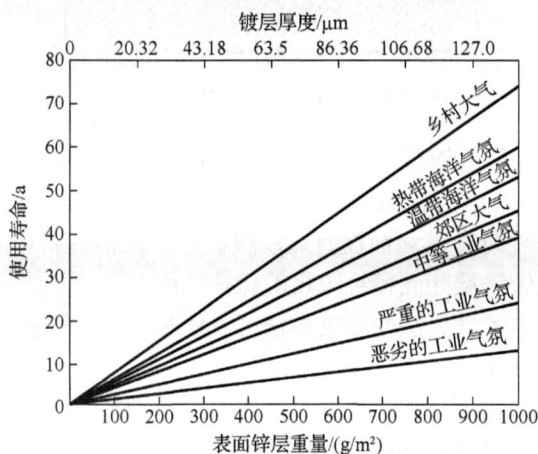

图 3.110　热浸镀锌层厚度与热浸镀锌钢板使用寿命的关系

3. 热浸镀锌钢板的应用

热浸镀锌及其合金性能优越且品种繁多，广泛应用于国民经济的各个领域，其中，建筑业、汽车业、电器业是热浸镀锌钢板的主要应用领域。热浸镀锌钢板在一些行业的应用实例[18]见表 3.38。

表 3.38　热浸镀锌钢板的应用实例

序号	行业	应用部位
1	建筑业	外部——屋顶，外侧墙板、门窗、檐沟、卷帘门窗、落水槽及落水管 内部——墙体龙骨架、吊顶龙骨架、通风管 设备与结构——暖气片、冷弯型钢、脚踏板和架子
2	汽车业	车身——外壳、内面板、底盘、支柱、内部装饰结构、地板、翼子板、门、行李箱盖、导水槽 构件——油箱、挡泥板、消音器、散热器、排气管、滤气管、输油管、制动管、发动机部件、车底和车内部件、供暖系统零件
3	电气行业	家电——冰箱底座、冰箱外壳、洗衣机外壳、净水机、厨房设备、冷冻室、收音机、收录机底座 电缆——铠装电力电缆、邮电通信电缆、电缆地沟托架、电缆桥架、电缆挂件
4	农牧业	粮仓（筒仓）、畜舍、饲料和水槽、温室大棚棚架、温室大棚烘干设备
5	交通运输	铁路——车棚盖、内部框架型材、路标牌、车厢内壁 船舶——集装箱、通风道、冷弯框架 航空——飞机库、标牌

续表

序号	行业	应用部位
6	土木水利	高速公路护栏、波纹管道、庭院护栏、隔音壁、水库闸门、水道河槽
7	石油 化工	汽油桶、保温管道外壳、包装桶
8	冶金	焊管坯料、钢窗坯料、彩涂板基板
9	食品包装	干、湿罐头盒，茶叶桶、油漆桶、包装带、饮料桶、各类瓶盖
10	轻工业	民用烟筒、儿童玩具、各类灯具、办公用具、家具

目前国外热浸镀锌钢板最重要的应用领域为建筑、汽车、电气三个行业，它们在热浸镀锌钢板消费结构中占有较大比重。然而，国内情况与之不同，除建筑、汽车行业外，轻工业也是热浸镀锌钢板的一大用户。此外，农牧渔业、商业对热浸镀锌钢板需求量较大。日本、欧盟、北美和中国热浸镀锌钢板的消费结构[19]占比见表3.39。

表 3.39 日本、欧盟、北美和中国热浸镀锌钢板的消费结构占比 单位：%

国家和地区	汽车业	建筑业	电器业	其他
日本	33.0	36.0	16.5	14.5
欧盟和北美	42.0	31.0	23.0	2.0
中国	10	40	30	20

随着钢带连续热浸镀锌技术的不断进步，热浸镀锌产品质量不断提高，热浸镀锌钢板的消费领域日益扩大，甚至在一些领域出现热浸镀锌钢板取代电镀锌钢板的趋势。这也是近十多年来新建热浸镀锌机组较多而新建电镀锌机组较少的原因之一。

3.4.2 热浸镀铝钢材的性能与应用

1. 热浸镀铝钢材的性能[11]

1）耐高温氧化性

热浸镀铝钢板的典型性能之一是其具有抗高温氧化性能。图 3.111 所示为热浸镀铝钢板加热温度和加热时间与其外观变化的关系曲线。在温度低于 450℃时，热浸镀铝钢板表面保持光亮外观，并可反射出85%的热或光；当温度升至 500℃以上时，镀层开始出现氧化增重和变色现象。

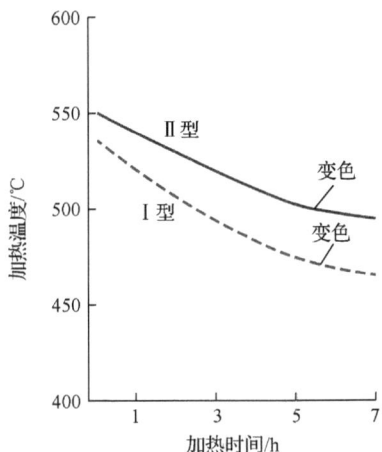

图 3.111 热浸镀铝钢板加热温度和加热时间与其外观变化的关系曲线

热浸镀铝钢板与碳钢板在不同温度下加热时的氧化增重情况如图 3.112 所示。在 1000℃下加热时间与其氧化增重的关系如图 3.113 所示。由图可知，热浸镀铝钢板的耐热性远高于（接近百倍）未镀铝的碳钢板。

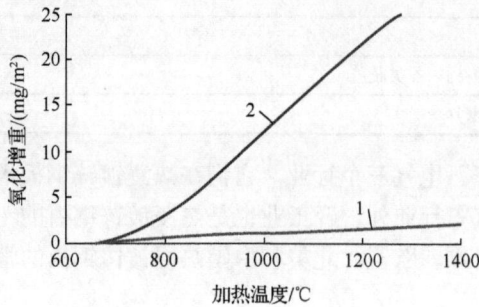

1—热浸镀铝钢板；2—碳钢板。

图 3.112　热浸镀铝钢板与碳钢板的耐热性对比（1h）

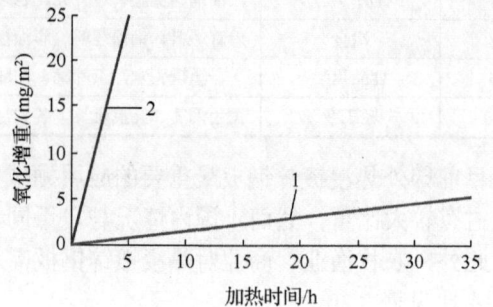

1—热浸镀铝钢板；2—碳钢板。

图 3.113　在 1000℃下热浸镀铝钢板与碳钢板比较

由经验可知，不仅是普通碳钢板，其他合金钢板在热浸镀铝后耐热性也有大幅提高。碳钢及其他合金钢板热浸镀铝前后的最高使用温度见表 3.40。

表 3.40　各种钢板热浸镀铝前后的最高使用温度　　　　单位：℃

钢种	碳钢	15GrMo	1Gr25Ti
未热浸镀铝	550	750	900
热浸镀铝	1000	1150	1200

通常将碳钢板热浸镀铝，使其耐热性接近于不锈钢的耐热性。碳钢与不锈钢热浸镀铝前后的耐热性对比如图 3.114 所示。

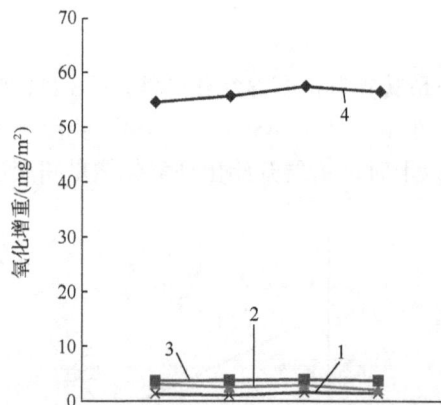

1—热浸镀铝不锈钢板；2—未热浸镀铝不锈钢板；3—热浸镀铝碳钢板；4—未热浸镀铝碳钢板。

图 3.114　碳钢与不锈钢热浸镀铝前后耐热性对比（1000℃，10h）

2）耐蚀性

热浸镀铝钢板具有优异的耐大气腐蚀性，尤其是对含有 SO_2、H_2S、NO_2、CO_2 等的工业大气更具独特的耐蚀性。另外，对海洋大气及农村潮湿环境和多雨地区，热浸镀铝钢板也有较好的耐蚀性。大量不同环境下的大气暴晒试验结果表明，热浸镀铝钢板的耐蚀性远优于热浸镀锌钢板。热浸镀铝钢板在各种环境下的大气暴晒试验数据分别见表 3.41 和表 3.42。

表 3.41　热浸镀锌和热浸镀铝两种镀层钢板三年的大气暴晒试验结果

大气类型	腐蚀速率/（μm/a）		腐蚀速率之比
	热浸镀锌层	热浸镀铝层	
海洋	1.753	0.0737	2.4
工业	3.588	0.9650	3.8
农村	0.178	0.0254	7.0

注：腐蚀速率由镀层失重换算而得。

表 3.42　热浸镀锌和热浸镀 Al-Si 合金两种镀层钢板三年的大气暴晒试验结果

大气类型	腐蚀速率/（μm/a）		腐蚀率速之比
	热浸镀锌层	热浸镀 Al-Si 合金层	
海洋	1.549	0.305	3.1
工业	4.039	0.508	8.0
半工业	1.702	0.254	6.7
半农村	1.880	0.203	9.3
农村	1.194	0.127	9.4

注：腐蚀速率由镀层失重换算而得。

由表可知，热浸镀铝钢板在各种环境下的腐蚀速率均远小于热浸镀锌钢板。另外，热浸镀 Al-Si 合金层钢板的耐蚀性与纯铝镀层钢板的耐蚀性相接近。

图 3.115 所示为热浸镀铝钢板和热浸镀锌钢板大气暴晒试验结果（五年）。由图可知，热浸镀锌钢板经过五年暴晒有近 30% 的失重，热浸镀铝钢板仅失重 5% 左右。因此，热浸镀铝钢板在各种大气条件下的耐蚀性均远高于热浸镀锌钢板。

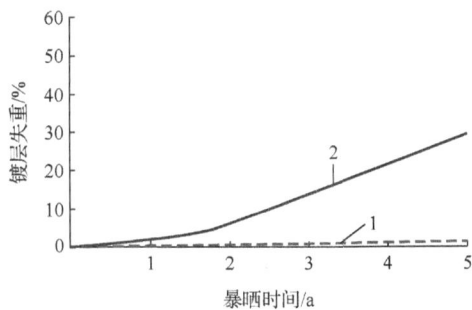

1—热浸镀铝钢板；2—热浸镀锌钢板。

图 3.115　热浸镀铝钢板和热浸镀锌钢板大气暴晒试验结果（五年）

在工业大气暴晒试验过程中，镀层表面状态变化情况见表 3.43。

表 3.43　两种镀层钢板外观变化

镀层钢板类别	暴晒（五年）后镀层表面状态
热浸镀锌钢板	镀层出现破坏
热浸镀铝钢板（Ⅱ型）	几乎无变化，仍具有耐蚀性

众所周知，铝的离子化倾向大于锌和铁的离子化倾向，这表明铝的腐蚀倾向也大于锌和铁的腐蚀倾向。但实际上，由于铝的表面容易形成一层致密的、化学稳定性好的氧化铝膜，因此在大气中铝的耐蚀性远远高于锌的耐蚀性。由于氧化铝膜的化学稳定性好，铝对铁无电化学保护作用。因此，热浸镀铝钢板表面不能有孔隙和裂纹。

热浸镀铝钢板还对 SO_2 和 H_2S 及其他有机硫化物具有优异的耐蚀性。另外，热浸镀铝钢板对硝酸（NO_2）、海水等也有良好的耐蚀性。有关热浸镀铝钢板在这些介质中的腐蚀数据分别见表 3.44～表 3.46。由表可知，热浸镀铝钢板在上述介质中的耐腐蚀性远远大于铬镍钢板和热浸镀锌钢板。

表 3.44　热浸镀铝钢板和铬镍钢板在 SO_2 中的耐蚀性

钢板类别	温度/℃	时间/h	质量变化/%
18Cr-8Ni 钢	723	24	-17.0
25Cr-20Ni 钢	723	24	-8.3
27Cr 钢	723	24	-8.4
热浸镀铝钢板（碳钢）	723	192	0.1
	927	48	0.3

表 3.45　热浸镀铝钢板和铬镍钢板在 H_2S 中的耐蚀性

钢板类别	500℃	600℃	700℃
碳钢	19.0		
3Cr-2.5Ni 钢	13.0	73.00	
18Cr-2.5Ni 钢	4.2	11.00	
18Cr-8Ni 钢	6.5	18.00	
热浸镀铝钢板（碳钢）	0.02	0.2	

表 3.46　两种镀层钢板的腐蚀试验结果　　单位：mg/dm^2

试验名称	试验条件	热浸镀锌钢板	热浸镀铝钢板	
			I 型	II 型
SO_2 试验	含 16%SO_2 的空气	-2825	-130	-104
硝酸试验	含 20%HNO_3 水溶液	原形消失	-2	-3
人工海水试验	0.1mol/L 的 NaCl+0.3%H_2O_2 的水溶液	-172.6	-18	-107

热浸镀铝钢板的耐盐水腐蚀性也是十分优异的。三种钢板在 3%NaCl 水溶液中的腐蚀试验结果见表 3.47。由表可知，热浸镀铝钢板在盐水溶液中的腐蚀量比 13Cr 钢低得多，且远远小于未热浸镀铝的碳钢板。

表 3.47　三种钢板在 3%NaCl 水溶液中的耐蚀性对比（10℃）

钢板类别	原始重量/mg	表面积/cm^2	腐蚀量					
			24h		72h		480h	
			mg	mg/cm^2	mg	mg/cm^2	mg	mg/cm^2
碳钢	26.64	27.90	6.30	0.26	16.70	0.600	137.00	4.86
热浸镀铝钢	29.05	27.90	1.70	0.061	1.70	0.057	2.80	0.10
13Cr 钢	26.70	27.90	3.20	0.115	14.80	0.532	26.00	0.934

3）对光和热的反射性

热浸镀铝钢板具有优良的反射光和热的能力。这与镀铝层表面形成的致密而光亮的 Al_2O_3 膜有关。热浸镀铝钢板与热浸镀锌钢板在不同温度下的热反射率见表 3.48。

表 3.48　两种镀层钢板在不同温度下的热反射率

温度/℃	热反射率/%	
	热浸镀铝钢板	热浸镀锌钢板
100	80	80
450	80	20

对三种钢板长期暴晒并测得其光反射率，其结果见表 3.49。

表 3.49　暴晒前后屋顶板的光反射率　　　　　　　　　　　　　　单位：%

屋顶板材料	处理方式	暴晒前	暴晒一年	暴晒三年
热浸镀铝钢板	镀层	90.5	83.9	54.8
热浸镀锌钢板	镀层	94.2	64.2	3.0
纯铝板	冷轧	93.4	84.2	59.6

注：试验地为半农村条件。

热浸镀铝钢板在 500℃ 以下仍可保持很高的光反射率（图 3.116）。由于热浸镀铝钢板具有高反射率，它的表面温度比相同条件下的低反射率材料的表面温度低一些。图 3.117 所示为热浸镀铝钢板与未热浸镀铝的不锈钢板在同一加热条件下的表面温度。

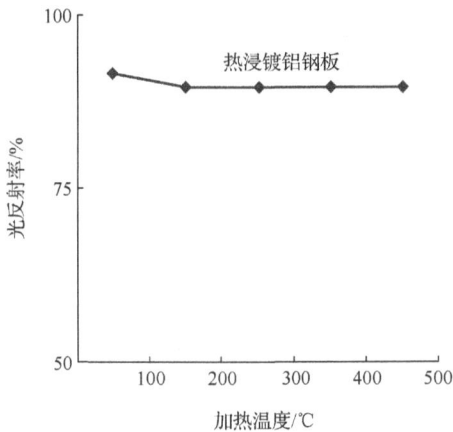

图 3.116　加热温度对热浸镀铝钢板光反射率的影响

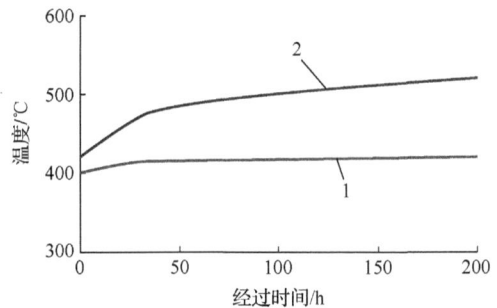

1—热浸镀铝钢板；2—不锈钢板。

图 3.117　两种钢板在同一加热条件下的表面温度

由于热浸镀铝钢板的高反射率，在相同的燃烧条件或电加热条件下，用热浸镀铝钢板制作炉子的内衬可以提高炉膛温度，即可以提高炉子的热效率。图 3.118 所示为三种材料制作的炉子内衬的炉膛温度。

4）力学性能

热浸镀铝钢板的力学性能包括抗拉强度、塑性、硬度、杯突值及热浸镀铝层的附着性。影响热浸镀铝钢板力学性能的主要因素除其合金层外，还应考虑热浸镀工艺制度，尤其是对热浸镀铝后需要再加工的产品。各种钢材热浸镀铝前后的力学性能数据见表 3.50。同种低碳钢基板生产的镀铝钢板与镀锌钢板的力学性能数据见表 3.51。

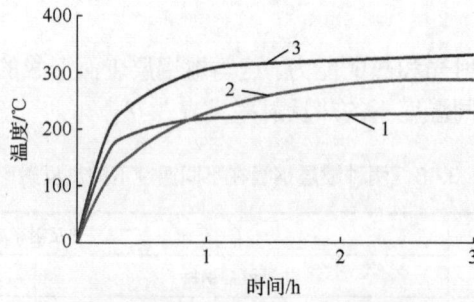

1—搪瓷钢板；2—耐火砖；3—热浸镀铝钢板。

图 3.118　三种炉衬的炉膛温度

表 3.50　各种钢材热浸镀铝前后的力学性能对比

钢种	热浸镀铝前				热浸镀铝后			
	屈服强度/MPa	抗拉强度/MPa	延伸率/%	硬度/HRB	屈服强度/MPa	抗拉强度/MPa	延伸率/%	硬度/HV
低碳钢	339	265	32.0	124	337	270	33.0	113
锻钢	458	313	37.0		453	334	36.4	
铬铸钢	532		28.7		470		24.0	

表 3.51　两种镀层钢板的力学性能

力学性能	热浸镀锌钢板	热浸镀铝钢板	
		Ⅰ型	Ⅱ型
屈服强度/MPa	261	200	244
抗拉强度/MPa	347	314	356
延伸率/%	38.6	37.6	20.2
表面硬度/HRB	54.0	44.3	56.5
杯突值/mm	10.6	10.2	8.5
弯曲试验	无变化	无变化	镀层产生裂纹

由表可知，Ⅰ型热浸镀铝钢板的力学性能与未热浸镀铝原板的力学性能差异不大。仅Ⅱ型热浸镀铝钢板的延伸率及镀层的附着性有较大幅度降低。这是镀层中的合金层过厚所致。

5）焊接性

由于热浸镀铝钢板表面覆盖铝层及其下部的合金层，因此焊接热浸镀铝钢板具有一定难度。如果能够选择适当的焊接条件，那么热浸镀铝钢板仍可与冷轧钢板一样进行焊接。

热浸镀铝钢板表面铝层不仅导电性较好，而且质地较为柔软光滑。当将两块热浸镀铝钢板重叠时，其接触电阻比冷轧板小。如果热浸镀铝钢板采用冷轧板焊接电流，那么势必发热量不够而使焊点熔化程度不足，达不到需要的焊接强度。因此，对于热浸镀铝钢板的焊接，必须提高其焊接电流及延长焊接时间。

2. 热浸镀铝钢材的应用

1）热浸镀铝钢板

Ⅰ型热浸镀铝钢板（Al-Si 合金镀层）主要用于高温耐热方面，具体用途如下。

汽车工业：排气管、消音器、车体底盘等。

耐热器具：换热器、烘烤箱、燃烧炉内衬、烟筒、通热风管道、粮食烘干机、炉用反射板、焚烧器、食品烤炉内衬、淋浴器等。

容器方面：贮粮筒仓、冷藏容器、贮槽、水槽、暖气片、各种包装箱等。

Ⅱ型热浸镀铝钢板（纯铝镀层）主要用于耐常温大气腐蚀方面，具体用途如下。

建筑方面：大型建筑的屋顶板、外墙壁、集水檐沟、落水管、门窗框、活动卷帘门等。

交通运输：汽车库、飞机库、高速公路护栏、道路标牌、灯具外壳、露天设施等。

冶金方面：退火炉罩、高炉钟罩阀、炼钢炉耐热隔板等。

2）热浸镀铝钢丝

较软的低碳钢热浸镀铝钢丝主要用于编织网、篱笆、围栏、海岸护堤网、鱼网、防鲨网、山道及矿井巷道的防落石安全网、球场网、牧场围栏、食品烘烤链条网带等。

较硬的高碳钢热浸镀铝钢丝主要用于制造架空通信线、架空地线、钢芯铝绞线、舰船钢丝绳等。

3）热浸镀铝钢管

热浸镀铝钢管主要用于以下行业领域。

石油加工业：石油加热管式炉炉管、热交换用冷凝器、石油管道等。

化学工业：生产硫酸、邻苯二甲酸酐的管式接触器和管式热交换器；含硫气体、干含硫天然气、氯气、溴、氧化氮、浓乙酸、硝酸、柠檬酸、丙酸、苯甲酸、甘油、甲醛、酚类等化工产品的输送管道等。

焦化工业：各种热交换装置。苯和吡啶生产车间的分馏塔和冷凝器，煤气初冷器，清洗炼焦煤气中 H_2S 及 CO_2 的热交换器和管道等。

食品工业：铝不受有机酸作用，对生物体无毒，且不会改变食品的味道、颜色和气味，可用于酒类酿造厂、酒精厂的各种设备及管道。

3.4.3　热浸镀 Zn-5%Al 合金镀层性能与应用

1. 热浸镀 Zn-5%Al 合金镀层钢板的耐蚀性

比利时金属研究中心对其早期生产的 Zn-5%Al-RE 合金镀层钢板进行了试验室盐雾腐蚀试验和户外大气暴晒试验。试验结果表明，Zn-5%Al-RE 合金镀层的耐蚀性在各种环境气氛中均明显高于镀锌层，尤其是在工业大气中和海洋大气中更为突出。

1）盐雾腐蚀试验

在试验室的盐雾箱中挂片。中性盐雾试验所得试验结果分别见表 3.52 和表 3.53。

表 3.52　不同镀层重量的两种镀层钢板的盐雾试验结果

镀覆量/（g/m²）	开始出现红锈/h		出现 5%面积的红锈/h	
	Zn-5%Al-RE 合金镀层钢板	镀锌钢板	Zn-5%Al-RE 合金镀层钢板	镀锌钢板
50	150	50	250	50
100	225	100	500	200
150	325	150	1000	350
200	500	150		

由表可知，Zn-5%Al-RE 镀层抗盐雾腐蚀性至少是镀锌层抗盐雾腐蚀性的 3 倍。

表 3.53　三种镀层钢板盐雾试验的出锈时间对比

试样原始状态	开始出现红锈/h		
	Zn-5%Al-RE 合金镀层钢板（镀覆量：260g/m²）	镀锌层钢板（镀覆量：288g/m²）	55%Al-Zn 合金镀层钢板（镀覆量：178g/m²）
试样 1（切边封闭）	800	230	2000
试样 2（切边未封闭）	800	230	1400

2）SO₂ 加速腐蚀试验

在含有 SO₂ 的工业大气中，Zn-5%Al-RE 合金镀层的耐蚀性比传统镀锌层钢板好得多。模拟工业大气条件下的 SO₂ 加速腐蚀试验结果分别如图 3.119 和图 3.120 所示。

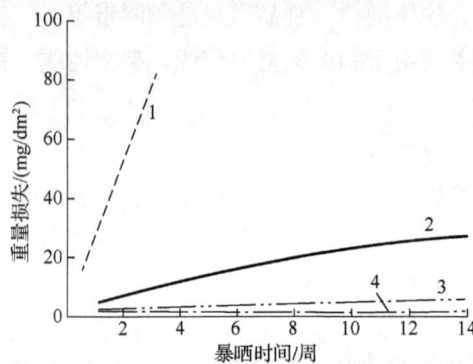

1—镀锌层钢板；2—Zn-5%Al-RE 合金镀层钢板；3—55%Al-Zn 合金镀层钢板；4—镀铝层钢板（Ⅱ型）。

图 3.119　模拟工业大气条件下的 SO₂ 加速腐蚀试验，四种镀层钢板的腐蚀试验结果对比

（相对湿度：93%～94%；35℃，10ml/m³SO₂）

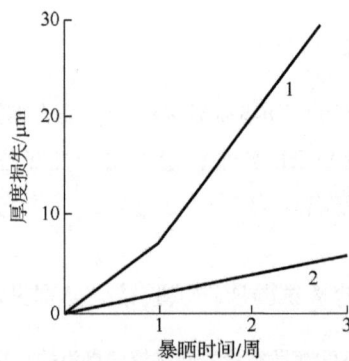

1—镀锌层钢板；2—Zn-5%Al-RE 合金镀层钢板。

图 3.120　模拟工业大气条件下的 SO₂ 加速腐蚀试验，两种镀层钢板的腐蚀试验结果对比

（相对湿度：93%～94%；35℃，3mL/m³SO₂）

3）大气暴晒试验

通过 Zn-5%Al-RE 合金镀层钢板在不同大气环境下长时间的大气暴晒试验结果可知，其耐大气腐蚀性优于普通镀锌层钢板，且与 55%Al-Zn 合金镀层钢板的耐大气腐蚀性接近。比利时金属研究中心同时在三个地区对 Zn-5%Al-RE 合金镀层钢板与其他镀层钢板进行大气暴晒试验，三种镀层钢板一年和两种镀层钢板五年的大气暴晒试验结果分别见表 3.54 和表 3.55。

表 3.54 三种镀层钢板一年大气暴晒试验结果对比

| 暴晒试验地点 | 大气类型 | 暴晒一年镀层厚度损失/μm | | | 腐蚀速率比值 |
		镀锌层钢板	Zn-5%Al-RE 合金镀层钢板	55%Al-Zn 合金镀层钢板	Zn-5%Al-RE 合金镀层钢板/镀锌层钢板
Liege	工业大气	2.0	0.7	0.6	0.35
奥斯坦德（Oostende）	海洋大气	2.4	1.4	2.2	0.58
	苛刻海洋大气	3.4	2.8	2.6	0.52
Eupen	农村大气	1.0	0.3	0.3	0.30

表 3.55 两种镀层钢板五年大气暴晒试验结果对比

| 暴晒试验地点 | 大气类型 | 暴晒五年镀层厚度损失/μm | | 腐蚀速率比值 |
		镀锌层钢板	Zn-5%Al-RE 合金镀层钢板	Zn-5%Al-RE 合金镀层钢板/镀锌层钢板
Liege	工业大气	13.0	3.4	0.35
Oostende	海洋大气	12.5	9.3	0.74
	苛刻海洋大气	20.0	10.4	0.52
Eupen	农村大气	10.4	3.4	0.33

2. 热浸镀 Zn-5%Al 合金镀层钢板的应用

根据热浸镀钢板在各种腐蚀环境中的腐蚀结果可知，Zn-5%Al 合金镀层的耐蚀性至少是镀锌层耐蚀性的两倍，而且其涂装性也优于镀锌层钢板。此外，Zn-5%Al 合金镀层的其他性能（力学性能等）均与镀锌层钢板相似，生产工艺也与镀锌层钢板无区别且热浸镀温度较低。因此，它可以完全替代镀锌层钢板使用。

另外，由于开发出适用于此种镀层的溶剂，因而可用溶剂法热浸镀其他钢材（钢管、钢丝及钢结构件等）以替代热浸镀锌产品，从而获得更大的社会效益。

3.4.4 热浸镀 55%Al-Zn 合金镀层性能与应用

1. 热浸镀 55%Al-Zn 合金镀层性能

1）55%Al-Zn 合金镀层钢板的耐蚀性

与普通热浸镀锌层钢板相比，55%Al-Zn 合金镀层钢板具有更优异的抗大气腐蚀性、抗土壤腐蚀性及对各种类型水介质的耐蚀性。

（1）盐雾腐蚀试验。三种镀层钢板的盐雾腐蚀试验结果见表 3.56。

表 3.56 三种镀层钢板盐雾腐蚀试验结果

| 喷盐雾时间/h | 镀层钢板种类 | | |
	55%Al-Zn（镀层厚度：115μm）	Zn-5%Al-Mg（镀层厚度：115μm）	Zn-0.1%Al（镀层厚度：135μm）
500	白锈	白锈	黄锈
1000	白锈	白锈	红锈
4000	白锈	白锈	红锈

续表

喷盐雾时间/h	镀层钢板种类		
	55%Al-Zn（镀层厚度：115μm）	Zn-5%Al-Mg（镀层厚度：115μm）	Zn-0.1%Al（镀层厚度：135μm）
5000	白锈	红锈	停止试验
6000	白锈	停止试验	
16000	白锈		
17000	红锈		

注：按 GB/T 10125—2021 进行。

在盐雾中通入质量分数为 $100×10^{-4}$% SO_2 的加速腐蚀试验结果见表 3.57。

表 3.57　SO_2 加速盐雾腐蚀试验结果

喷雾时间/h	55%Al-Zn 合金镀层钢板		Zn-0.1%Al 合金镀层钢板	
	外观变化	组织变化	外观变化	组织变化
48			出现白锈	有 η 相残余
96			出现黄斑	有 ζ 相残余
192			出现红锈	有 δ 相残余
240	出现白锈	有合金层	红锈增多	有 δ 相残余
480	白锈增多	有合金层	红锈全面	基体腐蚀
624	出现黄斑	有合金层	红锈全面	基体腐蚀

注：按 GB/T 10125—2021 进行。

由上述盐雾试验结果可知，55%Al-Zn 合金镀层的耐蚀性是同样厚度镀锌层的 3～6 倍。

（2）在蒸馏水中及含有氯离子水中的浸泡试验。两种镀层钢板在蒸馏水中及含 Cl^- 85mg/L 的盐水中浸泡 60 天的试验结果[20]见表 3.58。

表 3.58　在蒸馏水中及含 Cl^- 水中的腐蚀速率

镀层钢板类型	腐蚀速率/ [mg/ (m²·d) ×10⁻⁶]	
	蒸馏水	含 Cl^- 水
55%Al-Zn 合金镀层钢板	0.17	1.10
Zn-0.1%Al 合金镀层钢板	12.00	16.00

由表可知，55%Al-Zn 合金镀层在蒸馏水中的耐蚀性是镀锌层的 70 倍以上，在含 Cl^- 水中的耐蚀性是镀锌层的 15 倍以上。

（3）在 $CaCl_2$ 水溶液中的浸泡试验。为了模拟冬季道路撒盐化雪而进行本试验。腐蚀液及试验条件如下：质量分数为 5% $CaCl_2$ 水溶液，温度为 20～30℃，每浸泡 24h 更换一次腐蚀液，将腐蚀产物刷洗去除后继续浸泡。浸泡 720h 的试验结果见表 3.59。

表 3.59　两种镀层在 5% $CaCl_2$ 水溶液中的浸泡试验结果

浸泡时间/h	55%Al-Zn 合金镀层腐蚀失重/ (g/m²)	镀锌层腐蚀失重/ (g/m²)
120	+0.2	-3.2
240	0.0	-4.5
480	0.0	-7.5
720	+0.2	-9.0

由表可知，55%Al-Zn 合金镀层钢板在 CaCl$_2$ 水溶液中的耐蚀性是镀锌层钢板的 3～9 倍。

（4）热水腐蚀试验。在流动热水（70℃）和流动冷水（室温）中对镀锌层和 55%Al-Zn 合金镀层的浸泡试验结果见表 3.60。

表 3.60　两种镀层在流动热水及流动冷水中的耐蚀性比较

介质	55%Al-Zn 合金镀层	镀锌层
冷水（室温）	1.5～3.5	1
热水（70℃）	8～10	1

注：表中数据为耐蚀性的相对值。

由表可知，55%Al-Zn 合金镀层的耐热水腐蚀性比镀锌层高得多，因而 55%Al-Zn 合金镀层钢管取代镀锌层钢管用作暖气管道具有巨大潜力。

（5）湿热试验及循环腐蚀试验。三种镀层钢板的湿热试验及循环腐蚀试验结果见表 3.61。由表可知，55%Al-Zn 合金镀层钢板的耐湿热腐蚀性及耐浸水干燥循环腐蚀性均比镀锌层钢板高，甚至高于镀铝层钢板。这是镀铝层对镀层钢板露铁的切边部位无电化学保护作用所致。

表 3.61　三种镀层钢板循环腐蚀试验结果对比

试验条件	试验用镀层钢板	开始生锈时间/d
浸水中 22h 后空气中干燥 2h 循环试验	55%Al-Zn 合金镀层钢板	90
	镀锌层钢板	64
	Ⅱ型镀铝层钢板	5
湿热箱中 22h 后空气中干燥 2h 循环试验	55%Al-Zn 合金镀层钢板	35
	镀锌层钢板	5
	Ⅱ型镀铝层钢板	5
连续浸水试验（室温）	55%Al-Zn 合金镀层钢板	114
	镀锌层钢板	90
	Ⅱ型镀铝层钢板	16

（6）大气暴晒试验。根据美国伯利恒钢铁公司在不同大气环境下 13 年大气暴晒试验结果可知，55%Al-Zn 合金镀层钢板具有良好的耐大气腐蚀性。其试验结果如图 3.121～图 3.124 所示。

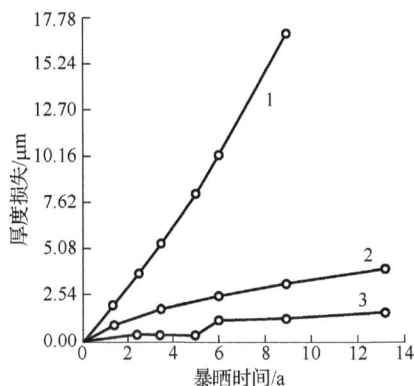

1—镀锌层钢板（20μm）；2—55%Al-Zn 合金镀层钢板（20μm）；3—Ⅱ型镀铝层钢板（50μm）。

图 3.121　三种镀层钢板在工业大气（Bethlehem Pa.）环境下 13 年大气暴晒试验结果对比

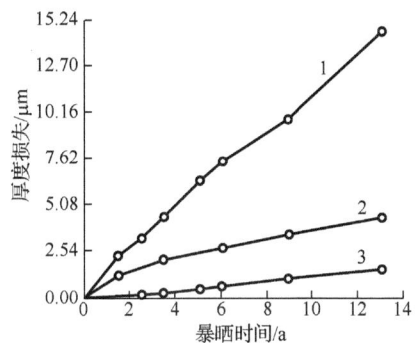

1—镀锌层钢板（20μm）；2—55%Al-Zn 合金镀层钢板（20μm）；3—Ⅱ型镀铝层钢板（50μm）。

图 3.122　三种镀层钢板在农村大气（Soylorsburg Pa.）环境下 13 年大气暴晒试验结果对比

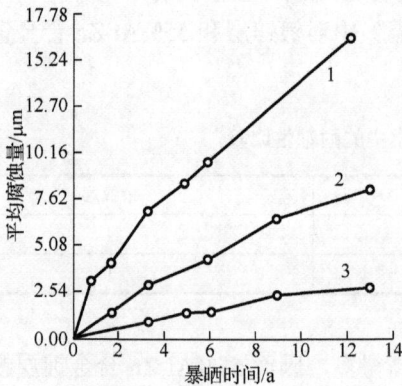

1—镀锌层钢板（20μm）；2—55%Al-Zn 合金镀层钢板（20μm）；
3—Ⅱ型镀铝层钢板（50μm）。

图 3.123　三种镀层钢板在海洋大气（Kure 海滨，240m）
环境下 13 年大气暴晒试验结果对比

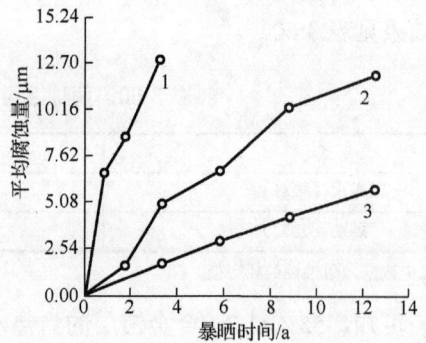

1—镀锌层钢板（20μm）；2—55%Al-Zn 合金镀层钢板（20μm）；
3—Ⅱ型镀铝层钢板（50μm）。

图 3.124　三种镀层钢板在海洋大气（Kure 海滨，24m）
环境下 13 年大气暴晒试验结果对比

为了便于比较 55%Al-Zn 合金镀层钢板与普通镀锌层钢板的腐蚀速率，将暴晒时间最长的总腐蚀损失相除得出平均腐蚀速率的比率（表 3.62）。

表 3.62　55%Al-Zn 合金镀层钢板与镀锌层钢板 13 年大气暴晒腐蚀速率比率

大气暴晒地区	镀锌层/55%Al-Zn 合金镀层
工业大气（Bethlehem，Pa）	6.2
农村大气（Soylorsburg Pa）	3.4
海洋大气（Kure 海滨，距海岸 24m）	4.2
海洋大气（Kure 海滨，距海岸 240m）	2.3

由表可知，55%Al-Zn 合金镀层钢板的耐大气腐蚀性至少是镀锌层钢板的 2～4 倍。

此外，由腐蚀损失-时间曲线可知，55%Al-Zn 合金镀层钢板比镀铝层钢板更容易腐蚀。这可能是 55%Al-Zn 合金镀层中起着电化学保护作用的富锌相比富铝相腐蚀速率更快所致。这就使 55%Al-Zn 合金镀层的腐蚀-时间曲线比镀铝层的腐蚀-时间曲线上移。根据从第 3 年到第 13 年的暴晒腐蚀-时间曲线的斜率，可以预测长期暴晒的腐蚀速率，并可验证富锌相的初期腐蚀。计算得出的两种镀层平均年腐蚀速率见表 3.63。

表 3.63　55%Al-Zn 合金镀层与镀铝层的平均年腐蚀速率

大气暴晒地区	平均年腐蚀速率/（μm/a）	
	55%Al-Zn 合金镀层	镀铝层
Kure 海滨（距海岸 24m）	0.9398	0.4064
Kure 海滨（距海岸 240m）	0.6604	0.2540
农村地区（Saylorsburg Pa.）	0.2540	0.1778
工业地区（Bethlehem Pa.）	0.2286	0.1778

由表可知，在工业大气环境和农村大气环境下，55%Al-Zn 合金镀层钢板三年大气暴晒后的腐蚀速率与镀铝层钢板的腐蚀速率基本相同。55%Al-Zn 合金镀层钢板初期的腐蚀速率较高，这与其镀层中富锌相

优先发生腐蚀有关。在海洋大气环境下，55%Al-Zn 合金镀层的腐蚀速率明显高于镀铝层，这可能与存在 Cl⁻及腐蚀机制不同有关。

此外，由大气暴晒试样的切边部位可知，55%Al-Zn 合金镀层还具有良好的电化学保护作用，可以保护露铁部位不受腐蚀，同时在切边附近的镀层并无明显消耗。与此相反，虽然镀锌层对切边处的露铁部位有着极好的牺牲阳极保护作用，但是靠近露铁部位的镀层明显消耗，使镀锌层的厚度变薄。由于镀铝层完全没有这种电化学保护作用，因而其切边露铁部位发生严重锈蚀。

1995 年，伯利恒钢铁公司报道了该公司从 1964 年以来对 55%Al-Zn 合金镀层在上述四种大气环境下 30 年大气暴晒试验结果[21]。对大气暴晒 30 年后的 55%Al-Zn 合金镀层钢板、镀锌层钢板及裸钢板的腐蚀电位测定结果见表 3.64。

表 3.64 55%Al-Zn 合金镀层钢板、镀锌层钢板及裸钢板的腐蚀电位测定结果

被测定试样	腐蚀电位/V（SCE）
55%Al-Zn 合金镀层钢板（暴晒前）	−1.00
55%Al-Zn 合金镀层钢板（中等海洋大气暴晒 30 年）	−0.92
55%Al-Zn 合金镀层钢板（农村大气暴晒 30 年）	−0.95
55%Al-Zn 合金镀层钢板（工业大气暴晒 30 年）	−0.95
裸钢板（暴晒前）	−0.45
镀锌层钢板（暴晒前）	−1.00

未暴晒的 55%Al-Zn 合金镀层的电位是−1.00V（SCE），这个数值与未暴晒的镀锌层相同。虽然暴晒 30 年后的 55%Al-Zn 合金镀层的电位变正一些，但仍比裸钢板的电位负得多，故仍可继续对钢基体的切边提供牺牲性保护作用。如果镀锌层钢板表面锌层在此环境下暴晒，那么再过几年就会完全消耗掉，因而 55%Al-Zn 合金镀层的牺牲性保护作用会更加持久。

（7）土壤腐蚀试验。将 55%Al-Zn 合金镀层钢板与镀锌层钢板埋在电阻率分别为 76000（Ω·cm）、35000（Ω·cm）、17000（Ω·cm）（以 CaCl₂-NaCl-MgSO₄ 水溶液调节为例）的土壤中进行三年腐蚀试验，试验结果如图 3.125 所示。

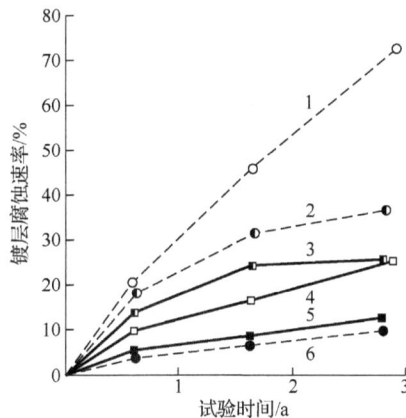

1,4—重腐蚀土壤；2,3—中等腐蚀土壤；5,6—轻腐蚀土壤；
1,2,6—镀锌层钢板；3,4,5—55%Al-Zn 合金镀层钢板。

图 3.125 两种镀层钢板的土壤腐蚀试验结果

由图可知，在重腐蚀土壤中，55%Al-Zn 合金镀层钢板的耐蚀性远远高于镀锌层钢板；在中等腐蚀土壤中，55%Al-Zn 合金镀层钢板的耐蚀性仍高于镀锌层钢板；在轻腐蚀土壤中，两种镀层钢板的耐蚀性基本相同。

（8）汽车底部挂片试验。在汽车车身底部同时对 55%Al-Zn 合金镀层钢板与镀锌层钢板进行挂片试验，行车两年的挂片试验结果见表 3.65。显然，55%Al-Zn 合金镀层钢板的耐蚀性远优于镀锌层钢板，其平均腐蚀速率只有镀锌层钢板的 1/4。

表 3.65　汽车底部挂片试验结果对比

试片编号	试验时间/月	行车里距/km	镀层厚度/μm		腐蚀速率/（μm/a）		镀锌层钢板/55%Al-Zn合金镀层钢板腐蚀速率比值
			镀锌层钢板 G90	55%Al-Zn 合金镀层钢板	镀锌层钢板 G90	55%Al-Zn 合金镀层钢板	
A	26	19137	20	30	3.33	0.47	7.1
B	15	31472	20	30	1.56	0.42	3.7
C	21	12893	20	25	1.54	0.21	7.3
D	16	26410	25	25	1.40	0.68	2.1
E	24	38294	20	23	1.10	0.65	1.7
F	14	23189	25	25	1.90	0.24	7.9
平均					1.81	0.25	4.1

注：55%Al-Zn 合金镀层厚度 30μm 相当于镀覆量 144g/m^2。

2）耐热性及对光和热的反射性

55%Al-Zn 合金镀层钢板具有一定的耐热性，其耐热性在镀锌层钢板与镀铝层钢板之间。55%Al-Zn 合金镀层钢板可在 300℃下长期使用，其外观不发生明显变化；当温度高于 350℃时，其因表层扩散而变灰色失去光泽；在 400℃下，其氧化增重接近于镀铝层钢板。这三种镀层钢板的最高使用温度（外观不变色）如下：镀锌层钢板为 230℃，55%Al-Zn 合金镀层钢板为 316℃，Ⅰ型镀铝层钢板为 480℃。三种镀层钢板在 300℃和 400℃下的氧化增重曲线如图 3.126 所示。

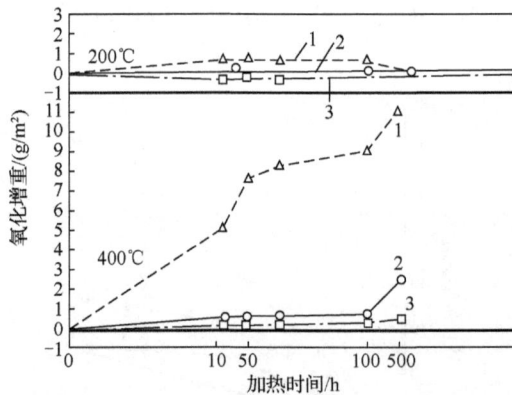

1—镀锌层钢板；2—55%Al-Zn 合金镀层钢板；3—Ⅰ型镀铝层钢板。

图 3.126　三种镀层钢板在 300℃和 400℃下的氧化增重曲线

在 700℃以上的高温空气中加热时，55%Al-Zn 合金镀层钢板与Ⅰ型镀铝层钢板相似，都发生严重氧化并出现镀层剥落现象。55%Al-Zn 合金镀层钢板与Ⅰ型镀铝层钢板在 700℃以下不同温度的氧化试验结果分别如图 3.127 和图 3.128 所示。

在 480~540℃温度范围内，55%Al-Zn 合金镀层钢板的氧化增重稍高于镀铝层钢板，而且氧化速率较为缓慢；在 590~650℃温度范围内，镀层与钢基体发生合金化反应，两种镀层钢板的氧化增重接近。然而，当两种镀层钢板在 700℃下氧化时，55%Al-Zn 合金镀层钢板的氧化增重低于镀铝层钢板，目前对此现象尚不能解释。

55%Al-Zn 合金镀层钢板对光和热具有较好的反射性,甚至高于镀铝层钢板,更远优于镀锌层钢板(表 3.66)。

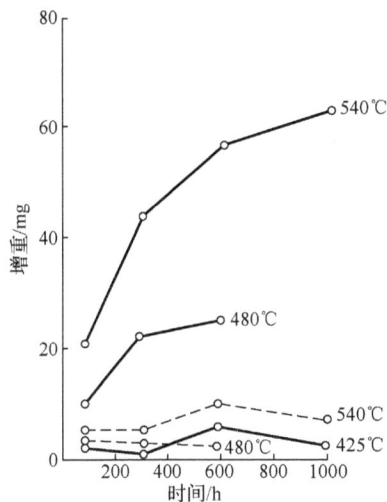

图 3.127　两种镀层钢板在 425～540℃下的氧化增重曲线

注:实线为 55%Al-Zn 合金镀层钢板;虚线为 I 型镀铝层钢板。

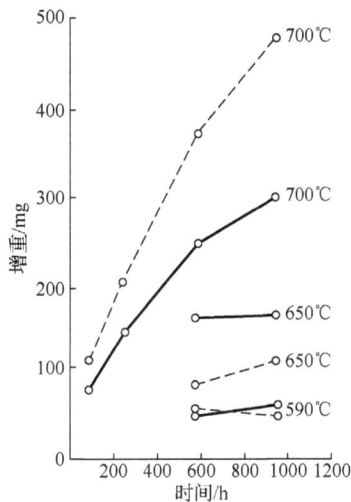

图 3.128　两种镀层钢板在 590～700℃下的氧化增重曲线

注:实线为 55%Al-Zn 合金镀层钢板;虚线为 I 型镀铝层钢板。

表 3.66　三种镀层钢板对光和热的反射性

光波类型	反射率/%		
	55%Al-Zn 合金镀层钢板	镀锌层钢板	I 型镀铝层钢板
可见光波长 0.45～0.80μm	65	47.6	
红外光波长 2.4μm	88		76

3)涂装性

55%Al-Zn 合金镀层钢板的涂装性优于镀锌层钢板和镀铝层钢板,可以进行在线涂装。涂装 55%Al-Zn 合金镀层钢板的耐蚀性优于涂装镀锌层钢板,特别是在海洋大气环境下尤为突出。因此,55%Al-Zn 合金镀层钢板更适于涂装并获得更广泛应用。

试验表明,适用于镀锌层钢板的各种预处理方法均适用于 55%Al-Zn 合金镀层钢板。例如,磷化处理、铬酸盐处理和复合氧化物处理等。

55%Al-Zn 合金镀层钢板对其所使用的涂装油漆种类并无严格要求,凡适用于镀锌层钢板的漆料均可使用,如锌粉漆、丙烯涂料、缩丁醛底漆、沥青涂料等。

55%Al-Zn 合金镀层对预处理和涂膜有着良好的相容性,在宽大处理的条件范围内均有好的黏附性,因而对表面条件及在线成卷操作参数不像镀锌层那样敏感。它对涂膜的黏附性好于镀锌层或镀铝层。然而,55%Al-Zn 合金镀层同样也需要专门的质量控制系统。

涂装 55%Al-Zn 合金镀层钢板在不同地区的建筑物上五年大气暴晒试验结果表明,不论是在钢板的平面部位、划伤部位、切边部位还是在其弯曲部位(该部位涂膜已经产生裂纹),涂装 55%Al-Zn 合金镀层钢板均有与镀锌层钢板相当或高于镀锌层钢板的涂膜附着性和耐蚀性。

4)力学性能和焊接性

商品级和全硬级的 55%Al-Zn 合金镀层钢板具有与同类热浸镀锌钢板相似的力学性能(表 3.67)。

表 3.67　55%Al-Zn 合金镀层钢板的力学性能

品种	屈服强度/MPa	抗拉强度/MPa	延伸率/%	断面收缩率/%
商品级	345～450	260～345	24～35	50～60
全硬级	620	550	3～6	

此外，55%Al-Zn 合金镀层钢板的焊接性也较好，可用一般电阻焊或弧焊方法方法进行焊接。其电阻焊焊接条件与镀锌层钢板相同，点焊时应当根据需要对电极进行修正以保护电极头。

2. 热浸镀 55%Al-Zn 合金镀层钢板的应用

55%Al-Zn 合金镀层钢板可以替代镀锌层钢板用于防腐蚀，可以替代部分镀铝层钢板用于防腐蚀与耐热处理。因此，镀锌层钢板的应用范围均可用此种镀层钢板取代。目前其主要应用在以下领域。

建筑业：主要用作屋顶板和侧墙（制成内部有隔热夹层的预制板）及建筑附件（雨水沟槽及落水管等），可以替代镀锌层钢板。

民用与工业用各种器具：取暖器、食品烤箱、冰箱、冷藏器、洗衣机、干燥器、空调器、燃气炉灶、垃圾处理箱、工厂用空间加热器、燃烧器部件等。

汽车业：55%Al-Zn 合金镀层钢板特别适用于制作汽车排气系统用材（消音器、排气管）、汽车底板、汽车内饰浮雕面板、油过滤管、风窗玻璃擦拭杆等。

农业：禽畜喂食槽、烟草干燥器、蔬菜大棚钢架、粮食烘干机、谷物贮存仓等。

3.4.5　热浸镀 Zn-Al-Mg 合金镀层钢板性能与应用

在纯锌镀层中添加适量铝和镁可使镀层的耐蚀性显著提高，从而极大地延长镀层的使用寿命。因此，锌铝镁合金镀层被称为继第 2 代高耐蚀性镀层 Galvalume、Galfan 之后的第 3 代高耐蚀镀层材料。

20 世纪 60 年代，美国的内陆钢铁（Inland Steel）公司最早开发了锌铝镁合金镀层，日本在 20 世纪 90 年代首先实现了锌铝镁合金镀层的工业化生产。近年来，许多发达国家针对锌镁铝合金镀层开展了大量的研究工作，并申请了大量专利。

日新制钢公司率先开发出 Zn-6%Al-3%Mg 合金镀层，其商品名为 ZAM。这种合金镀层的耐蚀性为纯锌镀层的 12 倍。鉴于其优异的耐蚀性，ZAM 被誉为"21 世纪高耐蚀热浸镀层"。它在恶劣腐蚀环境下仍能保持钢板原貌，减少一般钢材后期加工工艺，降低了后续使用成本，既节约了资源又保护了环境。这种镀层在日本同类产品中的用户使用率排名第一，覆盖了日本的建筑行业、机电行业、汽车行业、电力行业、民用生活等领域。

之后，日本新日铁公司开发了 Zn-0.5%Mg 合金镀层钢板，其商品名为 Dymazinc。它与传统纯锌镀层钢板相比具有更高的耐蚀性，而且其成本和生产工艺与纯锌镀层钢板无异。在镀层厚度相同的条件下，大气暴晒试验表明，该合金镀层的耐蚀性为普通热浸镀锌层的 3 倍；盐雾腐蚀试验（SST）结果表明，该合金镀层的耐蚀性为普通热浸镀锌层的 1.5～2 倍；循环腐蚀试验（CCT）结果表明，Zn-0.5%Mg 合金镀层钢板腐蚀失重仅为普通热浸镀锌层的 1/15，而且该镀层硬度（100HV）比普通镀锌层硬度（65HV）高，因而具有较高的抗划伤性。该镀层钢板主要用作建筑材料。

2000 年，日本新日铁公司开发出 Zn-Al-Mg-Si 高耐蚀性合金镀层钢板，其商品名为 Super Dyma。这种镀层钢板的化学成分除质量分数为 10%～12%的铝、2%～4%的镁及小于 0.1%的硅外，其余均为锌。该镀层产品的耐蚀性为普通热浸镀锌钢板的 15 倍以上，为 Galfan 镀层钢板的 5～8 倍。它的切口耐蚀性也优于 Galvalume 镀层钢板。

受汽车工业发展需求推动的影响，欧洲汽车钢铁企业开发了应用于汽车车身的锌铝镁合金镀层钢板。

例如，蒂森克虏伯钢铁公司于 2006 年投入工业化生产的 ZnMg 产品（铝的质量分数为 0.1%～0.2%）；塔塔钢铁公司于 2006 年投产的 MagiZinc 产品（铝的质量分数为 0.6%～2.3%）。针对汽车应用开发的锌铝镁合金镀层钢板，其特点是含铝量很低。奥钢联和萨尔茨吉特（Salzgitter）公司分别于 2007 年和 2008 年开发了具有自主知识产权的锌铝镁合金镀层钢板，同样也应用于汽车领域。

世界各大钢铁公司开发的锌铝镁合金镀层钢板见表 3.68。

表 3.68 世界各大钢铁公司开发的锌铝镁合金镀层钢板

商品名	合金镀层成分	生产厂家	投产时间	耐蚀性提高/相对于纯锌镀层
ZAM	Zn-6Al-3Mg	Nisshin Steel	1996	3～12 倍
Super Dyma	Zn-11Al-3Mg-0.2Si	Nippon Steel	2000	5～18 倍
Magzinc	Zn-1.6A1-1.6Mg	TataEurope	2006	≥3 倍
ZMg EcoProtect	Zn-1Al-1Mg	TKS	2006	≥3 倍
Corrender	Zn-2Al-2Mg	VAl	2007	≥3 倍
Stroncoat	Zn-(1-2)Al-(1-2)Mg	Salzgitter	2008	≥3 倍
Magneils	Zn-3.5Al-3Mg	ArcelorMital	2011	≥3 倍
PosMAC	Zn-2.5Al-3Mg	POSCO	2013	≥3 倍

1. 热浸镀 Zn-Al-Mg 合金镀层的组织

图 3.129 所示为 Zn-2%Al-2%Mg 合金镀层显微组织。由图可知，其组织主要由块状富锌相及分布其间的二元共晶组织、三元共晶组织组成，富铝相分布于三元共晶组织中或离散聚集于枝晶间隙。

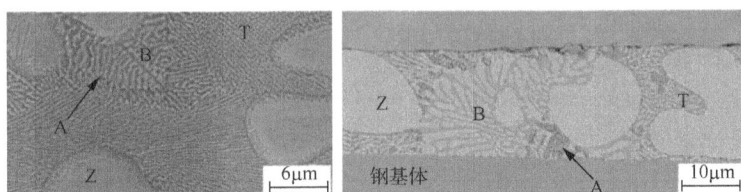

A—富铝相；B—二元共晶组织；T—三元共晶组织；Z—富锌相。

图 3.129 Zn-2%Al-2%Mg 合金镀层扫描电镜显微组织

图 3.130 所示为 Zn-6% Al-3% Mg（ZAM）合金镀层显微组织。由图可知，其组织主要由块状富铝相及分布其间的二元共晶组织组成，在铁基体和镀层之间存在明显的 Fe-Al 合金层。

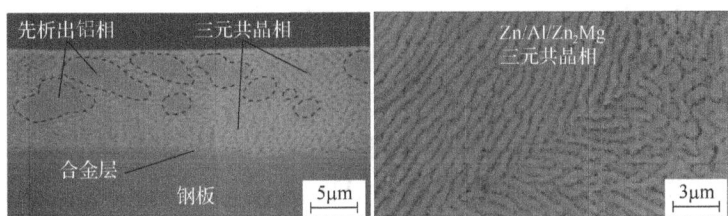

图 3.130 Zn-6% Al-3% Mg（ZAM）合金镀层扫描电镜显微组织

图 3.131 所示为 Zn-11%Al-3%Mg-0.2%Si（SD）合金镀层显微组织。由图可知，其组织主要由块状富铝相及分布其间的三元共晶组织组成。镀层在凝固过程中先析出的富铝相以块状相形式大量分布于镀层

中，共晶组织主要以三元共晶形式存在，硅的加入使镀层表面出现了少量离散富 Mg_2Si 相。在铁基体和镀层之间存在明显的 Fe-Al 合金层。

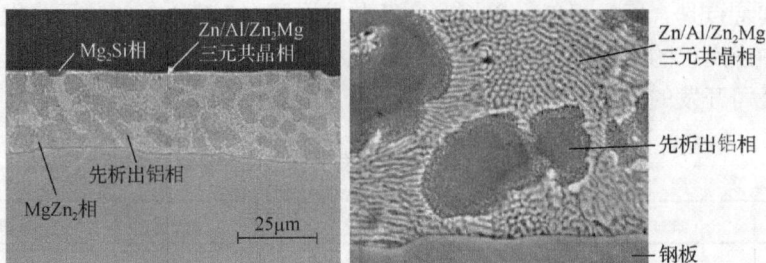

图 3.131　Zn-11% Al-3% Mg-0.2 %Si（SD）合金镀层扫描电镜显微组织

虽然不同锌铝镁合金镀层钢板的铝、锰成分不同，但是镀层组织主要由富锌相、Zn-$MgZn_2$ 二元共晶组织、Zn-Al-$MgZn_2$ 三元共晶组织和富铝相组成，而且共晶组织的枝晶间距均小于 1μm。

2. 热浸镀 Zn-Al-Mg 合金镀层的性能[1]

1）热浸镀 Zn-6%Al-3%Mg 合金镀层钢板耐蚀性

分别对 Zn-0.2%Al、Zn-4.5%Al-0.1%Mg 和 Zn-6%Al-3%Mg 三种合金镀层钢板进行盐雾试验、湿热试验和循环腐蚀试验，并研究其腐蚀产物。

（1）盐雾腐蚀试验。三种镀层钢板 1200h 盐雾试验结果见表 3.69。

表 3.69　盐雾试验腐蚀产物

盐雾试验时间/h	Zn-0.2%Al 合金镀层	Zn-4.5%Al-0.1%Mg 合金镀层	Zn-6%Al-3%Mg 合金镀层
4	○	○	○
8	○△□	○	○
12	○△□	○	○
24	○△□	○△	○
48	○△□	○△	○△
300	○△□	○△	○△
500	○△□红锈	○△□	○△
1200	红锈	○△□	○△

注：○—碱性氯化锌（$Zn_5(OH)_8Cl_2·H_2O$）；△—碱性碳酸锌（$Zn_4CO_3(OH)_6·H_2O$）；□—氧化锌（ZnO）。

由表可知，Zn-0.2%Al 合金镀层在盐雾试验 8h 出现氧化锌，Zn-4.5%Al-0.1%Mg 合金镀层在 500h 出现氧化锌，Zn-6%Al-3%Mg 合金镀层在 1200h 尚未生成氧化锌。同样，在 Zn-6%Al-3%Mg 合金镀层的腐蚀产物中，碱性碳酸锌的生成也很晚。

对腐蚀产物的 X 射线衍射分析发现，在 Zn-6%Al-3%Mg 合金镀层和 Zn-4.5%Al-0.1%Mg 合金镀层的腐蚀产物中均有碱性碳酸锌铝（$Zn_6Al_2(OH)_{16}CO_3·4H_2O$），而且镀层腐蚀产物中的铝不像镁那样分布在整个腐蚀产物中，而是分布在靠近钢基体的底层腐蚀产物中。其结果是 Zn-6%Al-3%Mg 合金镀层的腐蚀产物变成双层结构，其上层为碱性碳酸锌，底层为碱性碳酸锌铝。

三种镀层钢板盐雾试验后的极化曲线测定结果表明，普通镀锌钢板（Zn-0.2%Al）在其腐蚀初期腐蚀电流就急剧增大；Zn-4.5%Al-0.1%Mg 合金镀层钢板的腐蚀电流很小，但在盐雾试验 300h 后明显增大；Zn-6%Al-3%Mg 合金镀层钢板在盐雾试验 500h 后，其腐蚀电流仍然保持在很低水平（图 3.132）。

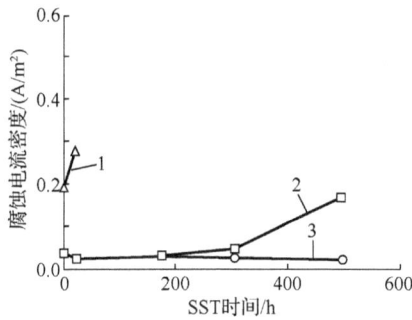

1—镀锌层钢板；2—Zn-4.5%Al-0.1%Mg 合金镀层钢板；3—Zn-6%Al-3%Mg 合金镀层钢板。

图 3.132　盐雾试验腐蚀电流密度变化

（2）湿热试验。Zn-4.5%Al-0.1%Mg 合金镀层钢板和 Zn-6%Al-3%Mg 合金镀层钢板在 70℃、98%湿度下进行 700h 的湿热试验。对两种镀层钢板腐蚀产物的辉光放电光谱（glow discharge spectrum，GDS）分析表明，前者的腐蚀速率远大于后者（图 3.133）。

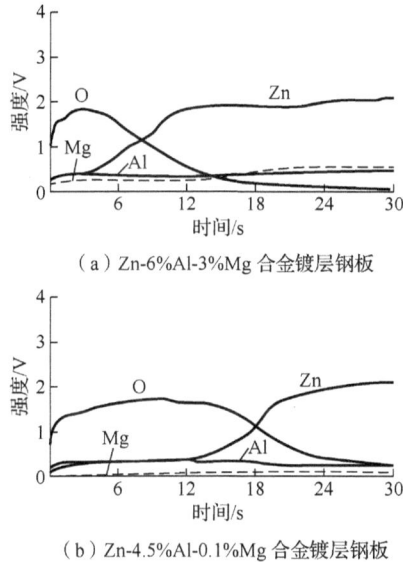

（a）Zn-6%Al-3%Mg 合金镀层钢板

（b）Zn-4.5%Al-0.1%Mg 合金镀层钢板

图 3.133　湿热试验 700h 镀层钢板腐蚀产物的 GDS 深度分布图

对三种镀层钢板湿热试验 24h 后和 700h 后腐蚀产物的 X 射线衍射（X-ray diffraction，XRD）分析表明，Zn-6%Al-3%Mg 合金镀层和 Zn-4.5%Al-0.1%Mg 合金镀层均生成大量的碱性碳酸锌铝 $Zn_6Al_2(OH)_{16}CO_3·4H_2O$，但前者的腐蚀产物在湿热试验 700h 后仍然稳定存在，后者的这种腐蚀产物已开始产生 ZnO；Zn-0.18%Al 合金镀层早在湿热试验 24h 就已出现（图 3.134）。

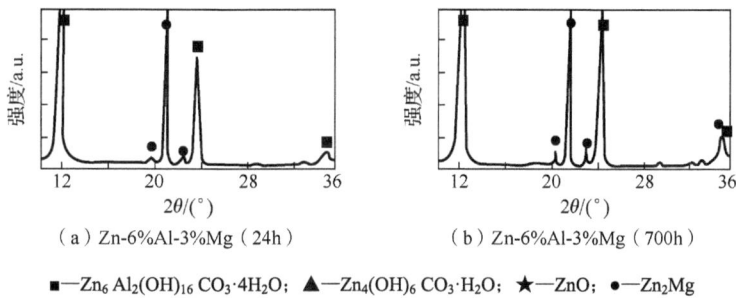

（a）Zn-6%Al-3%Mg（24h）

（b）Zn-6%Al-3%Mg（700h）

■—$Zn_6Al_2(OH)_{16}CO_3·4H_2O$；▲—$Zn_4(OH)_6CO_3·H_2O$；★—ZnO；●—$Zn_2Mg$

图 3.134　湿热试验 24h 和 700h 的 XRD 的衍射图谱

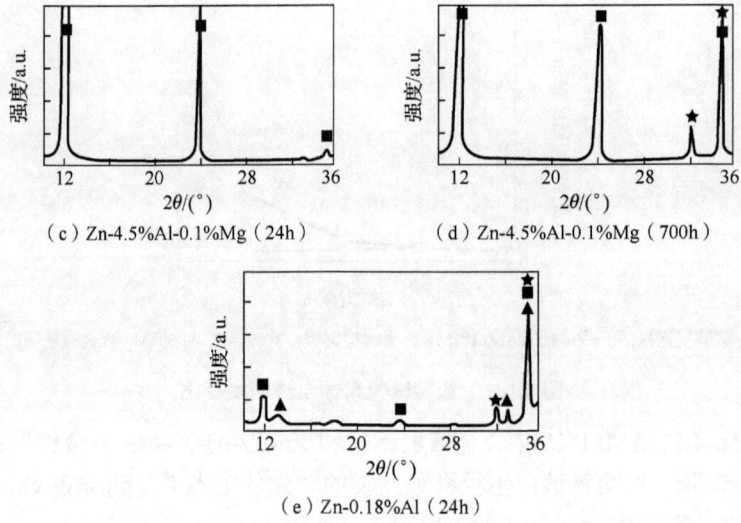

（c）Zn-4.5%Al-0.1%Mg（24h）　　　（d）Zn-4.5%Al-0.1%Mg（700h）

（e）Zn-0.18%Al（24h）

图 3.134　（续）

（3）循环腐蚀试验。对三种镀层钢板循环腐蚀试验腐蚀产物的 XRD 分析表明，普通镀锌层钢板（Zn-0.2%Al）从循环腐蚀试验开始直到完成 20 次循环，三种腐蚀产物均大量生成；Zn-4.5%Al-0.1%Mg 合金镀层钢板在循环试验 10 次之前，氧化锌和碱性碳酸锌一直受到抑制而不能形成，但在循环试验 10 次之后，衍射强度急剧增大，氧化锌和碱性碳酸锌开始大量形成；Zn-6%Al-3%Mg 合金镀层钢板在循环腐蚀 20 次时仅有碱性氯化锌（$Zn_5(OH)_8 Cl_2 \cdot H_2O$）形成，而且其衍射强度远比上述两种镀层钢板低（图 3.135）。

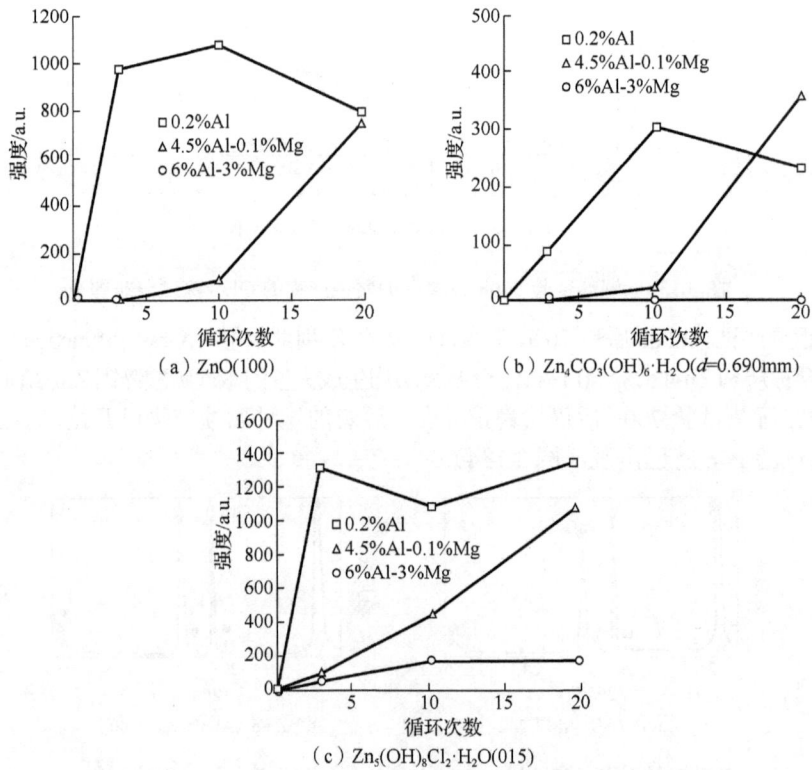

（a）ZnO(100)

（b）$Zn_4CO_3(OH)_6 \cdot H_2O$($d$=0.690mm)

（c）$Zn_5(OH)_8Cl_2 \cdot H_2O$(015)

图 3.135　循环腐蚀试验后试样表面腐蚀产物的 X 射线强度变化

由三种镀层试样循环腐蚀试验极化曲线得出的腐蚀电流密度的变化如图 3.136 所示。由图可知，Zn-0.2%Al 合金镀层试样的腐蚀电流随着循环腐蚀次数的增加而急剧增大，这表明 Zn-0.2%Al 合金镀层形成的腐蚀产物几乎不能抑制腐蚀的进一步发展，即不能抑制溶解氧的还原反应。Zn-4.5%Al-0.1%Mg 合金镀层的腐蚀电流在循环 10 次后才逐渐增大，到循环 20 次时达到 0.2A/m^2。Zn-6%Al-3%Mg 合金镀层的腐蚀电流直到循环 20 次时仍然处于极低水平。

由图可知，腐蚀电流与腐蚀产物的形成和生长有着密切联系。当腐蚀产物主要由碱性氯化锌构成时，腐蚀电流很小；当腐蚀产物由氧化锌和碱性碳酸锌构成时，腐蚀电流显著增大。据此可以推测，在此种腐蚀环境下，碱性氯化锌具有较大的保护作用，也就是说，它对溶解氧的还原反应具有较大的抑制作用。

另外，可以直接观察到循环腐蚀试验生成的氧化锌和碱性碳酸锌呈碎片状或粉末状，并易于脱落。因此，可以认为这两种腐蚀产物的保护作用很小，几乎不能抑制溶解氧向腐蚀反应界面扩散。

为了解镁和铝在腐蚀过程中的腐蚀行为，采用定量分析法测定了腐蚀产物和残余镀层中镁和铝的总量（图 3.137）。

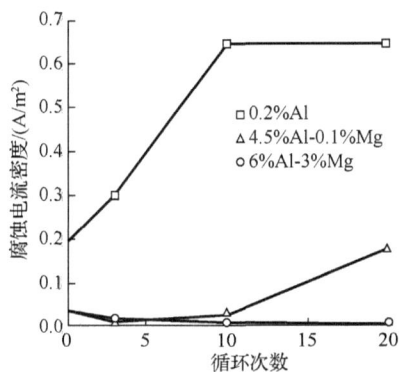

图 3.136 三种镀层循环腐蚀试验后腐蚀电流密度的变化

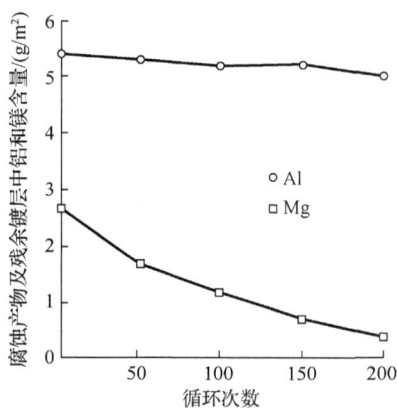

图 3.137 Zn-6%Al-3%Mg 合金镀层钢板在循环腐蚀试验后镁和铝在腐蚀产物和残余镀层中总量的变化

（镀覆量：85～95g/m^2）

由图可知，镁的总量随着腐蚀试验循环次数的增加而逐渐降低，而且大部分镁进入上层的腐蚀产物中而逐渐被消耗掉。铝的总量变化很小，大部分铝仍然保留在试样表面含镁的锌铝腐蚀产物（$Zn_6Al_2(OH)_{16}CO_3 \cdot 4H_2O$）中，从而可以长期抑制残余镀层及钢基体的腐蚀。

综上所述，提出了 Zn-6%Al-3%Mg 合金镀层钢板的腐蚀与保护的模型（图 3.138）。

由图可知，在循环腐蚀试验的开始阶段，在整个镀层表面形成了含镁的碱性氯化锌（$Zn_5(OH)_8Cl_2 \cdot H_2O$）。由于 Zn-6%Al-3%Mg 合金镀层表面几乎全是 Zn-Al″-Zn$_2$Mg 三元共晶组织，因此含镁的碱性氯化锌对镀层是有保护性的，并且很稳定，它抑制了非保护性的氧化锌和碱性碳酸锌的形成。另外，镀层中残余的铝可以形成十分稳定的含镁的腐蚀产物碱性碳酸锌铝（$Zn_6Al_2(OH)_{16}CO_3 \cdot 4H_2O$），它能够长期保护残余镀层和钢基体免于腐蚀。

（4）大气暴晒试验结果。大气暴晒试验场地选在气候条件不同的桐生市（群马县）和宜野湾市（冲绳县）。试验场地位置和气象条件见表 3.70。桐生市的暴晒地点距海岸 100km，是几乎无海盐颗粒影响的由树林包围的农村地带（农村环境）。宜野湾市的暴晒地点距太平洋海岸 30m，其气温、相对湿度及降雨量都比桐生市高，是一个苛刻的腐蚀环境（海洋环境）。

表面：Zn-Al″-Zn₂Mg三元共晶体

初生Al″

Zn-Al″-Zn₂Mg
三元共晶体

钢基体

含镁碱性氯化锌
（保护性腐蚀产物）

钢基体

① 整个表面均匀形成含镁碱性
氯化锌层
② 非保护性锌腐蚀产物的生长
受到抑制

锌腐蚀产物

碱性碳酸锌铝
（长期稳定）

残余镀层

钢基体

在锌腐蚀产物底部形成含镁的碱性碳酸锌铝
长期保护残余镀层和钢基体

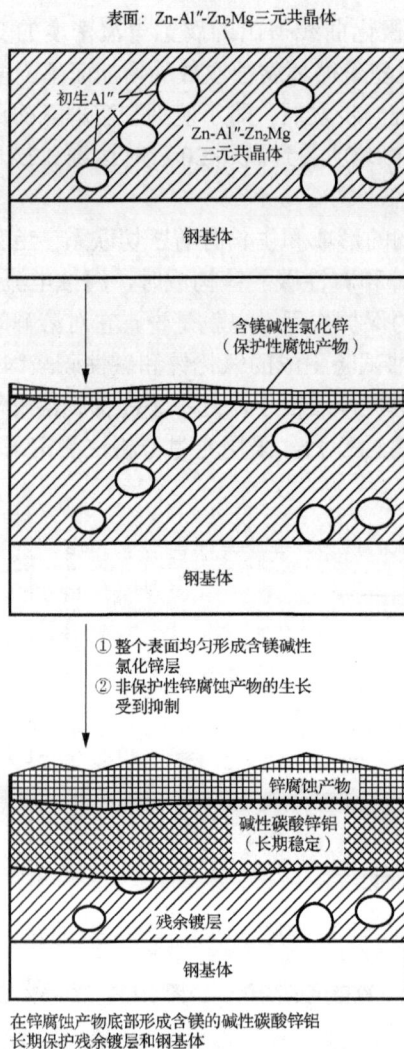

图 3.138　Zn-6%Al-3%Mg 合金镀层钢板在循环腐蚀试验中的腐蚀与防护模型

表 3.70　大气暴晒地点及环境条件

暴晒地点	环境	位置	年平均值		
			温度/℃	相对湿度/%	降水量/mm
桐生市	农村	周围是绿化区	14.2	65	1163
宜野湾市	苛刻海洋	距海岸 30m	22.7	75	2037

　　大气暴晒挂片试样均取自连续热浸镀锌生产线的 Zn-0.2%Al 合金镀层钢板、Zn-4.5%Al-0.1%Mg 合金镀层钢板和 Zn-6%Al-3%Mg 合金镀层钢板。板厚均为 0.8mm，镀覆量均为 90g/m² （单面），热浸镀后均不进行后处理。试片尺寸：100×200×0.8（mm），切边用聚氯系涂料封闭。挂片在五年暴晒后，通过观察各镀层钢板的断面可知，在农村环境下，Zn-0.2%Al 合金镀层和 Zn-4.5%Al-0.1%Mg 合金镀层腐蚀较快，局部镀层已经腐蚀到钢基体。Zn-6%Al-3%Mg 合金镀层的腐蚀轻微，其表面均匀覆盖了一层腐蚀产物，厚度约为 1μm。

　　在海洋环境下，Zn-0.2%Al 合金镀层钢板几乎全部腐蚀，并被厚薄不均的腐蚀产物覆盖。Zn-4.5%Al-0.1%Mg 合金镀层钢板尚有部分残余镀层，部分镀层已全部腐蚀到钢基体表面，局部腐蚀产物隆起。Zn-6%Al-3%Mg 合金镀层钢板大部分镀层厚度损失大于 5μm，局部镀层被腐蚀 1/2，腐蚀层表面几乎无隆起现象。总体来看，在两种腐蚀环境下，三种镀层的腐蚀程度按照 Zn-0.2%Al、Zn-4.5%Al-0.1%Mg 和 Zn-6%Al-3%Mg 的顺序减小。

2）热浸镀 Zn-11%Al-3%Mg-0.2%Si 合金镀层钢板的性能

（1）耐蚀性。

① 加速腐蚀试验结果。对 Zn-11%Al-3%Mg-0.2%Si 合金镀层钢板进行 2000h 盐雾试验，观察其出现红锈的面积比率并与 Zn-5%Al-0.1%Mg 合金镀层钢板相比较，如图 3.139 所示。

盐雾试验 2000h 后，Zn-11%Al-3%Mg-0.2%Si 合金镀层钢板尚无红锈出现，Zn-5%Al-0.1%Mg 合金镀层钢板在 500h 时就开始出现红锈，到 2000h 时其红锈面积接近 60%。

两种镀层钢板循环腐蚀试验 150 次的试验结果如图 3.140 所示。由图可知，Zn-11%Al-3%Mg-0.2%Si 合金镀层钢板在循环腐蚀试验 150 次后仍无红锈产生，Zn-5%Al-0.1%Mg 合金镀层钢板在循环 60 次时就出现红锈并蔓延，到循环 150 次时钢板表面几乎全部被红锈覆盖。

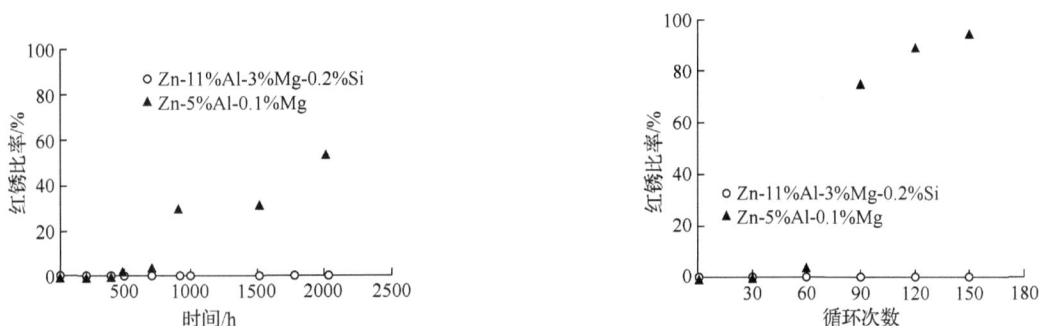

图 3.139　两种镀层钢板盐雾试验 2000h 的腐蚀状况比较　图 3.140　两种镀层钢板循环腐蚀试验 150 次的腐蚀状况比较

另外，对两种镀层钢板的 90° 弯曲试样进行 2000h 盐雾试验，通过表面观察可知，Zn-11%Al-3%Mg-0.2%Si 合金镀层钢板表面仅被白锈覆盖而无红锈产生，Zn-5%Al-0.1%Mg 合金镀层钢板全部被红锈覆盖。

同样，对两种镀层钢板的 90° 弯曲试样进行 90 次循环腐蚀试验，通过表面观察可知，Zn-11%Al-3%Mg-0.2%Si 合金镀层钢板未出现红锈，其表面全部被白锈覆盖；Zn-5%Al-0.1%Mg 合金镀层钢板表面全部被红锈覆盖。

此外，从镀层钢板的切边腐蚀状况来看，Zn-11%Al-3%Mg-0.2%Si 合金镀层钢板也远优于 Zn-5%Al-0.1%Mg 合金镀层钢板。在盐雾试验 2000h 时，Zn-11%Al-3%Mg-0.2%Si 合金镀层钢板无红锈出现，Zn-5%Al-0.1%Mg 合金镀层钢板已全面产生红锈。在循环腐蚀试验 90 次后，虽然 Zn-11%Al-3%Mg-0.2%Si 合金镀层钢板的切边也出现红锈，但其数量比 Zn-5%Al-0.1%Mg 合金镀层钢板少得多。

② 大气暴晒试验结果。在 Kimitsu 暴晒 6 个月的试验结果如图 3.141 所示。在 Okinwa 暴晒一年的试验结果如图 3.142 所示。虽然 6 个月的暴晒时间短，但从其暴晒结果仍可看出 Zn-11%Al-3%Mg-0.2%Si 合金镀层比 Zn-5%Al-0.1%Mg 合金镀层更加耐蚀。暴晒一年后，Zn-11%Al-3%Mg-0.2%Si 合金镀层的耐蚀性表现更为明显，这时其腐蚀失重仅为 Zn-5%Al-0.1%Mg 合金镀层钢板腐蚀失重的 1/2。

③ 耐变黑性。Zn-11%Al-3%Mg-0.2%Si 合金镀层钢板在湿热箱（50℃，80%RH）中进行耐变黑性试验。利用分光光度计测量试验前后镀层表面的光泽性，试验结果如图 3.143 所示。由图可知，Zn-11%Al-3%Mg-0.2%Si 合金镀层几乎无变化，Zn-5%Al-0.1%Mg 合金镀层在试验 3 周后完全变黑无光泽。

④ 涂装性。Zn-11%Al-3%Mg-0.2%Si 和 Zn-5%Al-0.1%Mg 两种合金镀层钢板先经 50mg/m² 的铬酸盐处理再涂 5μm 厚环氧树脂类底漆，其上涂 15μm 厚丙烯类树脂面漆。对此涂装后的试样在盐雾试验和循环腐蚀试验后测量其划痕终端部位的切边蔓延宽度，测量结果分别如图 3.144 和图 3.145 所示。

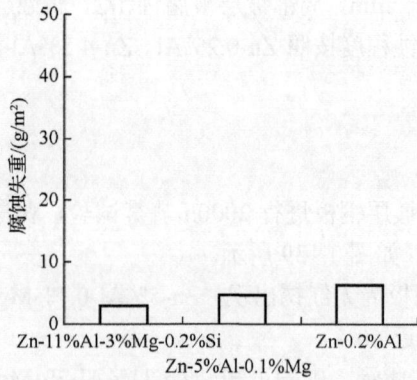

图 3.141　在 Kimitsu 暴晒 6 个月的试验结果

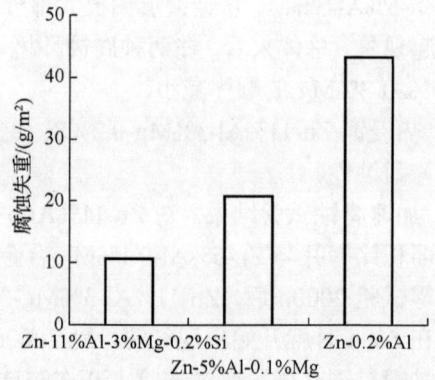

图 3.142　在 Okinwa 暴晒一年的试验结果

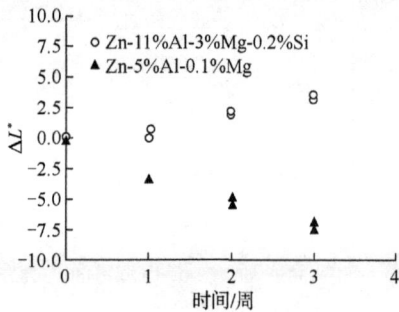

图 3.143　耐变黑性测定结果

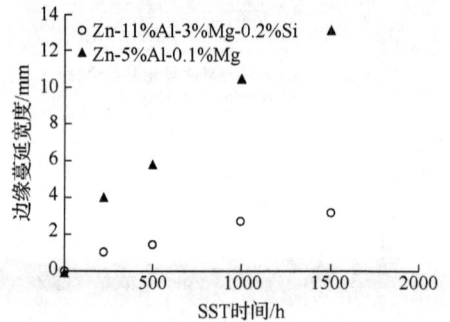

图 3.144　切边蔓延宽度（盐雾试验）

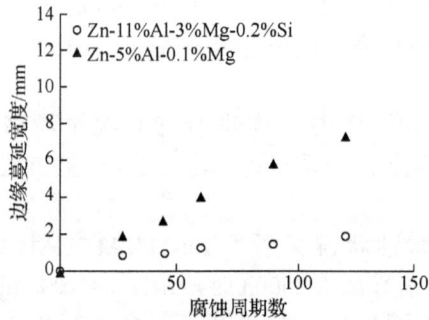

图 3.145　切边蔓延宽度（循环腐蚀试验）

　　由图可知，Zn-11%Al-3%Mg-0.2%Si 合金镀层对涂装膜的附着性优于 Zn-5%Al-0.1%Mg 合金镀层。

　　（2）加工成形性。对镀覆量为 100g/m² （单面）、厚度为 1mm 的超低碳 Zn-11%Al-3%Mg-0.2%Si 合金镀层钢板采用 180°"1T"弯曲试验和圆柱形深拉试验评价其成形性。

　　试验结果表明，弯曲试验（1T）未出现镀层剥落现象及肉眼可见的裂纹，圆柱形深拉试验也未出现镀层剥落现象。

3. 热浸镀 Zn-Al-Mg 合金镀层钢板的应用

1）建筑应用

日本生产的 ZAM 板和 SD 板耐蚀性优异，但其承受大变形能力差，因此主要用于制作建筑护栏和公路护栏等锌铝镁合金镀层在建筑上的应用如图 3.146 所示。

图 3.146　锌铝镁合金镀层在建筑上的应用

2）汽车应用

较低铝、镁含量的锌铝镁合金镀层的成形性优于 GI 板（小锌花板和无锌花板）和 GA 板（锌层退火板），可以对其进行拉延加工，其综合性能更优，可以替代 GI 板和 GA 板应用于汽车等领域，具有较好的推广应用前景。近年来。随着欧洲各大钢铁企业大力推进锌铝镁合金镀层在汽车上的应用，锌铝镁合金镀层技术得到了更为迅速的发展。宝马公司已将锌铝镁合金镀层钢板用于制造汽车车身。锌铝镁合金镀层在汽车零部件上的应用如图 3.147 所示。

3）家电应用

锌铝镁合金镀层钢板具有优异的耐蚀性和加工性，其在家电上的应用前景也很广阔。锌铝镁合金镀层在家电上的应用如图 3.148 所示。

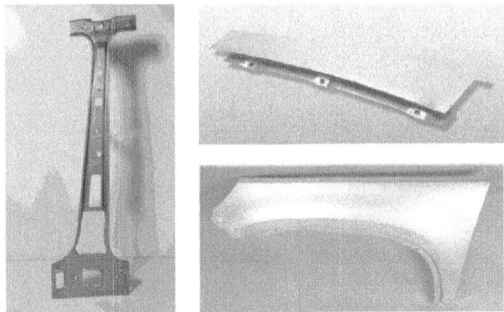

图 3.147　锌铝镁合金镀层在汽车零部件上的应用

图 3.148　锌铝镁合金镀层在家电上的应用

4）其他应用

锌铝镁合金镀层钢板还应用于电子电气及光伏电站等领域。韩国 POSCO 公司的 PosMAC 锌铝镁合金镀层钢板自 2013 年起用于生产水上/陆上光伏发电业务专用型钢产品。锌铝镁合金镀层在电子电气上的应用如图 3.149 所示。

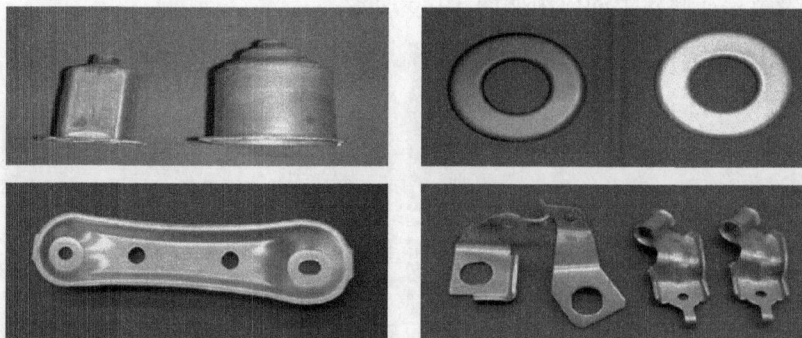

图 3.149　锌铝镁合金镀层在电子电气上的应用

参 考 文 献

[1] 张启富, 刘邦津, 黄建中. 现代钢带连续热浸镀锌[M]. 北京: 冶金工业出版社, 2007.

[2] 李九岭. 带钢连续热浸镀锌[M]. 北京: 冶金工业出版社, 2010.

[3] HORSTMANN D, PETERS K. Die reaktionen Zwischen Eisen and Zink[J]. Stahl and Eisen, 1970, 90(21): 1161-1164.

[4] 顾国成, 刘邦津. 腐蚀与防护全书: 热浸镀[M]. 北京: 化学工艺出版社, 1988.

[5] SHINDO H, OKADA T, ASAI K. Developmets and properties of Zn-Mg galvanizied steel sheet "DYMAZINC" having excellent corrosion resistance[J]. Nippon Steel Technical Report, 1999, (79): 63-67

[6] GAGNE M. Hot dip galvanizing with zinc-bismuth alloy[J]. Metal, 1999, 53(5): 269-271.

[7] KIM S K, YOO J S. Effect of bismuth and aluminium addtions on the zinc drainage in hot dip galvanizing[C]// Korea: 5th Asia-Pacific General Galvanizing Conference, 2001: 233-236.

[8] CHEN Z, KENNON N F, SEE J B, et al. Technigalva and other development in bath hot dip galvanizing [J]. Journal of the Minerals, Metals & Materials Society. 1992, 44(1). 22-26.

[9] 卢锦堂, 陈锦虹, 许乔瑜, 等. 热浸锌镍合金工艺及镀层性能[J]. 材料保护, 1996, (9): 11-13.

[10] MACHOWIAK J. Metallurgy of galvanizing coatings[J]. International Metals Review, 1979, 24(1): 1-19.

[11] 刘邦津. 钢材的热浸镀铝[M]. 北京: 冶金工业出版社, 1995.

[12] 魏竹波, 周继维, 姚瑶. 金属清洗技术[M]. 北京: 化学工业出版社, 2004.

[13] 吴建生. 高电流密度电解清洗钢带技术的分析研究[J]. 轧钢, 2001, 18(2): 39-42.

[14] 马国和, 肖白. 汽车用热镀锌板连续退火工艺[J]. 轧钢, 1998, 15(3): 38-42.

[15] 马树森. 钢材批量热浸镀锌工艺生产技术应用基础教程[M]. 成都: 西南交通大学出版社, 2011.

[16] ODENVALL I, HE W, AUGUSTSSON P E, et al. Characterization of black rust staining of unpassivated 55% Al-Zn alloy coatings. effect of temperature, PH and wet storage[J]. Corrosion Science, 1999, 41(12): 2229-2249

[17] 黄建中, 左禹. 材料的耐蚀性和腐蚀数据[M]. 北京: 化学工业出版社, 2003.

[18] 张启富, 黄建中. 有机涂层钢板[M]. 北京: 化学工业出版社, 2003.

[19] WANG L, CHENG G P, YUAN M S. Recent development in galvanized sheet steels in China[C]//Chicago: 6th International Conference on Zinc and Zinc Alloy Coated Sheet Steels, 2004: 21-30.

[20] Horton J B, Borzillo. Galvalume and zincalume: sheet steel coated with 55%Al-Zn alloy[C]//Paris: 12th International conference on Hot-Dip Galvanizing, 1979: 35-41.

[21] TOWNSEND H. E. Thirty years atmospheric corrosion performance of 55%Al-Zn alloy-coated sheet steel[J]. Materials Performance, 1996, 35: 30-36.

第 4 章

电 镀 技 术

4.1 绪论

4.1.1 电镀的基本概念

电镀是采用电化学方法在固体表面沉积一薄层金属或合金的过程。也就是说，这个过程是给金属或非金属穿上一层"金属外衣"的过程，这层"金属外衣"称为电镀层。在进行电镀时，将被镀工件与直流电源的负极相连，将欲镀覆的金属板与直流电源的正极相连，将它们一起放入电镀槽中，电镀槽中盛有含欲镀金属离子的溶液（还有其他物质），当直流电源接通时，电极上就会有电流通过，欲镀金属离子便在阴极上还原析出。电镀装置示意图如图4.1所示。

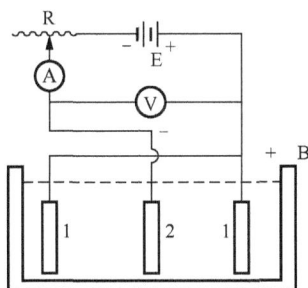

E—直流电源；A—直流电流表；V—直流电压表；
R—可变电阻；B—电镀槽；1—阳极；2—阴极。

图 4.1 电镀装置示意图

实际电镀过程要复杂得多，具体表现在以下几个方面。

（1）电源设备。早期的电镀工业大多采用蓄电池组和直流发电机，随着电镀工业的发展，开始采用硒整流器、硅整流器及可控硅电源设备等，现在已普遍采用开关电源等新型直流电源设备。在供电方式上，以前大多采用直流电，现在为了提高镀层质量，通常采用周期换向电流、交直流叠加和脉冲电流等。

（2）电镀方式。一般采用挂镀方式，对小型零件采用筐镀或滚镀方式，对轻而薄的极小零件采用振动镀方式。

（3）操作方式。以前大多采用手工操作，劳动强度大，生产效率低，现在逐步采用机械化和自动化设备。目前，较先进的电镀生产线采用微机自动控制，操作者远离电镀槽，通过显示器监控电镀现场运行情况。对于更先进的电镀生产线（印制电路板电镀生产线等），其生产作业是在封闭系统中自动连续进行的，大幅减轻了电镀造成的环境污染。

（4）电镀品种。生产中常用的单金属电镀有十多种，合金电镀有二十多种。此外，开展研究的合金电镀层有 300 多种。对于不同的电镀品种，其使用的电镀液多种多样。因此，只有很好地控制电镀液的组成及电镀的工艺条件，才能得到合格的电镀层。

不管金属电镀层的用途如何，人们对它的要求都是相同的，即要求镀层结构致密，厚度分布均匀，与基体结合牢固。这是对电镀层最基本的要求。

以电镀作为对照，本节提出电铸的概念。电铸是人们用电解法制取金属复制品的过程。也就是说，这个过程以铸造物件模型作为阴极，以复制所需金属作为阳极，它们被一同放入电解液中，在电解液中通以直流电，待模型表面沉积适当厚度的金属时将其从模型上取下，即可得到与模型形状完全相同的金属复制品。例如，印刷用铜版可用电铸法制得，某些金饰品也可用电铸法制成。除制模和脱模外，其他电铸加工过程和电镀过程非常类似。

除电化学方法外，采用化学镀方法也可得到金属及其合金电镀层，如化学镀铜、化学镀 Ni-P 合金等。在现代工业生产中，还可采用热浸法或物理方法来获得金属镀层。热浸法是将金属零件浸入其他熔融金属中而获得金属镀层的过程，其目的是提高金属零件的防腐蚀性并改善其外观，此种方法广泛用于钢铁零件的浸锌、浸锡和浸铅处理等。物理方法是指真空镀、离子镀等物理气相沉积方法。物理方法的应用范围不断扩大，是电镀工业未来发展方向之一。

通过电镀，可以改变固体材料的表面特性。例如，可以改善固体材料的外观，提高其耐蚀性、抗磨损性、减摩性及其他功能特性。因此，电镀在工业上得到了广泛应用。目前，电镀工艺广泛应用于机械制造业、电子工业、仪器仪表制造业、国防工业（兵器、飞机、船舶、火箭及航天器等）、交通运输业及轻纺工业等。仅在机械产品中，需要电镀的零件就达 70%以上。随着社会经济的发展，对黑色金属、有色金属及非金属材料零件的需求数量不断增加，对其表面性能的要求也越来越高，这势必对电镀工业提出更大的挑战，同时也给电镀行业发展带来机遇[1-2]。

4.1.2　电镀层的分类

金属电镀层的分类方法主要有两种：①按照电镀层的用途分类。②按照电镀层与基体金属的电化学关系分类。

1. 按照电镀层用途分类

按照电镀层的用途，可将其分为以下三类[3-4]。

1）防护性镀层

此类镀层可用来防止金属零件腐蚀。例如，普通轿车上的机械零件受镀面积可达 $5m^2$ 左右，这主要是为了防止金属结构件和金属紧固件腐蚀。仅就金属腐蚀而言，据粗略估计，全世界钢产量的 1/3 因腐蚀而报废，即使其中的 2/3 可以回收冶炼，也将有 1/9 无法使用。对金属零件进行电镀处理是防腐蚀的有效措施之一。

通常，锌电镀层、镉电镀层和锡电镀层及锌基合金（Zn-Fe、Zn-Co、Zn-Ni 等）电镀层属于防护性镀层。例如，黑色金属零件在一般大气条件下用锌电镀层来保护，在海洋大气条件下常用镉电镀层来保护；对于接触有机酸的黑色金属零件（食品容器等），通常采用锡电镀层来保护。锡不仅具有较强的防腐蚀能力，而且其腐蚀产物对人体无害。

在海洋大气条件下，当要求镀层薄且抗蚀能力强时，可用 Sn-Cd 合金电镀层来替代镉电镀层。对于铜合金制造的航海仪器，采用 Ag-Cd 合金电镀层可使其防腐蚀性能更好。

2）防护-装饰性镀层

对于很多金属零件，既要求其具有防腐蚀能力，又要求其具有经久不变的光泽外观，因而需要对其进行防护-装饰性电镀。因为单一金属电镀层很难同时满足防护性与装饰性的双重要求，所以这种镀层通常采用多层电镀技术，即首先在基体表面镀上"底层"金属，然后在其上再镀上"表层"金属，有时还要根据实际需求镀上"中间层"金属。例如，Cu/Ni/Cr 工艺即采用多层电镀技术。日常所见的自行车、缝纫机、轿车的外露部件大部分采用这种组合镀层。另外，有些合金电镀层也可用作防护-装饰性镀层，如化学镀 Ni-P 合金电镀层可替代 Cu/Ni/Cr 组合镀层。除上述镀层外，彩色电镀层及仿金电镀层也属于防护-装饰性镀层。

3）功能性镀层

为了满足某些部件对物理力学性能的特殊需求，常常需要选择合适的功能性镀层。现将功能性镀层的种类及特点分述如下。

（1）耐磨镀层和减摩镀层。耐磨镀层是指零件表面的高硬度金属镀层，可以增加零件抗磨损的能力。在工业生产上，需要对许多直轴或曲轴的轴颈、压印辊辊面、发动机的气缸和活塞环、冲压模具内腔、枪炮管内腔等电镀硬铬，使其显微硬度高达 1000HV。另外，对于一些仪器的插拔件，既要求其具有高的导电能力，又要求其耐磨损，通常对其电镀硬银、硬金和硬铑等。

减摩镀层大多用于滑动接触面，在这些接触面上电镀韧性金属或减摩合金，能够起到润滑作用，从而减少滑动摩擦。这种镀层常用在轴瓦或轴套上以延长轴或轴瓦的使用寿命。用作减摩镀层的金属有锡、Pb-Sn 合金、Pb-In 合金、Pb-Sn-Cu 三元合金及 Pb-Sb-Sn 三元合金等。

（2）热加工用镀层。为了改善某些机械零件表面的物理性能，常常需要对其进行热处理。但对于一个部件来说，并不是整个表面的物理性能都需要改变（某些部位性能改变后甚至会带来危害），而是在热处理之前先把不需要改变物理性能的部位保护起来。在工业生产中，为了防止局部渗碳需要电镀铜，为了防止局部渗氮需要电镀锡，这主要是利用了碳或氮在这些金属中难以扩散的特性。

（3）导电性镀层。在电子、电气及通信设备中，大量使用能够提高表面导电性的镀层。例如，电镀铜、电镀银、电镀金等镀层。若要求其同时具有耐磨性，则要电镀 Ag-Sb 合金、Au-Co 合金、Au-Sb 合金等。另外，在波导元件生产中，大都需要电镀银、电镀金等镀层。

（4）磁性镀层。磁性镀层是录音带、磁环线、磁鼓、磁盘等存储装置均需要使用的磁性材料。目前大多采用电镀方法和化学镀方法来获得磁性镀层。在生产过程中，当电镀工艺条件改变时，镀层的磁性也相应发生了变化，故控制电镀工艺条件可以获得满意的磁特性。常用的磁性合金电镀层有 Ni-Co、Ni-Fe、Co-Ni-P、Co-P、Co-W-P、Co-Mn-P、Co-Ni-Re-P 等。此外，可用作磁光记录材料的磁性合金电镀层有 Ga-Co、Sm-Co、Tb-Fe-Co 等。

（5）抗高温氧化镀层。在许多先进技术领域需要使用高熔点金属材料制造特殊用途的零件，但这些零件在高温腐蚀介质中容易氧化而损坏。例如，转子发动机的内腔、喷气发动机的转子叶片、电子管及晶体管的引脚与插座等，通常需要电镀镍、铬和铬合金电镀层以防止其高温氧化。在某些情况下，还需要使用复合电镀层，如 $Ni-ZrO_2$、$Ni-Al_2O_3$、$Cr-TiO_2$、$Cr-ZrB_2$ 等合金扩散电镀层及 Fe、Ni、Cr 等单一金属扩散电镀层。

（6）修复性镀层。一些重要机器零件磨损后可以采用电镀法进行修复。例如，汽车或拖拉机的曲轴、凸轮轴、齿轮、花键及纺织机的压辊、深井泵轴等均可用电镀硬铬、电镀铁或复合镀铁加以修复；印染、造纸、胶片等行业的一些机件也可用电镀铜、电镀铬来修复；印刷用的字模或版模可用电镀铁来修复。

除上述外，为了防止零件遭受硫酸和铬酸的浸蚀，通常需要电镀铅；为了增加零件的反光能力，通常需要电镀铬、银和高锡青铜合金等；为了消光，还可电镀黑镍或黑铬。此类镀层太多，本节不再一一赘述。

除传统意义上的电镀外，随着科学技术的发展，电镀或电沉积方法还可用于制备一些高性能尖端材料薄膜，如超导氧化物薄膜、电致变色氧化物薄膜、金属化合物半导体薄膜、形状记忆合金薄膜和梯度材料薄膜等。

2. 按照电镀层与基体金属的电化学关系分类

按照基体金属和电镀层金属或合金的电化学关系，可将镀层分为两类，阳极镀层和阴极镀层。其中，前者如在铁上电镀锌，后者如在铁上电镀锡。这种分类对于镀层选择和金属组件的搭配十分重要。

阳极镀层是指当镀层与基体金属构成腐蚀微电池时，镀层作为阳极首先溶解。这种镀层不仅能对基体金属起到机械保护作用，还能起到电化学保护作用。就在铁上电镀锌而言，在通常条件下，由于锌的标准电极电位比铁负（$E^0_{Zn^{2+}/Zn} = -0.76V$，$E^0_{Fe^{2+}/Fe} = -0.44V$），当镀层表面有缺陷（针孔、划伤等）而露出基体金属时，若有水蒸气凝结于该处，则锌与铁之间形成腐蚀电偶，如图 4.2（a）所示。此时锌作为阳极而溶解（$Zn - 2e \rightarrow Zn^{2+}$），铁作为阴极，$H^+$在其上放电而逸出氢气，从而保护铁不受腐蚀。因此，这种锌镀层叫作阳极镀层。为了防止金属腐蚀，应当尽可能选用阳极镀层。

阴极镀层是指当镀层与基体金属构成腐蚀微电池时，镀层为阴极。这种镀层对基体金属只能起到机械保护作用。例如，在钢铁基体上电镀锡，当镀层有缺陷时，铁与锡之间形成腐蚀电偶，如图 4.2（b）所示。锡的标准电极电位比铁正（$E^0_{Sn^{2+}/Sn} = -0.14V$），是阴极，因而腐蚀电偶作用的结果是铁发生阳极溶解氢在锡阴极上析出。这样一来，虽然镀层尚存，但其下的基体金属却逐渐被腐蚀，最终镀层也会脱落。因此，对于阴极镀层来说，只有当它完整无缺时，才能对基体金属起到机械保护作用。镀层一旦被损伤，不但不能保护基体金属，反而加速其腐蚀。

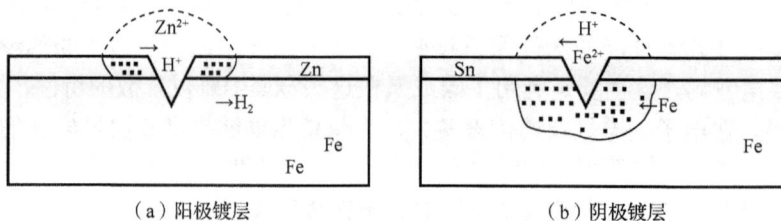

（a）阳极镀层　　　　　　　　　（b）阴极镀层

图 4.2　按照镀层与基体金属的电化学关系分类的镀层种类

必须指出的是，金属的电极电位是随介质变化而发生变化的。因此，电镀层究竟是阳极镀层还是阴极镀层，须视介质而定。例如，对铁而言，锌在一般条件下是典型的阳极镀层，但在 70～80℃的热水中，锌的电位比铁正，因而锌就变成了阴极镀层。再如，对铁而言，锡在一般条件下是阴极镀层，但在有机酸中却变成了阳极镀层。

值得注意的是，并非所有比基体金属电位负的金属都可用作防护性镀层。如果镀层在其所处介质中不稳定，那么它将被介质迅速腐蚀，从而失去了对基体金属的保护作用。之所以锌在大气中能够用作黑色金属的防护性镀层，是因为它既是阳极镀层，又能形成碱式碳酸锌[$ZnCO_3 \cdot Zn(OH)_2$]保护膜，性能很稳定。在海水中，对铁而言，锌仍是阳极镀层，但它在氯化物中不稳定，从而失去了保护作用。因此，航海船舶上的仪器不能单独用锌电镀层而要用镉电镀层或代镉电镀层来防护[5-6]。

4.1.3　电镀行业的发展概况

国外最早的电镀银文献是意大利的布鲁纳特利（Brugnatelli）于 1800 年提出的。大约在 1805 年，他又发明了电镀金工艺。1840 年，英国的埃尔金顿（Elkington）申请了氰化电镀银的第一个专利，并在获得专利权后将其用于工业生产，这是电镀工业的开始。他发明的电镀银溶液和现在使用的电镀银溶液在成分上基本相同。1840 年，雅柯比（Jacobi）申请了从酸性溶液中电铸铜的第一个专利。1843 年，酸性硫酸盐电镀铜工艺用于工业生产。1843 年，博特杰（R.Böttger）发明了电镀镍工艺。1915 年，使用酸性硫酸盐溶液对钢带进行电镀锌。1917 年，普洛克特（Proctor）提出了氰化物电镀锌方法。1923～1924 年，芬克（C. G. Fink）和埃尔德里奇（C.H.Eldridge）提出了电镀铬的工业化生产方法。此后，国外的电镀工业逐步发展成为完整的工业体系。

我国电镀工业的发展史大致分为三个阶段：新中国成立前（1949 年 10 月 1 日之前）为第 1 个阶段；新中国成立后至改革开放（1978 年）之前为第 2 个阶段；1978 年至今为第 3 个阶段。新中国成立前，我国的电镀工业几乎一片空白，仅在少数沿海城市有几个电镀作坊，其中大多数也被外国资本家所控制，不仅技术保密、生产落后，工人劳动环境恶劣，而且只能用于一些日常用品。

新中国成立后，我国电镀工业迅速发展起来。在大型的汽车和拖拉机制造厂、船舶制造厂、机车车辆厂、无线电电子厂、飞机及仪表制造厂、导弹和卫星制造厂等都设有电镀车间，并且新建了很多专业电镀厂。与此同时，还成立了相应的研究所或设计室，在高等学校和专科学校也设立了相应的专业。行业电镀标准陆续出台，并建立了情报站和信息交流网，各有关省市成立了电镀学会或电镀协会。之后，电镀工业战线上的工程技术人员、工人和干部勇于开展技术革新和技术革命，我国电镀工业取得了很大成就。例如，我国自主设计并制造了各种型式的自动电镀机，大力开发代镍电镀层等，使电镀铜锡合金大量投入生产。我国从 20 世纪 70 年代开始无氰电镀的研究工作，无氰电镀锌、电镀铜、电镀镉、电镀金等工艺投入生产；大型工件的电镀硬质铬、低浓度铬酸液电镀铬、低铬酸钝化、双极性电镀、换向电镀、脉冲电镀等工艺，也在生产中先后得到应用。例如，光亮镀铜、光亮镀镍、双层镀镍、三层镀镍、镍铁合金电镀层和减摩镀层等已用于工业生产。此外，无氰电镀银及防银变色、三价铬盐电镀铬、真空镀和离子镀等也取得了可喜的研究成果。在电镀理论研究方面，对快速电化学测量技术、有机添加剂的电极行为、双配位剂电镀理论、镀层显微组织和结构等的研究均取得较大进展。

近年来，我国电镀工业的发展突飞猛进[7]，尤其是在锌基合金电镀[8]、复合镀[9-10]、化学镀镍磷合金[11]、电子电镀、纳米电镀[12]、离子液体电镀[13]、功能性镀层[14-15]开发等方面取得了重大进展。中国表面工程协会电镀分会（中国电镀协会）每两年举行一届全国性学术年会，加强电镀技术情报交流。除此之外，中国电子电镀专家委员会也频繁举行全国性学术年会和电镀设备展览会。随着国际知名电镀公司的介入，尤其是合资企业的出现，我国电镀生产水平得到了大幅提高[16-17]。

4.1.4 电镀工业在国民经济中的地位与作用

电镀工业在国民经济中占据重要地位。电镀技术涉及国民经济各行各业，在国民经济发展过程中起着越来越重要的作用。具体表现在以下几个方面。

（1）电镀是制造业的基础工艺，是保证产品质量的关键技术。通过电镀，可在金属表面得到成分及组织可控的金属、合金、金属-陶瓷复合物等多种保护层，可以满足人们对不同工况下产品的服役性能与装饰性外观的需求，可以显著提高产品的使用寿命、可靠性与市场竞争力。

（2）电镀是节能、节材和挽回经济损失的有效手段。据不完全统计，在机械制造消耗的能源和资源中，约有 1/3 的能源直接或间接地消耗于磨损损失或腐蚀损失，全世界每年钢铁产量的 1/10 损耗于锈蚀与其他腐蚀。腐蚀与磨损给国民经济造成的损失是非常惊人的。据英美等国调查统计，其国民生产总值的 2%～4%因腐蚀而损失；我国每年总腐蚀损失在 500 亿元以上，总磨损损失在 150 亿元以上。若采用有效的防护手段，则至少可以减少 15%腐蚀损失，减少约 1/3 磨损损失。此外，由于表面镀层很薄，往往只用极少量材料进行表面改性就能明显提高其耐蚀、耐磨等性能，这对节约贵重材料、降低制造成本具有显著作用。对于磨损或加工超标的零件，可以利用电刷镀技术对其进行修复，使其实际使用寿命大于设计寿命。

（3）电镀为新技术发展提供特殊材料。可以利用电镀技术制备电子材料，电镀技术是电子产品制造的关键技术。

4.2 电镀基本理论

4.2.1 金属离子阴极还原的可能性

从理论上讲，只要电极电位足够负，任何金属离子都有可能在电极上还原或电沉积。但金属离子的还原电位也有可能比溶剂的还原电位更低，在金属离子还原之前就会发生溶剂的还原。因此，必须对金属离子阴极还原的可能性进行分析。

在元素周期表中，金属基本上是按照其活泼性顺序排列的。因此，可以利用元素周期表来大致说明实现金属离子阴极还原的可能性。一般来说，若金属在元素周期表中的位置越靠左，则其离子在电极上还原或电沉积的可能性就越小；反之，若金属在元素周期表中的位置越靠右，则其离子在电极上还原或电沉积的可能性越大。在水溶液中大致以铬分族为分界线。具体表现如下：位于铬分族左方的金属元素不能在电极上沉积；在铬分族诸元素中，除铬能够较容易地从水溶液中电沉积出来外，钨、钼的电沉积都极其困难（存在可能性）；位于铬分族右方的金属元素都能较容易地从水溶液中电沉积出来。元素周期表与金属电沉积的可能性见表 4.1。

表 4.1　元素周期表与金属电沉积的可能性

周期	族																	
	I A	II A	III B	IV B	V B	VI B	VII B		VIII		I B	II B	III A	IV A	V A	VI A	VII A	O
三	Na	Mg											Al	Si	P	S	Cl	Ar
四	K	Ca	Sc	Ti	V	Cr	Mn	Fe	Co	Ni	Cu	Zn	Ga	Ge	As	Se	Br	Kr
五	Rb	Sr	Y	Zr	Nb	Mo	Tc	Ru	Rh	Pd	Ag	Cd	In	Sn	Sb	Te	I	Xe
六	Cs	Ba	稀土	Hf	Ta	W	Re	Os	Ir	Pt	Au	Hg	Tl	Pb	Bi	Po	At	Rn

→金属元素　　　　　　→有可能从水溶液中电沉积出来　　　　　→有可能从氰化物溶液中电沉积出来　　　　→非金属元素

这种划分方法主要根据试验事实确定，即影响分界线位置的因素既包括热力学因素也包括动力学因素。假定只考虑热力学数据，则水溶液中 Ti^{2+}、V^{2+} 等离子的电沉积过程是可能实现的。

需要指出的是，若涉及的电极过程不是简单金属离子在同种电极基底上以纯金属形式析出，则"分界线"的位置可能有很大变化，可能出现下列几种情况。

（1）若金属电极过程的还原产物不是纯金属而是合金，则反应产物中金属的活度比纯金属小，因而有利于还原反应的实现。例如，若用汞作为阴极，则水溶液中的碱金属离子、碱土金属离子和稀土金属离子都能在电极上还原并生成相应的汞齐。由观察可知，在异种金属表面，可在比平衡电位更正的电位下沉积出不足单原子层厚度的金属层，这种现象称为"欠电位沉积"。

（2）若溶液中的金属离子以比简单水化离子更稳定的配位离子形式存在，则必须由外界供给更多能量以实现还原反应，因而体系的平衡电位变得更负。显然，这会使金属析出更加困难。例如，在氰化物溶液中，只有铜分族元素及在元素周期表中位于铜分族右方的金属元素才能在电极上析出，即分界线的位置向右方移动。在含有其他配位剂的溶液中，人们也可观察到类似现象。在含有不同配位剂的溶液中，金属活泼性顺序不完全相同。一般来说，若金属离子的外电子层中存在空的 $(n-1)$ d 轨道且在形成配位离子时被用来组成杂化轨道，则所形成配位离子的稳定性一般较高，它们在电极上也就不易析出。这就是过渡族元素容易生成稳定性较高且不易在电极上析出的配位离子的原因。

（3）在非水溶剂中，金属离子的溶剂化能可能与其水化能相差很大。因此，金属在各种非水溶剂中的活泼性顺序可能与其在水溶液中的活泼性顺序有很大不同。此外，各种溶剂的分解电位也不相同。因此，某些溶于水但不能在电极上析出的金属元素可在适当的有机溶剂中电沉积出来。例如，Li、Al、Mg 等金属不能自水溶液中电沉积出来，但可从适当的有机溶剂、离子液体中电沉积出来。

4.2.2 金属电结晶

1. 金属离子在水溶液中的存在形式

金属离子和水溶液之间始终是相互联系、相互作用的，作为放电微粒的金属离子在水溶液中的存在状态和其放电历程与放电析出层结构密切相关。因而，人们有必要对其有一定了解。

本节以 NaCl 离子晶体溶于水的过程为例进行分析。如图 4.3 所示，Na^+ 和 Cl^- 在水溶液中都发生水合作用，从而形成相应的水合阴离子和水合阳离子，这就是盐的水解。

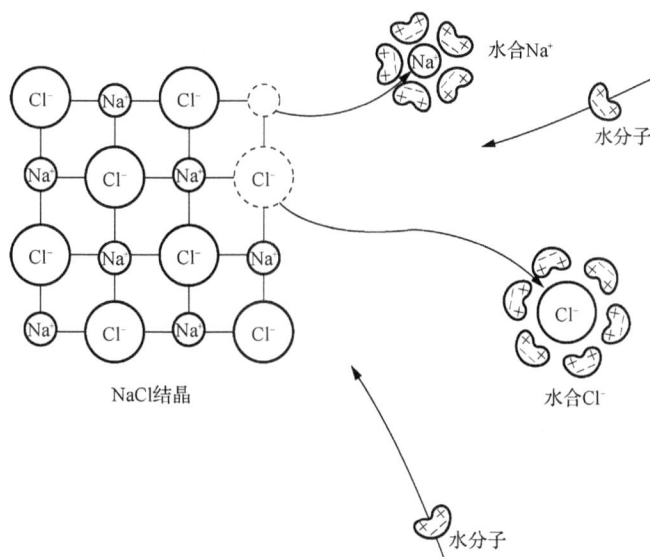

图 4.3 NaCl 离子晶体的水合过程

像 Na^+ 一样，Cu^{2+} 在水溶液中会发生如下反应：

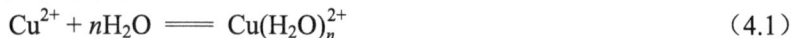

$$Cu^{2+} + nH_2O \rightleftharpoons Cu(H_2O)_n^{2+} \tag{4.1}$$

像 NaCl 一样，HCl 中的 Cl^- 在水溶液中会发生如下反应：

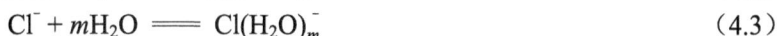

$$HCl + H_2O \rightleftharpoons H_3O^+ + Cl^- \tag{4.2}$$

$$Cl^- + mH_2O \rightleftharpoons Cl(H_2O)_m^- \tag{4.3}$$

另外，在向含 Cu^{2+} 的水溶液中加入过量的 NaCN 时，Cu^{2+} 将被 CN^- 还原成 Cu^+，同时 Cu^+ 和 CN^- 形成配位离子，即

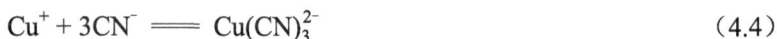

$$Cu^+ + 3CN^- \rightleftharpoons Cu(CN)_3^{2-} \tag{4.4}$$

金属离子和有机阴离子形成的配合物具有一定的稳定性，这种稳定性对于电镀是十分重要的。

对于氧化态的过渡金属，其 d 轨道或 f 轨道通常总有空位，易于形成配合物。然而，由非过渡金属离子所构成的配合物不太稳定。

CN^- 能与 Cu、Ag、Au、Pt、Pd、Fe、Co、Ni 等金属离子形成稳定的配合物，但其与 Zn、Cd 所生成的配合物并不稳定。由于 CN^- 和 Fe 离子、Ni 离子所生成的配合物过于稳定且无法在水溶液中放电，因此不能用氰化物镀液来电镀铁和电镀镍。

焦磷酸盐也能与几种金属的离子形成配合物，因而可用其配制含有 Zn、Cu、Sn、Ni 等金属离子的电镀液。

卤素离子也能与若干种金属离子形成配合物，如卤化物电镀锡溶液，其中放电配合物为 $SnCl_6^{2-}$。

配合物的电化学性质对电镀液及镀层性能有着重要影响。有些配合物能使一些在简单盐中无法发生电共沉积的金属离子从其配合物电镀液中电沉积出来，从而获得合金电镀层，如电镀铜锌合金。

金属离子在水溶液中形成配合物的过程是分步完成的。例如，CN^- 在水溶液中会发生如下反应：

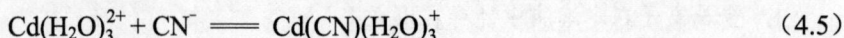

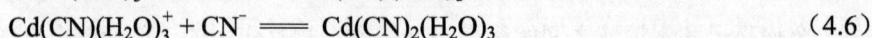

$$Cd(H_2O)_3^{2+} + CN^- \Longrightarrow Cd(CN)(H_2O)_3^+ \tag{4.5}$$

$$Cd(CN)(H_2O)_3^+ + CN^- \Longrightarrow Cd(CN)_2(H_2O)_3 \tag{4.6}$$

最后生成 $Cd(CN)_4^{2-}$。

2. 通电时的晶面生长模型

电镀的目的是使金属离子在工件（电极）表面发生电化学还原而析出金属层。这一过程可分为四个阶段，如图 4.4 所示。

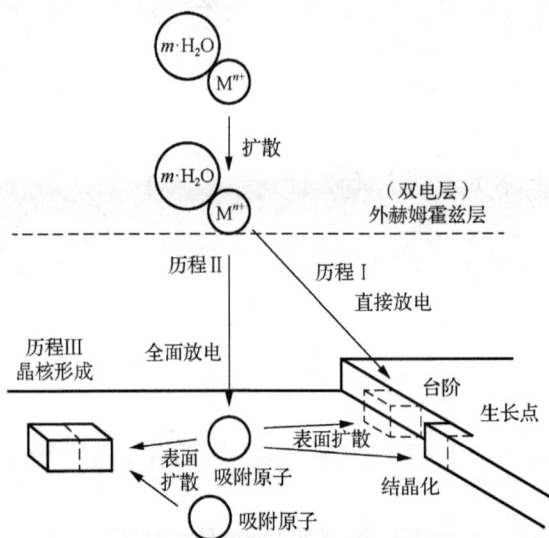

图 4.4　金属电沉积的反应过程

这四个阶段具体如下。

（1）金属离子（水合离子或配位离子）从溶液内部向电极表面扩散。

（2）金属离子在电场作用下向电极表面的双电层内迁移（在这一阶段，金属离子须脱去其表面配体）。

（3）金属离子在电极表面接受电子（放电）形成吸附原子。

（4）吸附原子向晶格内嵌入（形成镀层）。

仔细分析这四个阶段的进展速度可知，在这一连串的反应过程中，进展最慢的阶段的速度（放电反应速度）可以控制总反应速度。这与放电离子的本性、浓度、电极电位因素相关。

关于水合离子进入紧密双电层后以何种途径进入镀层的问题，存在两种观点，具体如下：①放电离子全部经历了上述前三个阶段，这种观点称为"全面放电理论"。②金属离子的放电首先发生在金属表面的低能量点上，即在金属电极表面的缺陷点上放电，这些缺陷包括位错、空穴、晶界等，这种观点称为"局部放电理论"。实际上，金属离子在平面位置上放电所需活化能要比其在缺陷位置上放电低，这就支持了电沉积过程中的"全面放电理论"。

3. 金属的极化与成核

众所周知，盐晶体从盐溶液中析出时需要过饱和度；金属由液态变为固态时需要过冷度；金属离子从溶液中电结晶时需要过电位（超电位）。若金属晶核能够稳定存在，则晶核形成过程的自由能一定是下降的，即自由能变化应小于 0。晶核形成过程的能量变化由两部分组成，其中一部分是形成晶核的金属离子由液相变为固相释放的能量，它使体系自由能下降；另一部分是形成新相、建立相界面需要吸收的能量，它使体系自由能升高。因此，晶核形成过程的自由能变化值应当等于这两部分能量之和。晶核比表面能与晶核尺寸大小有关，晶核尺寸越小，其比表面能越大，需要吸收的能量就越大，这时就要有足够大的超电位来补偿所吸收的能量。也就是说，极化越大，晶核尺寸越小，形成的金属层就越细致光滑。在电镀过程中，人们总是设法使阴极的电化学极化作用增大一些。

4. 金属的螺旋生长

若晶面完全按照图 4.4 所示方式生长，则每当一层长满后，生长点和生长线就会消失。这样，每一层晶面开始生长时都必须先在一层完整的晶面上形成二维晶核。如果形成的晶核能够继续长大，就必须有一定的临界尺寸。当形成具有这种临界尺寸的晶核时，应当出现较高的超电位。换言之，如果晶面按照这种方式进行生长，就应出现周期性的电位突跃。然而，在大多数晶面实际生长过程中完全观察不到这种现象，这表明晶面生长时并不需要形成二维晶核。

人们普遍认为实际晶体中总是包含着大量位错，如果晶面绕着位错线生长，特别是绕着螺旋位错线生长，生长线就永远不会消失，如图 4.5 所示。图 4.5（a）和（b）分别表示一个向右旋转的微观台阶的螺旋位错和一个向左旋转的微观台阶的螺旋位错。晶面通过台阶线绕螺旋位错显露点 A 旋转生长，吸附原子沿径向和旋转方向并入点阵，最后导致每一层沿径向放射性扩展，以及每一个新层沿同样方向显露。在某些沉积层表面，甚至通过低倍显微镜就可观察到螺旋形的晶体生长台阶及一些金字塔形的晶粒。一对旋转方向相反的螺旋位错生长的结果如图 4.6 所示。

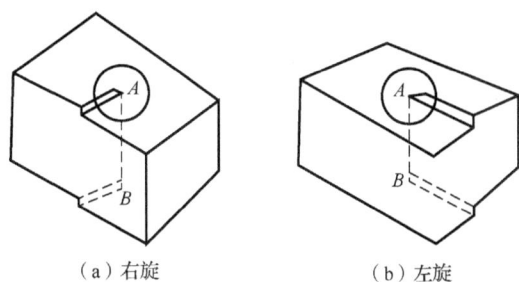

（a）右旋　　　　（b）左旋

图 4.5　螺旋位错示意图　　　　　　　图 4.6　按照螺旋位错生长的镀层显微照片

4.2.3　电沉积金属的形态与结构

电沉积金属的晶体结构主要取决于沉积金属本身的晶体学性质，其表面形态和结构的形成主要取决于电沉积条件。金属电沉积和气相沉积、溶液结晶、熔体结晶有许多相似之处。因此，在讨论电结晶时使用的基本概念都引自这些领域，如表面扩散、高指数晶面生长、二维成核、螺旋位错等。但电结晶和其他结晶还是有很大区别的，这就构成了电沉积金属在组织结构和性能上的特点。这种区别主要体现在两个方面：①电极表面存在阴离子或水分子、或溶剂化的吸附离子（非吸附原子）的吸附层及双电层电场。②表面吸附粒子在并入点阵之前与基体的相互作用有本质不同，不仅有电化学条件下的吸附离子替代吸附原子，还有金属和溶剂的交互作用，同时溶液中的离子扩散速度小于气相中的原子扩散速度，扩散控制的可能性增大。从本质上讲电结晶的各种形态和结构是由电位对金属表面自由能的影响及表面存在阴离子的接触吸附造成的。

1. 电结晶的主要形态

在电结晶的早期研究中，非常注重描述晶体生长的各种形态。早期使用显微镜进行观察，后来使用干涉相衬显微镜和偏振光测量技术获得较丰富的资料。目前主要使用扫描电子显微镜进行观察，得到了大量的金属沉积层的特殊表面形貌。根据大量资料归纳以下几种电结晶的主要形态。

（1）层状，如图 4.7（a）所示。对于这种形态的台阶，当其平均高度达到 50nm 左右时，就可观察到，有时每层还含有许多微观台阶。

（2）金字塔状（棱锥状），如图 4.7（b）所示。这是在螺旋位错的基础上考虑晶体生长的对称性而得到的。棱锥的对称性与基体的对称性有关，但锥面不是由高指数晶面构成的，而是由宏观台阶构成的，并且锥体的锥数不定。

（3）块状，如图 4.7（c）所示。块状相当于截头的棱锥，截头可能是杂质吸附阻止晶体生长的结果。若截头棱锥横向生长，则会发展成块状。

（4）屋脊状，如图 4.7（d）所示。屋脊状是在吸附杂质存在的条件下层状生长过程中的中间类型，如果加入少量表面活性剂，屋脊状就可以在层状结构的基础上发展起来。

（5）立方层状，如图 4.7（e）所示。立方层状是介于块状和层状之间的一种特殊结构。

（6）螺旋状，如图 4.7（f）所示。螺旋状是指顶部的螺旋形排布，它可以作为带有分层的棱锥体出现。其台阶高度约为 10nm，台阶间隔约为 1～10nm，并且随着电流密度的减小而增大。

（7）晶须状，如图 4.7（g）所示。晶须是一种长的线状单晶体，在相当高的电流密度下，特别是在溶液中存在有机物的条件下容易形成。

（8）枝晶状，如图 4.7（h）所示。枝晶是一种针状或树枝状结晶，它常常从低浓度的简单金属盐和熔融盐电镀液中得到。当电镀液中有特性吸附的阴离子存在时，也容易获得枝晶。枝晶的主干和分支平行于点阵低指数方向，它们之间的夹角是一定的。枝晶既可以是二维的，也可以是三维的。

对于不同的金属，结晶形态与电沉积条件的关系是不同的。有人提出了电流密度和超电位对铜电结晶过程的影响，即当电流密度和超电位增大时，铜电结晶形态依照下列方式转变：

屋脊状 → 层状 → 块状 → 多晶体

一般认为，枝晶是在扩散控制条件下电沉积时产生的。由于晶核的数目本来就少，从而形成了粗晶。当达到极限电流密度时，阴极表面附近的溶液中缺乏放电离子，于是只有放电离子能够达到的部分晶面还继续生长，其余晶面都被钝化，结果便形成了枝晶。例如，在无表面活性剂的硫酸盐电镀液中电镀锡和电镀铅，以及在正常电镀液中使用过高的电流密度时，都容易产生枝晶。

2. 电镀的外延与结晶的取向

在一种金属基体上电沉积同一种金属时，在通电后最初的一段时间内，由于被电沉积的金属原子在基体表面力场的作用下优先进入基体表面现成的晶格位置，因此所形成的镀层可与基体的结晶取向完全一致。若一种金属电沉积在另一种金属基体上，在通电初始阶段，同样也会出现镀层沿基体晶格生长的现象，这就是外延。试验结果表明，当被电沉积的金属与基体金属的晶格参数差别不足 15%时，就容易发生外延生长。通常这种外延生长的延伸厚度可达 100nm，外延持续时间的长短与电结晶过程中出现的位错有关。在电沉积过程中，任何引起镀层中产生位错的因素都会促使外延生长提早结束。

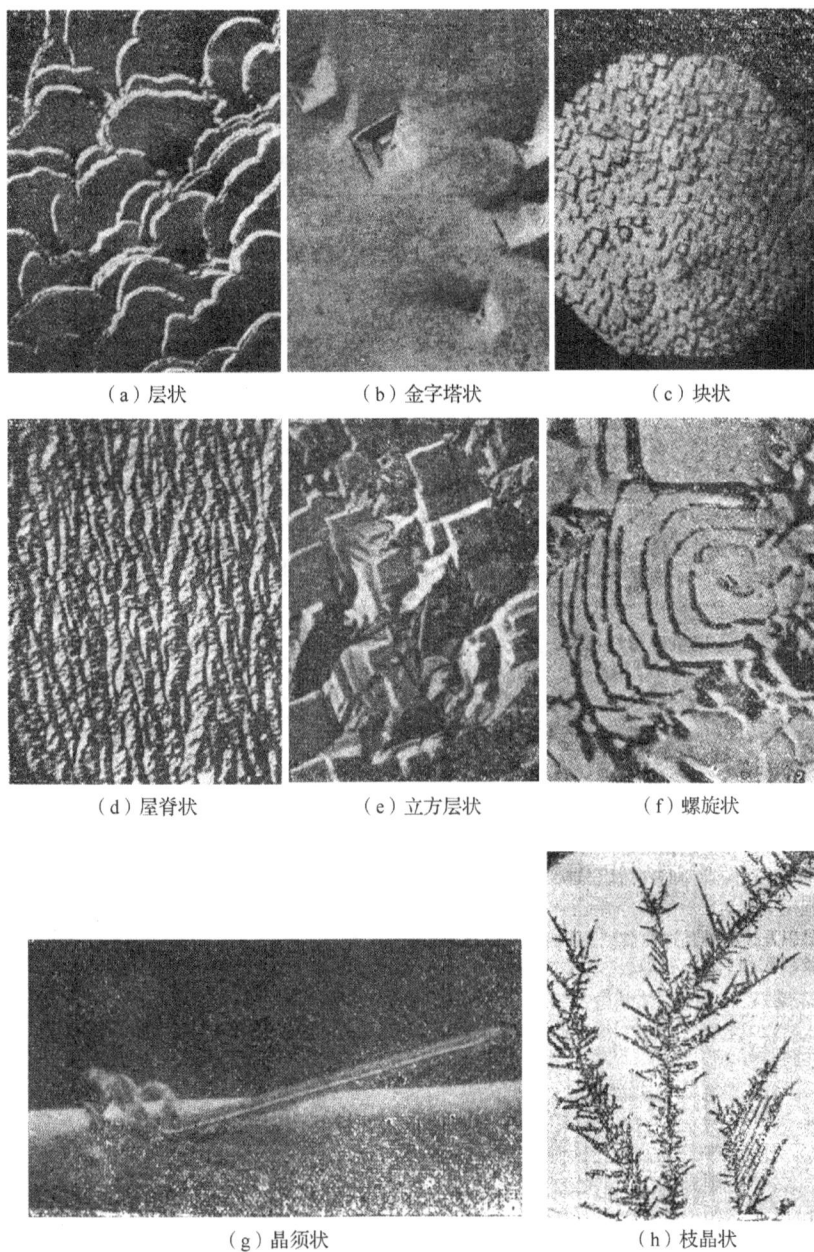

（a）层状	（b）金字塔状	（c）块状
（d）屋脊状	（e）立方层状	（f）螺旋状
（g）晶须状		（h）枝晶状

图 4.7　电结晶的主要形态

随着电沉积过程的延续，不管基体金属的结晶学性质如何，镀层总是由外延生长转变为无序取向晶粒构成的多晶沉积层。在这种多晶沉积层继续生长过程中，新形成的沉积层将有相当数量的晶粒出现相同的特征性取向，即出现了择优取向。在各晶粒的三根晶轴中，若有一根晶轴与参考坐标系之间存在固定关系，如在晶粒中存在着一根垂直于基体表面的晶轴（择优取向轴），则可形成一维取向。若择优取向轴不只一根，则随着镀层厚度的不同，择优取向轴可由一个晶轴转变为另一个晶轴。

镀层的结构是在金属电沉积过程中形成的，电沉积的具体条件（电镀液成分、电镀 pH 值、电流密度、温度、电流波形、电极转速等）会对镀层的结构产生影响。例如，在硫酸盐电镀液中电镀锌时，随着 H_2SO_4 与 $ZnSO_4$ 含量之比由小变大，镀层的择优取向轴将发生显著变化。另外，在电镀液中加入明胶等胶体物质后，也会对锌电镀层的择优取向轴产生明显影响。在普通电镀镍溶液中，当在较低电流密度下电镀镍时，择优取向轴为（110）；随着电流密度的提高，择优取向轴将发生变化，而且这种变化与电镀液 pH 值有关。若 pH 值<2.5，则择优取向轴为（100）；若 pH 值>2.5，则择优取向轴转变为（211）。随着电流密度的进一步提高，当 pH 值<2.5 时，晶粒按（210）晶向择优；当 pH 值>2.5 时，变成以（100）为择优取向轴。此外，将 1,4-丁炔二醇加入电镀镍溶液中，也会使镍镀层的择优取向轴发生显著变化。

4.2.4 电镀液成分对电镀液、镀层性能的影响

按照金属离子的存在形式，可将电镀液分为简单盐电镀液和配合物电镀液。下面分别介绍这两种电镀液中的主要成分对电镀液、镀层性能的影响。

1. 简单盐电镀液

常用的简单盐电镀液主要包括硫酸盐电镀液、氯化物电镀液、硫酸盐-氯化物混合电镀液和氟硼酸盐电镀液等。在这类电镀液中，其主要成分包括主盐、游离酸、导电盐和缓冲剂等。

1）主盐的影响

主盐浓度是电镀工艺主要参数之一。在简单盐电镀液中电镀时，主盐浓度的变化对镀层质量和电镀液性能都有一定的影响。试验表明，当温度、电流密度及其他工艺条件不变时，随着主盐浓度的增大，生成晶核的速度降低，晶粒变得粗大。对于电镀时不存在显著电化学极化的电镀液（在简单盐电镀液中电镀锌、镉、铜、铅等）来说，这种关系表现较为明显；但对于电镀时发生较大电化学极化的铁族金属盐电镀液来说，这种关系表现并不明显。

按照交换电流密度与电极反应速度常数的关系，有

$$i_0 = nFkC_{M^{n+}}^{1-a} \cdot C_M^a \tag{4.7}$$

式中，i_0 为交换电流密度；n 为反应电子数；F 为法拉第常数；k 为系数；$C_{M^{n+}}$ 为主盐金属离子浓度；a 为传递系数。

由式（4.7）可知，降低主盐浓度（$C_{M^{n+}}$ 减小）将使交换电流密度 i_0 减小，从而在一定程度上增大了电化学极化。一旦电化学极化增大，形成晶核的概率就会增加。除此之外，主盐浓度对晶体结构的影响也与晶粒生长过程中的钝化现象有关。当主盐浓度较高时，尽管有可能在电镀刚开始的一段时间内形成较多的生长中心，但是随着晶体生长面积的增大，真实电流密度降低，当其低至某一数值时，部分晶体便开始钝化和停止生长，能够继续生长的只是其中一部分晶体。电镀液中主盐的浓度越高，所含钝化剂（杂质）就越多，因此晶体数目减少且晶粒变得粗大。但不能由此得出电镀液的主盐浓度越低越好的结论。实际上，在电镀液所允许的稀释限度下，采用降低主盐浓度的方法来改善镀层质量的效果并不明显。例如，采用过稀的电镀液，不仅极限电流密度将降低，而且易于形成海绵状镀层。从加快电沉积过程的角度出发，还是采用主盐浓度较高的电镀液较好。

2）游离酸的影响

在简单盐电镀液中常含有与主盐相对应的游离酸。根据游离酸含量，可将简单盐电镀液分为强酸性和弱酸性两类。强酸性电镀液中的游离酸不是主盐水解得到的，而是在配制电镀液时添加的。例如，在硫酸盐电镀液中电镀铜或电镀锡时常加入过量的硫酸；在氟硼酸盐电镀液中电镀铅或电镀铅锡合金时常加入过量的氟硼酸。加入游离酸的目的如下：①提高溶液的电导率以降低槽电压。②提高阴极极化（在一定程度上）以获得结晶细致的镀层。③防止主盐水解。例如，在硫酸盐电镀液电镀铜或电镀锡，可发生如下反应：

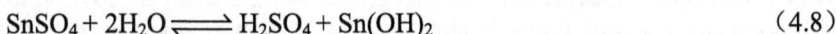

$$SnSO_4 + 2H_2O \rightleftharpoons H_2SO_4 + Sn(OH)_2 \tag{4.8}$$

$$Sn(OH)_2 + [O] \rightleftharpoons SnO_2 \downarrow + H_2O \tag{4.9}$$

$$Cu_2SO_4 + H_2O \rightleftharpoons Cu_2O \downarrow + H_2SO_4 \tag{4.10}$$

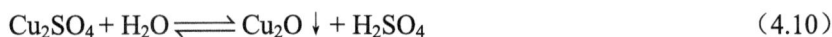

水解反应不但降低了溶液内电沉积金属的含量，而且析出的沉淀会使溶液变浑浊，以致影响镀层质量。当在电镀液中加入过量的游离酸时，可防止水解反应的发生。此外，对于这类电镀液，大量游离酸的存在并不会导致氢的析出。这是因为铜、锡、铅等金属都是在较正的电位下沉积的，而且氢在这些金属上析出时具有较高的超电位。需要注意的是，提高游离酸度将会降低主盐的溶解度。

弱酸性简单盐电镀液中也含有一定的游离酸以防止主盐水解。例如，从硫酸盐电镀液中电镀锌、镉、镍等。但此类电镀液中不能存在过量的游离酸，否则，大量析氢会使电流效率下降。因此，这类电镀液必须保持一定的酸度。例如，电镀锌溶液的 pH 值通常为 3.5～4.5；电镀镉溶液的 pH 值通常为 2.0～5.5；电镀锡溶液的 pH 值通常为 3.0～4.0 或 5.0～5.5。

把电镀液的 pH 值调整到一定范围内，这种方法并不能使 pH 值在整个电镀过程中保持不变。在电镀锌、镉、镍等金属时，阴极上总会有氢气析出，从而使阴极附近电镀液中的 H^+ 浓度降低，产生碱化现象。这种现象导致阴极附近析出氢氧化物或碱式盐，使镀层发暗、粗糙甚至疏松。为了将电镀液的 pH 值维持在规定范围内，通常需要向电镀液中加入缓冲剂。例如，在硫酸盐电镀锌溶液中加入硫酸铝；在硫酸盐电镀镉溶液中加入硼酸、硫酸铝或乙酸钠；在电镀镍溶液中加入硼酸。这些缓冲剂的缓冲性质可用下列反应式表示：

$$Al_2(SO_4)_3 + 6H_2O \rightleftharpoons 2Al(OH)_3 + 3H_2SO_4 \tag{4.11}$$
$$CH_3COONa + H_2O \rightleftharpoons NaOH + CH_3COOH \tag{4.12}$$
$$H_3BO_3 + H_2O \rightleftharpoons H^+ + [B(OH)_4]^- \tag{4.13}$$

由上列可逆反应可知，酸度可以自动调节。由于每种缓冲剂只能在一定的 pH 值范围内起到调节作用，因而不同的电镀液应当选用不同的缓冲剂。

在简单盐电镀液中，氟硼酸盐电镀液具有很好的缓冲性能，即使在相当高的电流密度下工作也不会产生碱化现象，因此这种电镀液可用于各种金属的高速电镀。

3）导电盐的影响

在简单盐电镀液中经常加入一些与主盐阴离子相同的碱金属盐类，其目的是增强电镀液的导电性，改善电镀液的分散能力。常用的碱金属盐类为钾盐或钠盐。需要注意的是，水化钾离子的半径较小，导电能力较好，但成本相对较高。

在含有 1%硫酸的 0.05mol/L $NiCl_2$ 溶液中，当在 25℃下进行电镀时，发现 Li^+、Na^+、K^+、NH_4^+、Ca^{2+}、Ba^{2+}、Cr^{3+} 等能使阴极极化有所提高；Al^{3+} 及 Co^{2+} 等降低了阴极极化。此外，外加阳离子对阴极极化的影响也在硫酸盐电镀锡时表现出来。若在 $SnSO_4$ 电镀液中加入碱金属离子或碱土金属离子，则使阴极极化增大的顺序依次为 $Mg^{2+}<K^+<NH_4^+<Na^+<Al^{3+}$。一般来说，外来离子的加入使离子强度增大，致使电沉积金属离子的活度降低，从而提高了阴极极化。

4）Cl^- 的影响

有时在简单盐电镀液中含有较大量的 Cl^-。在电镀过程中，电镀液中含有的 Cl^- 可以起到活化作用。其作用机理具体表现如下。

（1）Cl^- 与金属离子作用生成易放电的配位离子。

（2）Cl^- 在电极界面吸附，可以改变双电层结构及界面状态，使电极的活化能降低，即发生特性吸附。

（3）形成"离子桥"，Cl^- 最外层电子可变性大，参与组成活化配离子，使 $Me(H_2O)_n$ 脱水，并使电子转移活化能降低。

根据以上机理，在电镀过程中，Cl^- 的具体作用表现如下。

（1）对阴极过程的活化作用。例如，在硫酸盐电镀液中电镀铜时，必须加入 Cl^- 才能使镀层全光亮。

（2）对阳极过程的活化作用。例如，在 Watts 电镀液中电镀镍时，若电镀液中没有 Cl^-，则镍阳极易发生钝化。

2. 配合物电镀液

配合物电镀液的命名主要依据配合物的种类。常用的电镀配合物包括氰化物、焦磷酸盐、OH⁻、酒石酸盐、柠檬酸盐等。在这类电镀液中，其主要成分包括主盐、配合物等。

1）主盐的影响

在配合物电镀液中，电沉积金属离子通常以配位离子状态存在。虽然配位离子具有相当高的稳定性，但是总有一部分配位离子会电离出来，并能建立以下电离平衡：

$$ML_k^{(n-kp)} \Longleftrightarrow M^{n+} + kL^{p-} \tag{4.14}$$

$$K_{不稳} = \frac{[M^{n+}][L^{p-}]^k}{[ML_k^{(n-kp)}]} \tag{4.15}$$

$K_{不稳}$ 是配位离子在一定温度下的电离平衡常数，称为不稳定常数，它反映了配合物的稳定性。$K_{不稳}$ 越小，配位离子的稳定性就越大。例如，氰化物电镀铜溶液的基本成分为 CuCN 35g/L（≈0.4mol/L）、NaCN 48g/L（≈1.0mol/L）。Cu^+ 和 CN^- 形成的配位离子有 $[Cu(CN)_2]^-$、$[Cu(CN)_3]^{2-}$、$[Cu(CN)_4]^{3-}$ 等不同形式。根据电镀液中 CN/Cu 的比值，配位离子以 $[Cu(CN)_3]^{2-}$ 形式存在较为合理。$[Cu(CN)_3]^{2-}$ 在水溶液中的电离平衡为

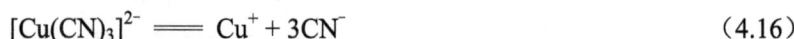

$$[Cu(CN)_3]^{2-} \Longleftrightarrow Cu^+ + 3CN^- \tag{4.16}$$

$$K_{不稳} = \frac{[Cu^+][CN^-]^3}{[Cu(CN)_3^{2-}]} = 2.6 \times 10^{-29}(18 \sim 30℃) \tag{4.17}$$

$K_{不稳}$ 如此之小，甚至可以认为全部的 Cu^+ 都配位成 $[Cu(CN)_3]^{2-}$，这种配位离子在溶液中的浓度近似等于 0.4mol/L；游离氰化物（CN^-）的浓度近似为 1.4-3×0.4=0.2（mol/L）。可以依据这些近似值估计溶液中游离 Cu^+ 的摩尔浓度为

$$[Cu^+] = 2.6 \times 10^{-29}[Cu(CN)_3^{2-}]/[CN^-]^3 = 1.3 \times 10^{-27}（mol/L）$$

由此可知，氰化物电镀铜溶液的真正组分及其浓度为 $[Cu(CN)_3^{2-}]$ = 0.4mol/L、$[Cu^+]$ = 1.3×10⁻²⁷mol/L、游离 $[CN^-]$ = 0.2mol/L。

从这些数据来看，游离 Cu^+ 的浓度可以忽略不计。如果考虑 1mol 铜含有 6.023×10²³ 个离子，那么在 10⁴L 电镀液中就有 8 个 Cu^+ 存在。

以上分析表明，在配合物电镀液中，金属离子主要以配位离子形式存在，几乎没有游离态金属离子。

在配合物电镀液中，主盐浓度的变化对阴极极化有较大影响。例如，在氰化物电镀液中电镀铜，随着金属离子浓度的降低，阴极极化增大，同时极化度也较大，这将使电镀液的分散能力得到改善。在生产上，为了获得厚度均匀的镀层，以及使外形复杂的零件能够完全镀上金属，常常采用低浓度的配合物电镀液（氰化物电镀锌溶液）。但随着电镀液中金属离子浓度的降低，极限电流密度下降，析氢提前出现，导致阴极电流效率显著下降。因此，为了加快电沉积速度，方便电镀液的日常维护，往往采用金属离子浓度较高的电镀液。

2）配合物的影响

在配合物电镀液中，金属离子总是以一定配位数的配位离子形式存在。过去曾经认为配位离子必须先离解成简单金属离子才能在阴极上放电，阴极极化增大是配位离子难以离解成简单金属离子所致。然而，实际上，在配合物电镀液中并不存在简单金属离子放电。因此，这种关于阴极极化增大的解释不能成立。

以氰化物电镀铜溶液为例。实际上，在这种电镀液中并不存在简单金属离子（Cu^+）。假定在 1A 电流下向电镀铜槽中通电 1s（通入 1C 电量），则有 6.023×10²³/96500≈6.2×10¹⁸ 个离子在电极上放电。若认为通过配位离子电离能够提供这个数目的简单金属离子，而且脱开配位体一个离子半径（约为 10⁻⁸cm）距离的金属离子即为简单金属离子，则 6.2×10¹⁸ 个金属离子必须在 1s 内走完 6.2×10¹⁸×10⁻⁸=6.2×10¹⁰（cm）的

全部路程。这个速度比光速还要大，显然是不可能的。

另一种解释是配位离子可以在电极上直接放电。这里所说的配位离子是指浓度最大的配位离子，即"主要存在形式"的配位离子。然而，主要存在形式的配位离子往往具有较高的或最高的配位数，同时也具有较低的能量，与其他配位离子相比，这种配位离子放电时需要的活化能较高，因此它在电极上直接放电的可能性较小。

究竟是哪种配位离子可以在阴极上直接放电呢？人们利用测定电化学反应级数的方法，对这个问题作出了客观的回答。一些常用金属配位离子的电极过程测试结果见表4.2。由这些数据可知，在一般情况下，直接在电极上放电的总是配位数较低的配位离子。出现这种情况可能的原因是配位数较低的配位离子具有适中的浓度及反应能力，其反应速度要比简单离子和配位数较高的配位离子都大。另外，大多数这类电极反应是在荷负电的电极表面进行的，由于不少配位体都带有负电，因而配位数较高的配位离子应会更强烈地受到双电层电荷的排斥，这也会导致配位数较高的配位离子不易在界面上直接放电，从而使配位数较低的配位离子成为主要放电离子。

表 4.2　金属配位离子的电极过程测试结果

电极体系	配位离子的主要存在形式	直接在电极上放电的配位离子
$Zn(Hg)/Zn^{2+}$, CN^-, OH^-	$[Zn(CN)_4]^{2-}$	$Zn(OH)_2$
$Zn(Hg)/Zn^{2+}$, NH_3	$[Zn(NH_3)_3OH]^+$	$[Zn(NH_3)_2]^{2+}$
$Cd(Hg)/Cd^{2+}$, CN^-	$[Cd(CN)_4]^{2-}$	$c_{CN^-}<0.05mol/L$ 时，$Cd(CN)_2$ $c_{CN^-}>0.05mol/L$ 时，$Cd(CN)_3^-$
Ag/Ag^+, CN^-	$[Ag(CN)_3]^{2-}$	$c_{CN^-}>0.1mol/L$ 时，$AgCN$ $c_{CN^-}>0.2mol/L$ 时，$Ag(CN)_2^-$
Ag/Ag^+, NH_3	$[Ag(NH_3)_2]^+$	$[Ag(NH_3)_2]^+$

必须指出的是，通过对电化学反应级数的测量确定反应机理的方法还存在一定的局限性，即不能确定参加反应的配位离子是溶液中存在的还是电极表面存在的。

综上所述，配位离子的电化学还原机理大致如下。

（1）电镀液中主要存在形式的配位离子（浓度最大且最稳定的配位离子）在电极表面转化成能在电极上直接放电的表面配位离子，即化学转化步骤。例如，在碱性氰化物电镀锌溶液（Zn/Zn^{2+}、CN^-、OH^-）中的化学反应如下：

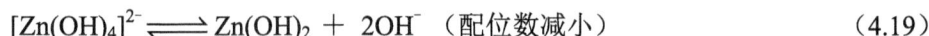

$$[Zn(CN)_4]^{2-} + 4OH^- \rightleftharpoons [Zn(OH)_4] + 4CN^- \quad （配位体交换） \tag{4.18}$$

$$[Zn(OH)_4]^{2-} \rightleftharpoons Zn(OH)_2 + 2OH^- \quad （配位数减小） \tag{4.19}$$

又如，在氰化物电镀镉溶液（Cd/Cd^{2+}, CN^-）中的化学反应如下：

$$[Cd(CN)_4]^{2-} \rightleftharpoons Cd(CN)_2 + 2CN^- \tag{4.20}$$

（2）表面配位离子直接在电极上放电。例如，在碱性氰化物电镀锌溶液中的放电反应如下：

$$Zn(OH)_2 + 2e \rightleftharpoons Zn(OH)_2^{2-} （吸附） （电极与中心离子之间电子传递） \tag{4.21}$$

$$Zn(OH)_2^{2-} \rightleftharpoons Zn （晶格） + 2OH^- （脱去配位体） \tag{4.22}$$

又如，在氰化物电镀镉溶液中的放电反应如下：

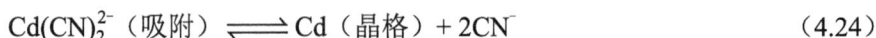

$$Cd(CN)_2 + 2e \rightleftharpoons Cd(CN)_2^{2-} （吸附） \tag{4.23}$$

$$Cd(CN)_2^{2-} （吸附） \rightleftharpoons Cd （晶格） + 2CN^- \tag{4.24}$$

由上式可知，当金属从配合物电镀液中电沉积时呈现较大的电化学极化，应与中心离子周围配位体转化时的能量变化有关。若电镀液中主要存在形式的配位离子转化为活化配位离子时的能量变化较大，则金属离子还原时所需的活化能就较高，导致电化学极化增大。

（1）配位剂种类的影响。配合物电镀液包括焦磷酸盐电镀液、酒石酸盐电镀液和氰化物电镀液等多种。多年来，在生产上采用较多的配合物电镀液是氰化物电镀液。这种电镀液虽有剧毒，但可获得良好的镀层。从电极过程来看，金属从氰化物电镀液中电沉积时往往表现出较大的阴极极化。如上所述，较大的阴极极化是氰配位离子转化为能在电极上直接放电的活化配位离子时需要较高的活化能所致。大多数氰配位离子都具有较小的 $K_{不稳}$ 值，即较为稳定。因此，配位体转化时的能量变化较大，这便可以解释氰配位离子还原时往往产生较大阴极极化的原因。

但是，不能由此得出配位离子的 $K_{不稳}$ 值越小，其在电极上还原时的阴极极化就越大的结论。$K_{不稳}$ 是一个热力学参数，当金属离子形成配位离子时，能量变化（自由能降低）只能影响体系的平衡电位，并不能改变体系的动力学性质，即与金属自阴极上析出时的超电位没有直接关系。另外，上述配位离子还原机理是否出现较大的阴极极化，取决于配位离子转化成活化配位离子时能量的变化。如果溶液中主要存在形式的配位离子的配位体是活化剂（OH^-、Cl^-等），那么即使配位离子具有较小的 $K_{不稳}$ 值，在金属析出时也不会呈现明显的电化学极化。

综上所述，当配位剂种类不同时，其对阴极极化及电镀液性能、镀层质量的影响是不同的。这种影响取决于配位体的本性（对电极过程是起活化作用还是阻化作用）及配位离子在转化时的能量变化。由于配位离子的 $K_{不稳}$ 值可以影响配位体转化时的能量变化，因而在某些情况下，$K_{不稳}$ 值较小的配位离子还原时呈现较大的阴极极化。但 $K_{不稳}$ 值并不与阴极极化成反比关系，它只影响体系的平衡电位而不改变体系的动力学性质。因此，$K_{不稳}$ 值不是阴极极化增大的充分条件，也不可用 $K_{不稳}$ 值来预测阴极极化。

（2）游离配位剂浓度的影响。在所有配合物电镀液中都必须含有游离配位剂，其浓度对镀层质量有很大影响。游离配位剂的作用如下。

① 使电镀液稳定。在大多数配合物电镀液的配制过程中总是先生成沉淀，加入过量的配位剂才能生成可溶性配合物。例如，如下化学反应式：

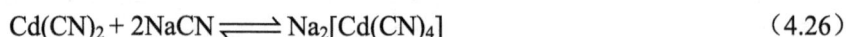

$$CdSO_4 + 2NaCN \rightleftharpoons Cd(CN)_2 \downarrow + Na_2SO_4 \tag{4.25}$$

$$Cd(CN)_2 + 2NaCN \rightleftharpoons Na_2[Cd(CN)_4] \tag{4.26}$$

$$SnCl_4 + 4NaOH \rightleftharpoons Sn(OH)_4 \downarrow + 4NaCl \tag{4.27}$$

$$Sn(OH)_4 + 2NaOH \rightleftharpoons Na_2SnO_4 + 3H_2O \tag{4.28}$$

$$2CuSO_4 + Na_4P_2O_7 \rightleftharpoons Cu_2P_2O_7 \downarrow + 2Na_2SO_4 \tag{4.29}$$

$$Cu_2P_2O_7 + 3Na_4P_2O_7 \rightleftharpoons 2Na_6[Cu(P_2O_7)]_2 \tag{4.30}$$

由此可知，如果没有过量的配位剂，配合物就不稳定。

② 促使阳极正常溶解。在游离配位剂作用下，阳极表面的金属原子更容易失去电子，从而溶解于电镀液中。

③ 增大阴极极化。当其他条件不变时，随着游离配位剂含量的提高，阴极极化增大。这是因为随着游离配位剂浓度的增加，配位离子更加稳定，其转化为能在电极上直接放电的活化配位离子就更困难。然而，若游离配位剂的浓度过高，则使阴极电流效率和允许电流密度的上限下降。因此，对于一定的电镀液来说，游离配位剂浓度应当控制在一定范围内。

3. 添加剂

添加剂是电镀液中非常重要的组成部分。电镀液中常用的添加剂既包括有机物也包括无机物，但有机物添加剂应用相对较多。在有机物添加剂中，又以有机表面活性物质居多。有机表面活性物质的特性吸附对金属电沉积过程的动力学性质有很大影响。例如，在硫酸盐电镀锡溶液中加入二苯胺等表面活性物质，其对锡电沉积时阴极极化的影响表明，在远小于极限电流密度时，表面活性物质使阴极电位显著变负，当极化增大到一定数值时，电流密度急剧上升。此外，若两种表面活性物质联合使用，则对阴极极化影响更大[18]。

出现比扩散极限电流小得多而又不随电极电位改变的极限电流，显示了在扩散步骤和电化学步骤以外又出现新的缓慢步骤。对这种现象有两种解释：①电极表面局部被表面活性物质覆盖，金属离子在此表面放电反应速度相当低，与未覆盖部分的反应速度相比可以忽略不计。②添加剂的阻化作用，表现为减少了进行反应的电极表面，即对一部分电极表面起到了封闭作用，使阴极极化增加。由于添加剂没有改变界面反应过程，因而这种阻化作用称为封闭效应。如果认为电极表面完全被覆盖，那么金属离子到达电极表面就必须穿过这个吸附层。但吸附层的能垒相当高，致使金属离子越过能垒放电更困难，此时电极反应速度受吸附层控制，出现了数值很小的极限电流。这种吸附层对电极反应的阻化作用称为穿透效应。

有机表面活性物质在电极表面的吸附都有一定的电位范围，如果超过这个范围，表面活性物质就发生脱附。根据试验资料可知，各类表面活性物质的脱附电位（vs. SCE）如下。

阴离子型表面活性剂（磺酸、脂肪酸）：-1.0～-1.3V。

非离子型表面活性剂（芳香烃、酚）：-1.0～-1.3V。

（脂肪醇、胺）：-1.3～-1.5V。

阳离子型表面活性剂（R_4N）：-1.6～-1.8V。

多极性基表面活性分子（环氧乙烯醚型表面活性物质、胶、蛋白胨等）：-1.8～-2.0V。

各种表面活性物质对金属电沉积过程的影响如下。

（1）脂肪族烃类（醇类、醛类、酸类等）不仅对阴极反应有明显的阻化作用，还可以阻止氢气的析出。因此，只有当它脱附后才会析出氢气。

（2）除了烃基的作用，有机阳离子还有静电作用，即带正电荷的阳离子对金属离子有排斥作用。一般来说，R越大，R_4N吸附电位越负，阴极阻化作用就越明显。

（3）芳香烃及其衍生物对金属电沉积有一定的阻化作用，这些物质的吸附有时会使氢气提前析出。

（4）烃基短、极性基团大的物质（乙醇、聚乙二醇等）对电极反应阻化作用不大，只对一些最慢的反应步骤才有一些效果。

表面活性物质吸附层对电沉积过程的影响还与电极电位有关。例如，对于锌这类析出电位较负且电极表面带负电荷的金属，其表面活性物质的用量较小。

在碱性电镀液（碱性电镀锌溶液、电镀锡溶液）中，由于金属的析出电位较负，表面活性物质的作用较小，因而只有那些烃基不长且极性基团多、介电常数较大的有机化合物（甘油、乙二醇、非离子型表面活性物质等）才能在电极上吸附。

有机添加剂可用于改善镀层质量。其优点是：只需很小用量便可收到显著效果，成本较低。但有机添加剂往往夹杂在镀层中，使镀层脆性增大，并使其他物理化学性质发生改变。

除上述作用外，有机添加剂还具有整平作用、光亮作用及润湿作用等。

4.2.5 电镀工艺条件对电镀液、镀层性能的影响

除电镀液成分影响电镀液、镀层性能外，电镀工艺条件（电流密度、温度、搅拌、电源波形等）对电镀液、镀层性能也有较大影响[19-20]。

1. 电流密度的影响

对于一定的电镀液而言，允许电流密度通常存在一个极限范围，若超过此范围，则获得的镀层质量往往不合格。一般来说，人们总是希望允许电流密度极限范围较宽一些。

电流密度对镀层结晶粗细影响较大。当电流密度低于允许电流密度的下限时，镀层结晶较为粗大。这是电流密度较低，超电位很小，晶核形成速度很低，只有少数晶体长大所致。随着电流密度的增大，超电位增加，当电流密度接近允许电流密度的上限时，晶核形成速度明显增加，镀层结晶细致。在允许电流密度极限范围内，镀层结晶较为均匀细致。当电流密度超过允许电流密度的上限时，由于阴极附近放电金属离子贫乏且一般在棱角和凸出部位放电，因而出现结瘤或枝状结晶（枝晶），这种现象称为边缘效应。若电流密度继续升高，则发生析氢而使阴极区 pH 值显著升高，从而形成碱式盐或氢氧化物。这些物质在阴极吸附或夹杂在镀层中，形成海绵状沉积物。

各种电镀液都有其最适宜的电流密度范围。电流密度范围视电镀液的性质、主盐浓度、主盐和配位剂的比例、添加剂的性质和浓度、pH 值及缓冲剂的浓度、温度和搅拌等而定。一般来说，当主盐浓度增加、pH 值降低（弱酸性电镀液）、温度升高、搅拌强度增加时，允许电流密度的上限增大。

阳极允许电流密度一般比阴极允许电流密度低，若使用的电流密度高于阳极允许电流密度的上限，则阳极易钝化或阳极溶解电流效率下降。这时，金属离子在阴极的沉积量大于阳极溶解的量，导致金属离子浓度不稳定，这将影响镀层质量。因此，在生产工艺中必须规定阴极与阳极面积比，以控制阴极与阳极电流密度，进而维持电镀液中金属离子浓度基本不变。

2. 温度的影响

电镀液温度对金属镀层的影响较为复杂。随着电镀液温度的变化，电镀液的电导、离子活度、溶液黏度、金属和氢气析出的超电位等都发生变化。但升高温度会降低阴极极化，促使形成粗晶镀层。阴极极化降低的原因是：①温度升高，离子扩散速度增大，导致浓差极化降低。②温度升高，使放电离子具有更大的活化能，降低了电化学极化。尽管如此，在实际电镀生产中仍然采用加温作业方式。加温作业的目的是：①增加盐类的溶解度，防止阳极钝化。②增加电导，以改善电镀液的分散能力。③减少镀层的渗氢量和强化生产等。只要掌握了有关参数之间的内在联系，升高温度还是有利的。例如，升高温度使阴极极化下降，但在提高电流密度后仍能维持原有的极化值，从而提高了生产效率。

对于大多数碱性配合物电镀液（锡酸盐电镀锡溶液除外），在较高温度下容易使其中的某些组分发生变化，以致造成电镀液成分不稳定，因此温度一般不超过 40℃。

3. 搅拌的影响

采用搅拌的主要目的是提高允许电流密度的上限，强化生产过程。根据极限电流密度公式可知，极限电流密度与扩散层厚度（δ）成反比。δ 受搅拌影响很大。不搅拌时，δ 为 0.1～0.5mm；若电极上有大量气体析出，则 δ 为 0.01～0.05mm；若激烈搅拌，则 δ 为 0.050～0.001mm。由此可见，搅拌可使扩散层厚度降低 1～2 个数量级，同时极限电流密度也可提高 1～2 个数量级，即允许电流密度的上限显著提高。因此，虽然搅拌会降低浓差极化，但通过采用较高电流密度，仍可维持原有的阴极极化值。

此外，搅拌还可影响合金电镀层的成分。以装饰性电镀 Ni-Fe 合金为例加以说明。Ni-Fe 合金电镀层中的含铁量随着搅拌强度的增大而显著增加，利用不同的搅拌强度，可在同一镀槽内获得高铁含量或低铁含量的 Ni-Fe 合金电镀层。

搅拌还有利于开发电镀新工艺和新方法。例如，复合镀和高速电镀。可以毫不夸张地说，没有搅拌就没有复合镀，搅拌使高速电镀变成现实。例如，采用平流法和喷射法使电镀液在阴极表面高速流动，电镀时电流密度可高达 450A/dm^2，铜、镍、锌的电沉积速度在 25～100μm/min 范围内，铁、金、铬的电沉积速度分别为 25μm/min、18μm/min、12μm/min。

常用的搅拌方式有阴极移动、空气搅拌和用泵强制循环电镀液等。这三种搅拌方式的应用范围如下。

（1）阴极移动。一般应用在遇空气不稳定的电镀液。例如，氰化物电镀液、碱性电镀液和含有易氧化的低价金属的电镀液。氰化物电镀液中含有氰化钠和氢氧化钠，前者易被空气中的氧气所氧化，后者遇空气中的 CO_2 形成 Na_2CO_3。含有低价金属的电镀液，如氯化物电镀铁溶液等。

阴极移动强度单位一般用 m/min 或次/min 表示。常用的阴极移动强度是 2～5m/min 或 10～30 次/min，移动行程为 50～140mm。阴极移动分为水平和垂直两种，其中水平阴极移动应用较广。

（2）空气搅拌。空气搅拌一般应用在遇空气溶液成分不发生变化的电镀液。例如，光亮电镀镍、光亮酸性电镀铜等电镀液。

空气搅拌强度比阴极移动强度大，可以明显提高允许电流密度的上限。以光亮电镀镍为例加以说明。无空气搅拌时，使用的电流密度一般为 3～4A/dm²；有空气搅拌时，使用的电流密度可达 8～10A/dm²。空气搅拌强度单位为 m³/（min·m²），一般为 0.5～0.8m³/（min·m²）。所需压缩空气的压力可按 1.6N/cm² 计算。

使用压缩空气搅拌时，需要注意以下两点：①一定要防止空气带油污，采用三级离心式或隔膜式压缩机能从结构上杜绝油污。②一定要配以连续循环过滤，否则槽底沉渣泛起与镀层共沉积，从而使镀层粗糙或产生毛刺。

4. 电流波形的影响

电流波形可分为连续波形和不连续波形两大类。其中，前者常见的有平滑直流电、单相全波、三相半波、三相全波、六相半波和六相双反星形等；后者常见的有单相半波、控制角不等于零的可控硅整流器的输出电流和脉冲电流等。各种整流方式及其输出电压的波形如图 4.8 所示。

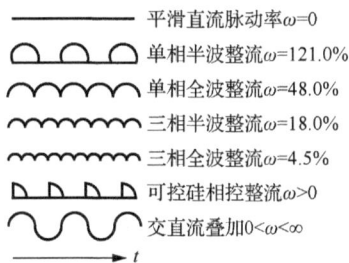

图 4.8　各种整流方式及其输出电压的波形

电流波形对镀层性能的影响早已被人们所了解。例如，在装饰性电镀铬中，电流脉动系数越小，光亮电流密度范围就越宽，镀层光亮度就越好。因此，采用平滑直流、三相全波、三相半波等电流最好。若采用单相全波，则对新配制的电镀液影响不大，但老化电镀液（Cr^{3+} 浓度较高的电镀液）高电流密度区光亮度降低，即光亮电流密度范围缩小。若采用电流脉动系数更大的单相半波，则得不到光亮镀层。与此相反，在焦磷酸盐溶液中电镀铜时，若采用单相半波或单相全波，则可提高镀层光亮度和允许电流密度的上限。

除常用电流外，目前在电镀生产中使用的电流还有换向电流、脉冲电流、不对称交流和交直流叠加等，现分述如下。

（1）换向电流。换向电流就是周期性地改变直流电的方向。当电流为正向时，镀件作阴极；当电流为反向时，镀件作阳极。正向时间 t_k 和反向时间 t_a 之和称为换向周期（t），即 $t = t_k + t_a$。t_k/t_a 比值的大小影响镀层质量，一般取 7 为宜。生产实践证明，在氰化物电镀铜、电镀黄铜和电镀银工艺中采用周期换向电流，不仅镀层质量较好，而且允许电流密度的上限较高，可以获得厚镀层。

周期换向电流的作用可解释如下：当镀件为阳极时，存在表面尖端或表面不良的镀层优先溶解，使镀层周期地被整平；当电流反向时，阴极与阳极的浓差极化都减小，提高了允许电流密度的上限。

换向时电流效率比非换向时电流效率低。当电流反向时，电流效率为负值，总的电流效率降低。

应该指出的是，换向电流不是在任何情况下都适用的。例如，在短时间内电镀形状复杂的零件时，尤其是在酸性电镀液中以镀件作为阳极时，深凹处的基体表面会溶解，电镀液将受污染。以镀件作为阳极，有时镀层会发生钝化，严重影响镀层结合力。

（2）脉冲电流。脉冲电镀早在 1931 年就已出现，但直到 20 世纪 70 年代才得到广泛应用。

脉冲电流通常由周期性的方波脉冲或正弦波脉冲组成。与直流电流相比，脉冲电流可以调整的参数较多，如脉冲波形、脉冲幅值、通断比和脉冲频率等。通过改变这些参数，再与适当的电镀液配合，就能获得质量较好的镀层。因为脉冲电流很大，增加了阴极的电化学极化，在断电时又降低了浓差极化，所以镀层结晶细致。

利用脉冲电流进行电镀，可以提高镀层的致密性和耐磨性，降低镀层的孔隙率和电阻率。目前，脉冲电镀已广泛用于金、银等贵金属的电镀生产，并且在普通金属电镀中也有应用。

（3）交直流叠加。在电镀厚银及磁性合金（Co-Ni 合金）时采用叠加交流的直流电流，能够改善镀层外观和提高电流密度。根据叠加交流值的大小，交直流电流的波形有以下三种。

① 若叠加的交流值小于直流值，则为脉动直流。

② 若叠加的交流最大值等于直流值，则为间歇直流。

③ 若叠加交流最大值大于直流值，则相当于不对称交流。

叠加交流时应当注意降低电压，否则容易发生危险。交流电的频率不能过高，否则物质的扩散与迁移不能与其频率相适应，效果不明显。随着频率降低，效果逐步显现。交流电的频率应小于 50Hz。

4.3 电镀单金属

4.3.1 电镀锌

1. 概述

锌是一种银白且略显蓝色的金属，在地壳中含量丰富。它性质活泼，既能在酸中溶解，又能与碱作用，是一种两性金属。锌也能在空气中与氧气、二氧化碳和硫化物等起化学反应，尤其在湿热条件下会很快失去金属光泽，并在其表面生成一层白色的腐蚀产物。

锌的密度为 7.17g/cm³，相对原子质量为 65.38，熔点为 420℃，电化学当量为 1.22g/（A·h），标准电极电位为-0.76V。金属锌较脆，只有将其加热到 100～150℃时才具有一定的延展性，当温度超过 250℃时容易发脆。

由于锌资源丰富，因此锌的价格低廉。据粗略统计，电镀锌在电镀总量中占据的份额达到 60%以上，是所有金属镀种中用量最大的金属。锌的电极电位比铁负，在锌电镀层与钢铁基体构成的腐蚀微电池中，锌电镀层为阳极，当发生腐蚀时它会溶解，这样钢铁基体就不会受到腐蚀，因此锌电镀层也称为阳极性镀层。覆盖在钢铁表面的锌电镀层钝化后生成紧密细致的钝化膜，不仅可以有效地防止钢铁与外界接触，使其免受腐蚀，还能得到漂亮的外观。

锌电镀层对人体有害，一般不用于食品工业。锌电镀层经过特殊处理可以染上各种颜色，起到装饰作用。锌的钝化膜可分为无色钝化膜和彩虹色钝化膜。无色钝化膜外观洁白，大多用于有白色表面要求的制品，如日用五金、建筑五金等。彩虹色钝化膜的抗腐蚀性比无色钝化膜高 5 倍以上，因此锌电镀层大多采用彩虹色钝化工艺。此外，黑色钝化、军绿色钝化等工艺在工业中也有一定的应用。总之，电镀锌具有成本低、抗蚀性好、美观等优点，在轻工、仪表、机电、农机和国防等领域都有广泛应用。

电镀锌溶液种类有很多，在生产实践中应用的电镀锌溶液多达 10 余种。目前在生产中常用的电镀锌溶液有四大类型，即氰化物电镀锌溶液、锌酸盐电镀锌溶液、氯化物电镀锌溶液和硫酸盐电镀锌溶液[21]。

2. 氰化物电镀锌

1）工艺特点

自 1885 年最早一个专利文献发表以来，氰化物电镀锌工艺延续至今已有 130 多年，因此这是一种历史最悠久的电镀锌工艺。

氰化物电镀锌具有镀层结晶细致、光泽性好，电镀液的分散能力和覆盖能力好、抗杂质能力强、稳定性好，以及允许电流密度范围和温度范围宽等优点。但它的阴极电流效率低，耗能大，而且电镀液有剧毒，在电镀时需要采用效果良好的通风设备和安全措施。氰化钠是一种很好的活化剂，又有较好的除油作用，即使镀件在电镀前处理不够彻底，也不会对镀层与基体金属的结合力有太大影响。

我国无氰电镀锌工艺的发展已经有了一定的基础。对于绝大多数电镀锌产品而言，无氰电镀锌是能够满足质量要求的，除少数特殊用途外，一般产品应当采用无氰电镀锌工艺。

2）电镀液组成及工艺条件

根据电镀液中氰化钠含量的高低，氰化物电镀锌溶液可分为高氰、中氰、低氰和微氰四种类型。在 20 世纪 60 年代以前，世界各国的氰化物电镀锌几乎都采用高氰电镀液。到了 20 世纪 60 年代中期，随着人们环保意识的增强，逐渐认识到氰化物的危害，开始积极研究低氰电镀锌和无氰电镀锌技术。考虑氰化物的危害，目前高氰电镀锌溶液已很少采用，微氰电镀液的应用也较少，一般大多采用中氰电镀液和低氰电镀液，尤以低氰电镀液的使用最为普遍。典型的氰化物电镀锌溶液组成及工艺条件见表 4.3[22]。

表 4.3 氰化物电镀锌溶液组成及工艺条件

电镀液组成及工艺条件	工艺				
	普通高氰	光亮高氰	光亮中氰	光亮低氰	光亮微氰
ρ（氧化锌）/（g/L）	40～50	40～50	10～25	10～14	10～12
ρ（总氰化钠）/（g/L）	90～110	90～110	12～56	8～12	2～3
ρ（氢氧化钠）/（g/L）	60～70	60～70	70～100	60～80	110～120
ρ（硫化钠）/（g/L）	0.5～1.5	0.5～1.0	1.0～2.0		0.1～0.2
ρ（明胶）/（g/L）		0.5～1.0			
ρ（洋茉莉醛）/（g/L）		0.2～0.4			
V（95#A）/（mL/L）			4～6		
V（ZB-92）/（mL/L）				2～4	
V（氰锌-92）/（mL/L）					4～6
温度/℃	10～40	10～40	10～45	130～45	10～40
电流密度/（A/dm²）	1.0～2.0	1.0～2.5	1.0～3.0	1.0～4.0	1.0～2.0

3）电镀液中各成分的作用

（1）氧化锌。氧化锌是提供锌离子的主盐，但在配槽时也可不用氧化锌而用氰化锌，分析控制时也可用锌离子含量来计算。随着氧化锌含量的提高，允许电流密度增大，电流效率较高，沉积速度快；若氧化锌含量过高，则镀层较为粗糙，电镀液覆盖能力较差。氧化锌含量高的电镀液对电镀形状较为简单的工件有利，能够节约用电。随着氧化锌含量的降低，允许电流密度降低，电流效率较低，但电镀液的分散能力和覆盖能力较好，镀层结晶细致、光亮度好。氧化锌含量低的电镀液适于电镀形状较为复杂的产品。在能够满足镀件质量的前提下，氧化锌含量应当尽可能取其上限值。锌离子含量高低与游离氢氧化钠或游离氰化钠的含量有关。例如，当锌离子含量高而游离氢氧化钠或游离氰化钠含量低时，镀层必然粗糙。另外，锌离子含量高低还与电镀液温度有关。在电镀液温度高的夏季或没有冷却设备的滚镀槽中，温度很容易升高，宜采用锌离子含量相对较低的电镀液。相反地，在冬天电镀液温度低时或有降温设备的滚镀槽中，可以选取锌离子含量相对较高的电镀液。实践证明，根据电镀液温度来确定锌离子含量是行之有效的电镀液维护方法。

（2）氰化钠。氰化钠在电镀液中至少起到三个作用，即配位作用、导电作用及活化阴极与阳极的作用。当氰化钠与锌形成配合物时，其配合离子的不稳定常数 $K_{不稳}=1.3\times10^{-17}$。金属配合物的不稳定常数小，即配合物相对较为稳定，这种配合物在电极上放电析出需要更多的能量，阴极极化增大。因此，当电镀液中游离氰化钠含量较高时，电镀液的分散能力较好，镀层结晶细致，但电流效率稍低。

氰化钠是一种很好的导电盐，增强了电镀液的导电能力，并在降低槽电压的同时改善了电镀液的分散能力和覆盖能力。

此外，对于阴极和阳极来说，氰化钠是一种极好的活化剂。由于氰化钠对阴极的活化作用，即使处理不十分彻底，也不会影响镀层与基体的结合力。当镀件刚下槽时，阴极上就会有大量气泡析出，氢气泡的逸出起到了一种机械搅拌作用，使附着于零件上的油脂剥落并离开零件，从而又起到了除油作用。另外，若电镀金属表面的氧化物没有去除干净，则阴极上具有强还原性的新生态氢气可把它们除去。氰化钠也是一种很好的阳极活化剂，能够防止锌阳极板钝化。当阳极电流密度过大且游离氰化钠不足时，锌阳极板就会出现钝化现象。当钝化严重时，阳极上就会有大量氧气析出，电镀液性能变差。提高电镀液中的氰化钠含量可以消除锌阳极钝化。由于氰化钠兼具多种作用，因而找寻其替代品有一定难度。

（3）氢氧化钠。氢氧化钠也是锌的配位剂，可与锌形成 $Zn(OH)_4^{2-}$，其配合离子的不稳定常数 $K_{不稳}=3.6\times10^{-16}$。由其不稳定常数可知，该配位离子的稳定性稍差，但还属于较为稳定的。例如，当电镀液中氢氧化钠含量较高而氰化钠含量相对较低时，氢氧化钠的配位优势就大于氰化钠的配位优势。一般来说，在氰化钠电镀锌溶液中以锌氰化钠配位离子占优势为好，这样电镀液性能会更好。

氢氧化钠是一种很好的导电物质，它的导电作用甚至强于氰化钠，有助于改善电镀液的导电性和覆盖能力。因为锌是两性金属，在强碱性溶液中会发生化学溶解，所以氢氧化钠也是锌阳极的去极化剂，提高电镀液中的氢氧化钠含量可以有效防止锌阳极钝化。由此可见，在氰化物电镀锌溶液中，氢氧化钠和氰化物在某种情况下是可以相互替代、互为补充的，这就是电镀液组成可以是高氰也可以是中氰、低氰、微氰乃至无氰的缘故。对于微氰电镀液来说，少量的氰化钠还能起到一种添加剂的作用，从而减轻杂质的影响。

（4）添加剂。氰化物电镀锌溶液的添加剂分为无机和有机两大类。无机添加剂主要是指硫化钠和多硫化物。另外，还有镍盐、钴盐、钼盐和三价铬盐及硒盐和某些稀土化合物。金属元素和稀土元素的加入可以提高锌电镀层的抗腐蚀性能，但必须严格控制金属元素的加入量，不然会产生镀层粗糙、发黑和难以钝化等副作用。有机添加剂主要起到光亮作用，常被称作光亮剂。

① 硫化钠。氰化物电镀锌中最常用的无机添加剂是硫化钠，它是一种含硫化合物，能与某些金属杂质化合后产生沉淀，从而净化电镀液。另外，硫化钠还能起到一定的光亮作用，使镀层结晶细致。因此，在氰化物电镀锌溶液中保持一定量的硫化钠是有利的，但在低氰或微氰的电镀液中要少加甚至不加硫化钠。

② 有机添加剂。有机添加剂的种类有很多，其中包括高分子化合物，如明胶、聚乙烯醇、聚乙烯亚胺、芳香杂环化合物和植酸钠等。目前较好的氰化物电镀锌光亮剂大多是组合型的，一般用两种或两种以上的物质来加成或缩聚，并且是几组组合起来，使之产生协同作用。在组合添加剂中，有的成分在高电流密度区性能较好，可以防止镀层烧焦；有的成分在低电流密度区性能较好，能在非常小的电流密度

区产生光亮镀层；有的成分虽然光亮作用好，但在电镀液中产生张应力，使镀层变脆；有的成分虽然光亮作用欠佳，但它能产生压应力，这样可使应力相互抵消，从而防止镀层发脆等。

4）工艺条件的影响

（1）温度。氰化物电镀锌的最佳温度范围是常温。但根据目前我国电镀行业的实际情况，即我国多数电镀厂氰化电镀锌槽不加装冷冻降温设备，想要严格控制这一温度范围还有一定困难，因此最好能够适当放宽温度范围，如温度控制在10～40℃之间。一般来说，氰化物电镀锌光亮剂的主要缺点是耐高温性能较差，目前已开发出耐高温在45℃以上的氰化物电镀锌光亮剂。在电镀液温度高时，要想获得结晶细致、光亮的锌电镀层，除了降低锌离子含量和适当提高氰化钠含量外，主要依靠添加剂。对于质量较好的添加剂，即使电镀液温度高达45℃也能获得结晶细致、光亮的锌电镀层。

（2）阴极电流密度。阴极电流密度与电镀液温度和主盐含量密切相关。电镀液温度提高，电流密度也要提高，反之则要降低；电镀液主盐含量升高，电流密度也要提高。电流密度最好控制在其上限，只要镀层不烧焦，就应尽可能加大电流密度。电镀液静止时，电流密度要小一些。电镀过程有阴极移动时，电流密度可以大一些。采用周期换向电流时，电流密度还可以更大一些。总之，电流密度与其他工艺条件密切相关，需要视具体情况灵活掌握。

（3）阴极移动和周期换向。阴极移动可以提高电流密度的上限和改善镀层的均匀性，当电镀形状复杂的工件时，采用阴极移动是必要的。氰化物电镀锌常采用周期换向电流，简称PR电流。采用PR电流电镀可以加大电流密度范围，不但使镀层均匀，还可使镀层结晶细致、光亮度增加。此外，也可以降低氰化电镀锌溶液中的游离氰化钠含量，减少其分解，从而节约氰化钠。对于PR电流电镀而言，由于阳极有一段时间是处于阴极状态的，这段时间可使阳极得到活化，这样即使游离氰化钠含量相对较低，阳极也不易钝化。另外，采用PR电流电镀还能减少光亮剂的消耗量。

（4）阳极。电镀锌阳极最好采用Zn-00号精馏锌，其锌的质量分数为99.99%。Zn-01号电解锌也能用作电镀锌阳极，其锌的质量分数为99.90%。如果电镀液中锌离子含量过高，那么也可挂一些不溶性阳极，常用的不溶性阳极有钢板或镀镍钢板。这两种钢板在氰化电镀锌溶液中基本不会溶解。但不溶性阳极会消耗氢氧化钠，这是溶液中的 OH^- 在不溶性阳极上氧化分解并变成氧气析出所致。在使用不溶性阳极时要密切注意氰化电镀锌溶液中的游离氰化钠含量，最好能够每天分析一次电镀液。

3. 锌酸盐电镀锌

1）工艺特点

20世纪60年代，随着人们对环境保护的重视程度不断提高，锌酸盐电镀锌得到开发并取得成功。它以较高含量的氢氧化钠完全替代了氰化钠，不仅使电镀液变得无毒，还几乎对钢铁无腐蚀性，因此推广应用较快。采用锌酸盐电镀锌，只需将原来的氰化电镀锌溶液转变为锌酸盐电镀锌溶液，无须更换设备。由于在锌酸盐电镀锌溶液中加入了光亮剂，因而可以获得结晶细致光亮的镀层，在质量上完全能够满足要求。但这种电镀液的分散能力和覆盖能力比氰化物电镀锌溶液差，阴极电流效率较低，镀层在超过一定厚度时脆性增加。

锌酸盐电镀锌工艺的关键在于添加剂。环氧氯丙烷与有机胺缩聚的产物可作为这种电镀液的第1类添加剂，加入这类添加剂后能够得到结晶细致的锌电镀层，其中以DE添加剂和DPE添加剂的推广应用面最大。如果在这类添加剂的基础上再加入第2类添加剂，就能获得全光亮的锌电镀层。这种电镀液的废水处理很简单。目前，锌酸盐电镀锌和氯化物电镀锌已成为世界上两大主要的无氰电镀锌工艺。

2）电镀液组成及工艺条件

锌酸盐电镀锌的基本电镀液组成十分简单，仅由氧化锌和氢氧化钠组成，再加入添加剂。常见的锌酸盐电镀锌溶液组成及工艺条件见表4.4。

表 4.4　锌酸盐电镀锌溶液组成及工艺条件

电镀液组成及工艺条件	工艺1	工艺2	工艺3	工艺4
ρ（氧化锌）/（g/L）	8～12	8～12	8～12	8～12
ρ（氢氧化钠）/（g/L）	100～120	100～120	100～120	100～120
V（DEP-Ⅲ）/（mL/L）	4～6			
V（ZB-80）/（mL/L）	2～4			
V（DE-95B）/（mL/L）		4～8		
V（KR-7）/（mL/L）				1.5
V（94#）/（mL/L）			6～8	
温度/℃	10～40	10～40	10～40	10～40
电流密度/（A/dm^2）	0.5～4.0	1.0～2.5	1.0～4.0	1.0～4.0

3）电镀液中各成分的作用

（1）氧化锌。氧化锌是提供锌离子的主盐。由于锌酸盐电镀锌溶液中不存在配合能力更强的氰化钠，锌与羟基的配合离子在阴极上放电沉积就较容易，即阴极极化较小，这样沉积的镀层会较粗糙。为了弥补这一不足，可以采用加大电镀液中氢氧化钠和氧化锌质量比的办法，即采用降低氧化锌含量而加大氢氧化钠含量的方法来提高四羟合锌配离子的稳定性，同时也提高了阴极极化，这样就可使镀层结晶细致。如果添加剂的效果足以使镀层结晶细致，那么就可以适当提高氧化锌含量，从而提高阴极电流效率。

（2）氢氧化钠。氢氧化钠既是锌离子的配位剂，又是阳极去极化剂，还是一种导电物质，此外还兼具除油作用。氢氧化钠含量越高，电镀液的导电性越好，其分散能力和覆盖能力也就越好，并且阳极不易钝化。但氢氧化钠含量过高导致析出气体较多，使光亮剂的消耗量增加，也会使锌阳极板的自溶解加速。也就是说除电化学溶解外还有化学溶解，这样锌离子含量会很快上升且不易控制。若采用不溶性阳极，则电镀液中的氢氧化钠消耗较快，应当及时进行补充。

（3）添加剂。锌酸盐电镀锌质量好坏的关键取决于添加剂。如果没有添加剂，就只能获得海绵状锌电镀层，这点不同于氰化物电镀锌。锌酸盐电镀锌的初级添加剂主要是环氧氯丙烷与有机胺的缩聚物。虽然可用的有机胺有很多，但是应考虑其对镀层脆性的影响。环氧氯丙烷与不同的有机胺缩聚而成的各种添加剂见表 4.5。

表 4.5　环氧氯丙烷与不同的有机胺缩聚而成的各种添加剂

添加剂名称	有机胺名称或组成	添加剂名称	有机胺名称或组成
DPE-Ⅰ	二甲胺基丙胺	Zn-2	六次甲基四胺
DPE-Ⅱ	二甲胺基丙胺缩聚后再季胺化	NJ-45	四乙烯五胺
DPE-Ⅲ	二甲胺基丙胺：乙二胺 ＝（9：1）～（10：1）	GT-1	四乙烯五胺：二甲胺：乙二胺 ＝8：1：1
DE	二甲胺	GT-4	多乙烯多胺：二甲胺：乙二胺 ＝8：1：1
KR-7	盐酸羟胺	DHE	六次甲基四胺：二甲胺＝7：3
EQD-Ⅱ	四乙烯五胺：乙二胺＝3：1		

常用的添加剂是 DPE 和 DE。DPE 是环氧氯丙烷与二甲胺基丙胺的缩聚物，有三种型号。其中，DPE-II 性能最好，但合成较为困难，不常采用；DPE-I 和 DPE-III 较常用。DE 是二甲胺与环氧氯丙烷的缩聚物。为了能使镀层既光亮又不致产生脆性，电镀工作者往往把两种或两种以上具有不同碳链长度的有机胺进行合理配比再与环氧氯丙烷缩聚，这样获得的添加剂效果会更好。

有机胺与环氧氯丙烷的缩聚物是锌酸盐电镀锌溶液的主添加剂，也称为初级光亮剂。如果这种添加剂的质量较好，那么也能获得结晶细致的半光亮锌电镀层。若再加入少量的次级添加剂，则镀层会更光亮。次级光亮剂主要包括各种芳香醛类，如洋茉莉醛、茴香醛、香兰醛及各种杂环化合物。

4）工艺条件的影响

（1）温度。锌酸盐电镀锌溶液的适宜工作温度为 10～35℃。若加入性能好的光亮剂，则在较高温度下也可获得较光亮的锌电镀层。但若温度过高，光亮剂消耗量较大，电镀液中的锌离子含量上升较快，电镀液的稳定性变差，其分散能力和覆盖能力均下降。因此，在电镀过程中控制电镀液温度非常重要，必要时应当安装降温装置。

（2）阴极电流密度。阴极电流密度与电镀液的含量和温度有关。当电镀液的含量和温度较高时，电流密度可以大一些；反之，则电流密度应当小一些。对于挂镀而言，如果阴极是静止的，那么电流密度就要小一些；如果有阴极移动装置，那么电流密度可大一些。

（3）阳极。锌酸盐电镀锌对所使用的阳极板纯度的要求应比氰化物电镀锌高。由于其不含配位剂，不能与杂质离子发生配合作用，因而对杂质更敏感。要想在锌酸盐电镀液中获得质量良好的镀层，除采用较好的添加剂和严格控制工艺条件外，选用优质的锌阳极板也是非常重要的。建议采用 0 号锌锭，锌板最好用耐碱的涤纶阳极套隔离，避免阳极泥渣进入电镀液而造成镀层毛刺。锌阳极板的面积应与阴极镀件的面积相对应。如果多挂锌板会使电镀液中的锌离子含量升高，那么可以适当挂些钢板或镀镍钢板作为不溶性阳极。

4. 氯化物电镀锌

氯化物电镀锌溶液体系常用三种支持电解质，分别是氯化铵、氯化钾和氯化钠。根据支持电解质的不同，氯化物电镀锌溶液可分为三类，即氯化铵电镀锌溶液、氯化钾电镀锌溶液和氯化钠电镀锌溶液。由于氯化钠电镀锌溶液电阻稍大，对光亮剂的要求又较高，因而一般的光亮剂在这种镀液中容易析出。虽然氯化钠电镀锌溶液的成本较低，但日常运行费用较高，因此这种工艺应用并不广泛[23]。

1）氯化铵电镀锌

（1）工艺特点。氯化铵电镀锌又称铵盐镀锌，是氯化物电镀锌中应用最早的一个镀种，这种工艺应用面最广，目前仍在采用。虽然氯化铵的导电性较好，对载体光亮剂的容纳量也最大，但这类电镀液易分解，析出氨气多，对钢铁设备腐蚀严重。氯化铵电镀锌溶液的废水处理比氯化钾电镀锌溶液和氯化钠电镀锌溶液都困难。由于氯化钾电镀锌的添加剂问题已经得到解决，氯化铵电镀锌工艺逐渐被氯化钾电镀锌工艺所取代。

在氯化铵电镀锌工艺的基础上添加其他配位剂，可以演绎出很多种工艺，如氨三乙酸-氯化铵电镀锌、柠檬酸-氯化铵电镀锌等。

（2）电镀液组成及工艺条件。氯化铵电镀锌溶液组成及工艺条件见表 4.6。

表 4.6 **氯化铵电镀锌溶液组成及工艺条件**

电镀液组成及工艺条件	氯化铵电镀锌			氯化铵-氨三乙酸电镀锌		氯化铵-柠檬酸电镀锌	
	工艺 1	工艺 2	工艺 3	工艺 4	工艺 5	工艺 6	工艺 7
ρ（氯化铵）/（g/L）	220～280	220～280	220～280	200～250	200～250	200～250	200～250

电镀液组成及工艺条件	氯化铵电镀锌			氯化铵-氨三乙酸电镀锌		氯化铵-柠檬酸电镀锌	
	工艺1	工艺2	工艺3	工艺4	工艺5	工艺6	工艺7
ρ（氨三乙酸）/（g/L）				5～15	10～30		
ρ（柠檬酸）/（g/L）						15～25	20～30
ρ（氯化锌）/（g/L）	30～35	30～35	40～80	30～35	35～45	30～35	35～45
ρ（HW 高温匀染剂）/（g/L）					6～8		6～8
ρ（聚乙二醇）/（g/L）	1～2						
ρ（硫脲）/（g/L）	1～2						
V（海鸥洗涤剂）/（mL/L）	0.5～1.0						
ρ（平平加）/（g/L）		6～8		6～8		6～8	
ρ（六次甲基四胺）/（g/L）				5～8			
ρ（苄叉丙酮）/（g/L）		0.2～0.5			0.2～0.5	0.2～0.5	0.2～0.5
ρ（洋茉莉醛）/（g/L）				0.2～0.5			
V（CZ-87A）/（mL/L）			15～18				
pH 值	5.5～6.0	5.5～6.0	5.5～6.0	5.5～6.0	5.5～6.0	5.5～6.0	5.5～6.0
温度/℃	10～35	10～35	10～45	10～40	10～40	10～40	10～40
电流密度/（A/dm²）	0.5～1.5	0.5～0.8	0.8～2.5	0.5～0.8	0.8～2.0	0.5～0.8	0.8～2.0

（3）电镀液中各成分的作用。

① 氯化锌。氯化锌是主盐，提供电镀液中的锌离子。氯化锌含量的高低对锌电镀层质量影响很大。氯化锌含量稍高，阴极电流效率高，镀层沉积速度快，但电镀液分散能力变差。氯化锌含量过低，阴极电流效率低，镀层沉积速度慢，电镀液覆盖能力也会变差。氯化锌含量还与添加剂质量有关。例如，若采用平平加和苄叉丙酮或洋茉莉醛作为光亮剂，则氯化锌含量不能太高；若采用 CZ-87 等耐高温氯化物电镀锌光亮剂，则可大幅提高氯化锌含量，这样就可以采用较大的电流密度，提高电流效率。若电镀形状简单的零件，则要求工艺中的氯化锌含量尽可能高；若电镀形状较为复杂的零件，则要求氯化锌含量要适当降低。

② 氯化铵。氯化铵在电镀液中主要起到导电作用，同时它又是一种配位剂和阳极去极化剂。氯化铵电镀锌溶液的导电性在氯化物电镀锌溶液中是最好的，但其在高温下易分解，对电镀设备腐蚀严重。氯化铵电镀锌溶液对光亮剂的要求较低。氯化铵含量提高，电镀液的导电性变好，槽电压降低，能够节约电能，同时镀液的覆盖能力和分散能力均有提高，因此适当提高电镀液中氯化铵的含量是有利的。但若氯化铵含量过高，则离子活度降低且容易析出结晶。若氯化铵含量过低，则会使导电性变差，槽电压升高，锌阳极容易钝化，电镀液的覆盖能力和分散能力均有下降。

③ 氨三乙酸。作为锌的中等程度的配位剂，氨三乙酸在早期的氯化铵电镀锌中应用较普遍。在氯化铵电镀锌溶液中加入氨三乙酸后，能够提高电镀液的覆盖能力和分散能力。然而，氨三乙酸价格较高，加入电镀液后会使废水中的锌离子更难以处理，一旦添加剂过量还容易使锌电镀层钝化膜变色。另外，氨三乙酸具有一定的毒性。随着氯化物电镀锌光亮剂质量的改进和提高，现在已经很少使用氨三乙酸。

④ 柠檬酸。柠檬酸也是一种配位剂，其配位能力要比氯化铵强得多。柠檬酸能够显著提高电镀液的分散能力和覆盖能力，使镀层结晶细致。但柠檬酸易使 Fe^{2+} 杂质积累，一旦 Fe^{2+} 过量就会使电流密度范围大幅缩小，镀层就容易出现烧焦现象。

⑤ 六次甲基四胺。六次甲基四胺又名乌洛托品，它能够降低镀层脆性，并能改善镀层结晶状态。

⑥ 添加剂。添加剂是氯化铵电镀锌溶液中的一种非常重要的成分，若电镀液中没有合适的添加剂，则所得到的锌电镀层呈海绵状。氯化物电镀锌添加剂（光亮剂）可分成三类：第1类是载体光亮剂；第2类是主光亮剂；第3类是辅助光亮剂。

载体光亮剂由一种或一种以上的非离子表面活性剂组成，常用的有聚乙二醇、平平加（又称匀染剂O，学名脂肪醇聚氧乙烯醚）等。聚乙二醇通常与硫脲配合组成一组光亮剂。主光亮剂使镀层具有强烈的中和效果和较好的整平性。氯化铵电镀锌的主光亮剂主要是指芳香醛和芳香酮，此外还有吡啶类化合物，如香草醛、茴香醛、洋茉莉醛、苄叉丙酮、苯丙酮等。辅助光亮剂的作用虽然不如主光亮剂强，只能起到半光亮作用，但是它能够同时扩大电流密度范围和提高电镀液的覆盖能力。因为氯化铵的导电性好，所以氯化铵电镀锌溶液中一般不需加入辅助光亮剂。

（4）工艺条件的影响。

① pH 值。氯化铵电镀锌溶液的最佳 pH 值范围为 5.5～6.0，但要求并不严格。由于溶液中的 NH_4^+ 与 Zn^{2+} 配合，即使 pH 值高一些也不会形成氢氧化锌沉淀。另外，氯化铵在电镀液中起到缓冲作用，可使电镀液的 pH 值在达到 6.8 时趋于稳定，此时即使再往电镀液中加入大量的碱，其 pH 值也几乎不再上升。

② 温度。电镀液温度对氯化铵电镀锌镀层质量影响很大。氯化铵电镀锌溶液最适宜的温度范围是 15～35℃。温度还与添加剂质量密切相关。如果温度太高，载体光亮剂就可能析出，主光亮剂也就不能发挥作用。这时，即使所用的添加剂质量较好且耐高温，但温度过高也会使氯化铵分解，不仅污染环境，而且提高了生产成本。因此，即使选择较好的光亮剂，氯化铵电镀锌溶液的温度也不可超过 45℃。

③ 电流密度。阴极电流密度不仅与电镀液组成和电镀液温度有着密切关系，也与阴极是否移动有关系。当电镀液温度高时，则电流密度要大一些；反之，则电流密度要小一些。当有阴极移动装置时，则电流密度可大一些。当电镀液中的锌离子含量高时，则允许电流密度更大一些。对于添加剂而言，若载体光亮剂含量增多，则允许电流密度增大。

④ 阴极移动。阴极移动有利于提高镀层的电沉积速度和均匀性。阴极移动不仅可以加速锌离子的扩散，大幅提高电流密度，还可防止出现镀层烧焦现象。阴极移动速度一般为 10～12 次/min，移动距离为 10～15cm。

⑤ 阳极。阳极以采用 0 号锌板为宜。若采用 1 号锌板，则刚电镀出的镀层钝化膜容易变色。此外，阳极板不宜挂得太少，若挂得太少，则镀层不均匀且槽电压高，浪费电能。

2）氯化钾电镀锌

（1）工艺特点。氯化钾电镀锌溶液不含配合物，废水处理较容易，对设备腐蚀性小，阴极电流效率高，镀层的整平性和光亮度好，电镀液较为稳定。

（2）电镀液组成及工艺条件。氯化钾电镀锌溶液组成及工艺条件见表 4.7。

表 4.7 氯化钾电镀锌溶液组成及工艺条件

电镀液组成及工艺条件	工艺 1	工艺 2	工艺 3	工艺 4	工艺 5	工艺 6	工艺 7
ρ（氯化钾）/（g/L）	160～220	200～230	180～220	180～230	200～230	200～230	180～210
ρ（氯化锌）/（g/L）	60～100	60～80	65～100	50～80	60～90	60～90	60～90
ρ（硼酸）/（g/L）	25～35	25～35	25～35	25～30	25～30	25～30	25～35
V（BZ-95A）/（mL/L）	15～20						
V（CZ-03）/（mL/L）		15～20					
V（ZB-85）/（mL/L）			15～20				
V（氯锌 1 号）/（mL/L）				14～18			
V（CZ-96）/（mL/L）					14～16		

续表

电镀液组成及工艺条件	工艺1	工艺2	工艺3	工艺4	工艺5	工艺6	工艺7
V（CZ-99）/（mL/L）					3～4	14～18	
V（CKCl-92A）/（mL/L）							10～16
pH值	5.0～6.5	5.0～5.6	5.0～5.6	4.5～6.0	5.0～6.0	5.0～5.6	5.0～6.0
温度/℃	5～65	5～60	5～55	10～55	5～65	5～55	10～75
电流密度/（A/dm²）	0.5～3.5	1.0～4.0	0.5～3.0	1.0～3.0	1.0～6.0	1.0～4.0	1.0～4.0

（3）电镀液中各成分的作用。

① 氯化锌。氯化锌是主盐，是锌离子的供体。氯化锌本身是一种导电盐，能够增加电镀液的导电性，若其含量高，则溶液电阻小，槽电压就较低，能够节约电量。若锌离子含量高，则电流效率也高，尤许电流密度的上限也大一些。但若锌离子含量过高，则会使镀层结晶粗糙，并使电镀液的覆盖能力变差。若锌离子含量低，则电流效率和允许电流密度的上限也低，但电镀液的分散能力会相应好一些。若锌离子含量过低，则会降低电镀液的覆盖能力。在实际生产中，只要光亮剂选用得当，就可适当提高电镀液中的氯化锌含量。氯化锌含量越高，允许电流密度就越大，镀层就不易烧焦。这样既保证了镀层质量，又提高了生产效率。

② 氯化钾。氯化钾是电镀液中的导电盐。虽然氯化钾对锌离子有微弱的配位作用，但是它在电镀液中主要是起导电作用和活化阳极的作用。若氯化钾含量提高，则电镀液的导电性能变好、电阻变小及槽电压降低。除了节约用电，提高氯化钾含量还能改善低电流区的镀层质量，提高电镀液的覆盖能力，锌阳极板也不容易钝化。但若氯化钾含量过高，则会形成过饱和溶液或接近过饱和。在饱和溶液中离子活度会降低，在电镀液温度降低时氯化钾会结晶析出，这都会影响镀层质量。氯化钾适宜范围在200～230g/L之间。

③ 硼酸。硼酸是一种性能较好的缓冲剂。由于硼酸的存在，电镀液的pH值能够保持相对稳定。如果电镀液中缺少硼酸，阴极电流密度范围就会缩小，使镀层粗糙、灰暗、无光。硼酸通常较稳定，在电镀过程中不会分解消耗，仅是镀件带出而损耗，因而只需在补充氯化钾的同时补充硼酸即可，其补充量约为氯化钾含量的1/7。在补充硼酸时，应将其先溶解然后再加入。在氯化钾电镀锌溶液中硼酸质量密度的最佳控制范围为25～30g/L。

④ 添加剂。如果在氯化钾电镀锌溶液中不加入添加剂，那么所得到的镀层就是粗糙疏松呈海绵状的。想要获得结晶细致、光亮的锌电镀层，就要加入合适的添加剂。因此，添加剂质量是决定镀层质量的关键因素。

添加剂按其作用可分为三类，即载体光亮剂、主光亮剂和辅助光亮剂。载体光亮剂主要是指一些非离子表面活性剂，如平平加、辛基酚聚氧乙烯醚等。非离子表面活性剂在氯化钾电镀锌溶液中主要有两个作用：a.在一定电位区间吸附于电极表面，使电极电位变负，增大阴极极化，从而使镀层结晶变得细致。b.起到主光亮剂载体的作用。应用较为广泛的主光亮剂有苄叉丙酮和邻氯苯甲醛。只要有了载体光亮剂和主光亮剂就能获得结晶细致且质量良好的锌电镀层，但这在某种程度上还不够完美，存在电流密度范围不够宽和电镀液覆盖能力较差的缺点。加入辅助光亮剂可以克服这些不足，同时还可以降低主光亮剂的消耗。用作辅助光亮剂的大多是芳香羧酸或芳香磺酸及其盐类。

（4）工艺条件的影响。

① pH值。氯化钾电镀锌溶液的pH值控制在5.8～6.2之间。若pH值过高，则电流密度范围变窄，高电流密度处（边缘处和尖角处等）容易烧焦，而且锌离子也会形成氢氧化锌沉淀；若pH值过低，则阳极溶解较快，电镀液中的锌离子含量会增加。电镀液中的铁杂质不会沉淀，导致铁杂质累积越来越多，从而对电镀液及镀层性能产生影响。

② 温度。氯化钾电镀锌溶液的温度视光亮剂类别而定。一般光亮剂的温度范围较窄，其温度上限在 30℃以下，宽温型光亮剂的温度上限可放宽至 50℃左右，高温型光亮剂的温度上限可达 65℃以上。至于温度下限，当其为 5℃时也能电镀出合格的镀层，但这时电流密度太小，电沉积速度太慢，在正常操作时温度下限应以超过 15℃为宜。

③ 阴极电流密度。阴极电流密度的大小由电镀液组成、温度、阴阳极间距及是否有阴极移动装置来决定。若锌离子含量高、温度高、阴阳极间距大、有阴极移动装置，则允许电流密度范围就宽一些；反之，则窄一些。

④ 阴极移动。当有阴极移动装置时，可以提高允许电流密度的上限，使镀件边角处不易烧焦，并使镀层结晶细致均匀。当没有阴极移动装置时，镀层除容易烧焦外，还容易产生黑色条纹，使镀层粗糙。氯化钾电镀锌不能采用空气搅拌，这是因为电镀液中含有较多表面活性剂，空气搅拌会使泡沫四溢。

5. 硫酸盐电镀锌

1）工艺特点

硫酸盐电镀锌因其具有电镀液简单、成本低廉、可采用较大电流密度和电镀后一般无须进行钝化等优点而受到青睐。但硫酸盐电镀锌溶液的分散能力和覆盖能力都较差，因此只适用于电镀形状简单的零件，如铁丝、钢带、板材和圆钢等。

2）电镀液组成及工艺条件

硫酸盐电镀锌溶液组成及工艺条件见表 4.8。

表 4.8 硫酸盐电镀锌溶液组成及工艺条件

电镀液组成及工艺条件	工艺 1	工艺 2	工艺 3	工艺 4
ρ（硫酸锌）/（g/L）	300～400	200～320	250～450	300～360
ρ（硫酸钠）/（g/L）			20～30	
ρ（硫酸铝）/（g/L）				25～30
ρ（硼酸）/（g/L）	25	25～30		25
ρ（氯化铵）/（g/L）				15
ρ（糊精）/（g/L）				15
V（硫锌 30）/（mL/L）	15～20			
V（SZ-97）/（mL/L）		15～20		
V（DZ-300-1）/（mL/L）			12～20	
pH 值	4.5～5.5	4.2～5.2	3.0～5.0	3.8～4.2
温度/℃	10～50	10～45	5～55	
电流密度/（A/dm²）	20～60	10～30	1～10	1～15

3）电镀液中各成分的作用

（1）硫酸锌。硫酸锌是主盐，提供电镀液中的锌离子。硫酸锌含量高低主要影响所采用电镀液的电流密度和电沉积速度。以线材电镀为例，其电镀时间非常短，仅有几分钟，在电镀过程中必须保证镀层厚度，这就要求尽可能加大电流密度。在大电流密度下，为了不使镀层烧焦，就要求电镀液中的锌离子含量高一些，同时还要保证光亮剂不会发生盐析，否则镀层将会变得粗糙无光。

（2）硫酸钠和氯化铵。硫酸钠和氯化铵一样都是导电盐，可用来弥补硫酸盐电镀锌溶液电导率的不足，其主要作用是提高电镀液的分散能力和覆盖能力。

（3）硼酸和硫酸铝。硼酸和硫酸铝都是硫酸盐电镀锌溶液的 pH 值缓冲剂。早期的无光硫酸盐电镀锌溶液大多采用硫酸铝作为缓冲剂，现在的光亮硫酸盐电镀锌溶液大多采用硼酸作为缓冲剂。硼酸加入量为 25～30g/L。虽然硼酸含量越高，其缓冲性能越好，但是硼酸在常温下的溶解度较低，加过量也不溶解，反而会影响电镀液性能。虽然硫酸铝的溶解度较高，但是当其含量过高时，则会导致光亮剂发生盐析。

（4）添加剂。硫酸盐电镀锌是在没有配位剂的简单盐溶液中进行的，如果没有添加剂，镀层就是黑色的海绵状锌粉末。为了使镀层结晶细致，过去常以胶体化合物或含硫化合物作为添加剂。胶体化合物较贵；当含硫化合物过量时，不仅易使镀层发脆，而且镀层色泽会变黄。硫酸盐电镀锌光亮剂也分为主光亮剂、载体光亮剂和辅助光亮剂。硫酸盐电镀锌常用的载体光亮剂必须具有很高的耐盐度。主光亮剂可采用苄叉丙酮。辅助光亮剂常用含苯环的脂肪酸、含氮杂环类化合物和萘醛缩合物等。例如，苯甲酸钠、磺基水杨酸和肉桂酸等。

4）工艺条件的影响

（1）pH 值。硫酸盐电镀锌溶液的 pH 值在 3.0～5.5 之间。除电镀液组成外，pH 值高低还与所采用的电流密度和电镀方式有关。当电流密度较小时，pH 值可以适当高一些，这样电流效率也会高一些，如果 pH 值过高，锌离子及其他金属杂质就可能形成氢氧化物并在阴极上电沉积外，使镀层粗糙无光。当电流密度较大时，pH 值要适当低一些。为了防止镀层烧焦，除了主盐含量要高一些，降低 pH 值也是必要的。

（2）温度。硫酸盐电镀锌一般在室温下进行。当温度较高时，对于非光亮硫酸盐电镀锌，其镀层结晶会变得粗糙。对于光亮硫酸盐电镀锌，电镀液温度取决于光亮剂的质量，只要电镀液温度在其浊点以下，并且配以相应的电流密度，既使温度高一些，锌电镀层还是光亮的。对于一般连续的线材电镀，其电镀液组分含量都较高，几乎接近饱和，此时如果温度过低，就会有结晶析出。

（3）电流密度。电流密度要与所采用的电镀工艺及电镀液温度相适应。若电流密度过大，则对电镀液和导电机构都有较高要求，但这些要求一般工厂无法满足，因而会引起较多质量事故。电流密度的选用原则是：当电镀液某组分含量高、电镀液温度高和线速度快时，允许电流密度大；反之，则要减小电流密度。总之，在不使镀层烧焦的前提下，应当尽可能采用较大的电流密度，这样既经济又能保证镀层质量。

（4）阴极移动。在线材连续电镀时镀件的移动速度很快，这是为了适应高电流密度下电镀的需要，从而也可满足产量的需要。线速度一般高达 40m/min。移动速度要与镀槽长度、电镀液组成和电流密度大小相适应。

6. 锌电镀层的钝化处理

为了提高锌电镀层的耐蚀性及改善其外观，电镀锌后一般都要对其进行钝化处理。钝化处理是将电镀锌件浸在一定的溶液中进行化学处理，使锌电镀层表面形成一层致密、稳定薄膜的过程。形成的薄膜即为钝化膜。钝化处理降低了锌电镀层表面能，改善了其亲水状态，阻挡了腐蚀介质的进入，从而提高了锌电镀层的耐腐蚀能力，延长了镀件的贮存期和使用寿命。此外，还增加其装饰性，并改善了涂料与基体的结合强度。

1）铬酸盐钝化

锌电镀层往往采用铬酸盐溶液进行钝化。在得到的钝化膜中，Cr^{3+} 化合物是主要成分，它不溶于水，具有较高的稳定性，并因强度高而构成膜层的骨架，使镀层得到良好保护。Cr^{3+} 化合物一般呈绿色，在膜中呈蓝白色。Cr^{6+} 化合物通过夹杂、吸附或化学键的作用分布于膜的内部，起到填充空隙的作用。Cr^{6+} 化合物能够溶于水，它能在潮湿的介质中逐渐从膜层中渗出，溶于膜表面凝结的水中形成铬酸，从而使膜层具有再钝化功能。当钝化膜受到轻度损伤时，可溶性的 Cr^{6+} 化合物会使该处再钝化，抑制受伤部位锌电镀层的腐蚀。Cr^{6+} 化合物一般为黄色或橙色，它与 Cr^{3+} 化合物一起形成彩虹色。随着钝化膜厚度的减薄，色彩变化大致为红褐色→玫瑰红色→金黄色→橄榄绿色→绿色→紫红色→浅黄色→青白色。

按照钝化膜的颜色，钝化处理可分为彩色钝化、蓝白色钝化、军绿色钝化、金黄色钝化、黑色钝化等。根据钝化液中所含铬酐的多少，表面钝化处理工艺又可分为高铬钝化工艺、低铬钝化工艺、超低铬钝化工艺和无铬钝化工艺等。对于高铬钝化工艺，电镀锌工艺量大面广，锌电镀层在钝化后清洗时产生废水较多，因此该工艺对水质的污染相当严重，可以说是电镀行业中最主要的污染；低铬钝化工艺的推出，不仅使含铬废水中有害的 Cr^{6+} 含量减少几十倍甚至上百倍，同时还大幅减少了铬酐的消耗量；对于超低铬钝化工艺，虽然铬酐的消耗量更低一些，但锌电镀层钝化膜形成速度较慢，钝化时间较长，一般不适于手工操作，主要用在自动化生产线上。高铬钝化液对锌电镀层有很好的化学抛光能力，但低铬钝化液和超低铬钝化液对锌电镀层都没有化学抛光能力，仅能形成钝化膜。为了弥补这一不足，要求进行低铬钝化或超低铬钝化的锌电镀层必须光亮，因此钝化前要在体积分数为 2%～3%的硝酸水溶液中中和。

高铬钝化溶液酸度很高，在溶液与锌电镀层界面间 pH 值很低，因此采用高铬钝化工艺在溶液中不能形成钝化膜，只有当工件离开钝化液并在空气中停留一段时间后，才会在锌电镀层表面形成一层凝胶状钝化膜。低铬钝化溶液的 pH 值正好在成膜范围内，因此采用低铬钝化工艺可以在溶液中成膜。

钝化膜颜色深浅与膜层厚度有关。膜层厚度又与工件钝化时间或在空气中停留时间的长短有关。对于低铬钝化和超低铬钝化而言，钝化膜是在溶液中形成的，因此钝化时间越长，膜层越厚；钝化时间越短，膜层越薄。高铬彩色钝化是在空气中成膜的，因此钝化膜的颜色与工件在溶液中浸渍时间的长短无关，而与其在空气中停留时间的长短有关。工件在空气中停留时间越长，钝化膜就越厚，反之亦然。若钝化膜较薄，则膜层颜色偏绿色；若钝化膜较厚，则钝化膜中红色成分偏多。钝化膜的形成还与钝化液温度和空气温度有关，温度越高，成膜速度越快。高铬钝化时，质量好的钝化膜应是完整、光亮且呈彩虹色的。红褐色的钝化膜较为疏松，其与锌电镀层结合不牢固；偏绿色的钝化膜较薄，其耐蚀性较差。因此，可以根据钝化膜的外观、其与锌电镀层的结合力及膜层的完整性、光亮度和颜色，初步判定钝化膜质量的好坏。

各种铬酸盐钝化液的组成及工艺条件分别见表 4.9～表 4.16。

表 4.9 高铬彩色钝化液组成及工艺条件

钝化液组成及工艺条件	重铬酸盐钝化	三酸钝化			三酸二次钝化			
					工艺 1		工艺 2	
		工艺 1	工艺 2	工艺 3	第 1 次	第 2 次	第 1 次	第 2 次
ρ（铬酐）/（g/L）		150～180	180～250	250～300	60～80	4～6	150～180	40～50
V（硝酸）/（mL/L）		10.00～15.00	30.00～35.00	30.00～40.00	8.50～11.50	0.56～0.76	7.00～9.00	5.00～6.50
V（硫酸）/（mL/L）	8.0～10.0	5.0～10.0	5.0～10.0	15.0～20.0	7.5～11.0	0.5～0.7	6.0～8.0	2.0～3.0
ρ（重铬酸钠）/（g/L）	180～200							
ρ（硫酸亚铁）/（g/L）							10～15	5～8
ρ（锌粉）/（g/L）							1.2～1.7	6.0～7.0
ρ（氧化锌）/（g/L）								4～6
温度/℃	室温	室温	室温	室温	室温	室温	室温	室温
在溶液中钝化时间/s	5～10	10～15	5～15	5～10	10～20	5～15	3～10	5～10
在空气中停留时间/s		5～10	5～10	5～10				

表 4.10 低铬彩色钝化液组成及工艺条件

钝化液组成及工艺条件	工艺1	工艺2	工艺3	工艺4	工艺5	工艺6
ρ（铬酐）/（g/L）	5	5	3		2～4	
ρ（重铬酸钠）/（g/L）				3～5		
ρ（硝酸钠）/（g/L）			3			
ρ（硫酸钠）/（g/L）			1			
ρ（高锰酸钾）/（g/L）	0.1					
V（盐酸）/（mL/L）					2～3	
V（硝酸）/（mL/L）	3.0	3.0		0.3～0.5		
V（硫酸）/（mL/L）	0.4	0.3		0.3～0.5	0.2～0.4	
V（乙酸）/（mL/L）		5				
V（LP-93）/（mL/L）						15～20
pH 值	0.8～1.3	0.8～1.3	1.9～1.9	1.5～1.7	1.2～1.8	0.8～1.3
温度	室温	室温	室温	室温	室温	室温
在空气中停留时间/s	5～8	5～8	10～30	30～50	5～20	5～8

表 4.11 超低铬彩色钝化液组成及工艺条件

钝化液组成及工艺条件	工艺1	工艺2	工艺3	工艺4	工艺5	工艺6
ρ（铬酐）/（g/L）	1.2～1.7	1.5～2.0	1.2～1.7	1.5～2.0	1.0～2.0	2.0
ρ（硝酸钠）/（g/L）						2
ρ（硫酸镍）/（g/L）						1
ρ（硫酸钠）/（g/L）	0.4～0.5	0.6	0.3～0.5			
ρ（氯化钠）/（mg/L）	0.3～0.4	0.4	0.3～0.4			
V（硫酸）/（mL/L）				0.3～0.4	0.3～0.5	
V（硝酸）/（mL/L）	0.4～0.5	0.7	0.4～0.5	0.5～1.0	0.4～0.5	
V（盐酸）/（mL/L）					0.2～0.5	
V（乙酸）/（mL/L）	4.0～6.0	1.5				
pH 值	1.5～2.0	1.4～1.7	1.6～2.0	1.3～1.6	1.6～2.0	1.4～2.0
温度/℃	10～14	5～40	15～40	15～35	15～35	15～35
在溶液中钝化时间/s	30～60	25～60	30～60	20～30	30～60	10～30

表 4.12 蓝白色钝化液组成及工艺条件

钝化液组成及工艺条件	工艺1	工艺2	工艺3	工艺4	工艺5
ρ（铬酐）/（g/L）	2～5	2～5	2～5		
ρ（三氯化铬）/（g/L）	0～2	0～2			
ρ（氟化钠）/（g/L）			2～4		
ρ（WX-1 蓝白粉）/（g/L）				2	

续表

钝化液组成及工艺条件	工艺 1	工艺 2	工艺 3	工艺 4	工艺 5
ρ（WX-8 蓝绿粉）/（g/L）					2
V（硝酸）/（mL/L）	30～50	30～50	10～30	10	5
V（硫酸）/（mL/L）	10～15	10～15	3～10		
V（盐酸）/（mL/L）		10～15			
V（氢氟酸）/（mL/L）	2～4		2～4		
温度	室温	室温	室温	室温	室温
在溶液中钝化时间/s	2～10	2～10	5～20	7～15	10～30
在空气中停留时间/s	5～15	5～15	5～10	7～15	5～12

表 4.13　银白色钝化液组成及工艺条件

钝化液组成及工艺条件	工艺 1	工艺 2	工艺 3	工艺 4
ρ（铬酐）/（g/L）	15	2～5	8	
ρ（硫酸钡）/（g/L）	0.5	1.0～2.0	0.5	
ρ（WX-2 银白粉）/（g/L）				2
V（硝酸）/（mL/L）		0.5		
V（冰乙酸）/（mL/L）				5
温度/℃	室温	80～90	80	10～40
在溶液中钝化时间/s	15～35	15	15	20～40

表 4.14　军绿色钝化液组成及工艺条件

钝化液组成及工艺条件	工艺 1	工艺 2	工艺 3	工艺 4	工艺 5	工艺 6
ρ（铬酐）/（g/L）	30～50					
ρ（军绿钝化剂）/（g/L）						10～15
V（磷酸）/（mL/L）	10～15					
V（硝酸）/（mL/L）	5～8					
V（硫酸）/（mL/L）	5～8					
V（盐酸）/（mL/L）	5～8					
V（WX-5A）/（mL/L）		30				
V（ZG-87A）/（mL/L）			80～100			
V（UL-303）/（mL/L）				50～90		
V（LD-11）/（mL/L）					35～40	
pH 值						10～15
温度/℃	室温	15～35	15～35	20～30	18～35	
在溶液中钝化时间/s	30～90	20～50	45～120	20～40		5～15
在空气中停留时间/s	30～60	10～20	5～10	10～60		

表4.15 黑色钝化液组成及工艺条件

钝化液组成及工艺条件	银盐				铜盐	
	工艺1	工艺2	工艺3	工艺4	工艺1	工艺2
ρ（铬酐）/（g/L）	6～10				4～6	15～30
ρ（硝酸银）/（g/L）	0.3～0.5					
ρ（硫酸铜）/（g/L）					6～8	30～50
ρ（甲酸钠）/（g/L）						70
V（硫酸）/（mL/L）	0.5～1.0					
V（乙酸）/（mL/L）	40～50					70～120
V（WX-6A）/（mL/L）		100				
V（WX-6B）/（mL/L）		10				
V（ZB-89A）/（mL/L）			100			
V（ZB-89B）/（mL/L）			100			
V（CK-836A）/（mL/L）				80～100		
V（CK-836B）/（mL/L）				8～10		
V（添加剂B）/（mL/L）					3～5	
pH 值	1.0～1.8	1.2～1.7	1.2～1.7	1.0左右	1.2～1.4	2.0～3.0
温度/℃	20～30	20～35	20～30	7～30	15～35	室温
在溶液中钝化时间/s	120～180	30～90	45	30～120	120～180	2～3
在空气中停留时间/s			75	30左右		15

表4.16 金黄色钝化液组成及工艺条件

钝化液组成及工艺条件	工艺1	工艺2	工艺3
ρ（铬酐）/（g/L）		3	4～6
ρ（黄色钝化剂）/（g/L）			8～10
V（WX-7金黄色钝化剂A）/（mL/L）	75		
V（WX-7金黄色钝化剂B）/（mL/L）	25		
V（硫酸）/（mL/L）		0.3	
V（硝酸）/（mL/L）		0.7	
pH 值			1.0～1.5
温度	室温	室温	
在溶液中钝化时间/s	20～60	10～30	5～15

与高铬钝化工艺相比，虽然采用低铬钝化工艺可使 Cr^{6+} 的污染减少几十倍甚至上百倍，但铬毕竟是一种有害元素。目前，Cr^{6+} 的使用受到越来越多的限制。例如，欧盟制定的 RoSH 指令和 WEEE 指令已经明确规定对 Cr^{6+} 限制使用。

在此形势下，国内外广大电镀工作者开展了无 Cr^{6+} 钝化工艺的研究，其中包括 Cr^{3+} 钝化工艺、钛酸盐钝化工艺、钼酸盐钝化工艺、钨酸盐钝化工艺及钒酸盐钝化工艺等。尤其是 Cr^{3+} 钝化工艺，目前已在许多工厂得到应用。

2）三价铬钝化

Cr^{3+} 毒性仅为 Cr^{6+} 毒性的 1%，用 Cr^{3+} 替代 Cr^{6+} 进行钝化处理，这对降低污染、保护环境具有极其重要的意义。

与 Cr^{6+} 钝化相比，Cr^{3+} 钝化具有以下特性。

（1）Cr^{3+} 钝化膜无自修复能力。为了弥补这一缺陷，往往需要对 Cr^{3+} 钝化膜进行封闭处理。在运输过程中要特别注意包装安全，以免零件擦伤影响其质量。

（2）锌电镀层 Cr^{3+} 彩色钝化膜和黑色钝化膜的耐蚀性比 Cr^{6+} 钝化膜差一些，但 Cr^{3+} 蓝白色钝化膜的耐蚀性和 Cr^{6+} 蓝白色钝化膜几乎相同。

（3）Cr^{3+} 钝化液的 pH 值范围窄且不太稳定，因此需要经常测试并调整。钝化液 pH 值对产品的抗盐雾腐蚀性能和钝化膜外观也有影响。

（4）Cr^{3+} 钝化膜的耐热性比 Cr^{6+} 钝化膜好。将 Cr^{3+} 钝化膜加热到 200℃ 以上并保持较长时间，其仍能保持原有抗蚀性的 70% 以上，这对必须加热以除氢脆的电镀锌件特别适用。将 Cr^{6+} 钝化膜加热到 55℃ 以上并保持数分钟后，该钝化膜就容易脱水开裂暴露出锌电镀层，导致耐蚀性下降。此外，锌合金电镀层表面的 Cr^{3+} 钝化膜的高温耐蚀性优于锌电镀层。

（5）一般来说，在锌电镀层表面的 Cr^{3+} 钝化膜的耐蚀性不如铬酸盐钝化膜，但在锌合金电镀层表面的 Cr^{3+} 钝化膜的耐蚀性常优于铬酸盐钝化膜。

按照钝化膜颜色不同，锌电镀层的 Cr^{3+} 钝化膜可分为彩色钝化膜、蓝白色（含白色）钝化膜和黑色钝化膜等。按照功能不同，钝化膜分为耐蚀型钝化膜和装饰型钝化膜两种。

Cr^{3+} 钝化液的主要成分如下。

（1）成膜剂。成膜剂一般是 Cr^{3+} 化合物，如卤化物、硫酸盐、硝酸盐、乙酸盐、草酸盐、氢氟酸盐等。

（2）氧化剂。氧化剂可以加快成膜速度，增加钝化膜厚度。常用的氧化剂有硝酸盐、高锰酸盐、氯酸盐、钼酸盐等。在钝化反应过程中，氧化剂能与锌、铬生成氧化物隔离层。

（3）配位剂。配位剂能与 Cr^{3+} 形成较稳定的配合物。过去常用的配位剂是氟化物，因其具有较大的毒性和腐蚀性，目前已经很少使用。现在常用的配位剂有铵盐、乙酸盐、草酸盐、有机羧酸（丙二酸、柠檬酸、酒石酸、丁二酸、丁烯二酸、苹果酸及其盐）等。

（4）其他金属离子。其他金属离子主要包括铁、钴、镍、钼、锰、镧、铈及稀土金属混合物等。它们可以加速钝化反应进程，提高钝化膜的耐蚀性。

（5）无机酸或盐。在钝化液中加入一定量的无机酸或盐（硫酸、硝酸、盐酸、磷酸、氢氟酸及其盐等），可使钝化液保持一定的 pH 值，从而使钝化反应能够正常进行。

（6）润湿剂。润湿剂包括十二烷基硫酸钠、十二烷基苯磺酸钠等。润湿剂能使钝化膜均匀细致。

由于 Cr^{3+} 钝化膜中没有 Cr^{6+}，因此 Cr^{3+} 钝化膜没有自修复能力，当钝化膜破损时很容易发生腐蚀。为了弥补此缺陷，需要对 Cr^{3+} 钝化膜进行封闭处理。此外，封闭处理还可起到降低摩擦系数、改善产品外观的作用。

常用的封闭工艺如下。

（1）硅酸盐封闭。将电镀锌钝化件浸入 65℃ 左右的硅酸盐混合溶液中 20～40s 即可。需要在溶液中加入一定量的添加剂，增加膜层的抗磨性。

（2）有机漆封闭。清漆能够提供较硬的阻挡层，不仅可以提高装饰性，还可以提高耐蚀性。此外，也可作为涂层底层。通常可选择水溶性室温或高温干燥的油漆。高温油漆通常具有很好的化学交联作用，并有良好的耐蚀性。高温油漆使用较复杂，需要较高的温度（150℃ 左右），膜厚度约为 5μm。在自动线上要选择低黏度空气干燥漆，膜厚度在 0.5～1.0μm 之间。常在漆液中加入微量的有机抗蚀剂，可使膜层抗蚀性更好。

（3）硅烷基封闭。硅烷可与表面层形成共价键，与表面结合牢固，其厚度很薄且不超过10nm。过去常用硅烷作为钢铁磷化和铝表面涂漆之前铬酸盐清洗液的代用品，其质量分数约为1%。在室温下使用，硅烷封闭液较为稳定（稳定期超过6周）。

为了进一步简化钝化工艺和提高生产效率，近年来提出将钝化和封闭合并为一步的处理方法。其基本方法是将水溶性封闭剂加入钝化液中。当将锌电镀层浸入钝化液中时，由于钝化液中已经加入了封闭剂，故在钝化处理时，可使Cr^{3+}钝化和封闭处理在同一槽液中完成。

常用Cr^{3+}钝化液组成及工艺条件见表4.17。

表4.17 Cr^{3+}钝化液组成及工艺条件

钝化液组成及工艺条件	工艺1	工艺2	工艺3	工艺4	工艺5
ρ（硫酸铬）/（g/L）	15		30		10
ρ（氯化铬）/（g/L）		50		8~12	
ρ（柠檬酸）/（g/L）			30		
ρ（硝酸钠）/（g/L）	10	80	90	7~9	
ρ（草酸）/（g/L）	10				
V（盐酸）/（mL/L）					5
ρ（氟化氢铵）/（g/L）				1.0~1.5	
ρ（硫酸镍）/（g/L）		3	11		
ρ（氯化锌）/（g/L）				0.5	
ρ（润湿剂）/（g/L）			3		
ρ（硫酸铝钾）/（g/L）					30
ρ（偏钒酸铵）/（g/L）					2
pH值	2.0	1.8~2.0		1.5~2.5	
温度/℃	30	15~35		40~70	室温
在溶液中钝化时间/s	40	30~60		40~80	40

3）其他无铬钝化

（1）钛酸盐钝化。钛酸盐钝化主要是从环保角度出发研制的。钛的毒性很低且呈惰性，钛离子在水中的最大允许含量为250mg/L，铬离子在水中的最大允许含量为0.1mg/L，仅是钛离子的1/2500，因此可把钛酸盐看成是无毒的。钛元素可以形成各种不同的氧化态，锌在钛酸盐溶液中也能发生氧化还原反应。钛的氧化物不仅稳定性较好，而且在机械损伤后能够很快得到修复，故它对许多活性介质是耐腐蚀的。钛酸盐钝化液组成及工艺条件见表4.18。

表4.18 钛酸盐钝化液组成及工艺条件

钝化液组成及工艺条件	工艺1	工艺2	工艺3	工艺4
ρ[硫酸氧钛（质量分数95%）]/（g/L）	3~6	2~6	2~5	2~5
ρ[双氧水（质量分数30%）]/（g/L）	50~80	50~80	50~80	50~80
ρ（六偏磷酸钠）/（g/L）	6~15			
ρ（柠檬酸）/（g/L）			5~10	5~10
ρ（丹宁酸或聚乙烯醇）/（g/L）	1~4			

续表

钝化液组成及工艺条件	工艺1	工艺2	工艺3	工艺4
V（硝酸）/（mL/L）	4～8	3～6	8～15	
V（磷酸）/（mL/L）	8～12	12～20		10～20
pH值	1.0～1.5	1.0～1.5	0.5～1.0	0.5～1.0
温度	室温	室温	室温	室温
在溶液中钝化时间/s	10～20	10～20	8～15	8～15
在空气中停留时间/s	5～15	5～15	5～10	5～10

（2）钼（钨）酸盐钝化。钼和钨是铬的同族元素，它们也能在锌电镀层表面形成钝化膜。据有关资料显示，钼酸盐钝化膜的耐蚀性接近铬酸盐钝化膜，它的毒性仅为铬的1%，因此钼酸盐钝化工艺引起一些电镀工作者的兴趣。钼酸盐钝化采用阴极电解法较好，成膜时间短；若采用化学浸渍法，则需要较长时间。根据含量、温度和浸入时间的长短，钝化膜的颜色将会发生变化，可从微黄色、灰蓝色、军绿色直到黑色。钨酸盐钝化膜的耐蚀性要比钼酸盐钝化膜差。

（3）稀土钝化。稀土中的铈盐、镧盐和镨盐也能与锌电镀层形成钝化膜。稀土钝化处理是稀土氧化物和氢氧化物在锌电镀层表面电沉积，使锌电镀层的阳极溶解受阻，从而有效地延长了阴极保护时间，提高了锌电镀层的耐蚀性。从钝化膜抗蚀性的角度来看，铈盐钝化膜的质量接近铬酸盐钝化膜，镧盐钝化膜和镨盐钝化膜的质量优于钼酸盐钝化膜。稀土盐采用可溶性的硝酸盐、硫酸盐和氯化物等。

（4）硅酸盐钝化。锌电镀层硅酸盐钝化处理具有成本低、钝化液稳定、使用方便、无毒和无污染等优点，其缺点是钝化膜耐蚀性较差。

（5）有机物钝化。研究表明，某些有机化合物也可用于锌电镀层表面钝化处理，能够有效地提高锌电镀层的耐蚀性能，如丹宁酸（鞣酸）。要想提高丹宁酸钝化膜的耐蚀性，还要加入一些金属盐类、有机或无机缓蚀剂等。也有人认为，最有希望替代铬酸盐处理的是一些特别的锌螯合物，它们能在锌表面形成一层不溶性的有机金属化合物，因而具有极好的耐蚀性。例如，各种三氮杂茂衍生物可用于锌电镀层钝化处理，其中以二氨基三氮杂茂（BTA4）为最好[24]。

4.3.2 电镀铜

1. 概述

铜是一种玫瑰红色的金属，具有良好的延展性、导电性和导热性。铜的相对原子质量为63.54，相对密度为8.9g/cm³，熔点为1083℃，标准电极电位为+0.34V。铜在不同的镀液中有一价或二价两种化合物。Cu^+的电化当量为2.372g/（A·h），Cu^{2+}的电化当量为1.186g/（A·h）。

铜电镀层化学稳定性较差。在潮湿的空气中，其与二氧化碳和氯化物作用，生成绿色的碱式碳酸铜和氯化铜；与硫化物作用，生成黑色的硫化铜。除了经过化学处理形成黑色或古铜色表面再涂上有机膜，铜电镀层一般不能单独作为防护-装饰性的最终镀层。

铜是电位较正的金属，它的电极电位要比钢铁或锌铸件正得多，因此在这些基体上镀覆的铜电镀层属于阴极性镀层。阴极性镀层不能起到电化学保护作用。相反当镀层有损伤或缺陷时，基体金属比没有铜电镀层时腐蚀更快。因此，铜电镀层主要用作预镀层和中间镀层。例如，铝件、锌压铸件等电镀前常需预镀铜；无孔隙的铜中间层还能提高耐蚀性。

铜电镀层常用于局部的防渗碳、印制板孔金属化、印刷辊的表面层及电机和电刷等。在电力工业中，为了节约铜导线，往往在铁丝上电镀一层铜替代铜导线。在齿轮上电镀铜，还能减少齿轮运行时的摩擦噪声。

铜电镀层具有细小的晶粒结构。在现代电镀工业中，使用周期换向电流，或加入各种添加剂，可从廉价的电镀铜溶液中电镀出全光亮、整平性好、韧性高的铜电镀层。

目前使用的电镀铜溶液可分为氰化物电镀液和非氰化物电镀液两大类。非氰化物电镀液又可分为酸性电镀铜溶液、焦磷酸盐电镀铜溶液、柠檬酸盐电镀铜溶液、酒石酸盐电镀铜溶液、羟基乙叉二膦酸（HEDP）电镀铜溶液、乙二胺电镀铜溶液、氟硼酸盐电镀铜溶液等。常用的电镀铜溶液有三种，即氰化物电镀液、酸性硫酸盐电镀液和焦磷酸盐电镀液。钢铁制件一般不能在酸性硫酸盐电镀液或焦磷酸盐电镀液中直接进行电镀铜，必须先在氰化物电镀液中预电镀铜或预电镀镍，然后再进行酸性硫酸盐电镀铜或焦磷酸盐电镀铜。如果钢铁制件直接进入酸性硫酸盐电镀铜溶液或焦磷酸盐电镀铜溶液中，那么在电流未接通前铜就会发生置换反应而附着于零件表面，导致铜电镀层与基体金属结合不牢。某些新型非氰电镀液（HEDP 电镀液和柠檬酸盐-酒石酸盐电镀液等）已在一定程度上克服了钢铁制件置换铜的现象，可以直接进行非氰化物电镀铜[25-26]。

2. 氰化物电镀铜

1）工艺特点

最初的氰化物电镀铜溶液是由碳酸铜溶解于碱性氰化物中配制而成的，该电镀液只能电沉积出较薄的铜电镀层。1938 年在工业上首次成功地应用了高效氰化物电镀铜工艺。20 世纪 40 年代开始研究氰化物电镀铜的光亮剂，周期换向电流电镀铜工艺也得以推广应用。

氰化电镀铜溶液获得的铜电镀层结晶细致，电镀液的分散能力和覆盖能力好，而且电镀液呈碱性，有一定的去油能力，可以直接电镀在钢铁工件和锌制品等基体金属表面。但这类电镀液中含有剧毒的氰化物，产生的废水、废渣、废气不仅危害操作者的身体健康，还会造成环境污染。此外，氰化物在电镀过程中容易分解生成碳酸盐而在电镀液中沉淀，这对镀层有一定的副作用。

氰化物电镀铜溶液广泛用于钢铁件和锌铸件电镀的预镀工艺。除氰化物有剧毒外，氰化物电镀铜的操作温度较高，热能消耗较大。因此，除特殊需要外，尽量不选用这种工艺。

2）电镀液组成及工艺条件

氰化物电镀铜溶液组成及工艺条件见表 4.19。

表 4.19　氰化物电镀铜溶液组成及工艺条件

电镀液组成及工艺条件	工艺 1	工艺 2	工艺 3
ρ（氰化亚铜）/（g/L）	20～30	40～50	50～60
ρ（总氰化钠）/（g/L）		52～70	60～70
ρ（游离氰化钠）/（g/L）	5～8	8～16	
ρ（酒石酸钾钠）/（g/L）	30～40	20～30	25～35
ρ（硫氰酸钾）/（g/L）	10～20	10～15	
ρ（氢氧化钠）/（g/L）		8～15	15
ρ（碳酸钠）/（g/L）	10～60		0～50
V（891 光亮剂）/（mL/L）		8～10	
V（BC-I 光亮剂）/（mL/L）			5
V（BC-II 光亮剂）/（mL/L）			2
温度/℃	55～60	55～65	50～60
电流密度/（A/dm^2）	0.5～2.0	0.5～3.5	1.0～3.0
阴极移动			需要

3）电镀液中各成分的作用

（1）氰化亚铜。氰化亚铜是主盐，在氰化电镀铜溶液中，铜是以铜氰配合物形式存在的。若铜离子含量升高，则电流效率提高，使得电流密度的上限提高，但电镀液的覆盖能力下降，镀层结晶变粗；若铜离子含量降低，则电镀液的覆盖能力和分散能力提高，镀层结晶变细，但电流效率降低，阴极电流密度的上限变小。一般来说，铜离子含量高的电镀液适用于快速电镀厚铜，铜离子含量低的电镀液适用于预镀铜。

（2）氰化钠。氰化钠在电镀液中除了作为铜离子的配体外，还能起到活化阳极、导电及除油等作用。电镀液中的氰化钠除与铜离子形成配合物外，其余不与铜离子形成配合物的氰化钠称为游离氰化钠。在确定电镀液的用途时，控制电镀液中的游离氰化钠含量是十分必要的。若游离氰化钠含量高，则铜的析出电位变负，形成置换铜电镀层的可能性减小，电镀层结晶细致，电镀液的覆盖能力好，阳极溶解正常，但电流效率降低；若游离氰化钠含量低，则阳极易钝化，电镀液的覆盖能力差，但电流效率较高。

（3）氢氧化钠。氢氧化钠可以增强电镀液的导电性，有助于改善电镀液的分散能力。

（4）碳酸钠。碳酸钠不仅能够增强电镀液的导电性，还能促进铜镀层沉积。但电镀液中的碳酸钠含量过高会使镀层结晶疏松，光亮电流密度范围变窄，阳极电流密度的上限降低等。氰化物电镀液中的碳酸钠是氰化钠分解的主要产物，电镀液的温度越高，氰化钠的分解速度越快，碳酸钠的累积量也就越多。

（5）添加剂。为了获得结晶细致的铜镀层，往往需要在氰化电镀铜溶液中加入添加剂。酒石酸盐和硫氰酸盐都是氰化电镀铜溶液常用的添加剂，这两种盐都是阳极去极化剂，在快速氰化电镀铜溶液中，为了提高电流效率，就要降低电镀液中的游离氰化钠含量，但如果游离氰化钠含量过低，就会导致阳极钝化。为了解决这一矛盾，最有效的办法就是加入去极化剂。

4）工艺条件的影响

（1）温度。氰化物电镀铜时通常在 50～60℃下进行。在一定的温度范围内进行电镀铜，可使镀层结晶细致、光亮度好、光亮范围宽。当温度过低时，不但得不到光亮镀层，而且电流密度不能太高；当温度过高时，不但耗能量大，而且氰化物分解速度加快。

（2）电流密度。阴极电流密度因电镀液中的铜离子含量和游离氰化钠含量的高低而异。若升高铜离子含量，增大游离氰化钠含量，则可采用较大的电流密度。阴极电流密度还与电镀液温度、阴极是否有移动装置及是否采用周期换向电流和间歇电流有关。在生产中，阴极电流密度可以尽量大一些，但应以控制镀层不烧焦为原则。

（3）周期换向电流。周期换向电流常用于氰化物电镀。使用周期换向电流进行电镀，可使镀层整平性大为提高，还可降低电镀液中的游离氰化钠含量，并使阳极不易钝化，从而提高电流效率，降低氰化钠消耗量。在氰化物电镀铜时，锌合金压铸件不宜采用周期换向电流，防止溶解的锌对电镀液造成污染，通常采用间歇电流法进行电镀。

3. 硫酸盐电镀铜

1）工艺特点

硫酸盐电镀铜用于工业生产已有 150 多年历史。在非氰化物电镀铜溶液中，使用最广泛的是酸性硫酸盐镀铜，它具有成分简单、价格便宜、电镀液稳定和易于控制等特点。硫酸盐电镀铜在一定条件下可以使用较高的阴极电流密度，从而提高电镀生产效率，但电镀液的分散能力较差，其铜电镀层结晶组织比氰化物铜电镀层结晶组织粗大，而且不能在钢铁基体表面直接电镀铜。因此，目前酸性硫酸盐电镀铜大多用于多层电镀中加厚铜电镀层，特别适用于塑料电镀的中间层。在酸性硫酸盐电镀液中加入某些添加剂，可以直接电镀出具有镜面光泽的镀层，同时电镀液的分散能力有所提高，镀层韧性得到改善，镀层孔隙率得以降低。该工艺是塑料件电镀的首选工艺，并得到了长足的发展。硫酸铜含量低、硫酸含量高的硫酸盐光亮电镀铜溶液还用于印制电路板的通孔电镀。

2）电镀液组成及工艺条件

常见的硫酸盐电镀铜溶液组成及工艺条件见表 4.20。

表 4.20　硫酸盐电镀铜溶液组成及工艺条件

电镀液组成及工艺条件	工艺 1	工艺 2	工艺 3	工艺 4	工艺 5	工艺 6
ρ（硫酸铜）/（g/L）	150～250	150～220	180～220	150～220	150～220	80～100
ρ（硫酸）/（g/L）	50～80	50～70	50～70	50～70	50～70	100～250
ρ（氯离子）/（g/L）		0.01～0.08	0.01～0.08	0.01～0.08	0.01～0.08	0.01～0.08
ρ[聚二硫二丙烷磺酸钠（SP）]/（mg/L）			16～20	10～15	10～15	10～15
ρ[苯基聚二硫丙烷磺酸钠（S-1）]/（mg/L）					2～5	
ρ[乙撑硫脲（N）]/（mg/L）			5.0～7.0	0.7～1.0	5.0～7.0	4.0～6.0
ρ[2-巯基苯丙咪唑（M）]/（mg/L）		0.5～1.0		0.7～1.0	0.7～1.0	5.0～7.0
ρ[亚甲基二萘磺酸钠（NNO）]/（g/L）		0.2				
ρ（SH-110）/（mg/L）		1～20				
ρ[聚乙二醇（M=6000）]/（mg/L）			8～10	8～10	8～10	10～12
ρ（OP-21 乳化剂）/（g/L）		0.5～0.6				
ρ（AE 乳化剂）/（g/L）				0.05	0.05	
ρ（十二烷基硫酸钠）/（g/L）			0.05～0.10			
温度/℃	10～50	10～40	10～40	10～40	10～45	10～35
阴极电流密度/（A/dm²）	1～3	2～4	3～5	2～4	2～5	3～5
空气搅拌或阴极移动	需要	需要	需要	需要	需要	需要

3）电镀液中各成分的作用

（1）硫酸铜。硫酸铜是主盐，提供电镀液中的铜离子。若硫酸铜含量过低，则阴极电流密度的上限和镀层光亮度下降；若硫酸铜含量过高，则阴极电流密度提高，但硫酸铜受溶解度的限制，容易析出结晶。当硫酸铜在阳极上析出时，减少了阳极实际面积，从而影响镀层质量。当硫酸铜用于印制电路板的通孔电镀时，要求电镀液具有良好的覆盖能力，因此采用硫酸铜含量低、硫酸含量高的电镀液。

（2）硫酸。硫酸在硫酸盐电镀铜溶液中既能对阳极起到活化作用，又能提高电镀液的导电性。若硫酸含量过低，则硫酸铜水解形成氧化亚铜，由于氧化亚铜很难溶解，电沉积在阴极上会导致镀层疏松，使电镀液的导电性变差，从而影响低电流密度处的镀层质量；若硫酸含量过高，则电镀液的导电能力提高，虽然有助于提高电镀液的分散能力和覆盖能力，但镀层光亮度下降。因此，在不影响镀层光亮度的前提下，电镀液中的硫酸含量应当尽量高一些。

（3）氯离子。电镀液中的氯离子含量在 10～80mg/L 之间，虽然其含量极少，但却起着十分重要的作用。若氯离子含量过低，则不能得到镜面光亮的镀层，只能得到白雾状镀层，同时电镀液整平能力极差，在镀件高电流密度处会出现树枝状结晶或镀层烧焦现象；若氯离子含量过高，则铜电镀层光亮度下降，尤其是镀件低电流密度处的镀层不光亮。

（4）添加剂。硫酸盐光亮电镀铜的添加剂是多种添加剂的组合，它们之间发生协同互补作用，从而获得镜面光亮的镀层。光亮电镀铜添加剂主要有三大类：第一类为聚硫类有机磺酸盐，能使镀层结晶细致，并能提高电流密度的上限，但若其含量过低，则镀层光亮度不足，镀件边缘处容易烧焦和产生毛刺；若其含量过高，则镀层容易产生白雾，且在低电流密度处产生暗区。第二类为含硫杂环化合物和硫脲的衍生物，这类光亮剂主要起到整平作用和光亮作用，一般添加量极少，当电镀液温度高时其含量可以适当提高。第三类为聚醚类非离子表面活性剂，它在阴极上吸附，不仅能使镀层晶粒细化，而且能够扩大光亮电流密度范围，若其含量过低，则镀层光亮度差，光亮电流密度范围窄；若其含量过高，则吸附膜难以清除，影响镀层结合力。

4）工艺条件的影响

（1）温度。硫酸盐光亮电镀铜溶液的温度以 10～35℃为宜。如果温度过高，就会加大光亮剂的消耗量。由于硫酸盐光亮电镀铜时电流密度往往较大，因而电镀液容易发热并使自身温度上升，夏季最好对其采取降温措施。

（2）阴极电流密度。阴极电流密度应当尽可能大，但以镀层不烧焦为度。这样镀件凹处的电流密度相对较大，有助于使镀件达到平整、光亮的效果。

（3）阳极。在硫酸盐光亮电镀铜时不能使用电解铜板作为阳极，必须使用质量分数为 0.1%～0.3%的磷铜板。阳极中磷含量不宜过低，否则难以避免铜板以 Cu^+ 形式溶解；磷含量也不宜过高，否则阳极表面会形成棕褐色的厚膜，影响阳极正常溶解，使电镀液中的铜离子含量下降。

4. 焦磷酸盐电镀铜

1）工艺特点

焦磷酸盐电镀铜也是一个使用范围较广的镀种，它具有工艺成分简单、电流效率高、电镀液分散能力好、镀层结晶细致，电镀液无毒且对设备无腐蚀，以及可以获得较厚的铜电镀层等优点，广泛应用于电子工业印制电路板的通孔电镀铜，电铸工业中锌压铸件的电镀铜，用作防渗碳、渗氮的隔离铜电镀层。为了提高铜电镀层的结合力，通常需要进行预镀或加强镀前处理。

在硫酸盐光亮电镀铜投入生产之前，焦磷酸盐电镀铜曾经得到较广泛的应用。后来发现与焦磷酸盐电镀铜相比，硫酸盐光亮电镀铜所得镀层光亮度高、成本低、电镀液稳定，因而焦磷酸盐电镀铜的用量大幅减少。由于焦磷酸盐电镀铜溶液呈弱碱性，对锌压铸件不会造成化学腐蚀，可以提高电镀成品合格率，因此焦磷酸盐电镀铜非常适于电镀锌压铸件。

焦磷酸盐与铜离子能够形成中等稳定的配合物，该配合物与电位较负的金属能够发生置换反应，因此在焦磷酸盐电镀铜前，钢铁零件或锌压铸件必须先在氰化物电镀液中预镀铜。

此外，焦磷酸盐电镀铜还有成本高，镀液中正磷酸盐过量沉积会降低电流密度的上限，降低电流效率，以及镀液黏度高等缺陷，因此其应用受到限制。

2）电镀液组成及工艺条件

焦磷酸盐电镀铜溶液组成及工艺条件见表 4.21。

表 4.21 焦磷酸盐电镀铜溶液组成及工艺条件

电镀液组成及工艺条件	工艺 1	工艺 2	工艺 3	工艺 4
ρ（焦磷酸铜）/（g/L）	60～70	60～70	50～60	60～100
ρ（焦磷酸钾）/（g/L）	360～400	280～320	340～380	230～250
ρ（柠檬酸铵）/（g/L）	20～25	20～25		
ρ（二氧化硒）/（g/L）		0.008～0.020	0.008～0.020	
ρ[2-巯基苯丙咪唑（M）]/（g/L）		0.002～0.004	0.002～0.004	

续表

电镀液组成及工艺条件	工艺 1	工艺 2	工艺 3	工艺 4
V（氨水）/（mL/L）			2~3	2~5
V（光亮剂 PC-I）/（mL/L）				2.5
V（光亮剂 PC-II）/（mL/L）				0.4~1.2
pH 值	8.5~9.0	8.5~9.0	8.5~9.0	8.5~9.2
温度/℃	30~35	30~50	30~50	55~65
电流密度/（A/dm²）	1.0~2.0	1.5~3.0	0.5~0.8	1.0~5.0
阴极移动或空气搅拌	阴极移动	阴极移动		空气搅拌

3）电镀液中各成分的作用

（1）焦磷酸铜。焦磷酸铜是主盐，提供电镀液中的铜离子。电镀液中的焦磷酸铜含量对铜电镀层质量有明显影响。若铜离子含量过低，则非但电流效率低，还会影响镀层的光亮度和整平性，电流密度范围也较窄；若铜离子含量过高，则与铜配位的焦磷酸钾不足，导致阴极极化作用降低，从而使镀层结晶粗糙。

（2）焦磷酸钾。焦磷酸钾是铜离子的配位剂，使铜离子的析出电位负移，增加阴极极化，从而使镀层结晶细致。焦磷酸钾除具有配位作用外，还能提高电镀液的导电性并起到活化阳极的作用。为了明确电镀液中的游离焦磷酸钾含量，常用 $P_2O_7^{4-}$ 的总量与 Cu^{2+} 含量之比来描述，即 P 值。生产实践表明，P 值以（7~8）：1 为佳。当 P 值过低时，阳极溶解性差且易钝化，镀层结晶粗糙，低电流密度处镀层薄，呈暗红色。此时适当提高 P 值是有利的。但如果 P 值过高，就会降低阴极电流效率。当电镀液中存在柠檬酸盐、酒石酸盐或氨三乙酸等辅助配位剂时，P 值可以适当降低。

（3）辅助配位剂。为了提高电镀液分散能力和促进阳极正常溶解，还常在焦磷酸盐电镀铜溶液中加入柠檬酸盐、酒石酸盐或氨三乙酸等辅助配位剂来改善电镀液性能。在这些辅助配位剂中，以柠檬酸铵效果最好，因此较为常用。柠檬酸铵除作为铜离子的配位剂外，还是电镀液中良好的 pH 缓冲剂，NH_4^+ 不仅能够改善镀层外观，还能改善阳极溶解。酒石酸盐或氨三乙酸也能起到类似柠檬酸盐的作用，但其对镀层的整平作用和光亮作用不如柠檬酸盐显著。

（4）硝酸盐。硝酸盐在许多电镀液中是氧化剂，会使镀层沉积速度减慢，并使低电流密度处的镀层发黑、发暗。但在焦磷酸盐电镀铜溶液中，硝酸盐却能提高电流密度的上限、减少针孔、降低工作温度和提高电镀液分散能力。应当注意的是，硝酸盐的加入会影响铜镀层的整平性，并降低电流效率。众所周知，硝酸盐对电镀镍也会产生破坏作用。为了防止将硝酸盐带入电镀镍溶液中，最好不用硝酸盐。

（5）正磷酸盐。在焦磷酸盐电镀铜溶液中，焦磷酸盐会逐渐水解成正磷酸，pH 值降低、P 值升高、电镀液温度升高都会加速这一水解过程。少量的正磷酸对缓冲电镀液的 pH 值和改善阳极的溶解性有好处。但当其含量过高时，电镀液工作电流密度范围缩小，阴极电流效率下降，镀层光亮范围变窄，此时还会出现条纹状镀层。迄今为止，还没有去除正磷酸盐的有效方法。一旦正磷酸盐偏高且严重影响镀层质量时，就只能采用稀释或更换电镀液的方法。

（6）光亮剂。焦磷酸盐电镀铜的光亮剂种类较多。某些硫酸盐电镀铜的光亮剂也适用于焦磷酸盐电镀铜。某些巯基杂环化合物既是光亮剂又是整平剂。当其含量低时，光亮度好，整平性差；当其含量高时，则相反。因此，添加剂量一般采用中等含量。为了获得镜面光亮的镀层，还需加入亚硒酸及其盐类。对于某些含硫化合物和表面活性剂，只有发挥协同互补作用，才能取得更好效果。

4）工艺条件的影响

（1）pH 值。pH 值对焦磷酸盐电镀铜溶液的稳定性和镀层质量有很大影响。当 pH 值过低时，焦磷酸盐与铜离子的配合作用减弱，阴极极化不明显，导致低电流密度处的镀层发暗，有时镀层还会出现毛刺，电镀液中的焦磷酸钾也易于水解成正磷酸；当 pH 值过高时，镀层光亮范围变窄，镀层结晶粗糙疏松，色泽暗红（低电流密度处尤甚），阴极电流效率降低，工作电流密度下降。因此，pH 值必须严格控制在 8.5～9.0 范围内。

（2）温度。焦磷酸盐电镀铜的温度范围较宽，可在 20～60℃ 范围内得到合格的铜电镀层。若温度过低，则电沉积速度慢；若温度过高，则氨易挥发，使焦磷酸盐水解成正磷酸盐的速度加快，导致电镀液不稳定，使用寿命缩短。因此操作温度以 40～45℃ 为佳。

（3）阴极电流密度。阴极电流密度的大小与电镀液浓度、电镀液温度和搅拌方式等有关。在通常情况下，阴极电流密度以 1～3A/dm^2 为宜。若电流密度过低，则电沉积速度慢，生产效率低；若电流密度过高，则镀层易于出现烧焦和树枝状结晶。

（4）阴极移动和空气搅拌。在快速光亮焦磷酸盐电镀铜时，应将电镀液剧烈搅拌，这样允许使用较大的电流密度，并可获得光亮度较好的镀层。采用空气搅拌并配以循环过滤要比采用阴极移动好。

（5）电源。焦磷酸盐电镀铜对电源有特殊要求。使用平滑直流电不能获得结晶细致光亮的镀层，最适宜的电源为单相全波或桥式整流器。若采用直流电源，则最好加装间歇装置。

（6）阳极。焦磷酸盐电镀铜最好采用无氧铜作为阳极，但由于无氧铜加工麻烦、成本高，因此通常采用电解铜板作为阳极，若能采用压延的电解铜板，则效果会更好。焦磷酸盐电镀铜时阳极容易钝化，因此要将阳极电流密度控制得小一点，这就要求阳极板挂得多一些。阴极与阳极面积比以 1∶2 左右为好。

5. 其他电镀铜工艺

1）柠檬酸盐电镀铜

柠檬酸盐电镀铜溶液成分简单，可在钢铁件表面直接电镀，镀层孔隙率较低，电镀液的分散能力和覆盖能力都较好，并且也能得到光亮镀层，但该电镀液应用并不广泛。柠檬酸盐电镀铜溶液组成及工艺条件见表 4.22。

表 4.22 柠檬酸盐电镀铜溶液组成及工艺条件

电镀液组成及工艺条件	工艺 1	工艺 2	工艺 3
ρ（Cu^{2+}）/（g/L）	20		
ρ（柠檬酸钾）/（g/L）	300		220
ρ（FF 铜盐）/（g/L）		400	
ρ（FF 铜盐粉）/（g/L）			60
V（FF 柠铜添加剂）/（mL/L）	50		50
V（FF5）/（mL/L）	4	4	4
V（FF6）/（mL/L）	1	1	1
pH 值	8.2～9.5	8.2～9.5	8.2～9.5
温度/℃	40～60	40～60	40～60
阳极材料	磷铜	磷铜	磷铜
电流密度/（A/dm^2）	0.5～5.0	0.5～5.0	0.5～5.0

2）氟硼酸盐电镀铜

氟硼酸盐电镀铜可采用很高的电流密度，电沉积速度快，电镀液易于维护，镀层韧性好。其缺点是电镀液腐蚀性大，价格较高。电镀液维护主要是控制电镀液中的铜含量和 pH 值。氟硼酸盐电镀铜一般不用添加剂，但若加入少量硫酸铜和酸性铜光亮剂，则可得到平滑、光亮的铜镀层。有机杂质会使镀层发脆、变色，可用活性炭进行处理。氟硼酸盐电镀铜溶液组成及工艺条件见表 4.23。

表 4.23　氟硼酸盐电镀铜溶液组成及工艺条件

电镀液组成及工艺条件	工艺1	工艺2	工艺3
ρ（氟硼酸铜）/（g/L）	224	336	448
ρ（铜）/（g/L）	120	90	60
ρ（氟硼酸）/（g/L）	15	22.5	30
ρ（硼酸）/（g/L）	15	22.5	30
pH 值	0.2～0.7	0.5～0.7	0.2～0.6
温度/℃	27～49	27～49	27～49
波美度	21～22	29～31	27.5～39.0
电流密度/（A/dm²）	1～5	1～15	10～40
槽电压/V	3～8	3～12	3～12

3）HEDP 电镀铜

HEDP 电镀铜可在钢铁件表面直接电镀。电镀液成分简单，分散能力好。但由于 HEDP 电镀铜的污水处理并不比氰化物电镀铜容易，因此其工业应用并不广泛。HEDP 电镀铜溶液组成及工艺条件见表 4.24。

表 4.24　HEDP 电镀铜溶液组成及工艺条件

电镀液组成及工艺条件	工艺1	工艺2	工艺3
ρ（硫酸铜）/（g/L）	40～60		10～20
ρ（Cu^{2+}）/（g/L）		8～12	
ρ[HEDP（羟基乙叉二磷酸）]/（g/L）	180～250	80～130	50～60
ρ（酒石酸钾）/（g/L）	5～10	6～12	
ρ（碳酸钾）/（g/L）		40～60	
ρ（硝酸钾）/（g/L）			15
V（双氧水）/（mL/L）		2～4	
温度/℃	20～40	30～50	室温
pH 值	8.5～9.5	9.0～10.0	8.0～9.0
电流密度/（A/dm²） 静止	0.5～1.0	1.0～1.5	1.5～2.0
电流密度/（A/dm²） 搅拌	0.8～2.0		2.5～3.0

4）氨基磺酸盐电镀铜

氨基磺酸盐电镀铜镀层外观好且呈半光亮，电镀液分散能力好。其缺点是阳极溶解性差，氨基磺酸盐容易水解，目前应用不多。氨基磺酸盐电镀铜使用的光亮剂有动物胶、乙二胺四乙酸二钠（EDTA）和磺基水杨酸等。氨基磺酸盐电镀铜溶液组成及工艺条件见表 4.25。

表 4.25　氨基磺酸盐电镀铜溶液组成及工艺条件

电镀液组成及工艺条件	工艺1	工艺2
ρ（硫酸铜）/（g/L）	130	
ρ（氨基磺酸铵）/（g/L）	100	

续表

电镀液组成及工艺条件	工艺 1	工艺 2
ρ（氢氧化钠）/（g/L）	7.5	
ρ（氨基磺酸铜）/（g/L）		128～384
ρ（氨基磺酸）/（g/L）		2.0～6.5
pH 值	1～3	1～3
温度/℃	25～35	25
电流密度/（A/dm²）	3.8	1.0～8.0

5）有机胺电镀铜

有机胺电镀铜溶液组成及工艺条件见表 4.26。

表 4.26　有机胺电镀铜溶液组成及工艺条件

电镀液组成及工艺条件	工艺 1	工艺 2	工艺 3
ρ（硫酸铜）/（g/L）	80～100	80～100	125～200
ρ（乙二胺）/（g/L）	120～250	80～110	
ρ（酒石酸钾钠）/（g/L）	15～20		
ρ（硫酸钠）/（g/L）		50～60	
ρ（硫酸铵）/（g/L）		50～60	20
ρ（氨水或三乙醇胺）/（g/L）			30
V（二乙烯三胺）/（mL/L）			100～160
pH 值			8.0～9.5
温度/℃	室温	室温	50～60
电流密度/（A/dm²）	1.0～2.0	0.5～1.5	2.0～6.0

6）羧酸盐电镀铜

羧酸盐电镀铜溶液组成及工艺条件见表 4.27。

表 4.27　羧酸盐电镀铜溶液组成及工艺条件

电镀液组成及工艺条件	工艺 1	工艺 2
ρ（硫酸铜）/（g/L）	40～50	10～15
ρ（氨三乙酸）/（g/L）	100～170	
ρ（硝酸钾）/（g/L）	10～17	
ρ（焦磷酸钾）/（g/L）	15～20	
ρ（聚乙二醇）/（g/L）	0.2～0.4	
ρ（草酸）/（g/L）		10～60
V（氨水胺）/（mL/L）		0～65
pH 值	9～10	2～4
温度/℃	室温	10～40
电流密度/（A/dm²）	0.3～0.8	0.1～0.5

4.3.3 电镀镍

1. 概述

德国的博特格（Bottger）于 1843 年首先发明了用硫酸镍氨溶液进行电镀镍，至今已有 170 余年历史。美国的亚当斯（Adams）于 1869 年用硫酸镍氨溶液对煤气灯零件进行电镀，并取得了美国第一个镀镍专利。韦斯顿（Weston）在 1878 年发现硼酸可以作为电镀镍溶液的 pH 值缓冲剂。班克罗夫特（Bancroft）在 1906 年发现添加氯化物可以改善阳极的溶解性。瓦特（Watts）在 1916 年进一步完善了电镀镍工艺，他用硫酸镍、氯化镍和硼酸配制的简单盐溶液（即著名的瓦特电镀镍溶液）进行电镀镍，将电流密度从复盐溶液电镀镍的 $0.5A/dm^2$ 提高到 $5.0A/dm^2$。瓦特发表了著名的高速电镀镍论文，并以此奠定了现代电镀镍工艺的基础。

电镀镍溶液最早使用的光亮剂是镉盐，它是英国人埃尔金顿（Elkington）于 1912 年发明的。之后，在 1927 年开始使用萘三磺酸，在 1940 年开始使用邻苯甲酰磺酰亚胺（俗称糖精），在 1945 年又发明了香豆素，到 1955 年开发了 1,4-丁炔二醇，从而使光亮电镀镍工艺又向前迈进了一大步。

为了适应产品的耐蚀性要求，1955 年开展了双层电镀镍的工业化生产，到 1962 年进一步发展了三层电镀镍工艺和电镀镍封工艺。

此外，早在 1908 年就发明了适用于电铸的氟硼酸盐电镀镍工艺。低应力、高韧性的氨基磺酸盐电镀镍工艺是在 1938 年发明的。

由以上电镀镍工艺的简单沿革可知，一个工艺从发展到成熟往往需要许多人的不懈努力，直到今天电镀镍工艺仍在不断发展。例如，荧光电镀镍的开发研究，各种耐高温、低磨损、高抗蚀复合电镀镍工艺的研究，镍的电解着色，各种新型添加剂的开发应用等。

镍是略带黄色的银白色金属，硬度高，塑性好，在大气和碱中具有很高的稳定性。镍能够缓慢地溶于硫酸和盐酸，易溶于硝酸或硝酸与硫酸的混合酸。

镍的相对原子质量为 58.71，相对密度为 $8.99g/cm^3$，熔点为 1455℃，价态为+2，标准电极电位为-0.25V，电化学当量为 1.095g/（A·h），电导率是铜的 14.7%。

电镀镍是电镀工业应用较广泛的镀种之一。镍根据它的性质，主要用于修复机械零件、电镀 Ag-Co 合金的表面磁性镀层等。镍除了作为计算机的记忆元件外，也常用作汽车、摩托车、机械、日用五金等产品的防护装饰性组合镀层的中间层。

2. 电镀镍工艺分类

为了适应耐蚀性、物理机械性能和装饰性等各种需要，人们开发了各种不同类型的电镀镍溶液。生产上应用的电镀镍工艺主要包括以下几类。

（1）普通电镀镍（电镀暗镍）。电镀液的主要成分是硫酸镍、氯化钠和硼酸，如果用氯化镍替代氯化钠，那么该电镀液即为瓦特电镀液。低浓度的普通电镀镍溶液主要用于 Cu/Ni/Cr 镀层体系中的预镀镍，高浓度电镀液主要用于电镀厚镍或电铸镍。

（2）光亮电镀镍。如果在普通电镀镍溶液中加入光亮剂，就成为光亮电镀镍溶液。由于光亮电镀镍可以省去传统抛光工序，明显简化生产工艺，显著提高生产效率，因而光亮电镀镍溶液是电镀镍工艺中应用最广的电镀液。

（3）双层镍及三层镍。双层镍是利用两层镀层之间存在较大电位差（一般须保持在 120mV 以上）的特点，使电位较负的光亮镍层成为阳极而产生层间腐蚀，从而延缓向基体方向的腐蚀速率，起到电化学保护作用。如果在半光亮镍层上先冲击镀一薄层高硫镍，再在高硫镍上电镀光亮镍层，就成为三层镍。三层镍具有比双层镍更大的电位差，因而其耐蚀性比双层镍更好。

（4）镍封。镍封工艺是在光亮电镀镍溶液中选择性地加入氧化硅、硫酸钡、氧化钛及氧化铝等不溶性固体颗粒，使这些微粒与镍在阴极电共沉积，这样得到的镀层称为镍封镀层。镍封通常都在光亮电镀镍后进行，在镍封镀层上再进行电镀铬，由于铬不能在微粒表面电沉积，因而就成为微孔铬电镀层，它具有很高的耐蚀性。

（5）高应力镍。如果在高氯化物电镀液中加入铵盐或某些有机添加剂，就可获得高应力镍镀层。若在高应力镍层上再电镀 $0.25\mu m$ 左右的铬电镀层，则在应力作用下可以获得均匀的微裂纹的铬电镀层，它具有与微孔铬电镀层同样的高抗蚀能力。

（6）快速电镀镍。氨基磺酸盐电镀镍溶液具有电沉积速度快、镀层内应力低等特点，是理想的快速电镀镍工艺，其使用的电流密度在 $5\sim20A/dm^2$ 范围内，若进行激烈搅拌，则电流密度可达 $50A/dm^2$。该电镀液主要用于电铸。

（7）其他电镀镍。随着工业生产的发展，电镀镍工艺也在不断发展。目前，工业上应用的电镀镍工艺还有电镀黑镍工艺、电镀硬镍工艺、浸镀镍工艺、冲击镀镍工艺和复合镀镍工艺等。

3．电镀暗镍

1）工艺特点

普通电镀镍溶液的主要成分是硫酸镍、氯化镍（氯化钠）和硼酸等。普通电镀镍溶液不仅可以直接电沉积出色泽均匀的暗镍镀层，同时也是其他电镀镍溶液的基础溶液。例如，半光亮镍、光亮镍、高硫镍、缎状镍、镍封等工艺都是在普通电镀镍工艺的基础上发展起来的。

2）电镀液组成及工艺条件

根据用途不同，普通电镀镍溶液可分为低浓度的预电镀液、普通电镀液、瓦特电镀液和滚镀液等。低浓度的预电镀液具有良好的分散能力，所得镀层与钢铁基体和铜电镀层结合良好。普通电镀镍溶液的导电性好，可在较低温度下进行电镀，节省能源，使用较为方便。瓦特镀液具有较快的电沉积速度，成分简单，操作方便。滚镀液具有良好的导电性和覆盖能力，能够满足小零件电镀的特殊要求。普通电镀镍溶液的组成及工艺条件见表 4.28。

表 4.28　普通电镀镍溶液组成及工艺条件

电镀液组成及工艺条件	预镀液	普通镀液	瓦特镀液	滚镀液
ρ（硫酸镍）/（g/L）	120～140	150～250	250～300	200～250
ρ（氯化镍）/（g/L）			30～60	
ρ（氯化钠）/（g/L）	7～9	8～10		5～12
ρ（硼酸）/（g/L）	30～40	30～35	35～40	30
ρ（硫酸钠）/（g/L）	50～80	60～80		
ρ（硫酸镁）/（g/L）		40～80		50
ρ（氟化钠）/（g/L）				4
ρ（十二烷基磺酸钠）/（g/L）	0.01～0.02		0.05～0.10	
pH 值	5.0～5.6	5.0～5.5	3.8～4.4	4.0～4.5
温度/℃	30～35	20～35	45～60	45～50
阴极电流密度/（A/dm²）	0.8～1.5	1.0～1.5	1.0～2.5	1.0～1.5

3）电镀液中各成分的作用

（1）镍盐。电镀镍所用的主盐大多为硫酸镍。因为 SO_4^{2-} 非常稳定，不会在电极上反应。硫酸镍价廉易得，在水中的溶解度大，因而是理想的镍盐。工业用硫酸镍有六水硫酸镍和七水硫酸镍两种规格，前者镍的质量分数为22.3%，后者镍的质量分数为20.9%，目前含六个结晶水的硫酸镍居多。

暗镍电镀液中的硫酸镍含量在150～300g/L之间。一般来说，若镍盐含量低，则电镀液分散能力好，镀层结晶细致、易抛光，但极限电流密度和电流效率较低，电沉积速度慢，在零件的边角和尖端容易出现粗糙或烧焦现象；若镍盐含量高，则电镀液允许使用的电流密度较高，电沉积速度较快，但电镀液带出损失也相应增多。

（2）缓冲剂。简单地说，缓冲剂是指在电镀液中具有稳定pH值作用的物质。在电镀镍过程中，电镀液的pH值必须保持在一定范围内，一般为3.5～5.6。若pH值过低，则H^+易于放电，阴极电流效率降低，镀层容易产生针孔；若pH值过高，则电镀液混浊，阴极附近金属离子以金属氢氧化物的形式存在，夹杂在镀层中使镀层的机械性能恶化，外观粗糙。

硼酸是电镀镍溶液常用的缓冲剂，它是一种弱酸，在水溶液中会发生水解。其水解反应式为

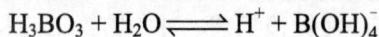

$$H_3BO_3 + H_2O \rightleftharpoons H^+ + B(OH)_4^-$$

当溶液的pH值上升时，硼酸即离解补充H^+；当溶液的pH值降低时，由于同离子效应，反应向左进行，使H^+含量减小。因此，硼酸可以用来稳定电镀液的pH值。硼酸的缓冲作用仅在一定pH值范围内有效，因而电镀液的pH值在3.8～5.6之间为宜。硼酸在电镀镍溶液中的添加量为25～50g/L。若硼酸含量过低，则缓冲作用不明显，电镀液的pH值不稳定，并且镀层易产生针孔；若硼酸含量过高，则因硼酸溶解度低而析出结晶，造成浪费，同时还会影响镀层质量。

硼酸除了具有缓冲效果，还能使镀层结晶细致、不易烧焦。在使用高电流密度操作时，应该采用硼酸含量较高的电镀液。

（3）阳极活化剂。为了解决镍阳极在溶解过程中容易钝化的问题，一般都采用氯化物作为阳极活化剂。Cl^-的主要作用是降低阳极极化，使阳极溶解正常。此外，Cl^-还能增加溶液的导电性，使镀层表面光滑、结晶细致，并使电镀液的覆盖能力和分散能力得到改善。

在实际应用中，电镀镍溶液一般采用氯化镍作为阳极活化剂，Cl^-可以作为阳极去极化剂，Ni^{2+}可以作为镍的供给源，两者都是有效成分，这样就使电镀液的组成简单、管理方便。由于不导入能够引起镀层晶格扭歪和硬度增高的Na^+，因而可以取得一举多得的效果。但氯化镍成本较高，目前还有一部分工厂仍用氯化钠作为阳极活化剂。

通常情况下，当氯化物含量低时难以使阳极活化，但若氯化物含量过高，则会造成阳极过蚀，产生大量阳极泥渣，造成镀层毛刺。因此，应按工艺要求严格控制。

（4）导电盐。为了提高电镀液的导电能力，有时还在电镀液中添加硫酸钠、硫酸镁等导电盐。虽然硫酸镁的导电能力不如硫酸钠，但在pH值较高时，硫酸镁能够改善电镀液的分散能力，使所得镀层光滑、柔软并呈银白色。

添加导电盐的缺点是在电镀液中引入了Na^+等异种金属离子，当它们的含量积累到一定程度时，就会对镀层的物理机械性能带来不良影响。由于目前还没有除去电镀液中Na^+的有效方法，因此通常不推荐使用钠盐。

（5）防针孔剂。虽然电镀镍时阴极电流效率较高，但是在实际生产中仍有少量的H^+参与放电，并在阴极以氢气形式析出。尽管所产生的氢气大部分以气体形式逸出溶液，但是仍有少量氢气泡吸附在阴极表面，使溶液与电极之间的界面张力增加，氢气泡就容易滞留在这些地方而造成镀层针孔。

在电镀镍时，常用的防针孔剂是十二烷基硫酸钠和乙基己基硫酸钠，在电镀液中加入这些表面活性剂后，不仅降低了电镀液表面张力，还增加了电镀液对零件表面的润湿作用，当固体表面被液体润湿后，气体难以滞留于阴极表面而脱离阴极，针孔就被消除。十二烷基硫酸钠的含量一般在0.01～0.20g/L。双氧水虽然也有防针孔作用，但其原理与润湿剂不同。因为双氧水是一种氧化剂，它使阴极反应生成的H^+

得到氧化，从而抑制氢气泡产生。空气搅拌同样也可使氢气泡不易滞留在阴极表面，因而也是一种防针孔的方法。

4）工艺条件的影响

（1）温度。升高电镀液温度可以增加盐类的溶解度和电导率，同时也可增加 Ni^{2+} 向阴极的扩散速度。对于温度高的电镀液，可以使用较高的电流密度，因而可以加快电沉积速度。这是因为电镀液温度升高后离子扩散速度增大，阴极极化减小。此外，升高电镀液温度可使镀层内应力降低，并使镀层柔韧且具有延展性。

升高电镀液温度会使镀液的蒸发量增加，同时镍盐也容易水解生成氢氧化镍沉淀。特别是在溶液中的铁杂质水解后，所生成的氢氧化铁会使镀层产生针孔、毛刺等缺陷。因此，在使用高温、高电流密度操作的电镀液时，硼酸含量应当尽量高一些。

（2）电流密度。阴极极限电流密度的大小与溶液浓度、温度、pH 值、搅拌等因素有关。随着溶液浓度增加、温度升高、搅拌程度加强及 pH 值降低，可以使用较高的电流密度。在正常电流密度范围内，随着电流密度的升高，电流效率增加。因此，在可能的条件下，应当使用较高的电流密度。

（3）pH 值。pH 值对镍的电沉积过程及其所获得镀层的力学性能有很大影响。一般来说，pH 值高，电镀液分散能力好，阴极电流效率高，但镀层中容易夹入氢氧化镍等杂质，导致镀层粗糙发脆。因此，只有在使用较低的电流密度时，才允许使用较高的 pH 值。

当 pH 值较低时，可以提高操作电流密度，增强溶液的导电性，提高阳极电流效率，但氢气析出量增多，阴极电流效率降低，镀层容易产生针孔。此时，如果相应地提高镍盐含量和操作温度并使用较高的电流密度，就可以弥补上述缺陷。目前电镀镍溶液的 pH 值大多控制在 3.8～5.6 之间。

（4）搅拌。搅拌电镀液可使阴极扩散层中的 Ni^{2+} 不断得到补充，因而可以防止产生浓差极化，搅拌还可使电镀液成分和温度分布均匀，提高电流密度的上限，加快电沉积速度，同时也有利于零件表面氢气泡的析出，减少镀层针孔。

搅拌可采用阴极移动、空气搅拌和电镀液循环等形式。不论采用何种搅拌形式，都要注意挂具与阴极导电棒之间的接触，同时要防止挂具上的零件漂浮、断电及脱落，以免造成镀层结合不良。

4. 电镀半光亮镍和光亮镍

1）工艺特点

在传统的防护性 Cu/Ni/Cr 电镀层体系中，为了改善产品的表面外观质量，以往通过抛光暗镍电镀层提高镀层的光亮性、平整性和装饰性。这样不仅劳动强度大，而且操作条件差，产品周转慢，耗时多，产量低，经济效益低，难以进行连续化生产。

人们经过不断研究发现，只要在普通电镀镍溶液中加入某些特定结构的有机物或金属盐，就可以获得半光亮或全光亮的镀电镍层。这些能使镀层光亮的物质叫作光亮剂。

在电镀液中添加光亮剂后，不仅可以得到光亮、平整的镀层，还可以减轻操作工人繁重的体力劳动，有利于进行自动化、连续化生产。随着光亮剂的不断开发、完善，光亮电镀镍的发展也非常迅速。

添加的光亮剂会在阴极表面进行分解、还原和吸附，并参与电共沉积，因而光亮剂会影响电极反应。此外，光亮剂还具有细晶化作用。一般认为，镀层的光亮度和镀层的微粒结晶有关，通常晶粒越细，镀层越光亮，光亮剂具有使镀层结晶明显细化的作用。

光亮剂在阴极表面的吸附作用阻碍了结晶沿基体垂直方向成长，因而使阴极上电沉积的晶粒平行于基体表面生长并呈现规则排列，即产生层状组织。这不仅有利于形成平滑表面，也有利于形成对光的定向反射，从而使镀层呈现光亮性。

光亮剂在阴极表面还原后会吸附在电极表面，在阴极表面的凸出部位，光亮剂的吸附含量较高，阻力增大，使电流不易流过，因而抑制了凸出部位结晶的生长。在阴极表面的凹入部位，光亮剂的吸附含量较低，阻力小，电流大，结晶生长快，因而就产生了整平作用，同时也会使镀层光亮。

综上所述，光亮剂的作用可以简单归结为晶粒细化作用、结晶定向排列作用和整平作用等。

2）电镀液组成及工艺条件

如果在电镀暗镍溶中加入适当的不含硫的光亮剂，该电镀液就成为半光亮电镀镍溶液。半光亮镍电镀层的外观装饰性不强，仅以装饰为主的产品一般不需要电镀半光亮镍。只有既考虑外观又考虑高抗蚀性的产品，才采用半光亮镍，即利用半光亮镍的耐蚀性，通过电镀双层镍或三层镍达到防腐蚀的目的。因此，一般的半光亮镍大多采用不含硫的次级光亮剂，以便与含硫的亮镍电镀层或高硫镍电镀层形成电位差，从而产生电化学保护作用。半光亮电镀镍溶液组成及工艺条件见表 4.29。

表 4.29 半光亮电镀镍溶液组成及工艺条件

电镀液组成及工艺条件	工艺 1	工艺 2	工艺 3
ρ（硫酸镍）/（g/L）	320～350	300～350	250～300
ρ（氯化镍）/（g/L）	30～50	25～40	35～45
ρ（硼酸）/（g/L）	35～45	30～40	35～45
ρ（香豆素）/（g/L）	0.05～0.15		
ρ（十二烷基磺酸钠）/（g/L）	0.05～0.15	0.05～0.15	0.10～0.20
V（甲醛）/（mL/L）	0.2～0.3		
V（水合氯醛）/（mL/L）			0.4～0.8
V（SB-1 添加剂）/（mL/L）		0.8～1.5	
V（SB-2 添加剂）/（mL/L）		0.8～1.5	
pH 值	3.5～4.5	3.5～4.8	4.0～4.5
温度/℃	48～52	50～60	50～55
阴极电流密度/（A/dm²）	2.0～3.0	2.0～3.0	1.5～2.5
搅拌	阴极移动	阴极移动	阴极移动

如果在暗电镀镍溶液中同时加入初级光亮剂、次级光亮剂，或再加入辅助光亮剂，该电镀液就成为光亮电镀镍溶液，其电镀液组成及工艺条件见表 4.30。

表 4.30 光亮电镀镍溶液组成及工艺条件

电镀液组成及工艺条件	工艺 1	工艺 2	工艺 3	工艺 4
ρ（硫酸镍）/（g/L）	300～350	250～350	280～320	320～350
ρ（氯化镍）/（g/L）	40～50	40～60	40～50	50～60
ρ（硼酸）/（g/L）	35～45	40～50	40～50	40～45
ρ（十二烷基硫酸钠）/（g/L）	0.10～0.20		0.10～0.20	0.10～0.15
ρ（糖精）/（g/L）	0.8～1.0	1.0～2.0	0.8～1.0	0.8～1.2
ρ（丁炔二醇）/（g/L）	0.4～0.5	0.15～0.20		
ρ（苯亚磺酸钠）/（g/L）		0～0.2	0～0.2	0.05～0.20
ρ（香豆素）/（g/L）		0～0.1		
V（26-1 无泡润湿剂）/（mL/L）		0.5～1.5		
V（DE）/（mL/L）			0.4～0.6	
V（791）/（mL/L）				3～5

续表

电镀液组成及工艺条件	工艺 1	工艺 2	工艺 3	工艺 4
pH 值	3.8～4.4	4.2～5.2	4.0～4.8	3.8～4.4
温度/℃	50～55	45～50	45～50	45～55
阴极电流密度/（A/dm²）	2～5	2～6	2～5	2～5
搅拌	阴极移动	空气搅拌	阴极移动	阴极移动

5. 复合电镀镍

为了改善镍电镀层的物理化学性能，除电镀镍外，常在电镀镍溶液中加入某些不溶于水的非导体颗粒，如二氧化硅、二氧化钛、三氧化二铝、硫酸钡、碳化硅和二硫化钼等，并使这些固体微粒均匀地悬浮于电镀液中，在电沉积过程中与镍发生电共沉积。根据所用固体微粒的特性不同，可以获得具有各种特殊性能的复合镍电镀层。

在目前的防护-装饰性镀层系统中，常用的复合电镀镍主要有镍封及缎状镍两种。

1）镍封

采用镍封的主要目的是提高镀层的耐蚀性。零件在光亮电镀镍后，再将其浸入含有某种不溶性、不导电固体微粒的光亮电镀镍溶液中电镀一段时间，可以得到镍与固体微粒的复合镀层，此工艺即为镍封。

镍封电镀液中固体微粒的直径必须小于 0.5μm。若粒径过小，则微粒易漂浮，电共沉积困难；若粒径过大，则会影响镀层的光亮性。因此，所选用的颗粒应该具有良好的分散性、悬浮性和抗凝聚性。同时，搅拌必须均匀合理，保证微粒能够均匀地分散悬浮在电镀液中，从而使微粒在电场作用下能与镍均匀地在阴极上电共沉积。此外，镍封电镀液中必须添加适当的促进剂以利于微粒与镍的电共沉积。因此微粒、搅拌、促进剂是决定镍封成败的三个关键因素。镍封的电镀液组成及工艺条件见表 4.31。

表 4.31 镍封的电镀液组成及工艺条件

电镀液组成及工艺条件	工艺 1	工艺 2
ρ（硫酸镍）/（g/L）	250～300	300～350
ρ（氯化镍）/（g/L）	50～60	
ρ（氯化钠）/（g/L）		10～15
ρ（硼酸）/（g/L）	40～45	35～40
ρ（糖精）/（g/L）	1.5～2.5	0.8～1.0
ρ（二氧化硅）/（g/L）	10～20	10～25
ρ（乙二胺四乙酸二钠）/（g/L）	6～10	
ρ（硫酸铝）/（g/L）	0.6～1.0	
ρ（1,4-丁炔二醇）/（g/L）		0.3～0.4
V（791 光亮剂）/（mL/L）	2～6	
V（促进剂 NC-1）/（mL/L）		1～4
V（促进剂 NC-2）/（mL/L）		1～2
pH 值	3～4	3.8～4.4
温度/℃	50～55	50～55

续表

电镀液组成及工艺条件	工艺 1	工艺 2
阴极电流密度/（A/dm^2）	4～6	2～5
搅拌	空气搅拌	激烈搅拌
电镀时间/min	2～5	1～5

镍封工艺的优点是电镀液覆盖能力好，在表面电镀铬后即形成微孔铬电镀层，使 Ni/Cr 电镀层间的腐蚀电流分散，从而使镀层具有很好的耐蚀性。耐蚀性的高低因镀层表面微孔数而异，通常微孔数超过 5000 个/cm^2 时耐蚀性才开始提高，微孔数在 20000～40000 个/cm^2 时耐蚀性显著提高，但当微孔数达到 80000 个/cm^2 时镀层光亮度开始降低，镀层表面出现倒光现象。

镍封电镀层的厚度一般为 0.1～1.0μm，表层的铬电镀层厚度通常为 0.2～0.5μm。若铬电镀层厚度过厚，则会在微孔上形成"搭桥"现象，把电共沉积的微孔表面遮盖，达不到电镀微孔铬电镀层的目的，因而在电镀铬时必须充分注意。

目前镍封工艺在国内的应用还不够普遍，其主要原因是电镀液的净化、过滤较为麻烦，加之阳极袋较易堵塞，停止电镀时粒子容易发生凝聚等。

2）缎状镍

缎状镍工艺与镍封工艺没有本质区别，只是前者所用的非导电固体微粒直径较大，一般为 0.5～1.0μm。缎状镍因镀层外观有像缎子一样的纹络而得名。

由于在缎状镍层表面电镀铬后不会像在光亮镍层表面电镀铬后那样刺眼，因而长久注视不会觉得眼疲劳。也就是说，缎状镍电镀层可以作为避免光线反射的防眩镀层。目前这类镀层在国外广泛应用于汽车反光镜、车辆内部装饰零件、医疗器械和机床零件表面。

为了得到缎状镍电镀层，非金属微粒必须均匀地悬浮于镀液中，因此要采用剧烈的空气搅拌。同时，为了保证在含有微粒的电镀液中阳极能够很好地溶解，一般不使用阳极袋。其副作用是有阳极泥混入电镀液中形成毛刺，因此必须过滤除去。但若使用普通的过滤机，则非金属微粒也将一并除去。为避免出现此种情况，需要使用重力过滤机，仅将电镀液中的阳极泥除去，非金属微粒仍返回电镀槽内。

当缎状镍电镀层的厚度控制在 5～10μm 时，就可获得良好的缎状外观。它的表面微粒分布数量也比镍封高，可达 300000 个/cm^2。若在其表面电镀 0.2～0.3μm 厚的铬，则可像镍封一样成为微孔铬电镀层。

应该指出的是，传统缎状镍工艺实际上不是在电镀镍溶液中进行的，而是在电镀镍前对基体表面进行喷砂处理，或在电镀镍后对镍电镀层表面进行打磨而形成缎状表面，用这种机械方法制备的缎状镍，其表面微观凹凸处较为明显，也较为粗糙，因而容易被指痕等污染，同时抗腐蚀性也较差，目前已经很少使用。

新型缎状镍工艺不是向电镀液中添加非导体固体颗粒，而是在电镀液中加入某些低浊点的表面活性剂，利用电镀液温度高及低浊点的变化，使电镀液乳化或澄清，从而形成缎状镍镀层。此方法的优点是电镀液中不含非导电固体颗粒，在室温时电镀液是澄清的，电镀液的过滤和净化较为方便，同时镀层不易被指痕污染，抗蚀性较高。因此，新型缎状镍工艺是目前电镀缎状镍工艺中较有发展前途的一种工艺。

6. 电镀高应力镍

高应力镍是在光亮镍表面再加电镀一层内应力极高的特殊镍镀层，其厚度约为 1.0μm。由于此镍镀层内应力极高，因而在表面按照常规再电镀 0.2～0.3μm 的普通铬电镀层后，在铬层与高应力镍应力的相互作用下，高应力镍镀层即产生大量微裂纹，并导致铬层表面也形成均匀的微裂纹，其裂纹一般为 250～

1500 条/cm。因而高应力镍与镍封一样，铬层成为微间断铬。两者的区别在于：用高应力镍得到的微间断铬叫作微裂纹铬；用镍封得到的微间断铬叫作微孔铬。它们都能使 Ni/Cr 电镀层间的腐蚀电流分散，因而都具有提高镀层抗蚀性的作用。高应力电镀镍溶液组成及工艺条件见表 4.32。

表 4.32 高应力电镀镍溶液组成及工艺条件

电镀液组成及工艺条件	工艺 1	工艺 2	工艺 3
ρ（氯化镍）/（g/L）	200	220	220
ρ（氯化铵）/（g/L）	200		
ρ（乙酸铵）/（g/L）	50	60	
ρ（润湿剂）/（g/L）		1	1
ρ（乙酸钠）/（g/L）			80
ρ（异烟肼）/（g/L）			0.2
V（乙酸）/（mL/L）	20		
V（3-吡啶甲醇）/（mL/L）		0.4	
温度/℃	25	35～45	40
pH 值	3.9	3.5	3.0～4.0
阴极电流密度/（A/dm²）	8	5～15	5～15
时间/min	1.0～3.0	0.5～10.0	0.5～10.0

采用高应力镍来获得微裂纹铬电镀层，不仅工艺较为简单，而且管理方便，同时裂纹的均匀性较好，电镀液对杂质也不敏感，能在较宽的工艺范围内得到稳定的裂纹数。此外，高应力电镀镍溶液可用活性碳进行连续净化，对有机物污染的处理也较为方便。

目前高应力镍在国外主要用于电镀汽车保险杠等易受撞击的零件。高应力镍的缺点是电镀液中采用高含量的氯化物溶液，如果在电镀铬前水洗不充分，就会将氯化物带入电镀铬溶液中，导致电镀铬故障，因此必须加以注意。

用高应力镍来获得微裂纹铬以达到增强镀层抗蚀性的目的，其工艺成败的关键在于：①保证镀件在低电流密度区获得与其在高电流密度区相同或相近的微裂纹数。②电镀高应力镍的零件在电镀铬后必须采用浸热水等工艺，使镀层内应力充分释放，否则零件在存放过程中因残余应力的不断释放而产生大裂纹，导致镀件大量报废，造成严重的经济损失。

7. 电镀多层镍

目前光亮电镀镍工艺大多使用含硫的光亮剂，造成硫夹杂在镍电镀层中，影响了镀层的耐蚀性。为了在不增强镍电镀层厚度的前提下增加镍电镀层的抗腐蚀能力，发明了电镀多层镍工艺。

1）电镀双层镍

电镀双层镍的方法是：先在底层电镀一层不含硫的半光亮镍层，然后再在其上电镀一层含硫的光亮镍层，最后电镀铬。由于含硫的光亮镍电位较负，当腐蚀介质贯穿铬电镀层、光亮镍电镀层的腐蚀孔到达半光亮镍电镀层时，在光亮镍电镀层与半光亮镍电镀层之间就会产生电位差，形成腐蚀原电池，此时含硫较高的光亮镍电镀层成为阳极，底层的半光亮镍电镀层成为阴极，光亮镍电镀层成为牺牲镀层而腐蚀，从而延迟了腐蚀介质向基体的腐蚀速度，显著提高了镀层防护性。

一般认为，双层镍防护性的高低主要取决于光亮镍电镀层与半光亮镍电镀层之间的电位差。要想维持双层镍良好的抗蚀性，电位差就要控制在 120mV 以上，若电位差过低，则失去了电化学保护作用，电镀双层镍也就没有意义。电位差的形成主要取决于添加剂的类型和用量，因而在大规模生产时要特别注意，防止将含硫的光亮镍添加剂带入半光亮镍镀槽，以免影响镀层之间的电位差。

同时，双层镍的耐蚀性也受半光亮镍电镀层厚度和光亮镍电镀层厚度比例的影响。通常情况下，对于铁基体而言，半光亮镍电镀层与光亮镍电镀层的厚度比为 4∶1；对于锌压铸件基体而言，半光亮镍电镀层与光亮镍电镀层厚度比为 3∶2。在实际生产时，半光亮镍电镀层厚度通常是总镍电镀层厚度的 60%～80%。双层镍的电镀液组成及工艺条件见表 4.33。

表 4.33　双层镍的电镀液组成及工艺条件

电镀液组成及工艺条件	工艺 1		工艺 2	
	半光亮镍	光亮镍	半光亮镍	光亮镍
ρ（硫酸镍）/（g/L）	320～350	300～350	300～350	250～300
ρ（氯化镍）/（g/L）	30～50	40～50	25～40	30～40
ρ（硼酸）/（g/L）	35～45	35～45	30～40	35～45
ρ（十二烷基磺酸钠）/（g/L）	0.05～0.15	0.10～0.20	0.05～0.15	0.10～0.20
ρ（香豆素）/（g/L）	0.05～0.15			
ρ（糖精）/（g/L）		0.8～1.0		1.0～1.5
ρ（1,4-丁炔二醇）/（g/L）		0.4～0.5		
V（甲醛）/（mL/L）	0.2～0.3			
V（SB-1 添加剂）/（mL/L）			0.8～1.5	
V（SB-2 添加剂）/（mL/L）			0.8～1.5	
V（912-A）/（mL/L）				0.5～1.0
pH 值	3.5～4.5	3.8～4.4	3.5～4.8	3.8～5
温度/℃	48～52	50～55	50～60	45～60
阴极电流密度/（A/dm²）	2～3	2～5	2～3	1.5～3.0
搅拌	阴极移动	阴极移动	阴极移动	阴极移动

电镀双层镍的关键在于两镍层间的结合力，在日常生产时应当特别注意以下情况。

（1）若电镀液中添加剂分布不均匀或出现有机杂质、金属杂质电沉积现象，则会促进镀层表面钝化或内应力增大，使镀层结合不牢固，因而电镀液要定期进行净化处理。

（2）镍电镀层表面在空气中和水洗时容易产生钝化，故中间水洗应当简化，零件可从半光亮镍槽直接进入光亮镍槽。

（3）自动机在取出和放入镀件时会产生双极性电极现象并生成钝化膜，故从半光亮镍槽进入光亮镍槽时应当带电出入槽；在手工操作和带挂具出入时应当减小电流。这样，就可以减轻双极性电极现象。

（4）零件在空气中移送时要尽力防止镍电镀层表面钝化，应当完善车间内的排气装置，并应尽量使周围的操作气氛净化。

2）电镀三层镍

在双层镍的半光亮镍电镀层和光亮镍电镀层之间再冲击镀一层厚度约 1μm 的高硫镍层，就形成三层镍结构。在三层镍中半光亮镍电镀层与光亮镍电镀层的电位均大于高硫镍，当腐蚀孔到达半光亮镍电镀层时，由于半光亮镍电镀层与电位最负的高硫冲击镍电镀层之间的电位差最大，作为腐蚀原电池阳极的高硫镍电镀层首先被腐蚀，其次是光亮镍电镀层。因此，三层镍体系中的半光亮镍电镀层的防蚀能力也比其在双层镍中高。电镀三层镍的电镀液组成及工艺条件见表 4.34。

表 4.34 电镀三层镍的电镀液组成及工艺条件

电镀液组成及工艺条件	半光亮镍	高硫冲击镍	光亮镍
ρ（硫酸镍）/（g/L）	320~350	320~350	320~350
ρ（氯化镍）/（g/L）	30~50	20~40	40~50
ρ（硼酸）/（g/L）	35~45	35~45	35~45
ρ（香豆素）/（g/L）	0.10~0.15		
ρ（1,4-丁炔二醇）/（g/L）		0.3~0.5	0.3~0.5
ρ（糖精）/（g/L）		0.8~1.0	0.8~1.0
ρ（苯亚硫酸钠）/（g/L）		0.5~1.0	
ρ（十二烷基硫酸钠）/（g/L）	0.05~0.15	0.05~0.15	0.10~0.20
V（甲醛）/（mL/L）	0.2~0.3		
pH 值	3.5~4.5	2.0~2.5	3.5~4.5
温度/℃	50~55	45~50	50~55
阴极电流密度/（A/dm^2）	2~3	3~4	2~3
阴极移动/（次/min）	25	25	25

与电镀双层镍一样，在电镀三层镍时要特别注意各镍电镀层间的结合力。各镍电镀层间结合力不良的根本原因是镍的钝化和镍电镀层的应力。在很多情况下，这是双极性造成的，只要在操作时充分注意并采取一定的措施，就完全可以避免。

在电镀三层镍时，要严防将高硫冲击镍电镀液带入半光亮镍电镀液，否则将引起镀层抗蚀性降低，从而失去电镀三层镍的意义。

电镀三层镍的优点是：镀层即使较薄也具有较好的抗蚀性，同时对各层厚度的要求并不严格。

4.3.4 电镀铬

1. 概述

根据生产实际应用情况，电镀铬可分为装饰性电镀铬和功能性电镀铬两大类。其中，装饰性电镀铬外观光亮、不变色，厚度一般为 0.2~0.3μm；功能性电镀铬包括硬铬、乳白铬、松孔铬和黑铬等。与其他电镀液相比，电镀铬溶液有以下特殊之处。

（1）电镀液的主要成分不是金属盐而是用铬的氧化物——铬酐。这与其他电镀液（电镀镍溶液、电镀铜溶液、电镀锌溶液、电镀锡溶液等）以相应的金属盐作为电镀液主盐完全不同。

（2）在电镀铬时，不是用铬作为可溶性阳极，而是用不溶性的铅或铅合金等作为阳极。如果用铬作为阳极，那么溶解的主要是三价铬，这会造成电镀液比例失调，使电镀液性能迅速恶化。

（3）电镀时阴极上产生大量氢气，电流效率很低，消耗大部分电力用于生成氢气。由于氢气溢出时伴有铬雾，因此必须具有良好的吸风装置或根据需要添加铬雾抑雾剂。

（4）电镀铬时使用的电流密度要比电镀其他金属高出几倍甚至几十倍。在电镀过程中，为了保证导电良好，所使用的挂具必须具有足够大的导电截面和良好的接触性，并且电镀液温度与电流密度要严格配合。

由电镀铬工艺的部分特点可知，如果想要获得良好的铬电镀层，就必须不断提高电镀铬的工艺水平，全面了解和深入研究电镀铬过程的原理和规律。

铬是一种微带天蓝色的银白色金属，外观优美，在大气中不变色，具有较好的抗蚀性，并能长期保持其光泽，还具有耐磨、耐热、高硬度等性能。虽然铬在电化学序中列在与锌相近的位置，但是在有空气存在的许多水溶液中，铬的表面容易形成致密的钝化膜，钝化了的铬电镀层表面电位变得很正并接近于银，因此钢铁表面的铬电镀层为阴极性镀层。由于铬的硬度高、耐磨性好，并且在大气中具有钝化特性，可以保护制品表面，因此铬常用作表面镀层。

2. 电镀普通铬

1）工艺特点

在钢铁及锌合金零件表面电镀防护-装饰性铬电镀层时，必须电镀中间镀层，常用的中间镀层有铜、镍、Cu-Sn 合金、Ni-Fe 合金等。如果在光亮的或经过抛光的中间镀层上电镀铬，就可获得微带蓝色的银白色镜面铬电镀层。防护-装饰性电镀铬被广泛应用于汽车、家电、日用五金等各类产品。

防护-装饰性镀层的防护性主要取决于多层镀层体系的结构和镀层厚度，电镀微孔铬或电镀微裂纹铬常有助于提高镀层的防护性能。

2）电镀液组成及工艺条件

普通电镀铬溶液成分简单，除铬酐、硫酸和少量 Cr^{3+} 外，一般不需要加入其他添加剂。电镀液按照使用的铬酐含量高低可分为高浓度电镀液、中等浓度电镀液和低浓度电镀液三种。其中，含铬酐 250g/L、硫酸 2.5g/L 的中等浓度电镀液称为标准电镀铬溶液。

防护-装饰性电镀铬的镀层厚度一般较薄，仅为 0.2～0.3μm，因此常选用覆盖能力较好的电镀液。对于形状特别复杂的零件，还要采用象形阳极或冲击电流。普通电镀铬溶液的组成及工艺条件见表 4.35。

表 4.35　普通电镀铬溶液组成及工艺条件

电镀液组成及工艺条件	高浓度	中等浓度	低浓度
ρ（铬酐）/（g/L）	350～400	200～250	100～150
ρ（硫酸）/（g/L）	3.5～4.0	2.0～2.5	1.0～1.5
温度/℃	50～52	50～55	55～60
阴极电流密度/（A/dm²）	13～15	20～60	45～100
阳极材料	Pb-Sb 合金	Pb-Sb 合金	Pb-Sb 合金

3）电镀液中各成分的作用

（1）铬酐。铬酐是电镀铬溶液的主要成分，其溶于水后主要以铬酸和重铬酸形式存在。由于电镀铬溶液采用不溶性阳极，因此铬酐是电镀时电沉积金属的唯一来源。

如前所述，电镀铬溶液可分为高、中、低三种浓度电镀液。在这三种电镀液中，低浓度电镀铬溶液的电流效率最高，可达 18%。在电流密度保持一定的情况下，它的分散能力也较好，得到的铬层硬度及耐磨性均较高，获得光亮镀层的工作电流密度范围也较大。但由于它的铬酐含量低，铬酐/硫酸之比变动大，电镀液的导电能力差，因此要使用较高的电压。同时，低浓度电镀铬溶液对各类杂质较为敏感，一般只适用于电镀简单零件。

中等浓度电镀铬溶液与低浓度电镀铬溶液相比，电镀液稳定性好，允许使用较低的电压，其分散能力与导电能力介于高浓度电镀铬溶液和低浓度电镀铬溶液之间。

高浓度电镀铬溶液的铬酐/硫酸之比变化小，电镀液稳定，导电性好，对有害杂质敏感性低，其覆盖能力比其他两种电镀液好。高浓度电镀铬溶液的缺点是电流效率低，仅为 13%～15%，获得光亮镀层的工作电流密度范围窄，镀层硬度也稍低，同时电镀液带出损失大。

（2）硫酸。SO_4^{2-} 是电镀铬溶液中的催化阴离子，一般不考虑它在电镀液中含量的绝对值而要控制它与铬酐的比值。当铬酐：硫酸之比为 100：1 时，电镀液的阴极电流效率、电流密度范围、分散能力及覆盖能力都较好。因此，在电镀铬时常将它们的比值控制在 80～130 范围内。

如果铬酐∶硫酸的比值过高，即 SO_4^{2-} 含量不足，就会引起铬电镀层光亮度下降，外观色泽偏白，蓝色调减少，在干燥后镀层表面易于呈现水渍状发雾，电沉积速度也较慢，在阴极上析出大量氢气，电镀液覆盖能力下降，并且低电流密度处镀层有时会呈现彩虹色，严重时还会产生黑色条纹。

若 SO_4^{2-} 含量过高，则电镀液电流效率降低，阴极析出氢气泡较大，电镀液覆盖能力下降，光亮电流密度范围窄，铬电镀层外观色调偏黑，电镀液中 Cr^{3+} 大量增加，高电流密度处镀层易烧焦，当零件从电镀液中取出时容易黏附电镀液。

（3）Cr^{3+}。在电镀铬溶液中必须含有一定量的 Cr^{3+}。如果电镀液中不存在 Cr^{3+}，就难以获得理想的镀层。按照电镀铬阴极过程的胶体膜理论，Cr^{3+} 既是形成阴极表面碱式铬酸盐的成分，又是能与 SO_4^{2-} 形成配离子以溶解胶体膜的成分。当 Cr^{3+} 含量偏低时，电镀液分散能力差，铬电镀层光泽不良，镀后清洗性差；当 Cr^{3+} 含量过高时，生成的胶体膜很致密，铬电镀层的光亮电流密度范围窄，同时电镀液黏度增高，槽电压上升。因此，Cr^{3+} 的含量应当控制在一定范围内，通常为 3～7g/L。当有其他金属杂质存在时，Cr^{3+} 的含量应当降低一些。

4）工艺条件的影响

（1）电流密度与温度。电流密度与温度对光亮电流密度范围的影响较为明显。众所周知，在溶液组成完全相同的电镀液中，如果改变温度和电流密度，就可得到色泽完全不同的铬电镀层。由于装饰性电镀铬要求具有光亮悦目的镀层外观，因此温度与电流密度必须协调并控制在一定范围内。在较低的温度下，得到光亮镀层的电流密度范围明显变窄。在铬酐含量高的电镀液中，得到光亮镀层的电流密度范围要比铬酐含量低的电镀液窄。

电流密度和温度对电流效率的影响也较为显著。电镀铬的电流效率不但受铬酐含量和催化阴离子含量的影响，也受温度与电流密度的影响。标准电镀铬溶液在铬酐∶硫酸=100∶1 时，其阴极电流效率最高。在此电镀液中，当电流密度恒定时，升高温度会导致电流效率下降；当温度恒定时，提高电流密度会使电流效率增大。

电流密度和温度对电镀液的分散能力和覆盖能力影响较大。电镀铬溶液的分散能力和覆盖能力在各类电镀液中是较差的。当电镀液温度固定不变时，若提高电流密度，则可改善电镀液分散能力；若降低电流密度，则电镀液的分散能力和覆盖能力也随之下降。当电流密度固定不变时，若升高温度，则电镀液的覆盖能力将会下降。

（2）阳极。以金属铬作为电镀铬的可溶性阳极并不恰当。这不仅是因为金属铬的价格昂贵且难以加工，更主要的是金属铬在电镀液中以 Cr^{3+} 形式溶解，而且其溶解时的阳极电流效率与电沉积时的阴极电流效率也不匹配，最终会导致电镀液性能恶化，因而电镀铬都采用不溶性阳极。常用的不溶性阳极材料包括铅、Pb-Sb 合金、Pb-Sn 合金等。

由于铅与铬酐反应生成导电性极差的铬酸铅，因此新阳极在使用时应先用较高电压电解几分钟，使阳极发生氧化反应并生成黑褐色的活性过氧化铅膜。过氧化铅膜具有较好的导电性，便于将 Cr^{3+} 氧化成 Cr^{6+}，从而能使 Cr^{3+} 含量维持在较低水平，并可抑制阳极表面生成导电性差的黄色铬酸铅膜。

为了保护阳极表面导电性良好的过氧化铅膜，操作结束后最好将阳极从镀槽中取出，否则它会与铬酸作用形成导电性不良的黄色铬酸铅膜。

当在铅中加入质量分数为 6%～8% 的锑时，不仅可使阳极的耐蚀性和导电性大幅提高，还可增加阳极的强度，因而在电镀铬时 Pb-Sb 合金阳极比铅阳极使用更普遍。尤其是在含有 SiF_6^{2-} 的电镀液中，最好使用 Pb-Sn 合金阳极（锡的质量分数为 6%～8%）。

（3）电源。电镀铬要求采用稳定的直流电源。若使用单相半波电源，则镀层虽然没有裂纹，但其外观完全无光泽，电镀液覆盖能力显著降低，同时镀层硬度也较低，没有实用价值。若采用相同的电镀条件，则铬电镀层的硬度和电镀液覆盖能力以稳定的直流电源为最好。

由于电镀铬时使用的电流密度非常高，有时还要进行冲击镀，因而电镀铬工艺要求直流电源设备的额定容量要大，供电要稳定，并且要有短时过载保护能力。

3. 复合电镀铬和快速自动调节电镀铬

1）工艺特点

普通电镀铬溶液成分简单、易于控制，电镀液对镀件腐蚀性小，并对镀槽设备的要求较低。但目前使用的普通电镀铬溶液还存在一系列缺点：①电流效率低。②铬酐与硫酸之比不易保持在 100∶1，电镀液稳定性差。③铬电镀层不可避免地存在大量孔隙和裂纹。④电镀液的分散能力和覆盖能力低。为了克服这些缺点，人们经过反复研究，发明了复合电镀铬和自动调节电镀铬等工艺。

复合电镀铬溶液是指同时含有 SO_4^{2-} 和 SiF_6^{2-} 两种阴离子催化剂的电镀铬溶液。对于从复合电镀铬溶液中得到的铬电镀层，其在硬度、孔隙率、光亮范围等方面均比普通铬电镀层有所改善，而且电流效率可达 26%左右。

自动调节电镀铬溶液是以硫酸锶和氟硅酸钾为催化剂的电镀液。由于硫酸锶和氟硅酸钾的溶解度较小，在一定含量和一定温度的电镀铬溶液中，硫酸锶和氟硅酸钾的溶度积是一个常数。当电镀液中的 SO_4^{2-} 含量和 SiF_6^{2-} 含量增大时，其相应离子含量的乘积大于溶度积常数，此时电镀液中过量的 SO_4^{2-} 和 SiF_6^{2-} 便生成硫酸锶沉淀和氟硅酸钾沉淀析出；反之，当电镀液中的 SO_4^{2-} 含量和 SiF_6^{2-} 含量不足时，槽中的硫酸锶和氟硅酸钾便会溶解，直至达到溶度积常数，从而使电镀液中的 SO_4^{2-} 含量和 SiF_6^{2-} 含量保持相对稳定。这样就起到了自动调节催化剂含量以稳定电镀液的作用。

2）电镀液组成及工艺条件

复合电镀铬溶液和自动调节电镀铬溶液的组成及工艺条件见表 4.36。

表 4.36　复合电镀铬溶液和自动调节电镀铬溶液组成及工艺条件

电镀液组成及工艺条件	复合镀铬	自动调节镀铬
ρ（铬酐）/（g/L）	250	250～300
ρ（硫酸）/（g/L）	1.25	
ρ（氟硅酸）/（g/L）	5	
ρ（硫酸锶）/（g/L）		6
ρ（氟硅酸钾）/（g/L）		20
温度/℃	50～65	50～70
阴极电流密度/（A/dm²）	25～60	40～100
阳极材料	Pb-Sn 合金	Pb-Sn 合金

3）电镀液中各成分的作用

（1）复合电镀铬。复合电镀铬溶液由铬酐、硫酸和氟硅酸等组成。复合电镀铬溶液与普通电镀铬溶液的不同之处是，其催化阴离子除 SO_4^{2-} 外，还有 SiF_6^{2-}。因此 SiF_6^{2-} 的存在改善了电镀液的性能。

① 铬酐。铬酐在复合电镀铬溶液中的作用与其在普通电镀铬溶液中的作用相似。

② SO_4^{2-} 和 SiF_6^{2-}。在复合电镀铬溶液中，SO_4^{2-} 含量和 SiF_6^{2-} 含量均可在较宽范围内变化，并且两者密切相关。当 SO_4^{2-} 含量过多时，必须降低 SiF_6^{2-} 含量；当 SO_4^{2-} 含量过少时，应提高 SiF_6^{2-} 含量。在允许含量范围内，若 SO_4^{2-} 和 SiF_6^{2-} 的含量越高，则镀层光亮性越好，但电镀液的阴极电流效率降低，分散能力变差；若 SO_4^{2-} 和 SiF_6^{2-} 的含量降低，则电镀液的分散能力和电流效率都有所提高，但镀层光亮性变差。

（2）自动调节电镀铬。自动调节电镀铬溶液与复合电镀铬溶液在本质上没有多大差别，这两种电镀液的主要成分都是铬酐、SO_4^{2-}和 SiF_6^{2-}，这些成分在电镀液中的作用也完全相同。两者的不同之处在于：自动调节电镀铬采用低溶解度的硫酸锶和氟硅酸钾来提供催化阴离子，因而自动调节电镀铬溶液操作控制比复合电镀铬溶液操作控制更方便一些。

4）工艺条件的影响

复合镀铬获得光亮镀层的温度范围和电流密度范围都很宽。在含有 SiF_6^{2-}的电镀液中电镀铬时，能在低温、低电流密度下获得光亮镀层，并且随着电镀液温度的上升，其工作电流密度范围比普通电镀铬溶液更宽。

在自动调节镀铬槽中，提高电镀液温度可使硫酸锶和氟硅酸钾的溶解度相应增大，也就是使电镀液中的催化阴离子增加。对于在较高温度下操作的自动调节电镀铬溶液，其铬酐含量也要相应高一些；对于在较低温度下操作的自动调节电镀铬溶液，其铬酐含量也要相应低一些。这样才有利于保持铬与催化阴离子之间的平衡。

4. 电镀微裂纹铬和微孔铬

铬电镀层一般都存在不同程度的裂纹，这些裂纹给铬电镀层的耐蚀性带来了不良后果。电镀乳白铬虽然没有裂纹，但镀件光亮性不好，不适于用作装饰材料。为了改善铬电镀层的抗腐蚀性，人们作出了多方努力，其中一项效果显著的改进措施就是采用微孔铬或微裂纹铬，即通过一定的工艺方法使铬电镀层表面散布许多肉眼看不见的微裂纹或微孔隙，从而分散腐蚀电流，使组合镀层的耐蚀性大幅提高。一般认为，具有 300～800 条/cm 微裂纹或 25000～30000 个/cm² 微孔隙的铬电镀层有着良好的耐蚀性。

目前已经开发出三种电镀微裂纹铬的方法，即单层法、双层法和高应力镍法。

单层法电镀微裂纹铬的电镀液组成及工艺条件见表 4.37。双层法电镀微裂纹铬的电镀液组成及工艺条件见表 4.38。

表 4.37 单层法电镀微裂纹铬的电镀液组成及工艺条件

电镀液组成及工艺条件	工艺 1	工艺 2	工艺 3
ρ（铬酐）/（g/L）	250	180～220	225～275
ρ（硫酸）/（g/L）	2.5	1.0～1.7	1.0～1.5
ρ（硒酸钠）/（g/L）	0.005～0.013		
ρ（氟硅酸钠）/（g/L）		1.5～3.5	3.5～6.5
温度/℃	43～45	40～50	38～54
阴极电流密度/（A/dm²）	15～20	10～20	10～32
时间/min		8～12	6～15

表 4.38 双层法电镀微裂纹铬的电镀液组成及工艺条件

电镀液组成及工艺条件	第一层	第二层
ρ（铬酐）/（g/L）	300	195
ρ（硫酸）/（g/L）	3	
ρ（重铬酸钾）/（g/L）		36.5
ρ（重铬酸锶）/（g/L）		45
ρ（氟硅酸钾）/（g/L）		10.5
ρ（硫酸锶）/（g/L）		6

电镀液组成及工艺条件	第一层	第二层
温度/℃	49	49
阴极电流密度/（A/dm^2）	15.0	13.5
时间/min	5～6	5～6
厚度/μm	>0.37	>0.37

无论是单层法还是双层法，如果使用常规的直流电源，那么两者产生微裂纹的电流密度范围都很窄。要想在形状复杂的镀件上得到均匀的微裂纹铬电镀层，就要采用一种特殊的直流电源，这种电源的输出电流呈周期变化的规律。

另一种产生微裂纹的方法是在高应力镍电镀层上常规电镀装饰性铬。高应力镍电镀液常用氯化镍作为主盐，添加适量的应力镍添加剂。在高应力镍电镀层上覆盖的铬电镀层具有十分细微的裂纹，分散到这些微裂纹上的腐蚀电流远远小于分散到普通铬电镀层粗大裂纹上的腐蚀电流，从而大幅提高了高应力镍电镀层的抗腐蚀性。

电镀微孔铬也有三种方法：①在镍封镀层上电镀铬，即在电镀铬之前先在一个含有大量固体微粒的电镀镍溶液中将工件电镀 1min 左右，使微粒与镍电共沉积，然后再按常规方法电镀铬，这样得到的铬电镀层就具有许多微孔隙。②在含有无数微细固体粒子的电镀铬溶液中电镀铬，得到的铬电镀层也具有微孔隙。③在缎状镍镀层表面按照常规方法电镀铬，也可得到微孔铬电镀层。

在防护-装饰性组合镀层体系中，电镀微孔铬和电镀微裂纹铬是提高镀层抗腐蚀性的有效手段。随着人们对产品质量要求的不断提高，这两种工艺将获得日益广泛的应用。

5. 电镀硬铬

电镀硬铬是利用铬电镀层高硬度、耐磨性良好的机械性质发明的一种镀铬方法，也称为工业镀铬。电镀硬铬与电镀装饰性铬虽然没有本质上的区别，但两者的使用目的不同，因而在实际操作中也有所区别，具体如下。

（1）电镀硬铬时，不需要电镀的地方要保证绝缘。

（2）硬铬电镀层厚度较大，一般为 20～30μm，但某些零件的硬铬电镀层厚度可在 100～200μm 之间。当电镀硬铬工艺用于修复工件尺寸时，硬铬电镀层厚度可以高达 500μm。

（3）设计挂具时，要考虑减小电流损失。

（4）电镀后，要进行去氢热处理和研磨加工等。

各工艺参数对铬层硬度的影响如下。

（1）铬酐含量。硬铬电镀液根据其铬酐含量可分为低浓度（100～150g/L）、中等浓度（200～250g/L）和高浓度（350～400g/L）三种电镀铬溶液。低浓度电镀铬溶液可以使用高电流密度，得到的铬电镀层硬度高，但在生产过程中电镀液成分含量变化大，因而电镀液不够稳定。从中等浓度电镀铬溶液中得到的铬电镀层硬度比从低浓度电镀铬溶液中得到的铬电镀层硬度稍低，但仍在硬度适用范围内，而且电镀液成分含量变化不大。在高浓度电镀铬溶液中得到的铬电镀层硬度显著下降，不适用于耐磨性要求高的镀铬产品。例如，在实际生产中，当电镀液温度在 52℃、电流密度在 30A/dm^2 时，采用低浓度电镀铬溶液得到的铬电镀层硬度为 930～940HV，采用高浓度电镀铬溶液得到的铬电镀层硬度为 800～820HV。

（2）硫酸含量。在正常的电镀铬工艺条件下，铬酐与硫酸浓度之比应该保持在 100∶1。当其他工艺条件固定不变时，随着硫酸含量的提高，铬电镀层硬度也相应提高；当两者之比为 100∶1.4 时，铬电镀层硬度值为 1070HV，此即为最高值；之后继续提高硫酸含量，铬电镀层硬度值逐渐下降。因此，电镀铬溶液中硫酸含量过多或过少都会直接影响铬电镀层硬度。

（3）电流密度。在正常温度下，硬铬电镀层硬度是随着电流密度的提高而增加的。当电流密度提高到一定值时，铬电镀层硬度趋向于稳定。若使用过高的电流密度，则非但不能提高铬电镀层硬度，反而会引起铬电镀层结晶组织变坏，使其力学性能降低。

（4）镀液温度。在较高温度（65～75℃）下，从低浓度电镀铬溶液中镀出的铬电镀层硬度比从高浓度电镀铬溶液中镀出的铬电镀层硬度高 15%～20%。在温度较低（35～45℃）时，从低浓度电镀铬溶液中镀出的铬电镀层硬度和从高浓度电镀铬溶液中镀出的铬电镀层硬度没有多大差别。一般来说，铬电镀层硬度是随着温度的升高而降低的。

6. 电镀松孔铬

相对于其他金属，铬电镀层的摩擦系数低，这是铬电镀层被用于轴、活塞环、内燃机气缸等表面的主要原因。经验表明，当铬与另一种摩擦系数较大的金属组成摩擦副时，可使铬电镀层的耐磨性能大幅提高。但必须注意的是，只有在充分润滑条件下，铬电镀层才能正常工作。特别是高速运转的电镀铬零件，更要有良好的润滑工作条件，否则非但不能提高零件的耐磨性，有时反而会严重损坏铬电镀层。如果电镀铬零件的润滑性不好，那么其在短时间运转后就会在铬电镀层表面产生很多刮痕和划道，以致铬电镀层磨损而不能继续工作。解决这一问题的办法就是采用电镀松孔铬，使铬电镀层表面能够贮存润滑油，这样就可使铬电镀层的耐磨性大幅提高。

一般的硬铬电镀层表面虽然有裂纹，但是它们的宽度和深度都不足以贮存润滑油，因此在较高单位压力和高温下作业时，摩擦偶之间的铬电镀层表面容易因断油而产生擦伤和咬合，甚至造成铬电镀层脱落。

为了解决铬电镀层表面的贮油问题和改善摩擦偶之间的润湿性，提高它们的抗磨能力，可以采用机械的、化学的或电化学的方法使铬电镀层表面形成微细的沟槽和小孔以贮存润滑油。由于毛细管作用，润滑油沿沟槽渗透到整个摩擦表面，从而改善其耐磨性。

为了获得松孔铬电镀层，需要改变电镀铬溶液组成及工艺条件。电镀松孔铬的电镀液组成及工艺条件如表 4.39 所示。

表 4.39　电镀松孔铬的电镀液组成及工艺条件

电镀液组成及工艺条件	工艺
铬酐/(g/L)	150～250
$CrO_3 : SO_4^{2-}$	100.0：（0.9～1.0）
阴极电流密度/(A/dm^2)	50～60
温度/℃	52～55

各工艺条件对电镀松孔铬的影响如下。

（1）温度的影响。在电镀松孔铬工艺中，温度是对铬电镀层组织影响最大的因素，在其他条件固定的情况下，电镀液温度与镀层裂纹状态的关系见表 4.40。

表 4.40　电镀液温度与镀层裂纹状态的关系

电镀液温度/℃	表面裂纹状态
45	稠密的细裂纹、网状沟纹
50	较疏的细网状沟纹
55	中等宽度和深度的网状沟纹
60	粗而疏的网状沟纹
65	形成单一的沟纹
70	没有沟纹

由表可知，电镀液温度对松孔铬电镀层组织具有极大的影响。电镀松孔铬的最佳电镀液温度为 58℃ 左右，这时得到的裂纹状态是最好的。

（2）电流密度的影响。在电镀松孔铬时，电流密度随着电镀液温度的高低变化而对松孔铬电镀层组织产生不同的影响。当电镀液温度为 50℃ 时，铬电镀层的裂纹状态随着电流密度的升高而变得稠密；当电镀液温度为 60℃ 时，电流密度在 20A/dm^2 时铬电镀层出现稠密的裂纹，电流密度升至 30A/dm^2 时铬电镀层裂纹变得稀疏，电流密度继续增至 40~60A/dm^2 时铬电镀层裂纹变得更加稀少；当温度为 70℃ 时，电流密度的变化对松孔铬电镀层组织几乎没有影响。因此，若采用电镀液温度为 58℃、电流密度为 55A/dm^2 的工艺条件，则会得到较为理想的中等细密的网状沟纹组织。

（3）铬酐含量的影响。当其他条件不变时，随着电镀铬溶液浓度的升高，铬电镀层表面沟纹变得稀疏。当铬酐含量为 350~400g/L 时，则会变成单一的沟纹，此时沟纹的深度和宽度会适当增大，因此电镀松孔铬宜采用铬酐含量为 250g/L 的电镀铬溶液。在此条件下，可以得到稳定的中等网状沟纹。

（4）电镀液中 Fe^{3+} 和 Cr^{3+} 杂质的影响。当电镀铬溶液中 Fe^{3+} 含量大于 15g/L 时，松孔铬电镀层表面沟网稠密度会增大，同时沟纹的宽度相应变窄，这会使贮油量减少，从而影响润滑性能。对于 Cr^{3+} 而言，也有类似的情况，但其影响不显著。为了保证松孔铬电镀层沟纹质量，Fe^{3+} 和 Cr^{3+} 的总量不应大于 10g/L。

（5）CrO$_3$ 与 SO$_4^{2-}$ 比值的影响。当 CrO$_3$ 与 SO$_4^{2-}$ 的比值增大时，能够降低沟纹稠密度。当 CrO$_3$：SO$_4^{2-}$=100.0：0.7 时，沟纹会适当变宽、变粗，但其影响程度要比电镀液浓度增高或温度升高小。为了得到理想的中等细网状沟纹，可以采用 CrO$_3$：SO$_4^{2-}$=100.0：0.9 的电镀铬溶液。在活塞环上电镀松孔铬时，为了形成贮油量大、润滑性能好的点状多孔结构，应当采用 CrO$_3$：SO$_4^{2-}$=100.00：1.05 的电镀铬溶液。

7. 电镀乳白铬

对于在不同电镀工艺条件下得到的铬电镀层而言，其色泽及力学性能都有所差别。一般情况下，在较低电镀液温度（40~45℃）和较高电流密度（40~50A/dm^2）下，得到的铬电镀层色泽灰暗、结晶组织粗大、脆性大、硬度高，并具有稠密的网状裂纹；在中等电镀液温度（50~55℃）和中等电流密度（30~35A/dm^2）下，得到的铬电镀层色泽光亮、机械性能好、脆性小、硬度较高，结晶组织细致并具有网状裂纹；在较高电镀液温度（65~70℃）及较低电流密度（20~25A/dm^2）下，得到的铬电镀层色泽光亮且呈乳白色，并且韧性良好，能够承受较大变形而不使镀层脱落。

在适合的操作工艺下，乳白铬电镀层在沉积过程中，氢的共析点主要位于立方晶格的晶界上和显微裂纹内，没有晶体间的相互绞结现象。因此，乳白铬电镀层硬度较低，一般在 525~550HV 之间，并且该镀层在一定厚度范围内没有裂纹和孔隙。乳白铬电镀层不但化学稳定性好，还能承受一定程度的低速机械摩擦，具有一定的耐磨性。因此，乳白铬是功能性较好的耐蚀铬电镀层。在很多情况下，如造船工业的轴类、水力发电液压系统、石油钻探设备、塑料制模机械及采煤液压支架活塞杆、量具刃具等，必须在钢件上直接电镀耐蚀性能优越的乳白铬。

4.3.5 电镀金

1. 概述

金是一种色泽为金黄色的金属，延展性好，易于抛光，相对密度为 19.3g/cm^3，相对原子质量为 197.0，熔点为 1062.7℃，金离子价态分为 Au$^+$ 和 Au^{3+}。Au$^+$ 的标准电极电位为 1.68V，电化当量为 7.356g/（A·h）；Au^{3+} 的标准电极电位为 1.50V，电化当量为 2.452g/（A·h）。

金的化学稳定性高，不溶于其他酸而只溶于王水，因而金电镀层的耐蚀性强，并且有良好的抗变色性能，常用作名贵的装饰性镀层，如首饰、手表、艺术品等。

金的接触电阻较低，导电性能良好，并且能与焊料结合良好，因而在电子工业中作为可焊性镀层得到广泛应用。金不仅耐高温，硬金电镀层还耐磨，故在精密仪器仪表、印制电路板、集成电路、管壳电接点等方面得到应用。

早在 1805 年有人从雷酸金及氰化钾电镀液中电镀金，迄今已有 200 多年历史。近代电镀金技术的高温碱性电镀金是 1838 年由英国的埃尔金顿（Elkington）发明的，主要用于装饰性。低温高浓度氰化物电镀金溶液直到 1950 年才问世。此后，电镀金溶液从高氰向低氰发展，主要是在低氰电镀金溶液中加入有机酸以使电镀液较为稳定。直到 20 世纪 60 年代，无氰电镀金溶液才研制成功并得到了推广应用。

目前常用的电镀金溶液主要分为氰化电镀金溶液和无氰电镀金溶液两大类。其中，氰化电镀金溶液又分为高氰电镀金溶液和低氰电镀金溶液。高氰电镀金溶液又分为 pH 值大于 9 的碱性氰化电镀金溶液（高温及低温）和 pH 值在 6～9 之间的中性及弱碱性氰化电镀金溶液。低氰酸性电镀金溶液（pH 值在 3～6 之间）以柠檬酸盐电镀金溶液居多。无氰电镀金溶液以亚硫酸盐电镀金溶液的应用较为广泛。近年来，以乙内酰脲为配位剂的无氰电镀金工艺逐渐开始在生产中得到应用[27]。

2. 碱性氰化物电镀金

1）工艺特点

氰化电镀金溶液具有较强的阴极极化作用，其分散能力和覆盖能力好，电流效率高（接近于 100%），金属杂质难以共沉积，金电镀层纯度高，但硬度稍低，镀层孔隙多。若在氰化电镀金溶液中添加 Ni^{2+}、Co^{2+} 等金属离子，则可大幅提高镀层的耐磨性。若在氰化电镀金溶液中添加少量其他金属化合物（氰化亚铜或银氰化钾等），则可使镀层略带粉红色、浅金黄色或绿色，能够满足某些特殊装饰要求，因而碱性氰化电镀金溶液主要用于装饰性电镀。此外，氰化电镀金溶液呈碱性，不适于电镀印制电路板。

2）电镀液组成及工艺条件

碱性氰化电镀金溶液组成及工艺条件见表 4.41。

表 4.41 碱性氰化电镀金溶液组成及工艺条件

电镀液组成及工艺条件	工艺 1	工艺 2	工艺 3	工艺 4	工艺 5	工艺 6
ρ[金（以氰化金钾形式加入）]/（g/L）	4～5	3～5	4～12	4	12	15～25
ρ[氰化钾（总量）]/（g/L）	15～20	15～25	30		90	
ρ[氰化钾（游离）]/（g/L）		3～6		16		8～10
ρ（氢氧化钠）/（g/L）						1
ρ（碳酸钾）/（g/L）	15		30	10		100
ρ（钴氰化钾）/（g/L）				12		
ρ（磷酸氢二钾）/（g/L）			30			
ρ（银氰化钾）/（g/L）					0.3	
ρ（镍氰化钾）/（g/L）					15	
ρ（硫代硫酸钠）/（g/L）					20	
温度/℃	60～70	60～70	50～65	70	21	55～60
pH 值	8～9		12			
电流密度/（A/dm²）	0.05～0.10	0.20～0.30	0.10～0.50	0.20	0.50	2.00～4.00
阳极材料	金、铂	金	金	金		金

3）电镀液中各成分的作用

（1）金氰化钾。金氰化钾是氰化电镀金溶液的主盐。当氰化金钾含量不足时，虽然镀层结晶较为细致，但阴极电流效率下降，允许电流密度的上限降低，导致镀层容易烧焦，有时镀层色泽较浅；提高氰化金钾的含量，不仅可以提高允许电流密度的上限，还可增大电流效率，有利于改善镀层外观；当氰化金钾含量过高时，在电镀液冷却后会有结晶析出，使镀层粗糙、色泽变暗或发红、发花。

（2）氰化钾。氰化钾是氰化电镀金溶液中的配位剂。游离氰化钾能使电镀液稳定，并能促进阳极正常溶解，提高阴极极化，使镀层结晶细致。若氰化钾含量过低，则阳极溶解不良，镀层粗糙，色泽暗而深；若氰化钾含量过高，则在生产过程中要求电镀液的含金量增加，这不仅造成电镀液带出损失扩大，还会使镀层发脆且色泽较浅。

（3）碳酸盐。碳酸盐能够增强电镀液的导电性。在生产过程中，碳酸盐因氰化物水解或吸收空气中的 CO_2 而不断电沉积。若碳酸盐含量偏高，则镀层粗糙并出现斑点；若碳酸盐含量偏低，则对镀层的影响不明显。

（4）磷酸盐。磷酸盐是一种缓冲剂，不仅能够稳定电镀液，还能改善镀层光泽。

4）工艺条件的影响

（1）阴极电流密度。阴极电流密度主要影响镀层外观。若电流密度过高，则镀层松软发暗，镀件边缘粗糙，严重时镀层略有脆性，甚至镀层中可能有其他金属杂质电共沉积；若电流密度过低，则镀层色泽变淡，不光亮。

（2）温度。温度主要影响电流密度范围和镀层外观，对电镀液的导电性影响不大。当升高温度时，能够加大阴极电流密度范围。但若温度过高，则会使镀层粗糙，尤其是工件两端容易发红，严重时甚至发暗或发黑；当温度过低时，阴极电流密度范围缩小，镀层容易发脆。

（3）pH 值。pH 值对镀层外观和镀层硬度均有明显影响。pH 值无论过高还是过低，镀层外观都不理想，镀层硬度也会降低。

（4）其他杂质。当电镀液中含有少量 Na^+ 时易使阳极钝化，电镀液也易变成褐色。铜、银、砷、铅等金属离子和有机物都会影响镀层的结构、外观、可焊性及电镀液的导电性等。大量 Cl^- 的存在会降低镀层的结合力。由于金属杂质难以去除，因此应当尽量避免将其带入电镀液中，对所使用的材料要严格控制其杂质含量。有机杂质可用活性炭吸附去除。

3. 亚硫酸盐电镀金

1）工艺特点

近年来，为了消除氰化物的危害和改善镀层质量，人们针对无氰电镀金工艺进行了大量研究。截至目前，无氰电镀金大致可分为亚硫酸盐电镀金、卤化物电镀金、硫代苹果酸盐电镀金、硫代硫酸盐电镀金及乙内酰脲电镀金等。其中，研究最多的是亚硫酸盐电镀金，其在电子工业中应用较广泛。

亚硫酸盐电镀金溶液不仅无毒，其分散能力和覆盖能力也较好，金电镀层光亮致密，并且与铜、镍、银等金属结合牢固，耐酸性能、抗盐雾性能好。当单独使用亚硫酸盐作为配位剂时，电镀金溶液不够稳定，需要引入其他一些辅助配位剂，如柠檬酸盐、酒石酸盐、磷酸盐、EDTA 等，此外还根据需要加入一些含氮的有机添加剂。近年来，有机多磷酸在电镀工业中得到广泛应用。例如，在亚硫酸盐电镀金溶液中添加有机多磷酸，不仅能使电镀液稳定，还能扩大其 pH 值范围，改善镀层和基体金属间的结合力。

2）电镀液组成及工艺条件

亚硫酸盐电镀金溶液组成及工艺条件见表 4.42。

表 4.42　亚硫酸盐电镀金溶液组成及工艺条件

电镀液组成及工艺条件	工艺 1	工艺 2	工艺 3	工艺 4
ρ[金（以亚硫酸金形式加入）]/（g/L）	10～25	5～10		
ρ[金（以三氯化金形式加入）]/（g/L）			10～25	25～35

续表

电镀液组成及工艺条件	工艺1	工艺2	工艺3	工艺4
ρ（亚硫酸钠）/（g/L）	80～140			120～150
ρ（HEDP）/（g/L）	35～65			
ρ（ATMP）/（g/L）	60～90			
ρ（酒石酸锑钾）/（g/L）	0.1～0.5			
ρ（亚硫酸钾）/（g/L）		80～100		
ρ[钴（以乙二胺四乙酸钴形式加入）]/（g/L）		0.1～0.3		
ρ（磷酸氢二钾）/（g/L）		10～20		
ρ（亚硫酸铵）/（g/L）			200～250	
ρ（柠檬酸钾）/（g/L）			100～130	
ρ（柠檬酸三铵）/（g/L）				70～90
ρ（硫酸钴）/（g/L）				0.5～1.0
pH 值	10.0～13.0	8.0～10.0	8.0～10.0	6.5～7.5
温度/℃	25～40	45～55	50～60	室温
阴极电流密度/（A/dm²）	0.10～0.40	0.50～1.00	0.08～0.50	0.20～0.30
阳极	金板或钛板上镀铂	金板	金板	金板或铂板
阴极移动/（次/min）	需要或搅拌	需要	25～30	空气搅拌

3）电镀液中各成分的作用

（1）亚硫酸金钠、亚硫酸金钾、三氯化金。这些金盐分别是各自工艺中的主盐。当其含量较高时，允许电流密度的上限也较高；若其含量过高，则镀层容易变得粗糙；若其含量过低，则允许电流密度范围变窄，电沉积速度慢，镀层色泽也变差。

（2）亚硫酸钠、亚硫酸钾、亚硫酸铵。亚硫酸钠、亚硫酸钾在各自工艺中是主配位剂。亚硫酸铵是还原剂，它能把 Au^{3+} 还原成 Au^+；同时，它又是配位剂，可与氨和金离子生成亚硫酸金铵双配合物。因此，提高它们在电镀液中的含量，能够提高阴极极化和电镀液的稳定性，有利于获得光亮细致的镀层，并能改善电镀液的分散能力和覆盖能力；但若其含量过高，则会在阴极上大量析氢，从而降低阴极电流效率，使镀层变得粗糙、无光泽。空气中的氧气会把游离 SO_3^{2-} 氧化成 SO_4^{2-}，因而需要经常补充亚硫酸盐。

（3）HEDP 和 ATMP。HEDP 和 ATMP 分别是 1-羟基乙叉-1, 1-二磷酸和氨基三甲叉磷酸的英文缩写。两者都是有机多磷酸类，具有较强的配位性、缔合性、表面活性和缓冲能力，可在铜基体表面电镀，而且镀层结合力良好。由于 HEDP 和 ATMP 在电镀液中无氨挥发现象，因此它们又是电镀液的稳定剂。当其含量过少时，镀层偏红或发暗，高电流密度区镀层结晶粗糙；当其含量过多时，电沉积速度慢，镀层略有脆性。

（4）酒石酸锑钾。酒石酸锑钾是镀层的增硬剂。当其过量时，金电镀层容易脆化。

4）工艺条件的影响

（1）pH 值。pH 值是电镀液稳定的重要因素，对镀层外观、电镀液稳定性、镀层硬度都有影响。当 pH 值过低时，电镀液会变得浑浊。因此，应当注意经常调节 pH 值并使其在规定范围内。

（2）温度。升高温度有利于扩大电流密度范围，提高电沉积速度，扩大光亮区。但是在加温时要防止局部过热，避免电镀液分解析出黑色的硫化金。当温度过低时，允许电流密度范围变窄，阴极电流效率降低，电沉积速度慢，甚至镀层还有可能出现脆性。

（3）搅拌。阴极移动和搅拌有利于消除电镀液浓差极化，扩大使用电流密度范围，提高电沉积速度和扩大光亮区，也能防止阳极区 pH 值局部下降而使电镀液不稳定。

（4）操作。无氰无氨电镀金溶液在操作时工件最好带电入槽，滚镀时可先将阴极电流密度开至 3～5 倍冲击电镀 1min 左右，然后再降至正常电流密度范围进行电镀，滚桶转速最好控制在 15～20r/min 范围内。

4. 柠檬酸盐电镀金

1）工艺特点

柠檬酸盐电镀金是在酸性低氰条件下电镀金。它具有与碱性氰化物电镀金和亚硫酸盐电镀金不同的特性，除在手表装饰方面应用较多外，在电子工业印制电路板等方面也有应用。这种电镀液主要通过在有机羧酸及其碱金属盐的缓冲溶液中加入氰化金钾制得。该电镀液较为稳定，其金属离子含量较低，虽然阴极电流效率较低，但它所使用的电流密度要比碱性氰化物电镀液高几倍，因而电沉积速度很快，在适宜的电流密度下能够获得无孔隙的金电镀层。无孔隙金电镀层是柠檬酸盐电镀金工艺的一个重要特点，能够提高金电镀层的抗蚀能力和可焊性。若在柠檬酸盐电镀金溶液里添加含氮有机物或金属镍盐，则可得到更加致密光亮的金电镀层，其硬度和耐磨性都有所提高。

2）电镀液组成及工艺条件

柠檬酸盐电镀金溶液组成及工艺条件见表 4.43。

表 4.43　柠檬酸盐电镀金溶液组成及工艺条件

电镀液组成及工艺条件	工艺 1	工艺 2	工艺 3	工艺 4	工艺 5
ρ（氰化金钾）/（g/L）	15～25	10～15	8～20	10～12	10～20
ρ（柠檬酸钾）/（g/L）	20～40	30～45	100～140		
ρ（磷酸二氢钾）/（g/L）		6～10			
ρ（酒石酸锑钾）/（g/L）			0.8～1.5		
ρ（乙二胺四乙酸钴钾）/（g/L）			2～4		1～3
ρ（柠檬酸铵）/（g/L）				50～60	
ρ（氢氧化钾）/（g/L）					50～60
ρ（乙二胺二乙酸镍）/（g/L）		2～4			
ρ（柠檬酸）/（g/L）	8～15	20～30			90～120
V（浓磷酸）/（mL/L）					10～14
V（环乙烷或环乙烷二胺四乙酸）/（mL/L）					10～15
温度/℃	50～60	20～50	12～35	70～80	35～45
pH 值	4.8～5.8	3.2～4.4	3.0～4.5	5.4～5.8	3.5～4.5
电流密度/（A/dm^2）	0.05～0.10	2.00～6.00	0.50～1.00	0.20～0.40	0.50～1.50

3）电镀液中各成分的作用

（1）氰化金钾。氰化金钾是低氰酸性电镀金溶液中的主盐。若提高其含量，则可相应提高低氰酸性电镀金溶液允许电流密度的上限，并改善镀层的光泽；若其含量过高，则镀层发花，结晶较粗，颜色偏红；若其含量过低，则电流密度范围变窄，镀层呈暗红色且孔隙增多。

（2）柠檬酸盐。柠檬酸盐具有配位、缔合和缓冲等作用，并能使镀层光亮。若柠檬酸盐含量过低，则电镀液导电性差且分散能力较低；若柠檬酸盐含量过高，则阴极电流效率下降，并易使电镀液老化。

（3）磷酸盐。磷酸盐是一种缓冲剂，不仅能够稳定电镀液，还能改善镀层的光泽。

（4）钴盐、镍盐和酒石酸锑钾。钴、镍、锑等元素都可提高镀层硬度，其含量对镀层质量影响很大，应根据需要严格控制。

4）工艺条件的影响

（1）pH 值。pH 值对镀层外观和镀层硬度都有显著影响。尤其是在 pH 值过高时，电镀液覆盖能力降低，镀层发花且色泽不均，有时还会出现红色斑点。

（2）温度。温度主要影响电流密度范围和镀层外观色泽，对电镀液的导电性影响不大。当温度升高时，可以相应加大阴极电流密度。但若温度过高，则镀层结晶粗糙，色泽不均，工件两端容易变红、中间容易发暗，而且镀层偏薄；若温度过低，则镀层不光亮，色泽发暗。

（3）电流密度。电流密度主要影响镀层色泽。当电流密度过高时，镀层松软发暗，结晶粗糙，在镀层中还可能有金属杂质发生电共沉积，从而使镀层质量变差；当电流密度过低时，镀层不光亮，电流效率降低，电沉积速度慢。

4.3.6 电镀银

1. 概述

银是一种银白色金属，相对原子质量为 107.8682，相对密度为 10.5g/cm³，熔点为 961.93℃，沸点为 2212℃，电导率在 25℃时为 6.33×10^5 S/m。在化合物中银离子是 +1，其标准电极电位为 +0.799V，对于常用金属而言，它属于阴极性镀层。银的电化当量为 4.025g/（A·h）。

银在碱液和某些有机酸中十分稳定。除硝酸外，在其他无机酸中也较为稳定。在常温条件下，银对水中和大气中的氧气不起作用，因而在装饰件、餐具、徽章等工艺品方面得到广泛应用。

银具有优良的导热性和导电性，易于抛光，同时还具有优良的反光性能和焊接性能，故在电子工业、通信设备、仪器仪表、航空光学仪器等领域，以及高频元件和波导管等方面，得到了广泛应用。

然而，在含有氯化物和硫化物的空气中，银的表面会很快变色并失去反光能力。因此，在电镀银后一般都要对银电镀层进行防变色处理，避免有害介质直接接触银电镀层。此外，银很容易扩散并沿着材料表面滑移，因而在潮湿的大气中会产生"银须"并造成短路。因此，为了保证中高档产品的可靠性，国外已经不采用银电镀层[28]。

2. 氰化物电镀银

1）工艺特点

最早的氰化物电镀银专利是 1840 年由英国的埃尔金顿（Elkington）提出的。1847 年米尔沃德（Millward）和里昂（Lyons）发明了以二硫化碳为光亮剂的光亮氰化电镀银溶液，并取得专利权。氰化物电镀银的主要成分为氰化银和过量的游离氰化物。虽然氰化物电镀银迄今已有很大发展，但仅是导电盐、光亮剂、增硬剂、整平剂等辅助成分有所改进，其主要成分一直沿用至今。

氰化物电镀银的主要问题在于电镀液的剧毒性，除了在操作场地必须具有良好的通风设备，对废液回收和处理的要求也非常严格。人们针对无氰电镀银工艺进行了大量的研究和探索，但除亚硫酸盐无氰电镀银外，至今尚不能与氰化物电镀银相媲美的无氰电镀银工艺。

在氰化物电镀银溶液中一般都采用氰化钾而不采用氰化钠，其主要原因是钾盐的导电性好，能够提高极限电流密度，而且电镀液中电沉积的碳酸钾的溶解度高于碳酸钠的溶解度，这不仅有助于提高电镀液的分散能力，还能使光亮电流密度范围变宽。氰化物电镀银的电流效率非常高，其阴极电流效率和阳极电流效率都接近 100%。

2）电镀液组成及工艺条件

普通氰化物电镀银溶液组成及工艺条件见表 4.44。光亮氰化物电镀银溶液、电镀硬银溶液组成及工艺条件见表 4.45。光亮氰化电镀银与普通电镀银相比，镀层结晶细致、孔隙少、反光能力强，而且耐磨性、耐蚀性和可焊性也好于普通电镀银。但光亮氰化电镀银溶液的整平能力较差，往往需要先电镀光亮镍或先对底层金属进行抛光，之后才能电镀光亮银。当光亮剂过量时，电镀液分散能力下降，镀层分布均匀性变差，出现黑点、针孔等缺陷，甚至出现局部无镀层现象或使镀层变得粗糙。电镀银光亮剂一般含硫，大致有以下几种：二硫化碳及其衍生物、无机硫化物（硫代硫酸盐等）、有机硫化物（硫醇类等）和金属化合物（锑、硒、碲等）。电镀硬银大多用作电子元件的接触件，能够提高产品使用寿命。

表 4.44 普通氰化物电镀银溶液组成及工艺条件

电镀液组成及工艺条件	工艺 1	工艺 2	工艺 3	工艺 4
ρ（氰化银）/（g/L）	35~45		50~100	4~8
ρ（氯化银）/（g/L）		35~40		
ρ（氰化钾（总））/（g/L）	65~80	55~75		15~25
ρ（氰化钾（游离））/（g/L）	35~45	30~38	45~120	
ρ（碳酸钾）/（g/L）	15~30	15~30	15~25	10~20
ρ（氢氧化钾）/（g/L）			4~10	
温度/℃	15~35	15~35	28~45	20~25
阴极电流密度/（A/dm²）	0.10~0.50	0.30~0.60	0.35~3.50	0.15~0.25

表 4.45 光亮氰化物电镀银溶液、电镀硬银溶液组成及工艺条件

电镀液组成及工艺条件	半光亮		光亮	硬银		滚镀硬银
	工艺 1	工艺 2		工艺 1	工艺 2	
ρ（氰化银）/（g/L）		40~55				
ρ（氯化银）/（g/L）	35~45				35~45	40~50
ρ（硝酸银）/（g/L）			55~65		35~45	
ρ（总氰化钾）/（g/L）		60~75		80~90		70~85
ρ（游离氰化钾）/（g/L）	40~55		70~90	15~25		
ρ（碳酸钾）/（g/L）	15~25	40~50			25~35	10~20
ρ（硫代硫酸钠）/（g/L）	0.5~1.0					
ρ（酒石酸钾钠）/（g/L）			30	40~50		20~30
ρ（氯化钴）/（g/L）				0.8~1.2		
ρ（氯化镍）/（g/L）						30~40
ρ（酒石酸锑钾）/（g/L）				1.5~3.0		
V（TO-1 配缸剂）/（mL/L）			30			
V（TO-2 光亮剂）/（mL/L）			15			
V（二硫化碳）/（mL/L）		0.001				
温度/℃	18~35	15~25	5~25	18~22	15~25	15~35
阴极电流密度/（A/dm²）	0.2~0.5	0.3~0.6	0.6~1.5	1.0~2.0	0.8~1.0	0.8~1.5
阳极电流密度/（A/dm²）				<0.5	0.4~0.5	<0.7
阴极移动/（次/min）	20	20	15~20	20		12~16（r/min）

3）电镀液中各成分的作用

（1）氰化银、氯化银、硝酸银。这些化合物均为主盐。主盐含量的高低对电镀液的导电性、分散能力和电沉积速度等都有一定的影响。一般来说，电镀液中的金属银含量在 20～45g/L 之间。当银含量过高时，则会使镀层结晶粗糙、色泽发黄，在对工件进行滚镀时还会产生橘皮状镀层；当银含量过低时，则会降低电流密度的上限，减慢电沉积速度，使生产效率下降。

（2）氰化钾。氰化钾是氰化电镀银溶液的主配位剂。氰化钾除与银生成银氰化钾配合物外，在电镀液中还维持一定量的游离氰化钾。其主要作用是稳定电镀液，提高阴极极化使镀层结晶细致均匀，促进阳极溶解，提高电镀液的导电能力。在光亮电镀银时高氰化物含量能够使光亮剂发挥最大功效。普通氰化物镀银氰化钾含量在 30～60g/L 之间，快速电镀银氰化钾含量在 60～120g/L 之间。当游离氰化钾含量较高时，有利于提高电镀液分散能力。但若游离氰化钾含量过高，则在阳极溶解时可能出现金属颗粒，镀层电沉积速度慢；若游离氰化钾含量过低，则阳极易钝化，其表面会出现灰黑色膜，使银电镀层呈灰色，严重时会造成镀层结晶粗糙甚至结合力不良。

（3）碳酸钾。一定量的碳酸钾不仅能够增加电镀液的导电性，还能提高阴极极化，同时也有助于改善电镀液的分散能力。在新配电镀液时按照工艺要求加入最低含量的碳酸钾，之后随着氰化物的分解，其含量逐渐增加。碳酸钾含量一般控制在 80～110g/L 范围内。若碳酸钾含量超过 110g/L，则阳极易钝化，镀层变得粗糙。此时需要对电镀液中过量的碳酸钾进行处理，一般用氰化钡与碳酸钾反应生成碳酸钡沉淀，虽然此法成本较高，但是不会引入其他杂质。用硝酸钙和氢氧化钙也可沉淀碳酸盐，而且成本较低，但会带入其他物质（NO_3^- 等）。由于碳酸钾的溶解度较高，因此冷冻法一般不用于碳酸钾的结晶析出。

（4）酒石酸钾钠。酒石酸钾钠能够减轻或防止阳极钝化，提高阳极电流密度，并促进阳极正常溶解。

（5）氯化钴、氯化镍、酒石酸锑钾。它们一般都能增加银电镀层的硬度，可作为氰化电镀银的增硬剂。

（6）光亮剂。TO-1、TO-2 均为无硫氰化光亮电镀银的光亮剂。其中，TO-1 是配缸剂，主要以第二类光亮剂（辅助光亮剂）为主，可以增加银电镀层表面光泽度，并消除镀层针孔；TO-2 是以主光亮剂为主的添加剂，对镀层起到显著增光作用，当其单独使用时光亮区变窄，需要定期补充（每 1000A·h 约需补充 10mL/L）。使用 TO-2 的电镀液对于挂镀银较为理想。

虽然使用二硫化碳和硫代硫酸钠这两种光亮剂不能得到镜面光泽的银电镀层，但是可显著降低镀后抛光量。若这两种光亮剂添加过量，则会使电镀液分散能力下降，严重时镀层会出现黑点、针孔等缺陷，甚至出现局部无镀层现象。

4）工艺条件的影响

（1）阴极电流密度。电镀液温度和电镀液中的金属离子含量直接影响电流密度范围。在一定工艺条件下，提高阴极电流密度可使镀层结晶致密，但也会使镀层产生一定的脆性；过高的电流密度会使银电镀层变得粗糙甚至呈海绵状，在对工件进行滚镀时会产生橘皮状镀层；当阴极电流密度过低时，电沉积速度和生产效率都会下降，在光亮电镀银时银电镀层达不到镜面光亮的程度。

（2）温度。当温度控制在工艺范围内时，银电镀层结晶细致均匀；当提高温度时，电流密度的上限也相应提高；但当温度过高时，镀层结晶疏松，甚至在光亮电镀银溶液中也得不到光亮银电镀液，其表面发雾，此时光亮剂的分解速度和消耗速度都加快；当温度过低时，电流密度的上限降低，电沉积速度下降；当温度低于 5℃时，电流效率明显下降，严重时银电镀层呈黄色，并有花斑及条纹。

（3）搅拌。搅拌能够提高阴极电流密度的上限，提高电沉积速度，降低浓差极化，此外还能使电镀液中各种成分均匀分布。

3. 硫代硫酸盐电镀银

硫代硫酸盐电镀银溶液主要采用硫代硫酸铵或硫代硫酸钠作为配位剂，银盐可以选用氯化银、溴化银或硝酸银。以硫代硫酸钠或硫代硫酸铵与焦亚硫酸钾或亚硫酸钾中任选两种配制电镀银溶液，其效果相同。这种电镀银溶液成分简单，配制方便，分散能力好，电流效率高，银电镀层结晶较为细致，镀层可焊性好。其缺点是电镀液不够稳定，允许使用的阴极电流密度范围窄，而且镀层中常含有少量硫。硫代硫酸盐电镀银溶液组成及工艺条件见表 4.46。

表 4.46 硫代硫酸盐电镀银溶液组成及工艺条件

电镀液组成及工艺条件	工艺 1	工艺 2	工艺 3	工艺 4
ρ（硝酸银）/（g/L）	45～50	40～45	40～50	40～60
ρ（硫代硫酸铵）/（g/L）	230～260		200～250	
ρ（硫代硫酸钠）/（g/L）		200～250		200～300
ρ（焦亚硫酸钾）/（g/L）		40～45	40～50	60～84
ρ（乙酸铵）/（g/L）	20～30	20～30		
ρ（无水亚硫酸钠）/（g/L）	80～100			
ρ（硫代氨基脲）/（g/L）	0.5～0.8	0.6～0.8		
ρ（辅助剂）/（g/L）			0.3～0.5	
ρ（硫酸钠）/（g/L）				10～20
ρ（硼酸）/（g/L）				22～36
V（SL-80 添加剂）/（mL/L）			8～12	
V（ZV-19 添加剂）/（mL/L）				10～30
pH 值	5.0～6.0	5.0～6.0	5.0～6.0	4.2～4.6
温度/℃	15～35	室温	室温	10～25
阴极电流密度/（A/dm^2）	0.1～0.3	0.1～0.3	0.3～0.8	0.4～2.0
阴阳极面积比	1:（2～3）	1:2	1:（2～3）	

4. 其他电镀银工艺

其他各种无氰电镀银溶液组成及工艺条件见表 4.47。

表 4.47 各种无氰电镀银溶液组成及工艺条件

电镀液组成及工艺条件	NS 电镀银	磺基水杨酸电镀银	烟酸电镀银
ρ（硝酸银）/（g/L）	30～40	20～40	42～45
ρ（亚氨基二磺酸铵）/（g/L）	80～120		
ρ（硫酸铵）/（g/L）	100～140		
ρ（柠檬酸铵）/（g/L）	1～5		
ρ（磺基水杨酸）/（g/L）		100～140	
ρ（乙酸铵）/（g/L）		46～68	77
ρ（总氨量）/（g/L）		20～30	
ρ（氢氧化钾）/（g/L）		8～13	45～55

续表

电镀液组成及工艺条件	NS 电镀银	磺基水杨酸电镀银	烟酸电镀银
ρ（烟酸）/（g/L）			90～110
ρ（碳酸钾）/（g/L）			70～82
V（氨水）/（mL/L）		44～46	32
pH 值	8.2～9.0	8.5～9.5	9.0～9.5
温度/℃	室温	室温	室温
电流密度/（A/dm²）	0.2～0.4	0.2～0.4	0.2～0.4

NS 电镀银溶液成分简单，配制方便，易于维护，银电镀层结晶细致光亮。NS 电镀银溶液的分散能力接近于氰化物电镀银溶液。银电镀层具有良好的可焊性、耐蚀性、抗硫性及镀层结合力等。但 NS 电镀银溶液中的氨易挥发，电镀液的 pH 值变化大，对 Cu^{2+} 敏感，铁杂质易使光亮电流密度区缩小。

磺基水杨酸电镀银溶液的覆盖能力仅次于 NS 电镀银溶液，其他性能与 NS 电镀银溶液基本相同。

从烟酸电镀银溶液中得到的银电镀层结晶细致、光亮、韧性好，该电镀银溶液的主要性能接近于氰化物电镀银溶液，但对 Cu^{2+} 和 Cl^- 较为敏感。

5. 银电镀层的后处理

考虑银电镀层的特殊性，在电镀银后都要进行后处理，通常包括回收电镀液、清洗、中和、钝化、涂抗变色膜或加镀一层较薄的其他贵金属等。电镀银后处理的主要目的是防止银电镀层变色。当银电镀件在运输和储存过程中遇到大气中的二氧化碳、硫化物、卤化物等腐蚀介质时，银电镀层表面很快生成氯化银、硫化银、硫酸银等难溶物质，使其失去光泽，并逐渐变成淡黄色、蓝紫色、黑褐色等。银电镀层变色与其本身的纯度及环境介质的性质、含量、温度、湿度等因素有关，其中最重要的因素是电磁波辐射。

银电镀层变色不但影响其外观，而且严重影响镀层的焊接性和导电性。关于防止银电镀层变色的措施和方法，国内外进行过大量的试验研究，其中部分已用于生产。无论采用哪一种防银变色工艺，都必须达到以下要求：银电镀层具有一定的抗变色能力；可以焊接；具有较低的接触电阻；具有银的本色，即外观、颜色应当保持不变或稍有变化。

目前，国内通常采用的防银变色方法有化学钝化法、电化学钝化法、涂覆有机保护膜法和电镀贵金属法等。

1）化学钝化法后处理

化学钝化法的工艺流程为铬酸处理→清洗→氨水脱膜→清洗→中和→清洗→化学钝化→清洗→干燥。

在铬酸处理中，主要是去除银电镀层表面可能形成的不良化合物（硫化银、卤化银等），并在银电镀层表面生成一层转化膜，该转化膜是较为疏松的黄色膜，其组成大致为氯化银、硝酸银、重铬酸银等。在氨水处理中，主要是将较为疏松的黄色膜溶解以显中和亮的金属银晶格。钝化液中氨水含量一般为300～500mL/L。中和的目的是使银电镀层更为光亮。铬酸处理、氨水脱膜及中和等化学钝化关键工序的溶液组成和工艺条件见表 4.48。中和时，若在产品表面放 3～5dm² 的紫铜板或紫铜丝，则中和效果更好。化学钝化处理的主要目的是使银电镀层表面产生一层结合力较为紧密的铬酸盐转化膜，其钝化液组成及工作条件见表 4.49。

表 4.48　常用银电镀层化学钝化关键工序的溶液组成及工艺条件

溶液组成及工艺条件	成膜	去膜	中和
ρ（铬酐）/（g/L）	30～50		
ρ（氯化钠）/（g/L）	1.0～2.5		

续表

溶液组成及工艺条件	成膜	去膜	中和
ρ（三氧化二铬）/（g/L）	3～5		
ρ（重铬酸钾）/（g/L）		10～15	
ρ（硝酸）/（g/L）		5～10	5%～10%（质量分数）
pH 值	1.5～1.9		
温度/℃	室温	室温	室温
时间/s	10～15	10～20	3～5
ρ（铬酐）/（g/L）	55～65		
ρ（氯化钠）/（g/L）	14～18		
ρ（硫代硫酸钠）/（g/L）		150～200	
ρ（氢氧化钠）/（g/L）			90～100
温度/℃	室温	室温	
钝化时间/s	10～20	10～15	

表 4.49 铬酸盐钝化液组成及工艺条件

钝化液组成及工艺条件	工艺 1	工艺 2
ρ（重铬酸钾）/（g/L）	10～15	40
ρ（氧化银）/（g/L）		5
V（冰乙酸）/（mL/L）		0.2
V（硝酸）/（mL/L）	10～15	
pH 值		4.0～4.2
温度/℃	10～15	
钝化时间/s	23～30	

2）电化学钝化法后处理

电化学钝化法的工艺流程与化学钝化法的工艺流程基本相同，只要在工艺流程中将化学钝化改为电化学钝化即可。电化学钝化液组成及工艺条件见表 4.50。电化学钝化膜的防变色性能要比化学钝化膜好得多，但在焊接性能、接触电阻和外观色泽方面几乎没有变化。

表 4.50 电化学钝化液组成及工艺条件

钝化液组成及工艺条件	工艺 1	工艺 2	工艺 3	工艺 4	工艺 5	工艺 6
ρ（铬酸钾）/（g/L）	8～10					
ρ（重铬酸钾）/（g/L）		30～40	30	8～10	45～67	20～27
ρ（硝酸钾）/（g/L）					10～15	
ρ（碳酸钾）/（g/L）	6～8		80	6～10		50～60
ρ（氢氧化铝）/（g/L）		0.5～1.0				
ρ（氢氧化钾）/（g/L）			60			40～50
ρ（苯骈三氮唑）/（g/L）					5	
ρ（抗坏血酸）/（g/L）						0.5～1.0
ρ（亚甲基二萘磺酸钠）/（g/L）						0.5～1.0

续表

钝化液组成及工艺条件	工艺1	工艺2	工艺3	工艺4	工艺5	工艺6
pH值	9～10	5～6		10～11	7～8	
温度/℃	10～25	10～35		室温	10～35	10～40
阴极电流密度/（A/dm²）	0.50～1.00	0.20～0.50	0.03	0.50～1.00	2.00～3.50	0.10～0.50
钝化时间/min	2～5	2～5	3～6	2～5	1～3	1～2

3）有机化合物钝化后处理

在含硫或含氮活性基团的直链或杂环化合物钝化液中，银与有机物作用生成一层非常薄的银配合物保护膜，以此隔离银与腐蚀介质的反应，达到防止银变色的目的。经验表明，银配合物保护膜的抗潮湿性能、抗硫性能均好于铬酸盐钝化膜，但其抗大气环境因素（光照等）影响的效果要比铬酸盐钝化膜差一些。有机薄膜有很多品种，在使用时必须根据产品要求的使用环境、产品功能等进行选择。有机物钝化膜基本不影响工件的电性能及可焊性。有机物钝化液组成及工艺条件见表4.51。

表4.51 有机物钝化液组成及工艺条件

钝化液组成及工艺条件	工艺1	工艺2	工艺3	工艺4	工艺5	工艺6
ρ（苯丙三氮唑）/（g/L）	3.00		2.50	0.10～0.15		0.50
ρ（苯四氮唑）/（g/L）				0.10～0.15		
ρ（磺胺噻唑硫代甘醇酸）/（g/L）		1.5			1.0	
ρ（碘化钾）/（g/L）	2	2	2			4
ρ（氢氧化钾）/（g/L）					12	
ρ（1-苯基-5-巯基四氮唑）/（g/L）	0.5					
ρ（2-巯基苯丙噻唑）/（g/L）					120	
ρ（聚乙醇衍生物）/（g/L）					0.5	
ρ（TX防银变色剂）/（g/L）					10	
V（无水乙醇）/（mL/L）						300
pH值	5～6	5～6	5～6			
温度/℃	室温	室温	室温	90～100	90	室温
时间/min	2.0～5.0	2.0～5.0	2.0～5.0	0.5～1.0	0.1	0.1

4）电镀贵金属后处理

在银电镀层表面镀上一薄层贵金属或稀有金属及其银基合金电镀层（电镀金、钯、铑、铟及Ag-Ni，Ag-In，Pd-Ni合金等），也可达到防止银电镀层变色的目的。但其工艺复杂且成本高，故一般只用于有高稳定性、高耐磨性要求的精密电子元件。

采用的防银变色工艺不同，防变色膜的性能也不同。因此，必须根据产品的性能要求及使用环境选择使用适合的防银变色工艺，既要简化工艺，提高生产效率，又要使银电镀层防变色效果显著。

4.3.7 电镀锡

1. 概述

锡是一种银白色、塑性好的金属，相对密度为7.3g/cm³，相对原子质量为118.7，熔点为232℃，在化合物中锡离子有Sn^{2+}和Sn^{4+}两种。Sn^{2+}的电化当量为2.214g/（A·h），Sn^{4+}的电化当量为1.107g/（A·h），两者的标准电极电位分别为-0.136V 和-0.154V。

由于锡电镀层的可焊性好，在空气中不易变色，而且几乎不与硫化物作用，因此在制作铜引线、焊片等零件时可用电镀锡工艺来替代电镀银工艺，与火药和橡胶接触的零件也常采用电镀锡工艺。锡电镀层可用于减磨，防止活塞卡滞，提高紧密螺纹件的密封性，同时还可用作防渗氮镀层。从锡电镀层溶解的锡离子对人体几乎无害，而且锡又能耐有机酸，因而电镀锡工艺广泛应用于罐头食品工业。

在低温下锡电镀层会转变为粉末状的灰锡，在使用中要特别注意这一点。若将锡与少量的锑或铋电共沉积，则能有效地限制这种转变。在某种条件下，锡会长出"晶须"，以薄锡电镀层更甚。因此，容易短路的电子元件在使用锡电镀层时要十分慎重，需要采取必要的预防措施。

在一般条件下，对钢铁基体而言，锡电镀层是阴极性镀层。但在密封的罐头里，锡电镀层是阳极性镀层。只要锡电镀层达到了基本上没有孔隙的厚度，即使它是阴极性镀层，也有很好的防护作用。因此，锡电镀层主要用于电镀锡薄钢板。

2. 电镀锡溶液性能比较

1）酸性电镀液

在酸性电镀液中，锡的电化学当量是其在碱性电镀液中的两倍。酸性电镀锡溶液可分为普通酸性电镀锡溶液和光亮酸性电镀锡溶液[29]。

普通酸性电镀锡溶液的阴极电流效率高，镀液稳定，在室温下，工作场所不需要通风，而且工艺操作简单，电镀液成本低，货源广，覆盖能力好，工作电流密度高，电沉积速度快。酸性电镀液的分散能力比碱性电镀液稍差，锡电镀层为灰白色，不仅无光泽、较为疏松、孔隙率较大，而且易于氧化，因而锡电镀层的可焊性不理想。

光亮酸性电镀锡溶液除具有普通酸性电镀锡溶液的许多优点外，还可使锡电镀层结晶细致光亮。大量测试数据表明，光亮酸性电镀锡溶液的焊接性能要好于普通酸性电镀锡溶液。可供光亮酸性电镀锡溶液选择的光亮剂种类较多。当电镀液工作温度超过 20℃时，电镀液稳定性变差，因此在连续生产或气温较高时都需要使用冷却装置进行降温。目前还难以对有机添加剂进行定量分析，在补充添加剂时要根据添加剂消耗量的经验数据来调整。光亮剂用量要适中，若用量太少，则不能获得光亮锡电镀层；若量太多，则镀层中易夹杂有机物而造成镀层脆性增大，从而降低锡电镀层的焊接性能和结合强度。

2）碱性镀液

碱性电镀锡溶液成分简单，货源广，成本低，分散能力好，镀层结晶细致，孔隙率较低，焊接性能好。在电镀时，碱性电镀液需要加温，能源消耗较大；碱雾容易污染环境，工作场所需要安装排风装置；阴极电流效率低，电化当量低，生产效率不高；在操作过程中，锡阳极始终要保持半钝化状态，其表面应呈金黄色。锡阳极主要以 Sn^{4+} 形式溶解，这给操作和维护带来不便。锡电镀层呈灰白色且无光泽，因此很少用作可焊性镀层。若在碱性电镀锡后增加一道热熔工序，则能降低锡电镀层表面粗糙度，提高其表面光亮度和抗氧化能力。厚度大的锡电镀层不能采用热熔处理工艺。碱性电镀锡一般适用于电镀食品工业用钢板。

碱性电镀锡溶液可分为钠盐电镀锡溶液和钾盐电镀锡溶液。在相同电镀液温度、相同阴极电流密度和常规含量下，钾盐电镀锡溶液的阴极电流效率高于钠盐电镀锡溶液，同时钾盐电镀锡溶液允许电流密度也较高。在锡酸盐电镀液中，钾盐含量可以相对更高一些，对于快速电镀锡，钾盐电镀锡溶液要明显优于钠盐电镀锡溶液。由于钾离子比钠离子具有更大的迁移率，因此钾盐电镀锡溶液比钠盐电镀锡溶液具有更好的导电性，更适于进行滚镀。但钾盐尤其是锡酸钾的价格相对较高，因此目前碱性电镀锡溶液大多仍采用钠盐电镀锡溶液。

3. 酸性电镀锡

1）工艺特点

在酸性电镀锡溶液中以硫酸型电镀锡和氟硼酸型电镀锡应用较多，尤其是硫酸型电镀锡应用更广泛。氟硼酸型电镀锡的缺点是：在氟硼酸电镀锡溶液中氟离子的毒性较大，废水处理需要严格的技术手段和价格较高的专用设备。本节着重介绍硫酸型电镀锡。

无论是普通硫酸型电镀锡，还是光亮硫酸型电镀锡，其主要成分都是硫酸和硫酸亚锡。因为氢在金属锡上的超电位较高，因此在阴极上主要是 Sn^{2+} 放电析出金属锡，普通酸性电镀锡溶液的阴极电流效率接近100%。光亮酸性电镀锡溶液由于有机添加剂在阴极上的吸附和还原作用，因而，其阴极电流效率低于普通酸性电镀锡溶液，约为90%。

在锡阳极上，除电化学作用使金属锡失去电子形成 Sn^{2+} 进入电镀液外，游离硫酸对锡阳极也有化学溶解作用，因此阳极效率有时会高于100%。若在酸性电镀锡溶液中加入少量有机添加剂，则能获得光滑细致的锡电镀层；若不加入有机添加剂，则难以获得理想的锡电镀层。

2）电镀液组成及工艺条件

普通硫酸盐电镀锡溶液组成及工艺条件见表4.52。光亮硫酸盐电镀锡溶液组成及工艺条件见表4.53。

表4.52　普通硫酸盐电镀锡溶液组成及工艺条件

电镀液组成及工艺条件	工艺 1	工艺 2	工艺 3	工艺 4
ρ（硫酸亚锡）/（g/L）	45～55	35～50	20～30	30～40
ρ（苯酚或甲酚）/（g/L）		6～8	20～30	
ρ（硫酸钠）/（g/L）		10～60		
ρ（β-萘酚）/（g/L）	0.3～0.5			0.1～0.2
ρ（明胶）/（g/L）	1.5～2.0	5.0～6.0	1.2～2.0	1.0～3.0
V（硫酸）/（mL/L）	60～80	130～150	60～65	60～100
V（酚磺酸或甲酚磺酸）/（mL/L）	40～60			20～40
温度/℃	15～20	18～25	15～30	10～25
阴极电流密度/（A/dm²）	0.3～0.8	1.0～1.5	1.0～2.0	0.1～0.3

表4.53　光亮硫酸盐电镀锡溶液组成及工艺条件

电镀液组成及工艺条件	工艺 1	工艺 2	工艺 3	工艺 4
ρ（硫酸亚锡）/（g/L）	45～60	40～70	30～40	35～45
ρ（OP-21 乳化剂）/（g/L）	6～8		10～15	
ρ（组合添加剂）/（g/L）	3～15			
ρ（SS-820）/（g/L）		15～30		
ρ（SS-821）/（g/L）		0.5～1.0		
ρ（光亮剂 S）/（g/L）			5～10	
ρ（光亮剂 T）/（g/L）				8～12
ρ（分散剂）/（g/L）				15～25
V（硫酸）/（mL/L）	80～120	140～170	80～160	80～120
V（酚磺酸）/（mL/L）	60～80			25～35

电镀液组成及工艺条件	工艺 1	工艺 2	工艺 3	工艺 4
V（甲醛）/（mL/L）	4～6		8～10	
温度/℃	10～20	10～20	10～25	15～22
阴极电流密度/（A/dm²）	3～8	1～4	2～4	1～2

3）电镀液中各成分的作用

（1）硫酸亚锡。硫酸亚锡是硫酸型电镀锡溶液的主盐，主要提供 Sn^{2+}。电镀液中的 Sn^{2+} 含量直接影响电流密度范围和镀层表面质量。在一定范围内提高 Sn^{2+} 含量，可以相应提高阴极电流密度，加快电沉积速度，提高生产效率。但当 Sn^{2+} 含量过高时，电镀液分散能力下降，镀层结晶粗糙、色泽较暗、光亮区变窄；当 Sn^{2+} 含量过低时，工作电流密度减小，电沉积速度下降，影响生产效率。

（2）硫酸。硫酸是硫酸型电镀锡溶液中不可缺少的成分。在酸性电镀锡溶液中含有大量的 Sn^{2+}，而且 Sn^{2+} 容易被氧化成 Sn^{4+}，由于 Sn^{2+} 和 Sn^{4+} 可与 SO_4^{2-} 组成强酸弱碱盐，因而会水解。如果在酸性电镀锡溶液中添加足够量的硫酸，就可以减缓 Sn^{2+} 和 Sn^{4+} 的水解速度。

游离硫酸能够降低 Sn^{2+} 的活度，提高阴极极化作用，促使镀层晶粒细化，足够量的游离硫酸还有防止 Sn^{2+} 氧化和水解的作用，因而酸性电镀锡溶液较为清澈；此外，游离硫酸还可提高电镀液的导电能力和分散能力，并且提高它的含量不会降低阴极电流效率，仍能加速阳极化学溶解，使阳极电流效率大于阴极电流效率，多溶入的锡可以抵消工件带出损失，这样就可以在电镀液中少添加硫酸亚锡，从而降低成本。

（3）酚磺酸或甲酚磺酸。酚磺酸或甲酚磺酸能够提高阴极极化，使镀层结晶均匀细致。在光亮电镀锡中，可以减少镀层条纹和针孔；与明胶合用时，可使镀层光滑致密。此外，酚磺酸或甲酚磺酸还有一定的还原能力，可以防止 Sn^{2+} 氧化，减少偏锡酸沉淀，使电镀液澄清。

酚磺酸或甲酚磺酸一般都要自己制备。苯酚与浓硫酸在室温下即能进行磺化反应，其主要产物为邻羟基苯磺酸。若在 100℃ 下进行磺化反应，则主要产物为对羟基苯磺酸。

（4）游离酚、甲酚或 β-萘酚。目前在酸性电镀锡溶液中添加酚磺酸较多，游离酚、甲酚或 β-萘酚较少单独使用，它们一般与酚磺酸同时使用。它们都具有憎水性，可以提高阴极极化，使镀层结晶细致，并有减少镀层孔隙率的作用。

（5）明胶。明胶既是一种表面活性剂，也是一种光亮剂。它能够促进阴极极化，使镀层晶粒细化。当明胶与酚磺酸或甲酚磺酸合用时，可以得到光滑致密的锡电镀层。此外，明胶还能提高电镀液分散能力。但若明胶含量过高，则会降低镀层的塑性和可焊性。根据工件不同的工艺要求，明胶在电镀锡溶液中的含量有所不同。

（6）硫酸钠。在电镀锡溶液中添加硫酸钠可以相应提高 SO_4^{2-} 含量，并能增加电镀液的导电能力和分散能力。

（7）光亮剂。各类光亮剂在电镀液中一般都能提高阴极极化，使镀层结晶细致光亮。当添加过量时，会引起镀层发脆、脱落，并且严重影响镀层的结合力和可焊性；当添加量过少时，会使镀层不光亮或达不到镜面光亮。由于对光亮剂进行定量分析较为困难，因而其含量是否合理只能通过赫尔槽试验判断。在使用光亮剂时对电源波形有严格要求，保证波形平直或是三相全波。电镀时不能断电，不能使用脉冲电源和半波整流电源。若波形间断，则会引起镀层光亮区变化。此外，光亮电镀锡溶液的温度要严格控制在工艺范围内，同时阴极电流密度只有稍高一些才能充分发挥光亮剂的效能。

4）工艺条件的影响

（1）阴极电流密度。在允许电流密度范围内，阴极电流密度可随电镀锡溶液中主盐含量的提高而相应提高。但当阴极电流密度过高时，会使镀层疏松、粗糙、多孔，零件边缘容易烧焦，并且在光亮电镀锡过程中锡电镀层可能出现脆性而影响其结合力；当阴极电流密度过低时，会使电沉积速度放慢而影响生产效率，在光亮电镀锡时得不到镜面光亮的锡电镀层。

（2）温度。当电镀液温度过低时，工作电流密度降低，电沉积速度减慢，镀层容易烧焦，在光亮电镀锡时不能获得光亮锡电镀层。若升高电镀液温度，则可相应提高工作电流密度。当电镀液温度过高时，Sn^{2+}易被氧化成Sn^{4+}，电镀液中沉淀物增多，电镀液易浑浊；电镀锡溶液中有机添加剂和光亮剂的作用减弱；锡电镀层不细致；在光亮电镀锡时，镀层光亮区变窄；锡电镀层均匀性差、结晶粗糙，严重时色泽变暗并出现花斑现象，影响其表面质量和可焊性；在高温时光亮剂分解加快，其消耗量也随之增大。普通硫酸盐电镀锡溶液一般在室温下操作即可，光亮硫酸盐电镀锡溶液温度一般 10～20℃之间，因此在连续生产或天气较热时需要使用冷冻装置进行降温。

（3）杂质的影响及去除。当Cl^-含量大于 0.3g/L 或NO_3^-含量大于 0.6g/L 时，锡电镀层明显发暗并产生针孔，电镀液覆盖能力下降。这些杂质可能来自不合格的原材料，或因工件电镀前处理清洗不彻底而被带入。电镀锡溶液被Cl^-或NO_3^-污染后难以处理，因此在电镀锡时要尽量避免将其带入电镀锡溶液中。

当Fe^{2+}含量大于 0.5g/L 或Cu^{2+}含量大于 0.6g/L 时，锡电镀层发暗且孔隙率增大。这往往是工件掉入槽内未及时捞出所致。

对于电镀锡溶液而言，砷和锑都是有害杂质，它们可能存在于硫酸中。可在小电流密度（0.2A/dm²）下通电去除这些杂质。

（4）阳极。在电镀锡过程中，阳极会产生泥渣悬浮在电镀锡溶液中，在镀层中的夹杂物会使锡电镀层粗糙且孔隙较大。因此，锡阳极应当使用耐酸阳极袋包裹，电镀锡溶液也应进行连续过滤以减少不溶性物质的影响。

4. 碱性电镀锡

1）工艺特点

碱性电镀锡溶液可分为钾盐电镀锡溶液和钠盐电镀锡溶液，虽然它们具有不同的特性，但是其行为基本类似。由于锡的析出电位比氢的析出电位正，因而在阴极上电沉积的主要是锡，但两者的电位数值并不大（锡的析出电位为-0.9V，氢的析出电位为-1.06V），故碱性电镀锡溶液的阴极电流效率要比酸性电镀锡溶液的阴极电流效率低。锡酸钠电镀液的阴极电流效率一般在 60%～80%，锡酸钾电镀液的阴极电流效率一般在 60%～90%。阴极电流效率的高低取决于电镀液组成、电镀液温度和阴极电流密度等。

2）电镀液组成及工艺条件

碱性电镀锡溶液组成及工艺条件见表 4.54。

表 4.54　碱性电镀锡溶液组成及工艺条件

电镀液组成及工艺条件	工艺 1	工艺 2	工艺 3
ρ（锡酸钠）/（g/L）	75～90	20～40	
ρ（氢氧化钠）/（g/L）	8～15	10～20	
ρ（锡酸钾）/（g/L）			90～115
ρ（氢氧化钾）/（g/L）			12～20
ρ（乙酸钠）/（g/L）	15～25		
阳极	99.9%锡板	99.9%锡板	99.9%锡板
温度/℃	70～90	70～85	65～90
阴极电流密度/（A/dm²）	1.0～1.5	0.2～0.5	3.0～10.0
阳极电流密度/（A/dm²）	2～4	2～4	2～4

目前生产中使用的碱性电镀锡工艺只有在高温条件下才能实现，这是碱性电镀锡溶液的一大缺点。由于电镀锡溶液温度高且碱性强，不仅对操作环境污染严重，还严重影响工人身心健康，因此碱性电镀锡也必须具备良好的排风装置。

3）电镀液中各成分的作用

（1）锡酸盐。锡酸钠或锡酸钾是碱性电镀锡溶液中的主盐。若提高其含量，则提高碱性电镀锡溶液的工作电流密度，加快电沉积速度。当锡酸盐含量过高时，阴极极化作用降低，镀层结晶粗糙，锡电镀层的焊接性能降低。当锡酸盐含量控制在工艺范围内时，电镀液分散能力好，镀层结晶细致。当锡酸盐含量过低时，阴极电流密度、阴极电流效率和电沉积速度都明显下降。

（2）游离碱。由于锡酸钠或锡酸钾是弱酸强碱盐且易于水解，因此在碱性电镀锡溶液中维持一定量的游离碱能够抑制锡酸盐水解以稳定电镀液。适量的游离碱还能使阳极正常溶解。游离碱含量可随锡酸盐含量的变化而变化。提高电镀液中的游离碱含量，能够提高阴极极化和电镀液的导电性能。当游离碱含量过高时，阳极溶解产生 Sn^{2+}，使阳极不易保持金黄色，影响锡电镀层质量；当游离碱含量过低时，阳极容易钝化，电镀液分散能力下降，锡电镀层容易烧焦，在电镀锡溶液中还会发生锡酸盐水解。

（3）乙酸钠。在有些碱性电镀锡工艺中需要加入一定量的乙酸钠，这是因为乙酸钠能使电镀锡溶液稳定，并使锡电镀层结晶细致。但也有研究表明，乙酸钠虽然对电镀液无害，但是也无明显益处。只有在游离碱含量过高必须要降低时，才用乙酸盐来调节。因此，电镀锡溶液中的乙酸盐含量对碱性电镀锡无明显影响，在新配电镀锡溶液时一般可以不添加乙酸钠。

4）工艺条件的影响

（1）阴极电流密度。提高阴极电流密度可以提高沉积速度，但随着阴极上析出氢气增多，阴极电流效率下降，尤其以钠盐电镀锡溶液更为明显。若阴极电流密度过高，则镀层粗糙、发暗、多孔。阴极电流密度与电镀液的成分和温度有关。例如，锡酸盐含量和电镀液温度较高而氢氧化物含量相对较低时，可以适当提高阴极电流密度。

（2）温度。锡酸盐电镀锡一般需要加温，其操作温度最低为 60℃，一般都在 75℃ 左右工作。滚镀时通常将操作温度控制在工作温度范围的下限。锡酸钾电镀液的工作温度一般高于锡酸钠电镀液。当升高温度时，阴极电流效率和阳极电流效率也相应增大，并能得到白亮的镀层。但若温度过高，则能源损耗大，电镀液消耗量大，对环境污染严重；若温度过低，则不利于阳极正常溶解，阴极电流效率和电沉积速度都会降低。

（3）电源波形。碱性电镀锡需要平稳的直流电，最好采用无脉冲的三相全波整流波形，这样可使镀层电沉积速度较快，锡电镀层结晶较为细致。

（4）杂质的影响及去除。Sn^{2+} 在碱性电镀锡溶液中会使锡电镀层发暗、粗糙、多孔，严重时产生海绵状镀层，Sn^{2+} 在碱性电镀锡溶液中是有害杂质。一般在碱性电镀锡溶液中 Sn^{2+} 的含量不能超过 0.1g/L。若电镀锡溶液被 Sn^{2+} 污染，则可采用高锰酸钾进行定性测试。当电镀锡溶液被 Sn^{2+} 污染后，通常采用 0.1～0.5mL/L 质量分数为 30% 的双氧水进行调整；此外，也可加入过硼酸钠或过硼酸钾将 Sn^{2+} 氧化成 Sn^{4+}；或者是在阳极板面积与阴极面积之比为 1∶5 时进行电解处理，直至碱性电镀锡溶液中的 Sn^{2+} 含量恢复正常。

由于工业用锡酸钠或锡酸钾纯度不高，因而会向电镀锡溶液中引入 Pb^{2+}。当电镀锡溶液中的 Pb^{2+} 含量超过 0.04g/L 时，会使锡电镀层发暗、多孔，甚至出现黑色海绵状镀层。对电镀锡溶液中是否含有 Pb^{2+}，可用硫化钠进行定性测试，若形成硫化铅褐色沉淀，则表明电镀锡溶液中有 Pb^{2+} 存在。当碱性电镀锡溶液被 Pb^{2+} 污染后，可在低电流密度下进行较长时间通电处理。

碳酸盐是电镀锡溶液从空气中吸收 CO_2 后产生的。碳酸盐对两种电镀锡溶液均无害。由于碳酸钠的溶解度在低温时比在高温时小得多，因此过量的碳酸钠可用冷却方法去除。但这一方法并不适用于锡酸钾电镀液，这是因为碳酸钾的溶解度很高，从电镀锡溶液中带出的碳酸钾的量与其在电镀锡溶液中形成的量几乎相等，一般无须处理。

5. 其他电镀锡工艺

1）氟硼酸盐电镀锡

氟硼酸亚锡电镀锡溶液的主要优点是：氟硼酸亚锡具有较高的溶解度，因而在氟硼酸亚电镀锡溶液中锡含量较高，电沉积速度相当快；电镀液操作温度范围宽，一般不需要冷却设备；工作电流密度高；电镀液分散能力好；镀层细致光滑；在正常电流密度下，阳极电流效率和阴极电流效率均可达到100%，电镀液能够自动保持平衡。其缺点是：Cl⁻对电镀液的影响较大，因而对水质有严格要求；电镀液中的 F⁻毒性较大，这给"三废"处理带来麻烦。

氟硼酸盐电镀锡溶液组成及工艺条件见表4.55。

表4.55　氟硼酸盐电镀锡溶液组成及工艺条件

电镀液组成及工艺条件	工艺1	工艺2	工艺3
ρ（氟硼酸亚锡）/（g/L）	180～200	40～60	175～200
ρ[金属锡（Sn^{2+}）]/（g/L）	75～85	15～20	70～80
ρ（硼酸）/（g/L）	25～30	25～30	25～30
ρ（明胶）/（g/L）	4～8		4～8
ρ（β-萘酚）/（g/L）	0.8～1.5		1.0～3.0
ρ（邻苯二酚）/（g/L）			1.5～3.0
V（游离氟硼酸）/（mL/L）	80～110	90～120	100～150
V[甲醛（质量分数为37%）]/（mL/L）		8～12	
温度/℃	18～38	16～25	18～35
阴极电流密度/（A/dm²）	18～38	16～25	18～35
槽电压/V	1～3	1～3	
阳极面积∶阴极面积	2∶1	2∶1	
阳极	99.9%锡板	99.9%锡板	99.9%锡板
阴极移动/（m/min）	1.5～2.5	2.5	

2）卤化物电镀锡

卤化物电镀锡主要用于钢板的快速电镀。卤化物电镀锡是一种常温电镀锡工艺，卤化物电镀锡溶液比硫酸盐电镀锡溶液更稳定。电镀液中的卤化物用来改善导电性能，氟化物能与锡生成配合物（Na_4SnF_6），羧酸盐是能够稳定电镀液的配位剂，非离子表面活性剂能使锡电镀层晶粒变细。含有氟化铵的电镀锡溶液稳定性最好。

卤化物电镀锡溶液组成及工艺条件见表4.56。

表4.56　卤化物电镀锡溶液组成及工艺条件

电镀液组成及工艺条件	工艺1	工艺2	工艺3
ρ（氯化亚锡）/（g/L）	55～60	55～60	40
ρ（氟化氢铵）/（g/L）	50～60		
ρ（氟化钠）/（g/L）		100～120	20
ρ（柠檬酸）/（g/L）	25～30	25～30	
ρ（氨三乙酸）/（g/L）			15
ρ（聚乙二醇）/（g/L）	1.5～2.0	1.5～2.0	6.0

续表

电镀液组成及工艺条件	工艺 1	工艺 2	工艺 3
ρ（平平加）/（g/L）			1
pH 值	5.0	5.0	4.5
阴极电流密度/（A/dm²）			0.1～0.3

3）氨基磺酸盐电镀锡

氨基磺酸盐电镀锡是一种快速电镀锡工艺，能在钢铁基体表面得到平滑的镀层。其电镀锡溶液组成及工艺条件见表 4.57。

表 4.57 氨基磺酸盐电镀锡溶液组成及工艺条件

电镀液组成及工艺条件	工艺
硫酸亚锡/（g/L）	64
氨基磺酸/（g/L）	50
二羟基二苯砜/（g/L）	5
温度/℃	50
电流密度/（A/dm²）	<27

4.3.8 电镀其他金属

1. 电镀铂

铂是一种银白色金属，相对密度为 21.4g/cm³，熔点为 1773℃，相对原子质量为 195.09，在化合物中铂离子有 Pt^{2+} 和 Pt^{4+} 两种。铂在化合物中主要以 Pt^{4+} 存在。铂电镀层具有很高的化学稳定性，即使在高温下也不氧化，在常温下不溶于酸碱，但能溶于王水。

铂电镀层可用于制作化学分析及电解工业用的电极，还可用于精密测量仪器及外科高端医疗器械、电真空器件等的电镀。由于铂电镀层具有极高的化学稳定性，因此在许多情况下能够有效替代铂制品。近年来，铂电镀层在装饰性方面的应用逐渐减少，但在电子工业产品方面的应用却取得了引人瞩目的发展成果。

电镀铂工艺阴极电流效率较低，难以电镀厚铂层。无论是磷酸盐电镀液还是亚硝酸盐电镀液，其温度都较高，电镀液蒸发量很大，稳定性较差，而且氨易于挥发，操作条件恶劣，因此在功能性电镀中很少采用电镀的工艺。对于以氨基磺酸为配位剂、亚硝酸二氨铂为主盐的电镀铂溶液而言，其阴极电流效率较高，电镀液稳定，铂电镀层具有低应力、无孔隙、无裂纹等特点。常见的电镀铂溶液组成及工艺条件见表 4.58。

表 4.58 电镀铂溶液组成及工艺条件

电镀液组成及工艺条件	工艺 1	工艺 2	工艺 3
ρ[铂（以 H_2PtCl_6 形式）]/（g/L）	4～5		
ρ（磷酸氢二铵）/（g/L）	45～50		
ρ（磷酸氢二钠）/（g/L）	120～240		
ρ（亚硝酸二氨铂）/（g/L）		17	10～20
ρ（硝酸铵）/（g/L）		100	
ρ（亚硝酸钠）/（g/L）		10	
ρ[氨水（质量分数为 28%）]/（g/L）		50	
ρ（氨基磺酸）/（g/L）			10～100

续表

电镀液组成及工艺条件	工艺 1	工艺 2	工艺 3
温度/℃	70～80	95～100	60～80
pH 值		79	<2
阴极电流密度/（A/dm²）	0.1～0.5	1.0～3.0	1.0～5.0
阳极材料	铂	铂	铂

2. 电镀钯

钯是一种银白色金属，相对原子质量为 106.4，相对密度为 12.02g/cm³，熔点为 1554℃。钯的化学性质稳定，不溶于冷硫酸和盐酸，但能溶于硝酸、王水和熔融碱。钯电镀层呈光亮银灰色，在潮湿的空气中仍具有极高的化学稳定性，不受硫化物腐蚀，可以长期保持色泽不变；钯电镀层较软，但比金电镀层硬，能够承受弯曲、扩散和摩擦等作用力；钯电镀层的接触电阻很低，其可焊性及耐磨性良好，因此广泛应用于电子工业产品，不仅可以提高无线电元件及波导器件的耐磨性，还可以提高滑动接触元件的接触可靠性；钯电镀层即使很薄也能起到防止银层变色的作用。可以直接将钯电镀在铜或银的抛光面上，若在其他金属上电镀钯，则必须以铜或银作为底层。电镀钯溶液组成及工艺条件见表 4.59。

表 4.59　电镀钯溶液组成及工艺条件

电镀液组成及工艺条件	工艺 1	工艺 2
ρ（二氯二氨基钯）/（g/L）		20～40
ρ（二氯化四氨钯）/（g/L）	10～20	
ρ（氯化铵）/（g/L）	10～20	20～25
ρ（氨水）/（g/L）	20～30	40～60
ρ（游离氨水）/（g/L）	2.0～3.0	4.5～6.5
pH 值	9.0	8.9～9.3
温度/℃	15～35	18～25
电流密度/（A/dm²）	0.25～0.50	0.25～0.50

3. 电镀铑

铑电镀层外观呈银白色，稍带浅蓝色调，其色泽能够保持长时间不变暗。铑的相对原子质量为 102.9，相对密度为 12.44g/cm³，熔点为 1966℃。铑的化学性质十分稳定，不溶于酸及王水。此外，铑的硬度高，耐磨性好。铑电镀层的反射系数高达 75%，其接触电阻小，具有较高的导电性能。但铑电镀层不适于钎焊，当镀层承受大应力时，容易产生龟裂。

由于铑电镀层具有上述优越性能，除用作装饰性镀层外，还可广泛用作各种功能性镀层，如光学仪器零件、电接触零件、耐蚀零件、耐磨零件等。为了提高电子设备的可靠性，对高频器件及超高频器件电镀银后再镀上一层薄的铑电镀层，不仅可以彻底解决银层变色的问题，还能提高接插元件的耐磨性。

常用的电镀铑溶液分为硫酸型、磷酸型和氨基磺酸型等三种。硫酸型电镀铑工艺简单，电镀液容易维护，阴极电流效率较高，但镀层内应力大，不易镀厚；磷酸型电镀铑工艺所得镀层洁白且光泽性好，常用于饰品的电镀；氨基磺酸型电镀铑工艺可用于电镀较厚的铑电镀层。电镀铑溶液组成及工艺条件见表 4.60。

表 4.60　电镀铑溶液组成及工艺条件

电镀液组成及工艺条件	磷酸型	硫酸型	氨基磺酸型
ρ[铑（以硫酸铑形式）]/（g/L）	1.5～2.5	1.0～4.0	2.0～4.0
ρ（氨基磺酸）/（g/L）			20～30
V（磷酸）/（mL/L）	16～32		
V（硫酸）/（mL/L）		40～80	
ρ（硫酸铜）/（g/L）			600
温度/℃	40～50	40～50	35～55
电流密度/（A/dm²）	1.0～3.0	0.5～1.0	0.5～1.0
阳极材料	铂丝或板	铂丝或板	铂丝或板

4. 电镀铁

电镀铁是一种较为经济实用的电镀工艺。通过电镀铁，不仅可以得到硬而脆的铁电镀层，之后经过热处理使它变软，也可得到质软而有延展性的铁电镀层，之后通过渗碳、氢化或渗氮提高它的硬度。原则上，在不太复杂的工件表面可以电镀出任何所需厚度的镀层。铁电镀层纯度较高，耐磨性好，易于熔焊。此外，也可在铁电镀层表面再镀上其他金属镀层。

电镀铁通常使用含有 Fe^{2+} 的酸性电镀液，硫酸亚电镀铁溶液、氯化亚电镀铁溶液或两者混合的电镀液是使用最广泛的电镀铁溶液，此外氟硼酸亚电镀铁溶液和氨基磺酸亚电镀铁溶液也有一定的应用。

由于铁电镀层是一种功能性镀层，因此它的机械性能非常重要。电镀铁主要用于磨损零件的修复，以及零件或磨具的电铸。电镀铁在印制电路板上的应用可以提高其使用寿命。烙铁头电镀铁，制造粉末冶金工艺用的铁粉也是电镀铁的应用领域。铁电镀层还可作为铸铁件电镀锌、锡、铬等金属前的中间层或热浸镀锌前的中间层。

电镀铁在汽车、机车曲轴和大型机床磨损件修复方面的应用具有显著经济效益。电镀铁的缺点是电镀液腐蚀性强，设备投资和维护费用高。此外，电镀铁溶液在不使用时容易产生 Fe^{3+}，当其再次使用时处理 Fe^{3+} 的费用较高，而且浪费时间。电镀铁溶液组成及工艺条件见表 4.61。

表 4.61　电镀铁溶液组成及工艺条件

电镀液组成及工艺条件	硫酸亚铁型		氯化亚铁型		硫酸亚铁-氯化亚铁混合型	
	工艺 1	工艺 2	工艺 1	工艺 2	工艺 1	工艺 2
ρ（硫酸亚铁）/（g/L）	250	163			250	250
ρ（硫酸铵）/（g/L）	120	100				
ρ（氯化亚铁）/（g/L）			315～400	300	30	42
ρ（氯化钙）/（g/L）				335		
pH 值	4.0～5.5	5.0～5.5	0.8～1.2	0.8～1.5	4.5～6.0	3.5～5.5
温度/℃	25	室温	30～50	90	40	35～43
电流密度/（A/dm²）	2.0	0.6～0.7	15.0～30.0	6.5	5.0～10.0	5.0～10.0

5. 电镀镉

镉电镀层主要用于钢铁紧固件、管道零件、吊挂件等重要受力件，同时也可用在铝及铝合金零件、镁合金零件及与橡胶接触的钢零件上。在一般大气和工业大气条件下，相对于钢铁基体而言，镉电镀层是阴极性镀层。在不含工业杂质的潮湿大气及海洋大气条件下，镉电镀层属于阳极性镀层。镉电镀层可以焊接，但其可焊性比金属镉低。镉电镀层能够减轻镀铜电触点的氧化程度，不增加接触电阻。

与电镀锌一样，电镀镉也常使钢铁镀件产生氢脆，但电镀镉产生氢脆的可能性要比电镀锌小得多。因此电镀镉，尤其是低氢脆电镀镉，是结构钢、高强度钢和弹簧元件的重要防腐方法。但电镀镉后仍须严格进行除氢处理。在潮湿及通风不良的条件下，镉电镀层易受某些非金属材料挥发物质的腐蚀，如塑料、油漆等。因此，对有特殊要求的产品，在电镀镉后还应再涂覆一层清漆或中性油脂以提高镉电镀层的耐蚀性。金属镉与镉蒸气及其在水中的腐蚀产物都是有毒的，而且电镀镉成本较高，因此近年来电镀镉有被其他镀种取代之势。

镉电镀层呈银白色，在钝化处理后具有多种色彩。例如，经铬酸盐钝化，镉电镀层为略带彩虹色的金黄色；经五酸钝化，镉电镀层为军绿色；经磷化处理，镉电镀层为浅灰色。镉电镀层致密、柔软、延展性好。电镀镉溶液组成及工艺条件见表 4.62。

表 4.62　电镀镉溶液组成及工艺条件

电镀液组成及工艺条件	酸性电镀镉	氯化铵-氨三乙酸电镀镉	三乙醇胺-氨三乙酸电镀镉
ρ（硫酸镉）/（g/L）	60～70	50～60	60～75
ρ（硫酸铵）/（g/L）	30～35		25～30
ρ（硫酸铝）/（g/L）	25～30		
ρ（动物胶）/（g/L）	0.4～0.6		
ρ（氯化铵）/（g/L）		180～200	
ρ（氨三乙酸）/（g/L）		50～60	40～45
ρ（EDTA）/（g/L）		15～20	
ρ（硫酸镍）/（g/L）		0.2～0.4	
ρ（蛋白胨）/（g/L）		2～4	
ρ（三乙醇胺）/（g/L）			180～200
ρ（7112 添加剂）/（g/L）			6～10
pH 值	3.0～5.5	5.0～6.0	8.0～9.0
温度/℃	室温	10～30	20～35
电流密度/（A/dm²）	0.5～1.0	0.5～1.0	0.8～1.2

6. 电镀铅

铅是一种青灰色金属，质地软，熔点低。对于钢铁材料来说，铅电镀层属于阴极性镀层。在无孔隙情况下，铅电镀层可以作为铁的机械保护镀层。铅电镀层可以防止冷硫酸、二氧化硫及其他硫化物的浸蚀，但热硫酸能对铅产生腐蚀作用。铅与稀盐酸反应缓慢，但浓盐酸会对铅产生剧烈腐蚀。铅对硝酸及王水的抗蚀性很差。有机酸（乙酸、乳酸、草酸等）对铅电镀层具有腐蚀作用。铅盐是有毒的，因此盛放食品的器皿不能电镀铅。

电镀铅适用于对工业生产中与硫酸接触的设备及其零件的防护，如铅蓄电池的极耳、真空蒸发器的内壁等。铅具有良好的韧性和塑性，在钢材冷拉加工时可用铅电镀层作为润滑材料。此外，铅电镀层还可用作电镀铬的阳极。电镀铅溶液组成及工艺条件见表 4.63。

表 4.63　电镀铅溶液组成及工艺条件

电镀液组成及工艺条件	氟硼酸盐型	乙酸盐型
ρ（碱式碳酸铅）/（g/L）	130～140	
ρ（氢氟酸）/（g/L）	240～250	
ρ（硼酸）/（g/L）	100～110	
ρ（动物胶）/（g/L）	0.2	3.0
ρ（乙酸铅）/（g/L）		100～300
V（乙酸）/（m/L）		30～40
V（邻甲苯胺）/（mL/L）		1
V（二硫化碳）/（mL/L）		1
温度/℃	25～40	室温
电流密度/（A/dm²）	1～2	10

7. 电镀钛

　　钛是一种银白色金属，延展性好，耐蚀性强，不受大气和海水的浸蚀，而且与各种含量的硝酸、稀硫酸及各种弱碱作用非常缓慢，但溶于盐酸、浓硫酸、王水和氢氟酸。

　　钛电镀层的硬度较大，同时还具有良好的耐冲击性、耐热性、耐蚀性和较高的抗疲劳强度。电镀钛溶液组成及工艺条件见表 4.64。

表 4.64　电镀钛溶液组成及工艺条件

电镀液组成及工艺条件	工艺 1	工艺 2
ρ（海绵钛）/（g/L）	10～12	
ρ（氢氧化钛）/（g/L）		100
ρ（氢氧化钠）/（g/L）	28～30	
ρ（酒石酸钾钠）/（g/L）	290～300	
ρ（柠檬酸）/（g/L）	8～10	
ρ（硼酸）/（g/L）		100
ρ（葡萄糖）/（g/L）	6～8	
ρ（木工胶）/（g/L）		2
ρ（氟化铵）/（g/L）		50
V（氢氟酸）/（mL/L）		250
V（双氧水）/（mL/L）	300～350	
平平加	微量	
温度/℃	70	20～50
pH 值	12.0	3.0～3.4
电流密度/（A/dm²）	10～12	2～3

8. 电镀铟

铟是一种银白色金属。铟电镀层主要用于反光镜及尖端工业领域，也可用作内燃机巴比合金滑动轴承的减摩镀层。电镀铟溶液组成及工艺条件见表 4.65。

表 4.65　电镀铟溶液组成及工艺条件

电镀液组成及工艺条件	氰化物型	氟硼酸盐型	硫酸盐型
ρ（氯化铟）/（g/L）	15～30		
ρ（硫酸铟）/（g/L）			50～70
ρ（氟硼酸钠）/（g/L）		20～25	
ρ（氢氧化钾）/（g/L）	30～40		
ρ（氰化钾）/（g/L）	140～160		
ρ（硫酸钠）/（g/L）			10～15
ρ（硼酸）/（g/L）		5～10	
ρ（葡萄糖）/（g/L）	20～30		
ρ（木工胶）/（g/L）		1～2	
V（氟硼酸）/（mL/L）		10～20	
pH 值	11.0	1.0	2.0～2.7
温度/℃	15～35	15～25	18～25
电流密度/（A/dm²）	10～15	2～3	1～2

9. 电镀铼

铼是一种银白色、塑性良好的金属。铼不溶于盐酸、氢氟酸及硫酸，但能溶于硝酸。铼电镀层可用于电气工业，主要用作高温热电偶的防腐层。

电镀铼溶液组成及工艺条件见表 4.66。

表 4.66　电镀铼溶液组成及工艺条件

电镀液组成及工艺条件	工艺1	工艺2
ρ（高铼酸钾）/（g/L）	1	15
ρ（柠檬酸钾）/（g/L）	50	
氨水	pH 值调至 9.5	
V（硫酸）/（mL/L）		15～25
温度/℃	70	85～90
pH 值		0.9～1.0
电流密度/（A/dm²）	8	15

10. 电镀钴

钴和镍的性质很相似，因此电镀钴与电镀镍也很相似。两者的区别在于电镀钴应用较少。常见电镀钴溶液组成及工艺条件见表 4.67。

表 4.67　电镀钴溶液组成及工艺条件

电镀液组成及工艺条件	工艺 1	工艺 2	工艺 3	工艺 4
ρ（硫酸钴）/（g/L）	278	300	40	110
ρ（氯化钠）/（g/L）	17	30		
ρ（硼酸）/（g/L）	45	30		
V（三乙醇胺）/（mL/L）			70	
ρ（乙酸铵）/（g/L）				30
V（乙酸）/（mL/L）				1
V（甲醛）/（mL/L）				3
ρ（硫酸镉）/（g/L）				0.2
温度/℃	20～45	50～60	20～30	35
pH 值	5.0	3.2～4.2	2.6～6.6	5.0
电流密度/（A/dm²）	3～5	3～4	1～2	1～3

4.4　电镀合金

4.4.1　概述

随着现代工业生产和科学技术的发展，人们对金属表面性能提出了许多新要求，仅靠有限的十几种单金属镀层已经远远不能满足这些需要。通过电镀合金方法改变镀层的性能，可以获得数百种性能各异的镀层。电镀合金就是利用电化学方法使两种或两种以上的金属（含非金属）电共沉积的过程。一般电镀合金中最少组分含量应在 1%（质量分数）以上。对于一些特殊的金属材料，如 Cd-Ti、Zn-Ti、Sn-Ce 等合金电镀层，虽然镀层中钛或铈的质量分数低于 1%，但是它们对合金电镀层的性能影响很大。因此，这类镀层通常也称为合金电镀层。合金电镀层具有良好的外观及优良的性能，如高抗腐蚀性能、高耐磨性、高硬度、耐高温及良好的磁性和钎焊性、导电性等。在某些使用条件下，合金电镀层均优于单金属电镀层，因而被广泛应用于防护、装饰及有某些特殊要求的工业生产中。

在电镀过程中，为了获取一定比例的合金成分，就要设法使电镀液中的几种金属离子按照一定比例电共沉积到阴极上。选用不同的电流密度，选取适宜的配位剂和添加剂，是获得所需合金的必要条件。根据不同金属离子和不同配位剂所形成的配位离子在阴极上放电的难易程度不同，选择合适的配位剂，使其与电位较正的金属离子形成较为稳定、难以还原的配位离子，并使配位离子放电时阴极极化增大，放电电位接近于电位较负的金属离子，从而使几种金属离子在阴极表面电共沉积。在电镀合金时，可以单独使用添加剂，也可将添加剂与配位剂共同使用来获得所需合金[30-31]。

根据电镀合金的特性及用途，可将其大致分为以下几种。

（1）电镀防护性合金。目前在生产上广泛应用的防护性合金电镀层有 Zn-Ni、Zn-Fe、Zn-Co、Sn-Zn

和 Cd-Ti 等合金电镀层。对于钢铁金属而言，它们属于阳极镀层，具有电化学保护作用。这些合金电镀层具有低氢脆的特点，通常应用于有高耐蚀性和低氢脆要求的产品，如汽车、船舶及航天器等[32-33]。

（2）电镀装饰性合金。对一些装饰性能良好但资源短缺、价格昂贵的金属，通常采用其他一些合金电镀层来替代这种金属。例如，用 Cu-Zn、Cu-Sn、Cu-Zn-Sn 等合金电镀层作为仿金电镀层；Sn-Co、Sn-Ni 等合金电镀层的外观似铬，可以替代装饰性铬电镀层。

（3）电镀功能性合金。根据金属电镀层具有的特殊性能及使用时的特殊要求，可将这类功能性合金分为可焊性合金电镀层、耐磨性合金电镀层、磁性合金电镀层、轴承合金电镀层和不锈钢合金电镀层等[34-35]。

（4）电镀贵金属合金。贵金属合金主要是指以金、银、钯等贵金属为基体的合金，如 Au-Co 合金、Au-Ni 合金和 Au-Ag 合金等。这类合金电镀层大多用于电子元器件。

根据电镀液的类型，可将合金电镀分为简单盐电镀、配合物电镀和有机溶剂电镀[36-37]。根据合金中所含金属种类数，合金可分为二元合金、三元合金、四元合金等。在生产上最具使用价值的合金是二元合金，其次是三元合金，四元以上的合金难以获得组成恒定的镀层。电镀合金通常按照合金中含量最高的元素分类，因此可将合金电镀层分为锌基合金电镀层、镍基合金电镀层、铜基合金电镀层等。

与热熔法相比，采用电镀法得到的合金具有以下特点。

（1）可以获得热力学平衡相图上没有的合金相，如 Cu-Ni 合金和 Sn-Ni 合金等。

（2）容易获得高熔点金属与低熔点金属组成的合金，如 Zn-Ni 合金和 Sn-Ni 合金等。

（3）可以获得热熔法不能制取的性能优越的非晶态合金，如 Ni-P 合金和 Ni-B 合金等，非金属 P 和 B 不能单独从水溶液中电沉积出来。

（4）容易获得水溶液中难以单独沉积的金属的合金，如 W、Mo、Ti 的各种合金。

（5）电镀法得到的合金硬度比一般热熔法得到的合金硬度高，耐磨性好，如 Ni-Co 合金和 Ni-P 合金等。

（6）控制一定的条件，还可使电位较负的金属优先析出，如 Zn-Fe 合金和 Zn-Ni 合金等。

4.4.2 电镀锌基合金

目前，钢铁的防护性电镀层主要是指锌电镀层及镉电镀层。由于镉毒性大且难以处理，现在已经很少使用。锌电镀层对钢铁基体具有电化学保护作用，能够有效地防止钢铁腐蚀。因此，电镀锌在表面处理中占有重要地位。随着汽车、船舶、机械、电子等现代工业对钢铁零部件的耐蚀性要求越来越高，尤其是在较恶劣的作业条件下，传统的锌电镀层已经不能满足高耐蚀性等方面的要求。近几十年来，对电镀锌合金的研究越来越受到人们的重视。由于电镀锌合金具有更高的耐蚀性和其他优良特性，其应用范围越来越广。通过电镀方法可以得到锌和其他金属组成的二元合金或三元合金。例如，Zn-Fe、Zn-Co、Zn-Ni、Zn-Cr、Zn-Ti、Zn-Mn、Zn-Al、Zn-Sn、Zn-Mo、Zn-Ni-V、Zn-Ni-Cd、Zn-Ni-Co、Zn-Co-Mo、Zn-Co-Cr、Zn-Ni-Ti 和 Zn-Fe-Ti 等合金。电镀锌基合金一般由锌与电位较正的金属组成，从而使合金的稳定电位略低于铁的电位，此时镀层对于钢铁件来说仍是阳极镀层。与锌电镀层相比，锌合金电镀层的耐蚀性和其他一些性能更为优良，能够有效降低镀层的厚度。若在锌合金电镀层表面进行钝化处理，则其耐蚀性更强。

目前应用较多的是锌与铁族金属形成的二元合金，即 Zn-Ni 合金（镍质量分数约为 12.0%）、Zn-Fe 合金（铁质量分数为 0.3%~0.7%）和 Zn-Co 合金（钴质量分数为 0.6%~0.9%）。其中，Zn-Ni 合金电镀层以优良的耐蚀性和低氢脆性而有望取代锌电镀层和镉电镀层；Zn-Co 合金电镀层外观酷似铬，可用作装饰性电镀层；Zn-Fe 合金电镀层的耐蚀性比锌电镀层好，此外还可进行磷化处理。由于铁族金属的原子结构和性质相近，因此它们与锌形成的合金电共沉积的电化学特性也很相似。从金属的电极电位来看，铁族金属电位比锌的电位正得多，但在电共沉积时锌比铁族金属更容易电沉积，从而发生优先电沉积，这种电共沉积现象称为异常电共沉积。此外，锌还可与其他一些金属或非金属形成二元合金。例如，Zn-Sn、Zn-Mn、Zn-Cr、Zn-Ti、Zn-Mo 合金及 Zn-P 合金等。近十几年来，以锌为基的三元合金也在生产上得到应用，如 Zn-Co-Ni 合金、Zn-Co-Cr 合金和 Zn-Co-Fe 合金等。

1. 电镀 Zn-Ni 合金

Zn-Ni 合金的电共沉积属于异常电共沉积。虽然锌的标准电极电位比镍负得多，但是锌却会发生优先电沉积。

关于 Zn-Ni 合金异常电共沉积的机理有几种学说。目前较公认的学说是：阴极表面析氢，使其附近电镀液中的 H^+ 浓度下降、pH 值升高，从而首先生成氢氧化锌沉淀，它吸附在阴极表面，可以抑制镍的电沉积，但锌的电沉积不受影响，这就使得锌能够优先电沉积。

在常用的 Zn-Ni 合金电镀层中，镍的质量分数在 13%左右。锌与镍形成金属间化合物 Ni_5Zn_{21} 或 $NiZn_3$，其晶体结构为γ相。γ相可在较宽的工艺范围内得到。

Zn-Ni 合金以镍质量分数为 8%～15%为佳。当合金中镍的质量分数超过 15%时，镀层难以钝化。电镀 Zn-Ni 合金具有以下特点。

（1）Zn-Ni 合金电镀层的耐蚀性和耐磨性较好，为锌电镀层的 3～5 倍。Zn-Ni 合金电镀层组成与稳定电位的关系见表 4.68。

（2）合金电镀层耐热范围在 200～250℃之间。

（3）合金电镀层与基体结合良好，并有较高的可焊性及延展性。

（4）碳素钢表面合金电镀层的显微硬度为 550HV，该镀层与油漆结合良好。

（5）合金电镀层具有低氢脆性，其氢脆性接近于零（表 4.69）。

（6）电镀层毒性小，但其润滑性能低于锌电镀层。

（7）电镀液成分简单，易于维护。

表 4.68　Zn-Ni 合金电镀层组成与稳定电位的关系

合金组成	Zn	7%Ni	12%Ni	16%Ni	20%Ni	50%Ni	低碳钢
稳定电位/V（vs.SCE）	-1.01	-0.91	-0.80	-0.78	-0.74	-0.71	-0.55

表 4.69　几种电镀层与 Zn-Ni 合金电镀层的氢脆性比较

电镀液类型	碱性锌酸盐电镀锌	氯化物电镀锌	氰化物电镀锌	光亮电镀镉	电镀 Zn-Ni 合金
脆化率/%	78	44	53	18	<2

注：用 Delta 测氢仪测定，基体是碳素钢，硬度为 550HV，电镀层厚度为 7～10μm，未进行除氢处理。

由于 Zn-Ni 合金具有上述优点，因而是理想的代镉电镀层和食品包装盒用镀层。电镀 Zn-Ni 合金工艺常用于电镀汽车钢板，并在航天、航空、轻工和家用电器等产品上得到应用。

从保护环境的角度出发，现在已经不再使用氰化物电镀液。目前常用的 Zn-Ni 合金电镀液主要有强酸性硫酸盐电镀液、弱酸性氯化物电镀液及碱性锌酸盐电镀液。酸性电镀液的特点是：阴极电流效率较高（大于 95%），电沉积速度快，氢脆性低，污水处理较容易，镀层中镍的质量分数大多在 11%～15%范围内，但电镀液的分散能力和覆盖能力较低。碱性锌酸盐电镀液的分散能力和覆盖能力都较高，适用于电镀较为复杂的零件，电镀方式可以采用挂镀和滚镀。碱性锌酸盐电镀液对设备腐蚀性小，但阴极电流效率较低（50%～80%），电镀层中镍的质量分数大多在 6%～9%之间。近年来，碱性电镀 Zn-Ni 合金发展较快，用量逐年增加，但该工艺不适用于电镀铸铁、硬质钢和热处理件等。此外，废水处理也较困难。

1）酸性体系电镀 Zn-Ni 合金

酸性电镀液包括氯化物电镀液和硫酸盐电镀液。弱酸性氯化物电镀 Zn-Ni 合金工艺的主要特点是：电流效率高（大于 95%），电沉积速度快，氢脆性小，污水处理较为简单，容易得到高镍含量（镍质量分数在 11%～15%范围内）的合金电镀层等；电镀液分散能力较差，对设备腐蚀性较大。硫酸盐电镀 Zn-Ni 合金工艺的主要特点是：电镀液组成简单，工艺稳定，电镀液容易使用、维护和调整，对设备腐蚀性小，阴极电流效率高，成本较低，生产效率高，适于批量生产等。为了进一步提高合金电镀层的耐蚀性，一般在镀后需要进行钝化处理，有时还需进行磷化、涂装处理。若钢板表面 Zn-Ni 合金电镀层过厚，则磷化膜和涂层之间不易获得良好的结合力，因而有时还要在 Zn-Ni 合金电镀层上再电镀一层含铁量较高的 Zn-Fe 合金电镀层，以便提高磷化膜和涂层之间的结合力。

（1）电镀液组成及工艺条件。常用酸性体系电镀 Zn-Ni 合金电镀液组成及工艺条件见表 4.70。

表 4.70 酸性体系电镀 Zn-Ni 合金电镀液组成及工艺条件

电镀液组成及工艺条件	工艺								
	1	2	3	4	5	6	7	8	9
ρ（氯化锌）/(g/L)	65~70	70~80	50						80
ρ（氯化镍）/(g/L)	120~130	100~120	50~100				10		80
ρ（硫酸锌）/(g/L)				72	70	100	50	80	200
ρ（硫酸镍）/(g/L)				70	150	200	90	200	
ρ（氯化铵）/(g/L)	200~240	30~40					10	30	
ρ（氯化钾）/(g/L)		190~210							
ρ（氯化钠）/(g/L)			220						
ρ（硫酸铵）/(g/L)				30		20			
ρ（硫酸钠）/(g/L)					60	100			
ρ（硼酸）/(g/L)	18~25	20~30	30			20	20		30
ρ（乙酸钠）/(g/L)		20~35							
ρ（葡萄糖酸钠）/(g/L)							60		
ρ（十二烷基磺酸钠）/(g/L)	2								
ρ（聚乙烯醇）/(g/L)									5
ρ（水杨酸）/(g/L)									0.2
ρ（2-巯基苯三唑）/(g/L)									1
ρ（邻甲基水杨酸）/(g/L)									0.3
V（721-3 添加剂）/(mL/L)	1~2	1~2							
V（SSA-85 添加剂）/(mL/L)		3~5							
pH 值	5.0~5.5	4.5~5.0	4.5	2.0~3.0	2.0	3.0	2.0~4.0	2.2	4.5
温度/℃	20~40	25~40	40	60	50	40	20~50	50	25~35
阴极电流密度/(A/dm²)	1~4	1~4	3	1~2	30	10	2~7	20	4~8
镍电镀层质量分数/%	13	13	7~9						

（2）电镀液中各成分的作用及工艺条件的影响。

① 主盐。合金电镀液中的锌盐和镍盐都是主盐。主盐浓度是影响合金电镀层组成的主要因素，镀层

中镍含量随着电镀液中镍盐浓度的增加而增加。另外，在一定浓度范围内，锌在电镀层中的含量大于它在电镀液中的含量，即锌优先电沉积，这是异常电共沉积的主要特征。为了得到一定组成的 Zn-Ni 合金电镀层，需要控制合金电镀液中锌离子和镍离子浓度的比值$[Zn^{2+}]/[Ni^{2+}]$。电镀液中金属离子总浓度的变化对合金电镀层组成影响不大。若合金电镀液中成分比例失调，则合金电镀层光亮性也会下降。

② 导电盐。合金电镀液中的氯化物、硫酸盐、铵离子都起到导电作用，其中氯离子的导电性能最好，硫酸盐电镀液的导电性较差。导电盐不仅可以提高电镀液的电导率，降低槽压，还可改善电镀液分散能力和镀层质量。另外，NH_4^+与 Zn^{2+}、Ni^{2+} 都有一定的配位能力，从而可以影响合金电镀层成分。例如，Zn^{2+}和氨作用可以形成$[Zn(NH_3)_4]^{2+}$，其不稳定常数 $K_{不稳}=3.46\times10^{-10}$；$Ni^{2+}$和氨作用可以形成$[Ni(NH_3)_6]^{2+}$，其不稳定常数 $K_{不稳}=1.86\times10^{-9}$。葡萄糖酸钠既能提高电镀液的导电能力，又能改善镀层质量。

③ 配位剂。在 Zn-Ni 合金电镀液中，配位剂能使金属电沉积电位变负，使两种金属离子的电沉积电位接近，从而达到电共沉积。配位剂的类型和浓度能够影响合金电镀层成分，其影响程度不亚于合金电镀液中金属离子浓度比对合金电镀层的影响程度。配位剂对合金成分的影响，不仅限于将简单金属离子转变为配位离子，还使配位离子形式随着游离配位剂浓度的变化而改变。特别是在混合配位剂电镀液中，合金电镀层成分明显受游离配位剂的影响。

在氯化物电镀液中，电镀 Zn-Ni 合金使用的配位剂大多为有机羧酸及其盐，如柠檬酸、酒石酸、磺基水杨酸、氨基磺酸及其盐等。羧酸根离子可与 Zn^{2+} 或 Ni^{2+} 形成配位离子。配位剂的主要作用是：防止金属盐水解和稳定电镀液；促进阳极正常溶解；增加阴极极化和改善镀层结晶等。

在硫酸盐电镀液中，柠檬酸的主要作用是：与 Zn^{2+}或 Ni^{2+} 形成配位离子而稳定电镀液，并提高阴极极化，使镀层结晶细致。另外，由于柠檬酸与 Zn^{2+}或 Ni^{2+} 形成的配位离子稳定作用不同，因而也会影响合金电镀层成分。通常在硫酸盐电镀液中较少使用配位剂，其原因是在加入配位剂后，镀层质量虽然有所提高，但是电流效率会降低，影响生产效率。

④ 缓冲剂。通常采用硼酸和乙酸盐等作为缓冲剂，主要用于调节和稳定电镀液 pH 值以保证合金电镀层成分和镀层质量。

⑤ 表面活性剂。常用的表面活性剂是十二烷基硫酸钠，它是一种阴离子型表面活性剂，主要用于防止镀层产生针孔，其用量约为 0.1g/L。将表面活性剂加入电镀液中的方法是：先用少量水将其调成糊状，再用 100 倍的开水溶解，澄清后搅拌再加入镀液中。

⑥ 添加剂。由于添加剂具有良好的选择性及吸附作用，可使镀层外观光亮、结晶细致，因而在合金电镀中的应用也很广泛。添加剂浓度的变化对合金电镀层成分的影响与其选择性有关。

氯化物电镀液使用的添加剂类型有很多，通常包括醛类、有机羧酸类、磺酸类、酮类及杂环化合物等。其中，醛类，如胡椒醛、氯苯甲醛和肉桂醛等；有机羧酸类，如抗坏血酸、氨基乙酸、苯甲酸等；磺酸类，如木质素磺酸钠和萘酚二磺酸等；酮类，如苯亚甲基丙酮、芳香烯酮和苯乙基酮等。无机光亮剂包括锶和钡的硫酸盐或碳酸盐等。近年来，有机光亮剂发展很快，其主要是合成的有机聚合物，如环氧乙烷与直链醇、酚醇或有机胺合成的聚合物。

通常情况下，硫酸盐 Zn-Ni 合金电镀液使用的添加剂与氯化物电镀液使用的添加剂基本相同，但用量相对较少。

⑦ 温度。随着电镀液温度的升高，电镀层中镍含量有所增加。温度对合金电镀层成分的影响主要有两个方面：a.对阴极极化的影响。通常随着电镀液温度的升高，阴极极化降低，这对合金中哪种成分有利取决于该成分极化减小的程度。b.对阴极扩散层中离子浓度的影响。随着电镀液温度的升高，金属离子的扩散速度和迁移速度加快，即增加了金属离子在阴极扩散层中的浓度。因此，温度是影响合金电镀层成分的重要因素。

对于硫酸盐电镀液，一般工作温度较高，大多在 40～55℃，这有利于使用较高的阴极电流密度和提高生产效率。若工作温度过低，则不利于使用较高的电流密度，同时硫酸盐还可能结晶析出；若工作温度过高，则电镀液蒸发快，导致电镀液成分不稳定。

⑧ pH 值。pH 值对金属电共沉积的影响是它改变了金属离子的化学状态，并且许多配合离子的组成及稳定性是随着 pH 值的变化而变化的。因此，在电镀 Zn-Ni 合金中，pH 值对镀层中镍含量有较大影响。随着电镀液 pH 值的增加，镀层中镍含量会有所下降。若电镀液 pH 值过低，则锌阳极溶解过快，致使电镀液不稳定，镀层中镍含量也会发生变化；若电镀液 pH 值过高，则容易生成氢氧化物沉淀，它会夹杂在镀层中使镀层发暗、粗糙和发脆。在电镀过程中，应当注意经常调节电镀液 pH 值，使之保持在工艺要求范围内。

⑨ 阴极电流密度。在合金电镀中，电流密度对合金电镀层成分的影响是非常显著的，随着电流密度增大，阴极电位变负，这有利于合金中电位较负金属含量的增加。在给定电流密度下，电位较正金属的电沉积速率比电位较负金属的电沉积速率更容易接近极限值。因此，增加电流密度有助于增大电位较负金属的电沉积速率。

在低电流密度区（$<1A/dm^2$），随着电流密度增大，镀层中镍含量急剧下降；当电流密度在 $1\sim8A/dm^2$ 范围内时，随着电流密度增大，电镀层中镍含量增加缓慢；当电流密度高于 $8A/dm^2$ 时，随着电流密度增大，电镀层中镍含量增加。

⑩ 阳极。电镀用阳极的主要作用是导电，补充金属离子，以及保持电力线在阴极上的均匀分布。电镀 Zn-Ni 合金的阳极通常可分为以下几种类型。

a. 可溶性单金属阳极。可以使用单金属锌阳极或镍阳极，锌板在电镀液中发生以下两个反应：

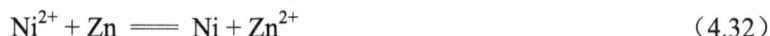

$$Zn + 2H^+ =\!=\!= Zn^{2+} + H_2 \tag{4.31}$$
$$Ni^{2+} + Zn =\!=\!= Ni + Zn^{2+} \tag{4.32}$$

在 Zn-Ni 合金电镀液中，Zn^{2+} 含量和 Ni^{2+} 含量都较高，若采用这种单金属阳极，则将使电镀液中 Zn^{2+} 和 Ni^{2+} 的比值很快发生变化且不易调整，因而较少采用。

b. 不溶性阳极。可用紧密石墨作为不溶性阳极，电镀液中的 Zn^{2+} 和 Ni^{2+} 依靠补充金属盐来保持平衡；或者在主槽旁增加一个辅助槽用于溶解金属锌，该槽的体积大约是合金电镀槽体积的 1/5，内装锌板，并将电镀液引入该槽。在该槽中发生的主要反应是锌的溶解反应，同时也有置换反应（$Zn+Me^{2+} =\!=\!= Zn^{2+}+Me$）发生。将溶解槽中的电镀液用泵打入过滤机，并在过滤后引入电镀槽使用，如图 4.9 所示。同时，在电镀液中加入镍盐以保持电镀液中锌离子和镍离子的平衡。但是这种方法较为复杂，因而较少应用，一般大多用于高速电镀。

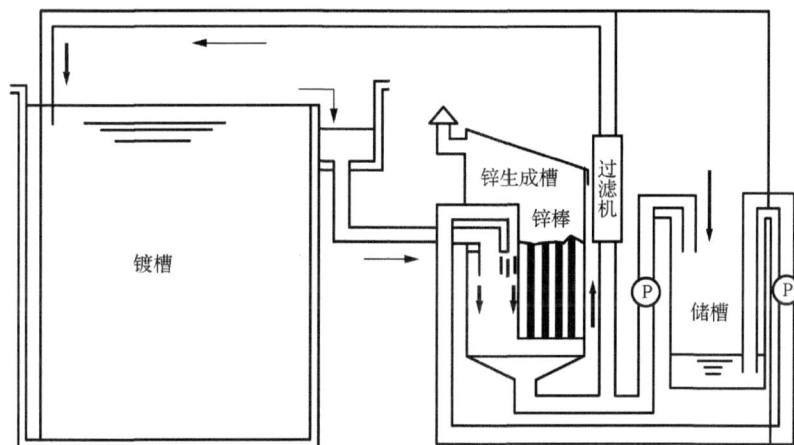

图 4.9 锌溶解系统

    c. 可溶性和不溶性联合阳极。通常是将消耗较多的锌阳极板和不溶性石墨阳极板联合使用，并使两者保持一定面积比，同时镍离子的补充依靠加入镍盐，因而这种方法也较为复杂，另外，锌阳极在电镀液中不仅自溶严重，还与镍离子发生置换反应。为了克服以上缺点，可在锌阳极板上套一个多孔（孔径在 $1\sim3\mu m$ 之间）陶瓷膜或用适当材料（具有 30%孔隙率）制作的锌阳极套，以便减少副反应。

    d. 锌和镍的分挂、分控阳极。目前这种方法应用最多，具体控制方式有两种：①采用一台电源，然后在锌阳极板组成和镍阳极板组成的回路中分别串联一个大电阻，以此调节两个阳极板上的分电流。②采用两台电源，分别形成锌阳极回路和镍阳极回路，然后将两个回路共同接到同一阴极板上。

    在阳极使用过程中，锌阳极板组成表面容易形成阳极膜，即置换的镍层，它对锌的自溶有抑制作用。当阳极膜太厚时，则会造成阴极和阳极上的电流密度分布不均匀，这时就要去除这层膜，以便保持电镀液中金属离子含量比的相对稳定。另外，由于在锌阳极板和镍阳极板上都有阳极泥产生，因此在这两个阳极板上都应加上阳极套。

    阳极板面积的大小对电镀液成分的稳定性有较大影响。考虑锌的自溶，因此使用的锌阳极板面积应当小于镍阳极板面积。为了保持电镀液中锌离子与镍离子含量比的相对稳定，分控在锌阳极上的电流约为镍阳极上的 4 倍。为了保持镀层均匀性，可将阴极板面积与阳极板面积之比保持在 1.0：（1.5～2.0）范围内。

    2）碱性锌酸盐体系电镀 Zn-Ni 合金

    碱性电镀 Zn-Ni 合金工艺具有良好的工艺特性和优异的镀层性质，目前已得到广泛应用。在使用碱性锌酸盐电镀液得到的镀层中，镍的质量分数大多在 6%～9%之间，镀层进行钝化处理较容易，电镀液分散能力好，对设备腐蚀性较小，成本低。在电镀时，挂镀和滚镀均可采用，但阴极电流效率较低。

    （1）电镀液组成及工艺条件。常用碱性体系 Zn-Ni 合金电镀液组成及工艺条件见表4.71。

表 4.71　常用碱性体系 Zn-Ni 合金电镀液组成及工艺条件

电镀液组成及工艺条件	工艺 1	工艺 2	工艺 3	工艺 4	工艺 5	工艺 6
ρ（氧化锌）/（g/L）	8～12	6～8	8～14	10～15	9～11	9
ρ（硫酸镍）/（g/L）	10～14		8～12	8～16	4～9	Zn/Ni=5.2
ρ（氢氧化钠）/（g/L）	100～140	80～100	80～120	80～150	100～130	120
ρ（乙二胺）/（g/L）	20～30			少量		
ρ（三乙醇胺）/（g/L）	30～50			20～60		
ρ（酒石酸钾钠）/（g/L）					10～30	
ρ（四乙烯五胺）/（g/L）					6～12	
V（镍配合物）/（mL/L）	ZQ 20～40	8～12	NZ-918 40～60			
ρ（香草醛）/（g/L）		0.1～0.2				
ρ（茴香醛）/（g/L）					0.2～0.4	
V（添加剂）/（mL/L）	ZQ-1 8.0～14.0	ZN-11 0.5～1.0	NZ-918 8.0～12.0	少许	ZN-A5 4.0～6.0	
V（氨水）/（mL/L）				15		
电流密度/（A/dm²）	1.0～5.0	0.5～4.0	0.5～6.0	4.0～10.0	0.1～0.6	1.0～5.0
温度/℃	15～35	20～40	10～35	室温	15～35	25～30
阳极	锌和铁板	锌和镍板	不锈钢	不锈钢	锌和镍板	锌 99.9%
镍电镀层质量分数/%	13 左右	7～9	8～10	12～14		10 左右

（2）电镀液中各成分的作用及工艺条件的影响。

① 主盐。氧化锌和镍盐是电镀液中金属离子的来源。此外，锌离子还可源于氯化锌和硫酸锌等盐类。由于氧化锌的价格较为便宜，因此大多使用氧化锌。镍盐可以选用氯化镍、硫酸镍和碳酸镍等。电镀液中的 Zn^{2+} 与 Ni^{2+} 含量比对镀层外观影响不大，但对镀层中的镍含量影响显著。电镀液成分对镀层外观和组成的影响见表 4.72。

表 4.72　电镀液成分对镀层外观和组成的影响

ρ（硫酸镍）/（g/L）	$[Ni^{2+}]/[Ni^{2+}+Zn^{2+}]$	镀层外观	镀层镍质量分数/%
4	0.09	光亮	7.15
8	0.16	半光亮	12.29
12	0.22	光亮	12.59
16	0.27	光亮	13.56
20	0.32	光亮	15.57
30	0.41	半光亮	35.96

② 氢氧化钠。氢氧化钠除主要用作锌的配位剂外，也可改善电镀液的导电能力，同时还有利于阳极的均匀溶解。当电镀液中存在过量的氢氧化钠时，氧化锌与氢氧化钠作用生成$[Zn(OH)_4]^{2-}$配合离子，反应方程式为

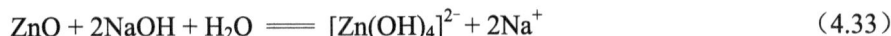

$$ZnO + 2NaOH + H_2O \rightleftharpoons [Zn(OH)_4]^{2-} + 2Na^+ \tag{4.33}$$

氢氧化钠在电镀液中的含量对锌的电沉积速度和镀层质量有很大影响。当氢氧化钠含量不足时，会出现氢氧化锌沉淀和阳极钝化；当氢氧化钠含量过高时，会加速锌阳极自溶。

③ 镍的配位剂。镍离子在碱性电镀液中会生成氢氧化镍沉淀，为了避免产生沉淀，必须在电镀液中加入镍的配位剂，形成镍配位离子。常用的配位剂有柠檬酸盐、酒石酸盐、葡萄糖酸盐和多元醇（山梨糖醇、甘露糖醇、季戊四醇等）及有机胺等，其中以有机胺效果较好。曾有专利提出，常用有机胺主要有乙烯二胺、乙烯三胺和多乙烯多胺等。此外，还有烷醇胺类，如乙二醇胺、三乙醇胺、甲基乙醇胺等。氨水对镍离子和锌离子有较强的配位作用，$[Ni(NH_3)_6]^{2+}$的不稳定常数 $K_{不稳} = 1.86 \times 10^{-9}$，$[Zn(NH_3)_4]^{2+}$的不稳定常数 $K_{不稳}=3.46\times10^{-10}$。氨水对电镀液稳定性和镀层组成也有较大影响，但其稳定性较差，应当注意尽量少用或不用。镍的配位剂还具有提高阴极极化和细化结晶的作用。另外，电镀液中的乙二胺配位剂对镀层中镍含量也有较大影响。乙二胺和镍离子形成$[Ni(H_2NCH_2CH_2NH_2)_3]^{2+}$，其不稳定常数 $K_{不稳} = 2.57\times10^{-9}$；乙二胺和锌离子形成$[Zn(H_2NCH_2CH_2NH_2)_3]^{2+}$，其不稳定常数 $K_{不稳}=8.12\times10^{-13}$。随着电镀液中乙二胺含量的增加，电镀层中的镍含量减少。

④ 三乙醇胺。三乙醇胺与锌离子和镍离子都能形成配位离子，但其与锌离子形成的配位离子的不稳定常数 $K_{不稳}=8.15\times10^{-4}$，其值较小，这说明三乙醇胺与镍离子形成的配位离子更为稳定，不仅可以提高阴极极化，还有利于电镀液维护和改善电镀层外观质量。随着电镀液中三乙醇胺含量的增加，电镀层中的镍含量减少。

⑤ 添加剂。通常使用的添加剂有芳香醛、有机胺及有机胺和环氧氯丙烷的缩合物等。这些添加剂具有光亮、整平和细化结晶的作用，主要用于改善电镀层外观质量，一般与碱性电镀锌应用的光亮剂作用类似。随着电镀液中 ZQ 添加剂含量的增加，电镀层中的镍含量减少。

有专利提出，碱性电镀 Zn-Ni 合金使用的光亮剂有三种类型。第一类光亮剂可以单独使用，能使电镀层结晶细致，呈半光亮外观。第二类光亮剂主要起到光亮作用，若与第一类光亮剂配合使用，则可提高电镀层的耐蚀性和耐热性，并能使电镀层的光亮性更好。在有些情况下还要使用第三类光亮剂，它能

使在超低电流密度区电共沉积的镍含量增加，从而使镀层的光亮性更好，钝化膜均匀，耐蚀性提高。通常第一类光亮剂是利用 1mol 的四甲基丙烯二胺和 0.8～1.5mol 的环氧氯丙烷反应得到的。第二类光亮剂是有机醛类，如香草醛、藜芦醛等。第三类光亮剂一般为无机盐，如碲酸钠等。在一般情况下，可以不使用第三类光亮剂。

⑥ 温度。电镀液温度在 15～40℃ 范围内都能得到良好的镀层外观。一般情况下，随着电镀液温度的升高，合金电镀层中的镍含量有所增加。

⑦ 电流密度。电流密度在 1～5A/dm² 之间都可以得到良好的镀层。电流密度的变化对合金电镀层成分影响不大。随着电流密度的增大，镀层中的镍含量在开始阶段有所上升，但镍的质量分数很快就稳定在 13% 左右，这对获得高耐蚀性的合金电镀层非常有利。

3）其他类型电镀 Zn-Ni 合金

电镀 Zn-Ni 合金电镀液的类型较多，除以上介绍的几种类型外，还有氨基磺酸盐电镀液和焦磷酸盐电镀液等。

① 氨基磺酸盐电镀液。该电镀液主要由硫酸锌和氨基磺酸镍组成。电镀液中的氨基磺酸盐含量一般较高，可达 300g/L 以上；可以降低镀层的内应力，并可使用较大的阴极电流密度。但在电镀 Zn-Ni 合金过程中必须搅拌电镀液。为了进一步改善电镀液分散能力并提高其导电性，有时还需在电镀液中加入适量的硝酸盐和氯化物。该电镀液常用于电镀厚层 Zn-Ni 合金或含镍量较高的 Zn-Ni 合金，但氨基磺酸镍的价格较高，从而使电镀液的成本提高。

② 焦磷酸盐镀液。这种电镀液主要由氯化镍、焦磷酸锌和焦磷酸钾组成。焦磷酸盐在电镀液中主要起到配位作用。为了促进阳极溶解和增加电导率，电镀液中必须含有过量的配位剂，有时还需加入适量的硝酸盐以提高电流密度。焦磷酸盐 Zn-Ni 合金电镀液是碱性镀液，其 pH 值为 8～10。该电镀液的主要优点是分散能力好，无腐蚀，无毒；其缺点是焦磷酸盐容易水解，并能形成正磷酸盐。若电镀液中含有少量正磷酸盐，则有利于阳极溶解，并对电镀液起到缓冲作用；若电镀液中正磷酸盐过量，则会降低电导率，并使镀层出现条纹。

4）Zn-Ni 合金电镀层的钝化处理

Zn-Ni 合金电镀层外观为灰白色至银白色。对于钢铁来说，Zn-Ni 合金电镀层和锌电镀层一样都是阳极镀层，因此对钢铁基体具有电化学保护作用，同时还具有良好的耐蚀性。Zn-Ni 合金电镀层经过钝化处理，可使其耐蚀性进一步提高。Zn-Ni 合金电镀层经过铬酸盐钝化处理可以得到不同色彩的钝化膜，其中彩虹色钝化膜的耐蚀性要比锌电镀层彩虹色钝化膜的耐蚀性高 5 倍以上。但在 Zn-Ni 合金上形成彩虹色钝化膜要比在锌电镀层上困难得多，而且随着镀层中镍含量的增加，钝化更加困难。一般当镍的质量分数在 10% 以下时钝化还较为容易，当镍的质量分数在 13% 左右时钝化较为困难，当镍的质量分数超过 16% 时难以钝化。Zn-Ni 合金电镀层的钝化处理可分为彩虹色钝化、黑色钝化和白色钝化等。

（1）彩虹色钝化。钝化液的主要成分是铬酐或铬酸盐，它具有较高的毒性和强氧化作用。为了保护环境，尽量采用低浓度的钝化液。常用钝化液组成及工艺见表 4.73。

表 4.73　彩虹色钝化常用钝化液组成及工艺条件

钝化液组成及工艺条件	工艺
铬酐/（g/L）	3～15
721-3 促进剂/（g/L）	5～20
pH 值	0.8～1.8
温度/℃	30～70
钝化时间/s	10～50

铬酐是生成钝化膜的主要成分，其溶于水后生成铬酸或重铬酸。它是强氧化剂，当 Zn-Ni 合金电镀层与钝化液接触后，在界面上发生氧化还原反应，Cr^{6+} 被还原为 Cr^{3+}，同时锌被氧化为 Zn^{2+}。由于锌的溶解使合金电镀层表面附近电镀液的 H^+ 浓度下降，并使电镀液 pH 值上升，于是在镀层表面生成碱式铬酸铬、碱式铬酸锌和三氧化二铬等难溶的化合物薄膜，即彩色钝化膜。

当钝化液中的铬酸浓度较低时，彩色膜颜色较淡，成膜速度也较慢，钝化时间延长；当铬酸浓度过高时，彩色膜色泽发暗，严重时为土黄色，钝化膜结合力不好，此时虽然可以缩短钝化时间，但一般不易控制。

721-3 促进剂可以加快成膜速度，并有一定的中和作用。若不添加促进剂，则难以得到彩虹色钝化膜。随着促进剂含量的增加，成膜速度加快，并有利于提高钝化膜结合力。

钝化液的 pH 值对成膜也有较大影响。当 pH 值过低时，合金电镀层中的锌溶解过快，成膜不牢；若 pH 值过高，则形成的钝化膜较为疏松且容易脱落。

钝化液温度升高可以提高钝化反应速度。由于合金电镀层中含有一定量的镍，当钝化液中的铬酸浓度较低时（只是为了减少对环境的污染），只有适当升高钝化液温度，才能保证钝化正常进行。钝化工艺使用的温度一般在 40℃ 以上，若钝化液温度过高，则钝化时间缩短，但不易控制。钝化时间长短可以根据钝化液的成分浓度、工作温度及 pH 值高低而定。Zn-Ni 合金电镀层彩色钝化液组成及工艺条件见表 4.74。

表 4.74　Zn-Ni 合金电镀层彩色钝化液组成及工艺条件

钝化液组成及工艺条件	工艺 1	工艺 2	工艺 3	工艺 4	工艺 5	工艺 6
ρ（铬酐）/（g/L）			2	10	5～10	5～10
ρ（重铬酸钠）/（g/L）	60	20				
ρ（硫酸）/（g/L）	2.0		0.1	1.0	10.0	
ρ（氯化物）/（g/L）						10～20
ρ（硫酸锌）/（g/L）		1				
ρ（硫酸铬）/（g/L）		1				
ρ（磷酸氢二钠）/（g/L）					2	
pH 值	1.8	2.1	1.8	1.2	1.4	
温度/℃	34	50	40	30	30	50～70
钝化时间/s	15	25	15	30	10	30～60
外观色泽	彩虹色	彩虹色	彩虹色	彩虹色	略带绿色的彩虹色	彩虹色

（2）黑色钝化。Zn-Ni 合金电镀层的黑色钝化主要有两种类型：①以银离子为黑化剂的黑色钝化工艺，该工艺得到的黑色钝化膜较为致密，而且黑度高。②以铜离子为黑化剂的钝化工艺，该工艺得到的钝化膜外观质量不如前者，而且黑度也略差。Zn-Ni 合金电镀层黑色钝化液组成及工艺条件见表 4.75。

表 4.75　Zn-Ni 合金电镀层黑色钝化液组成及工艺条件

钝化液组成及工艺条件	工艺 1	工艺 2
ρ（铬酐）/（g/L）	10～20	30～50
ρ（磷酸）/（g/L）	6～12	
ρ（乙酸）/（g/L）		40～60

钝化液组成及工艺条件	工艺 1	工艺 2
ρ（硫酸根离子）/（g/L）	10～15	5～8
ρ（银离子）/（g/L）	0.3～0.4	0.3～0.4
温度/℃	20～25	20～25
钝化时间/s	30～40	100～180
外观色泽	暗深黑色	真黑色
钝化液寿命	长	短
耐蚀性（SST 出白锈时间）/h	120～140	10～48

银黑色钝化膜的黑色物质主要是钝化反应生成的黑色氧化银，即

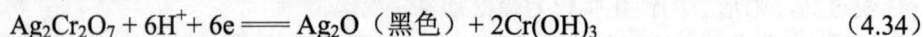

$$Ag_2Cr_2O_7 + 6H^+ + 6e == Ag_2O（黑色）+ 2Cr(OH)_3 \qquad (4.34)$$

铜盐黑色钝化液的主要成分是铬酐、硫酸铜、乙酸和甲酸盐，与镀锌黑色钝化工艺基本相同。采用国外专利中提出的钝化液组成及工艺条件也可得到黑色钝化膜：硫酸铜 15g/L、氯酸钾 20g/L、氯化镍 20g/L、工作温度为 40～80℃。

（3）白色钝化。Zn-Ni 合金电镀层的白色钝化液组成及工艺条件见表 4.76。

表 4.76　Zn-Ni 合金电镀层白色钝化液组成及工艺条件

钝化液组成及工艺条件	工艺 1	工艺 2
ρ（铬酐）/（g/L）	5	5
ρ（三氯化铬）/（g/L）	1	2
ρ（钛离子）/（g/L）	1.2	
ρ（硫酸根离子）/（g/L）	3.9	2.0～4.0
V（硝酸）/（mL/L）		1
ρ（氟离子）/（g/L）	2.7	
温度/℃	50	20～50
钝化时间/s	10	

（4）无铬酸钝化工艺。目前，锌和锌合金使用的钝化液大都含有 Cr^{6+}。Cr^{6+} 的毒性大，严重污染环境。为了减少环境污染，现在大多采用含有低浓度 Cr^{6+} 的钝化液，但这样并不能彻底消除 Cr^{6+} 的污染。因此，近年来关于无铬钝化工艺的研究受到人们的重视，如三价铬钝化、钼酸盐钝化、钨酸盐钝化、高锰酸盐钝化和稀土盐钝化等。对于 Zn-Ni 合金电镀层来说，效果较为明显的无铬钝化工艺是三价铬钝化、稀土盐钝化和钼酸盐钝化。

① 三价铬钝化。Cr^{3+} 的毒性比 Cr^{6+} 小得多，因而使用 Cr^{3+} 钝化液有利于保护环境。其钝化液组成及工艺条件见表 4.77。

表 4.77　三价铬钝化液组成及工艺条件

钝化液组成及工艺条件	工艺 1	工艺 2
φ（三价铬化合物）/%	1.1	
ρ（硝酸铬）/（g/L）		10

续表

钝化液组成及工艺条件	工艺1	工艺2
V（硫酸）/（mL/L）	3	
ρ（盐酸）/（g/L）		5.1
ρ（硫酸铝钾）/（g/L）		30
ρ（偏钒酸铵）/（g/L）		2.25
ρ（氟化氢铵）/（g/L）	3.6	
V[有机添加剂（胺润湿剂）]/（mL/L）	0.25	
φ[过氧化氢（质量分数为35%）]/%	2	
pH 值	1～3（用硫酸调）	
钝化时间/s	15～30	

三价铬钝化液配制工艺如下。

A 液：将 28.4kg 水加入含有 4.2kg 铬酐和 24.4kg 亚硫酸氢钠（质量分数为 25%）的溶液中，并将溶液温度保持在 52℃；再将 40kg 硝酸（质量分数为 67%）和 3kg 氟化氢铵加入上述溶液中，就可得到蓝色三价铬溶液，其 pH 值<1。

B 液：将 71.4kg 水加入含有 4.2kg 铬酐和 24.4kg 亚硫酸氢钠（质量分数为 25%）的溶液中，搅拌混合，并将溶液温度保持在 52℃，便可得到绿色三价铬溶液。

钝化液组成：取 A 液 10kg、B 液 1.5kg、水 88.5kg，或取 A 液 1.5kg、B 液 10kg、水 88.5kg；工作温度为 20～35℃，钝化时间为 30s，即可得到耐蚀性良好的钝化膜。

② 钼酸盐钝化。钼、钨与铬属于同族金属，因而钼酸盐的作用与铬酸盐相似。有研究者使用钼酸盐溶液来钝化 Zn 及 Zn-Ni 合金，试验结果表明，在中等腐蚀环境中，钼酸盐钝化膜的耐蚀性与铬酸盐钝化膜相似。例如，Molyphos33 和 Molyphos66 两种产品，其主要组成为钼酸盐和正磷酸，前者的 Mo/P = 0.33，后者的 Mo/P = 0.66；工艺条件：温度为 60℃，时间为 2min。还可以对形成的钝化膜进行喷涂或其他保护。盐雾试验和室外暴晒试验结果表明，钼酸盐钝化膜出白锈时间与铬酸盐钝化膜相似。

③ 硅酸盐钝化。硅酸盐钝化液的主要成分为硫酸、过氧化氢和可溶性硅酸盐。为了进一步改善钝化膜的耐蚀性和装饰性，往往还需要在钝化液中加入一定量的添加剂，如有机膦化物、有机氮化物、抗坏血酸等。其钝化液组成及工艺条件见表 4.78。

表 4.78 硅酸盐钝化所用钝化液组成及工艺条件

钝化液组成及工艺条件	工艺
硫酸/（g/L）	1.8～18.0
过氧化氢/（g/L）	7～29
二氧化硅/（g/L）	8～18
pH 值	3～4
工作温度/℃	20～35
钝化时间/s	20～50

该钝化液中的二氧化硅以硅酸钠或硅酸钾形式加入，硅酸盐中 SiO_2 对 Na_2O 或 K_2O 的摩尔比通常以大于 2.2 为好。

在此工艺条件下，可以获得性能良好的钝化膜。在钝化过程中，硫酸和过氧化氢的消耗量大，因而需要经常补充，但硅酸盐一般不消耗。该工艺的主要优点是：钝化膜性能好，钝化液使用寿命长，无毒性，清洗水不需要进行特别处理，工作期间钝化液中不会聚集有害的副产物。

2. 电镀 Zn-Co 合金

电镀 Zn-Co 合金是一种较新的电镀工艺，直到 20 世纪 70 年代后才开始有较多关于该工艺的论文和专利报道，该工艺在 20 世纪 80 年代初期首先在欧洲应用于生产。Zn-Co 合金电镀层具有良好的耐蚀性，其对钢铁基体来说是阳极镀层，具有电化学保护作用。Zn-Co 合金电镀层的耐蚀性与镀层中的钴含量有关。随着镀层中钴含量的增加，Zn-Co 合金电镀层的耐蚀性提高，但当钴的质量分数超过 1%时，其耐蚀性提高相对较慢。因此，从经济和电镀液维护的角度考虑，在生产中广泛使用的是钴质量分数在 0.5%～1.0%的 Zn-Co 合金电镀层。中性盐雾试验结果表明，Zn-Co 合金电镀层出红锈时间比相同厚度的锌电镀层高两倍以上。低钴含量的 Zn-Co 合金电镀层也可进行铬酸盐钝化处理，其耐蚀性同样会有很大提高。该合金电镀层中的钴含量较少，成本较低，工艺简单，可从传统的电镀锌工艺转化为电镀 Zn-Co 合金工艺。钴质量分数约为 20%的 Zn-Co 合金电镀层外观光亮，与铬电镀层相似，可以替代铬电镀层使用。因此，Zn-Co 合金电镀层也是较为理想的高耐蚀镀层。

Zn-Co 合金电镀层主要用于汽车配件，如汽车管道系统、燃料系统、制动系统等。此外，还可用于其他用途，如各种标准件和紧固件等。由于 Zn-Co 合金电镀层对二氧化硫具有很好的耐蚀性，在工业大气条件下应用效果较好。Zn-Co 合金对新型甲醇混合燃料也有良好的耐蚀性，在某些领域可以替代不锈钢，从而使成本大幅降低。

通常电镀 Zn-Co 合金电镀液体系主要分为氯化物体系、硫酸盐体系和碱性锌酸盐体系。

1）氯化物电镀 Zn-Co 合金

氯化物电镀 Zn-Co 合金应用较早也较广泛。由于镀层中钴的质量分数在 1%以内，因而一般都要经过钝化处理。该工艺在欧洲大多用于汽车部件、采矿和建筑等行业。

（1）电镀液组成及工艺条件。常用氯化物电镀 Zn-Co 合金溶液组成及工艺条件见表 4.79。

表 4.79　氯化物电镀 Zn-Co 合金溶液组成及工艺条件

电镀液组成及工艺条件	工艺 1	工艺 2	工艺 3	工艺 4	工艺 5	工艺 6
ρ（氯化锌）/（g/L）	100	80～90	46	78	80～120	110
ρ（氯化钴）/（g/L）	20	5～25	10.4	4～16	15～25	40
ρ（氯化钾）/（g/L）	190	180～210			180～200	
ρ（氯化钠）/（g/L）			175	200		130
ρ（硼酸）/（g/L）	25	20～30	20	20	20～30	10
ρ（苯甲酸钠）/（g/L）			1.75			2.00
ρ（季戊四醇）/（g/L）						16
ρ（苄叉丙酮）/（g/L）			0.06			
ρ（OZ 添加剂）/（g/L）	16					
ρ（A 添加剂）/（g/L）		少量				
ρ（BZ 添加剂）/（g/L）					14～18	
pH 值	5.0	5.0～6.0	5.0	5.0～5.5	4.5～5.5	5.2
温度/℃	25	24～40	25	20～35	10～35	25
电流密度/（A/dm²）	2.5	1.0～4.0	1.6	1.0～4.0	1.0～4.0	2.2
钴电镀层的质量分数/%	0.7	0.4～0.8	>1.0	0.4～0.8		

（2）电镀液中各成分的作用及工艺条件的影响。

① 主盐。通常 Zn-Co 合金电镀液的主盐是氯化锌和氯化钴。由于镀层中的钴含量很低，钴盐消耗较

少，也可在电镀液中加入钴盐添加剂。电镀液中的 Co^{2+} 与 Zn^{2+} 含量比对镀层中的钴含量影响较大。当改变电镀液中的氯化钴含量时，可使镀层中的钴含量发生变化，因此要严格控制电镀液中的钴盐含量。

② 导电盐。在氯化物电镀液中，通常使用的导电盐是氯化钾、氯化钠和氯化铵等。其主要作用是提高电镀液的电导率，改善电镀液性能、镀层性能和降低能耗。电镀液中的氯化物含量一般较高，大多在 150g/L（质量密度）以上，其确切含量视该导电盐的溶解度及具体要求而定。

③ 添加剂。为了得到均匀、细致、光亮的合金电镀层，需要在电镀液中加入适量的添加剂。弱酸性电镀锌使用的光亮剂通常不能直接用于电镀 Zn-Co 合金，需要考虑镀层中钴的分布是否均匀的问题，有的需要进行优选和组配。对于加入的添加剂，应当既能使合金电镀层中各成分分布均匀，又能使镀层外观光亮度一致、结晶细致，还能保持镀层的物理性能良好。在一定范围内，随着添加量的增加，镀层中的钴含量有所增加。

④ 温度。升高电镀液温度可以提高镀层中的钴含量。在常温（20～27℃）下，随着电镀液温度的升高，镀层中的钴含量略有增加；当温度在 28～35℃ 范围内变化时，镀层中的钴含量随着电镀液温度的升高而增加较快，约为 0.04%/℃；当温度高于 35℃ 时，随着电镀液温度的升高，镀层中的钴含量急剧增加。因此，电镀液温度最好控制在 20～35℃ 范围内。

⑤ pH 值。对于弱酸性电镀液，还应考虑电镀液 pH 值的影响。pH 值对镀层成分含量影响不大，在符合工艺要求的 pH 值范围内，镀层中的钴含量基本维持在一定值。

⑥ 阴极电流密度及搅拌。一般情况下，阴极电流密度提高，镀层中的钴含量也随之提高。在电镀防护性 Zn-Co 合金时，虽然电流密度变化范围较大，但镀层中的钴含量仅略有增加。这是该工艺的一大优点，当电镀复杂件时，能够得到组成较为稳定的 Zn-Co 合金电镀层。

在其他条件不变的情况下，搅拌可以提高镀层中的钴含量。试验结果表明，滚镀得到的镀层中钴含量要高于空气搅拌时镀层中的钴含量。

2）碱性锌酸盐电镀 Zn-Co 合金

（1）电镀液组成及工艺条件。常用碱性锌酸盐电镀 Zn-Co 合金溶液组成及工艺条件见表 4.80。

表 4.80　碱性锌酸盐电镀 Zn-Co 合金溶液组成及工艺条件

电镀液组成及工艺条件	工艺 1	工艺 2	工艺 3	工艺 4	工艺 5	工艺 6
ρ（氧化锌）/（g/L）	8～14	10	10	10～20	20～40	8～14
ρ（硫酸钴）/（g/L）	1.5～3.0	3.4			0.5～5.0	1.5～3.0
ρ（氯化钴）/（g/L）			12			
ρ（钴添加剂）/（g/L）				2～3		
V（三乙醇胺）/（mL/L）					6	
ρ（氢氧化钠）/（g/L）	80～100	120	120	90～150	160	80～140
ρ（ZC 稳定剂）/（g/L）	30～50					10～20
V（ZCA 添加剂）/（mL/L）	6～10			少量	少量	
ρ（有机合成物）/（g/L）			100			
ρ（铁族金属）/（g/L）		0.06				
温度/℃	10～40	10～50	10～40	24～40	20～40	10～40
电流密度/（A/dm²）	1.0～4.0	1.0～4.0	1.0～4.0	0.5～4.0	0.5～3.0	1.0～4.0
阳极	锌、铁混挂	锌、铁混挂		混挂	混挂	
钴电镀层的质量分数/%	0.6～0.8	1.0	16.8	0.7～0.9	<1.0	0.5～1.0

（2）电镀液中各成分的作用及工艺条件的影响。

① 主盐。硫酸钴、氧化锌和氯化钴都是主盐。电镀液中的硫酸钴含量对镀层中的钴含量影响很大。随着电镀液中硫酸钴含量的增加，镀层中的钴含量明显增加。在碱性锌酸盐电镀液中，Co^{2+}浓度很低，随着电镀的进行，其浓度变化较大。为了使镀层中的钴含量在要求范围内，必须把电镀液中的硫酸钴含量严格控制在工艺规定范围内。因此，在生产中应当经常分析电镀液的主盐浓度，并随时补加钴盐进行调整，以免使镀层组成不均匀。

② ZC 稳定剂。加入稳定剂的主要目的是防止生成钴的氢氧化物。ZC 稳定剂对 Co^{2+} 有一定的配位作用，随着电镀液中稳定剂含量的增加，镀层中的钴含量下降。

③ 添加剂。加入添加剂的主要目的是提高阴极极化，使镀层结晶细致。由 ZCA 添加剂试验结果可知，它对 Co^{2+} 放电的阻化作用更大一些。因此，随着电镀液中添加剂含量的增加，镀层中的钴含量下降。

④ 温度。随着电镀液温度的升高，镀层中的钴含量增加。

⑤ 阴极电流密度。阴极电流密度对镀层中的钴含量影响不大，随着电流密度的增大，镀层中的钴含量略有增加。

⑥ 阳极。在碱性锌酸盐电镀液中，Zn^{2+}浓度不易控制。因为正常的活化状态的锌阳极的溶解率为100%，而且锌在碱性溶液中还能自溶，所以锌阳极的实际溶解率超过 100%。但阴极的沉积率仅为 60%左右，因此在电镀过程中电镀液中的 Zn^{2+}浓度有增加趋势。人们通常采用的措施是减小锌阳极板面积，但这样会使锌阳极很容易钝化，从而无法继续使用。最好采用可溶性锌阳极板与不溶性铁阳极板混挂的办法，通过保持锌阳极板和铁阳极板一定的面积比控制锌阳极上的电流密度，进而控制电镀液中的 Zn^{2+}浓度。另外，若采用锌和铁混挂阳极，则在停镀时锌阳极自溶非常严重，应当注意在停镀时立即将锌阳极从电镀液中取出。

3）硫酸盐电镀 Zn-Co 合金

（1）电镀液组成及工艺条件。常用硫酸盐电镀 Zn-Co 合金溶液组成及工艺条件见表 4.81。

表 4.81　硫酸盐电镀 Zn-Co 合金溶液组成及工艺条件

电镀液组成及工艺条件	工艺 1	工艺 2	工艺 3	工艺 4
ρ（硫酸锌）/（g/L）	44	495	100	31
ρ（硫酸钴）/（g/L）	4.7	75	50	20
ρ（硫酸铵）/（g/L）	50			
ρ（硼酸）/（g/L）			30	
ρ（硫酸钠）/（g/L）		50		
ρ（乙酸钠）/（g/L）		9		
ρ（葡萄糖酸钠）/（g/L）				60
V[氨水（质量分数为 25%）]/（mL/L）	250			
ρ（添加剂）	少量	适量	适量	适量
pH 值	3.0～4.0	4.2	3.5	8.7
温度/℃	20～30	50	25	30
电流密度/（A/dm²）	1.5～3.0	30.0	5.5	8.5
钴电镀层的质量分数/%	<1.0			

（2）电镀液中各成分的作用及工艺条件的影响。以上工艺除工艺 4 为弱碱性外，其余都是弱酸性的。在电镀液中，硫酸锌和硫酸钴为主盐；硫酸铵、硫酸钠、乙酸钠等为导电盐，可以提高电镀液的电导率；

硼酸为缓冲剂，可以维持电镀液 pH 值的稳定；葡萄糖酸钠是配位剂，可以稳定电镀液；添加剂一般是含氮聚合物，能使镀层外观平整、细致。

4）电镀装饰性 Zn-Co 合金

钴质量分数为 15%～25% 的 Zn-Co 合金电镀层具有与铬电镀层相似的光泽，可用于替代装饰性铬电镀层。为了得到钴含量高的合金电镀层，可以采用弱碱性电镀液，该电镀液主要由锌盐、钴盐和配位剂组成。电镀液组成及工艺条件见表 4.82。

表 4.82 电镀装饰性 Zn-Co 合金所用电镀液组成及工艺条件

电镀液组成及工艺条件	工艺
硫酸锌/（g/L）	10
硫酸钴/（g/L）	20
柠檬酸/（g/L）	50
pH 值	8.0～8.5
温度/℃	25～35
电流密度/（A/dm²）	15～25

电镀液中 Zn^{2+} 和 Co^{2+} 的相对含量对镀层中的钴含量有较大影响。当 Co^{2+} 含量过低时，阴极电流效率和镀层中的钴含量均下降；当 Co^{2+} 含量过高时，会使镀层发黑。当 Zn^{2+} 含量过高时，镀层出现斑点；当 Zn^{2+} 含量过低时，电流效率和镀层中的锌含量均下降。通常以控制电镀液中 Zn^{2+} 与 Co^{2+} 含量比值为 1 左右为宜。

在电镀液中，配位剂的主要作用是保持电镀液稳定、增大阴极极化、改善镀层质量。在电镀装饰性 Zn-Co 合金时，虽然使用的是硫酸盐，但是在碱性条件下电镀必须加入合适的配位剂，以使其与 Zn^{2+} 和 Co^{2+} 形成配位离子，从而稳定电镀液。较为合适的配位剂有柠檬酸、酒石酸、葡萄糖酸及其盐类，其中柠檬酸及其盐类最理想。在电镀液中，配位剂的含量随着 Zn^{2+} 含量和 Co^{2+} 含量的增加而增加。

该工艺可在钢铁件上电镀 Zn-Co 合金作为防护性镀层，也可在镍、Ni-Fe 合金和黄铜上进行电镀以获得装饰性镀层，镀层厚度以 0.25～1.25μm 为宜。电镀 Zn-Co 合金电镀层的外观质量可与铬电镀层相媲美。为了提高 Zn-Co 合金电镀层的抗变色能力，可在含铬酐 3%～5%（质量分数）的钝化液中进行抗变色处理。

5）Zn-Co 合金电镀层的钝化处理

为了进一步提高 Zn-Co 合金电镀层的耐蚀性，可对其进行彩色、黑色或橄榄色等钝化处理，不同色彩的钝化膜耐蚀性不同。钴含量低的 Zn-Co 合金电镀层钝化处理较为容易，其钝化工艺和锌电镀层钝化工艺相似，可以得到彩虹色钝化膜，其耐蚀性比锌电镀层提高两倍以上。Zn-Co 合金电镀层橄榄色钝化膜的耐蚀性比锌电镀层提高 3 倍以上。Zn-Co 合金电镀层钝化液组成及工艺条件见表 4.83。

表 4.83 Zn-Co 合金电镀层钝化液组成及工艺条件

钝化液组成及工艺条件	工艺 1	工艺 2	工艺 3	工艺 4
ρ（铬酐）/（g/L）	5～8	5	5～10	20～30
V（硫酸）/（mL/L）	5.0～6.0	0.5		70～80（乙酸）
V（硝酸）/（mL/L）	3～4	3		
ρ（氯化物）/（g/L）			6～15	10～14（甲酸钠）
ρ（硫酸镍）/（g/L）			1～2	
ρ（硫酸铜）/（g/L）				20～30

钝化液组成及工艺条件	工艺1	工艺2	工艺3	工艺4
ρ（硝酸银）/（g/L）				0.1～0.3
pH 值	1.4～1.8	1.3～1.7	1.2～1.8	2.0～3.0
温度/℃		20～30	20～50	20～35
钝化时间/s	20～30	20～30	20～30	120～180
外观色泽	彩虹色	彩虹色	橄榄色	黑色

3. 电镀 Zn-Fe 合金

对钢铁基体来说，电镀 Zn-Fe 合金电镀层是阳极镀层，具有电化学保护作用，因而是很好的防护性镀层。Zn-Fe 合金电镀层除具有较高的耐蚀性外，还具有可焊性、可涂装性和易加工性等许多优点。根据合金电镀层中的铁含量不同，电镀 Zn-Fe 合金电镀层可分为高铁合金电镀层和低铁合金电镀层两种。铁质量分数为 7%～25% 的合金电镀层耐蚀性很好；铁质量分数高于 1% 的合金电镀层难于钝化处理；铁质量分数在 15% 左右的合金电镀层耐蚀性最好。铁质量分数在 0.4%～0.8% 的 Zn-Fe 合金电镀层在黑色钝化后，其钝化膜具有憎水性，因此具有相当高的耐蚀性；铁质量分数为 10%～20% 的合金电镀层具有较好的抗点腐蚀能力和抗孔隙腐蚀能力；铁质量分数为 80%～90% 的合金电镀层具有良好的抗蠕变性及可涂装性。

高铁含量的合金电镀层主要用作汽车钢板的电泳涂装底层。为了提高镀层与油漆的结合力，事先需要进行磷化处理。高铁含量的 Zn-Fe 合金电镀层在抛光后电镀铬，或在闪镀铜后电镀铬，所得镀层可作为日用五金产品的防护-装饰性镀层。Zn-Fe 合金电镀层还可作为装饰性电镀黄铜的底层，以便提高其耐蚀性。

对铁质量分数低于 1% 的 Zn-Fe 合金电镀层进行钝化处理较容易，特别是铁质量分数为 0.3%～0.6% 的 Zn-Fe 合金电镀层更易于钝化。对于经过钝化处理的合金电镀层，其耐蚀性大幅提高。黑色钝化的合金电镀层具有最高的耐蚀性，而且黑色钝化不使用银盐，这是低铁 Zn-Fe 合金电镀层的最大优点。另外，电镀 Zn-Fe 合金电镀层的成本较低，电镀液容易维护，使用方便，既可挂镀也可滚镀，在生产上已经逐渐得到应用。

电镀 Zn-Fe 合金的电镀液大致可分为以下几种类型：碱性电镀液、酸性电镀液（硫酸盐电镀液、氯化物电镀液）和焦磷酸盐电镀液等，其中硫酸盐电镀液和氯化物电镀液开发较早，应用也较为广泛。锌酸盐电镀液是近年来开发出来的 Zn-Fe 合金电镀液，其发展较为迅速。

1）酸性体系电镀 Zn-Fe 合金

（1）电镀液组成及工艺条件。常用酸性体系电镀 Zn-Fe 合金溶液组成及工艺条件见表 4.84。

表 4.84　酸性体系电镀 Zn-Fe 合金溶液组成及工艺条件

电镀液组成及工艺条件	氯化物型		硫酸盐型		氯化物-硫酸盐混合型	
	工艺1	工艺2	工艺1	工艺2	工艺1	工艺2
ρ（氯化锌）/（g/L）	80～100	265				90～110
ρ（氯化亚铁）/（g/L）		135				
ρ（硫酸锌）/（g/L）			260	18	5～40	
ρ（硫酸亚铁）/（g/L）	8～12		250	18		2～4
ρ（硫酸铁）/（g/L）					200～250	

续表

电镀液组成及工艺条件	氯化物型		硫酸盐型		氯化物-硫酸盐混合型	
	工艺1	工艺2	工艺1	工艺2	工艺1	工艺2
ρ（氯化钾）/（g/L）	210～230				10～30	200～220
ρ（硫酸钠）/（g/L）			30			
ρ（乙酸钠）/（g/L）		15	12			
ρ（草酸铵）/（g/L）				68		
ρ（氯化铵）/（g/L）		30				
ρ（硫酸铵）/（g/L）					100～120	
ρ（柠檬酸）/（g/L）		5			5～10	
ρ（聚乙二醇）/（g/L）	1.0～1.5					
ρ（硫脲）/（g/L）	0.5～1.0					
ρ（抗坏血酸）/（g/L）	1.0～1.5					1～3
V（添加剂）/（mL/L）	ZF 8.0～10.0	0.5				HX-1 15.0～25.0
pH 值	3.5～5.5	3.0	3.0	2.0	1.0～1.5	3.0～4.5
温度/℃	5～40	50	40	50	室温	15～40
电流密度/（A/dm²）	1.0～2.5	50.0	50.0	1.0～2.0	20.0～30.0	1.0～5.0
阳极	Zn∶Fe=10∶1		锌板	锌板		
铁电镀层的质量分数/%	0.5～1.0		20.0	14.0		0.5～0.8

（2）电镀液中各成分的作用及工艺条件的影响。

① 主盐。氯化锌、氯化亚铁、硫酸锌、硫酸亚铁和硫酸铁是电镀液中的主盐，其浓度可在一定范围内变化。但最主要的是 Zn^{2+} 和 Fe^{2+} 在电镀液中保持一定的比例，只有这样才能保持镀层中合金成分的比例。当电镀铁含量较高的 Zn-Fe 合金时，保持$[Fe^{2+}]/[Zn^{2+}]$比值不变，提高主盐金属离子的总浓度，在氯化物体系中镀层含铁量增加，在硫酸盐体系中镀层含铁量减少。由此可见，主盐对电共沉积的影响在不同体系有较大差别。若改变电镀液中的$[Zn^{2+}]/[Fe^{2+}]$比，则镀层含铁量会发生变化。只有当电镀液中的$[Fe^{2+}]/[Zn^{2+}]>0.4$ 时，才能得到合金电镀层。由于电镀液中的 Fe^{2+}浓度变化对镀层中的铁含量有很大影响，因此电镀过程中必须严格控制电镀液组成。当电镀铁含量较低的 Zn-Fe 合金时，电镀液中的 Fe^{2+} 消耗较慢，因此通常不采用可溶性铁阳极，而是通过补加 Fe^{2+}盐维持电镀液稳定。

② 导电盐。在电镀高铁含量的 Zn-Fe 合金电镀层时，加入的导电盐对合金组成有较大影响。对于硫酸盐电镀液来说，随着硫酸盐（硫酸钠和硫酸铝等）含量的增加，镀层中的铁含量增加；对于氯化物电镀液来说，随着氯化铵或氯化钾、氯化钠含量的增加，镀层中的铁含量迅速增加；对于不同的导电盐，其影响规律也不同。若导电盐含量高，则导电性就好，电镀液的分散能力和覆盖能力也得到改善；若导电盐含量低，则导电性差，使槽电压升高，阴极电流密度变窄，镀层光亮度降低，此时如果电流稍大，镀层就容易烧焦。因此，导电盐含量应当控制在工艺范围内。

③ 聚乙二醇。聚乙二醇有利于改善合金电镀层外观和整平性。增加电镀液中聚乙二醇的含量，将会降低镀层中的铁含量。

④ 抗坏血酸。在酸性条件下 Fe^{2+}易于氧化成 Fe^{3+}，因此需要在电镀液中加入 Fe^{2+}稳定剂，或者向电镀液中通入氮气，防止 Fe^{2+}氧化。常用的稳定剂是抗坏血酸，它具有还原能力，可将 Fe^{3+}还原为 Fe^{2+}，从而稳定电镀液。当抗坏血酸的质量浓度为1g/L 时，即具有良好的稳定作用，其含量也可根据需要稍大一些。

⑤ 添加剂。铁含量较高的 Zn-Fe 合金电镀层一般用作涂装底层，因此其电镀液中可以不加入添加剂。铁含量较低的 Zn-Fe 合金作为防护性镀层，在电镀后需要进行钝化处理。镀层结晶影响钝化膜质量，因此在电镀液中必须加入添加剂。常用的电镀锌溶液添加剂往往不能直接用于 Zn-Fe 合金电镀液，因为其不能得到组成稳定、结晶细致的合金电镀层。

对于氯化物体系，添加剂由芳香羧酸、醛类缩聚而成，具有光亮和整平的作用。HX-1 是在电镀锌添加剂的基础上改进制得的，它适用于弱酸性氯化物体系，具有使合金电镀层结晶细致、光亮范围宽、镀层含铁量较为稳定等作用。当其在电镀液中的含量在 $15\sim25\text{mL/L}$ 范围内变化时，镀层含铁量没有多大变化；当其含量低于 15mL/L 或高于 25mL/L 时，镀层含铁量增加，镀层中铁的质量分数可达 1%以上。若 HX-1 含量过低，则光亮作用不明显；若 HX-1 含量过高，则镀层外观不良。

稳定剂的主要作用是稳定电镀液中的 Fe^{2+}，抑制其被氧化为 Fe^{3+}。若电镀液中的 Fe^{3+}增多，则易生成氢氧化铁沉淀，镀层易出现粗糙、毛刺、外观光亮度降低等现象，严重时电镀液浑浊呈砖红色甚至无法生产。通常使用的稳定剂可分为两类：a.还原剂，使 Fe^{2+}不被氧化。b.铁离子的配位剂。

对于硫酸盐体系，Fe^{2+}在电镀液中极易被氧化为 Fe^{3+}，为防止这一反应的发生，可在电镀液中加入稳定剂。通常使用的稳定剂是还原剂或配位剂，如铁粉、锌粉和柠檬酸等。其中，铁粉和锌粉可与 Fe^{3+}反应，使它还原为 Fe^{2+}，从而起到稳定电镀液的作用。为了得到光亮、整平的合金电镀层，往往需要在电镀液中加入适量的添加剂。

⑥ 缓冲剂。常用弱酸及弱酸盐作为电镀液 pH 值的缓冲剂，如乙酸钠和硼酸等。在高电流密度时，阴极析氢较为严重，阴极表面附近的电镀液 pH 值上升较快，造成电镀液不稳定，在电镀液中加入缓冲剂可以起到稳定电镀液 pH 值的作用。

⑦ 阴极电流密度。当电镀铁含量较高的 Zn-Fe 合金时，若采用不同体系，则阴极电流密度对镀层含铁量的影响有较大差别。与硫酸盐电镀液相比，在氯化物电镀液中镀层中铁含量随电流密度变化而变化的幅度要小得多，这是该体系的一大优点。电流密度对镀层组成的影响与主盐浓度比和导电盐等均有关系。

⑧ 温度。在电镀铁含量较高的 Zn-Fe 合金时，阴极电流密度较高，因而电镀液温度也相应较高。当使用可溶性阳极时，随着电镀液温度的升高，Fe^{3+}的生成量也相应增加，因而电镀液温度不应过高。在弱酸性电镀液中，随着电镀液温度的升高，镀层中铁含量略有增加。当电镀液温度过低时，氯化钾易结晶析出；当电镀液温度过高时，添加剂易发生分解，使镀层粗糙。

⑨ pH 值。pH 值对镀层组成的影响与阴极电流密度有关。不同电流密度下，其影响规律不同。在酸性电镀液中，电镀液 pH 值保持在 $4\sim5$ 之间最为稳定。若电镀液 pH 值过高，则电镀液中的 Fe^{3+}含量增加，从而使电镀液不稳定。

⑩ 搅拌。在硫酸盐电镀 Zn-Fe 合金时，随着搅拌强度的提高，镀层中铁含量下降。这与金属电沉积过程受扩散控制有关。

⑪ 阳极。在电镀 Zn-Fe 合金时，可溶性阳极和不溶性阳极均可采用。当采用可溶性阳极时，常用锌板和铁板作为联合阳极；也可采用锌阳极，通常在电镀过程中向电镀液中补加碳酸亚铁以稳定主盐浓度。采用可溶性阳极的关键是选取阳极材料和控制工艺条件。当采用不溶性阳极时，可以通过补加氧化锌或碳酸锌及碳酸铁或铁粉维持电镀液主盐浓度稳定。但在阳极表面上易发生 Fe^{2+}氧化成 Fe^{3+}的反应。如果电镀液中的 Fe^{3+}累积太多，就会影响阴极表面扩散，并在阴极上发生还原反应，从而使阴极电流效率显著下降。

2）碱性体系电镀 Zn-Fe 合金

（1）电镀液组成及工艺条件。控制电镀液中的 Fe^{2+}浓度、电流密度和电镀液温度可使锌优先电沉积，从而得到耐蚀的 Zn-Fe 合金电镀层。碱性体系电镀液较为稳定、容易维护，对设备腐蚀性轻，其最大优点是：电流密度变化时，镀层成分基本不变，这有利于控制合金电镀层的组成。碱性体系电镀 Zn-Fe 合金溶液组成及工艺条件见表 4.85。

表 4.85　碱性体系电镀 Zn-Fe 合金溶液组成及工艺条件

电镀液组成及工艺条件	工艺 1	工艺 2	工艺 3	工艺 4	工艺 5	工艺 6
ρ（氧化锌）/（g/L）	29.6~30.9	15~20	14~16	10~15	13	18~20
ρ（硫酸亚铁）/（g/L）	1.3~6.2	0.5~1.5	1.0~1.5			1.2~1.8
ρ（氯化亚铁）/（g/L）					1~2	
ρ（氯化铁）/（g/L）				0.2~0.5		
ρ（氢氧化钠）/（g/L）	100~120	160	140~160	120~180	130	100~130
ρ（三乙醇胺）/（g/L）	1.4~6.7					
ρ（配位剂）/（g/L）		XTL118 50	XTL 40~60		8~12	10~30
V（添加剂）/（mL/L）	4~6	XTG418 8		4~6	6~10	
V（光亮剂）/（mL/L）			XTT 4~6	3~5		WD 6~9
温度/℃	20~25	10~40	15~30	10~40	15~30	5~45
电流密度/（A/dm²）	3~5	2	1~2.5	1~4	1~3	1~4
铁电镀层的质量分数/%	2.0~3.0	0.2~0.7	0.2~0.7	0.2~0.5	0.4~0.8	0.4~0.6

（2）电镀液中各成分的作用及工艺条件的影响。

① 主盐。在碱性锌酸盐电镀液中，若氧化锌含量偏高，则可提高阴极电流密度，电沉积速度加快，但镀层粗糙发暗，电镀液的分散能力和覆盖能力差，镀层中铁含量降低；若氧化锌含量偏低，则电沉积速度慢，电流效率低。因此，应当严格控制电镀液中的氧化锌含量。当电镀铁含量较低的 Zn-Fe 合金时，需要补加 Fe^{2+} 盐来维持电镀液稳定，必须事先将 Fe^{2+} 盐与配位剂充分配合后再加入电镀液，否则会产生沉淀。

② 配位剂。作为碱性锌酸盐电镀液中的配位剂，不仅能够稳定配位 Fe^{2+}、Fe^{3+}，同时对 Zn^{2+} 也有较强的配位作用，XTL118 是由多种有机物混合而成的组合配位剂。该配位剂还起到稳定合金组成的作用。当配位剂不存在或含量过低时，电镀液温度对镀层铁含量影响显著；当配位剂含量适当时，电镀液温度在 10~40℃ 范围内变化均能得到铁质量分数为 0.4%~0.7% 的 Zn-Fe 合金电镀层。

③ 添加剂。XTG418 是多种表面活性物质的混合物，它适用于碱性电镀液。当电沉积时，它吸附在阴极表面上，影响金属离子的放电过程。若改变添加剂的含量，则镀层中铁含量基本不变。

④ 阴极电流密度。Zn-Fe 合金电镀层中铁含量随阴极电流密度的增加而略有增加。

⑤ 温度。在碱性锌酸盐电镀液中电镀防护性 Zn-Fe 合金时，随着电镀液温度的升高，镀层中铁含量迅速增加。当使用 XTL118 配位剂时，即使电镀液温度升高，镀层组成也变化不大。

3）焦磷酸盐电镀 Zn-Fe 合金

焦磷酸盐电镀得到的 Zn-Fe 合金电镀层一般都是高铁含量的合金电镀层，铁质量分数大多在 7% 以上。Zn-Fe 合金电镀层在抛光后电镀铬，或在光亮镀层闪镀铜后电镀铬，所得镀层常作为日用五金产品的防护装饰性镀层，可以替代氰化物电镀 Cu-Zn 合金以减轻环境污染。

（1）电镀液组成及工艺条件。焦磷酸盐电镀 Zn-Fe 合金溶液组成及工艺条件见表 4.86。

表 4.86　焦磷酸盐电镀 Zn-Fe 合金溶液组成及工艺条件

电镀液组成及工艺条件	工艺 1	工艺 2	工艺 3	工艺 4
ρ（硫酸锌）/（g/L）	64.5		35.0～45.0	
ρ（焦磷酸锌）/（g/L）		36～42		18～24
ρ（三氯化铁）/（g/L）	5	8～11	11～16	12～17
ρ（焦磷酸钾）/（g/L）	23.5	250.0～300.0	320.0～400.0	300.0～400.0
ρ（磷酸氢二钠）/（g/L）	35.5	80.0～100.0	60.0～70.0	60.0～70.0
ρ（光亮剂）/（g/L）	胡椒醛 1.000～1.500	洋茉莉醛 0.100～0.150	洋茉莉醛 0.007～0.010	洋茉莉醛 0.007～0.010
pH 值	8.5	9.0～10.5	10.0～12.0	9.5～12.0
温度/℃	50	55～60	42～48	40～50
电流密度/（A/dm²）	1.0～3.0	1.5～2.5	1.2～1.4	1.2～1.5
阳极面积比 Zn：Fe		1.0：（1.5～2.0）		1.0：（1.5～2.0）
铁电镀层的质量分数/%	6.0～7.4	15.0	24.0～27.0	25.0

（2）电镀液中各成分的作用及工艺条件的影响。

① 主盐。在焦磷酸盐电镀液中，硫酸锌、焦磷酸锌和三氯化铁都是主盐，能够提供电沉积的金属离子。其中，焦磷酸锌还是配位剂，它能够提供 $P_2O_7^{4-}$。如果电镀液中含锌量太高，镀层中锌含量就偏高，使镀层难以套铬或易发花；若电镀液中含锌量过低，则镀层中铁含量增多，镀层呈暗黑色。当电镀液中铁含量过高时，镀层易出现条纹，而且不易抛光，耐蚀性降低；若电镀液中铁含量过低，则镀层发暗。

② 配位剂。焦磷酸钾是主配位剂，可以促进阳极正常溶解，同时提高阴极极化，使镀层结晶致密。若配位剂含量过高，则会使电流效率降低；若配位剂含量过低，则电镀液分散能力变差，镀层结晶粗糙。

③ 缓冲剂。磷酸氢二钠主要起到缓冲电镀液 pH 值的作用，此外还可抑制焦磷酸盐水解。

④ 光亮剂。醛类化合物是光亮剂，起到细化结晶、改善镀层光泽的作用。若光亮剂含量过高，则会出现镀层发脆和结合力差等缺陷。

⑤ pH 值。若 pH 值过高，则镀层粗糙，不易套铬；若 pH 值过低，则焦磷酸钾易水解，镀层色泽不均匀，镀层凹处发黑。

⑥ 温度。随着电镀液温度的升高，镀层铁含量升高，低电流密度区镀层发黑；当电镀液温度过低时，阴极电流效率下降，镀层容易出现"烧焦"现象。

⑦ 阴极电流密度。该工艺使用的电流密度范围较窄。若电流密度过高，则易出现镀层"烧焦"现象；若电流密度过低，则镀层呈灰黑色。

4）Zn-Fe 合金电镀层的钝化处理

对于铁质量分数较低（0.2%～0.8%）的 Zn-Fe 合金电镀层，为了进一步提高其耐蚀性，必须对镀层进行钝化处理，其钝化工艺与电镀锌镀层钝化工艺类似，但黑色钝化可以不加银盐。Zn-Fe 合金钝化膜颜色一般为黑色、彩虹色和白色。其中，黑色钝化膜耐蚀性最高，彩虹色次之，白色钝化膜耐蚀效果最差。

（1）黑色钝化。Zn-Fe 合金电镀层的黑色钝化液组成及工艺见表 4.87。

表 4.87　Zn-Fe 合金电镀层的黑色钝化液组成及工艺

钝化液组成及工艺	工艺 1	工艺 2	工艺 3
ρ（铬酐）/（g/L）	15～20	15～25	20～35
ρ（硫酸铜）/（g/L）	40～45	35～45	25～35

续表

钝化液组成及工艺	工艺1	工艺2	工艺3
ρ（乙酸钠）/（g/L）	15～20		
ρ（乙酸）/（g/L）	45～50	40～60	
V（冰乙酸）/（mL/L）			70～90
ρ（甲酸铜）/（g/L）		15～25	
V（甲酸）/（mL/L）			10～15
ρ（XTH 发黑剂）/（g/L）			0.5～2.0
ρ（XTK 抗蚀剂）/（g/L）			0.5～2.5
pH 值	2.0～3.0	2.0～3.0	1.5～3.5
温度/℃	室温	室温	0～30
钝化时间/s	30～60	100～150	180～480

XTH 的主要作用是增强黑色钝化膜的附着力，提高成膜速率，拓宽钝化液的操作条件，延长钝化液的使用寿命。XTK 的主要作用是提高钝化膜的耐蚀性。因此在钝化液 pH 值为 1.0～4.0 和钝化液温度在 0～30℃ 范围内，均能得到良好的黑色钝化膜。

以上工艺实现了 Zn-Fe 合金电镀层的直接黑色钝化，可以获得均匀、致密、油墨光泽的高耐蚀性钝化膜。试验结果表明，当合金电镀层中铁的质量分数低于 0.2%时，只能得到棕色钝化膜；若铁的质量分数高于 0.7%，则黑色钝化膜中泛彩虹色；若铁的质量分数超过 1.0%，则难以进行钝化处理，不能获得连续的钝化膜，这时可以闪镀一层锌后再进行钝化处理。当合金电镀层中铁的质量分数在 0.4%左右时，得到的黑色钝化膜耐蚀性最高，是相同厚度电镀锌镀层钝化膜的两倍以上。

（2）彩虹色钝化和白色钝化。Zn-Fe 合金电镀层的彩虹色钝化液和白色钝化液组成及工艺见表 4.88。

表 4.88　Zn-Fe 合金电镀层的彩虹色钝化液和白色钝化液组成及工艺

钝化液组成及工艺	工艺1	工艺2	工艺3	工艺4	工艺5
ρ（铬酐）/（g/L）	1.5～2.0	5.0	2.0～5.0	1.0～2.0	
ρ（重铬酸铵）/（g/L）					5
ρ（三氯化铬）/（g/L）					12
V（硝酸）/（mL/L）	0.5	3.0～8.0	25.0～30.0		20.0
ρ（硝酸锌）/（g/L）				0.5～0.8	
V（硫酸）/（mL/L）		1～2	10～15		10
ρ（硫酸钠）/（g/L）	0.5				
ρ（氯化钠）/（g/L）	0.2				
ρ（氯化铵）/（g/L）				0.5～0.8	
V（氢氟酸）/（mL/L）			3～4		
ρ（氟化钠）/（g/L）					2
ρ（EDTA·2Na）/（g/L）					3
pH 值	1.5～0.7	1.0～1.6			
温度/℃	室温	室温	10～30	室温	15～35
钝化时间/s	30～40	10～45	10～30	5～20	10～20
钝化膜颜色	彩虹色	彩虹色	白色	白色	蓝白色

4. 电镀 Zn-Ti 合金

Zn-Ti 合金电镀层的耐蚀性比锌电镀层好，随着镀层中钛含量的提高，镀层耐蚀性也相应提高。当镀层中钛的质量分数达到 15%时，中性盐雾试验 1000h 后镀层表面无红锈产生（镀层厚度为 3μm，未钝化）。Zn-Ti 合金电镀层也可进行钝化处理，对于钛质量分数低于 1%的合金电镀层，可用与电镀锌钝化液成分基本相同的钝化液进行钝化。Zn-Ti 合金电镀层在钝化后耐蚀性进一步提高。

Zn-Ti 合金常用于电镀钢板，以提高钢板的防护性能。

电镀 Zn-Ti 合金溶液体系可分为酸性体系和碱性体系两类，其中酸性体系又可分为硫酸盐型和氯化物型。

1）酸性体系电镀 Zn-Ti 合金

（1）电镀液组成及工艺条件。酸性体系电镀 Zn-Ti 合金溶液组成及工艺条件见表 4.89。

表 4.89　酸性体系电镀 Zn-Ti 合金溶液组成及工艺条件

电镀液组成及工艺条件	硫酸盐型			氯化物型
	工艺 1	工艺 2	工艺 3	工艺 4
ρ（硫酸锌）/（g/L）	80～400	80～400	80～400	
ρ（氯化锌）/（g/L）				60～400
ρ（硫酸钛）/（g/L）	5～80	5～80		
ρ（氯化铵）/（g/L）				50～350
ρ（硫酸铵）/（g/L）	20～120	50～350	50～350	
ρ（酒石酸）/（g/L）	20～160	2～160		
ρ（氟化钛钾）/（g/L）	稳定剂 2～12		5～80	5～80
ρ（氟化钛钠）/（g/L）			5～80	5～80
SO_4^{2-} 与 F^- 的摩尔比			1：（5～30）	
Cl^- 与 F^- 的摩尔比				1：（5～30）
pH 值	3.0～4.0	3.4	3.4	3.0
温度/℃	70	70	70	70
电流密度/（A/dm²）	2～10	2～10	2～10	2～10
钛电镀层质量分数/%	1.5～15	1～15	1～15	1～15

（2）电镀液中各成分的作用及工艺条件的影响。

① 主盐。在酸性电镀液中，含锌的硫酸盐和氯化物是主盐，提供 Zn^{2+}。若锌盐含量过低，则电沉积速度慢，镀层结晶粗糙；若锌盐含量过高，则溶解困难。电镀液中的硫酸钛、氟化钛钾或钠也是主盐，能够提供 Ti^{2+} 和 Ti^{4+}。若钛盐含量过低，则镀层中钛含量低，不能保证所期望的耐蚀性；但钛盐含量也不能过高，因其溶解度有限，在溶解达到一定程度后，即使再增加钛盐含量，镀层含钛量也不会继续增加。另外，钛盐容易水解，使电镀液不稳定，但可在电镀液中加入适量的有机羧酸或有机羧酸盐作为稳定剂，它对钛离子有一定的配位作用，从而起到稳定电镀液的作用。

酸性电镀液能够得到钛质量分数为 1.5%～15.0%的合金电镀层。随着镀层含钛量的增加，其耐蚀性提高。当镀层中钛的质量分数达到 15.0%时，其耐蚀性最好。中性盐雾试验结果表明，钛质量分数达到 15%的 Zn-Ti 合金电镀层出红锈时间达到 1000h 以上，比相同厚度的锌电镀层高 3 倍以上。但实际上，通常难以达到这样高的含钛量。

② 导电盐。铵盐作为导电盐，除可以提高电镀液的导电性外，还具有提高钛盐溶解度的作用，从而可使钛含量较高的 Zn-Ti 合金具有较快的电沉积速度。

③ SO_4^{2-} 与 F⁻ 的摩尔比或 Cl⁻ 与 F⁻ 的摩尔比。该比值是控制电镀液中钛离子稳定性的主要因素。当酸根离子含量过低时，电镀液中的 Ti^{4+} 很不稳定，易于形成钛的氢氧化物并夹杂在镀层中，使镀层粗糙，出现麻点缺陷，耐蚀性下降；当电镀液中的 F⁻ 含量相对过低时，虽然 Ti^{4+} 稳定性提高，但仍使电沉积速度下降，并且难以提高镀层中钛含量。

2）碱性体系电镀 Zn-Ti 合金

在碱性电镀锌溶液中加入钛盐及稳定钛离子的辅助配位剂或稳定剂，即可得到碱性 Zn-Ti 合金电镀液，在电镀时可以得到含有少量钛的 Zn-Ti 合金电镀层。其溶液组成及工艺条件见表 4.90。

表 4.90 碱性体系电镀 Zn-Ti 合金溶液组成及工艺条件

电镀液组成及工艺条件	微氰镀液	无氰镀液	
	工艺 1	工艺 2	工艺 3
ρ（氧化锌）/（g/L）	8~15	8~15	15~20
ρ（氢氧化钠）/（g/L）	100~150	100~150	120~150
ρ[钛（以金属钛计)）/（g/L）	0.95~1.00	0.65~0.85	1.00~3.00
ρ（氰化钠）/（g/L）	30		
ρ（配位剂）/（g/L）	60~100	60~100	60~100
V（光亮剂）/（mL/L）	3~6	3~6	1~2
V（表面活性剂）/（mL/L）	4~6	4~6	4~6
温度/℃	室温	室温	室温
电流密度/（A/dm²）	1~3	1~2	1~3
钛电镀层质量分数/%	0.3~0.9	0.3~0.6	0.1~0.4

该工艺得到的 Zn-Ti 合金电镀层与基体结合良好，镀层结晶致密、平滑。随着电镀液中钛离子含量的增加，镀层中钛含量增加。在氰化物电镀液中，当镀层中钛质量分数接近 1%时，进一步增加电镀液中钛离子含量，镀层钛含量也不再增加。阴极电流密度增加，镀层中钛含量增加。在电镀过程中，电镀液温度变化对镀层中钛含量影响不大。虽然 Zn-Ti 合金电镀层中钛含量很低，但其耐蚀性却比电镀锌镀层明显提高。另外，还可大幅降低镀层的氢脆性。测试结果表明，当镀层中钛质量分数为 0.5%时，只要在 200℃下保温 6h，就可以完全除去高强钢中的氢，这说明含钛的 Zn-Ti 合金电镀层可以增大基体中氢向外逸出的能力，从而使高强钢的氢脆敏感性降低。

3）Zn-Ti 合金电镀层的钝化处理

钛含量较低的 Zn-Ti 合金电镀层进行铬酸盐钝化处理较为容易，其钝化工艺与电镀锌镀层基本相同，可以得到彩虹色钝化膜。其钝化液组成及工艺条件见表 4.91。

表 4.91 Zn-Ti 合金电镀层的钝化液组成及工艺条件

钝化液组成及工艺条件	工艺
铬酐/（g/L）	5.0
SO_4^{2-}/（g/L）	0.5
NO_3^-/（g/L）	5.0
钛离子/（g/L）	0.1
温度	室温
钝化时间/s	10~15

5. 电镀 Zn-P 合金

近年来，有关电镀 Zn-P 合金电镀层耐蚀性的报道引起人们的兴趣。当镀层中磷质量分数为 1%左右时，合金电镀层在 3%（质量分数）NaCl 水溶液中浸泡 5760h 后，镀层几乎无明显变化，也无点蚀发生。电镀 Zn-P 合金中的锌源于锌的氯化物或硫酸盐，合金电镀层中的磷一般源于亚磷酸或磷酸。另外，在电镀液中加入适量的导电盐、配位剂、缓冲剂和光亮剂。该电镀液的主要问题是稳定性不太好。若使用不溶性阳极，则亚磷酸容易被氧化为正磷酸；若用锌板作为阳极，则电镀液中的 Zn^{2+} 含量增加较快，引起电镀液成分发生变化。为了保证镀层成分稳定，必须首先保持电镀液中锌盐和亚磷酸的比值一定。另外，在该电镀液中得到的镀层含磷量不高，即镀层含磷量受到限制。多数资料表明，Zn-P 合金电镀层在中性盐雾试验中的耐蚀性较好，但试验结果往往不一致。电镀 Zn-P 合金溶液组成及工艺条件见表 4.92。

表 4.92　电镀 Zn-P 合金溶液组成及工艺条件

电镀液组成及工艺	工艺 1	工艺 2	工艺 3
ρ（硫酸锌）/（g/L）	50～60		120～160
ρ（氯化锌）/（g/L）	20～30		8～12
ρ（氧化锌）/（g/L）		25～50	
ρ（亚磷酸）/（g/L）	40～60	8	8～10
ρ（磷酸）/（g/L）		20	磷酸钠 4～8
ρ（硫酸铝）/（g/L）		20～25	
ρ（EDTA 二钠盐）/（g/L）	10～20		
ρ（硼酸）/（g/L）			20～25
ρ（柠檬酸铵）/（g/L）	120～150		
ρ（酒石酸）/（g/L）			40～75
ρ（甘氨酸）/（g/L）			4～5
ρ（水杨酸）/（g/L）	乳化剂 0.05～0.10		0.20～0.50
ρ（糊精）/（g/L）			2～4
pH 值	1.0～1.5		2.0
温度/℃	20～25	20	25～35
电流密度/（A/dm²）	1.0～3.0	6～20	7～20
阳极	纯锌板	铅板	
磷电镀层质量分数/%		0.6～2.5	<1.0

6. 电镀 Zn-Mn 合金

与锌和铁族金属的电共沉积不同，锌与锰的电共沉积是锌与电位更负的锰的电共沉积，锌优先电沉积，为正常电共沉积。

Zn-Mn 合金电镀层的高耐蚀性与其腐蚀产物有关，其腐蚀产物为 $ZnCl_2 \cdot 4Zn(OH)_2$ 和 γ-Mn_2O_2。尽管 $ZnCl_2 \cdot 4Zn(OH)_2$ 具有抑制腐蚀反应的作用，但主要是 γ-Mn_2O_2 在起作用，它能在镀层表面形成茶色覆盖层，该层表面平滑，能够有效地抑制腐蚀反应的进行。镀层表面在形成氧化膜后，电位向正方向移动，但对于钢铁件来说，该镀层仍为阳极镀层。

Zn-Mn 合金电镀层为防护性镀层,其耐蚀性与镀层中锰含量密切相关。当镀层中锰质量分数低于 20%时,其耐蚀性与锌电镀层相当;当镀层中锰质量分数大于 20%时,随着锰含量的提高,镀层耐蚀性迅速提高;当锰质量分数达到 50%左右时,进一步增加镀层中锰含量,其耐蚀性不再增加。因此,常用 Zn-Mn 合金电镀层是控制锰质量分数在 30%～50%范围内的合金电镀层。

Zn-Mn 合金电镀层具有良好的涂装性,不仅镀层与涂层结合良好,其耐蚀性也比锌电镀层涂装件好得多。

目前,电镀 Zn-Mn 合金主要用于电镀钢板,电镀后再经电泳涂漆,从而提高钢板的防护性。

1)电镀液组成及工艺条件

Zn-Mn 合金电镀液一般是以柠檬酸为配位剂的硫酸盐电镀液。其电镀液组成及工艺条件见表 4.93。

表 4.93 Zn-Mn 合金电镀液组成及工艺条件

电镀液组成及工艺条件	工艺
硫酸锌/（g/L）	50～100
硫酸锰/（g/L）	40～90
柠檬酸钠/（g/L）	180～300
添加剂/（g/L）	0.2～1.6
pH 值	5.4～5.6
温度/℃	40～60
电流密度/（A/dm^2）	10～40

2)电镀液中各成分的作用及工艺条件的影响

(1)主盐。为了得到一定组成的合金电镀层,必须控制电镀液中 Zn^{2+} 与 Mn^{2+} 的摩尔比。随着电镀液中 Mn^{2+} 含量的增加,镀层中锰含量也相应增加,同时阴极电流效率下降。通常情况下,为了保证镀层中锰含量一定,并且电流效率较高,一般将 Mn^{2+} 摩尔分数控制在 56%左右,这时可以得到锰质量分数约为 40%的 Zn-Mn 合金电镀层,阴极电流效率约为 45%。

(2)配位剂。柠檬酸钠与 Zn^{2+} 及 Mn^{2+} 分别形成[ZnCit]$^-$配位离子和[MnCit]$^-$配位离子,使锌和锰的析出电位都负移,从而使镀层结晶细致、镀液稳定。

(3)阴极电流密度。阴极电流密度显著影响镀层中锰含量。当电流密度过低时,镀层中没有锰电共沉积;随着电流密度的增加,镀层中锰含量增加;当阴极电流密度过高时,镀层中锰含量反而下降。阴极电流密度对镀层外观也有较大影响。当电流密度较低时,镀层为灰白色,具有良好的金属光泽;当电流密度过高时,镀层为黑色。

(4)pH 值。pH 值通过对金属配位离子的影响而对镀层组成产生影响。随着电镀液 pH 值的下降,电流密度的上限提高,电流效率也随之提高。当 pH 值过低时,在电镀过程中容易生成白色沉淀,这种沉淀可能是锰与柠檬酸形成的化合物;当 pH 值为 5.6 时,Mn^{2+} 与 Cit^{3-} 形成[MnCit]$^-$配位离子,随着 pH 值的下降,形成 MnHCit 的量增加;当 pH 值低至 5.0 时,开始有沉淀生成。

7. 电镀 Zn-Cr 合金

Zn-Cr 合金电镀层也为防护性镀层,镀层中铬含量较低,铬质量分数一般在 1%以下,但其耐蚀性却比锌镀层有较大提高。由于镀层中铬含量较低,电镀液中铬盐消耗较少,因此电镀 Zn-Cr 合金可以采用与电镀锌相同的方法,即采用单金属锌阳极。Zn-Cr 合金电镀层也可进行铬酸盐钝化。

1）电镀液组成及工艺条件

常用电镀 Zn-Cr 合金溶液分为氯化物型、硫酸盐型和硫酸盐-氯化物混合型三种类型。其溶液组成及工艺条件见表 4.94。

表 4.94　电镀 Zn-Cr 合金溶液组成及工艺条件

电镀液组成及工艺条件	氯化物型		硫酸盐型		硫酸盐-氯化物型		
	工艺 1	工艺 2	工艺 1	工艺 2	工艺 1	工艺 2	工艺 3
ρ（氯化锌）/（g/L）	180	180			14		
ρ（氯化铬）/（g/L）	40	35				20~30	215
ρ（硫酸锌）/（g/L）			200	158	180	300	57
ρ（硫酸铬钾）/（g/L）			40				
ρ（氯化钾）/（g/L）	160	165					
ρ（氯化钠）/（g/L）						20	29
ρ（氯化铵）/（g/L）							27
ρ（氯化铝）/（g/L）	20	22					
ρ（硫酸铝）/（g/L）			16		20		
ρ（硫酸铝钾）/（g/L）			12				
ρ（硫酸钠）/（g/L）			40	60	30		
ρ（硫酸铬）/（g/L）				235	20		
ρ（柠檬酸钠）/（g/L）				20~30			
ρ（甲酸钠）/（g/L）				40~60			
ρ（硼酸）/（g/L）	30	25			12		9
ρ（尿素）/（g/L）						30	240
ρ（光亮剂）/（g/L）	少许	3	少许	适量	少许	5~10	38
pH 值	2.8~3.5	3.0~4.0	2.8~3.5	0.5~2.0	3.5~4.5	3.4~3.7	2.5~3.0
温度/℃	室温	15~35	25~35	30	20~35	20~25	20~25
电流密度/（A/dm²）	1~10	2~6	1~4	10~40	1~4	4~7	1~4
阳极		锌板		铅		锌	石墨
铬电镀层质量分数/%		0.1		1.0~4.0		5.0~9.5	5.0~8.0

氯化物电镀液体系使用的电流密度范围较宽，电镀液成分简单，镀层光亮。其他两种电镀液体系的阴极电流效率较高，但使用的电流密度范围较窄，镀层质量稍逊于前者。

为了得到光亮细致的 Zn-Cr 合金电镀层，需要在电镀液中添加光亮剂，如某些电镀锌光亮剂可用作电镀 Zn-Cr 合金的光亮剂。

为了确保电镀生产顺利进行，必须严格控制电镀液 pH 值。当 pH 值过低时，阴极析氢严重，电流效率低；当 pH 值过高时，易生成氢氧化铬沉淀。

电镀液温度对镀层外观有较大影响。当温度偏低时，镀层光亮范围窄；当温度过高（氯化物电镀液温度超过 40℃）时，镀层光亮度下降，光亮区变窄。

阴极电流密度直接影响镀层结晶和镀层外观。当电流密度低于 1A/dm² 时，镀层结晶粗糙，镀层外观为灰白色；当电流密度高于 10A/dm² 时，镀层容易出现树枝状结晶，并且析氢严重，并易生成氢氧化物沉淀。

2）钝化处理

可以采用常用的电镀锌钝化液对 Zn-Cr 合金电镀层进行钝化处理，钝化后能够得到美丽的彩虹色钝化膜。

与锌电镀层钝化一样，Zn-Cr 合金电镀层在钝化前须在体积分数为 3% 的 HNO_3 水溶液中中和，使镀层外观光亮，中和时间约为 5s。钝化后也需要对其进行老化处理，使钝化膜牢固，并提高其耐蚀性。

8. 电镀 Zn-Ni-Fe 合金

对于镍质量分数为 6%～10%、铁质量分数为 2%～5% 的 Zn-Ni-Fe 合金电镀层，其外观为银白色，结晶细致，易于进行抛光，具有良好的耐蚀性。对于钢铁件来说，Zn-Ni-Fe 合金电镀层是阳极镀层，可用作电镀铬的底层。此外，光亮 Zn-Ni-Fe 合金可以直接套铬。

1）电镀液组成及工艺条件

常用电镀 Zn-Ni-Fe 合金的电镀液为硫酸盐电镀液。其溶液组成及工艺见表 4.95。

表 4.95 电镀 Zn-Ni-Fe 合金溶液组成及工艺条件

电镀液组成及工艺	工艺 1	工艺 2	工艺 3
ρ（硫酸锌）/（g/L）	100	53～81	80～90
ρ（硫酸镍）/（g/L）	16～20	20～25	10～15
ρ（硫酸亚铁）/（g/L）	2.0～2.5	2.5～5.0	3.0～4.0
ρ（焦磷酸钾）/（g/L）	270～300	200～350	300～350
ρ（酒石酸钾钠）/（g/L）	15～25	15～25	10～15
ρ（磷酸氢二钠）/（g/L）	15～25	15～25	10～15
ρ（1,4-丁炔二醇）/（g/L）	0.4～0.6	0.4～0.6	
ρ（洋茉莉醛）/（g/L）			0.01～0.02
pH 值	8.2～8.5	8.5～9.3	8.5～9.0
温度/℃	38～42	32～36	20～35
电流密度/（A/dm²）	0.6～0.7	0.5～1.0	0.8～1.5

2）电镀液中各成分的作用及工艺条件的影响

（1）主盐。若提高电镀液中的 Zn^{2+} 含量，则镀层中镍含量和铁含量均下降。当 Zn^{2+} 含量过高时，镀层发白，若镀层中锌质量分数超过 85%，则套铬较为困难；当 Zn^{2+} 含量过低时，阴极电流效率降低，镀层发暗，而且易变脆、起皮。

若提高电镀液中的 Ni^{2+} 含量，则镀层中镍含量和铁含量均增加。当 Ni^{2+} 含量过高时，低电流密度区易产生黑斑，镀层易发脆；当 Ni^{2+} 含量过低时，镀层色泽较差。

在电镀液中加入 Fe^{2+} 可以抑制镀层中锌含量和镍含量的增加。当电镀液中 Fe^{2+} 含量过高时，镀层出现条纹甚至呈铁灰色，同时镀层脆性增大。

（2）配位剂。$P_2O_7^{4-}$ 可分别与 Zn^{2+}、Ni^{2+}、Fe^{2+} 形成配合物，由于它对 Fe^{2+} 的配位能力较差，可以加入酒石酸钾钠作为辅助配位剂。$P_2O_7^{4-}$ 对镀层组成影响不大。当 $P_2O_7^{4-}$ 含量过高时，阳极溶解加快。

（3）pH 值。pH 值对镀层外观、电沉积速度及套铬均有影响，因而应当严格控制。当 pH 值过低时，电流效率降低，电沉积速度减慢，镀层发暗；当 pH 值过高时，镀层中锌含量提高，镀层外观为乳白色，不易套铬。

（4）阴极电流密度。随着电流密度的提高，镀层镍含量降低而铁含量变化不大。若升高电镀液温度或降低电镀液 pH 值，则可适当提高工作电流密度。

9. 电镀 Zn-Fe-Co 合金

Zn-Fe-Co 合金电镀层中铁的质量分数为 7%～9%，与 Zn-Ni-Fe 合金电镀层相似。Zn-Fe-Co 合金电镀层属于白色耐蚀性装饰镀层，与钢铁基体结合良好，适用作装饰性光亮电镀黄铜和光亮滚镀 Sn-Co 合金的底层。

电镀 Zn-Fe-Co 合金主要采用焦磷酸盐电镀液，其溶液组成及工艺条件见表 4.96。

表 4.96 电镀 Zn-Fe-Co 合金溶液组成及工艺条件

电镀液组成及工艺条件	工艺
焦磷酸钾/（g/L）	350～400
硫酸锌/（g/L）	100～110
硫酸钴/（g/L）	1.0～1.5
硫酸铁/（g/L）	8～12
酒石酸钾钠/（g/L）	20
洋茉莉醛/（g/L）	0.05～0.10
pH 值	9.0～9.5
温度/℃	35～42
电流密度/（A/dm^2）	17～20

4.4.3 电镀镍基合金

1. 电镀 Ni-Fe 合金

Ni-Fe 合金电镀层结晶细致，其外观色泽介于镍和铬之间，呈青白色。

Ni-Fe 合金电镀层的硬度比光亮镍电镀层稍高一些，一般为 550～650HV。硬度与镀层组成有一定关系，随着镀层中铁含量的增加，镀层硬度增大。当镀层中铁含量达到一定值后，其硬度反而有所降低。高铁含量合金电镀层的硬度要比镍电镀层硬度低一些。

Ni-Fe 合金电镀层具有良好的韧性，当镀层厚度为 10～15μm 时，即使弯曲 180°，镀层也不断裂。这有利于零件电镀后的变形加工。

Ni-Fe 合金电镀层内应力不仅与镀层中铁含量有关，还与电镀液中光亮剂的种类、浓度、pH 值和温度等因素有关。一般来说，镀层内应力随着镀层中铁含量的增加而增加。当电镀液 pH 值较高时，镀层中掺杂铁的氢氧化物含量增多，因而镀层内应力也增大。

对于钢铁来说，Ni-Fe 合金电镀层是阴极性镀层。在一般环境中，Ni-Fe 合金电镀层的耐蚀性与光亮镍电镀层基本相当。Ni-Fe 合金电镀层表面容易产生褐色斑点，一般认为这种斑点不是基体金属腐蚀产生的，而是镀层中的铁腐蚀产生的。先在 Ni-Fe 合金电镀层表面电镀 1～2μm 的镍封，然后再电镀铬，不仅可以消除合金电镀层表面的褐斑，还能提高其耐蚀性。有时为了进一步提高镀层的耐蚀性，采用多层合金电镀层，即先电镀一层总厚度 2/3 左右的高铁合金（铁质量分数为 30%～40%）镀层，然后再电镀一层低铁合金（铁质量分数为 10%～15%）镀层。对耐蚀性要求较高的镀件，甚至还可采用三层 Ni-Fe 合金电镀层作为装饰铬的底层。

Ni-Fe 合金电镀层不宜作为表面镀层，一般可用作代镍电镀层，用于底层或中间镀层。Ni-Fe 合金电镀层现已广泛用于自行车、摩托车、家用电器和日用五金等产品。

1）电镀液组成及工艺条件

Ni-Fe 合金电镀液有很多类型，大多数为简单盐电镀液或弱配合物型电镀液，如硫酸盐型、氯化物型、硫酸盐-氯化物混合型、焦磷酸盐型、氨基磺酸盐型、柠檬酸盐型等。然而，目前应用较多的是电镀液中含有 Fe^{2+} 稳定剂和光亮剂的简单盐电镀液。电镀 Ni-Fe 合金溶液组成及工艺条件见表 4.97。

表 4.97 电镀 Ni-Fe 合金溶液组成及工艺条件

电镀液组成及工艺条件	工艺 1	工艺 2	工艺 3	工艺 4	工艺 5	工艺 6
ρ（硫酸镍）/（g/L）	105	180～200	45～55	200		150～220
ρ（氯化镍）/（g/L）	60		100～105			
ρ（氨基磺酸镍）/（g/L）					369	
ρ（硫酸亚铁）/（g/L）	10.0	20.0～25.0	17.5～20.0	20.0	20.0～25.0	10.0～15.0
ρ（氯化钠）/（g/L）		30～35		25		20～25
ρ（氨基磺酸）/（g/L）					10～20	
ρ（柠檬酸钠）/（g/L）		20～25				
ρ（葡萄糖）/（g/L）				30		
ρ（琥珀酸）/（g/L）			0.2～0.4			
ρ（硼酸）/（g/L）	45	40	27～30	50	30	40～45
ρ（稳定剂）/（g/L）						适量
ρ（抗坏血酸）/（g/L）			1.0～1.5			
ρ（硫酸羟胺）/（g/L）					2～6	
ρ（苯亚磺酸钠）/（g/L）		0.3	0.2～0.8	0.3		
ρ（十二烷基硫酸钠）/（g/L）		0.05～0.10	0.05～0.10	0.30	0.05～0.10	0.10
ρ（糖精）/（g/L）	适量	3	2～4	5		2～4
ρ（糖精钠）/（g/L）					0.6～1.0	
V（791 光亮剂）/（mL/L）		4.0～6.0		3.8		
V（ABSB 光亮剂）/（mL/L）			4～8			
ρ（精镍 1 号）/（g/L）						2～4
ρ（快光剂）/（g/L）						1～3
pH 值	3.3	3.0～3.5	2.5～4.5	3.5	1.0	3.2～4.2
温度/℃	60	60～63	55～65	58～65	45	45～55
电流密度/（A/dm²）	2.0～10.0	2.0～2.5	2.0～10.0	3.0～5.0	25.0	3.0
阳极（$S_{Ni}:S_{Fe}$）	不溶性	4:1	(4～5):1	(6～8):1	不溶性	
适用范围	挂镀	挂镀	挂镀	滚镀	磁性元件	

2）电镀液中各成分的作用及工艺条件的影响

（1）主盐。在简单盐电镀液中，硫酸镍和硫酸亚铁是主盐。在电镀液中 Fe^{2+} 与 Ni^{2+} 的摩尔比主要影响镀层中铁含量。在简单盐电镀液中，Ni-Fe 电共沉积属于异常电共沉积类型，电极电位比镍负 200mV 左右的铁优先析出。在电镀 Ni-Fe 合金时，控制好电镀液中的 Fe^{2+} 浓度是获得组成均匀的合金电镀层的关键。实践证明，当电镀液中 Fe^{2+} 与 Ni^{2+} 的摩尔比为 1:12 时，可以获得铁质量分数约为 20% 的 Ni-Fe 合金电镀层。

（2）稳定剂。在简单盐电镀液中，最重要的是选择合适的 Fe^{2+} 稳定剂。在空气中或在电镀过程中，

电镀液中的 Fe^{2+} 易被氧化为 Fe^{3+}，由于 Fe^{3+} 的氢氧化物溶度积比 Fe^{2+} 的氢氧化物溶度积小得多，因此在电镀液中很容易生成 $Fe(OH)_3$ 沉淀。只有在电镀液中加入适宜的稳定剂，才能保持电镀液稳定。

一般选择羟基羧酸和多羧酸类物质作为稳定剂，如柠檬酸、葡萄酸、EDTA 等。试验结果表明，将上述物质混合使用对 Fe^{2+} 的稳定效果更为理想，同时还有利于提高电镀液的整平能力。

（3）光亮剂。在装饰性 Ni-Fe 合金电镀液中，光亮剂是不可缺少的。近年来，国内外先后出现了多种光亮剂类型，FN、NI、NIRON、XNF、ABSN、791 等系列光亮剂已经用于生产。这些光亮剂除起到光亮作用外，还能起到较好的整平作用。电镀 Ni-Fe 合金光亮剂一般有两种类型：①糖精和苯骈萘磺酸类的混合物。②磺酸盐类和吡啶盐的衍生物。

（4）pH 值。在简单盐电镀液中，pH 值对镀层组成和阴极电流效率的影响较大。当电镀液 pH 值升高时，会使镀层中铁含量增加；当电镀液 pH 值过高时，Fe^{2+} 容易氧化为 Fe^{3+}，电镀液中会形成 $Fe(OH)_3$ 沉淀，使镀层中夹杂氢氧化铁的量增加，从而破坏镀层的力学性能。因此，一般将 pH 值控制在 3.6 以下。随着电镀液 pH 值的增加，阴极电流效率增加。

（5）温度。随着电镀液温度的升高，镀层中铁含量增加。温度对电流效率影响较小，当电镀液温度每升高 10℃时，电流效率提高 1%～2%。若电镀液温度高，则会加速 Fe^{2+} 的氧化；若电镀液温度低，则使用的电流密度范围变窄，高电流密度区镀层容易烧焦，电镀液整平能力也下降。因此，电镀液温度一般控制在 55～68℃之间。

（6）电流密度。随着电流密度的增大，镀层中铁含量下降。电镀液中 Fe^{2+} 浓度较低，但在阴极上铁优先析出，因此 Fe^{2+} 的还原反应受扩散步骤的控制，电流密度越大，镀层中铁含量就越低。电镀时应当采取消除浓差极化的措施，如采用脉冲电源或对电镀液进行搅拌等。这一措施还可以提高镀层中铁含量。当电流密度增大时，电流效率稍有提高。

（7）阳极。在简单盐电镀液中使用的阳极，既可以是合金阳极，也可以是 Ni、Fe 分控或混挂阳极。当使用合金阳极时，操作方便，但不容易控制电镀液中主盐离子浓度比。为了准确地控制主盐离子浓度比，往往采用 Ni、Fe 分控阳极，此时镍阳极和铁阳极的电流比视镀层组成而定。若使用 Ni、Fe 混挂阳极，则需控制镍阳极和铁阳极的面积比。因为铁阳极较容易溶解，所以铁阳极面积要小一些。当镀层中铁质量分数为 20%～30%时，镍阳极和铁阳极的面积比以（7～8）：1 为宜。铁阳极材料最好采用高纯铁，挂具可用 Ni-Cr 合金丝，但不可将其与镍阳极挂在一起。镍阳极采用电解镍或含硫镍。阳极应当放入聚丙烯或纯涤纶制成的阳极袋中，防止阳极泥进入电镀液中。当采用合金阳极时，一般采用镍质量分数为 75% 的 Ni-Fe 合金阳极，这样可使电镀液中的两种离子含量相对稳定。

2. 电镀 Ni-Co 合金

Ni-Co 合金常作为装饰性合金电镀层和磁性合金电镀层。其中，钴质量分数为 40%以下的合金具有较好的耐蚀性和耐磨性，而且硬度较高，常作为装饰性镀层和功能性镀层；钴质量分数在 80%左右时，镀层具有良好的磁性能，因此广泛应用于计算机记忆元件。

1）电镀装饰性 Ni-Co 合金

（1）电镀液组成及工艺条件。电镀装饰性 Ni-Co 合金溶液组成及工艺条件见表 4.98。

表 4.98 电镀装饰性 Ni-Co 合金溶液组成及工艺条件

电镀液组成及工艺条件	工艺1	工艺2	工艺3	工艺4
ρ（硫酸镍）/（g/L）	200		200	
ρ（氯化镍）/（g/L）		260		10
ρ（硫酸钴）/（g/L）	6		20	
ρ（氯化钴）/（g/L）		14		

续表

电镀液组成及工艺条件	工艺1	工艺2	工艺3	工艺4
ρ（氯化钠）/（g/L）	12		15	
ρ（硫酸钠）/（g/L）	25～30			
ρ（硼酸）/（g/L）	30	15	30	40
ρ（甲酸钠）/（g/L）	20			
ρ（甲醛）/（g/L）	1			
ρ（Co^{2+}）/（g/L）				1.5
ρ（氨基磺酸镍）/（g/L）				600
pH 值	5.0～6.0	3.0	5.6	4.0
温度/℃	25～30	20	20～25	60
电流密度/（A/dm²）	1.0～1.2	1.6	1.8～2.5	2.0
阳极	镍板	镍板		

（2）电镀液中各成分的作用及工艺条件的影响。电镀液中 Co^{2+} 浓度的变化对镀层中钴含量的影响较大。在电镀液中加入 Cl^- 可以保证阳极正常溶解。硼酸、甲酸钠可以稳定电镀液 pH 值。在电镀液中加入甲醛可以提高镀层光亮度，若甲醛的含量过高，则镀层容易发脆。镀层钴含量随着电镀液温度的升高而增加。若电流密度增大，则会使镀层中钴含量降低。可以通过对电镀液进行搅拌或阴极移动增加镀层钴含量。

2）电镀磁性 Ni-Co 合金

（1）电镀液组成及工艺条件。电镀磁性 Ni-Co 合金溶液组成及工艺条件见表 4.99。

表 4.99 电镀磁性 Ni-Co 合金溶液组成及工艺条件

电镀液组成及工艺条件	工艺1	工艺2	工艺3	工艺4
ρ（硫酸镍）/（g/L）		150～200	128	
ρ（氯化镍）/（g/L）		200～250		160
ρ（硫酸钴）/（g/L）	120～150		115	
ρ（氯化钴）/（g/L）	100～120			40
ρ（硼酸）/（g/L）	15～20	30～40	30	30～40
ρ（氯化钾）/（g/L）	6		15	
ρ（对甲苯磺酰胺）/（g/L）				1.0～1.2
ρ（十二烷基硫酸钠）/（g/L）				0.001～0.005
pH 值			4.0～5.0	3.0～3.5
温度/℃		40～45	50～60	15～25
电流密度/（A/dm²）	4.7	5.0	1.0～2.0	2.0
叠加电流比（交：直）	1：3	2：3		
阳极			镍板	镍板

（2）电镀液中各成分的作用及工艺条件的影响。若电镀液中 Ni^{2+} 与 Co^{2+} 的摩尔比增加，则镀层中镍含量增加。随着镀层中镍含量的增加，镀层的磁感应强度下降。当镀层镍质量分数在 28% 左右时，镀层的磁场强度最大。随着电镀液 pH 值的增大，镀层的磁场强度增加。在直流电上叠加交流信号，可以提高镀层的磁场强度，降低磁感应强度。

3. 电镀 Ni-Cr 合金

1）电镀液组成及工艺条件

电镀 Ni-Cr 合金溶液组成及工艺条件见表 4.100。

表 4.100　电镀 Ni-Cr 合金溶液组成及工艺条件

电镀液组成及工艺条件	工艺 1	工艺 2	工艺 3	工艺 4	工艺 5
ρ（氯化铬）/（g/L）	50～120	100	30	120	
ρ（硫酸铬）/（g/L）			30		196
ρ（氯化镍）/（g/L）	10～125	30			
ρ（硫酸镍）/（g/L）			20	25～100	55
ρ（硫酸）/（mL/L）	11～115	40	30		
ρ（甲酸钠）/（g/L）			30～60		
ρ（硼酸）/（g/L）	25～50		35	24～25	25
ρ（羟基乙酸）/（g/L）		50			
ρ（乙醇钠）/（g/L）			5～10		
ρ（柠檬酸钠）/（g/L）		80		50～100	
ρ（溴化钠）/（g/L）	50～100	15			
ρ（溴化钾）/（g/L）				8～16	
ρ（氯化铵）/（g/L）		50	50	60～120	
ρ（添加剂）/（g/L）				10～16	
ρ（配位剂）/（g/L）			70		50
pH 值	1.0～5.0	2.0	2.5	2.0～4.0	1.3～1.4
温度/℃	20～60	35	25	10～30	50
电流密度/（A/dm²）		3	25	2～10	25～50
铬电镀层质量分数/%			0.1～60.0	11.1	1.0～65.0

2）电镀液中各成分的作用及工艺条件的影响

（1）导电盐。碱金属和铵盐的氯化物或硫酸盐均可作为该电镀液体系的导电盐。常用的导电盐有氯化钾、氯化铵、溴化钠等，其中 Br^- 的存在还可以抑制 Cr^{6+} 的生成。

（2）缓冲剂。缓冲剂除了可使电镀液在较高温度下操作，还可以抑制电镀液 pH 值的升高。阴极附近电镀液 pH 值升高是造成镀层不良的原因之一。常用硼酸作为缓冲剂。

（3）配位剂。配位剂与主盐金属离子的配位程度对镀层质量有很大影响。由于该电镀液体系中金属离子与配位剂的配位速度较慢，可以通过升高电镀液温度、久置电镀液或用电解的方法提高配位程度。

（4）添加剂。添加剂包括整平剂、光亮剂、表面活性剂及扩散剂等。其主要作用是稳定电镀液、降低界面张力、调整镀层应力、改善镀层性能、抑制阴极析氢、提高电流效率、扩大阴极电流密度范围、加快中和速度、抑制电镀液挥发等。常用的添加剂有 721 光亮剂、十二烷基硫酸钠、硫醚、香豆素等。

4. 电镀 Ni-P 合金

1）性质和用途

随着镀层中磷含量的增加，Ni-P 合金电镀层从晶态连续地向非晶态变化。情况大致如下：微细晶态

（磷的质量分数约为 3%）→微细晶态+非晶态（磷的质量分数约为 5%）→非晶态（磷的质量分数大于 7%）。为了提高 Ni-P 合金电镀层的硬度，需要对其进行热处理，在热处理后其非晶态结构被破坏。一般将 Ni-P 合金电镀层加热到 400℃，合金电镀层基本上由非晶态结构转变为晶态结构。

非晶态合金中原子排列是无序的，因此没有晶粒间隙和位错等晶格缺陷，也不存在成分偏析现象，它是具有各向同性的均匀物质。由于 Ni-P 合金电镀层在磷质量分数超过 7%时是非晶态，因此在物理性质和化学性质上有很多优异特性，如光泽性好、硬度高、耐磨性好、抗蚀能力强和非磁性等。

（1）硬度及耐磨性。Ni-P 合金电镀层的硬度较高，一般为 500HV 以上。镀层硬度与电镀液组成及工艺条件有关。在亚磷酸体系中，电沉积得到的 Ni-P 合金电镀层的硬度与以下因素有关：电镀液中亚磷酸含量增加，镀层硬度有所降低；电镀液温度升高，镀层硬度有所增加；电流密度提高，镀层硬度有所增加；镀层中含磷量增加，镀层硬度下降。

为了得到更高的镀层硬度，可对 Ni-P 合金电镀层进行热处理，热处理温度变化对镀层硬度有明显影响。在热处理温度为 400℃、热处理时间为 1h 时，Ni-P 合金电镀层硬度达到最高值，一般可超过 1000HV，相当于硬铬电镀层的硬度。对于不同磷含量的 Ni-P 合金电镀层及不同方法得到的 Ni-P 合金电镀层，其硬度与热处理温度变化规律基本相同。由于镀层硬度较高，耐磨性也较好，在 400℃以下热处理 1h 的 Ni-P 合金电镀层的耐磨性优于硬铬电镀层，兼之它的摩擦系数小，因此可用于替代耐磨硬铬电镀层。这有利于减少铬对环境的污染。

（2）耐蚀性。Ni-P 合金电镀层是非晶态合金，热力学稳定性较好，因此在某些介质（氯化钠、氯化铵、盐酸、硫酸、氢氟酸及一些有机酸）中表现出良好的耐蚀性。随着镀层含磷量的增加，其耐蚀性提高。当磷的质量分数超过 13%时，其耐蚀性有所降低。Ni-P 合金电镀层经过热处理改变了非晶态结构，虽然其硬度提高了，但其耐蚀性却有所下降。

（3）用途。Ni-P 合金电镀层的用途较为广泛。其具有优良的耐蚀性，因而被用于石油、化工、制糖、制盐、农药及军工等工业设备中的容器、泵、离心机筛网，以及易受腐蚀的零部件的镀覆。其具有硬度高和耐蚀性好的特点，因而常被用于汽车、航空、食品、印刷及化工等设备的气缸、活塞、转轴、压缩机、压滚或成型模具等零部件的镀覆。另外，Ni-P 合金电镀层在钟表、光学仪器和医疗器械中也得到了应用。

2）电镀液组成及工艺条件

常用电镀 Ni-P 合金溶液分为氨基磺酸盐型、次磷酸盐型和亚磷酸型等。

（1）氨基磺酸盐型。氨基磺酸盐型电镀 Ni-P 合金溶液组成及工艺条件见表 4.101。

表 4.101　氨基磺酸盐型电镀 Ni-P 合金溶液组成及工艺条件

电镀液组成及工艺条件	工艺
氨基磺酸镍/（g/L）	200～300
氯化镍/（g/L）	10～15
硼酸/（g/L）	15～20
亚磷酸/（g/L）	10～12
电流密度/（A/dm²）	2～4
pH 值	1.5～2.0
温度/℃	50～60

该工艺可以获得磷质量分数为 10%～15%的 Ni-P 合金电镀层。其特点是：工艺稳定，电镀液成分简单，镀层韧性好、光亮细致、结合力好，但电镀液成本相对较高。

（2）次磷酸盐型。次磷酸盐电镀 Ni-P 合金溶液组成及工艺条件见表 4.102。

表 4.102　次磷酸盐电镀 Ni-P 合金溶液组成及工艺条件

电镀液组成及工艺条件	工艺
硫酸镍/（g/L）	14
次磷酸钠/（g/L）	5
硼酸/（g/L）	15
氯化钠/（g/L）	16
电流密度/（A/dm^2）	2.5
温度/℃	80

该工艺可以获得磷质量分数约为 9% 的 Ni-P 合金电镀层。该镀层均匀细致，电镀液的分散能力和覆盖能力较好，但电镀液稳定性较差。

（3）亚磷酸型。亚磷酸型电镀液应用较多。该电镀液的特点是：电镀液成分简单，镀层光亮细致、结合力好，容易获得磷含量较高的 Ni-P 合金电镀层，但电镀液的分散能力和覆盖能力较差。亚磷酸型电镀 Ni-P 合金溶液组成及工艺条件见表 4.103。

表 4.103　亚磷酸型电镀 Ni-P 合金溶液组成及工艺条件

电镀液组成及工艺条件	工艺 1	工艺 2	工艺 3	工艺 4
ρ（硫酸镍）/（g/L）	180～230	150～170	150	160
ρ（氯化镍）/（g/L）	70～90	10～15	45	40
ρ（碳酸镍）/（g/L）				40
ρ（亚磷酸）/（g/L）	6～10	10～25	50	44
ρ（磷酸）/（g/L）	40～60	15～25	40	50
ρ（KN 配合剂）/（g/L）		50～40		
ρ（DPL 添加剂）/（g/L）		1.5～2.5		
pH 值	0.5～1.5	1.5～2.5	1.0	0.5～1.5
温度/℃	70	70±5	75～98	85～90
电流密度/（A/dm^2）	2.0～4.0	5.0～15.0	0.5～4.0	1.0～5.0

3）电镀液中各成分的作用及工艺条件的影响

以亚磷酸型电镀液为例。

（1）硫酸镍。硫酸镍是镀层中镍的主要来源，其含量对镀层组成、电沉积速度和镀层外观均有影响。当其含量过高时，电沉积速度加快，但镀层表面结晶粗糙，镀层中磷含量相对较低。

（2）氯化物。Cl$^-$ 是阳极活化剂，可以降低或防止镍阳极钝化，保证镍阳极正常溶解。使用氯化镍作为阳极活化剂，还可以提供部分 Ni^{2+} 作为主盐成分，但其含量不宜过高，在保证阳极正常溶解的情况下，尽量少加。这是因为 Cl$^-$ 容易增加镀层内应力，而且氯化镍成本要比硫酸镍高。

（3）亚磷酸。亚磷酸是合金电镀层中磷的主要来源。随着亚磷酸含量的增加，电镀液中 H$^+$ 含量逐渐升高，并且亚磷酸还原容易，从而使镀层中磷含量增加。

（4）磷酸。磷酸可以起到稳定电镀液中亚磷酸的作用，使电镀液中的亚磷酸含量不至于下降太快，便于电镀液的维护。此外，磷酸还可起到缓冲剂的作用，稳定电镀液 pH 值。

（5）KN 配位剂。KN 配位剂可与 Ni^{2+} 形成配合物，提高阴极极化，使镀层结晶更细致，改善电镀液分散能力。另外，KN 配位剂对 Fe^{3+} 杂质有一定的隐蔽作用，对稳定电镀液中的 Ni^{2+} 浓度有较好的作用，并可提高电流密度的上限。

（6）DPL 添加剂。DPL 添加剂可以提高阴极极化，使镀层光亮细致，并可适当降低镀层脆性。

（7）pH 值。当电镀 Ni-P 合金时，应当严格控制电镀液 pH 值。镀层中磷含量与电极表面的 H^+ 有关，随着电镀液 pH 值的升高，镀层中磷含量下降。当 pH 值过高时，在电镀液中易生成亚磷酸镍沉淀；当 pH 值过低时，阴极电流效率下降。

（8）温度。电镀液温度对合金电镀层磷含量影响不大，但对电沉积速度有较大影响。当电镀液温度低于 50℃时，电沉积速度将会变得很慢。

（9）电流密度。电镀液体系不同，使用的阴极电流密度范围有一定差异。但镀层中磷含量都会随着电流密度的增大而有所降低。

（10）阳极。电镀 Ni-P 合金的阴极电流效率较低，若只采用可溶性镍阳极，则阳极电流效率较高，电镀液中 Ni^{2+} 电沉积较快，不利于电镀液的维护管理。因此，通常采取可溶性镍阳极和不溶性阳极混合使用的办法。用作不溶性阳极较为理想的材料是在钛板上镀铂，但其造价较高。一般可采用高密度石墨作为不溶性阳极，但要用涤纶布或丙纶布包扎以防止其污染电镀液。可溶性阳极与不溶性阳极的面积比在 1：（3～5）之间为宜。

5. 电镀 Ni-S 合金

1）性质和用途

将各种硫含量的 Ni-S 合金电镀层放在 9mol/L 的 NaOH 溶液中，用 $40A/dm^2$ 的恒定电流进行长时间电解，测试其析氢超电位在 300mV 左右；当硫的质量分数为 32%～41%时，其析氢超电位仅为 110mV，这说明该镀层对析氢反应的催化作用相当好，并且镀层与基体结合良好，经久耐用。Ni-S 合金电镀层是一种低氢超电位阴极材料，它作为电解食盐水的阴极材料很有发展前景。

2）电镀液组成及工艺条件

电镀 Ni-S 合金溶液组成及工艺条件见表 4.104。

表 4.104 电镀 Ni-S 合金溶液组成及工艺条件

电镀液组成及工艺	工艺 1	工艺 2	工艺 3
ρ（硫氰酸镍）/（g/L）	87		
ρ（柠檬酸）/（g/L）	126		
ρ（硫酸镍）/（g/L）		27～54	
ρ（硫酸铵）/（g/L）		23～46	
ρ（氯化铵）/（g/L）	50	15	40
V（氨水）/（mL/L）	200		
ρ（硫代硫酸钠）/（g/L）		150～200	200
ρ（氯化镍）/（g/L）			47.5
pH 值	8	4	4
温度/℃	30	30	30
电流密度/（A/dm^2）	10	2	2

6. 电镀其他镍基合金

除上面介绍的电镀镍基合金外，人们还研究了电镀 Ni-Mn-Zn 合金、Ni-B 合金、Ni-Co-Zn 合金、Ni-Fe-Co 合金、Ni-Fe-Cd 合金和 Ni-Co-Cu 合金等。其溶液组成及工艺条件见表 4.105。

表 4.105　各种电镀镍基合金溶液组成及工艺条件

电镀液组成及工艺条件	Ni-Mn-Zn	Ni-B	Ni-Co-Zn	Ni-Fe-Co	Ni-Fe-Cd	Ni-Co-Cu
ρ（硫酸镍）/（g/L）	20		120	52	106	84
ρ（硫酸钴）/（g/L）				28		
ρ（氯化镍）/（g/L）		30				
ρ（氯化钴）/（g/L）			30			
ρ（硫酸锰）/（g/L）	80					
ρ（硫酸锌）/（g/L）	20		114			
ρ（硫酸铜）/（g/L）						12.5
ρ（硫酸镉）/（g/L）					7.7	
ρ（硫酸亚铁）/（g/L）				28	56	
ρ（硼氢化钠）/（g/L）		0.25~1.50				
ρ（硼酸）/（g/L）				30		
ρ（硫酸铵）/（g/L）	30					
ρ（氯化铵）/（g/L）			2			
ρ（柠檬酸铵）/（g/L）						2
ρ（硫脲）/（g/L）	18					
ρ（抗坏血酸）/（g/L）	0.8		适量	2.0~5.0	1.0	
ρ（糊精）/（g/L）	0.2					
ρ（糖精）/（g/L）			适量			1
ρ（甘氨酸）/（g/L）	0.4				30.0	
ρ（葡萄糖）/（g/L）			适量			
ρ（乙二胺）/（g/L）		42				
ρ（酒石酸钾钠）/（g/L）		56				
ρ（氨基乙酸）/（g/L）		2.5				
ρ（JXB）/（g/L）		0.2				
pH 值	3	13.5	5~7	3	3	4
温度/℃	60	50	30~50	60	30	30
电流密度/（A/dm²）	3~10	2	0.6~1.5	0.5~8.0	0.5~7.5	0.5~20.0
阳极材料	黄铜板	石墨	石墨	石墨	石墨	

4.4.4　电镀铜基合金

1. 电镀 Cu-Zn 合金

Cu-Zn 合金一般也称为黄铜。Cu-Zn 合金电镀层具有良好的外观色泽和较高的耐蚀性，应用范围广泛。

根据合金电镀层中锌含量的不同，Cu-Zn 合金可分为三种类型：锌质量分数约为 70% 的白色黄铜、锌质量分数约为 30% 的黄色黄铜及锌质量分数约为 10% 的高铜黄铜。仿金电镀层是指锌质量分数为 30%～40% 的黄铜镀层。电镀黄铜镀层的性质（电阻率、硬度、抗拉强度等）与合金的微观结构密切相关。电镀合金的微观结构与冶炼合金不完全相同，即使都是用电镀方法得到的合金，如果所用电镀液体系不同，那么所得合金结构也有所区别。电镀黄铜的电阻率值要比相同组成的冶炼合金大 25%～45%。电镀黄铜的硬度一般在 180～600HV 范围内，其硬度也比相同组成的冶炼合金高。

黄铜镀层主要用作室内装饰品、各种家具、首饰及建筑用五金件等的装饰镀层，也可作为在钢铁件上电镀锡、镍、铬、银等金属时的中间镀层。此外，它还可作为功能性镀层。例如，在轮胎钢丝上电镀黄铜，可以提高金属与橡胶间的黏合强度。

1）氰化物电镀 Cu-Zn 合金

目前在工业上使用的电镀 Cu-Zn 合金电镀液主要是氰化物电镀液。

（1）电镀液组成及工艺条件。氰化物电镀 Cu-Zn 合金溶液组成及工艺条件见表 4.106。

表 4.106 氰化物电镀 Cu-Zn 合金溶液组成及工艺条件

电镀液组成及工艺条件	白色黄铜		黄色黄铜		高铜黄铜	高速镀液
	工艺 1	工艺 2	工艺 3	工艺 4	工艺 5	工艺 6
ρ（氰化亚铜）/（g/L）	14～18	16～20	53	27	53.5	75～105
ρ（氰化锌）/（g/L）	60～75	35～40	30	9	3.8	
ρ（氧化锌）/（g/L）						3～9
ρ（氰化钠）/（g/L）	83～95	52～60	90	56	66.7	90～135
ρ（游离氰化钠）/（g/L）	30.0～38.0	5.0～6.5	7.5	17.0	4.5	4.0～19.0
ρ（碳酸钠）/（g/L）		35～40	30	30	30	
ρ（氢氧化钠）/（g/L）	60～75	30～37				
ρ（氢氧化铵）/（g/L）					1.0～5.0	
ρ（氢氧化钾）/（g/L）						40～75
ρ（硫化钠）/（g/L）	0.40	0.20～0.25				
ρ（酒石酸钾钠）/（g/L）			45		45	
pH 值	13.0		10.3～10.7	10.3～10.7	10.3	12.5
温度/℃	27～40	20～30	43～60	35～50	35～60	75～95
电流密度/（A/dm²）	1.0～4.0	3.0～5.0	0.5～3.5	0.5	0.5～3.2	2.5～15.0
阴阳极面积比	1：3		1：2	1：2		

（2）电镀液中各成分的作用及工艺条件的影响

① 主盐。主盐为氰化亚铜和氰化锌。电镀液中的主盐浓度比及它们的总浓度主要影响镀层合金组成和电沉积速度，因此主盐含量随所需镀层组成而异。影响镀层合金组成的因素还有配位剂用量、添加剂种类及电镀条件等，但其中影响最大的还是电镀液中的主盐金属离子浓度比。一般利用电镀液中 Cu^+ 与 Zn^{2+} 的摩尔比来控制镀层中各金属的含量。例如，在白色黄铜电镀液中，Cu^+ 与 Zn^{2+} 的摩尔比一般为 1：（2～3）；在黄色黄铜电镀液中，Cu^+ 与 Zn^{2+} 的摩尔比一般为（2～3）：1；在高铜黄铜电镀液中，Cu^+ 与 Zn^{2+} 的摩尔比一般为（10～15）：1。

② 氰化钠。氰化钠是 Cu^+ 和 Zn^{2+} 的配位剂。当电镀液中含有适量的氰化物时，可以形成$[Cu(CN)_3]^{2-}$ 和$[Zn(CN)_4]^{2-}$ 形式的配位离子。

在电镀液中，氰化钠除了在与 Cu^+ 和 Zn^{2+} 形成配位离子时需要相应含量外，还要有适量的游离氰化钠，这对于阳极正常溶解、稳定电镀液及保证两种金属按照所需比例电沉积是必不可少的。当游离氰化钠含量较低时，镀层中铜含量有所增加，但当游离氰化钠含量过低时，阳极发生钝化且呈暗褐色，而且电镀液也不稳定，出现浑浊，所得镀层疏松多孔。随着电镀液中游离氰化钠含量的增加，电镀液覆盖能力有所提高，当游离氰化钠含量过多时，阴极析氢严重，电流效率会明显下降。

③ 碳酸钠。碳酸钠有两个作用：a.起到缓冲作用。b.提高电镀液的导电性。碳酸钠含量对镀层合金组成影响较小，但对阳极电流效率影响较大。当电镀液中碳酸钠的含量过高时，阳极电流效率明显下降，导致电镀液主盐浓度逐渐变小。电镀液中碳酸钠含量一般控制在 70g/L 以下为宜。

④ 氢氧化钠。在电镀液中加入一定量的氢氧化钠或氢氧化钾，可以提高电镀液的导电性能。当电镀液 pH 值升高时，电镀液中一定量的锌氰配位离子转变成较易放电的锌酸根离子，因而镀层中锌含量会增加。电镀白色黄铜时，大多采用 pH 值较高的电镀液。

⑤ 氨水或氯化铵。在电镀液中加入一定量的氨水或氯化铵，不仅有利于得到均匀有光泽的镀层，而且有助于合金阳极正常溶解。随着电镀液中 NH_4^+ 量的增加，镀层中锌含量增加，当其达到一定值时，镀层发白。因此，可以通过调节电镀液中的 NH_4^+ 含量控制镀层组成及外观色泽。

⑥ 酒石酸钾钠。酒石酸钾钠的主要作用是消除阳极钝化。因为氰化钠含量过高时会明显降低阴极电流效率，所以不能单纯地依靠增加氰化钠含量来促进阳极溶解，采用添加酒石酸钾钠的方法可以避免阳极钝化。

⑦ 添加剂。氰化物电镀黄铜的添加剂主要有以下几类。

a. 砷化合物。在电镀液中添加少量的亚砷酸或三氧化二砷，可以得到有光泽的白色黄铜镀层。但若添加过量，则镀层发白，阳极溶解也不正常。电镀液中砷化合物的质量浓度一般控制在 0.01~0.02g/L 之间。

b. 酚。酚或酚的衍生物也是一种电镀黄铜的光亮剂。在电镀液中加入 0.04~0.08g/L 的酚或 0.5~1.0g/L 的甲酚磺酸，都能得到光亮致密的黄铜镀层。

c. 金属光亮剂。某些金属化合物也能获得与上述光亮剂类似的效果，如镍或铅的化合物。电镀液中金属光亮剂的添加量一般在 0.01g/L 左右。

d. 胶体光亮剂。胶体光亮剂包括动物胶、聚乙烯醇等，它既可以单独加入电镀液中，也可与上述光亮剂一起使用。为了得到光亮致密的镀层，一般在电镀液中动物胶的添加量为 0.1g/L，聚乙烯醇的添加量约为 1.0g/L。

⑧ 电流密度。阴极电流密度主要影响镀层外观和镀层合金组成。对于不同类型的电镀液，其影响规律不完全相同。

⑨ 温度。当升高电镀液温度时，可使镀层中铜含量增加。但电镀液温度不宜过高，一般不应超过 60℃，否则氰化物容易分解成碳酸盐而电沉积在电镀液中，从而降低电镀液使用寿命。

⑩ pH 值。电镀液 pH 值主要影响电镀液的导电性和主盐金属离子的配位状态。一般随着电镀液 pH 值的升高，镀层中铜含量下降。若提高电镀液 pH 值，则可用氢氧化钠或氢氧化钾来调整；若降低电镀液 pH 值，则只能用重碳酸钠或重亚硫酸钠等弱酸性溶液来调整，而且在加入上述弱酸性溶液时需要不断搅拌并缓慢加入，防止氢氰酸逸出。

⑪ 阳极。阳极材料的组成和阳极的制造方法与电镀液中主盐浓度的稳定性及镀层质量有着密切关系。目前在工业上采用的阳极大多为合金阳极，其组成与镀层组成大致相同。一般阳极面积要大于阴极面积，若阳极电流密度过大，则易造成阳极钝化。因此，在电镀液中要保持一定量的游离氰化钠，并添加适量的酒石酸钾钠。

2）无氰电镀 Cu-Zn 合金

由于氰化物电镀液的毒性很大，而且在电镀过程中或与空气接触时会发生分解，因此人们试图寻找毒性小且比氰化物更稳定的电镀液。研究者针对无氰电镀 Cu-Zn 合金进行了很多研究工作，但大多数无氰电镀液只停留在试验室研究阶段，有些虽然已经用于生产，但是只适用于简单件或非重要件的电镀，目前尚未发明出能与氰化物电镀液相媲美的无氰电镀 Cu-Zn 合金电镀液。下面介绍几种近年来研究较多的无氰电镀 Cu-Zn 合金工艺。

（1）甘油-锌酸盐电镀 Cu-Zn 合金。甘油-锌酸盐电镀 Cu-Zn 合金溶液组成及工艺条件见表 4.107。

表 4.107　甘油-锌酸盐电镀 Cu-Zn 合金溶液组成及工艺条件

电镀液组成及工艺条件	工艺 1	工艺 2
ρ（硫酸铜）/（g/L）	25	12.5
ρ（硫酸锌）/（g/L）	30	30
ρ（甘油）/（g/L）	20	12
ρ（氢氧化钠）/（g/L）	120	120
温度/℃	20～22	20～22
阴极电流密度/（A/dm^2）	0.2～1.5	0.9～1.4
阳极电流密度/（A/dm^2）	0.5～0.8	0.5～0.8
铜电镀层质量分数/%	55～70	27～33

该体系电镀液主盐浓度较低，其主盐总浓度一般不超过 0.2mol/L。当电镀液中碱过量时，Zn^{2+}主要以锌酸根形式存在，同时 Cu^{2+}与甘油配位，它们电共沉积表现出异常电共沉积特征。该电镀液具有以下特点：电镀液阴极电流效率很高，一般高于 100%，这是部分铜的氢氧化物电共沉积所致；当使用合金阳极时，其阳极电流效率为 80%～100%，当阳极电流密度超过 1.2A/dm^{2}时，阳极容易发生钝化，阳极电流效率随之下降；电镀液分散能力较好，与氰化物电镀液大致相当。

对于在上述电镀液中得到的镀层，其外观色泽与在氰化物电镀液中得到的镀层略有差别，该工艺得到的镀层没有明显的金黄色，其外观色泽随着镀层铜中含量的减少而变化，从暗粉红色到淡红色直至灰白色。当镀层中铜质量分数低于 63%时，其色泽比从氰化物中得到的相同组成的镀层更白一些。这说明在该体系电镀液中得到的镀层和在氰化物电镀液中得到的镀层在微观结构上不尽相同。

（2）酒石酸盐电镀 Cu-Zn 合金。酒石酸盐电镀液是人们较早研究的一种无氰 Cu-Zn 合金电镀液。在碱性溶液中，酒石酸根与 Cu^{2+}和 Zn^{2+}均能形成配位离子，它们的配位状态及配位离子的稳定性主要受电镀液 pH 值的影响。若电镀液 pH 值在 5.5～11.0 范围内，则 Zn^{2+}主要以$[Zn(OH)C_4H_4O_6]^-$形式存在；若电镀液 pH 值>11，则 Zn^{2+}主要以$[Zn(OH)_4]^{2-}$形式存在。它们的不稳定常数分别为 $2.4×10^{-8}$ 和 $3.6×10^{-16}$。当电镀液 pH 值>10 时，Cu^{2+}主要以$[Cu(OH)_2C_4H_4O_6]^{2-}$形式存在，其不稳定常数为 $7.3×10^{-20}$。酒石酸根对 Cu^{2+}和 Zn^{2+}的配位能力的显著差异有利于两种金属的共沉积。

酒石酸盐电镀 Cu-Zn 合金溶液组成及工艺条件见表 4.108。

表 4.108　酒石酸盐电镀 Cu-Zn 合金溶液组成及工艺条件

电镀液组成及工艺条件	工艺
硫酸铜/（g/L）	30
硫酸锌/（g/L）	12
酒石酸钾钠/（g/L）	100
氢氧化钠/（g/L）	50
pH 值	12.4
温度/℃	40
阴极电流密度/（A/dm^2）	4

研究认为，在酒石酸盐电镀 Cu-Zn 合金的电镀液中加入适当的添加剂，可以得到光亮合金电镀层。这些添加剂包括某些醇胺类或氨基磺酸类及其衍生物等。若将上述光亮剂混合使用，则光亮效果更为理想。例如，当在电镀液中加入 12mL/L 三乙醇胺和 4g/L p-苯酚氨基磺酸钠盐时，在 3～8A/dm² 电流密度范围内均能得到全光亮黄铜镀层。

电镀液温度对镀层组成的影响较大，随着电镀液温度的升高，镀层中铜含量显著增加。电流密度对镀层组成影响较小，但当电流密度大于 1.2A/dm² 时，镀层中铜含量将明显减少。上述特征表明，在碱性酒石酸盐电镀液中电镀 Cu-Zn 合金属于正则电共沉积类型。

对于在碱性酒石酸盐电镀液中得到的 Cu-Zn 合金电镀层，其外观色泽随着镀层中铜含量的减少而发生由粉红色至黄色的变化。

（3）焦磷酸盐电镀 Cu-Zn 合金。焦磷酸盐电镀 Cu-Zn 合金也是一种有望获得工业应用的无氰电镀黄铜工艺。$P_2O_7^{4-}$ 对 Cu^{2+} 和 Zn^{2+} 均能配位，并且相应地分别形成了配位离子 $[Cu(P_2O_7)_2]^{6-}$ 及 $[Zn(P_2O_7)_2]^{6-}$，它们的不稳定常数分别为 $1.0×10^{-9}$ 和 $1.0×10^{-11}$。虽然 $P_2O_7^{4-}$ 对 Cu^{2+} 的配位能力不是很强，但是在焦磷酸盐溶液中铜的析出超电位非常大，这有利于 Cu^{2+} 和 Zn^{2+} 的电共沉积。

焦磷酸盐电镀 Cu-Zn 合金溶液组成及工艺条件见表 4.109。

表 4.109　焦磷酸盐电镀 Cu-Zn 合金溶液组成及工艺条件

电镀液组成及工艺条件	工艺 1	工艺 2
C（硫酸铜）/（mol/L）	0.1	0.1
C（硫酸锌）/（mol/L）	0.1	0.03～0.07
C（焦磷酸钾）/（mol/L）	0.5	1.0
C（N, N, N, N-四-2-乙二胺）/（mol/L）	0.1	
C（谷氨酸）/（mol/L）		0.01
pH 值	11.0	9.3～9.4
温度/℃	50	30
阴极电流密度/（A/dm²）	0.5	0.3～3.0
铜电镀层质量分数/%	70～81	55～90

在焦磷酸盐电镀 Cu-Zn 合金电镀液中，虽然铜的析出超电位很大，但若电镀液中不含适当的添加剂，则铜在低电流密度区优先析出，此时在电流密度稍高的区域往往会出现镀层烧焦或结晶粗糙的现象，因此选择适宜的添加剂是非常必要的。

3）电镀 Cu-Zn 合金电镀层的后处理

电镀 Cu-Zn 合金电镀层在高温潮湿条件下，或在硫含量较高的气氛中，易于变色和泛黑点。因此，装饰用镀层一般需要进行镀后处理，防止其外观变色。镀后处理大多采用钝化处理和涂保护漆的方法，或两者兼用。此外，还可进行氧化或者着色处理，赋予其各种色调。电镀 Cu-Zn 合金电镀层钝化液组成及工艺条件见表 4.110。

表 4.110　电镀 Cu-Zn 合金电镀层钝化液组成及工艺条件

钝化液组成及工艺条件	工艺 1	工艺 2
ρ（铬酐）/（g/L）	30～90	
ρ（重铬酸钠）/（g/L）		100～150
ρ（硫酸）/（g/L）	15～30	5～10

续表

钝化液组成及工艺条件	工艺1	工艺2
ρ（氯化钠）/（g/L）		6～7
温度	室温	室温
钝化时间/s	15～30	3～8

需要钝化的零件先在工艺1中处理，然后经弱酸浸蚀再在工艺2中钝化处理。钝化后的零件不允许用热水洗，只能用压缩空气吹干。在 70～80℃条件下对钝化件进行老化处理，可以进一步提高其耐蚀性。

此外，也可将镀件在 50g/L 重铬酸钾或重铬酸钠溶液中浸 30～60s，水洗后迅速脱水吹干，然后涂一薄层透明树脂涂料，并在 80～120℃条件下烘干。应当选择附着力强、透明度高的涂料，涂膜不宜太厚。

2. 电镀 Cu-Sn 合金

1）性质和用途

Cu-Sn 合金俗称青铜，电镀 Cu-Sn 合金也称电镀青铜。青铜镀层具有两个显著特点：①镀层外观色泽随镀层锡含量的不同而分别呈红色、金黄色、淡黄色及银白色。②镀层耐蚀性良好，其耐蚀性可与相同厚度的镍电镀层相媲美。这些特点为将青铜用作防护-装饰性镀层提供了可行性。根据合金中锡含量的多少，Cu-Sn 合金电镀层可分为以下三种类型。

（1）低锡青铜。合金中锡的质量分数为 7%～15%。当锡质量分数为 7%～8%时，镀层外观呈红色；当锡质量分数为 14%～15%时，镀层外观为金黄色，其耐蚀性最好。低锡青铜硬度较低，抛光性能良好，孔隙率低，耐蚀性好，因此可作代镍电镀层。红色青铜还可用作防渗氮镀层及轴承用镀层。对钢铁基体而言，低锡青铜属于阴极性镀层，在空气中易于氧化失去原有光泽而变色，故不宜作为表面镀层，常用作防护-装饰性电镀的底层或中间层，目前已经广泛用于日用五金、轻工、机械和仪表等工业中。该镀层在热的淡水中较为稳定，因此可以作为热水接触工件的防护镀层。

（2）中锡青铜。镀层中锡的质量分数为 15%～35%。中锡青铜镀层外观为浅金黄色，其硬度与抗氧化能力比低锡青铜高，也可作为防护-装饰性镀层的底层，但在中锡青铜镀层上套铬较为困难。由于镀层中锡含量较高，镀铬易发花且色泽不均，因此中锡青铜应用并不广泛。

（3）高锡青铜。镀层中锡的质量分数在 40%以上，其镀层呈银白色，也称白青铜。由于其经过抛光可以得到镜面光泽，也称镜青铜。该镀层的硬度介于电镀镍和铬之间，在空气中光泽稳定性较好，防变色能力优于银和镍，而且在弱酸、弱碱及有机酸中都很稳定，故一般用作代银电镀层和代铬电镀层，可以作为反光镀层及日用五金、餐具、乐器和仪器仪表等的装饰性镀层。高锡青铜镀层的缺点是：柔软性差，不能经受变形，有细小裂纹和孔隙，不适于在恶劣条件下使用。

目前，在工业上得到应用的电镀青铜电镀液主要分为氰化物体系和无氰体系。

2）氰化物电镀 Cu-Sn 合金

目前氰化物电镀液应用最为广泛，其中成熟的是氰化物-锡酸盐电镀液。在该电镀液中，通过改变主盐浓度比和工艺条件，不但可以获得任意组成的 Cu-Sn 合金电镀层，而且镀层的成分和色泽容易控制，电镀液分散能力好。其主要缺点是：电镀液毒性大，不利于环境保护。

（1）电镀液组成及工艺条件。氰化物-锡酸盐电镀 Cu-Sn 合金溶液组成及工艺条件见表 4.111。

表 4.111　氰化物-锡酸盐电镀 Cu-Sn 合金溶液组成及工艺条件

电镀液组成及工艺条件	低锡青铜		中锡青铜		高锡青铜	
	工艺 1	工艺 2	工艺 1	工艺 2	工艺 1	工艺 2
ρ[铜（以 CuCN 形式）]/（g/L）	11～21	11～21	11	8	1	2
ρ[锡（以 Na_2SnO_3 形式）]/（g/L）	9～13	11～16	7	9	42	46
ρ（氰化钠）/（g/L）	35～50		45	65	65	27
ρ（氰化钾）/（g/L）		41～55				
ρ（氢氧化钠）/（g/L）	8～12	8～12	22	26	95	103
ρ（酒石酸钾钠）/（g/L）					37	37
ρ（十二烷基硫酸钠）/（g/L）	0.01～0.03	0.01～0.03				
V（光亮剂 CSNU-Ⅰ）/（mL/L）	5～6	5～6				
V（光亮剂 CSNU-Ⅱ）/（mL/L）	10～14	10～14				
pH 值	12.5～13.5	12.5～13.5	13.0	13.5	13.5	13.5
温度/℃	50～60	45～60	55	60	65	65
电流密度/（A/dm²）	2～4	2～4	1～2	1～3	3	3
阳极（锡质量分数）/%	8～12	8～12	铜板	铜板	铜板	铜板

在氰化物-锡酸盐电镀液中，铜和锡分别以$[Cu(CN)_3]^{2-}$、$[Sn(OH)_6]^{2-}$配位离子形式存在。该电镀液稳定性好、容易维护。在装饰性电镀中，电镀后必须经过抛光以保证镀层光亮度。在电镀液中加入适量的酒石酸盐或少量的铅、铋等盐类及明胶等，有利于获得光亮 Cu-Sn 合金电镀层。国内已经研制出一些电镀 Cu-Sn 合金的光亮剂，并已用于工业生产。

（2）电镀液中各成分的作用及工艺条件的影响。

① 主盐。氰化亚铜、锡酸钠是提供金属离子的主盐。在电镀液中铜离子和锡离子浓度比一定时，放电金属离子总浓度的变化对镀层合金组成影响不大，它主要影响阴极电流效率。随着放电金属离子总浓度的增加，阴极电流效率明显提高，但如果放电金属离子总浓度过高，镀层就会变得粗糙。电镀液中铜离子和锡离子的浓度比对镀层合金组成及色泽影响较大。当提高氰化亚铜含量时，镀层中铜含量增加，色泽偏红；当提高锡酸钠含量时，镀层中锡含量增加，过高的锡含量会使镀层色泽偏白。当铜离子和锡离子总浓度偏低时，电镀液分散能力有所提高，但阴极电流效率低，电沉积速度慢。实践证明，在低锡青铜电镀液中，Cu^+与Sn^{4+}的摩尔比以（2～3）∶1 为宜；在高锡青铜电镀液中，Cu^+与Sn^{4+}的摩尔比以 1.0∶（2.5～4.0）为宜。

② 氰化物。氰化物是Cu^+的配位剂。若在电镀液中保持足够量的游离氰化物，则游离的Cu^+就较少。试验结果表明，当电镀液中氰化物含量过高时，铜主要以$[Cu(CN)_4]^{3-}$形式存在，这种配位离子放电活化能很高，只有在强电场作用下才能在阴极上参加还原反应，因此电流效率低，镀层中锡含量增加，镀层色泽偏白。如果电镀液中氰化物含量不足，铜就可能以$[Cu(CN)_2]^-$形式存在，这种配位离子溶解度较小，在电镀液中可能生成部分沉淀，而且阳极容易钝化。因此，在生产中应当尽可能控制电镀液中的氰化物含量，使Cu^+保持以$[Cu(CN)_3]^{2-}$的形式存在。

③ 氢氧化钠。氢氧化钠是电镀液中锡的配位剂。锡是以Na_2SnO_3形式加入合金电镀液中的，它在碱性电镀液中电离并生成$[Sn(OH)_6]^{2-}$，其不稳定常数为$1.0×10^{-56}$。因此在碱性电镀液中，在阴极上放电的锡的配位离子主要是$[Sn(OH)_6]^{2-}$，即

$$[Sn(OH)_6]^{2-} + 4e \Longrightarrow Sn + 6OH^- \tag{4.35}$$

　　由式（4.34）可知，若电镀液中的游离氢氧化钠含量增加，则会使锡的配位离子的稳定性增加，提高锡的阴极极化，改善电镀液分散能力，防止锡酸钠水解，并能适当抑制氰化物与空气中的 CO_2 反应。当电镀液中的游离氢氧化钠含量过高时，镀层中锡含量下降，外观色泽偏红，阴极电流效率降低。

　　低锡青铜电镀液的电流效率一般约为 50%。若电镀液中游离氰化物或游离氢氧化钠含量过高，则会使铜或锡的析出电位负移，这不仅使电流效率下降，还会导致大量氢气析出，使镀层针孔增加。

　　④ 酒石酸钾钠。酒石酸钾钠的加入有利于阳极正常溶解，防止阳极钝化。

　　⑤ 十二烷基硫酸钠。将十二烷基硫酸钠作为润湿剂加入镀液中，可以利用其表面活性来降低电镀液与镀件的表面张力，从而减少镀层针孔。此外，它还有提高阴极极化作用，有利于获得结晶细致的镀层。

　　⑥ 光亮剂。为了获得光亮镀层，可以在电镀液中添加适量的光亮剂，如铅、铋、镍等金属盐类；在电镀液中添加明胶也有一定的作用，此外还可以添加市售专用光亮剂。必须注意的是，光亮剂不能添加过量，否则将使镀层脆性增加。

　　⑦ 电流密度。阴极电流密度变化主要影响电流效率和镀层质量。当电流密度过大时，阴极电流效率降低，镀层中锡含量有所增加，镀层粗糙，阳极容易发生钝化；当电流密度太小时，镀层电沉积速度减慢，镀层外观呈暗褐色。一般在电镀低锡青铜时，使用的电流密度为 $1.5 \sim 2.5 A/dm^2$；在电镀高锡青铜时，使用的电流密度可以适当高一些。

　　⑧ 温度。电镀液温度对镀层组成、镀层质量及电镀液性能均有影响。当升高电镀液温度时，镀层中锡含量增加，阴极电流效率提高。如果电镀液温度过高，就会加速氰化物分解，使电镀液成分发生改变，镀层组成和镀层质量都会受到影响。当电镀液温度偏低时，阴极电流效率下降，阳极溶解不正常，镀层光亮性变差。因此，在选定工作温度时，需要考虑上述因素的综合效果。电镀液温度一般控制在 $55 \sim 65 ℃$ 为宜，此时不仅可以获得外观色泽较好的镀层，阴极电流效率也较高，阳极还能够正常溶解。

　　⑨ 阳极。氰化物电镀青铜用阳极可以采用锡阳极或铜阳极，也可采用 Cu、Sn 混挂阳极。在电镀低锡青铜时，大多采用合金阳极，Cu 与 Sn 的摩尔比为（8～9）：1。为使合金阳极溶解良好，铸造后的阳极应在 700℃ 下退火处理 2～3h。电镀液中的 Sn^{2+} 对合金电镀层质量影响较大。当电镀液中的 Sn^{2+} 含量超过某一定值时，所得镀层粗糙、疏松、发暗。因此，在使用合金阳极时必须严格控制阳极电流密度，使阳极处于半钝化状态，一般合金阳极电流密度控制在 $2 \sim 3 A/dm^2$ 范围内。另外，也可使用镍阳极，此时电镀液中被消耗的锡以 Na_2SnO_3 形式定期补加。在电镀高锡青铜时，大多采用铜阳极或 Cu、Sn 混挂阳极。当采用混挂阳极时，铜阳极和锡阳极上的电流比应当根据被电沉积合金的组成来确定。在电镀结束后，应当立即将阳极从镀槽中取出。

　　3）焦磷酸-锡酸盐电镀 Cu-Sn 合金

　　（1）电镀液组成及工艺条件。焦磷酸-锡酸盐电镀 Cu-Sn 合金溶液组成及工艺条件见表 4.112。

表 4.112　焦磷酸-锡酸盐电镀 Cu-Sn 合金溶液组成及工艺条件

电镀液组成及工艺条件	工艺
焦磷酸钠/（g/L）	20～35
锡酸钠/（g/L）	45～60
焦磷酸钾/（g/L）	230～260
酒石酸钾钠/（g/L）	30～35
硝酸钾/（g/L）	40～45
明胶/（g/L）	0.01～0.02
pH 值	10.8～11.2
温度/℃	25～50
电流密度/（A/dm²）	2～3
Cu-Sn 合金阳极（锡质量分数）/%	6～9

（2）电镀液中各成分的作用及工艺条件的影响。

① 主盐。电镀液中的主盐是铜盐和锡酸盐。铜盐大多为焦磷酸铜，也可使用硫酸铜，但 SO_4^{2-} 的累积可能造成硫酸盐的析出，从而影响镀层质量。由于铜的电极电位较正，而且 $P_2O_7^{4-}$ 对 Cu^{2+} 的配位能力不强，随着电镀液中 Cu^{2+} 浓度的增加，镀层中铜含量明显增加，因此目前这种电镀液只用于电镀低锡青铜。电镀液中的锡酸钠含量对镀层中锡含量的影响并不显著。为了得到具有一定锡含量的青铜电镀层，往往把电镀液中的锡酸盐含量控制在较高范围内。例如，在电镀液中铜盐摩尔质量为 8～12g/L，锡酸盐摩尔质量为 25～35g/L。

② 焦磷酸钾。焦磷酸钾为主配位剂。$P_2O_7^{4-}$ 对 Cu^{2+} 和 Sn^{4+} 都有一定的配位能力，它们的配位形式如下：

$$Cu^{2+} + P_2O_7^{4-} \rightleftharpoons [Cu\,P_2O_7]^{2-} \tag{4.36}$$

$$Cu^{2+} + 2P_2O_7^{4-} \rightleftharpoons [Cu(P_2O_7)_2]^{6-} \tag{4.37}$$

$$SnO_3^{2-} + 2P_2O_7^{4-} + 3H_2O \rightleftharpoons [Sn(P_2O_7)_2]^{4-} + 6OH^- \tag{4.38}$$

$$SnO_3^{2-} + 4P_2O_7^{4-} + 3H_2O \rightleftharpoons [Sn(P_2O_7)_4]^{12-} + 6OH^- \tag{4.39}$$

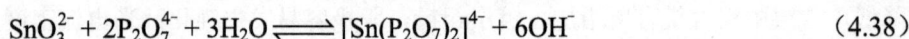

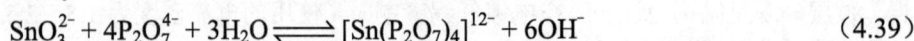

铜和锡的配位离子在电镀液中的主要存在形式应由电镀液中的焦磷酸盐浓度及电镀液 pH 值来确定。$P_2O_7^{4-}$ 有利于 Cu、Sn 电共沉积，因此在电镀液中应当保持足够量的焦磷酸盐。一般控制 $P_2O_7^{4-}$ 与 $Cu^{2+}+SnO_3^{2-}$ 的摩尔比为（2.5～3.0）：1。

③ 酒石酸钾钠。酒石酸钾钠是辅助配位剂，它的主要作用是防止锡酸盐水解及氢氧化铜沉淀的生成，同时也有利于阳极正常溶解。在镀液中酒石酸钾钠含量不超过 30g/L，否则会使镀层发脆。

④ 硝酸钾。硝酸钾是一种去极化剂，有利于提高阴极电流密度的上限，并对提高镀层中锡含量有一定作用。

⑤ 添加剂。在该体系电镀液中加入一定量的明胶，可使镀层结晶细致，外观色泽均匀。随着电镀液中明胶含量的增加，镀层中锡含量有所增加。若明胶含量过多，则会使镀层发脆。

⑥ pH 值。电镀液 pH 值的变化会影响放电金属离子的配位状态和配位能力，从而改变金属的析出电位。提高电镀液 pH 值有利于增加镀层中锡含量。通常电镀液 pH 值维持在 11 左右。若电镀液 pH 值>11，则在电镀液中容易生成 $Cu(OH)_2$ 沉淀，使电镀液变得浑浊。另外，镀层色泽由淡黄色变为紫色，严重时变为紫黑色。可用氢氧化钠或焦磷酸调节电镀液 pH 值。当电镀液中硝酸根或酒石酸根浓度偏低时，可用硝酸或酒石酸来进行调节。

⑦ 电流密度。阴极电流密度对镀层合金组成影响较大。由于提高电流密度可使镀层中锡含量增加，因此通常把提高电流密度作为提高镀层锡含量的一种手段。在生产中，阴极电流密度一般控制在 2～3A/dm² 范围内。

⑧ 温度。升高电镀液温度可使电流密度的上限提高，这有利于增加镀层中锡含量。但电镀液温度会对铜的析出电位产生影响。当温度较高时，铜的析出电位变正，因而铜的析出变得容易，这又使镀层中铜含量相应增加。当温度过高时，还会加速焦磷酸盐水解。因此，电镀液的使用温度应当根据上述因素的综合效果来确定。在生产中，电镀液温度一般控制在 35～40℃ 范围内。

⑨ 搅拌。搅拌一般可使合金电镀层中铜含量增加。此外，搅拌可以大幅提高使用电流密度的上限，有助于提高镀层中锡含量。需要注意的是，搅拌强度不宜太强，强烈搅拌反而会使镀层中锡含量降低。

⑩ 阳极。阳极大多采用锡质量分数为 6% 的青铜板。该阳极溶解快速且均匀，且该体系电镀液阴极电流效率较低，一般仅为 50% 左右，因此可以采用可溶性阳极和不溶性阳极混挂。

4）焦磷酸盐电镀 Cu-Sn 合金

焦磷酸盐电镀 Cu-Sn 合金溶液组成及工艺条件见表 4.113。

表 4.113　焦磷酸盐电镀 Cu-Sn 合金溶液组成及工艺条件

电镀液组成及工艺条件	工艺 1	工艺 2
ρ（焦磷酸铜）/（g/L）	3.8～37.6	38.0～42.0
ρ（焦磷酸亚锡）/（g/L）	30～50	3.5～5.2
ρ（焦磷酸钠）/（g/L）	48～190	
ρ（焦磷酸钾）/（g/L）		300～320
ρ（草酸铵）/（g/L）	20	
ρ（氨三乙酸）/（g/L）		30～40
ρ（磷酸氢二钾）/（g/L）		40～50
pH 值	9.0～9.5	8.5～8.8
温度/℃	40～80	30～35
阴极电流密度/（A/dm²）	0.5～10.0	0.6～1.0
阳极电流密度/（A/dm²）	0.1～2.5	0.2～0.5
阳极材料	不锈钢+青铜（锡质量分数为 10%）	青铜（锡质量分数为 0.05%）
搅拌	需要	需要
锡电镀层质量分数/%	4～90	低锡青铜

在该电镀液中，铜以 Cu^{2+} 形式存在，$P_2O_7^{4-}$ 作为主配位剂，有时电镀液中还要加入草酸、氨三乙酸等辅助配位剂。该电镀液的优点是：可以通过改变电镀液中 Cu^{2+} 与 Sn^{2+} 的摩尔比获得各种不同组成的合金电镀层。其缺点是电镀液中容易产生铜粉。

电镀工艺条件（镀液 pH 值、电流密度、电镀液温度等）的变化对镀层合金组成及镀层质量影响较大，因此该电镀液不易获得组成均匀的 Cu-Sn 合金电镀层。

4.5　复合电镀技术

4.5.1　电镀镍基复合镀层

使用电沉积方法获得的镍基复合镀层，可以作为耐磨镀层、耐高温氧化镀层、减摩镀层、防护-装饰性镀层及其他特殊功能的镀层，并已在工程技术中获得了广泛应用。

1. 镍基耐磨复合镀层

镍能与各种硬质固体微粒电共沉积形成复合镀层。由于固体微粒的嵌入，使镀层硬度大幅提高，耐磨性增强。除镍外，还可用镍合金作为基质金属形成镍合金复合镀层。固体微粒以 SiC 应用最多。电镀镍基耐磨复合镀层的溶液组成及工艺条件见表 4.114。

通常镀层中微粒含量随着电镀液中微粒含量的增加而升高，电镀液中其他成分的变化对镀层微粒含量的影响较小。电镀工艺参数变化对 Ni-SiC 复合镀层中 SiC 含量的影响见表 4.115。其他复合电镀工艺的变化规律大体与此相似。

表 4.114　电镀镍基耐磨复合镀层的溶液组成及工艺条件

电镀液组成及工艺条件	工艺 1	工艺 2	工艺 3	工艺 4	工艺 5	工艺 6	工艺 7	工艺 8	工艺 9	工艺 10	工艺 11
ρ（氨基磺酸镍）/（g/L）	350			400		450			3		
ρ（硫酸镍）/（g/L）		300	300		250		250	250	300	26	26
ρ（氯化镍）/（g/L）	7.5	45.0	45.0	10.0	15.0	10.0	35.0	50.0	50.0		
ρ（柠檬酸钠）/（g/L）								10			
ρ（硼酸）/（g/L）	30	38	40	50	40	40	40	30	40		
ρ（其他）/（g/L）				OP-10：0.4		亚磷酸：10~30	亚磷酸：20	次磷酸钠：18~20	硫酸钴：30	钨酸钠：60 柠檬酸：65 氨水：30mL/L	
微粒种类	Al_2O_3	Al_2O_3	SiC	SiC	金刚石	SiC	SiC	WC	Cr	ZrO_2	Cr
微粒粒度/μm	3.5~14.0	<1.0	1.0~3.0	3.0	7.0~1.00	5.5	5.0	2.5		1.0	0.8
ρ（微粒含量）/（g/L）	150	30	100	70~120	170	100	100	75	5	25~80	40~260
pH 值	3.0~3.5	5.0~5.4	4.0	4.0	4.4	1.2~1.6	2.5	1.5~1.8	3.5~4.5	6	6
温度/℃	50	45	50	48~52	45	50±1	60	62±1	45~60	65	65
电流密度/（A/dm²）	3	4	5	5	10	15	3	2	1~5	20~25	20~25
电镀层中微粒质量分数/%	7.0	3.5~4.0	2.5~4.0	11.0			7.0	10.1	43.2		
电镀层中微粒体积分数/%					20					10~36	0.22~2.40
电镀层中其他成分质量分数/%						P3.5~6.0	P7.8	P10.0~12.0		W51~53	W44~51

表 4.115　电镀工艺参数变化对 Ni-SiC 复合镀层中 SiC 含量的影响

电镀工艺参数	镀层中 SiC 含量
提高电镀液中 SiC 含量	明显升高
加强搅拌	降低
升高温度	无变化
升高电流密度	明显降低
增大 pH 值	降低
加入有机添加剂	无影响
加入阳离子表面活性剂	明显升高
加入阴离子表面活性剂	明显降低

2. 镍基自润滑与防黏着复合镀层

电镀镍基自润滑与防黏着复合镀层的电镀液组成及工艺条件见表4.116。这类复合镀层都可作为自润滑镀层使用。其中，Ni-MoS$_2$、Ni-(CF)$_n$复合镀层主要在低负荷条件下使用。Ni-(CF$_2$-CF$_2$)$_n$复合镀层的摩擦系数从大气条件下至高真空环境中均无变化，但镀层耐热性较差。Ni-BN复合镀层不仅具有很好的润滑性能和低摩擦系数，而且耐热性优良。作为有机聚合物型的固体润滑剂，PTFE的稳定性高、摩擦系数低，在-200℃以下的低温条件下仍有很好的自润滑性能。此外，它具有憎水性和憎油性，而且与塑料、橡胶等物质之间的黏附能力极差。由于氟化石墨的性质与其类似，因此如果能将它们以复合镀层形式电镀在模具内壁表面，就可以充分发挥它们抗黏附脱模的性能。PTFE体积分数为35%的Ni-PTFE复合镀层的表面积的70%~80%被PTFE微粒（平均粒径为0.3μm）所占据，因而Ni-PTFE复合镀层能够很好地发挥脱模作用，而且该镀层无论是在大气环境中还是在高真空环境中，其摩擦系数均无变化，但它的耐热性较差。

目前，可用作抗黏着复合镀层的有疏水的Ni-(CF)$_n$复合镀层、Ni-(CF$_2$-CF$_2$)$_n$复合镀层和Ni-PTFE复合镀层。

表4.116　电镀镍基自润滑与防黏着复合镀层的电镀液组成及工艺条件

电镀液组成及工艺条件	工艺1	工艺2	工艺3	工艺4	工艺5	工艺6	工艺7
ρ（硫酸镍）/(g/L)	310		250	250	240~350	250	240
ρ（氨基磺酸镍）/(g/L)		322					
ρ（氯化镍）/(g/L)	50	30	45	45	40~50	45	45
ρ（硼酸）/(g/L)	40	34	40	40	35~45	40	30
ρ（亚磷酸）/(g/L)							1~2
ρ（Metaflon603）/(g/L)					5~15		
ρ（Metaflon604）/(g/L)					7~15		
ρ（Metaflon605）/(g/L)					1~3		
V（添加剂A）/(mL/L)						15	
V（添加剂B）/(mL/L)						1	
微粒种类	MoS$_2$	MoS$_2$	BN	(CF)$_n$	(CF$_2$-CF$_2$)$_n$	(CF)$_n$或PTFE	石墨
微粒粒度/μm	3.0	2.0~30.0	<0.5	<0.5	0.3~3.0	0.3	5.0~15.0（片状）
ρ（微粒含量）/(g/L)	5	200	30	60	60~150	50	5
pH值	1.0~2.0	2.0或5.0	4.3	4.3	4.0~4.5	4.2	1.5
温度/℃	20~35	50	50	50	40~60	50	55
电流密度/(A/dm^2)	1或10	2.5	10	10	1~10	4	5
镀层中微粒体积分数/%	24.0或12.0	60.0或25.0	9.0	6.5		10.0~15.0	3.0~4.0

4.5.2　电镀铬基复合镀层

在六价铬电镀液中较难形成复合镀层，一般需要加入促进剂。电镀铬基复合镀层的电镀液组成及工艺条件见表4.117。

表 4.117　电镀铬基复合镀层的电镀液组成及工艺条件

电镀液组成及工艺条件	工艺 1	工艺 2	工艺 3
ρ（铬酐）/（g/L）	250	250	250
ρ（硫酸）/（g/L）	2.5	2.5	2.5
ρ（铬鞣）/（g/L）	5		
ρ（稀土促进剂）/（g/L）		1.0～1.5	
微粒种类	Al_2O_3	SiC	WC
微粒粒度/μm	7	2	5
ρ（微粒含量）/（g/L）	50	600	30～40
pH 值			
温度/℃	50	40	50
电流密度/（A/dm²）	45	20	50
镀层中微粒质量分数/%	0.1～0.3	1.0	3.0～4.0

电镀铬基复合镀层的硬度一般都比电镀铬电镀层低，但其耐磨性却比铬电镀层高。

4.5.3　电镀锡基复合镀层

金属锡及其合金可以作为耐蚀层、焊料或电池电极材料。电镀锡基复合镀层的目的是提高耐蚀性、耐磨性、可焊性或循环性等。

1. 电镀锡基防护性复合镀层

Cu-Sn 合金与石墨和（或）SiC 微粒电共沉积得到复合镀层的电镀工艺见表 4.118。随着电镀液中微粒浓度及电流密度的增加，复合镀层中的锡含量增加，但电流密度的增加却使沉积层中微粒的体积分数降低。复合镀层中的石墨降低了镀层硬度，SiC 能够提高镀层硬度。因此，在复合了石墨和（或）SiC 颗粒后，镀层的摩擦系数降低。复合镀层中存在的两种微粒，均使耐磨试验过程中镀层重量损失减少。

表 4.118　电镀锡基防护性复合镀层的电镀液组成及工艺条件

电镀液组成及工艺条件	工艺 1	工艺 2	工艺 3	工艺 4	工艺 5	工艺 6	工艺 7
ρ（氯化亚锡）/（g/L）	30	30	30	30	30	30	30
ρ（氯化铜）/（g/L）	18	18	18	18	18	18	18
ρ（焦磷酸钠）/（g/L）	17	17	17	17	17	17	17
ρ（添加剂）/（g/L）	4	4	4	4	4	4	4
ρ（石墨）/（g/L）	20	50	0	0	10	10	50
ρ（SiC）/（g/L）	0	0	1	10	1	10	15
pH 值	0.5	0.5	0.5	0.5	0.5	0.5	0.5
温度/℃	25	25	25	25	25	25	25
电流密度/（A/dm²）	10	10	10	10	10	10	10
镀层中微粒体积分数/%	6.03	7.82	0.96	4.18	6.88	6.95	7.98
镀层的摩擦系数	0.25			0.53		0.34	
镀层硬度/HV	181	172	256	303	194	207	198

2. 电镀锡基可焊性复合镀层

由于铅有毒，传统的 Sn-Pb 合金已被限制或禁止在微电子等领域应用。无铅可焊性镀层包括纯 Sn 镀层、Sn-Ag 镀层和 Sn-Bi 镀层等。在锡基合金电镀层中复合 SiC 和 CeO_2 等颗粒时，由于残余应力由负变正，压应力减小，减少了锡须的生长，提高了镀层的可靠性。当直流电镀获得的 Sn-SiC 复合镀层中 SiC 微粒的质量分数为 1.0%～2.3%时，镀层耐锡须生长的能力明显高于纯锡电镀层。此外，复合镀层的可焊性、耐磨性、耐蚀性等也得到了提高。SiC 微粒的质量分数在 0.3%～2.3%之间的复合镀层，焊料在其表面的铺展性能要好于其在纯锡电镀层表面的铺展性能。Sn-Ag-CeO_2 复合镀层的硬度为 138HV，Sn-Ag 合金电镀层的硬度为 18HV。Sn-$ZrSiO_4$ 复合镀层的硬度和耐蚀性均优于纯锡电镀层。电镀锡基可焊性复合镀层的电镀液组成及工艺条件见表 4.119。

表 4.119 电镀锡基可焊性复合镀层的电镀液组成及工艺条件

电镀液组成及工艺条件	工艺 1	工艺 2	工艺 3
ρ（甲磺酸亚锡）/（g/L）	55		
ρ（甲磺酸）/（g/L）	160		
ρ（氯化亚锡）/（g/L）		50	50
ρ（硝酸银）/（g/L）		0.24	
ρ（柠檬酸铵）/（g/L）		100	100
ρ（OP 乳化剂）/（g/L）	10		
ρ（SDS）/（g/L）	50		
ρ（硫脲）/（g/L）		0.1	
ρ（Triton X-100）/（g/L）		0.1	0.1
ρ（SiC）/（g/L）	30		
ρ（CeO_2）/（g/L）		15	
$ZrSiO_4$			25
pH 值		4.3	4.3
温度/℃	20	28	26
电流密度/（A/dm²）	3.0	0.2（脉冲）	0.2（脉冲）
时间/min	15	10	10
镀层中微粒质量分数/%	2.0	11.5	15.0

3. 电镀锡基复合电极材料

锡是一种具有高锂存储容量[991（mA·h）/g，是 $Li_{4.4}Sn$ 的理论极限]的锂离子电池负极材料。然而，纯锡电极不仅在充放电过程会发生体积膨胀（高达 300%），而且其循环性能很差。锡合金中的 Co 或 Ni 等能为锡提供骨架支撑，在一定程度上抑制锡的体积膨胀。同时，锡或锡合金与乙炔黑、碳纳米管等微粒复合电沉积制备成复合电极，能够提高锡基负极材料的循环性能。电镀锡基复合电极材料的电镀液组成及工艺条件见表 4.120。

表4.120 电镀锡基复合电极材料的电镀液组成及工艺条件

电镀液组成及工艺条件	工艺1	工艺2	工艺3
ρ（氯化亚锡）/（g/L）	25	25	9
ρ（氯化钴）/（g/L）	25		
ρ（氯化镍）/（g/L）		15	
ρ（氯化钛）/（g/L）			3
ρ（焦磷酸钾）/（g/L）	300	170	
ρ（甘氨酸）/（g/L）	10.0	0.5	
ρ（CTAB）/（g/L）	0.3		
ρ（乙炔黑）/（g/L）	2		
ρ（MWCNT）/（g/L）		10	
溶剂（体积比）	水	水	乙醇：水=（9:1）～（3:1）
温度/℃	50	50	20
电流密度/（A/dm²）	30.0（脉冲）	6.0（脉冲）	1.5
时间/min		3	10～30
镀层中微粒体积分数/%	28.9	4.2	

4.5.4　电镀其他金属基复合镀层

1. 电镀钴基复合镀层

目前关于钴基复合镀层的研究和应用都不多。其中，Co-Cr$_2$C$_3$复合镀层在英国用于飞机发动机中受高温磨蚀的零件。这种Cr$_2$C$_3$的体积分数为22%～30%的复合镀层在300℃以上接触摩擦时，其表面生成的氧化钴仍具有耐磨性。另外，在镀层中形成的Co-Cr合金能使其在800℃的干燥环境中使用。Co-Cr$_2$C$_3$复合镀层的电镀液组成及工艺条件见表4.121。

表4.121　Co-Cr$_2$C$_3$复合镀层的电镀液组成及工艺条件

电镀液组成及工艺条件	工艺
硫酸钴/（g/L）	430～470
氯化钠/（g/L）	15～30
硼酸/（g/L）	25～35
碳化铬（粒度为2～4μm）/（g/L）	350～550
pH值	4.5～5.2
温度/℃	20～65
电流密度/（A/dm²）	1～7

所得复合镀层内应力为117.2MPa，电镀后在200℃下加热3h或在300℃下加热1h，可以消除镀层氢脆。

2. 电镀铜基复合镀层

铜基复合镀层主要用于对电性能要求不高的电接点。通过提高镀层的硬度与耐磨性，或利用电镀层具有的自润滑特性，达到延长电接点使用寿命的目的。例如，接触焊机的电极在电镀 Cu-Al₂O₃ 复合镀层后，其抗磨损能力大幅提高。

氰化物、焦磷酸盐、硫酸盐或氟硼酸盐电镀液都可用于电镀铜基复合镀层，但常用的是硫酸盐电镀液，其电镀液组成及工艺条件见表 4.122。

表 4.122　电镀铜基复合镀层的电镀液组成及工艺条件

电镀液组成及工艺条件	工艺1	工艺2	工艺3	工艺4
ρ（硫酸铜）/（g/L）	120～210	200	200	250
ρ（硫酸）/（g/L）	52～120	50	50	75
微粒种类	α-Al₂O₃	石墨粉	MoS₂	SiC
微粒粒度/μm	0.3			
ρ（微粒含量）/（g/L）	30	100	100	50
温度/℃	22	20	20	30～32
电流密度/（A/dm²）	4	5	5	3～10
镀层中微粒质量分数/%	3.0	6.1	5.3	

应该指出的是，为了提高镀层中固体微粒的含量，可向电镀液中加入促进剂，如碳酸铊、硫脲、丙烯基硫脲等。其效果因不同的固体微粒而有所差别。

3. 电镀银基复合镀层

银基复合镀层的应用场合与铜基复合镀层类似，但对镀层的电性能有一定的要求。银基复合镀层的电阻比纯银电镀层大，但其耐磨性好，一般对可焊性没有影响。银基复合镀层中固体微粒的含量视对镀层性能的要求而定。其电镀液组成及工艺条件见表 4.123。向电镀液中加入 Tl⁺ 作为电共沉积促进剂，可使镀层中固体微粒的含量明显升高。

表 4.123　电镀银基复合镀层的电镀液组成及工艺条件

电镀液组成及工艺条件	工艺1	工艺2	工艺3	工艺4	工艺5	工艺6	工艺7
ρ（银）/（g/L）		24	24	24	24	24	
ρ（氯化银）/（g/L）	30～40						47
ρ[氰化钾（总量）]/（g/L）	65～80						80
ρ[氰化钾（游离）]/（g/L）	35～45				21	21	
ρ（碘化钾）/（g/L）		400	400	400			
JF-1添加剂							少量
微粒种类	MoS₂	MoS₂	石墨粉	BN	Al₂O₃	BeO	La₂O₃
微粒粒度/μm	<3					0.1～3	<10
ρ（微粒含量）/（g/L）	50	100	100	50	100	100	2
温度/℃	10～35	室温	室温	室温	室温	室温	室温
pH值		2.2～4.7	2.2～4.7	2.2～4.7			
电流密度/（A/dm²）	0.40	0.25	0.25	0.25	1.00	1.00	1.00
镀层中微粒体积分数/%	3.0	12.5	3.8	1.0	0.3～0.7	0.3	3.0

4. 电镀金基复合镀层

这类复合镀层主要用于提高电子元件电接点的耐磨损能力，从而提高电子元器件的可靠性和使用寿命。此外，也可节约贵金属。

由于电镀金电接点一般对电性能要求高，故复合镀层中微粒的含量不宜过高，否则会对电性能造成较大影响。电镀金基复合镀层的电镀液组成及工艺条件见表 4.124。

表 4.124　电镀金基复合镀层的电镀液组成及工艺条件

电镀液组成及工艺条件	工艺 1	工艺 2	工艺 3	工艺 4
$\rho\{$金[以 $KAu(CN)_2$ 形式]$\}$/ (g/L)	10	10	5～7	15
ρ（柠檬酸铵）/ (g/L)	100	100	2～3	
ρ（柠檬酸）/ (g/L)			100～120	
ρ（氢氧化钾）/ (g/L)			4～6	
ρ（磷酸二氢钾）/ (g/L)				100
促进剂 MN-O		适量		
微粒种类	SiC	MoS_2	$(CF)_n$	Al_2O_3
微粒粒度/μm	<0.5		<0.5	0.6～1.5
ρ（微粒含量）/ (g/L)	0～5	1	30～50	10～50
pH 值	5.5～6.0	5.4～5.8	5.4～5.8	
温度/℃	50	50	30～40	10～50
电流密度/ (A/dm²)	0.10～1.00	0.30	0.06～0.13	0.10～1.00
镀层中微粒体积分数/%	0～8.0	4.2	8.0～12.0	

5. 电镀锌基复合镀层

电镀锌基复合镀层有三个目的：①提高镀层的抗腐蚀性。例如，$Zn\text{-}SiO_2$、$Zn\text{-}Al_2O_3$、$Zn\text{-}Co\text{-}TiO_2$ 等复合镀层的抗蚀性明显优于锌电镀层。②防止零件在装配过程中产生"咬死"现象。例如，Zn-石墨复合镀层具有自润滑特性，使零件在装配时具有润滑性能。③提高零件的黏结性能。例如，$Zn\text{-}SiO_2$ 复合镀层可使零件的黏结强度有所提高。

电镀锌基复合镀层的电镀液组成及工艺条件见表 4.125。表中工艺 4 中的氯化钴起到提高镀层中 TiO_2 含量的作用。

表 4.125　电镀锌基复合镀层的电镀液组成及工艺条件

电镀液组成及工艺条件	工艺 1	工艺 2	工艺 3	工艺 4	工艺 5
ρ（硫酸锌）/ (g/L)	250～280	250			
ρ（氯化锌）/ (g/L)				60～100	78
ρ（氯化铵）/ (g/L)	27		270		
ρ（氯化钾）/ (g/L)				180～240	210
ρ（氯化钴）/ (g/L)				5～20	
ρ（硫酸钠）/ (g/L)		120			
ρ（柠檬酸）/ (g/L)			40～90		

续表

电镀液组成及工艺条件	工艺 1	工艺 2	工艺 3	工艺 4	工艺 5
ρ（硼酸）/（g/L）	30	30		20～30	30
ρ（氧化锌）/（g/L）			55		
聚乙二醇（M>6000）			适量		
ρ（阳离子表面活性剂）/（g/L）	适量			0.01～0.10	
V（光亮剂 FD-1）/（mL/L）				10～20	
V（光亮剂 FD-2）/（mL/L）				1～3	
添加剂			适量		适量
微粒种类	SiO_2	SiO_2（硅溶胶）	SiO_2 或 Al_2O_3	TiO_2	胶体石墨
微粒粒度/μm			1.00～3.00	0.03～0.50	2.00
微粒含量/（g/L）	50～60	50	20～100	10～50	5～75
pH 值	3.8～4.5	2.0	5.5	3.8～4.5	5.0～5.7
温度/℃	30～40	室温	25～30	15～35	室温
电流密度/（A/dm²）	3.0～4.0	6.0	2.0	1.0～4.0	0.5～3.0
镀层中微粒体积分数/%	15.0～25.0	5.0		0.5～1.5	

4.6 特种电镀

4.6.1 电刷镀

电刷镀（又称刷镀）是不用镀槽而用浸有专用电镀液的镀笔与镀件做相对运动，通过电解获得镀层的电镀过程。

电刷镀设备简单、操作方便，用同一套设备可以在各种基材上电镀不同的镀层，并可在现场流动作业，特别适用于修复大型零件，也适用于电镀大型零件上的窄缝或凹下部位及难以槽镀的组合件。

电刷镀的电镀速度快，耗电量小。其电镀速度是一般槽镀的 10～15 倍，但其用电量仅为一般槽镀的几十分之一。

电刷镀主要用于修复被磨损或加工超差的零件，也可用于对印制电路板和电接点的维修与防护，对大型铝制零件进行局部阳极化或修复损伤的氧化膜层，以及对建筑物、雕刻艺术品、塑像等进行装饰与维修等。在使用退镀剂或活化液时，如果按照电刷镀方法进行处理，就能去除零件表面的毛刺，并对模具刻字或动平衡零件去重等。

电刷镀也有其局限性，它不适用于加工大面积或大批量的零件。电刷镀件也不适合用作装饰性镀层，镀层厚度一般在 0.5mm 以下。

另外，摩擦电喷镀工艺与电刷镀工艺非常相似，它是将电镀液喷射到阴极表面的电镀过程。与电刷镀相比，两者的电镀工艺与用途基本相同。电刷镀是在阳极板上包覆一些吸水性材料吸取电镀液，并使阴极和阳极保持一定的距离。摩擦电喷镀是在阳极板上固定摩擦块，阴极和阳极保持 0.7～2.0mm 的恒定距离，阳极板不需进行包覆，电镀液由阳极板上的孔喷射到阴极表面，同时在阴极和阳极相互运动中，受一定压力的摩擦块摩擦被电镀零件表面，可使被电镀零件的表面粗糙度降低，使一次镀厚能力提高（可达 2mm），同时还可采用更高的电流密度（可比电刷镀高 5 倍以上），从而提高生产效率。

摩擦电喷镀使用的电源与电刷镀相同，电刷镀使用的电镀液大部分也适用于摩擦电喷镀。摩擦电喷镀的使用范围比电刷镀小得多，它只适用电镀形状规则的零件。由于摩擦电喷镀工艺与电刷镀工艺基本相同，故在本节中一并介绍。

1. 电刷镀设备

1）电源

电源应当使用电刷镀专用的直流电源。它应当具有以下特点。

（1）具有直流平稳特性，即随着负载电流的增大，电源电压下降很小。

（2）输出电压能进行无级调节。常用电压为0～30V，最高不超过40V。

（3）带有安培小时计或镀层厚度计，以便控制镀层厚度。

（4）有输出极性转换装置，可以满足电镀液净化、活化和电镀的不同需要。

（5）有超载保护装置，当负载电流超过额定值10%或正负极短路时，能够快速切断主线路以保护电源和被电镀零件不被损坏。

2）刷镀笔

刷镀笔由导电柄和阳极组成，两者通常用螺纹连接。

（1）导电柄。典型的导电柄结构如图4.10所示。其中，Ⅰ型适用于小型旋转阳极，它用锁紧螺母和O型密封圈把阳极压接在柄体端部。Ⅱ型适用于较大阳极或非旋转阳极，它把阳极拧在柄体端部，用密封圈和锁紧螺母使两者紧固。

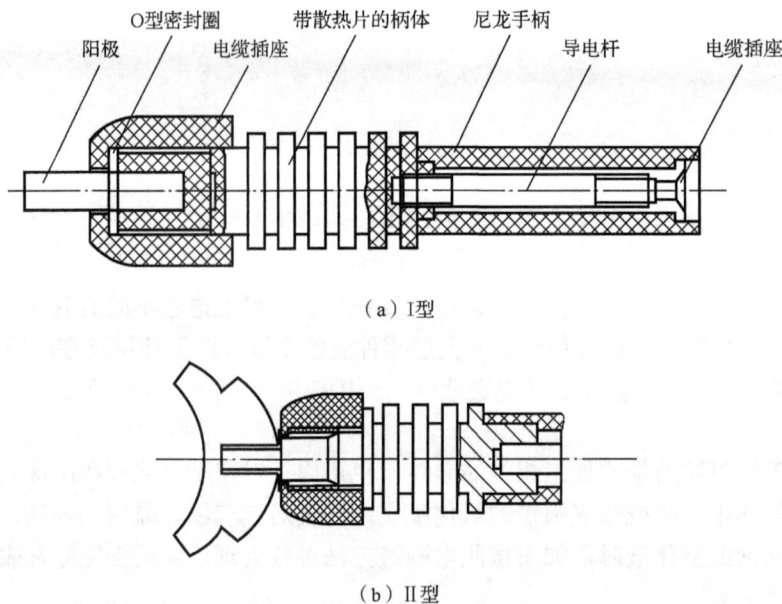

（a）Ⅰ型

（b）Ⅱ型

图4.10　典型的导电柄结构示意图

另外，还有适用于在特小型零件表面电刷镀的微型电镀笔及笔中通冷却水的内冷却型电镀笔。

（2）阳极。

① 阳极材料。电刷镀通常使用不溶性阳极，它要求阳极材料的化学稳定性好，不污染电镀液，工作时不形成高电阻膜而影响导电。

一般使用石墨阳极，只有当阳极尺寸很小或形状很复杂而无法用石墨制作时，才使用铂铱（铱质量分数为10%）合金阳极，有时也可使用不锈钢（适用于不含卤化物的电镀液）和镀铂的钛阳极。

作为阳极的石墨材料应当致密均匀且纯度高。常用的石墨材料是高纯细结构石墨（冷压石墨），也可采用光谱石墨。这两种石墨的技术指标见表 4.126。

表 4.126   石墨的技术指标

名称	纯度/%	相对密度/（g/cm³）	抗压强度/MPa	抗折强度/MPa	比电阻/[Ω/（m/mm²）]	粒度/mm
高纯细结构石墨	99.99	1.55～1.65	≥30		≤6	≤0.75
光谱石墨	99.999	1.55～1.65		25～35	≤9	≤0.75

含有铜屑的电刷用石墨或质地疏松的炼钢用石墨都不适合用作电刷镀阳极。

在某些场合也可采用可溶性阳极，如电刷镀铁或镍时，可用铁或镍作为阳极。这时应当注意的是，当阳极产生钝化时，应向电刷镀液中加入防钝化剂，使阳极能够正常溶解。

② 阳极类型。有多种类型的市售阳极可供选择。此外，使用者还可根据自己的需要自行设计加工各种形状的阳极。

③ 阳极与底座或连接螺母的黏接。压入式阳极是依靠底座与导电柄柄体接触来传导电流的，拧入式阳极是依靠连接螺母与导电柄柄体接触来传导电流的。为了保证导电良好，阳极与底座或连接螺母之间应有可靠连接，为此在装配时应该用导电胶进行黏接。

导电胶的配方如下：环氧树脂：乙二胺：银粉（50～75 μm）为 1∶0.3∶3（摩尔比）。

黏接前需要选配阳极和底座，并去掉间隙过大者。用丙酮清洗配合面后，将调匀的导电胶涂到黏接面上，缓慢旋转压入孔内，最后在 60～80℃下固化 4～5h。在固化前后及使用前应用万用表测量其电阻，要求电阻值小于 1Ω。若电阻值大于此值，则应采取补救措施。阳极与连接螺母的黏接与此相似。

（3）电刷镀笔的使用。电刷镀笔在使用时应当注意以下问题。

① 电刷镀笔组装完毕后，应当检查从电缆到阳极之间的电阻，其电阻值应小于 1.5Ω。这种检验在每次使用之前均应进行，这是因为阳极的黏接部位与导电柄的接触部位经常接触酸碱或长期存放，容易氧化或腐蚀而导致接触不良。一旦电阻值增大，就要用砂纸打磨接触面，使之达到规定值。

② 阳极表面要包裹除油棉，可以起到储存溶液、防止阳极与电镀件直接接触（否则会产生电弧而烧伤电镀件表面）的作用，并对阳极表面产生的石墨粒子或盐类起到一定的过滤作用。最好使用纤维长、层次整齐的除油棉，这样包裹起来较为方便。包裹方法如图 4.11 所示。包裹时棉套应当紧密均匀，包裹方向应与阳极旋转或零件运动方向一致，以免造成棉套松脱。棉套层厚度与零件直径的关系见表 4.127。

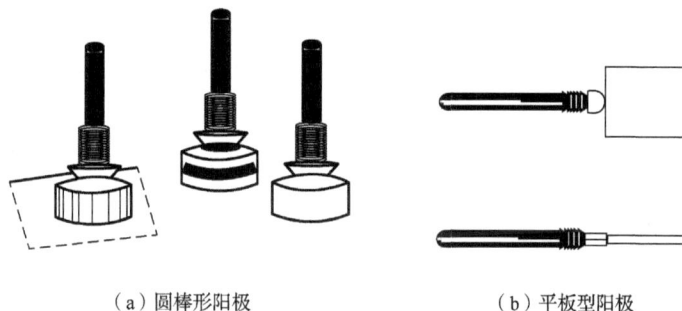

（a）圆棒形阳极   （b）平板型阳极

图 4.11   阳极包裹除油棉的方法

表 4.127 棉套层厚度与零件直径的关系

零件直径/mm	棉套层厚度/ mm
20～50	5
50～80	7
80～100	8
100～120	10
120～200	12

为了防止石墨颗粒进入电镀液，可把滤纸浸湿后预先包在阳极上，然后再包裹棉套。也可用吸水性好而又不污染电镀液的泡沫塑料或化学纤维替代棉花提高耐用度。棉套外面还要再包 1～3 层布而构成包套。常用的包套材料有涤纶、晴纶、丙纶（聚丙烯）等。

③ 电刷镀的每个工序（电净、活化、电镀过渡层等）都应使用专用电刷镀笔，防止互相污染。另外，还要再备用 1～2 支电刷镀笔以应付意外情况。

④ 每次电刷镀完毕，应将阳极卸下洗净，放在清洁干净处。若阳极包套已被磨穿，则要立即更换。弃去污染严重的棉花，较为清洁的棉花在洗净晾干后仍可在原液中使用。

⑤ 阳极和包套绝对不能粘有油污。

⑥ 当散热片外径比阳极外径大时，在使用中应当防止散热片与零件相碰而烧伤零件。

⑦ 对电刷镀笔的易损件（主要是指 O 型密封圈、锁紧螺母和尼龙手柄），应有一定数量的备件。

3）喷镀笔

（1）结构。喷镀笔结构如图 4.12 所示。由图可知，其结构与电刷镀笔基本相同，两者的差别在于：喷镀笔的中心有注入电镀液的管道，阳极体上嵌有摩擦块，阳极板上有均匀分布的喷液孔。

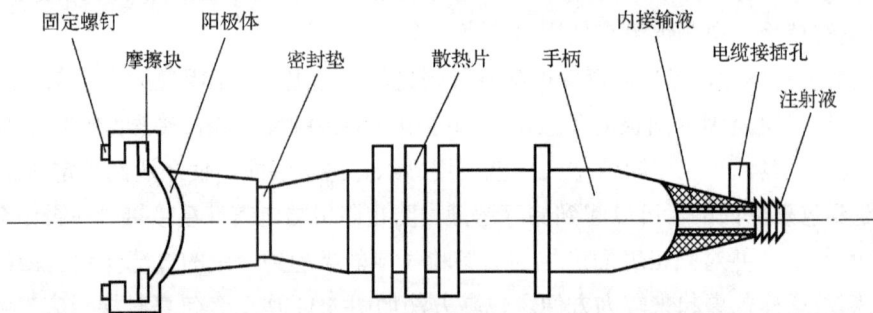

图 4.12 喷镀笔结构示意图

（2）阳极。喷镀笔阳极分为外圆式、内孔式、平面式和外圆可调式四种类型，如图 4.13 所示。其中，外圆可调式喷镀笔通过调整摩擦块位置改变外圆包角，使一支喷镀笔可以对应一定尺寸范围的外圆，但其结构相对较为复杂。

因为摩擦电喷镀的电流较大，工作时高速喷液，而且阳极不包裹，所以通常并不使用石墨作为阳极材料，而是选用奥氏体不锈钢 1Cr18Ni9Ti 作为阳极材料。但不锈钢不能用于含氯离子的电镀液，在此情况下，应当选用铂或钛上电镀铂的材料。从经济角度考虑，某些镀种（铜、镍、锌、铁、铅等）也可使用可溶性阳极。

阳极面积与阴极需要电镀的面积之比以（1:5）～（1:3）为宜，阳极板厚度为 2～5mm，喷液孔的孔径为 1.5～3.0mm，喷液孔中心距为 3～10mm（平面式为 3～5mm）。

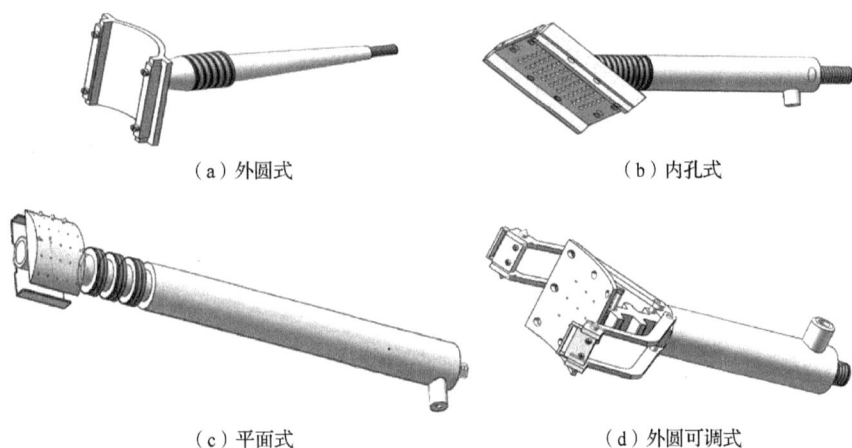

(a) 外圆式　　　　　　　　　　　　　　(b) 内孔式

(c) 平面式　　　　　　　　　　　　　　(d) 外圆可调式

图 4.13　喷镀笔阳极体外形示意图

（3）摩擦块。摩擦块的作用是调节和固定阴极和阳极间距，使其在 0.7～2.0mm 之间，同时对阴极表面起到机械摩擦作用，使其平整光滑。

摩擦块材料对摩擦效率影响很大，通常使用硬度高、耐磨、不污染电镀液并可加工成形的材料。几种常用摩擦块材料的特性与使用效果见表 4.128。常用的摩擦块材料是玛瑙。

表 4.128　几种摩擦块材料的特性与使用效果

材料	油石	硬胶木	玻璃	陶瓷	硬玉	玛瑙	刚玉
成分	$AlC_3 \cdot nH_2O$	酚醛、桦木	$Na[AlSi_3O_2]$	$K[AlSi_3O_8]$	$Na[AlSi_2O_6]$	SiO_2	Al_2O_3
密度/（g/cm³）	2.6	1.3～1.4	2.5～2.7	2.5	3.3～3.4	2.5～2.8	3.9～4.1
莫氏硬度（HM）			6.0	6.0	6.5	7.0	9.0
使用效果	差	较差	一般	一般	较好	好	好
镀层品质	粗糙	不高	中等	中等	较高	高	高

（4）喷镀笔的使用与注意事项。喷镀笔的使用与电刷镀笔相似，但它不需包裹吸水性材料。此外，阳极板经过长时间使用会受到腐蚀而减薄（特别是在使用可溶性阳极时），因此应当注意及时调整其与阴极表面的距离。

应该指出的是，在摩擦电喷镀生产过程中，电解液净化与活化等预处理工序需要采用电刷镀笔，其后的电镀工序再使用喷镀笔。

4）辅助器具

为使电刷镀顺利进行，保证镀层质量，减轻劳动强度和提高工作效率，应当配备一些辅助器具。主要辅助器具如下。

（1）转胎。用于夹持零件，其转速最好在 0～100r/min 之间无级调节。转胎也可用车床代替。

（2）输液泵。这对摩擦电喷镀是必不可少的，并应配有过滤器。对于小型零件，输液泵流量为 4L/min；对于大型零件，输液泵流量为 10L/min。

（3）控制阀门与流量计。用以调节和计量电镀液的流速和流量。

（4）带转轴的旋转台。用于驱动旋转电刷镀笔和各种成形小砂轮，其转速最好能够调节。

（5）磨石、刮刀和成形小砂轮。用于修整零件上的划伤、凹坑等缺陷和镀层缺陷。

（6）其他。其他辅助器具包括贮液槽、塑料盘、烧杯、绝缘胶带等，这些在生产中也是必需的。

2. 预处理溶液

1）电净液

电净液是对零件表面进行电化学除油的溶液。其溶液组成及工艺条件见表 4.129。

表 4.129　电净液组成及工艺条件

电净液组成及工艺条件	工艺
氢氧化钠/（g/L）	20～30
碳酸钠/（g/L）	20～30
磷酸钠/（g/L）	70～75
氯化钠/（g/L）	2～3
pH 值	11～13
温度/℃	室温～70
工作电压/V	8～20
阴阳极相对运动速度/（m/min）	4～10
时间/s	5～60

向溶液中加入适量的表面活性剂（5～10mL/L OP-10 等）可以提高溶液的除油效果，但在处理时会产生较多泡沫。

该电净液适用于各种材料，一般都是电刷镀笔接阳极（零件接阴极）使用，这样除油效率较高。但对氢脆敏感的钢材只能反接，防止产生氢脆。铜及铜合金、铝及铝合金等采用较低的工作电压，钢铁、镍、铬、钛等金属采用较高的工作电压。处理时间长短以除油干净为准。

2）活化液

活化液是对零件进行电化学浸蚀的溶液。活化的作用是将零件表面的锈蚀物、氧化皮、污物等清除干净，使零件表面呈活化状态。常用活化液的组成、工艺条件及适用范围见表 4.130。为了防止零件产生过腐蚀，可向溶液中加入少量缓蚀剂。例如，硫酸系列溶液加入若丁，盐酸系列溶液加入乌洛托品（六次甲基四胺）或甲醛等。

表 4.130　常用活化液组成、工艺条件及适用范围

活化液组成及工艺条件	工艺 1	工艺 2	工艺 3	工艺 4	工艺 5
ρ[硫酸（98%）]/（g/L）	80～90			115～125	88
ρ（硫酸铵）/（g/L）	100～120			110～120	100
ρ（盐酸）/（g/L）		20～30			
ρ（氯化钠）/（g/L）		130～140			
ρ（柠檬酸）/（g/L）			90～110		
ρ（柠檬酸钠）/（g/L）			140～150		
ρ（氯化镍）/（g/L）			2～4		
ρ（磷酸）/（g/L）					5
ρ（氟硅酸）/（g/L）					5
pH 值	0.1	0.3	4.0	0.2	0.5～1.6
工作电压/V	8～16	6～14	10～25	8～16	6～15

续表

活化液组成及工艺条件	工艺1	工艺2	工艺3	工艺4	工艺5
阴阳极相对运动速度/（m/min）	4~12	4~12	4~10	4~12	6~8
适用范围	钢铁、难熔金属、镍或铬层	钢铁、铝合金，也可用于对基材有弱浸蚀要求的或剥蚀镀层	除去经工艺1、工艺2或其他活化液处理残留在零件表面上的石墨、碳化物或污物	工艺1或工艺2处理效果较差的场合	铬层、镍及镍合金等易钝化基材

活化时一般都采用反接（零件接正极）方式，其活化效果与活化速度均比采用正接方式高。通常在对基材有弱浸蚀要求的情况下才采用正接方式。应该指出的是，在盐酸系列活化液中活化时必须采用正接方式，否则石墨阳极腐蚀加剧，零件表面因石墨粒子沉积而变得焦黑。有时也可采用反接与正接交替活化的方式，对于某些难于活化的材料，采用此法往往能够得到良好效果。具体规范需要根据材料牌号和表面状态并经试验确定。各种活化工艺的处理时间因材料类型、表面锈蚀程度及对零件表面粗糙度要求等的不同而异，一般控制在5~60s范围内。

3. 电刷镀溶液

电刷镀溶液一般都具有金属离子含量高、使用电流密度范围宽、性能稳定及在使用过程中不需再进行分析调整等特点。

1）电刷镀铜溶液

常用电刷镀铜溶液的组成及工艺条件见表4.131。

表4.131 电刷镀铜溶液的组成及工艺条件

溶液组成及工艺条件	工艺1	工艺2	工艺3	工艺4	工艺5
ρ（硫酸铜）/（g/L）		40		250	250
ρ（硝酸铜）/（g/L）		430			
ρ（甲基磺酸铜）/（g/L）	460			320	
ρ（乙二胺）/（g/L）			180	135	250
ρ（氯化钠）/（g/L）			1		
ρ（氨三乙酸）/（g/L）					150
ρ（硝酸铵）/（g/L）					50
ρ（硫酸钠）/（g/L）					20
pH值	1.5	1.5~2.5	8.5~9.5	9.2~9.8	7.0~8.0
ρ（铜离子）/（g/L）	142	123	99	64	64
镀液颜色	深蓝	深蓝	蓝紫	蓝紫	蓝紫
工作电压/V	6~16	6~16	8~14	8~14	6~15
阴阳极相对运动速度/（m/min）	10~15	10~15	6~12	6~12	10~20
耗电系数/（Ah/dm²/μm）	0.073	0.073	0.076	0.079	0.180
镀覆量/（μm/dm²/L）	1589	1379	107	716	716
镀层安全厚度/mm	0.13	0.13		0.13	0.13
镀层硬度/HRC	19	19	19	21	21

工艺 1 和工艺 2 为高速电镀铜工艺，其电沉积速度快，主要用于尺寸修复。但不能直接在钢铁零件上电刷镀，需要用镍或碱性铜电镀层打底。

工艺 3 为高堆积铜工艺，其电沉积速度较快，对钢铁件无腐蚀作用，可以直接在钢铁件上进行电镀，镀层致密，并可得到厚镀层。常用于尺寸修复、填补凹坑及印制板的修理等。

工艺 4 和工艺 5 为碱性电镀铜工艺，镀层与钢铁、铝都有良好的结合力，镀层致密。主要用作预镀层，还可用于印制板的修理，亦可作为防渗碳镀层、改善钎焊性镀层和防黏附磨损镀层等。当镀层厚度达到 0.13mm 时，应当进行退火处理，否则会导致镀层发脆。

2）电刷镀镍溶液

常用电刷镀镍溶液组成及工艺条件见表 4.132。

表 4.132　电刷镀镍溶液组成及工艺条件

溶液组成及工艺条件	特殊镍	预镀镍	低应力镍	快速镍		致密快速镍	半光亮镍	光亮镍
				工艺 1	工艺 2			
ρ（硫酸镍）/（g/L）	390~400	330	360	250	250	224	300	200~220
ρ（盐酸）/（g/L）	20~22							
V（冰乙酸）/（mL/L）	68~70	30	30				48	70~80
ρ（对氨基苯磺酸）/（g/L）			0.1					
V（氨水）/（mL/L）				100	调 pH 值	57		
ρ（柠檬酸铵）/（g/L）				56	100	205		
ρ（氯化钠）/（g/L）				23	30			
ρ（硫酸联铵）/（g/L）							20	
ρ（十二烷基硫酸钠）/（g/L）							0.1	
ρ（其他）/（g/L）	氯化镍 14.0~25.0	氨基乙酸 20.0	乙酸钠 20.0	草酸铵 0.1			硫酸钠 20.0	
pH 值	0.3	0.8~1.0	3.0~4.0	~7.5	7.2~7.5	7.6	2.0~4.0	
ρ（镍离子）/（g/L）	82~84	69	75	52	52	47	62	42~46
电镀液颜色	深绿	深绿	绿	蓝绿	蓝绿	蓝绿	绿	绿
工作电压/V	10~18	8~15	10~16	8~14	8~20	6~18	4~10	5~10
阴阳极相对运动速度/（m/min）	5~10	10~25	6~10	6~12	10~25	10~18	10~14	5~10
耗电系数/（Ah/dm²/μm）	0.774	0.420	0.214	0.104	0.09	0.113	0.122	
镀覆量/（μm/dm²/L）	955~978	776	843	584	584	528	697	472~517
镀层安全厚度/mm			0.13	0.20	0.20		0.13	
镀层硬度/HRC	48		45	45	45	49	44	

特殊镍溶液的酸性强，主要用于合金钢、不锈钢、镍、铬等难熔金属及铝、铜等基材的预镀工艺。由于该电镀液的腐蚀性较强，一般不宜用于铸铁类等质地疏松的基材。镀层厚度为 1~2μm。为了提高镀层结合力，可在酸性活化后不水洗直接进行电刷镀特殊镍。在电刷镀时，开始先不通电，用特殊镍溶液

擦拭零件 2～5s 后再通电进行电镀，亦可提高镀层结合力。

预镀镍溶液的性能与特殊镍溶液相似，其用途也基本相同。

低应力镍溶液中含有应力降低剂对氨基苯磺酸，故其镍镀层内应力很小，通常可以用作组合镀层的中间层。其镀层致密、孔隙率小，因此也可用作防护性镀层。

快速镍溶液的电沉积速度快，镀层硬度也较高，在多种基材上均有较好的结合力，常用于尺寸修复或作为耐磨镀层。此外，也可用作铸铁和某些铝合金零件的预镀层。

致密快速镍溶液的性能、用途与快速镍溶液相似，但所得镍层硬度较高。

半光亮镍溶液可以获得结晶细致、硬度较高的半光亮镍电镀层，常用作最终电刷镀层。在使用光亮镍溶液时，电刷镀笔只有用晴纶毛绒包套才能得到镜面光亮的镍电镀层，该镀层主要用作装饰性多层镀的底镀层。

3）电刷镀镍合金溶液

电刷镀镍合金溶液的组成及工艺条件见表 4.133。

表 4.133　电刷镀镍合金溶液的组成及工艺条件

溶液组成及工艺条件	Ni-W 合金		Ni-Co-P 合金		Ni-Fe-W-P 合金
	工艺 1	工艺 2	工艺 1	工艺 2	
ρ（硫酸镍）/（g/L）	436	393	320	194	150～300
ρ（硫酸钴）/（g/L）		2	50	247	
ρ（钨酸钠）/（g/L）	25	23			5～20
V（冰乙酸）/（mL/L）	20	20	25		
ρ（柠檬酸）/（g/L）	36	42			
ρ（柠檬酸钠）/（g/L）	36			25	60～120
ρ（硼酸）/（g/L）		31		25	30～60
ρ（硫酸钠）/（g/L）	20.0	6.5			10.0～30.0
ρ（次磷酸钠）/（g/L）				37	1～2
ρ（十二烷基硫酸钠）/（g/L）	0.010	0.001			
ρ（其他成分）/（g/L）		硫酸锰 2 氯化镁 3 甲酸 35mL/L 氟化钠 5	磷酸钠 100 氯化镍 50 亚磷酸 20	硫酸铵 25	硫酸亚铁 20～30 氯化镉 0.1～0.2 $C_7H_5O_3NS$ 0.5～3.0
pH 值	2.0	1.4～2.4	1.5	5.0～6.0	2.5～3.5
工作电压/V	10～15	10～15	8～14	8～12	6～12
阴阳极相对运动速度/（m/min）	4～20	4～20	4～10	12～24	14～22
耗电系数/（Ah/dm²/μm）	0.214	0.214	0.181		

Ni-W 合金溶液所得镀层的硬度高，耐磨性好，可以用作表面耐磨层。但镀层内应力大，当其厚度大于 4μm 时便会产生裂纹，因此镀层厚度常限制在 3μm 以下。工艺 2 所得镀层的硬度比工艺 1 高 65HRC，因而耐磨性更好，而且镀层内应力小，氢脆性小，在铝、铬合金、钼、钛等难镀基体上可以得到高结合强度的镀层。该工艺主要用于电镀表面耐磨层。

由 Ni-Fe-W-P 合金溶液所得镀层的组成（质量分数）如下：Ni 为 62%～64%，Fe 为 25%～28%，W 为 7.0%～9.5%，P 为 0.5%～2.0%，S 为 0.5%～2.0%。该镀层硬度与电铬电镀层相当，且耐蚀性良好，可与 1Cr18Ni9Ti 不锈钢相媲美。因此，其作为耐磨、耐蚀的优良镀层具有很好的应用前景。

Ni-Co-P 合金溶液可以得到非晶态合金电镀层，该镀层强度高，耐磨性好，主要用作耐磨镀层。

4）电刷镀铬、钴、铁溶液

电刷镀铬、钴、铁等金属的溶液组成及工艺条件见表 4.134。

表 4.134　电刷镀铬、钴、铁等金属的溶液组成及工艺条件

镀种	铬	钴	铁	
			工艺 1	工艺 2
ρ（镀液组成）/（g/L）	重铬酸铵 126 草酸 441 草酸铵 124	硫酸钴 339 硫酸镍 14.5	硫酸亚铁 340 氯化铝 65 乙酸钠 20 氯化钴 3～6	硫酸亚铁 250～300 乙酸铵 20～40 糖精 1 添加剂 2
V（镀液组成）/（mL/L）	氨水 13～35	甲酸 60		冰乙酸 80～120
pH 值	7.0～7.5	1.5～2.0	1.8～2.0	6.0～6.5
ρ（镍离子）/（g/L）	52	>70	65～70	60
镀液颜色	蓝紫	暗红	淡茶	深茶
工作电压/V	8～15	8～10	5～12	8～15
阴阳极相对运动速度/（m/min）	1～2	10～14	10～25	6～20
耗电系数/（Ah/dm²/μm）	0.836	0.037	0.118	0.110

电刷镀铬溶液使用的是 Cr^{6+}，但它与羧酸反应后便被还原成 Cr^{3+}。所得铬电镀层耐磨、防黏附性好，硬度比电铬电镀层低，电沉积速度慢，镀层厚度不能超过 25μm。镀层色泽差，不能用作装饰性铬电镀层，主要用于修复模具。

电刷镀钴溶液的性能和适用范围与半光亮镍相似。因为钴的价格比镍贵，所以该工艺很少使用。电刷镀钴主要用于替代装饰铬并可用作装饰面层。

电刷镀铁成本低，镀层硬度高（达到 56HRC），耐磨性好。该工艺适于钢铁耐磨件的修复。其中，电刷镀铁工艺 1 的溶液抗氧化性差，需要现用现配。使用时应当预热到 40～50℃，而且开始时先不通电擦拭 5～15s，然后再通电进行电刷镀。在使用过程中溶液 pH 值会不断升高，需要用盐酸及时调整。由于溶液中的 Fe^{2+} 易被氧化成 Fe^{3+}，因而可加少许铁粉进行还原处理，同时用 50%盐酸将溶液 pH 值调至 1.0 左右，直至溶液颜色正常后进行过滤，再将溶液 pH 值调至规定值。由于溶液含 Cl⁻ 较多，不能使用石墨作为阳极，否则会析出有毒的氯气，此时应用碳钢作为阳极。工艺 2 的溶液中含有防氧化添加剂，可以存放 3～6 个月。其溶液中不含 Cl⁻，因而可用石墨阳极。

此外，还有以氯化亚铁（400～500g/L）为主盐的电刷镀溶液，其 pH 值为 0.5～1.0。初始在 5～6V 下电刷镀 6～9min，然后在 10～12V 下进行正常电刷镀。电刷镀笔运动速度为 10～15m/min。为了防止 Fe^{2+} 被氧化，应当在电镀液中加入抗坏血酸或硫代硫酸钠、对苯二酚、铁粉等还原剂。在贮存过程中，电镀液应当装满塑料容器，并将容器封闭，尽量减少电镀液与空气接触。该电镀液也不能使用石墨作为阳极，应当使用碳钢作为阳极。

5）电刷镀金、铟溶液

电刷镀金、铟溶液的组成及工艺条件见表 4.135。所得金电镀层结晶细致，孔隙率小，不仅适用于电子产品的局部镀金，也适用于文物、古建筑物的修复。

表 4.135 电刷镀金、铟溶液的组成及工艺条件

溶液组成及工艺条件	金			铟
	工艺 1	工艺 2	工艺 3	
ρ(氰化金钾)/(g/L)	10～20	15～22	51～52	碳酸铟 118
ρ(氰化钾)/(g/L)	20～30	15～22		羧酸 150
ρ(碳酸钾)/(g/L)	15～20	30～37		乙二胺 190mL/L
ρ(磷酸氢二钾)/(g/L)		15～22	10	甲酸 40mL/L
ρ(柠檬酸铵)/(g/L)			59～61	
pH 值		8.5	7.0	9.0～9.5
工作电压/V	8～12	3～20	3～5	6～15
阴阳极相对运动速度/(m/min)	4～8	9～18	6～10	4～8

铟电镀层主要用作减摩镀层。由于铟很软，因而在电刷镀时电刷镀笔的压力不能过大，同时应当使用最柔软的厚棉垫作为电刷镀笔的包覆层，否则会划伤镀层。

6）电刷镀锌、镉、锡溶液

电刷镀锌、镉、锡溶液的组成及工艺条件见表 4.136。

表 4.136 电刷镀锌、镉、锡溶液的组成及工艺条件

镀种	锌	镉	锡	
			工艺 1	工艺 2
ρ(溶液组成)/(g/L)	氧化锌 145 氯化铵 4	氧化镉 114 草酸铵 1.8	氟硼酸亚锡 200 氟硼酸 120 硼酸 饱和 β-萘酚 0.7 明胶或胨 4	氯化亚锡 60 草酸 5 草酸铵 65 β-萘酚 1 明胶或胨 4
V(溶液组成)/(mL/L)	乙二胺 200 甲酸 150 三乙醇胺 60 添加剂 10	甲基磺酸 200 胺类配位剂 165 甲酸 2.8 添加剂 7		
pH 值	7.5～8.5	7.0～7.5	<0.1	<0.1
工作电压/V	6～16	10～16	3～10	3～10
阴阳极相对运动速度/(m/min)	4～10	4～10	15～46	15～46
耗电系数/(Ah/dm²/μm)	0.02	0.01		

电刷镀锌溶液用于对锌电镀层的修复，也适用于大型零件的电刷镀锌。

电刷镀镉溶液属于低氢脆电刷镀工艺。在高强钢上电刷镀时，不会对基材产生氢脆。

电刷镀锡溶液用于锡电镀层的修复，可以获得具有钎焊性或渗氮的锡电镀层。由于该电镀液腐蚀性强，因而不适用于电刷镀组织疏松的铸铁类基材。

7）电刷镀复合镀层溶液

与复合电镀一样，向电刷镀溶液中加入适当的固体微粒，可在一定的电刷镀条件下获得刷电镀复合

镀层。电刷镀除应满足复合电镀的基本条件外，还应在电刷镀过程中使固体微粒能够穿过电刷镀笔的阳极包套参与电沉积过程。

电刷镀复合镀层的基本溶液可以是一般的电刷镀溶液。例如，向快速电刷镀镍溶液中加入粒度小于 $1\mu m$ 的 SiO_2 $15\sim40g/L$，便可获得 SiO_2 质量分数为 $0.6\%\sim1.8\%$ 的 Ni-SiO_2 复合镀层。又如，向碱性电刷镀铜溶液中加入粒度为 $7\sim10\mu m$ 的 Al_2O_3 $30\sim50g/L$，便可得到 Al_2O_3 质量分数为 $1.3\%\sim1.8\%$ 的 Cu-Al_2O_3 复合镀层。

8）摩擦喷镀溶液

原则上，电刷镀溶液都可用作喷镀溶液。但当使用不锈钢作为阳极时，对不锈钢有浸蚀作用的电刷镀电镀液（特殊镍溶液等）便不能用作摩擦喷镀溶液。一些适合不锈钢阳极的电刷镀电镀液在用作摩擦电喷镀电镀液时使用的特殊工艺条件见表 4.137。其他工艺条件与电刷镀时的工艺条件基本相同，只需对阴阳极相对运动速度取上限值即可。

表 4.136 摩擦电喷镀电镀液的工艺条件

电镀液类型	阴阳极间距/mm	摩擦块材料	摩擦块压力/MPa	镀液流量/（L/min）
镀铜工艺 1	0.8～2.0	玛瑙	0.03～0.05	4～8
镀铜工艺 2	0.8～2.0	玛瑙、硬塑料	0.03～0.05	4～8
镀铜工艺 3	0.8～2.0	玛瑙、硬塑料	0.02～0.06	4～8
镀铜工艺 4	0.8～2.0	玛瑙、硬塑料	0.02～0.06	4～8
快速镍	0.8～2.0	玛瑙、刚玉	0.03～0.05	4～8
致密快速镍	0.8～2.0	玛瑙、刚玉	0.02～0.06	4～8
半光亮镍	0.8～1.5	玛瑙、刚玉	0.04～0.08	4～6
Ni-W 合金工艺 1	0.8～1.2	玛瑙、刚玉	0.04～0.08	4～6
Ni-W 合金工艺 2	0.8～1.2	玛瑙、刚玉	0.04～0.08	4～6
镍基复合镀工艺	0.8～1.5	玛瑙、刚玉	0.03～0.05	4～6
铜基复合镀工艺	0.8～2.0	玛瑙、硬塑料	0.02～0.04	4～8
Ni-Co 基复合镀工艺	0.8～1.5	玛瑙、刚玉	0.03～0.06	3～5

4. 电刷镀工艺流程

首先对需要电刷镀的基体表面进行修整。在修整时，选择锉刀、油石、风动砂轮及砂纸等合适的工具，将电刷镀部位的毛刺、飞边、氧化皮、疲劳层及污物等清除干净，显露出正常的基体组织。若基体表面有划伤、凹坑，则应将其根部拓宽，拓宽后的宽度应当大于其深度的两倍，并且根部和表面都要有圆弧过渡。对于窄而深的划伤，应当适当加宽，使电刷镀笔能够接触到底部。修整后的表面应当平整光滑。若轴或孔磨偏了，则应重新磨圆。

在修整时，可用机械法、化学法或电化学法，退除原有不良镀层。有时，活化液也可用于退镀。

对于零件表面上的键槽、注油孔等，要用石墨或橡胶等合适的材料进行填充，但不要使用铅或尼龙等会污染电镀液的材料。

修整基体表面时要十分仔细，在达到修整目的时，磨削量应当尽可能小。修整完毕后，电刷镀区附近表面要用绝缘漆或塑料胶带进行绝缘保护。

经过上述处理，需要电刷镀的表面已经基本清洁，接下来便可按照工艺流程进行处理，在电镀完预镀层（底镀层）后，便可电刷镀所要求的镀层。

不同基体金属的电刷镀工艺流程见表 4.138，表中所列工艺条件仅供参考，使用者可以根据镀件的实际情况作出适当修改。

表 4.138 不同基体金属的电刷镀工艺流程

序号	基体金属	电镀液净化条件	活化条件		工序间处理	预镀层		说明
			规范	表面状态		溶液	条件	
1	低碳钢、普通合金钢	正接，12~18V，5~60s	a. 1 号液，反接，8~14V，10~60s；b. 2 号液，反接，6~12V，5~30s	银灰色，无花斑	水洗	特殊镍或碱性铜	a. 15V，15m/min，2μm；b. 8~12V，15m/min，2μm	当工作镀层为铜时，可用任何预镀工艺；当工作镀层为镍并受较大应力时，要用特殊镍预镀工艺，不通电下擦拭 2~5s 能够提高镀层结合力
2	中碳钢、高碳钢、淬火钢	正接，10~15V，15~60s	同上	均匀灰黑色	水洗	特殊镍	15V，15m/min，2μm	为减少氢脆，电镀液净化时间应当尽量短
			3 号液，反接，15~18V，30~90s	均匀银灰色	水洗后用预电镀液擦拭			
3	铸铁	正接，12~18V，30~90s	铸铁：2 号液，反接，6~12V，5~30s；铸钢：3 号液，反接，8~14V，10~30s；	黑灰色	水洗	碱性铜或快速镍	8~12V，15m/min，2μm	活化水洗后，用除油棉或粘有预镀液的电刷镀笔对疏松处进行擦拭以除去残渣。操作时要防止被镀面形成干斑氧化
			3 号液，反接，15~18V，30~90s	灰色	水洗		10V，2μm	
4	不锈钢、合金钢、镍、铬及其合金	正接，10~15V，10~30s	先 2 号液，反接，6~12V，10~60s；然后 1 号液，反接，9~12V，10~20s	先浅绿色后浅灰色	水洗 / 不水洗，用预电镀液擦拭	特殊镍	15V，15m/min，2μm	2 号液活化后，若表面出现黑斑等污物，则应再用 3 号液处理；当在铬钢或铬电镀层表面预镀不上时，可先在 18~20V 下冲击闪镀，在析出镍层后再降至 15V 预镀
			铬活化液，正接，9~15V	浅灰色	水洗，用预电镀液擦拭			
5	对氢脆敏感的钢	反接，8~12V，时间尽量短	1 号液，反接，8~12V，时间<30s	浅灰色	水洗	低氢脆镉	10~16V，4~10m/min，1~2μm	不能使用酸液除锈，只能采用机械方法除锈
6	铝及铝合金	正接，10~15V，5~30s	2 号液，反接，12~15V	深灰色	尽快水洗，并用预电镀液擦拭	特殊镍或碱性铜	15V，15m/min，2μm / 8~12V，15m/min，2μm	也可不预镀而直接电刷镀快速镍
7	铜、黄铜	正接，8~12V，5~30s				特殊镍或碱性铜	15V，15m/min，2μm / 8~12V，15m/min，2μm	
8	钛、钼、钨等合金	正接，12~16V，30~60s	1 号液，正接，8~12V，60s 以上		不水洗	特殊镍	8~12V，15m/min，2μm	也可按照下述方法处理：①按照不锈钢处理工艺进行。②在 26~32℃浓盐酸中活化 3~5min，水洗后，尽快用酸性电镀液电刷镀

4.6.2 脉冲电镀

1. 概述

与直流电镀相比，脉冲电镀能够改变金属离子的电沉积过程。脉冲电镀可以通过控制波形、频率、工作比及平均电流密度等参数，使电沉积过程在很宽的范围内变化，从而获得具有一定特性的镀层。

1）脉冲电镀的优点

脉冲电镀具有以下优点。

（1）可以改变镀层结构，使镀层平滑、细致。

（2）可以改善电镀液分散能力，但当极化曲线斜率与电流密度成反比，或金属离子扩散速度对电沉积过程的影响可以忽略不计时，可能存在例外。

（3）降低镀层孔隙率，提高镀层耐蚀性。

（4）降低镀层内应力，提高镀层韧性。

（5）提高镀层的耐磨性。

（6）降低镀层中的杂质含量。

（7）有利于获得成分稳定的合金电镀层。

（8）对于某些电镀液，即使不使用光亮剂也能获得光亮镀层。

2）脉冲电镀的缺点

尽管脉冲电镀具有许多优点，但是也有其局限性。其主要缺点如下。

（1）可能促使有机添加剂分解，分解产物累积会污染电镀液。因此，脉冲电镀一般不用于含有机添加剂的电镀液。

（2）不能改善电镀液覆盖能力。例如，对于板厚与孔径比为 10∶1 的印制板，采用脉冲电镀不能做到板面厚度与孔中镀层厚度之比为 1∶1，但采用含有机添加剂的普通电镀却可以做到这一点。

（3）有些使用部门要求连接片或插头的插拔端具有比其余部位更厚的镀层，此时若采用脉冲电镀，则因镀层较为均匀而要比采用直流电镀时多电镀 10%～20% 的金属，只有这样才能满足这一要求，势必造成浪费。

目前脉冲电镀主要用于电镀贵金属，特别是电镀金。其次用于电镀镍。近年来，人们已经开始研究脉冲换向电镀，其效果更好。也有人将直流与脉冲电流迭加后用于铝的阳极氧化。

2. 脉冲电源

1）电源类型

脉冲电镀的关键是脉冲电源。获得脉冲电流的电源设备主要有以下三种类型。

（1）利用可控硅电子开关的脉冲电源。

（2）利用晶体管转换开关的脉冲电源。

（3）多波形脉冲电源。

其中，前两者只能产生矩形波（方波）；后者因为使用不同的波形发生器，所以可以产生矩形波、三角波、锯齿波和正弦波等多种波形。

2）脉冲电镀工艺参数

在脉冲电镀时，以下四个基本参数可供选择。

（1）波形。常用波形有矩形波、三角波、前锯齿波、后锯齿波、正弦波等五种波形，其中用得最多的是矩形波。

（2）频率。频率可在几十到几千赫兹之间选择，但通常都在几百赫兹以上。

（3）工作比。电流导通时间与断开时间的比值称为工作比（通断比或占空比），可在零点几到几十之间选择。

（4）平均电流密度 J_m。

在脉冲电镀时，也可用导通时间（脉冲宽度）t_{on}，断开时间 t_{off}，峰值电流（脉冲电流）I_p 或峰值电流密度（脉冲电流密度）J_p 作为电镀工艺参数。在这种情况下，它们之间的关系可按下式进行换算：

$$f = \frac{1000}{t_{on} + t_{off}} \quad \text{工作比} = \frac{t_{on}}{t_{off}} \quad I_m = I_p \frac{t_{on}}{t_{on} + t_{off}} \quad J_m = J_p \frac{t_{on}}{t_{on} + t_{off}} \tag{4.40}$$

式中，f 为脉冲频率（Hz）；t_{on} 为导通时间（脉冲宽度）（ms）；t_{off} 为断开时间（ms）；I_m 为平均电流（A）；I_p 为峰值电流（脉冲电流）（A）；J_m 为平均电流密度（A/dm²）；J_p 为峰值电流密度（A/dm²）。

3. 脉冲电镀金

1）酸性脉冲电镀金

如前所述，脉冲电镀的关键是脉冲电源，在普通酸性电镀金与电镀硬金电镀液中，选用合适的脉冲参数均可获得良好的金电镀层。其溶液组成及工艺条件见表 4.139。对于工艺 8，在适宜的脉冲电流下，可以获得含碳量很低、含钴量比直流电镀高一倍的硬金电镀层。显然，这对于插拔件是十分有利的。

表 4.139　酸性脉冲电镀金、硬金的溶液组成及工艺条件

电镀液组成及工艺条件	工艺 1	工艺 2	工艺 3	工艺 4	工艺 5	工艺 6	工艺 7	工艺 8
ρ｛金[KAu(CN)₂]｝/(g/L)	15～20	10～20	20～35	5～10	6～8	10～20	3～5	12
ρ（柠檬酸铵）/(g/L)				110～120		120		
ρ（柠檬酸钾）/(g/L)	180～200	110～130	100～120		120		120～150	150
ρ（硫酸钾）/(g/L)		20	18～22					
ρ（柠檬酸）/(g/L)					75		60～80	
ρ（酒石酸锑钾）/(g/L)				0.1～0.3	0.3	0.3		
ρ（硫酸钴）/(g/L)							5.0～10.0	4.8
ρ（硫酸铟）/(g/L)							3～5	
pH 值	5.1～6.2	4～7	5.4～6.4	5.2～5.5	4.8～5.6	5.5～5.8	3.6～4.2	4
温度/℃	60～65	45～65	65	40～45	室温	45～50	25～40	35
波形	矩形波	矩形波	矩形波	矩形波	矩形波	矩形波	矩形波	矩形波
频率/Hz	1000～1500	900～1000	650	1000	1000	20～40	1000	
工作比	1：(5～10)	1：9	1：7	1：(7～15)	1：(5～10)	1：(5～10)	1：1	
平均电流密度/(A/dm²)	0.1～0.4	0.1～0.5	0.35～0.45	0.1～0.4	0.4	0.3～0.4	0.5～2.0	2.0

2）亚硫酸盐脉冲电镀金

与酸性脉冲电镀金一样，在普通亚硫酸盐电镀金与硬金镀液中，选用合适的脉冲参数进行脉冲电镀金，也可得到良好的金电镀层。其溶液组成及工艺条件见表 4.140。

表 4.140　亚硫酸盐脉冲电镀金、硬金的溶液组成及工艺条件

电镀液组成及工艺条件	工艺 1	工艺 2	工艺 3	工艺 4	工艺 5
ρ[金（HAuCl$_4$·4H$_2$O）]/（g/L）	20	15～20	15～20	15～30	10～20
ρ（亚硫酸铵）/（g/L）	150	100～120	150～180		
ρ（亚硫酸钠）/（g/L）				150	150～160
ρ（柠檬酸钾）/（g/L）	100		80～100		
ρ（柠檬酸铵）/（g/L）				90	
ρ（磷酸氢二钾）/（g/L）		0.1～0.3			
ρ[乙二胺四乙酸二钠]/（g/L）				少量	2～5
ρ（硫酸钴）/（g/L）			0.30～0.50	0.02～0.20	0.50～1.00
ρ（硫酸铜）/（g/L）					0.1～0.2
pH 值	9.0～9.5	8.5～9.0	8.0～9.0	6.5～7.5	8.5～9.5
温度/℃	40～45	35～45	20～30	室温	45～50
波形	矩形波	矩形波	矩形波	矩形波	矩形波
频率/Hz	1000	1000	500～1000	1000	7～10
工作比	1:9	1:（8～10）	1:（5～15）	1:9	1:（1～4）
平均电流密度/（A/dm^2）	0.5	0.3～0.5	0.2～0.6	0.3～0.4	0.3～0.4

3）脉冲换向电镀金

脉冲换向电镀又称双向脉冲电镀。它综合了脉冲电镀与换向电镀的优点，采用合适的工艺参数便可得到结晶更细致、内应力与孔隙率更小、厚度更均匀、耐蚀性更高的镀层。脉冲换向电镀金溶液组成及工艺条件见表 4.141。

表 4.141　脉冲换向电镀金溶液组成及工艺条件

电镀液组成及工艺条件	工艺
金氰化钾/（g/L）	10～15
柠檬酸钾/（g/L）	40～50
磷酸氢二钾/（g/L）	100～150
添加剂/（g/L）	0.1～0.3
pH 值	4.6～5.5
温度/℃	40～50
脉冲频率/Hz	1000
峰值电流/（A/dm^2）	0.5（正向）；0.1（反向）
通断比	1:10（正向）；1:5（反向）
正向脉冲与反向脉冲导通时间比	9:2

4）脉冲电镀银

在同一镀液中，与直流电镀银层相比，脉冲电镀银层结晶更细致，硬度更高，耐磨性更佳。当将银电镀层厚度降低 20%时，脉冲电镀银电镀层的性能仍与直流电镀银电镀层的性能相当。典型的脉冲电镀银的溶液组成及工艺条件见表 4.142。

表4.142 脉冲电镀银溶液组成及工艺条件

溶液组成及工艺条件	工艺1	工艺2	工艺3
ρ(氯化银)/(g/L)	30~40		
ρ(硝酸银)/(g/L)		45~55	40~50
ρ[氰化钾(总量)]/(g/L)	65~80		
ρ(碳酸钾)/(g/L)	30~40	40~70	
ρ(烟酸)/(g/L)		90~110	
ρ(乙酸铵)/(g/L)	77		
ρ(总氨量)/(g/L)[1]	20~25		
V(氨水)/(mL/L)	32		
ρ(硫酸铵)/(g/L)			100~120
ρ(亚氨基二磺酸铵)/(g/L)			120~150
pH值		9.0~9.5	8.2~8.8
温度	室温	室温	室温
波形	矩形波	矩形波	矩形波
频率/Hz	1:(4~9)	1:9	1:9
平均电流密度/(A/dm²)	0.2~0.6	0.4~0.6	0.3~0.5

5)脉冲电镀铂

在钛基材上脉冲电镀铂可以获得结晶细致、催化活性好、析氧超电位高、使用寿命长的铂电镀层,非常适合用作不溶性阳极,其性能比直流电镀铂电镀层优良。脉冲电镀铂溶液组成及工艺条件见表4.143。

表4.143 脉冲电镀铂溶液组成及工艺条件

电镀液组成及工艺条件	工艺
铂[以 $H_2Pt(NO_2)_2SO_4$ 形式]/(g/L)	5~10
pH值(用 H_2SO_4 调节)	1.2~2.0
温度/℃	50
电流波形	矩形波
频率/Hz	50~100
工作比	1:(5~9)
平均电流密度/(A/dm²)	0.5~1

6)脉冲电镀钯

与其他金属的脉冲电镀一样,脉冲电镀钯电镀层也具有比直流电镀电镀钯层更优良的性能。脉冲电镀钯的溶液组成及工艺条件见表4.144。

表4.144 脉冲电镀钯溶液组成及工艺条件

电镀液组成及工艺条件	工艺
氯化钯/(g/L)	0.9~7.4
磷酸氢二钠/(g/L)	100

续表

电镀液组成及工艺条件	工艺
磷酸氢二铵/（g/L）	20
安息酸/（g/L）	2.5
pH 值	6～7
温度/℃	50
电流波形	矩形波
频率/Hz	500
工作比	1：（300～500）
平均电流密度/（A/dm^2）	0.4

7）脉冲电镀镍

用脉冲电镀镍替代直流电镀镍可以获得结晶细致的镍电镀层，能使镍电镀层的孔隙率和内应力降低，硬度升高，杂质含量减少，并可采用更高的电流密度进行电镀，从而提高电沉积速度。脉冲电镀镍溶液组成及工艺条件见表 4.145。

表 4.145　脉冲电镀镍溶液组成及工艺条件

电镀液组成及工艺条件	工艺 1	工艺 2	工艺 3
ρ（硫酸镍）/（g/L）	180～240	140～210	280
ρ（硫酸镁）/（g/L）	20～30	30～50	60
ρ（硫酸钠）/（g/L）		80～100	60
ρ（氯化钠）/（g/L）	10～20	3～5	20
ρ（硼酸）/（g/L）	30～10	20～30	45
ρ（十二烷基硫酸钠）/（g/L）			0.02
pH 值	5.4	5.0	4.0
温度	室温	室温	室温
波形	矩形波	矩形波	矩形波
频率/Hz	1000	1000	1500
工作比	1：（9～19）	1：4	1：2
平均电流密度/（A/dm^2）	0.7	1	0.7

8）脉冲电镀 Ni-Fe 合金

与直流电镀相比，脉冲电镀 Ni-Fe 合金在稳定镀层组成、抑制氢气析出、提高电流效率等方面均具有优越性。脉冲电镀 Ni-Fe 合金溶液组成及工艺条件见表 4.146。

表 4.146　脉冲电镀 Ni-Fe 合金溶液组成及工艺条件

电镀液组成及工艺条件	工艺 1	工艺 2
ρ（硫酸镍）/（g/L）	180～220	180～220
ρ（氯化镍）/（g/L）	25～30	
ρ（氯化钠）/（g/L）		15～25
ρ（硫酸亚铁）/（g/L）	15～20	15～30

续表

电镀液组成及工艺条件	工艺1	工艺2
ρ（柠檬酸钠）/（g/L）	20～30	20～30
ρ（硼酸）/（g/L）		35～45
ρ（糖精）/（g/L）	3～5	
ρ（十二烷基硫酸钠）/（g/L）	0.1～0.3	
pH 值	2.3	2.5～3.5
温度/℃	室温	50～65
波形	矩形波	矩形波
频率/Hz	100	100～300
工作比	1：1	9：1
平均电流密度/（A/dm²）	3.5～5.0	2.5～6.0

9）脉冲电镀锌

脉冲电镀锌可以得到结晶细致、耐蚀性好的镀层，还可提高电镀液分散能力，降低镀层脆性，减少析氢量，从而降低氢向基材的渗透，有时脉冲电镀还可提高钝化膜牢固度。脉冲电镀锌溶液组成及工艺条件见表4.147。

表 4.147　脉冲电镀锌溶液组成及工艺条件

电镀液组成及工艺条件	工艺1	工艺2	工艺3
ρ（氯化锌）/（g/L）	20	70	45
ρ（氧化锌）/（g/L）	18～22		
ρ（氯化铵）/（g/L）	220～270	200	
ρ（氯化钾）/（g/L）			220
ρ（硼酸）/（g/L）			25
ρ（氨三乙酸）/（g/L）	30～40		
ρ（硫脲）/（g/L）	1.0～1.5		
ρ[聚乙二醇（M>6000）]/（g/L）	1.0～1.5		
V（添加剂）/（mL/L）		6	15～20
pH 值	5.8～6.2	5.0	5.0～5.5
温度/℃	10～35	室温	室温
波形	矩形波	矩形波	矩形波
频率/Hz	1000	100	1000～1500
工作比	1：9	1：9	1：1
平均电流密度/（A/dm²）	0.8～1.5	2.0	2.0

10）脉冲电镀其他金属

脉冲电镀其他金属溶液组成及工艺条件见表4.148。当采用带有反向锯齿波的脉冲电流电镀 Cu-Sn 合金时，可以得到比采用矩形波时孔隙率更低的镀层，电镀液分散能力更高。此时锯齿波的频率为237Hz，平均电流密度为1.4A/dm²，正向峰值电流密度为6.6A/dm²，反向峰值电流密度为2.5A/dm²。

表 4.148　脉冲电镀其他金属溶液组成及工艺条件

镀层种类	Ni-Co 合金	Ni-P 合金	Co-Sn 合金
ρ（电镀液组成）/（g/L）	硫酸镍 250～300 氯化镍 30～50 硫酸钴 10～30 硼酸 30～45	硫酸镍 150 氯化镍 45 磷酸 50 亚磷酸 40	焦磷酸钾 150～250 焦磷酸铜（以铜计）10～19 锡酸钠（以锡计）8～18
V（电镀液组成）/（mL/L）	整平剂（3L）0.5 光亮剂（3C）5 润湿剂（Y19）1.5		添加剂（BG）0.2
pH 值	4.0～4.8	0.8	10.5～11.0
温度/℃	50～60	78	40
波形	矩形波	矩形波	矩形波
频率/Hz	400	450	5
工作比	1.0∶1.5	10.0∶1.0	1.0∶4.0
平均电流密度/（A/dm²）	4.5	40.0～80.0	1.4

4.6.3　高速电镀

1．概述

高速电镀的电沉积速度很快，一般高于普通电镀数倍乃至数百倍。例如，在电镀 20～30μm 的镀层时，采用普通电镀至少要用 1h 以上，甚至长达数小时；采用高速电镀仅需几分钟，有时甚至不到 1min。

高速电镀需用特殊装置使电镀液在阴极与阳极间高速流动，并使用高达数十乃至数百 A/dm² 的阴极电流密度，以极快的电沉积速度在被镀零件表面获得所需镀层厚度。

高速电镀所用的电流密度极高，电流分布不均匀现象很突出，阳极设计和配置的难度较大，因而目前高速电镀只适用于电镀形状较为简单的零件，尚不适用于电镀结构复杂的零件。

与普通电镀相比，高速电镀需要的特殊设备投资较大。

电子元器件电镀贵金属可以采用高速局部电镀。高速局部电镀是用特殊装置把不需电镀的部位掩盖起来，同时使电镀液在被电镀零件表面高速流动，并使用高的电流密度进行电镀。采用这种工艺可以节约大量贵金属。

高速电镀主要采用以下两种方式。

（1）强制阴极表面电镀液流动方式。该方式又分为平行液流法和喷流法两种。

① 平行液流法。将阴极与阳极间距缩至 1～5mm，并在阴阳极狭缝间通以高速流动的电镀液，电镀液流速应当大于 2400mm/s，使电镀液流动保持湍流状态以提高搅拌效果。

② 喷流法。将电镀液通过喷嘴连续喷射到阴极表面，使金属离子在阴极上还原沉积。从喷嘴喷出的电镀液经收集回流至贮槽中，再由泵输送至喷嘴循环使用。这种方法能够局部使用高电流密度，主要应用于印制电路板触头及半导体组件的焊接点电镀等。喷流法只限于局部高电流密度，因而其适用范围受到一定的限制。

（2）阴极在电镀液中高速移动方式。这种方法适用于金属薄板、带材、线材的电镀，即电镀件以较高的速度连续通过电镀液，电镀件移动速度一般在 5～80m/min，电流密度在 5～60A/dm²。

高速连续移动阴极一般有三种形式。

① 垂直浸入式。该方法的优点是节省空间。

② 水平运动式。水平运动式有两种类型：a.镀件直接水平地通过各个处理槽，每个槽壁上开有特制的缝，并有专门的防漏措施。b.当电镀件由一个槽过渡到另一个槽时，需要升出液面。

③ 盘绕式。它做得很紧凑，能够垂直盘绕，非常适合电镀线材。

2. 铜带、铜引线电镀光亮锡

铜带、铜引线快速电镀光亮锡工艺广泛应用于电子电气等行业。目前主要采用硫酸亚锡体系电镀液，加入某些光亮剂和稳定剂，电镀液较为稳定，电沉积速度快，可以获得光亮性好、色泽均匀、可焊性优良的镀层。

1）工艺流程

铜引线电镀光亮锡的工艺流程为：放线→阴极电解除油→流动水洗→阳极电解腐蚀→去离子水洗→镀光亮锡→清洗→碱洗→清洗→钝化→清洗→热去离子水洗→烘干→收线。

铜带电镀光亮锡的工艺流程为：放带→阴极电解除油→清洗→阳极电解腐蚀→清洗→镀光亮锡→清洗→热去离子水洗→烘干→收带。

2）溶液组成及工艺条件

（1）阴极电解除油。阴极电解除油的电镀液组成及工艺条件见表4.149。

表 4.149　阴极电解除油的电镀液组成及工艺条件

电镀液组成及工艺条件	工艺
氢氧化钠/（g/L）	30
磷酸钠/（g/L）	50
碳酸钠/（g/L）	50
阴极电流密度/（A/dm²）	5
阳极	铁板

（2）阳极电解腐蚀。阳极电解腐蚀的电镀液组成及工艺条件见表4.150。

表 4.150　阳极电解腐蚀的电镀液组成及工艺条件

电镀液组成及工艺条件	工艺
硫酸/（g/L）	180
阳极电流密度/（A/dm²）	5
阴极	不锈钢

（3）电镀光亮锡。铜引线电镀光亮锡的电镀液组成及工艺条件见表4.151。

表 4.151　铜引线电镀光亮锡的电镀液组成及工艺条件

电镀液组成及工艺条件	工艺
硫酸亚锡/（g/L）	35～45
硫酸（98%）/（mL/L）	100
硫酸铈/（g/L）	8
稳定剂（徐科-4）/（mL/L）	50
光亮剂/（mL/L）	15～20
阴极电流密度/（A/dm²）	3～4
温度/℃	10～35

铜引线电镀光亮锡采用多线盘绕镀槽，铜线分上中下三层分布于电镀液中，浸入电镀液的铜线长度约为 30m，铜引线的移动速度为 7~10m/min，铜引线水平方向间距为 15mm，上下间距为 50mm。烘干用热风烘干或红外线烘干。

铜带电镀光亮锡的电镀液组成及工艺条件见表 4.152。

表 4.152　铜带电镀光亮锡的电镀液组成及工艺条件

电镀液组成及工艺条件	工艺
硫酸亚锡/（g/L）	25~35
硫酸（98%）/（mL/L）	100
稳定剂/（mL/L）	50
光亮剂/（mL/L）	16~20
阴极电流密度/（A/dm²）	1~2
温度/℃	10~35
铜带线速度/（m/min）	1.5~5.0

（4）钝化。电镀光亮锡后，可按如下条件进行钝化处理：$K_2Cr_2O_7$ 40g/L，pH 值为 4，温度为 20~40℃。

3. 铜引线电镀 Pb-Sn 合金

铜引线电镀 Pb-Sn 合金前处理工艺条件与铜引线电镀光亮锡相同。

铜引线电镀 Pb-Sn 合金的电镀液组成及工艺条件见表 4.153。

表 4.153　铜引线电镀 Pb-Sn 合金的电镀液组成及工艺条件

电镀液组成及工艺条件	工艺
Sn^{2+}（以氟硼酸锡形式加入）/（g/L）	15~20
Pb^{2+}（以氟硼酸铅形式加入）/（g/L）	8~10
游离氟硼酸/（g/L）	250~300
甲醛/（mL/L）	10~15
苄叉丙酮/（g/L）	0.3
4,4'-二氨基二苯甲烷/（g/L）	0.6
OP-21/（g/L）	13
温度	室温
阴极电流密度/（A/dm²）	2~6
镀层厚度/μm	8~12
合金组成（质量分数）/%	Sn 为 60，Pb 为 40
铜引线线速度/（m/min）	4~8

4. 钢带、钢丝电镀锌

钢带可在垂直浸入式镀槽中进行快速连续电镀，并且钢带两面可以同时电镀，钢带运行速度可以控制在 50m/min 左右。

钢丝电镀锌大多采用水平运动式，电镀时可将十多根钢丝一起进行电镀。钢丝表面锌电镀层厚度与钢丝直径有关。例如，直径为 0.25~1.50mm，1.6~3.5mm，3.6~5.0mm 的钢丝电镀锌，其厚度折合成质量分别为30~35g/m、50~75g/m、75~100g/m。

钢丝、钢带电镀锌所用镀液有氰化物镀液、硫酸盐电镀液和氯化物电镀液三种。氰化物电镀锌溶液组成及工艺条件见表4.154。

表 4.154 氰化物电镀锌溶液组成及工艺条件

电镀液组成及工艺条件	工艺
氰化锌/(g/L)	90
氰化钠/(g/L)	38
氢氧化钠/(g/L)	90
温度/℃	60~70
阴极电流密度/(A/dm²)	12
运行速度/(m/min)	40~50
阴极电流效率	90%左右

硫酸盐电镀锌溶液组成及工艺条件见表4.155。

表 4.155 硫酸盐电镀锌溶液组成及工艺条件

电镀液组成及工艺条件	工艺
硫酸锌/(g/L)	330
硫酸钠/(g/L)	70
硫酸镁/(g/L)	60
pH 值	3~4
温度/℃	55~65
阴极电流密度/(A/dm²)	25~40
运行速度/(m/min)	30
阴极电流效率	90%左右

氯化物电镀锌溶液组成及工艺条件见表4.156。

表 4.156 氯化物电镀锌溶液组成及工艺条件

电镀液组成及工艺条件	工艺
氯化锌/(g/L)	135
氯化钠/(g/L)	230
氯化铝/(g/L)	23
pH 值	3~4
温度/℃	40~60
阴极电流密度/(A/dm²)	50
运行速度/(m/min)	50

氯化物电镀锌溶液的导电性好，允许使用较高的电流密度和运行速度。

5. 钢带、黄铜带电镀镍

电镀镍钢带须经冲压、铆接、曲折等电镀后机械加工。为了防止镀层脆性，不宜采用光亮镀镍，可以采用电镀暗镍或采用低应力的氨基磺酸镍电镀液。

钢带电镀镍前要先预镀氰化铜（厚度为 0.2～0.8μm），黄铜带可以直接电镀镍。

钢带、黄铜带氨基磺酸盐快速电镀镍溶液组成及工艺条件见表 4.157。

表 4.157 钢带、黄铜带氨基磺酸盐快速电镀镍溶液组成及工艺条件

电镀液组成及工艺条件	工艺
氯化镍/（g/L）	6～18
氨基磺酸镍/（g/L）	650～750
硼酸/（g/L）	35～45
温度/℃	60～70
pH 值	4
阴极电流密度/（A/dm^2）	5～60

钢带、黄铜带瓦特液快速电镀镍溶液组成及工艺条件见表 4.158。

表 4.158 钢带、黄铜带瓦特液快速电镀镍溶液组成及工艺条件

电镀液组成及工艺条件	工艺
硫酸镍/（g/L）	250
氯化镍/（g/L）	70
硼酸/（g/L）	35～45
pH 值	4.0～4.5
温度/℃	40～45
阴极电流密度/（A/dm^2）	2～5
运行速度/（m/min）	2～6

6. 铜带、铜引线快速电镀银

铜带、铜引线快速电镀银溶液组成及工艺条件见表 4.159。

表 4.159 铜带、铜引线快速电镀银溶液组成及工艺条件

电镀液组成及工艺条件	工艺
氰化银/（g/L）	40～45
氰化钾/（g/L）	60～70
碳酸钾/（g/L）	60
氢氧化钾/（g/L）	11
温度/℃	30～45
阴极电流密度/（A/dm^2）	2～10

7. 喷流法高速局部电镀金

喷流法电沉积速度快，电镀时把不需要电镀的部位掩盖起来，同时将电镀液高速喷射到电镀件表面，并使用很高的电流密度进行电镀，达到提高生产效率、节约黄金的目的。电子元器件大多采用这种工艺，如半导体器件和集成电路框架上局部电镀金。

集成电路框架局部高速电镀金的工艺流程为化学除油→清洗→活化→局部电镀金→回收→清洗→干燥。

若框架是铜基体，则需要先电镀镍打底；若框架是 Fe-Ni 合金或柯伐合金基体，则可直接电镀金。

高速局部电镀金溶液组成及工艺条件见表 4.160。

表 4.160　高速局部电镀金溶液的组成及工艺条件

电镀液组成及工艺条件	工艺
氰化金钾/（g/L）	10～20
导电盐/（g/L）	150
光亮剂/（mL/L）	10
pH 值	5.5～6.5
温度/℃	65～75
阴极电流密度/（A/dm²）	4～10
阳极材料	白金喷嘴

局部电镀金使用特殊的电镀设备，用气压把阴极（镀件）压紧，再用硅橡胶把不需要电镀的部位遮盖住，电镀液通过喷嘴（白金喷嘴，不溶性阳极）喷射到阴极表面，与此同时接通电源，在控制一定的电量后，紧压盖板自动松开，取下电镀件。

4.6.4　非金属基体电镀

1. 概述

使非金属表面金属化可以采取喷镀、电镀、化学镀、真空蒸镀、阴极溅射或离子镀等多种方式，但目前在工业中应用最多的还是电镀。

在非金属电镀中，以塑料电镀占比最大，其中又以 ABS 塑料为主。本节主要介绍 ABS 塑料的电镀工艺，其他非金属电镀与 ABS 塑料电镀工艺的主要差别在于粗化工艺不同，其余步骤大体相似。

非金属电镀可以提高零件表面的硬度和耐磨性。使用非金属件可以节约金属，简化加工工艺，降低成本，但非金属电镀的成本要高于金属电镀，而且镀层与基体的结合也不很牢固。

2. 对塑料件的要求

在塑料上电镀成功与否，不仅与电镀工艺有关，还与塑料零件的设计与成型工艺有着密切关系。从电镀工艺角度看，对进行电镀的塑料件在设计和成型工艺两个方面提出要求。

1）塑料件的设计

在设计塑料件时，应当注意以下几点。

（1）遵循"获得完好注塑成型件的技术要求"进行注塑成型设计，有时要求更加严格。零件表面的缺陷经过电镀会更明显。

（2）零件外形应当有利于获得均匀的镀层。例如，较大的平面中间要稍微凸起，凸起度为 0.10～

0.15mm/cm；棱角应当进行倒圆，外角的半径应当大于 1mm，内角的倒圆半径应当大于 0.5mm；盲孔及凹槽的底棱边应当圆滑过渡，其半径应当大于 3mm；盲孔深度最好不超过孔径的一半，否则对孔底的镀层厚度不作要求；V 形沟槽的宽与深之比应当大于 3。

（3）零件应有适当的壁厚。若太薄，则易变形而影响镀层结合力；若太厚，则注塑成型时易产生收缩痕迹。壁厚一般在 2.3～3.0mm，最薄处不宜小于 1.9mm，最厚处不宜大于 3.8mm。

（4）最好不要有金属镶嵌件。因为金属的膨胀系数与塑料的膨胀系数相差较大，温度变化容易引起镀层裂纹而使镀液渗入。若不能避免，则应尽量选用膨胀系数较大的铝来制作。镶嵌件周围的塑料应有足够厚度，并将镶嵌件表面加工出沟槽或进行滚花。

（5）应当考虑电镀装挂的位置。因为装挂接触点会在电镀后留下痕迹，所以应当安排在不影响外观的部位。此外，装挂时卡紧力较大，应当防止薄壁零件变形。在不妨碍装饰外观的情况下，还可以保留浇口作为装挂位置，在电镀后再将浇口除去。

2）成型工艺

以常用的 ABS 塑料为例，对注塑成型工艺提出以下要求。

（1）原材料应在 80～90℃下烘干 4h，否则残留的水分将会在成型零件表面产生气泡、流线纹而影响外观。

（2）不要使用脱模剂（特别是硅油类脱模剂），否则会对镀层结合力产生十分不利的影响。若实在难以脱模，则可使用滑石粉或肥皂水作为脱模剂。

（3）应当采用较高的注塑温度（255～275℃），这样可以提高镀层结合力。

（4）模温控制在 45～95℃为宜。

（5）注塑压力宜低一些，注塑速度宜慢一些，通常应比非电镀件的成型速度慢 1 倍。

（6）使用旧料时应当保证无污物、未老化变质，并以少量比例（<20%）与新料混合使用。

3. 工艺流程

ABS 塑料电镀的工艺流程如图 4.14 所示。

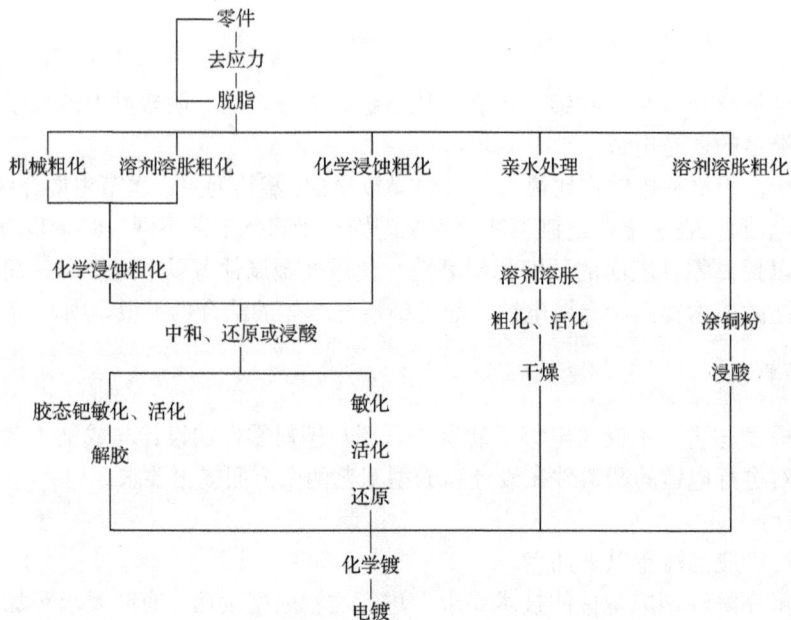

图 4.14　ABS 塑料电镀工艺流程

4. ABS 塑料的电镀

1）电镀级 ABS 塑料的组成与结构

ABS 塑料是丙烯腈（A）、丁二烯（B）、苯乙烯（S）的共聚物。它是由丙烯腈与苯乙烯共聚形成的树脂相与丙烯腈与丁二烯共聚形成的弹性体相（橡胶体相）组成的混合物，后者呈球状均匀分布在前者之中（图 4.15）。在粗化过程中，橡胶粒子被溶去形成凹坑，这对提高镀层结合力很重要。若橡胶粒子太少，则凹坑数目不足；若橡胶粒子太多，则小坑连成大坑。两者都会降低镀层结合力。因此，尽管 ABS 塑料中三种成分的比例可在很宽的范围内变化，但是对于电镀级 ABS 塑料来说，丁二烯的质量分数要控制在 18%～23% 范围内，而且只有接枝共聚才能使镀层具有最佳结合力。目前在国内生产电镀级 ABS 塑料的企业较少，大部分原料仍需进口。

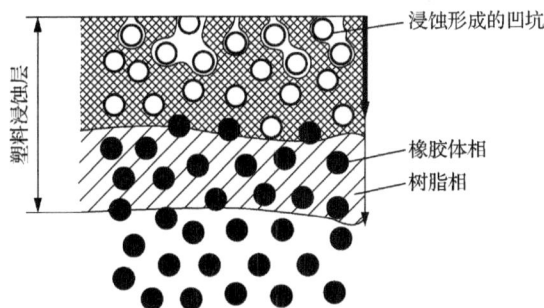

图 4.15　ABS 塑料及其化学粗化后的结构

2）去应力

有应力的零件会使电镀层与基体的结合力变差。用下述方法可以检查 ABS 塑料零件是否存在内应力。

（1）冰乙酸浸渍法。将零件完全浸入 21～27℃的冰乙酸中持续 30s，取出后立即清洗，然后晾干检查表面。若零件表面有细小致密裂纹，则说明此处有应力存在。裂纹越多，应力越大。之后，再重复上述操作。但在冰乙酸中浸 2min 后再检查零件表面，若有深入塑料的裂纹，则说明此处有很高的内应力。裂纹越严重，内应力越大。

（2）溶剂浸渍法。将零件完全浸入 20～21℃的 1∶1 的甲乙酮和丙酸的混合溶剂中，持续 15s 后取出立即甩干，依照上述方法检查零件表面。

对有应力的零件，应在 60～75℃下加热 2～4h 以消除应力。此外，也可采用在丙酮中浸泡 30min 的方法。

3）除油

零件在模压、存放和运输过程中难免沾有油污，为了保证预处理效果，在粗化前应当进行除油处理。除油可在 50～70℃的钢铁零件化学除油槽中进行，也可用酒精擦拭除油。

4）粗化

粗化的目的是提高零件表面的亲水性并形成适当的粗糙度，保证镀层具有良好的结合力。它是决定镀层结合力大小的关键工序。

粗化方法有多种。就提高镀层结合力而言，化学浸蚀粗化>溶剂溶胀粗化>机械粗化。有时也可同时采用几种粗化方法。在工业生产中，对 ABS 塑料已经不采用机械粗化和溶剂粗化。典型的化学浸蚀粗化液组成及工艺条件见表 4.161。

表 4.161　ABS 塑料化学浸蚀粗化液组成及工艺条件

粗化液组成及工艺条件	高铬型		高硫酸型		含磷酸型		纯铬酐型
	工艺 1	工艺 2	工艺 1	工艺 2	工艺 1	工艺 2	
ρ（铬酐）/（g/L）	400~130	250~350	20~30	10~20	9		≥900
ρ（重铬酸钾）/（g/L）						30	
V（硫酸）/（mL/L）	330~405 (180~220)	600 (325)	1000 (543)	1104~1288 (600~700)	957 (520)	877 (477)	
V（磷酸）/（mL/L）					238 (140)	282 (166)	
温度/℃	60~70	60~70	60~70	60~70	60~70	60~70	60~70
时间/min	10~30	15~30	30~60	30~60	30~60	30~60	10~30

效果较好、应用较广的化学浸蚀粗化液是高硫酸型溶液。这种溶液粗化速度快，镀层结合力好。粗化温度是关键因素。低于 60℃粗化速度很慢，温度越高，粗化时间越短。

应该指出的是，塑料种类对粗化效果影响很大。虽然都是电镀级 ABS 塑料，但不同生产厂家、不同牌号、不同批次的材料粗化条件往往有所不同。因此，在投产前最好预先进行试验，确定合适的温度和时间。

粗化液的配制方法是：先用水将铬酐溶解，并在不断搅拌下倒入硫酸，最后加水至所需体积。切记不可把铬酐直接加入硫酸中，防止溶解不完全。

对零件粗化质量的检查，除了要求将零件表面完全被水润湿，还可从外观上作出判断（表 4.162）。

表 4.162　粗化程度与表面特征的关系

粗化程度	表面特征
粗化不足	表面平滑有光泽，对强光源反射好
粗化适宜	表面微暗，平滑但不反光
粗化稍过度	表面明显发暗，但仍平滑
粗化过度	表面呈白绒状
粗化严重过度	表面有裂纹，疏松

5）中和、还原或浸酸

该工序的目的是将残留在零件表面的 Cr^{6+} 清洗干净，防止污染敏化或活化溶液。为此，可在溶液中进行以下处理。

（1）在体积分数为 10%的氨水溶液中进行中和处理。

（2）在 50~100g/L 氢氧化钠水溶液中进行中和处理。

（3）在 10~50g/L 亚硫酸钠水溶液中进行还原处理。

（4）在水合肼（$N_2H_4 \cdot H_2O$）2~10mL/L、盐酸 10~15mL/L 溶液中进行还原处理。

（5）在 100~200mL/L 盐酸水溶液中进行浸酸处理。

以上处理条件均为室温，处理时间为 1~3min。

6）敏化

敏化处理是使粗化后的零件表面吸附一层具有还原性的 Sn^{2+}，以便在随后的离子型活化处理时，将银离子或钯离子还原成具有催化作用的银原子或钯原子。ABS 塑料敏化液组成及工艺条件见表 4.163。若向溶液中加入锡条或锡粒，则可延缓 Sn^{2+} 的氧化。此外，Sn^{2+} 还易于水解生成 Sn(OH)Cl 沉淀，当溶液中有白色沉淀产生时，可以加入盐酸，若仍不能使溶液澄清，则应进行过滤。

表 4.163 ABS 塑料敏化液组成及工艺条件

敏化液组成及工艺条件	工艺 1	工艺 2
ρ（氯化亚锡）/（g/L）	10～30	2～5
V（盐酸）/（mL/L）	40～50	2～5
温度	室温	室温
时间/min	3～5	3～10

配制敏化液时，必须用去离子水和试剂级化学药品配制。其方法是：把氯化亚锡溶于盐酸水溶液中，切记不可将氯化亚锡用水溶解后再加入盐酸中，否则氯化亚锡会水解。

7）活化

除化学镀银可在敏化后直接进行外，其余化学镀必须在活化后进行。活化处理是使零件表面形成一层具有催化活性的贵金属层，使化学镀能够自发进行。

（1）离子型活化。ABS 塑料离子型活化液组成及工艺条件见表 4.164。

表 4.164 ABS 塑料离子型活化液组成及工艺条件

活化液组成及工艺条件	工艺 1	工艺 2	工艺 3	工艺 4	工艺 5	工艺 6	工艺 7
ρ（硝酸银）/（g/L）	1～3	2～5	30～90				
ρ（氯化钯）/（g/L）				0.20～0.50	0.25～1.50	1.30～0.50	
ρ（氯金酸）/（g/L）							0.5～1
V[氨水（25%）]/（mL/L）	7～10	6～8	20～100				
ρ（氯化铵）/（g/L）						0.2～0.5	
V[盐酸（37%）]/（mL/L）				3.00～10.00	0.25～1.00		10.00
ρ（硼酸）/（g/L）					20		
ρ（配位剂 HD-1）/（g/L）						3～5	
pH 值						7～9	1～4
温度/℃	室温	室温	室温	20～40	室温	20～40	室温
时间/min	3.0～5.0	5.0～10.0	0.5～5.0	1.0～5.0	0.5～5.0	2.0～5.0	1.0～5.0

硝酸银活化液只适用于化学镀铜。需要用去离子水配制溶液，防止自来水中的氯离子与活化液中的银离子形成氯化银沉淀。同样，零件入槽前也应用去离子水清洗。配制时，将硝酸银溶于水中，在不断搅拌下缓慢加入氨水，当溶液从褐色浑浊状变为透明时即停止添加氨水。若氨水添加过量，则会使银离子形成过于稳定的 $[Ag(NH_3)_2]^+$ 而影响活化效果。在使用时，要避光保存，并防止带入敏化液，以免使银离子还原成银而失效。溶液失效时呈褐色甚至黑褐色。

氯化钯活化液对化学镀铜、镀镍、镀钴等均具有催化活性，而且溶液较为稳定，应用较广。在使用过程中，活化液会逐渐变脏发黑，但在过滤后仍可使用。当活化液中钯含量降低时，应当及时补充。升高温度能够提高活化效果。工艺 6 是含有配位剂的新型活化液，其溶液稳定，活化效果好。

（2）胶体钯活化。胶体钯活化是把敏化、活化两道工序合并一起进行，用它替代离子型敏化、活化可以提高镀层结合力。胶体钯活化在工业上已经得到广泛使用。ABS 塑料胶体钯活化液组成及工艺条件见表 4.165。

表 4.165 ABS 塑料胶体钯活化液组成及工艺条件

活化液组成及工艺条件	工艺 1		工艺 2	工艺 3	工艺 4		工艺 5	工艺 6
	A 液	B 液			原液	补充液		
ρ（氯化钯）/（g/L）	1g		0.2～0.3	0.5～1.0	0.25	1	0.2～0.3	0.5
ρ（氯化亚锡）/（g/L）	2.5g	75g	10～20	50	3.5～5.0	10	8～24	35
V[盐酸（37%）]/（mL/L）	100mL	200mL	200	330	10	80	10	50
ρ（氯化钠）/（g/L）					250	150	180	钾 178
ρ（锡酸钠）/（g/L）		7g			0.5			
ρ（尿素）/（g/L）					50	50		
ρ（间苯二酚）/（g/L）					1			
水	200mL							
温度/℃	15～40		20～40	50～60	20～40		20～40	室温
时间/min	2～3		5～10	5～10	3～10		1～3	1.5～2.0

工艺 1 是酸基活化液，其配制方法如下：将 75g 氯化亚锡加入 200mL 盐酸中搅拌溶解，再加入 7g 锡酸钠，溶解后即可得到白色乳浊的 B 液。在另一个烧杯中把 1g 氯化钯溶解于 100mL 盐酸和 200mL 去离子水中，加热溶解后，在 28～32℃下加入 2.5g 氯化亚锡，搅拌 12min 后便可得到 A 液。在不断搅拌下，将 A 液倒入 B 液中并稀释至 1L，得到棕色的胶态钯溶液。最后在 40～45℃下保温 3h，以便提高溶液活性和延长溶液使用寿命。

工艺 2 和工艺 3 是不含锡酸钠的酸基活化液。在配制时，先将氯化钯溶解在盐酸水溶液中，在 28～32℃和不断搅拌下加入氯化亚锡至完全溶解，持续搅拌 12min，便可配成胶体溶液，在 40～45℃下保温 3h 可以提高溶液活性和延长溶液使用寿命。

使用这类活化液时，应当注意以下几点。

① 应当避免将 Cr^{6+} 带入溶液中。这是因为 Cr^{6+} 会使 Sn^{2+} 氧化成 Sn^{4+} 而影响溶液的稳定性。当 Cr^{6+} 超过 0.15g/L 时，活化液便会失效。

② 空气也会使 Sn^{2+} 氧化成 Sn^{4+} 而加速溶液分解。因此，在配制溶液时不得用空气搅拌，溶液不使用时要加盖。

③ 应当避免自来水的带入。有时采用将镀件在含氯化亚锡 40g/L、盐酸 100mL/L 的溶液中，室温下预浸 1～3min 后，不清洗直接放入活化槽的方法。

④ 当发现溶液分层时，应当及时加入 10～20g/L 的氯化亚锡以消除分层。

⑤ 当零件局部未镀上化学镀层时，应先退掉镀层然后再重新进行活化。若不退镀而直接活化，则会使镀层溶解而污染活化液。

⑥ 当温度低于 15℃时，活化效果不佳，可用水套进行加温。

⑦ 对化学镀镍的活化效果不及对化学镀铜的活化效果好，因此新配溶液可先用作化学镀镍的活化液，然后再用作化学镀铜的活化液。

⑧ 当溶液中氯化钯含量低于 0.1g/L 时，活化液就会失效，此时应当给以补充。

酸基活化液的缺点是使用大量具有挥发性的盐酸作为稳定剂。

工艺 4 和工艺 5 是针对工艺 1～工艺 3 的缺点而研制的盐基活化液，它用氯化钠替代盐酸，工艺 4 还加入尿素和间苯二酚来延缓 Sn^{2+} 的氧化。这类溶液的特点是：活化效果好，毒性小，溶液稳定，成本较低，配制和维护都较为简单。其配制方法是：先将氯化钯溶入少量的盐酸水溶液中，再加入氯化亚锡，在搅拌溶解后倒入预先配制的氯化钠、锡酸钠、尿素和间苯二酚的混合液中，加水至 1L，最后在 40℃下保温 3h，所得溶液 pH 值为 0.7～0.8。

工艺 6 的活化液稳定性较好。

对于盐基活化液，在使用时要防止带入清洗水使溶液稀释而产生沉淀。为此，应用饱和氯化钠溶液预浸，之后不清洗直接入活化槽。当溶液中钯含量不足时，应当根据分析结果加入补充液。补充液的配制方法与原液的配制方法相同，区别只是补充液无须做保温处理。补充液配制后要密封保存。当溶液中其他成分不足时，按照分析结果进行补充。

8）还原或解胶

零件经过离子型活化液处理并清洗，之后还要进行还原处理以提高零件表面的催化活性，加快化学镀电沉积速度。同时，还原处理还能除去残留在零件表面的活化液，防止将其带入化学镀液中引起溶液分解。

对于硝酸银活化，还原处理是在含甲醛（质量分数为37%）100mL/L 的溶液中于室温下浸渍 10～30s。对于氯化钯活化，还原处理是在次磷酸钠 10～30g/L 的溶液中于室温下浸渍 10～30s。对于工艺 6（表 4.136）的活化液，用体积分数为 2%～5% 的水合肼溶液在 10～40℃下浸渍 3～5min。

对于胶体钯活化后的零件，其表面吸附的胶态钯微粒并没有催化活性，必须把它周围吸附的 Sn^{2+} 水解胶层除去才能露出钯粒子，因此需要进行解胶处理。解胶一般是在 80～120mL/L 的盐酸溶液中于 35～45℃下浸 1～3min。此外，也可按照下述方法进行解胶处理。

（1）NaOH 50g/L，室温，0.5～3.0min。采用此法易于产生沉淀物，使零件表面粗糙。但此法对各种塑料的适应性较强。

（2）$NaH_2PO_2 \cdot H_2O$ 30g/L，18～30℃，0.5～3.0min。此法成本较高。

（3）HBF_4 50～100g/L，室温，0.5～3.0min。

（4）H_2SO_4 100mL/L，室温，0.5～3.0mm。采用这种方法会产生沉淀物，因此应当考虑定期过滤或连续过滤。

经过上述处理，零件表面应呈均匀的浅褐色。若零件表面不呈均匀的浅褐色，则说明处理不良，应当予以返工。

9）化学镀

根据产品的要求，可以进行化学镀铜或化学镀镍。当选用化学镀镍时，应当注意溶液温度比塑料热变形温度低约 20℃，防止零件变形。非金属化学镀铜与化学镀镍优缺点比较见表 4.166。

表 4.166　非金属化学镀铜与化学镀镍比较

镀层	优点	缺点
铜	镀层韧性好、内应力小，与硝酸银活化配合适于多种材料，成本低，室温操作	溶液稳定性差，镀层抗蚀性较差，电沉积速度慢（需要 10～30min），表面易生污斑而影响外观
镍	溶液稳定，电沉积速度快（只需 3～10min），镀层抗蚀性好，结晶细致，无污斑与粗晶现象	镀层韧性较差、内应力大，溶液需要加温，要用钯盐活化，成本高

10）电镀

虽然可以在化学镀铜层、化学镀镍层上直接电镀镍，但是为了提高镀层的抗热冲击性能，宜先电镀铜。因为铜电镀层的热膨胀系数较接近 ABS 塑料，因此有铜电镀层的零件在室外条件下使用寿命更长。

电镀铜时不能使用氰化物电镀液，它会浸蚀化学镀层，造成起泡。可以直接电镀光亮酸性铜，也可先用焦磷酸盐电镀铜打底，再电镀光亮酸性铜。电镀时，初始电流密度要低一些。

化学镀镍层容易钝化，若直接电镀光亮酸性铜，则开始时难以完全覆盖，可以先浸一薄层铜之后再进行电镀。

在电镀铜后，可以着色或再电镀其他金属。为了达到防护-装饰性目的，大多还要电镀镍或电镀铬。这时应该注意的是，虽然塑料在大气中不会遭受腐蚀，但铜底层却会产生铜锈。在不同条件下镀层厚度的组合见表 4.167。

表 4.167　塑料零件防护装饰性铬电镀层的厚度　　　　　　　　单位：μm

镀层组合	使用环境			
	良好	中等	恶劣	极恶劣
光亮铜	13	13	15～20	20
半光亮镍		0～8	13	15
光亮镍	5	5～10	5～10	5～8
镍封			2.5	5.0
装饰铬	0.25	0.25	0.25	0.25

想要得到不同色调的面层，就可在光亮镍层上电镀各种合金面层，如 Cu-Zn 合金、Sn-Ni 合金、Sn-Co 合金，并可用于电泳、电镀染色等。

由于电镀前塑料表面的导电层较薄，塑料轻而刚性小，因此对电镀挂具有以下特殊要求。

（1）防止零件浮起。塑料的密度一般为 $1.00～1.28g/cm^3$，为了防止其在密度大的溶液中浮起，零件应在挂具上卡紧，挂具也应在导电杆上固定牢靠。对专门用作预处理的挂具，还可采用悬挂重物的方法。

（2）防止零件变形。塑料刚性小、易变形，应当装夹在零件壁厚较大的部位，而且装夹力不宜过大。

（3）导电均匀性。化学镀层薄，通常只有 0.1～0.2μm，而且挂具与零件接点部位的初始导电性差、电阻大，因此应当注意使接点面积小、数量多，接点位置处应使电流分布较均匀。

4.6.5　锌合金基材的电镀

1. 概述

锌合金压铸件的特点是材料成本低。用压力铸造的方法可以制造出公差小、形状复杂的零件，生产效率高，加工费用低。锌合金压铸件现在已经广泛用于替代用铜、铜合金和钢铁材料制造的受力不大且形状复杂的结构件和装饰件。

锌合金压铸件所用的锌合金是以铝为主要成分的锌铝合金。在一般锌基合金中，除锌外，主要含有约质量分数 4%的铝、0.04%的镁及 0.25%以下的铜，常用牌号为 YX040A 和 AG41A。

在锌合金压铸件上较难得到质量满意的电镀层。其原因如下：①锌是两性金属，在强酸或强碱溶液中易于腐蚀溶解。②在锌合金压铸件的加工表面往往产生裂纹、缩孔等。在电镀过程中，镀前处理特别是预镀最关键。如果处理不当，就很难得到满意结果。因此，在电镀锌合金压铸件时，应当根据锌合金压铸件的以下特点采取适当的措施。

（1）不恰当的模具设计和压铸工艺会导致压铸件表面层产生缺陷，如缝隙、起泡、气孔、裂纹等。在两个半铸模的贴合面常会留下毛刺、飞边和批峰。应当尽量减少这些缺陷，以便进行机械清理，同时也可避免在清理过程中过多地损伤压铸件表面的致密层。致密层的厚度仅为 0.05～0.10mm，一旦它被破坏，就会露出空隙多的内层，难以电镀。为此，在磨光和抛光时，注意不要把表层全部抛去而露出疏松的底层，避免导致产品抗蚀性能降低。锌合金压铸件表面应当光滑平整，不允许有裂纹和凹凸不平现象，否则应当进行抛磨。但由于锌合金压铸件硬度低，而且疏松多孔，因此不宜使用磨轮磨光，最好使用 150# 以上的金刚砂粉油轮或布轮抛光。

（2）为了便于脱模，铸造前常在铸膜表面涂脱模剂，但不宜选用难以去除的脱模剂。

（3）锌合金在压铸过程中，由于冷却时温度不均匀，在压铸件表面容易产生偏析现象，并在表面产生富铝相或富锌相，经过机械抛光也易于暴露孔隙和缺陷。

（4）锌的电极电位为-0.76V，化学活性大，属于两性金属，在碱性或酸性溶液中易于发生化学溶解，在含有电位较正的金属离子的电镀液中，氢和金属离子能被锌置换析出。因此，在选用预处理溶液和电镀溶液时，必须充分考虑这一点。在镀前处理中，不能使用强碱或强酸溶液进行除油和浸蚀。因为强碱能使富铝相先溶解，从而在压铸件表面产生针孔腐蚀，并使针孔内残留碱液和酸液，引起镀层产生鼓泡、脱皮或镀层不完整等不良现象。为此，只能选择弱碱和低浓度酸进行除油和浸蚀，同时还应注意温度不能过高，时间也不宜过长。

（5）锌合金压铸件在酸洗活化时，采用体积分数为 1%～3%的氢氟酸浸渍 3～5s，并在清洗后立即预镀，能够显著提高镀层结合力。

（6）由于锌合金的化学稳定性差，在空气中容易遭受腐蚀，因此必须镀覆电镀层来达到防锈或装饰目的。

（7）第一层镀层若采用铜层，则其厚度应当稍厚一些。将铜电镀到锌合金表面后，铜即扩散到锌中并形成一层较脆的 Cu-Zn 合金中间层，铜层愈薄，其扩散作用发生愈快，因此铜电镀层的厚度至少要达到 2μm。预镀时应当带电入槽，并用冲击电流，防止锌与电镀液中电位较正的金属离子发生置换反应，影响镀层结合力。锌合金压铸件预镀铜应当采用高游离氰化物和低铜含量的镀液。

（8）锌合金压铸件的形状一般较复杂。为此，在电镀时应该采用覆盖能力和分散能力较好的电镀液，尤其是在电镀第一层镀层时更应注意，以免镀不上或镀层不完整，并且防止在深凹部位或掩蔽处发生锌和铝与电位较正金属的置换反应而形成疏松粗糙、结合力不好的置换镀层。另外，还应尽可能采用光亮镀层，尽量避免抛光工序或者减少抛光量。其原因是：形状复杂的零件不易抛光，同时也可保证镀层厚度，确保质量。

（9）当对锌合金压铸件进行多层防护装饰性电镀时，镀层一般为阴极性镀层。因此，镀层必须具有足够厚度以保证镀层无孔隙，从而有效地阻止腐蚀介质对基体的浸蚀。否则，由于锌合金的电极电位较负，与镀层金属和腐蚀介质形成腐蚀微电池，容易在潮湿的空气中生成碱式碳酸锌的白色粉末状腐蚀产物而遭到破坏。为此，应当根据零件的使用条件选择合适的镀层、镀层组合及镀层厚度。

2. 电镀工艺流程

1）毛坯检验

电镀前必须对毛坯质量进行严格检验，若其表面有严重的裂纹、气泡、疏松、划伤等缺陷，则不能进行电镀。对缺陷不很严重的毛坯，要看其是否能够通过抛光排除缺陷，若不能排除缺陷，则不能进行电镀。

2）磨光

对于零件，首先应当磨去毛刺、分模线、飞边等表面缺陷。其方法有以下三种。

（1）布轮（或带）磨光。在布轮或连续布带上黏附粒度为 0.069～0.045mm 的磨料，并以红抛光膏为辅助磨料。新粘的磨料在使用前需要倒去锐角。布轮直径为 50～400mm（视零件形状而定），布轮转动的最大圆周速度不得超过 2500m/min。在小布轮上抛光小零件时，一般采用 1100～1400m/min 的低速度。在磨光时不得干磨，而且磨光压力也不宜过大，这样才可防止零件局部过热，并避免磨削量过多。

（2）滚磨。在装有磨料（氧化铝、花岗岩、陶瓷、塑料屑等）和润滑剂（肥皂水、洗涤剂等）的滚筒中进行滚动磨光。磨料与零件的质量比约为 2.25∶1.00。滚筒转速不宜过高，以免冲击打坏零件表面，通常以 5r/min 为好。

（3）振动磨光。在装有磨料和润滑剂的振动筒内进行振动磨光，振动频率为 10～50Hz，振幅为 0.8～6.4mm，时间约为 1～4h。一个 0.5m³ 的振动筒大约能装 900kg 磨料和 180kg 零件。

3）抛光

抛光是为了进一步提高零件表面粗糙度，保证获得质量良好的镀层。抛光也可采取类似磨光的三种方式，区别只是所用的磨料不同。

（1）布轮抛光。应当采用整体布轮，先用红抛光膏粗抛后再用白抛光膏精抛。抛光时，应当注意恰当使用抛光膏。当抛光膏多时，会使抛光膏粘在零件的凹处，给除油带来困难；当抛光膏少时，会使零件表面局部过热而出现密集的细麻点，镀后在此处易产生气泡。抛光轮直径和转速不宜太高，最大圆周速度不应超过 2150m/min，较小的或复杂的零件采用 1100～1600m/min 的较低速度。抛光可使表面粗糙度达到 0.025～0.050μm。抛光后，可用白粉擦拭以除去残余的抛光膏。

（2）滚光。在圆周速度约为 600m/min 的滚筒中，用碎玉米棒块或果核壳、润滑剂与零件相混合进行滚光。滚光时间一般在 5～10min。滚光后表面粗糙度可达 0.2μm。

（3）振动抛光。在振动筒中装有氧化铝之类的磨料、塑料屑与零件，用 25～50Hz 频率、3.6～6.4mm 振幅处理 2～4h，可得 0.15～0.25μm 的表面粗糙度。若采用更细的磨料与塑料屑，则其表面粗糙度在 0.08～0.13μm 之间。介质与零件的装载比为（5～6）∶1。

应该注意的是，磨光与抛光去除零件表面层的厚度尽量不要超过 0.05～0.10mm（该厚度为致密表面层厚度），防止和减少暴露表面层下的孔隙。

4）除油

除油过程可分为预先除油和碱性除油两个步骤。

（1）预先除油。用有机溶剂或表面活性剂将零件表面残留的抛光膏和油污基本清除干净，这样可以缩短之后碱液除油时间，从而减轻对零件的侵蚀。

这一工序应在抛光后尽早进行，否则零件表面残留的抛光膏经过几天老化会变得难以去除。

（2）碱液除油。必须采用弱碱性溶液，其溶液组成及工艺条件见表 4.168。一般采用阴极电解除油，但除油时间不宜过长。

表 4.168　锌合金压铸件的碱液除油溶液组成及工艺条件

除油溶液组成及工艺条件	工艺 1	工艺 2	工艺 3	工艺 4
ρ（氢氧化钠）/（g/L）	1～2			
ρ（碳酸钠）/（g/L）	30～40	15～30	20～40	
ρ（磷酸钠）/（g/L）	50～60	20～30	20～40	15～20
ρ（洗衣粉）/（g/L）		1～2		1～2
温度/℃	60～70	50～70	60～70	55～60
阴极电流密度/（A/dm²）	3～5	3～4	2～5	
时间	10.0～20.0s	0.5～1.0min	1.0～2.0min	2.0～5.0min

若在中性表面活性剂溶液中进行两次超声波除油，则其效果更好。

5）弱浸蚀

浸蚀液组成及工艺条件见表 4.169。一般浸蚀都是使用氢氟酸溶液，而且溶液浓度和处理时间必须严格控制，否则会造成镀层结合力不良。在操作时，可以零件析出气泡后再停留 2～3s 为准。

表 4.169　锌合金压铸件浸蚀液组成及工艺条件

浸蚀液组成及工艺条件	工艺1	工艺2	工艺3	工艺4	工艺5	工艺6
ρ（氢氟酸）/（g/L）	5～10	20～30				12～15
ρ（硫酸）/（g/L）			2.5～7.5	20～30	15～25	
ρ（盐酸）/（g/L）					10～15	
温度	室温	室温	室温	室温	室温	室温
时间/min	5～6	析气后3	25～40	5	3～5	20～30

6）活化

为了进一步提高镀层结合力，可按以下方法进行活化处理。

（1）当预镀氰化铜或氰化黄铜时，在3～10g/L氰化钠溶液中浸渍后，不清洗直接进入电镀槽。

（2）当采用中性柠檬酸盐电镀液预镀镍时，在30～50g/L柠檬酸溶液中浸渍后，不清洗直接进入电镀槽。

7）预镀

预镀也是影响镀层质量的关键因素之一。它要求预镀溶液对基材的浸蚀性小，能在零件表面形成一层完全覆盖的、致密而附着良好的镀层，以便保证随后电镀金属的顺利进行。

预镀一般采用预镀氰化铜和中性电镀液预镀镍的方法，有时也采用氰化物预镀黄铜、焦磷酸盐或者HEDP预镀铜。为了保证预镀质量，还可采用先预镀氰化铜再预镀中性镍的联合方式。

锌合金压铸件预镀氰化铜或黄铜的电镀液组成及工艺条件见表4.170。在预镀铜溶液中，氰化亚铜浓度不宜太高，温度也不应超过60℃，以免镀层起泡。开始预镀时，用高电流密度冲击2min。

表 4.170　锌合金压铸件预镀氰化铜或黄铜的电镀液组成及工艺条件

电镀液组成及工艺条件	工艺1	工艺2	工艺3	工艺4
ρ（氰化亚铜）/（g/L）	20～30	20～25	20～45	20～25
ρ（游离氰化钠）/（g/L）	6～8	7～12	10～20	40～45
ρ（碳酸钠）/（g/L）			15～75	
ρ（酒石酸钾钠）/（g/L）	35～45	10～15		
ρ（氢氧化钠）/（g/L）			3.8～7.5	
ρ（氰化锌）/（g/L）				8～14
V（氨水）/（mL/L）				0.3～0.8
pH值				9.8～10.5
温度/℃	50～60	30～35	50～57	15～35
阴极电流密度/（A/dm²）	0.5～0.8	0.6	2.5	0.5～1.5

用氰化物预镀黄铜替代氰化物预镀铜的效果要好一些。溶液pH值与温度较低，对基体浸蚀较小，从而可使镀层结合力得到改善。

锌合金压铸件预镀镍的电镀液组成及工艺条件见表4.171。由表可知，各工艺均应采用阴极移动，开始预镀时，用高电流密度冲击2～3min。镀层厚度应当控制在5～7μm范围内。

表 4.171　锌合金压铸件预镀镍电镀液组成及工艺条件

电镀液组成及工艺条件	工艺 1	工艺 2	工艺 3
ρ（硫酸镍）/（g/L）	90～100	150～180	90～100
ρ（氯化钠）/（g/L）	15～20	10～20	10～15
ρ（柠檬酸钠）/（g/L）	200～220	170～200	110～130
ρ（硫酸镁）/（g/L）	50～60	10～20	
ρ（硼酸）/（g/L）			20～30
pH 值	8.0	6.6～7.0	7.0～7.2
温度/℃	35～45	38～40	50～60
阴极电流密度/（A/dm²）	1.0～2.0	0.8～1.0	1.0～1.5

电镀过程中，若发现零件受到浸蚀掉入槽中，则要及时取出，防止基材中的锌进入溶液中，否则镀层内应力会显著增大，使镀层发脆甚至出现黑色条纹。

8）电镀

按照常规工艺规范要求电镀所需镀层。根据零件使用环境选择镀层组合及镀层厚度，见表 4.172。

表 4.172　锌合金压铸件电镀铜/镍/铬组合镀层

使用条件	δ（最小镀层厚度）/μm		
	铜	镍	铬
良好（干燥的室内条件）	5	光亮镍 10	普通铬 0.13
中等（常有凝露的室内条件，如厨房、浴室）	5	光亮镍 20	普通铬 0.25
	5	光亮镍 15	微裂纹铬 0.25
	5	光亮镍 15	微孔铬 0.15
恶劣（常有雨水、露水或清洗液的室外条件，如自行车零件、医院用具）	5	暗或半光亮镍 40	普通铬 0.25
	5	暗或半光亮镍 30	微裂纹铬 0.25
	5	暗或半光亮镍 30	微孔铬 0.25
	5	多层镍 20	普通铬 0.25
	5	多层镍 25	微裂纹铬 0.25
	5	多层镍 25	微孔铬 0.25
极恶劣（除处于室外大气条件外，还受到腐蚀作用，如汽车外表零件，海洋船只）	5	多层镍 40	普通铬 0.25
	5	多层镍 30	微裂纹铬 0.25
	5	多层镍 30	微孔铬 0.25

4.6.6　铝合金基材的电镀

1. 概述

铝及铝合金具有质量轻、机械强度高、导电导热性能好、无磁性及易于压力加工的优点，可以铸造成形状复杂的零件。因此，铝及铝合金广泛用于飞机、船舶、汽车、电器、电子、仪器仪表、日用机械及工艺品等的制造。随着科学技术和我国工业现代化的迅速发展，铝合金的应用范围日益扩大。与此同时，对铝及铝合金的表面处理也提出了更高要求。除了传统的铝氧化及着色，铝及铝合金的电镀越来越引起人们的重视。铝及铝合金电镀层的主要用途见表 4.173。

表 4.173　铝及铝合金电镀层的主要用途

序号	镀层	用途
1	铜/镍/铬	改善装饰性（一般大气防护）
2	硬铬（或松孔铬）或镍（特殊要求）	提高表面硬度与耐磨性或尺寸修复
3	铜/锡或铜/热浸锡或 Sn-Pb 合金	具有润滑性
4	铜/银或铜/金或铜/镍/铑	提高导电性
5	锡或 Sn-Pb 合金或镍或铜/锡	改善焊接性
6	黄铜	提高与橡胶件胶粘的结合力

在铝及铝合金上电镀存在以下问题。

（1）铝是一种化学性质较为活泼的金属，它与氧的亲和力很强，在大气中其表面极易生成一层很薄而致密的氧化膜，从而严重影响镀层与基体金属的结合力。

（2）铝的电极电位很负，约为-1.67V，很容易失去电子。当其进入电镀液时，能与多种金属离子立即发生置换反应，从而使其他金属与铝制品表面形成接触镀层。这种接触镀层疏松粗糙，而且与基体结合不牢固，因此严重影响镀层与基体金属的结合。

（3）铝的膨胀系数与许多金属镀层的膨胀系数相差较大。即使能够获得均匀细致的镀层，在环境温度发生变化甚至在加温条件下进行电镀时，也会因基体与镀层的膨胀系数不同而产生内应力，从而破坏镀层。

（4）铝是两性金属，在酸性溶液和碱性溶液中都不稳定。因此，铝及铝合金在电镀前的表面处理过程中或在处理后，以及在电镀过程中，都会使可能发生的反应变得复杂，尤其是铝合金。这给电镀造成很大困难。

（5）铝合金在铸造中会产生砂眼、起泡及孔隙等缺陷，因而在电镀工艺流程中容易滞留残液和氢气，引起化学和电化学腐蚀，产生镀层起泡和脱落等现象。

（6）对铝及铝合金来说，大多数电镀层是阴极镀层。为使其具有良好的防护性和装饰性，与一般黑色金属表面镀层相比，铝及铝合金电镀层还要较厚一些。

（7）由于铝及铝合金种类繁多，同一合金又可能存在不同的热处理状态，因此很难找到一种适合各种成分、不同金相结构和表面状态的通用的铝合金预处理工艺。

由此可见，在铝及铝合金上得到良好的电镀层，最关键的是要提高镀层结合力。镀层结合力的好坏取决于镀前预处理好坏及预镀层质量。对于一般铝及铝合金的镀前处理，除了常规的除油、浸蚀等外，还必须进行特殊处理。一般是在基体金属与镀层之间制取既与基体结合牢固、又与镀层结合良好的中间层，以便在除去铝表面的自然氧化膜后能够防止氧化膜的再生，并防止零件浸入镀液中时产生金属的置换反应。这样才能保证电镀的正常进行，并获得结合力良好的电镀层。

2. 镀前预处理

（1）喷砂。喷砂主要用于消除铝制品表面的自然氧化膜，并使表面具有一定的粗糙度。喷砂后应当立即进行前处理的其他工序。

（2）有机溶剂除油。对于油污较多和经过抛光的铝制品（表面粘上油脂或油膏等污物），在化学除油之前，必须使用有机溶剂对其进行粗略除油。这样才能保证铝基在化学除油液中均匀腐蚀。常用的有机溶剂有煤油、汽油和四氯化碳等。

（3）化学除油。铝是两性金属，既溶于酸，又溶于碱。它在强碱溶液中会发生剧烈的氧化反应而生成铝酸盐。因此，铝及铝合金与钢铁件不同，它在进行化学除油时不能采用强碱性溶液，而应采用弱碱性溶液进行除油。

为了使经过有机除油的铝件或铝合金制品既不产生过腐蚀又能尽快地将油污彻底除净，最好对溶液进行搅拌，或把零件轻微移动。

（4）浸蚀。为了除去表面污物、氧化皮和可能影响镀层质量的某些合金成分，应当进行浸蚀处理。铝及铝合金的浸蚀可以采用化学或电化学方法，浸蚀溶液可以用碱液也可以用酸液。一般采用化学方法，在碱液或酸液中进行浸蚀。

对经过热处理的铝合金，应当首先使用机械方法处理，或按照工艺（表 4.174）除去表面的氧化皮。

表 4.174　铝合金表面氧化皮的浸蚀液组成及工艺条件

浸蚀液组成及工艺条件	工艺 1	工艺 2	工艺 3
V（H_2SO_4）/（mL/L）	100		
ρ（CrO_3）/（g/L）	35		
V（HNO_3）/（mL/L）		500	700
V（HF）/（mL/L）		100	250
温度/℃	70～80	室温	室温
时间	3～5min	3～10s	3～5s
适用性	煅铝	铸铝	铸铝

对于精度要求不高的零件，也可在碱性浸蚀液中处理。碱洗的目的是除去表面的污物与氧化皮。在碱溶液中进行浸蚀的工艺应用较为广泛。当铝及其合金制品表面油污较少时，甚至可以不经过除油而直接进行碱洗。当使用氢氧化钠时，其浸蚀的化学反应如下：

$$Al_2O_3 + 2NaOH \Longrightarrow 2NaAlO_2 + H_2O \qquad (4.41)$$
$$2Al + 2NaOH + 2H_2O \Longrightarrow 2NaAlO_2 + 3H_2\uparrow \qquad (4.42)$$

反应中所产生的氢气从零件表面强烈逸出，促使非溶性污物离开金属表面，从而使金属表面得到净化。为了使金属表面浸蚀过程进行得更为均匀，常常向浸蚀液中加入添加剂。

在碱液中添加乳化剂的除油、浸蚀"一步法"工艺（化学除油和碱洗两个工序合并为一个工序）已开始在生产上应用。当油污过多时，仍需进行粗荒除油，然后再采用"一步法"工艺，这样的效果才更好。常用的碱洗液组成及工艺条件见表 4.175。

表 4.175　铝及铝合金碱洗液组成及工艺条件

碱洗液组成及工艺条件	工艺 1	工艺 2	工艺 3	工艺 4	工艺 5	工艺 6	工艺 7
ρ（氢氧化钠）/（g/L）	2～5	3～5	60～80	20～50	50～60	5～6	5～10
ρ（碳酸钠）/（g/L）	40	40			20～30	20～25	40～60
ρ（磷酸三钠）/（g/L）	40	20				10～15	40～60
ρ（氟化钠）/（g/L）				15～40			
ρ（十二烷基硫酸钠）/（g/L）						0.5	
ρ（OP-乳化剂）/（g/L）							5～10
ρ（海鸥洗涤剂）/（g/L）	0.5～1.0						
V（83-1 除油剂）/（mL/L）		0.5～1.0					
温度/℃	70～90	50～70	60～70	40～70	55～65	60～65	60～80
时间/s	5～30	10～30	15～30	5～60	20～40	60～120	30～120

工艺 1 和工艺 2 适用于浸蚀铸铝、防锈铝、硬铝等制品及对光亮度有要求的零件，同时可以省去前面的化学除油工序；工艺 3 适用于浸蚀各种铝合金；工艺 4 适用于浸蚀阳极氧化前的各种铝合金，但对有光亮度要求的零件不宜采用。

碱洗不仅可以进一步除掉制品表面的污物，还可将制品表面厚度为 2～100nm 的自然氧化膜清除掉并露出基体。与此同时，对制品表面进行轻微腐蚀，可使制品表面形成理想的微观细孔。

为了避免零件被碱洗液强烈腐蚀，必须严格掌握碱洗的时间及温度。若温度高一些，则浸蚀时间就短一些；若温度低一些，则浸蚀时间就长一些。一般温度不宜太高，浸蚀时间不要太长，避免过腐蚀。在过腐蚀后，零件表面会产生花斑，影响镀层结合力。

碱洗后，还要对零件进行酸浸蚀（中和）。铝及铝合金零件中的某些金属或非金属杂质在除油或碱洗中是不溶的，作为反应产物残存在零件表面。例如，铜、铁、锰、硅等。因此，零件经过化学除油或碱洗，其表面会残留一层灰黑色膜（腐蚀物），必须在酸溶液中浸蚀除去。若这种黑色的腐蚀物不清除，则将严重影响镀层与基体的结合力，以及镀层对基体的覆盖能力。例如，含硅的铝合金中和时，常用 1∶1（体积比）的混酸溶液浸蚀。此时，所发生的化学反应较为复杂，主要如下：

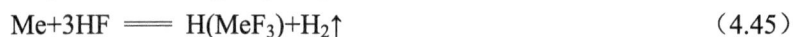

$$Si+4HNO_3 \longrightarrow SiO_2+4NO_2\uparrow+2H_2O \tag{4.43}$$

$$SiO_2+6HF \longrightarrow H_2SiF_6+2H_2O \tag{4.44}$$

$$Me+3HF \longrightarrow H(MeF_3)+H_2\uparrow \tag{4.45}$$

在上述反应式中，Me 代表 Ni、Mn 两种金属。

常用的铝及铝合金酸浸蚀液组成及工艺条件见表 4.176。

表 4.176　铝及铝合金酸浸蚀液组成及工艺条件

浸蚀液组成及工艺条件	工艺 1	工艺 2	工艺 3	工艺 4	工艺 5	工艺 6	工艺 7	工艺 8	工艺 9
V（硝酸）/（mL/L）	300～500	500～750	450～550	750	500	500～600	630	500	
V（硫酸）/（mL/L）						200～300	320	500	100
V（氢氟酸）/（mL/L）			100～150	250	500		50		
V（氟化氢铵）/（mL/L）		50～120							
ρ（过氧化氢）/（g/L）									50
温度	室温	室温	室温	室温	室温	室温	室温	室温	室温
时间/s	60～120	30～60	3～10	3～60	3～5	120～180	30～60	5～15	30～60

工艺 1 适用于纯铝；工艺 2 适用于含硅的铝镁合金和铝锰合金；工艺 3 既适用于硅铝合金，也适用于铝铜硅铸件及铝镁合金和铝铜合金；工艺 5 适用于含硅质量分数大于 10%的硅铝合金；工艺 6～工艺 8 适用于含铜的硬铝和防锈铝；工艺 9 适用于铝锌合金。

在浸蚀液中加入氢氟酸或氟化氢铵的主要目的是把铝件表面的硅彻底除净，达到除黑膜并中和的效果。

铸铝件进入酸蚀液中和时，应当尽可能将水分去掉，以免逐渐产生局部腐蚀现象。为此，在前面工序中，在流水清洗后增加一道烫干工序。

3. 中间处理

铝及其合金电镀前，在常规前处理后还要进行特殊预处理。特殊预处理的主要目的是防止经常规前处理的零件表面重新生成氧化膜，以及防止零件浸入镀液后发生金属置换反应而形成疏松的接触镀层，以免影响镀层与基体的结合力。因此，在常规前处理后，要在零件表面立即制取一层过渡金属层或能够导电的多孔性化学膜层，以便随后的电镀能够正常进行。因此，这种特殊预处理也称中间处理。

常用的中间处理工艺主要有浸镀锌、浸镀锌合金、浸镀镍、浸镀铁、浸镀锡、浸镀铜、化学氧化和阳极氧化等。

铝及铝合金表面清理干净后，应当根据基材和镀层的不同要求选用适当的中间处理工艺，只有这样才能获得结合力良好的镀层。

（1）浸镀锌。在铝及铝合金电镀的中间处理方法中，浸镀锌工艺应用最广泛。浸镀锌是在强碱性的锌酸盐溶液中进一步除去铝制品表面的自然氧化膜，同时化学沉积一层锌的过程。沉积的这层锌可以防止铝的再次氧化。试验结果证明，锌的电沉积速度大于铝的溶解速度，因而锌可以在铝表面电沉积。锌电沉积在铝表面后，改变了铝的电极电位，使铝的表面电极电位向正方向移动，在锌表面电镀要比在铝表面电镀容易得多，同时也改善了其他条件的影响，从而使在铝表面电镀得以顺利进行，并保证了镀层与基体间的结合力。在电镀其他金属时，锌浸镀层可以作为中间层存在，也可以在镀槽中退除后再进行电镀（镀铬等）。

浸镀锌的溶液组成及工艺条件见表 4.177。浸镀锌法的主要缺点是：在潮湿的腐蚀环境中，锌相对于镀覆金属是阳极，锌将受到横向腐蚀，最终导致表层剥落。为了克服这一缺点，可以改用浸镀 Zn-Ni 合金或浸镀其他重金属层。

表 4.177　浸镀锌的溶液组成及工艺条件

浸镀液组成及工艺条件	工艺 1		工艺 2		工艺 3		工艺 4	
ρ（氧化锌）/（g/L）			100		60	20	75～100	80～120
ρ（硫酸锌）/（g/L）	300	300						
ρ（硝酸锌）/（g/L）				30				
ρ（氢氧化钠）/（g/L）	500	20	200	60	360	120	450～550	50～550
ρ（酒石酸钾钠）/（g/L）	10	20		80	10	40		8～10
ρ（柠檬酸）/（g/L）			40					
ρ（三氯化铁）/（g/L）	1		2	2	1	2	1	0.5～1.0
ρ（硝酸钠）/（g/L）		1	1			1		
ρ（氢氟酸）/（g/L）			3～5					
温度/℃	18～25	25～30	30～40	15～30	20～25	20～25	<25	<25
第 1 次处理时间/s	30～60		40～60		30～60		30～60	
第 2 次处理时间/s		45～60		30～60		20～40		60～90
备注	适用于铝镁合金		适用于铝硅合金		适用于铝铜合金		适用于大多数铝合金	

（2）浸镀 Zn-Ni 合金。浸镀 Zn-Ni 合金工艺适用于多种铝合金，所获得的 Zn-Ni 合金电镀层结晶细致、光亮致密、结合力好。在合金电沉积层上可以不进行氰化物镀铜而直接电镀亮镍、电镀硬铬及电镀铜、电镀银等其他金属镀层，目前已在工业上得到应用。一些浸镀 Zn-Ni 合金的溶液组成及工艺条件见表 4.178。

表 4.178　浸镀 Zn-Ni 合金的溶液组成及工艺条件

浸镀液组成及工艺条件	工艺 1	工艺 2	工艺 3	工艺 4	工艺 5	工艺 6
ρ（氢氧化钠）/（g/L）	200～300	100	100～150		200	100～125
ρ（硝酸钠）/（g/L）			2			
ρ（氰化钠）/（g/L）		3			80	

续表

浸镀液组成及工艺条件	工艺 1	工艺 2	工艺 3	工艺 4	工艺 5	工艺 6
ρ（硫酸锌）/（g/L）	60~100				10	
ρ（氧化锌）/（g/L）		5	10~15	4~5		20~25
ρ（硼酸）/（g/L）				60~70		
ρ（碱式碳酸镍）/（g/L）				调 pH 值为 3~3.5		
ρ（硫酸镍）/（g/L）	60~80				50	适量
V（饱和氯化镍液）/（mL/L）						
ρ（氯化镍）/（g/L）		15	15			
ρ（硫酸铜）/（g/L）					5	适量
ρ（三氯化铁）/（g/L）		2			2	1~3
ρ（硫酸高铁）/（g/L）			2			
ρ（酒石酸钾钠）/（g/L）	100~120	5	10		110	40~60
ρ（活化剂）/（g/L）	3~5					
ρ（配位剂）/（g/L）						适量
V（氢氟酸）/（mL/L）				170~180		
V（盐酸）/（mL/L）						
温度/℃	15~25	20~25	18~45	室温	15~30	20~30
浸镀时间/s	30~60	20~25	10~30	30~90	第 1 次 60 第 2 次 45	第 1 次 60 第 2 次 30

4. 预镀

为了保证镀层具有良好的结合力，经过上述各种中间处理，常需要进行预镀。预镀可以采用预镀氰化铜、预镀氰化光亮黄铜和预镀焦磷酸盐铜等。预镀工艺可以参照锌合金电镀部分。

5. 直接电镀

铝及铝合金化学镀镍工艺主要用于大型或深孔内腔需要电镀的铝制品，所得到的电沉积镍层厚度均匀且无孔，即使在复杂零件上镀覆效果也较好。化学镀镍层厚度一般为 7~8μm，随后转入普通镀镍槽中电镀加厚。常用的铝及铝合金化学镀镍工艺有酸性（pH 值为 4~6）和碱性（pH 值为 8~10）两种类型。具体工艺可以参照化学镀镍部分。在化学镀镍后还可根据需要再镀其他后续镀层。

参 考 文 献

[1] 安茂忠, 杨培霞, 张锦秋. 现代电镀技术[M]. 北京: 机械工业出版社, 2018.
[2] 安茂忠. 电镀理论与技术[M]. 哈尔滨: 哈尔滨工业大学出版社, 2004.
[3] 李国英. 表面工程手册[M]. 北京: 机械工业出版社, 2004.
[4] 屠振密, 安茂忠, 胡会利. 现代合金电沉积理论与技术[M]. 北京: 国防工业出版社, 2016.
[5] 沈品华. 现代电镀手册[M]. 北京: 机械工业出版社, 2011.
[6] 方景礼. 电镀配合物: 理论与应用[M]. 北京: 化学工业出版社, 2008.
[7] 张允诚, 胡如南, 向荣, 等. 电镀手册(上、下册)[M]. 北京: 国防工业出版社, 2010.
[8] 杨培霞, 张锦秋, 王殿龙, 等. 现代电化学表面处理专论[M]. 哈尔滨: 哈尔滨工业大学出版社, 2016.
[9] 屠振密, 胡会利, 刘海萍, 等. 绿色环保电镀技术[M]. 北京: 化学工业出版社, 2013.
[10] 方景礼. 21 世纪的表面处理新技术(续完)[J]. 表面技术, 2005, 34(6): 1-3.

[11] 任雪峰, 杨培霞, 安茂忠, 等. 代铬电镀层的研究进展[J]. 化学通报, 2013, 76(1): 39-45.

[12] 李庆阳, 刘礼华, 安茂忠, 等. 电沉积纳米晶锌镀层的研究进展[J]. 电镀与环保, 2016, 36(1): 1-4.

[13] 安茂忠, 冯忠宝, 任丽丽, 等. 电镀 Zn-Ni 合金研究进展与应用现状[J]. 材料科学与工艺, 2017, 25(4): 1-10.

[14] 贾志刚, 孔德龙, 黎德育, 等. 非金属基材化学镀前活化工艺的研究进展[J]. 电镀与涂饰, 2016, 35(16): 866-872.

[15] 李庆阳, 安茂忠, 刘安敏, 等. 离子液体中合金的电化学沉积研究进展[J]. 电镀与精饰, 2013, 35(8): 26-32.

[16] 高海桓, 卜路霞, 王为. 浅谈电镀技术的发展及应用[J]. 电镀与精饰, 2016, 38(5): 29-33.

[17] 徐金来, 赵国鹏, 胡耀红. 无氰电镀工艺研究与应用现状及建议[J]. 电镀与涂饰, 2012, 31(10): 48-51.

[18] 冯筱珺, 阚洪敏, 魏晓冬, 等. 电沉积制备镍基复合镀层的研究进展[J]. 表面技术, 2017, 46(5): 75-82.

[19] 黄嘉乐, 王启伟, 阳颖飞, 等. 替代电镀铬的碳化硅类复合电镀技术研究进展[J]. 表面技术, 2021, 50(1): 130-137.

[20] 吕镖, 胡振峰, 汪笑鹤, 等. 电流密度对镍镀层结构和性能的影响[J]. 中国表面工程, 2013, 26(4): 66-71.

[21] 王卿, 张勇斌, 陈金明, 等. 电流模式对柠檬酸盐体系镀金的影响[J]. 中国表面工程, 2019, 32(3): 88-98.

[22] 彭佳, 程骄, 王翀, 等. PCB 电镀铜添加剂作用机理研究进展[J]. 电镀与精饰, 2016, 38(12): 15-22.

[23] 王晓丽, 顾海, 赵紫怡, 等. 电沉积金属基复合镀层制备研究进展[J]. 电镀与精饰, 2021, 43(8): 44-47.

[24] 周玉福, 方小立, 毛祖国, 等. 甲基磺酸型高速光亮镀锡研究[J]. 材料保护, 2019, 52(11): 103-106.

[25] 张琪, 张策, 易娟, 等. 锡钴合金电镀技术的发展[J]. 材料保护, 2021, 54(7): 128-132, 139.

[26] HU J P, LI Q Y, AN M Z, et al. Influence of glycerol on copper electrodeposition from pyrophosphate bath: nucleation mechanism and performance characterization[J]. Journal of the Electrochemical Society, 2018, 165(11): D584-D594.

[27] LIAN Y, ZHANG J Q, MA X C, et al. Synthesizing three-dimensional ordered macroporous $CuIn_xGa_{1-x}Se_2$ thin films by template-assisted electrodeposition from modified ionic liquid[J]. Ceramics International, 2018, 44(2): 2599-2602.

[28] SONG Y H, YANG P X, LIAN Y, et al. Electrodeposition of bright gold deposits in ionic liquid [BMIm][BF$_4$][J]. Chinese Journal of Inorganic Chemistry, 2018, 34(1): 142-150.

[29] JI S S, AN M Z, YANG P X, et al. Improved ionic liquid-based mixed electrolyte by incorporating alcohols for $CuIn_xGa_{1-x}Se_2$ films deposition[J]. Surface & Coatings Technology, 2017, 325: 722-728.

[30] ZHANG J, AN M Z, CHEN Q, et al. Electrochemical study of the diffusion and nucleation of gallium(III) in [Bmim][TfO] ionic liquid[J]. Electrochimica Acta, 2016, 190: 1066-1077.

[31] ZHANG J, AN M Z, LIU A M, et al. Communication-octahedral indium particles synthesized by electrodeposition from 1-butyl-3-methylimidazolium trifluoromethanesulfonate ionic liquid[J]. Journal of the Electrochemical Society, 2016, 163(13): D707-D709.

[32] FENG Z B, LIU A M, REN L L, et al. Computational chemistry and electrochemical mechanism studies of auxiliary complexing agents used for Zn-Ni electroplating in the 5-5 '-diethylhydantoin electrolyte[J]. Journal of the Electrochemical Society, 2016, 163(14): D764-D773.

[33] LI Q Y, GE W, YANG P X, et al. Insight into the role and its mechanism of polyacrylamide as an additive in sulfate electrolytes for nanocrystalline zinc electrodeposition[J]. Journal of The Electrochemical Society, 2016, 163(5): D127-D132.

[34] REN X F, SONG Y, LIU A M, et al. Computational chemistry and electrochemical studies of adsorption behavior of organic additives during gold deposition in cyanide-free electrolytes[J]. Electrochimica Acta, 2015, 176: 10-17.

[35] FENG Z B, LI Q Y, ZHANG J Q, et al. Studies on the enhanced properties of nanocrystalline Zn-Ni coatings from a new alkaline bath due to electrolyte additives[J]. RSC Advances, 2015, 5(72): 58199-58210.

[36] LI Q Y, FENG Z B, LIU L H, et al. Research on the tribological behavior of a nanocrystalline zinc coating prepared by pulse reverse electrodeposition[J]. RSC Advances, 2015, 5(16): 12025-12033.

[37] LIU A M, REN X F, AN M Z, et al. A combined theoretical and experimental study for silver electroplating[J]. Scientific Reports, 2014, 4: 3837.

第 5 章

缓 蚀 剂

5.1 缓蚀剂概述

金属材料广泛应用于人们日常生活和农业、工业、船舶、航空、国防建设等领域,对国民经济和社会发展起着非常重要的作用。但金属材料在服役过程中不可避免地存在腐蚀问题,从而造成巨大损失。美国 2015 年第九次腐蚀损失调查结果表明,美国的直接腐蚀损失为 3500 亿美元,约占其当年 GDP 的 3.7%。据统计,我国 2014 年腐蚀成本超过了 2.1 万亿元。腐蚀不仅会给国家带来巨大经济损失,还会使金属材料各方面性能下降,降低其服役寿命,造成资源浪费。此外,突发的金属腐蚀破坏还能引起重大伤亡事故,并造成环境污染。例如,2013 年山东省青岛市发生的"11·22"东黄输油管道泄漏爆炸事故就是由管道腐蚀破坏引起的。20 世纪 50 年代以来,人们研究和开发了一系列有效的金属腐蚀防护材料和方法。在众多金属腐蚀防护方法中,缓蚀剂具有防护效果良好、添加量少、操作简便、成本低廉、适用性强等优点,已经广泛应用于石油、化工、冶金、机械、电力、交通运输和国防工业等领域,在国民经济建设中发挥着较为重要的作用,促进了技术进步和工业发展。因此,深入理解缓蚀剂的作用机理,促进缓蚀剂在金属腐蚀防护技术中的推广应用,减轻金属腐蚀带来的损失,对于环境保护和国民经济的可持续发展均具有十分重要的意义。

5.1.1 缓蚀剂的定义和特点

缓蚀剂是指在腐蚀介质中添加少量就能显著降低介质的腐蚀性、减缓或防止金属腐蚀的物质,又称腐蚀抑制剂。缓蚀剂是一种当它以适当的浓度和形式加入介质时,可以防止或减缓腐蚀的化学物质或复合物。许多物质都能不同程度地防止或减缓金属在介质中的腐蚀,但只有用量少、成本低且又能显著降低金属腐蚀速率的物质,才是具有实际应用价值的缓蚀剂。与其他金属腐蚀防护方法相比,缓蚀剂具有以下特点。

(1)缓蚀剂在降低金属腐蚀速率的同时,可以不改变金属本身的性质。例如,在采用不锈钢或其他耐蚀材料时,无须改变金属外表,如涂油漆、电镀、化学镀等。

(2)由于用量少,在添加缓蚀剂后介质的性质基本保持不变,因此适用于输水管道及石油、天然气、煤气管道等的腐蚀防护。

(3)应用缓蚀剂时一般不需要附加特殊设施,使用简便,易于操作。

5.1.2 缓蚀剂的发展历史

缓蚀剂具有悠久的应用历史，最早可追溯至 2000 多年前。陕西出土的秦代铁器文物保存较为完好，其中就有以铬化合物为主的缓蚀剂；在英国的历史文物遗迹中，也发现铬化合物和单宁对铁有保护作用。

在工业生产中，缓蚀剂最早用于钢材酸洗除锈。1845 年，美国钢铁企业在酸洗液中加入少量物质（当时并未公布添加剂的具体化学成分），取得了较好的钢板除锈效果。1860 年，英国公布了世界上第一个缓蚀剂专利，该缓蚀剂的组分是糖浆和植物油的混合物。1872 年，英国的马兰戈尼（Marangoni）等发表了以动植物胶、麦麸提取物为主要成分的缓蚀剂的报告，这篇报告被认为是有机缓蚀剂研究工作的开始。20 世纪初，缓蚀剂的有效成分逐渐从天然植物类转向矿物质原料加工产物，从而扩大了缓蚀剂品种范围，并使缓蚀剂的性能进一步提高。此后，相继出现了砷酸盐、硅酸盐、磷酸盐等无机缓蚀剂专利及以煤焦油加工产品为主的有机缓蚀剂专利的。各国研究人员将有机缓蚀剂作为研发工作的重点，从煤焦油中分离出含氮有机物、含硫有机物和含氧有机物，如蒽醌、吡啶、喹啉、硫脲等，并研究其对金属的缓蚀性能。20 世纪 30 年代中期，人工合成制取有机缓蚀剂组分获得成功，这被认为是缓蚀剂科学技术的一次重大转折。同时，无机缓蚀剂（$NaNO_2$、$NaCrO_4$、Na_2SiO_3 等）在海水、工业用水等中性介质中表现出优异的缓蚀性能，得到了工业界的重视。20 世纪 50 年代初，苯并三氮唑在铜合金防锈方面表现出优良的缓蚀性能，此后一系列基于苯并三氮唑衍生物的缓蚀剂相继出现。近几十年来，虽然大量有机缓蚀剂取代了无机缓蚀剂，但在某些工业（机械工业等）领域仍然大量使用无机缓蚀剂。

我国早在 20 世纪 50 年代初期就开展了缓蚀剂的相关研究工作。1953 年，原天津重工业局研制出我国最早的缓蚀剂若丁（主要缓蚀成分为 1,3-二邻甲苯硫脲）。20 世纪 60 年代，我国又研制成功多种效果优良的酸洗缓蚀剂和气相缓蚀剂。例如，中国科学院长春应用化学所研制的 Ⅱб-5，沈阳化工研究院研制的沈 1-D，兰州化学机械研究所研制的兰-4A 等。随着我国石油化工产业的飞速发展，缓蚀剂的研究也迅速发展，尤其是在适用于工业冷却水和冷冻盐水的缓蚀剂研究方面取得了较大进展，并逐步形成了系列产品，从而实现了对各种不同水质中的不同金属材料进行有效的腐蚀防护。20 世纪 80 年代以来，我国的缓蚀剂新产品、新种类不断涌现并快速增长，基本满足了工业生产和国防建设的需要，并且在缓蚀剂理论研究方面也接近世界科学研究前沿。

5.1.3 缓蚀剂的分类

由于缓蚀剂的种类繁多、应用广泛、使用环境各异、缓蚀机理复杂，迄今为止尚未形成一种既能把各种缓蚀剂分门别类，又可以反映缓蚀剂组成与结构特征及缓蚀剂阻锈与作用机理内在联系的完善的分类方法。目前常见的缓蚀剂分类方法包括以下几种。

1. 按照缓蚀剂的化学组成分类

按照缓蚀剂的化学组成，可将其分为无机缓蚀剂和有机缓蚀剂，具体分类如图 5.1 所示。

按照缓蚀剂的化学组成和结构分类，有助于研发新型缓蚀剂，确定缓蚀剂混合物的化学组成及其中起缓蚀作用的主要组分。但在缓蚀剂的实际应用中，通常是缓蚀剂在介质中与金属表面发生物理或化学作用，阻碍金属腐蚀的电化学反应，从而抑制了金属腐蚀。因此，也可按照缓蚀剂在金属表面形成保护膜的特征或者其对金属腐蚀电极过程的影响进行分类。

2. 按照缓蚀剂在金属表面形成保护膜的特征分类

根据实际应用中在金属表面形成的保护膜的性质差异，缓蚀剂可分为氧化膜型缓蚀剂、沉淀膜型缓蚀剂和吸附膜型缓蚀剂，如图 5.2 所示。

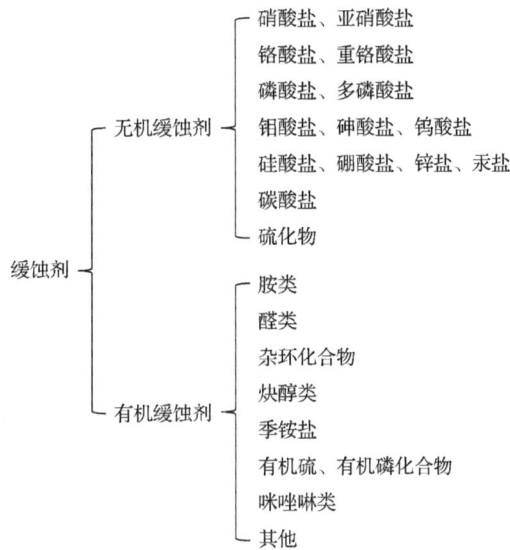

图 5.1 按照化学组成的缓蚀剂分类

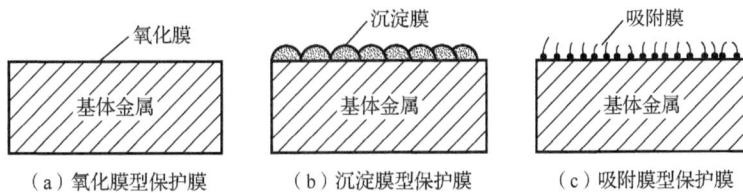

图 5.2 三类缓蚀剂保护膜的示意图

1）氧化膜型缓蚀剂

氧化膜型缓蚀剂可与铁反应，在铁表面氧化形成 γ-Fe_2O_3 氧化保护膜，从而抑制铁的腐蚀破坏。这类缓蚀剂包括铬酸盐、重铬酸盐、亚硝酸盐等。氧化膜型缓蚀剂能使金属表面形成致密、附着力强的氧化膜，该氧化膜也称钝化膜。当氧化膜达到一定厚度后（一般小于 10nm），就基本停止生长，因此过量缓蚀剂不会使氧化膜不断增厚而形成垢层或铁磷化膜。但是当该类阻锈剂用量不足时，就会加速金属腐蚀。

2）沉淀膜型缓蚀剂

沉淀膜型缓蚀剂可与介质中的离子反应，从而在金属表面形成沉淀膜，防止腐蚀发生。这类缓蚀剂包括碳酸氢钙、聚磷酸钠、硫酸锌等。沉淀膜厚度一般比钝化膜厚，但其致密性和附着力均比氧化膜差，因此其腐蚀防护效果也比氧化膜型缓蚀剂差。当介质中存在可与缓蚀剂形成沉淀的离子时，沉淀膜厚度就会不断增大，从而可能形成垢层。因此，只有将沉淀膜型缓蚀剂与去垢剂一起使用，才能取得较好的缓蚀效果。

3）吸附膜型缓蚀剂

吸附膜型缓蚀剂可以有效吸附在金属表面，通过改变金属表面状态起到腐蚀防护作用。根据吸附类型，该类缓蚀剂可分为物理吸附膜型缓蚀剂（胺类、硫醇和硫脲等）和化学吸附膜型缓蚀剂（季铵盐、吡啶衍生物、苯胺衍生物等）两类。为了能够形成致密的吸附膜，金属表面必须保持洁净，因此往往在酸性介质中采用该类缓蚀剂进行金属腐蚀防护。

3. 按照对电极过程的影响分类

金属在电解质溶液中的腐蚀过程属于电化学反应过程，在金属表面同时进行阳极反应和阴极反应。例如，与钢铁在酸性溶液中发生腐蚀破坏对应的电化学阳极反应和阴极反应如下。

阳极化学反应式：

$$Fe-2e^- \Longrightarrow Fe^{2+} \tag{5.1}$$

阴极化学反应式：

$$2H^+ + 2e^- \Longrightarrow H_2 \tag{5.2}$$

以上两个反应过程是共轭过程。若添加了缓蚀剂使其中一个过程或者两个过程受到阻碍，则金属腐蚀速率就会减缓。根据缓蚀剂在介质中对金属腐蚀电化学反应过程的影响，可分为阳极型缓蚀剂、阴极型缓蚀剂和混合型缓蚀剂。三种不同类型缓蚀剂抑制腐蚀电极的过程如图 5.3 所示。

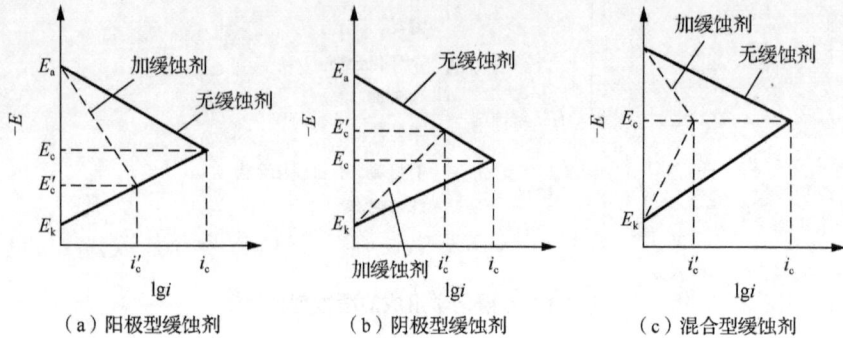

图 5.3　三种不同类型缓蚀剂抑制腐蚀电极的过程

1）阳极型缓蚀剂

阳极型缓蚀剂又称阳极抑制型缓蚀剂，包括铬酸盐、亚硝酸盐、硅酸盐、苯甲酸盐等。阳极型缓蚀剂在中性介质中应用广泛。该类缓蚀剂可以增加阳极极化，使金属腐蚀电位正移，如图 5.3（a）所示。图中，E_a 为阳极电位，E_k 为阴极电位。当使用阳极型缓蚀剂时，其阴离子可以迁移至阳极金属表面使其钝化。当阳极极化增大时，金属腐蚀电位会从 E_c 正移到 E_c'，与其对应的腐蚀电流密度会从 i_c 降至 i_c'，即金属腐蚀速率降低。对于非氧化型缓蚀剂（苯甲酸钠等），必须在溶解氧存在的情况下才能起到腐蚀防护作用。当使用阳极型阻锈剂时，其用量必须足够。如果用量不足，缓蚀剂无法完全覆盖阳极表面，就会造成金属的阳极面积远远小于阴极面积，反而会加速金属点蚀破坏（苯甲酸除外）。因此，阳极型缓蚀剂又称危险型缓蚀剂。

2）阴极型缓蚀剂

阴极型缓蚀剂又称阴极抑制型缓蚀剂，包括聚磷酸盐、硫酸锌、酸式碳酸钙、砷离子、锑离子等。阴极型缓蚀剂可使金属腐蚀电位负移，增大酸性溶液中的析氢过电位，降低阴极反应速度，从而减弱金属腐蚀破坏，如图 5.3（b）所示。当阴极极化增大时，金属腐蚀电位会以 E_c 负移到 E_c'，与其对应的腐蚀电流密度会从 i_c 降至 i_c'，即金属腐蚀速率降低。阴极型缓蚀剂通常是缓蚀剂的阳离子迁移至阴极表面，并通过化学或电子化学反应在该表面形成化学沉积膜或电化学沉积膜，从而保护金属免受腐蚀破坏。例如，硫酸锌缓蚀剂和酸式碳酸钙缓蚀剂可与阴极反应过程中生成的氢氧根离子反应，形成微溶性的氢氧化锌沉淀膜和碳酸钙沉淀膜；砷离子和锑离子可在阴极表面被还原成单质砷和单质锑，大幅提高了析氢过电位，从而抑制金属腐蚀破坏。当阴极型缓蚀剂用量不足时，不会加速金属腐蚀。因此，阴极型缓蚀剂又称安全型缓蚀剂。

3）混合型缓蚀剂

混合型缓蚀剂又称混合抑制型缓蚀剂，包括含氮有机物及既含氮又含硫的有机化合物、琼脂、生物碱等。这类缓蚀剂可以同时抑制阳极反应和阴极反应，虽然此时腐蚀电位变化不大，但是腐蚀电流会显著降低。

4．其他分类方法

1）按照使用介质分类

按照缓蚀剂使用的不同介质，可将其分为酸性介质缓蚀剂、中性介质缓蚀剂、碱性介质缓蚀剂等。

2）按照被保护金属分类

按照被保护金属的种类，可将缓蚀剂分为钢铁缓蚀剂、铜及铜合金缓蚀剂、铝及铝合金缓蚀剂等。

3）按照缓蚀剂使用范围分类

按照缓蚀剂的使用范围，可将其分为酸洗缓蚀剂、冷却水缓蚀剂、油/气井缓蚀剂、石油化工缓蚀剂、锅炉用水缓蚀剂、循环冷却用水缓蚀剂、混凝土钢筋缓蚀剂等。

4）按照改变金属表面状态分类

根据缓蚀剂改变金属表面状态不同，可将其分为相间型缓蚀剂和界面型缓蚀剂两大类。其中，相间型缓蚀剂也称成膜型缓蚀剂，可在金属表面形成三维新相；界面型缓蚀剂又称吸附型缓蚀剂。

5）按照对生态的影响分类

按照缓蚀剂对生态的不同影响，可将其分为环境友好型缓蚀剂和对环境有害的缓蚀剂等。

5.1.4 缓蚀剂的选用原则

1．金属材料

不同金属原子的电子排布不同，因此它们的化学、电化学和腐蚀特性不同。在介质中，缓蚀剂在金属表面的吸附行为及金属钝化特性也各有差异。其中，钢铁是用量最大、应用最广泛的金属材料，因此钢铁缓蚀剂是研究和应用最广泛的缓蚀剂。铁是一种重要的过渡金属元素，其原子序数为26，价电子排布为 $3d^6 4s^2$，它的 d 轨道有 4 个空位，因此容易接受电子，对带有孤对电子的基团具有较强的吸附能力。铜是另一类应用较多的有色金属，其价电子排布为 $3d^{10} 4s$，它的 d 轨道没有空位，因此许多高效钢铁缓蚀剂对铜的缓蚀效果并不好。如果需要腐蚀保护的系统是由多种金属组成的，那么单一缓蚀剂难以实现很好的缓蚀效果。对于此类系统，铜腐蚀溶解后会在电位较负的钢铁表面或铝表面沉积，从而产生电偶腐蚀。因此，需对多种金属缓蚀剂进行复配使用，这样才能达到较好的缓蚀效果。

2．腐蚀介质

金属在不同 pH 值电解质溶液中的腐蚀机理和腐蚀过程各不相同，因此在不同电解质溶液中选用缓蚀剂也不同。例如，一般应用于中性水溶液中的缓蚀剂以无机缓蚀剂为主；应用于酸性介质中的缓蚀剂以有机缓蚀剂较多，而且以吸附型缓蚀剂为主。此外，选择缓蚀剂时也应结合实际情况综合考虑。以油田注水缓蚀剂为例，油田污水含盐量较高，虽然属于中性环境，但是采用有机缓蚀剂效果较好。

由于油性介质电阻很大，去极化剂难以溶解和分散，因而金属在油性介质中不易腐蚀。在潮湿的大气环境中，水分子的吸附作用会导致水在金属表面凝集，促进金属腐蚀。为此，需要采用油溶性吸附型缓蚀剂，并排除水分吸附，从而起到防护作用。

选用缓蚀剂时，必须考虑缓蚀剂与介质的相溶性，以及缓蚀剂在介质中的溶解度。例如，应用气相缓蚀剂时应当保证一定的蒸汽压力，石油工业要选用油溶性缓蚀剂等。如果缓蚀组分的溶解度太低，就会影响其在介质中的传输，使其不能有效到达金属表面，虽然缓蚀剂的吸附性能好，但是仍不能充分发挥缓蚀作用。在这种情况下，可以加入适当的助溶剂或者表面活性剂以增加缓蚀组分的溶解度和分散性，也可以通过化学处理在缓蚀剂分子上连接亲水性基团增大其在水中的溶解度。

介质的温度、压力、流速等环境因素也会影响缓蚀剂的缓蚀效果。

3. 缓蚀剂的掺量和复配

从成本角度考虑，只要能够提供有效的防护效果，缓蚀剂掺量肯定越低越好。当缓蚀剂掺量过大时，可能会改变介质的性质（pH 值等），甚至降低缓蚀效率。此外，当用于混凝土钢筋腐蚀防护的缓蚀剂掺量过大时，往往会对混凝土的材料性能产生负面影响，如影响混凝土钢筋的力学性能和耐久性。缓蚀剂的腐蚀率与其掺量之间并不呈线性关系，如图 5.4 所示。当掺量太低时，缓蚀剂的缓蚀作用不明显；当掺量达到临界浓度时，缓蚀作用明显增强；当进一步提高缓蚀剂掺量时，对增强其缓蚀效果作用有限，甚至会出现加速金属腐蚀的现象。因此，在选用缓蚀剂时，必须预先进行试验测定，确定缓蚀剂的合适掺量。在选用沉淀型缓蚀剂时，应当选用较高初始掺量的（比正常掺量高 10~20 倍）缓蚀剂，可以促进完整保护膜的快速生长，即进行预膜处理，这样往往能够取得很好的防护效果。

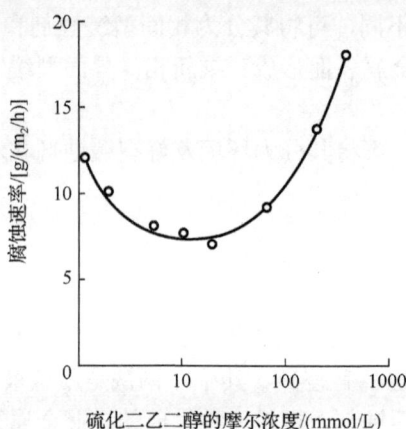

图 5.4 5mol/L 盐酸溶液中碳钢的腐蚀速率与硫代二乙二醇浓度的关系

由于金属腐蚀反应过程的复杂性，采用单一缓蚀剂保护效果不佳。多种缓蚀剂复配使用的效果往往要比使用单一缓蚀剂的效果好得多，这就是缓蚀剂的协同作用。因此，缓蚀剂复配是缓蚀剂研究工作中的重要内容。缓蚀剂产生协同效应的机理随体系而异，目前并不明确。阴极型缓蚀剂和阳极型缓蚀剂复配、具备不同吸附基团的缓蚀剂复配、增加溶解度和分散性的缓蚀剂复配、考虑不同金属保护的缓蚀剂复配等，这些是目前提高缓蚀剂保护效率的研究重点。

缓蚀剂复配除了考虑抑制腐蚀破坏这一主要目的，还要考虑其他因素。例如，工业循环冷却水除了能够引起冷却管道金属腐蚀外，还会结垢使其冷却效应下降。在非密闭系统中，菌藻类生物体可能产生微生物腐蚀或生物腐蚀，从而加剧冷却管道金属腐蚀破坏，甚至堵塞管道。因此，在采用缓蚀剂对冷却管道进行腐蚀防护时，还应采用阻垢剂和杀生剂，这样才能达到较好的腐蚀防护效果。此类复配缓蚀剂通常称为水质稳定剂。

4. 缓蚀剂的环境效应

目前许多常用的缓蚀剂均具有一定的毒性，大大限制了其应用范围。例如，铬酸盐是中性水介质中的高效氧化型缓蚀剂，它的 pH 值适用范围较宽（pH 值为 6~11），并且除钢铁外对大多数有色金属及合金均能提供有效的腐蚀保护，被称为通用缓蚀剂，并且曾经是中性水溶液中缓蚀性能优异的复配缓蚀剂的重要组分；由于铬酸具有毒性并能对环境造成污染及危害，现在已经限制或禁止使用。又如，亚硝酸盐是目前混凝土钢筋腐蚀防护最有效的缓蚀剂，但其具有生物毒性和致癌性，因而在很多国家已经禁用。想要实现人与自然的和谐与可持续发展，就必须保护环境，减少缓蚀剂对环境的污染与破坏。因此，环境友好型的绿色缓蚀剂是未来缓蚀剂研究开发的重要方向。

5.2 缓蚀剂的缓蚀机理

金属腐蚀过程本质上是电化学反应过程。根据腐蚀电化学理论，金属腐蚀过程都是由金属溶解的阳极反应过程和去极化剂接受电子的阴极反应过程组成的。缓蚀剂可以阻滞阳极反应过程或者阴极反应过程，或者同时阻滞以上两个共轭过程。

无机缓蚀剂大多适用于中性介质，主要影响金属的阳极反应过程和钝化状态；有机缓蚀剂主要适用于酸碱介质，可以在金属表面吸附成膜，影响腐蚀的动力学过程，从而达到降低金属腐蚀速度的目的。随着缓蚀剂研究的深入，有机缓蚀剂在中性介质中也得到了广泛应用。此外，在酸性介质中也有采用无机缓蚀剂的情况。例如，苯甲酸盐（安息香盐）、有机磷酸盐在工业水处理和油田污水处理中的应用，以及溴化合物和碘化合物在酸性介质中的使用等。特别是缓蚀剂之间的利用协同作用，可以极大地拓展无机缓蚀剂和有机缓蚀剂的应用前景。

目前种类繁多的缓蚀剂都是以无机缓蚀剂或有机缓蚀剂为主要成分，并添加了一些辅助剂配制而成的。本节分别阐述无机缓蚀剂和有机缓蚀剂的缓蚀机理，并介绍缓蚀剂理论研究的概况。

5.2.1 无机缓蚀剂的缓蚀机理

1. 阳极型缓蚀剂钝化膜理论

阳极型缓蚀剂加入腐蚀介质后，可以引起金属表面氧化并形成一层致密的钝化膜，从而抑制金属腐蚀。图 5.5 所示为典型的阳极型缓蚀剂的缓蚀机理示意图。由图可知，曲线 A 为难钝化金属的阳极极化曲线，曲线 K 为该体系的阴极极化曲线。阳极极化曲线和阴极极化曲线的交点 M 为金属在该腐蚀介质中的腐蚀状态，即金属处于腐蚀电位 E_c 和腐蚀电流 i_c 的腐蚀状态。

在将阳极型缓蚀剂加入腐蚀介质中后，它对阴极极化曲线几乎没有影响。但由于金属表面吸附了氧化性离子或溶液中的氧，或者金属表面氧化后形成了钝化膜，使得金属的氧化过程受到阻碍，其阳极极化曲线发生了显著变化，曲线 A 变成了曲线 B。在上述变化过程中，金属的稳定钝化电位 $E_{稳钝}$ 负移，过钝化电位 $E_{过}$（破坏钝化膜的电位）正移，即钝化电位区间变宽了；同时，临界钝化电流和维钝电流变小。因此，在加入阳极型缓蚀剂后，金属的阳极极化曲线与阴极极化曲线的交点变为 N，此时金属处于钝化状态，其腐蚀速率明显下降。

通常在腐蚀介质中加入阳极型缓蚀剂后，金属并不会进入钝化状态，如图 5.6 所示。

随着金属腐蚀电位 E_c^0 正移至 E_c'，阳极极化曲线的塔菲尔斜率变大，这使得金属需要克服更大的势垒才能使金属离子从金属表面转入介质中，因此金属腐蚀速率大幅度降低。在 0.05mol/L Na_2SO_4 溶液中不同浓度重铬酸钾（$K_2Cr_2O_7$）缓蚀剂对铁腐蚀电位的影响见表 5.1。由表可知，$K_2Cr_2O_7$ 缓蚀剂使铁腐蚀电位正移，并且随着缓蚀剂浓度提高，铁腐蚀电位的正移可以高达 500～550mV。以上结果说明，$K_2Cr_2O_7$ 属于阳极型缓蚀剂。

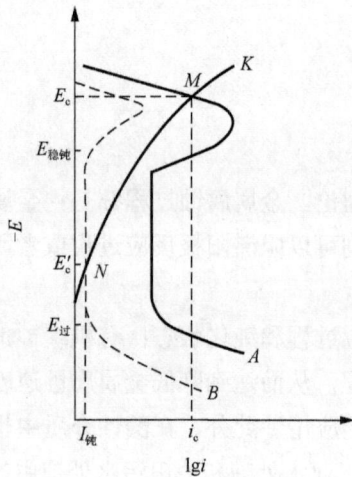

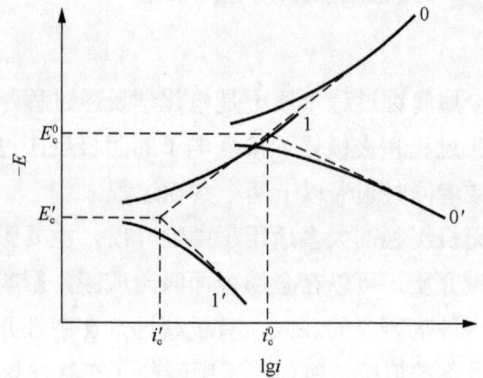

曲线 0, 曲线 0'—未加缓蚀剂; 曲线 1, 曲线 1'—添加缓蚀剂。

图 5.5　典型的阳极型缓蚀剂的缓蚀机理示意图　　　　图 5.6　实测阳极型缓蚀剂的极化曲线

表 5.1　含有不同浓度 $K_2Cr_2O_7$ 的 Na_2SO_4 溶液（0.05mol/L）中铁腐蚀电位 E_c

质量浓度/（g/L）	0	0.05	0.10	0.50	4.00	6.00	12.00
E_c（NHE）/mV	−65	75	180	320	390	470	490

注：标准氢电极（normal hydrogen electrode，NHE）。

　　一般来说，在中性介质中具有强氧化性的铬酸盐是典型的阳极型缓蚀剂。磷酸盐、硼酸盐等在有氧状态下也会使金属表面形成致密的沉淀膜，阻碍金属的氧化过程，因而也属于阳极型缓蚀剂。此外，苯甲酸钠和肉桂酸盐等有机缓蚀剂也属于阳极型缓蚀剂。

　　2.　阴极去极化型缓蚀剂的成膜理论

　　阴极去极化型缓蚀剂的缓蚀机理示意图如图 5.7 所示。加入阴极去极化型缓蚀剂后，金属的阳极极化曲线 A 几乎没有变化，但其阴极极化曲线 K^0 变成了阴极极化曲线 K。阴极极化曲线体现阴极还原反应的特点，阴极极化型缓蚀剂可使阴极极化曲线的斜率变小（离子更容易被还原），并使金属腐蚀电位正移。因此，加入阴极去极化型缓蚀剂后，金属的阴极极化曲线 K 与阳极极化曲线 A 的钝化区相交于 P 点，此时金属处于钝化状态，腐蚀电流显著降低。但当阴极去极化型缓蚀剂用量不足时，金属的阴极极化曲线由曲线 K^0 变为曲线 K'，并与阳极极化曲线 A 在活化区相交，使得金属的腐蚀电流从 I_c^0 增至 I_c''，从而使金属腐蚀加剧。因此，在使用阴极去极化型缓蚀剂时，缓蚀剂的用量必须足够。当缓蚀剂用量不足时，形成的表面膜不完整。对于大面积阴极来说，若缓蚀剂用量不足，则局部未覆盖的小面积阳极的溶解速度会急剧增大，从而导致金属表面发生点蚀、坑蚀甚至穿孔，并在金属表面局部区域引起严重腐蚀破坏。

　　亚硝酸盐、硝酸盐和高价金属离子（Cu^{2+}、Fe^{3+} 等）均属于常见的阴极去极化型缓蚀剂。此外，含有氧化性离子的 MeO_4^{2-} 型盐类在酸性介质中也属于阴极去极化型缓蚀剂，如钼酸盐（MoO_4^{2-}）、钨酸盐（WO_4^{2-}）和铬酸盐等。

　　有学者认为，亚硝酸盐的缓蚀作用体现在钢铁表面形成了 Fe_2O_3 氧化膜，使钢铁的氧化溶解受阻。按照这种观点，钢铁表面的钝化膜是介质中的氧把低价态 FeO 氧化为高价态 Fe_2O_3 而形成的，亚硝酸根离子（NO_2^-）主要吸附在钢铁表面以降低其反应自由能，从而使钢铁的钝化过程更容易进行。

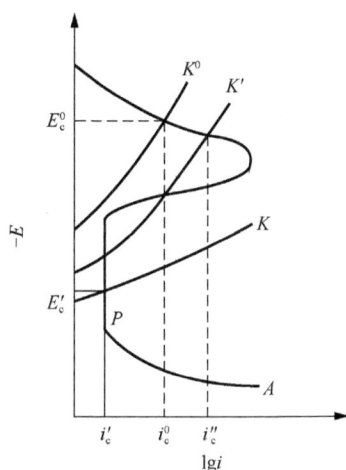

图 5.7　阴极去极化型缓蚀剂的缓蚀机理示意图

也有学者认为，NO_2^- 直接参与了生成氧化膜的过程。在生成低价铁氧化物时，其化学反应式如下：

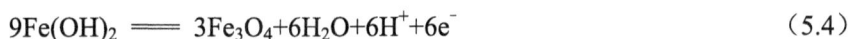

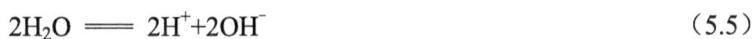

$$NO_2^- + 8H^+ + 6e^- === NH_4^+ + 2H_2O \tag{5.3}$$

$$9Fe(OH)_2 === 3Fe_3O_4 + 6H_2O + 6H^+ + 6e^- \tag{5.4}$$

$$2H_2O === 2H^+ + 2OH^- \tag{5.5}$$

总反应式如下：

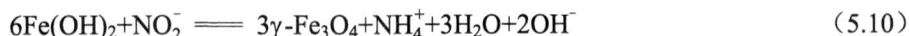

$$9Fe(OH)_2 + NO_2^- === 3Fe_3O_4 + NH_4^+ + 2OH^- + 6H_2O \tag{5.6}$$

在生成高价氧化物时，其反应式如下：

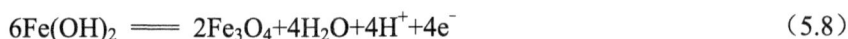

$$NO_2^- + 8H^+ + 6e^- === NH_4^+ + 2H_2O \tag{5.7}$$

$$6Fe(OH)_2 === 2Fe_3O_4 + 4H_2O + 4H^+ + 4e^- \tag{5.8}$$

$$2Fe_3O_4 + H_2O === 3(\gamma\text{-}Fe_2O_3) + 2H^+ + 2e^- \tag{5.9}$$

$$2H_2O === 2H^+ + 2OH^- $$

总反应式如下：

$$6Fe(OH)_2 + NO_2^- === 3\gamma\text{-}Fe_3O_4 + NH_4^+ + 3H_2O + 2OH^- \tag{5.10}$$

从上述反应方程式可知，钢铁表面的钝化过程与 NO_2^- 的氧化作用有关。由于试验中并未发现在上述反应过程中存在 NH_4^+，因而有学者提出在通气的电解质溶液中 NH_4^+ 被氧化后又生成了 NO_2^-，其反应方程式如下：

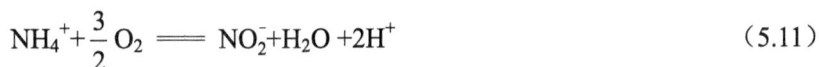

$$NH_4^+ + \frac{3}{2}O_2 === NO_2^- + H_2O + 2H^+ \tag{5.11}$$

因此，吸附在钢铁表面的 NO_2^- 起催化剂的作用，将二价铁氧化为三价铁，但其本身并未消耗，而是起到加速形成致密钝化膜的作用。

需要强调的是，阳极型缓蚀剂和阴极去极化型缓蚀剂很难区分，而且一种缓蚀剂可能同时起到上述两种作用，即使是同一种缓蚀剂也会因金属或者腐蚀介质的差异而具备不同的作用机理。例如，铬酸盐在中性介质中主要以阳极抑制为主，但其在酸性介质中主要起到阴极去极化作用。因此，通常把这两类作用机理归结为阳极型缓蚀剂。

3. 阴极型缓蚀剂在金属表面的沉淀膜理论

与阳极型缓蚀剂相反，阴极型缓蚀剂主要在金属活化溶解区中起到缓蚀作用，其缓蚀机理示意图如图 5.8 所示。由图可知，曲线 A 为金属活化溶解区的阳极极化曲线，曲线 K 为阴极极化曲线。加入阴极型缓蚀剂后，金属的阳极极化曲线 A 几乎没有变化，但阴极极化增大，阴极极化曲线由曲线 K 变为曲线 K'。在上述过程中，金属腐蚀电位由 E_c^0 负移至 E_c'，同时腐蚀电流由 i^0 降至 i'。实测阴极型缓蚀剂的极化曲线如图 5.9 所示。由图可知，加入阴极型缓蚀剂后，金属腐蚀电位负移，阴极极化曲线的斜率增大，表面金属腐蚀的阴极反应过程变慢，导致腐蚀电流变小。

阴极型缓蚀剂又可分为以下三类。

1）在金属表面形成化合物膜的缓蚀剂

在中性介质中，腐蚀过程的阴极反应是氧去极化反应，其化学反应式如下：

$$O_2+2H_2O+2e^- === H_2O_2+2OH^- \tag{5.12}$$

$$H_2O_2+2e^- === 2OH^- \tag{5.13}$$

或

$$O_2+2H_2O+4e^- === 4OH^- \tag{5.14}$$

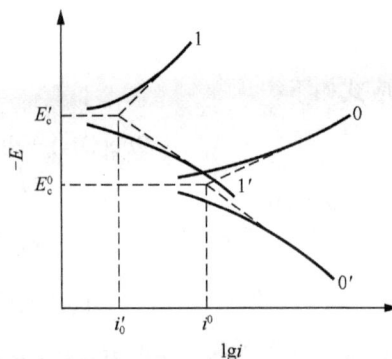

曲线 0,曲线 0'—未加缓蚀剂；曲线 1,曲线 1'—添加缓蚀剂。

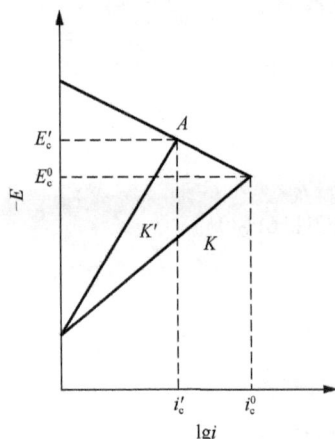

图 5.8　阴极型缓蚀剂的缓蚀机理示意图　　　　图 5.9　实测阴极型缓蚀剂的极化曲线

当缓蚀剂与上述反应生成的 OH^- 反应生成强氧化物沉淀时，就可在金属表面阴极区域形成多孔且较为致密的沉淀膜，对氧扩散形成阻碍，即起到阻碍氧的阴极去极化作用，从而降低金属腐蚀速率。这类缓蚀剂包括锌盐、钙盐、镁盐、镍盐和锰盐等化合物。图 5.10 所示为中性溶液（4.0×10^{-4}mol/L NaCl + 4.0×10^{-4}mol/L Na$_2$SO$_4$+1.5×10^{-3}mol/L Na$_2$CO$_3$）中加入硫酸锌缓蚀剂后铁的极化曲线。由图可知，在加入硫酸锌缓蚀剂后，当电位为$-500\sim-450$mV 时，阴极反应过程的吸氧速率降至未加硫酸锌缓蚀剂时的 $1/2\sim2/3$，这是铁表面形成氢氧化锌造成的。

2）提高阴极反应过电位的缓蚀剂

在酸性介质中，当 As、Sb、Bi 和 Hg 等重金属盐类在腐蚀过程中从阴极析出时，可以提高析氢过电位，使氢离子的还原反应受到阻碍，从而降低金属腐蚀速率。在不同浓度硫酸中砷盐对钢的腐蚀速率的影响如图 5.11 所示。由图可知，在加入质量分数为 0.045% 的 As（以 As$_2$O$_3$ 计）后，钢的腐蚀速率曲线由曲线 A 变为曲线 B，钢的腐蚀速率显著下降。这类阴极型缓蚀剂只对氢去极化体系（酸性介质）有效，而对氧去极化体系无效。

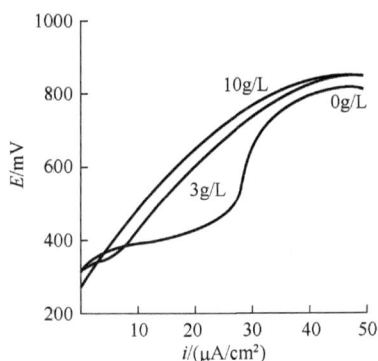

图 5.10 中性溶液（4.0×10⁻⁴mol/L NaCl + 4.0×10⁻⁴mol/L Na₂SO₄ + 1.5 ×10⁻³mol/L Na₂CO₃）中加入硫酸锌缓蚀剂后铁的极化曲线

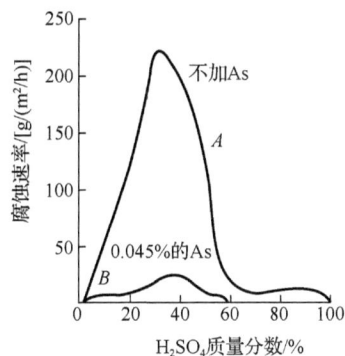

图 5.11 在不同浓度硫酸中砷盐对钢的腐蚀速率的影响

3）吸收腐蚀介质中氧的缓蚀剂

如果向中性介质中加入某些能够吸收氧的物质（除氧剂），就可以降低金属腐蚀速率。常用的除氧剂包括亚硫酸钠（Na_2SO_3）和联氨（N_2H_4），它们会与溶液中的氧发生如下反应：

$$Na_2SO_3 + \frac{1}{2} O_2 == Na_2SO_4 \tag{5.15}$$

$$N_2H_4 + O_2 == 2H_2O + N_2 \tag{5.16}$$

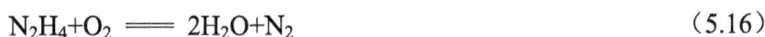

从理论上讲，吸收 1mL/m³ 氧需要添加 7.9mg/kg 亚硫酸钠，如果同时加入钴盐作为催化剂，那么亚硫酸钠的吸氧速度就会非常迅速。联氨主要用作高压锅炉用水的除氧剂，其反应产物为 N_2 和 H_2O，不会产生锅垢。

4）混合型缓蚀剂阻滞阳极过程和阴极过程理论

混合型缓蚀剂是指既能阻碍金属腐蚀的阳极反应，同时又能增大阴极极化，降低阴极反应速度的缓蚀剂，其缓蚀机理示意如图 5.12 所示。由图可知，当未加入混合型缓蚀剂时，金属的阴极极化曲线和阳极极化曲线的交点为 A 点；在加入混合型缓蚀剂后，其交点变为 B 点，此时金属腐蚀电位变化不大，但腐蚀电流却从 I_c^0 降至 I_c'。加入混合型缓蚀剂后金属的实测极化曲线如图 5.13 所示。由图可知，在加入混合型缓蚀剂后，金属腐蚀电位变化不大，但阴极极化曲线和阳极极化曲线的斜率同时增大，因此腐蚀电流显著降低。

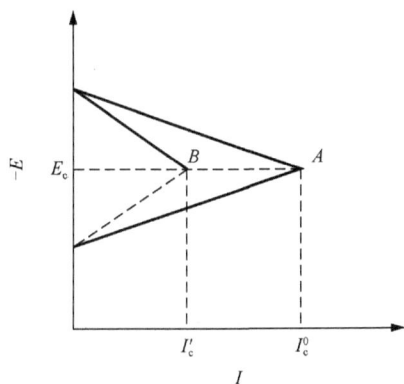

曲线 0，曲线 0′—未加缓蚀剂；曲线 1，曲线 1′—添加缓蚀剂。

图 5.12 混合型缓蚀剂的缓蚀机理示意图

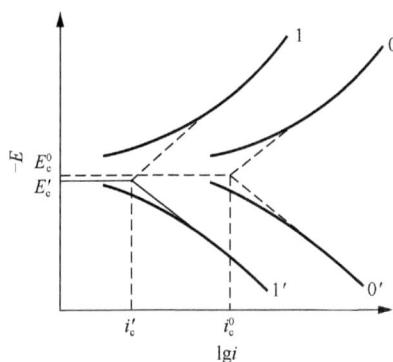

图 5.13 实测混合型缓蚀剂的极化曲线

主要的混合型缓蚀剂包括铝酸盐和硅酸盐，它们都可以在中性介质中同时阻碍金属腐蚀的阳极过程和阴极过程。由于铝酸盐具有低成本、无公害、使用浓度低等优点，国外对铝酸盐作为中性介质缓蚀剂的研究较为活跃。图 5.14 所示为盐水中不同浓度铝酸盐对碳钢腐蚀行为的影响。由图可知，当使用的铝酸盐浓度小于 10mg/kg 时，碳钢的腐蚀速率增大；当使用的铝酸盐浓度为 10～20mg/kg 时，碳钢的腐蚀速率显著下降，铝酸盐的缓蚀率高达 66%（静态）和 82%（动态）。

当腐蚀介质的 pH 值低于 5 时，溶液中的铝离子可以发生水解产生氢离子，并在钢铁表面形成水合氢氧化铝保护膜。该膜层可能是羟桥多核配位体，其分子式为 $Al(OH)_m^{3-n}$。根据全反射吸收光谱分析证明，形成的这层水合氢氧化铝保护膜的厚度可达几百微米。正是由于形成了这层保护膜，铝酸盐才能有效降低金属腐蚀速度。

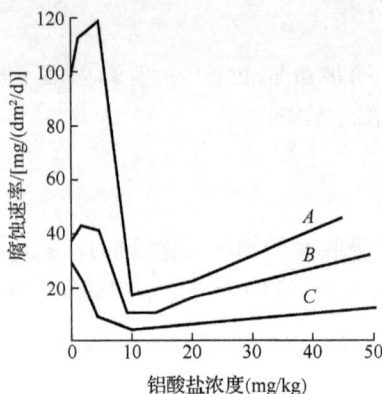

图 5.14　盐水中不同浓度铝酸盐对碳钢腐蚀行为的影响

5.2.2　有机缓蚀剂的缓蚀机理

与无机缓蚀剂一样，按照抑制金属腐蚀的电极反应过程，有机缓蚀剂也可分为阳极型缓蚀剂、阴极型缓蚀剂和混合型缓蚀剂。与无机缓蚀剂不同的是，在腐蚀介质中有机缓蚀剂在金属表面主要形成吸附膜，有时也会形成沉淀膜和钝化膜。有机缓蚀剂通常包含以电负性较大的 O、N、S 和 P 等原子为中心的极性基团和以 C、H 原子为中心的非极性基团。其中，极性基团可以吸附在金属表面，从而改变金属在腐蚀介质中的双电层结构，并提高金属离子化过程的活化能；非极性基团远离金属表面并定向排列，形成一层疏水膜，将腐蚀介质与金属表面分隔开，阻碍金属腐蚀反应过程的电荷转移或物质转移，从而大幅降低金属腐蚀速率。因此，有机缓蚀剂在金属表面的吸附行为直接决定其缓蚀作用和缓蚀率。一般而言，有机缓蚀剂通过物理吸附、化学吸附、络合作用和 π 键吸附等方式吸附在金属表面。

1. 有机缓蚀剂极性基团的物理吸附

有机缓蚀剂极性基团的物理吸附作用如下：在酸性溶液中，有机缓蚀剂的烷基胺（RNH₂）、吡啶（C₅H₅N）、三烷基磷（R₃P）和硫醇（RSH）等中心原子均具有未共用电子对，可与酸性溶液中的氢离子形成鎓离子（Onium 离子，即含有未共用电子对元素的化合物，以其未共用电子对与氢离子或其他离子形成配位键，使得该元素的共价键增加 1 价，并变成相应的阳离子）。化学反应式如下：

$$RNH_2 + H^+ \rightleftharpoons (RNH_3)^+ \tag{5.17}$$

$$C_5H_5N + H^+ \rightleftharpoons (C_5H_5NH)^+ \tag{5.18}$$

$$R_3N + H^+ \rightleftharpoons (R_3NH)^+ \tag{5.19}$$

$$R_3P + H^+ \rightleftharpoons (R_3PH)^+ \tag{5.20}$$

$$RSH + H^+ \rightleftharpoons (RSH_2)^+ \tag{5.21}$$

由于静电引力，带正电的鎓离子主要吸附在金属表面阴极区，改变了金属表面阴极区的双电层结构，使金属表面带正电。因此，酸性溶液中的氢离子难以接近并吸附在金属表面，提高了氢离子放电的活化能，显著降低了金属腐蚀速率，如图 5.15 所示。在酸性溶液中，以䤁离子形式物理吸附在金属表面并起到缓蚀作用的缓蚀剂，还包括丁胺（$C_4H_9NH_2$）、癸胺（$C_{10}H_{21}NH_2$）、苯胺（$C_6H_5NH_2$）、硫脲（$(NH_2)_2CS$）、二烷基亚砜（R_2SO）等。

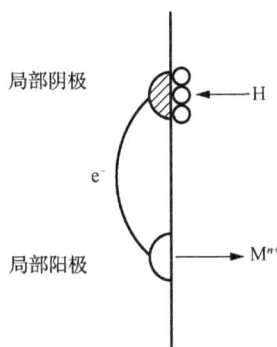

图 5.15 有机缓蚀剂的物理吸附

由于物理吸附的作用力和吸附热小，因此物理吸附速度快，但易于脱附，而且物理吸附具有可逆性。此外，物理吸附受温度影响小，对金属无选择性，既可以是单分子层吸附，也可以是多分子层吸附。

阳离子缓蚀剂的物理吸附能力与其非极性 R 基的碳原子数密切相关。图 5.16 所示为 40℃、摩尔浓度为 0.5mol/L H_2SO_4 溶液中，1.1×10^{-4}mol/L 溴化烷基三甲胺（$RN(CH_3)_3Br$）的烷基 R 对其缓蚀率的影响。由图可知，随着烷基 R 碳原子数量的增加，吸附在金属表面的缓蚀剂分子间的引力增大，从而提高其缓蚀率。此外，某些阴离子基因对阳离子缓蚀剂的物理吸附能力也有较大影响。这些阴离子基团可以吸附在带正电的金属表面，使金属表面部分区域带负电荷，有利于吸附阳离子。例如，铁在摩尔浓度为 0.5mol/L H_2SO_4 溶液中带正电荷，使得四丁基铵阳离子（$(C_4H_9)4N^+$）的物理吸附能力和缓蚀效果均不理想。若在该溶液中加入 KI、NH_4HS、I^-、HS^-，则可先吸附在带正电的铁表面，从而使铁表面带负电荷，这样正丁铵阳离子就可以有效吸附在铁表面，提高其缓蚀效果。上述通过添加阴离子提高缓蚀效果的方式，称为阴离子效应或缓蚀协同效应。一般来说，阴离子对阳离子缓蚀剂缓蚀效果影响的顺序为 $I^- > Br^- > Cl^- > SO_4^{2-} > ClO_4^-$。

在某些情况下，有机缓蚀剂的阴离子也可在金属表面形成物理吸附。例如，烷基磺酸（RSO_3H）、烷基苯磺酸（$RC_6H_4SO_3H$）、苯磺酸（$C_6H_5SO_3H$）等基团在酸性溶液中以阴离子形式存在，可以吸附在金属表面带正电的阳极区，从而促进 H^+ 放电，并加速金属腐蚀。在金属表面形成完整的吸附层后，H^+ 的电荷移动和物质扩散都会变得困难，从而抑制金属腐蚀。若将此类缓蚀剂与有机阳离子同时使用，则可形成非常有效的复合缓蚀剂。图 5.17 所示为摩尔浓度为 0.05mol/L H_2SO_4 溶液中苯磺酸（0.05mol/L）和三苄基甲基胺（10^{-4}mol/L）对铁的腐蚀行为的影响。由图可知，在硫酸中加入 0.05mol/L 苯磺酸（极化曲线 1）时，铁的腐蚀电流密度增大；当摩尔浓度为 0.05mol/L 苯磺酸与 10^{-4}mol/L 三苄基甲基胺复合使用时（极化曲线 3），铁的腐蚀电流密度显著降低。这说明缓蚀剂的阳离子和阴离子均可通过物理吸附方式有效吸附在铁表面。

应该注意的是，在酸性溶液中较为有效的胺类缓蚀剂，在用量较小时也会加速金属腐蚀，这是低浓度阳离子促进 H^+ 放电所致。其反应式如下：

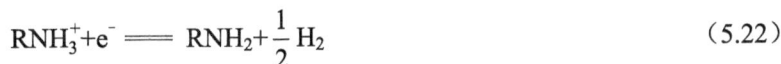

$$RNH_3^+ + e^- \rightleftharpoons RNH_2 + \frac{1}{2}H_2 \tag{5.22}$$

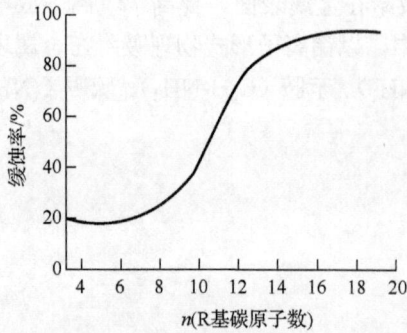

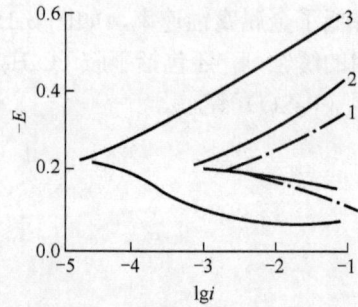

1—加 0.05mol/L 苯磺酸；2—未加缓蚀剂；3—再加 10⁻⁴mol/L 三苄基甲基胺。

图 5.16　40℃、0.5mol/L H₂SO₄ 溶液中，1.1×10⁻⁴mol/L 溴化　　图 5.17　0.05mol/L H₂SO₄ 溶液中苯磺酸（0.05mol/L）和三
　　　　　烷基三甲胺的烷基 R 对其缓蚀率的影响　　　　　　　　　　　　苄基甲基胺（10⁻⁴mol/L）对铁的腐蚀行为的影响

　　福鲁利斯（Foroulis）指出，在各种金属与溶液体系中，苯胺、吡啶、喹啉、丁胺、环己胺等都可与 H^+ 形成阳离子物理吸附在金属表面，其吸附行为和缓蚀效果也与上述缓蚀剂自身的碱性有关。缓蚀剂的碱性一般用缓蚀剂分子的电力平衡常数的负对数 pK_a 或 pK_b 表示。pK_a 越大或 pK_b 越小，缓蚀剂的碱性越强，其在酸性溶液中生成的阳离子越稳定，在金属表面的物理吸附越强，因此缓蚀率越高。若缓蚀剂碱性强，则要满足以下条件：缓蚀剂极性基团的中心原子具有容易与 H^+ 结合的孤对电子，生成的阳离子较为稳定，并且不因水化作用而脱附。N、O、P、S 等原子均具有孤对电子，但其与氧结合的基团（—NO₂、—SO₃H 等）就没有这种性能。此外，若中心原子结合的非极性基是供电子基（烷基等），则缓蚀剂碱性强，缓蚀效果好；若中心原子结合的非极性基是斥电子基（苯基、羰基等），则缓蚀剂碱性弱，缓蚀效果差。

2. 有机缓蚀剂极性基团的化学吸附

1）供电子型缓蚀剂的化学吸附

　　大多数有机缓蚀剂都是以配位键形式吸附在金属表面，这种吸附形式与金属结构和缓蚀剂分子中极性基团的电子结构密切相关。有机缓蚀剂分子极性基团的中心原子 N、O、S、P 等均具有未共用电子对，当金属 d 轨道存在空位时，极性基团中心原子的孤对电子就有可能与金属 d 轨道的空位形成配位键，从而使缓蚀剂分子吸附在金属表面。凡是由缓蚀剂中心原子的电子对与金属形成配位键的吸附，称为化学吸附。这种缓蚀剂称为供电子型缓蚀剂或电子给予体缓蚀剂。苯环和双键上的 π 电子也具有与孤对电子类似的作用，因而也属于供电子型缓蚀剂。

　　缓蚀剂的化学吸附是 1950 年由美国德克萨斯大学的哈克曼（Hackerman）提出的。他根据 N 原子的孤对电子为金属提供电子的难易程度指出，缓蚀剂在金属表面可能出现两类吸附，即物理吸附和化学吸附。化学吸附的作用力大，吸附热高，吸附较为缓慢，一旦吸附就难以脱附，即化学吸附具有不可逆性。此外，化学吸附受温度影响大，对金属的吸附具有选择性，而且只能形成单分子吸附层。

　　物理吸附和化学吸附有时难以区分，并且两者往往是相继发生的。例如，硫酸溶液中的有机胺和硫醇一开始是以阳离子（RNH_3^+、RSH_2^+）形式物理吸附在金属表面，然后有机胺或硫醇的孤对电子以配位键形式与金属表面络合进行化学吸附。

　　供电子型缓蚀剂极性基团中心原子上的电子云密度越大，其提供电子的能力越强，越容易在金属表面进行化学吸附。例如，在将甲基—CH₃ 引入苯胺的邻位或对位时，由于甲基的斥电性，N 原子上的电子云密度增加，其缓蚀能力也比苯胺高。因此，对于有机缓蚀剂的化学吸附，不仅要考虑极性基团中心

原子的供电子能力，还要考虑缓蚀剂的分子结构及取代基的影响。三组不同分子结构的胺类缓蚀剂对盐酸溶液中铁的缓蚀效果如图 5.18 所示。这三组胺类缓蚀剂的分子大小和碱性强弱几乎相同，但芳香胺的缓蚀率都比相应的脂肪胺差。上述差异与芳香胺苯环共振体系 π 电子的影响有关：N 原子的孤对电子受苯环 π 电子共振的影响，电子云密度下降，导致其在金属表面化学吸附变弱，缓蚀率降低。上述现象称为缓蚀剂的共振效应，它反映了苯环 π 电子对缓蚀剂极性基团中心原子的孤对电子的影响。此外，双键或三键的 π 电子也有共振效应。

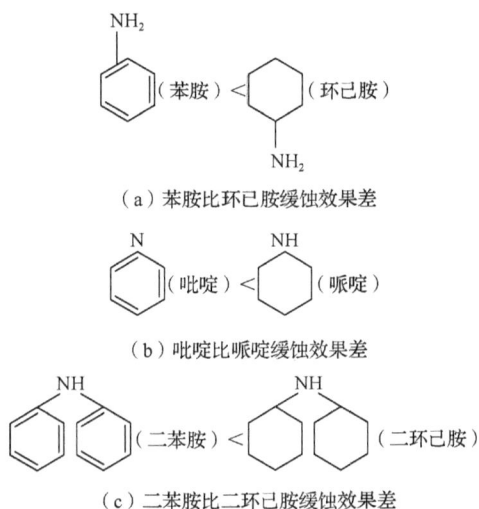

（a）苯胺比环己胺缓蚀效果差

（b）吡啶比哌啶缓蚀效果差

（c）二苯胺比二环己胺缓蚀效果差

图 5.18　三组不同分子结构的胺类缓蚀剂对盐酸溶液中铁的缓蚀效果

图 5.19 所示为海水中六种有机胺的质量浓度对软钢的缓蚀效果。由图可知，无苯环结构的 N-苄基十二烷基胺（曲线 5）和 N-环己基十二烷基胺（曲线 6）的缓蚀效果比 N-苯基十二烷基胺（曲线 1～曲线 4）好。四种苯环结构胺的缓蚀效果排列顺序为 N-苯基十二烷基胺（曲线 1）< N-间甲苯基十二烷基胺（曲线 2）<N-对甲苯基十二烷基胺（曲线 3）<N-邻甲苯基十二烷基胺（曲线 4）。缓蚀效果排列顺序与缓蚀剂中苯环 π 电子的共振结构有关，如图 5.20 所示。

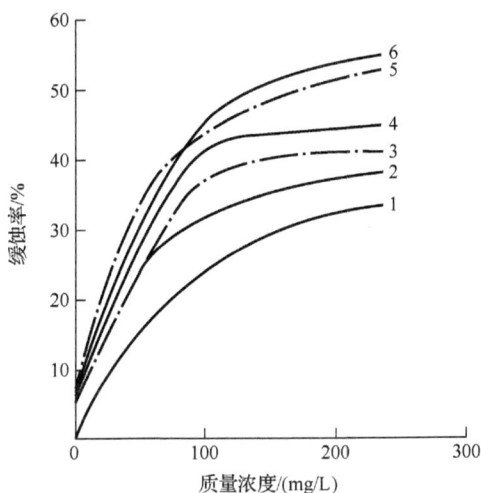

1—N-苯基十二烷基胺；2—N-间甲苯基十二烷基胺；3—N-对甲苯基十二烷基胺；
4—N-邻甲苯基十二烷基胺；5—N-苄基十二烷基胺；6—N-环己基十二烷基胺。

图 5.19　海水中六种有机胺的质量浓度对软钢的缓蚀效果

（a）N-苯基十二烷基胺

（b）N-邻甲苯基十二烷基胺

（c）N-对甲苯基十二烷基胺

（d）N-间甲苯基十二烷基胺

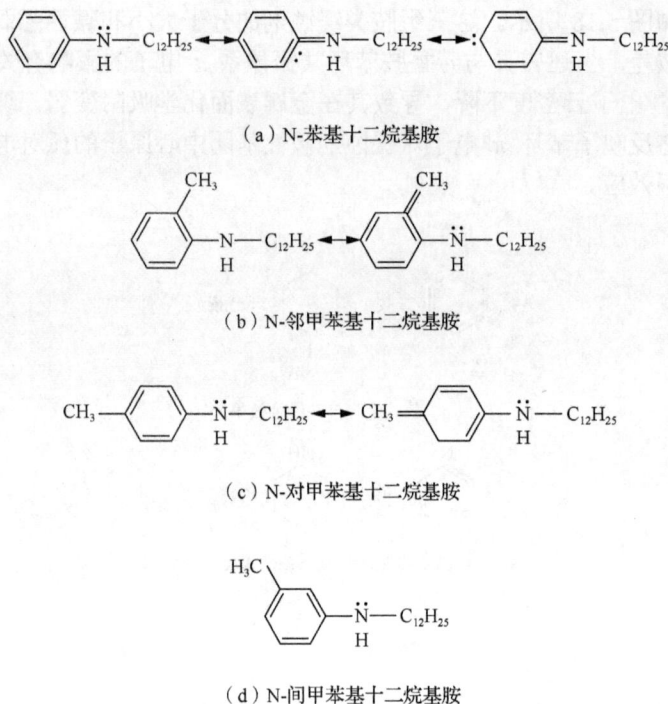

图 5.20　不同有机胺缓蚀剂的共振结构

Hackerman 研究指出，具有相同碳原子数的环状亚胺的缓蚀性能比脂肪仲胺好。采用电子衍射法对上述两种胺的 C—N—C 键角进行测量发现，脂肪仲胺的键角为 109°28′，环状亚胺的键角为 120°。因此，脂肪仲胺为 sp^3 杂化，只能提供 σ 电子；环状亚胺是 sp^2 杂化，可以提供 π 电子，在金属表面的吸附较强。因此，环状亚胺的缓蚀率比脂肪胺高。

在研究缓蚀剂极性基团中心原子供电子能力的强弱时，常使用电离势 I_B 表示原子或分子释放电子时所需的最低能量。电离势越低，原子或分子提供电子时需要的能量越少，即越容易给出电子，因此在金属表面的化学吸附越牢固。一些甲基化合物 CH_3—X 的电离势 I_B 见表 5.2。由表可知，含 N 和 S 的甲基化合物缓蚀剂的电离势比含 O 或 Cl 的甲基化合物缓蚀剂的电离势更低，因此其缓蚀性能好。此外，三组甲基化合物的电离势按照甲胺（CH_3NH_2）、二甲胺（$(CH_3)_2NH$）、三甲胺（$(CH_3)_3N$）的顺序依次减小，因此其缓蚀率排序为 $(CH_3)_3N > (CH_3)_2NH > CH_3NH_2$。这三组胺类缓蚀剂的中心原子相同，非极性基团—$CH_3$ 取代 N 原子上的 H 原子后，可使该化合物的电离势减小，并使 N 原子的供电子能力提高。因此，缓蚀剂极性基团中心原子的供电子能力还受与其相连的非极性基团的影响。若非极性基团斥电子，则可使电子偏向极性基团，增大极性基团中心原子的供电子能力；若非极性基团吸电子，则可使电子偏离中心原子，降低其供电子能力，使缓蚀效果降低。非极性基团的这种作用称为诱导效应。一般用 σ^* 表示非极性基团诱导效应的相对值，称为极性取代基常数（Taft 常数）。一些极性基团的取代基诱导常数 σ^* 见表 5.3。若中心原子上同时有几个取代基，则可用 $\Sigma\sigma^*$ 表示它们所产生的影响。若 $\Sigma\sigma^*$ 越小，则非极性基团斥电子，将导致基团中心原子的电子密度增大，其在金属表面的化学吸附更强，缓蚀效率也更高。例如，苯胺 $C_6H_5NH_2$ 的 $\Sigma\sigma^*$ 为 1.580（表 5.3，苯胺的 $\Sigma\sigma^*$=2×0.490+0.6=1.580），苄胺 $C_5H_5CH_2NH_2$ 的 $\Sigma\sigma^*$ 为 1.195。苄胺的 $\Sigma\sigma^*$ 较小，因此它的 N 原子上的电子密度较高，在金属表面更容易进行化学吸附。

表 5.2 甲基化合物 CH₃—X 的电离势 I_B

甲基化合物 CH₃—X	I_B/eV	甲基化合物 CH₃—X	I_B/eV	甲基化合物 CH₃—X	I_B/eV
F	12.85	CHO	10.20	N(CH₃)₃	7.82
Cl	11.30	COOH	10.36	CN	12.20
Br	10.53	SH	5.44	CONH₂	5.77
I	5.54	NH₂	8.97	PH₂	5.72
OH	10.84	NHCH₃	8.27		

表 5.3 一些极性基团的取代基诱导常数 σ^*

取代基	σ^*	取代基	σ^*	取代基	σ^*
H	0.490	C₄H₉	−0.130	C₆H₅CH₂	+0.215
CH₃	0	(C₄H₉)₂	−0.210	C₆H₁₁	−0.150
C₂H₅	−0.100	(C₄H₉)₃	−0.300	ClCH₂	+1.050
C₃H₇	−0.115	C₆H₅	+0.600	CCl₃	+2.650

苏联学者研究了苯并咪唑及其衍生物在25℃、摩尔浓度为2mol/L盐酸溶液中对工业纯铁的缓蚀效果，见表 5.4。在烷基取代苯并咪唑第二位置的氢后，其缓蚀效率变高，并且随着烷基碳链长度的增加而提高。根据原子轨道线性组合的分子轨道法计算得出，苯并咪唑的氮原子（3）的电子密度为-0.312；在引入 2-甲基后，氮原子（3）的电子密度为-0.367。以上计算结果表明，甲基提高了氮原子（3）的电子密度，随着烷基碳原子数量的增加，该趋势增大。因此，2-烷基苯并咪唑与金属的化学吸附比苯并咪唑更牢固，其缓蚀率更高。

表 5.4 不同取代基对苯并咪唑缓蚀效果的影响

缓蚀剂	苯并咪唑	2-甲基苯并咪唑	2-乙基苯并咪唑	2-丁基苯并咪唑	2-己基苯并咪唑
缓蚀率/%	94.92	95.49	95.96	97.31	98.07

对于含有多个双键的共轭体系的缓蚀剂（苯胺等），由于双键的 π 电子可以自由移动，在 N 原子上的氢被取代基置换后，往往同时存在共振效应和诱导效应，因此常用哈米特（Hammett）常数 σ 表示上述两种效应的共轭影响，即说明共轭体系极性基团的电子密度。当 σ<0 时，该基团是供电子基团，中心原子的电子密度增大；当 σ>0 时，该基团为吸电子基团，中心原子的电子密度减小。苯胺和吡啶的对位或间位上的 H 被取代基置换后的σ见表 5.5。苯胺和对甲苯胺的σ分别为 0 和-0.17，由于对甲苯胺的σ小，因此它的 N 原子的电子密度高，化学吸附容易进行。此外，苯胺、吡啶、噻吩（C₄H₄S）等衍生物的抑制系数 lgγ 与σ呈线性关系。在摩尔浓度为 1mol/L 盐酸溶液中苯胺衍生物对金属的缓蚀率 lgη 与 Hammett 常数 σ 之间的关系，如图 5.21 所示。由图可知，当 σ<0 时，σ越小，缓蚀剂的缓蚀率越高；当 σ>0 时，缓蚀率随σ的增大而增大。这与前面分析的 σ>0 时极性中心原子的电子密度减少的结论相矛盾。针对上述矛盾，格里戈里耶夫（Grigoriev）认为，在中心原子的电子密度减少的同时，阳离子正电荷相对增加，从而加强了缓蚀剂在金属表面的物理吸附，因此缓蚀率得以提高。

表 5.5　苯胺或吡啶的 Hammett 常数 σ

取代基	$\sigma_{对位}$	$\sigma_{间位}$	取代基	$\sigma_{对位}$	$\sigma_{间位}$
OH	−0.36	0.000	Cl	+0.23	+0.37
CH_3O	−0.27	+0.115	CH_3CO	+0.52	+0.31
CH_3	−0.17	−0.070	CN	+0.66	+0.66
H	0.00	0.000	NO_2	+0.78	+0.71

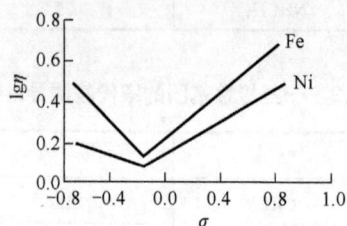

图 5.21　在摩尔浓度为 1mol/L 盐酸溶液中苯胺衍生物对金属的缓蚀率 $\lg\eta$ 与 Hammett 常数 σ 之间的关系

　　国内外学者针对有机缓蚀剂分子在金属表面的吸附排布状态开展了很多研究工作，并提出了动态吸附模型和稳态吸附模型，用于计算缓蚀剂分子吸附在金属表面的有效覆盖面积。Hackerman 等根据同质哌嗪在 25℃、6mol/L 盐酸溶液中对铁的缓蚀作用，得到了铁的腐蚀电流密度与同质哌嗪浓度之间的关系，并提出了同质哌嗪中 N 原子供电子吸附的两类模型，平面吸附模型和垂直吸附模型（图 5.22）。由图可知，当浓度较低时，同质哌嗪分子通过一个 N 原子（亚胺）进行垂直吸附，缓蚀剂分子在金属表面的有效覆盖面积较小，腐蚀电流较大，缓蚀率较低；当浓度较高时，同质哌嗪分子通过两个 N 原子（亚胺）进行水平吸附，缓蚀剂分子在金属表面的有效覆盖面积较大，腐蚀电流较小，缓蚀率较高。

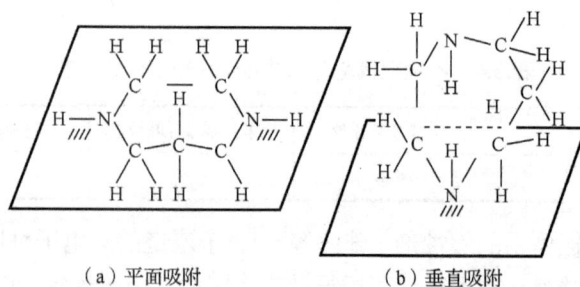

（a）平面吸附　　　　　　　（b）垂直吸附

图 5.22　同质哌嗪中 N 原子供电子吸附的平面吸附模型和垂直吸附模型

　　2）供质子型缓蚀剂的化学吸附

　　藤井晴一在研究硫醇（$C_nH_{2n+1}SH$）对铜的缓蚀作用和十二烷基胺（$C_{12}H_{25}NH_2$）对铁的缓蚀作用时指出，除了供电子型有机缓蚀剂外，还可以提供质子在金属表面吸附的有机缓蚀剂，这类缓蚀剂称为供质子型有机缓蚀剂或质子给予体有机缓蚀剂。在不同温度下，将铜放入含有十六硫醇（$C_{16}H_{33}SH$）和十六醇醚（$C_{16}H_{33}SCH_3$）缓蚀剂的溶液中预膜 1h，然后把已经成膜的试样放入 50℃、质量分数为 5% HCl 溶液中，在转速 50r/min 条件下进行 5h 试验，求得缓蚀率与预膜温度的关系曲线，如图 5.23 所示。由图可知，即使在 60℃下预膜 1h，硫醚仍无缓蚀作用，只有在 80℃以上时预膜才稍有缓蚀作用。十六硫醇在 20℃时预膜就已有一定的缓蚀作用，而且随着预膜温度的升高，其缓蚀率提高。以上试验结果表明，硫醇、硫醚中的硫原子在常温下难以向金属提供电子。另外，硫醇分子不发生缔合也表明硫原子供电子能力较差。硫醇的缓蚀率比硫醚高的原因是：硫醇通过提供质子在金属表面进行化学吸附；虽然硫醇中的硫原子供电子能力较差，但是它可以吸引相邻氢原子的电子，从而使氢原子与带正电的质子一样，容易吸附在金属表面多电子的阴极区。

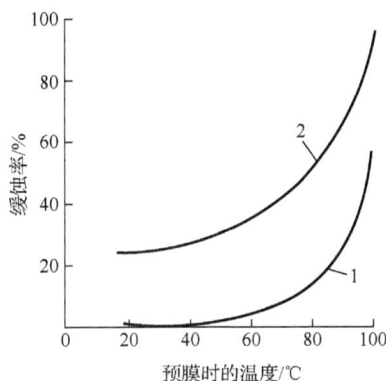

1—7.4×10^{-5}（mol/L）$C_{16}H_{33}SCH_3$；2—7.8×10^{-5}（mol/L）$C_{16}H_{33}SH$。

图 5.23 硫醇与硫醚缓蚀剂的缓蚀性能比较

N 原子和 O 原子的电负性比 S 原子更负，吸引相邻 H 原子的电子的能力也更强。因此，含有 N 和 O 的有机缓蚀剂也有供质子吸附的情况。例如，在 30℃、质量分数为 5%HCl 溶液中十二烷基胺（$C_{12}H_{25}NH_2$）和二甲基十二胺（$C_{12}H_{25}N(CH_3)_2$）对铁的缓蚀性能研究结果表明，十二烷基胺的缓蚀作用比二甲基十二胺好。由于上述两类胺缓蚀剂的烷基一样，其碱度（pK_a）分别为 10.1 和 5.7，相差不大。从供电子能力角度来看，二甲基十二胺比十二烷基胺更强，但十二烷基胺的缓蚀性能更好，这说明十二烷基胺是通过提供质子在金属表面进行化学吸附，而不是由 N 原子上的孤对电子进行吸附。

电化学测试和红外吸收光谱测试结果表明，伯胺在金属表面的吸附以供质子吸附为主，同时也存在供电子吸附。尤其是仲胺和叔胺在被引入斥电子取代基后，以供电子吸附为主。除了胺，含氧的醇类也是质子给予体有机缓蚀剂。一些含氮和硫的环状化合物也都是提供质子进行吸附的供质子型有机缓蚀剂，如苯并三氮唑、苯并咪唑等。上述供质子型有机缓蚀剂对铜及铜合金的缓蚀效果最佳，因而是铜材最有效的缓蚀剂。需要指出的是，含硫化合物常温下在金属表面的吸附较为困难，但其一旦吸附在金属表面就会形成较为牢固的吸附膜，并且在高温时极易形成牢固的吸附膜。

3. 有机缓蚀剂吸附的配位（螯合）作用

在含有缓蚀剂的介质中，金属的缓蚀剂吸附作用与金属离子的配位作用有许多相似之处。具有配位能力的极性基团的中心原子都含有带孤对电子的元素周期表中的 VA 族和 VIA 族元素。极性基团包括碱性极性基团和酸性极性基团。例如，氨基、亚氨基、叔氨基或杂环氮化合物、羰基、醚基、醇基、硫醚基等属于碱性极性基团；羧基、磺酸基、膦酸基、肟基、巯基、酚基、烯醇基及三键等属于酸性极性基团。这些极性基团的中心原子与过渡金属的 d 轨道电子空位形成配位键，并组成配位物。对于酸性配位基，质子游离化后带负电，与中心的正离子发生静电作用以增强配位能力。对于溶剂水，金属离子都是水化的，水化金属离子可以看作一种弱的配位作用。因此，缓蚀剂（配位剂）必须排除金属表面的配位水分子，才能完成配位作用。配位作用与金属的缓蚀剂吸附极为相似，不同之处在于配位物中心总是带正电荷的金属离子。配位化学理论近十几年来发展很快，缓蚀剂的软硬酸碱理论是配位物理论的扩展。

需要指出的是，配位能力太强的缓蚀剂配位物是不理想的，因其会促进腐蚀。例如，配位物 EDTA 作为清洗剂使用，与钙、镁、铁等离子配位后可以溶解水垢，但其同时也会促进铁基体腐蚀。因此，在使用 EDTA 时，需要选用合适的缓蚀剂以防止铁腐蚀。

4. 有机缓蚀剂分子 π 键吸附

有机缓蚀剂分子的双键、三键的 π 电子与孤对电子类似，具有供电子能力。因此，π 电子可与金属的空 d 轨道形成配位键而吸附在金属表面，如图 5.24 所示。一些含有双键化合物的缓蚀率见表 5.6。由表可知，丙胺、丙酸对碳钢的缓蚀率较低，但当这些化合物引入双键后，其缓蚀率明显提高，这与 π 键吸附有关。

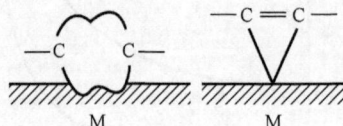

图 5.24　有机缓蚀剂分子 π 键吸附

表 5.6　在 85℃，3mol/L 盐酸溶液中钢的缓蚀率

缓蚀剂	丙胺	丙烯胺	丙酸	丙烯酸	乙酰胺	丙烯酰胺
缓蚀率/%	18.9	33.6	23.6	46.9	21.0	72.3

日本荒牧国次等[1]在研究 30℃、6.1mol/L 盐酸溶液中丙烯酸、丙烯醇等双键化合物对铁的极化曲线影响（图 5.25）时指出，丙烯酸的缓蚀性能比丙烯醇好（曲线 3、曲线 3'），可以同时阻碍铁腐蚀的阴极过程和阳极过程，是一种混合抑制型缓蚀剂。同时，他认为除了考虑 π 键吸附外，取代基对双键化合物的缓蚀性能也有很大影响。若取代基极性较弱且离双键位置较远，则这类化合物对金属的吸附是由双键的 π 电子起主要作用；若极性基的极性较强且与双键相距较近，则极性基团中心原子的孤对电子就与双键的 π 电子形成共轭双键体系。由于 π 电子的共振，可能形成以下结构：

$$CH_2 = CH-CH_2-X: \xleftrightarrow{\text{共振}} CH_2\cdots CH\cdots CH_2\cdots X \tag{5.23}$$

X 基为—SH、—NH$_2$、—I、—Br。这种共振的结果会形成一种大 π 键，并以平面吸附的构型加强对金属的吸附，提高了缓蚀剂的缓蚀性能。若用甲氧基、乙氧基取代丙烯化合物中的 X 基，则将导致缓蚀率降低，这可能与未能形成大 π 键有关。此外，由于共振，丙烯酸和丙烯酸酯也会形成大 π 键，平面吸附在金属表面，其缓蚀率比丙胺和丙酸高。

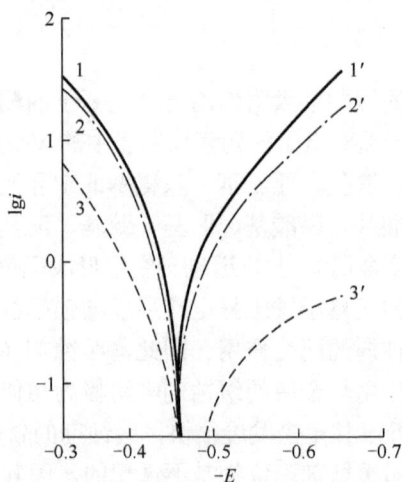

图 5.25　30℃、6.1mol/L 盐酸溶液中丙烯酸、丙烯醇等双键化合物对铁的极化曲线影响

炔醇类化合物是一类高温酸性溶液中的高效缓蚀剂。20 世纪 50 年代以来，人们对其缓蚀作用和缓蚀机理进行了大量研究。炔类化合物容易被氧化，而且会在酸性溶液中变得不稳定而发生水解和重排，并生成醛类。在 80℃盐酸溶液中一些炔类化合物对铁的缓蚀作用见表 5.7。由表可知，己炔醇、丙炔醇的缓蚀率最高。1975 年，特德西（Tedeshi）经过系统研究发现，有效炔醇类的三键必须在碳链顶端，即在 1 位；羟基的位置必须与三键相邻，即在 α 位或 3 位。若不满足上述条件，则炔醇的缓蚀效果较差，甚至没有缓蚀作用。

表 5.7　在 80℃盐酸溶液中一些炔类化合物对铁的缓蚀作用

缓蚀剂名称	己炔	庚炔	辛炔	癸炔	丙炔醇	己炔醇
腐蚀速率/[g/（m²·h）]	56.0	47.2	51.1	96.5	6.09	0.42
缓蚀率/%	92.9	94.0	93.5	87.8	95.2	95.9

5. 有机缓蚀剂在金属表面的吸附规律

为了研究有机缓蚀剂在金属表面的吸附规律，研究者提出了"覆盖度"的概念，并将其定义为吸附在金属表面的活性位点占全部活性位点的分数。若缓蚀剂吸附在金属表面后，被缓蚀剂分子覆盖的表面部分 θ 对介质可以起到阻碍作用，裸露表面部分 $(1-\theta)$ 将受到介质腐蚀，则加入缓蚀剂后金属的腐蚀速率 i 为

$$i = i_0(1-\theta) \tag{5.24}$$

式中，i_0 为未加缓蚀剂时金属的腐蚀速率 $[g/（m^2·h）]$；i 为加入缓蚀剂后金属的腐蚀速率 $[g/（m^2·h）]$。若定义缓蚀剂的抑制系数为 γ，则

$$\gamma = \frac{i_0}{i} = \frac{1}{1-\theta} \tag{5.25}$$

$$\theta = 1 - \frac{i}{i_0} \tag{5.26}$$

缓蚀率表示为

$$\eta = (i_0-i) \times \frac{100\%}{i_0} = 1 - \frac{i}{i_0} = \theta \tag{5.27}$$

因此，在测得缓蚀剂的缓蚀率 η 后，即可得到缓蚀剂吸附在金属表面的覆盖度 θ。此外，也可采用微分电容的电化学方法求得覆盖度。

缓蚀剂在金属表面的吸附，除了与金属及缓蚀剂的性质有关外，还与介质温度、流动状态、缓蚀剂浓度等因素有关。在一定温度下，金属对缓蚀剂的吸附可用朗缪尔（Langmuir）吸附等温式表示，即

$$\theta = \frac{KC}{1+KC} \tag{5.28}$$

式中，K 为吸附平衡常数；C 为缓蚀剂浓度（mol/L）。

上式可以改写为

$$KC = -\frac{\theta}{1-\theta} = \frac{\eta}{1-\eta} \tag{5.29}$$

$$\lg \frac{\eta}{1-\eta} = K' + \lg C \tag{5.30}$$

式中，$K'=\lg K$。

由式（5.29）可知，$\lg[\eta/(1-\eta)]$ 与 $\lg C$ 之间呈线性关系。很多有机缓蚀剂在一定浓度范围内都服从这一吸附等温关系。图 5.26 所示为摩尔浓度为 2mol/L 盐酸溶液中喹啉缓蚀剂对铁的缓蚀作用。由图可

知，lg［$\eta/（1-\eta）$］与 lg$C$ 之间呈良好的线性关系，表明喹啉缓蚀剂在铁表面的吸附符合 Langmuir 吸附等温方程。在 80℃、质量分数为 5% H_2SO_4 溶液中加入氯化十二烷基苄基喹啉盐所测得的试验数据，如图 5.27 所示。由图可知，lg［$\eta/（1-\eta）$］与 lg$C$ 之间不是线性关系，表明在此介质中氯化十二烷基苄基喹啉盐并不符合 Langmuir 吸附等温方程。这可能是该分子在金属表面的吸附非常强，导致其脱附非常困难。因此，缓蚀剂的吸附过程不再符合 Langmuir 吸附等温方程。

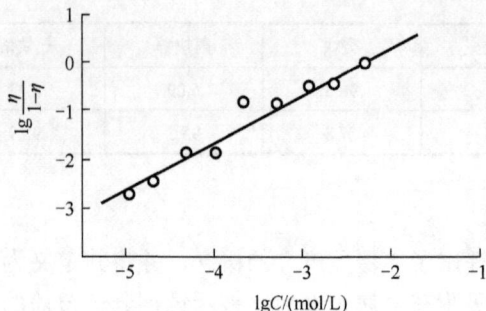

图 5.26　摩尔浓度为 2mol/L 盐酸溶液中喹啉缓蚀剂对铁的缓蚀作用　　图 5.27　在 80℃、质量分数为 5% H_2SO_4 溶液中加入氯化十二烷基苄基喹啉盐所测得的试验数据

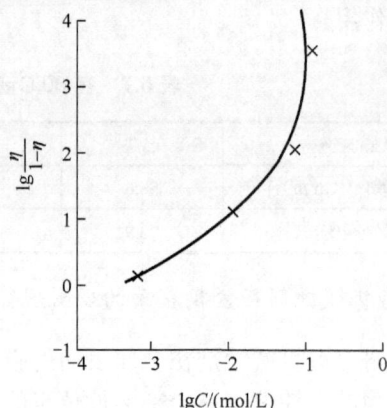

　　缓蚀剂在金属表面的吸附很复杂。有些缓蚀剂在金属表面的吸附符合弗罗因德利希（Freundlich）吸附等温方程，即

$$\lg\theta = a\lg C + b \tag{5.31}$$

式中，a 和 b 为常数。

　　也有些有机缓蚀剂在金属表面的吸附与简化的乔姆金（Temkin）吸附等温方程相符，即

$$\theta = \lg\frac{C}{k+k'} \tag{5.32}$$

式中，$k = a\exp(-E/RT)$，k 表示两种物质之间的吸附能力常数，a 是构象势参数，E 表示双击反应活化能，R 为气体常数，T 表示系统热力学温度；$k'=\lg k$。

　　这种形式的吸附等温线一般适用于中等覆盖度（$0.2 \leqslant \theta \leqslant 0.8$）的情况。

　　如果考虑相邻吸附粒子间的作用，就可以用弗鲁姆金吸附等温方程表示，可简化为

$$\frac{\theta\exp(f\theta)}{1-\theta} = kC \tag{5.33}$$

式中，f 和 k 为常数。

　　图 5.28 所示为 0.5mol/L H_2SO_4 溶液中 n—辛胺和 n—癸胺的覆盖度 θ 与其缓蚀剂浓度的关系曲线。对正癸胺（曲线 1）：

$$\frac{\theta\exp(-0.6\theta)}{1-\theta} = 1000C \tag{5.34}$$

对正辛胺（曲线 2）：

$$\frac{\theta\exp(+0.5\theta)}{1-\theta} = 296C \tag{5.35}$$

　　综上所述，研究有机缓蚀剂的吸附机理，特别是定量获得缓蚀剂的吸附规律，对于揭示有机缓蚀剂的缓蚀机理非常重要。从腐蚀试验中获得缓蚀剂的缓蚀率与浓度的关系，有助于分析缓蚀剂的吸附类型。结合表面微观分析方法，可以深入地研究缓蚀剂在金属表面吸附成膜的机理。

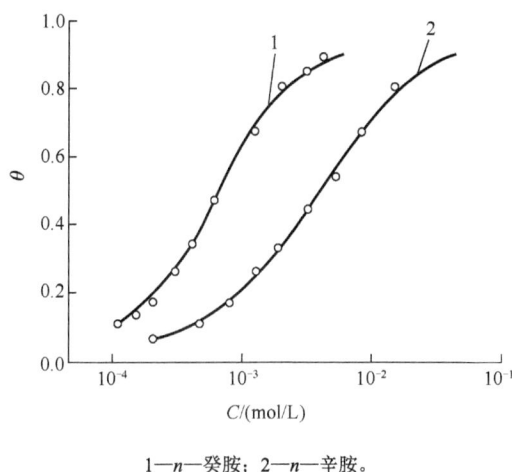

1—n—癸胺；2—n—辛胺。

图 5.28　0.5mol/L H_2SO_4 溶液中 n—辛胺和 n—癸胺的覆盖度 θ 与其缓蚀剂浓度的关系曲线

5.2.3　有机缓蚀剂非极性基团的屏蔽效应

有机缓蚀剂分子由极性基团与非极性基团组成，其缓蚀效果取决于以下因素：①缓蚀剂分子在金属表面吸附后的覆盖面积，以及形成的阻碍腐蚀介质的保护膜厚度。②保护膜的致密度。③吸附分子与金属之间的吸附力。④吸附率等。为了使少量有机缓蚀剂能够充分发挥缓蚀作用，缓蚀剂分子极性基团与非极性基团之间应有适当的"两性均衡"，即缓蚀剂分子的极性基团能够牢固地吸附在金属表面，非极性基团能够有效地覆盖整个金属表面。缓蚀剂分子在金属表面的吸附示意图如图 5.29 所示。由图可知，非极性基团在金属表面形成一层疏水性保护膜，阻碍金属离子向外扩散及腐蚀介质或水与金属表面作用。这种由缓蚀剂分子的非极性基团在金属表面形成疏水层防止腐蚀介质侵入的作用，称为非极性基团的屏蔽效应。当极性基团相同时，非极性基团的碳链长度和结构都会对缓蚀剂的缓蚀性能产生很大影响。

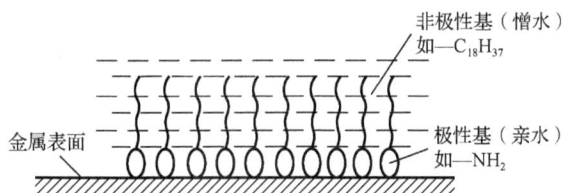

图 5.29　缓蚀剂分子在金属表面的吸附示意图

对于具有直链烃基的缓蚀剂，烃基直链越长，其缓蚀效果越好。但当烃基的直链太长时，缓蚀剂的水溶性会变差，因而在使用时必须添加适当的表面活性剂或助溶剂以提高其在水中的分散性。图 5.30 所示为室温下将烷基胺 $C_nH_{2n+1}NH_2$ 加入人工海水中，对碳钢进行 65h 腐蚀试验的结果。烷基胺的缓蚀率随着烷基碳原子数的增加而提高，这与长链烷基的屏蔽效应较大有关。

非极性基团的屏蔽效应也会因缓蚀剂吸附方式的不同而发生改变。当缓蚀剂分子的极性基团是物理吸附时，非极性基团相对于金属表面可取任意角度排列。例如，烷基胺阳离子在浓度较低时，非极性基团（R—）是倾斜的，随着缓蚀剂浓度的增加，非极性基团逐渐处于垂直于金属表面位置排列。当极性基团为化学吸附时，由于极性基团中心原子以一定角度与金属形成配位键，非极性基团不会自由倾斜。但无论是物理吸附还是化学吸附，非极性基团都随着极性基团吸附绕着键轴旋转。因此，缓蚀剂分子的屏蔽面积与非极性基团的链长密切相关。

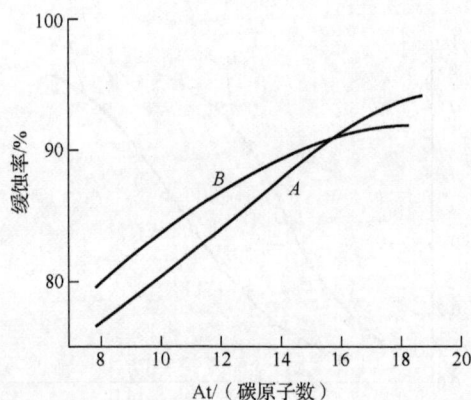

图 5.30　室温下将烷基胺 $C_nH_{2n+1}NH_2$ 加入人工海水中，对碳钢进行 65h 腐蚀试验的结果

一般常用分子截面积 S 和有效覆盖面积 A 来表示缓蚀剂在金属表面的覆盖面积。分子截面积是指一个缓蚀剂分子遮盖金属的表面积，可用下式计算：

$$S = 1.09\left(\frac{M}{Nd}\right)^{\frac{2}{3}} \tag{5.36}$$

式中，M 为缓蚀剂摩尔质量（g/mol）；d 为溶液密度（g/cm^3）；N 为阿伏伽德罗常数（$6.022\times10^{23}\text{mol}^{-1}$）。因此，对于同一极性基团的缓蚀剂，随着非极性基团碳原子数量的增加，其分子量增加，分子的截面积 S 增大，缓蚀性能提高。

根据分子模型，缓蚀剂分子以吸附链为轴心旋转，可以求出它在金属表面的投影面积，即为缓蚀剂有效覆盖面积 A。因此，对于吸附能力大致相同的缓蚀剂，如果 S 或 A 大，其缓蚀率就高。

对于非极性基团两端有极性基团的缓蚀剂，对铁的缓蚀效果会随着碳原子数量的增加而提高。例如，在 6mol/L 盐酸溶液中，多次甲基二胺 $NH_2(CH_2)_nNH_2$（$n=2\sim12$）的缓蚀效果顺序为 2<3~8<11<12。从测得的微分电容角度来看，当 $n=3\sim8$ 时，缓蚀剂分子在金属表面为平面吸附；当 $n=5\sim12$ 时，中间非极性基团弯曲吸附在金属表面，有效覆盖面积增大，缓蚀效果提高。

当非极性基团上存在支链时，往往会阻碍极性基团的化学吸附，致使缓蚀剂的缓蚀性能下降，这种现象称为非极性基团的立体阻碍作用。Hackerman 认为，支链的位置和长度对缓蚀剂的吸附影响很大，靠近吸附活性中心原子的支链对化学吸附存在立体阻碍，致使化学吸附降低。但支链的立体阻碍对物理吸附几乎没有影响。

一些取代基的立体置换常数 E_s 见表 5.8。通常用立体置换常数表示非极性基团对吸附的影响。E_s 越小，取代基的立体阻碍影响越大。在摩尔浓度为 6.1mol/L 盐酸溶液中，一些有机缓蚀剂（哌啶、吡咯衍生物和烷基胺）对铁的缓蚀效果随着 E_s 减小而变差；硫醚缓蚀率的对数随着 E_s 减小而变小。

表 5.8　取代基的立体置换常数 E_s

取代基	E_s	取代基	E_s	取代基	E_s
H	+1.24	$n—C_4H_9$	-0.39	C_6H_{11}	-0.78
CH_3	0.00	$(C_4H_9)_2$	-1.13	$ClCH_2$	-0.24
C_2H_5	-0.07	$(C_4H_9)_3$	-1.54	CCl_3	-2.06
$n—C_3H_7$	-0.36	$C_6H_5CH_2$	-0.38		

此外，当缓蚀剂非极性基团的支链能使屏蔽面积增大时，对提高缓蚀剂的缓蚀性能有利。例如，三（2-异丙基）辛胺在酸性溶液中对金属完全没有缓蚀作用。其原因是三个异丙基所形成的的空间立体阻碍

使极性基团中心原子 N 不能吸附在金属表面，一旦远离金属表面，就没有缓蚀作用。图 5.31 所示为三（2-异丙基）辛胺分子在金属表面的吸附模型。二（1-乙基）辛胺在酸性溶液中的缓蚀效果与二正辛胺基本相同。二（1-乙基）辛胺的分子模型图和在金属表面的吸附模型，如图 5.32 所示。二（1-乙基）辛胺分子的两个辛基处于几乎与金属表面平行的位置，在乙基取代 α 位置上的 H 原子后，不但没有影响 N 原子在金属表面的吸附，还由于乙基的存在而使整个缓蚀剂分子的屏蔽面积有所提高。因此，缓蚀率不会因支链的存在而下降。当缓蚀剂分子的非极性基团存在支链时，要具体分析非极性基团的立体阻碍作用，不能认为所有的立体阻碍都会对缓蚀剂的缓蚀作用产生明显影响。

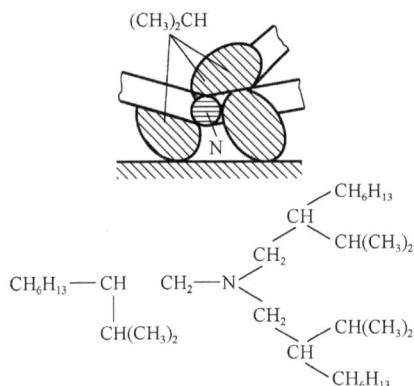

图 5.31 三（2-异丙基）辛胺分子在金属表面的吸附模型

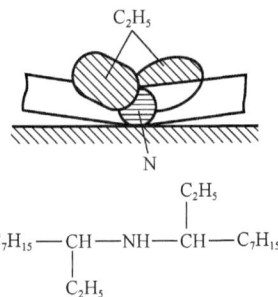

图 5.32 二（1-乙基）辛胺的分子模型图和在金属表面的吸附模型

5.2.4 缓蚀剂的协同效应和拮抗效应

1. 缓蚀剂的协同效应

在近代缓蚀剂的发展中，缓蚀物质间的协同效应现象起着重要作用，许多高效的商用缓蚀剂都是利用协同效应原理研制的。缓蚀剂的协同效应是指一种缓蚀剂的性能因其他物质或缓蚀剂的加入而得到增强和改善的现象。也就是说，在腐蚀介质中，复合缓蚀剂由两种以上的缓蚀物质组成，其缓蚀效果更好。协同效应所产生的缓蚀效果，并非两组分的简单加和，而是相互促进的结果。并不是所有缓蚀剂之间都存在协同效应，有些缓蚀剂之间甚至还存在负面的协同效应，又称拮抗效应。在协同效应研究方面，对缓蚀剂各组分相互作用增强的程度，泰德斯基（Tedeschi）提出了势差比（potential difference ratio，PR）的方法，用于比较混合物中单组分对混合组分的相对增强程度或势差度。

例如，某种复合缓蚀剂是由组分 A 和组分 B 组成，两种组分在缓蚀介质中单独使用时的浓度与它们在混合物中的浓度相同。在相同试验条件下，把复合缓蚀剂与其组分进行对照，结果如下：二元复合缓蚀剂 A+B，腐蚀速率（CR）[g/（m²·h）]，势差比（PR）。已知：$CR_{A+B}=0.001$，$CR_A=0.01$，$CR_B=0.1$，$PR_A=CR_A/CR_{A+B}$，$PR_B=CR_B/CR_{A+B}$，则有：$PR_A=0.01/0.001=10$，$PR_B=0.1/0.001=100$。

A 或 B 的势差比（PR）是它们各自的腐蚀速率除以复合缓蚀剂的腐蚀速率。A 与 B 混合形成的复合缓蚀剂的缓蚀性能增强，比它们各自的缓蚀性能提高了 10 倍和 100 倍，这就是缓蚀剂的协同效应，可用势差比来研究和衡量缓蚀剂之间的相互影响作用。前苏联学者研究缓蚀剂卡特平、聚甲醛和乌洛托品复配时的协同效应，见表 5.9。由表可知，卡特平在温度低于 60℃的盐酸溶液中对钢有较好的缓蚀率；在 80℃、质量分数为 30%盐酸溶液中，卡特平的缓蚀效果明显降低。当卡特平与聚甲醛或乌洛托品复配使用时，钢的腐蚀速率大幅降低，由 745.8g/（m²·h）降至 15.24g/（m²·h）。由此可见，卡特平与乌洛托品之间具有很好的协同效应。

表 5.9　缓蚀剂卡特平、聚甲醛和乌洛托品复配时钢筋的腐蚀速率

盐酸质量分数/%	缓蚀剂质量浓度/（g/L）	腐蚀速率/[g/（m²/h）]			
		20℃	40℃	60℃	80℃
10		13.27	47.09	286.25	871.27
	卡特平 5	0.09	0.20	0.88	7.55
	聚甲醛 5	0.14	1.15	16.35	95.71
	乌洛托品 5	0.09	1.02	4.25	15.16
	卡特平 2.5 聚甲醛 2.5	0.07	0.20	0.61	4.88
	卡特平 2.5 乌洛托品 2.5	0.08	0.19	0.65	2.96
20		25.56	84.05	466.22	1848.93
	卡特平 5	0.16	1.65	5.68	63.16
	聚甲醛 5	0.17	17.86	68.90	497.21
	乌洛托品 5	0.16	3.19	15.40	105.88
	卡特平 2.5 乌洛托品 2.5	0.11	0.22	1.38	5.31
30		83.02	196.92	910.71	2934.90
	卡特平 5	5.88	25.21	35.22	745.80
	聚甲醛 5	8.41	15.77	110.20	638.56
	乌洛托品 5	1.19	8.42	35.51	190.54
	卡特平 2.5 乌洛托品 2.5	0.25	0.79	2.74	15.24

　　洛法（Lofa）在研究四丁基铵离子和 I⁻在硫酸溶液中对铁的缓蚀作用时指出，四丁基铵离子在硫酸溶液中对铁的缓蚀作用较差，但在加入 I⁻后，由于 I⁻在金属表面的特性吸附改变了金属表面的双电层结构，使金属表面带负电，有利于四丁基铵阳离子的吸附，因此大幅提高了缓蚀效果。上述作用是有机缓蚀剂与无机缓蚀剂的协同作用。洛舍夫（Losev）在硫酸溶液中加入四丁基铵离子和 I⁻后，通过铁电极微分电容的变化研究其缓蚀效果和协同作用。研究结果表明，四丁基铵离子在酸性溶液中对铁电极的微分电容影响不大，说明其在铁表面的吸附较弱。但在加入 I⁻后，铁电极的微分电容急剧下降，表面 I⁻有利于四丁基铵阳离子在铁表面的吸附，这也是两者之间具有较好协同效应的体现。

　　图 5.33 所示为摩尔浓度为 0.5mol/L H₂SO₄ 溶液中铁的极化曲线。由图可知，在加入摩尔浓度为 0.01mol/L 磺基水杨酸后，极化曲线向右偏移（曲线 3），腐蚀电流增大。这是它能够减少氢在铁上的过电位，使阴极析氢反应变得更容易所致。因此，铁腐蚀加剧。四丁基铵阳离子在酸性溶液中的缓蚀作用也不明显，铁的极化曲线（曲线 2）几乎与未加阻锈剂时的极化曲线 1 重合。但当四丁基铵阳离子与磺基水杨酸复配使用时，铁的极化曲线向左偏移（曲线 4），腐蚀电流密度大大降低，这说明了在两种缓蚀剂之间产生了明显的协同效应。

　　与卤素离子类似，磺基水杨酸阴离子在金属表面的吸附大大增强了四丁基铵阳离子吸附，两者有较好的协同作用。同样，酸性溶液中苯基磺酸与三苄基胺在金属表面的吸附也有类似的协同作用，可使金属在酸性溶液中的腐蚀速率明显降低。

　　其他可以产生阳离子的缓蚀剂包括吡啶、喹啉、苯胺衍生物和硫脲及其衍生物等。当这类缓蚀剂与卤素离子复配使用时，产生协同效应，其缓蚀效果显著提高。

　　例如，商品缓蚀剂若丁就是由二邻甲苯硫脲与氯化钠复配成的酸洗用复合型缓蚀剂。

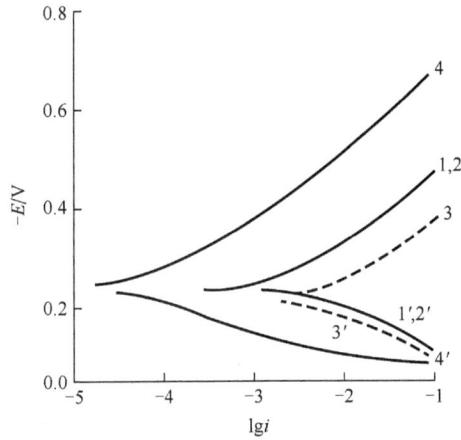

曲线1,曲线1′—未加缓蚀剂; 曲线2,曲线2′—加0.01mol/L四丁基铵阳离子;

曲线3,曲线3′—加0.01mol/L磺基水杨酸; 曲线4,曲线4′—加0.01mol/L四丁基铵阳离子+0.01mol/L磺基水杨酸。

图5.33 摩尔浓度为0.5mol/L H_2SO_4 溶液中铁的极化曲线

一些阴离子（SCN^-、HS^-和有机阴离子等）与季铵盐阳离子复配后，也具有良好的协同作用。聂世凯等[2]利用协同作用原理研制了兰-5硝酸缓蚀剂（由苯胺、乌洛托品和硫氰化钾组成）。硫氰化钾在硝酸溶液中具有较好的稳定性，苯胺可与HNO_2反应形成重氮化物，可以消除HNO_2的自动催化作用。此外，苯胺与乌洛托品可在酸性溶液中反应形成缩合物。三种缓蚀剂的最佳协同配比为 KSCN：乌洛托品：苯胺=0.1：0.3：0.2。兰-5硝酸缓蚀剂在60℃以下、质量分数为7%以下硝酸中缓蚀效果较好。当温度过高或硝酸浓度增大时，兰-5硝酸缓蚀剂的缓蚀性能明显降低。

缓蚀剂的协同效应在研制高温、高效缓蚀剂中发挥了重要作用。华南理工大学在研制7701复合缓蚀剂过程中，利用协同效应，成功实现了其在150～180℃、20%～28%浓盐酸溶液中的应用[3]。例如，在90℃，28% HCl+2% HAc（式中为质量分数）溶液中，N-80油管钢试片的腐蚀速率为$10.1×10^4$g/（$m^2·h$）；在加入质量分数为1.5%7701复合缓蚀剂后，腐蚀速率降至6.44g/（$m^2·h$），缓蚀率超过95.9%。该种缓蚀剂优异的缓蚀性能来自7701复合缓蚀剂中的有机阳离子与卤素离子等的协同作用，在金属表面形成多层致密的吸附层。此外，7701与乌洛托品之间也存在较好的协同作用，能在铁表面形成多分子络合体吸附膜；同时，由于Cl^-在铁表面的特性吸附，可在金属表面形成吸附层，从而极大地促进乌洛托品的吸附。其特点是：氢离子阴极去极化反应受到阻碍，降低了金属腐蚀速率。俞敦义等[4]采用电化学阻抗技术，测试了在30℃、质量分数为15% HCl溶液中质量分数为0.05%7701缓蚀剂与不同浓度乌洛托品复配时阿姆科铁（Armeco）铁的阻抗，见表5.10[4]。随着乌洛托品掺量的增加，铁的屈服强度R_p逐渐增大，微分电容C_d逐渐减小，表明电荷转移阻力增大，即腐蚀速率降低。双电层的微分电容C_d减小是缓蚀剂分子在金属表面取代了介电常数较大的水分子而形成了多分子层吸附膜所致。质量分数为0.5g/kg 7701缓蚀剂与0.23g/kg乌洛托品复配后，铁的屈服强度R_p为107.3（$\Omega·cm^2$），比单独使用质量分数为0.1% 7701缓蚀剂时铁的屈服强度R_p[104.4（$\Omega·cm^2$）]大。两种缓蚀剂的使用量为0.73g，比单独使用7701缓蚀剂的用量更低。因此，利用缓蚀剂的协同作用，对增强缓蚀性能及降低缓蚀剂用量具有重要意义。

表5.10 在30℃、质量分数为15% HCl溶液中0.05%（质量分数）7701缓蚀剂与不同浓度乌洛托品复配时阿姆科铁的阻抗

参数	15% HCl	0.05% 7701+不同浓度乌洛托品 g/kg				
		0	0.03	0.10	0.17	0.23
R_p/（$\Omega·cm^2$）	14.60	90.60	93.80	98.80	102.40	107.30
C_d/（$\mu m/cm^2$）	62.10	12.20	10.55	5.36	8.39	7.41

一些阴离子与阳极阳离子（7701 类苄基、吡啶、季铵盐或卡特平类季铵盐等）协同作用的强弱顺序为 $CNS^->I^->(NH_2)_2CS>C_6H_5SO_3^->Br^->Cl^-$。

协同效应与两种离子在金属表面的联合吸附行为密切相关。Hackerman 等在研究含有有机胺和卤素原子的酸性溶液中铁的腐蚀行为时指出，两种离子的联合吸附有重叠吸附和交错吸附两种方式。若两种离子与金属都有形成配位键的能力，则重叠吸附的可能性较大。交错吸附不仅吸附键强度大，吸附离子之间还存在横向引力，因而吸附层致密且稳定性好。电极电位、离子浓度对吸附方式也有一定影响。两种吸附方式在一定条件下可以发生转变。

缓蚀剂之间的协同作用机理十分复杂，目前并没有统一理论对协同作用机理进行解释。研究者也是在各自的研究工作中对缓蚀剂的协同作用机理进行解释。例如，有学者采用零电荷电位分析缓蚀剂的协同效应：相对于溶液，金属带正电，在加入 I^-、SCN^- 等离子时，金属表面所带正电荷减少，甚至变为带负电，有利于有机缓蚀剂阳离子在金属表面吸附，提高缓蚀率。也有学者认为，缓蚀剂分子在金属表面生成化合物，其偶极定向排列使负端指向溶液，有利于有机缓蚀剂阳离子在金属表面的吸附。另外，还有学者提出无机阴离子或有机阳离子的吸附，就像在金属原子和有机阳离子之间建立联系的桥梁一样，使后者更容易吸附，因此提高了缓蚀率。以上机理是从离子吸附的角度来分析的。有学者提出了分子机理假设，认为有机阳离子只存在于溶液中，当它们在金属表面放电时会得到有机物分子，这些分子通过中心原子的孤对电子在金属表面进行化学吸附。因此，协同效应是未离子化的缓蚀剂分子与吸附在金属表面的卤素原子间形成共价键所致。缓蚀剂协同作用大于缓蚀剂的简单加和作用。因此，在实际应用中，选择协同作用好的组分复配成多组分缓蚀剂，具有更好的缓蚀性能。

2. 缓蚀剂的拮抗效应

当两种缓蚀剂复配使用时，其缓蚀效果比使用单一缓蚀剂时更差，这种缓蚀作用降低的现象称为缓蚀剂的拮抗效应，或缓蚀剂负协同效应。不同缓蚀剂的协同作用、加和作用和拮抗作用如图 5.34 所示。

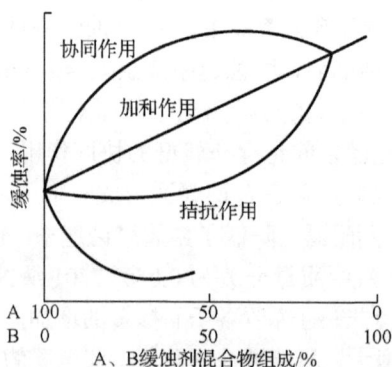

图 5.34 不同缓蚀剂的协同作用、加和作用和拮抗作用

5.2.5 软硬酸碱理论在缓蚀剂研究中的应用

按照路易斯（Lewis）酸碱的定义，在反应过程中能够接受电子对的分子或离子称为 Lewis 酸；反之，可以提供电子对的分子或离子称为 Lewis 碱。根据 Lewis 酸碱理论，皮尔森（Pearson）提出任何一种酸或一种碱至少包括两个基本属性，酸碱强度和软硬度。酸碱强度随酸、碱及外界条件变化，软硬度是酸、碱本身固有的，并以四参数方程来表征上述性质对平衡常数的影响：

$$A + :B = A:B \tag{5.37}$$

$$\lg K = S_A S_B + \sigma_A \sigma_B \tag{5.38}$$

式中，A 是酸；:B 是碱；A:B 是酸碱配合物；S_A、S_B 为酸碱度；σ_A、σ_B 为酸碱的软硬度。若是硬类，则σ为正值；若是软类，则σ为负值。若是硬-硬组合、软-软组合，则$\sigma_A\sigma_B$乘积为正值；若是软-硬组合，则$\sigma_A\sigma_B$乘积为负值。Pearson在研究加合物稳定性的基础上，提出了软硬酸碱（hard and soft acids and bases，HSAB）规则。该规则认为，硬酸易与硬碱反应，软酸易与软碱反应，即"硬亲硬""软亲软"。

大多数有机化合物可认为是酸碱化合物。极性有机化合物通过极性中心原子与金属表面原子形成配位键吸附在金属表面。这种化合物与金属之间的作用可看作酸碱之间的作用。按照 HSAB 规则，金属基体为软酸，氧化的金属表面为硬酸。日本学者荒牧国次等研究发现，软碱有机化合物可在金属表面形成稳定吸附键，是酸性溶液中抑制金属腐蚀的有效缓蚀剂；硬碱有机化合物在氧化的金属表面可以进行有效的化学吸附，抑制酸性溶液对金属的腐蚀破坏。上述吸附现象完全服从 HSAB 规则。因此，可以参照 Pearson 总结的 HSAB 分类表（表 5.11）选择酸性介质中的缓蚀剂。

表 5.11 碱的软、硬度分类表

硬碱类	中间碱类	软碱类
NH_3、RNH_2、N_2H_4、H_2O、OH^-、O^{2-}、ROH、RO^-、R_2O、CH_3COO^-、CO_3^{2-}、NO_3^-、PO_4^{3-}、SO_4^{2-}、ClO_4^-、$F^-(Cl^-)$	$C_2H_5NH_2$、C_5H_5N、NO_2^-、SO_3^{2-}、Br^-	H^+、R^-、C_2H_4、C_6H_6、CN^-、RCN、CO、SCN^-、R_3P、$(RO)_3P$、R_3As、R_2S、RHS、RS^-、I^-

注：R 为烷基。

所有负离子都是碱，均有孤对电子提供以形成配位键。碱的原子核对价电子的静电作用势能较小，易于提供电子对与酸形成共价键，这类碱称为软碱。若碱的电子亲和能大，则原子核对价电子的静电作用力更大，易于结合电子对，不与酸作用，仅以静电吸引作用结合形成离子键，即为硬碱。

荒牧国次等[5]对元素周期表中 4A、5A、6A、7A 族金属元素的烷基衍生物的研究表明，极性原子的电负性与缓蚀率之间呈线性关系，如图 5.35 所示。试验数据经过处理得到下式：

$$\lg\frac{I}{1-I}=\rho'X+\alpha \tag{5.39}$$

式中，X 为缓蚀剂分子极性原子的电负性（eV），可用碱的软硬度来衡量；ρ' 为表征金属酸的软硬度参数；α 为常数。

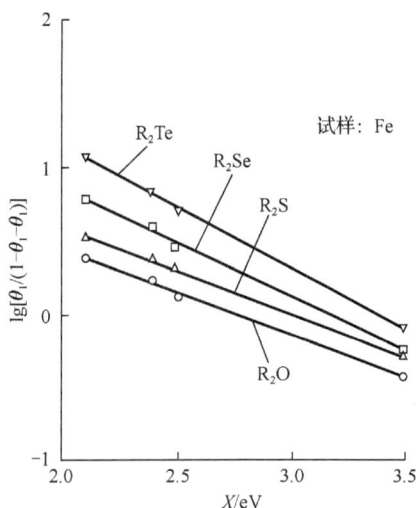

图 5.35 缓蚀效果与电负性的关系

从图中可以看出，缓蚀剂的缓蚀率随着活性中心原子电负性的增加而降低；缓蚀剂的浓度不同时，缓蚀率随着缓蚀剂浓度的增加而提高。图中所示的负线性关系表明软碱性缓蚀剂具有较高的缓蚀率，这与 HSAB 理论完全一致。

酸，反应金属的特性。硬酸表示金属的体积小，为带正电荷多、极化性能低的金属离子，如 Fe^{3+}、Cu^{2+}、Zn^{2+}、Sn^{2+} 等金属离子。软酸表示带正电荷少或等于零的低价金属离子（如 Cu^{+} 等）和金属基体。由于软酸极化能力强，并且有易于激发的 d 电子，因而其与软碱化合物（缓蚀剂）能够形成共价键进行吸附。在这种情况下，缓蚀剂对金属的缓蚀率高，缓蚀效果好。其他软硬酸碱之间的配伍，缓蚀效果差，缓蚀率低。例如，作为软酸的金属表面所吸附的 OH^-（属于硬碱）容易被 Cl^-、Br^- 取代，这是因为后者为软碱，可以与金属形成软酸-软碱的匹配，缓蚀剂的吸附较为稳定。

荒牧国次等[6]研究了摩尔浓度为 3mol/L $HClO_4$ 溶液中含烷基化合物对金属极化曲线的影响，如图 5.36 所示。极化曲线测试结果表明在酸性溶液中，第Ⅵ和Ⅶ族丙基化合物同时抑制了析氢的阴极反应和金属溶解的阳极反应；而第Ⅳ族丙基化合物只对阴极反应产生抑制作用，所以缓蚀率较低。各族烷基化合物的缓蚀率规律如下：

第Ⅶ族：$RCl<RBr<RI$。

第Ⅵ族：$R_2O<R_2S<R_2Se<R_2Te$。

第Ⅳ族：$RC(CH_3)_3<R_4Si<R_4Ge<R_4Sn$。

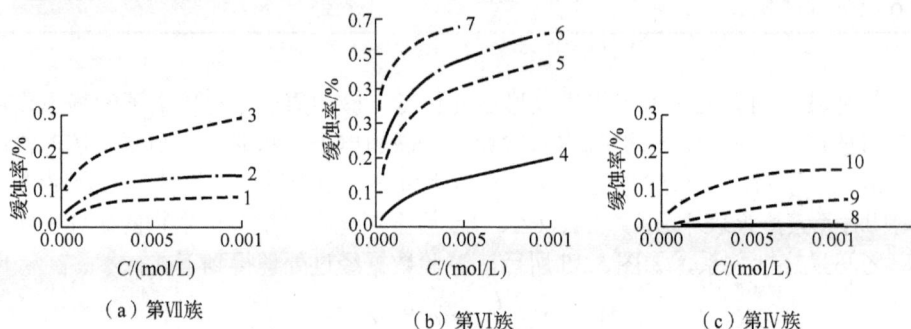

（a）第Ⅶ族　　　　　（b）第Ⅵ族　　　　　（c）第Ⅳ族

1—RCl；2—RBr；3—RI；4—R_2O；5—R_2S；6—R_2Se；7—R_2Te；8—$RC(CH_3)_3$；9—R_4Ge；10—R_4Sn。

图 5.36　摩尔浓度为 3mol/L $HClO_4$ 溶液中含烷基化合物对金属极化曲线的影响（R 表示 C_3H_7）

上述研究结果与 HSAB 规则一致。金属是软酸，而同一主族元素随原子量增加，原子体积增大，电负性减少，其相应的缓蚀剂碱性随之减弱，因此在金属表面的化学吸附逐渐增强，缓蚀率提高。

值得注意的是，属于硬碱的胺类缓蚀剂与软酸的金属能形成牢固的化学吸附，缓蚀率较高，这与 HSAB 规则相矛盾。有学者认为，在腐蚀的金属表面，尤其是在阳极区已经形成了相当硬的酸（金属离子），因而作为硬碱的胺可以吸附在阳极区，阻碍金属与腐蚀介质的接触，抑制腐蚀破坏。用 HSAB 规则研究缓蚀剂对于开发新型缓蚀剂具有指导和预见作用。

5.2.6　有机缓蚀剂的覆盖效应和负催化效应

1. 有机缓蚀剂的覆盖效应

缓蚀剂分子吸附在金属表面，起着"覆盖"作用，被缓蚀剂覆盖的金属部分（覆盖度 θ）对缓蚀介质可以起到隔离和阻碍作用，使金属腐蚀反应只能在没有被缓蚀剂分子覆盖的表面部分（$1-\theta$）进行。这种缓蚀剂的作用机理是使在金属表面发生腐蚀的面积缩小，称为覆盖效应（blocking effect），或集合覆盖效应。吸附型缓蚀剂与成膜型缓蚀剂的覆盖效应不同。吸附型缓蚀剂的吸附和脱附过程在动态平衡中不断进行，此时加入缓蚀剂后金属的腐蚀速率 $i=i_0(1-\theta)$，由缓蚀剂的缓蚀率可知：$\eta=(i_0-i)/i_0\times100\%$，或者 $\eta=1-i/i_0=\theta$，因此，在测得缓蚀剂的缓蚀率 η 后，就可以计算出金属表面被缓蚀剂吸附的覆盖度 θ。此外，也可以采用其他方法，如微分电容法求得缓蚀剂的覆盖度。曹楚南[7]在《关于缓蚀剂研究的电化学方法》一文中指出，缓蚀剂的覆盖效应的作用机理符合以下四点要求。

（1）$\Delta E_{corr}=E-E_{corr}=0$，如添加界面型缓蚀剂后金属的腐蚀电位变化不超过误差范围，缓蚀机理为覆盖效应，也称为几何覆盖效应。

（2）缓蚀率 η 等于 θ，为覆盖效率。

（3）如果 θ 与 E 无关，即 $d\theta/dE=0$，则可以在强极化区测得塔菲尔直线，塔菲尔斜率与空白溶液中的数值相同。在塔菲尔直线之间的区域，任一电位下含有缓蚀剂的介质中金属的阳极电流密度 i_a 或阴极电流密度$|i_c|$，都为该电位下空白溶液的阳极电流密度 i_a^θ 或阴极电流密度 $|i_c^\theta|$ 的数值乘以（1-θ）。E 为金属的腐蚀电位。

（4）如果 $d\theta/dE\neq0$，即 θ 为 E 的函数，得不到良好的塔菲尔直线。如果 $d\theta/dE>0$，阳极极化曲线的斜率会越来越大，则阴极极化曲线会逐渐靠近空白溶液中的阴极极化曲线。反之，如果 $d\theta/dE<0$，则阴极极化曲线会偏离空白溶液中的阴极极化曲线越来越远，而阳极极化曲线逐渐靠近空白溶液中的阳极极化曲线。

2. 有机缓蚀剂的催化效应

催化效应（catalytic effect）是指腐蚀介质中缓蚀剂在金属表面的吸附改变了电极反应过程的活化吉布斯自由能。如果缓蚀剂的吸附使得该电极反应的活化吉布斯自由能增大，则将阻碍次电极反应，起到负催化作用。相反，如果缓蚀剂使得电极反应的活化吉布斯自由能减小，则加速该电极反应，起到正催化作用。若缓蚀剂吸附后阳极反应和阴极反应的活化吉布斯自由能分别从 ΔG_a^θ 和 ΔG_c^θ 变为 $\Delta G_a^{\theta'}$ 和 $\Delta G_c^{\theta'}$，则

$$\Delta G_a^{\theta'} = \Delta G_a^\theta + f_a(\theta) \tag{5.40}$$

$$\Delta G_c^{\theta'} = \Delta G_c^\theta + f_c(\theta) \tag{5.41}$$

当 $f(\theta)>0$ 时，缓蚀作用为负催化效应；当 $f(\theta)<0$ 时，缓蚀作用为正催化效应，将加速腐蚀。通常情况下，由于金属阳极溶解反应和阴极析氢（酸性介质中）反应是两种截然不同的反应，$f_a(\theta)$ 和 $f_c(\theta)$ 很少是一样的函数。因此，催化效应的缓蚀机理与覆盖效应作用机理的主要区别是 θ 与 E 无关，缓蚀剂对金属阳极溶解反应和阴极析氢反应的阻碍作用情况不一样，甚至可能出现阻碍一个反应而加速另一反应的情况。这可以从强极化区极化曲线的位置进行判断：如果在加入缓蚀剂的溶液中极化曲线的位置在空白溶液中相应极化曲线的右方，则缓蚀剂加速相应电极反应，其腐蚀的极化电位为

$$\Delta E_{corr} = \beta_a\beta_c[f_a(\theta)-f_c(\theta)]\frac{E'_{corr}}{(\beta_a+\beta_c)RT} \tag{5.42}$$

式中，E'_{corr}（mV/SCE）为加入缓蚀剂时金属的腐蚀电位。

如果 $f_a(\theta)E'_{corr}>f_c(\theta)E'_{corr}$，即缓蚀剂主要阻碍阳极过程，金属的腐蚀电位正移；反之，腐蚀电位负移，缓蚀剂主要阻碍阴极反应过程。又因为 β_a、β_c（阳极、阴极塔菲尔常数和）、ΔE_{corr} 都可由试验测定，R 为标准气体常数 [8.314J/（kg·K）]；T 为温度（K）；RT 在 25℃时为 2478.7J，因此$[f_a(\theta)-f_c(\theta)]E'_{corr}$的数值可由上式计算。

如果测得的 β_a 大于 β_c，则该缓蚀剂主要阻碍阳极反应，腐蚀电位正移。如果 β_a 小于 β_c，则主要阻碍阴极反应，腐蚀电位负移。

5.2.7 缓蚀剂的过电位理论

1913 年克拉布特里（Crabtree）在研究生物碱在硫酸溶液中对金属的缓蚀试验中发现氢在金属表面的析出电位（氢过电位）提高，这是由于生物碱加入酸溶液引起的。此后，人们在酸性溶液缓蚀剂的缓蚀研究中，也获得了类似结果。缓蚀剂不仅可以提高阴极极化，使氢过电位提高，也可以提高阳极极化（在很多情况下，阳极极化程度的提高甚至大于阴极极化），减缓金属的腐蚀速率。

在硫酸或盐酸溶液中，由于砷和锑可以使金属表面的氢过电位大幅提高，氢离子在金属表面的阴极还原反应速率降低，因此砷盐和锑盐可以抑制金属在酸性溶液中的腐蚀，是有效的酸性介质缓蚀剂。

有机缓蚀剂如季铵盐、有机胺、咪唑啉、炔醇、动物胶、明胶等在酸性介质中也可以提高氢过电位，抑制金属的腐蚀。

对于缓蚀剂缓蚀作用的过电位机理可以归纳如下：缓蚀剂分子、离子或胶体颗粒吸附在金属表面的阴极区域，致使氢过电位提高，因此 H^+ 在阴极表面的放电反应速率降低，阴极反应速率的降低同时影响阳极反应速率下降。但是，这一抑制作用是由于氢离子在阴极放电的减缓引起的，缓蚀剂并不会直接影响阳极反应过程。此外，另一类缓蚀剂可以同时影响阴极反应过程和阳极反应过程，阳极极化电位提高，阻碍金属的阳极溶解反应。在酸性溶液中，缓蚀剂（有机胺或季铵盐）可以使金属表面的氢过电位提高，氢过电位 η 的变化可以用弗鲁姆金方程式计算：

$$\eta = \psi_1 - \frac{RT\ln[H^+]}{F} + \frac{2RT\ln i}{F} + C \tag{5.43}$$

式中，ψ_1（V）为吸附电位，也称为扩散层中的电位降；F 为法拉第常数（96500C/mol）；i 为电流密度（A/m²）；C 为常数。

上式提供了解释缓蚀剂带正、负电荷的离子和颗粒影响氢过电位的依据。假设在酸性溶液中金属表面带负电荷，则带正电的缓蚀剂阳离子在金属表面的吸附会导致吸附电位 ψ_1 下降，即发生正移，这将减小氢离子表面浓度并增大氢过电位 η。反之，带负电荷的缓蚀剂离子和颗粒的吸附将降低金属表面紧密层中的正电荷密度，使得 ψ_1 电位负移，导致氢离子表面浓度增大，氢过电位降低。至于中性分子（如脂肪酸等）的吸附，会使氢离子更难接近金属表面，且双电层的厚度增加会削弱电场对活化能的影响，通常会导致氢过电位上升。

氢过电位理论可以很好地解释酸性溶液中一些有机阳离子的缓蚀作用机理。例如，在摩尔浓度为 1mol/L HCl 溶液中，铁的电极电位和析氢速度与四丁基铵盐（TBA）缓蚀剂浓度的对数呈线性关系。此外，随着烷基碳原子数的增加，所需烷基铵盐的浓度减小，氢过电位增大，缓蚀效果更好，如表 5.12 所示。

表 5.12　具有不同烷基碳原子数的烷基铵盐对金属氢过电位的影响

参数	$N(C_2H_5)_4^+$	$N(C_3H_7)_4^+$	$N(C_4H_9)_4^+$	$N(C_6H_{13})_4^+$
摩尔浓度/（mol/L）	10^{-1}	5×10^{-1}	5×10^{-3}	10^{-3}
氢过电位/mV		60	170	235

无机阳离子也有类似的作用。除上述的砷盐和锑盐以外，一些多价金属离子中性盐也可以使氢过电位变大。例如，在 0.001mol/L HCl 溶液中，10^{-4}mol/L 氯化锶可以使氢过电位增大 120mV。利用氢过电位原理，在干电池的电解质中加入一些汞盐，使锌的氢过电位增大，从而可以使干电池锌外壳的腐蚀变慢，延长干电池的使用寿命。随着对环境保护的日益重视，一些有毒物质，包括汞盐被限制使用，因此干电池中的汞盐逐渐被无公害的有机缓蚀剂取代，目前已经在这方面展开了大量研究。一些有机胺、季铵盐、聚氧乙烯醚等有机缓蚀剂对锌及其合金在碱性溶液中的腐蚀具有较好的缓蚀作用，复合型缓蚀剂具有更好的腐蚀抑制作用与效果。

5.3　酸性介质缓蚀剂

由于酸性介质属于强腐蚀介质，金属在其中的腐蚀速率远远高于其他介质中的腐蚀速率。例如，金属在硫酸、盐酸、硝酸中的酸浸除锈及除氧化皮、锅炉设备的酸洗除垢除污、油气井的压裂酸化施工以及高 H_2S、CO_2 油气井等的腐蚀，都属于酸性介质中的金属腐蚀。因此，研究酸性介质缓蚀剂具有非常重要的意义。

5.3.1 适用于无机酸性介质的缓蚀剂

1. 硫酸溶液中的缓蚀剂

在金属加工过程中，常使用硫酸溶液酸浸的方法清除金属材料和加工件表面的轧制氧化皮。目前，在要求使用大量酸浸液的金属材料连续酸浸工艺和金属设备表面在含钙量低的垢类酸洗过程中，仍然采用硫酸作为清洗剂。

适用于硫酸溶液中的缓蚀剂种类很多，有机缓蚀剂主要包括有机胺、酰胺、咪唑啉、季铵盐、松香胺、门尼碱、硫脲衍生物和炔类化合物、生物碱等。1923 年，美国研发了以硫脲衍生物为主要成分的若丁（Rodine）系列缓蚀剂；前苏联研发的缓蚀剂的主要成分为一种蒽油磺化物。此后，国际上有学者陆续发表了关于苯胺、甲苯胺、β-萘胺及联苯胺等有机缓蚀剂的文章。除含氮有机化合物外，硫系的巯基苯并噻吩、二乙基硫脲、二丁基硫脲和磷系的四苯基磷等，均具有较好的缓蚀效果。1950 年，日本住友化学工业株式会社研发了以煤焦油提取物为主要组分的缓蚀剂——依毕特（Ibit-1）并继续研发了一系列缓蚀剂。其中用于硫酸溶液的缓蚀剂包括 Ibit-30A、Ibit-105、Ibit-155、Ibit-520B、Ibit-570B、Ibit-600L、Ibit-600LB 等。前苏联研发的硫酸溶液缓蚀剂包括喹啉系列 ChM、氯化烷基苄基吡啶系列卡特平 A（Katapin A）和卡特平 K（Katapin K），吡啶系列 I-1-A、I-1-V，KPI-1 以及单乙醇胺缩合物 PB-8 等。此外，日本的一项专利介绍了一种适用于硫酸溶液的缓蚀剂 N-（2 羟基亚氨基）环己基硫脲衍生物，在硫酸溶液中对钢铁的缓蚀率高达 94.5%。美国 Uhlig 在《Corrosion Handbook》（1948 年）上介绍了当时在工业上适用的 100 种硫酸溶液用缓蚀剂。Brooke 在《Chemical Engineering》（1962 年）上介绍了 150 种缓蚀剂，其中可以用于硫酸溶液中的缓蚀剂包括芳香胺、苄基硫氰酸酯等多种有机化合物和砷、三氟化硼等无机化合物。美国开发的 Rodien-92A 也是一种高效硫酸缓蚀剂。

天津重工业局化工试验室是我国较早开展硫酸缓蚀剂研究工作的单位，1953 年仿制引进美国的若丁缓蚀剂，成功研制了组分为二邻甲苯硫脲、食盐、糊精及皂角粉等混合物的"天津若丁"（旧），在天津钢厂硫酸酸洗应用获得良好效果，这是我国最早研制的酸洗缓蚀剂（黄魁元，1999）。1963 年天津工学院（现河北工业大学）附属化工厂进一步研制了组分为二邻甲苯硫脲、食盐、淀粉及平平加（表面活性剂）的新型"天津若丁"，又称工读-P 型若丁，广泛用于石油、化工、冶金、机械、造船等工业部门，缓蚀效果良好。1958 年，中国科学院长春应用化学研究所研制出仿苏的 Пб-5 酸洗缓蚀剂。20 世纪 60 年代初沈阳化工研究院研制出沈 1-D 酸洗缓蚀剂，70 年代中期，兰州化工机械研究所研制出兰-5 硝酸酸洗缓蚀剂。20 世纪 70 年代末，湖南大学赵常等就采用电化学方法，对一批硫酸用缓蚀剂进行筛选，从硫代乙酰苯胺、乌洛托品、四氢噻唑硫酮、2-巯基噻唑、2-巯基苯并噻唑、硫脲、丙烯基硫脲、乙酰基硫脲、二苯基硫脲、甜菜碱、十二烷基甜菜碱、平平加等化合物中，选出了丙烯基硫脲、四氢噻唑硫酮、十二烷基甜菜碱，均比通用的硫脲、乌洛托品的缓蚀效果好。

值得注意的是，某些缓蚀剂如硫脲衍生物在硫酸中虽然能减缓碳钢腐蚀速率，但是大幅促进金属氢渗，严重降低钢铁的力学性能，应慎重选用。此外，在酸洗除氧化皮的过程中，随着 Fe^{2+} 的生成和积累，缓蚀剂性能降低，铁的腐蚀速率增大，当 Fe^{2+} 质量浓度增至 120g/L 时，腐蚀速率增大 1.5～2.0 倍。Fe^{2+} 加速腐蚀的原因可能是 $FeSO_4$ 起了氧载体的作用，Fe^{2+} 被氧化成 Fe^{3+}，增加了阴极去极化作用。若缓蚀剂对 Fe^{3+} 有一定抑制作用，腐蚀就能减缓。

在研究缓蚀剂抑制 Fe^{3+} 腐蚀的试验中发现，在硫酸溶液中，吡啶季铵盐、喹啉季铵盐、酮胺醛缩合物、二氯化锡、碘化钾等有机缓蚀剂均能抑制三价铁离子的形成和钢铁的腐蚀。因此，应尽量选择对三价铁离子抑制效果好的缓蚀剂。

在硫酸酸洗钢铁除锈过程中，钢中的少量硫化物如 MnS 杂质会迅速生成 H_2S，其化学反应式如下：

$$MnS+2H^+ \Longrightarrow Mn^{2+}+H_2S \tag{5.44}$$

在钢表面上 H_2S 的生成速度与钢中 S 含量成正比。如果能从钢表面将 H_2S 气体迅速移除，钢铁基体的腐蚀就减轻，否则 H_2S 将催化加速钢铁的腐蚀。研究指出，在硫酸酸洗槽中，H_2S 可以使钢的腐蚀速率由 $2\sim3g/（m^2\cdot h）$ 迅速增至约 $115g/（m^2\cdot h）$，增大近 40 倍。

金属/酸液/H_2S 是一个十分复杂的体系，钢铁在其中的腐蚀反应机理较复杂。钢铁腐蚀的最终产物是 FeS，具体的腐蚀产物组成与酸液中 H_2S 浓度有关。当 H_2S 质量浓度较低时（小于 2mg/L），介质中形成的铁硫化物为 Fe_7S_8 和 FeS，其晶粒尺寸小于 20μm；当 H_2S 质量浓度为 $2\sim20mg/L$ 时，介质中生成的铁硫化物中含有少量 Fe_9S_8；当 H_2S 质量浓度较高时（$20\sim600mg/L$），在介质中生成的铁硫化产物主要是 Fe_9S_8，其次是 Fe_7S_8，其晶粒尺寸增至 70μm。铁在含 H_2S 酸溶液中的腐蚀产物（亚铁硫化物），通常用 Fe_xS_y 分子式表示。这种亚铁硫化物具有半导体性质，基体铁与亚铁硫化物之间电位差达 $200\sim400mV$。

Hackerman 等提出了 H_2S 的催化机理在于 Fe 与 S 反应生成了中间化合物，其相界跃迁能比铁离子低。能在酸性电解质中离解，硫化物离子以此方式再生。由于硫化物离子在紧挨金属表面形成，因此即使在低浓度下也能加速钢铁腐蚀。H_2S 加速铁阳极溶解的化学反应式如下：

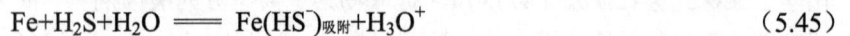

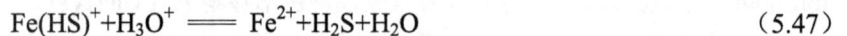

$$Fe+H_2S+H_2O \Longrightarrow Fe(HS^-)_{吸附}+H_3O^+ \tag{5.45}$$
$$Fe(HS^-)_{吸附} \Longrightarrow Fe(HS)^++2e \tag{5.46}$$
$$Fe(HS)^++H_3O^+ \Longrightarrow Fe^{2+}+H_2S+H_2O \tag{5.47}$$

由上述反应式可见，H_2S 加速了铁阳极溶解反应，并在反应过程中"再生"，起到了催化剂的作用。

但是，也有人认为 H_2S 加速铁阳极溶解是由于形成了中间络合物$[Fe(H_2S)]_{吸附}$。金属原子与 S 之间的强键削弱了金属原子之间的键能，使铁易于进入溶液，导致络合物分解，重新游离生成 H_2S，化学反应式如下：

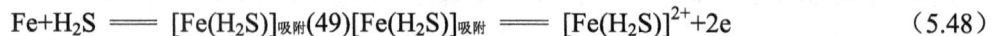

$$Fe+H_2S \Longrightarrow [Fe(H_2S)]_{吸附} (49) [Fe(H_2S)]_{吸附} \Longrightarrow [Fe(H_2S)]^{2+}+2e \tag{5.48}$$
$$[Fe(H_2S)]^{2+} \Longrightarrow Fe^{2+}+H_2S \tag{5.49}$$

也有人认为 H_2S 不是加速阳极溶解速度，而是加速阴极反应速度。有学者采用示踪原子研究 S 在金属表面吸附时发现，随着电位负移加大，吸附减小，说明吸附的是 HS^-，而不是 H_2S 分子。由于阴离子 HS^-吸附产生负吸附电位，加速了 H_3O^+在阴极的放电反应。

此外，还有人认为 H_2S 存在时金属表面的氢过电位降低，有利于氢离子放电，加速其在酸溶液中反应溶解。总之，硫酸溶液中含有少量 H_2S 将明显加速钢铁腐蚀，防止这类腐蚀较好的方法是添加缓蚀剂。

例如，在带钢硫酸酸洗过程中，较宽和较长的热轧带钢板表面有 $8\sim10μm$ 的轧制鳞片，其赤铁矿层在硫酸溶液中的溶解速度慢。因此，需要选择能加快 Fe_2O_3 溶解的硫酸酸洗工艺条件。如果将酸洗温度从 80℃提高至 90℃，酸洗除鳞片时间将缩短一半。若使用含质量分数为 $50\sim70g/L$ $FeCl_2$ 的 $200\sim300g/L$ H_2SO_4 酸洗溶液，只能维持较低的酸洗速度；若在上述酸洗溶液中添加 0.1%～0.2%氨基磺酸，带钢酸洗除鳞片速度将大幅提高。对于较厚或硬鳞片的带钢（热轧或冷轧），在进入硫酸酸洗槽之前，常用钢丸或石英砂粒喷打清理 1min，以起到松碎鳞皮的作用，其酸洗速度会提高数倍以上。

研究指出，将 84g 双氰胺与 104g 浓盐酸相混合后缓慢加热，滴加 243g 甲醛（质量分数为 37%）后，在 95℃下搅拌 5h，可以得到双氰胺树脂溶液。将质量分数为 0.3%～0.5%上述溶液加入质量分数为 20% H_2SO_4 溶液中，酸洗 $3\sim4min$ 可完全脱除钢带鳞皮，钢铁基体腐蚀轻微（Kamio K, 1975）。

华中科技大学研究的 7701 复合酸性介质缓蚀剂属于多种烷基吡啶季铵盐化合物，在质量分数为 15%～20% H_2SO_4 溶液中，只要添加质量分数为 0.1%～0.2% 7701 复合缓蚀剂，在 80～90℃酸洗温度下能较快把氧化铁皮除去，钢板表面呈灰白色金属光泽，钢材的延展性、抗拉性等力学性能没有改变。此

外，以植物提取液为主的 LK-45 酸洗缓蚀剂也是较好的硫酸酸洗缓蚀剂，但其使用温度在 60℃ 范围内较好。由于 LK-45 是一种含 N 生物碱，以及含有酯型（$-\overset{O}{\overset{\|}{C}}-C-O-C-$）和配糖型（$-C-O-C-$）的易水解单宁，以及易水解多糖类如糖醛酸、半纤维素、糠醛等，这些植物提取液具有一定润湿性、渗透性和洗涤性能，是一类低毒、无毒的酸洗缓蚀剂。

卤素离子如 Cl^-、Br^-、I^- 等离子，可以减缓硫酸酸洗对钢铁的腐蚀。研究指出，在摩尔浓度 $4mol/L$ H_2SO_4 溶液中，添加 1% HCl 即可使碳钢的腐蚀速率降低至 78%。此外，将卤素离子与有机缓蚀剂如含氮碱复合使用后，其缓蚀效果更好。因此，可以根据缓蚀剂协同效应原理，将多种组分复配组合，以满足酸洗生产工艺要求。现在市售商品酸洗缓蚀剂大都是多种组分复配制成的。

2. 盐酸溶液中的缓蚀剂

采用盐酸溶液对金属材料、设备、容器、管道等进行清洗时，也需要添加缓蚀剂。在硫酸溶液中有效的缓蚀剂，通常在盐酸溶液中也有缓蚀作用。

盐酸溶液中的无机缓蚀剂包括砷化合物、锑化合物、铋化合物等。三氯化锑在盐酸溶液中能减缓钢铁腐蚀，但会加速锌、镉、锡、铬等金属的溶解，这种选择性保护作用与由酸溶液中沉积在这些金属上的锑膜对氢过电位的影响有关。锑在铁表面上沉积时，形成的薄膜会引起氢过电位的增加，即阻碍了氢离子放电的阴极过程，因而减缓了铁的腐蚀作用。在锌、镉与铬上形成的锑膜可以使阴极过程（氢离子放电）氢过电位减小，因而促进腐蚀。

砷化合物在盐酸溶液中的作用机理，与它在金属表面上生成阻抑氢离子放电的阴极过程的砷薄膜有关。前苏联学者波鲁卡洛夫研究三氯化砷在盐酸溶液中对碳钢的缓蚀作用试验指出，这种缓蚀剂在盐酸溶液的浓度较小时最有效：质量分数为 0.04% 三氯化砷在摩尔浓度为 $0.3mol/L$ 盐酸溶液中对碳钢的保护效率在 96% 以上。

盐酸溶液中的有机缓蚀剂包括胺系、炔系、醛类、季铵盐类、门尼氏碱类、酯类及含硫化合物等。这类化合物在盐酸溶液中可以吸附在金属表面，形成覆盖膜屏蔽酸性介质与金属接触，有效地保护金属免遭酸液腐蚀。甲醛是醛类中最好的缓蚀剂。甲醛与氨作用生成六次甲基四胺（俗名乌洛托品），常作为盐酸的廉价缓蚀剂，但使用温度较低，盐酸浓度较低。1943 年，苏联研究出以醛类（丁醛）与胺类（氨）的缩合反应产物为主要组分的 Пσ 系列缓蚀剂。Пσ-5 是由苯胺与甲醛缩合反应制得，可作为盐酸酸洗缓蚀剂。英国专利提出由二次氯化的直链石蜡（由平均含 $C_{11.5}$ 的直链碳氢馏分部分氯化处理而得），在 $170\sim180℃$、$0.5\sim0.7MPa$ 下，用单乙醇胺或乙烯基二乙醇胺处理得到一种长链烷胺，尤其适用于盐酸酸洗缓蚀剂除氧化皮时在酸中的分散性。美国专利（US4633019）提出 $R_1NHCH_2R_3SR_5$ 与胺或醛、酮等作用产物作为盐酸缓蚀剂。其中，$R_1=C_{1-18}$ 烷基、环烷基；$R_3=C_{1\sim4}$ 烷基；$R_5=C_{1\sim8}$ 烷基。一种相应的脂肪胺类型化合物 Me-NHS$(CH_2)_{11}$Me，用量（质量分数）仅 $25mg/L$、$50mg/L$ 和 $100mg/L$ 时，便可达到 90%、95% 和 98% 的缓蚀率。

有机胺、芳胺、酰胺、环胺和聚胺化合物均是盐酸酸洗工艺中较好的有机缓蚀剂，如 N、N-烷基苯胺、苯并咪唑、十二烷基苄基芳胺型季铵盐、喹啉或吡啶季铵盐、四丁基铵氯化物、十二烷基苄基吡啶氯化物、烷基苄基吡啶氯化物（卡达平 A）、N-三苄基吡啶氯化物、三嗪（$C_3H_3N_3$）、三苄基六氢化-对三嗪、甲基苯并三氮唑、2-甲基-4-硝基咪唑、聚酰胺、炔醇类、硫脲衍生物、季磷化合物等。

美国在 20 世纪 20 年代研究开发了若丁系列酸性介质缓蚀剂，每年都推出新品种和新产品，如若丁-31A、若丁-58、若丁-100、若丁-213、若丁-500 等。此外，还有 A-109、A-130、A-170、A-200、A-250 以及 C-12、C-15、C-50 和 HAI-75、HAI-100 等系列盐酸缓蚀剂。美国 DOWell 公司、Halliburton 公司和 Nacol 公司等大化学公司都投入巨资和人力物力研究缓蚀剂新品种，如低毒无毒的环境友好缓蚀剂。

日本住友化学工业株式会社研发生产了 Ibit（依毕特）系列商品盐酸酸洗缓蚀剂。Ibit 最初产品是煤焦油中的提取物，作为机车盐酸酸洗用缓蚀剂，后来研究开发许多新的缓蚀化合物，通过多组分的复配，成为较好的盐酸缓蚀剂，如 Ibit-30A、Ibit-105、Ibit-570、Ibit-700 等数十种之多。

我国研究开发的盐酸缓蚀剂品种和产品有数百种以上，每年都有很多新产品问世。例如，四川天然气化工研究院的 CT 系列（中文为川天系列），中国科学院金属研究所材料腐蚀与防护中心 IMC 系列，陕西石油化工研究设计院的 SH，华中科技大学 7461、7701、7801，武汉大学 LK 系列，兰州化工机械研究院兰-4、兰-5、兰-826 系列，西安热工研究院的 IS-129、IS-156 系列。此外，还有 WH-1、WH-8 系列、ZB-1、ZB-2 系列、AK 系列、CR 系列、QN 系列、HIQB、DIQB、HDIQB 系列、KW 系列等。利用天然植物如荷叶根茎、橘子皮、芦荟、菠萝皮、芒果、柠檬皮、黄柏、仙人掌、石榴壳、皂角、白胡椒、黑胡椒、油茶籽、蓖麻子、烟叶、水藻的提取物作为盐酸缓蚀剂。在这些植物提取物中复配一些缓蚀组分或表面活性剂，是一类低毒或无毒的较好的盐酸酸洗缓蚀剂。此外，利用生产氨基酸的下脚料（含有多种氨基酸、冬氨酸等物质），复配一些表面活性剂和其他助剂，也是价廉的低毒和无毒的酸洗缓蚀剂。

蒋嘉等[8]指出，季磷盐化合物是一类较好的酸性缓蚀剂。它们在室温下合成了几中季磷化合物，配置成缓蚀剂浓度为 $1.0×10^{-5}$mol/L 的盐酸溶液，在 25℃下进行碳钢的失重和电化学测试。研究结果表明，季磷化合物具有良好的缓蚀作用，双磷化合物的缓蚀率高于单磷化合物的缓蚀率，且缓蚀率随着烷链的增长而增加。该类缓蚀剂对阳极反应和阴极反应均有抑制作用，属于混合型缓蚀剂。季磷盐分子在碳钢表面的吸附符合波克里斯-斯温克尔斯（Bockris-Swinkels）吸附等温式。

何祚清等[9]研究了在 1mol/L Al(ClO₄)₃ 溶液中（用 NaOH 溶液调节 pH 值至 2.5），溴化甲基苯基三苯基（MPTPPB）、溴化对硝基三苯基铵（NPTPNB）、溴化对硝基苯基三苯基（NPTPPB）和溴化戊基苯基三苯基（PPTPPB）对铝片的缓蚀作用。试验结果表明，上述缓蚀剂的缓蚀作用大小顺序为：PPTPPB>MPTPPB>NPTPPB>NPTPNB。四种缓蚀剂在铝表面的吸附遵循朗格缪尔（Langmuir）吸附等温式。在 15～35℃温度范围内，其缓蚀率随温度升高而增大。三种芳香族季磷盐的缓蚀效率随苯环上取代基碳的增长而增加，而烷基苯基可能平卧于铝表面上参与吸附。季磷盐对铝的缓蚀作用可应用于以 Al(ClO₄)₃ 为电解液的 Al-MnO₂ 干电池中延长电池使用寿命。

王佳等[10]指出，炔氧甲基季铵盐是一类很好的酸性介质缓蚀剂，可以在高温浓盐酸和土酸溶液中使用，具有很高的缓蚀率，是石油工业压裂酸化很好的油井酸化缓蚀剂品种。他们在室内合成了二丙炔氧甲基烷基胺系列化合物如二丙炔氧甲基丙胺（AM，$C_3H_7-N\begin{subarray}{l}CH_2-O-CH_2-C≡CH\\CH_2-O-CH_2-C≡CH\end{subarray}$）、二丙炔氧甲基丁胺（BM，$CH_3-(CH_2)_3-N\begin{subarray}{l}CH_2-O-CH_2-C≡CH\\CH_2-O-CH_2-C≡CH\end{subarray}$）、二丙炔氧甲基己胺（CM，$CH_3-(CH_2)_5-N\begin{subarray}{l}CH_2-O-CH_2-C≡CH\\CH_2-O-CH_2-C≡CH\end{subarray}$）、二丙炔氧甲基辛胺（DM，$CH_3-(CH_2)_7-N\begin{subarray}{l}CH_2-O-CH_2-C≡CH\\CH_2-O-CH_2-C≡CH\end{subarray}$）、二丙炔氧甲基癸胺（EM，$CH_3-(CH_2)_9-N\begin{subarray}{l}CH_2-O-CH_2-C≡CH\\CH_2-O-CH_2-C≡CH\end{subarray}$）和二丙炔氧甲基十四烷基胺（GM，$CH_3-(CH_2)_{13}-N\begin{subarray}{l}CH_2-O-CH_2-C≡CH\\CH_2-O-CH_2-C≡CH\end{subarray}$）等，并在盐酸和硫酸溶液中研究了其对铁的缓蚀作用。

结果表明，二丙炔氧甲基己胺（CM）和二丙炔氧甲基辛胺（DM）的缓蚀率最高，6～8 个碳原子的胺在铁表面的覆盖度最大，在盐酸溶液中比硫酸溶液中缓蚀率高，说明该类化合物与 Cl⁻ 有协同作用，其在铁电极上吸附是一种五中心吸附，与丙炔醇分子二中心式吸附和有机胺单中心吸附相比，其吸附能力显著增强，缓蚀性能优异。

张果金等[11]指出，苯并咪唑类化合物是一类在盐酸溶液中对不锈钢、碳钢较好的酸洗缓蚀剂。他们在室内合成了苯并咪唑化合物，研究了摩尔浓度为 3mmol/L 苯并咪唑在 5%盐酸溶液中对 316L、18-1、1Cr13、2Cr13 等不锈钢和 20 碳钢的缓蚀作用。研究结果表明，该缓蚀剂对于 1Cr13、2Cr13 不锈钢和 20 钢的缓蚀效率（温度 40℃）在 96%以上，而对 316L、18-1 不锈钢的缓蚀率为 81%～87%，但其绝对腐蚀速率较 1Cr13、2Cr13 不锈钢和 20 钢低。

盐酸在常温下易挥发，逸散性强，因此采用盐酸溶液对金属进行酸洗时产生"酸雾"现象是不可避免的。"酸雾"不仅给酸洗车间设备带来严重的腐蚀破坏，还会污染环境，并严重影响工人的身体健康。因此，国内外都十分重视盐酸酸洗过程中的"酸雾"问题。

如果能在盐酸溶液中加入一种缓蚀剂，可以抑制铁在盐酸溶液中的溶解而不妨碍鳞皮的去除，就可以大大减少酸雾的产生。能抑制酸雾产生的缓蚀剂包括吡啶碱混合物、烷基苄基吡啶氯化物、喹啉衍生物、含 N 生物碱、盐酸盐和某些植物性缓蚀剂。此外，一些非离子型表面活性剂，如 OP 型或平平加型、油酸、亚油酸、芥酸或软脂酸甘油酯组成的混合物，采用 OP 或平平加表面活性剂调整 HLB 值（表面活性物质的亲水-亲油平衡值），使其在空气/盐酸溶液表面铺展成液膜，对 50～90℃下质量浓度为 140～210g/L 盐酸溶液的盐雾抑制效果在 80%以上。四川轻化工大学龚敏等[12]将咪唑啉、乌洛托品、OP 和 F53 等制成复合缓蚀剂，在（85±1）℃、质量分数为 20%盐酸溶液中对碳钢的缓蚀率在 98%以上，抑雾率在 92%以上，加入缓蚀抑雾剂后对带钢酸洗速度没有明显影响。总之，抑制盐酸盐雾剂的研究，对保护工人身体健康，减少环境污染均有重大意义。

3. 硝酸溶液中的缓蚀剂

与其他酸（如盐酸、稀硫酸和乙酸溶液等）相比，硝酸不仅具有酸洗作用，还具有氧化性。浓硝酸具有强氧化性，逐渐稀释硝酸时，其氧化性迅速减弱，而表征其酸性的活度系数则增大，对很多金属及其氧化物溶解性较强。因此，盐酸、稀硫酸无法溶解的金属氧化物和垢，常用硝酸溶液进行酸洗。

研究指出，在 1mol/L 硝酸溶液中，添加高锰酸钾、重铬酸钾、硫氰化钾、硫脲等化合物可以抑制碳钢的腐蚀破坏。此外，Cl^-、Br^-、I^- 等卤素离子也是适用于硝酸溶液的缓蚀剂，尤其是 I^- 与有机缓蚀剂复配使用，由于它们具有协同作用，缓蚀效果更好。

在硝酸溶液中添加硫化物、亚硫酸盐和硫代硫酸盐时，钢的腐蚀速率大幅降低，且降低幅度几乎相同。硫脲在硝酸溶液中对钢的缓蚀作用取决于其浓度、硝酸的浓度、温度和酸液的作用时间。例如，当温度为 20℃时，摩尔浓度为 50mmol/L 硫脲在 1mol/L 硝酸溶液中的缓蚀作用能保持 20～30 天；在摩尔浓度为 3mol/L 硝酸溶液中能保持 1～2 天；在 5mol/L 硝酸溶液中只能保持 2h。

硫脲和尿素在硝酸溶液中较稳定，可以抑制硝酸对铜的溶解作用，是硝酸溶液中铜的有效缓蚀剂，其主要机理是硫脲和尿素破坏了初生态亚硝酸，其化学反应式如下：

$$CO(NH_2)_2 + 2HNO_2 = CO_2 + 2N_2 + 3H_2O \tag{5.50}$$

$$CS(NH_2)_2 + 2HNO_2 = CO_2 + 2N_2 + H_2S + 2H_2O \tag{5.51}$$

肼和羟氨也是硝酸（浓度小于 3mol/L）溶液中较好的缓蚀剂，它们也能破坏初生态亚硝酸，其化学反应式如下：

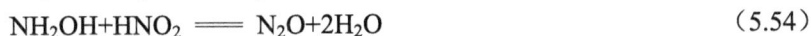

$$N_2H_2 + 2HNO_2 = N_2O + N_2 + 3H_2O \tag{5.52}$$

$$3NH_3 + 5HNO_2 = 3N_2O + N_2 + 7H_2O \tag{5.53}$$

$$NH_2OH + HNO_2 = N_2O + 2H_2O \tag{5.54}$$

肼、羟氨和苯肼在浓度较低的硝酸溶液中对铜有较好的缓蚀效果，但在浓硝酸中会被分解。因此，使用上述缓蚀剂时应注意硝酸浓度。

硝酸缓蚀剂的研究工作在我国起步较晚，1974 年，云南昆明解放军化肥厂成功研制了一种主要成分为乌洛托品、尿素和硫代硫酸钠的硝酸酸洗钢铁及黄铜缓蚀剂。兰州化工机械研究院的聂世凯等在 1977 年成功研制了主要成分为乌洛托品、苯胺和硫氰化钾的硝酸酸洗缓蚀剂兰-5，适用于褐色金属和黄铜、紫铜等的硝酸溶液酸洗工艺。继兰 5-缓蚀剂后，兰州化工机械研究院在 1985 年先后成功研制了一种多用型酸洗缓蚀剂兰-826，可以用于硝酸、硫酸、盐酸、氢氟酸、柠檬酸、氨基磺酸等溶液，具有较好的缓蚀效果。此外 BH-2（咪唑啉系列）、CMD18 固体多用酸洗缓蚀剂，HDH-1、DP-120 和 CT-3 等国产硝酸缓蚀剂也在生产中得到应用。

聂世凯等详尽分析了兰-5 三组分之间的协同作用，指出 SCN^- 离子提供活性阴离子吸附，起着架桥作用；苯胺、乌洛托品在硝酸中相互反应形成胺醛缩合物，可以消除 HNO_2，抑制硝酸对金属的腐蚀。但是这三种化合物比例要适当，用量过高或过低将显著影响缓蚀效果，甚至减速腐蚀。在 40℃、质量分数为 7%硝酸溶液中，对碳钢缓蚀作用好的兰-5 缓蚀剂的组成比例为：0.1NaSCN+0.3 乌洛托品+0.2 苯胺。聂世凯利用缓蚀剂的协同作用原理研发了铜硝酸缓蚀剂 LN-500 系列，在生产中得到了广泛应用。此外，四川轻化工学院龚敏、张远声研制了一种硝酸-氢氟酸酸洗缓蚀抑雾剂，其最佳配方组成为 0.3%硫脲衍生物+0.2%乌洛托品+0.3%硫氰酸铵+0.2%十二烷基苯磺酸钠（均为质量分数），缓蚀率达到 99%，抑雾率达到 85%[12]。

4. 氢氟酸、土酸溶液中的缓蚀剂

氢氟酸缓蚀剂的研究开发比硫酸、盐酸缓蚀剂晚。20 世纪 60 年代后期，在国际市场上出现的德国、美国的氢氟酸缓蚀剂包括 M-107、BerinD-31、Flumin-33、Flumin-34、Dodigen-95、Rodine-31A、Lithsolvent-HVDS、Lithsolvent-266、Rodine-92A、Rodine-213 等。德国沃斯塔（Vosta）等研究发现二苄基亚砜（DBSO）、ResistinN、Resistin K、硫脲、乌洛托品、二苯基硫脲、二苯胍、二苯基硫卡巴肼（Diphenyl thiocarbazid）等均为氢氟酸缓蚀剂。

黄魁元指出，六氟磷酸铵、氢氟酸可抑制发烟硝酸对不锈钢的腐蚀。苯并三唑、2-巯基苯并三唑、三（β-羟基乙氧基）-三甲基-1-丁炔、苯硫脲、1-碘-三（β-羟基-2-乙氧基）-3-甲基-1-丁炔、二苄基亚砜和 2-巯基苯并噻吩是氢氟酸溶液中对于不锈钢和碳钢较好的缓蚀剂。

我国生产的氢氟酸或土酸（氢氟酸和盐酸混合液）缓蚀剂产品包括 IMC-5、SH-416、MC16、MC20、MOF、OF（杂环酮胺缩合物）、SH-501（季铵盐类）、F-102、SH-406、7701、若丁系列、8401-J（季铵盐类）、兰-826、W-19 等。

5. 磷酸溶液中的缓蚀剂

20 世纪 40～50 年代期间，美国曾使用一些无机盐（铬酸钾、铬酸钠、磷酸铜、硝酸铁等）作为磷酸溶液用缓蚀剂。1945 年米尔斯（Mears）等曾提出将铬酸加入磷酸溶液中，抑制磷酸对铝的腐蚀，发现在质量分数为 85%的磷酸溶液中，1%铬酸的缓蚀率高达 95.3%。此后，十二烷基胺、2-氨基联环己烷+碘化钾等有机氮化物也被用于磷酸缓蚀剂。克利夫顿（Clifton）等提出用 Armohib-25 和 Armohib-28 作为磷酸酸洗低碳钢、不锈钢和铜等的缓蚀剂，Rodine-92A 和 Rodine-203 等缓蚀剂也是磷酸溶液缓蚀剂，氟化氢铵（NH_4HF_2）可以抑制磷酸对低碳钢的腐蚀。苏联成功研制出阴极型缓蚀剂——磷酸铁，在 200℃ 以下时，可以有效抑制 98%～100%磷酸对合金钢的腐蚀。此外，新型缓蚀剂 KhoSP-10 可以抑制磷酸对低碳钢的腐蚀，缓蚀率在 90%以上。可以作为磷酸缓蚀剂的还有丙烯基吡啶、苄基喹啉硫氰酸酯、苄基吡啶硫氰酸酯、苄基二乙胺硫氰酸酯、苄基单乙醇硫氰酸酯、苄基二乙醇硫氰酸酯、苄基三乙醇硫氰酸酯等。

我国磷酸缓蚀剂的研究工作起步较晚，最早研究磷酸缓蚀剂的单位是兰州化工机械研究院，他们研

制的兰-826 缓蚀剂在磷酸溶液中的缓蚀率高达 99%以上。由于石油工业采用磷酸溶液进行压裂酸化，磷酸缓蚀剂的研究得到了长足发展。彭芳明等指出，喹啉季铵盐复合物是磷酸溶液中良好的缓蚀剂。此外，中国科学院金属研究所材料腐蚀与防护中心董守山等研制的 C-5、SC-1 磷酸缓蚀剂在质量分数为 20%的磷酸溶液中对 20 钢的缓蚀率分别为 95.1%和 98.8%。天津化学试剂厂生产的 OFP 缓蚀剂也是磷酸缓蚀剂。

6. 氨基磺酸溶液中的缓蚀剂

氨基磺酸是一种粉末状中等酸性的无机酸，在金属设备的酸洗过程中，使用安全、方便，对金属的腐蚀性小。但氨基磺酸在溶液中会水解变成酸性硫铵，清洗氧化铁能力差。

早期使用的氨基磺酸溶液中的缓蚀剂包括有机胺类、硫脲类和炔醇类，如十二烷基甲基苄基铵氯化物、季铵盐、1,3-二己基硫脲、丙炔醇、二炔丙基硫醚等。美国商品缓蚀剂品种包括 Rodine-92A、Rodine-115、Rodine-130、Rodine-140 等。

无机化合物碘化钾也是氨基磺酸溶液中较好的缓蚀剂，其与有机缓蚀剂复配后效果更好。表 5.13 列出了一些有机化合物和无机化合物在氨基磺酸溶液中的缓蚀效果。

表 5.13　氨基磺酸溶液中一些有机和无机化合物的缓蚀效果

化合物类型	阻锈剂成分	掺量/（mg·L）	缓蚀率/%
有机胺类	正丁胺	146	7.1
	十二胺	380	81.7
	乙烯二胺	120	11.2
	喹啉	258	23.1
	季铵盐	1130	91.1
	脂肪胺-脂肪酸缩合物	4000	84.5
硫脲类	硫脲	150	65.1
	N-环己烷硫脲	313	64.9
	1,3-二乙基硫脲	246	25.5
	1,3-二己基硫脲	487	88.0
炔类	丙炔醇	112	81.2
	甲基丁炔醇	168	80.5
	二炔丙基硫醚	220	96.3
无机盐类	氯化钾	117	17.3
	溴化钾	180	14.6
	碘化钾	330	75.7

7. 硫化氢溶液中的缓蚀剂

在硫化氢溶液中含有 H^+、HS^-、S^{2-} 和 H_2S 分子，它们对金属的腐蚀是氢去极化过程。

阳极化学反应式：

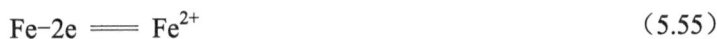

$$Fe-2e == Fe^{2+} \tag{5.55}$$

阴极化学反应式：

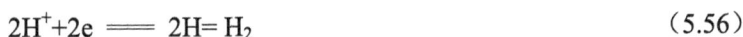

$$2H^++2e == 2H= H_2 \tag{5.56}$$

Fe^{2+} 与溶液中 H_2S 反应式：

$$xFe^{2+}+yH_2S \Longrightarrow Fe_xS_y+2yH^+ \tag{5.57}$$

式（5.57）中 Fe_xS_y 为各结构硫化铁的通式，随着溶液中 H_2S 含量和 pH 值的变化，硫化铁的组成和结构均不相同，其对腐蚀过程的影响也不相同。

硫化氢缓蚀剂种类和产品很多。四川天然气研究院研究开发了川天系列硫化氢缓蚀剂，应用于四川气田，有效地抑制 H_2S 腐蚀，如川天 2-1、川天 2-2、川天 2-4、川天 2-5、川天 2-12。此外，还包括液氮、粗吡啶、1901、7251、4502、7701、7461-102、7019、7623、兰 4-A、1017、1011、1014、GP-1、KS-1、CZ3-1、KS-2、IMC 系列、ZY-1、川天 2-14 等。表 5.14 列出了 CT2-4（川天 2-4）在含 H_2S-CO_2 的盐水介质中对不同钢材的缓蚀作用（按专业评价标准方法进行试验）。

表 5.14　CT2-4（川天 2-4）在含 H_2S-CO_2 的盐水介质中对不同钢材的缓蚀作用

CT2-4 质量浓度/ $(10^6$mg/L$)$	S135 钢材		G105 钢材		DZ2 钢材	
	腐蚀速率/ $[g/(m^2 \cdot h)]$	缓蚀率/%	腐蚀速率/ $[g/(m^2 \cdot h)]$	缓蚀率/%	腐蚀速率/ $[g/(m^2 \cdot h)]$	缓蚀率/%
0	0.5952		0.5826		0.7228	
25	0.0321	94.60	0.0321	94.49	0.0334	95.37
100	0.0264	95.57	0.0172	97.05	0.0237	96.72
1200	0.0126	97.88	0.0184	96.85	0.0011	97.88

注：推荐用量，CT2-4 用量根据现场井中水、H_2S 及 CO_2 含量而定，考虑硫化物应力腐蚀的影响，推荐用量为 600mg/L 积液。正常投入周期为每 7 天一周期。

四川天然气研究院开发生产了抗 H_2S 腐蚀的棒状固体缓蚀剂 CT2-14，并成功应用于川西北矿区。他们研发的抗 H_2S-CO_2 腐蚀的由含 N、S 基团组成的酰胺类化合物组成的气/液两相缓蚀剂 CT2-15 已应用在川中、川东矿区油气井及管线中，抑制局部腐蚀效果良好。四川天然气研究院在研究特高硫油气田缓蚀剂工作方面取得了显著成绩，研发的 CT2-1 特高硫（硫化氢分压为 4.0MPa、温度 90℃）缓蚀剂在四川卧龙河气田卧 63 井应用获得成功，解决了这一类油气田硫化氢腐蚀问题。卧 63 井硫化氢的质量分数为 31%～49%，属于四川地区 H_2S 含量最高的油气矿区。在未采用缓蚀剂保护时，气井采气设备、阀门、油管、螺纹联接、钢丝腐蚀十分严重，经常发生腐蚀穿孔、断裂破坏（室内模拟试验腐蚀速率 1.744mm/a；若 H_2S 中含有元素硫，则腐蚀速率为 1.876mm/a，且有局部腐蚀）。加入 CT2-1 后，13 天挂片的平均腐蚀速率为 0.05mm/a，个别试片存在一定的局部腐蚀，但已明显地抑制了硫化氢腐蚀破坏，使气井能够安全生产。

8. 二氧化碳溶液中的缓蚀剂

二氧化碳在没有水时（干气），对钢铁没有腐蚀作用。但是含有水的二氧化碳，对金属有腐蚀作用，特别是高压二氧化碳气体腐蚀性很强，尤其含有氯化钠水溶液。例如，美国密西西北（Mississippi）的 Little Greek 油田在注入 CO_2 气体的油井（三次采油）后，不到 5 个月时间油井管壁便腐蚀穿孔，折算为腐蚀速率相当于 12.5mm/a，即使采用 AISI410 不锈钢材料，仍遭受 CO_2 严重腐蚀破坏。休斯敦的北 Personville 油气田 CO_2 体积分数高达 2.5%，N-80 油管钢（套管）使用不到一年即腐蚀穿孔，腐蚀速率达 8mm/a 以上，严重腐蚀的部位是井下 900～2100m 井段。我国华北油田采油三厂溜 58 断块富含 CO_2 气体，CO_2 体积分数高达 42%。自 1984 年 4 月开采到 1985 年 7 月，仅 14 个月时间，就有三口日产油 100～400t、天然气 10000m³ 的高产油井因套管 CO_2 腐蚀穿孔严重而相继报废，造成直接经济损失 1500 万元。吉林油田万五井于 1985 年投产，天然气产量为 20000m³/d，投产不到三年，油套管即被 CO_2 气体腐蚀，致使 800m 油管掉落井下，油井报废。塔里木油田 LN204 井 P105 油管使用 1 年 9 个月，由于 CO_2 腐蚀，油管掉入井下。

严重的 CO_2 腐蚀给生产带来巨大的经济损失。因此，防止或降低 CO_2 腐蚀的方法成为人们关注的问题。缓蚀剂在防止 CO_2 腐蚀有其优越性，在油井或管线中加入缓蚀剂防腐蚀，是一种简便有效和较经济的防护方法。抑制 CO_2 腐蚀的缓蚀剂类型包括有机胺、酰胺、咪唑啉、松香胺、季铵盐、杂环化合物和有机硫类等。研究应用较多的是酰胺、咪唑啉和季铵盐类。利用缓蚀剂协同效应原理，将两种以上缓蚀剂组分复配成复合缓蚀剂，效果更好。WSI-02 型 CO_2 缓蚀剂由季铵盐、有机硫化合物和表面活性剂组成，其在 3% NaCl+0.5% $CaCl_2$+20×10^{-6} HAc 水溶液中（式中分数均为质量分数），通入 CO_2 气体使溶液中 CO_2 气体饱和，进行 73h 腐蚀试验，效果如表 5.15 所示。该缓蚀剂由华北油田钻井生产，在含有 CO_2 的油井使用，效果较好。

表 5.15　WSI-02 型 CO_2 缓蚀剂的缓蚀效果

缓蚀剂质量分数/10^{-4}%	温度/℃	腐蚀速率/[g/(m²·h)]	缓蚀率/%
0	60	0.896	
50	60	0.059	93.3
100	60	0.036	94.6
150	60	0.021	97.7
200	60	0.017	98.1
0	100	1.003	
100	100	0.026	97.4
150	100	0.029	97.2
200	100	0.028	97.3

CT2-15 及 CT2-2 缓蚀剂主要是成膜型有机胺类，适用于含 CO_2、H_2S 和卤素的天然气井和输送管道使用，缓蚀率在 95%以上。

IMC-871 型 CO_2 油气井缓蚀剂是由中国科学院金属研究所材料腐蚀与防护中心与华北油田设计院合作研制的，其主要成分为咪唑啉衍生物和有机硫化合物。在常压 CO_2-H_2O 体系中，pH 值为 4.0～4.5，温度为 40～85℃，试验时间 6h，质量浓度为 30～100mg/L，碳钢的腐蚀速率小于 0.076mm/a，N-80 钢为 0.1mm/a，缓蚀率在 90%以上。在 0.1～0.6MPa 分压下，100～120℃，试验时间 4h，浓度为 100mg/L，碳钢腐蚀速率为 0.2mm/a，缓蚀率在 90%以上。

由华中科技大学油田腐蚀与防护研究室研制生产的抗 CO_2 腐蚀的 SIM 固体棒状缓蚀剂，其主要成分为有机胺衍生物和辅助剂。在 CO_2 饱和的 3%NaCl 水溶液中，质量浓度为 50～100mg/L 固体缓蚀剂对碳钢的缓蚀率在 85%以上（溶液温度 60～70℃），已在中原油田试用，效果良好。

东方 1-1 气田是我国海上自营生产管理的大型气田。气田 CO_2 平均含量在 21%以上，个别气井 CO_2 体积分数高达 70%，属于高压 CO_2 强腐蚀气田。华中科技大学油田腐蚀与防护研究室受中海石油有限公司湛江分公司委托承担防止 CO_2 腐蚀的缓蚀剂研究，经过近一年科研攻关，成功研出 HGY-9 型缓蚀剂，于 2003 年 8 月在东方 1-1 气田投产使用，经过两年生产使用证明，使用 HGY-9 型缓蚀剂后设备完好，气田生产安全运行，HGY-9 型缓蚀剂有效抑制了高压 CO_2 腐蚀。该项研究成果填补了我国高压 CO_2 气田缓蚀剂研究的空白，为我国高压 CO_2 油气田开采的防腐蚀提供了依据，有重要的科学意义，具有重大的经济价值。

一般在酸性介质或 H_2S 气体中有效的缓蚀剂，在 CO_2 介质中也有一定效果。但是有些缓蚀剂在 CO_2 高流速对管壁产生较大的剪切应力下，成膜性能较差，缓蚀效果显著降低。选用缓蚀剂时应考虑流速产生的剪切应力影响，寻找一些吸附成膜性能好的缓蚀剂，控制 CO_2 腐蚀。

此外，还要考虑缓蚀剂与 $FeCO_3$ 膜的相互作用影响。缓蚀剂在腐蚀了的金属表面（$FeCO_3$、Fe_3O_4、

Fe_2O_3 等）和光亮清洁的金属表面上的防蚀性能不同。有些缓蚀剂在光洁的金属表面上防蚀性能较低，但是在有腐蚀产物的金属表面防蚀性能好，这是因为该缓蚀剂分子较快地通过多孔的腐蚀产物膜到达金属表面，抑制腐蚀的发生。相反，有些缓蚀剂分子不易通过腐蚀产物膜，其缓蚀效果就较差。缓蚀剂加入 CO_2 介质中，将影响碳钢腐蚀产物膜的形成、组成、状态及其力学性能。不同种类缓蚀剂及其使用浓度也会影响 $FeCO_3$ 膜的形成和膜的剪切应力大小等。

近年来，中国石油天然气集团公司管材研究所对我国抗 CO_2 腐蚀缓蚀剂的品种进行了调查统计，包括 TG100、TG200、TG300、IMC-M_1、IMC-M_2、IMC-M_3、IMC-871、IMC-30-G、IMC-921、TIM、SIM-1、M_2、SH-2、WSI-02、CT2-10、CT2-12、ID-1、AH-B2、IMC-80-ZS、IMC-80-N、KS-1、KW-204、SM、CL-1、WH 系列、M_1、JH4、CT2-15 等。这些缓蚀剂大部分是咪唑啉类或含硫咪唑啉衍生物，有机季铵盐、炔氧甲基胺和多硫化物，含 S 和 P 的松香胺衍生物、多元醇磷酸酯、咪唑啉衍生物与硫脲的缩合物、咪唑啉季铵盐、硫脲衍生物与含 N 杂环化合物复配等。这里需要指出，CO_2 在油气水流体中的流动是多相流体系，缓蚀剂在各相中的分布遵循溶解平衡规则。只有溶解在腐蚀性介质如水相或气相中，缓蚀剂才能发挥其缓蚀作用。要注意缓蚀剂在各相中的分配比例，因为腐蚀大多发生在水相，油溶性缓蚀剂虽然有较好的缓蚀效果，但是由于其溶于油相被冲走，保护效果较差。

5.3.2　适用于有机酸性介质的缓蚀剂

工业生产中常用的有机酸种类很多，本节主要介绍甲酸、乙酸、柠檬酸、羟基乙酸、酒石酸、环烷酸等有机酸及其缓蚀剂。

1. 甲酸中的缓蚀剂

甲酸比盐酸弱得多，但是比乙（醋）酸强，对金属有一定腐蚀作用，常用于石油工业的油井酸化施工中。在锅炉酸洗除污垢时，可用廉价的甲酸代替部分柠檬酸（质量分数为 2%甲酸+1%柠檬酸）作为清洗主剂，效果较好。甲酸缓蚀剂包括季铵盐、松香胺衍生物、炔醇化合物等。兰-826、7701 和 SH-405 等均为甲酸溶液较好的缓蚀剂。

2. 乙酸中的缓蚀剂

乙酸的酸性弱，对金属腐蚀轻微，但是在高温下乙酸对金属腐蚀增强。在石油酸化工艺中，在盐酸溶液中常加入一定量（质量分数为 2%）乙酸，加入乙酸的目的是防止氢氧化铁的沉淀，起络合三价铁离子或稳定三价铁离子的作用，减少三价铁离子在盐酸溶液中的沉淀对地层的伤害。对甲酸有效的缓蚀剂对乙酸一样有效。一般常用于甲酸、乙酸的缓蚀剂有硝酸铁、亚硝酸铁和磷酸等。有机胺、兰-826、7701、季铵盐、生物碱、松香胺、咪唑啉都是甲酸和乙酸较好的缓蚀剂。

3. 柠檬酸中的缓蚀剂

柠檬酸是一种有机酸，其分子式为 $H_3C_6H_5O_7 \cdot H_2O$。1956 年美国首次在法罗电厂的一台超临界参数的直流锅炉中使用柠檬酸溶液酸洗，之后许多机组锅炉也采用柠檬酸酸洗工艺。

早在 1934 年，Morris 就提出了采用磷酸氢二钾作为柠檬酸缓蚀剂。1936 年 Hoar 提出用镉盐作为柠檬酸酸洗缓蚀剂，1960 年以后，国外报道采用甲醛-硝基苯、苯基硫脲、二邻甲苯硫脲、二苄基亚砜、二苯基硫脲、咪唑啉衍生物、醛-胺缩合物、十二烷基吡啶黄原酸盐、丙炔醇、己炔醇、氟化氢铵、2-巯基苯并噻唑、2-巯基苯并咪唑等化合物可作为柠檬酸酸洗缓蚀剂。

国际市场上出售柠檬酸用缓蚀剂商品包括日本的 Ibit-30A，美国的 Rodine-31A、Rodine-92A、Rodine-115、Rodine-130，法国的 Armohib 等。

我国柠檬酸酸洗缓蚀剂品种包括 SH-405、M-78、柠檬 1 号、CM-991、DDN-001、兰-826、新若丁、7701、SH-05、Cl⁻059 等。

柠檬酸酸洗法首次在我国望亭发电厂的 1000t/h 亚临界直流锅炉上使用，酸洗消耗柠檬酸 13t，清除氧化皮和污垢物 3.2t，酸洗效果较好。第 2 次在姚孟发电厂的 935t/h 直流锅炉炉前系统采用柠檬酸酸洗。为减少酸洗后水冲洗产生二次锈蚀，在漂洗液中（含质量分数为 0.2%的柠檬酸）加入少量亚硝酸钠钝化剂，酸洗效果比望亭发电厂好，清除了 Fe_3O_4、SiO_2 和其他垢物 2.56t。

4. 羟基乙酸（乙醇酸）中的缓蚀剂

羟基乙酸的分子式为 $HOCH_2COOH$，比乙酸多了一个亲水的羟基，在水中的溶解度要比乙酸大。乙酸的酸度系数为 4.76，羟基乙酸的酸度系数为 3.83，显然，羟基乙酸的酸性也较强。羟基乙酸的酸性介于乙酸和强酸之间，对锈垢的溶解能力要大于乙酸，它对钢铁基体的腐蚀性要大幅低于盐酸、硫酸等强酸。因为羟基乙酸具有上述综合性能，所以主要用于清除超临界锅炉和其他锅炉用过热器部分中的四氧化三铁，在酸洗时，通常与甲酸混合使用，效果较好。

在酸洗工艺中，一般选用质量分数为 2%的羟基乙酸和 1%甲酸的单氨化混合液作为清洗液，在 82～104℃温度下循环流动清洗，对铁锈和氧化皮有较好的清洗效果。由于这种混合酸易挥发，因此用于装置清洗时很难加料、循环和排放。

羟基乙酸缓蚀剂通常用有机胺、季铵盐、乌洛托品、松香胺、咪唑啉、醛类、炔醇类化合物等，商品缓蚀剂包括兰-826、CM-991、7801 缓蚀剂、SH-416 缓蚀剂、CTI-2、TPRI-7、CTI-3 缓蚀剂、IMC 系列、KL-45 缓蚀剂等。

5. 乙二胺四乙酸（EDTA）中的缓蚀剂

乙二胺四乙酸（EDTA）中具有 6 个可与金属离子形成配位键的原子（2 个氨基氮和 4 个羧基氧）和 4 个可电离的 H^+，能与许多金属离子形成稳定的易溶于水的配位物，因而可用于金属化合物垢类的清洗。四川五通桥发电厂较早应用 EDTA 清洗液进行清洗，在清洗液中加入了 WH-15 缓蚀剂，清洗效果较好。

20 世纪 80 年代初，我国生产的 EDTA 清洗液的缓蚀剂包括仿依比特-30A（二正丁基硫脲）、MBT+吡啶季铵盐+OP-15，MBT+乌洛托品+OP-15，对十二烷基吡啶氯化物+OP-15 及 MBT+N_2H_4+硫脲+乌洛托品等。西安热工研究院研制开发了一种以咪唑啉为主的 TPRI-6 型 EDTA 缓蚀剂，在湖北襄樊电厂一台 300MW 基建炉清洗中应用，获得了良好效果。此外，CM-911、有缓-6、YYH-1 和兰-826 等也是 EDTA 较好的缓蚀剂。马思远等[13]研发了由咪唑啉和酰胺等组成的 IS-136 缓蚀剂，质量分数为 0.3%的 IS-136 缓蚀剂在 135℃的 5%EDTA 溶液中（含 Fe^{3+} 质量浓度为 500mg/L、N_2H_4 质量浓度为 1500mg/L）对碳钢的缓蚀率在 96%以上，优于国内其他产品。

5.4 碱性介质缓蚀剂

5.4.1 铝的缓蚀剂

由于铝的丰度、高塑性、高导电性、导热性能，其相对密度仅为钢铁的 1/3，表面氧化膜层具有一定的耐蚀性，故铝材和铝制器件在工业和民用中的应用日益广泛。众所周知，铝是两性金属，在酸性和碱性溶液中都容易遭受腐蚀，生成可溶性铝盐并有氢气析出。铝在含氯氧化物的中性水溶液中，也会遭受氯离子的点蚀破坏。

研究指出，在 NaOH、KOH、Ba(OH)$_2$、Sr(OH)$_2$、Ca(OH)$_2$、Mg(OH)$_2$ 和 NH$_4$OH 溶液中，当碱的摩尔浓度为 0.1mol/L 时，纯铝（质量分数为 95.998%）在 Ba(OH)$_2$ 和 Sr(OH)$_2$ 溶液中溶解的比较快；在 NaOH、KOH 与 NH$_4$OH 溶液中溶解得比较慢。

铝在碱溶液 Ba(OH)$_2$：Sr(OH)$_2$：NaOH：KOH：NH$_4$OH 中溶解速度的比为 24：18：9：8：5。

过去常用硅酸盐、磷酸盐、铬酸盐、钼酸盐、亚硫酸盐纸浆废液、阿拉伯树脂和动物胶等作为铝的碱性缓蚀剂使用。近年来研究一些新的有机缓蚀剂作为碱性溶液铝的缓蚀剂使用，效果也较好。苯胺及其衍生物在 pH 值为 5～13 范围内的碱性溶液中，或 β-二酮类在 pH 值为 12 以下碱性溶液中对铝有良好的缓蚀作用。萘一般在邻位上有羟基（—OH）或羧基（—COOH）化合物对铝缓蚀效果好，而邻位带氨基（—NH$_2$）的萘酚缓蚀效果差。三乙醇胺衍生物或三乙醇胺与三乙氧基硅烷的内络化合物，也是铝较好的碱性缓蚀剂。此外，许刚、林海潮等研究发现，三价铟离子 In^{3+} 能有效抑制纯铝在 1mol/L KOH 溶液中的腐蚀，而三价镓离子 Ga^{3+} 会促进铝的腐蚀。哈尔滨工业大学于兴文、周德瑞等发现用稀土盐化合物处理铝合金具有很好的缓蚀效果，并指出 Ce^{3+} 比 La^{3+}、Nd^{3+}、Pr^{3+}、Y^{3+} 效果更好。

工业铝在乙醇中也会发生腐蚀。在无水乙醇中本来腐蚀性不大的铝的表面膜一旦破裂，由于修复氧化膜必要的水和氧不充分，可能腐蚀比少量水存在时更大。除乙醇外，无水甲基氯、四氯化碳、苯酚、溴化乙二醇、溴化乙烷、硬脂酸等对铝也有腐蚀。

铬酸盐、钼酸盐、硝酸盐、亚硝酸盐等抑制由醇和有机物引起的铝的腐蚀较为有效。

王成等[14]研究发现，在质量分数为 3.5% 的 NaCl 溶液中，添加质量分数为 0.2mg/g 硅酸钠缓蚀剂，铝合金疲劳寿命由 264001 次提高到 438678 次，硅酸钠加入盐水溶液中使铝合金疲劳寿命提高近 70%，电化学试验结果表明，硅酸钠对铝合金来说是一种阳极成膜型缓蚀剂，主要通过在铝合金表面形成一层转化膜而起到缓蚀作用。硅酸钠浓度对铝合金的缓蚀作用有很大的影响，添加质量分数为 0.2mg/g 硅酸钠对铝合金在氯化钠水溶液中具有较好的缓蚀作用。此外，在质量分数 1%～4%NaOH 溶液中，葡萄糖、明胶、琼脂、氟硅酸钠能有效抑制铝的碱腐蚀。在摩尔浓度 1mol/L 盐酸溶液中，钼酸铵、六次甲基四胺和硅酸钠按一定比例混合，对铝的缓蚀率在 95.9% 以上。

张晓云等[15]应用巯基苯并噻唑、苯并三氮唑（BTA）及其衍生物和钼酸盐、有机磷酸盐、有机磷酸酯盐、硅酸盐复配使用，是铝合金、黄铜和碳钢水基清洗较好缓蚀剂。

王成等[16]应用铜铁试剂对 LY12 铝合金的缓蚀试验表明，在质量分数为 3.5% 的 NaCl 水溶液中，加入 1.0% 铜铁试剂，对 LY12 铝合金的缓蚀率在 95.56% 以上。抑制铝合金点蚀性能较好，且随铜铁试剂浓度增加，缓蚀效果更好，属混合型缓蚀剂。

5.4.2 锌、铅的缓蚀剂

锌是两性金属，在酸性和碱性介质中都容易被腐蚀生成可溶性锌盐并有氢气放出。在干燥空气中，锌不发生腐蚀，在潮湿的环境中，锌生成一层氢氧化锌，在含有 SO$_2$ 和 H$_2$S 的大气中和有机气氛（包装密封）中，锌被腐蚀长"白霜"。金属锌广泛应用于能源和钢铁工业，在能源工业中主要用作电池材料，如锌锰电池的负极材料；在钢铁工业中，主要用锌作覆盖层材料，电镀锌和热浸镀锌钢板。

1. 氯化铵型锌锰干电池缓蚀剂

锌锰干电池发明至今已有 100 多年的历史，是民用的主要电池，电池表达式为

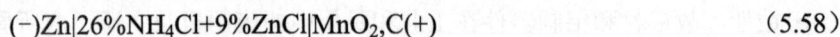

$$(-)Zn|26\%NH_4Cl+9\%ZnCl|MnO_2,C(+) \tag{5.58}$$

负极化学反应：

$$Zn = Zn^{2+}+2e \tag{5.59}$$

正极化学反应:

$$2MnO_2+2H_2O+2e \Longrightarrow 2MnOOH+2OH^- \qquad (5.60)$$

电解质中离子化学反应:

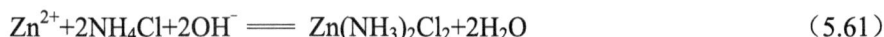

$$Zn^{2+}+2NH_4Cl+2OH^- \Longrightarrow Zn(NH_3)_2Cl_2+2H_2O \qquad (5.61)$$

电池化学反应:

$$2MnO_2+Zn+2NH_4Cl \Longrightarrow 2MnOOH+Zn(NH_3)_2Cl_2 \qquad (5.62)$$

以上是最早的干电池使用的氯化铵电解质溶液,现已采用氯化锌为主要电解质,电池的防漏电性能大幅提高。

对于这种锌锰干电池,由于锌电极的自腐蚀放电,在电解质溶液中加入少量氯化汞作为缓蚀剂,汞盐与锌发生化学反应生成锌汞吸附在锌表面上而阻止或减缓锌的腐蚀溶解,延长电池的使用寿命和储存期。由于汞盐有毒,污染环境,国外已限制和禁止在电池中使用汞盐。因此,需要研究开发新型高效低毒代汞盐的缓蚀剂。研究指出,有机胺类及其衍生物和季铵盐类是较好的锌锰干电池缓蚀剂。此外,季磷化合物是锌在稀盐酸溶液中较好的缓蚀剂。

2. 碱性锌锰电池缓蚀剂

碱性锌锰电池采用氢氧化钾代替氯化铵和氯化锌电解质,电池反应的表达式如下:

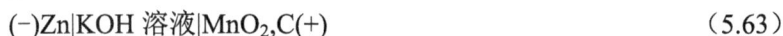

$$(-)Zn|KOH\ 溶液|MnO_2,C(+) \qquad (5.63)$$

负极化学反应:

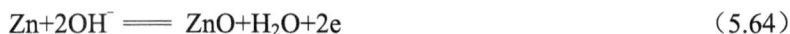

$$Zn+2OH^- \Longrightarrow ZnO+H_2O+2e \qquad (5.64)$$

正极化学反应:

$$MnO_2+2H_2O+2e \Longrightarrow 2Mn(OH)_2+2OH^- \qquad (5.65)$$

电池化学反应:

$$MnO_2+Zn+H_2O \Longrightarrow Mn(OH)_2+ZnO \qquad (5.66)$$

这类电池性能优于氯化铵锌锰电池,由于质量轻、体积小、容量大和防漏性能好而广泛应用于无线电、玩具、磁带录音机、手提电视机、手工工具和电传、电打字机等。这类电池过去也是采用汞盐抑制锌电极自放电,为了取代汞盐缓蚀剂,人们进行了大量的研究工作,发现季铵盐、聚氧乙烯醚、全氟烷基聚乙烯磺酸酯盐(分子量为500~2500,添加质量分数为0.01%~1.00%)、抗坏血酸等有机化合物是碱性锌锰电池较好的缓蚀剂。

3. 铅酸蓄电池缓蚀剂

铅酸蓄电池电动势高,结构简单,使用温度范围较宽,电池容量也大,还具有原料易得、价格低廉等优点。但是它质量大,防振性能差,自放电较强,具有氢析出等缺点。针对上述缺点,20世纪80年代后,开展了对低锑铅合金使用的研究,通过添加缓蚀剂,减少了铅酸电池的自放电和水的分解(提高了H_2和O_2析出的过电位),使铅酸蓄电池的性能明显提高,使用时间大幅延长。

铅酸蓄电池的化学反应式如下:

$$(-)Pb,PbSO_4|H_2SO_4|PbO_2,Pb(+) \qquad (5.67)$$

电池的充放电化学反应式如下:

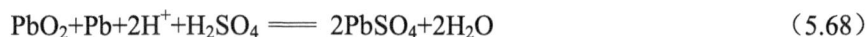

$$PbO_2+Pb+2H^++H_2SO_4 \Longrightarrow 2PbSO_4+2H_2O \qquad (5.68)$$

在铅酸蓄电池中加入四丁基铵硫酸盐、羟基萘甲酸、对苯胺基苯酸、木质素、聚乙氧基脂肪酸及酚羟基化合物、季铵盐等缓蚀物质,可降低铅电极自放电和防止海绵铅在空气中的氧化,增加铅酸蓄电池负极极板容量。此外,在电解质中加入少量钴盐、银盐也能有效降低铅酸蓄电池栅极的腐蚀,如Ca^{2+}(质量分数为 5.0～7.5mg/L）在硫酸溶液中能显著降低铅的腐蚀速率。戴忠旭用乙炔黑聚乙烯醇胶体溶液与全氟表面活性剂复配在硫酸溶液中，显著提高了铅电极上的析氢过电位，明显地抑制铅电极的析氢反应的进行，提高了电池使用寿命。此外 3,5-二安息香酸、十二碳胺、吡啶衍生物和喹啉化合物等也是铅酸蓄电池较好的缓蚀剂。

铅在潮湿空气中易生成灰色氧化铅和碳酸铅盐薄膜，因此在工业大气潮湿土壤中，铅不耐蚀。

5.4.3　铜、银金属的缓蚀剂

铜器在潮湿空气中会锈蚀，尤其是在含有较多二氧化碳、二氧化硫的潮湿空气中，锈蚀较为严重。

我国早在 4000 年前的夏代就开始使用青铜器（铜锡合金），其中锡的比例为 10%～30%。这些埋于地下几千年的青铜器，发掘出土时有些还具有金属光泽，有些已锈蚀。具有光泽的青铜器，若是保护不善，随着出土时间延长，表面逐渐开始锈蚀、失去光泽、粉锈，称为"青铜病"。国外有关"青铜病"的研究，1826 年，Davy 对一件青铜头盔上的锈物进行检测分析，对锈物开始有了一些基本认识；1894 年，布雷特洛特（Brethelot）研究了青铜器的腐蚀产物成分；1930 年前后，英国的弗农（Vernon）研究了青铜器腐蚀产物组成与环境（介质）之间的关系，对青铜器的腐蚀问题有了进一步认识；之后，英国哈瓦德大学的盖坦丝（Gettens）研究了青铜器腐蚀的发生与发展过程，于 1936 年提出了对青铜器上有害锈的氧化银封闭法和电解氧化还原法保护处理；1961 年英国的奥根（Organ）进一步完善了氧化银封闭法处理，使其具有实用性。氧化银封闭法原理如下：

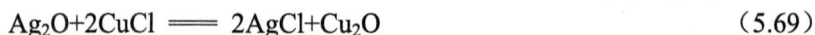

$$Ag_2O + 2CuCl \Longrightarrow 2AgCl + Cu_2O \tag{5.69}$$

这种方法对青铜点蚀更为适用。氧化银的作用是铜氯化物转变为银氯化物，对青铜器上的蚀点进行封闭保护。这样达到蚀点下的腐蚀产物及铜体与大气隔绝，对青铜器有一定保护效果。1967 年英国的麦德森（Madsen）首次将苯并三氮唑（BTA）应用于青铜器的保护获得成功。此后，缓蚀剂在青铜器、铁器、银器等文物保护中的研究和应用得到迅速发展，相继研究出一些缓蚀性能优良的文物保护用的缓蚀剂及其使用配方。我国对青铜器、铁器文物的腐蚀与保护研究较国外晚，缓蚀剂应用于文物保护工作在20 世纪 80 年代中期才开始，虽然起步较晚，但由于政府的重视，研究和应用工作进展较快，取得了显著的成绩，有效地保护了出土的金属文物。

1. 缓蚀剂在金属文物保护中的应用

1）苯并三氮唑对铜器的保护作用

苯并三氮唑是对铜及其合金最有效的缓蚀剂之一，其保护青铜的作用机理如下所示：

$$Cu_2(OH)_3Cl + 6BTAH \Longrightarrow 2Cu(BTA)_2(BTAH) + Cl^- + 3H_2O + H^+ \tag{5.70}$$

苯并三氮唑处理带锈青铜器时 BTYA 和一价铜离子、二价铜离子配位，在器物表面上形成一层致密的保护膜，阻碍了腐蚀介质与青铜的作用，大幅降低了青铜的腐蚀速率，有效地保护青铜器免遭腐蚀。此外，BTA 与 H_2O_2、KI、Na_2MoO_4、$NaHCO_3$、Na_2SiO_3 等复合液处理青铜粉状锈的保护效果更好。

2）2-氨基-5-巯基-1,3,4-噻二唑（AMT）

AMT 是一种新型的铜及其合金优良的缓蚀剂。国外在 1988 年报道了 AMT 能够除去青铜粉锈，在铜表面形成致密的保护膜。傅海涛等[17]应用 AMT 对青铜保护进行研究，结果表明 AMT 能有效抑制青铜在柠檬酸中腐蚀，属于混合型缓蚀剂，AMT 在青铜表面生成致密的、覆盖性良好的保护膜，其缓蚀机理归因于成相膜的形成，膜最外层结构为 Cu（I）AMT。AMT 中-NH_2 参与一价铜的配位反应，环上离氨基最近的 N 参与配位。

3）1-苯基-5-巯基四氮唑（PMTA）

上海博物馆祝鸿范等应用 PMTA 对青铜器试样进行处理保护，发现 PMTA 处理过的青铜试样的防护效果好，抗氯离子腐蚀的效果较 BTA 好。在 25℃、质量分数为 1000μg/g PMTA 溶液中处理 10min 后，青铜试片在质量分数为 3.5%溶液中浸泡 7 天不锈蚀。PMTA 属阴极型缓蚀剂。

2. 银的缓蚀剂

银的标准电极电位较氧电极负，在大气中也发生氧化反应，虽然这种氧化反应很缓慢，但是当大气中含有污染物如硫化物或硫氧化物时，便加速了银的氧化过程，使光亮的银器文物失去光泽变暗，称为银变色。变暗或黑色产物是 Ag_2S。有机硫化物如硫醇、硫醚和二硫化碳等，受到紫外光照射时，也会加速银器变色发暗，变色过程是金属银发生电化学腐蚀过程。为了防止银器文物的变色，人们采用缓蚀剂防护。

蔡兰坤等[18]、张东曙等[19]应用巯基苯并咪唑（MBI）、巯基苯噁唑（MBO）与 PMTA 复合处理银器试样取得了成功，研究出唑系复合缓蚀剂成膜处理的最佳工艺条件为 MBO：PMTA：MBI=1：2：3，成膜处理溶液的总浓度为 0.0189mol/L，pH 值为 3，预膜温度为 50℃，成膜时间为 4h，防变色能力强，可以满足银器文物较长期保护。防银变色应用最早的缓蚀剂是苯并三氮唑和含巯基的氮唑化合物及含巯基的表面活性剂等。利用缓蚀剂协同效应原理，把几种缓蚀组分复合使用，大幅增强了缓蚀剂保护效果。此外，3,5-三硝基苯甲酸六次甲基亚胺也是银、铜、铅、锡较好的气相缓蚀剂。

PMM 是由 1-苯基-5-巯基四氮唑（PMTA）、2-巯基苯并噁唑（MBO）和 2-巯基苯并咪唑（MBI）化合物按一定比例组成的复合新型银缓蚀剂。MBI 和 MBO 是铜良好的缓蚀剂，也是银较好的缓蚀剂。PMTA、MBI 和 MBO 的分子中均含有巯基基团（—SH），巯基的引入可以改善有机杂环化合物的表面性能，有利于在金属表面上的吸附。它们的结构式如下：

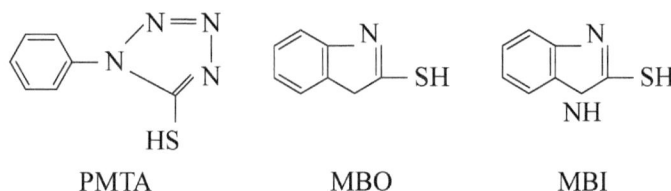

PMTA   MBO   MBI

PMM 与 PMTA、MBI 和 MBO 在腐蚀介质中的防变色性能对比如表 5.16 和表 5.17 所示。从表中数据看出，银在硫化气相中腐蚀变色是严重的，复合缓蚀剂 PMM 比各单种缓蚀剂的保护效果好，表明这三种缓蚀剂之间存在协同缓蚀作用。此外，银表面的 XPS 及 AES 结果也证实缓蚀剂吸附在银表面上，（金属表面均含有 C、N、S 和 O 元素），生成一层 20nm 致密的保护膜，PMM 在 Na_2S 或 $HSCH_2COOH$ 溶液中对银腐蚀的阳极和阴极电化学过程都有抑制作用，PMM 作为一种高效新型多组分的复合型缓蚀剂，在银器文物、银饰物和银制工艺品的防变色方面有广阔的应用前景。

表 5.16　硫化气相腐蚀试验结果

缓蚀剂	增重/（g/m²）	缓蚀率/%	变色程度
	2.13		严重变色，黑色
PMM	0.03	98.4	未变色，银白色
PMTA	0.19	91.3	变色
MBO	0.35	83.5	明显变色
MBI	0.14	93.6	微变色

表 5.17　紫外光暴露加速腐蚀试验结果

缓蚀剂	增重/（g/m²）	缓蚀率/%	变色程度
	3.96		严重变色，黑色
PMM	0.07	98.2	微变色
PMTA	0.23	94.1	变色，变黄色
MBO	0.90	77.2	明显变色，棕色
MBI	1.59	55.9	严重变色，黑色

5.5　中性介质缓蚀剂

5.5.1　概述

中性腐蚀介质应用缓蚀剂较多，中性介质的类型主要有以下几种。

（1）各种中性水介质，如循环冷却水、锅炉水、供暖水、洗涤水等。

（2）各种中性盐类水溶液，如含有氯化钠、氯化镁、氯化钙、氯化锂、溴化锂、氯化铵、硫酸钠、油田污水等盐类的水溶液。

（3）中性有机溶液，如各种油类、醇类和多卤代烃类等水溶液或乳液，如切削乳液、磨削乳液等。

上述各类中性介质溶液，在使用过程中，对金属设备均产生腐蚀作用，因此要采取缓蚀剂防护。研究和应用最广泛的是工业循环冷却水的缓蚀技术，早在 20 世纪 30 年代便开始循环冷却水的水处理技术的研究。随着工业的迅猛发展，以及节水、节能和改善环境的需要，促使冬季取暖的集中供热事业也迅速发展起来。集中供热是利用发电厂的余热来加热天然水或自来水作为供暖用水，同样也会带来与循环冷却水情况相似的供暖热力管网的严重腐蚀与结垢，从而造成在供暖期间因清除管网腐蚀产物而影响正常供暖，影响正常的工作和生活。同时，也使管网的使用寿命大幅降低。采取添加缓蚀剂防止管网腐蚀的方法，在国内扩大中性介质缓蚀剂应用范围方面取得较好的成绩。

其次，在中性介质缓蚀剂中，研究应用较多的是各种盐类的水溶液，如氯化钠、硫酸钠、氯化镁、氯化钙等水溶液主要是以海水或作为模拟海水的氯化钠水溶液为腐蚀介质，进行各种有效缓蚀剂的研究开发和缓蚀作用机理等方面的研究，以应用于海水的腐蚀环境下管线设备腐蚀的防护。同时，除了碳钢和不锈钢之外，对设备中常用的铜、铝、镍和各种合金等在中性盐类介质中腐蚀的缓蚀剂的研究，也取得了显著的效果和实际应用。

在汽车、飞机、火车等发动机的冷却系统中，常采用加入各种多元醇类（如乙二醇、甘油等）作为抗冻剂的冷却水；在机械加工过程中常用的是冷却乳液等。

5.5.2　应用于油田污水腐蚀的缓蚀剂

油井产出液的污水中，含有大量矿物质，如氯化钠、氯化钙、氯化镁、氯化钡、氯化锶、硫酸钠、碳酸氢钠等，这些矿物溶于水中加速了采油设备、储罐、泵、管线的腐蚀。常见的腐蚀类型为坑蚀、点蚀、缝隙腐蚀、氢鼓泡、磨蚀、空蚀、细菌腐蚀、垢下腐蚀等。这类腐蚀主要是以溶解氧和 CO_2 腐蚀为主，在厌氧条件下主要是硫酸盐还原菌腐蚀，在 pH 值为 6 以下的污水中为氢离子与溶解氧共同腐蚀，腐蚀性较强。

油田污水缓蚀剂、杀菌剂种类很多，常用的有胺类、环胺类、酰胺类和酰胺羧酸类。胺类又分为伯胺、仲胺、叔胺和季铵盐等。环胺类又分为烯胺类、吗啉类、咪唑啉类和哌嗪类。酰胺类分为烷基取代酰胺和吗啉酰胺。酰胺羧酸类分为单羧酸类和二羧酸类。以上胺类、环胺类、酰胺类和酰胺羧酸类统称有机胺类，这类缓蚀剂对油田注水的腐蚀控制和改善注水技术有以下优点。

（1）有机胺缓蚀剂的缓蚀效果较好，使用量较低，一般为 20～30mg/L，价格比较低廉。

（2）有机胺缓蚀剂如咪唑啉和季铵盐既有缓蚀作用又有杀菌作用。

（3）有机胺缓蚀剂往往同时又是表面活性剂，具有降低表面张力的作用，因而有利于将水注入地层而提高注水速度。

（4）有机缓蚀剂往往兼有分散性，如季铵盐等，因而还可以防止一些沉淀物对地层的堵塞。

（5）有机胺类毒性相对于无机缓蚀剂如铬酸盐低，对环境污染程度小。

目前我国油田使用较多的是咪唑啉类衍生物和酰胺类化合物以及季铵盐等。商品牌号很多，如川天 2-1、2-4、2-7 系列、IMC 系列、M_1、M_2、SL-2B、GP-1、SJ-Mc、ZX-06、ZY-01、CZ3-1、CZ3-3、IC-1、KW-204、DW-003、ZSY-921、IMC-30-G 等。研究指出，用椰子油酸胺，经环氧乙烷缩合后，再加入一定量的聚磷酸盐作为油田污水缓蚀剂，该缓蚀剂在防止含 H_2S、CO_2 污水腐蚀时，缓蚀率达 90%以上。此外，脂肪胺、吡啶类衍生物、松香胺衍生物、铵盐与非离子表面活性剂复合物等也是较好的油田污水缓蚀剂。油田污水缓蚀剂每年用量在数千吨以上。

用于防治细菌腐蚀的杀菌剂有氧化性和非氧化性杀菌剂。氧化性杀菌剂有氯气、次氯酸钠、铬酸钠、重铬酸钠、二氧化氯、硫酸铜、三氯异三聚氰酸及其钠盐、汞盐和银盐的化合物等。其中氯是注水系统、循环冷却水系统以及饮用水中使用广泛的氧化性杀菌剂，又称无机杀菌剂。非氧化性杀菌剂有季铵盐、有机胺、氯代酚、十二烷基二甲基苄基氯化铵（简称 1227）、二硫氰基甲烷、戊二醛、双（5-氯-2-羟基苯基）甲烷、十二烷基二甲基苄基溴化铵、双（三氯甲基）砜、五氯酚钠、甲硝唑、十六烷基氯化吡啶、十六烷基溴化吡啶、SQ_8（主要成分为二硫氰基甲烷与 1227 的混合物）、丙烯醛、水杨醛、烷基卤代砜、双季铵盐、有机硫化物等，亦称有机杀菌剂。表 5.18 列出我国油田注水及循环冷却水的工业用水中常用的非氧化性杀菌剂。

表 5.18 我国工业用水中常用的非氧化性杀菌剂

品名	组成质量分数	物理性质	来源	生产单位
1227	十二烷基二甲基苄基氯化铵 45%，水 55%	淡黄色黏稠液体，碱性		上海洗涤剂三厂（已鉴定产品）
SQ_8	二硫氰基甲烷 10%，十二烷基二甲基苄基氯化铵 20%，溶剂和表面活性剂 70%	橙黄色液体，pH=5，d^{25}=0.97。闪点（闭口）：51℃；凝固点：-14℃不凝	广东省科学院化工研究所	广东化工研究所（已鉴定产品）
G_{-4}	双（5-氯-2-羟基苯基）甲烷 29%，乙二胺 6%，NaOH5%，水 59%	红棕色液体，pH=14	南京大学	南京六合化工厂（已鉴定产品）
S_{15}	二硫氰基甲烷 10%，溶剂和表面活性剂 90%	橙红色液体，pH=3.4，d^{25}=1.02。闪点（闭口）：39℃；凝固点：-16℃不凝	广东化工研究所	广东化工研究所
401	乙基大蒜素 15%，乙酸 85%	液体		
T_{801}	聚合季铵盐 50%，水 50%	液体	天津化工研究设计院	天津化工研究院
新洁尔灭	十二烷基二甲基苄基溴化铵 5%，水 95%	液体		上海洗涤剂十二厂
C_{-38}	二硫氰基甲烷 5%，双（三氯甲基）砜 17%，其他 78%	液体		Betz 公司

品名	组成质量分数	物理性质	来源	生产单位
戊二醛	戊二醛水	液体	武汉有机合成厂	武汉有机合成厂
ME	甲硝唑	固体		武汉制药厂
松香胺衍生物	松香胺五氯酚盐	液体		
GY-316 杀菌剂	有机胺类	液体		武进市广益化学材料厂
SS411GY	异噻唑啉酮	黄绿色或橙黄色液体，pH=3，d^{25}=1.25		武进市广益化学材料厂
SW-902	季铵盐类	浅黄色液体，pH 值（1%水溶液）=6.5±1.0	陕西省石油化工研究设计院	陕西省石油化工研究设计院
SW-903	两个异噻唑啉酮化合物	绿色液体，pH 值（1%水溶液）=6.0±1.0	陕西省石油化工研究设计院	陕西省石油化工研究设计院
TLR-01	5-氯-2-甲基-4-异噻唑啉-3 酮等	液体 pH≤4.0，d^{20}=1.25		大连星原精细化工厂
TLR-034	防腐剂和十二烷基二甲基苄基氯化铵	液体（深棕色）pH=8～10		大连星原精细化工厂
FC204	咪唑啉类衍生物	黄色至棕色液体，pH=6～8，d^{20}=1.0±0.1		武进东吴化工厂
HC-782	季铵盐助剂等	浅黄色液体，pH 值（1%水溶液）=5.0±1.0		武进郑陆化工厂
EL-6	聚氯杂环季铵盐、助剂等	褐黄色液体，pH=6～8，d^{25}=1.03		山东兖州市鲁兴化工厂

5.5.3　应用于工业冷却水系统的缓蚀剂

据调查统计，工业冷却水是工业用水中的最大用户。特别是电力工业中，冷却水的用量占其总用水量的 99%。作为工业冷却水的淡水，主要来源是江河、湖泊、水库和地下水。由于工业迅猛发展，消耗了大量的水源，又由于应用化学药剂，特别是有些有毒有害的药剂污染水质，造成大量水源流失和浪费。

工业冷却水系统分为直流冷却水系统和循环冷却水系统。其中循环冷却水系统又分为敞开式循环冷却水系统和密闭式循环冷却水系统两类。

直流冷却水又称一次冷却水。在直流冷却水系统中，水从水源流经冷却设备或换热器进行换热后就直接排放或作他用。在直流冷却水系统中，水只被利用换热一次。直流冷却水系统的用水量很大，故一般直接取自水井、湖泊、河流、水库、海洋以及城市供水系统。随着有效利用水资源和保护水资源，直流冷却水已被循环冷却水取代。循环冷却水系统具有比直流冷却水节约用水量 95%以上、节约能源、便于用缓蚀剂和防垢剂抑制腐蚀与结垢、防止环境污染等优点。特别是采用密闭循环冷却水系统，节约用水量更大，效果更好。

用淡水的敞开式循环冷却水系统中，冷却水的 pH 值通常为 6.5～8.5。此时，氧在水中的溶解度较高，水中游离的氢离子浓度很低，钢铁设备的腐蚀主要是氧的阴极去极化反应，而腐蚀电池中的阳极反应则为铁的阳极溶解。

冷却水系统中常见的一些腐蚀形态如下：①均匀腐蚀，如换热器酸洗漂洗；②电偶腐蚀，如换热器中黄铜换热管与碳钢管板或不锈钢管板连接处的腐蚀；③缝隙腐蚀，如垫片底面、螺帽、螺栓底部、铆钉帽下缝隙内等部位腐蚀；④磨损腐蚀，如泵的叶轮、轴，凝汽器中冷却水入口处铜管端部、挡板的腐蚀；⑤选择性腐蚀，如黄铜管脱锌腐蚀；⑥点蚀，管线穿孔腐蚀；⑦晶间腐蚀，碳钢或不锈钢焊缝在氯化物溶液中的腐蚀；⑧微生物腐蚀，如冷却水中真菌、藻类、硫酸盐还原菌、铁细菌、产黏泥细菌等引起的木材和金属的腐蚀。

工业循环冷却水系统中的设备腐蚀与结垢，直接影响设备，如各种换热器、泵、管道、阀门等的使用寿命和换热效率。控制腐蚀与结垢的方法是在冷却水中添加缓蚀剂、阻垢剂。

1. 无机盐类缓蚀剂

1）铬酸盐缓蚀剂

铬酸盐曾是密闭式或敞开式循环冷却水系统中最有效的无机盐缓蚀剂之一，常用的是铬酸钠 $Na_2CrO_4 \cdot 4H_2O$。由于铬酸盐是一种强氧化型缓蚀剂，在水中使钢铁表面生成较致密的钝化膜 γ-Fe_2O_3 和 Cr_2O_3，保护金属免遭腐蚀。其化学反应式如下：

$$2Fe+2Na_2CrO_4+2H2O \Longrightarrow Fe_2O_3+Cr_2O_3+4NaOH \qquad (5.71)$$

在使用铬酸盐时，要注意铬酸盐的使用浓度，因为铬酸盐有一个临界浓度，使用时必须高于其临界浓度，否则碳钢会出现点蚀，特别是在水中含 Cl^- 和 SO_4^{2-} 浓度高的情况下，在流速低的部位、缝隙部位和残渣堆积部位更易发生局部腐蚀。

在敞开式循环冷却水系统中单独使用铬酸盐时，初始质量浓度为 500～1000mg/L，随后可逐步减少到 100～150mg/L。但是铬酸盐这样高的使用浓度，无论从经济上还是从环保上考虑都是不能接受的。因此，在实际应用时，铬酸盐与其他缓蚀剂如硅酸盐、锌盐、聚磷酸盐、有机磷酸盐、硼酸盐、葡萄糖酸盐配成复合型缓蚀剂使用，这样可大幅降低铬酸盐的使用浓度。

目前，铬酸盐被广泛应用于密闭式循环冷却水系统中，但是在直流冷却水系统中不使用，如在内燃机密闭循环冷却水系统中，采用铬酸盐和聚磷酸盐或锌盐缓蚀效果就很好。另外，铬酸盐也可以防止汽油管道的腐蚀，其添加量决定于汽油中的含水量，一般建议 1L 汽油中添加 1mg 左右铬酸盐，并以 10%～15%的水溶液加入。

水的 pH 值对铬酸盐的缓蚀效果有较大的影响。pH 值在 8 以上，缓蚀效果较好。

铬酸盐的优点是对钢铁、铜、铝、锌及其合金有良好的保护作用；适用的 pH 值为 6～11，温度为 38～66℃；缓蚀效果好，在冷却水中使碳钢的腐蚀速率降低到 0.025mm/a（1mpy）以下能抑制冷却水中微生物的生长，价格便宜。其缺点是毒性大，易污染环境，现禁止或限制使用；容易被还原性物质还原而性能降低甚至失效，如有 H_2S 泄漏的炼油厂冷却水系统中，常常发现其失效。

2）亚硝酸盐缓蚀剂

亚硝酸盐是一种阳极型、钝化型缓蚀剂，常用的是亚硝酸钠（$NaNO_2$），它溶于水中能使碳钢表面形成 γ-Fe_2O_3 保护膜。亚硝酸盐也有一个临界浓度，在冷却水中的使用质量浓度通常为 300～500mg/L。常用于密闭式循环冷却水系统中，如设备酸洗后作钝化剂代替铬酸盐缓蚀剂使用。亚硝酸盐价格低廉，缓蚀效果较好。其缺点是，使用浓度太高；容易促进水中微生物生长；在 pH 值为 6 以下无效；有毒，会对环境造成污染；在某些条件下还原为氨，使铜和铜合金发生腐蚀。因此，对亚硝酸盐在循环冷却水中的使用已有限制，尽量使用对环境污染少的缓蚀剂。

3）硅酸盐缓蚀剂

作为循环冷却水缓蚀剂的硅酸盐主要是水玻璃（xNa_2O、$ySiO_2$）。水玻璃又名硅酸钠，俗称泡花碱，是一种无色、青绿色或棕色的固体或黏稠液体。水玻璃中 SiO_2 与 Na_2O 之比称为水玻璃的模数。通常使用模数为 2.5～3.0 的水玻璃作冷却水缓蚀剂。一般认为，原水中存在单硅酸盐是没有缓蚀作用的，只有那些玻璃态无定形的聚硅酸盐才有保护作用。冷却水中固溶体浓度高，即离子强度高时，硅酸盐可能无效，因为此时硅酸盐胶体系统不稳定；冷却水中固溶体质量浓度低时（大约≤500mg/L），硅酸盐是有效的。

通常在工业生产中使用的硅酸盐主要是硅酸钠。硅酸钠的结构有三种，分别是正硅酸钠、偏硅酸钠和硅酸钠玻璃，其结构式如下：

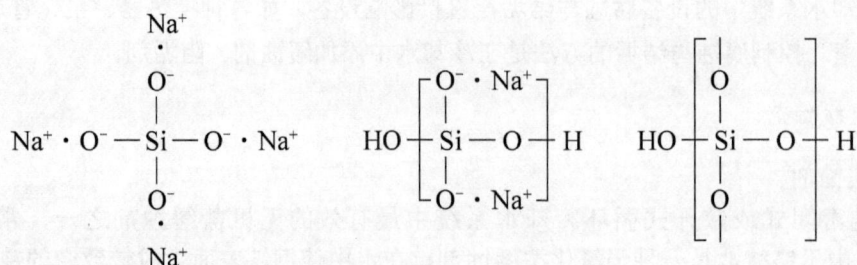

$$
\text{Na}^+ \cdot \text{O}^- - \underset{\underset{\text{Na}^+}{\overset{|}{\text{O}^-}}}{\overset{\overset{\text{Na}^+}{\overset{\cdot}{\overset{|}{\text{O}^-}}}}{\text{Si}}} - \text{O}^- \cdot \text{Na}^+
\qquad
\left[\text{HO} - \underset{\text{O}^- \cdot \text{Na}^+}{\overset{\text{O}^- \cdot \text{Na}^+}{\text{Si}}} - \text{O} - \text{H} \right]
\qquad
\left[\text{HO} - \underset{\overset{|}{\text{O}}}{\overset{\overset{|}{\text{O}}}{\text{Si}}} - \text{O} - \text{H} \right]
$$

其中有缓蚀作用的是硅酸钠玻璃。正硅酸钠玻璃：
（单离子）（链状结构）（二元或三元结构）

硅酸盐抑制腐蚀的最佳 pH 值范围是 7.0～8.5。当 pH 值过高或过低时，或在镁硬度高的水中，不宜使用硅酸盐缓蚀剂。所以硅酸盐只有在软水中含盐量的质量分数在 0.1～0.5g/L 时，缓蚀效果才显著。温度对硅酸盐缓蚀效果也有影响，当硅酸盐（钠）浓度较高时，其缓蚀效果不因温度升高而降低；但是当硅酸盐浓度较低时，温度升高缓蚀效果变差。因此，在较高温时必须使用足够的硅酸盐浓度，否则会出现局部腐蚀。通常在循环冷却水中，硅酸盐的质量浓度为 40～60mg/L，最低为 25mg/L。

硅酸盐不但可以抑制冷却水中钢铁的腐蚀，还可以抑制非铁金属-铜和铝及其合金、铅、镀锌层的腐蚀，对控制黄铜脱锌效果很好。在硅酸钠中加入少量氯化锌或聚磷酸盐或葡萄糖酸钠，可提高其缓蚀效果。

硅酸盐具有如下优点：①无毒，不存在排污问题；②成本较低；③对多种金属有保护作用；④不是微生物营养源。其主要缺点包括：①缓蚀效果不理想，不如铬酸盐、聚磷酸盐好；②建立保护作用时间的周期太长；③在镁硬度高的水中，容易产生硅酸镁垢，很难清洗。

关于硅酸盐的缓蚀作用机理，有几种见解和假说。一种见解认为硅酸盐（钠）在水中呈一种带负电荷的胶体粒子，与金属表面溶解的二价铁离子（Fe^{2+}）结合形成硅酸凝胶，覆盖在金属表面起缓蚀作用，故硅酸盐是沉淀膜型的缓蚀剂。另一种见解认为是带相反电荷的中和作用引起凝聚和吸附，即冷却水中原有的腐蚀生成物与硅酸盐形成一种吸附性混合物保护膜。这种保护膜分两层，底层由腐蚀产物构成，上层是金属氢氧化物和硅胶凝聚集成的吸附性混合物。还有人认为硅酸盐本身没有缓蚀作用，它抑制腐蚀的作用是由于硅酸钠在水溶液中提高了水的 pH 值，致使钢铁腐蚀速率降低。

电化学试验结果表明，硅酸盐缓蚀剂是一种在冷却水中，既能阻碍阳极过程又能阻碍阴极过程的混合型缓蚀剂。

4）钼酸盐缓蚀剂

钼酸是一种低毒的缓蚀剂，常用的钼酸盐是钼酸钠（$Na_2MoO_4 \cdot 2H_2O$）。在冷却水中钼酸盐是一种非氧化性缓蚀剂。因此，它需要一种合适的氧化剂使它在金属表面生成一层氧化膜（保护膜）。在敞开式循环冷却水中，溶解氧是良好的氧化剂；钼酸盐在有氧存在的情况下，其钝化作用反应式如下。在密闭式循环冷却水中则需要添加如亚硝酸钠一类氧化剂盐类，才能使钼酸盐缓蚀效果提高。

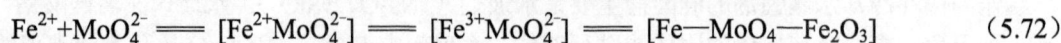

$$
Fe^{2+} + MoO_4^{2-} \Longrightarrow [Fe^{2+}MoO_4^{2-}] \Longrightarrow [Fe^{3+}MoO_4^{2-}] \Longrightarrow [Fe-MoO_4-Fe_2O_3] \tag{5.72}
$$

单独使用钼酸盐缓蚀剂时要使冷却水中碳钢的腐蚀速率低于 0.125mm/a（5mpy），钼酸盐的质量浓度要达到 400～500mg/L 才有较好的缓蚀效果。因此，用量太大是钼酸盐的缺点。钼酸盐与锌盐、磷酸盐、有机磷酸盐复合使用，效果较好，钼酸盐的使用浓度也大幅降低。表 5.19 所示为钼酸盐复合缓蚀剂在不同温度的冷却水中对碳钢的缓蚀试验结果。从表中数据看出，复合的钼酸盐缓蚀效果大幅提高。

表 5.19 钼酸盐复合缓蚀剂对碳钢的缓蚀作用

温度/℃	缓蚀剂组分质量浓度/（mg/L）				腐蚀速率/mpy
	HEDP	BTA	钼酸盐	硫酸锌	
49					103.6
	3.0	1.0		2.0	21.6
	3.0	1.0	5.0	2.0	2.9
66					137.4
	3.6	1.2		2.4	44.8
	3.6	1.2	6.0	2.4	4.8
82					185.8
	4.5	1.5		3.0	54.5
	4.5	1.5	7.5	3.0	5.3

注：水硬度 $CaCO_3$=40mg/L，Cl^-=250mg/L，HEDP 为羟基亚乙基二磷酸，BTA 为苯并三氮唑，试验时间为 16h，1mpy=0.025mm/a。

钼酸盐对抑制点蚀有显著作用，溶解的钼酸根离子能有效地使已受点蚀的铁再钝化。溶液中有钼酸盐存在时，其蚀孔内氯化物积聚很少，而钼酸盐却聚集得相当显著。钼酸盐的这种效能可能与稳定的卤化钼形成有关。卤化钼能限制金属的溶解。钼酸盐在抑制缝隙腐蚀的扩散方面起着重要作用。李宇春[20]研究钼酸盐与磷酸盐复合抑制碳钢点蚀时发现，它们之间有较好的协同作用，在蚀孔内生成磷钼酸盐，有效地抑制了点蚀的进一步发展，达到了缓蚀效果。北京化工大学徐越、陈旭俊研究的钼酸醇铵盐，由于该缓蚀剂含有无机酸根和有机基团，因而其缓蚀率较钼酸盐明显提高。钼酸盐的毒性极低，适应性较强，是一种对环境污染少、有较好发展前途的无机缓蚀剂。

5）钨酸盐缓蚀剂

由于铬酸盐的毒性及其对环境的污染（环保要求排放水中 Cr^{6+} 质量浓度小于 0.05mg/L 或零排放）严重，因而铬酸盐的使用受到限制。磷酸盐和聚磷酸盐虽然是一种优良的水处理剂，但是由于其易营养化引起微生物黏泥对水源的污染，大量排放会形成"赤潮"，这是另一种形式的公害。钨酸盐是一种低毒或几乎无毒的工业冷却水缓蚀剂，属于环境友好型缓蚀剂。陆柱等[21]根据我国钨矿资源丰富的情况，从20世纪 80 年代初便开展了钨酸盐作水处理剂的研究，针对上海地区自来水的腐蚀性，进行了钨酸钠的投加浓度、水质 pH 值和水中 Cl^-、SO_4^{2-} 的腐蚀与缓蚀试验，试验结果见表 5.20～表 5.22。

表 5.20 钨酸钠浓度对缓蚀效率的影响

钨酸钠质量浓度/（mg/L）	腐蚀速率/（mm/a）	缓蚀率/%	钨酸钠质量浓度/（mg/L）	腐蚀速率/（mm/a）	缓蚀率/%
0	3.260		200	0.308	90.5
50	1.740	42.2	400	0.217	93.3
100	0.311	90.4	800	0.151	95.3

注：水质条件：Cl^- 质量浓度为 47.72mg/L，Ca^{2+} 质量浓度为 156.43mg/L（以 $CaCO_3$ 计）；硬度为 71.99mg/L（以 $CaCO_3$ 计）；pH 值为 6.62。

表 5.21 不同 pH 值下钨酸钠的缓蚀效率

pH 值	腐蚀速率/（mm/a）	缓蚀率/%	pH 值	腐蚀速率/（mm/a）	缓蚀率/%
6.0	3.136	6.6	5.0	0.340	85.9
7.0	1.086	67.6	10.0	0.557	83.4
8.0	0.424	87.3			

注：本表中的水质与表 5.20 相同，钨酸钠质量浓度为 100mg/L，在不同 pH 值条件下试验。

表 5.22 水中 Cl⁻和 SO₄²⁻对钨酸钠缓蚀效率的影响

Cl⁻+SO₄²⁻（质量浓度）/（mg/L）	腐蚀速率/(mm/a)	缓蚀率/%	Cl⁻+SO₄²⁻（质量浓度）/（mg/L）	腐蚀速率/（mm/a）	缓蚀率/%
100①	2.322		300	0.234	85.9
100	0.189	91.8	400	0.345	85.5
200	0.342	85.2	500	0.470	75.8

①指未加钨酸钠的空白试验，水质条件与表 5.20 相同，Cl⁻+SO₄²⁻（1:1），钨酸钠质量浓度为 100mg/L。

由表 5.19 可见，随着钨酸钠浓度的增加，碳钢的腐蚀速率降低，而缓蚀率升高，但是当钨酸钠的质量浓度在 100～200mg/L 以上时，缓蚀率增加的趋势较缓慢。由表 5.20 可知，水质的 pH 值对钨酸钠的缓蚀率影响较大，水质 pH 值在 8.0～5.0 之间时，缓蚀率最高。pH 值较低或较高时，钨酸钠的缓蚀效果较差。由表 5.21 可知，随着水中氯化物和硫酸盐含量的增加，钨酸钠的缓蚀效果降低，但试验结果表明，当水中 Cl⁻+SO₄²⁻质量浓度小于 300～400mg/L 时，其缓蚀率在 85%以上，而且没有明显的小孔腐蚀，说明钨酸盐对 Cl⁻和 SO₄²⁻等侵蚀性离子有一定的适应性，能抑制一定量 Cl⁻和 SO₄²⁻的腐蚀。钨酸盐与葡萄糖盐、锌盐、聚丙烯酸复配使用，其缓蚀效果显著提高。

有关钨酸盐对碳钢的缓蚀作用机理方面的研究指出，溶液中的钨酸根离子首先吸附在碳钢表面，然后与阳极反应生成的铁离子形成对二价铁离子的扩散有阻挡作用的钝化膜，从而起到缓蚀作用。对钝化膜的化学分析电子能谱进行分析，结果表明，碳钢表面膜的外层主要含 W、O 和 Fe 元素，可能是由 FeWO₄、Fe₂(WO₄)₃、FeO 和 Fe₂O₃（也可能有少量 WO₃、WO₂）组成；靠近基体的内层主要含 Fe 和 O 元素，可能是由 FeO 和 Fe₂O₃组成的。

21 世纪工业循环冷却水缓蚀剂的研究发展方向为低毒、无毒的环境友好型药剂，如何开发复合钨酸盐水处理药剂，即钨酸盐和无机缓蚀剂复配、钨酸盐与有机缓蚀剂复配或是钨酸盐与无机缓蚀剂和有机缓蚀剂多组分复配使用，减少钨酸盐用量，提高钨酸盐的缓蚀效率，充分利用我国丰富的钨矿资源，开发复合钨酸盐水处理药剂，是缓蚀剂科技工作者研究的重点。

6）磷酸盐缓蚀剂

磷酸盐是一种阳极型缓蚀剂，能使铁、铝等金属表面形成钝化膜。在中性和弱碱性溶液中磷酸盐对碳钢的缓蚀作用主要依靠水中的溶解氧，溶解氧与铁反应，生成一层 Fe₂O₃氧化膜。这种氧化膜并不迅速形成，而是需要相当长的时间。在这段时间里，在氧化膜的间隙处，电化学腐蚀继续进行。这些间隙处既可被连续生成的氧化铁所封闭，也可被不溶性的磷酸铁（FePO₄）所堵塞，保护钢铁免遭腐蚀。

由于冷却水中含有一定的钙离子，磷酸盐与钙离子生成磷酸钙垢，影响其使用效果，因而很少单独使用磷酸盐作为循环冷却水缓蚀剂，而是与阻垢剂如丙烯酸/丙烯酸羟丙酯的共聚物复合使用。

磷酸盐是一种使用较早的中性介质缓蚀剂，其优点是没有毒性，价格便宜，操作配制方便。它的缺点是缓蚀作用不强，需要与磷酸钙阻垢剂复合使用，容易使水中藻类生长，因此，在工业冷却水中单独应用不多。

国外将磷酸盐应用于锅炉水处理方面，研究出平衡磷酸盐处理方法，克服了磷酸盐处理的某些不足。平衡磷酸盐处理法是在早期磷酸盐处理和协调磷酸盐处理法的基础上发展的。

（1）早期磷酸盐处理锅炉水。在锅炉水中含有钙离子，在碱性或弱碱性水中加入磷酸盐，磷酸根离子与水中钙离子发生如下反应：

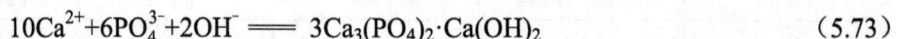

$$10Ca^{2+}+6PO_4^{3-}+2OH^- \rightleftharpoons 3Ca_3(PO_4)_2 \cdot Ca(OH)_2 \tag{5.73}$$

生成的疏松水渣碱式磷酸钙，可随锅炉排污一起除去。另外，提高水的 pH 值到 9 以上，也能起到防垢的作用。这是早期磷酸盐处理锅炉水的方法。但是，随着电厂发电机机组功率增大，热负荷很高的锅炉水冷壁管内，炉水中的游离 NaOH 可在炉管的沉积物下浓缩到很高的浓度，引起炉管碱腐蚀破裂。

（2）协调磷酸盐处理锅炉水。针对锅炉管碱脆腐蚀问题，在锅炉水中加入磷酸盐（Na_3PO_4）的同时加入酸式磷酸盐（Na_2HPO_4），使之与炉水中的游离 NaOH 发生如下反应：

$$NaOH+Na_2HPO_4 \Longrightarrow Na_3PO_4+H_2O \tag{5.74}$$

在磷酸盐中加入酸式磷酸盐的方法称为协调磷酸盐处理法。该方法在 20 世纪 90 年代以前广泛推广应用。但是，随着动力工业的发展，更大功率的发电机组、高锅炉参数和高热负荷运转，采用这种办法处理锅炉水仍有腐蚀与结垢现象发生，影响电厂安全生产。分析其原因有如下几点。

（1）当温度超过 117℃时，磷酸盐溶解度开始减小，磷酸盐容易在锅炉管壁上析出，包括磷酸氢二钠。人们称这种现象为"暂时消失"（隐藏）现象。此时，炉水中的磷酸钠发生如下反应：

$$20Na_3PO_4+3H_2O \Longrightarrow 17Na_3PO_4 \cdot 3Na_2HPO_4+3NaOH \tag{5.75}$$

由于 Na_3PO_4 在高温炉水中水解产生 NaOH，尤其是在水冷壁管近壁层 NaOH 浓度较高，因此，引起水冷壁管碱脆腐蚀。为了研究"消失"现象引起腐蚀的原因，特里梅因（Tremaine）等对磷酸盐与磁性氧化铁的反应及其反应产物作了系统的研究，并建立了磷酸盐"消失"现象的热力学模型，磷酸钠盐可与锅炉内壁钝化膜四氧化三铁发生可逆化学反应，在 320℃，$n(Na^+)/n(PO_4^{3-})<2.5$ 条件下，其化学反应式如下：

$$Fe_3O_4（固）+ 5HPO_4^{2-}（液）+ 29/3Na^+（液）\Longrightarrow NaFePO_4（固）+ 2Na_4FeOH(PO_4)_2 \cdot 1/3NaOH（固）$$
$$+ 1/3OH^-（液）+H_2O（液）\tag{5.76}$$

当温度为 320℃，$n(Na^+)/n(PO_4^{3-})≥2.5$ 时，其化学反应式如下：

$$Fe_3O_4（固）+ 6HPO_4^{2-}（液）+ 13Na^+（液）\Longrightarrow 3Na_4FeOH(PO_4)_2 \cdot 1/3NaOH（固）+ H^+（液）+ 1/2H_2（气）$$
$$\tag{5.77}$$

从上式反应可以看出，温度不同，反应产物不相同，破坏了钢铁的钝化膜并造成腐蚀，这就是"酸性磷酸盐腐蚀"。采用 X 射线衍射光谱法等近代分析测试技术证明是酸性磷酸盐腐蚀，而不是过去人们认为的碱腐蚀。协调磷酸盐处理较早期磷酸盐处理在减缓腐蚀与结垢方面有了较大进步，但是在大型超高压锅炉中应用，腐蚀问题仍未得到解决。

（2）平衡磷酸盐处理（equilibrium phosphate treatment，EPT）法。EPT 法依靠磷酸三钠与游离氢氧化钠来控制炉水中的碱度，使炉水中磷酸钠含量降低到只够与硬度成分恰好反应所需的最低浓度，即平衡浓度，同时控制炉水中只有少量游离 NaOH（一般质量浓度小于 1mg/L），以保证炉水的 pH 值在 5.0～5.6 范围内。采用 EPT 法，可有效控制锅炉自然循环运行的内腐蚀。该方法的优点是：磷酸盐浓度和 pH 值范围不固定，控制 pH 值下限为 5.0，上限可视锅炉的具体结构及运行情况而定，操作方便；减少了锅炉化学清洗的次数；由于炉水中磷酸根浓度保持在平衡水平，降低了药剂用量，排污量减少，降低了生产成本；锅炉水冷壁管的腐蚀已得到控制。采用该项技术的关键是要准确测量炉水的 pH 值，当炉水 pH 值降低到 5.0 以下或磷酸根浓度过高时，向锅内投入一定量 NaOH，保证炉水的 pH 值在 5.0～5.6 之间，NaOH 质量浓度小于 1mg/L，磷酸根质量浓度小于 2.4mg/L。加拿大和美国的超高压锅炉水处理均采用 EPT 法，并获得了较好的防腐蚀效果。

从早期磷酸盐处理锅炉水到协调磷酸盐处理，再到现在使用的平衡磷酸盐处理，都是使用磷酸盐或是氢氧化钠药剂，但是获得的处理效果不一样。平衡磷酸盐处理原理是根据炉水中磷酸根离子、氢氧根离子、钠离子、氢离子在平衡状态下的热力学计算分析的结果，严格控制炉水中的 pH 值及磷酸根浓度，便能达到控制锅炉腐蚀和结垢的目的。这样，使磷酸盐缓蚀剂在大型、超大型发电机组锅炉水处理中发挥了作用。因此，采用 EPT 法，pH 值的检测、磷酸根离子浓度的检测是十分关键的技术，因为在高温（300℃以上）、超高压的锅炉水中，pH 值及磷酸根离子浓度的改变，均影响磷酸钠与磁性氧化铁（Fe_3O_4）的反应，在平衡状态下炉水对锅炉不发生腐蚀和结垢。

7）聚磷酸盐缓蚀剂

聚磷酸盐是目前使用广泛的冷却水缓蚀剂之一。常用作循环冷却水缓蚀剂的聚磷酸盐是三聚磷酸钠，其结构式为

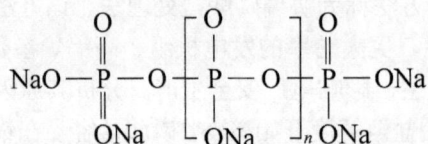

$$NaO-\underset{\underset{ONa}{\|}}{\overset{\overset{O}{\|}}{P}}-O-\left[\underset{\underset{ONa}{\|}}{\overset{\overset{O}{\|}}{P}}-O\right]_n\underset{\underset{ONa}{\|}}{\overset{\overset{O}{\|}}{P}}-ONa$$

$n=1$ 为三聚磷酸钠，$n=4$ 为六偏磷酸钠，两者均为可溶于水的固体。六偏磷酸钠较三聚磷酸钠效果好，但是三聚磷酸钠价格便宜，也多被采用。

聚磷酸盐缓蚀剂的缓蚀作用机理比较复杂，尚存在一些不太清楚的问题。一些学者主张用"电沉积机理"来解释其缓蚀作用机理，认为聚磷酸盐在水中离解出聚磷酸根离子，当水溶液中含有一定浓度的钙、镁、锌离子时，聚磷酸根通过与 Ca^{2+}（Mg^{2+} 及 Zn^{2+}）配位，变成一种带正电荷的配位离子，这种配位离子以胶溶状态存在于水中。钢铁在水中发生腐蚀时，阳极反应产物 Fe^{2+} 将向阴极方向迁移，产生一定的腐蚀电流。当胶溶状态带正电荷的聚磷酸钙配位离子到达表面区域时，可再与 Fe^{2+} 相配位，生成以聚磷酸钙铁为主要成分的配位离子，依靠腐蚀电流沉积于阴极表面形成沉淀膜。这种配位膜具有一定的致密性，能阻碍溶解氧扩散到阴极，抑制了腐蚀电池的阴极过程，从而抑制了腐蚀电池的反应，使得钢铁在冷却水中的腐蚀减缓。电沉积机理很好地解释了在冷却水中要求有一定浓度的钙、镁离子和溶解氧，聚磷酸盐对钢铁才有较好的缓蚀效果。如果水中没有钙离子或钙离子浓度非常低，就不能形成或很好地形成带正电荷的聚磷酸钙胶状粒子，这样就无法完成电沉积过程，因而不能很好地形成保护膜而导致缓蚀率的降低，甚至加速腐蚀。例如，铁放置在已脱除空气的蒸馏水中，加入聚磷酸盐后铁的腐蚀比不加入时还严重。这是由于蒸馏水中没有氧和钙、镁离子，不能形成聚磷酸钙（镁）保护膜，而聚磷酸根离子与铁生成可溶性的配位物致使铁的腐蚀加剧。因此，不含钙离子或钙离子浓度很低的水，一般不使用聚磷酸盐作缓蚀剂。如果要采用，则在水中加入一定量（如质量浓度为 20mg/L 以上）的钙离子。

溶解氧对聚磷酸盐成膜的影响也很大。研究指出，如果水中含质量浓度为 60mg/L 聚磷酸盐（六偏磷酸钠），当溶解氧质量浓度低于 1mg/L 时，其腐蚀速率较蒸馏水高，只有当溶解氧质量浓度大于 2mg/L 后，聚磷酸盐才显出缓蚀作用。故在无氧或氧浓度很低的水中，一般不单独使用聚磷酸盐。

水溶液中 pH 值对聚磷酸盐的缓蚀性能有一定的影响。水中 pH 值超过 7.4 后，聚磷酸盐的缓蚀性能降低。因为 pH 值大于 7.4 后，成膜中不再含有一定量的 Fe^{2+}，使膜的牢固性降低；另外，从铁在水溶液中的腐蚀情况看，随着 pH 值增大，腐蚀速率下降，当 pH 值为 9 时才能有均匀的 γ-Fe_2O_3 膜形成。但是当 pH 值超过 8 时，由于垢污物的积累，易发生局部腐蚀。相反，当 pH 值小于 5 时，聚磷酸盐配位物膜将因增溶而破坏。因此最佳成膜条件的 pH 值 5.0～7.0，这就是工厂使用时通常要控制水的 pH 值为 5.5～6.5 的理由。

温度升高对聚磷酸盐成膜是有利的，因为温度升高，聚磷酸盐分子更易扩散到金属表面，有利于膜的生成；温度升高也有利于氧的扩散，腐蚀电流加大，加速电沉积作用，使成膜良好，这就是有的操作工艺中推荐聚磷酸盐高温预膜的主要原因。但是，聚磷酸盐在水温过高时易发生水解，生成正磷酸盐，致使缓蚀率降低，尤其是水中钙离子较高时，易生成难溶的磷酸钙水垢，所以在高温水溶液中使用聚磷酸盐时要特别慎重。

为了提高聚磷酸盐的缓蚀效果，常常把聚磷酸盐和锌盐复配使用，其保护效果较好。例如，六偏磷酸钠与硫酸锌以 4：1 比例配合使用，应用于循环冷却水中，缓蚀率可达 95% 以上。

聚磷酸盐的优点是：用量较小，在敞开式循环冷却水系统中使用质量浓度通常为 20～25mg/L，在直

流冷却水中，通常为 2mg/L，成本较低；缓蚀效果较好；同时兼有缓蚀和阻垢作用；冷却水中存在的还原性物质（如 H_2S）不影响其缓蚀效果；没有毒性。其缺点是：易于水解，与水中钙离子生成磷酸钙垢；冷却水中需要溶解氧和一定量钙离子存在，才能有效地保护碳钢，故不宜用于密闭式的循环冷却水系统中；易于促进藻类的生长，对水质有一定污染；对铜合金有侵蚀性作用。

8）锌盐

锌盐主要是以硫酸锌（$ZnSO_4 \cdot H_2O$ 和 $ZnSO_4 \cdot 7H_2O$）和氯化锌为主，在中性含氧水溶液中，硫酸锌对钢铁的缓蚀作用是由于锌离子与阴极反应生成的氢氧离子反应而生成难溶性氢氧化锌沉淀膜。

阴极化学反应式如下：

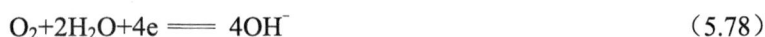

$$O_2 + 2H_2O + 4e === 4OH^- \tag{5.78}$$

阳极化学反应式如下：

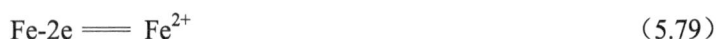

$$Fe - 2e === Fe^{2+} \tag{5.79}$$

沉淀化学反应式如下：

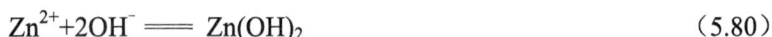

$$Zn^{2+} + 2OH^- === Zn(OH)_2 \tag{5.80}$$

通常不单独使用锌盐，而是与其他缓蚀剂复配使用，如其与聚磷酸盐、钼酸盐、硅酸盐、有机磷酸盐、葡萄糖酸盐等复合使用，缓蚀效果较好。通常使用质量浓度为 0.5～2.0mg/L。图 5.37 所示是锌盐与聚磷酸盐浓度比对碳钢腐蚀速率的影响。由图中可以看出，随着锌离子浓度的增加，碳钢的腐蚀速率降低。聚磷酸盐与锌盐复合缓蚀剂的使用质量浓度（以聚磷酸盐计）通常为 10mg/L。

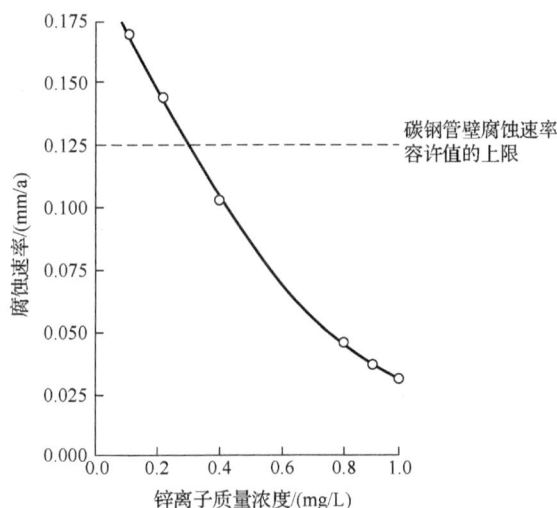

图 5.37 锌盐与聚磷酸盐浓度比对碳钢腐蚀速率的影响

（8mg/L 聚磷酸盐；pH=6.8，41℃）

近年来，人们研制出磺酸/丙烯酸共聚物（SA/AA），只要添加质量浓度为 10mg/L 的 SA/AA 后，在 pH 值为 9 的水中，含有质量浓度为 5mg/L Zn^{2+} 盐，也不会有氢氧化锌从水中沉淀出来。若不加 SA/AA，pH 值为 7.6 时氢氧化锌便析出。

9）联氨（水合肼）

联氨分子式为 N_2H_4，常含有一分子结晶水如 $H_2N—NH_2 \cdot H_2O$，是一种无色发烟液体，呈碱性，能与水、乙醇混溶，可燃，有强还原性。水合联氨单独使用时，缓蚀率不高。常用作为锅炉给水除氧，其反应式如下：

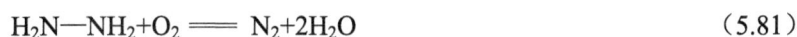

$$H_2N—NH_2 + O_2 === N_2 + 2H_2O \tag{5.81}$$

由此可知，反应产物为 N_2 和 H_2O，容易除去，没有腐蚀作用，这是联氨的优点。在高温水中，联氨可将 Fe_2O_3 还原成 FeO 以至 Fe，其反应式如下：

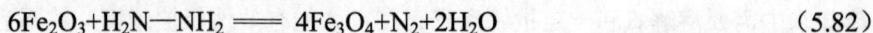

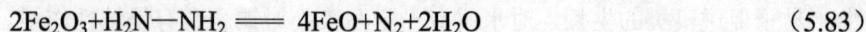

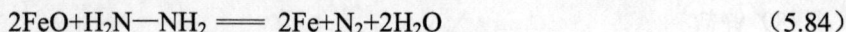

$$6Fe_2O_3+H_2N—NH_2 === 4Fe_3O_4+N_2+2H_2O \tag{5.82}$$

$$2Fe_2O_3+H_2N—NH_2 === 4FeO+N_2+2H_2O \tag{5.83}$$

$$2FeO+H_2N—NH_2 === 2Fe+N_2+2H_2O \tag{5.84}$$

它还可以将氧化铜还原为氧化亚铜或铜，可以用来防止锅炉内结垢。

联氨的缓蚀作用的另一种见解认为，联氨在溶液中与 OH^- 反应生成 NH_3，化学反应式如下：

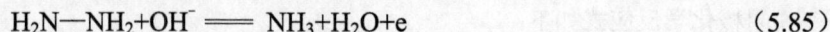

$$H_2N—NH_2+OH^- === NH_3+H_2O+e \tag{5.85}$$

$$NH_3+H_2O === NH_4OH \tag{5.86}$$

NH_4OH 在一些金属表面（阳极区域）容易氧化成 NO_2^- 强氧化剂，NO_2^- 将钢铁氧化成 γ-Fe_2O_3 钝化膜，化学反应式如下：

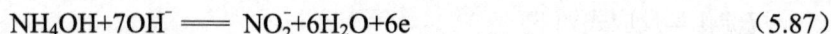

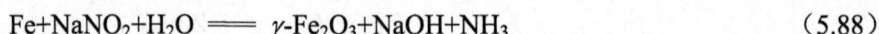

$$NH_4OH+7OH^- === NO_2^-+6H_2O+6e \tag{5.87}$$

$$Fe+NaNO_2+H_2O === \gamma\text{-}Fe_2O_3+NaOH+NH_3 \tag{5.88}$$

因而联氨的缓蚀作用可以认为是由氧化成 NO_2^- 强氧化剂后的作用。联氨有一定毒性及可燃性，使用时要注意安全。

10）硼酸盐

硼酸钠（$Na_2B_4O_7 \cdot 10H_2O$），又称四硼酸钠，俗称硼砂，为无色晶体，溶于水，溶液呈碱性。硼酸盐对铸铁的防蚀特别有效，对碳钢、紫铜、不锈钢、锌、焊锡有一定防蚀效果，但对铝有不良影响。

铁道科学中国研究院金属及化学研究所较早开展硼酸钠在电力机车冷却水系统中的应用。将金属耦接件在硼酸钠的乙二醇水溶液中进行腐蚀试验。试验结果表明，对 Q235 钢来说，当与紫铜、不锈钢或硬铝合金耦接时，只要硼酸钠的质量分数达到1%，就可以使其腐蚀速率降低到20g/（$m^2 \cdot a$）以下，金属表面光亮，溶液澄清。对于 Q235 钢与铜的焊缝，当硼酸钠质量分数达到1%时，焊缝处基本无腐蚀。

美国、日本和欧洲机车的冷却液、防冻液和汽车散热器大都使用硼酸钠复配的缓蚀剂，并制定了一系列标准和使用规范。美国、欧洲和日本的汽车防冻液配方如下：乙二醇95.77%，磷酸氢二钾1.92%，硼酸钠0.30%，硝酸钠0.26%，硅酸钠（含 $SiO_2$26%）0.20%，甲苯三唑钠（50%水溶液）0.25%，无水氢氧化钾0.11%，抗泡剂0.04%，去离子水1.15%。另一配方为乙二醇93.80%，五水硅酸钠0.16%，五水硼酸钠0.50%，磷酸氢二钾1.90%，硝酸钾0.25%，甲苯三唑0.10%，氢氧化钠0.13%，去离子水3.20%（以上分数均为质量分数）。近年来防冻液组分改用钼酸盐、苯甲酸盐、单羧酸盐或二羧酸盐与硅酸盐复配使用，防腐蚀效果更好。

针对大功率、高热负荷汽车发动机中铝合金的腐蚀问题，杨学明研究了可控释放玻璃及对汽车发动机中铝的缓蚀性能，采用硅酸盐（模数3.5）和焦磷酸盐等组分组成可控释放玻璃（在高温马弗炉熔融成一定形状的玻璃），这种玻璃在冷却液中有一定溶解速度，溶解速度与硅酸盐模数、溶液 pH 值、水温有关，该种缓蚀玻璃对铝合金有较好的缓蚀作用，不产生凝胶、沉淀等现象，是汽车发动机较理想的缓蚀物质，同时也是汽车防冻液缓慢补充硅酸盐的材料。硼酸盐无毒，价格便宜，是一类值得研究开发的无机缓蚀剂。

2. 有机盐类缓蚀剂

1）有机多元磷酸及其盐类

有机磷酸是指分子结构中含有与碳原子直接相连的磷酸基团（$\overset{|}{\underset{|}{-C}}-\overset{O}{\underset{OH}{\overset{\|}{P}}}-OH$）的化合物。应用于循

环冷却水等系统的有机磷酸缓蚀剂，主要为含有 2 个以上 （ $-\overset{|}{\underset{|}{C}}-\overset{OH}{\underset{O}{P}}-OH$ ）基的多元磷酸，并且分子中含有—OH、—NH$_2$ 和—COOH 等基团。

有机磷酸分子中都含有磷酰基（ $-\overset{O}{\underset{OH}{P}}-OH$ ），与聚磷酸盐类似，对许多金属离子如铁、钙、镁、锌、铝等都有配位作用，可生成难溶的配位物沉积在金属表面，形成一层保护膜降低金属腐蚀。

电化学研究指出，有机磷酸及其盐类与金属离子的配位物沉积覆盖阴极区，是一种沉淀膜型的阴极型缓蚀剂。

有机磷酸缓蚀剂较无机聚磷酸盐如六偏磷酸钠或三聚磷酸钠的缓蚀率高。例如，50℃、pH 值为 8.0～8.5、试验时间为 96h、缓蚀剂质量浓度为 50mg/L 条件试验，结果是己二胺四亚甲基磷酸（HDTMP）、1-羟基亚乙基-1、1-二磷酸（HEDP）、三聚磷酸钠和六偏磷酸钠对碳钢的腐蚀速率分别为 2.5mpy、7.4mpy、41.3mpy 和 25.9mpy。己二胺四亚甲基磷酸的缓蚀性能最好。

在实际应用中，通常是将有机磷酸与无机聚磷酸盐复合使用，可获得更好的缓蚀效果。有机磷酸与锌盐及苯并三氮唑等复合使用，不仅对碳钢缓蚀效果增强，对铜、铝也都有明显的缓蚀增效作用。在含有质量浓度为 445mg/LCaSO$_4$、519mg/LMgSO$_4$、136mg/LNaCl、185mg/LNaHCO$_3$，pH 值为 6.5～7.0 的循环冷却水系统中，水温 55℃，试验时间 240h，HEDP、锌盐和苯并三氮唑复合缓蚀剂的试验结果见表 5.23。

表 5.23 HEDP、锌盐和苯并三氮唑的缓蚀效果

编号	缓蚀剂配方	质量浓度/（mg/L）	腐蚀速率/mpy			
			碳钢	铝	铜	黄铜
1	空白		15.0	11.0	2.0	3.0
2	Zn^{2+}	10	15.3	3.2	1.6	1.4
3	苯并三氮唑	10	24.5	5.3	0.3	0.2
4	HEDP	10	11.1	7.7	0.7	2.2
5	Zn^{2+}+HEDP	10+10	8.4	5.4	2.2	2.6
6	HEDP+苯并三氮唑	10+10	5.7	4.0	0.2	0.2
7	Zn^{2+}+HEDP+苯并三氮唑	10+10+10	2.0	0.2	0.2	0.3

研究指出，氯化物和硫酸盐对有机磷酸及其盐类的缓蚀作用有较大影响，Cl$^-$ 和 SO$_4^{2-}$ 质量浓度超过 1000mg/L 时，有机磷酸盐的缓蚀效果显著降低。水中含盐质量浓度超过 1500mg/L 时，单独使用有机磷酸缓蚀剂，效果较差。通常是与锌盐、聚磷酸盐或其他有机磷酸复合使用。

有机磷酸具有化学稳定性高、不易水解、能耐较高温度的优点，并兼有较好的阻垢、溶垢能力。因此，可以广泛在水处理生产中应用。

2）有机磷酸酯类

有机磷酸酯类缓蚀剂主要是磷酸多元醇化合物，其结构式如下：

$$\left[\begin{array}{l} CH_2-O-P \overset{\displaystyle O}{\underset{\displaystyle (OH)_2}{\big\langle}} \\ CH-O-P \overset{\displaystyle O}{\underset{\displaystyle (OH)_2}{\big\langle}} \\ CH_2-O-P \overset{\displaystyle O}{\underset{\displaystyle (OH)_2}{\big\langle}} \end{array} \right]_n$$

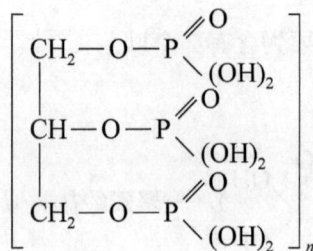

其中，$n=0\sim4$，即为二元醇至六元醇的磷酸酯。随着醇分子中羟基的增多，磷酸酯的缓蚀率增大。

有机磷酸酯类化合物分子结构中有（—P$\overset{O}{\underset{(OH)_2}{\big\langle}}$）基团，具有与 Ca^{2+}、Mg^{2+}、Fe^{2+}、Zn^{2+}、Cu^{2+}等离子形成配位物的能力，在一定条件下，在金属表面形成良好的缓蚀保护膜。

试验表明，有机磷酸酯与聚磷酸盐或磷酸盐的复合使用，缓蚀效果好，显示出协同效应。现以磷酸六元醇酯为主要组分与聚磷酸盐或磷酸盐组成的复合缓蚀剂（商品名称 PC-602）对水介质中的碳钢腐蚀有很好的缓蚀效果。王清等[22]用失重法和极化曲线法测得碳钢的腐蚀速率如表 5.24 所示。

表 5.24 PC-602 缓蚀剂对水介质中碳钢的缓蚀试验结果

质量浓度/(mg/L)	pH 值		失重法		极化曲线法	
	试验前	试验后	腐蚀速率/(mm/a)	缓蚀率/%	腐蚀速率/(mm/a)	缓蚀率/%
0	7.6	8.1	0.441		0.588	
30	7.3	7.9	0.026	94.1	0.051	91.3
100	7.1	7.7	0.011	97.5	0.018	96.8
300	6.8	7.7	0.008	98.1	0.014	97.5
500	6.3	6.9	0.016	96.3	0.037	93.7

注：失重法，挂片时间 72h，试验温度（40±0.5）℃，转速 120r/min。极化曲线法，试片浸泡 12h 后测量极化曲线，浸泡过程中用电磁搅拌器搅拌。

缓蚀机理研究结果表明，多元醇磷酸酯与聚磷酸盐复合缓蚀剂 PC-602 在有溶解氧及一定浓度钙离子的水中，能在金属表面形成氧化物薄膜，与配位沉淀物被膜组成复合缓蚀保护膜，是一种既能抑制电化学阳极过程又能抑制阴极过程的混合型缓蚀剂。PC-602 应用于冷却水系统，采用高质量浓度（300mg/L）对金属进行预膜处理，再转为低质量浓度（5~10mg/L）运行，可取得很好的缓蚀效果，缓蚀率在 98%以上。在不易采用预膜处理的集中供暖水系统中，使用质量浓度为 25~30mg/L 时也能取得良好的缓蚀效果。PC-602 缓蚀剂对高含盐量的水溶液中的碳钢也有很好的缓蚀作用。在含不同 Cl$^-$浓度水溶液中的缓蚀试验结果如表 5.25 所示。由此可知，即使在含质量浓度为 22000mg/L 的水溶液中，缓蚀率仍可达到 90%以上。因而 PC-602 可应用于较高浓度 Cl$^-$水溶液中对碳钢的有效保护。

表 5.25 PC-602（100mg/L）在不同 Cl$^-$浓度水溶液中对碳钢的缓蚀率

试验介质		pH 值		腐蚀速率/(mm/a)	缓蚀率/%	
Cl$^-$质量浓度/(mg/L)	PC-602 质量浓度/(mg/L)	试验前	试验后		相对自身空白溶液	相对空白自来水
15	0	7.8	8.7	0.638	98.3	98.3
	100	6.9	8.7	0.011		
100	0	7.8	8.6	0.639	97.0	97.0
	100	6.9	8.7	0.019		

续表

试验介质		pH值		腐蚀速率/（mm/a）	缓蚀率/%	
Cl⁻质量浓度/（mg/L）	PC-602质量浓度/（mg/L）	试验前	试验后		相对自身空白溶液	相对空白自来水
500	0	7.8	8.6	0.628	96.7	96.8
	100	6.8	8.8	0.021		
1000	0	7.8	8.6	0.684	96.8	96.6
	100	6.8	8.9	0.022		
4000	0	7.7	8.6	0.827	94.9	93.4
	100	6.7	8.9	0.048		
10000	0	7.6	8.6	1.140	95.8	92.4
	100	6.7	8.9	0.048		
22000	0	7.5	8.5	2.200	97.6	91.3
	100	6.6	8.9	0.055		

注：试验条件同表5.23。

有机磷酸酯类缓蚀剂合成工艺简单，成本适中，缓蚀效果良好。值得注意的是，使用时温度不能超过90℃，pH值为6~9，否则因为高温或是溶液碱性较强容易发生水解反应，致使缓蚀剂失效。

3）有机羧酸类

应用于中性水溶液中的有机羧酸类缓蚀剂，主要有芳香族羧酸及脂肪族取代羧酸，如羟基酸、氨基酸、酰胺羧酸、抗坏血酸等，其盐类为钠盐和铵盐。

（1）芳香族羧酸和羟基酸。应用较多的芳香族羧酸和羟基取代羧酸化合物包括苯甲酸、对甲基苯甲酸、硝基苯甲酸、肉桂酸、对甲基肉桂酸、水杨酸、葡萄糖酸等。

苯甲酸钠、对甲基苯甲酸钠和水杨酸钠盐是较早使用的芳香族羧酸盐，是一类氧化被膜型缓蚀剂，缓蚀效果都不高，如质量浓度为500mg/L的苯甲酸钠或水杨酸钠，其缓蚀率分别只有20.9%和16.1%，但是复合使用时，可大幅提高缓蚀效果。苯甲酸钠与葡萄糖酸钠复合使用，腐蚀效果更为明显。葡萄糖酸钠是无毒性环境友好的缓蚀剂，其最大的优点是与水中的钙离子、铁离子形成络合物保护膜，是一种沉淀被膜型缓蚀剂。葡萄糖酸钠与许多无机缓蚀剂化合物如钼酸盐、锌盐、钨酸盐、硅酸盐、苯甲酸盐等复配使用，缓蚀效果更好。

（2）酰胺羧酸。这类缓蚀剂分子结构式如下：

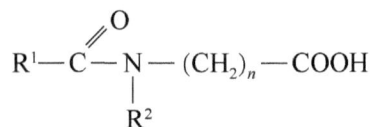

$$R^1 - \overset{\overset{O}{\|}}{C} - \underset{\underset{R^2}{|}}{N} - (CH_2)_n - COOH$$

其中，R^1为长链烷基，R^2为C1—C4烷基或H，n=1~4。R2为甲基，n=1的酰胺羧酸即为肌氨酸的N-酰基取代衍生物，其结构式如下：

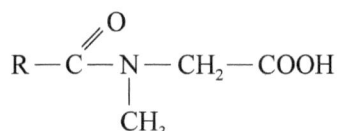

$$R - \overset{\overset{O}{\|}}{C} - \underset{\underset{CH_3}{|}}{N} - CH_2 - COOH$$

其中，R为C8—C22烷基。

酰基取代肌氨酸盐（钠或铵盐）具有表面活性剂的性质，是一种阴离子表面活性剂，同时，又是一种金属离子螯合剂，其与金属离子配位吸附于金属表面，形成单分子层络合膜，具有良好的缓蚀效果。

由于酰基取代肌氨酸盐分子中又具有疏水性的长链烃基，对金属具有良好保护作用。电化学测试结果指出，此类缓蚀剂主要是一种阳极型缓蚀剂，但是对阴极也有阻碍作用。其与锌盐复合使用，缓蚀率可达 99%。十二酰基肌氨酸与亚硝酸钠或钼酸钠、葡萄糖酸钠复配使用，缓蚀效果（对钢或铜）更显著。特别是酰基肌氨酸与醇胺和丙烯酸共聚物的复合使用，其缓蚀效果更加提高。

酰基肌氨酸合成原料易得，无毒性，且易被生物降解，对环境不会造成污染，是一类环境友好的缓蚀物质，有很好的开发应用前景。适用于低硬度软水或高硬度水质，在 pH 值为 6～11 的范围内，特别是 7～9 最好。除用于一般循环冷却水系统外，锅炉水、盐水体系以及高炉和转炉冷却水等均可应用。

（3）磷酰基羧酸。磷酰基羧酸类化合物是含有磷酰基和羧基的化合物。在循环冷却水系统中用作缓蚀剂和阻垢剂的磷酰基羧酸主要包括 2-磷酰基乙酸、1-磷酰基乙烷-1, 2-二羧酸、1-磷酰基丙烷-1, 2, 3-三羧酸、2-磷酰基丁烷-1, 2, 4-三羧酸、2-磷酰基丁烷-1, 2, 3, 4-四羧酸、2, 3-二磷酰基戊烷-1, 5-二羧酸等。这类化合物与金属离子形成络合物，吸附于金属表面而具有缓蚀作用。例如，碳钢在 $NaHCO_3$(46g)、$CaCl_2 \cdot 6H_2O$(7.7g)、$MgSO_4 \cdot 7H_2O$(15g)、$CaSO_4 \cdot 2H_2O$(20g)，200L 蒸馏水配置的盐水溶液中，水温 40℃，试验时间 48h，含有 100mg/L 的磷酰基羧酸，其缓蚀率在 95%以上。磷酰基羧酸与苯并三氮唑和聚磷酸盐复合使用于冷却水系统中，对钢和铜合金都有较好的保护效果。

（4）巯基苯并噻唑。巯基苯并噻唑是苯并噻唑的衍生物，是苯并噻唑环上 2 位碳原子上的氢，被巯基-SH 取代的化合物，结构式为 SH，简称 MBT。巯基苯并噻唑或苯并噻唑的苯环上的 H 原子，被羟基、氨基、烷氧基、烷基等取代而得到各种巯基苯并噻唑或苯并噻唑的衍生物。这类衍生物是铜及其合金最有效的一种缓蚀剂，广泛应用于工业循环冷却水系统及其他腐蚀性介质中以及铜器文物的保护。巯基苯并噻唑与铜金属形成稳定的络合物，在金属铜表面形成一层保护膜。

巯基苯并噻唑为淡黄色固体，分子中巯基显弱酸性，不溶于水，有苦味，使用时先溶于碱溶液中，使其生成钠盐，再加入循环冷却水系统中。使用浓度很低，即质量浓度为 1～2mg/L 便获得良好的缓蚀效果。

值得注意的是，巯基苯并噻唑不能与氧化性化合物共同使用，因为氧化性物质可使巯基苯并噻唑分子中的巯基氧化，降低其缓蚀效果，如循环冷却水中加氯气或次氯酸钠杀菌，由于这些物质使巯基被氧化，造成药效降低。例如，某厂聚丙烯车间循环冷却水系统（水质为中硬度水，Ca^{2+} 和 Mg^{2+} 总质量浓度为 800mg/L，Cl^- 和 SO_4^{2-} 总质量浓度约为 130mg/L），采用以六偏磷酸钠和聚丙烯酸和巯基苯并噻唑的水处理方案，这三种药剂的配方比例为六偏磷酸钠：聚丙烯酸：巯基苯并噻唑=5.5：10.0：1.0（以 mg/L 计），对 20 台换热器的循环冷却水采用这种配方投入运行，运行 15 个月后进行大检修，打开 10 台换热器进行检查，检查结果为，换热器设备的腐蚀轻微，结垢也轻微，未发现微生物黏泥现象（系统中间隔式冲击加入氯气杀菌）。

（5）苯并三氮唑。苯并三氮唑（BTA）的结构式为 ，苯环上的氢原子可被其他各种基团取代而得到苯并三氮唑的衍生物，如 ，X 为烷基、羟基、氨基、烷氧基等。

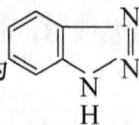

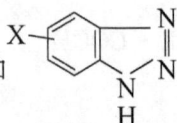

苯并三氮唑对铜及其合金是一种非常有效的缓蚀剂，从 20 世纪 50 年代初研究应用以来，其可以说是铜的"王牌"缓蚀剂。研究指出，苯并三氮唑分子中含有三个氮原子，氮原子上有孤对电子，可与铜

离子以配位键结合形成络合物，吸附在铜表面上，形成膜层厚度约为 5nm 的致密稳定的保护膜，有很好的缓蚀作用，即使在 200℃ 以上的高温下，仍然稳定地保持良好的缓蚀效果。苯并三氮唑在 pH 值为 6.5～10.0 的溶液中，使用效果都很好，pH 值较低时，其缓蚀效果降低。苯并三氮唑对铜的缓蚀机理，利用紫外光谱的反射吸收光谱特征，研究 BTA 与铜结合的行为，发现苯并三氮唑对铜的缓蚀机理为 BTA 分子(并非 BTA 离子)与一价铜离子(并非二价铜离子)结合生成 BTACu (I)络合物。后来有学者用 X 射线光电子能谱(X-ray photo-electron spectroscopy，XPS)进一步验证了 BTACu (I) 在铜表面是与铜的氧化物，

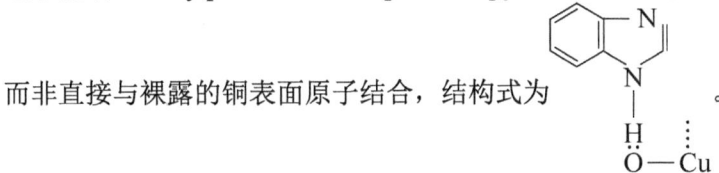

而非直接与裸露的铜表面原子结合，结构式为 [结构式]。

对于 Cu-BTA 体系，运用拉曼散射光谱也是有效的研究手段。拉曼光谱与"红外"光谱一样，也能得到分子振动能级的信息，两者能相互补充。拉曼光谱的优点是可使用玻璃器皿和水介质，便于缓蚀剂的原位测量。但由于拉曼光谱是散射光谱，即使是采用激光光源，信号仍是非常弱的。近年来研究开发的激光表面增强拉曼散射(surface enhanced Raman scattering，SERS)光谱(吸附物质能产生 106 倍的增强效应)，利用其来研究缓蚀剂对铜的吸附作用，效果较拉曼光谱好。例如，弗莱希曼(Fleischmann)等研究了粗糙铜表面在阴极极化条件下，在摩尔浓度为 1mol/L 氯化钾水溶液中含有 10^{-4}mol/L 1-羟基苯并三氮唑(HBTA)的 SERS 光谱的测量，其光谱图如图 5.38 所示。当无缓蚀剂存在时，在 286cm 处有代表 Cl—Cu 键的 SERS 峰，如图中的下方，当有 HBTA 存在时，该峰减弱，但不能全面排除；当有 BTA 存在时，该峰根本不出现，这说明 BTA 比 HBTA 有更强的竞争吸附能力。另外，在原有的 HBTA 的氯化钾水溶液中，当加入 BTA 时可见到铜上 HBTA 的 SERS 峰逐渐减弱，BTA 峰加强，最终占据主导位置。这些都充分说明吸附是一种竞争现象，强的初始吸附是优良缓蚀剂的必要条件。HBTA 缓蚀性能虽然比 BTA 差，但其溶解性能较 BTA 好，选用时要综合考虑。BTA 作为铜的缓蚀剂广泛应用于工业循环冷却水系统。质量浓度仅为 1～3mg/L 即有很好的缓蚀效果。

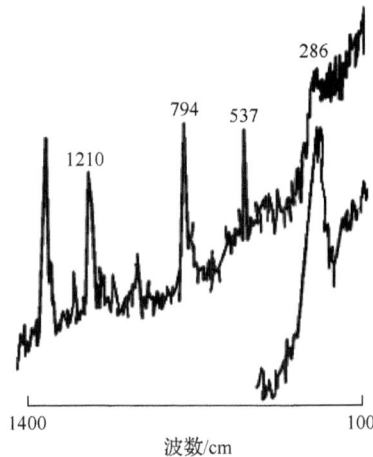

图 5.38 1mol/L 氯化钾水溶液中含有 10^{-4}mol/L HBTA 的 SERS 光谱

4-甲基苯并三氮唑(MBTA)，其结构式为 [结构式]，具有与 BTA 相似的缓蚀作用。但也有区别，

红外光谱分析指出，MBTA 与 Cu 形成的络合物膜是单分子层的，这可能是由于甲基的存在使 MBTA 的空间阻碍增大，限制了吸附膜的厚度，但是其憎水性较 BTA 更强一些。

试验表明，MBTA 的缓蚀性能较 BTA 好，但是当其络合物薄膜受损时，其缓蚀作用突然迅速地消失。而 BTA 保护膜被损坏时，其缓蚀作用缓慢降低。氯气和次氯酸盐在循环水系统中对 BTA 或 MBTA 没有明显的影响。但是氯的残余量较高时，也会引起 BTA 缓蚀效果下降。pH 值对 BTA 的缓蚀作用有一定影响。当 pH 值小于 6.5 时，对铜的缓蚀效果较差。pH 值在 7.2～5.0 范围内缓蚀作用较好。

此外，羧酸基苯并三氮唑（BTA—COOH）、氨基苯并三氮唑（BTA—NH$_2$）和硝酸基苯并三氮唑（BTA—NO$_2$）等化合物也是铜及其合金较好的缓蚀剂。大连理工大学董存玉等合成了一种羧酸类铜缓蚀剂，其对铜的缓蚀效果较 BTA 好，特别是在海水中的缓蚀性能更为优良。该羧酸类缓蚀剂的结构式如下：

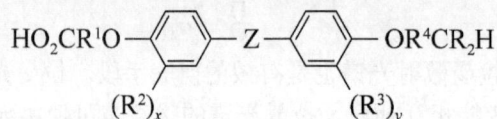

$$HO_2CR^1O \text{—} \bigcirc \text{—} Z \text{—} \bigcirc \text{—} OR^4CR_2H$$
$$(R^2)_x \qquad (R^3)_y$$

其中，R^1、R^4 为具有 1～6 个碳原子的碳氢化合物；R^2、R^3 为具有 1～4 个碳原子的碳氢化合物或是含有芳香环的化合物；$x \geq 0$，$y \leq 3$；Z 是氧、硫、二氧化硫、一氧化碳或含有 1～9 个碳原子的碳氢化合物。

3. 复合冷却水缓蚀剂

人们从生产实践中认识到，单一品种的工业冷却水缓蚀剂的效果往往不够好。而把两种以上的缓蚀剂复合使用，缓蚀效果成倍增加，这便是缓蚀剂的协同作用和增效作用。例如，在循环冷却水系统中，单一使用铬酸盐时，其使用质量浓度为 200～500mg/L。但其若与锌盐复合使用，仅需铬酸盐质量浓度为 15～30mg/L，锌盐的质量浓度为 1～5mg/L。铬酸盐用量降低了 90%，而且缓蚀效果更好。

随着工业冷却水处理技术的发展，人们还发现，当一种腐蚀性介质中同时加入两种或两种以上的药剂时，其中有一种是主缓蚀剂，其他的药剂不完全是缓蚀剂。复合工业冷却水缓蚀剂的优点如下。

（1）减少缓蚀剂的总浓度，从而降低工业循环冷却水处理的费用。

（2）降低某种缓蚀剂用量，如铬酸盐，从而减轻其排放对环境的污染，有利于废水治理。

（3）同时控制工业冷却水系统中多种金属的腐蚀，如可以同时控制黄铜换热器和碳钢换热器的腐蚀。

（4）既能防腐蚀又能防结垢。

（5）使某些易于沉淀的主缓蚀剂如磷酸盐和锌盐较稳定地保留在冷却水中而不析出。

（6）既能防腐蚀、防垢又能杀菌。

复合工业冷却水缓蚀剂的分类如下。按照其中的主缓蚀剂分类，可分为铬酸盐系复合缓蚀剂；磷酸盐系复合缓蚀剂、钼酸盐系复合缓蚀剂、硅酸盐系复合缓蚀剂、锌盐系复合缓蚀剂、有机系复合缓蚀剂。按照各种功能组分的组合方式分类，可分为缓蚀剂+协同缓蚀药剂、缓蚀剂+阻垢剂、缓蚀剂+杀菌剂、缓蚀剂+杀菌剂+阻垢剂等。按照其对电极过程的控制作用，可分为阳极型复合缓蚀剂、阴极型复合缓蚀剂、混合型复合缓蚀剂。表 5.26 为常用的一些复合工业冷却水缓蚀剂。

表 5.26　常用的复合工业冷却水缓蚀剂

分类	主要成分
铬酸盐系（铬系）	铬酸盐+锌盐 铬酸盐+锌盐+聚磷酸盐 铬酸盐+锌盐+有机磷酸盐 铬酸盐+聚磷酸盐
磷酸盐系（磷系）	聚磷酸盐+锌盐，聚磷酸盐+有机磷酸盐 聚磷酸盐+锌盐+有机磷酸盐 聚磷酸盐+有机磷酸盐+MBT 聚磷酸盐+有机磷酸盐+聚丙烯酸盐（或聚马来酸酐）

分类	主要成分
钼酸盐系（钼系）	钼酸盐+锌盐+有机磷酸盐+葡萄糖酸盐+聚丙烯酸盐 钼酸盐+磷酸盐+唑类 钼酸盐+有机磷酸盐+唑类
锌盐系（锌系）	锌盐+有机磷酸盐 锌盐+多元醇磷酸酯+磺化木质素 锌盐+单宁，锌盐+聚马来酸酐 锌盐+磷酸盐+分散剂
硅酸盐系（硅系）	硅酸盐+有机磷酸盐+BTA 硅酸盐+硼酸盐
有机缓蚀剂系	有机磷酸盐+聚羧酸盐+唑类 有机磷酸盐+木质素+唑类 有机磷酸盐+聚羧酸

5.5.4 应用于中性盐溶液的缓蚀剂

生产实践中，水溶液中往往含有一定量的盐化合物，由于水中盐的溶解，促进了金属腐蚀速率的增大。常见的盐如氯化钠、氯化镁、氯化钙、硫酸钠、碳酸氢钠、碳酸钠等，其水溶液缓蚀剂种类非常多，下面分别介绍脂肪胺和酰胺类、烷氨基醇类、肟和羟基喹啉、葡萄糖酸锌等。

1. 脂肪胺和酰胺类

用于冷却水系统或盐溶液中的胺类缓蚀剂主要是脂肪族一元伯胺 $C_nH_{2n+1}NH_2$ 和二元胺 $H_2N(CH_2)_nNH_2$。

研究指出，胺分子中的烃基碳链增长，可使缓蚀率增大。极性基团氨基吸附于金属表面，非极性烃基碳链增长，增加了对金属的遮盖面积，有利于阻止介质对金属的腐蚀。但是，若烃基碳链太长，则胺分子在水中的溶解分散性下降而使浓度变低，降低了缓蚀效果。为了提高其溶解分散性能，通常是加入分散剂以增加其溶解度，有利于增强其缓蚀作用。

胺类缓蚀剂随金属种类的不同，其缓蚀性能亦有差别。碳原子数在 8～18 的直链烷基伯胺，对钢铁的缓蚀效果较好。但是对于铜的缓蚀，碳原子数低于 12 时，几乎没有缓蚀效果。图 5.39 所示为不同烃基碳原子数的胺，以相同浓度加入人工海水中，测定其对碳钢的缓蚀率。从图中可看出，随着碳链的增长，其缓蚀效果明显提高。

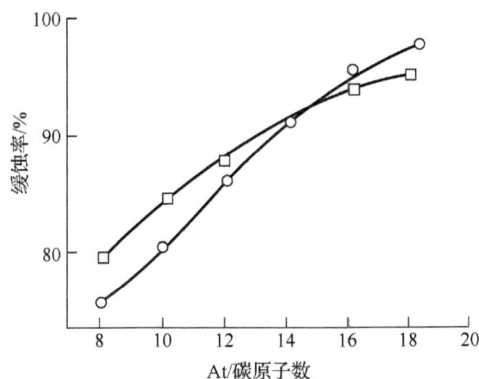

图 5.39 胺类缓蚀剂烃基长度对其缓蚀率的影响

应用于中性盐溶液中的二元胺缓蚀剂 $H_2N(CH_2)_nNH_2$，其中 $2 \leqslant n < 5$，如 $n=2$ 的乙二胺（H_2N—CH_2—CH_2—NH_2）最好。作为在质量分数为 3%的 NaCl 溶液中对碳钢的缓蚀剂使用时，氨基磷酸（如氨基三亚甲基磷酸）和酰胺（如油酰胺基丙胺）复合，可获得较好的缓蚀效果。

2. 烷氨基醇类

烷氨基醇对碳钢在氯化钠和氯化钙的水溶液中的腐蚀有很好的缓蚀效果，缓蚀率在 90%以上。应用较多的烷氨基醇化合物有 2-甲氨基乙醇（$CH_3NHCH_2CH_2OH$）、2-乙氨基乙醇（$CH_3CH_2NHC_2H_4OH$）、2-二甲基氨基乙醇（$(CH_3)_2NC_2H_4OH$）、2-正丁氨基乙醇（$C_4H_5NHC_2H_4OH$）、3-二乙氨基丙醇（$(C_2H_5)_2NC_3H_6OH$）。现以 2-乙氨基乙醇在质量分数为 3%的 NaCl 水溶液中（26℃）对碳钢的缓蚀试验为例进行分析，试验结果列于表 5.27 中。

表 5.27 2-乙氨基乙醇在质量分数为 3%的 NaCl 溶液中对碳钢的缓蚀作用

2-乙氨基乙醇的质量浓度/(mg/L)	溶液 pH 值	缓蚀率/%	2-乙氨基乙醇的质量浓度/(mg/L)	溶液 pH 值	缓蚀率/%
0	6.2		310	10.3	68
17	5.3	0	450	10.3	86
55	5.7	7	620	10.3	91
155	10.0	41			

从表中数据看出，随着 2-乙氨基乙醇浓度的增加，缓蚀率增大。因为烷氨基醇是碱性化合物，浓度增加，溶液的 pH 值也随之升高。当质量浓度达到 310mg/L 后，pH 值稳定在 10.3，此时的缓蚀剂与水的反应达到平衡。pH 值的改变对缓蚀作用也会有影响。不添加缓蚀剂，仅用 NaOH 溶液调节质量分数为 3% 的 NaCl 溶液的 pH 值为 10.30 时，对碳钢的缓蚀率为 40%，说明加碱也能具有一定的缓蚀作用。

对烷氨基醇的缓蚀作用机理的研究指出，当缓蚀剂达到一定浓度时，金属表面与溶液先形成金属氢氧化物，由氢氧基的氧原子提供电子与金属络合，如图 5.40（a）所示。烷氨基醇分子与氢氧化铁进一步生成络合物，在金属表面形成稳定的保护膜。缓蚀剂分子之间也可能形成氢键而使膜的稳定性进一步增强，如图 5.40（b）所示。在金属缺乏氢氧化物膜的部位，烷氨基醇分子可直接与金属络合，形成稳定的保护膜，如图 5.40（c）所示。这样就可以解释浓度小、pH 值较低时的缓蚀作用。

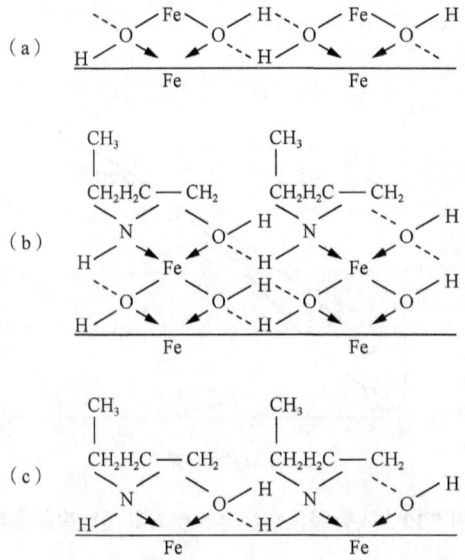

图 5.40 2-乙氨基乙醇缓蚀作用机理示意图

烷氨基醇对高浓度氯化钙溶液中的金属有较好的缓蚀效果。例如，作为冷冻机的冷冻剂，往往使用质量分数为 15%～35%氯化钙溶液，这种溶液具有很强的腐蚀性，使用一般的聚磷酸盐、硅酸盐等缓蚀剂，缓蚀效果较差。把 2-乙氨基乙醇与 BTA 复合使用，对抑制碳钢和铜在氯化钙溶液中的腐蚀有较好的作用。

3. 腙和羟基喹啉

水杨醛腙、安息醛腙、8-羟基喹啉和 2-甲基-8-羟基喹啉等都是对氯化钠和硫酸盐较好的铜缓蚀剂。这类缓蚀剂分子中都含有 N、O 原子的两个极性基团，是两价铜的配位剂，生成致密的配位物保护膜，因而具有良好的缓蚀效果。8-羟基喹啉与铜生成配位物的反应式如下：

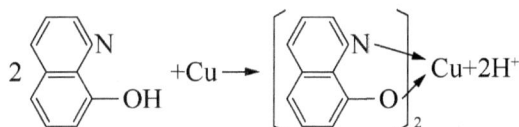

羟基喹啉与铁也能配位，但是其配位物膜较疏松，致密性较差，因而对铁的缓蚀率较差，甚至无效。表 5.28 列出上述四种缓蚀剂在摩尔浓度为 0.1mol/L 盐酸溶液中对铜的缓蚀试验结果。

表 5.28　水杨醛腙等在 0.1mol/L 盐酸溶液中对铜的缓蚀试验结果

缓蚀剂	A		B		C	
	腐蚀速率/[mg/(dm²/d)]	缓蚀率/%	腐蚀速率/[mg/(dm²/d)]	缓蚀率/%	腐蚀速率/[mg/(dm²/d)]	缓蚀率/%
	5.25					
水杨醛腙	1.05	80	0.29	94	4.2	20
安息香腙	1.98	62	0.26	95	5.6	-7
8-羟基喹啉	1.07	80	0.68	87	4.0	24
2-甲基-8-羟基喹啉	1.04	80	0.25	95	3.9	26

注：试验条件为 25℃。A 表示试件在含缓蚀剂的摩尔浓度为 0.1mol/L NaCl 溶液中浸泡 240h。B 表示试件预膜 120h 后，在含缓蚀剂的摩尔浓度为 0.1mol/L NaCl 溶液中浸泡 240h。C 表示试件在预膜 120h 后，在无缓蚀剂的摩尔浓度为 0.1mol/L NaCl 溶液中浸泡 240h。

4. 葡萄糖酸锌

葡萄糖酸钠可作为中性介质冷却水缓蚀剂组分，与其他缓蚀剂物质复配使用。研究指出，葡萄糖酸锌$[(C_6H_{11}O_7)_2Zn]$对海水中的碳钢有较好的抑制腐蚀作用。图 5.41 所示是葡萄糖酸锌、葡萄糖酸钠和硫酸锌对海水中碳钢的缓蚀试验结果。

从图中可以看出，单独锌离子在各种浓度条件下的缓蚀效果都较低。葡萄糖酸钠在低摩尔浓度时（10^{-4}～10^{-3}mol/L），能促进碳钢腐蚀。这可能是由于葡萄糖酸根离子$[(C_6H_{11}O_7)^-]$与 Fe^{2+} 形成可溶性配位物，摩尔浓度增加大于 10^{-2}mol/L 时，开始出现缓蚀作用（在 15%左右），此时可能已达到配位物的饱和溶解度。葡萄糖酸锌则显示出很好的缓蚀性能，当其摩尔浓度为 10^{-3}mol/L 时，缓蚀率可达 98%以上。

通过电化学测量表明，葡萄糖酸锌在海水中对碳钢的缓蚀作用，是由于 Zn^{2+}在阴极区域形成氢氧化锌沉淀膜，阻碍了氧在阴极处的还原反应。同时又可能由于$(C_6H_{11}O_7)^-$与铁的络合作用而吸附于阳极区域，对阳极过程有一定的抑制作用。因此，葡萄糖酸锌在海水或盐水中对碳钢有较好的缓蚀作用。

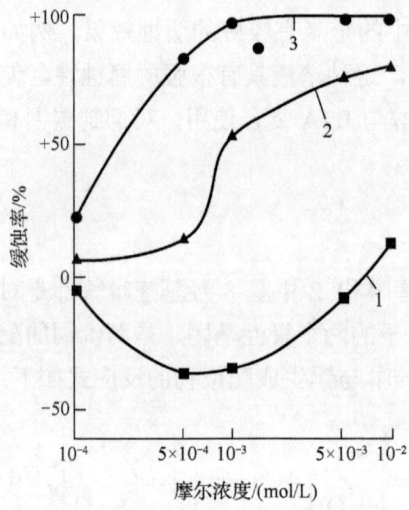

1—硫酸锌；2—葡萄糖酸钠；3—葡萄糖酸锌。

图 5.41　葡萄糖酸锌、葡萄糖酸钠和硫酸锌对海水中碳钢的缓蚀试验结果

　　葡萄糖酸锌对海水中的铜及其合金也有缓蚀作用，但是其浓度对缓蚀率有较大的影响。图 5.42 所示为不同摩尔浓度的葡萄糖酸锌对铜在海水中的缓蚀作用试验结果。从图中可以看出，随着葡萄糖酸锌浓度的增大，缓蚀率随之增大，当摩尔浓度达到 $4×10^{-3}$mol/L 时，缓蚀率达到最高值，为 60%。继续增加浓度，缓蚀率降低，至 10^{-2}mol/L 时出现加速腐蚀现象。溶解氧对缓蚀作用有较大影响。如果在连续通入空气的条件下进行试验，则得到图 5.43 所示的结果。

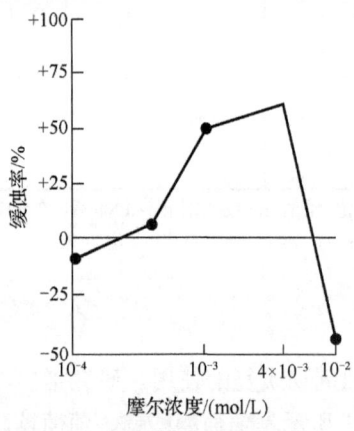

图 5.42　不同摩尔浓度的葡萄糖酸锌对铜在海水中的缓蚀作用试验结果

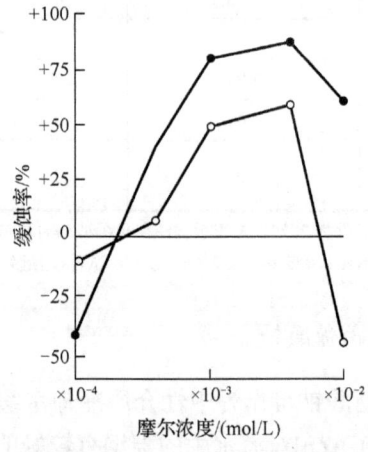

图 5.43　在连续通入空气的条件下，葡萄糖酸锌对海水中铜的缓蚀效果的影响

　　由图 5.43 可知，葡萄糖酸锌在连续通入空气的条件下，在 $(1×10^{-4})\sim(1×10^{-2})$mol/L 摩尔浓度范围内，最高缓蚀率可达 90%。试验过程中的 $(C_6H_{11}O_7)^-$ 和 Zn^{2+} 摩尔浓度分别为 $(0\sim8)×10^{-4}$mol/L 和 $(0\sim4)×10^{-3}$mol/L，如图 5.44 所示。

　　由图 5.44 可知，得到最高缓蚀率时的 2 种离子浓度比为 3∶2。当 $(C_6H_{11}O_7)^-$ 摩尔浓度为 $8×10^{-3}$mol/L 时，对铜无缓蚀作用，因为其与铜形成可溶性络合物。因此，使用葡萄糖酸锌缓蚀剂时，必须注意浓度范围的选择，选择葡萄糖酸根离子浓度与锌离子浓度的比值为缓蚀效果最优的比值，使其相互有较好的协同作用，从而获得最好的缓蚀效果。随着环境保护法的贯彻实施，对锌盐的排放有较严格的限制，因此，应尽量降低它的使用浓度。

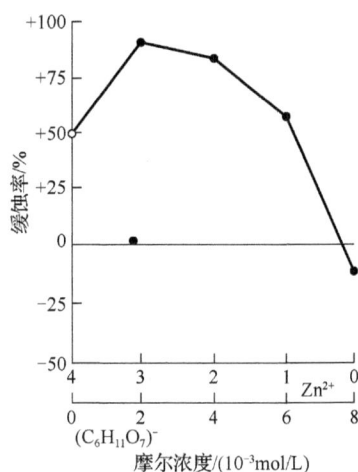

图 5.44　浸泡 28 天时$(C_6H_{11}O_7)^-$和 Zn^{2+}摩尔浓度比例对海水中铜的缓蚀作用的影响

5.5.5　应用于中性有机溶液的缓蚀剂

1. 油/醇燃料用缓蚀剂

各种机动车辆内燃机使用的燃料，有汽油、柴油等，其成分主要为脂肪族烃类化合物，均来源于石油炼制或裂解所得到的不同产品。为扩大能源，在汽油中添加部分醇类化合物如甲醇、乙醇、丙醇和丁醇等。油-醇混合燃料中通常含汽油 80%～95%（体积分数），含醇 5%～20%。由于工业醇中含有水 5%～10%（体积分数）和少量的酮、酯和酸等杂质，当这些杂质一起混入油-醇燃料时，含水及杂质的油-醇燃料将对内燃机金属产生腐蚀。因此，必须在燃料中添加缓蚀剂防护。用于这种燃料中的缓蚀剂有下列几种胺类化合物。

1）醚胺类化合物

这类化合物为分子中含有醚氧结构的脂肪胺，其结构式如下。

（1）伯胺：如 RO—(CH2)₃—NH₂，RO—(CH₂)₂—O—(CH₂)₃

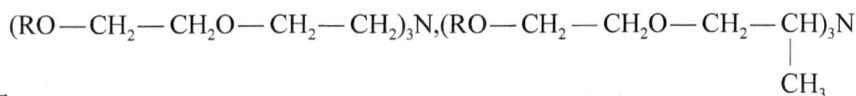

$$(RO—CH_2—CH_2O—CH_2—CH_2)_3N, (RO—CH_2—CH_2O—CH_2—CH_3)_3N$$
$$CH_3$$

（2）叔胺：如
$$(RO—CH_2—CH—O—CH_2—CH_3)_3N$$
$$|\qquad\qquad\qquad\qquad |$$
$$CH_3\qquad\qquad\qquad CH_3$$

（3）多胺：如 RO—(CH₂)₃—NH—(CH₂)₃NH₂，RO—(CH₂)₂—NH—(CH₂)₃NH₂，式中，R 为 C6—C20 的脂肪链烃基、脂肪烃基、芳烃基等。

2）咪唑啉衍生物

咪唑啉为含两个氮原子的五元杂环化合物，结构式如下：

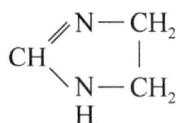

$$\begin{array}{c} N—CH_2 \\ CH \qquad\qquad | \\ N—CH_2 \\ H \end{array}$$

作为油-醇燃料缓蚀剂使用时具有下列结构式的衍生物：

$$R—C\begin{matrix} N—CH_2 \\ | \\ N—CH_2 \end{matrix}$$

$$(CH_2—CH_2—O)_n—C\overset{O}{—}NH_2$$

式中，R 为烃基；$n=2\sim8$。

3）脂肪胺羧酸盐

用于油-醇燃料缓蚀剂为具有下列结构的羧酸脂肪胺盐：

$$R—C\overset{O}{—}O—NH(R')\begin{matrix} (CH_2—CH_2O)_n—H \\ \\ (CH_2—CH_2O)_m—H \end{matrix}$$

式中，R 为 C_{11}—C_{21} 饱和或不饱和烃基；R'为 C_8—C_{24} 饱和或不饱和烃基；m、$n=1\sim14$。

4）酰胺类化合物

用于油-醇燃料的酰胺类化合物缓蚀剂的结构如下：

$$R—C\overset{O}{—}N—CH_2—CH_2—CH_2—N—H\\ \ \ \ \ \ \ \ | \ | \\ \ \ \ \ \ \ \ R' \ R''$$

式中，R 为 C_{16}—C_{18} 烃基；R'、R''为 H 或 C_{14}—C_{18} 烃基。

上述各类化合物都是含有长碳链的有机氮化合物。分子中含有非极性烃基和极性氨基，亲油性长链烃基使油溶性增强，易溶于油燃料中。极性氨基氮原子上有未成键的孤对电子，可与金属形成络合配位键，在金属表面发生化学吸附，形成缓蚀剂分子吸附保护膜，使内燃机车设备的腐蚀大幅降低。

2. 防冻液用缓蚀剂

内燃机冷却系统的循环冷却水，为了防止冬季寒冷结冻，在水箱中需要加入防冻剂。常用的防冻剂有 C_1—C_5 的一元醇、乙二醇、丙二醇、异丙二醇、异丙醇、丙三醇、乙二醇单醚等。乙二醇使用较多，一般加入量为30%（体积分数）。含防冻剂醇的水溶液对内燃机系统的金属零件产生腐蚀，腐蚀原因可能是由醇类分解的产物引起的。

乙二羧酸虽然是一种弱的有机酸，但是温度较高时，对金属构件的腐蚀也是较严重的，需要用缓蚀剂防护。内燃机系统常有多种不同金属构件，如碳钢、铸铁、铜、铝、锡等，要求对这些金属都要有效的缓蚀剂，这就对内燃机循环冷却水（液）使用的缓蚀剂提出较高的技术要求。同时，要求对环境无公害污染，也是对用于内燃机系统的缓蚀剂的一项重要技术指标。

防冻液中除使用硼酸钠外，苯甲酸钠、亚硫酸钠、巯基苯并噻唑钠盐（MBT 钠盐）、三乙醇胺磷酸盐、苯并三氮唑等均是较好的缓蚀剂。

3. 液态烃中的缓蚀剂

人们从生产实践中认识到，液态烃（碳氢化合物）的混合物——燃料、润滑油中，引起金属腐蚀的物质经常是碳氢化合物的氧化产物——有机羧酸。这类液态烃溶液中的缓蚀剂，通常是使用抗氧化剂防止液态烃在使用及储存时空气中的氧把烃氧化成羧酸。

对液态碳氢化合物氧化反应的研究结果指出，在这一反应的初始阶段生成了过氧基 ROO^- 和过醇类

ROOH 物质，后者继续反应并按连锁反应机理进行分解及氧化，反应结果是生成有机羧酸和醇化合物等。抗氧化剂与过氧基及过醇类物质反应生成稳定的化合物，因而阻碍连锁氧化反应的进行。

前苏联学者依万诺夫等指出，对于油（液态烃）的氧化过程，有些物质只有在这一过程未开始时即把它加入才能起抑制作用，而不能减缓已经开始的氧化过程；另有一些缓蚀剂，即使在油的氧化反应已经开始 6～8h 以后才加入，也可使氧化反应被终止或被明显地减缓。这类缓蚀剂化合物对抑制液态烃对金属腐蚀有效。

很多抗氧化剂在一定程度上会抑制金属的氧化倾向，并且生成对金属在对其有腐蚀作用的羧酸的碳氢化合物及其他介质中的缓蚀剂。研究指出，铁、铜、锰等金属，对液态碳氢化合物的氧化过程有加速作用。金属腐蚀产物——溶于碳氢化合物中的有机酸盐，是这一情况下氧化的催化剂。

研究在储存煤油过程中碳钢的腐蚀时，发现在煤油中加入少量（质量分数为 0.05%～0.10%）磺化硬脂酸、氯化石蜡、氯化橡胶、β-萘酚、α- 及 β-萘胺、二苯胺等物质，可以抑制甚至防止上述金属的腐蚀。上述这些物质在液态烃中，既能抑制空气的氧对碳氢化合物的氧化作用，又能减缓生成的有机酸对金属的腐蚀。

液体燃料、油品中存在微量水，这些微量水可能已存在于碳氢化合物中，也可能是使用液体燃料的发动机及这类油润滑的机器在其运转过程中生成的水。例如，水有可能由酸（碳氢化合物的氧化产物）中的氢与溶于液体烃中的氧（此处它起着阴极去极化剂的作用）相互作用而生成。

在选择非水介质中的缓蚀剂时，要弄清引起介质侵蚀的水是以单独的相存在还是溶解于碳氢化合物中的。当温度改变时水也可能溶解，相反也可能析出成单独的相。

石油蒸馏出油及液体燃料中含有的、以滴状或成单独的（一般是底部的）相层存在的水可能引起金属溃疡、针孔腐蚀破坏，这在金属—水—液态烃化合物三介质分界线的附近腐蚀更加明显。这种形式的腐蚀不仅指钢铁，镁、铝合金也常发生。

为防止这类腐蚀，在煤油中加入少量有机胺、皂类、苯甲酸钠是比较有效的。此外，亚硝酸钠、铬酸钠、钼酸钠也是比较有效的缓蚀剂。

防止碳氢化合物腐蚀的缓蚀剂种类很多，除上述种类外，磷酸三甲苯酚酯、胺和酰胺的硫代衍生物、脂肪酸镁、钡皂类、羊毛脂等物质是液态烃较好的缓蚀剂。

4. 醇与苯酚介质中的缓蚀剂

生产实践中，常发现在无水的醇和苯酚中有一些金属也是不稳定的。例如，镁或铝及其合金，在无水的甲醇、乙醇及其他醇类中可能较快地被破坏并析出氢和生成相应的醇化物；铅及锌在有苯酚类化合物存在时是不稳定的。但是，实际上应用的醇经常含有水及少量它的氧化产物——有机酸。在这种溶液中碳钢和铜合金受到不同程度的腐蚀。目前，还未找到在各种醇和苯酚的系统中对多种金属都有保护作用的缓蚀剂。抑制由醇引起的铝腐蚀常用铬酸盐、钼酸盐或亚硝酸盐等无机缓蚀剂。

在无水的甲醇中加入极少量的水，即可阻止镁及其合金在该醇类中的腐蚀。硫化钠、硫化钾可以保护镁及其合金在乙醇、甘油及乙二醇的水溶液中的腐蚀，硫化物的缓蚀作用主要是在镁金属表面生成一层硫化镁薄膜。

铝及其合金以及铜和黄铜在乙二醇溶液中，可以用硼酸钠或磷酸钠、多聚磷酸钠保护，也可以用亚硝酸钠与钼酸钠复合物保护。上述缓蚀剂作用可归结为：它们中和了溶液中含有的有机酸，或在金属表面上形成了钝化膜。

在乙醇水溶液中加入少量苯甲酸钠可防止铜及其合金的腐蚀，但是，这只能在弱碱性溶液（pH=7.5～10.0）中达到有效保护的目的。有时，在醇中添加苯甲酸钠时需要加入一点 NaOH，以使溶液具有微碱性。用 α-氨基噻唑抑制黄铜在聚乙烯醇溶液中的腐蚀。碳酸铵、氢氧化铵能抑制碳钢在体积分数为 70%的乙醇溶液中的腐蚀。亚硝酸钠能使碳钢在异丙醇溶液中腐蚀减缓。凡能中和醇类中的有机酸的化合物，均有一定的缓蚀作用。

5. 卤代烃中和三氯化铝的苯溶液中的缓蚀剂

工业生产中的卤代烃主要有四氯化碳、三氯甲烷、二氯乙烷、氯代联二苯、三氯代苯等，许多金属如钢、铁、镁、铝、锡（镀层形式）经常受到卤代烃的腐蚀破坏。分析其原因，卤代烃中含有少量水，由于水与卤代烃的接触作用生成氯化氢，引起金属的强烈腐蚀。同样的原因，金属在 $AlCl_3$ 的苯溶液中受到剧烈的腐蚀。

卤代烃受热时，如用作介电体的氯代联二苯、三氯代苯等在变压器、开关及其他设备中受高压电作用时也可能析出氯化氢。用以保护含氯化氢的系统中金属的缓蚀剂的种类很多。例如，镁、铝及其合金在三氯乙烷中的腐蚀，可以用质量分数为 0.05%的甲酰胺保护，效果较好。水是铝在三氯甲烷（$CHCl_3$）中腐蚀的缓蚀剂，它在这种情况下的作用是生成不溶于三氯甲烷的水化物 $AlCl_3 \cdot 6H_2O$，并沉积在铝表面上，从而阻碍了腐蚀的继续进行。二苯胺或异丙基丙酮[$(CH_2)_2C\!=\!CH\!-\!CO\!-\!CH_3$]可以防止镀锡钢件在四氯化碳中的腐蚀。碳钢在 $AlCl_3$ 的苯溶液中的腐蚀，可用三氯化砷保护，效果较好。

溴代烃化合物中，碳钢的腐蚀可以应用有机胺类化合物防护。腐蚀原因主要是溴代烃分解出溴化氢而引起金属腐蚀。例如，用胺类物质可以抑制铝在三溴甲烷（$CHBr_3$）中的腐蚀。

在制冷装置中使用含氟氯的碳氢化合物，这些物质长期与金属接触，对金属产生一定的腐蚀破坏，需要采用缓蚀剂保护。可以采用有机胺、有机氧化物和无机化合物等，如 1,2-甲代氧丙环。

5.6　气相缓蚀剂

气相缓蚀剂是 21 世纪 40 年代出现的一种防锈新材料，由于它具有高效、长效、使用简便、不受几何结构件的限制等特点，因此发展较快，成为防止大气腐蚀的主要材料之一，广泛应用于机电工业、钢铁、有色金属和国防工业中，作为机电产品和军械器材防锈包装、封存、储备的主要措施之一。

气相防锈是利用气相缓蚀剂在常温下自动挥发出缓蚀气体，逐渐充满整个包装空间，从而达到防锈的目的。气相缓蚀剂这个名词是在 1945 年英国专利首先提出来的，也有称挥发性缓蚀剂或气相防锈剂。

我国从 1956 年开始对气相缓蚀剂进行研究，先后合成了亚硝酸二环己胺、碳酸环己胺和磷酸环己胺等性能优异的气相缓蚀剂，到目前为止全国已定型生产并广泛应用的重要的气相缓蚀剂有数十种以上。

5.6.1　气相缓蚀剂的种类和性质

1. 有机胺及其盐类

早在 1930 年就已采用乙二胺、环己胺等有机物的挥发性气体保护金属。此后如二环己胺、二异丙胺、苄胺、单乙醇胺、二乙醇胺、三乙醇胺、正丁胺、二丁胺、三丁胺、戊胺、十八胺、莫尔费林、二乙烯三胺、三乙烯四胺等相继作为气相缓蚀剂使用。其中，环己胺的碳酸盐、二环己胺的亚硝酸盐、单乙醇胺和三乙醇胺的苯甲酸盐、四乙烯五胺的硝基酚盐、环己胺和三乙醇胺、四硼酸三乙醇胺、钼酸三乙醇胺、三正丁胺的辛酸盐等都是很好的气相缓蚀剂。

对钢、铝、黄铜、镍等金属有良好缓蚀性能的十八胺（1-氨基十八烷）及其盐类（如铬酸十八胺、磷酸十八胺、肉桂酸十八胺、邻硝基酚十八胺等）被作为多种金属的气相缓蚀剂使用。

六次甲基四胺（$(CH_2)_6N_4$，俗名乌洛托品），作为气相缓蚀剂可以单独使用，为了提高六次甲基四胺的缓蚀效果，最好与其他缓蚀剂复合使用。1974 年日本（防蚀技术）在关于气相缓蚀剂的研究（第一辑）中，对六次甲基四胺的缓蚀性能作了详细报道，文中称："在探讨的各种化合物中，六次甲基四胺在气相缓蚀剂中缓蚀效果最好。"继后又发表了第二、第三、第四辑专题报道，阐述了在各种辅助材料配合下，以六次甲基四胺为主要缓蚀剂加工成气相防锈纸、气相防锈片剂、气相防锈油以及气相防锈粉末等，以及它们的防锈性能试验。大量试验证明其对黑色金属和铝合金防锈效果好。六次甲基四胺通常与苯甲酸钠、亚硝酸钠复配使用，我国生产的气相防锈纸，大多数产品采用六次甲基四胺与其他气相缓蚀剂复配制成。六次甲基四胺价格低廉，来源充足，无明显毒性，无臭味，有一定潮解性，其还有一定的防霉作用。

2. 有机酸及其盐类

这类气相缓蚀剂有苯甲酸、水杨酸、苯甲酸胺、苯甲酸单乙醇胺、苯甲酸环己胺、苯甲酸二环己胺、邻硝基苯甲酸二环己胺、水杨酸环己胺、碳酸单乙醇胺、碳酸苄胺、苯甲酸三乙醇胺、邻硝基苯甲酸三乙醇胺、水杨酸乙醇胺和 3,5-二硝基苯甲酸六次甲基亚胺等。现以 3,5-二硝基苯甲酸六次甲基亚胺为例，其分子式为：$C_6H_3—(NO_2)_2—COOH—C_6H_{12}NH$，结构式如下：

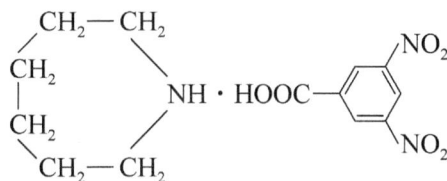

3,5-二硝基苯甲酸六次甲基亚胺是一种黄色结晶粉末，熔点为 195～196℃，可溶于水（溶解度为 2.3%）。它的蒸气压值与亚硝酸二环己胺近似，在水溶液中水解为有机阳离子、羟基胺和相应的酸和胺。其水解反应如下：

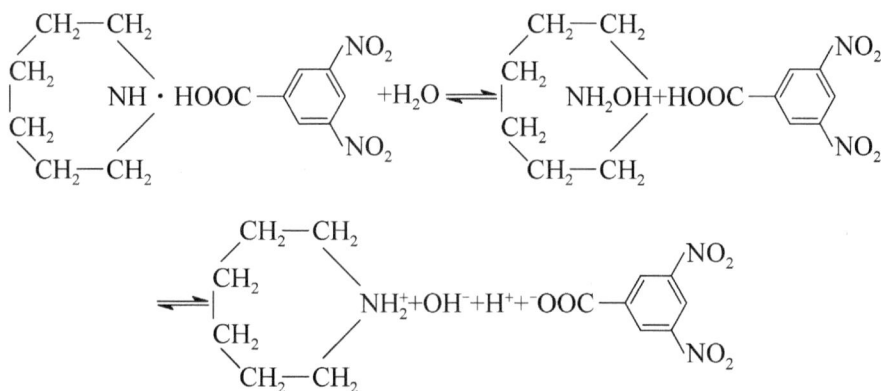

3,5-二硝基苯甲酸六次甲基亚胺在国外被称为"万能"气相缓蚀剂。它可以同时防止多种金属锈蚀，如钢、铜、铝、锡、铅、银、铬、镍、钝化锌、钝化镉以及氧化过的金属镁块等。国内生产的多效能气相防锈纸，是以它为主剂复配其他材料制成的。

3. 亚硝酸盐类

亚硝酸盐在气相缓蚀剂的发展过程中起着重要的作用，其中以亚硝酸二环己胺为主要代表。它因对黑色金属的优异缓蚀性能而著称，至今仍在国内外气相防锈包装材料中被广泛应用。亚硝酸二环己胺分子式为$[C_6H_{11}]_2—NH]·HNO_2$，其结构式如下：

$$\left[\begin{array}{c} CH_2-CH_2 \\ CH_2 \qquad CH-\overset{H}{N}-CH \qquad CH_2 \\ CH_2-CH_2 \qquad\qquad CH_2-CH_2 \end{array} \right] \cdot HNO_2$$

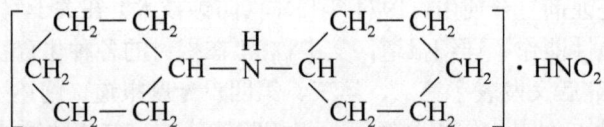

亚硝酸盐为白色晶状的物质，熔点为 178℃，可溶于水，溶解度随温度升高而增大，水溶液的 pH 值为 7，能溶于有机溶剂中，遇酸、碱和日光会分解，蒸汽压力较低，21℃时为 0.0159Pa。因此，用亚硝酸二环己胺制成的防锈纸，当每平方分米的纸上含有 0.1g 亚硝酸二环己胺时，存放在密闭匣内，约需 15～16 年时间才能全部损耗所有的亚硝酸二环己胺，可见其防锈时间之长。需要指出的是其防锈性能随着温度降低而降低，但随着单位面积或体积中其含量的增加而加强，纸的涂布量为 11～22g/m²、固体粉末量为 35g/m³。

亚硝酸二环己胺对金属的缓蚀作用机理如下：由于它的蒸汽压力较低，挥发性高，能够降低空间相对湿度到临界值以下，并且易吸附在金属表面，形成单分子或多分子层吸附的憎水膜，使金属与周围介质隔离开，致使金属不易发生电化学腐蚀；此外，亚硝酸二环己胺与水作用后能碱化介质，与金属表面形成一层稳定的配位物膜或是钝化膜，保护金属免遭大气腐蚀。从水解反应式看出，水解生成的有机阳离子被吸附在带负电荷的金属表面上，因而有效地抑制金属腐蚀。

亚硝酸二环己胺除了作黑色金属气相缓蚀剂被大量使用外，也是有色金属较好的气相缓蚀剂。我国第一汽车制造厂和 621 所（现航空航天材料研究院）等单位用亚硝酸二环己胺对铝合金在正常库存条件下做了 8 年以上的封存试验，得到满意的结果。亚硝酸二环己胺对铸铁、钢基镀锌件、发黑件和磷化件等也有良好的缓蚀性能。除此以外，亚硝酸二环己胺的抗盐雾性能较好。这已被多次海洋运输适应性试验所证明。亚硝酸二环己胺不适宜用于铜合金的防锈，也不能用在防霉、防雾及光学仪器上。

此外，亚硝酸环戊胺、亚硝酸二异丙胺、亚硝酸环己胺、亚硝酸二异丁胺、亚硝酸莫尔费林等，也是黑色金属的有效缓蚀剂。

亚硝酸钠虽然本身挥发性能很低，但是与其他缓蚀剂复合使用，会成为一种价廉和性能优良的气相缓蚀剂而被广泛应用。国内生产的气相防锈纸和工序之间使用的气相防锈水溶液，均含有亚硝酸钠组分。由于亚硝酸盐污染环境，已研究出不含亚硝酸盐的气相包装材料，武汉防锈纸厂和武汉永兴防锈包装材料股份公司研制出不含亚硝酸盐的防锈材料，已在工业生产中应用，防锈效果较好。

4. 碳酸盐类

早在 20 世纪 40 年代，碳酸环己胺（CHC）作为气相缓蚀剂在生产中大量使用，获得较好的防锈效果。碳酸环己胺分子式为 $(C_6H_{11}NH_2)_2CO_2$，结构式如下：

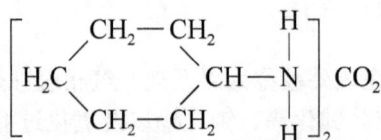

$$\left[\begin{array}{c} CH_2-CH_2 \qquad\qquad H \\ H_2C \qquad\qquad CH-\overset{|}{N} \qquad CO_2 \\ CH_2-CH_2 \qquad\qquad H \end{array} \right]_2$$

碳酸环己胺是白色粉末，在乙醇中结晶为针状物，具有氨的气味，无毒，易溶于水，溶解度为 556g/L，水溶液呈碱性，蒸汽压为（25℃）为 53.33Pa，挥发极快，挥发速率较相同温度下的亚硝酸二环己胺大 2000 余倍。为了弥补这个缺点，常将其与亚硝酸二环己胺混合使用，这样既能在很短的时间内充满包装空间，防止包装前水蒸气凝结在金属表面上的危害，又可使其有较长期的防锈效果，或使用一些黏结剂同时喷射在载体上的办法来减缓挥发。

使用碳酸环己胺的好处是价格低廉，诱导作用时间短，一般仅为 12h。对钢、铸铁显示出良好的缓蚀作用，对铝、镁、镍、锡、焊锡和镀铬件也有缓蚀作用。此外，碳酸二环己胺、碳酸三乙醇胺、碳酸苄胺、碳酸丁胺、碳酸胍、重碳酸单乙醇胺、重碳酸二环己胺等对钢、铬、镍和锌等金属有缓蚀作用。

5. 铬酸盐类

铬酸环己胺、铬酸二环己胺、铬酸十八胺、铬酸叔丁酯、铬酸叔戊酯等对钢、铜、铝、锌等金属有较好的防锈性能。特别是对铜合金的缓蚀性能与苯并三氮唑一样好。铬酸盐具有强氧化性能，不适于纸质载体使用，它容易把纸氧化变脆，不能用作气相防锈纸，可用于其他非纸质载体。日本等国家已定型生产铬酸盐和酯类的气相缓蚀剂商品。

6. 杂环化合物

杂环化合物苯并三氮唑和烷基苯并三氮唑、硝基苯并三氮唑等对铜、银、锌、镉等有色金属的防锈特别有效。上海某工厂将含有质量浓度为0.10～0.15g/L的苯并三氮唑和0.10～0.15g/L的苯并四唑的酒精、水溶液混合使用，防止镀银层变色，取得了良好效果。

此外，咪唑化合物中的2-甲基咪唑啉、2-乙基咪唑啉、4-乙基咪唑啉和2-异丙基咪唑啉等对钢铁有长效的气相防锈性能，在湿热大气、工业大气和海洋大气中也具有优异的气相防锈性能，耐光与耐化学药品性能也好。它们均可制成粉末、片剂、水溶液和有机溶液的形式，配制成气相泡沫剂、烟熏剂，直接对钢铁表面喷洒、涂覆或烟熏，也可涂布于纸、布、塑料膜或金属箔上使用，还可用硅胶、硅藻土浸渍吸附，放入容器中使用。试验表明其气相防锈性能优于亚硝酸二环己胺。

杂环化合物在文物保护中发挥了重要的作用，除苯并三氮唑对铜、银器件有较好保护外，近年来研究发现，5-氨基-2-巯基-1、3,4 噻二唑（AMT）、1-苯基-5-巯基四氮唑（PMTA）、双唑胺（di-BAA）和MBT 衍生物对铜、银、锡等文物的保护作用较好。

7. 其他化合物

硝基酚类如邻硝基酚钠、1,6-邻硝基酚己二胺、邻硝基苯甲酸己二胺、1,6-邻硝基三乙醇胺、邻硝基酚四烯五胺、邻硝基酚十八胺等对钢铁、铜、铝、锡等金属有较好的缓蚀效果。四硼酸钠、硼酸环己胺、碳酸铵、氨水、磷酸氢二铵、磷酸环己胺、樟脑、尿素等对金属有一定缓蚀作用。值得注意的是，尿素作为气相缓蚀剂单独使用效果较差，但它与其他类缓蚀剂复合使用，就是一种较好的混合型气相缓蚀剂，也是当前最廉价、防锈效果较理想的混合型气相缓蚀剂之一，由于它具有明显的吸湿性，只限于民用、小机械产品及工序间防锈。尿素与 BTA 的反应物对钢、铜、铝、锌、焊锡等多种金属有较好的防锈作用。

8. 环境友好型气相缓蚀剂

缓蚀剂作为一种经济、简便、实用的防腐蚀方法，对保护资源、减少材料损失和防止环境污染起着重要的作用。近年来，基于环境保护和可持续发展战略的需要，工业缓蚀剂不仅要求缓蚀性能好，而且要求安全使用，对环境和人类健康不产生危害和不良的影响，提出了环境友好缓蚀剂的研究与开发。经过对缓蚀剂毒性试验和对环境影响程度试验，得出下列一些缓蚀物质属于环境友好缓蚀剂：肉桂醛、糠醛、香草醛、脂肪酸、脂肪胺、羧酸盐、乳糖酸、苯甲酸盐、葡萄糖酸及其盐类、氨基酸衍生物类（如聚天冬氨酸）、松香酸、柠檬酸胺等化合物、聚琥珀酰亚胺、甲壳素、甲壳胺衍生物。植物的提取物和某些生物碱、动物骨胶、某些有机聚合物如聚苯并咪唑的毒性较苯并咪唑和苯并三唑低，在高温时其防腐蚀性能较苯并咪唑和苯并三唑好。又如，将二胺、三胺和苯醌进行均聚反应得到多氨基苯醌聚合物，是一种防止酸性环境效果较好的环境友好缓蚀剂。高分子聚合物缓蚀剂毒性低，对生态环境不会造成影响。

环境友好无机缓蚀剂的种类较有机缓蚀剂少，它们分别为硅酸盐、磷酸盐、聚磷酸盐、硼酸盐、钼酸盐、钨酸盐、铝酸盐、稀土的盐类（如 $CeCl_3$）、亚硫酸盐、碳酸盐等。铬酸盐和亚硝酸盐是较好的气相缓蚀剂，但是由于其具有毒性，现在有些防锈材料已限制和禁止使用，而用其他药剂如钼酸盐代替铬酸盐。

5.6.2 气相缓蚀剂的使用方法

气相缓蚀剂的使用方法，要根据防锈材料的种类、形状、加工过程、技术特征、储存条件和储存期等采取不同的使用方式。当前生产中采用的主要有气相防锈纸、气相防锈塑料薄膜、粉末法（或称锭剂法）、泡沫颗粒法、气相合成法、气溶胶法和可剥离的气相防锈胶黏带等。

1. 气相防锈纸（布）

将气相缓蚀剂溶于蒸馏水或有机溶剂如乙醇溶液中，制成含气相缓蚀剂溶液。然后浸涂或滚涂在防锈原纸上，干燥或稍干后成为气相防锈纸，纸上含气相缓蚀剂物质一般为 $5\sim39g/m^2$。

气相防锈纸的原纸过去大多数使用牛皮纸，因它具有一定的强度，对金属的腐蚀性较低，但是为了提高其防水和耐油等性能，因此采用石蜡牛皮纸、聚乙烯复合纸、铝箔黏合纸、沥青夹层防水纸等。

在使用气相防锈纸包装金属器材时，涂有气相缓蚀剂的一面（称为防锈面）朝内，让它与金属器材表面接触或接近，外层再用石蜡纸、塑料薄膜包装，或是装入塑料袋、金属箔复合纸袋中以增强防锈包装效果。形状复杂的大型器材，需要使用 2 层或 3 层气相防锈纸包装，若包装物内金属面与气相防锈纸的间距超过 30cm，则需要使用气相防锈纸小片或气相防锈粉末，以加强防锈能力。

我国目前市场上销售的气相防锈纸有钢用气相防锈纸、铸铁件用气相防锈纸、铜与铜合金用气相防锈纸、铝与铝合金用气相防锈纸、镀锌钢板用气相防锈纸等。在使用气相防锈纸的过程中，包装工作人员应戴上手套，一是有利于健康，二是防止手汗接触产品，保证防锈效果和包装质量。为了达到较长期的防锈效果，包装要密封，尽量减少空气进入包装密封空间。器材包装前必须清洁干净，若制件上有污物存在，将在此处引起锈蚀。

2. 气相防锈塑料薄膜

该技术是 20 世纪 50 年代末发展起来的一种方法，它是将气相缓蚀剂施加于塑料薄膜载体上制成的。这种产品具有透明、可焊、可接触与挥发性防锈等特点。该材料适宜海上运输防锈，并达到美观的防锈包装要求。缺点是在高温下储存时，塑料薄膜易老化及有效防锈期较短（一般在 2～3 年左右）。常用的塑料薄膜材料有聚乙烯（高密度或低密度）、聚丙烯与玻璃纸等。1993 年，国内开始使用聚氨酯泡沫作气相缓蚀剂载体，在卷钢防锈（端面）上取得较好效果，开创了气相防锈泡沫塑料的先河。

3. 粉末法

粉末法是将气相缓蚀剂粉末（用喷粉末瓶喷射）散布于被防护物上，或装入纱布袋、纸袋内，或压成锭剂置于被防护器件的四周，如水压试验后的各种罐槽、蒸气锅炉、化工设备、内燃机内部、钢管弯管等，在其内部空腔注入气相缓蚀剂粉末。小型物件如各种机器零件、螺栓、螺帽、钉子等，则是将一定量缓蚀剂粉末或是剂片撒在容器内。小型精密仪器、电子通信器材和测量器具，使用片剂法或气相防锈泡沫塑料防护，以免粉末附着玷污。试验表明，粉末法较防锈纸的有效期长，如亚硝酸二环己胺在同样条件下，粉末法有效期为 30 年，而防锈纸仅能防锈 5 年。

4. 泡沫颗粒法

将二氟二氯乙烷和硝基苯甲酸酐或酯混合加热，形成一种多孔的材料，用质量分数为 10%的碳酸、

80%的苯甲酸和 10%的明胶混合物充满该材料，然后加工成泡沫颗粒，放入金属制品的包装之内起防锈作用。它所产生的苯甲酸铵蒸汽比丸剂多 8～15 倍。所用的气相缓蚀剂有亚硝酸二环己胺等。

5. 气相合成法

气相合成法适用于制品内腔金属壁的防锈。例如，在活塞式发动机熄灭后，向每个气缸内注入溶解环烷酸的发动机油，然后通过火花塞孔注入少量有机胺，胺蒸气与环烷酸反应生成环烷酸胺而起防锈作用。再如，在喷气发动机的进气口处放置环己胺，在排气口处放置干冰，然后封闭进出口，利用它们利于挥发的原理，几个小时后，即在内腔金属壁上生成碳酸环己胺，防止黑色金属生锈。

6. 可剥离的气相防锈黏胶带

以塑料薄膜为基材，在基材的表面涂布一层聚硅氧烷防黏剂，薄膜的另一面涂布一层含有气相缓蚀剂的不干胶。将不干胶面粘贴在金属表面，不会脱落，既可防锈又能防止金属表面划伤，还能用手将不干胶薄膜脱除。对于高光洁度的金属加工表面，如机床导轨面等，使用起来十分方便。

7. 气溶胶法

国外专利介绍了一种生产气相缓蚀剂-空气溶胶的一套设备，由储蓄器、加热器和风扇三个部分组成，它所产生的气溶胶或烟雾能凝聚在金属表面上，而过剩的气相缓蚀剂则被排出并重复循环使用。所用的气相缓蚀剂多为亚硝酸二环己胺。

8. 可控释放气相缓蚀剂

利用一种微胶囊技术包覆气相缓蚀剂，采用界面聚合法，用环氧树脂和聚脲作壁材，也有采用油相分离法，用乙基纤维素作壁材，还有用聚乙烯吡咯烷酮作壁材等，制造微胶囊，其活性制剂、气相缓蚀剂通常选用碳酸环己胺。按上述材料制造的微胶囊气相缓蚀剂，可以控制气相缓蚀剂的释放速度，能达到速效和较长效的缓蚀效果。

也有采用将蒸汽压力高的气相缓蚀剂溶于挥发速率较慢的萘中，制成固溶体，则该气相缓蚀物体的挥发在某种程度上取决于萘的挥发，可实现控制释放的缓蚀目的，工艺简单，缓蚀效果较好。固溶体中气相缓蚀剂和萘溶剂的比例不同，可得到不同的缓蚀速率，一般按5%～10%的比例使用较好，不宜超过20%。此外，有多孔吸湿载体如沸石和硅胶等干燥后浸入气相缓蚀剂溶液，然后自然干燥除去过剩溶液，成多孔载体，适用于较大产品的封存。

5.7 钢筋混凝土缓蚀剂

5.7.1 概述

钢筋混凝土是人类社会用量最大的建筑材料。通常情况下，钢筋混凝土结构在设计服役寿命内是结构坚固、性能优良的；然而，由于设计不合理、材料选择不合适、施工质量无法保证以及外界环境严酷等因素的影响，钢筋混凝土结构可能会被破坏，进而存在耐久性降低、服役寿命缩短的风险。其中，钢筋锈蚀是造成钢筋混凝土构筑物提前失效的主要原因之一，严重影响钢筋混凝土构筑物的使用寿命，进而导致重大的工程损害和经济损失。

钢筋锈蚀所带来的经济损失已经成为全球基础设施所面临的重大问题。2002 年，美国向国会的申报材料中指出，每年桥梁结构的钢筋锈蚀所带来的直接经济损失达 83 亿美元，间接经济损失甚至高达数倍以上；日本 21.4% 的混凝土构筑物破坏是由于钢筋锈蚀引起的，每年的维修费用约 400 亿日元。据中国工程院重大咨询项目《我国锈蚀状况及控制战略研究》报道，2014 年我国建筑领域（包括公路、桥梁、建筑）钢筋锈蚀造成的损失超过 1 万亿人民币，约占国内生产总值的 1.4%。世界上大多数国家钢筋锈蚀的经济损失平均占国内生产总值的 0.8%～1.6%，而修建于滨海地区的钢筋混凝土构筑物因所处的海洋环境中含有大量氯离子，普遍遭受更严重的锈蚀破坏，耐久性问题更加突出。

钢筋锈蚀所引发的常见的工程问题是混凝土保护层的剥落。国外曾发生过多起钢筋锈蚀导致的工程事故，2006 年 9 月 30 日，加拿大蒙特利尔发生了一起由于钢筋锈蚀导致公路桥梁坍塌的事件，美国也曾出现钢筋锈蚀使混凝土层剥落而导致人身伤亡和交通事故的事件。国内也有类似情况发生，2005 年 4 月 7 日江苏省吴江市梅堰镇一座混凝土梁桥突然坍塌，2007 年 5 月 9 日江西省上饶市铅山县鹤湖镇傍罗大桥在数秒内倒塌。上述事故皆因严重的钢筋锈蚀所致，留下沉重的代价和深刻的教训。

综上所述，钢筋锈蚀引起的钢筋混凝土构筑物破坏是全世界普遍关注并日益突出的一大工程问题，而针对钢筋混凝土的防锈、阻锈及修复等已成为钢筋混凝土构筑物耐久性研究的热点。

5.7.2 混凝土中钢筋的腐蚀机理和影响因素

钢筋混凝土的锈蚀破坏过程分为锈蚀诱发阶段和锈蚀扩展阶段。锈蚀诱发阶段是指侵蚀性介质到达钢筋表面起至介质达到诱发钢筋锈蚀所需浓度的时间区间；锈蚀扩展阶段则与钝化膜破坏后钢筋的锈蚀速率有关。

1. 钢筋锈蚀诱发阶段

混凝土中钢筋的锈蚀诱发与钢筋周围 pH 值变化密切相关。通常，混凝土的高 pH 值（12.6～13.5）环境可使钢筋表面形成一层由金属氧化物（γ-Fe_2O_3 和 Fe_3O_4）组成的致密钝化膜，且混凝土本身具有高的电阻率，两者的共同作用使钢筋处于钝化状态。然而，侵蚀性介质（如 CO_2、Cl^-）可通过混凝土的多孔结构、裂缝和裂纹进入混凝土内部、到达钢筋表面，使钢筋钝化膜发生破坏，诱发钢筋锈蚀。其中，碳化可使混凝土孔溶液的 pH 值降低到 11.5 以下，诱发钢筋的均匀锈蚀，氯离子可使钢筋表面 pH 值局部下降至 5，诱发钢筋的点蚀。

锈蚀诱发阶段的时间取决于钢筋表面混凝土的保护层厚度和质量（孔结构、渗透性、碱度）、混凝土表面状况（裂缝、干湿）、侵蚀介质的侵蚀速率以及使钢筋钝化膜破坏的临界浓度。此外，附加的保护措施（如混凝土表面涂层、阻锈剂等）也可延长锈蚀诱发阶段的时间。

2. 锈蚀扩展阶段

钢筋锈蚀是一个电化学反应过程，如图 5.45 所示。第 1 步为 Fe 溶解生成 Fe^{2+}，第 2 步为阳极区生成的 Fe^{2+} 水解生成铁的氧化物。在此过程中，若氧气不足，部分 Fe^{2+} 不会被氧化成 Fe^{3+}，最终产物将由 Fe^{2+}、Fe^{3+} 并存而形成黑色的 Fe_3O_4；若氧气充足，但是孔溶液碱度较低，最终锈蚀产物将形成疏松多孔的 γ-FeOOH。

充分密实的未水化的 Fe_2O_3 的体积是反应 Fe 的倍，当 Fe_2O_3 水化后生成 $Fe(OH)_3 \cdot 3H_2O$，其体积会膨胀至初始的 6 倍。当体积膨胀形成的压力超过混凝土的抗拉强度时，混凝土会发生开裂和剥落，进一步加速钢筋的锈蚀破坏，使钢筋混凝土结构迅速失效。研究认为，当累计锈蚀量相当于约 30μm 铁锈增长或 10μm 损失时，混凝土即会发生开裂。值得注意的是，碳化导致钢筋发生均匀锈蚀，锈蚀产物为不溶性的铁氧化物，而氯离子导致钢筋发生局部点蚀，锈蚀产物为可扩散到混凝土基体中的可溶性氯化铁[23]；且当钢筋混凝土湿度高和氧含量低时，钢筋以溶蚀为主生成"黑锈"沉积在混凝土中，而不是对混凝土施加挤压应力。

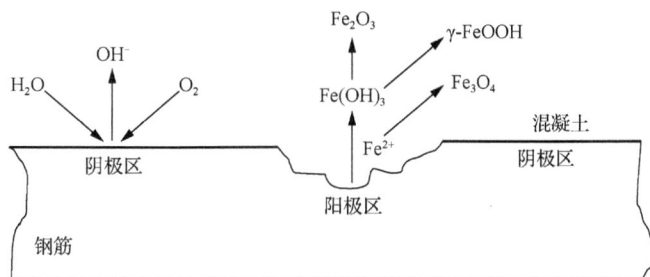

图 5.45　钢筋混凝土中钢筋锈蚀原理示意图

3. 功能使用寿命终止阶段

功能使用寿命终止条件是主观的且因结构而异，一些学者建议高层建筑顶部或一些重要的结构第一次出现剥落或分层为功能使用寿命的终点。美国公路战略研究计划将 5%～14% 的甲板剥离作为公路或桥面表功能性服役寿命的终点，此时需要对结构进行维修。通常，由于碳化深度、氯离子分布和混凝土厚度不均匀等因素的存在，需要考虑破坏区域的空间分布问题；同时也应对钢筋混凝土暴露的不同位置分别进行估计，包括海水浸泡区、浪溅区、盐雾区等。

影响钢筋锈蚀的因素很多，包括氯离子侵入、混凝土碳化、杂散电流、细菌、硫酸盐侵蚀等，其中氯离子侵入和碳化是主要的两种因素，两者的显著特点是在锈蚀诱发时，均可使钢筋周围的 pH 值下降。

1）氯离子侵入

氯离子侵入导致钢筋锈蚀的机理包括 pH 值下降、催化剂、提高电导率等三个方面的作用。

其中，Cl^- 导致的钢筋锈蚀与钢筋周围环境的 pH 值下降密切相关，Cl^- 可使钢筋的 pH 值发生全面或局部下降具体情况如下。①pH 值全面下降。Cl^- 可降低 $Ca(OH)_2$ 在混凝土孔溶液中的溶解度，降低孔溶液的 pH 值。②pH 值局部下降。当氯化物逐渐富集并到达钢筋附近时，Cl^- 会与 OH^- 相竞争，阻碍钝化膜的形成，当 Cl^- 在钢筋表面的吸附超过 OH^- 时，钢筋局部的酸化就会使点蚀发生。③点蚀坑局部酸化。当锈蚀诱发后，点蚀坑内锈蚀产物铁离子水解使点蚀坑内的 pH 值下降，而钢筋锈蚀电化学反应使电流从阳极区域流向周围阴极区域，使 Cl^- 往阳极点蚀坑内迁移，进一步加速腐蚀，最终通过电流迁移进点蚀坑内的 Cl^- 和通过浓度扩散迁移到点蚀坑外的 Cl^- 达到一个平衡，而点蚀坑内锈蚀产物 Fe 离子水解产生的酸和通过电流迁移到点蚀坑内的 OH^- 达到平衡，使点蚀坑内的 pH 值降至 5，甚至到 3，钢筋锈蚀继续进行，锈蚀处于扩展阶段。

此外，"催化剂"作用是由于氯离子可穿透钢筋表面的 γ-Fe_2O_3 钝化膜，并取代钝化膜中氧原子的位置，形成可溶性 $FeCl_2$。可溶性 $FeCl_2$ 水解后生成 $Fe(OH)_2$ 并被氧化生成 $Fe(OH)_3$，而 Cl^- 被置换出来，重新参与第一步的反应，在锈蚀电化学反应过程中起"催化剂"作用；Cl^- 还可降低混凝土的电阻。

氯离子进入混凝土的途径主要有"掺入"和"渗入"两种：前者来源于制备混凝土的拌合水、粗细骨料和外加剂等原材料，一般可通过加强管理解决；后者来源于外界环境中的氯离子，通过渗透、扩散等方式进入混凝土内部，是造成混凝土钢筋锈蚀的主要原因。从科学观点出发，临界氯离子浓度被定义为钢筋去钝化所需的氯含量；从实际工程角度出发，该值是氯离子使钢筋混凝土结构发生可见破坏的含量。该值还与钢筋所处的环境相关，在混凝土孔溶液中，当 Cl^-/OH^- 大于 0.6 时，钢筋就会开始锈蚀；在混凝土中，临界氯离子浓度近似等于水泥质量的 0.2～0.4%。此外，临界氯离子浓度还与混凝土的含水率、水泥的水化产物含量等有关。

2）混凝土碳化

混凝土碳化是大气中的 CO_2 向混凝土内部扩散并与混凝土中的碱发生反应的过程。在此过程中，CO_2 和水化产物 $Ca(OH)_2$、C—S—H、C_3AH_6、CAH_{10} 以及未水化的 C_2S 和 C_3S 反应，生成 $CaCO_3$、低 Ca/Si 的 C—S—H 凝胶、$Al(OH)_3$ 或铝酸盐等[24-25]。碳化反应主要通过 CO_2 向混凝土内部的扩散、在孔溶液中溶解、与孔溶液中的碱性物质反应等三个物理化学过程，对孔溶液中的碱进行中性化，生成碳酸钙，化学反应方程如下：

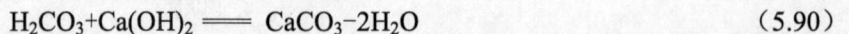

$$CO_2+H_2O \Longrightarrow H_2CO_3 \tag{5.89}$$

$$H_2CO_3+Ca(OH)_2 \Longrightarrow CaCO_3 \cdot 2H_2O \tag{5.90}$$

当钢筋表面的混凝土孔溶液 pH 值小于 11.5 时，钢筋开始脱钝；当 pH 值小于 5.5 时，钢筋表面的钝化膜处于完全破坏的状态，开始发生锈蚀。而在碳化深度的前沿，孔溶液的 pH 值会从 11～13 急速下降到 8，故钢筋在混凝土碳化前沿发生锈蚀。此外，碳化还会降低水泥基材料的孔隙率，发生水化产物的脱水及含水硅凝胶产物的缩聚反应，进而导致硅酸盐基体出现收缩和开裂现象，但是碳化最大的危害是其使混凝土中钢筋的锈蚀速率增大。

3）其他因素

由火灾或酸性介质侵入导致混凝土的中性化也会诱发混凝土中钢筋的锈蚀。当混凝土在火灾过程中温度超过 450～500℃时，$Ca(OH)_2$ 迅速分解成 CaO，会与通过火灾导致的裂纹扩散到混凝土内部的 CO_2 迅速反应，生成 $CaCO_3$，导致混凝土中性化，进而诱发钢筋锈蚀。此外，酸雨、硫酸等酸性介质也可对水泥侵蚀，使混凝土中性化，进而诱发钢筋锈蚀。

在现代建筑中，通常采用低水灰比、高水泥用量，且充分的振捣、良好的养护、混凝土保护层的设计厚度足够等措施均可显著降低混凝土碳化的深度。通常，Cl^- 比 CO_2 更先到达钢筋表面引起钢筋锈蚀，且 Cl^- 引发钢筋点蚀造成的破坏比碳化引起的钢筋均匀锈蚀、其他因素中性化所造成的破坏更严重。尤其是修建于滨海地区的钢筋混凝土构筑物因所处的海洋环境中含有大量氯离子，普遍遭受锈蚀破坏，耐久性问题更加突出。

5.7.3 钢筋混凝土缓蚀剂的分类

美国混凝土学会（American Concrete Institute，ACI）将缓蚀剂定义为一种液态或粉末状的化学物品，通常在很低浓度下就能有效地减少钢筋腐蚀，无论钢筋是埋入混凝土之前或是处于混凝土之中[26-27]。美国《混凝土钢筋腐蚀设计标准》中规定使用缓蚀剂作为钢筋防腐蚀的措施之一，有十几个州政府下达指令性文件要求采用钢筋缓蚀剂。日本是一个岛国，盐害尤为严重，为了防止海砂及海水中的 Cl^- 对混凝土中钢筋的侵蚀，很早便采用钢筋缓蚀剂。1973 年日本在建冲绳发电站时，大量使用钢筋缓蚀剂。前苏联也是使用钢筋缓蚀剂较早的国家，西方其他国家也较早使用缓蚀剂。

20 世纪 60 年代，我国的研究学者利用亚硝酸钠对钢铁良好的防锈性能，在混凝土中做防止钢筋腐蚀试验，并取得一定的成效。但是，单一的亚硝酸钠（盐）存在一些问题。此后，冶金建筑研究总院研究出复合型钢筋缓蚀剂（阻锈剂）RI 型系列，目前在国内有百余个建筑工程在使用。应用钢筋缓蚀剂的使用已纳入《工业建筑防腐蚀设计规范》（GB/T 50046—2018）、《海工混凝土结构技术规范》等。2008 年修订了《钢筋阻锈剂应用技术规程》（YB/T 9231—2008）。

混凝土中的钢筋锈蚀破坏形式主要是由于 Cl^- 侵入所导致的局部点蚀，因此钢筋阻锈剂主要是针对点蚀对钢筋进行防护，相关机理如下：①阻锈剂和 Cl^- 在钢筋表面的竞争性吸附（常见醇胺类）；②提高或维持钢筋局部点蚀坑周围混凝土孔溶液的高 pH 值；③在钢筋表面生成钝化膜，使钢筋表面钝化（钨酸盐、钼酸盐、亚硝酸盐等）；④提高抗渗性，改善混凝土孔结构（磷酸盐）。

按照阻锈剂的应用方式，混凝土中的钢筋阻锈剂可以分为掺入型和迁移型。其中，掺入型主要通过内掺对新建结构进行有效地防护，而迁移型主要通过表面渗透对现有结构进行有效地预防和修复。由于掺入型的阻锈剂更容易掺加到混凝土中，人们通常认为内掺型阻锈剂比外渗型更加可靠。此外按照存在形式，可将阻锈剂分为溶剂型和粉剂型；按照阻锈机理，可将阻锈剂可分为阴极型（抑制阴极反应）、阳极型（抑制阳极反应）、混合型（抑制阴极和阳极反应）；按照化学成分，可将阻锈剂分为无机、有机和混合型。

1. 无机阻锈剂

20 世纪 60 年代到 90 年代应用广泛的是以亚硝酸盐、磷酸盐为代表的无机型阻锈剂。

其中亚硝酸钙可使钢筋再次钝化而提高钢筋的耐锈蚀性能，其作用机理主要是通过将钢筋活化后产生的 Fe^{2+} 氧化成 Fe^{3+}，形成钝化膜 Fe_2O_3，抑制或减缓阳极反应，达到阻锈目的，并表现出阳极阻锈剂的特征。但是，当其用量不足时又会加速钢筋锈蚀，存在很大的使用风险。此外，亚硝酸钙对水泥的凝结有促凝作用，尽管能提高混凝土的强度，但是会加速氢氧化钙和钙矾石的生成，增大孔径尺寸，进而降低耐硫酸盐侵蚀性能；再者为了保证阻锈效果，通常掺量较大，较大的掺量会导致较多的溶出。由于亚硝酸盐具有严重的生物毒性和致癌作用，其已被许多国家限制或禁止使用。

磷酸盐有内掺和迁移两种应用方式，其作用机理主要通过溶解-沉淀在钢筋表面生成保护性膜。尽管单氟磷酸钠作为内掺型阻锈剂具有较好的阻锈效果，但是单氟磷酸钠会与新拌水泥浆体中的钙离子反应生成不溶的氟化钙和磷酸钙，大量的单氟磷酸根会被消耗而达不到阻锈效果。迁移型单氟磷酸钠阻锈剂则可以有效解决上述问题，减小阻锈剂的反应消耗量，使更多的单氟磷酸根起到阻锈作用，故迁移型单氟磷酸钠较内掺型的阻锈效率更高，但是混凝土的密实结构使得磷酸盐的渗透效率低下。此外磷化物容易引起水体的富营养化，使藻类植物大量繁殖，因此其实际应用也存在较多问题。

2. 有机阻锈剂

由于大多无机阻锈剂的掺量较大且具有毒性，对环境或生物会造成较大危害，因此 20 世纪 80 年代以来以醇胺类、脂肪酸酯、有机酸盐等为代表的有机阻锈剂引起人们的日益重视，并向着绿色、环保、无危害的方向发展。有机阻锈剂主要通过在阴极表面形成吸附膜，减缓电化学反应的阴极过程，表现出阴极阻锈剂的特征，或同时阻止和减缓电化学反应的阴、阳极过程，表现出复合型阻锈剂的特征。有机阻锈剂有迁移型和掺入型两种应用方式。

（1）迁移型（migrating corrosion inhibitor, MCI）：烷醇胺类、环亚胺、脂肪酸酯及其盐类组成。通常 MCI 多以水溶液或水乳液涂覆在混凝土表面，通过气液双相扩散机制，在浓度梯度与毛细吸收作用下随水分进入混凝土内部，进入混凝土内部的有机物还可通过挥发、以气相形式向混凝土内部进行二次扩散，通过物理或化学吸附作用力吸附在钢筋表面，在钢筋表面成膜从而保护钢筋，主要用于既有工程的修复。鉴于 MCI 中多采用挥发性的组分，MCI 向混凝土深处扩散的同时，也存在挥发组分向空气中反向扩散的现象，该现象可使混凝土内 MCI 浓度降低，进而降低阻锈效率。此外，目前 MCI 对 Cl⁻ 诱发钢筋锈蚀的保护作用有限，当 Cl⁻ 高于水泥质量分数 0.6%时，乙醇胺类 MCI 在混凝土内未见明显修复作用，且 MCI 的作用效果与钢筋的锈蚀情况密切相关。

（2）掺入型（darex corrosion inhibitor, DCI）：其主要组分与迁移型类似，通过直接掺加到混凝土中用于新建工程和修复工程的钢筋锈蚀防护。醇胺类阻锈剂是通过吸附在钢表面上形成保护膜，抑制钢筋锈蚀的阳极反应或阴极反应，降低钢筋的锈蚀破坏。脂肪酸酯类阻锈剂在钢筋表面吸附的同时，还可通过在强碱性环境中形成羧酸盐，减缓 Cl⁻ 进入混凝土内部的速率，从而提高阻锈效率。虽然内掺有机阻锈剂具有诸多优点，但存在着以下问题：①可能会影响新拌混凝土的凝结时间。②阻锈剂可能对混凝土的强度产生负面影响，不应使混凝土的抗弯强度或抗压强度降低超过 10%。③阻锈剂可能对混凝土的耐久性产生负面影响，醇胺类的钢筋阻锈剂会导致混凝土孔结构的孔径尺寸变大，增加了混凝土的传输系数，导致更高的渗透性和离子传输速率，对钢筋混凝土的耐久性造成损害。④阻锈剂与钢筋的钝化膜的相互作用机制仍需要更深入的理解，可能存在挥发的问题，不利于其阻锈效果的长期有效性。关于阴极型阻锈剂的阻锈机理，Eddy 等[28]认为阻锈剂可在碳钢表面吸附，减少阴极反应的电催化活性中心[Fe(II)OH]的数量；Vago 等[29]认为阻锈剂可以优先地吸附在这些活性位点上，阻止溶解在溶液中的氧与亚铁离子的直接接触，因此氧的还原反应被阻锈剂抑制；石维[30]认为有机型阻锈剂点蚀的修复存在明显滞后，会加剧锈蚀的不均匀性。⑤传统阻锈剂不具有智能防护的特点。钢筋的锈蚀破坏通常从钢筋表面的局部位置开始，导致该锈蚀破坏区域的化学环境变化（如 pH 值下降和 Cl⁻浓度提高），然而传统的有机阻锈剂不能识别开始发生锈蚀破坏的区域，因此不能在锈蚀诱发后的第一时间对锈蚀破坏区域进行智能防护。事实上，具备 pH 值敏感特性的自愈微胶囊材料已经被应用于抗腐蚀涂层的制备上。

5.7.4 新型钢筋混凝土阻锈剂

针对传统阻锈剂的毒性大、迁移效率不高、不具有智能防护的特点，新型钢筋混凝土阻锈剂有绿色化阻锈剂、新型高效迁移性阻锈剂、智能响应型阻锈剂三个发展方向。

1. 绿色化阻锈剂

（1）传统的无机阻锈剂（磷酸盐类、铬酸盐类和亚硝酸盐类）一般具有较大的毒性，已被禁止使用，而传统的有机阻锈剂（胺类、醇胺类和脂肪酸类）也存在阻锈性能和零污染统筹兼顾的问题。因此，绿色化、无毒环保阻锈剂成为阻锈剂发展的一个重要方向。其中，小分子生物制剂、天然小分子生物材料（维生素）、天然提取物等新型缓蚀剂，具有来源广泛、价格低廉、环境友好且对人体无毒性的特点，已成为钢筋混凝土防腐领域中的关注热点。

（2）抗真菌、抗病毒类药物及农作物杀菌剂等小分子制剂。例如，低分子的三唑类氮杂环化合物多作为抗真菌、抗病毒类药物，对人体和环境无毒无害，可提供活性电子与金属表面发生吸附，具有用作阻锈剂的潜力；烯效唑、三唑酮同样具有低残留、低毒，强光下或在土壤和生物体中易分解的特点，作为一种新型绿色阻锈剂引起人们的重视。

（3）维生素。理论上，自然界公认的 13 种维生素，其中维生素 B2（核黄素）、维生素 B3（烟酸）、维生素 B6（吡哆醇）和维生素 C（抗坏血酸）具有高生物活性、光敏降解指数、能在碱性溶液中稳定存在的特点，满足阻锈剂环保和稳定性的要求；此外，含有高电负性杂原子（N、O、S、P）和官能团（羧基、多键）利于分子和金属之间化学吸附，具有的平面或类平面结构使阻锈剂分子与金属表面发生 0°二面角的作用，满足低活化能条件，以上两个方面的作用均能增大阻锈剂在钢筋表面的吸附量。田惠文[31]以量子化学构效关系计算为指导，合成筛选了三种维生素作为阻锈剂，并建立了阻锈剂与铁表面自钝化膜作用机理的结构模型。

天然提取物。Asipita 等[32]从印度箬竹叶中提取出一种绿色阻锈剂，扫描电镜观察的结果表明，该阻锈剂与亚硝酸钙和乙醇胺相比，具有更好的防锈蚀性能；此外这种提取物可以稳定 C—S—H 凝胶，并在一定程度上防止氢氧化钙转化成方解石和碳铝酸盐相。

2. 新型高效迁移性阻锈剂

由于混凝土，尤其是高性能混凝土，孔结构密实，MCI 的迁移效率较低，且存在反向扩散的问题，传统的迁移性阻锈剂难以兼顾渗透性与阻锈效果相关的阻锈剂在钢筋表面吸附、成膜的性能，进而阻锈效率较低。针对以上情况，目前新开发出的新型迁移性阻锈剂主要包括多功能组分迁移阻锈剂、电迁移阻锈剂等。

（1）多功能组分迁移阻锈剂。通常采用复掺的方法，兼顾 MCI 的正向迁移效率与其反向扩散的问题，提高 MCI 的阻锈效率。一种方法是，扩散组分中复掺磷酸盐，磷酸盐可封闭混凝土表面孔结构，防止 MCI 的反向扩散；另一种方法是，扩散组分中复掺胺基羧酸盐，由于胺基羧酸盐在混凝土模拟孔溶液的碱性条件下分解、并与溶液中的钙离子反应、生成难溶的脂肪酸钙，起到封闭混凝土孔结构的作用，进而减少 MCI 的反向扩散，此外复掺组分还可提高混凝土表层的疏水性、减小 Cl⁻ 的侵入速率。

（2）电迁移阻锈剂。根据电化学除盐和钢筋阻锈剂技术的特征以及优缺点，通过电流的作用加快阻锈剂向混凝土内部迁移的技术日益受到人们的重视。Sawada 等[33]成功将乙醇胺阻锈剂通过电注入的方法迁移到碳化的混凝土内部，显著降低了钢筋的锈蚀速率，并进行了工程应用；Xu 等[34]尝试通过双向电渗的方法在电化学除 Cl⁻ 的同时通过电注入的方法将三胺迁移到混凝土内部，但是注入效率较低，几乎等同于纯浓度梯度的扩散；余其俊等[35]在模拟孔溶液中研究了新型电迁移咪唑啉季铵盐的阻锈性能，发现其阻锈机理主要为抑制钢筋表面电化学反应的阴极反应；费飞龙[36]发现通电的方法可加快咪唑啉季铵盐在混凝土内部的迁移，并建立了电迁移性阻锈剂的分子结构与其阻锈效果、在混凝土中的迁移能力之间的构效关系，为开发出一种能普适的对钢筋锈蚀修复的方法和技术奠定理论和应用基础；麻福斌[37]发现外加电场可加速传统醇胺类 MCI 在混凝土中的传输速度，30V 电压通电 12h 的渗透深度可达 40mm，相当于自然渗透 30 天的渗透深度。

3. 智能响应型阻锈剂

为了弥补传统有机阻锈剂的缺点，近年来各国学者一直致力于开发高效新型阻锈剂，具有 pH 值响应、Cl⁻响应的智能型阻锈剂日益成为研究热点。由于 Cl⁻诱发钢筋点蚀会使局部锈蚀区域的 pH 值下降，因此采用 pH 值敏感的微胶囊材料包裹有机阻锈剂来制备有机微纳阻锈胶囊，并将其应用于混凝土钢筋锈蚀防护，将具有传统阻锈剂没有的优点。具体表现在两个方面：①在诱发锈蚀前，有机阻锈剂在高 pH 值环境中可以稳定地包裹于微胶囊中，不仅可以缓解其对混凝土材料性能的负面影响，还能避免阻锈剂溶出。②在诱发锈蚀后，局部锈蚀区域的 pH 值下降，可使包裹于微胶囊内的有机阻锈剂有效释放出来，进而实现对钢筋锈蚀破坏的智能防护。

Wang 等[38]制备了乙基纤维素（EC）微胶囊和氢氧化钙（C-H）微胶囊，用于恢复混凝土孔隙的高碱性溶液环境，进而抑制对钢筋的锈蚀破坏。研究结果表明，该微胶囊在 pH 值低于 12 的溶液中会发生裂解，释放包裹于其中的氢氧化钙，从而提高溶液的 pH 值。Zuo 等[39]发现聚甲基丙烯酸甲酯（PMMA）微胶囊释放金属氢氧化物的速度快于乙基纤维素（EC）微胶囊，90 天的释放量约提高 10%。此外，定性试验结果表明，该类型阻锈胶囊具有一定的阻锈效果。Dong 等[40-41]制备了一种聚苯乙烯树脂（PS）包裹单氟磷酸钠（MFP）的微胶囊，该胶囊所包裹的单氟磷酸钠的释放速率随着模拟混凝土孔隙溶液中 pH 值的降低而增加。例如，在 pH 值为 7 的模拟混凝土孔隙溶液中，单氟磷酸钠的累积释放量比其在 pH 值为 13 的模拟混凝土孔隙溶液中高约 10%。Zhu 等[42]采用原子转移自由基聚合方法并结合溶液透析方法，设计并制备了包裹苯并三氮唑（BTA）的核壳型有机纳米缓蚀剂，从该缓蚀剂中释放的阻锈成分具有很强的 pH 值敏感性。例如，在模拟混凝土孔隙溶液中，当 pH 值小于 11 时，BTAC 3 天累积释放 BTA 的量比其在 pH 值为 13 时的 3 天累积释放量增大 5 倍。因此，核壳型有机纳米缓蚀剂具有对混凝土钢筋的腐蚀破坏进行自修复的潜力。

参 考 文 献

[1] 荒牧国次, 等. 防蚀技术[J], 材料·环境, 1980 (9): 438.

[2] 聂世凯, 李毓芬, 等. 第十届全国缓蚀剂学术研讨会论文集[C]. 第十届全国缓冲剂学术讨论及应用技术经验交流会. 海口: 中国腐蚀与防护学会缓蚀剂专业委员会, 1997: 158.

[3] 郑家燊, 张琼玖, 丁诗健, 等. "7701"酸化缓酸剂的研究[J]. 华中工学院学报, 1982, 10(1): 47-56.

[4] 俞敦义, 许立铭. 用交流阻抗技术评选缓蚀剂[J]. 分子科学学报, 1983 (1): 111-116.

[5] 荒牧国次, 等. 材料与环境[J]. 材料·环境, 1991, 40(9): 608.

[6] 荒牧国次, 等. 防蚀技术[J], 材料·环境, 1980 (11): 566.

[7] 曹楚南. 关于缓蚀剂研究的电化学方法[J]. 腐蚀科学与防护技术, 1990, 2(1): 1-9.

[8] 蒋嘉, 姚禄安, 旷富贵, 等. 季鏻盐缓蚀作用的研究[J]. 中国腐蚀与防护学报, 1988 (3): 189-198.

[9] 何祚清, 李金良. 季鏻盐对高氯酸铝溶液中铝的缓蚀作用[J]. 中国腐蚀与防护学报, 1996 (3): 235-240.

[10] 王佳, 陈家坚, 曹殿珍, 等. 二丙炔氧甲基烷基胺类缓蚀剂的电化学行为[J]. 中国腐蚀与防护学报, 1991 (3): 279-284.

[11] 张果金, 魏宝明, 邱玉珠. 一种适用于多种不锈钢和碳钢的盐酸酸洗缓蚀剂的研究[A]. 中国腐蚀与防护学会缓蚀剂专业委员会. 第八届全国缓蚀剂学术讨论会论文集[C]. 中国腐蚀与防护学会缓蚀剂专业委员会: 中国腐蚀与防护学会缓蚀剂专业委员会, 1993: 5.

[12] 龚敏, 张远声. 硝酸-氢氟酸酸洗缓蚀抑雾剂的筛选[A]. 中国腐蚀与防护学会缓蚀剂专业委员会. 第十一届全国缓蚀剂学术讨论会论文集[C]. 中国腐蚀与防护学会缓蚀剂专业委员会: 中国腐蚀与防护学会缓蚀剂专业委员会, 1999: 3.

[13] 马思远, 刘世川, 刘彦峰. EDTA清洗缓蚀剂IS-136的研究[A]. 中国腐蚀与防护学会缓蚀剂专业委员会. 第十二届全国缓蚀剂学术讨论会论文集[C]. 中国腐蚀与防护学会缓蚀剂专业委员会: 中国腐蚀与防护学会缓蚀剂专业委员会, 2001: 4.

[14] 王成, 江峰, 林海潮, 张波, 等. 硅酸钠对提高铝合金在氯化钠溶液中腐蚀疲劳寿命的研究[A]. 中国腐蚀与防护学会缓蚀剂专业委员会. 第十一届全国缓蚀剂学术讨论会论文集[C]. 中国腐蚀与防护学会缓蚀剂专业委员会: 中国腐蚀与防护学会缓蚀剂专业委员会, 1999: 4.

[15] 张晓云, 李斌, 司徒振民, 汤智慧. 飞机清洗水用缓蚀剂的研究[A]. 中国腐蚀与防护学会缓蚀剂专业委员会. 第十一届全国缓蚀剂学术讨论会论文集[C]. 中国腐蚀与防护学会缓蚀剂专业委员会: 中国腐蚀与防护学会缓蚀剂专业委员会, 1999: 5.

[16] 王成, 江峰, 于宝兴. 铜铁试剂对LY12铝合金的缓蚀作用[A]. 中国腐蚀与防护学会缓蚀剂专业委员会. 第十二届全国缓蚀剂学术讨论会论文集[C]. 中国腐蚀与防护学会缓蚀剂专业委员会: 中国腐蚀与防护学会缓蚀剂专业委员会, 2001: 5.

[17] 傅海涛, 李瑛, 魏无际, 等. AMT在青铜-柠檬酸体系中的缓蚀行为及其机理[J]. 物理化学学报, 2001(7): 604-608.

[18] 蔡兰坤, 张东曙, 祝鸿范, 周浩. 防止银变色的唑系缓蚀剂的成膜处理工艺与性能评定研究[A]. 中国腐蚀与防护学会缓蚀剂专业委员会. 第十二届全国缓蚀剂学术讨论会论文集[C]. 中国腐蚀与防护学会缓蚀剂专业委员会: 中国腐蚀与防护学会缓蚀剂专业委员会, 2001: 7.

[19] 张东曙, 蔡兰坤, 祝鸿范, 等. 银表面防变色膜PMM性能研究[J]. 中国腐蚀与防护学报, 2002(5): 49-52.

[20] 李宇春. 钼酸盐在中性介质中对金属缓蚀机制的研究[D]. 武汉: 武汉大学, 2001.

[21] 陆柱, 郑士忠, 朱迎春, 等. 钨酸盐: 有机酸盐缓蚀阻垢剂的研究[J]. 华东化工学院学报, 1982(3): 403-409.

[22] 王清, 刘学君. PC-602缓蚀剂对氯化钠溶液中碳钢的缓蚀作用与机理[J]. 北京化工学院学报(自然科学版), 1987(3): 63-68.

[23] CLEAR K C. Measuring rate of corrosion of steel in field concrete structures[R]. Washington: Transportation Research Board, 1985.

[24] LOO Y H, CHIN M S, TAM C T, et al. A carbonation prediction model for accelerated carbonation testing of concrete[J]. Magazine of Concrete Research, 1994, 46(168): 191-200.

[25] GOÑI S, GAZTAÑAGA M T, Guerrero A. Role of cement type on carbonation attack[J]. Journal of Materials Research, 2002, 17(7): 1834-1842.

[26] SÖYLEV T A, RICHARDSON M G. Corrosion inhibitors for steel in concrete: State-of-the-art report[J]. Construction and Building Materials, 2006, 22(4): 605-622.

[27] BASTIDAS D M, CRIADO M, LA IGLESIA V M, et al. Comparative study of three sodium phosphates as corrosion inhibitors for steel reinforcements[J]. Cement and Concrete Composites, 2013, 43: 31-38.

[28] EDDY N O. Experimental and theoretical studies on some amino acids and their potential activity as inhibitors for the corrosion of mild steel, part 2[J]. Journal of Advanced Research, 2011, 2(1): 35-47.

[29] VAGO E R, CALVO E J, STRATMANN M. Electrocatalysis of oxygen reduction at well-defined iron oxide electrodes[J]. Electrochimica Acta, 1994, 39(11): 1655-1659.

[30] 石维. 钢筋混凝土界面局部腐蚀发展与抑制机理研究[D]. 武汉: 华中科技大学, 2014.

[31] 田惠文. 环境友好型钢筋阻绣剂的防腐性能和机理研究[D]. 青岛: 中国科学院研究生院海洋研究所, 2012.

[32] ASIPITA S A, ISMAIL M, MAJID M Z A, et al. Green Bambusa Arundinacea leaves extract as a sustainable corrosion inhibitor in steel reinforced concrete[J]. Journal of Cleaner Production, 2014, 67(Supplement C): 135-146.

[33] SAWADA S, PAGE C L, PAGE M M. Electrochemical injection of organic corrosion inhibitors into concrete[J]. Corrosion Science, 2004, 47(8): 2063-2078.

[34] XU C, JIN W L, WANG H L, et al. Organic corrosion inhibitor of triethylenetetramine into chloride contamination concrete by eletro-injection method[J]. Construction and Building Materials, 2016, 115: 602-617.

[35] 余其俊, 费飞龙, 韦江雄, 等. 阳离子型咪唑啉阻锈剂的合成及防腐蚀性能[J]. 华南理工大学学报, 2012, 40(10): 134-141.

[36] 费飞龙. 新型电迁移性阻锈剂的研制及其阻锈效果与机理的研究[D]. 广州: 华南理工大学, 2015.

[37] 麻福斌. 醇胺类迁移型阻锈剂对海洋钢筋混凝土的防腐蚀机理[D]. 青岛: 中国科学院海洋研究所, 2015.

[38] WANG Y S, FANG G H, DING W J, et al. Self-immunity microcapsules for corrosion protection of steel bar in reinforced concrete[J]. Scientific Reports, 2015, 5: 18484-18492.

[39] ZUO J, ZHAN J, DONG B, et al. Preparation of metal hydroxide microcapsules and the effect on pH value of concrete[J]. Construction and Building Materials, 2017, 155: 323-331.

[40] DONG B Q, WANG Y S, FANG G H, et al. Smart releasing behavior of a chemical self-healing microcapsule in the stimulated concrete pore solution[J]. Cement and Concrete Composites, 2015, 56: 46-50.

[41] DONG B Q, DING W, QIN S, et al. Chemical self-healing system with novel microcapsules for corrosion inhibition of rebar in concrete[J]. Cement and Concrete Composites, 2018, 85: 83-91.

[42] ZHU Y Y, MA Y W, YU Q J, et al. Preparation of pH-sensitive core-shell organic corrosion inhibitor and its release behavior in simulated concrete pore solutions[J]. Materials and Design, 2017, 119: 254-262.